2021 中国石油石化工程建设科技创新大会论文集

中国石油工程建设协会　编

中国石化出版社

图书在版编目(CIP)数据

2021 中国石油石化工程建设科技创新大会论文集 /
中国石油工程建设协会编 . —北京:中国石化出版社,
2021.4
ISBN 978-7-5114-6215-2

Ⅰ . ①2… Ⅱ . ①中… Ⅲ . ①石油化工-化学工程-
中国-学术会议-文集 Ⅳ . ①TE65-53

中国版本图书馆 CIP 数据核字(2021)第 054802 号

中国石化出版社出版发行
地址:北京市东城区安定门外大街 58 号
邮编:100011 电话:(010)57512500
发行部电话:(010)57512575
http://www.sinopec-press.com
E-mail:press@sinopec.com
北京艾普海德印刷有限公司印刷
全国各地新华书店经销
*
880×1230 毫米 16 开本 36.75 印张 823 千字
2021 年 4 月第 1 版 2021 年 4 月第 1 次印刷
定价:210.00 元

前　言

世界百年未有之大变局加速演进，国际环境日趋错综复杂，面对风险和挑战，习近平总书记指出：要瞄准世界科技前沿，强化基础研究，实现前瞻性基础研究、引领性原创成果重大突破，加快建设创新型国家。"十四五"时期，中国将开启全面建设社会主义现代化国家新征程，进入向第二个百年目标进军的新阶段，能源行业要在新时期构建新格局，锚定世界一流战略目标，巩固传统核心业务，拓展战略新兴业务，持续完善产业链价值链，加大科技创新，推动数字化转型，增强工作的系统性、预见性和创造性，牢牢掌握发展的主动权，在百舸争流的激烈竞争中抢占先机。

近期，为充分发挥国有经济主导作用，主动把握和引领新一代信息技术变革趋势，国务院国资委下发了《关于加快推进国有企业数字化转型工作的通知》，明确提出数字化转型是企业高质量发展的重要引擎，是构筑国际竞争新优势的有效路径，是构建创新驱动发展格局的有力抓手。石油石化行业积极响应国家号召，推动新一代信息技术创新应用，加快推进生产经营数字化，着力培育数字新模式新业态，为数字化转型工作奠定良好开局。

工程建设企业结合生产实际和经营需要在技术和管理上不断创新和突破，持续推进信息技术与工程业务深度融合，积极深化物联网、云计算、大数据、人工智能、区块链等新一代信息技术在工程建设全产业链的应用，提高业务的数字化、可视化、自动化、智能化水平，促进组织架构变革、商业模式创新、流程优化和降本增效，增强企业市场竞争力，推动企业转型升级和高质量发展，全面加强能源安全保障能力。

为积极促进行业科技创新和企业数字化转型，中国石油工程建设协会联合中国建筑业协会、中国石油、中国石化、中国海油和国家管网等相关企业于 2021 年 4 月在北京召开"中国石油石化工程建设科技创新暨数字化转型与智能化发展大会"，会议聚焦创新驱动，实施科技赋能，推动石油石化工程建设数字化转型、智能化发展，助力企业加快数字化转型步伐，实现从要素驱动向创新驱动发展，从粗放型向集约化发展，从量的扩张向质的提高发展。

本次大会得到了中国石油、中国石化、中国海油、国家管网等单位的有力指导和大力支持，各相关企事业单位、科研院校积极参与，踊跃投稿。大会共征集学术论文 220 余篇，经相关专家评审择优收录 119 篇，内容涉及油气田地面工程、炼油化工工程、油气储运工程、LNG 工程、加油站工程、施工及项目管理等各个方面的科技创新和数字化转型、智能化发展的最佳实践，论文整体上反映了国内油气工程建设最新研究成果、技术、方法及应用等进展，具有较高的学术价值和借鉴意义。

由于编写时间紧迫，书中难免存在错误和不妥之处，敬请广大读者对本书提出宝贵意见和建议。

本书编委会

2021 年 4 月

目　录

工厂预制和现场施工

生产运行

吉林油田集输系统数字化应用探索

王国锋　马晓红　王　聪　程国君

(中国石油吉林油田公司)

摘　要　吉林油田进入高含水开发后期，运行成本居高不下，部分管线老化严重，环保压力逐年加大，降低运行费用、提高管道泄露判断效率势在必行，依靠数字化、智能化手段实现减员增效的必要性越发凸显。因此，本文通过物联网监测自动报警、地温监测装置及负压波漏失判断等手段有效降低系统运行温度，精准确定管道漏失位置，形成物联网下的数字化集输管控模式，实现指导系统节能降耗、降低工人劳动强度、提高工作效率。

关键词　节能，降温集输，常温集输，地温监测，漏失判断

1　数字化应用指导系统节能运行

近年来，降温集输工作的不断推进，节能空间逐渐缩小，调控难度逐渐加大，需要实时监控来保障系统的平稳低耗运行，随着物联网技术的逐步推广，监管不及时、热量损耗相对较大等问题得以解决。

1.1　数字化条件下的掺输温度实现最优控制

首先通过现场试验确定系统最低运行温度，结合物联网数据的比对分析，确定系统最佳运行温度，形成温度、压力控制区间模板，分别定标各环的控制参数，合理设置超区间报警参数，摸索最佳的超限保障措施。

1.1.1　摸索最低运行温度

针对不同原油开展室内模拟不同回油温度区间实验(原油凝固点 36.5℃)，分别取 38℃、33℃、32℃、31℃区间进行实验，随着温度的降低至 33℃时开始出现挂壁，压力开始波动，由于油品性质特殊，考虑温敏性易导致凝管风险，运行温度应控制在在凝固点附近运行，确定最佳运行温度(图1，图2)。

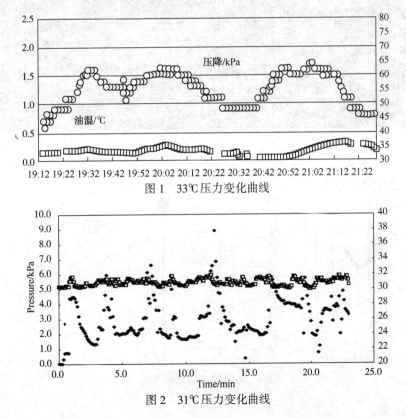

图1　33℃压力变化曲线

图2　31℃压力变化曲线

1.1.2　精准定标各节点运行参数

（1）单环定标：应用物联网曲线分析功能，查找井环温度、压力平稳运行段，将该段作为平稳运行基线，温度区间为±2℃，压力区间为±0.1MPa；

（2）间抽井定标：间抽井的井环，查看间抽井开井是否对井环温度有影响，如有影响，且间抽开抽时间在白夜班交班阶段或夜间开抽，易造成凝环时，与工艺所协商改变间抽制度，尽量由白班人员调控温度；

（3）总回液定标：计量间总回油温度、压力比较稳定，温度区间为±1.5℃，压力区间为±0.1MPa；

（4）超区间处理方式：压力超上限，查总来水压力是否有变化，查历史曲线，判断是否需要提温冲线；压力超下限，如缓慢下降，可能为降温后压力随之下降或冲线后下降，可重新标定区间，如突然下降，判断管线是否有漏，立即巡线。

1.2　探索常温集输支干线最佳诿扣周期

利用物联网平台实时监控各井组回压、回油温度，对压力波动较大的管线通过大数据分析，确定压力上升幅度报警范围，超过设定压力时采取加药、热洗等措施。为全冷输试验顺利开展提供强有力支持。

通过数字化数据分析，＊＊采油厂冻层内未深埋干线压力得到极限冷输数据，压力多次到1.2MPa后突然升到2.7MPa，管线爆裂；利用数字化的预警、报警功能确定管线热洗压力1.25MPa，周期3天，为采用常温集输轮扫推广奠定基础（图3）。

1.3　地温监测对集输节能运行有指导性作用

吉林油田位于吉林省松原市，该区域属中温带大陆性季风气候。年平均气温4.5℃，低温出现在一月，最低气温−36.1℃；明确不同深度地温对管线的影响至关重要，能够为系统节能降耗运行提供数据支持。

1.3.1　自主研发地温检测装置

为了有效掌握地温对降温集输的影响程度，研发制备了地温监测设备，实现地温监测分析。按照各类管线埋深及冻土施工要求，设置了环境温度0.1、0.4、0.8、1.2、1.5、1.8m共计6个监测数据，同步并入物联网在线监控系统中，用于指导季节性常温集输的实施（图4）。

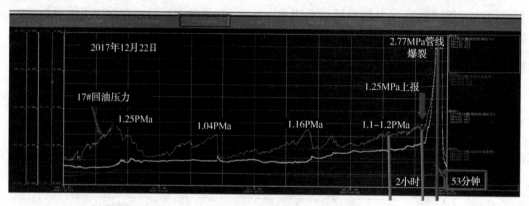

图3　＊＊支干线常温集输监控曲线

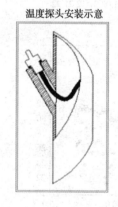 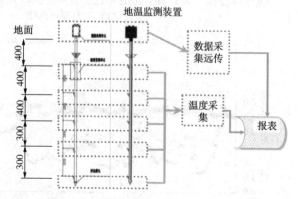

图4　地温检测装置示意图

1.3.2　不同土地类型的地温监测

为了有效指导集输系统低耗运行,对各类地貌进行地温监测部署,主要包括:稻田、行洪区、常规土地,分别对相同地区不同土地类型的地温进行比对以及不同地区相同土地类型的低温进行监测比对,可为生产提供数据支持。

(1)相同地区不同土地类型对比(图5)

根据地温监测结果发现,稻田、行洪区、旱地来做比较,气温上升时,旱地随气温变化最快、稻田地变化最慢。

(2)相同土地类型不同地区对比(图6)

根据地温监测结果发现,同一类型的地温存在差异较小。

1.3.3　地温检测深化应用

(1)年份数据对比:通过对不同年份不同深度地温的监测跟踪,分析地温变化情况,2020年0.8m处地温较去年同期低2℃左右,1.8m处受环境影响较小,温度较去年基本一致,在0.8~1.8m温度的重合段,视为降温集输运行的优势区间,宜开展降温集输及常温运行(图7)。

根据地温数据的分析,集输运行温度逐年下探,以＊＊采油厂为例:从2017年起至2020年降温周期从137天延长至231天,用气量降低15.78%、单耗下降34.3%(表1)。

(2)极寒对深埋管线温度影响:通过对全年最冷的10天地温数据的跟踪分析,环境温度的变化不会对深埋管线(-1.8m)的影响,打破了环境温度突然变低对集输运行温度的影响(图8)。

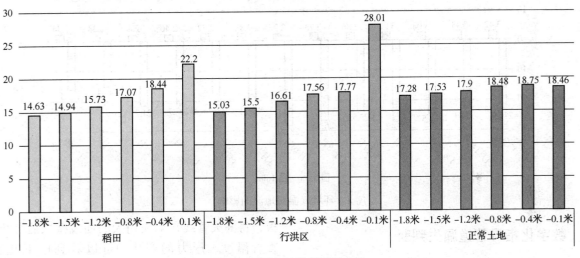

图5　不同土地类型地温对比

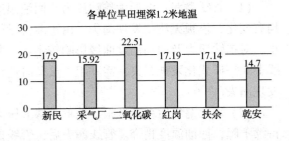
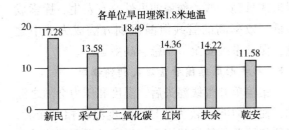
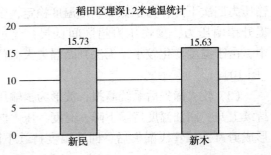
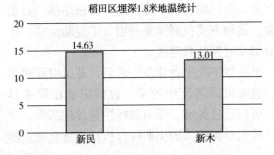

图6　相同类型土地地温对比

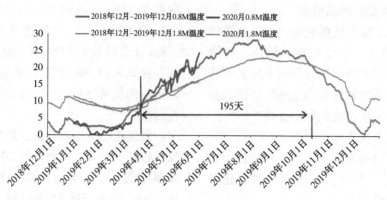

图 7　不同年份地温变化

表 1　＊＊采油厂降温集输时间变化情况

年份	降温开始时间	降温结束时间	降温周期	年份	降温开始时间	降温结束时间	降温周期
2017 年	5 月 15 日	9 月 29 日	137 天	2019 年	5 月 3 日	10 月 20 日	170 天
2018 年	5 月 10 日	9 月 30 日	143 天	2020 年	4 月 13 日	11 月 30 日	231 天

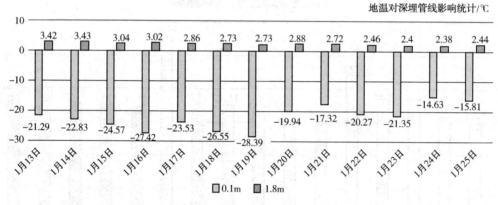

图 8　环境气温对地温的影响

2　数字化指导管道漏失判断

随着油田管道的不断腐蚀老化，国家安全环保形式日趋严峻，偷盗油事件时有发生，探索成本低、效率高的管线泄漏识别方法成为重中之重，保证系统安全、平稳、高效运行。

2.1　初步形成集输管道漏失判断模板

集输单井管线漏失后，温度和压力会随之波动，而压力波动较为明显，温度波动相对滞后，以往集输单井管线找漏是井组人员发现环掺输压力下降，而后温度也下降，随后加密巡线，发现漏失，此种方式找漏需要井组员工经验丰富，才能做出及时判断并巡线。

单井数字化平台建设完成后，井组内环的压力、温度可回传至中控室，数据记录在服务器中，可以通过温度、压力曲线快速发现漏失。

首先根据管线历史曲线分析功能建立漏失模板，将漏失管线在漏失当天的曲线截取后分析，查看温度、压力的变化。可以看到以下几种曲线：

（1）管线微漏：波形为掺输压力与回油温度稍有变化，模板无法化发现漏失。由于漏失量较小，对掺输压力及回油温度曲线影响较小，在曲线上无法模式化发现漏失，需井组人员及时巡线发现漏失（图 9）。

（2）较大漏失后系统低报，波形为掺输压力持续下降，回油温度稍降。管线漏失后，管线掺输压力四次下降，为了保障回油温度稳定，多次提升掺输压力，掺输压力超区间低报，此过程中，由于温度变化较小，无法判断漏失大概位置（图 10）。

（3）较大漏失后系统高报，波形为掺输压力持续上升，回油温度持续下降，温度、压力曲线形成剪刀差。管线漏失后，回油温度持续下降，为了保障回油温度稳定，多次加大流量提升掺输压力，掺输压力超区间高报，回温低报，此条管线长度约300m，在掺输压力变化时，温度稍有延后即下降，判断为管线中部漏失，经巡线发现漏失处在距井组200m处（图11）。

（4）较大漏失后波形系统高报，波形为掺输压力持续上升，回油温度持续下降，温度、压力曲线

形成剪刀差。管线漏失后，回油温度持续下降，为了保障回油温度稳定，多次加大流量提升掺输压力，掺输压力超区间高报，回温低报，此条管线长500m，压力调整后，温度1小时左右响应变化，漏失后压力大幅调整但温度一直处于下降趋势，说明掺输水已无法掺入井环，说明管线近端漏失，经巡线发现此漏点距井组30m（图12）。

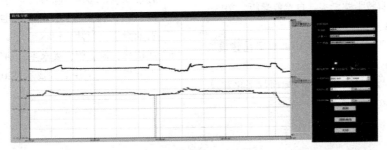

图9　管线微漏曲线变化

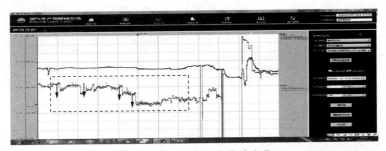

图10　管线较大漏失曲线变化

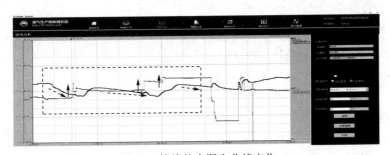

图11　管线较大漏失曲线变化

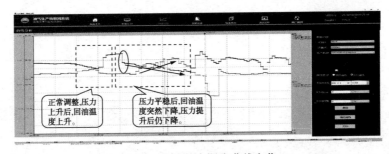

图12　管线较大漏失曲线变化

3　结论

（1）利用数字化手段可实现系统平稳运行和系统节能降耗。

（2）地温检测的应用可重新认识地温对管线温度的影响。

（3）利用物联网技术开展降温集输监控更为及时，减轻工人劳动强度，便于分析集输系统的

动态变化，通过大数据分析掌握系统的抗风险状态。

（4）深入挖掘物联网监测集输管线泄露模板是最经济的管控手段。

参 考 文 献

[1] 魏明吕，永杰，王海等．物联网技术在油田企业的实践．[J]．重庆科技学院学报：自然科学版，2013，15（2）：154-158.

[2] 邬炜，叶松，物联网技术用于油田的数字化建设．[J]．工业，2015，（8）：296.

[3] 刘晓垒，物联网与信息技术在油田地面数字化建设中的应用．[J]．数字通信世界，2018，165（09）：212，214.

[4] 黄鹤．物联网技术在油田数字化建设中应用探讨．[J]．信息周刊，2019，（050）：1.

[5] 经明玉．油气集输系统节能措施研究[J]．化工管理，2017，（06）.

[6] 杨彬．油田油气集输系统节能措施分析[J]．化学工程与装备，2016，（05）.

[7] 冯叔初，郭揆常，王学敏．油气集输[M]．东营：石油大学出版社，1988.

[8] 成庆林；孟令德；袁永惠；油气集输系统的节能潜力分析[J]．应用能源技术；2010年01期.

悬空管道管土耦合效应分析

吴锦强

（国家管网集团西部管道有限责任公司）

摘　要　管土耦合效应对埋地管道力学行为影响显著。在管道力学分析中，管土耦合建模可有效提高计算精度。为了确定管土耦合效应的影响范围，有效调控管土耦合建模的规模，提高悬空管道力学分析的计算效率，本文采用有限元法对悬空管道的管土耦合效应进行了分析。计算了不同管道悬空长度下的极限管土耦合长度，建立了极限管土耦合长度与管道悬空长度的关系式；分析了管径和介质两种因素对极限管土耦合长度的影响，验证了关系式对不同管径和介质模型的适用性。研究结果为悬空管道力学建模及分析方法提供依据。

关键词　管土耦合效应，悬空管道，有限元法，二次截断，轴向应力

管道是与铁路、公路、空运以及水运并列的五大运输方式之一。我国幅员辽阔，地形地貌复杂，大部分管道属于典型的山地管道，沿山河沟谷铺设，并且沿线自然与地质灾害频繁，水土流失严重。塌陷、水毁等灾害导致的管道悬空是最常见的事故形式之一，对悬空管道的力学分析是管道完整性管理和应急管理的重要环节。

王峰会等人基于 Winkler 线性理论，建立了黄土塌陷时管土相互作用的力学模型，计算了不同长度管道的应力分布和失效长度[1]。练章富等人针对滑坡区管道，采用有限元法建立了管土接触的实体模型，分析了管道在不同工况和不同边界条件下的应力和变形[2]。武立伟对几种比较典型的悬空管道力学模型进行了对比分析，为推导出与实际相符的极限悬空长度提供了基础[3]。Luo X 等人对地基沉降作用下的管道进行了数值模拟，分析了管道的应力-沉降变化关系，讨论了过渡段长度对管道屈服的影响[4]。Limura S 等人根据 Winkler 理论推导了地基沉降作用下，管道埋地部分、裸露部分以及介于二者之间部分的应力计算公式[5]。

管土耦合效应影响管道力学分析的建模范围和精度，许多学者在建立管土有限元模型时，设定土体长度为管道悬空长度的一半[6-8]。但是，这种方法也存在一定局限性，由于现代钢材优良的抗拉性能和承载能力，管道极限悬空长度往往可长达数百米，土体尺寸过大将增加计算量，尺寸过小将影响结果精度。因此，需要在精度和速度之间寻求一种平衡，确保整体效率。本文将采用有限元法，针对自由悬空管道，分析管土耦合效应对力学分析结果的影响，建立管土耦合长度与管道悬空长度的推荐关系式，为悬空管道管土耦合建模和力学分析提供参考。

1　有限元模型

1.1　模型建立

考虑非线性因素[9]，建立有限元模型。管道参数通过实验测得，材料 X52 钢，弹性模量 205GPa，泊松比 0.3，密度 7833kg/m³，屈服强度 360MPa，抗拉强度 460MPa。土体参数取中等密实黏土的经验值，弹性模量 10.5MPa，泊松比 0.3，密度 2000kg/m³，黏聚力 50kPa，摩擦角 30°，摩擦系数 0.5[10]，模型见图 1 所示。为确保仿真的针对性和可操作性，忽略次要因素，对模型进行如下简化假设：

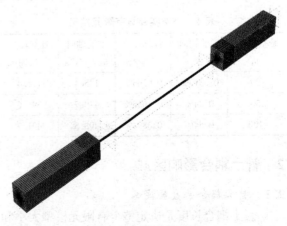

图 1　悬空管道模型图

（1）母材和焊材为理想弹塑性材料，等强度匹配，不存在焊缝缺陷；

（2）不考虑覆土、温度、阴保、地震等因素及其载荷的影响；

（3）管体为直管段，等壁厚焊接，呈水平铺设，无竖向高程差；

（4）不考虑残余应力的影响，残余应力本身也是一个随结构变化的变量；

（5）管体表面呈理想状态，不存在体积型缺陷和面积型缺陷；

（6）靠近悬空部分的土体表面不发生滑坡，管土形状和受力呈对称分布；

1.2 模型验证

为了检验有限元模型计算结果的有效性，将其与现场实验的应力应变监测结果进行对比验证。现场实验装置如图2所示，对比结果如表1所示。对比有限元计算结果和现场实验数据可见，有限元计算结果准确性很高，验证了有限元模型和结果的有效性。

图2　现场实验装置

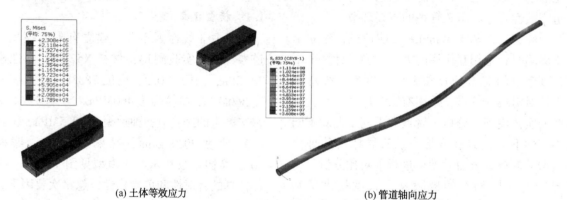

(a) 土体等效应力　　　　　　　　(b) 管道轴向应力

图3　管土模型云图

表1　悬空实验与有限元结果

悬空长度/m	实验轴向应变/ε	计算轴向应变/ε	实验轴向应力/MPa	计算轴向应力/MPa
20	0.0313%	0.0266%	125.4	111.4
50	0.24%	0.1656%	419.7	396.6
100	0.54%	0.3894%	498.5	491.7

2 管土耦合影响区域

2.1 管土耦合长度的定义

管土耦合长度是决定整个有限元模型大小和计算精度的关键因素，在管道沉管作业过程中，多次应力应变监测数据表明两侧埋地段受影响区仅为悬空弯曲段长度的0.4倍[11]。另外根据Winkler假设计算可得两侧埋地段受影响区管段长度约为悬空段长度的0.49倍[6]。可见管土耦合长度按照管道悬空段长度的一半来设定具有可行性。但是，这种管土耦合长度的设置方法主要针对短距离悬空模型，而在长距离悬空模型中，这种方法将严重降低计算速度。我们需要在保证一定精度的前提下，尽量缩减耦合土体尺寸，提高计算效率。本文将在传统模型基础上对土体进行二次截断，划分新的管土耦合长度。

在此之前，我们需要定义一个量化的基准参数来表示管土耦合长度的有效性，通常可以从应力(应变)、位移等角度着手。由于管道埋地段弯曲变形区域较小，其附近大范围内还存在强烈的轴向拉伸作用，因此本文将从轴向应力的角度来确定管土耦合长度。此处以轴向应力稳定值作为安全截断阈值，并在此基础上以10%的轴向应力增长作为极限截断阈值，其对应位置即为安全(最长)管土耦合长度和极限(最短)管土耦合长度的截断位置。某土体模型的二次截断示意如图4所示，其中L为管道悬空长度，0.4L和0.22L分别对应截断后的安全和极限管土耦合长度。

2.2 管土耦合长度的计算

模型基础参数：X52钢、直径508mm、壁厚8mm、设计压力6.27MPa、悬空长度L为20m、管道埋深2.5m、土体高和宽各5m，介质

成品油，油密度800kg/m³。轴向应力和轴向应变变化规律相同，因此此处仅以应力进行分析。分别设管土耦合长度为1L、0.5L、0.4L、0.3L、0.2L、0.1L，提取管道上侧12点位置沿轴向路径的轴向应力分布、埋地段轴向应力图和特征点轴向应力，如图5所示。

随着管土耦合长度的增长，管道各部位轴向应力均有所减小。可见，相同悬空长度下，管土耦合长度对模型的计算结果存在直接影响。其中，最大应力是关键，将决定管道承压能力，从图8可见，随着耦合长度的缩短，最大应力下降。若分别以1L、0.5L和0.4L处的最大应力作为基准，则从1L到0.1L的管土耦合长度变化中，各阶段最大应力的增长幅度如表2所示。

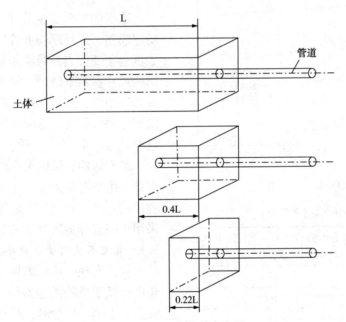

图4 土体二次截断示意图

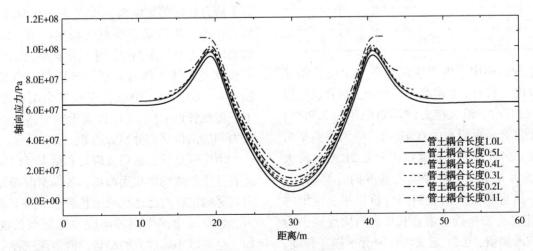

图5 管道轴向应力分布图

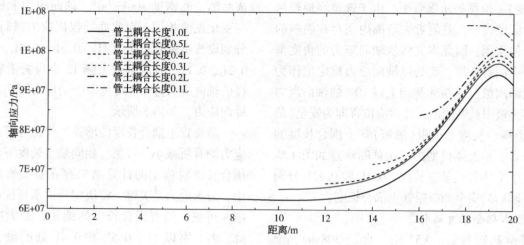

图6 埋地段轴向应力分布图

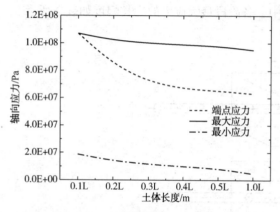

图7 管道特征点应力图

表2 应力增长率(误差率)

管土耦合长度	最大应力/MPa	基于1L的误差率	基于0.5L的误差率	基于0.4L的误差率
1L	95.03	0	/	/
0.5L	97.86	2.98%	0	/
0.4L	98.83	3.99%	0.99%	0
0.3L	100.01	5.24%	2.19%	1.19%
0.2L	101.66	6.97%	3.87%	2.86%
0.1L	107.27	12.88%	9.6%	8.54%

工程应用中一般要求误差率至少应控制在10%以内,从表中数据可见,当管土耦合长度设定为0.5L时,最大应力的误差率仅为2.98%,当管土耦合长度设定为0.4L时,最大误差率为3.99%,当管土耦合长度设定为0.2L时,最大误差率为6.97%,均可满足基本的计算精度。因此,结合相关文献资料与分析结果,这里将0.5L定义为安全管土耦合长度,对应点应力为安全截断阈值,0.2L定义为极限管土耦合长度,对应点应力为极限截断阈值。

3 管土耦合效应影响因素分析

这里的安全或极限管土耦合长度仅针对上述所建模型,并且现场沉管作业时的应力应变监测数据也主要代表短距离的悬空状态,而对于其他结构尺寸参数下的管土模型是否存在相同的规律性和适用性,还需要进一步探讨,尤其是针对极限管土耦合长度。影响土体尺寸的因素包括管道悬空长度、管径、介质、土体性质、管材等方面,悬空影响区域的大小取决于悬空段在管土交界处产生的弯矩大小,而弯矩大小主要取决于悬空段的长度、管径、介质等三方面,因此此处将采用单因素分析法对这三个影响因素进行分析。

3.1 悬空长度对管土耦合效应的影响

研究发现,长距离悬空管道的安全管土耦合长度要低于短距离悬空管道,即表示在0.5L的安全管土耦合长度时,模型两端端点处的轴向应力均已达到稳定。因此,在分析管道悬空长度对管土耦合长度的影响时,首先建立0.5L的管土耦合长度,然后基于端点处轴向应力,以10%的轴向应力增长来判断土体极限截断点位置,从而获取极限管土耦合长度。分别设悬空长度为20、40、60、80、100m,模型其余基本参数同上。提取管道上侧12点位置沿轴向路径的轴向应力和竖向位移,分别如图8、图9所示。

由图可见,管道最大应力和最大竖向位移均随着悬空长度的增加而增加,各模型两端轴向应力与竖向位移均已达到稳定状态。不同于最大应力,悬空段中部上侧轴向应力随悬空长度的增加,呈先减小后增大的趋势,而出现这种变化的原因,分析是由于弯曲和拉伸两种因素的交互作用导致。从拉伸的角度来看，随着悬空长度的增加，管道沿轴向的拉伸作用增加，轴向应力增大。从弯曲的角度来看，随着悬空长度的增加，管道弯曲幅度变大，此时悬空段中部上侧管道位

于弯曲内侧，受压缩的程度增加，轴向拉应力降低。基于这两种因素的影响，最终导致悬空段中部上侧管道轴向应力出现先减小后增大的趋势。

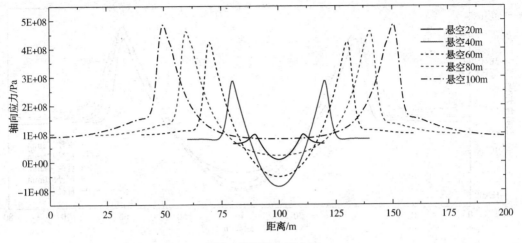

图 8　管道轴向应力图

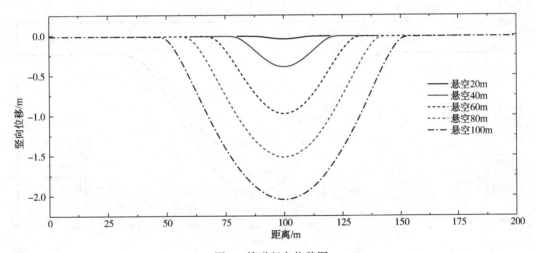

图 9　管道竖向位移图

基于端部轴向应力 10% 的增长量，获取二次截断点位置和管土耦合极限长度，如表 3 所示。可见，管土耦合极限长度随着悬空长度的增加有所增大，长距离悬空管道的管土耦合极限长度要略高于短距离悬空管道，其比例关系近似呈线性，将其线性拟合如式（1）所示，从而得到了管土耦合极限长度与管道悬空长度的一元二次多项式如式（2）所示。

续表

悬空长度/m	二次截断位置/m	管土耦合长度/m	管土耦合极限长度
60	14.5	15.5	0.258L
80	16	24	0.3L
100	18.5	31.5	0.315L

$$k = 0.0012(x-20)+0.2 \quad (1)$$
$$y = kx = 0.0012x^2+0.176x \quad (2)$$

式中，k 为比列系数；x 为悬空长度，m；y 为管土耦合极限长度，m。

因此，在建立管土模型时，耦合长度最短可按式（2）进行取值，最长可按 0.5 倍管道悬空长度进行取值。

表 3　管土耦合极限长度

悬空长度/m	二次截断位置/m	管土耦合长度/m	管土耦合极限长度
20	5.6	4.4	0.22L
40	10.5	9.5	0.238L

3.2 不同管径的影响

为了分析上述管土耦合极限长度拟合公式对不同管径模型的适用性，此处分别设管径为 273、426、508、610、711mm，土体长 20m，模

型其余基础参数同上。提取管道上侧 12 点位置沿轴向路径的轴向应力和竖向位移，如图 10，图 11 所示。

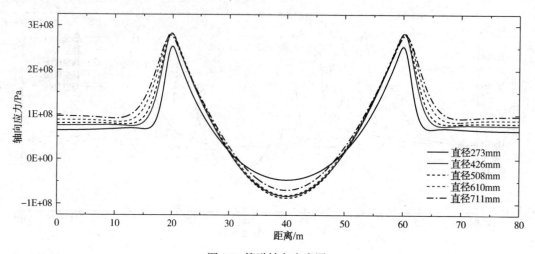

图 10   管道轴向应力图

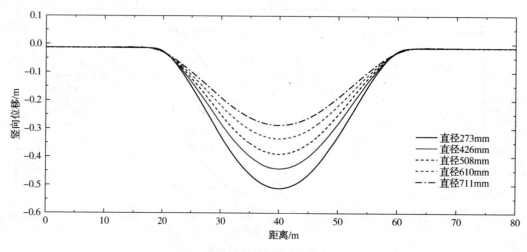

图 11   管道竖向位移图

由图 10 可见，埋地段管道轴向应力整体上随管径的增大而略有所增大，这是由于悬空段重量增加，拉伸作用提高，而管土交界处的最大应力受影响程度较小，变化不大。由图 11 可见，管径越大，悬空段重量越大，悬空段竖向位移反而越小。虽然管道悬空段重量增加，管道拉伸作用提高，但是管道与土壤的接触面积也在提高，在回填土较为夯实的情况下，管土之间的摩擦力大大提高，从而抑制了管道的拉伸弯曲变形，同时也提高了对管道的支撑作用，分散了竖直方向作用力，最终导致埋地段管道竖向位移几乎无变化，而悬空段竖向位移随管径的增加而下降。

提取单侧管土接触段管道的轴向应力进行分析，如下所示：

由图 12 所示，由于管径的增大，管土接触面积也随之增大，埋地段管道的轴向应力曲线走势极为平稳和相似，二次截断点均位于 11m 位置附近，一定程度上能较好的符合不同悬空长度的拟合公式 $y = kx$。因此，可认为上述极限管土耦合长度拟合公式可以适用于各种管径的管土耦合模型。

3.3 不同介质的影响

为了分析上述管土耦合极限长度拟合公式对不同介质模型的适用性，此处分别设介质为无（无压力）、天然气、成品油，土长 50m，悬长 100m，模型其余参数同上，天然气质量通过气体状态方程进行换算。提取管道上侧 12 点位置沿轴向路径的轴向应力和竖向位移，如图 13，图 14 所示。

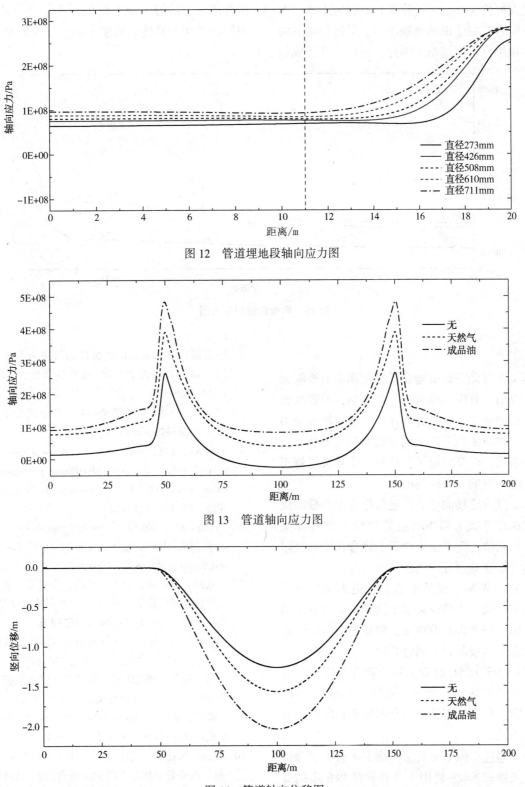

图 12　管道埋地段轴向应力图

图 13　管道轴向应力图

图 14　管道轴向位移图

由图 13，图 14 可知，介质密度越大，管道整体轴向应力越大，悬空段竖向位移也越大。提取单侧埋地段管道的轴向应力进行分析，如下所示。

由图 15 可知，随着介质密度的增大，悬空

段产生的拉伸作用越强，管道轴向应力越大。从埋地段轴向应力曲线走势来看，成品油的轴向应力随距离的增加，增长得更快，而天然气由于密度较小，使得天然气轴向应力曲线和空管轴向应力曲线基本平行。此时成品油管土耦合长度极限

点位置大概位于28m，天然气和空管的土体二次截断点位置相对于成品油略滞后，但这种滞后的幅度也很小，可以忽略。因此，可认为基于成品油介质模型的管土耦合极限长度拟合公式 $y = kx$ 也同样适用于其他介质模型甚至空管模型。

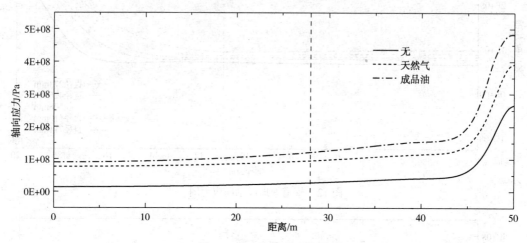

图15 埋地段轴向应力图

4 结论

本文针对悬空管道建立了管土耦合的有限元模型，介绍了有限元模型的参数选型，与现场试验相比，验证了模型的有效性。通过对轴向应力的分析，建立了极限管土耦合长度与管道悬空长度的关系式，以及分析了管径和介质对极限管土耦合长度的影响，可以得出：

（1）以管道轴向应力稳定值作为安全截断阈值，并在此基础上以10%的轴向应力增长作为极限截断阈值，定义了安全管土耦合长度和极限管土耦合长度的划分方法；

（2）以某X52成品油悬空管道为例，分析了管道在不同管土耦合长度下的轴向应力分布情况，从相对应力误差的角度，将0.5L和0.2L定义为其安全和极限管土耦合长度；

（3）基于0.5L的安全管土耦合长度，计算了在不同管道悬空长度下的极限管土耦合长度，建立了管土耦合极限长度与管道悬空长度的一元二次多项式；

（4）通过单因素分析法，确定了管土耦合极限长度关系式 $y = kx$ 适用于各种管径和介质的管土耦合模型；

参 考 文 献

[1] 王峰会, 赵新伟, 王沪毅. 高压管道黄土塌陷情况下的力学分析与计算[J]. 油气储运, 2004, 23(4): 6-8.

[2] 练章富, 李凤雷. 滑坡带埋地管道力学强度分析[J]. 西南石油大学学报(自然科学版), 2014, 36(02): 165-170.

[3] 武立伟, 李浩. 埋地管道极限悬空长度分析与研究[J]. 河南科技, 2014(02): 68.

[4] Luo X, Lu S, Shi J, et al. Numerical simulation of strength failure of buried polyethylene pipe under foundation settlement [J]. Engineering Failure Analysis, 2015, 48(1): 144-152.

[5] Limura S. Simplified mechanical model for evaluating stress in pipeline subject to settlement [J]. Construction and Building Materials, 2004, 18(6): 469-479.

[6] 马廷霞, 吴锦强, 唐愚, 侯浩, 李安军. 成品油管道的极限悬空长度研究[J]. 西南石油大学学报(自然科学版), 2012, 34(04): 165-173.

[7] 于东升, 宋汉成. 油气管道悬空沉降变形失效评估[J]. 油气储运, 2012, 31(9): 670-673.

[8] 吴错, 张宏. 断层作用下管道受压时数值模型适用性分析[J]. 石油管材与仪器, 2018, 4(2): 40-44.

[9] 张晓冬. 基于ABAQUS的风机单桩基础及公路路基累积位移分析[D]. 浙江大学, 2014.

[10] 赵潇, 马廷霞, 吴志锋, 王海兰, 于家付. X52长输管线在悬空状态下的安全研究[J]. 机械科学与技术, 2015, 34(10): 1589-1593.

[11] 廖恒, 雷震, 徐晋东, 杜国锋. 山地悬空管道地震作用下的动态响应分析[J]. 长江大学学报(自科版), 2018, 15(09): 51-56+6.

无人机倾斜摄影技术在天然气管道工程
现场管理的应用

焦兴勇[1]　何　欢[1]　史　庆[1]　刘　遂[1]　周鑫荣[1]　苏　博[1]　郭美麟[2]

[1. 中国石油昆仑燃气有限公司贵州分公司；2. 神州旌旗(北京)科技有限公司]

摘　要　无人机倾斜摄影测量技术是国际测绘行业新兴起的一项技术方法，它打破了传统的航测影像只能从垂直方向获取影像数据的局限性，可通过多台传感器从不同的角度采集影像数据，真实的反映了测区地形地貌的情况，从而生成符合人们视觉习惯的实景三维模型，借助第三方软件平台可直接在实景三维模型上提取管道建设项目所需的特征点数据。本文结合中石油息烽县天然气利用项目开展应用研究，分析结果表明，最终获得的三维实景模型及建模精度完全满足项目建设需求。

关键词　管道测绘，倾斜摄影，无人机，三维实景模型

　　管道工程数字化测绘是各种管道工程建设的基础和必要管控手段，它贯穿于管道工程的设计、施工、竣工验收的全过程，从而为工程建设质量提供可靠保证。随着测绘科学技术、新型测量仪器的发展，管道工程测绘与管理的内涵和技术有了很大的发展和变化。无人机航测具备云下作业、高现势性、小范围、高清晰、大比例尺、小型轻便、高效机动的特点，广泛应用于基础测绘、应急救灾、高压线与农林巡视等领域。无人机倾斜摄影测量技术是近年来测绘领域热门的一项高新技术，经过多年发展影像数据的获取与处理技术趋于成熟。相比于传统二维地形图设计，倾斜摄影模型有着效率高、精度高、成果可视性强等优势。天然气管道在清点补偿、竣工测量等环节，利用无人机倾斜摄影技术开展管道测绘，对于加强数字化管道建设、促进数字化转型发展具有重要意义。

1　背景

　　中石油息烽县天然气利用项目由中石油昆仑燃气有限公司贵州分公司负责承建，项目主要包括输气管道、息烽门站(分输站)、燃气管道三部分建设内容，输气线路起始于中贵线66#分输阀室，止于息烽县盘脚营村拟建息烽门站，线路总长 1.15km，设计压力 10.0MPa，设计输量 $150 \times 10^4 m^3/d$，线路管径 D323.9×12mm，采用 L360N PSL2 无缝钢管；燃气线路起始于拟建息烽门站，线路总长 3.23km，设计压力为

0.8MPa，线路管径 D323.9×6.3mm，采用 L360M PSL2SAWH 螺旋埋弧焊钢管。设计规模为 $50 \times 10^4 Nm^3/d$；新建息烽门站 1 座，站内设置过滤、贸易计量、调压及放空功能，设计规模为 $150 \times 10^4 Nm^3/d$。

2　无人机倾斜摄影的关键技术分析

2.1　无人机技术

　　无人机是以无线电的遥控作为主要的运动控制装置，根据需求规划航线达到特定的高度，通过配套相机等装置可完成摄影等工作。无人机的组成包含机体、螺旋桨、机翼等，兼具速度快、受限较小、成本低等多重优势，同时无人机能够在复杂的地面和气候条件下执行任务并在云层下低空飞行，尤其适用于建筑密集的居民区和地形复杂、气候多变地区。

2.2　倾斜摄影技术

　　现代测绘技术日新月异，倾斜摄影技术是目前最热门解决方案，其突破性意义在于改变了传统的正面摄影方式，解决了垂直角度拍摄的局限性，搭配多个传感器镜头，在高空中从多个角度采集信息，从而创建具有三维立体感的图像。基于倾斜摄影技术的应用，生成的三维立体模型能够更为全面且直观地呈现地表信息，提高了三维视场的可读性，丰富了地理信息，在此过程中也可获得更强烈的真实体验感。

2.3　倾斜摄影测量技术优点

　　(1)现场作业速度快，数据精度高。搭载不

同的传感器可获取不同的数据，如搭载相机可获取影像、照片；搭载激光雷达可获得激光雷达点云数据；（2）多角度摄影，反映地物更多信息。不但能竖直拍摄获取平面影像，还能低空多角度摄影获取建筑物多面高分辨率纹理影像，能让用户从多个角度观察地物，更加真实的反映地物的实际情况。（3）实施周期短、现势性强、成本低。可弥补人工外业测量效率低、数据信息延迟、成本高及数据不连续和不直观的缺陷；（4）可利用专业的数据处理软件。对所得数据进行数据预处理后进行精细三维建模，还可处理为数字化管道建设所需的 DEM、DOM、DSM 等地理数据。

无人机测量与传统测绘对比见表1。

表1　无人机测量与传统测绘对比

对比内容	测绘方式	
	无人机航测	传统测绘方式
成图精度	高	高
测绘工期	速度快	时间长
勘测成本	低	高
人工外业工作量	仅需采集少量外业像控点，人工外业工作量很小	人工外业工作量大
成图速度	快	慢
对面积要求	适用面积广	适用面积有限
产品类型	产品丰富，可制作地形图 DLG、正射影像图 DOM、数字高程模型 DEM、三维数字地形系统	产品单一，只能通过其他的方式来附属产品
前期准备工作	工程响应速度快，能快速的进行航测	前期准备工作时间较多
安全性	高	低
环境限制	少	多

3　倾斜摄影实施与模型处理

3.1　无人机倾斜摄影设备选择

本项目使用大疆经纬 M210 RTK V2 系列无人机，双云台搭配禅思 X7 相机和禅思 Z30 远摄变焦镜头，最长在空续航时间 25min。自带 RTK，内置 4 种定位系统，测绘精度可到 5cm，具备 IP43 防水、防尘、抗风能力高，飞行稳定性好，镜头变焦大，可以高空巡航，非常适合贵州山高、谷深环境下的管道巡检工作(图1)。

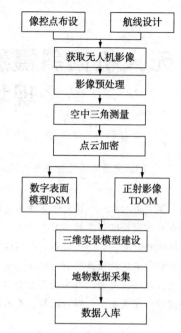

图1　倾斜摄影工作流程

3.2　飞行前准备

（1）搜集作业区域范围内的交通图、行政区划图、地形图、影像资料，确定测区范围，提前导入管道工程线路走向信息、控制点等路由坐标数据；（2）在正式实施倾斜航空摄影测量之前，应对测区进行现场踏勘，重点了解航测区域内的地物、气象条件、建筑物高度、无人机起降场地情况、航测区域高压线或微波发射站等强干扰源的情况(3)对要进行航测的区域报备；（3）根据测区海拔落差、模型成果精度要求设计飞行参数，规划飞行航线，编制报批飞行计划；（4）根据测量精度要求布设像控点，确保像控点坐标与工程坐标系统一致，为后续倾斜模型与二三维 GIS 平台融合提供坐标统一依据。地面像控点标志应在无人机进入摄区之前布设完毕，且能得到妥善的保护，防止无关人员碰动或移动地面像控点标志。标志的颜色、形态、规格等应根据测区地形景物的光谱特性选定，要确保其与周围地面具有良好的反差。为增强地面像控点的判读效果和提高标志的成像率，布设的标志应尽可能的适当低于或高于地面。地面像控点标志的数量视测区的大小及地形地貌特征而定，原则上在平坦地区布设的标志之间的大距离不得超过 500 米，每一测区标志数量不得少于 4 个，并应尽量将测区包含在地面像控点所组成的多边形区域内。在地形高低起伏大或建筑物密集的区域应适当增加地面像控点标志的数量。

3.3　工程现场实景影像获取

按照规划好的航线进行无人机航测，做好飞行以及突发情况记录。对航测后形成的实景影像图片进行预处理，并解算整理POS（Position and Orientation System）数据，确保照片与POS数据一一对应。

3.4　倾斜摄影成果生成

（1）将航测获得的影像图片与POS数据导入大疆智图软件中，将空间参考坐标系统设置为与像控点对应的工程施工坐标系，进行空三计算；

（2）运行大疆智图建模软件生成OSGB或OBJ格式的倾斜摄影模；

（3）基于以上倾斜摄影测量成果，可在大疆智图软件中提取输气管道的三维坐标及属性数据。

4　天然气管道工程现场应用

4.1　像控点布设与测量

像控点是摄影测量控制加密和测图的基础，像控点选择的好坏和指示点位的准确程度直接影响成果的精度。像控点的作用主要有两个方面：一是纠正无人机因定位受限或电磁干扰而产生的位置偏移、坐标精度过低等问题；二是纠正无人机因气压计产生的高层差值过大等其他因素。像控点一般要选择在航摄像片上影像清晰、目标明显的像点，实地选点时，也应考虑侧视相机是否会被遮挡。本项目按照测区范围，在已有地形图等资料上初步确定像控点位置，然后进行实地踏勘和布设，最终选定其中17个像控点（图2）。

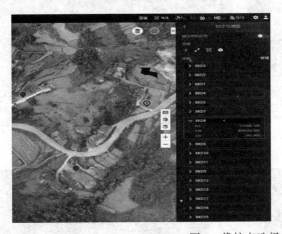

相控点	偏差△		
	X	Y	Z
XKD1	−0.072	−0.072	0.261
XKD2	−0.058	0.003	0.203
XKD3	−0.073	−0.092	0.274
XKD4	−0.025	0.009	0.164
XKD5	0.007	0.005	0.17
XKD6	−0.035	−0.018	0.187
XKD7	0.01	−0.024	0.202
XKD8	0.008	0.005	0.171
XKD9	0.001	−0.014	0.18
XKD10	−0.022	0.006	0.189
XKD11	−0.02	−0.004	0.193
XKD12	0.002	−0.002	0.197
XKD13	−0.017	0.025	0.158
XKD15	0.024	−0.026	0.196
XKD16	−0.056	−0.027	0.187
XKD17	−0.08	−0.038	0.173

图2　像控点选择

4.2　原始地貌建模

为准确采集息烽天然气利用项目管道路由及周边的详细地物信息情况，为管道路由选择、征地补偿、完整性评价提供数据支撑，对管道施工现场进行了原始地貌建模（图3）。

图3　管道原始地貌实景建模

4.3　地下隐蔽工程实景建模

天然气管道项目建设过程中存在大量的地下隐蔽工程，隐蔽工程是指在施工过程中某一项工序所完成的工程实物，被后续的工序或分项形成的工程实物所覆盖、包裹、遮挡，而且不可以逆向作业，包括不易直接检查或量测的工程。隐蔽工程施工质量对整工程路工程建设质量至关重要，施工过程中隐蔽工程质量一旦失控，整个管道工程极易出现质量问题，如穿越工程出现的障碍物间距不够、套管渗漏水，一般线路工程埋深不够、管道回填缺少保护等。当前，我国长输管道工程建设隐蔽工程施工质量参差不齐，存在因隐蔽工程施工质量问题导致管道质量恶化、服役状态差的情况。

息烽项目通过对隐蔽工程进行实景建模，及时存储了管道穿跨越、地下障碍物、管道下沟回填前的真实三维数据，从而有效的管控了隐蔽工

程的施工质量，为工程现场挖方、填方工程量确认提供了准确的数据，并为运营期管道管理提供

了真实的数据保障(图4、图5)。

图4 隐蔽工程实景建模

图5 工程现场挖方、填方工程量签证

4.4 无人机采集数据与数据整合平台相结合

本项目通过无人机采集的地下隐蔽工程、管道施工等数据，并利用数据整合平台进行有效整合，形成一体化"数字孪生"管道(图6)。

4.5 管道焊口竣工测量对比

通过倾斜摄影获取的工程现场实景模型，具备坐标属性，通过对比，基于无人机载RTK测绘可以达到相关测绘规程要求的数据精度，而且在位置可视性方面，优于地面测绘，所测既所见，十分便于数字化检查(图7、图8)。

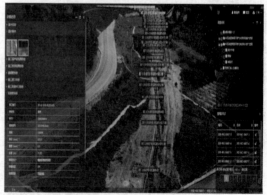

图6 实景模型在管道数字化管理平台的应用

单位为米

地区分类	比例尺	点位中误差	邻近地物点间距中误差
城镇、工业建筑区、平地、丘陵地	1:500	±0.15(±0.25)	±0.12(±0.20)
	1:1000	±0.30(±0.50)	±0.24(±0.40)
	1:2000	±0.60(±1.00)	±0.48(±0.80)

焊口编号	现场RTK测量坐标			无人机航拍坐标			误差		
	Y坐标	X坐标	大地高程		Y坐标	X坐标	大地高程	Y差值	X差值	高程差值
XF-LH-01	73.7	364	855.294	焊口	73.8	364	855.15	0.076	0.006	0.144
XF-LH-01	85.5	365	853.346	焊口	85.5	365	853.235	0.032	0.029	0.111
XF-LH-01	97.3	365	851.7475	焊口	97.3	365	851.489	0.035	0.053	0.2585
XF-LH-01	409	366	849.3033	焊口	409	366	849.15	0.005	0.011	0.1533
XF-LH-01	97.7	370	821.4176	焊口	97.8	370	821.39	0.0428	0.188	0.0276
XF-LH-01	99.1	370	820.4657	焊口	98.9	370	820.43	0.1222	0.025	0.0357
XF-LH-01	00.3	370	818.8068	焊口	00.2	370	818.673	0.0726	0.142	0.1338
XF-LH-01	02.1	370	817.8692	焊口	02.1	370	817.774	0.0236	0.084	0.0952
XF-LH-01	503	370	817.9215	焊口	03.1	370	817.769	0.0704	0.109	0.1525
XF-LH-01	14.9	371	817.9727	焊口	14.9	371	817.843	0.0307	0.104	0.1297
焊口数量：230										
最大误差							0.338	0.492	0.3081
最小误差							0.0002	0	0
平均误差							0.037254	0.048485	0.076

图7　满足1:2000比例尺平面位置精度

图8　实景模型中的管道焊口坐标标识

5　息烽天然气利用工程应用效果

中石油息烽天然气利用项目利用无人机倾斜摄影获取的实景三维模型具备3个特点：①直观表现管道工程现场施工的现实场景。相对于摄像头拍摄的二维影像，实景三维模型能多角度反映现场管沟、管道、地貌土壤的形态与纹理，更加逼真地表现管道施工现场的真实场景，极大地弥补了其他传统摄影测量影像的不足。②可进行空间量测。倾斜摄影拍摄的数据通过内业数据处理出带有坐标位置信息的三维点云数据，这样使得基于实景三维模型可以直接量测点位的坐标、高程，地物的高度、长度、角度，区域的坡度、面积、体积。③航摄分辨率高。倾斜摄影测量的地面分辨率一般优于10cm，多数优于5cm，甚至可达1cm，大大增强了三维数据带来的现实感，弥补了传统建模数据体验感低的缺点。

6　小结

目前，无人机倾斜摄影测量技术已经取得了长足进步，精度、效率、成本上的优势有了进一步的增强。相信在未来的发展应用中，会更加适合天然气管道工程建设过程的影像采集和过程信息提取需求，必将在天然气管道行业管理中发挥越来越大的作用。

参 考 文 献

[1] 褚杰，盛一楠. 无人机倾斜摄影测量技术在城市三维建模及三维数据更新中的应用[J]. 测绘通报，2017，(1)：130-135.

[2] 朱庆，等. 倾斜摄影测量技术综述[OL]. 中国科技论文在线. 2012.

[3] 徐卓知，丁亚洲，王新安. 无人机倾斜摄影测量技术在线路工程中的应用. 2017.

[4] 李镇洲，张学之. 基于倾斜摄影测量技术快速建立城市3维模型研究. 测绘与空间地理信息. 2012，35(4).

基于开源技术的石化项目设计前期阶段 FCC 装置产品收率预测 BP 神经网络模型

刘 洋 苑丹丹 李 浩 高雪颖

（中国石化工程建设有限公司）

摘 要 装置产品收率的估算是前期全厂方案设计的重要环节，利用神经网络技术进行装置收率预测效率高于传统的人工估算，也是石化项目前期设计信息化的发展方向之一。目前国内对石油化工装置进行收率预测主要是依托于 MATLAB 作为工具平台开展研究，然而 MATLAB 虽然技术成熟，功能完善，但也存在着价格昂贵、软件占用资源巨大、与信息系统平台集成相对较为繁琐等问题。本研究设计并初步实现了一个使用开源语言 Python 和 PHP 作为实现手段的石化前期神经网络系统，并建立了一个适用于石化设计前期阶段的流化床催化裂化(FCC)装置(MIP 工艺)收率预测的组合模型。

关键词 石化项目设计前期阶段，催化裂化，BP 神经网络，开源语言，Python PHP

石化项目设计前期阶段即从项目的立项到确认项目可行性并得到批准所做的工作。前期阶段主要由工厂设计、技术经济、市场分析等专业的专家对业主提出的工程项目进行研究，根据进展深度可以分为机会研究、方案研究和可行性研究等，对装置收率的估算是其中重要的一环。装置收率估算需要专家的经验和专业科室的配合，但这种靠人工计算和经验推断的传统方法难以应对信息时代石化设计前期阶段越来越快的工作节奏和对方案变化、多方案比选、快速反应、快速决策等越来越高的工作要求[1]。研究表明，在相对稳定的情况下基于机器学习的数学模型对装置收率的预测准确度超过人的经验推算[2]。因此，为了应对时代发展的要求，项目设计前期阶段需要利用 BP 神经网络模型等机器学习技术实现对装置收率的快速估算，以便设计人员能够快速地制定或修改方案，提高工作效率和工作质量。本研究使用 Python 和 PHP 实现了一个适用于石化设计前期阶段的 B/S 架构神经网络系统，并开发了针对流化床催化裂化装置 MIP 工艺(Maximizing Iso-Paraffins，多产异构化烷烃工艺)收率预测的组合 BP 模型。

1 BP 神经网络

BP（backpropagation）是由 Rumelhar 和 Mc-Clelland[3-4]于 1986 年提出的以网络误差平方为目标函数，并采用梯度下降法对目标函数进行优化的多层前馈神经网络。因其具有自学习性、自组织性和推理能力强的特点，同时具备良好的非线性映射能力和柔性网络结构，因而在当前世界范围内被广泛应用[5-6]。而在石化设计领域，BP 神经网络与 RBF（Radial Basis Function，径向基函数）、SVM（Support Vector Machine，支持向量机）等机器学习模型也已被证明确实可以提高设计的效率和准确度[7-12]。

BP 算法在神经网络学习算法中具有十分重要的作用。BP 神经网络由输入层（input layer）、隐藏层（hidden layer）和输出层（output layer）3 部分组成，每层由一个或多个神经元构成，其中输入层神经元个数与样本数据中的特征变量个数一致，输出层神经元个数与预测目标个数一致。以流化床催化裂化（FCC）装置为例，本研究使用中国石化 2007 到 2019 年 FCC 装置（Maximizing Iso-Paraffins 工艺，简称 MIP 工艺）的 193 组工业汇编数据，按照 6∶2∶2 分为训练数据集、交叉验证数据集（调整和选择模型参数）和测试数据集（模型性能评估）[8]，经过综合考虑欧阳福生和赵媛媛等学者的研究中对 FCC 装置主要特征变量的划分[8-10]、中国石化内部专家意见、以及现阶段所能取得的数据样本的实际情况后，将与 FCC 装置 6 个主要产品收率（干气、液化气、汽油、柴油、油浆、焦炭）相关的 13 个主要特征变量定为：4 个原料性质（密度、残碳、Ni 含量、V 含量）、再生剂的微反应活性指数、沉降器顶部压力、提升管温度、原料预热温度、预提升蒸汽量、汽提蒸汽量、再生器顶部压力、密相段温度、再生剂定碳。则 FCC 装置产品收率模型中的特征变量个数为 13，目标个数为 6，即 BP 多层前馈神经网络结构由 13 个输入神经元、6 个输出神经元、q 个隐藏层神经元构成，如图 1 所示。

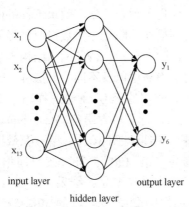

x_1

x_2

x_{13}

y_1

y_6

input layer

hidden layer

output layer

图 1　BP 神经网络结构

输出层第 j 个神经元阈值用 θ_j 表示，隐藏层中第 h 个神经元阈值用 α_h 表示，输入层第 i 个神经元与隐藏层中第 h 个神经元连接权重用 v_{ih} 表示，隐藏层中第 h 个神经元与输出层第 j 个神经元连接权重用 w_{hj} 表示。对于训练样例 (x_k, y_k)，输出层第 j 个神经元输出 (y'^k_j) 如式（1）所示：

$$y'^k_j = f(\sum_{h=1}^{q} w_{hj} b_h - \theta_j) \tag{1}$$

式中，b_h 表示隐藏层中第 h 个神经元的输出。由于石化装置收率预测属于回归预测问题，本研究激活函数 f 使用 ReLU 分段线性函数，ReLU 函数属于一半线性一半非线性，有助于网络训练的同时模型收敛较快，ReLU 计算如式（2）所示：

$$ReLU(x) = \max(x, 0) \tag{2}$$

进而计算网络在 (x_k, y_k) 上的均方误差 (MSE_k)，如式（3）所示：

$$MSE_k = \frac{1}{2} \sum_{j=1}^{6} (y'^k_j - y^k_j)^2 \tag{3}$$

之后将误差逆向传播回到隐藏层，根据误差调整隐藏层神经元的连接权重和阈值。BP 算法属于迭代算法，直到达到预先设置的迭代次数或是最小误差，模型停止训练，得到训练好的 FCC 装置产品收率 BP 神经网络预测模型。

2　开发技术选择和系统架构

2.1　开发技术选择

目前用于神经网络开发的主流工具包括 MATLAB（matrix & laboratory 矩阵实验室）和以 Python 为代表的开源工具[13-18]。MATLAB 是由美国 Mathworks 公司发布的针对科学计算、数据可视化、系统仿真，和交互程序设计的集成计算环境[19]。Python 是诞生于 20 世纪 90 年代的开源脚本语言，多年来被广泛应用于机器学习等人工智能相关领域，已有 scikit - learn，Theano，TensorFlow，Keras 等机器学框架，为机器学习的开发提供了便利[20-22]。

目前国内石油化工领域利用神经网络进行装置收率预测的研究主要采用 MATLAB 来实现[23-30]，但工程公司在进行前期项目设计时需要考虑更多的客观因素来选择神经网络的实现工具。相对于装置模拟等以研究为主导的开发，前期项目的装置产品收率预测更重视操作的简便性，对后台程序的高度封装性，以及能够快速地得到一组能够直接用于辅助方案设计、可行性研究等前期工作的产品收率数值。以上因素决定了使用 MATLAB 作为神经网络模块的主要实现工具在前期项目装置产品收率预测上会有一些不便之处[31-32]：①MATLAB 软件体积较大，而且比较昂贵；② 运行 MATLAB 模型必须安装 MATLAB 运行环境，运行环境为免费，但如果服务器端仅安装运行环境的话，则无法在服务器端进行模型修改后的重新生成和调试，增加了开发流程的步骤和复杂性；③MATLAB 功能较为专项化，在应用开发上不如 Python 等通用型语言灵活。

基于以上原因，本研究选择使用 Python 语言作为实现神经网络预测单元的主要实现工具。对比 MATLAB，Python 可操作性更强，能够灵活地调用模型并能与服务器端其他模块实现快捷的数据交互传输，且开源免费，在服务器端部署开发环境较为方便，开发人员可以在同一开发语言环境内完成模型的创建、修改和测试的全部流程。

需要指出的是，利用 Python 语言可节约开发时间和快速上手，是对于具备一定的编程基础和开发经验的开发人员而言。而对于无编程背景者，使用 Python 或是 R 等纯编程语言的开发成本可能会比使用提供可视化操作界面的 MATLAB 更高。根据实际需求和客观条件合理调配资源，选择适合自身情况的技术才是解决问题的最有效途径。

2.2 整体平台构架

　　基于兼顾方便性和易用性，本研究选择使用 Web 开发领域的主流开源语言 PHP 搭建服务器端的系统平台构架，使用 Python 作为服务器端神经网络模块的开发语言，充分发挥两种语言各自的优势，节约配置、调试等步骤上所花费的时间，让开发者把精力集中在功能的实现上。图 2 为系统实现框架。

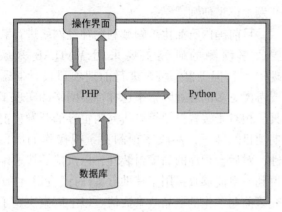

图 2　系统实现架构

　　开发使用 Python 的 scikit-learn 开源工具包[22]，主要是基于 scikit-learn 的以下特点：①涵盖绝大部分主流机器学习算法，包括 BP (MLP)，RBF，Lasso 等常用回归算法；②为所有算法提供一致化的调用接口，便于开发；③文档齐全且更新及时。

3　模型构建

3.1 整体设计思路

　　BP 神经网络在理论研究和技术实现上均较成熟，并有较强的非线性映射能力，而对于 MIP 装置收率预测，由于各特征变量与各主要产品收率的关联度不同，部分特征变量对产品收率预测结果的影响存在着模糊界限，所以本研究通过对特定产品收率组（每个产品收率组包括 6 个主要产品收率中的一到多个）所对应的特征变量中进行特征选取和特征组合来获得更理想的预测结果。同时，每个种类的炼化装置均有设计规范可依，对于指定类型的装置，与全厂设计相关的主要产品收率和与主要产品收率相关的特征变量经过分析确认后就是相对固定的，变化的只是所输入的特征变量和输出的装置产品收率数值。基于以上条件，可以认为对于已确定主要产品收率的

特定炼化装置，对其确定的特征变量在理论上存在着最优组合方案。

3.2 网络结构及参数设置

　　构建 BP 神经网络结构的关键是隐藏层的层数以及神经元个数的设置。隐藏层层数或神经元个数多，训练时间会长，同时容易出现过拟合现象；隐藏层层数或神经元个数少，训练时间短，但也容易出现欠拟合，学习效果不佳等问题。本研究为找到最佳的隐藏层层数以及神经元个数进行了多次试验，分别比较了网络结构含有单一隐藏层和两层隐藏层以及不同隐藏层神经元个数几种情况，对两层隐藏层分别选择(6，2)，(7，2)，(8，2)进行了均方误差(Mean Square Error，MSE)比较，结果见图 3(1)。单一隐藏层神经元个数范围为[20，120]，每次按照递增 10 个神经元进行试验比较 MSE，结果见图 3(2)。从图 3 可知：两层隐藏层(7，2)的 MSE 较小；单层隐藏层神经元个数为 100 时的 MSE 较小，且优于两层隐藏层情况。因此，本研究 BP 神经网络结构按照 13-100-6 结构进行搭建。

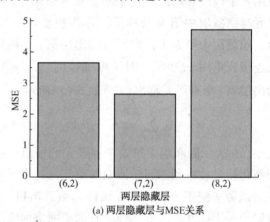

(a) 两层隐藏层与MSE关系

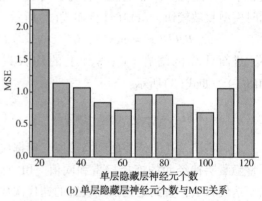

(b) 单层隐藏层神经元个数与MSE关系

图 3　隐藏层与 MSE 的关系

　　BP 网络结构中激活函数'Identity'，'Logistic'，'Tanh'，'ReLU'的 MSE 分别为 1.43，1.39，1.31，0.68。根据测试结果，本研究选择

MSE 最小的激活函数'ReLU'。此外，其他参数设置为：最大迭代次数 5000，学习率 0.001，动量 0.9。

3.3　组合模型

利用全部 13 个特征变量进行 BP 神经网络训练生成的模型在此称为原始 BP 模型。根据不同产品收率与各特征变量的相关性不同，针对每个产品收率，对特征变量进行选择，分别对每个产品收率进行 BP 建模，并对这些对应单项产品收率的 BP 模型进行组合得到组合 BP 模型[33]。杨云超等[33-39]的研究表明，通过组合多个预测模型确实可以达到提高预测精度，取得比单一模型更好预测效果的目的。所以，本研究尝试将 FCC 装置的 13 个主要特征变量分为不同的特征组，构建分别以这些特征组为输入变量的神经网络模型，并根据这些模型的预测结果统计出针对具体产品收率的最佳特征模型。

BP 模型对特征缩放敏感，所以对输入的特征变量进行了归一化处理，采用离差标准化处理方式，将特征变量归一化到 [0，1] 之间，归一化采用式 (4) 计算：

$$x^{*} = \frac{x - \min}{\max - \min} \quad (4)$$

式中，max 表示某个特征变量最大值；min 表示某个特征变量最小值；x 表示原始特征变量值；x^{*} 表示归一化后的特征变量值。

本研究利用 scikit-learn 模块自带的 preprocessing. minmax_scale 方法对所有样本中的特征变量数据进行归一化，结果表明特征归一化后，神经网络模型的 MSE、整体平均绝对值误差、整体平均可释方差、整体中值绝对误差均有所降低，结果见表 1。

表 1　特征归一化前后误差值对比

项　　目	特征归一化前	特征归一化后
MSE	8.7454	7.5817
平均绝对值误差	2.1072	1.8899
平均可释方差	0.0385	0.0141
中值绝对误差	1.8951	1.5543

分析特征变量与收率之间的关系以及特征变量之间的关系，并由此对特征-目标收率进行分组，首先计算特征变量之间的 Pearson 相关系数[40-41]，计算见式 (5)：

$$r = \frac{\sum\limits_{i=1}^{n}(x_i - x')(y_i - y')}{\sqrt{\sum\limits_{i=1}^{n}(x_i - x')^2 \sum\limits_{i=1}^{n}(y_i - y')^2}} \quad (5)$$

式中，n 表示样本数；x_i 和 y_i 为样本值；x' 和 y' 为样本均值。观察计算结果，得到 Ni 含量和 V 含量的 Pearson 相关系数为 0.6262。

根据 Cohen 的相关性强度判别规范[42]，Ni 含量和 V 含量之间的 Pearson 系数大于 0.5 属于强相关属性，存在多重共线性。如果 Ni 含量、V 含量与预测目标的一个或几个产品收率存在较强的关联性，则 Ni 含量、V 含量可能对构建这几个特定产品收率的预测模型有较大的作用，而对于组合模型中其他产品收率对应的预测模型，Ni 含量和 V 含量可以根据具体情况作出取舍和保留。

对于特征变量与产品收率之间的关系，本研究采用 scikitlearn minepy 包的最大信息系数 MIC（maximal information coefficient）[43] 表示。MIC 采用寻找最优离散化的方法，将最大互信息转化为 0~1 区间的度量值，MIC 比 Person 相关系数法更适合寻找变量间的非线性关系。以 Ni 含量、V 含量为例，通过分析结果可以得到两者在 FCC 装置 13 个特征变量中对于每个特定产品收率的最大信息系数排名，结果见表 2。

表 2　Ni 含量、V 含量对应 FCC 装置各主要产品收率的 MIC 排名

产品收率	Ni 含量	V 含量
干气	1	2
油浆	3	5
焦炭	2	3
液化气	8	12
汽油	2	5
柴油	7	3

基于多次试验的结果筛选出每个输出目标的特征变量如表 3 所示。由于干气收率、油浆收率和焦炭收率对应的特征变量相同，液化气收率和柴油收率对应的特征变量也相同，因此，本研究仅需训练 3 个 BP 模型，并将模型进行组合实现对 6 个输出目标的预测。表 3 为对应每个输出目标根据筛选出的特征变量需要建立的 BP 模型。组合模型=[干气（模型 1），液化气（模型 2），汽油（模型 3），柴油（模型 2），油浆（模型 3），

焦炭(模型3)]。

表 3　特征筛选后输出目标与特征变量对应关系

输出目标	特征变量
干气收率	模型1：只保留 Ni 含量和 V 含量作为特征变量
液化气收率	模型2：消除多重共线性去掉 Ni 含量属性及剩下的特征中综合分最低的沉降器顶部压力
汽油收率	模型3：原始 BP 模型，保留所有特征变量
柴油收率	模型2：消除多重共线性去掉 Ni 含量属性及剩下的特征中综合分最低的沉降器顶部压力
油浆收率	模型1：只保留 Ni 含量和 V 含量作为特征变量
焦炭收率	模型1：只保留 Ni 含量和 V 含量作为特征变量

4　模型预测效果

为了衡量模型的预测效果，分别比较了原始 BP 模型和组合 BP 模型的测试数据集预测结果的 MSE，结果见表4。由表4可知，组合 BP 模型的整体 MSE 比原始 BP 模型小，说明组合 BP 模型预测的 FCC 装置产品收率与真实值的偏差更小，预测结果更准确。

表 4　原始 BP 模型和组合 BP 模型的 MSE 对比

项　　目	原始 BP 模型	组合 BP 模型
干气收率	0.38	0.09
液化气收率	0.82	0.36
汽油收率	0.78	0.78
柴油收率	0.96	0.52
油浆收率	0.75	0.36
焦炭收率	0.39	0.30
整体	0.68	0.40

虽然组合模型预测速度比独立模型略低，但对于前期设计阶段的决策支持而言这种速度上的差异(2s 以内)可以忽略不计。

5　延伸研究

本研究还对使用 RBF 预测 FCC 装置产品收率进行了初步探索，结果表明 RBF 同样可以用来进行装置产品收率预测，这一结果也与岳鹏和

肖强等[2,27]的研究结果相符。

研究中使用 GridSearchCV 对 RBF 核函数[22]进行了优化，优化后预测结果的准确度得到了进一步提高。表明利用 RBF 进行装置产品收率预测还有很大的提升空间，值得进一步探索。

6　总结和下一步的计划

使用神经网络模型等机器学习技术进行装置产品收率预测具有成本低、反应速度快的特点，对工程公司进行项目前期设计实现快速反应、快速决策具有很强的现实意义。在操作条件基本不变的情况下，神经网络模型对装置产品收率的预测准确度已被证明高于人为的经验判断[2]。同时，装置产品收率预测机器学习模型的开发要求低于装置机理模型的开发，对于以业务为先导的设计机构而言可以用相对较少的投入实现自主开发，指导生产实践，提高工程设计特别是项目前期设计人员的工作效率。

通过计算特征变量之间 Pearson 相关系数、以及特征变量与主要产品收率间的最大信息系数，可以对特征变量之间的关联性及特征变量与收率之间的非线性关系进行统计分析，并以此为基础构建组合 BP 模型。测试结果表明，组合 BP 模型的预测效果优于原始 BP 模型。

机器学习模型的基础是数据的积累，将预测模型部署在内网服务器上可以保证模型的安全性、保密性、和稳定性，也便于对模型进行统一升级和更新。

Python 语言在人工智能领域有长期的发展历史，对于机器学习的相关开发有各种已成型的方法库；同时，相对于 MATLAB 而言，Python 开源免费，而且更加灵活，更易于开发与系统其他模块的相关接口，适合于迅捷的开发部署。

后续研究将对 RBF 等更多的机器学习技术应用于 FCC 装置产品收率预测进行进一步的探索，并对其他炼化装置进行产品收率预测研究，构建以装置为单元的模块化全炼厂装置产品收率预测分析系统。

参 考 文 献

[1] 刘洋，李浩，祖超等 . 石油化工项目前期工程信息系统的结构建设与开发流程[C]. 中国石油企业协会 . 第五届全国石油石化信息技术与智能化创新发展论坛论文集，北京：石油工业出版社，2019：

63-70.

[2] 岳鹏, 孙忠超, 刘熠斌. 基于人工神经网络模型预测常减压侧线收率[J]. 广州化工, 2015 (10): 161-163.

[3] 吕静. BP 与 RBF 比较研究[J]. 电脑开发与应用, 2013(1): 20-22, 25.

[4] 包子阳. 神经网络与深度学习-基于 TensorFlow 框架和 Python 技术实现[M]. 北京: 电子工业出版社, 2019: 98-101.

[5] 孙帆, 施学勤. 基于 MATLAB 的 BP 神经网络设计[J]. 计算机与数字工程, 2007, 35(8): 124-126.

[6] 戚德虎, 康继昌. BP 神经网络的设计[J]. 计算机工程与设计, 1998(2): 47-49.

[7] 欧阳福生, 刘永吉. 集总动力学模型结合神经网络预测催化裂化产物收率[J]. 石油化工, 2017, 46(1): 9-16.

[8] 欧阳福生, 方伟刚, 唐嘉瑞, 等. 以 BP 神经网络为基础的 MIP 工艺过程产品分布优化[J]. 石油炼制与化工, 2016, 47(5): 95-100.

[9] 欧阳福生, 游俊峰, 方伟刚. BP 神经网络结合遗传算法优化 MIP 工艺的产品分布[J]. 石油炼制与化工, 2018, 49(8): 101-107.

[10] 赵媛媛. 数据挖掘技术在 MIP 工艺汽油收率优化中的应用[D]. 上海: 华东理工大学, 2018.

[11] 张孔远, 肖强, 刘晨光. 人工神经网络在汽柴油加氢脱氮中的应用[J]. 石油炼制与化工, 2013, 44(3): 83-87.

[12] 张利军. 裂解反应模型的建立与应用研究[D]. 北京: 北京化工大学, 2011.

[13] 李萍, 曾令可, 税安泽, 等. 基于 MATLAB 的 BP 神经网络预测系统的设计[J]. 计算机应用与软件, 2008, 25(4): 149-150, 184.

[14] 高宁. 基于 BP 神经网络的农作物虫情预测预报及其 MATLAB 实现[D]. 合肥: 安徽农业大学, 2003.

[15] 刘莉萍, 章新友, 郭永坤, 等. 基于 BP 神经网络的中药性味归经与补虚药药效研究[J]. 软件导刊, 2019, 18(6): 6-9.

[16] 李嘉玲, 蒋艳. 基于 BP 神经网络的公共建筑用电能耗预测研究[J]. 软件导刊, 2019(7): 49-52.

[17] 罗成汉. 基于 MATLAB 神经网络工具箱的 BP 网络实现[J]. 计算机仿真, 2004, 21(5): 109-111, 115.

[18] 叶谱华. 浅谈 python 神经网络搭建[J]. 数码设计, 2019(10): 7-7.

[19] 常晓丽. 基于 Matlab 的 BP 神经网络设计[J]. 机械工程与自动化, 2006(4): 36-37.

[20] 翟锟, 胡锋, 周晓然. Python 机器学习-数据分析与评分卡建模(微课版)[M]. 北京: 清华大学出版社, 2019: 1.

[21] 曹建立, 赖宏慧, 徐世杰. Python 可视化技术在 BP 神经网络教学中的应用[J]. 电脑知识与技术, 2018, 14(19): 178-180.

[22] 黄永昌. Scikit-learn 机器学习[M]. 北京: 机械工业出版社, 2019: 51-143.

[23] 王国荣. 神经网络技术在加氢裂化产品收率预测模型中的应用[J]. 石化技术与应用, 2015, 33(4): 349-353.

[24] 郭彦, 李初福, 何小荣, 等. 采用神经网络和主成分分析方法建立催化重整装置收率预测模型[J]. 过程工程学报, 2007, 7(2): 366-369.

[25] 刘思成, 李奇安. 芳烃抽提过程收率软测量技术应用[J]. 自动化与仪器仪表, 2015(5): 53-56.

[26] 何小荣, 陈丙珍. 改善 BP 网络检验效果的研究[J]. 清华大学学报(自然科学版), 1995(3): 31-36.

[27] 肖强, 刘亚利, 国庆. 神经网络技术在柴油加氢精制装置生产中的应用[J]. 石油炼制与化工, 2019, 50(3): 101-107.

[28] 尚田丰, 耿志强. 基于 GA-RBF 网络的乙烯裂解炉在线操作优化[J]. 计算机与应用化学, 2009, 26(8): 45-49.

[29] 杨尔辅, 周强, 胡益锋, 等. 基于 PCA-RBF 神经网络的工业烈解炉收率在线预测软测量方法[J]. 系统仿真学报, 2001, 13(S1): 194-197.

[30] 徐英, 徐用懋, 杨尔辅. 基于 PCA-RBF 神经网络的乙烯氧化反应器收率预测模型[J]. 石油化工自动化, 2001(5): 14-16.

[31] Coleman C, Lyon S, Maliar L, et al. Matlab, Python, Julia: What to Choose in Economics? [EB/OL]. https://ssrn.com/abstract=3259372.

[32] Fangohr H. A Comparison of C, MATLAB, and Python as Teaching Languages in Engineering [C]// Computational Science - iccs, International Conference, Kraków, Poland, 2004.

[33] 杨云超, 吴非, 袁振洲. 基于 MATLAB 的 BP 神经网络组合预测模型在公路货运量预测中的应用[J]. 交通运输研究, 2010(7): 207-211.

[34] 刘国璧, 郑婷婷. 基于神经网络组合模型的能源消费量预测研究[J]. 湖南工程学院学报(自然科学版), 2009, 19(4): 59-61, 71.

[35] 高兴良. 基于逐步回归分析的组合神经网络股指预测研究[D]. 哈尔滨: 哈尔滨工业大学, 2015.

[36] 邓鸿鹄. 北京市能源消费预测方法比较研究[D]. 北京: 北京林业大学, 2013.

[37] 刘艳敏. 基于组合预测方法的波音 737 飞机客舱能

耗预测研究[D]. 天津：中国民航大学，2017.

[38] 付加锋，蔡国田，张雷. 基于 GM 和 BP 网络的我国能源消费量组合预测模型[J]. 水电能源科学，2006(2)：5，11-14.

[39] 熊浩云，陈小榆，王伟斌. 应用组合模型对我国能源消费的预测[J]. 科学技术与工程，2010(17)：161-164，176.

[40] 崔积山，张鹏，欧阳振宇. 地面浓度反推法计算无组织排放废气的应用研究[J]. 广东化工，2013，40(5)：3-5.

[41] 云丽，杨天学，席北斗，等. 碱处理秸秆水吸力动态变化及与理化指标相关性分析[J]. 生态与农村环境学报，2014，30(3)：398-402.

[42] Cohen J. In Statistical Power Analysis for the Behavior Sciences(Second Edition)[M]. Mahwah, New Jersey：Lawrence Erlbaum Associates, 1988：115-116.

[43] Reshef D N, Reshef Y A, Finucane H K, et al. Detecting novel associations in large data sets [J]. Science, 2011, 334(6062)：1518-1524.

长输油气管道远程自控系统建设实践和应用

马光田　邱姝娟　杨军元　张　晓

(国家管网集团西部管道有限责任公司)

摘　要　随着我国油气管网的发展，远程自控技术在油气管网现代化运营中发挥的作用越来越大，是油气管网实现智能化的基础。为加强对不同建设时间和背景的油气管道的整合和集中管理，西部管道公司结合自身特点，建设了以远程监视、集中监视、数据监控为核心的远程自控系统。将远程自控系统应用于西部管道公司所运营石油天然气管网，结果表明：在远程自控系统的技术支持下，公司优化了调度模式，提高了管网运营效率；削减了人员冗余，提升了专业人才素质；根据实际需要，优化了巡检模式。西部管道公司建设长输油气管道远程自控系统的实践为提升长输油气管网远程自控系统建设水平提供了宝贵的经验。

关键词　远程自控系统，远程监视，集中监视，数据监控，优化

随着国家经济的蓬勃发展，我国油气管网已经进入快速发展阶段，截至 2017 年底，中国油气管道总里程已达 12.38 万公里[1-3]。在此过程中，油气企业在管道建设、施工、设备等诸多领域积累了先进的经验并取得了丰厚的成果，在技术和设备上实现了管道的现代化[4-6]。在长输油气管道的运行过程中，为了使原油输送过程中的质量保持稳定，保障油气输送能够顺利进行，提高生产的安全性，同时支持多个管道的优化控制和生产管理的实时决策优化，则建立起完善的监控系统和数据管理系统是很有必要的，从而能够实现对生产过程的有效监控和数据采集[7]。为了满足油气输送生产过程现代化和生产管理自动化的需求，必须建立自动化控制下的数据管理系统和监控系统，从而实现长输油气管道的高效运营和自动化生产[8-11]。

作为西部地区油气管道的运营管理单位，西部管道公司承担着中国西北地区中石油所运营的油气管道的运行、维护和管理等任务。西部管道公司运营的不同管道的建设背景和时间不同，使得不同种类的、不同厂商的、面向不同装置与设备的监控系统分布于整个过程控制网络。这些监控系统只能管理或采集相应装置或设备在运行过程中产生的部分实时数据。因此，建立一个用于支持对多条管网的优化控制和生产管理进行实时的决策优化的完整的、统一的、企业级的实时监控和数据管理平台是非常有必要的[12]。

本文介绍了西部管道公司远程自控系统的建设过程，分析了远程自控技术在西部管道公司的应用效果。结果表明，远程自控系统的建设对管道公司实现高质量、有效益和可持续的发展具有重要的意义。

1　远程自控系统建设

远程自控系统可以确保场站能够及时地发现现场故障并提升处理效率和处理结果，同时能够提高工作效率，减小运行成本和由于人为因素导致的消极影响，确保生产能够平稳可靠运行。

1.1　建立电气远程监视系统

西部管道公司以安全可靠、先进实用、开放与可扩展、可管理易维护、自主创新为原则，建成一套具有完全自主知识产权、满足国家产业发展要求的电气远程监视系统(图 1)。

该系统包括：

(1) 一体化支撑平台

基础平台是调控一体化主站系统开发和运行的基础[13]，其主要用于服务不同种类的应用并为其开发、运行和管理提供可靠且有效的技术支撑，为整个系统的集成和高效可靠运行提供保障[14,15]。具体涵盖了系统运行管理软件、历史数据库管理系统软件、CASE 管理软件、计算机网络管理系统软件、实时数据库管理系统软件、用户开发环境、人机界面管理、图模库一体化软件、数据备份与恢复、报表管理、权限管理、告警管理、CIM 模型交换等。

(2) 实时监控与分析类应用

实时监控和分析类应用是电气网络实时调度业务的技术支撑。主要实现必要的运行监控基本功能和集控一体化运行监视，综合利用一、二次信息实现在线故障诊断与智能报警，实现智能分析、辅助决策和网络分析等应用，为电网安全经济运行提供技术支撑[15,16]。实时监控与分析类应用主要包括：运行分析与评价、智能分析与辅助决策、调度员培训模拟、实时监控与智能告警和辅助监测等七项[16,17]。

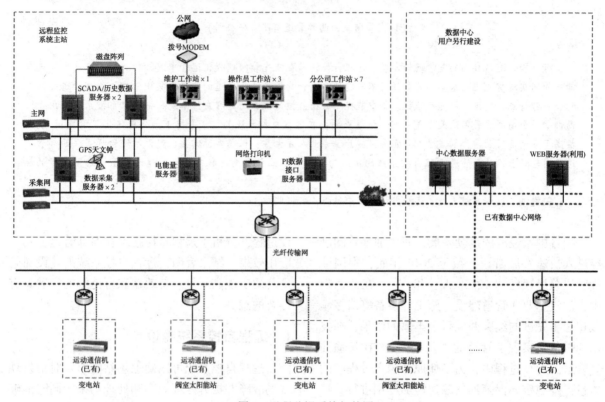

图1　远程监视系统拓扑图

（3）调度计划类应用

调度计划类应用综合考虑电力系统运行的安全性和经济性，为系统安排未来的运行方式提供技术支持[15]。调度计划类应用主要包括电能量计量、检修计划、预测等四个应用。

（4）其他系统接口

1.2　建立集中监视系统

集中监视是指在集中巡检的基础上，通过采集现场关键工艺设备的报警数据并上传到生产调度中心，实现站场、调度中心对设备设施异常状态的两级监视，及时发现和处置异常工况[18]。集中巡检是指通过白天联合巡检、夜间重点巡检来提高巡检工作质量，由每天的集中巡检代替站内长期驻守人员[19]。

目前西部管道在建的集中监视系统（图2）与SCADA系统设备远维系统共用一套硬件，集中监视系统软件在VMware虚拟化平台上搭建，该平台由多台虚拟机及虚拟机上的应用程序组成。2018年，西部管道公司针对西二线、西三线、涩宁兰管道及二级调控管道启动了集中监视项目，确立了网络安全设计、自动化技术、通信技术、生产数据中心建设等方案。其中自动化技术方案涉及范围最广，应用技术最复杂，具体包含了系统硬件、软件、数据采集、报警管理、调度台调整、远程监视、时钟同步等多项技术指标。

1.3　建立数据管理系统

西部管道数据管理中心是西部管道公司的维护数据综合管理中心，主要负责远程监视、数据采集和设备远程维护，其中设备远程维护主要包括输油管道远程维护系统和天然气管道远程维护系统。输油管道远程维护系统主要对原油及成品油管道泵机组、质量流量计及关键点位智能仪表远程维护数据进行管理和应用，天然气管道远程维护系统主要对天然气管道压缩机组及关键点位智能仪表远程维护数据进行管理和应用。数据管理中心（图3）具备开放的数据接口，便于以后扩展GIS、管道模拟仿真和运营管理等系统，同时具备超强的WEB发布功能，把生产运维数据发布到办公网络[12]。

将上述系统整合在一起,最终构成了西部管道公司整体远程自控系统(图4)。

2　远程自控系统的应用

通过提高站场和阀室的工艺、仪表、通信以及电力等系统的感知能力,西部管道公司建立了远程监视、集中监视、数据管理等系统,逐步实现调度控制中心对管道进行全权远程的操作与控制。各地区公司集中配备维护人员与相应设备,进行一体化的运检维作业,减少运营人员[20]。

2.1　管道调控模式优化

目前一级调控管道已经实现"北京油气调控中心、乌鲁木齐分控中心调控-作业区监视"的调控模式(图5),实现管道调控模式优化,为实现资产区域管理奠定基础。通过对二级管道自动化升级改造,西部管道公司实现了二级管道生产运行及关键设备系统化的集中调控。结合现场改造,数据中心采集了现场所有系统的运行参数,通过数据的运算,替代了人员现场巡检。数据中心除对机组关键参数进行监测和诊断外,通过长期对燃机运行负荷、内部气流温度、压力及转速数据分析、实现了燃机性能衰减、热端部件等效运行时间的计算,为未来燃机寿命监测、机组视情维修提供了支持。

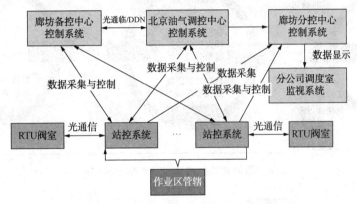

图2　集中监视系统架构图

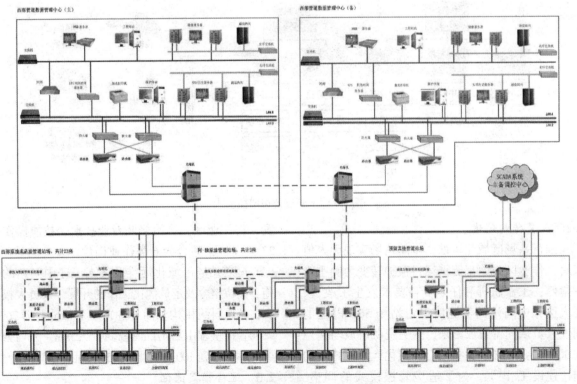

图3　西部管道数据管理系统结构图

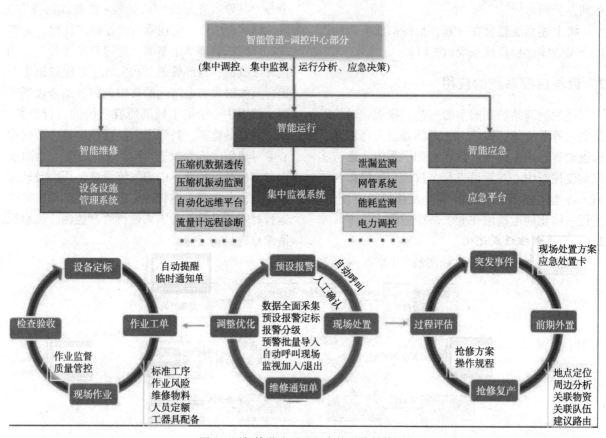

图 4　西部管道公司远程自控系统结构图

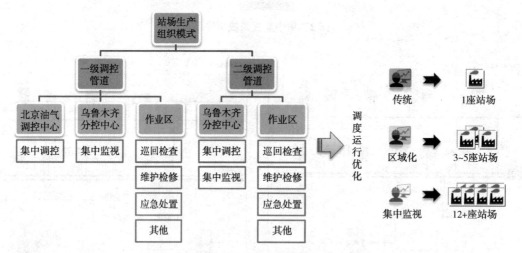

图 5　西部管道公司调控模式

2.2　人员结构优化

推行站场区域化运维，中间站场实现无人值守后，作业区由原来侧重运行监护转变为侧重维护检修，工作职责和任职资格要求发生了改变，无人值守中间站的实施使得占站场 50% 以上的调度人员从岗位解放出来，人力资源解放与岗位需求变化要求必须建立适合区域化运维模式下的岗位建设工作[21]。为了适应管控模式的调整，公司积极推行新型岗位体系，简化基层岗位设置，将作业区、维抢修队专业技术、技能操作等 27 个岗位，整合为 6 类作业岗位。

随着站场区域化运维及无人值守中间站的实施，岗位整合及定员优化工作的开展，人员大幅减少，基层科级机构精简 64%，用工总量下降 36%，人均管道里程由 2.47km 提高到 5.25km，人均劳动生产率由不到 100 万元增至 550 万元。

2.3　巡检模式优化

建立了"1+3+特殊"的巡检机制：

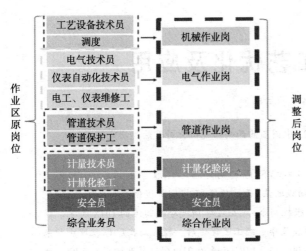

图6　西部管道公司岗位调整结果

（1）综合巡检1次：由作业区领导带队，各专业人员参加，重点检查主要生产设备设施情况；

（2）常规巡检3次：由值班干部组织，重点检查关键设备、要害部位和检修作业情况；

（3）特殊巡检：根据实际需要进行，重点检查异常灾害天气、工艺变更影响部位情况。

作业区利用站控系统、视频监控系统、周界安防系统等技术手段每2小时进行一次检查，对所辖"无人站"和阀室进行每周1次的综合巡检。站场现场检查从原本的2小时一次优化为6小时一次。

3　结论

西部管道公司通过构建以远程监视、集中监视、数据管理中心为核心的远程自控技术，并将其应用于日常实际生产中。结合运营中出现的问题和矛盾，确立了优化目标，取得了如下成果。

（1）实现了"北京油气调控中心、乌鲁木齐分控中心调控–作业区监视"的管道调控模式优化，通过对二级管道自动化升级改造实现了二级管道生产运行及关键设备系统化的集中调控。结合现场改造，数据中心采集了现场所有系统的运行参数，通过数据的运算，替代了人员现场巡检。

（2）中间站场实现无人值守，开展了岗位整合及定员优化工作，基层科级机构精简64%，用工总量下降36%，人均管道里程由2.47千米提高到5.25千米，人均劳动生产率由不到100万元增至550万元。

（3）建立了"1+3+特殊"的巡检机制，优化了巡检周期。

参 考 文 献

［1］冯翠翠.新形势下长输油气管道管理模式探讨［J］.

当代化工研究，2018（09）：50-51.

［2］黄维和.大型天然气管网系统可靠性［J］.石油学报，2013，34（2）：401-404.

［3］张鑫.天然气管网系统可靠性技术发展现状及趋势［J］.化工自动化及仪表，2018，45（8）：583-587.

［4］陈耀双.新形势下中国天然气行业发展与改革思考［J］.中国市场，2016（50）：61.

［5］蒲明，马建国.2010年我国油气管道新进展［J］.国际石油经济，2011，19（3）：26-34.

［6］高鹏，王海英，朱金华，等.2011—2013年中国油气管道进展［J］.国际石油经济，2014，22（6）：57-63.

［7］高津汉.天然气管道无人化站场的理念及设计要点［J］.石化技术，2019，26（01）：176-177.

［8］张建立.油气集输工艺和自控系统［J］.中国石油和化工标准与质量，2012，32（7）：298.

［9］赵刚，王伟，刘虎.原油集输生产过程中的安全管理措施［J］.数字化用户，2017，23（48）：142.

［10］WANG Z, ZHAO L. The development and reform of China's natural gas industry under the new situation［J］. International Petroleum Economics，2016.

［11］谭东杰，李柏松，杨晓峥，等.中国石油油气管道设备国产化现状和展望［J］.油气储运，2015，34（9）：913-918.

［12］郭亮，边学文.PI数据库在西部管道数据中心的应用［C］//中国石油和化工自动化年会，2012.

［13］徐天阳.锡林郭勒盟配网自动化建设方案研究［D］.北京：华北电力大学，2018.

［14］李新鹏，徐建航，郭子明等.调度自动化系统知识图谱的构建与应用［J］.中国电力，2019，52（2）：70-77，157.

［15］张涛，吴瑜晖，孙玉婷.陕西地区智能电网调度技术支持系统实现方案的研究［J］.陕西电力，2010（10）：41-44.

［16］国家电网公司.Q/GDW Z 461-2010 地区智能电网调度技术支持系统应用功能规范［M］.北京：中国电力出版社，2010：13.

［17］曹晏宁.阿拉善电网调控一体化系统设计与应用研究［D］.北京：华北电力大学，2012.

［18］彭太翀，裴陈兵，王多才.天然气管道生产运行集中监视管理模式创新［J］.油气田地面工程，2018，37（02）：75-77.

［19］高洁，李蛟，梁建青，等.油气管道地区公司集中监视系统及其应用［J］.油气储运，2017，36（09）：1099-1102.

［20］魏文辉，金一丁，赵云军，等.智能电网调度控制系统调控运行人员培训模拟关键技术及标准［J］.智能电网，2016，4（6）：626-630.

［21］张晓.基层站队劳动组织优化［J］.石油人力资源，2019（01）：60-64.

轻烃回收 DHX 工艺优化及应用

肖　乐[1]　尹　奎[1]　吴明鸥[2]

(1. 中国石油工程建设有限公司西南分公司；2. 中国石油西南油气田公司天然气研究院)

摘　要　为将国外某轻烃回收厂处理规模扩能至100MMSCFD，同时满足 C_3 收率≥95%、C_4 收率≥98.5%、利旧部分已建设备设施的要求，需对该厂原有油吸收法+丙烷预冷+J-T 阀节流制冷工艺进行优化。通过轻烃回收 DHX 工艺对比，选用了一种丙烷制冷+膨胀机制冷+脱乙烷塔顶气冷凝回流的 DHX 工艺。该工艺实现了脱乙烷塔顶气两步冷却，有效地提高了 C_3 组成收率。经工艺优化后，轻烃回收厂 C_3 收率由原来的 60.1%提高至 95.5%，C_4 收率由原来的 61.3%提高至 99.7%，LPG 产量为 210t/d，每天增产约 130t，达到设计值要求，经济效益显著提高。

关键词　轻烃回收，DHX 工艺，优化；C_3 收率，LPG

国外某轻烃回收厂原采用油吸收法+丙烷预冷+J-T 阀节流制冷工艺，回收该公司天然气处理厂净化天然气中的轻烃资源，设计规模为 60MMSCFD，C_3 收率为 60.1%，C_4 收率为 61.3%，LPG 产量约 80t/d。2015 年天然气处理厂经扩能后投产运行，可用于轻烃回收的净化天然气量达到 100MMSCFD，已建轻烃回收厂的生产规模已不能满足回收新投运工厂净化气中轻烃资源的需要。该厂原采用的油吸收法工艺技术适用于 C_3 含量较高的原料气条件，制冷深度较低，轻烃收率低。因此轻烃回收厂决定进行扩能改造，拆除已建 60MMSCFD 设施，新建 1 座 100MMSCFD 的轻烃回收厂，通过扩能和工艺改进，提高轻烃收率和产量。

1984 年，加拿大埃索公司开发的 DHX 工艺（Direct Heat Exchange）在 Judy Creek 工厂首先应用，C_3^+ 收率由 72%增加至 95%。文献资料和工程经验表明 DHX 工艺能够有效提高 C_3 和 C_4 的收率。因此，本文针对新建的 100MMSCFD 轻烃回收厂采用 DHX 工艺进行了优化设计，实现 C_3 收率和 C_4 收率分别提高至 95%和 98.5%以上，LPG 产量增至 208t/d。

1　改造前工艺流程

已建轻烃回收厂天然气处理量 60MMSCFD，采用油吸收法+丙烷预冷+J-T 阀节流制冷工艺。原料气经油吸收塔进行物理吸收后先后进入一级干气预冷器、中压丙烷预冷器、二级干气预冷器、低压丙烷预冷器降温，再经 J-T 阀节流后，进入低温分离器进行气液分离，低温分离器顶部气相进入两级干气预冷器和干气/冷剂换热器分别与进料气和丙烷冷剂进行换热，然后经干气压缩机增压外输，低温分离器底部液相进入脱乙烷塔。脱乙烷塔顶气经丙烷冷却后进入低压压缩机增压，再经空冷后送至干气压缩机外输，脱乙烷塔底部液相进入脱丁烷塔生产 LPG 和凝析油。脱丁烷塔顶气经空冷器冷凝后一部分通过回流泵增压送至脱丁烷塔顶部作为回流，另一部分作为 LPG 产品输送至 LPG 储罐，脱丁烷塔底部凝析油一部分作为产品送入凝析油储罐，另一部分经过水冷器冷却进入轻油罐，然后通过进料油泵增压送至油吸收塔顶部作为吸收剂，油吸收塔底烃液送至脱乙烷塔中部。工艺流程如图 1 所示。

丙烷制冷循环系统主要包括丙烷压缩机、空冷器、丙烷凝液罐、换热器、蒸发器和入口分离器等，工艺流程如图 2 所示。该系统为装置提供 26℃，0℃和-30℃三个温位的冷量。其制冷循环流程为：低压丙烷换热器来气相丙烷（约 0.08MPa·g）经过一级分离器后进入丙烷压缩机一级吸入口，经压缩机增压到 1.7MPa·g 后经空冷器冷凝为液态丙烷进入丙烷凝液罐。液态丙烷经干气冷却后节流进入高压丙烷换热器，提供 26℃冷量冷却循环水。高压丙烷换热器蒸发的气相（约 0.85MPa·g）经三级分离器分离后进入丙烷压缩机三级吸入口，液相经过节流后进入中压丙烷换热器，提供 0℃冷量预冷天然气。中压丙烷换热器蒸发的气相（约 0.35MPa·g）经二级分离器分离后进入丙烷压缩机二级吸入口，液相经

过节流后进入低压丙烷换热器，提供−30℃冷量进一步预冷天然气。低压丙烷换热器蒸发的气相

经一级分离器后返回压缩机，完成制冷循环。

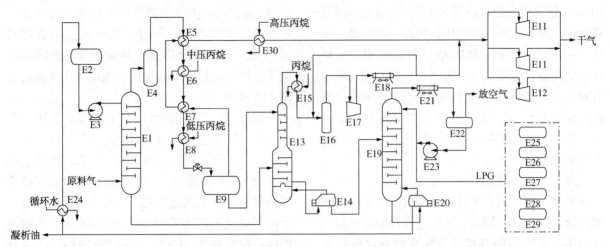

图 1　轻烃回收厂原工艺流程

E1—油吸收塔；E2—轻油罐；E3—进料油泵；E4、E16—分离器；E5、E7—干气预冷器；E6、E8—丙烷预冷器；E9—低温分离器；
E10~E12—干气压缩机；E13—脱乙烷塔；E14、E20—重沸器；E15—丙烷冷却器；E17—低压缩机；E18、E21—空冷器；
E19—脱丁烷塔；E22—回流罐；E23—回流泵；E24—水冷器；E25~E29—LPG 储罐；E30—干气/冷剂换热器

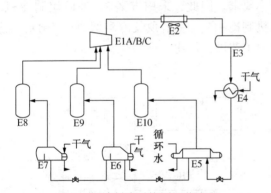

图 2　丙烷制冷系统原工艺流程

E1A/B/C—冷剂压缩机；E2—空冷器；E3—丙烷凝液罐；
E4—干气/冷剂换热器；E5—高压丙烷换热器；
E6—中压丙烷换热器；E7—低压丙烷换热器；E8—一级分离器；
E9—二级分离器；E10—三级分离器

2　工艺路线

2.1　扩能改造需求

已建轻烃回收厂最低制冷温度为−35.9℃，轻烃收率低，同时 60MMSCFD 装置处理规模已经不能满足 100MMSCFD 原料天然气的处理要求。因此新建 1 座 100MMSCFD 的轻烃回收厂，设计 C_3 收率≥95%、C_4 收率≥98.5%，且利旧已建丙烷制冷循环系统。

原料气压力 5.52MPa·g，温度 54.4℃，外输气压力 8.28MPa·g，温度 55℃，原料气组成如表 1 所示。

表 1　原料气组成　　　　　　　　　　mol%

甲烷	乙烷	丙烷	异丁烷	正丁烷	异戊烷	正戊烷	正己烷	二氧化碳	氮气
80.7882	6.6986	2.5762	0.3828	0.6478	0.1745	0.1522	0.2009	2.7602	5.6188

2.2　扩能改造方案

由于新建轻烃回收厂收率要求较高，即 C_3 收率≥95%，C_4 收率≥98.5%，残余气循环工艺和单级膨胀工艺无法满足收率要求[20]。常规 DHX 工艺中 DHX 塔底液烃作为脱乙烷塔顶部回流，使得脱乙烷塔顶气中含有较多的 C_3 组成，经过冷凝后进入 DHX 塔顶部会导致 DHX 塔顶气中含有一定量的 C_3 组成，影响收率[21,22]。因此为满足收率要求，拟采用 DHX 工艺，设置脱乙

烷塔顶气冷凝回流提高 C_3 收率。

2.2.1　DHX 流程优化

本文基于原料气组成和指标要求，设计了两种丙烷制冷+膨胀机制冷+DHX 工艺轻烃回收方案。

方案 1 采用 DHX 塔底液烃作为脱乙烷塔顶部回流。其流程为原料气经预分离、脱水、脱汞后进入中压丙烷预冷器、冷箱预冷降温，然后进入低温分离器气液分离，分离的气相进入膨胀机

膨胀后进入 DHX 塔下部，分离出的液相经节流进入冷箱回收冷量后至脱乙烷塔中部作为进料。DHX 塔顶气依次经过冷箱和干气/冷剂换热器复热后进入膨胀机增压端增压，再经空冷后通过干气压缩机增压外输。DHX 塔底低温液相经泵增压后送至脱乙烷塔顶部作为回流。脱乙烷塔顶部气相经过冷却后进入 DHX 塔上部作为进料，脱乙烷塔底的 C_3^+ 进入脱丁烷塔分馏得到 LPG 和轻油产品。利旧丙烷制冷系统，为原料气预冷并补充冷箱冷量。工艺流程如图 3 所示。

方案 2 采用脱乙烷塔顶气冷凝回流。其流程为原料气经预分离、脱水、脱汞后进入中压丙烷预冷器、冷箱预冷降温，然后进入低温分离器气液分离，分离出的气相进入膨胀机膨胀后进入DHX 塔下部，分离出的液相经节流进入冷箱回收冷量后至脱乙烷塔中部作为进料。DHX 塔顶气依次经过冷箱和干气/冷剂换热器复热后进入膨胀机增压端增压，再经空冷后通过干气压缩机增压外输，DHX 塔底液烃经过泵输送至脱乙烷塔上部作为进料。脱乙烷塔顶气经过冷箱部分冷凝后进入脱乙烷塔回流罐进行气液分离，脱乙烷

塔回流罐气相进入冷箱继续降温后至 DHX 塔顶部作为进料，液相通过回流泵送至脱乙烷塔顶部回流，脱乙烷塔底 C_3^+ 进入脱丁烷塔。脱丁烷塔顶气经塔顶空冷器冷凝后一部分通过 LPG 回流泵回流，剩余部分作为产品输送至 LPG 储罐，脱丁烷塔底凝析油送入凝析油储罐。工艺流程如图 4 所示。

通过 HYSYS 软件对方案 1 和方案 2 进行模拟，主要工艺参数如表 2 所示。从表中可以看出，方案 1 中 C_3 收率为 93.41%，不能满足 C_3 收率≥95% 的指标要求。方案 2 中设置脱乙烷塔顶气冷凝回流，实现脱乙烷塔顶气两步冷却，第一步冷却后进行气液分离，C_3 含量较多的液相返回脱乙烷塔作为回流进一步回收轻烃，C_3 含量较少的气相进一步冷却后进入 DHX 塔顶部作为回流，有效地降低了 DHX 塔回流中的 C_3 含量，提高 C_3 组成收率。C_3 收率达到 95.78%，满足 C_3 收率要求。因此，采用方案 2，即丙烷制冷+膨胀机制冷+脱乙烷塔顶气冷凝回流的 DHX 工艺对原工艺进行优化。

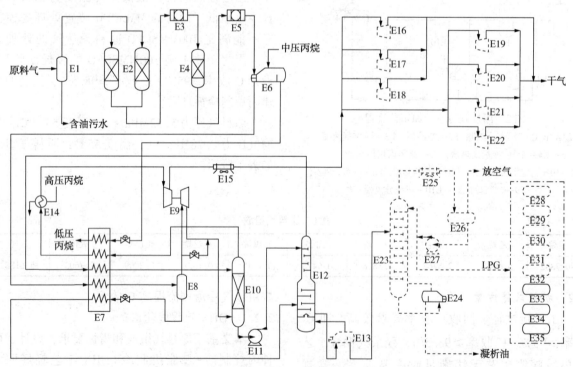

图 3　方案 1 工艺流程

E1—过滤分离器；E2—分子筛脱水塔；E3—干气过滤器；E4—脱汞器；E5—粉尘过滤器；E6—中压丙烷预冷器；

E7—冷箱；E8—低温分离器；E9—透平膨胀压缩机；E10—DHX 塔；E11—DHX 塔底泵；E12—脱乙烷塔；E13、24—重沸器；

E14—干气/冷剂预冷器；E15—干气空冷器；E16~E22—干气压缩机；E23—脱丁烷塔；E25—塔顶空冷器；E26—回流罐；

E27—回流泵；E28~E35—LPG 储罐

备注：虚线标示设备为利旧设备。

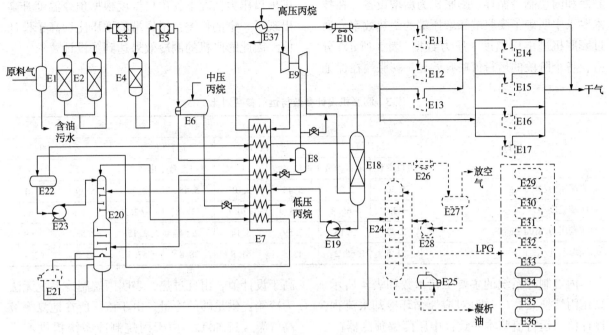

图4　方案2工艺流程

E1—过滤分离器；E2—分子筛脱水塔；E3—干气过滤器；E4—脱汞塔；E5—粉尘过滤器；E6—中压丙烷预冷器；

E7—冷箱；E8—低温分离器；E9—透平膨胀压缩机；E10—干气空冷器；E11~E17—干气压缩机；E18—DHX塔；

E19—DHX塔底泵；E20—脱乙烷塔；E21、E25—重沸器；E22、E27—回流罐；E23、E28—回流泵；E24—脱丁烷塔；

E26—塔顶空冷器；E29~E36—LPG储罐；E37—干气/冷剂换热器

备注：虚线标示设备为利旧设备。

表2　方案1和方案2主要参数比较

主要参数	方案1	方案2
预冷温度/℃	−43.1	−43.1
膨胀比	1.77	1.77
丙烷制冷负荷/kW	1070	1070
冷箱负荷/kW	8171	8784
冷箱最小传热温差/℃	2.3	4.5
膨胀机出口温度/℃	−66.8	−66.8
DHX塔顶温度/℃	−70.9	−72.6
脱乙烷塔顶温度/℃	−21.7	−17.7
膨胀机增压端出口压力/MPa·g	3.16	3.16
干气压缩机功率/kW	2605	2603
外输干气中 C_3 含量/mol%	0.18%	0.11%
计算 C_3 收率/%	93.41%	95.78%

2.2.2　利旧设备分析

本工程采用的 DHX 工艺对中压丙烷系统的温位（0℃）并无需求，但为保证丙烷制冷循环的运行，流程上保留了中压丙烷预冷器，中压丙烷先预冷原料气，再节流进入冷箱提供低温位冷量。另外，保留了产品干气对丙烷预冷流程。丙烷制冷系统改造后工艺流程如图5所示。由于装置处理规模扩大，干气/冷剂换热器和中压丙烷预冷器无法满足换热要求，对其进行了更换。

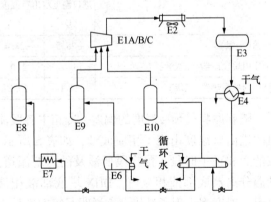

图5　丙烷制冷系统改造后工艺流程

E1A/B/C—冷剂压缩机；E2—空冷器；E3—丙烷凝液罐；

E4—干气/冷剂换热器；E5—高压丙烷换热器；E6—中压丙烷预冷器；E7—冷箱；E8—一级分离器；E9—二级分离器；E10—三级分离器

3　运行效果分析

经工艺优化后，轻烃回收厂于2017年9月投产运行，本文收集了部分现场运行数据与设计值进行对比。

3.1　制冷与分离效果分析

新建厂轻烃回收工艺中冷量主要来自膨胀机

制冷和丙烷制冷循环。膨胀机为新增设备，在技术要求中明确了膨胀端和增压端的绝热效率，通过膨胀机进出口温度、压力数据（表3所示）分析，各个阶段的运行值略有差异。膨胀端在保证进出口压力情况下，出口温度根据预冷温度升高出现了一定的偏差；增压端的增压比均高于设计值。因此膨胀机的制冷效果达到了设计要求。

表 3　膨胀机设计参数与运行参数对比

项目	工艺参数							
	设计值		运行值-晚		运行值-晨		运行值-午	
	进口参数	出口参数	进口参数	出口参数	进口参数	出口参数	进口参数	出口参数
膨胀端压力/MPa·g	5.30	2.99	5.45	3.01	5.45	2.99	5.39	3.01
膨胀端温度/℃	−43.1	−66.8	−43.9	−70.1	−35.8	−62.9	−35.3	−61.3
增压端压力/MPa·g	2.77	3.16	2.59	3.14	2.54	3.15	2.53	3.09
增压端温度/℃	51.5	65.2	43.5	61.8	38.8	57.4	43.8	62.4

丙烷制冷系统的主要工艺参数如表4所示。高压丙烷换热器（三级）对应原循环冷却水流程，设计值与运行值基本一致；中压丙烷预冷器（二级）为新更换设备，用于对净化天然气预冷，设计值与运行值基本一致；一级为低压丙烷冷箱流道，为冷箱供冷，该流道冷箱出口的丙烷温度远高于设计值，出现过热，表明丙烷制冷系统无法为冷箱提供足够的冷量。由于该厂所在地夏季最高气温接近50℃，白天丙烷制冷系统提供不了足够的冷量，低压丙烷系统出冷箱温度过热，偏离设计值较多，夜晚随环境温度降低勉强能接近设计值。

表 4　丙烷制冷系统设计参数与运行参数对比

丙烷制冷循环系统	工艺参数							
	设计值		运行值-晚		运行值-晨		运行值-午	
	进口温度/℃	出口温度/℃	进口温度/℃	出口温度/℃	进口温度/℃	出口温度/℃	进口温度/℃	出口温度/℃
冷箱（一级）	−28.5	−28.4	−34.7	−17.1	−37.8	25.7	−34.9	35.6
中压丙烷预冷器（二级）	1.0	1.0	0.9	0.9	−6.2	−6.2	−1.2	−1.2
高压丙烷换热器（三级）	24.1	25.2	19.5	19.5	15.6	15.6	25.0	25.0

随着原料气预冷温度的偏差，冷箱中各股流道的进出口温度出现了相应波动，如表5所示。在清晨和正午时段，预冷段所涉及的丙烷流道，低温分离器底部液相流道，DHX塔底部液相流道出口温度都出现了过热，这说明系统中冷量不足。低温分离器液相和DHX塔底液相冷量主要来自丙烷预冷和膨胀机制冷，膨胀机达到了设计制冷效率，说明利旧的丙烷制冷系统在气温升高时，无法提供冷箱需要的足够的制冷负荷。脱乙烷塔顶部温度偏高，无法将塔顶气中更多的 C_3 冷凝，脱乙烷塔顶气进入 DHX 塔时，能够冷凝的 C_3 相对减少，从而影响 C_3 收率。

表 5　冷箱各股流道进出口温度参数设计值与运行值对比

项目		工艺参数							
		设计值		运行值-晚		运行值-晨		运行值-午	
		进口温度/℃	出口温度/℃	进口温度/℃	出口温度/℃	进口温度/℃	出口温度/℃	进口温度/℃	出口温度/℃
冷箱流道1	原料气	45.0	−43.1	31.8	−43.9	32.0	−35.8	39.1	−35.3
冷箱流道2	干气	−72.6	37.0	−72.2	24.2	−66.3	29.2	−63.4	35.9
冷箱流道3	低温分离器底部液相	−51.7	5.0	−51.3	−0.6	−43.2	4.7	−40.6	16.8

续表

项目	工艺参数							
	设计值		运行值-晚		运行值-晨		运行值-午	
	进口温度/℃	出口温度/℃	进口温度/℃	出口温度/℃	进口温度/℃	出口温度/℃	进口温度/℃	出口温度/℃
冷箱流道 4 DHX 塔底液相	−67.2	−10.0	−67.2	−7.6	−61.2	17.2	−54.5	22.4
冷箱流道 5 脱乙烷塔顶气相	−17.7	−33.9	−12.5	−34.7	5.7	−26.4	5.2	−31.0
冷箱流道 6 脱乙烷塔回流罐气相	−34.3	−66.1	−30.2	−68.7	−24.4	−62.7	−24.3	−59.7
冷箱流道 7 丙烷	−28.4	−28.4	−34.6	−17.1	−37.8	25.7	−34.9	35.6

3.2 轻烃收率与产量分析

根据现场运行情况, 轻烃回收装置脱丁烷塔系统运行稳定, 满足改造后的负荷提升。轻烃收率和产品产量目标值与运行值对比如表 6 所示。改造后 C_3 收率运行值为 95.5%, C_4 收率运行值为 99.7%, LPG 产量 210t/d, 满足 C_3 收率和 C_4 收率分别提高至 95% 和 98.5% 以上、LPG 产量增至 208t/d 的目标值要求。

表 6   轻烃收率及产品产量目标值与运行值对比

指 标	数 值	
	目标值	运行值
C_3收率/%	95	95.5
C_4收率/%	98.5	99.7
LPG(C_3+C_4)产量/(t/d)	208	210

4 结论

本文针对国外某轻烃回收厂原有油吸收法+丙烷预冷+J-T 阀节流制冷工艺进行优化, 通过轻烃回收工艺方案对比, 选用了一种丙烷制冷+膨胀机制冷+脱乙烷塔顶气冷凝回流的 DHX 工艺。该工艺实现了脱乙烷塔顶气两步冷却, 有效地提高 C_3 组成收率。经工艺优化后, 轻烃回收厂 C_3 收率运行值为 95.5%, C_4 收率运行值为 99.7%, LPG 产量 210t/d, 达到了设计指标要求, 提高了工厂的经济效益。

参 考 文 献

[1] 诸林. 天然气加工工程(第二版)[M]. 北京: 石油工业出版社, 2008: 229-250.

[2] 王遇冬, 王璐. 我国天然气凝液回收工艺的近况与探讨[J]. 石油与天然气化工, 2005, 34(1): 11-13.

[3] 李士富, 王继强, 常志波, 等. 冷油吸收与 DHX 工艺的比较[J]. 天然气与石油, 2010, 28(3): 35-39.

[4] Haliburton J, Khan S A. Process for LPG Recovery [P]. US: 4507133, 1985.

[5] 王健. 轻烃回收工艺的发展方向及新技术探讨[J]. 天然气与石油, 2003, 21(2): 20-22.

[6] 周学深, 孟凡彬. 轻烃回收装置中 DHX 工艺的应用[J]. 石油规划设计, 2002, 13(6): 62-65.

[7] 孟凡彬, 李强. 浅析丘东 LPG 装置中重接触塔的作用[J]. 油气田地面工程, 2002, 21(1): 22-23.

[8] 仝淑月. 春晓气田陆上终端天然气轻烃回收工艺介绍[J]. 天然气技术, 2007, 1(1): 75-80.

[9] 李士富, 李亚萍, 王继强, 等. 轻烃回收中 DHX 工艺研究[J]. 天然气与石油, 2010, 28(2): 18-26.

[10] 王玮. LPG 回收装置重接触塔操作实践与认识[J]. 天然气技术, 2009, 3(2): 54-56.

[11] 郭春生, 孙景威, 赵福俊. 巴基斯坦凝析气田轻烃回收投标项目工艺技术[J]. 天然气工业, 2008, 28(6): 127-129.

[12] 马宁, 周悦, 孙源. 天然气轻烃回收技术的工艺现状与进展[J]. 广东化工, 2010, 37(10): 78-79.

[13] 黄思宇, 吴印强, 朱聪, 等. 高尚堡天然气处理装置改进与运行优化[J]. 石油与天然气化工, 2014, 43(1): 17-23.

[14] 胡文杰, 朱琳. "膨胀机+重接触塔"天然气凝液回收工艺的优化[J]. 天然气工业, 2012, 32(4): 96-100.

[15] 乔在朋, 蒋洪, 牛瑞, 等. 油田伴生气凝液回收工艺改进研究[J]. 石油与天然气化工, 2015, 44(4): 44-49.

[16] 韩淑怡, 王科, 祁亚玲, 等. 天然气轻烃回收 DHX 工艺优化研究[J]. 天然气化工, 2014, 39(6): 58-62.

[17] 王沫云. DHX 工艺在膨胀制冷轻烃回收装置上的应用[J]. 石油与天然气化工, 2018, 47(4): 45-49.

[18] 张继东, 孟硕, 张海滨, 等. 影响 DHX 工艺 C_3 收率因素分析及工艺完善[J]. 石油与天然气化工, 2017, 46(1): 49-56.

[19] 钟荣强，付秀勇，李亚军．油田伴生气轻烃回收工艺的优化[J]．石油与天然气化工，2018，47（2）：46-51.

[20] 王治红，吴明鸥，李涛，等．提高天然气轻烃回收装置 C_3^+ 收率的方案比选——以中坝气田为例[J]．天然气工业，2016，36（3）：77-86.

[21] 付秀勇．对轻烃回收装置直接换热工艺原理的认识与分析[J]．石油与天然气化工，2008，37（1）：18-22.

[22] 张世坚，蒋洪．直接换热常规流程的改进及分析[J]．化工进展，2017，36（10）：3648-3656.

球形储罐内燃法热处理数值模拟研究

张宏志　葛　兵　胡国良　赵　振

（大庆油田工程建设有限公司）

摘　要　整体热处理是球罐安装中最重要的工序，是一项不可逆的特殊操作过程，对球罐的使用寿命产生直接影响。但是在工程实施中缺少整体热处理准确性的验证，对热处理结果缺少有效的理论数据。本文针对传统内燃法热处理过程进行理论研究，计算出不同温度区间内的数值结果，将计算过程导入编程软件，通过编制程序，得到热平衡计算结果界面。建立物理模型和数学模型，对球罐内部的流场和温度场分布进行数值模拟，绘制出球罐保温层内壁面不同时刻的温升曲线，比较热处理温升与标准规范的不同，对模型进行改进后进行优化模拟分析，符合了标准规范要求，在工程中实施应用，提高了球罐整体热处理施工质量，具有广阔的推广前景。

关键词　球罐，整体热处理，流场分布，温度场分布，数值模拟

球罐作为一种重要的储存容器，广泛应用于石油、化工、冶金等行业，通常在球罐焊接完成后，为了消除焊接残余应力，改善接头的塑性和韧性，释放焊缝中的有害气体，需要对其整体进行热处理。球罐整体热处理主要采用内部喷射燃烧法，以球罐本身作为炉膛，在球罐下人孔处安装高速喷嘴燃烧器，燃料通过喷嘴高速射入并在球罐内燃烧，产生的烟气通过辐射和对流的形式与球罐壁面换热，从而达到加热球壳的效果。整体热处理是球罐安装中最重要的工序，是一项不可逆的特殊操作过程，保温层设计、燃料流量、燃料用量、火嘴位置等因素对球罐温度场均匀分有极大关系，为了保证球罐热处理施工质量、安全、成本得到有效控制，采用数值模拟方法来解决这些难题。

本文针对 $200m^3$ 球罐内燃法热处理过程，进行了球罐热处理过程理论研究，建立了高精度的六面体网格，对内部瞬态温度场进行数值模拟，更加准确地研究球罐在热处理过程中壁面温度分布情况，优化了霍克火嘴安装位置，在工程中实施应用，提高了球罐热处理施工质量。

1　球罐热平衡计算

球罐热处理存在温度不均匀问题，需要进行仿真分析。然而，在球罐内流场的仿真过程中定义边界条件需要知道热流进入球罐内的初速度。由于球罐热处理是通过将燃烧器置于球罐下人孔处喷出火焰进行直接加热的[4]。所以，燃烧器

工作时的火焰速度就是热流在球罐内循环的初速度。因此，大型球罐燃烧与热平衡计算是球罐内流场仿真初始条件的提供者，也是合理选择燃烧器、管道规格和控制工艺参数的前提。

由于球罐热处理影响因素众多，尺寸、材料、环境条件各异，热处理工艺不同使得大型球罐的热工计算十分复杂、繁琐。因此，本文采用图形编程软件，设计开发出一套完整的燃烧与热平衡计算的模型来简化计算过程，建立一套大型球罐焊后整体热处理的燃烧与热平衡自动计算系统。

1.1　球罐热损失计算

根据球形储罐施工技术流程确定理论和经验公式。热工计算部分所需的理论和经验公式是根据热平衡基本公式而得出的。在大型球罐焊后整体热处理过程中，所需单位时间总热量如下[5]-[6]。

$$\sum Q = Q_1 + Q_2 + Q_3 + Q_4 + Q_5 + Q_6 \quad (1)$$

式中，Q_1 为加热球罐金属的有效热量，kJ/h；Q_2 保温层散失热量，kJ/h；Q_3 保温层蓄热损失，kJ/h；Q_4 燃料化学不完全燃烧损失的热量，kJ/h；Q_5 燃料机械不完全燃烧损失的热量，kJ/h；Q_6 炉废烟囱排除烟气时带走的热量，kJ/h。

假定 $T_1 = 400℃$、$T_2 = 600℃$，可以求出罐壁面温度按 $70℃/h$ 从 $400℃$ 升高到 $600℃$ 时平均入口燃料的流量 V_n；估算每千克燃料完全燃烧时的理论空气量，考虑到空气和燃烧不可能混合的非常均匀，必须多送些空气才能使燃料接近完全

燃烧，计算出实际空气量，由此得到模型平均入口空气流量。燃料从下人孔中心处进入球罐，空气从下人孔中心通道外侧通道由鼓风机送入。

通过以上计算，可以计算出不同温度区间内的数值结果，将计算过程导入编程软件，通过编制程序，开发了热平衡计算平台(图1)。

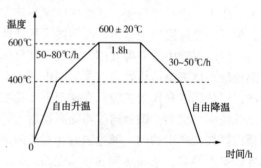

图 1　热平衡计算平台结果显示

2　球罐内燃法数值模拟计算

2.1　模型建立

2.1.1　物理模型

大型球罐内燃法热处理工艺过程：大型球罐作为炉体，球罐内部作为燃烧室，下人孔为喷吹孔，上人孔为排气孔。将燃烧器至于球罐内下的人孔中央附近，用空气将柴油雾化点燃产生的高温，以对流和辐射的方式给罐体加热，按照工艺要求使球罐壳体的温度以一定的升温速度上升，达到工艺要求的热处理温度。本文以200m³球罐为模型进行分析，绘制球罐及流场三维模型图，采用六面体网格对模型进行划分，得到网格划分如图2所示。

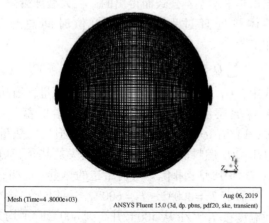

Mesh (Time=4 .8000e+03)　　Aug 06, 2019
ANSYS Fluent 15.0 (3d, dp, pbns, pdf20, ske, transient)

图 2　球罐三维网格

2.1.2　数学模型

按照 GB 50094—2010《钢制球形储罐》选择

如下热处理工艺参数和工艺曲线见图3。

图 3　球罐热处理曲线图

本文仅针对温度升高到400℃开始，到达600±20℃至进入恒温阶段前这一温度区间进行燃烧数值模拟。球罐内部燃烧是非预混湍流燃烧耗散过程，采用非预混燃烧模型，系统设置为非绝热系统，选择Fluent软件中C10H22的参数作为燃料的物性进行计算，燃烧过程中火焰温度很高，考虑火焰对壁面及周围介质的辐射传热，采用P1辐射模型，采用$k-\varepsilon$湍流模型来封闭Reynolds时均方程组，壁面采用标准壁面函数法，压力和速度的耦合采用Couple算法，动量和能量的离散采用二阶迎风格式，燃料入口设置质量流量入口，空气入口设置为速度入口，上人孔设置为压力出口。

2.1.3　数值模拟结果

球罐为中心对称结构。在理想状态下，球罐内部的流场和温度场分布也应该中心对称。所以研究通过中心轴的一个截面的流场和温度场分布即可，具体见图4。

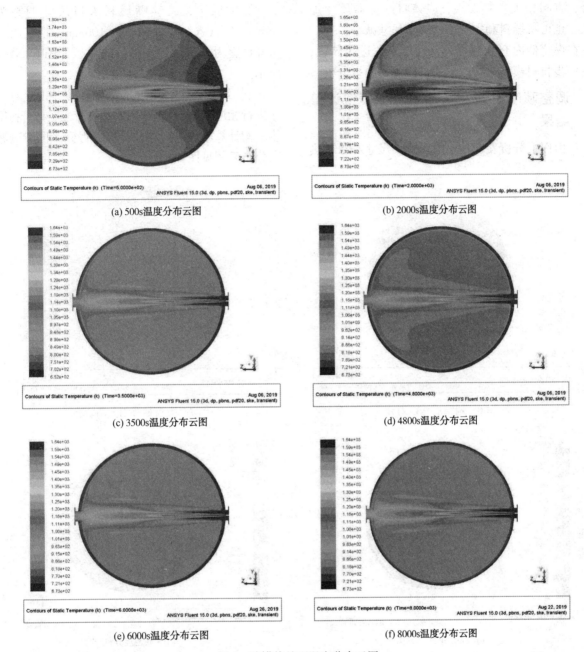

(a) 500s温度分布云图　　　　　　　　　(b) 2000s温度分布云图

(c) 3500s温度分布云图　　　　　　　　　(d) 4800s温度分布云图

(e) 6000s温度分布云图　　　　　　　　　(f) 8000s温度分布云图

图4　球罐热处理温度分布云图

通过以上不同时刻的温度分布云图，可以绘制出球罐保温层内壁面不同时刻的温升曲线如下图5所示。

从上图可以看出，储罐壁面温度从400℃开始升温，随着温度的升高加热速率逐渐增大，到达4000s后温升速率逐渐降低，到达8500s时，最大温度为622℃，最低温度为522℃，且球罐壁面温度在8000s后几乎没有变化，说明此时对罐壁的加热已经完成，但该温度并不能达到规范规定的580℃，且从模拟云图中可以看出，罐内入口处存在较长一部分的空气，而实际施工中，空气和燃料的混合应在进入储罐内已经充分混

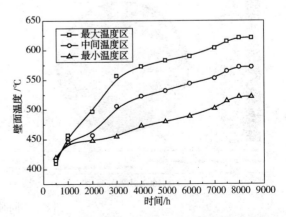

图5　球罐保温层内壁面不同时刻的温升

合，查阅相关资料发现，应该将燃烧器尺寸加长，也可将燃料和空气的进气管尺寸减小，使二者在燃烧器内充分混合后再通过人孔进入储罐，下一步将对模型进行改进后进行优化模拟分析。

处理影响较大，将喷嘴燃料入口尺寸调整为15mm，空气入口尺寸调整为100mm，烟气出口尺寸调整为150mm，调整后的模型如图6、图7所示。

3 调整喷嘴位置及尺寸后二维模型计算结果

由以上分析发现，喷嘴位置及尺寸对球罐热

利用上述模型重新进行数值模拟，由于对尺寸进行相应修改，空气入口流速随之改变，利用热平衡计算软件进行相应计算，得到不同时刻温度分布云图见图8。

图 6　调整后网格划分

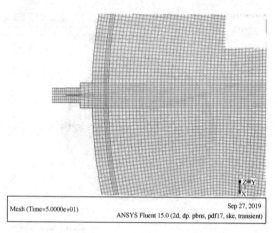

图 7　喷嘴细节划分图

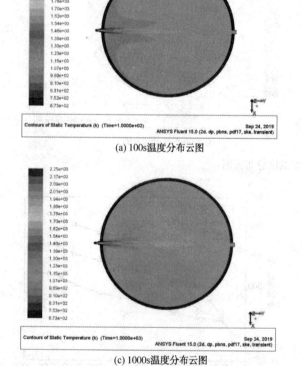

(a) 100s温度分布云图

(c) 1000s温度分布云图

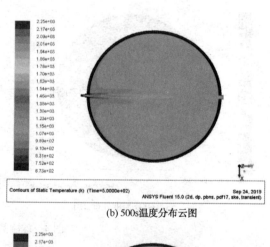

(b) 500s温度分布云图

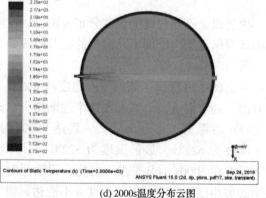

(d) 2000s温度分布云图

图 8　不同时刻温度分布云图

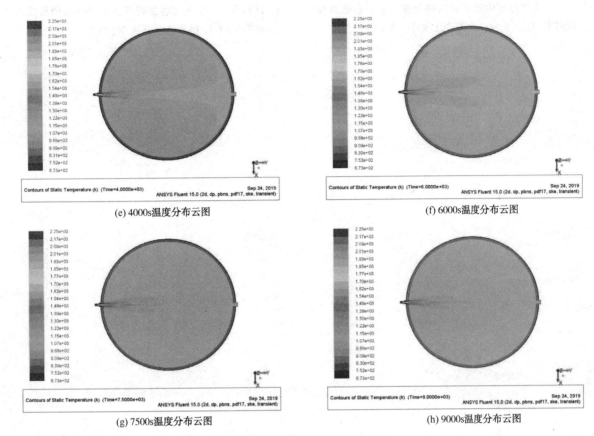

(e) 4000s温度分布云图　　　　　　　　　(f) 6000s温度分布云图

(g) 7500s温度分布云图　　　　　　　　　(h) 9000s温度分布云图

图8　不同时刻温度分布云图(续)

　　预冷到达9000s时，储罐内壁面最高温度为909K，最低温度830K，温差约79℃，符合标准规范要求。

4　工程应用

　　根据调整后的喷嘴位置及尺寸，对某工程200m³球罐进行整体热处理，在球罐壳体上设置的测温点数据显示，球罐温度的加热速率满足标准规范要求，圆满地完满完成了200m³球罐的热处理任务(图9)。

图9　200m³球罐热处理工程应用

5　结论

　　本文采用图形编程软件，设计开发出一套完整的燃烧与热平衡计算的模型来简化计算过程，建立一套大型球罐焊后整体热处理的燃烧与热平衡自动计算系统，为球罐整体热处理提供理论支撑。采用热处理热工计算模块与球罐热处理数值模拟计算，计算出球罐热处理的燃料用量、流量计算、保温层厚度设计、以及火嘴安装位置等重要参数，根据计算结果与标准规范相比较，进一步对模型改进后进行优化模拟分析，达到标准规范要求，为球罐热处理实际施工提供有效的指导，提升了球罐整体热处理质量。

参 考 文 献

[1] 刘超锋，刘亚莉，戚俊清.国内球罐焊后热处理技术[J].压力容器，2006，(9)：38-43.

[2] 刘洋，高威.2000m³球罐焊后整体热处理[J].石油化工设备，2014，43(6)：66-68.

[3] 王春英，王明岩.6000m³球罐的整球热处理和局部辅助技术[J].中国化工装备，2018，(6)：27-30.

[4] 王春英，王明岩.6000m³球罐的整球热处理和局部辅助技术[J].中国化工装备，2018，(6)：27-30.

[5] 吉方. 大型球罐内燃法焊后热处理工艺稳态数值模拟研究[D]. 太原：太原理工大学，2012.

[6] 吕宵宵. 大型压力容器焊后热处理的数值模拟与实验研究[D]. 扬州：扬州大学，2015.

以创新思维打造数字油田建设新模式

滕奇刚　蔡晓东　杨嘉琪　姚　健

（中国石油吉林油田公司）

摘　要　在总结传统数字油田建设经验的基础上，吉林油田结合生产实际，自主研发了井、间、站低成本物联网产品，形成了"简单、实用、低成本"的特色物联网成套技术，打造了"自主研发、自主设计、自主建设、自主运维"的数字油田建设新模式。

关键词　数字油田，低成本，自主研发，创新

吉林油田是一个有着六十年开发史的老油田，多井、低产、高含水成为油田开发的主要特征。"十二五"期间，吉林油田依靠外部厂商力量先后开展了重点井模式、重点区块模式、重点厂模式的物联网建设试点，试图通过信息化技术手段摸索出老油田提质增效的新途径。通过几年的运行，外部厂商产品和技术存在的建设和维护费用高、维护难度大、上线率低、应用效果差强人意等"水土不服"问题逐步显现，特别是低油价形势下，数字油田建设面临着建不起、用不住、没实效的尴尬局面。进入"十三五"，吉林油田深刻总结数字油田建设的经验教训，全面梳理物联网建设、管理、应用、维护工作，提出了建设"简单、实用、低成本"物联网的目标，明确了"自主研发、自主设计、自主建设、自主运维"的数字油田建设理念，通过大老爷府油田物联网示范区建设，形成了可复制、可推广的数字油田建设模式，2018 年在吉林油田全面推广应用低成本物联网建设模式，实现吉林油田在用油井、计量间全部数字化，探索出了一条数字油田建设的新路。

1　创新研发低成本物联网成套技术

吉林油田物联网系统结构充分吸收借鉴集散控制系统的设计思想，采取分布式架构，分散采集，集中存储、计算、监控(图1，图2)。

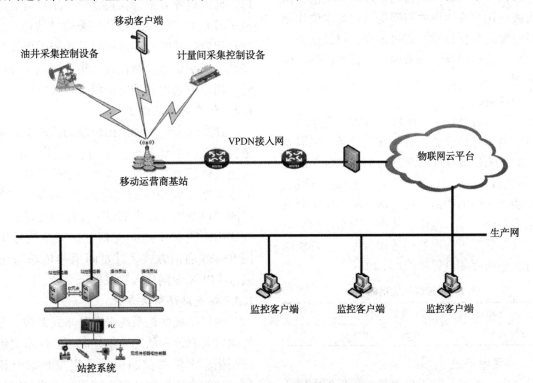

图1　吉林油田低成本物联网系统硬件结构图

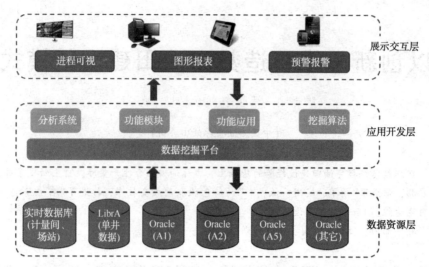

图 2　吉林油田低成本物联网系统软件结构图

1.1　油井解决方案

前端井场物联网设备包括三款设备：抽油机停井报警仪、测控仪、井场电子眼。抽油机井安装抽油机停井报警仪、测控仪，螺杆泵井和电潜泵井安装测控仪，每个井场安装井场电子眼。

1.1.1　抽油机停井报警仪

抽油机停井报警仪是吉林油田独有的一款物联网产品，由电源模块、加速度检测模块、4G 传输模块构成。该设备安装于抽油机游梁上，通过传感器实时监测游梁运动状态判断抽油机是否停井，当游梁停止运动，该设备会向物联网平台发出停井信号，物联网平台通过短信、微信、网络等方式向用户发出停井报警提示，其主要作用在于及时发现异常停井。通过该设备可以精确计量抽油机井生产时间，为采油时率管理提供准确数据依据。

1.1.2　测控仪

测控仪是吉林油田在吸收借鉴现有电参数采集设备、电力计量设备、时控开关设备、电源设备、RTU、DTU 设备的功能基础上，结合采油生产实际研制的一款集电源、采集、控制、计量、传输功能于一体的产品。通过该产品可以定时或实时采集电机电压、电流、功率、功率因数、电量等多项参数，可实现远程遥控启停井、自动间抽运行、平衡度测试等功能（表 1）。

表 1　测控仪性能指标

项目	电流	电压	有功功率	功率因数	电量
精度等级	0.5	0.5	0.5	0.5	1.0

1.1.3　井场电子眼

井场电子眼是一款串口摄像头，采用中国移动 4G 网络传输数据，可以定时或实时抓拍多种分辨率的井场照片，通过物联网平台实现电子巡井功能。井场电子眼具有连拍功能，通过物联网平台可拟合成动画，便于用户查看井场动态变化。井场电子眼由测控仪提供 12V 电源，安装时用户只需将电子眼电源插头插好即可。井场电子眼安装调试无需复杂软件配置，用户只需将设备序列号和井号录入物联网平台即可。

1.1.4　设备间关系

抽油机停井报警仪、测控仪、井场电子眼三款产品各自独立运行，在功能上互相验证和支撑。抽油机停井报警仪报警时，用户可利用井场电子眼和测控仪检验停井报警信息是否准确；用户远程启停井时，抽油机停井报警仪可反馈启停井是否成功信息；测控仪采集数据提示井况异常时，用户可利用井场电子眼查看现场情况。

1.2　计量间解决方案

计量间安装吉林油田研制的低成本计量间采集控制柜，采集温度、压力、流量、翻斗计数、可燃气体报警等信号。温度测量采用较一体化温度变送器更为经济的热电阻（三线制），降低计量间建设费用；压力测量采用压力变送器，信号制式为两线制 4～20mA 信号，流量信号采集采用 RS485 通信方式。计量间信号传输采用 DTU 通过 VPDN 专网接入物联网云平台。

1.3　油气站场解决方案

油气站场站控系统采取分布式架构，采用吉林油田研制的多功能采集控制柜、注水机组自保控制柜、水源井控制柜等采集控制站内各类参数。站控系统通过油田生产网接入物联网云平台

（图3）。

1.4　吉林油田低成本物联网技术主要创新点

同比传统物联网技术，吉林油田低成本物联网技术具有如下特点：

（1）系统结构不同。吉林油田低成本物联网技术采用分布式结构，传统物联网技术采用链式架构。相比传统技术，系统结构更加简化优化，系统稳定性和可靠性问题得到系统性解决。

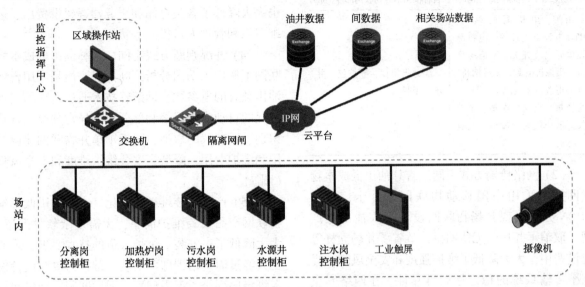

图3　吉林油田油气场站结构图

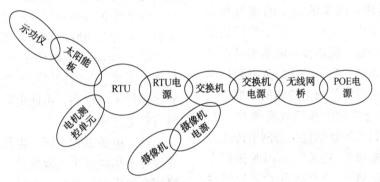

图4　传统物联网链式结构

由图4可见传统物联网结构上存在的问题，当POE电源、无线网桥、交换机电源、交换机、RTU电源、RTU等任何一个环节出现故障，用户都不能获取物联网数据。

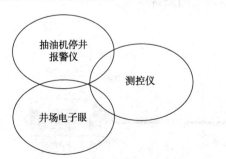

图5　吉林油田低成本物联网分布式结构

由图5可见，吉林油田低成本物联网采用分布式结构，设备间独立运行，独立传输，功能上相互验证，当一个设备失效时，可以通过另外两个设备获取相应信息。例如：抽油机停井报警仪失效，可以通过井场电子眼、测控仪确认是否停井；测控仪失效，可以通过井场电子眼和抽油机停井报警仪确认油井工作状态。

同比传统物联网技术，吉林油田低成本物联网产品配置更加简单，取消了传统技术中使用的示功仪、RTU、无线网桥、开关电源、空气开关、交换机等设备，井场物联网设备数量由14件减少到3件，消除了故障多发环节，提高了设备的上线率（表2）。

油气场站部分改变以往控制柜集中部署的方式，按照站内采集点分布就近部署控制柜，符合吉林油田油气站场物联网建设是在现有装置基础上改造的实际，减少了对站内现有地面的破坏，减少了土建工作量，也方便了维修维护，解决了以往存在的线缆经常被挖断的瓶颈问题。

表 2　单井物联网设备构成对比表

传统模式油井物联网部件构成	吉林油田油井物联网部件构成
RTU、电机测控单元、RTU 电源空气开关、电机测控单元空气开关、网络摄像机、摄像机电源、无线网桥、POE 电源、无线网桥安装杆、交换机、交换机电源、示功仪、示功仪太阳能板、电流互感器	停井报警仪、测控仪、井场电子眼

（2）网络传输方式不同。吉林油田低成本物联网技术采用中国移动物联网贴片卡，通过 VPDN 方式实现井场物联网设备接入油田生产网，取消了井场的无线网桥，节省了井场立杆等建设费用，大大降低了维护强度和安全风险，提高了传输系统的稳定性和可靠性。在网络安全上，VPDN 是利用 IP 网络的承载功能结合相应的认证和授权机制建立起来的安全的虚拟专用网。在具体实现上采用隧道技术，即物联网数据封装在隧道中进行传输。隧道技术的基本过程是在油田生产网与中国移动网络的接口处将数据作为负载封装在一种可以在公网上传输的数据格式中，在油田生产网与公网的接口处将数据解封装，取出负载。被封装的数据包在公网上传递时所经过的逻辑路径被称为"隧道"。VPDN 采用专用的网络安全和通信协议，VPDN 用户可以经过公网，通过虚拟的安全通道和油田生产网进行连接，而公网上的用户则无法穿过虚拟通道访问油田生产网(图 6)。

（3）井场视频监控方式不同。吉林油田低成本物联网不采用连续流方式视频监控，改为拍照方式实现井场监控，大大降低了传输流量。相比连续流监控，功能更加实用，通过物联网平台管理功能可以保证每一张照片都被检视，而连续流视频则无法保证视频一直被审核。通过此种方式也大大降低了各类存储和服务器等建设费用、运维费用和管理人员投入等费用。

（4）井况判断方式不同。吉林油田低成本物联网不使用示功图分析判断井况，而是利用吉林油田独有的电参数自动解释技术通过电功图实现井况的自动变化报警和部分典型异常井况的自动识别。示功仪的取消，降低了单井物联网建设费用和维护费用，降低了安装维护难度和安全风险（图 7）。

（5）产品安装维护便利化。吉林油田低成本物联网产品安装维护简单，无需复杂软件配置，大大降低了对安装、维护人员的技术要求，采油工人经过简单培训即可安装、维护；单井设备仅需绑定序列号，无需配置，即插即用；计量间控制柜标准化接线，量程变换等移至组态软件端完成，安装维护人员只需按照色标接线即可，无需配置。而传统物联网技术要求安装维护人员具备相当的专业技术，掌握 PLC 组态、RTU 配置、摄像机配置、无线网桥配置等技术才能胜任，维修维护技术门槛高，由此也造成故障不能得到及时有效地处理。

（6）电源方式不同。吉林油田低成本物联网在设计上尽量减少电源数量，抽油机停井报警仪采用电池供电，井场电子眼由测控仪供电，取消了所有开关电源设备，从根本上解决了电源部分故障多的问题。在计量间控制柜设计上充分考虑采油厂供电的实际，加强可靠性、抗冲击性能、电路保护性能的设计，投用以来从未发生过供电原因造成的设备损坏。

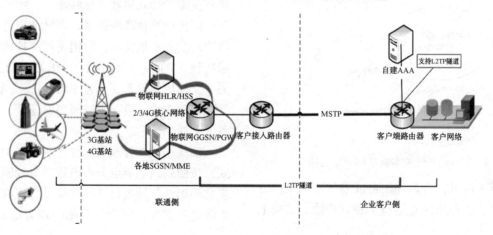

图 6　VPDN 网络结构图

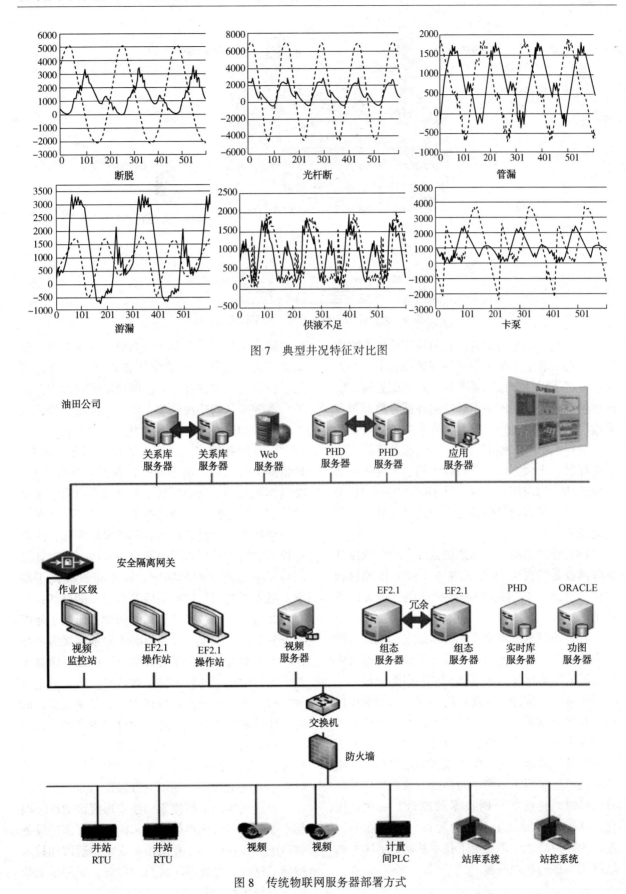

图7　典型井况特征对比图

图8　传统物联网服务器部署方式

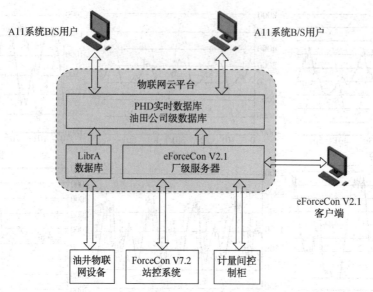

图 9　吉林油田低成本物联网云平台架构

（7）统一的平台部署。吉林油田低成本物联网在平台部署上采取集中统一部署于云平台的方式，取消了以往分散部署于采油厂的服务器，实现平台统一运维。解决了以往服务器分散部署于采油厂时存在的机房环境差、安全防护部署不到位、运行维护不方便的问题。同时服务器的统一云化部署，大大方便了大数据挖掘、智能化算法的快速部署与应用，实现了从 OLTP 向 OLAP 的转变，建成了国内目前最完整的高频油井电参数据资源库。

（8）经济实用，吉林油田低成本物联网单井物联网设备费仅为 6000 元左右，仅为传统物联网设备费的 1/5，各型控制柜价格仅为传统设备的 1/2。

吉林油田低成本物联网技术是在传统物联网技术基础上发展而来的，产品功能设计以解决生产实际问题为出发点和落脚点。利用抽油机停井报警仪解决异常停井发现难的问题，利用测控仪解决井况异常发现不及时的问题，利用井场电子眼解决人工巡检不到位、不及时的问题，借助于大数据分析技术，又衍生出很多实用性功能，用简单的产品实现了不简单的功能。就系统自身而言，经过对传统物联网技术的改进、简化、优化，从根本上解决了系统稳定性、可靠性的问题，为保持高上线率奠定了技术基础，解决了物联网用不住的瓶颈问题。

2　创新物联网建设维护模式。

产品的便利化、系统结构的简化优化为采油

厂实施自主建设、自主运维扫清了技术障碍，使采油工人自己动手安装维护物联网设备成为可能。在吉林油田油井、计量间物联网建设中，采油厂成为物联网建设施工、研究、应用、维护的主体，采油工人自己动手建设、维护物联网，仅用六个月的有效施工时间，实现全部在用油井、计量间上线运行。整个建设过程不发生施工费。在具体施工中，采油厂员工充分结合自身建设维护的实际，进行了多项改造创新，例如：针对以往井场作业经常会破坏物联网线缆的实际，线缆布设采取沿着井场边界墙铺设的方法；针对计量间内经常出现挖漏的实际，桥架布设提高了高度，减少了挖漏对物联网线缆和桥架的破坏；针对停井报警仪安装需要登高的问题，研制了便携式安装工具，实现了设备拆装不停抽、无需登高作业；针对夏季电子眼蜘蛛结网的问题，研制了基于生物学原理的防蜘蛛结网装置。员工自主建设、自主维护模式的采取极大节省了施工费，同时使建设质量得到了保障。通过自主建设、自主运维模式的采取，物联网设备成为采油设备的一部分，纳入到采油设备日常管理中，设备维护及时性、系统上线率得到根本性保证。

通过几年的运行摸索，逐步形成采油厂、内部专业队伍两级运维体系，采油厂负责前端设备维修维护，在内部专业队伍负责系统运维和技术指导，这样充分发挥了各自的优势，保障了上线率一直稳定在 95% 以上。

3 创新物联网管理模式。

吉林油田油井、计量间物联网上线应用以来，积极推进数字化生产管理模式变革，建立了以大数据闭环应用为核心的生产运行驱动模式，缩短数据应用链条，压缩管理层级，推行大工种大岗位，在实现油井厂级集中监控的基础上构建地质工程一体化的数据中心，实现监控管理、指挥调度、开发管理、应用研究一体化运行。松原采气厂实现用工压缩46%，英台采油厂联合站实现用工压缩40%，新民采油厂实现3个人管理全厂油井(图10)。

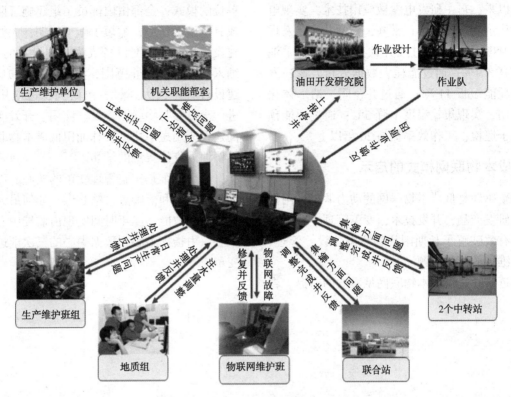

图10 大老爷府油田物联网模式生产管理模式图

在物联网专业管理上，从关注上线率、完好率转变为关注数据利用率和利用效果，物联网专业管理部门从信息部门调整至开发业务主管部门，建立了物联网应用评价体系。

4 创新物联网应用研究模式。

自主研发是吉林油田低成本物联网取得成功的关键。在物联网应用研究上，改变了以往采油厂作为最终用户坐等软件应用功能的方式，采油厂成为应用研究的主体，信息部门成为应用软件转化的主体，两者通过有效的知识移交实现了研究成果快速软件化部署应用，实现了边建设、边研究、边应用。从2017年至今，累计研究各类典型场景应用137项，开发算法60余项，软件功能增加153项，各类接地气的应用在采油厂落地，初步实现油井工况诊断智能化，取得显著应用成效(图11)。

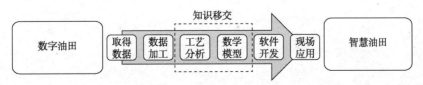

图11 吉林油田低成本物联网应用研究模式图

在开发模式上，推广集约化大井丛效益建产模式，实现了配套物联网设施工厂化布置，均摊效应使单井建设费用进一步降低。

5 低成本物联网建设应用成效。

通过自主建设、自主运维模式的采取，吉林

油田仅用六个月的有效施工时间实现所有在用油井、计量间的数字化，同比传统模式，节省设备采购费 2 亿元以上，节省施工安装费 2000 万元以上，单井维护费由 6000 元/井．年降至 2000 元/井/年以下，实现了物联网系统快速建成快速见效。吉林油田油井、计量间物联网 2019 年全部投用以来，自主研发电参数应用技术，实现电参数替代示功图诊断不正常井，异常井变化发现率达到 98% 以上；通过油井大数据应用，采油时率提高 3.1%；通过能耗大数据分析，诊断发现典型耗能短板 11 项；通过井、间、站一体化集成应用，实现集输温度下降 5℃；通过智能预警和电子巡检，工作效率提高 20 倍以上。

6　低成本物联网模式的启示

创新驱动是低成本物联网的动力源泉。用创新思维研发产品，开发技术，变革管理，自己动手干，有效破解了长期困扰物联网建设、管理、应用、维护的瓶颈难题。

贴近实际是低成本物联网见实效的前提。吉林油田从提高采油时率、提升管控水平、节能降耗等关键需求入手，以满足实际生产需求为原则，避免了需求的盲目扩大，实现系统简化优化，单井仅安装三件设备，全油田一个平台。

全员参与是低成本物联网成功的根本保障。物联网建设、维护摆脱传统的全部以来外部施工单位的模式，全部由内部员工组建施工队伍，完成具体施工任务，缩短了施工周期，大幅度节省建设费用；物联网设备成为采油设备的一部分，纳入日常维护保养范围，实现故障维护不出厂。建设过程中，边建设、边研究、边应用、边改进，全员参与物联网建设、应用、开发实现物联网建设应用短平快。吉林油田低成本物联网是吉林石油人集体智慧的结晶。

数字思维是实施管理变革的核心。以数据应用为出发点和落脚点，精心谋划如何最大限度发挥物联网效能，三年时间实现由监控中心到指挥中心、由指挥中心到数据中心的三次渐进式数字变革。

硫回收富氧燃烧及提升主炉温度方法研究

周明宇[1]　曹文浩[1]　王向林[2]　沈荣华[2]　兰　林[1]　汤国军[1]　闵　刚[1]

(1. 中国石油工程建设有限公司西南分公司；2. 中国石油西南油气田公司)

摘　要　为了提升克劳斯硫回收装置对于处理低 H_2S 浓度酸气的适应性，主燃烧炉采用富氧空气燃烧成为提高炉温、提升酸气火焰稳定性的有效措施。为深入了解富氧燃烧效果、研究富氧燃烧工艺路线及不同浓度富氧空气对燃烧温度的影响，借助富氧燃烧测试平台开展现场试验，确立不同工况下富氧燃烧的工艺路线，系统研究不同富氧浓度对提高主燃烧炉温度的作用。此外，还对比分析了其他提升主燃烧炉温度的方法。通过富氧燃烧工艺及提升主燃烧炉温度其他方法的对比分析，得出最优的富氧燃烧工艺路线，并推荐了提升克劳斯硫回收装置主燃烧炉温度的方法原则，为工业化应用提供支持。

关键词　硫回收，富氧燃烧，提升炉温，测试试验

大部分原油和原料天然气中都含硫，在石油化工天然气加工过程中由于产品脱硫工序会产生含 H_2S 气体(称为酸气)，毒性很大，对人类的生存与环境危害甚大。因此，酸气必须经过处理后才能排放。工业上通常采用克劳斯工艺方法回收酸气中的元素硫。

当酸气中 H_2S 浓度较高且潜硫量较大时，常采用常规克劳斯加还原吸收法尾气处理工艺路线，这是一条成熟可靠的工艺路线，投资也相对合理。但该工艺路线仍存在以下问题：①常规克劳斯硫回收装置主燃烧供风用普通空气，大量 N_2 进入系统，增加了过程气量，稀释了过程气中反应物浓度，导致装置效率降低；同时，为保证能够满足生产操作，必须考虑足够大的设备、管道尺寸，增加了装置的设备投资。②当需要处理低 H_2S 浓度酸气时，主燃烧炉温度随之降低，只有通过酸气分流来提高炉温，但这影响了装置运行效率，若 H_2S 浓度进一步降低，将影响酸气在主燃烧炉中燃烧的稳定性，导致装置不能稳定运行。为此，20 世纪 80 年代开发了以富氧空气作为 H_2S 氧化剂的富氧克劳斯工艺，提高装置效率，扩大装置处理能力，进一步提升了对低 H_2S 浓度酸气的适应性。

由于较低的富氧程度可在较少的投入下获得较多的收益，因此目前富氧克劳斯硫回收装置大多在较低的富氧程度下运行。为了提高石油天然气化工过程中酸气回收硫的回收率，在克劳斯硫回收工艺中，采用高浓度富氧或纯氧技术，进一步减少过程气量，提升转化效率，缩小设备尺寸。为了提升富氧/纯氧燃烧克劳斯工艺在实际工程应用中的稳定性和可靠性，需要进一步深入开展试验研究。

1　富氧燃烧工艺路线研究

富氧燃烧是用比通常空气(含氧 21%) 含氧浓度高的富氧空气进行燃烧的统称。富氧燃烧的形式大致可分为：微富氧燃烧、富氧燃烧、纯氧燃烧。不同形式富氧燃烧的区别主要在于富氧空气中的氧浓度不同，而在特定的克劳斯硫回收装置中，随着主燃烧炉燃烧器供风中的富氧浓度不同，总的供风量也不同。

根据燃烧经典理论，燃烧器燃烧室的设计主要基于"3T"原则进行，即烟气停留时间(Time)、反应温度(Temperature)、紊流混合程度(Turbulance mixing)。3T 理论提及对于在有限的停留时间和高温空间中气体混合程度的好坏主要依靠气体的湍流效果，并提出强化燃烧过程的途径包括：

(1) 改善气流相遇条件，即将燃气与空气分成细流，增大两股气流的接触面，使两股气流有一定的速度差，并成一定的交角相遇，从而增加气流扰动。

(2) 加强紊流，燃气与空气构成撞击混合，强化混合过程。

(3) 采用旋流气流混合过程及化学反应过程。旋流有两个作用，一是增加了气流的紊流，强化了混合过程；二是旋流中心的回流区使大量烟气回流与燃气混合物相混，加强了混合效果，

提高了反应区温度，强化了化学反应过程。

基于以上理论分析可知，即便是富氧燃烧，为了强化燃烧过程，仍然需要坚持"3T"原则，且尽可能使气体以旋流的方式进入燃烧器内部。但是从燃烧器结构上分析，不能同时对富氧空气和酸气两种介质同时进行旋流。因此，只能选择一种气体介质（富氧空气或酸气）进行旋流。当采用富氧燃烧或纯氧燃烧时，建议酸气进行旋流，如图1所示。并借助富氧燃烧试验平台开展了现场试验，通过试验结果表明，采用该种工艺路线可以保证酸气火焰稳定燃烧。

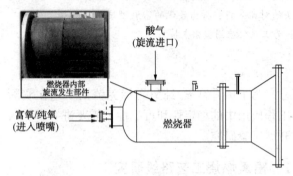

图 1　富氧燃烧进气工艺路线示意图

2　富氧浓度对提升主燃烧炉温度的影响

本文通过富氧燃烧试验平台开展了现场试验，通过系统试验研究了不同富氧浓度对于提升主燃烧炉温度的影响，结果见表1。通过不同富氧浓度的空气（甚至纯氧）与不同浓度 H_2S 组合成11种工况，开展富氧燃烧试验；观察了每种工况火焰燃烧的稳定性，测试了每种工况的燃烧温度。

表 1　富氧燃烧试验工况表及温度测试结果

工况	H_2S 摩尔分数/%	O_2 摩尔分数/%	主燃烧实测温度/℃
工况 1	40%	21%	944
工况 2	50%	21%	982
工况 3	60%	21%	1061
工况 4	30%	35%	950
工况 5	40%	35%	1067
工况 6	30%	45%	958
工况 7	30%	60%	995
工况 8	30%	80%	1041
工况 9	30%	100%	1056
工况 10	30%	30%	943

续表

工况	H_2S 摩尔分数/%	O_2 摩尔分数/%	主燃烧实测温度/℃
工况 11	28%	100%	958

在30% H_2S 浓度下，测试了不同富氧浓度空气燃烧时的主燃烧炉温度，并做成了变化趋势的曲线，见图2。同时通过试验平台设置的炉子尾部中心的观察视镜对其燃烧情况进行了观察，见图3。

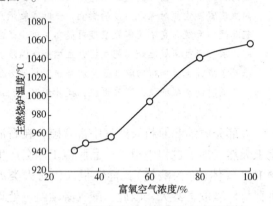

图 2　不同富氧浓度对主燃烧炉温度的影响
（H_2S 浓度为30%）

从图2中可以看出，随着供风空气中氧气浓度的提高，主燃烧炉温度显著提高，证明提高富氧浓度对提升克劳斯硫回收装置主燃烧炉温度产生有利影响，特别在低浓度 H_2S 酸气工况，能够显著提高酸气火焰燃烧温度。图3显示了在30% H_2S 浓度下，不同富氧浓度工况下主燃烧炉酸气燃烧情况，可以看出，即便在较低 H_2S 浓度下，采用富氧空气进行燃烧，能够有效的维持燃烧稳定性。

从图2和图3的结果看，富氧燃烧对于处理低 H_2S 浓度酸气的克劳斯硫回收装置平稳、高效运行有着积极的作用。

3　提升主燃烧炉温度方法的对比分析

在克劳斯硫回收工艺中能够有效提升主燃烧炉温度，除提高供风空气中氧气浓度的方法之外，还有酸气分流、酸气预热、空气（或富氧空气）预热等方法。但后三种方法中，由于酸气分流中部分 H_2S 没有经过主燃烧炉高温克劳斯反应，会影响整个硫回收装置的反应效率，特别是在酸气中含 NH_3、重烃等有害杂质时，要慎用酸气分流这种方法。

按酸气 H_2S 浓度20%，酸气分流40%，

100%纯氧为基准，通过软件模拟计算了四种方法对提升主燃烧炉温度的影响，分别为酸气分流、预热酸气至220℃、预热富氧空气至220℃、同时预热酸气和富氧空气至220℃。从图4的对

比分析中可以看出，较其他三种方法，酸气分流对提高主燃烧炉温度更为显著，同时预热酸气和富氧空气的效果又比单独预热一股气体的效果好。

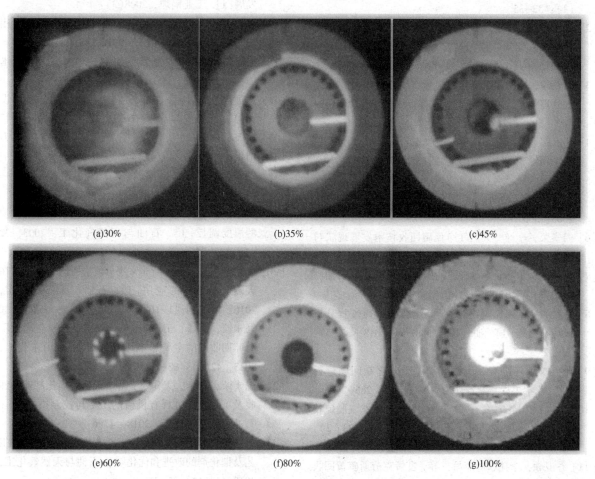

图3　不同富氧浓度下主燃烧炉燃烧情况（H_2S 浓度为 30%）

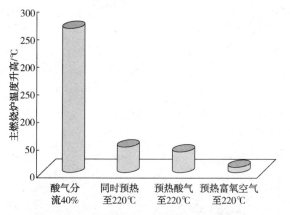

图4　不同方法对提高主燃烧炉温度的对比

4　结论

本文通过借助富氧燃烧测试平台开展现场试验，工艺模拟软件等开展对应的富氧燃烧的研究，深入了解了富氧燃烧效果，系统研究了不同富氧浓度对提高主燃烧炉温度的作用。同时，通过富氧燃烧工艺及提升主燃烧炉温度其他方法的对比分析，推荐了提升克劳斯硫回收装置主燃烧炉温度的方法原则。具体得出以下结论：

（1）富氧燃烧能够显著有效地提升酸气燃烧温度，对于处理低 H_2S 浓度酸气的克劳斯硫回收装置平稳、高效运行有着积极作用。

（2）综合考虑本文中所述的富氧燃烧对于提升炉温的效果、不同提升主燃烧炉温度方法对比以及酸气分流对硫回收装置反应效率的影响，推荐在实际克劳斯硫回收装置设计中为提升酸气燃烧温度，保证装置高效平稳运行，推荐采用提升炉温方法的先后顺序为：富氧燃烧>酸气/富氧空气预热>酸气分流。

参 考 文 献

[1] 周明宇，梁俊奕，李建，等. 我国天然气净化厂酸气处理技术新思考[J]. 天然气与石油，2012，30(1)：32-35.

[2] 周明宇，赵华莱，刘健，等. 自主开发的含硫尾气处理技术及其应用[J]. 天然气与石油，2018，36(4)：36-41.

[3] 唐昭峥，毛兴民，罗守坤，等. 国外硫磺回收和尾气处理技术进展综述[J]. 齐鲁石油化工，1996，24(4)：302-311.

[4] 汪家铭. 超级克劳斯硫磺回收工艺及应用[J]. 天然气与石油，2009，27(5)：28-32.

[5] 王开岳. 天然气净化工艺-脱硫脱碳、脱水、硫磺回收及尾气处理[M]. 北京：石油工业出版社，2005：363.

[6] 温崇荣，李洋. 天然气净化硫回收技术发展现状与展望[J]. 天然气工业，2009，29(3)：95-97.

[7] 徐志达，单石灵. 含硫原油的加工工艺[J]. 石油与天然气化工，2004，33(1)：34-36.

[8] 陈建兵，叶帆，赵德银，等. 天然气脱硫过程分析及应对措施[J]. 油气田地面工程，2018，37(7)：32-37.

[9] 于孔文，连少春. 天然气加工工艺存在问题解析[J]. 化学工程与装备，2018，41(11)：286-287.

[10] 张大秋，陈玉婷，彭鹏，等. 原油和天然气脱硫技术对比及展望[J]. 石化技术，2016，23(2)：238-239.

[11] 乔卫领，李捷，叶茂昌，等. 富氧克劳斯硫黄回收工艺应用探讨[J]. 石油与天然气化工，2009，38(2)：132-136.

[12] 王世建，冉文付，陈奉华. 天然气净化装置低负荷运行节能措施探讨[J]. 石油与天然气化工，2013，42(5)：447-456.

[13] 苏俊林，潘亮，朱长明. 富氧燃烧技术研究现状及发展[J]. 工业锅炉，2008(3)：1-4.

[14] 陈赓良. 富氧硫磺回收工艺技术的开发与应用[J]. 石油与天然气化工，2016，45(2)：1-6.

[15] 徐广华，刘雨晴. 克劳斯硫回收工艺中的富氧技术[J]. 化工进展，2002，21(8)：572-575.

[16] 蒲远洋，周明宇，王非，等. 富氧燃烧测试平台设计[J]. 天然气与石油，2019，37(5)：50-54.

[17] 黄飞，林向东，尤国英. 富氧燃烧分析[J]. 电力情报，1999，(3)：43-44.

[18] 刘蓉，刘文斌. 燃气燃烧与燃烧装置[M]. 第一版. 北京：机械工业出版社，2009.234-235.

[19] 龚建华，朱利凯. 克劳斯法制硫工艺中燃烧反应炉的温度调控[J]. 石油与天然气化工，2003，32(1)：22-25.

[20] 曹文全. 常规克劳斯非常规分流法硫磺回收工艺在天然气净化厂的应用[J]. 石油与天然气化工，2016，45(5)：11-16.

[21] 马永波，刘炜，王东庆，等. 高含硫天然气净化厂总硫回收率的主要影响因素探讨[J]. 山东化工，2013，42(7)：83-86.

[22] 温崇荣，马泉，袁作建，等. 天然气净化厂硫磺回收及尾气处理过程有机硫的产生与控制措施[J]. 石油与天然气化工，2018，47(6)：12-17.

[23] 吴立涛，廖小东，黄金刚，等. 炼油厂硫磺回收工艺及催化剂的改进和优化[J]. 石油与天然气化工，2019，48(1)：32-37.

Comos FEED 工艺数字化集成平台的二次开发与应用研究

苏 敏 程 浩 王 珏

(中国石油工程建设有限公司北京设计分公司)

摘 要 Comos FEED 工艺数字化集成平台通过构架完整的工艺专业数据库，实现设计产品标准化，消除重复劳动，能有效提高设计的准确性和质量，同时减少设计时间和成本消耗。通过对应用需求进行分析，结合公司现有的工程设计软件资源，有针对性地对集成平台进行二次开发，通过导航项目加以应用与研究，规范现有工作流，通过应用数据的不断丰富和完善，形成具有自主知识产权的专家知识库、模型库，最大程度实现项目级复用，增强公司的核心竞争力。

关键词 Comos FEED，数字化集成平台，二次开发，应用研究

1 前言

前端工程设计(Front End Engineering Design，FEED)是整个设计生命周期中非常重要的一个阶段，也是输入条件变化频繁、耗时较大的一个环节。整个工艺设计，必须面对数量巨大、关系复杂的数据，如模拟数据，设备计算数据，多工况分析优化数据等等，这些来自多个系统和数据源、格式互不兼容的数据无法在单一数据平台上进行集中管理和维护，造成不同用户之间无法同步和统一一致数据，数据重复输入，无法实现有效共享；同时频繁的数据修改和版本变更，使得数据与文档之间也无法保证始终一致且最新；再者，信息间联系的不统一，非标准化使得项目的复用率很低，很难建立公司的最佳实践案例，这对于工程设计公司在竞争激烈的环境中去提高设计质量、减少项目费用、缩短设计周期从而提高公司的竞争力是非常大的障碍。此外，通常知识和经验只掌握在个人手里，很难进行沉淀、共享与继承，非常不利于公司的长远发展。因此，开发一款工艺数字化集成平台对提高设计效率和质量是非常有必要的。

Comos(Component Object System)是覆盖工厂全生命周期的平台。对于工程公司/设计院，Comos 能在工程设计平台、文档管理平台、数字化工厂移交平台上实现从概念/方案设计、基础/初步设计、详细/施工图设计的一体化工程设计到安装试车、运营维护以及现代化与升级改造的一体化运行维护。因此通过对公司现有的工程软件进行整合，对 Comos FEED 进行二次开发形成适应公司项目运行的工艺数字化集成平台是非常有必要的。

2 Comos FEED 数字化平台的特点和功能

2.1 Comos FEED 数字化集成平台的特点

（1）数据源的唯一性及数据的一致性

在集成平台中，数据源为一对一或一对多，任何一个生成的对象都可以导航到一个唯一的数据源，保证了数据的唯一性。同时，平台中的数据通过导航或者定制映射可以实现在对象，文档和软件中的传递。修改设计方案，设计人员不需要重新录入数据，只需将修改后的模拟数据重新读入数据库中。平台可以使设计人员在设备参数卡片修改的数据立即在设备一览表和数据表中得到体现，保证了数据的一致性。

（2）丰富成熟的交互接口

集成平台能与多种流程模拟软件以及自主研发的计算软件实现相互对接，可以自主定制接口，实现数据在不同的设计文档或软件中的自动传递。

（3）细致灵活的用户权限管理

集成平台可以设置设计、校对、审核、审定等不同等级的权限。同一等级也可以设置多个工作层级，每个层级均可细化设置权限，如：一个设计人员在自己的工作层级下只能修改设定好的

某一部分的工作，而无权限修改其他设计[1]。利用权限追踪、历史查询等功能定位错误发生者。

（4）行之有效的版本控制

• 默认或自定义版本号和版本描述

• 在发布前可以被删除，但在发布后或下一版本发布后就不能再被修改或删除，确保版本的严肃性，能记录下所有的历史修改记录（修改者、修改时间、修改的具体内容）

• 可按照项目的要求添加校对审核、审定、会签等步骤。

• 多个版本的情况下，始终显示最后的几个版本。

（5）智能追踪

集成平台会随时检查图纸，智能地标注图面中的错误信息，如图纸中的管道流向错误、设备未接上、参数填写不正确、逻辑错误（设备连接点过多）等，并进行标红警告，设计人员可以根据错误提示修改图纸[2]。

（6）文档管理平台

数字化集成平台可以通过定制模板对物料平衡表、PFD、UFD、设备一览表、设备数据表等进行管理。同时，计算书和设计说明书等外部文档（Excel/Word 等）也可拖拽到平台中。

（7）标准化项目与项目复用

数字化集成平台可以将整个项目保存为项目模板，或将项目的一部分保存为数据文件，在将来的项目中重复利用。

2.2 Comos FEED 数字化集成平台的功能

（1）绘制带属性的 PFD

从流程模拟模型中抽取数据，将数据写入数据库中，流程模拟报告中的数据可以进入到 PFD 图和数据表中，赋予了 PFD 图中设备和管线对象的属性，在 PFD 图中，设计人员可以通过点击设备和管线来查看各种属性。

（2）交互数据的公共平台

通过不同的导入模块与常用工艺模拟与计算软件等外部程序模块对接，可以实现设计数据在 PFD、数据表模块间进行互调和修正，减少项目设计周期的设计输入变更和繁琐的校审，保证数据的一致性。

（3）参数和参数卡片定制

由于集成平台中各种图例符号、各类数据表都指向同一个源基础库（Base Library）中的同一

个模板，因此通过集成平台可规范图例符号及各类数据表的格式，达到标准化设计。

参数和参数卡片的定制是所有二次开发工作的基础，无论是与其他软件之间的数据传递，还是出后期的成品文件，都需要以参数为基础，所需数据都映射到参数上。也正是因为数据源唯一，所以才能实现工艺设计中相关的设备、物流、参数数据的一致性。

（4）知识库管理

知识管理，是指组织有意识采取，保证能在最需要的时间将最需要的知识传递给最需要的人的一种战略。其可以帮助共享信息，并通过不同的方式付诸实践，最终达到提高组织绩效的目的。

将设计标准和项目经验定制成知识库。定制可通过警告、规则、事件等方式对数据库中的数据进行校验或者实现自动输入。知识贯穿于工程项目的全生命周期。实际工程项目中，随着项目的竣工，设计团队随之解散，所产生的经验和知识容易随着项目的结束而丢失，造成知识浪费。因此，工程项目的管理过程需实现对知识的集成管理，在需要的时候获取所需的知识、并将其应用在工程项目中以实现项目管理目标，完成项目知识的储存、共享与传递。

（5）设计向导或进度管理

方便设计人员进行设计，确保设计不漏项。

（6）多语言转换

集成平台可以同时支持多种语言，例如：可以在中文语言环境下设计，成果文件以英文版进行数字化文件交付。

3 Comos FEED 工艺数字化集成平台的二次开发

3.1 技术路线

首先掌握工艺数字化集成平台模块功能，在此基础上对 FEED 阶段工作流进行梳理，选择工艺设计常用软件集成到平台，并对此平台进行适应公司设计体系和理念的定制，如集成接口的定制开发、文档模板及参数卡片的定制开发、知识库定制开发、工况管理与分析定制开发、模型库定制开发等。以设计成熟、资料完整的实例项目作为导航项目，将构建完成的平台加以应用验证，解决实际应用过程中出现的问题，对其进一步完善，以期在后续项目中推广应用，并对利用

数字化集成平台完成从概念设计、基础设计或详细设计等各个阶段形成工程数据中心，一体化协同设计集成平台有所借鉴和参考。如图 1 所示是 Comos FEED 工艺设计集成平台的基本架构。

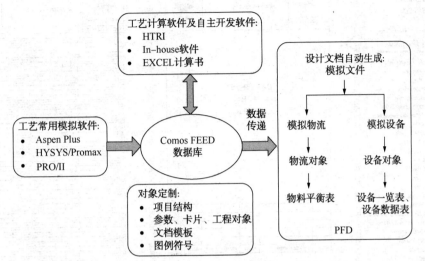

图 1　Comos FEED 工艺数字化集成平台的基本架构

3.2　集成平台二次开发

（1）集成接口的定制开发

定制流程模拟软件的单向数据接口（Aspen Plus/HYSYS）、换热器计算软件的双向数据接口（HTRI）、自主开发设备单体计算软件接口、Smartplant P&ID 软件接口，实现数据自动传递并同步更新。

（2）文档模板及参数卡片的定制开发

实现物料平衡表、图例、PFD 图面、设备一览表、设备数据表标准化（图2）。

以统一模拟计算数据库为支撑，实现了常用设备中文数据表和英文数据表（一览表）的标准化定制和自动生成功能开发（图3，图4）。

（3）知识库定制开发

把油气田地面工程设计中的设计标准、规范，实际工程设计积累的经验数据及专家经验集成到平台中，形成知识库管理系统。可实现实时在线帮助、动态校验、图纸文本可视化警示、图纸绘图元素的可视化警示等。

① 实时在线帮助系统开发

实时在线帮助系统是指在工程设计过程中，当设计人员不知道怎么做或想知道常规的经验是怎么做时，选中某变量，按 F1 键会弹出关于目前设计相关的实时在线帮助文档，工程师可以从中获取相关的设计规定、规范、建议等信息，协助完成设计（图5）。

② 动态校验系统开发

动态校验系统是在工程师出现严重错误时，动态弹出提示信息，提醒工程师修改错误，以避免设计中出现偏差。如设备的操作值不能超出设备设计值的范围，如果工程师所填的值，在这个范围之外，会马上弹出提示框（图6）。

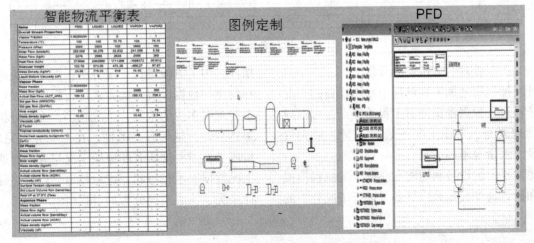

图 2　物料平衡表、图例标及 PFD 图面标准化

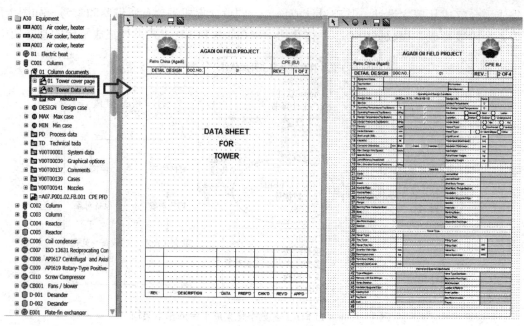

图3　设备数据表

图4　设备一览表

（4）工况管理与分析定制开发

　　开发油气田地面工程设计中常用设备的工况分析子模块，根据油田地面工程的特点，可以导入和管理夏季、冬季工况下最大油量、最大气量、最大水量等不同工况。

　　集成平台的设备和物流在获取工况流程模拟数据和设备选型数据后，具备了进行工况分析的

条件，为了方便进行工况分析，需要把关键设备和物流的数据以规定的方式进行智能的展示，而不受工况多少的限制，工况越多，工况分析的结果越准确，越具有参考性。在工况分析完成后，集成平台需要把所有的原始工况与分析所选择的工况数据展示在一起，进行校审，以最终确定设计工况，完成工况分析的过程(图7)。

图5 给分离器的操作温度设置帮助信息

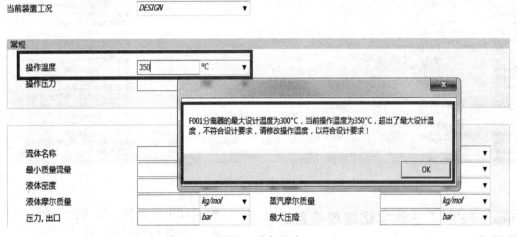

图6 动态校验

图7 设备多工况数据分析比较

（5）模型库定制开发

开发快速分析、比较同装置模型及不同设备参数的模拟、设备计算、工况分析等核心数据，为新装置的模型、单体选型进行快速复用，构建模型库。具体技术指标为构建不同项目、不同工况下工程装置流程模拟文件的模型查询和比较，同时开发以设备对象为核心模型的数据复用及相似装置的项目级的快速复用。

在具体的设计中，工程师可能需要参考不同项目中同类型的装置模型，开发定制跨项目搜索功能可以很方便把不同项目的同类型设备模型搜索出来，并且把需要分析比较的数据显示在表格中，通过这种方式工程师可以很快找出不同类型的项目中同类型装置模型，很直观地看到它们之间的差异，方便分析。对于某些特殊的分析，需要定制成固定的搜索模板，按照设定好的分析方法，进行自动分析，并得出结论，提高工作效率和设计质量。图 8 搜索“bajisitan”和“Tukuma”两个项目中所有的换热器，在搜索的列表中，很容易读出设备所在的项目、单元，以及设备的位号和名称。需要对换热器的负荷，操作温度，操作压力等数据进行分析比较，把这些数据加载到列表中，分析比较直观清晰。

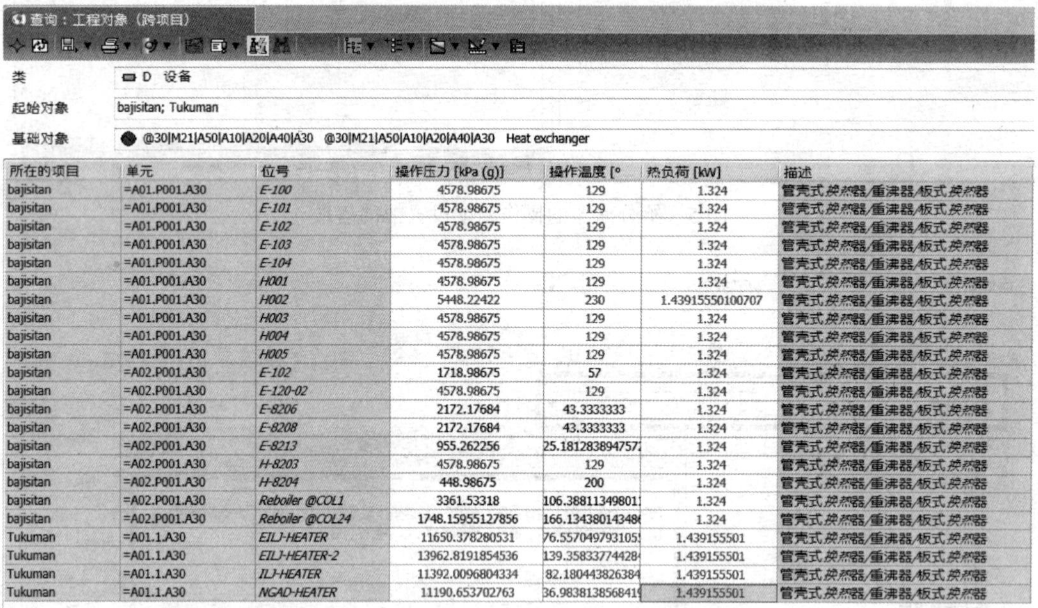
查询：工程对象（跨项目）

类　D 设备

起始对象　bajisitan; Tukuman

基础对象　@30|M21|A50|A10|A20|A40|A30　@30|M21|A50|A10|A20|A40|A30　Heat exchanger

所在的项目	单元	位号	操作压力 [kPa (g)]	操作温度 [°	热负荷 [kW]	描述
bajisitan	=A01.P001.A30	E-100	4578.98675	129	1.324	管壳式换热器/重沸器/板式换热器
bajisitan	=A01.P001.A30	E-101	4578.98675	129	1.324	管壳式换热器/重沸器/板式换热器
bajisitan	=A01.P001.A30	E-102	4578.98675	129	1.324	管壳式换热器/重沸器/板式换热器
bajisitan	=A01.P001.A30	E-103	4578.98675	129	1.324	管壳式换热器/重沸器/板式换热器
bajisitan	=A01.P001.A30	E-104	4578.98675	129	1.324	管壳式换热器/重沸器/板式换热器
bajisitan	=A01.P001.A30	H001	4578.98675	129	1.324	管壳式换热器/重沸器/板式换热器
bajisitan	=A01.P001.A30	H002	5448.22422	230	1.43915550100707	管壳式换热器/重沸器/板式换热器
bajisitan	=A01.P001.A30	H003	4578.98675	129	1.324	管壳式换热器/重沸器/板式换热器
bajisitan	=A01.P001.A30	H004	4578.98675	129	1.324	管壳式换热器/重沸器/板式换热器
bajisitan	=A01.P001.A30	H005	4578.98675	129	1.324	管壳式换热器/重沸器/板式换热器
bajisitan	=A02.P001.A30	E-102	1718.98675	57	1.324	管壳式换热器/重沸器/板式换热器
bajisitan	=A02.P001.A30	E-120-02	4578.98675	129	1.324	管壳式换热器/重沸器/板式换热器
bajisitan	=A02.P001.A30	E-8206	2172.17684	43.3333333	1.324	管壳式换热器/重沸器/板式换热器
bajisitan	=A02.P001.A30	E-8208	2172.17684	43.3333333	1.324	管壳式换热器/重沸器/板式换热器
bajisitan	=A02.P001.A30	E-8213	955.262256	25.181283894757	1.324	管壳式换热器/重沸器/板式换热器
bajisitan	=A02.P001.A30	H-8203	4578.98675	129	1.324	管壳式换热器/重沸器/板式换热器
bajisitan	=A02.P001.A30	H-8204	448.98675	200	1.324	管壳式换热器/重沸器/板式换热器
bajisitan	=A02.P001.A30	Reboiler @COL1	3361.53318	106.38811349801	1.324	管壳式换热器/重沸器/板式换热器
bajisitan	=A02.P001.A30	Reboiler @COL24	1748.15955127856	166.13438014348	1.324	管壳式换热器/重沸器/板式换热器
Tukuman	=A01.1.A30	EILJ-HEATER	11650.378280531	76.557049793105	1.439155501	管壳式换热器/重沸器/板式换热器
Tukuman	=A01.1.A30	EILJ-HEATER-2	13962.8191854536	139.35833774428	1.439155501	管壳式换热器/重沸器/板式换热器
Tukuman	=A01.1.A30	ILJ-HEATER	11392.0096804334	82.180443826384	1.439155501	管壳式换热器/重沸器/板式换热器
Tukuman	=A01.1.A30	NGAD-HEATER	11190.653702763	36.98381385684	1.439155501	管壳式换热器/重沸器/板式换热器

图 8　工程对象查询结果示意图

4　Comos FEED 工艺数字化集成平台的应用研究

4.1　应用范围

Comos FEED 工艺数字化集成平台主要应用于 FEED 阶段，通常包括了概念设计(Conceptual Design)(相当于国内项目的可行性研究)和基本设计(Basic Design)。

4.2　导航项目验证

- 测试与 HYSYS，HTRI，PIPESIM，ProTreat，PSV+等以及自主开发 In-house 软件的数据接口；
- 不同工况流程模拟数据的导入或输入；
- 自动从 Aspen Plus、HYSYS 等流程模拟软件获取物流、设备信息，生成 PFD 对象；
- 自动生成物料平衡表；
- 自动生成设备一览表；
- 设备数据表创建、修改；
- 实现设计文件设计—校对—审核—审定校审工作流程；
- 测试不同工况的设备设计；
- 验证用户权限管理、版本管理、文档管理、知识库管理等功能。

4.3　需要注意的问题

（1）在工程设计实际项目中应用集成平台会不断出现新的需求，需及时进行分析与定制。

（2）知识库中的内容都是基于工程项目设计经验，知识库的编制是一个不断积累和完善的过程，在项目应用过程中需要进一步地补充和完善。

（3）集成平台的应用改变了采用独立的工艺

设计软件，人工整合数据以及基于纸版文件进行信息传递的传统设计习惯，需要设计和校审人员不断地进行磨合和适应。

（4）与商业软件对接，定制接口前需确定软件版本的有效性，定制完成后一定要进行严格的测试，保证数据传递的准确性。

（5）定制接口时要注意数据的传递方向，例如模拟数据需要进一步计算的，参数定制为平台到计算书的单向传递，计算结果需要反馈的参数定制为计算书到平台的单向传递。传递方向选择错误会导致数据覆盖丢失的情况。

（6）集成平台的数据源来源于流程模拟软件和计算软件，数据越多，平台发挥的作用就越大。因此在流程模拟过程应尽可能的完善，减少手动输入简化物流的相关数据。

（7）为了最大化软件的智能性，从流程模拟开始，设计人员就要注意数据源的完整性，避免后期仍然手动输入数据表。并且从工艺流程模拟开始就采用统一的编码规则，设备命名遵循设备位号命名规则等。利用平台的数据库，保证数据源头的可靠性，就可以有效地减少设计人员繁冗的输入核对，极高的提高设计效率。

5 结语

Comos FEED 工艺数字化集成平台提供了一个协同工作平台，通过定制开发的接口集成了油气田地面工程中常用的商用软件和自主开发软件，保证了数据的单一来源和数据流转过程中的一致性，减少了人工手动输入和繁琐的重复性劳动，有更多的时间和精力用在设计优化上，大幅度提高设计效率和质量，工期也大大缩短。该平台解决了不同项目、设计人员工艺设计数据、文件模板等不一致性问题，促进了成果文件规范化和标准化，错误率大大降低，为数字化交付奠定坚实的基础。通过二次开发搭建了知识库、模型管理系统，将个人头脑中的知识和经验沉淀为公司的知识库，形成结构化、易操作、易利用、易储存、可传承的知识集群；模型库有效提高了各项目的设计质量，并促进了管理水平的提高，最大程度地满足跨项目查询和项目复用。集成平台的应用，将大大提高设计质量，缩短设计周期，同时随着知识库的不断开发，模型库的不断完善，为设计规范化奠定基础，从而达到完善项目资料储备，增强业务能力和市场核心竞争力的目标。

参 考 文 献

[1] 赵舒婧, 等.Comos 应用于工艺包设计的二次开发[J]. 当代化工, 2016, 45(3): 604-607.

[2] 孙俊莲.Comos 软件在工程设计中的应用[J]. 自动化应用, 2015(09).

[3] 余勤锋. 石化工程企业设计集成系统的构建[J]. 现代化工.2015(08).

[4] 余勤锋. 石化项目工程设计集成系统应用研究_数字化在项目管理中的实践[D]. 华东理工大学, 2015.

[5] 彭颖.Comos FEED 在工艺设计中的应用[J]. 石油化工设计, 2011, 28(4): 29-31.

辽河油田高含水稠油不加热集输技术研究及应用

胡 静

（中油辽河工程有限公司）

摘 要 本课题研究以辽河油田新井产能建设与老区改造项目为依托，在研究高含水稠油流变性机理等理论研究基础上，界定了高含水期稠油的集输技术模型，开展以降低集输温度、减少掺液量、扩大冷输范围为目标的新集输模式研究与现场应用，逐步形成了高含水期稠油集输的"串接集油"技术，替代了放射状双管、三管伴热的传统集油模式，大幅度降低了集输系统能耗，进一步助推高含水期稠油油田提质增效。

关键词 高含水稠油，串联集油，掺水，节能

辽河油田自1987年起，稠油区块全面投入开发，目前每年生产稠油产量600万吨以上，历经蒸汽吞吐、蒸汽驱、SAGD、火驱等多种开发方式转换，很多区块进入高成熟期，吞吐油藏已经进入开发后期，油井产出液含水率普遍70%~90%，地面集输系统多次改造、超期服役，面临综合负荷率低、腐蚀老化严重、安全环保不达标等的问题。如果按照原有集输模式继续进行改造，不仅投资高、能耗大、管理难度大，而且在缺少理论研究和生产试验的情况下，贸然改变集输模式，会给生产安全带来很大的隐患。

本次以辽河油田新井产能建设与老区改造项目为依托，在研究高含水稠油流变性机理等理论研究基础上，界定了高含水期稠油的集输技术模型，开展以降低集输温度、减少掺液量、扩大冷输范围为目标的新集输模式研究与现场应用，逐步形成了高含水期稠油集输的"串接集油"核心技术。

在过去3年，通过"单元模块+管网"的建设步骤，在辽河油田新井产能建设及老区改造项目中推广应用2200口井次，节省了大量的工程投资和运行成本，集输系统综合能耗降低30%以上。

1 研究内容及技术成果

1.1 高含水稠油流变性机理

通过室内实验，取得不同含水率稠油的表观黏度数据，从含水稠油的转相点曲线图可以看出，含水稠油的转相点分布范围约为含水率20%~65%，转相点处表观黏度约为脱水原油黏度的1.8~3倍，高含水时水为连续相，油相夹

杂在水相中，以多重乳状液形式存在，液体整体表观黏度较小，含水率大于80%时表观黏度极具下降，管道中含水稠油的流态主要表现为：上层油包水乳状液，下层含油污水。含水稠油的这些特性为低温集输提供了条件（图1，图2）。

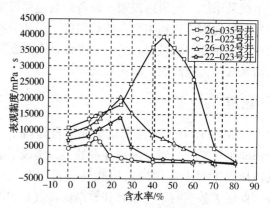

图1 50℃稠油转相曲线

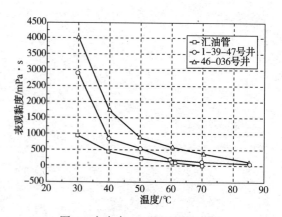

图2 含水率80%稠油黏温曲线

1.2 高含水稠油集输技术界限

根据高含水原油的温度、含水率、表观黏度的关系，可以界定出高含水稠油的集输技术界

限，可以确定进站温度、掺水量、掺水温度、最大集输半径等主要因素的关联关系，以及低温集输的适用条件，为工艺流程优化提供了理论依据。

通过计算，可以计算出不同进站温度、不同串接井数时最大集输半径(表1，表2)。

表1 串接4口井不同进站温度集输半径

进站温度/℃	掺水量/(t/d)	掺水后温度/℃	进站支干线管道长度/m	最大集输半径/m
44	44.4	59.57	1150	1750
48	69.2	65.9	1800	2400

表2 串接6口井不同进站温度集输半径

进站温度/℃	掺水量/(t/d)	掺水后温度/℃	进站支干线管道长度/m	最大集输半径/m
44	57.1	63.25	900	1900
48	87.4	68.86	1250	2250

1.3 高含水稠油串接集输工艺

根据最新的高含水稠油集输半径界限，传统的放射状集输工艺，可以改为小环串接集油或平台集输工艺，可实现低效计量站和转油站的关、停、并、转、减。进一步推动油田提质增效。通过理论计算和现场推广应用，总结出以下技术要点：

(1) 井口含水率85%以上，出油温度60℃以上，可实现单管冷输；

(2) 每个串接链上井数控制在3-8口井；

(3) 小环集输管道温降由12~18℃降低至6~8℃，降低1~1.25倍；

(4) 单井掺水量10m³/d 降低到6m³/d，减量掺水降低了40%；

(5) 回掺水出站温度由80℃降低至60℃，降低了25%；

(6) 稠油集输半径由300~800m增至800~2000m，增加2~2.6倍。

2 现场应用

2013年对曙光二区9座高含水站(96口油井)进行节能优化改造，取消了3座计量接转站，关停所有伴热加热炉。系统耗电从改造前172.63×10⁴kW·h/a降至32.09×10⁴kW·h/a，全年节省电140.54×10⁴kW·h/a，折合人民币约95.83万元；天然气消耗从改造前619.88×10⁴m³/a降至234.7×10⁴m³/a，每年节省天然气385.18×10⁴m³/a，折合人民币约577.8万元，经济效益十分显著。

3 结论

稠油串接集油工艺适用于高含水期稠油油田，将高含水稠油热输工艺改造为串联集油端部掺水集输工艺，可解决低产稠油井高温、高压输送的弊端，大大减少了电和天然气的消耗，集输系统运行成本随之成倍降低，经济效益十分显著。

未来新区块建设和老区块改造过程中，可以通过产出液中的含水率对含水原油的表观黏度进行核算，确定稠油冷输和串接集油的技术界限，从而达到减少投资、节约能源的目的。

智能油气田数字孪生体建设关键技术研究

胡耀义

（中国石油工程建设有限公司西南分公司）

摘　要 数据生态和应用生态是构成智能油气田的两项核心内容，数字孪生体是智能油气田数据生态建设的重要组成部分。本文通过智能油气田建设愿景、目标与范围的剖析与研究，形成了智能油气田数字化孪生体建设的总体方案和思路，总结了智能油气田数字孪生体建设数字化交付标准、数据标准、智能建造、数据资产化管理、数据编码和数据应用六大关键技术，其成果不仅为智能油气田数字孪生体的建设提供方法论，而且为数字孪生体建设过程中的关键技术路线选型提供最佳实践。

关键词 智能油气田，数字孪生体，数据生态，应用生态，智能建造，数据资产，数字化交付

1　前言

油气田的数字化建造、智能化运营、智慧化发展是"中国制造 2025"在油气工业中的缩影和聚焦。数据生态建设是智能油气田建设的底层基础环境，数据生态建设的核心要素就是数字化孪生体的构建、运营与管理，数字孪生体的形成就是通过数字化建造形成的带设计、采购、施工等业务链属性数据的多维竣工模型。

在数据孪生体建设与管理的全生命周期中，数据采集是形成数字孪生体的数据（信息）源，数据存储是承载数字孪生体的物理条件，数据交付是数字孪生体资产化的基本条件，数据应用是数字孪生体产生价值的根本途径，数据管理是数字孪生体形成数据闭环的必然要求[3-6]。需要注意的是数字孪生体不是一成不变的，而是在油气田实际生产运营与管理过程中不断迭代更新与优化，并使其始终与物理油气田的信息保持一致，形成数据生命周期内的闭环。

2　智能油气田建设的构想

油气田的数字化完成了物理油气田及其附属物信息的数字化转换，智能油气田是基于数字化油气田，实现油气田生产运营及管理的智能决策、全面感知、趋势预测、信息共享、主动管理和业务协同，并通过价值模型/经济模型的建立，使得油气田具备人的逻辑思维和行为特征，进而达到油气田智能化运营和智慧化发展的愿景。

对于智能油气田的总体架构，从建设内容的角度看，主要包括数据生态与应用生态的两部分。其中，数据生态建设主要解决数据的资产化管理与运营问题，需涵盖数据的采集、存储、交付、应用及管理五项内容，最终目标是形成可支撑油气田智能化运营与管理的数字孪生体；应用生态建设是基于数据生态形成可视化或智能化的应用，需包括但不限于油气田建设管理、设备与设施管理、生产运行管理、安全与应急管理、以及其他综合性管理内容。

智能油气田的数据生态和应用生态在相互依赖、相互影响、相互制约的环境中协同工作，共同支撑智能油气田的螺旋式运行优化和渐进式管理提升。

3　数字孪生体建设的总体方案

3.1　建设目标与范围

构建数字孪生体，提升数据质量，降低或消除数据孤岛，通过数据的资产化管理与运营，实现油气田企业数据资产管理的内增值、外增效，促进油气田运营管理水平的提升是数字孪生体建设的本质目标。

数字化孪生体建设的范围主要包括数字孪生体的形成，以及承载、管理数字孪生体的平台与工具、及其配套的标准与规范体系三部分内容。数字孪生体的数据主要包括数字化建造过程中的二、三维设计，四维及多维采购与施工，以及运行过程中的检维修等数据。承载、管理数字孪生体的平台与工具主要包括数据采集工具，以及数据资产的存储、交付、应用、管理等工具。

3.2　建设思路

随着三维协同设计理论体系和软件支撑体系

的不断发展,三维协同设计将成为未来工程设计行业的必然趋势。本文所提出的数字孪生体构建方法就是以三维模型为载体,通过物资编码和设备位号,实现设计、采购、施工及检维修等数据在三维模型上的关联与融合,即通过三维模型将油气田所有结构化数据、非结构化数据、半结构化数据进行整合与呈现,最终形成与物理油气田及其附属信息完全一致的数字油气田,即数字孪生体。

3.3 建设内容与重点

数字化孪生体的组成要素,一是构成物理油气田各个对象,二是每个对象所携带的属性数据,三是对象与对象之间的关联关系及其标签数据。上述三方面的内容需通过数据资产管理与运营平台来予以承载,因此,数字孪生建设重点包括数据的资产化建设,以及承载和管理数字孪生体的平台与工具。

4 数字孪生体建设的关键技术

4.1 数字化交付标准

从业务链与技术链的角度来看,数字化交付包括设计、采购、制造、物流、施工等横向业务链上的数字化交付,以及数据采集、数据存储、数据应用、数据管理等纵向技术链上数字化交付,本文所指的数字化交付是指通过数字化建造形成的数字孪生体向业主数据资产管理与运营平台的移交。

数字孪生体的价值在于为油气田的智能化运营提供数据支撑,因此,数字化交付的数据范围、数据结构和数据模型直接决定油气田智能化应用的程度和水平。

4.1.1 数据范围

智能化油气田的规划阶段,就要确定数字孪生体在建设期的数据交付范围,其内容主要包括二维结构化数据和文档数据、三维模型及其属性数据、以及基于三维的设计成果的多维采购与施工等业务链数据。

4.1.2 数据结构

油气田的数据量庞大、数据类型多样、数据关系复杂、数据查询与读写速率要求高,而满足这些特征的最佳数据结构就是树或图。目前 NOSQL 数据库的深化应用和不断发展,为数字孪生体数据的组织提供了解决方案。

4.1.3 数据模型

数据模型包括了概念模型、逻辑模型和物理模型,针对数字孪生体数据模型的构建,国际标准 ISO 15926 和国家标准 GB/T 51296—2018 提供了一种较为适宜的思路和方法。

4.2 数据标准

按照《大数据标准化白皮书(2018 版)》和《数据资产管理实践白皮书(3.0 版)》的内容来看,数据标准可以分为数据资源、数据共享与交换两部分内容。其中数据资源就是对数据的内容、格式、数据字典、元数据等要素进行标准化,此项工作可根据国际标准 ISO 15926 和国家标准 GB/T 51296—2018 进行细化与完善,形成企业级的数据资源标准;数据交换与共享是智能油气田相关可视化/智能化应用调用数据的接口与方法,当期可以借鉴的前瞻技术有基于微服务架构的数据中台,该方法可为前台应用提供多样化的数据诉求和快速响应能力,当然需要后台数据湖或数据资产管理与运营平台予以支撑。

4.3 智能建造技术

随着国内能源市场的逐渐开放,国内外大量企业纷纷涉足能源建设领域,市场竞争日益白热化;同时油价震荡,油气投资仍保持审慎和观望;再者,专业业务划分愈加严格,市场开发面临巨大挑战,项目施工过程复杂多变,施工质量参差不齐,部分企业施工过程难以有效管控,智能建造技术提供了一种全新的解决方案。

(1)智能化条件下的油气田工程建设有别于传统油气田工程建设,核心是如何利用三维数字化设计成果、物资编码和设备位号等,实现设计、采购、施工地面建设工程业务链的贯通,形成设计、采购、施工三位一体的数字化建造环境,开展四维或多维的数字化采购和数字化施工,助力油气田的智能化运营和智慧化发展。

(2)以三维模型为核心,实现数字化全专业二、三维协同设计成果的信息关联、在线审查和可视化查询,并融合三维模型、物资编码、设备位号和进度计划,实现了四维采购实际状态展示,以及与计划状态的对比和预警,实现物资采购的有效管理和状态监控,同时构建采购组包规则库,实现基于数字化全专业三维协同设计成果的智能组包,达到了油气田工程项目采购组包的精细化管理,解决了采购组包的漏项问题。

(3)将三维模型和现场施工管理深度融合,

形成施工四维状态管理模型和信息深度融合，为现场施工的人、机、料管理和安排提供准确依据，同时基于三维数字化模型，实现焊缝信息的四维管理和焊缝施工信息在三维模型的呈现，为智能化运营提供基础数据。

基于三维模型形成的带有设计、采购、施工等最终属性信息的模型，即为三维竣工图(数字孪生体)。

4.4 数据资产化管理技术

形成数据资产的前提条件是数据要产生价值，数据的资产化管理是智能油气田数据生态构建的基石。油气企业的数据资产管理主要包括数据的采集、数据的存储、数据的标准、数据的交换、数据的质量、数据的安全、数据的服务与应用七项管理内容，而完成数据资产化管理的成功要素就是形成数据闭环，即数据的全生命周期管理。

数据资产管理技术框架的设计，需以数据采集为起点，经过数据的标准化、数据的模型化、数据的平台化提供服务到最后数据的销毁，从而全面盘活数据资产、增强数据质量、加强数据安全、提升数据获取效率、持续释放数据价值。

需要说明的是数据间的关联关系可通过定义规则进行配置，即完全基于数据逻辑的关联，数据在存储过程中进行标准化，而数据间的关联关系可通过规则进行事后定义，而不是传统意义上的数据"硬"关联，同时，对象与对象之间形成具有关联关系的端到端模型，且允许用户进行关系的自定义，并可通过数据资产目录进行分类管理，最终实现面向应用的敏捷交付。

4.5 数据编码技术

数据编码是数据资产管理中一个重要的环节，是企业或组织保证数据资产的安全、完整、合理配置、有效利用的最有效的办法。

首先，一个拥有大量数据的企业，要发挥其数据的价值必须整合和加工现有或新建的各种信息系统或者业务应用中的数据，并通过将经过处理的数据嵌入到业务流程中，实现智能化运营与管理，在此过程中，企业能不能做好数据编码就显得尤为重要。

其次，在数据产生到数据整合、加工、使用的端到端过程中，数据编码是对数据定义、格式、业务规则、加工逻辑等全生命周期的管理起到了不可或缺的作用。数据编码的管理是让数据

的使用者能够清楚地掌握数据和数据关系，进而能够用好、管好数据。

最后，要做好数据编码一定要在编码的完整性、一致性、准确性、唯一性、规范性上做足工作，保证每一条数据的编码都符合以上的要素，这样才能把数据编码更好的用在企业的数据资产管理中去。

4.6 数据应用技术

在传统模式下，应用系统对数据的应用通过API、中间库、或文件形成。在智能化条件下，对数据的应用要求呈现出不同的需求，可通过屏蔽数据源，通过数据中台的 API 网关为业务应用提供统一规范的接口，提供接口交付、文件交付、中间库交付等多种标准交付模式，同时，实现快速的、敏捷的、中台化的数据交付服务。

5 结束语

数字孪生体建设的核心就是通过智能建造实现建设期不同类型数据的融合，以及基于建设期数字孪生体之上的运营期数据的不断更新与迭代，使之始终保持与物理油气田实体及附属信息的高度一致。众所周知，油气田建设期的数据具有不可逆的特征，尤其是地下隐蔽工程，而此会影响数字孪生体承载的数据质量和应用效果的关键因素，本文所论述的智能油气田数字孪生体关键技术为数字孪生体建设提供理论依据和关键技术选型的最佳实践，助力油气企业数字化建造、智能化运营和管理水平的持续提升和不断创新发展。

参 考 文 献

[1] 姜力. 智能油田标准体系框架研究[J]. 中国管理信息化. 2016, 19(12).
[2] 汤晓勇, 王鸿捷, 胡耀义. 油气企业智能化转型的规划与建设方法研究[J]. 天然气与石油, 2018, 36(1). 96-100.
[3] 王鸿捷. 一种与工程公司业态高度适应的云平台建设理论与实践[J]. 天然气与石油, 2017, 35(4): 129-132.
[4] 吴埽瑛, 徐方辰. 云计算在输油气管道 SCADA 系统上的应用[J]. 天然气与石油, 2012, 30(6): 70-71.
[5] 郭成华. 工程公司企业信息化建设的规划[J]. 天然气与石油, 2016, 34(2): 78-81.
[6] 杨金华, 邱茂鑫, 郝宏娜, 等. 智能化——油气工业发展大趋势[J]. 石油科技论坛, 2016, (6): 36-42.

大型"低压、低产"气田井口集输工艺技术研究

王荧光

（中油辽河工程有限公司）

摘 要 苏里格致密气田和沁水盆地为代表的煤层气是国内较典型的大型"低压，低产"气田。目前这两个气田的开发已具规模。大型"低压，低产"气田涉及井口数量多，集输管线数量大，因此井口集输工艺技术的优化便成为降低开发成本的有效措施。通过对国外典型"低压，低产"气田井口集输工艺，已取得成功经验的苏里格气田的"井下节流、井口不加热、不注醇、井间串接、带液计量"的井口工艺和沁水煤层气田的"排水采气、阀组集中计量和集中放空、采气管线定期排水"的井口集输工艺进行系统调研对比，对大型"低压、低产"气田井口集输工艺技术进行了分析。结果表明：简化井口流程、合理选择材质、优化井口布局及总体开发方案是真正做到"满足技术要求下的最低成本"即降低投资、降低能耗的有效方法。此外，该技术也为解决某些浅层天然气、某些边际气田的开发和高中压产气田开发后期的低压集气工程问题提供借鉴依据。

关键词 低压，低产，煤层气，苏里格，沁水盆地，井口，集输工艺

世界特大型气田——苏里格气由于具有，单井产量低、压力递减速度快、稳产能力差的"低孔（8.95%）、低渗（0.73mD）、低产$[（1～3）×10^4 m^3/D]$、低丰度（$1.3×10^8 m^3/km^2$）、低饱和度（50%～60%）、低压（28MPa）"的"六低"特征，井口问题严重、开采与输送成本相当高，经济有效开发的难度非常大，曾让苏里格气田的开发陷入停顿，被誉为"带刺的玫瑰"。通过近5年的试验和技术改进，基本形成了一套具有苏里格气田特色的井口集输模式。同时加拿大阿尔伯达气田、美国黑勇士气田、圣胡安气田和四川新场气田等与苏里格气田具有相似的地质特征，都属于"低产、低压、低渗"气田，所采用的井口集输工艺技术各有特点。

随着能源需求的不断增加和环境保护要求的严格，国内煤层气田的开发日益发展起来，但煤层气田同样具有典型"低产、低压、低渗、低饱和"的特征。而且煤层气井的数量较油田上开发的油气井密集得多，因此井口集输工艺技术的优化便成为降低开发成本的有效措施。煤层气田开发建设作为国内一种新兴的产业，缺乏相关的国家及行业标准规范，同时也缺少更多可以借鉴的经验，这就要求地面工程设计者必须有为国家为社会节约投资降低能耗的责任感和使命感，勇于思考，不断创新，树立"设计的节约是最大的节约"和"满足技术要求的最低成本"的设计理念。

此外，浅层天然气、油田伴生气多为低压气在开发过程中，必须解决低压集气工艺技术问题。低压气集输技术也是高中压产气田开发中后期必然遇到的问题之一。一些气井在开采后期采气效率低下，而一些老油井虽无油可采，但仍存在有开采价值的伴生气，这些气体资源的利用，可能要靠相应的低压井口集输技术才能实现。

大型"低压，低产"气田开发的顺利实施也带给了设计者更多信心和启示，设计者只有不断吸收国内外工程成功的设计经验，不断更新设计理念，不断提高工程设计水平，积极采用成熟的新工艺、新技术，才能能真正得到业主和社会的认可。

现以苏里格气田和煤层气田为代表的大型"低压、低产"气田的井口集输系统的设计和操作实践，对比分析了国内外典型大型"低压、低产"气田井口集输工艺技术，为类似气田的开发和建设提供借鉴。

1 国外煤层气田的井口集输工艺技术

国外较为典型的"低压、低产"气田要属美国的是圣胡安盆地和黑勇士盆地的煤层气田。目前这两个盆地的地面钻井技术和煤层气井口集输技术已相当成熟。黑勇士盆地的煤层气含甲烷95%～99%，不含硫和硫化氢；圣胡安盆地的煤层气含甲烷80%～100%，主要杂质是CO_2，部

分 CO_2 含量较高的井口须做特殊防腐蚀措施。煤层气井产出水的温度一般在 20℃~25℃，由于冬季较冷，所有地面管线和分离器都采取加热和保温措施。

1.1　井口气水分离系统[1]

1.1.1　黑勇士盆地的气水分离系统

采出水和气均进入常规两相分离器。然后气体经过井口的筒式除雾器后进入流量计计量后进入集输管线。有时，气体在进入流量计之前，先进入筒式除雾器。当分离器中的水位达到一定高度时，水从位于分离器底部的自动排水阀排出。传统两相分离器的主要缺点有：①输出气体通常为水饱和气，需要进一步分离；②在不增加生产回压的情况下，无法依靠井下泵将排出水输送到水处理设施。

常用的第二类分离器是游离水脱除器，它是一种体积相对较小的分离器，内设游离脱除挡板。主要用于来自生产套管的水流的游离水脱除，效率高，但水中的溶解气无法俘获。第三类分离器是一种管线蒸汽分离器。这种分离器是一种离心式分离器，可有效地脱除蒸汽和凝析油，但不适用于脱除大量的游离水和天然气中的固相。这种分离器用作二次分离十分有效，通常安装在两相分离器之后，用作辅助分离器，可产生最佳效果。

1.1.2　圣胡安盆地的气水分离系统

产出的流体通过 100m 的管线从井口输送至立式分离器，该容器的名义操作压力是 30~150psig（即 310~1140kPa），分离器内部的进口采用旋风式进口，即使通过的流体转向产生离心力来提高气体、水和煤粉等机械杂质的分离效果。气相回转向上进入顶部腔室，在此过程中，速度不断减小，使得气流均匀通过除雾器，分离器顶部出来的气体管输至计量设施；水通过液位控制阀从分离器底部排除至储水罐，煤粉等杂质随着水一起向下运动，降至分离器的圆锥形底部，由排污口排出。分离器外部装备有一个气体加热的水套，用自然通风燃烧器加热以免冬天水结冰。分离器入口还设置有一个控制阀，当运行压力超过分离器的名义操作压力时关闭气源。

1.2　井口计量系统[2]

除了需要对气体进行计量外，一般还需要对产出水进行计量。从管理上还需要对每口井的产气量、产水量、温度和压力进行计量。

1.2.1　水计量系统

常用的水计量方法有 3 种：正排量流量计、涡轮流量计和计量桶。正排量流量计在圣胡安盆地得到了广泛应用，但其受杂质影响较大，易堵塞造成误差。涡轮流量计的精度高于证排量流量计，但受流体状态变化的影响较大。这两种流量计的精度随入口压力的提高而增加。在黑勇士盆地普遍采用的是计量桶。通过计量桶内水的装满时间来换算成每口井产水的通水。

1.2.2　气计量系统

通产井口是进行单井计量，主要有孔板流量计和涡轮流量计，也可使用旋转式或膜片式流量计。经常使用的是涡轮流量计，其优点是计量流量范围大，缺点是运动部件较多，维护费用高。

1.3　井口排水系统[2]

国外得到成功应用的排水系统有有杆泵、螺杆泵、电潜泵和气举。实际要根据实际情况综合考虑来选取。目前得到普遍推广的排水设备是有杆泵和螺杆泵

1.3.1　有杆泵

有杆泵由井下泵、抽油杆、地面泵抽装置、减速器及发动机组成。井下泵排水量可高达 400m³/d，地面泵抽装置可借鉴采油装置。发动机根据实际情况有电动机和天然气发动机。有杆泵排水系统由于其结构简单、使用寿命长、日常维护少等优点而被圣胡安盆地和黑勇士盆地广泛使用。

1.3.2　螺杆泵

螺杆泵排水系统由地面驱动装置、杆柱、井下泵组成。地面驱动装置一般采用电动机驱动杆旋转，由杆驱动井下泵。螺杆泵在美国黑勇士盆地的许多气田得到广泛应用。经实践应用表明螺杆泵并不比螺杆泵的排水效果差。螺杆泵的占地面积小，可在较宽的转速范围内工作，适应不同的排量，安装成本也低于有杆泵。但螺杆泵在空抽情况下工作易造成干磨而烧坏。

1.3.3　电潜泵

电潜泵具有较大的排量，可适用于不同的井深。电潜泵的井下马达转速和泵装置由地面控制装置通过安装在油管柱上的电缆控制。电潜泵必须安装在产层以上，因此对产层的回压较大，且绝不允许空抽。一般用于井筒不适合使用其他泵的场合。该泵曾成功的应用在美国亚拉巴马州的 Deerlick Creek 煤层气田。

1.3.4　气举

气举排水系统的主要优点是对固相杂质的适应能力强，不会有机械问题，而且初始产量范围较大。缺点是生产初期需要压缩气源及对操作人员进行严格的培训，因此使用还不普遍。该系统适用于缺少电源或供电成本高的地区。在黑勇士盆地的实践表明气井排水初期采用气举排水系统要比采用传统的抽油机经济，随着产出水的减少，则采用传统的抽油机较经济。在圣胡安盆地的所有煤层气井均采用气举系统投产，但其中一些井同时安装一套有杆系统，在产水量减少时使用。

1.4　水处理系统[3]

目前对采出水的处理一般有三种方法：蒸发池、深井注入法以及地面排放法。这三种方法技术上都是可行的，但都有其局限性。①蒸发池法占地面积比较大，在冬天操作时，蒸发率比较低，即使在强制通风的干燥季节，由于不可预见的洪水和冲刷，在山区或者是沟壑的地区该方法并不可行。②地面排放法由于要满足地表排放标准，必须增加额外的水处理费用。但是该方法仍优越于蒸发池，尤其是当处理后的水能够得到有效应用的时候。③深井注入法的费用主要是花费在打井上面，所需的费用一般是地面排放法的15倍以上。圣胡安盆地一口处理和排水能力为3200m³/d的排水井及其配套设施耗资150万~200万美元。无论是地面排放法还是深井注入法，都需要预先对采出水进行处理，以符合排放标准以及最大限度地减缓注水过程的压力。

2　国内煤层气田的井口集输工艺技术

2.1　沁水盆地煤层气井口集输工艺技术

山西沁水盆地南部是一个大型整装煤层气田，总面积3523.32km²，已探明储量面积346.4km²，探明地质储量861×10⁸m³。沁水盆地是目前我国煤层气开发规模最大的地区，有中国石油、晋城煤业集团、亚美大陆煤炭公司、中联公司等单位进入该区开展煤层气勘探开发工作。

2.1.1　中联煤层气有限责任公司

2.1.1.1　潘河先导性试验项目

采用有杆泵从井口采出来的水经过立式分离器进行气液分离，从分离器分离出来的水进入晾水坑进行自然蒸发，分离出来的气体进入放空管进行放空；从井口采出的气体进入采气管线进入集气管网。井口设有温度、压力检测仪表。井口出来的气体管线上设有安全阀可进行自动放空，同时也设有手动防空阀。该井口晾水坑设有防渗膜，可防止采出水的污染。早期井口占地较大，井口尺寸为20.4m×30.1m。

2.1.1.2　沁南煤层气端郑采气区地面建设工程

经过多年实践，经过优化省掉了井口分离器，该井口流程简单，有杆泵从油管采出的水直接排到井场附近的2m×2m×1.5m的储水池，渗透和自然蒸发。套管采出的是0.2~1.0MPa(G)的煤层气，经节流至0.2MPa(G)外输至集气阀组，在套管压力表处设放空阀，便于修井作业后对煤层气进行放空。根据地形地貌在采气管道上的最低处设凝水缸，定期进行排水。该流程特点是流程简单，井口占地仅为15.0m×8.0m，投资少。采气管道管材为PE管，采气半径不大于3km。

2.1.2　蓝焰煤层气有限责任公司

井口有杆泵采出水首先进入井口采气树旁的小水池，采出水再经过与该小水池相连的管线进入采气井口旁的晾水坑，可通过检尺粗略计量采出水流量，通过坑内埋管输送至山下统一处理排放。井口采出气0.45MPa左右经埋地进入一地下集液缸后进入集气阀组、增压站或加气站。在采气井口旁具有一放空管，可对井口采出气进行放空处理。单井井口尺寸10m×10m；晾水坑尺寸8m×8m；丛式井口尺寸25m×10m。

潘河先导性试验项目井口　　　　端郑采气区地面建设工程井口　　　　蓝焰煤层气有限责任公司丛式井

图1　中联公司和蓝焰公司典型井口全貌图

2.1.3 亚美大陆煤层气有限公司

早期井口排水设施是采用采油机传动的有杆泵，后期井口是采用井下螺杆泵进行排水采气。采出水进入井场内的污水池，采出煤层气经过计量后经管道进入集气站。井场设有放空管可对煤层气进行放空处理。井场尺寸为 30m×25m。

2.1.4 华北油田公司

普池煤层气田井口采出气压力 0.25MPa，节流至 0.15MPa，埋地采气管道管材为 PE 管。单井水通过抽油机传动的有杆泵采出，采出水流量经家用水表计量后直接排放到大型晾水坑。在井口排水管线处留有一单独的水质取样口，可定期对水质进行取样。井场不设气液分离器，单井煤层气采出后压力、流量就地检测，进入采气管道，单井采气管道串接至汇管。各井口或阀组处设放空管对煤层气进行放空。单井井口尺寸为：15m×10m；阀组尺寸为：15m×12.5m。

2.1.5 格瑞克能源公司

单井平均产量为：3000m³/d；单井平均产水量为：4.5m³/d；井口井流物温度：17~20℃；井口井流物关井最大套管压力：1.6MPa，油嘴后控制压力：0.25MPa；每口井配抽油机电机功率：15kW。

早期从井口采出来的水是先经过立式分离器进行气液分离，从分离器分离出来的水计量后进入晾水坑进行自然蒸发；从井口采出的气体计量后进入集气管网。井口出来的气体可通过管线进入放空管进行放空，有的井口放空设焚烧炉。经过长期生产实践，取消了井口分离器。井口占地较大，井口尺寸为 25.06m×20.18m。

亚美大陆公司井口　　华北油田井口　　格瑞克井口及焚烧炉

图 2　亚美大陆公司、华北油田和格瑞克能源公司典型井口全貌图

2.2 保德煤层气井口集输工艺

保德煤层甲烷气先导试验站共有 8 口试验井，其中 4 口为水平井，口为垂直井。在每口垂直井设有抽水和采气系统，用螺杆泵将煤层水采出通过 PE 管道排至储水池，经检验合格、符合国家的标准后用污水提升泵排放到黄河；采出的煤层气 1.0MPa，30℃ 经节流阀将压力节流至 0.3MPa，进入分离器进行气液分离，分离后的煤层气经质量流量计计量后进入聚乙烯管道外输至火炬坑焚烧，外输压力 0.25MPa，温度 20℃。当 PE 管道的压力达到 0.35MPa 关断井口电磁阀，防止管道超压，同时在出站管道上设有管道安全阀，进一步防止管道超压；当火焰探测器探测到火炬熄灭时，关断电磁阀，防止煤层气的大量泄放。

图 3

2.3 陕西韩城煤层气井口集输工艺

韩城市煤层气集输工程的一期工程共有 11 口井，其中一个井口采用燃气驱动抽油机采水，燃气量 2m³/h，燃气压力大于 0.05MPa，发电 8.5kW；井口采出气压力 0.75MPa，气量 1600m³/d。井场无气液分离器。另一个井口采出水进入气液分离器进行气液分离，分离器顶部出气与井口采出气管道汇合。采出气压力太低，

采用了水环真空泵抽吸装置，可将煤层气产量由原 400m³/d 提高到 600～700m³/d。采出水均引至水池。水质好，可浇地。单井采出水、采出气计量。井场设简易放空火炬。

3　苏里格致密气田井口集输工艺技术

　　针对苏里格气田地质特征，经过多年的工业试验和不断优化、创新，最后形成了当前采用的"井下节流、井口不加热、不注醇、井间串接、带液计量"的井口的集输工艺流程。苏里格气田的井口流程根据实际运行情况分为临时投产流程和正常生产流程。

3.1　临时投产流程

　　在节流器正常投运前，井口采用临时加热节流的方法，防止水合物的形成。天然气在井口压力 4.5MPa，井口温度 20℃下，进入井口加热炉升温至 60℃，采用简易旋进旋涡流量计计量后通过采气管线集输至下一井场或阀组。运行 10 天左右，排除井筒残液并且掌握气井产能后，再投放节流器。因此，既减少了加热负荷，又大大简化了井口设施，从而可实现无人值守。在加热炉进口设有高低压紧急关断阀，事故情况下紧急关断井口管线，在阀组设放空管可集中放空。

3.2　正常生产流程

　　将天然气在井下节流至井口压力 1.2MPa 以下时，使水合物形成温度在 1℃以下，可实现不加热对天然气进行集输。具体流程为气井通过实施井下节流，出井口后压力降低为 1.2MPa 以下，温度 20℃，气体经过井口采简易旋进旋涡流量计计量后通过采气管线与其他单井来气汇合输往集气阀组或集气站。井口设置高低压紧急关断阀，在阀组设放空管可集中放空。

参　考　文　献

[1] 肖燕. 煤层气开采与集输工艺研究[D]. 成都：西南石油大学油气储运工程，2007.

[2] 赵庆波，刘兵，姚超，等. 世界煤层气工业发展现状[M]. 北京：地质出版社，1998：1162132.

[3] 肖燕，孟庆华，罗刚强，等. 美国煤层气地面集输工艺技术[J]. 天然气工业，2008，28 (3)：1112113.

基于无迹卡尔曼滤波的离心泵剩余寿命预测研究

王炳波　　刘赓传

（中国石油工程建设有限公司北京设计分公司）

摘　要　针对目前对离心泵剩余寿命缺乏预测模型和方法的问题，在推导离心泵寿命与运行参数关系的基础上，提出了一种基于无迹卡尔曼滤波方法的离心泵剩余寿命预测模型。首先假设离心泵寿命主要受叶轮和轴承磨损的影响，通过离心推导得出离心泵使用寿命与扬程、功率和效率等符合二次函数关系，并利用同类离心泵设备的退化数据拟合得到该函数关系，作为所建立预测模型中的状态方程。其次，针对特性的离心泵设备，假设能够获取其实施运行参数的基础上，利用 SVM 方法对其历史数据进行学习预测，作为建立模型的观测方程，通过卡尔曼滤波的方法实现了离心泵寿命的预测。经过 MATLAB 仿真，可以发现，建立的离心泵剩余寿命预测模型与单一的 SVM 预测模型相比，绝对误差和均方根误差减小 50% 左右，具有较高的预测精度。

关键词　剩余寿命，离心泵，卡尔曼滤波，支持向量机，预测模型

1 前言

泵广泛应用于石油石化行业，为液体物料提供能量，保证系统的安全稳定运行，因此泵寿命预测研究具有重要意义。现有的泵类寿命预测方法可以大致分为基于物理失效模型的方法和数据驱动的方法，基于数据驱动的方法又可分为机器学习方法、多元统计分析方法、特征量提取方法和信息融合方法等。郭文琪等人综述了矿井主排水泵寿命预测方法，指出泵类寿命衰退指标应该多样化，多种预测模型有机结合才能保证预测模型的准确性[1]；刘锐等人从离心泵流量公式出发，结合流量与间隙的物理关系模型，建立了离心泵寿命评估物理模型[2]；韩可等人基于变分模态分解（VMD）和支持向量数据描述（SVDD）方法，建立了液压泵性能退化模型[3]；何庆飞等人建立了基于灰色支持向量机的液压泵寿命预测方法[4]；马济乔等人搭建了液压泵加速退化试验平台，建立了液压泵寿命预测方法，并进行了预测方法的可靠性分析[5]。基于物理模型的离心泵寿命预测方法，由于模型简化和失效机理的多样性，没有普遍适用性；而目前基于数据驱动的泵类设备预测方法不能根据实时监测的数据状态对退化模型进行实时更新。因此，本文根据无迹卡尔曼滤波方法提出了一种结合已有同类设备的退化数据，并有机结合特定离心泵实时退化数据的离心泵剩余寿命预测方法。

2 理论基础

2.1 离心泵退化模型的构建

离心泵的寿命与多种因素有关，如叶轮的磨损，轴承磨损，密封失效等，在性能退化期间其扬程、功率、效率等参数相应会发生改变，因此可以用扬程、功率、效率等参数来表征离心泵的健康状况。离心泵扬程 H 与流量 Q 的关系可近似于如下的二次函数：

$$H = K_1 + K_2 Q - K_3 Q^2 \tag{1}$$

叶轮以及轴承磨损是离心泵常见的故障，磨损速率直接影响了离心泵的使用寿命[6]。叶轮磨损主要影响公式（1）中的常数项 K_1，轴承磨损主要影响泵转速 n，上述磨损规律可分别用如下公式表示：

$$\begin{cases} K_1^* = K_1 - at^2 \\ n^* = n - bt \end{cases} \tag{2}$$

式中，a 为大于 0 的随机变量，K_1^* 为 K_1 的迭代量，b 为轴承磨损速度。

同时考虑两种磨损，即把公式（2）带入公式（1）经过变换后可得公式（3）[7]：

$$H = K_1 + K_2 Q - K_3 Q^2 - at^2 - \frac{2K_1}{n} bt \tag{3}$$

综上离心泵扬程的寿命衰退关系可表示为：

$$H = K_1 + K_2 Q - K_3 Q^2 - At^2 - Bt \tag{4}$$

由于离心泵的功率和效率与离心泵扬程成正比，因此离心泵功率和效率的性能衰退关系也可

表示为二次函数的形式。为了综合考虑多个性能衰退指标，引入离心泵寿命健康指标 H_i，该指标根据熵值法综合考虑离心泵的扬程、功率和效率，因此离心泵寿命与健康指标的关系可用如下二次函数来表示：

$$H_i = at^2 + bt + c \tag{5}$$

2.2 支持向量机基本原理

支持向量机（Support Vector Machine，SVM）是 Vapnik 等学者在统计学习理论的基础上发展起来的一种通用学习机器，在分类问题和回归问题上都有广泛应用。给定样本集 $S = \{(x_i, y_i) \mid_{i=1}^n, x_i \in X \subseteq R^n, y_i \in Y \subseteq R\}$，其中 x_i 为输入变量，y_i 为对应的预期值，回归函数为：$f(x) = \langle w \cdot x \rangle + b$，$w \in R^n$ 为权值矢量，$b \in R$ 为

$$\max \sum_{i=1}^n y_i(\alpha_i - \alpha_i^*) - \varepsilon \sum_{i=1}^n (\alpha_i + \alpha_i^*) - \frac{1}{2}\sum_{i,j=1}^n (\alpha_i - \alpha_i^*)(\alpha_j - \alpha_j^*)(x_i \cdot x_j)$$

$$s.t.$$

$$\sum_{i=1}^n (\alpha_i - \alpha_i^*) = 0$$

$$0 \leq \alpha_i, \alpha_i^* \leq C$$

$$\tag{7}$$

式中，α_i、α_i^* 为拉格朗日乘子。

当 x 与 y 为非线性关系时，可通过满足 Mercer 条件的核函数将该非线性问题转化为更高维度的线性问题，此时只需将式（2）中的 $x_i \cdot x_j$ 替换为核函数 $K(x_i \cdot x_j)$。常用的核函数为 RBF 核函数和 Ploy 核函数，本文利用的是 RBF 核函数，其表达式为：

$$K(x_i \cdot x_j) = \exp\left(\frac{-\|x_i - x_j\|^2}{2p^2}\right) \tag{8}$$

2.3 无迹卡尔曼滤波基本原理及过程

卡尔曼滤波（Kalman filtering，KF）是一种利用线性系统状态方程，通过系统输入输出观测数据，对系统状态进行最优估计的算法，经过几十年的发展已拓展至非线性系统的状态评估，可应用在轴承寿命预测、交通流预测、电池剩余寿命预测、机械零件寿命预测等方面[10-13]。无迹卡尔曼滤波（Unscented Kalman Filter，UKF）是一种利用采样策略逼近非线性分布的滤波方法，UKF 的核心是一种通过计算非线性变换中变量的统计特征进行估计称为无迹变换（Unscented Transform，UT）的新方法，即解决了卡尔曼滤波不能解决非线性问题的局限又克服了拓展卡尔曼滤波（EKF）计算量较大的缺点。

偏置门限，$w \cdot x$ 表示 w 与 x 点乘。w 与 b 可通过求解如下的最优化问题来获得[8]。

$$\min \frac{1}{2}\|w\|^2 + C\sum_{i=1}^n (\xi_i + \xi_i^*)$$

$$s.t.$$

$$\langle w \cdot x_i \rangle + b - y_i \leq \xi_i + \varepsilon$$

$$y_i - \langle w \cdot x_i \rangle - b \leq \xi_i^* + \varepsilon \tag{6}$$

$$\xi_i, \xi_i^* \geq 0$$

式中，C 是乘法因子，ξ_i 和 ξ_i^* 为松弛因此，ε 为不敏感因子，$i = 1, 2, 3 \cdots n$。

根据 KKT 条件[9]，上式可转化为凸二次优化问题：

非线性系统中卡尔曼滤波状态空间方程如下：

状态方程：$x_{k+1} = f(x_k) + w_k \tag{9}$

观测方程：$y_k = h(x_k) + v_k \tag{10}$

式中，$x_k \in R^n$ 是系统的状态向量，$y_k \in R^m$ 是系统的观测向量，$w_k \sim (0, Q)$ 为过程噪声，用来描述状态转移过程中的加性噪声和误差；$v_k \sim (0, R)$ 为观测噪声，用来描述系统输入量测量时产生的噪声以及误差。无迹卡尔曼滤波过程如下：

（1）初始向量

$$\hat{x_0} = E[x_0], \quad P_0 = E[(x_0 - \hat{x_0})(x_0 - \hat{x_0})^T] \tag{11}$$

（2）对 2n+1 个 Sigma 点进行如下计算

$$\chi_{k-1}^0 = \hat{x}_{k-1}$$

$$\chi_{k-1}^i = \hat{x}_{k-1} + (\sqrt{(n+\kappa)P_{k-1}})_i, \quad i = 1, \cdots, n$$

$$\chi_{k-1}^i = \hat{x}_{k-1} - (\sqrt{(n+\kappa)P_{k-1}})_i, \quad i = n, \cdots, 2n$$

$$\tag{12}$$

式中，k-1 时的状态估计值为 $\hat{x}_{k-1}$、方差为 P_{k-1}

（3）状态更新

状态方程基于 Sigma 点下为

$$\chi_{k|k-1} = f(\chi_{k-1}) \tag{13}$$

将 Sigma 点进行加权求和

$$\hat{x}_{k-1} = \sum_{i=0}^{2n} W_i^{(m)} \chi_{i, k|k-1} \tag{14}$$

求 Sigma 点的加权预测方差

$$P_k^- = \sum_{i=0}^{2n} W_i^{(c)} (\chi_{i,\,k|k-1} - \overset{\triangle}{x}_{k-1})$$

$$(\chi_{i,\,k|k-1} - \overset{\triangle}{x}_{k-1})^T + Q_k \qquad (15)$$

进行 Sigma 点的观测方程预测值求值

$$y_{k|k-1} = h(\chi_{k-1}) \qquad (16)$$

$$\overset{\wedge}{y_k} = \sum_{i=0}^{2n} W_i^{(m)} y_{i,\,k|k-1} \qquad (17)$$

（4）进行观测更新

协方差估计进行第 k 次的更新

$$P_{x_k y_k} = \sum_{i=0}^{2n} W_i^{(c)}$$

$$(\chi_{i,\,k|k-1} - \overset{\wedge}{x_k})(y_{i,\,k|k-1} - \overset{\wedge}{y_k})^T \qquad (18)$$

观测中新息方差进行第 k 次的更新

$$P_{y_k y_k} = \sum_{i=0}^{2n} W_i^{(c)} (y_{i,\,k|k-1} - \overset{\wedge}{y_k})$$

$$(y_{i,\,k|k-1} - \overset{\wedge}{y_k})^T + R_k \qquad (19)$$

卡尔曼增益进行第 k 次的预测更新

$$K_k = P_{x_k y_k} P_{y_k y_k}^{-1} \qquad (20)$$

最优状态估计进行第 k 次的更新

$$\overset{\wedge}{x_k} = \overset{\wedge}{x_k} + K_k (\overset{\wedge}{y_k} - \overset{\wedge}{y_k}) \qquad (21)$$

最优预测误差的估计进行第 k 次的更新

$$P_k = P_k^- - K_k P_{y_k y_k} K_k^T \qquad (22)$$

3 预测模型的建立

3.1 预测模型算法流程

构建的基于 UKF 的离心泵寿命算法流程如图 1 所示，根据离心泵同类的退化数据，根据熵值法确定符合健康指标，并确定离心泵失效时的健康指标阈值，通过数据拟合得到离心泵状态方程，并构造 k+1 时刻与 k 时刻，状态方程的传递关系。对于需要预测寿命的离心泵来说，首先根据其历史运行数据，通过支持向量机回归得到时间与健康指标等的关系，作为卡尔曼滤波观察方程对原来的状态方程进行更新，最后根据设定的健康指标阈值计算该离心泵的剩余寿命。

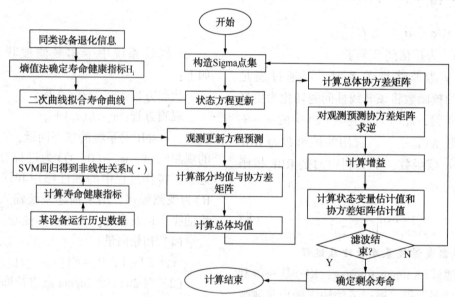

图 1 基于 UKF 的离心泵寿命算法流程图

3.2 熵值法构建复合健康指标

根据寿命退化模型可知扬程 H、功率 P 以及效率 η 均与离心泵的寿命有关，且这三个参数比较容易获取。多个指标更容易获得离心泵性能退化的真实情况，因此通过熵值法把这三个因素综合起来构建离心泵健康指标 H_i。熵值法的原理是根据各个因素的离散程度来确定各因素的重要程度，熵值越大该因素在所有因素中的权重就越大。

$$H_i = w_H H + w_P P + w_\eta \eta \qquad (23)$$

w 表示权重，下标表示各个指标，权重的计算方法为：

$$w_j = \frac{1 - e_j}{\sum_{i=1}^{n}(1 - e_j)} \qquad (24)$$

e_j 为第 j 个指标的信息熵值，具体公式见参考文献[14]。根据已有同类离心泵相关历史数据，可以较为容易获得离心泵失效时的性能指标，该值即为健康指标的阈值，根据该阈值和当前指标值可以计算离心泵的剩余寿命。

3.3 UKF 滤波状态空间方程构建

健康指标和离心泵退化时间之间的关系可表示为如公式(5)所示的二次函数,该二次函数的系数可通过同类离心泵的全寿命实验数据拟合得到,假设离心泵的退化状态由向量$[H_i, a, b]$描述,则 k+1 时刻与 k 时刻离心泵的寿命状态关系可表示为:

$$\begin{bmatrix} H_{i,k+1} \\ a_{k+1} \\ b_{k+1} \end{bmatrix} = \begin{bmatrix} 1 & \Delta t^2 & \Delta t \\ 0 & 1 & 0 \\ 0 & 0 & 1 \end{bmatrix} \begin{bmatrix} H_{i,k} \\ a_k \\ b_k \end{bmatrix} + w_k \quad (25)$$

如果要对某一特定的离心泵进行寿命预测,除了得到该类设备的退化规律外,还要考虑该设备实施运行的参数,因此还需建立观测方程来对状态方程进行实时更新,以获得运行中离心泵的剩余寿命。

观测方程如公式(26)所示,是一个非线性函数,该非线性关系通过支持向量机对当前离心泵的历史运行数据回归得到。

$$y_k = h(H_{i,k}, a_k, b_k) + v_k \quad (26)$$

4 模型仿真与试验验证

用 MATLAB 实现上述模型算法,采用郭文琪等人的实验数据来验证本模型的准确性,在流体介质中加入石英砂加速离心泵寿命老化,共有 100 组寿命预测指标时间序列数据[7]。采用二次曲线的形式对原始数据拟合,拟合后结果如图 2 所示,其均方根误差为 0.0919,R-square 系数为 0.9980,方程为:

$$y = -0.0006949x^2 + 0.002096x + 8.539 \quad (27)$$

选取 100 组寿命数据,计算健康指标后,归一化处理并打乱数据顺序,选取前 80 组数据对 SVM 进行训练,采用后 20 组数据进行预测。模型的初始参数值如下:误差的初值为 0.0001,惩罚因子的初值为 10000,采用 10-fold 交叉验证度量 SVM 精度及推广能力。最终得到 SVM 方法预测的健康指标如图 3 所示,平均绝对误差为 0.006,均方根误差为 0.0541。

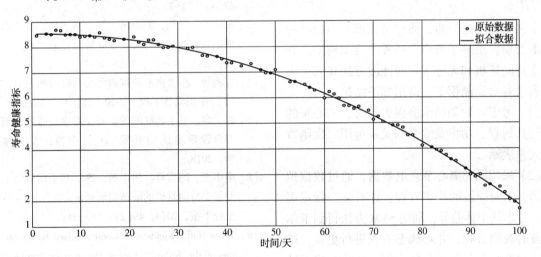

图 2 寿命健康指标与时间的关系

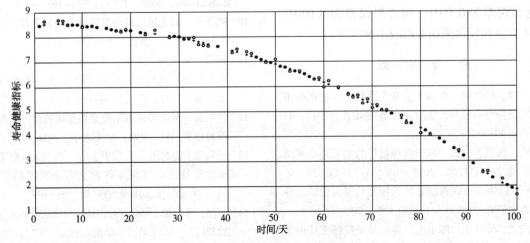

图 3 寿命健康指标与 SVM 预测

所建立无迹卡尔曼滤波方法得预测结果如图 4 所示，平均绝对误差为 0.0031，均方根误差为 0.0307。通过对比可以发现，无迹卡尔曼滤波方法预测的平均绝对误差和均方根误差均小于采用

二次曲线方法和支持向量机方法的预测结果，与 SVM 预测结果相比，卡尔曼滤波方法预测的平均绝对误差和均方根误差减小了 50% 左右。

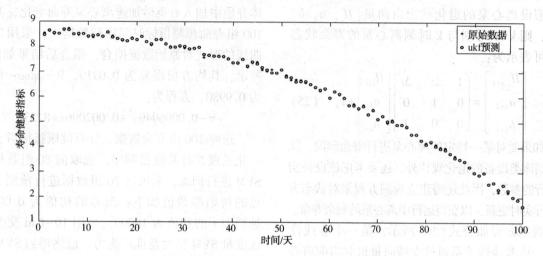

图 4　寿命健康指标与无迹卡尔曼滤波预测

5　结论

本文根据理论分析，通过考虑离心泵的叶轮和轴承磨损，推导了离心泵扬程的衰退模型，并利用支持向量机和无迹卡尔曼滤波方法建立了离心泵剩余寿命预测模型，得出如下结论

（1）考虑叶轮和轴承磨损失效时，离心泵的寿命与其扬程、功率及效率的关系可用二次函数的形式来表示。

（2）采用同类离心泵衰退数据，通过数据拟合得到卡尔曼滤波的状态方程，针对某一特定离心泵，考虑其个体差异，利用 SVM 方法得到卡尔曼滤波的观测方程，并对状态方程进行更新，进而实现对离心泵剩余寿命的预测。Matlab 仿真结果标明，该预测模型的健康指标与真实值相比，平均绝对误差为 0.0031，均方根误差为 0.0307，与 SVM 方法相比预测误差均减小 50% 左右。

参 考 文 献

[1] 郭文琪，宋建成，田慕琴. 基于数据驱动的矿井主排水设备寿命预测方法[J]. 工矿自动化，2017，43（11）：39-48.

[2] 刘锐，黄政，白云. 基于物理模型的水泵寿命评估[J]. 装备制造技术，2012，40（6）：13-14，37.

[3] 韩可. VMD 与 SVDD 结合的液压泵性能退化综合评估方法研究[D]. 河北：燕山大学，2017.

[4] 何庆飞，陈桂明，陈小虎，等. 基于灰色支持向量机的液压泵寿命预测方法[J]. 润滑与密封，2012，37（4）：73-77.

[5] 马济乔，陈均，刘海涛，等. 基于加速退化数据的液压泵寿命预测与可靠性分析[J]. 计算机与数字工程，2019，47（7）：1613-1617.

[6] 管鹏智. 多级离心泵维修常见故障分析及处理方法[J]. 中国设备工程，2020，46（04）：36-38.

[7] 郭文琪. 基于物联网的矿井主排水设备状态监测及寿命管理系统的开发[D]. 山西：太原理工大学，2018.

[8] 申中杰，陈雪峰，何正嘉，等. 基于相对特征和多变量支持向量机的滚动轴承剩余寿命预测[J]. 机械工程学报，2013，49（2）：183-189.

[9] Tinne Hoff, Kjeldsen. A Contextualized Historical Analysis of the Kuhn - tucker Theorem in Nonlinear Programming: the Impact of World War II[J]. Historia Mathematica，2000，27（4）：331-361.

[10] 阙子俊. 海上风力发电机组轴承的剩余寿命预测研究[D]. 浙江：浙江工业大学，2017.

[11] 杨茂，黄宾阳，江博，等. 基于卡尔曼滤波和支持向量机的风电功率实时预测研究[J]. 东北电力大学学报，2017，37（2）：45-51.

[12] 杜振新. 基于无迹卡尔曼滤波算法的动力电池剩余电量估算[D]. 陕西：长安大学，2016.

[13] 于震梁，孙志礼，曹汝男，等. 基于支持向量机和卡尔曼滤波的机械零件剩余寿命预测模型研究[J]. 兵工学报，2018，39（5）：991-997.

[14] 王靖，张金锁. 综合评价中确定权重向量的几种方法比较[J]. 河北工业大学学报，2001，30（2）：52-57.

基于 CFD 软件的工艺管线应力分析研究

程荣朋

（中国石油工程建设有限公司华北分公司）

摘 要 湿陷性黄土是最常见也是整治比较困难的一种工程地质。某项目站场由于站址位置处有黄土湿陷性，压缩机出口部分工艺管线发生不均匀沉降，局部应力集中可导致管线发生破裂，严重威胁生产安全。针对以上现场情况，采用 CFD 模拟软件对管线整体的受力情况进行模拟，结合模拟结果对部分应力集中点进行整改。

关键词 湿陷性黄土，天然气管道，压气站

1 概述

某项目站场目前设置有 2 台 20MW 电驱离心式压缩机，正常运行时 2+0。根据现场运行人员反馈，通过对压缩机出口至工艺后空冷器间管线的观测，发现作业区地面出现凹陷，压缩机出口至工艺后空冷器管线有轻微位移。考虑到地处湿陷性黄土地区，初步判断为管线支撑墩沉降导致的管线悬空问题。

管线沉降带来的危害主要有[2]：

（1）造成管系局部应力集中，导致管线撕裂或壁厚值减薄、耐压能力降低；

（2）造成压缩机进出口管嘴应力超出允许值范围，间接损坏压缩机设备本体；

（3）管线应力的变化导致机组大修后精准对中困难。

因此，该站压缩机出口至空冷器段管道沉降已经为生产运行带来了严重的安全隐患，急需对相关沉降管段进行整治，并针对湿陷性黄土加强治理措施。

2 CFD 软件模拟

考虑到该站沉降段管道位于压缩机出口，正常操作压力高，因此不应只单独进行静态管系应力的分析。本次分析充分利用了流固耦合分析理论，将流体内压引入到静态应力分析 Static Structure 模块，充分保证了结果的准确性。

2.1 模型建立

利用 SolidWorkS 软件建立的简化后的空冷机入口管线结构三维几何模型如图 1 所示，利用 DesignModeler 软件建立的空冷机入口管线流体

几何模型如图 2 所示。

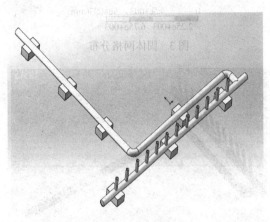

图 1 空冷机入口管线结构示意图

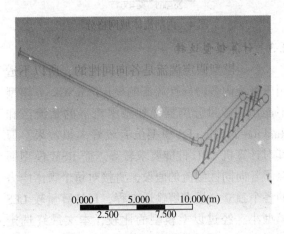

图 2 流体几何模型

2.2 网格划分

管线结构采用四面体结构化网格为主的混合网格划分方式进行网格划分，空冷机入口管线结构采用四面体结构化网格为主的混合网格划分方式进行网格划分，如图 3 所示为空冷机入口管线结构网格模型，单元大小为 7mm，共划分 49661

个网格，管线内部流体域采用六面体优先法（Hex Dominant Method）划分网格，空冷机入口管线的流体网格模型如图 4 所示，单元大小为 7mm，共划分 51047 个网格，237281 个网格节点，网格单元平均质量为 0.84567，平均偏斜度为 0.72595，满足网格质量要求。

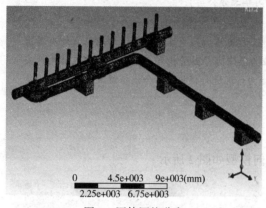

图 3   固体网格分布

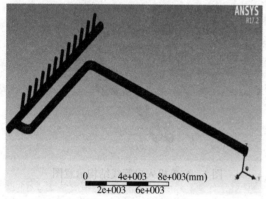

图 4   内部流体域网格分

2.3 计算模型选择

k-ε 模型假定湍流是各向同性的，所以不适用于管线内各向异性湍流的模拟。RNGk-ε 模型不能预测旋风分离器强烈漩涡流下的紊流区和 Rankine 涡流。LES 模型虽有较好模拟效果，但其对计算机 CPU 性能要求较高。而 RSM 模型摒弃了各向同性湍流的假设，直接对每个雷诺应力的各个独立分量求解输运方程，且计算量较 LES 模型小。经过以上模型的比较，本文最终选定 RSM 模型来模拟管线中的三维强湍流场。

2.4 计算方法选择

对于流体部分，基于有限体积法，采用 RSM 模型，利用 SIMPLE 算法耦合压力和速度，Standard 方法离散压力项，QUICK 差分格式离散动量方程[1]，二级迎风格式离散湍动能，一级迎风格式离散耗散率和雷诺应力，来模拟管线内流场。

对于固体部分，管线的结构是一个质量和刚度连续分布的系统，它可被分成有限自由度（DOF）的有限元。在 Static Structure 模块（入口边界条件为恒压时）基于有限单元法对旋风子固体部分进行分析；本次采用单向流固耦合方法，即仅将 Fluent 中的流场计算结果作用于固体部分，对管体进行数值模拟研究，探究固体部分的力学响应规律。

2.5 计算结果

Static Structure 模块中，将内流场压力的计算结果导入到 Static Structure 模块作为载荷边界条件，该荷载作用于流固两相耦合交互界面。图 5、图 6 是管线轴向应力分布图，图中应力为正的区域为拉应力，应力为负的区域为压应力：其中图 5 为 Y 方向管线轴向应力分布图，从图中可知，管线最大轴向拉应力处于 14 号测点管线下部，最大轴向拉应力值为 414.97MPa，管线上部为轴向压应力，压应力值为 251MPa，最大压应力位于 15 号测点管线下部，最大轴向压应力值为 359.23MPa，管线上部为轴向拉应力，拉应力值为 297MPa；图 6 为 X 方向管线轴向应力分布图，管线最大轴向拉应力处于 12 号测点下游管道下部，最大轴向拉应力值为 519.28MPa，最大压应力位于 12 号测点下游管道上部，最大轴向压应力值为 371.56MPa。图 7 是管线的 Mises 应力分布图，如图所示空冷机入口处应力偏低，12 号测点上部应力为 397MPa，最大应力处为 12 号测点延气体流向下游 0.5m 处管道下部，应力最高为 520.1MPa，垂向分流直管线的变形和应力都很小。图 8 是管线的总变形云图，从图中可知空冷机入口处变形偏低，最大变形发生在 13 号测点处，最大变形为 181.27mm，测得测点沉降量为 180mm，弯头处变形偏大。

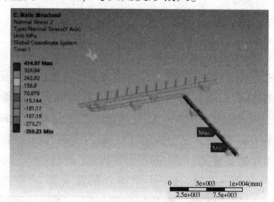

图 5   Y 方向管线轴向应力分布图

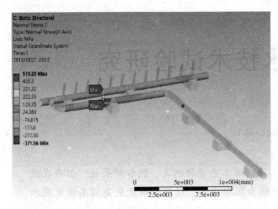

图 6　X 方向管线轴向应力分布图

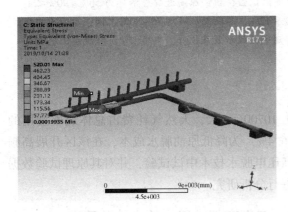

图 7　管线 Mises 应力分布图

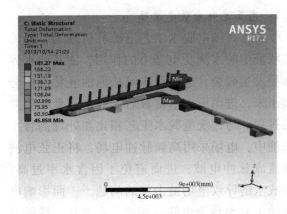

图 8　管线的总变形云图

2.6　工程措施

　　该段管道规格为 D660×20 L415M 材质管道,该管道材质最小屈服强度为 415MPa,原则上管道的轴向应力不应大于最小屈服强度,否则将产生塑性形变。根据评价的结论,12 号测点最大轴向拉应力为 519.28MPa,大于管材最小屈服强度,管材已经处于塑性变形阶段;14 号测点最大轴向拉应力值为 414.97MPa,已经接近最小屈服强度值,考虑到计算和测量的误差,工程改造将 12、14 测点作为重点更换对象,建议更换测点 14 至测点 12 间的管线和管件(即压缩机厂房外测点 14 处至空冷器入口汇气管弯头处,弯头不更换)

　　结合地勘资料,本次改造区域黄土为非自重湿陷性黄土,因此考虑在开挖后对管墩进行凿毛,清洗,刷界面剂,然后用 C25 混凝土进行浇筑,加大基础底面积并植筋。

3　总结

　　本文对压气站湿陷性黄土的整治基于 CFD 软件进行,充分利用了流固耦合理论,使管系的应力分析不是单纯的静态应力,而是在流体压力作用下的复合作用力分析,分析理论更接近于实际工况,经过现场采用超声应力检测仪现场复测,理论计算结果与现场实际测量应力值结果误差保证在了 5% 以内,满足工程实际误差限制要求,是可以应用于工程实际的。

参 考 文 献

[1] 王福军 . 计算流体动力学分析-CFD 软件原理与应用 . 清华大学出版社 . 2004.39-43.

[2] 朱绍平 . 浅谈油气管道施工应对湿陷性黄土地质的基本措施 . 工程技术 . 2015.038.1-2.

稠油高压高频电脱水技术试验研究

张　旭

（中油辽河工程有限公司）

摘　要　稠油脱水工艺普遍采用两段热化学沉降脱水工艺，该工艺运行稳定，脱水效果好，但存在脱水时间长、占地广、加药量大、热能消耗高等问题。为降低稠油脱水成本，辽河油田开展高频高压电脱水技术试验研究，其原理为采用高压高频电场代替化学药剂破乳。技术路线为两段电脱水工艺，一段采用不加热电场破乳，二段采用加热预电场破乳相结合。经现场中试试验得出，原油进口含水率为50%~90%之间，一段脱水温度为50~60℃，一段原油出口含水率为6%~12%，二段脱水温度75~80℃之间，原油出口含水率≤1.5%。试验结果证明高频高压电脱水技术处理普通稠油脱水效果较好，与热化学沉降脱水工艺相比，吨油处理成本降低50%。

关键词　高含水稠油，高频高压电脱水，吨液成本

1　序言

稠油脱水是原油初加工过程中的一个非常重要的工艺流程。对于油品密度相对较高，气油比低的老油田，稠油脱水普遍采用传统的两段热化学沉降脱水工艺，脱水机理是化学药剂破乳+重力沉降脱水原理。这种脱水技术主要的特点是需要大罐作为稠油脱水的载体，其工艺流程简单，脱水效果较好，运行稳定、抗冲击能力强等优点，适宜油田生产不稳定的生产条件，但该种脱水工艺同时存在脱水时间长，占地广、加药量大、热能消耗高等问题[1]。近年，各油田也对稠油脱水新工艺、新技术进行探索，辽河油田对稠油脱水开展高频高压电脱水技术试验研究。

2　稠油脱水工艺现状

以某联合站三区火驱稠油为例，原油密度（20℃）为 932kg/m³，黏度（50℃）为 194~342mPa·s，黏度（70℃）为 72~117，对该区原油脱水运行的工况及能耗点进行分析。工艺流程采用二段热化学沉降脱水工艺，进站温度为50~60℃，经加热炉加热至72℃，进入一级沉降罐，经2d脱水后含水12%，进入二级沉降罐脱水，沉降时间为2~3d，原油含水≤1.5%合格外输。三区处理液量为 2442m³/d，油量为 863m³/d，该运行工况下实际耗电量为 574kW·h/d，耗气量为 4596m³/d，药剂量为 0.258t/d，运行成本

为10700元/天，天然气耗费占总体成本费用的76.4%。为降低原油脱水成本，在该区开展高频高压电脱水技术中试试验，并对其原理试验数据进行分析研究。

3　高压高频电脱水技术试验研究

3.1　高压高频电脱水原理

高压高频电脱水工艺电破乳机理为，原油乳状液中的水滴受电场力的作用，使其油水界面膜发生破裂，进而使水滴从原油乳状液中分离出来，进而形成水链最后完成水滴聚结并的过程。与传统电脱水工艺相比在处理高含水原油中，电场采用高频脉冲电场，将正弦电波整流成脉冲电波，进而避免了因含水率过高，形成水链导致电场被击穿的问题[2]。而影响电场的主要参数为电强、频率、占空比，场强是影响水滴变形的主要因素，场强越大则，水滴界面膜易破裂，频率越高水滴在场强中的运动越剧烈，当电场频率与水滴频率相同时，就会产生共振进而实现水滴与油滴快速分离，占空比越短，则场强作用的时间越短，反之，占空比越长则场强时间越长。场强作用时间的长短，决定了高含水原油在形成水链的过程中发生电极板短路的机率[5]。

3.2　脱水试验流程

以三区原油为试验介质，开展高频高压电脱水技术现场中试试验。工艺试验流程见图1。

3.3 脱水试验参数

三区进液量为 10m³/h，一段脱水温度为 50～60℃，一段平均脱水时间2h，二段脱水温度 70～90℃，平均进口含水≤11%，二段平均脱水时间4h。一段电脱水器电场参数设定[4]：电压 ≤1000V，频率6000Hz，占空比为10%。二段电脱水器电场参数设定：电压≤2000V，频率 8000Hz，占空比为30%。对该套工艺流程参数

进行3个月的数据监测，考察各参数指标并分析整理相关的数据。

3.4 脱水试验数据

一段原油进口含水率在50%～90%之间，平均含水率为72.5%，一段原油出口含水率6%～12%，原油含水率变化见图2；二段进口含水率在6%～12%之间，原油出口含水率≤1.5%，原油含水率变化见图3。

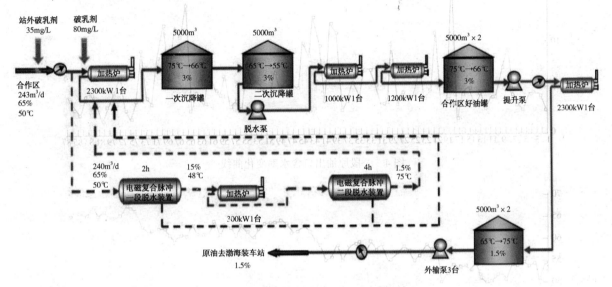

图 1　高频高压电脱水工艺试验流程图

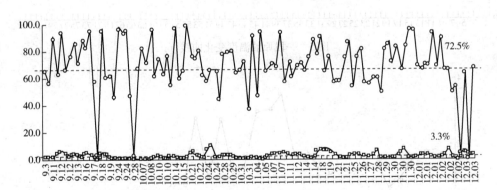

图 2　一段电脱水器进出口含水率变化图

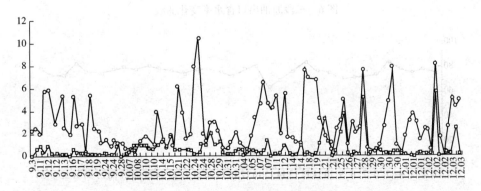

图 3　二段电脱水器进出口含水率变化图

一段脱水温度 50~68℃之间，一段原油出口含水率 6%~18%，原油温度变化与含水率变化见图 4、图 5；原油二段脱水温度 75~80℃之间，原油出口含水率≤1.5，原油温度变化与含水率变化见图 6、图 7。

一段污水含油量≤1000mg/L，悬浮物≤350mg/L，水指标变化曲线见图 8；二段电脱水器污水含油量≤600mg/L，悬浮物≤300mg/L，水指标变化曲线见图 9。

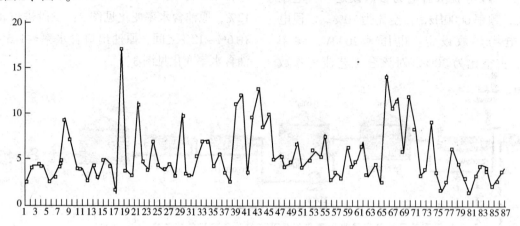

图 4　一段原油出口含水率变化曲线

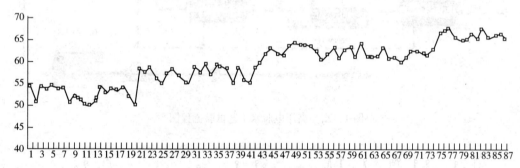

图 5　一段原油温度变化曲线

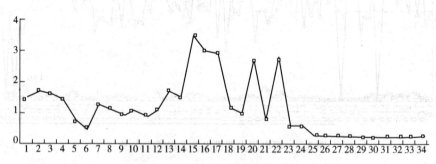

图 6　二段原油出口含水率变化曲线

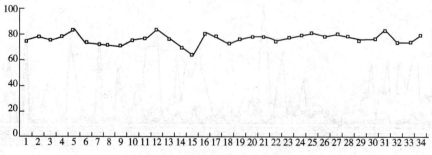

图 7　二段原油温度变化曲线

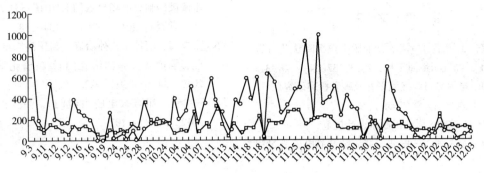

图8　一段污水指标变化曲线

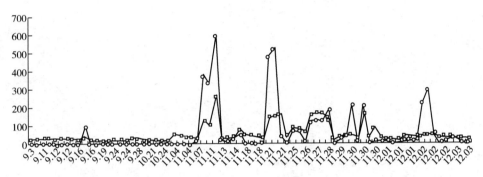

图9　二段污水指标变化曲线

3.5　高压高频电脱水技术分析

以电场破乳聚结基本原理为依托，通过调整电场主要参数改进原有电脱水技术，形成新型高压高频电脱水处理工艺技术。新型电脱水技术特点共分为以下六点。

（1）扩大原油电脱水技术处理油品含水率的应用界限，原有电脱水方法只适用于处理油包水型乳状液，其含水率小于30%，新型高压高频电脱水工艺原理可处理水包油型乳状液，处理原油含水率可达95%。为了克服高压电极板击穿现象，采用电压控制系统，即监测电极板间的电流，当电流超过设定值时，PLC控制系统对电压值调整直至满足电极板不击穿条件，从而保护电极板。

（2）扩大处理介质黏度的应用范围，原有处理介质黏度为操作温度下运动黏度宜低于50mm²/s，而三区原油原油运动黏度在400~600mm²/s。

（3）在原油电脱水内部结构的基础上，依据新型高压高频电脱水的技术原理在原有电破乳功能的基础上，增加电聚结技术，通过两种技术的集合，可使水滴聚并时间缩短从而达到高效脱水的目的。因此在装置内部结构设计中进行改进，并将电极板聚结功能增加至装置底部。

（4）整合电脱水器内部结构采用分区设置，装置共分为三个区域即低压高频区、高压低频区、电聚结区域[6]。低压高频区主要处理水包油型乳状液，高压低频区主要处理油包水型乳状液，电聚结区域主要作用为将低压高频区、高压低频区破乳后的小水滴水链产生聚结形成大水滴，从而达到油水分离的目的。

（5）依据原油乳状液含水率的不同，新型高压高频电脱水装置设计分为两种装置，即一段电脱水、二段电脱水。

（6）优化原油脱水工艺参数。联合站稠油一段脱水温度平均降低25℃，脱水时间由原有30h，降低至2~2.5h，二段脱水时间由48h，降低至4h，该套工艺流程无需加药。

4　结束语

高压高频电脱水技术在中试试验中取得较好的效果，该技术初步表明适用于高含水普通稠油脱水。两段热化学沉降脱水工艺吨液运行成本为4.36元/吨，两段高压高频电脱水工艺吨液运行成本为1.63元/吨。该项技术可在节能降耗的同时，提高脱水效率、密闭率，降低油品呼吸损耗，减少大罐更新改造等投资，有很大的发展空间及利用价值。

参 考 文 献

[1] 梁宏宝，王鸿宇，马铭. 稠油脱水热沉降优化方案研究[J]. 油气田地面工程，2018，37(04)：28-31.

[2] 孙治谦. 电聚结过程液滴聚并及破乳机理研究[D]. 青岛：中国石油大学(华东)，2011.

[3] SY/T 0045—2008 原油田脱水设计规范.

[4] 孙治谦，金友海，王振波. 高压脉冲静电破乳过程水滴破碎临界电场参数[J]. 中国石油大学学报(自然科学版)，2013，37(1)：134-138.

[5] 金友海，胡佳宁，孙治谦. 高压高频脉冲电脱水性能影响因素实验的研究[J]. 高校化学工程学报，2010，24(6)：917-922.

[6] 陈克宁. 组合级电脱水器[J]. 油气田地面工程，2012，31(8)：102.

无人机在海外数字化油田应用

万　里

（中国石油工程建设有限公司北京设计分公司）

摘　要　近 10 年来无人机技术逐渐被引入到油田的开发和生产管理中。新技术改进了传统的巡检方案并彻衍生出了全新的油田全景操作模式。这使得油田作业者在面对全新的数据格式和远程控制上遇到巨大的挑战。无人机的应用本身即要实现：数字化油田场景；高效协同工作；提高巡检效率。本次介绍的是中东伊拉克油田，无人机的数字化应用。

关键词　远程遥控，GIS（地理信息系统），智能巡检，三维建模，同步数据

1　前言

众所周知中东油田地表主要被沙漠及戈壁覆盖，生产开发过程中还存在一些需要大量人力物力来完成的工作，如井位踏勘、外协事件调查、线路施工监控、道路及线路巡查、突发事件处理等。这一切都促使无人机应用得以开发和提高，达到降低员工劳动强度和作业风险，提高生产管理效率的目的。同时随着国外油田向着信息化、智能化转型，传统的油气行业也正在经历一场数字化变革。无人机协助建立的应用平台信息系统使空间信息的展示更加丰富、逼真，使人们将抽象难懂的空间信息可视化和直观化。无人机以其自身突出的优点、高性价比等优势不断在油田生产中发挥重要的作用。

2　无人机的应用

针对海外油田、单井数量庞大、分布广泛的特点。要想实现无人机的多维度应用，就要在项目设计初期做到标准化，与业主沟通给出适应于现场特点的 GIS 平台设计方案。这样才能最大化节省人力劳动成本，减少巡检工作的风险。无人机的数字化应用主要表现在以下 3 方面：

2.1　无人机参与完成的 GIS（地理信息系统）

无人机参与完成下的 GIS 系统区别于传统公用数字地图的核心在于地理信息的及时更新。传统数字地图缺点在于非定制化，不可编辑，并非专注于油田特点。本系统采用基于 WebGL 的 Cesium 开源三维 WebGIS 开发框架，浏览器应用访问；使用通用、开放的协议、数据库类型，为后续数字化集成奠定基础。GIS 地图，可实现权限划分，在功能上实现数据加载（如地下管线信息、设备描述、测距、动态演示等）

（1）基础环境层：提供环境空间信息共享服务平台的运行支撑环境，满足平台所要达到的数据存储能力、数据服务能力和网络环境要求，通过平台的安装部署，建成性能稳定的软硬件运行支撑环境。

（2）数据层：通过数据传输平台实现数据的共享，并可在地理数据、基础数据基础上进行扩展，接入监测的数据。数据层总体分为地理信息数据库、基础数据库和接口数据库。

（3）支撑层：为平台的中间层，其主要作用是支撑平台的正常运行。包括三维 GIS 平台、报表展示平台、通讯接口平台。

同时需要注意的是：无人机作业过程中，电池续航、天气因素、操作精度及周边信号干扰等都成为影响工作效率的因素。对需要勘测的地理信息，无人机会将摄像头捕捉的正射影像、GPS 位置数据回传地面数据接收终端，并同步修正航向、飞行姿态等。最终将重叠的高清图像通过 WebGIS 进行地理信息完善。

2.2　智能巡检

作位巡检使用的无人机更推荐固定翼结构形式。具有航程大，续航时间久、操控简单等优势。但同时，国外的一些区域飞行也需要提前向安保部门或者无线电委员会提前申请。固定翼式无人机巡检作为一种新兴的巡检技术手段，具有高效快速、准确全面的优势。可深入人工难以抵达的区域，进行实时的图像回传，提供数据支持。减轻人员现场排查工作量，保障管道、电力线路、井口平台等设备的安全运行。对比测试

下，相同工况条件，无人机智能巡视效率可达到传统巡检的 8~10 倍。

随着工业级无人机的发展，现阶段已经可在正常工况下满足：近 1 小时飞行续航、25km 数据回传，自动偏航修正等优势手段。同时全新的基于载波相位差分定位技术的无人机智能巡检方法也开始逐渐被广泛应用于海外油田。该方法在载波相位差分高精度定位技术的支撑下，首先由人工操控无人机进行线路巡检，再根据记录的巡检航迹提取航拍控制轨迹点精确的经纬度、海拔高度和每一航拍点的摄像头俯仰角度等信息，制定该线路的自主巡检方案。可根据预制目标的 GPS 坐标点进行自动巡航飞行，这点更适应于海外油田巡检，实现无人机巡航的流程化和标准化。

应对不同工况如：1. 电力线路巡检。无人机可挂载热红外成像仪，不仅可以采集绝缘端子破损情况，也可了解电塔端子处是否出现短路过热 2. 消防救援。无人机可挂载热红外成像仪、夜视仪、喊话器、探照灯。更加高效的完成救援工作或者应对处理突发事件 3. 原油、天然气管线巡检。除上述装置挂载外，也可挂载 X 光扫描设备。对地表管线的腐蚀情况进行排查。

在负载保障和续航满足情况下，无人机可同时搭载数据采集装置，与油田生产网互联，也可实现讲无人机作为小型数据移动基站使用。这对于井口数据的轻量化采集，实现数据云同步有着重要意义。这也将是无人机在未来数字化油田中所扮演的又一角色。

2.3　三维建模及数据同步

随着对生产运营的水平要求越来越高，由 GIS 平台衍生出了三维可视化甚至是全息影像开始逐渐应用。结合设计图纸、无人机三轴拍摄现场实际数据、建立处理站与井场的数字化三维模型，并集成部分设备属性信息，通过模型的优化、处理和导入，集成到 3D-GIS 系统中，实现二维和三维结合的可视化方式展示，使人们的视野从二维平面上升到三维立体空间，不再局限于二维平面图、剖面图等复杂、抽象的展现形式，而是通过三维实景、剖析仿真，直观展示场站与设备外部结构以及设备之间的关联关系，快速查看实时数据和历史数据，定位展示，使人们将抽象难懂的空间信息可视化和直观化。结合原有的 GIS 系统，更容易了解场站与设备内、外部结构的关联关系，方便辅助进行人员培训，电子巡检。

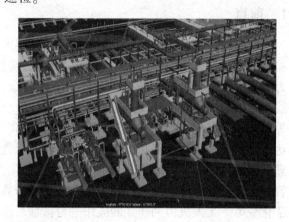

3　结语

无人机作为新技术在油田领域的应用发展近 10 年，不断改进完善。但无人机本身并不能独立实现所有功能，需要稳定的网络、数据分析、抗干扰及 IP 防护多方面支持，才能在特点明显的海外油田工况下最大限度的节省日常巡检成本，提高生产效率。

长距离多管段复杂海底管线清管模拟研究

刘火强

（中国石油工程建设有限公司北京设计分公司）

摘　要　以阿布扎比贝尔巴泽姆（Belbazem）油田区块海底管网为研究对象，利用 OLGA 动态模拟软件，对贝尔巴泽姆油田区块的 60 公里海底管线进行了清管模拟，根据软件模拟结果，对清管过程中清管器的运行速度、管线出口液塞量等进行流动保障分析，分析下游段塞流捕集器的接收能力，指导清管作业安全进行。

关键词　海底管线，动态模拟，清管，流动保障，OLGA

随着海上油气工业的发展，海底混输管线的距离越来越长，地形也越来越复杂，因此对流体在管线中的流动保障也提出了更高的要求。清管技术作为管道运行前或管道运行中不可或缺的环节，对保障管道长距离运输安全、节约资源消耗、保证管线正常运行具有重要意义。清管操作可以清除管道中固相沉积物（如蜡沉积、腐蚀产物、砂等），提高管线输送效率，减少水下井口，降低水下电潜泵的电量需求，保障管道流动安全、降低操作和运行费用。段塞流是在海底油气混输管道中非常常见的一种流型和现象。而在海地混输管道的清管过程中，会加剧段塞流的发生，给下游的处理设施造成冲击，严重时可造成生产中断。

本文利用 OLGA 软件对贝尔巴泽姆油田区块的 18 口油井及集输管网进行了建模，进行了四种工况的模拟，分别对四种工况的模拟结果进行了流动保障分析，并根据流动保障分析，提出了合理的清管方案。

1　项目概况

贝尔巴泽姆油田区块由三个边缘油田 Bel-bazem，Umm AlSalsal 和 Umm Al Dholou，下文分别用 BB，UAS 和 UAD 代替，每个边缘油田建有一个海上平台。BB 油田口井，UAS 油田口井，UAD 油田口井。三个含油构造区由 16 寸海底管线连接并由 16 寸管线输送至位于 Zirku 的陆上处理设施，见图 1。

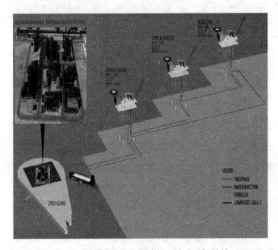

图 1　贝尔巴泽姆油田区块集输系统

利用 OLGA 软件对油田集输管网进行建模，见图 2。

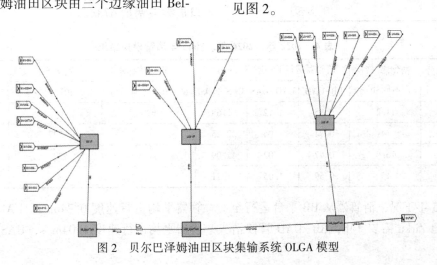

图 2　贝尔巴泽姆油田区块集输系统 OLGA 模型

2　基础数据

主要管线参数见表1。

表1　60公里管线主要参数

管线名称	管线距离/m	管线材质	管道壁厚/mm	尺寸/in	内径/mm	粗糙度/mm
BB to UAD	10000	碳钢	17.48	16	371.44	0.046
UAD to UAS	20600	碳钢	17.48	16	371.44	0.046
UAS to Zirku	28350	碳钢	17.48	16	371.44	0.046

组分数据见表2，表3。

表2　流体组分数据

组　　分	摩尔分数/%
H_2	0
N_2	0.353
H_2S	0
CO_2	0.449
C1	16.965
C2	8.238
C3	7.684
IC4	1.682
NC4	4.929
IC5	2.252
NC5	3.349
NC6	4.788
NC7	5.339
NC8	5.474
NC9	4.901
NC10	4.49
C11-16	10.068
C17-24	8.266
C25-38	6.872
C39+	3.903

表3　虚拟组分分子量和相对密度

虚拟组分	分　子　量	相对密度
C7	96	0.742
C8	107	0.763
C9	121	0.778
C10	134	0.789
C11-C16	180	0.817
C17-C24	278	0.859
C25-C38	420	0.902
C39+	706	0.958

3　动态模拟结果及分析

本文以2022年产量（早期投产）、2026年产量（最大气）和2042年产量（最大液）以及2026年清管器考虑5%的旁通四种冬季工况作为模型输入条件，模拟了从平台BB到陆上处理设施的60公里管线的清管模拟。汇总的模拟结果见表4。

模拟结果小结：

（1）2022年工况，清管器从BB平台运行至陆上处理设施Zirku需要11.2h，BB-UAD管段清管器平均运行速度0.85m/s，UAD-UAS管段清管器平均运行速度1.12m/s，UAS-Zirku管段管清器平均运行速度2.68m/s。段塞流捕集器入口最大液塞量678m³。

表4　2022年、2026年、2042年清管模拟结果

年	清管器旁通/%	清管器运行时间/h	清管器运行平均速度/(m/s)			段塞流捕集器不同排液量下的入口最大液塞量/m³		
			BB-UAD	UAD-UAS	UAS-Zirku	60,070/(桶/天)	87,207/(桶/天)	114,054/(桶/天)
2022	0	11.2	0.85	1.12	2.68	678		
2026	0	14	0.74	1.04	2.25		527	
2026	5	16.9	0.47	1.02	2.09		326	
2042	0	15	0.59	1.05	1.71			4.7

（2）2026年工况，清管器从BB平台运行至陆上处理设施Zirku需要14h，BB-UAD管段清管器平均运行速度0.74m/s，UAD-UAS管段清管器平均运行速度1.04m/s，UAS-Zirku管段管

清器平均运行速度 2.25m/s。段塞流捕集器入口最大液塞量 527m³。

（3）2026 年清管器 5%旁通工况，清管器从 BB 平台运行至陆上处理设施 Zirku 需要 16.9h，BB-UAD 管段清管器平均运行速度 0.47m/s，UAD-UAS 管段清管器平均运行速度 1.02m/s，UAS-Zirku 管段管清器平均运行速度 2.09m/s。段塞流捕集器入口最大液塞量 326m³。

（4）2026 年工况，清管器从 BB 平台运行至陆上处理设施 Zirku 需要 14h，BB-UAD 管段清管器平均运行速度 0.74m/s，UAD-UAS 管段清管器平均运行速度 1.04m/s，UAS-Zirku 管段管清器平均运行速度 2.25m/s。段塞流捕集器入口最大液塞量 4.7m³。

由于每种工况的模拟结果图形类似，仅以 2026 年的模拟结果图形展示，见图 3 和图 4。

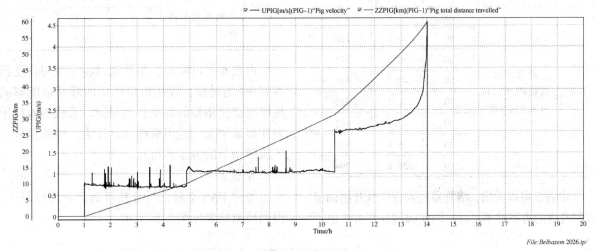

图 3　2026 年清管器行程和清管器速度

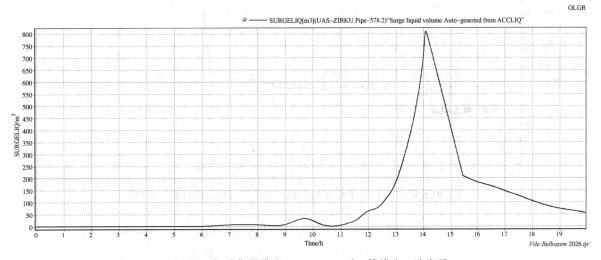

图 4　2026 年捕集器排液 87207bbl/d 时，管线出口液塞量

段塞流捕集器长 18m，直径 4.1m，从正常操作液位到高液位，段塞流捕集器能接收的最大液塞量是 124m³，显然清管工况除了 2042 年意外，其他工况产生的液塞量均超出了段塞流捕集器的接收能力。

由 2026 年清管器增加旁通的工况来看是不可行的，5%的旁通的条件下，BB-UAD 的清管器速度 0.47m/s，如果再增大旁通，清管器的运行速度会更小，这种情况下发生清管器堵塞的风险非常大。为了解决这个问题，需要降低流入段塞流捕集器中的流体流量，但又不能使清管器在管线中的运行速度太低。

为了达到这个目的，我们提出两个方案：方案 1 在管线出口即段塞流捕集器入口处增加一个节流阀，通过节流阀调节进入段塞流捕集器的流量；方案 2 减产，停掉 UAS 平台的井口产量。

这样既能保证清管器的速度，又能降低进入段塞流捕集器的量。

方案 1

以 2026 年产量工况为模拟输入条件，在模型中增加节流阀，进行清管模拟。清管器进入管线后就调节阀门开度，得到结果如下：

表 5　2026 年增加调节阀清管模拟结果，工况 1

年	工况	调节阀开度/%	管线入口压力/Barg	管线出口液塞/m³
2026	清管器进入管线即开始调节调节阀开度	100	40.5	527
		80	40.6	520
		60	40.8	514
		50	41.0	510
		40	41.4	510
		30	42.4	482
		20	45.7	416
		10	58.6	394

由表 5 可以看出，清管器进入管线就开始调节阀门开度的方案并不可行，即便阀门开度 10%也不

能满足段塞流捕集器的接收能力。因此调整了一下方案，观测到清管器进入管线后 13h 后段塞到达段塞流捕集器，因此，将阀门在清管器进入管线管线 13h 后调整阀门开度，模拟结果见表 6。

表 6　2026 年增加调节阀清管模拟结果，工况 2

年	工况	调节阀开度/%	管线入口压力/Barg	管线出口液塞/m³
2026	清管器进入管线后 13h 开始调节调节阀开度	8.5	51.0	319
		7	53.3	276
		5	59.0	187
		3	78.7	53

由表 6 可以看出，尽管通过将节流阀开度调整到 3%的时候，管线出口产生的液塞量能够满足段塞流捕集器的要求，但是同时管线的入口压力变得非常大，超出管线设计压力。因此，采用节流阀调节的方案不可行。

方案 2

停掉 UAS 平台上所有井口的产量进行模拟，得到模拟结果见图 5 和图 6。

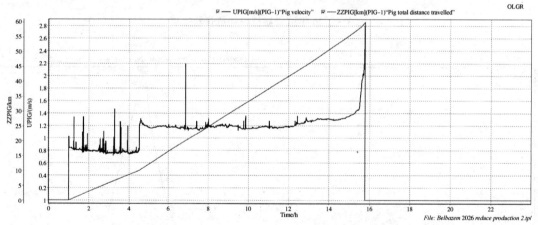

图 5　2026 年停掉 UAS 平台井口产量后清管器行程、清管器运行速度

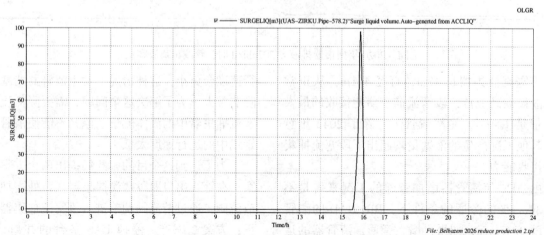

图 6　2026 年停掉 UAS 平台井口产量后捕集器排液 87207bbl/d 时，管线出口液塞量

由图 5 可以看出 BB-UAD 管段清管器的速度约为 0.8m/s，UAD-Zirku 管段的清管器速度约为 1.2m/s，能够保证清管器的速度不至于过低而导致卡球事故。由图 6 可以看出，在 UAS 平台井口产量停掉之后，到达管线出口的液塞量为 98m³，小于段塞流捕集器可处理能力 124m³。因此采用减产的方案是可行的。

4 小结

利用 OLGA 软件对阿布扎比 BELBAZEM 油田区块 60 公里海底管线的清管过程进行了动态模拟，得出如下结论：

（1）正常生产过程中进行清管，除 2042 年的生产工况，会在管线出口产生较大液塞，超出段塞流捕集器的处理能力。

（2）采用旁通清管器清管方案不可行，会导致清管器运行速度较慢，发生卡球事故，且不能解决段塞流捕集器的处理能力问题。

（3）采用管线出口增加调节阀调整阀门开度的方案不可行，会造成管线超压。

（4）采用减产的方案可行，通过停掉 UAS 平台井口产量的方案，清管过程产生的液塞可被段塞流捕集器处理。

本文通过 OLGA 模拟不同工况下的清管过程，最终提出了安全可行的清管方案，为清管作业提供了安全保障。

参 考 文 献

[1] 王鑫. 油气长输管道建设及运行过程中的清管技术[J]. 化工设计通讯, 2018, 44(7)：33.

[2] 刘火强. 基于 OLGA 的动态模拟在油气集输系统中的应用[J]. 石化技术, 2019(4)：84-85.

[3] Bilyeu DK, Chen T X. Clearing hydrate and wax blockages in a subsea flowline [C]. OTC, 2005：17572.

[4] 冯叔初, 郭揆常. 油气集输与矿场加工[M]. 东营：中国石油大学出版社, 2006：200-203.

[5] 吕宇玲, 何利民, 牛殿国, 等. 海洋油气集输系统中强烈段塞流压力波动特性[J]. 中国石油大学学报（自然科学版）, 2011, 35(6)：118-126.

[6] 邱伟伟, 徐孝轩, 宫敬. 深海立管中严重段塞流特性模拟研究[J]. 科学技术与工程, 2013, 13(19)：5464-5468.

[7] 马勇, 刘培林, 张淑艳, 等. 立管顶部节流法控制海管清管段塞的适应性[J]. 油气储运, 2017, 36(3)：348-353.

[8] 李涛, 宗媛, 朱德闻. 基于 OLGA 软件的湿气管道清管动态分析[J]. 油气储运, 2016, 35(5)：526-529.

[9] 唱永磊. 湿气管线积液与清管数值模拟研究[D]. 青岛：中国石油大学（华东）, 2014：5-7.

[10] 李濛, 徐浩. 海底管道清管段塞的控制方法[J]. 石油和化工设备, 2019, 22(04), 25-28+36.

油气田地面的数字孪生工程规划

任新华   王晓涵

(中国石油工程建设有限公司北京设计分公司)

摘　要　本文从油气田地面的现状入手，分析数字化智能化工程建设的必要性，对地面设施数字孪生进行功能定位，阐述数字孪生系统建模的要求，设计出油气田地面数字孪生系统的架构，进而规划了数字孪生系统的主要基础设施，并提出新的效益分析要素。

关键词　油气田，地面工程，数字孪生，运维，数字化，智能化

近年来，国内外油气公司都在数字化、智能化方面开展积极的探索，在运用数字化手段解决某项具体业务功能上取得了一定的成效，但总体上尚未形成系统性的数字化和智能化解决方案，期待通过数字化转型实现油气田开发管理水平和经济效益的跃升。

在油气田开发中，地面系统占据了十分重要的地位，他是油田运营的作业面，是油田数据的主要采集处，是监管油田地质油藏的窗口，也是主要的运营成本消耗处。这些特点使得地面系统成为油气田实现数字化和智能化的关键突破口，既通过数字化智能化手段解决地面管理和运维的现实困难，也为油气田实现从地下到地上、从生产到经营的整体数字化转型开辟道路。

1　油气田地面的状况分析

油气田开发作为一个有一百多年发展历史的传统工业，已经形成了比较成熟完备的地面工艺设施和管理方法，同时具有技术密集、资金密集、劳动密集等特征，在管理和运维中依然长期面临以下困难：

一是油气田多数远离城市，且处于沙漠、沼泽、盐碱地等地域，缺少社会依托，自然环境恶劣，野外作业劳动强度大。

二是油气田分布地域广阔，油气生产地面设施严重分散，统一高效管理的难度很大。

三是油气田各类设施资产庞杂，资料数据繁杂，管理维护技术难度大，对员工的素质要求较高。

四是在传统的管理模式下，油气田按专业功能划分业务部门，业务数据共享障碍多，统一协调指挥的难度大。

五是工艺系统各部分复杂又密切关联，同时又受地理分散的制约，系统优化和参数调整依赖员工经验，易造成无效成本长期消耗。

此外，对海外油田来说，所在国多数政局不稳、社会动荡，战乱和恐怖袭击长期存在，安全形势严峻，严重威胁人员和财产安全。

随着近年来国际油价持续走低、新能源快速发展的影响，以上因素严重制约了油气开发效益提升和进一步发展，急需通过数字化、智能化手段实现降本、提质、增效。

2　地面设施的数字孪生功能定位

油气田企业的数字化内涵十分丰富，覆盖了从生产一线操作监控到企业办公自动化的宽阔领域，数字化转型的内容包括运行、管理和经营的全系列活动。

油气田地面工程建设中，通过应用生产过程自动化和通信技术和装备，实现了生产一线操作监控的自动化，是油气田数字化转型的底层基础设施。

企业办公自动化是油气田企业信息化建设的重点，主要通过 ERP 等系统的建设实现企业高级管理层在经营计划、管理协调、资源统筹方面的信息化。

油气田运行管理和维护领域介于上述二者之间，其人员既是生产一线操作监控的指挥者，也是高级管理层指令的执行者，具有承上启下的作用，角色十分关键，但管理模式比较落后，是油气田企业数字化转型的瓶颈。

油气田地面数字孪生以地面设施为突破口，

面向油气田开发过程中地面设施的运行管理和维护，填补了自动化和信息化之间的关键空白，实现整体数字化、智能化转型。

油气田地面数字孪生属于流程制造业的制造执行过程，作为流程工业制造执行系统 MES 在油气田开发过程的具体应用，将形成油气田地面智能化运维系统，与其他部分关系如图1所示。

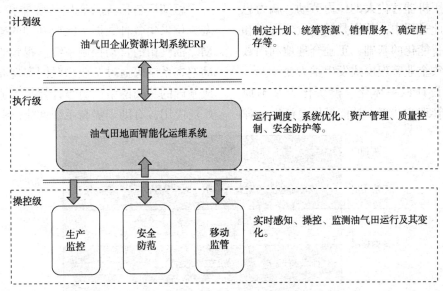

图1　油气田企业数字化转型功能层次

油气田地面智能化运维系统位于企业数字化转型架构的中间执行级，系统向下指挥操控级，接受操控级的信息，向上接受计划级的指令，并向计划级汇报关键指标。

3　系统建模

规划油气田地面数字孪生工程时，首先要分析地面设施管理和运维的需求，建立模型。

需求分析和建模包括三个部分：

一是调研分析油气田地面的实体，以及实体之间的关系，用数据描述实体的属性，抽象出实体之间的联系，为数据架构、数据库和类对象的分析与设计提供基础信息，建立数据模型。油气田地面的数据模型包括数据管理模型和视觉呈现模型。

数据管理模型对油田各项活动中需要的和产生的数据分类进行定义和描述，使数据能够按照规则收集、存储和应用。

视觉呈现模型是支撑机器与人之间进行信息交互的平台，运用与真实物理环境及物体高度相似的影像或图形构建可视化的油田形象，最大程度地使在虚拟环境中执行的油田管理运营活动与在物理油田中的实际活动有相同的效果。

二是调研分析数据流建立智能功能模型。数据流涵盖了数据采集、存储、分析、应用到呈现的全过程，表明系统数据来源和结果去向。数据流是对用户的功能需求进行归纳和分析，其结果抽象出多级数据流程图 DFD，自上向下逐级描述细化用户需求。

油气田的智能功能模型是在数据管理模型的基础上，运用数学语言描述工艺系统或设备等的活动过程，准确地反映其状况和变化，按照用户需求完成自动分析。

三是调研、分析、优化油气田的业务执行流程，建立业务执行模型。在前述调研的基础上，梳理油气田各项业务活动及其包括环节的流程，优化掉冗余的环节，形成标准化的工作流，进而推动管理模式的变革。

业务执行模型用于描述油田企业的管理和业务运行方式，明确定义油田人员、设备、物料、能力、产品、生产管理、维护管理、质量管理、库存管理等对象和活动。

通过调研分析建立的各种模型是对物理油气田的地面系统的描述和抽象，建立物理油田与数字孪生系统之间的桥梁，是指导数字化和智能化系统开发的基础。

4　系统架构设计

在油气田地面的管理和运维过程中，执行级与操控级密不可分，系统规划时需将执行级与操控级统一考虑，才能构成数字孪生系统。

数字孪生系统将物理油气田通过各种数据的方式在计算机网络系统中真实再现，运用软件化的知识体系对数据进行自动的挖掘、分析和利用，最终实现用机器替代人的体力劳动、脑力思维的目的。在此过程中，数据是最宝贵的资源和资产，是实现智能化的基础，正确合理地利用数据最终也将导致企业管理模式发生重大变革。

系统架构设计以一体化、模块化为基本原则，数据统一管理和共享，功能模块灵活组合弹性扩展，杜绝信息孤岛。

以数据的产生和利用过程为线索，系统架构分为五个层次：感知层、传输层、数据层、应用层和管理层(图 2)。

感知层包括各种底层传感器和自动化设备，全方位采集各种数据，完成基础的操作和控制活动。油气田的自动控制系统、视频监控系统、移动巡查系统等通过工业物联网实现互联互通，构成基础的感知网络，边缘计算技术适宜在感知层广泛应用，有助于提高系统性能(图 3)。

管理层	统计评估		管理调度	
应用层	立体可视化	工艺动态仿真	资产设备管理	智能分析
数据层	集成平台			
	静态基础数据	动态感知数据	分析结果数据	
传输层	光通信	移动通信	卫星通信	其它通信
感知层	生产监控数据源	安防监控数据源	移动巡查数据源	其它数据源

图 2　油气田企业智能化运维系统架构

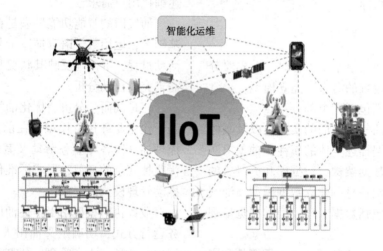

图 3　油气田地面工业物联网

传输层是油气田的神经网络，包括各种适合油田特点的有线或无线通信，实现数据高效传输。光通信网络宜作为油气田的主干通信网络，高带宽、实时性好、可靠性高的无线移动通信是前段设备数据接入的有效手段。

数据层收集来自多种数据源的各种数据，包括来自感知层的动态感知数据、工程建设和企业管理的静态基础数据、系统运行的分析结果数据，按照结构化数据、非结构化数据、实时数据等进行分类存储、积累、处理和服务，实现数据资产化管理和统一的数据服务。

应用层通过软件化的专业知识工具，包括油气田地面立体可视化、地面工艺动态在线仿真、资产设备智能化管理、对数据图像采用智能化的方法进行分析等功能模块，实现机器化的思维和决策。

管理层在管理者与系统之间建立可视化的交

互沟通途径，通过数据可视化技术将繁冗的数据转变成事件图形，及时呈现油气田运行的状态变化和趋势，辅助管理决策。业务执行方面，采用优化的标准工作流，自动按程序协调资源，执行调度指挥指令。

5　基础设施规划

油气田智能化运维系统将包括硬件设施、软件设施和通信网络，这些基础设施分工定位承担不同的角色，构成网络上的关键节点，相互支持，形成多个专业化的运行中心，油气田的工作人员将主要集中在这些运行中心进行远程管理，最大程度降低现场人员(图4)。

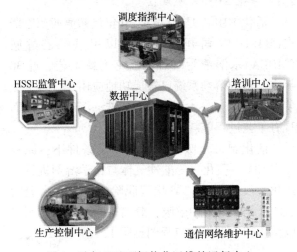

图4　油气田地面智能化运维的运行中心

数据中心是数字孪生系统的核心，应用私有云技术构建PaaS平台，为全油气田提供数据管理和应用服务，其他各中心都围绕数据中心运行。

生产控制中心是油气田地面设施的生产操作和控制中心，执行数字孪生系统的指令控制油气生产设施运行。

调度指挥中心是指挥全油气田运行的场所，承担总体计划、综合调度、异地协同和远程支持等指挥协调智能。

HSSE监管中心为油气田提供主动的健康、安全、安防和环境监管和保护服务。

通信网络维护中心承担有线及无线网络的运行和维护智能，为数字孪生系统健康可靠地运行提供保障。

培训中心是为了顺应数字化发展对员工较高岗位技能的要求，为员工提供虚拟环境的在线培训，持续提升员工能力和素质。

6　效益分析

油气田地面数字孪生工程是利用数字化智能化手段改造传统的油气田开发过程的管理和运维活动，其成功应用将带来巨大的经济效益和社会效益。

经济效益方面，主要体现在提高油气田开发质量，提升开发的工作效率，降低开发过程中各种风险带来的损失，延长油气田平稳运行不停产的时间，进而实现油气产量稳产增产，大幅减少劳动密集型工作，减少劳动用工。因此在该类工程经济评价中，要将工程投资与油气田开发的投入和产出紧密结合，综合评估长远的效益。

社会效益方面，数字孪生将推动油气田开发知识的有形化，推动油气田开发方法和手段升级。

7　结束语

在全球范围内油价持续走低、新冠疫情肆虐、新能源产业蒸蒸日上的大背景下，油气田开发面临成本控制、疫情防范、市场竞争的多重压力，石油天然气的战略重要性正在降低，油气企业的生存遇到了严峻挑战，油气田数字孪生将赋予油气行业新的动能，从降本增效入手，提高企业的盈利能力，实现数字化转型。

参 考 文 献

[1] 张德发，曹万岩，向礼，张丹丹，李珊珊. 大庆油田油气生产物联网深化应用探讨[J]. 油气田地面工程 2020，10.

[2] 张玉卓. 以数字化转型促进能源化工产业高质量发展[J]. 中国产经，2021(02)：58-60.

[3] 李阳，廉培庆，薛兆杰，戴城. 大数据及人工智能在油气田开发中的应用现状及展望[J]. 中国石油大学学报(自然科学版)，2020，44(04)：1-11.

[4] 马涛，许增魁，常冠华，陈付平. 数字、智能与智慧油气田价值模型[J]. 信息技术与标准化，2020(12)：58-63.

[5] 高志亮，石玉江，王娟，杨倬，姚卫华，高倩. 数字油田在中国及其发展[J]. 石油科技论坛，2015，03.

二氧化碳驱油伴生气回收 CO_2 工艺研究

刘永铎

(中国石油工程建设有限公司华北分公司)

摘　要　介绍了二氧化碳驱伴生气回收的意义。对目前比较常用的伴生气回收工艺技术进行了调研，并对各种伴生气回收工艺技术进行对比。最后对二氧化碳驱伴生气回收技术的发展方向提出了思路。

关键词　伴生气，回收，CO_2 驱油

1　引言

CO_2 作为一种主要的温室气体，能够引起全球变暖，气候异常，严重影响人类生产及生活。

以 CO_2 作为驱替介质，可以减少 CO_2 的排放，同时可以提高采油率，既提高了经济效益，又产生了广泛的社会效益。

2　伴生气回收工艺

二氧化碳驱油伴生气中 CO_2 含量为 20% ~ 90%，伴生气回收主要是回收其中的 CO_2，副产品为天然气。

伴生气富含 CO_2 典型处理技术常用的有活化 MDEA 吸收法、PSA 吸附法、低温分馏法和膜分离法。

2.1　活化 MDEA 吸收法

活化 MDEA 是 20 世纪 70 年代初原西德巴斯夫（BASF）公司开发的一种以甲基二乙醇胺（MDEA）水溶液为基础的脱 CO_2 新工艺。近 30 年来，这种溶剂系统已被成功地应用于许多工业装置。由于 MDEA 对 CO_2 有特殊的溶解性，因而具有工艺过程能耗低等许多优点。

活化 MDEA 吸收法是在一定条件下，原料气中 CO_2、硫化氢等酸性气体与化学溶剂进行放热化学反应而将二氧化碳脱除出来。在高温时 CO_2 从化学溶剂中解吸、分离，同时化学溶剂得以再生，典型工艺流程图见图 1。

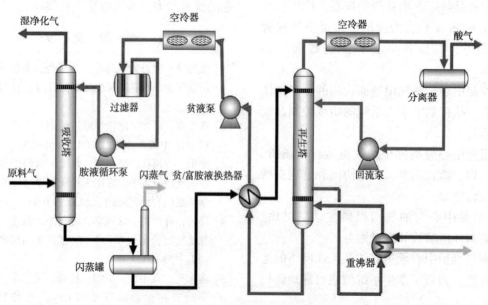

图 1　活化 MDEA 吸收法流程示意图

活化 MDEA 吸收法一般适合于原料气含碳量不高且净化度要求较高场合。

活化 MDEA 装置处理量范围：50% ~ 110%；
进口 CO_2 含量：<30%；

出口 CO_2 纯度：≥95%；

出口天然气 CO_2 含量：<3%。

2.2 PSA 吸附法

PSA 吸附法技术在国内最早用于合成氨工业回收纯氢，之后用于石油、石化工业提取纯氢回到加氢装置；随着 PSA 技术及吸附剂研发的不断深入，PSA 装置规模不断扩大，应用领域不断拓宽，现已成为气体分离技术的主流技术。

PSA 吸附法是利用专用吸附剂的平衡吸附量随组分分压升高而增加的特性，进行加压吸附，减压脱附的操作方法。PSA 已广泛用于气体分离领域，过去 PSA 技术大多用于分离难吸附组分，如制取回收纯氢，以后又陆续用于分离提纯易吸附组分，如制取 CO_2、纯 CO、天然气净化及脱除 CO_2。

利用某些吸附材料在高压下易吸收二氧化碳等高沸点组分，不易吸收甲烷、氮气等低沸点组分，而将二氧化碳从天然气中分离出来。吸附材料在较高压力下吸收 CO_2，活性炭（一般要求温度低于 52℃）在较低压力下解吸而再生。分子筛法适用于压力较高、酸气负荷较小、净化程度较高情况（图2）。

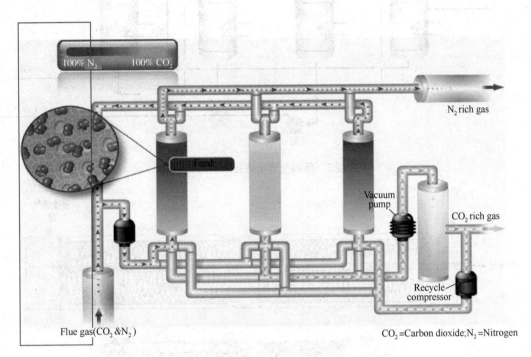

图 2 PSA 吸附法流程示意图

PSA 装置处理量范围：30% ~ 110%；

进口 CO_2 含量：3% ~ 90%；

出口 CO_2 纯度：≥95%；

出口天然气 CO_2 含量：<3%。

2.3 低温分馏法

低温分离法是利用原料气中各组分相对挥发度不同，在低温条件下将原料气中各组分按工艺要求逐渐冷凝成液态，再通过升温蒸馏将各组分逐一蒸发分离。处理高含 CO_2 和硫化氢的天然气时，该法可以分离出大量酸气并完成天然气凝液回收。低温分离法适用于 CO_2 和 H_2S 含量高但净化度要求不高的场合（图3）。

低温分馏装置处理量范围：50% ~ 110%；

进口 CO_2 含量：>70%；

出口 CO_2 纯度：≥95%；

出口天然气 CO_2 含量：<27%。

2.4 膜分离法

膜分离是利用原料气各组分在膜中渗透速率不同而实现二氧化碳分离。醋酸纤维素膜最早实现商品化，但不足之处是天然气损失率在 15% ~ 20%，不适合天然气脱碳和捕捉碳的应用。随着聚酰亚胺膜技术实现商品化，彻底解决了膜的应用缺陷，促进膜分离法适用范围宽泛（图4）。

膜分离装置处理量范围：20% ~ 110%；

进口 CO_2 含量：2% ~ 80%；

出口 CO_2 纯度：≥95%；

出口天然气 CO_2 含量：<3%。

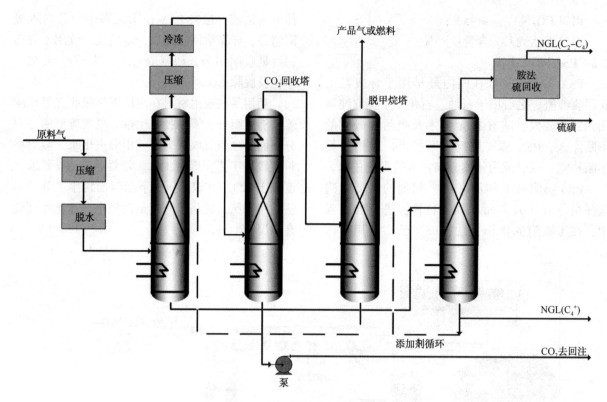

图 3   低温分馏法流程示意图

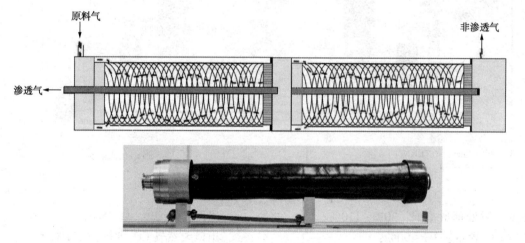

图 4   膜分离法流程示意图

3   各工艺特点研究

依据对以上 4 种处理含 CO_2 气体脱碳方法的典型实例统计，4 种脱碳分离工艺的单位能耗与单位成本见图 5，由分离能耗和不同含量 CO_2 气体的生产成本比较可以看出，变压吸附法和膜分离脱碳能耗成本较低。

从脱碳工艺的技术要求来看，低温分馏法脱碳工艺 CO_2 含量要求较高为≥70%，而变压吸附法和膜分离脱碳技术适用范围较广，且在 CO_2 含量≥30% 时能耗和成本均呈现为最低。

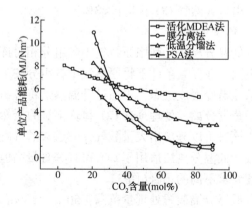

图 5   不同分离方式能耗对比

4　结语

通过以上分析，按照伴生气中 CO_2 含量高低情况，常用的分离方式选择见表1。

表1　伴生气 CO_2 回收分离方式选择

序号	伴生气 CO_2 含量/mol%	活化 MDEA 法	PSA 吸附法	膜分离法	低温分馏法
1	CO_2<20%	√			
2	20%~30%	√	√	√	
3	30%~50%		√	√	
4	50%~70%		√	√	
5	>70%		√	√	√

目前，一些其他分离工艺在实际装置中陆续进行应用，取得了很好的效果，如膜 + 活化 MDEA 法、膜+PSA 吸附法等。下一步将对混合分离方法进行研究。

参 考 文 献

[1] 周旭健. 化学吸收法在燃后区 CO_2 捕集分离中的研究和应用[J]. 能源工程. 2019(03)

[2] 李睿. 火电厂碳捕集与储存中吸收法的应用和改进[J]. 发电设备. 2014(04)

[3] 步学朋. 二氧化碳捕集技术及应用分析[J]. 洁净煤技术. 2014(05)

[4] 劳嘉葆. 膜分离技术的应用前景广阔[J]. 黑龙江造纸. 2002(01)

[5] 边阳阳. 相变吸收剂捕集二氧化碳的研究进展[J]. 河北科技大学学报. 2017(05)

浅析青海油田钢结构房屋防腐蚀设计

刘传玉

(中国石油工程建设有限公司青海分公司)

摘 要 随着环保要求越来越严格，钢结构房屋越来越普及，在青海油田几乎所有的工业厂房全部采用钢结构，部分大跨度、大悬挑结构均采用钢结构。但钢结构的缺点是耐腐蚀性差，所有的钢结构构件均需要做防腐设计。钢结构防腐是一个涵盖面特别广泛的特殊领域，因工业防腐涂料具有独特的防腐性能、观感亮丽、安全耐用易于操作、质量稳定、能够承受各种不同环境的腐蚀、耐热耐寒等性能，倍受众多行业青睐，尤其是钢结构制造企业。

关键词 钢结构，防腐设计

1 钢结构的优点与缺点

1.1 钢结构的优点

（1）材料强度高，自身重量轻；（2）钢材韧性，塑性好，材质均匀，结构可靠性高；（3）钢结构制造安装机械化程度高；（4）钢结构密封性能好。

1.2 钢结构的主要缺点

（1）耐腐蚀性差；（2）耐火性能性差

钢材虽是一种不燃烧的材料，却是热的良导体，极易传导热量。普通结构钢300℃时，钢材强度不下降，弹性模量降低10%；钢材在温度超过300℃以后，屈服点和极限强度显著下降，达到800℃时强度设计值及弹性模量约为原设计强度的10%，已失去任何承载能力。裸露的钢结构耐火极限仅为0.25h。

2 钢结构房屋在青海油田的应用情况

目前青海油田钢结构房屋应用范围广，几乎所有的工业厂房全部采用轻型钢结构。据统计，自2010年至今，青海油田除了个别厂房因特殊要求不采用轻型钢结构外，其余的厂房均采用门式刚架轻型钢结构，占到青海油田厂房数量的90%以上。部分民用建筑尤其是大跨度结构(如生态园，活动中心等)也采用钢结构。钢结构在未来应用越来越广，正因如此，钢结构的防腐蚀设计显得尤为重要，防腐蚀设计合理与否，不但影响工程造价，更影响使用寿命。

3 钢结构防腐措施

3.1 阴极保护法

在钢结构表面附加较活泼的金属取代钢材的腐蚀，常用于水下或地下结构。

3.2 耐候钢

耐腐蚀性能优于一般结构用钢的钢材称为耐候钢，一般含有磷、铜、镍、铬、钛等金属，使金属表面形成保护层，以提高耐腐蚀性，其低温冲击韧性也比一般的结构用钢好，但是价格偏高。

3.3 热镀锌

热镀锌是将除锈后的钢构件浸入高温融化的锌液中，使钢构件表面附着锌层，从而起到防腐蚀的目的。这种方法的优点是防腐年限与锌层厚度成正比，生产工业化程度高，质量稳定，因而被大量用于受大气腐蚀较严重且不易维修的室外钢结构中，如大量输电塔、通讯塔等，但使用一段时同后锌层容易产生锌盐，表面颜色老化较快，装饰性差。

3.4 涂层法

涂层法广泛应用于室内钢结构和室外钢结构，它一次成本低，维护成本不高。涂层法施工的第一步是除锈，优质的涂层依赖于彻底的除锈，所以要求高的涂层一般多用喷砂、喷丸除锈，露出金属光泽，除去所有的锈迹和油污；现场施工的涂层可用手工除锈。涂层的选择要考虑周围的环境，不同的涂层对不同的腐蚀条件有不同的耐久性：涂层一般有底涂料层、中间涂层和面涂料层之分，使用年限短的一般不用中间涂层。

钢结构上述四种防腐做法各有各的优、缺点，结合青海油田的实际情况，对于钢结构房屋，钢结构防腐应用最广泛的是涂层法，占据整个青海油田的90%多。下面就涂层法设计做入校介绍。

4 钢结构防腐涂层设计

4.1 确定钢结构腐蚀性等级

根据《建筑钢钢结构防腐蚀技术规程》（JGJ/T 251—2011）第3.1.2条：表3.1.2-大气环境对建筑钢结构长期作用下的腐蚀等级。腐蚀性等级分为六级，由无腐蚀-强腐蚀对应Ⅰ-Ⅵ级。其中Ⅰ级对应无腐蚀，Ⅱ级对应弱腐蚀，Ⅲ级对应轻腐蚀，Ⅳ级对应中腐蚀，Ⅴ级对应较强腐蚀，Ⅵ级对应强腐蚀。

根据青海油田的实际情况，青海油田地处柴达木盆地，气候干燥，除特殊建筑外，绝大部分建筑所处环境相对湿度均小于60%，仅有游泳馆、澡堂、生态园环境相对湿度超过60%。以此划分，绝大多数工业厂房（各类泵房、压缩机房）和仓库腐蚀性等级均为Ⅲ级，游泳馆、澡堂划为Ⅴ级，生态园划为Ⅳ级，一般的民用建筑室内正常环境Ⅱ级。

4.2 确定防腐保护层使用年限

防腐保护层的使用年限与许多因素有关，如何确定使用年限，至关重要，一般考虑如下因素：功能要求，功能重要，在使用过程中一般不间断使用功能，间断功能产生较大的社会影响或经济影响，设计使用年限尽可能长；使用环境要求，环境腐蚀性大，设计使用年限应适中，原因是施工过程中不可避免的存在薄弱部位，若时间过长，容易出现局部部位率先破坏；是否便于维修，便于维修的设计使用年限可适当短一点，难维修部位设计使用年限应该长一点。

根据《建筑钢钢结构防腐蚀技术规程》（JGJ/T 251—2011）第3.3.5条，使用年限一般分三档，低耐久性：设计使用年限5年以下；中耐久性：设计使用年限5~10年；高耐久性：设计使用年限10~15年。当然，科学技术不断进步，有部分涂料使用年限可超过15年，但综合考虑，尤其是考虑施工因素，涂料设计使用年限一般不应大于15年为宜，除非是弱腐蚀环境，且采用严格的防腐措施后方可采用。青海油田许多室内

民用建筑网架（如花土沟水电公寓，中庭部位为网架），腐蚀性等级Ⅱ级，使用12年后，网架出现较大范围的腐蚀（范围达到20%左右）。

需要注意的是，预期的使用年限并非担保时间，涂层不可能永久是完好的。耐久性与涂料配套的设计寿命可以看作是一个概念，都是指涂料系统达到所要求的一直到第一次大修前的使用寿命。在此之前，应该定期进行小修小补的必要保养工作。

4.3 确定防腐保护层最小厚度

钢结构防腐蚀保护层的最小厚度，应根据环境腐蚀性等级及保护层设计及使用年限确定，具体可依据《建筑钢钢结构防腐蚀技术规程》（JGJ/T 251—2011）第3.3.5条表3.3.5确定。注意：此表确定的厚度为最小厚度且用于室内工程，若是室外工程，应在此基础上增加20~40μm。

4.4 防腐保护层组成及各层的作用

对于防腐要求较高、中耐久性及以上的防腐保护层，一般包含三层：底层涂料、中间层涂料和面层涂料。

底层是涂装系统的第一层，主要起防腐作用，同时具有良好的粘接力，可以牢固的粘接于钢材表面；用于提高上层涂料膜的附着力、增加上层涂料膜的丰满度。

中间涂料主要起阻隔作用，增加腐蚀介质（水汽、氧气、化学腐蚀物质等）达到底材的难度，延长底涂料的老化时间，延长底涂料寿命，增加中间涂料厚度可加强防腐效果且降低成本。

面涂料主要起保护和装饰作用，面涂料是涂装系统的较后一道涂层。具有耐污染，耐老化，耐化学物质、耐紫外线、防潮等性能，所以涂层系统的耐久性决定于面涂料。

涂层系统的整体效果都是通过面层体现出来。因此对所用材料有较高的要求，不仅要有很好的色度、亮度及饱满度，还要有不污染环境、安全无毒、无火灾危险、施工方便、涂膜干燥快、保光保色好、透气性好等特点。

4.5 不同性质防腐保护层的优缺点

防腐保护层的材质，从大范围说分为两大类，水性防腐涂料与油性（溶剂型）防腐涂料，水性涂料的稀释剂是水，油性涂料是溶剂（树脂等）。从环保、耐久性、储存的安全性及施工难易程度，水性涂料占据很大的优势，但从价格与外观上，油性涂料占据优势。目前应用较多的是

油性涂料。

4.6 不同材料防腐保护层的性能

目前常用的涂料有以下几类，每一类具有其各自的特点。在选择防腐涂料之前，首先应对各类防腐涂料的性能有一个大致的了解，避免选错。

4.6.1 醇酸类

主要有点是价格便宜、施工简单、对施工环境要求不高、涂膜丰满坚硬，醇酸磁漆表面较光亮，具有较好的装饰性。

主要缺点是干燥较慢、涂膜不易达到较高的要求，耐久性和耐候性一般，属于低档漆，不适于高装饰性的场合及耐久年限较长的环境（如 10 年以上）。

4.6.2 环氧类

主要优点是对水泥、金属等无机材料的附着力很强，涂料本身非常耐腐蚀，机械性能优良，耐磨、耐冲击；可制成无溶剂或高固体份涂料；耐有机溶剂，耐热，耐水，防腐蚀、耐盐雾、耐碱。

环氧漆缺点耐候性差，抗紫外线性能弱，漆膜易粉化。缺点是耐候性不好，因而只能用于底漆或内用漆；装饰性较差，光泽不易保持。

4.6.3 丙烯酸类

丙烯酸漆漆膜干燥快，施工方便，附着力好，耐热性、耐候性能好，具有较好的户外耐久性，可在较低气温条件下应用，物理机械性能非常出色。

缺点价格比较贵，柔韧性差，漆膜丰满度差。

4.6.4 聚氨酯类

聚氨酯防腐漆有着非常出色的防腐作用，此类漆漆膜光亮丰满、坚硬耐磨，耐油、耐酸、盐液、石油产品、耐化学品和工业废气，电性能好，能和多种树脂混溶，可在广泛范围内调整配方，以满足不同需要。

缺点是施工工序复杂，对施工环境要求很高，漆膜容易产生弊病。苯系物是各种油漆涂料、油漆涂料添加剂和稀释剂中不可或缺的成分，在聚氨酯漆也同样存在。在室内尽可能少用。

4.7 不同材料防腐保护层选择原则

防腐涂层材料的选择应综合考虑以下因素：

4.7.1 用于室内还是室外

如果用于室内应考虑尽可能选用环保性涂料，用于室外应充分考虑抗紫外线、抗水性等，以保证耐久性。

4.7.2 民用建筑还是工业建筑

如果是民用建筑应考虑装饰效果，工业建筑不做过高的要求。但对于较高的屋面构件，可不考虑装饰效果，以环保为先。

4.7.3 除上述因素外，上应考虑以下因素

环境因素，设计使用年限，维修的难易程度，造价影响，施工环境的温度等。

4.8 钢构件最小除锈等级

钢结构构件防腐涂层施工质量的优劣与除锈等级密切相关，且不同防腐涂层对除锈等级要求不尽相同，手工除锈与机械除锈有着较大的区别。设计人员在选择除锈等级是应本着如下原则选择：

4.8.1 对于已有维修改造项目的除锈等级要求

已有的维修改造项目，由于受施工环境的限制，采用机械除锈的可能性较小，考虑到施工因素，应采用手工和动力工具除锈，对于重要的受力构件，除锈等级应采用 ST3，对于一般的次要构件或围护结构抗侧构件（如檩条、墙梁、栏杆）最低等级不应低于 ST2。《门式刚架轻型房屋钢结构技术规范》（GB51022—2015）第 12.3.3 规定，弱腐蚀和中等腐蚀环境的承重构件，采用现场手工和动力除锈的除锈等级不低于 ST2，实际设计时，建议重要的受力构件不低于 St3。

4.8.2 对于新建项目的除锈等级要求

对于新建项目，钢结构构件的涂装大都在工厂进行，设计齐全，具有充分的作业面。根据《建筑钢结构防腐蚀技术规程》（JGJ/T 251—2011）第 3.2.4 条注 1 规定，新建工程重要构件的除锈等级不应低于 Sa2.5；根据《门式刚架轻型房屋钢结构技术规范》（GB51022—2015）第 12.3.3 规定，弱腐蚀和中等腐蚀环境的承重构件，采用机械除锈（喷射或抛射）的除锈等级不低于 Sa2。实际设计时，建议重要的受力构件均不应低于 Sa2.5；对于次要构件或围护结构的抗侧构件（如檩条、墙梁、栏杆），可采用 Sa2。

4.9 不同涂料对钢构件除锈等级最低要求

在设计时，设计人员往往容易忽视不同涂料对除锈等级的最低要求，若除锈等级达不到涂料的最低要求，尽管钢构件底涂料选用防腐性能较

高的涂料，实际效果仍然达不到设计要求，故防火涂料应与除锈等级相匹配。具体设计时，应根据《建筑钢结构防腐蚀技术规程》(JGJ/T 251—2011)第3.2.4条的规定及《门式刚架轻型房屋钢结构技术规范》(GB51022—2015)第12.3.3规定，对不同涂料应满足相应的最低除锈等级。

建筑物，根据使用环境及使用年限，列成下表(表1)供参考选择使用。青海油田绝大多数工业厂房(各类泵房、压缩机房)和仓库腐蚀性等级均为Ⅲ级，游泳馆、淋浴间(澡堂)划为Ⅴ级，生态园划为Ⅳ级，一般的民用建筑室内正常环境Ⅱ级；一般室外环境为Ⅲ级。

4.10 青海油田常用防腐涂层做法表

为便于设计人员使用，将青海油田常遇到的

表1　青海油田常用防腐涂层做法表

腐蚀性等级	防腐保护层使用年限	底层涂料/μm	中间层涂料/μm	面层涂料/μm	备注
Ⅱ级	10年	环氧铁红2遍60厚	环氧云铁1遍70厚	环氧面漆2遍70厚	室内
Ⅲ级	10年	环氧铁红2遍60厚	环氧云铁1遍70厚	环氧面漆2遍70厚	室内
Ⅵ级	10年	环氧铁红2遍60厚	环氧云铁1遍80厚	环氧面漆3遍100厚	室内
Ⅴ级	10年	环氧富锌底漆2遍70厚	环氧云铁1遍70厚	环氧面漆3遍100厚	室内

表2　青海油田常用防腐涂层做法表

腐蚀性等级	防腐保护层使用年限	底层涂料/μm	中间层涂料/μm	面层涂料/μm	备注
Ⅱ级	15年	环氧富锌底漆2遍70厚	环氧云铁1遍60厚	环氧面漆2遍70厚	室内
Ⅲ级	15年	环氧富锌底漆2遍70厚	环氧云铁1遍60厚	环氧面漆2遍70厚	室内
Ⅵ级	15年	环氧富锌底漆2遍70厚	环氧云铁1遍70厚	环氧面漆3遍100厚	室内
Ⅴ级	15年	环氧富锌底漆2遍70厚	环氧云铁2遍110厚	环氧面漆3遍100厚	室内

注1：【当用于室外时，面漆均改为丙烯酸聚氨酯涂料，且中间涂料与面层涂料均加15μm】

注2：【当室内要求较高的装饰效果时，面漆改为丙烯酸环氧面漆。】

注3：【当用于民用建筑时，选用水性涂料，用于工业建筑时，选用油性涂料。】

5　结束语

总之，对于钢结构防腐涂层的设计，首先要懂得防腐原理，了解材料性能；从大处着眼，小处入手，方可达到满意效果。

参　考　文　献

[1] JGJ/T 251—2011　建筑钢钢结构防腐蚀技术规程
[2] GB51022—2015　门式刚架轻型房屋钢结构技术规范

华北油田数字化交付应用现状

徐娟娟　　邵艳波　　赵向苗

（中国石油工程建设有限公司华北分公司）

摘　要　近年来，数字化交付已在各个行业有所应用，并取得显著的成果。石油石化行业企业已在数字化交付有过多次尝试，包括油田地面工程项目。本文介绍了数字化交付的执行标准，石油石化行业数字化交付现状及华北油田数字化交付取得的成果。

关键词　数字化交付，华北油田

1　数字化交付概述

传统的工程交付过程中，最重要的就是设计资料、验收资料以及施工过程中各种纸质文件归档及移交。纸质文件及电子文件的归档是庞大而繁重的工作。在设计项目交付过程中，审核人员通过二维图纸进行审查，查看是否符合规范要求，传递到施工阶段之后，施工人员通过图纸寻找相关设计信息进行决策，从而按图纸信息构造建筑物。在此过程中，图纸需要专业人员识别并理解信息，具有一定的技术门槛，同时图纸在传递过程中，还存在大量重复低效的工作。这种传统的交付方式存在的问题主要表现在以下几方面：

（1）图纸数量大。现如今建设项目越来越复杂，信息量随着项目的进展逐渐增加，要在二维图纸上呈现越来越多的信息，图纸的数量也逐渐增加。在查阅信息时，需要去图集中查询图纸，工作耗时长，效率不高。

（2）图纸抽象不直观。在二维平面通过平面立面剖面表达三维建筑信息，需要工作人员基于多张图纸才能理解设计人员的设计意图，有极高的专业门槛，不利于设计信息在各方之间的传递。

（3）设计信息缺乏关联。图纸上的信息孤立存在，没有关联特性，需要修改和更正相关信息时，只能全部从设计之初开始全盘修改图纸。同时也导致信息较为分散容易出现错漏，不能用于施工和运维阶段的分类管理。

而数字化信息交付能够解决以上所有难题。

1.1　什么是数字化交付

国家标准《石油化工工程数字化交付标准》

GB/T 51296—2018 对数字化交付进行了定义。数字化交付：以工厂对象为核心，对程序项目建设阶段产生的静态信息进行数字化创建直至移交的工作过程。涵盖信息交付策略制定、信息交付基础制定、信息交付方案制定、信息整合与校验、信息移交和信息验收。

勘探与生产分公司于 2016 年组织编制的《油气田地面工程数字化工程信息移交规范》Q/SY 01015—2017，该标准规定了油田地面建设数字化工程信息移交的内容、流程、方法和要求等内容，指导油田建设项目开展数字化建设。给出了"数字化"、"数字化交付"和"数字化工厂"等术语和定义。数字化工程信息移交：工程项目实施过程中，在完成相关工作后，将形成的工程信息通过移交平台建立关联关系后，系统地提交给业主或用户的过程。

1.2　为什么要做数字化交付

数字化移交的目标应该是通过构建信息资产模型，并最终形成"数字化双胞胎"。而"数字化双胞胎"已公认为制造企业迈向工业 4.0 的解决方案。

数字化移交可以支持企业进行涵盖其整个价值链的整合及数字化转型，为从产品设计、生产规划、生产工程、生产实施直至服务的各个环节打造一致的、无缝的数据平台，形成基于模型的虚拟企业和基于自动化技术的现实企业镜像。

数字化双胞胎模型具有模块化、自治性和连接性的特点，可以从测试、开发、工艺及运维等角度，打破现实与虚拟之间的藩篱，实现全生命周期内建设、生产、管理的高度数字化及模块化。

1.3 数字化交付需要解决的问题

（1）信息应用问题

数字化交付是对项目全生命周期数据信息进行统一的组织和管理，能够有效地支持数字化应用和智能化应用。数字化交付要解决工程建设期的信息不能充分被利用到运维期使用，很多运维系统所需基础信息还需重新整理；运维过程中，资料查找比较困难，并且找到的可能不是最新的版本；工厂使用多种系统，解决一个问题需要从多个系统中获得所需的信息，并且它们可能有不一致；大修、改造过程中，快速判断可能涉及的范围（系统和图纸或模型）不太容易，原有信息的重用变更困难；随工厂数字化水平的提高，运维业务的执行急需实现数字化的支持和辅助。

（2）信息管理问题

数字化交付平台对项目全生命周期数据信息进行有效的归集和整理，在项目运行中数据可以进行自动的关联，高效的查询、流转、使用。来自不同系统的信息格式很多，信息的浏览很多必须专业化工具支持；信息的检索和查询应该能够实现基于设备、设施的关联拓展，不仅是按照输入名称方式；应该同时支持文档、数据、权限的工作流程控制，辅助信息管控业务的执行；信息的变更应与业务过程相关联，以实现"自然而然"的信息模型的自动关联更新。

（3）信息标准问题

不同设计分包商使用的三维元件库不同，相同类型设备、设施的外形不统一；各设计分包商使用的二维图例不同，相同类型设备、设施的符号不统一。各分包商使用不同的命名规则来命名设备、设施编号和文档编号；各设计分包商提供的设备、设施的属性不统一，可能也不完整。各设计分包商提供的工程材料编码不统一，运维期资源管理很困难。数字化交付通过数据标准、交付标准的制定、平台的约束，数据的合法性、合规性、统一性得到良好保证。

具体见图1、图2。

2 数字化交付执行标准

（1）《发电工程数据移交》（GB/T 32575—2016）于2016年4月25日正式发布，2016年11月1日正式实施。

（2）中国建筑标准设计研究院于2012年底启动了《建筑工程设计信息模型交付标准》、《建筑工程设计信息模型分类和编码标准》的编制工作。其中《建筑工程设计信息模型分类和编码标准》（送审稿）于2015年12月通过审查；《建筑工程设计信息模型交付标准》（送审稿）于2017年3月通过审查。

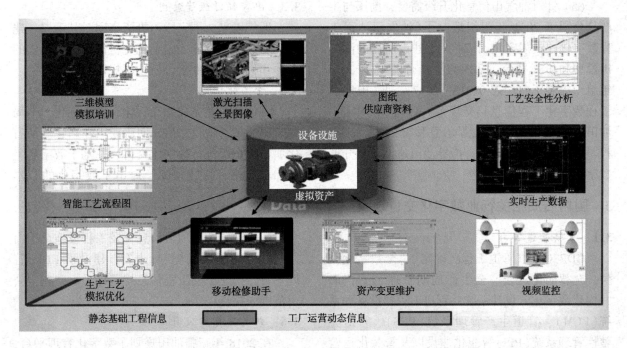

图1

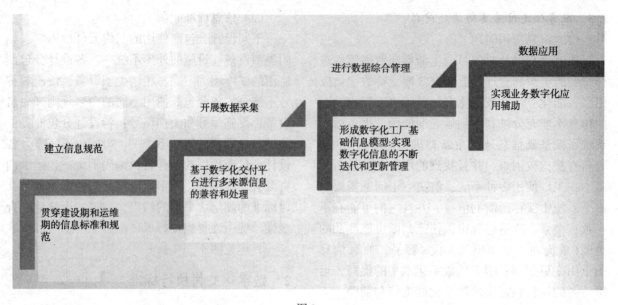

图 2

（3）《石油化工工程数字化交付标准》（GB/T 51296—2018）于 2018 年 9 月 11 日正式发布，2019 年 3 月 1 日正式实施。

（4）中油管道把"全数字化交付"作为智能管道建设的基础，通过 CDP 数据标准，明确了数字化交付的范围以及深度；通过 CDP 管理规定，明确了各建设阶段数据移交进度、质量等要求；通过 PCM 系统（工程建设管理系统），定义了数字化交付的数据承载形式以及数据移交方法。

（5）针对油气田信息化升级需要，勘探与生产分公司于 2011 年组织编制了《油气田地面工程数字化建设规定》；针对 A11 建设所需的油气田模型和仿真平台，勘探与生产分公司于 2016 年组织编制了《Q/SY 01015—2017　油气田地面工程数字化工程信息移交规范》，该标准规定了油田地面建设数字化工程信息移交的内容、流程、方法和要求等内容，指导油田建设项目开展数字化建设。

3　国内石油相关行业数字化交付现状

3.1　中油管道公司

GDP 对油气管道工程已确定了"全数字化交付、全智能化运营、全生命周期管理"的目标，并构建数字化云设计系统、管道工程建设管理系统（PCM）、管道生产管理系统（PPS）、管道完整性管理系统（PIS）智能化建设以及智慧化运营管理平台。

3.2　中油勘探与生产分公司

中油勘探与生产分公司为实现"生产运行数据自动采集、生产过程自动监控、生产场所智能防护、紧急状态自动保护，达到小型站场和规模较小、功能简单的中型站场无人定岗值守、大中型站场少人集中监控，油气田统一调度管理"的目标，勘探与生产公司全面开展了数字化油气田建设和油气田生产物联网系统（A11）建设，启动了已建工程逆向数字化的工作，并在数字化实施过程中同步完善相关标准体系。

3.3　国家能源投资集团

近年以来，国家能源投资集团对其下属新建项目的数字化设计、数字化交付都提出了明确的设计和移交的软件平台与技术规范要求。

3.4　中石化

石化公司在完成九江石化、镇海炼化几个局部装置的试点项目之后，明确要求在新建炼油石化项目中全部进行数字化交付，并基于数字孪生体和智能化、智慧化炼厂提出了数字化的基本要求。

3.5　中海油

中海油从工程项目信息化及工程设施全生命周期数字化管理总体目标出发，建设了 EDIS 管理平台，构建了其工程信息规范体系，并在全公司范围内执行。

3.6　相关油气田公司

在 2018 年新疆油田规划了数字化管理平台，克拉美丽气田增压及深冷提效工程被确立为新疆油田数字化的典型示范项目（图 3）。

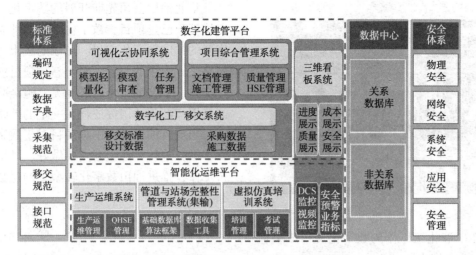

图3 新疆油田地面建设工程数字化管理平台

4 华北油田数字化交付现状

4.1 任一联合站

已完成任一联整个场站虚拟三维场景，包括任一联主要设备、管道的基础信息资料，形成相应的空间数据库和基础属性库。在此基础上，实现对任一联主要设备、管道基本信息的数字化展示，并对工艺流程进行数字化处理，使任一联的主要工艺流程可以在三维场景中进行展示，为参观和培训提供良好的展示平台。

系统建设满足对厂区数字化和信息化、工艺流程查看、虚拟厂区参观培训的要求；根据以上要求"任一联数字化工厂系统"建设包括三维浏览展示、工艺流程展示、消防应急展示和视频监控展示四个子系统。系统采用 C/S 插件式架构，以 SuperMap 三维 GIS 平台为基础，根据项目需求定制开发，可以方便的进行功能的扩展以及和其他的系统进行对接(图4)。

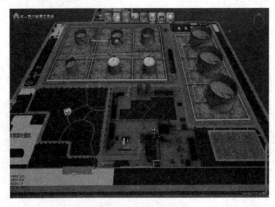

图4

4.2 山西晋城华港 LNG 液化工厂

晋城华港沁水煤层气液化调峰储备中心，

2015 年投产，同步建成数字化工厂。实现了三维动态演示、设备资料数字化管理、实时监控，消防演练和应急预案演示等功能(图5)。

图5

4.3 苏桥储气库数字化工厂

在苏桥储气库数字化管理系统基于 GIS 的数字化工厂解决方案，以储气库地面工艺及周边地理要素的仿真三维场景为基础，将储气库工艺流程、设备设施建设运维资料、设备风险隐患、重大危险源、场站应急预案等通过三维仿真手段进行一体化展示应用，同时在此基础上实现生产模拟训练和应急预案演练。苏桥储气库数字化工厂相对于任一联数字化工厂功能进行了提升，完善了动态数据的获取及应用。主要特色有站场信息三维全息化、项目工程资料数字化、动态数据集成化、应急演练虚拟化(图6)。

5 华北油田数字化交付成果总结及提升思考

华北油田公司先期开展了已建项目数字化交付平台建设，将任一联合站、苏桥储气库、山西

图 6

晋城华港 LNG 液化工厂作为数字化交付成果应用(数字化工厂)作为试点。

　　在实行数字化交付成果应用过程中,华北油田公司在油气田、储气库、液化工厂方面对数字化交付和数字化应用进行了有益的探索,深入研究了工作要求和技术标准,实现了三维展示技术及数据采集上的突破与创新,形成了具有针对性的成果及规范、积累了丰富数字化应用的经验。

　　华北油田公司先期开展的数字化交付平台试点均基于已建项目,数字化交付的性质属于数据恢复的逆向数字化交付,形成的成果主要针对于数字工厂应用的研究。对于新建项目的正向数字化交付,华北油田公司还尚无实施经验,与西南油气田、新疆油田等还存在一定的差距。

　　当前,油田地面工程项目对于数字化交付的要求十分迫切,油田公司要做好、做精数字化交付工作,推进油田数字化转型、构建数字化油田和智能化油田。

参 考 文 献

[1] 葛春玉. 浅谈石油化工工程建设项目数字化交付 [J]. 石油化工建设, 2019(2)

[2] 樊军锋. 智能工厂数字化交付初探[J]. 石油化工自动化, 2017(3)

二号联轻烃站原料气净化工艺改造

侯建平　李士通　邵勇华　高秋英　胡鹏伟　张　鹏　陈　阳

（中国石油化工股份有限公司西北油田分公司）

摘　要　二号联轻烃站于 2005 年 4 月建成投产，承担塔河 6 区、7 区，10 区北、12 区油井伴生气和二号联、四号联分离的伴生气的脱硫、脱水、轻烃回收和产品外输（销）任务。二号联轻烃站进站原料气粉尘杂质多，造成原料气压缩机异常频繁，严重影响处理装置运行的稳定性。通过本项目改造，在原料气压缩机进口增加净化工艺（旋风分离器），有效脱除了原料气中含有的固体杂质，保障了压缩机的平稳运行，从而提高了装置的稳定性，减少异常停机，提高生产时效，创造经济效益。

关键词　原料气，净化，工艺改造

1　技术革新与改造前简况及存在问题

二号联轻烃站采用胺法脱硫、分子筛脱水、DHX 轻烃回收工艺对进站原料气进行净化处理后回收轻烃、液化气。进站原料气（0.18MPa）经过 2 具进站分离器气液分离后进入压缩机增压至 2.5MPa，增压后的原料气进入胺法脱硫单元脱除硫化氢（<20ppm）后，进入分子筛脱水单元将水露点降低至-90℃，净化处理后的原料气经过丙烷机组、膨胀机组制冷至-77℃后，进入分馏单元形成稳定轻烃、液化气和干气（图1）。

图 1　二号联轻烃站天然气系统处理流程简图

二号联轻烃站进站及增压单元拥有卧式分离器 2 具，对称平衡往复活塞式压缩机 3 台（一用两备），每台压缩机进口管线设有 100 目篮式过滤器 1 台。进站原料气（0.18MPa）经过进站分离器、原料气分离器两级气液分离将携带的液滴脱除后，经过安装在压缩机进口管线的篮式过滤器除去其中的粉尘和机械杂质，进入压缩机增压（2.5MPa）进入后端流程进行净化处理（图2）。

二号联轻烃站所处理的原料气存在两方面的特点：一是均为油井伴生气，气质较脏，携带泥沙颗粒、小粒径杂质较多；二是高含硫化氢（45000mg/m³），容易造成集输管线腐蚀和硫磺结晶，管线腐蚀产物和晶体硫进一步增加原料气中的固体杂质含量。现场压缩机入口仅仅设置

100 目的篮式过滤器，实际运行中过滤效果差，难以将原料气中的小粒径杂质去除，大量杂质进入后端管线和原料气压缩机，造成一系列影响平稳生产的问题(图3)。

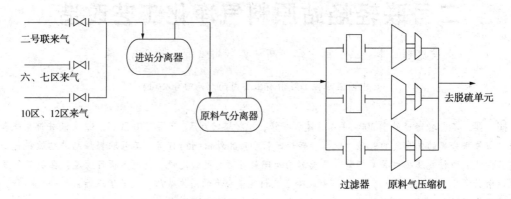

图 2 　二号联轻烃站进站分离及增压单元工艺流程图

图 3 　二号联轻烃站停机检修时发现压缩机进口汇管内的固体杂质

二号联轻烃站原料气增压采用的往复式压缩机，在有固体杂质进入的情况下，会造成气阀、活塞环、活塞、气缸的严重磨损，气阀、活塞环等配件使用寿命大幅缩短，降低压缩机运行的稳定性，增加了压缩机维护频率。以压缩机气阀为例，正常更换周期为 3 个月，实际运行中仅500h 就需要更换部分气阀，导致轻烃站仅气阀更换费用较正常情况增加约 67.2 万元/年(图4)。

同时，由于气阀漏气、活塞环磨损等原因，压缩机运行过程中缸温较高，不能达到设计处理量，导致原料气放空约 1.5 万方/天，造成资源浪费和环境污染，直接经济损失 471 万元/年。

2 　主要改造内容及工艺流程

为了将原料气中携带的杂质彻底分离，减少进入原料气压缩机的固体颗粒，提高压缩机运行的稳定性，技术人员按照"查找原因-确定方向-制定对策-现场验证-持续改进"的方式，摸清了天然气集输管线中存在固体杂质的主要成分，制定了脱除固体杂质的对策，通过现场实施验证，取得了良好的效果。

2.1 　固体杂质成分分析

为了摸清天然气集输管线中存在固体杂质的主要成分，分别在集输进站管线和压缩机进口过滤器取样做未知物质分析。通过燃烧实验、磁性实验、抽提实验、扫描电镜及能谱分析和 X 衍射实验，检测结果显示固体杂质主要为有机质(49.8%)、单质硫(48.6%)和含铁其他杂质(1.6%)；压缩机进口过滤器中的固体杂质主要为单质硫(92.8%)、铁及其他物质(7.2%)(表1，图5)。

表 1 　原料气管线中的固体杂质综合定量分析

%

序号	样品	有机质含量	单质硫	铁及其它物质
1	10-4 来气管线杂质	49.8	48.6	1.6
2	压缩机进口过滤器杂质	—	92.8	7.2

图4　原料气中的固体杂质对压缩机进口过滤器滤网、气阀、活塞等造成严重损坏

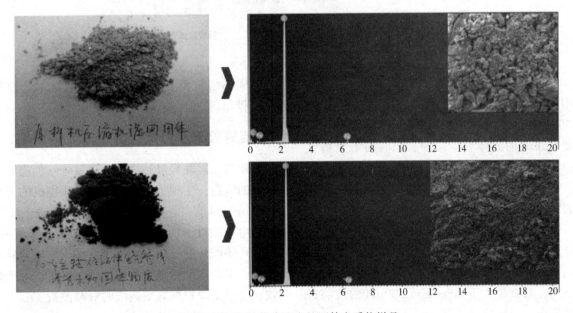

图5　原料气管线中取出的固体杂质物样品

2.2　旋风分离器的选用

通过取样分析，原料气中的固体杂质主要为有机质、单质硫和含铁物质，现场目前采用的重力式分离器无法有效除去小粒径杂质，需要选用更适合脱除小粒径杂质的过滤器将其去除。经过技术调研和分析对比，选取了工业上广泛应用的针对气固体分离效率较高的旋风分离器(图6)。

旋风分离器是一种传统的工业两相分离设备，其工作原理为含尘气流一般以 $12 \sim 30 \text{m/s}$ 的速度由切向入口进入分离器后进行旋转运动，靠气流切向引入造成的旋转运动，使具有较大惯性离心力的固体颗粒或液滴甩向外壁面，固体颗粒或液滴一旦与器壁接触，便失去惯性力，而靠器壁附近的向下轴向速度的动量沿壁面下落，从而实现与气相的分离，因此在旋风分离器内存在复杂的气固两项流的旋涡流动。旋风分离器用于捕集直径 5～10μm 以上的粉尘，特别适合粉尘颗粒较粗，含尘浓度较大的气体分离，对于粒径≥10μm 的固体颗粒的分离效率可以达到 99%（图7）。

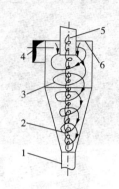

图 6   旋风分离器工作原理示意图
1—排灰管；2—内旋气流；3—外旋气流；4—进气管；5—排气管；6—旋风顶板

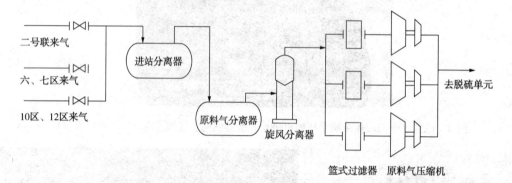

图 7   优化改造后的进站分离及增压单元工艺流程图

根据设计计算，综合考虑减少投资和占地，选用立式圆筒结构的旋风分离器规格型号为 $\Phi 1300$、$H=7500mm$，可以有效分离出原料气中粒度≥5μm 的固体粉尘杂质，同时对于原料气中粒度≥10μm 的液滴也能够一并分离，分离效率≥98%。大直径的颗粒沉降速度越大，粒子密度的增大也会促进分离的过程和速度。考虑到二号联轻烃站所处理的油田伴生气为湿气，由于旋风分离器的分离效率与被分离颗粒物的粒径有很大关系，故选用下部进气方式，充分利用设备下部空间，对直径大于 300μm 或 500μm 的液滴进行预分离，以减轻旋风部分的负荷。同时，考虑原料气中含有大量有机杂质，为便于排污和清洗，设蒸汽清洗接口。

经过改造后的原料气经过两级进站分离器气液分离后进入天然气旋风分离器进行旋风分离，分离出气体中的固体杂质。经过两级分离后的原料气进入原料气压缩机增压后进入天然气脱硫装置进行后续处理。旋风分离器中分离出的固体杂质和液滴可以在蒸汽清洗下通过排污口排出。

3   实施效果及经济社会效益

通过二号联轻烃站进站分离系统增加旋风分离器的改造，实现了对进入原料气压缩机的天然气的精细过滤，杜绝大粒径固体颗粒进入压缩机，对压缩机形成了有效的保护，延长了气阀、活塞环等配件的使用寿命，降低了压缩机的异常频率，节约压缩机维护费用的同时提高了生产时效，杜绝了原料气放空造成的资源浪费。

3.1   实施效果

2018 年 6 月 7 日二号联轻烃站进站分离系统增加的旋风分离器与轻烃站停机检修共同投用。经过近 1 年原料气压缩机的维修拆解情况来看，压缩机的异常频率明显下降，拆解的气阀、气缸中积灰明显减少，可以得知旋风分离器效果较为明显，实现了天然气的精细过滤（表2，图8）。

**表2 二号联轻烃站增加旋风分离器实施
前后压缩机维修情况对比**

序号	运行区间	压缩机维修频次	气阀更换数	备注
1	2017年7月~9月（改造前）	9	30	
2	2018年2月~4月（改造前）	11	19	
3	2018年7月~9月（改造后）	4	10	

3.2 社会经济效益

经过统计，二号联轻烃站增加旋风分离器实施后可以减少原料气压缩机气阀、缸盖、活塞环

等配件使用寿命可以延长3倍，压缩机维修由3~4次/月降低至1次/月，按每次维修更换气阀8个、填料函8个、活塞环1个计算，年节约维修费用100.8万元。同时，由于压缩机气阀运行稳定性增加，压缩机处理能力由21万方/天恢复至23万方/天，能够满足进站原料气的增压需求，减少了天然气放空量约1.5万方/天，创效471万元/年。综上，二号联轻烃站原料气净化工艺改造实施后可实现直接经济效益571.8万元。

图8 二号联轻烃站增加旋风分离器实施前后原料气压缩机气阀拆解情况对比

二号联轻烃站原料气净化工艺改造实施后压缩机气阀损坏频率明显降低，减少了由于气阀损坏引起的含硫气体泄漏，降低了硫化氢、可燃气体泄漏对岗位员工带来的人身风险，同时保证了站库的安全平稳高效运行，减少了装置异常带来的天然气放空，保护了当地的生态环境，促成了企地关系和睦相处、和谐共进的局面，得到了良好的社会效益。

4 推广应用规模及前景

目前，原料气进站分离系统增加旋风分离器脱除固体杂质项目已经在二号联轻烃站成功运用并取得良好的效果，为塔河油区其他天然气处理站场提供了可借鉴的成功经验，后期可立项推广应用到三号联轻烃站原料气粉尘、一号联轻烃站

外输干气碳粉的脱除。

参 考 文 献

[1] 肖北辰，张鹏飞，刘兆利，侯建龙. 高压下旋风分离器进行气液分离的模拟与优化[J]. 现代化工，2018，38(11)：226-229.

[2] 周发成，孙国刚，韩晓鹏，等. 两种不同入口形式的旋风分离器分离性能的对比研究[J]. 石油学报（石油加工），2018，34(04)：665-672.

[3] 张悦，韩璞. 旋风分离器机理模型设计与研究[J]. 系统仿真学报，2018，30(05)：1672-1680.

[4] 刘莹. 旋风分离器的选型计算[J]. 当代化工，2018，47(02)：415-417.

[5] 凌国华. 入口颗粒排序对旋风分离器分级性能的影响[J]. 工程技术研究，2017(08)：113-115.

基于 arcgis 地面工程辅助系统的设计与研究

崔　伟　赵德银　姚丽荣

(中国石油化工股份有限公司西北油田分公司)

摘　要　通过对油田生产区块的空间信息管理现状以及 Web GIS 技术在油田地面工程信息系统建设方面的应用现状进行了比较深入的分析和总结，结合本次实际，研究了油田生产区块多源空间信息数据采集整理的方法，建立了统一的二维空间数据库，并在完善的数据基础上，选择先进的 ArcGISServer 平台，结合 Microsoft 的 Visual Studio 集成开发环境作为软件支撑平台，利用 Asp. net 技术进行基于 WebGIS 的油田地面工程地理信息系统的开发研究与实现。现了油田生产区块的地面工程空间数据库体系的建立，包括基础地理数据、油田地面工程专题数据、相关属性数据，集输数据等数据的集中存储与管理。实现二维地图发布平台，为地面工程管理提供了二维可视化的管理平台。同时通过管理数据、数据维护、综合应用分析等专业辅助系统为地面工程管理、集输数据管理数字化等工作提供直观、高效、便捷、综合性的技术手段，为生产区块的经营管理提供良好的信息支撑环境。

关键词　WebGIS, ArcGIS Server, 空间数据库，油田，GIS 开发

随着计算机技术、网络技术与地理信息系统(GIS)技术发展，油田信息化建设在原有基础上取得很大进步，油田数字的核心内涵—数字管线、数字集输网络、数字地面工程、数字化管理等将得以实现，该研究对象为油田地面工程信息系统的计算机信息技术、网络技术和地理信息系统(GIS)技术在地面工程中对油气储运及集输的数字化表达。通过网络技术及 WebGIS 技术将传统的 GIS 逐步从单机的"信息孤岛"带入了可实现数据共享的网络地球。本文主要研究采用的是网络地理信息系统技术，即 WebGIS 技术，通过二维地图发布平台实现油田生产区块地图网络发布、地图定位、数据查询、综合测算、规划设计、在线制图等功能，辅助决策提供管理支持。

1　研究内容与技术路线

1.1　研究内容

油田地面工程信息系统的主要研究内容包括全部生产区块的的专题数据库和基础地理信息数据库的建设和共享发布，基于 WebGIS 的油田地面工程信息系统的设计、开发和部署。本次研究的对象主要是某油田生产区块的建设范围，生产区块的地理空间位置示意图见图 1。

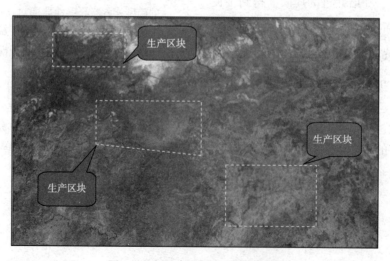

图 1　生产区建设范围空间示意图

研究中使用的遥感影像均是商业采购所得，使用的是卫星遥感影像，达到了项目研究应用的需求。由于生产区块空间面积较大，并呈分散空间性布局，生产区域在内的分辨率较低的矢量影像图作为整个研究目标范围的背景图，提高视觉效果。根据集输数据要求进行生产区块地面工程空间数据库设计开发，同时开发二维地图浏览发布平台，以及基于平台开发业务应用系统，管线运维档案系统、地面工程信息报表管理系统、属性管理系统、数据建设和空间数据库设计、二维地图浏览发布系统、集输管线运维和数据维护管理系统。

1.2　技术路线

研究主要从数据准备开始着手，现场勘测、收集并整理研究区域的各种相关数据，主要包括基础地理信息数据和专题信息数据，以及空间数据的属性信息完善，建立油田地面工程的二维空间数据库。在分析油田地面工程信息系统需求的基础上，根据系统开发的目的和应用意义，进行系统的规划和设计，主要包括系统的总体框架设计和系统的功能模块设计等。最后根据油田地面工程地理信息系统的研究现状和目前 WebGIS 相关技术的发展，确定本研究所采用的软件支撑平台和语言开发环境，并将其应用到本次油田 GIS 实践案例中，技术路线图见图 2。

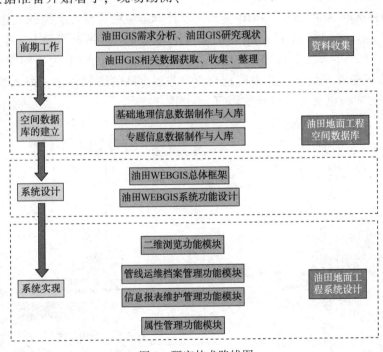

图 2　研究技术路线图

2　数据处理技术

油田地面工程地理信息系统是一个综合性的大型 WebGIS 系统，如何合理高效地组织管理各种数据，是系统开发的关键所在。

2.1　数据处理相关技术

ArcGIS 作为一个完整的地理信息平台，是美国环境系统研究所（ESRI 公司）用现代主流技术针对 GIS 应用开发的一系列产品，主要包括桌面端 GIS，浏览器端 GIS，服务器端 GIS，移动 GIS，空间数据引擎以及嵌入式 GIS。目前应用最为广泛的 ArcInfo 和基于 ArcGIS Engine 组件二次开发的产品。桌面 GIS 是用户创建、编辑、设计和使用地理信息的主要应用程序。

2.2　GIS 服务技术

（1）ArcMAP

ArcMAP 是 ArcGISDesktop 用户桌面组件之一，是集空间数据显示、数据编辑、数据检查、查询检索、统计、报表生成、空间分析和高级制图等众多功能于一体的桌面应用平台软件。Arc-MAP 主要用于处理油田地面工程集输系统、注水系统、道路系统等专题系统的专题地理信息空间数据，并通过标准符号体系建立、生成相关的工程文件（.mxd）；应用 Georeferncing 几何校正模块对地形图和矢量影像进行校正。

（2）ArcCatalog

ArcCatalog 是一个集成化的空间数据资源管理器，支持大量的数据格式，主要用于空间数据浏览、Geodatabase 结构定义、空间数据导入导出、网络模型生成、对相关系和规则的定义、元数据的定义和编辑修改等等。ArcCatalog 为我们提供了图形化的连接方式，用户可以通过 ArcCatalog 创建、组织和管理 GIS 空间数据。本次研究 Arc-Catalog 主要用于专题数据的管理和发布服务。

2.3　WEB 开发和服务技术

ASP. NET 是一种建立在通用语言上的 Web 开发程式架构，是一种动态网页技术。它是 . NET Framework 的一部分，提供许多开发模块和控件，采用多层开发模式来实现地理空间信息的 Web 发布。ASP. NET 的前身是 ASP，两者相比之下，ASP. NET 提供了一个更加现代的 Web 开发环境，与传统的 ASP、JSP、PHP 等脚本语言有很多的不同，主要特点是：ASP. NET 是面向对象的开发方法，是基于事件和控件的架构；ASP. NET 支持多种开发语言，其中首选语言是 C#和 VB. NET，同时也支持其他开发语言，

最终应用程序都会被编译成中间语言；ASP. NET 需要与 . NET Framework 集成应用；ASP. NET 是编译执行而不是解释执行，提高了应用程序的执行效率；ASP. NET 应用程序运行在公共运行语言运行库（CLR）内，. NET Framework 称之为托管代码；ASP. NET 与设备和浏览器无关，开发人员不用关心客户端浏览器，ASP. NET 控件会自动根据客户端浏览器的情况来生成相应的 Html 代码去适应客户浏览器。ASP. NET 构架可以用 Microsoft 公司最新的产品 VisualStudio. Net 集成开发环境（IDE）进行开发，由 ASP. NET 构建的应用程序，由于采用基于通用语言的编译运行程式，具有执行效率高、强大性和适应性等特点，能使它运行在 Web 应用软件研发的几乎所有平台上。本研究论文主要介绍以 . NET Framework 为基础使用 IIS 做为 Web 服务器承载的微软体系，ASP. NET 的构建体系见图 3。

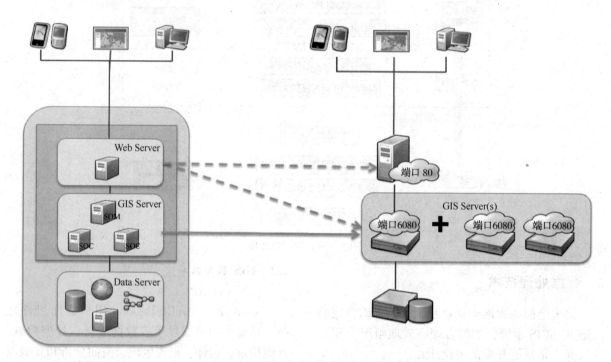

图 3　ArcGIS Server 的 GIS 服务器系统组成

3　系统规划与设计

3.1　系统体系结构

信息系统的体系结构是整个信息管理系统设计和建设的组件、关系、法则和指导方针等的组合模式，其外在反映系统的层次结构和功能实现方式。三层体系结构作为一个设计模式，它强制性的使数据层、应用层和服务层分开，使用三层

应用程序被分成三个核心层位，极大地保证了数据的安全性和数据传输速度。油田地面工程信息系统采用的就是三层体系结构：①客户端层②Web 服务层③数据层。数据库服务器处理数据逻辑，接受到查询请求后执行相应的操作，并将结果集返回给 Web 应用服务器。Web 应用服务器对结果集进行 GIS 空间分析处理后转换成浏览器能够接受的形式（HTML）后送给 Web 服务器

端，最后 Web 服务器把包括信息的 HTML 文档返回给 Web 浏览器。使用三层结构开发该信息系统具有很多优点，整个系统被分为不同的逻辑块，层次非常清晰，有利于提高开发效率，系统三层体系结构模式见图 4。

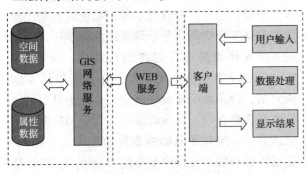

图 4　系统三层体系结构模式

3.2　系统功能设计

具备完善标准的关系数据库基础上，建立生产区块二维的基础地理信息和专题信息的可视化空间数据库，为生产区块油田地面工程工作管理提供全面准确的数据支撑，以达到良好的应用和数据共享效果。系统主要围绕管理油田地面工程相关信息，客户端用户注重空间数据的浏览与查询，数据分析等等，服务器端注重于空间数据的存储与传输。系统设计的要求以及应用目的，开发二维地图发布平台，以及基于平台开发了相关业务应用系统，管线运维档案系统、信息报表维护管理系统、属性管理系统。系统的整体功能结构图见图 5。

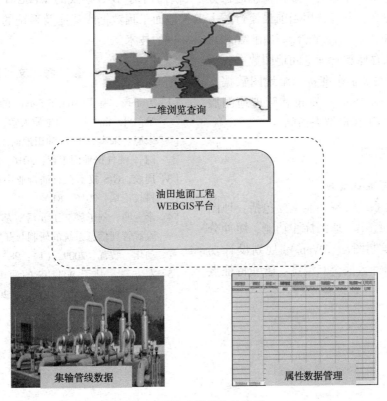

图 5　系统功能模块结构图

4　系统数据库设计与实现

4.1　数据库设计

从用户需求角度出发，油田地面工程空间数据库建设的基本思路为：生产区块基础地理信息和专题信息存储→空间信息可视化→专题分布图制作→二维空间信息发布共享→数据维护、更新管理→管理与决策支持。

（1）在数据库建立中，遵循统一、规范的信息编码、空间坐标系统统一、数据精度要求十分必要。主要包括名词术语标准化、数据精度格式化、数据单位统一化等。

（2）数据库的建设和系统的开发面向应用，既要满足用户各级管理部门以及相关管理决策部门对信息查询、统计和决策分析的要求；同时还要满足专业研究人员信息提取、评价分析的要求。

（3）在系统设计时考虑其扩展性，应该在信息编码、底图坐标系统选择、数据库设计以及系统功能等方面尽可能留有余地，方便系统的扩充或数据库的移植，使整个系统结构将不会受到大的影响。

4.2 数据库实现

数据库建设是系统建设的核心，也是应用系统开发的基础。从专题数据收集、整理、统一规范、质量检查和入库，现场勘测数据测量、整理入库，以及高程数据和影像数据制作二维场景数据，都需要严格按照数据库标准统一入库，建立 GIS 系统下的 GDB 数据库，并要将数据库统一导入到关系型数据库 Oracle 系统中。本系统对录入到 GIS 系统中的各种数据信息按其名称、属性、状态等性质用统一的符号予以定义，使数据标准化、系统化，以便计算机对数据信息进行分类校对、统计和检索。系统选用当前最流行的大型数据库 Oracle 作为数据库平台。利用 ArcSDE 空间数据库引擎来存储和管理空间地图数据，通过 ArcMap 桌面软件来制作准备二维地图数据文件，然后通过 ArcGIS Server 发布和管理地图服务，供 Web 浏览器等客户端来访问。

5 系统实现与应用

5.1 二维地图发布系统实现

二维地理信息系统实现功能主要包括：地图基本操作、放大、缩小、地图标注功能、缓冲分析功能、Web 在线制图功、Web 端规划设计功能、空间信息与属性数据交互浏览、管线特征点功能等。

6 展望

系统建设的应用研究为油田地面工程信息化工作管理提供了分布式的 WebGIS 整体解决方案，为油田地面工程辅助管理系统提供直观、高效、便捷、综合性的管理手段，系统以准确、全面的数据支撑提高业务管理决策的科学性，信息化、可视化提高业务管理的直观性。应用 webarcgis 建设为油田地面工程工作管理提供了解决方案，信息系统建设注重于二维地图发布、属性数据查询管理、管线运维档案管理和数据维护管理等，系统对于基础数据如地形图、专题图，遥感影像和数字高程模型等的依赖较大，对计算机等硬件和系统开发者的软件要求很高。系统采用了基于 B/S 模式的 WebGIS 进行开发，为油田地面工程数据库建库及系统的二次开发提供了先进的技术。

参 考 文 献

[1] 方子璇. 基于 ArcGIS Server 的卫星遥感影像管理系统[D]. 北京：中国地质大学，2004.

[2] 宋旭，宋泰. GIS 在油田地面工程规划设计中的应用[J]. 油气田地面工程，2016，35(9)：49-50.

[3] 周姣，GIS 技术在石油行业中的应用[C]. 黑龙江：科技论坛，2016：81.

[4] 李金明，刘子鹏，王元清. 基于 GIS 的石化重大危险源管理信息系统的研制与开发[J]. 工业仪表与自动化 装置，2009，(1)：98-100.

[5] 左方晨. 基于 WebGIS 的油田应急抢险路径研究[D]. 大庆：东北石油大学，2015.

智能化无人值守就地分水工艺在塔河油田应用

温泽见[1]　高秋英[2,3]

(1. 中国石化中原石油工程设计有限公司；2. 中国石油化工股份有限公司西北油田分公司；
3. 中国石油化工集团公司碳酸盐岩缝洞型油藏提高采收率重点实验室)

摘　要　塔河油田四区位于塔一联东南方向，相距约11km，原生产模式为：各生产井汇至计量站计量，并加热加压后输至联合站脱水处理，处理后污水返输至四区进行注水。随着开发的推进，四区含水率逐渐上升，目前已高达88%。在生产过程中有大量污水进行无效加热并往返输送，耗电好热高，导致生产运行成本高，不经济。为降低生产运行成本，对塔河四区实施就地分水工艺技术改造。

关键词　塔河油田，就地分水，无人值守

1　生产系统运行现状

塔河油田四区位于塔一联东南方向，相距约11km，包含4-1、4-2、4-3与4-4计转站，各自进行计量、加热与加压后输至塔一联。为节约人工成本，已将4-2、4-3与4-4计转站改造为无人值守站，各站进行计量后统一输至4-1计转站内进行油气分离。分离后气进入塔河外输气管网，其余采出液经过集中加热加压后输至塔一联。在塔一联脱水与净化处理后，污水输至四区的TK408注水站进行注水。生产工艺流程见图1。

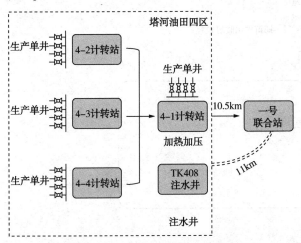

图1　塔河油田四区生产工艺流程

随着着油田的开发推进，四区已步入注水开发阶段，采出液中含水率逐年上升，目前已达到88%。为满足采出液管输要求，在4-1计转站油气后进行加热加压，然后输至塔一联进行处理。在生产过程中，有大量的污水进行无效加热输至

联合站。根据四区注水需求，将联合站处理达标的采出水返输至TK408注水站进行四区注水，污水往返输送耗电较高。原生产系统整体运行成本偏高，因此对四区采取就地分水工艺技术改造，实现"就地分水、就地处理、就近回注"，降低生产运行成本。

2　就地分水工艺改造

2.1　改造原则

在已建生产设施的基础上进行就地分水工艺改造，改造的原则：

(1) 流程简短，处理效率高，水质达标；

(2) 生产运行成本低；

(3) 智能化程度高，达到无人值守条件；

(4) 充分利用已建设施，降低工程投资，缩短施工周期。

2.2　改造基本参数

(1) 水质指标：四区油藏为碳酸盐油藏，注水水质为Oil≤15mg/L，SS≤10mg/L。

(2) 处理规模：根据四区地址开发数据，产出液规模按2000m³/d。四区注水需求约1200~1500m³/d，结合产出液乳化水与游离水比例，为考虑流程简短、运行成本低，分水规模按1000m³/d，即主要分出游离水部分。

2.3　改造内容

工艺流程考虑采用"分水+过滤"工艺，通过对分水处理设备调研，选用高效的一体化预分水装置，该装置采用了"旋流+网格管+聚结吸附+多级沉降"，装置流程见图2。

图 2　一体化预分水装置

（1）旋流原理

当油水混合物沿切线方向进入水力旋流器，由于面壁限制使流向发生改变，液体形成旋流状态，形成一个高速旋流的流场。液体受到离心力作用，由于油和水的密度不同，所受离心力大小也不同。油滴获离心力的计算如下：

$$F = \pi d^3 (\rho - \rho_0) \omega^2 r / 6$$

式中，F 为油滴获得的离心作用力，N；d 为油滴直径，m；ρ 为水的密度，kg/m³；ρ_0 为油的密度，kg/m³；ω 为旋流的旋转角速度，l/s；r 为旋转半径，m。

（2）网格管沉降

沉降中油滴浮升过程中，位于网格管进口处最低位置的该粒径油滴在网格管出口处，恰好可以到达顶点，该粒径称为临界粒径。油珠粒径分布满足对数正态分布，即可求出去除率，网格管沉降去除率包含两部分：油滴粒径 $x_i \geq x_c$ 均能被全部去除；油滴粒径 $x_i < x_c$ 只能部分去除。计算如下：

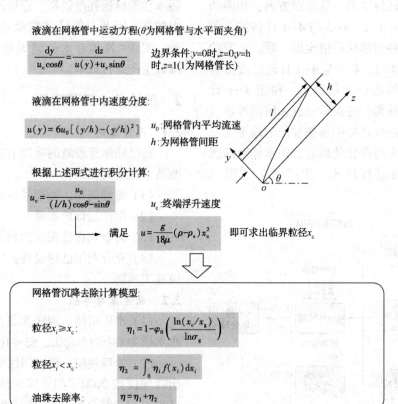

液滴在网格管中运动方程(θ为网格管与水平面夹角)

$$\frac{dy}{u_c \cos\theta} = \frac{dz}{u(y) + u_c \sin\theta}$$

边界条件：$y = 0$ 时，$z = 0$；$y = h$ 时，$z = 1$（1 为网格管长）

液滴在网格管中内速度分度：

$$u(y) = 6u_0 [(y/h) - (y/h)^2]$$

u_0：网格管内平均流速
h：为网格管间距

根据上述两式进行积分计算：

$$u_c = \frac{u_0}{(l/h)\cos\theta - \sin\theta}$$

u_c：终端浮升速度

满足 $u = \dfrac{g}{18\mu}(\rho - \rho_s) x_c^2$ 即可求出临界粒径 x_c

网格管沉降去除计算模型：

粒径 $x_i \geq x_c$：　$\eta_1 = 1 - \varphi_0 \left(\dfrac{\ln(x_c / x_g)}{\ln \sigma_g} \right)$

粒径 $x_i < x_c$：　$\eta_2 = \displaystyle\int_0^{x_c} \eta_i f(x_i) \, dx_i$

油珠去除率：　$\eta = \eta_1 + \eta_2$

根据原理及模型计算，装置处理效率高，处理后出水水质控制在：Oil ≤ 50mg/L，SS ≤ 50mg/L。

（3）改造后工艺流程

根据四区生产现状，在 4-1 计转站内实施就地分水工艺改造，就地分水后，就地处理，就近回注。低含水原油通过原流程输至联合站，分出的水进入污水处理系统，水质处理达标后就近输至 TK408 注水站进行注水，气进入塔河区块外输气管网，工艺流程见图 3。

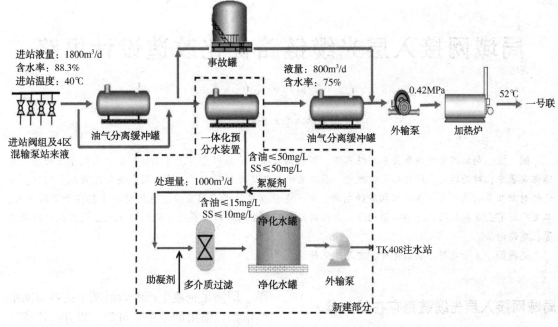

图3　就地分水工艺流程图

（4）智能化监控

一体化预分水装置液位通过浮球自动调节，液位上传至中控室，装置内压力通过调节阀自动控制；过滤装置实现自动运行，根据运行周期与进出口压差进行自动反洗；外输水泵通过与罐液位进行变频连锁，低液位自动停泵，高液位自动启泵。整个生产工艺中各运行参数均上传至中控室，智能化程度高，可实现远程监控，达到无人值守调节。

3　改造后运行效果

3.1　实现节能降耗

就地分水实施后，大量污水不需加热并往返输送，对改造前后能耗进行对比分析：改造后耗电量较改造前减少 $110.7×10^4$ kW·h/a，加热耗气量较改造前减少 $60.23×10^4$ m³/a，共节省 118.78 万元。

3.2　处理效率高，处理成本降低

参考塔河油田各联合站污水处理工艺，均需添加絮凝剂、助凝剂、氧化剂等多种药剂，而本工艺技术处理水质效果佳，且全程密闭隔氧，不需添加任何药剂的情况下水质达标，药剂费用节省约57万元/年。

3.3　智能化程度高

根据改造后实际运行效果，改造后各生产环节智能化控制，生产数据均上传至中控室，远程监控，达到无人值守调节。

4　结论

通过对4-1计转站实施就地分水技术应用，得出以下结论：

（1）生产过程中避免了大量污水无效加热与长距离往返输送，耗电量与加热耗气量大大降低，经济效益显著；

（2）通过选择高效的分水设备，主要将产出液中游离水部分进行分离与净化，在无需加药的情况下水质达标，处理效率高；

（3）通过对生产过程各环节实施数据监测，远程控制，提高智能化程度，实现全过程自动运行，达到无人值守条件。

（4）就地分水工艺技术效益佳，建议在各高含水油田进行推广应用。

参　考　文　献

[1] Q/SHXB 0060—2009 碳酸盐油藏注水水质主要指标 [S].

[2] 党伟, 胡长朝等. 一体化预分水装置在高含水油田的应用[J], 2016, 35（1）: 91-93.

局域网接入层光缆链路优化改造设计思路

艾山江·艾沙

(中国石油乌鲁木齐石化公司)

摘　要　局域网光纤链路关系到信息化、智能化网络系统的稳定行、可靠性；在企业数字化转型、智能化发展中，对局域网光纤链路优化改造，解决主干光纤资源利用率低、接入层光纤资源紧缺等问题、导致的对新业务的接入或业务扩容拓展的制约，满足企业信息技术应用及信息系统整合中显得十分必重要，本文从现有企业局域网光纤链路架构分析存在的问题，介绍局域网各层次光缆网状况及汇聚层光缆网的部署、建设看法。

关键词　主干光纤，配线光纤，室外光交箱

1　局域网接入层光缆链路存在的问题

企业数字化转型、智能化发展中，企业信息化、智能化工厂建设时期，企业生产经营活动中的各类网络的广泛应用，对网络的安全性、可靠性、传输质量及光纤链路障碍的快速处理等光纤链路运维管理提出更高的要求。在光纤链路运维管理过程中发现，企业局域网现有的光纤链路存在的一下问题。

（1）早期的局域网光纤链路建设中，对接入层光缆需求较少，少量的接入层光纤链路从汇聚节点引出，随着企业产业结构的调整、规模不断扩大，接入层需求的迅速增长，接入层光缆的建设量也随之急剧增多，使得接入层光纤链路的分歧链路泛滥，原来的接入层光纤链路不断演变成链路汇聚节点，造成主干光纤资源利用率低、接入层光纤资源紧缺，对新业务的接入及业务扩容拓展已受到制约。

（2）各单位装置集中区域光缆敷设路由长，资源紧缺，重复施工难度大，成本高，对新业务的接入及业务扩容拓展已受到制约。

（3）因各二级单位车间范围的办公场所、操作室及装置光纤链路的分布范围广、各设备间存在串连或复杂的连接关系，用户接入层面汇聚层交换设备泛滥，交换机配置策略复杂、数据转发处理负担重，导致交换设备的运维工作量繁重，用户感知度差。

针对上述问题，在现有光纤链路及链路设施（通讯井、杆路、弱电槽盒、桥架等）基础下，通过各生产单位光纤链路优化改造，搭建架构简

单、即满足企业生产经营活动中的各类网络的广泛应用，需求的安全、可靠、提升传输质量、便于光纤链路运维管理和光纤资源调配等管理工作的光纤链路网，在公司深化信息技术应用的基础建设中显得十分必要。

2　局域网接入层光缆链路存在的问题的原因分析

接入层光纤链路指各生产单位机柜间至各车间装置仪表机柜间光缆，分布在各生产单位属地范围内延伸至各装置、办公场所。因早期的接入层光纤链路建设中，对接入层光缆资源需求较少，少量的接入层光纤链路从汇聚节点引出各属地单位属地范围内的汇聚节点数量少，分布较散；

经过多年的改、扩建中原来的接入层光纤链路的分歧越来越多，充当了主干光纤链路，导致造成主干光纤资源利用率低、接入层光纤资源紧缺，各设备间串连，接入层面汇聚层交换设备泛滥等对新业务的接入及业务扩容拓展和光纤链路运维管理不利的局面。

3　局域网接入层光缆链路优化改造思路

优化改造光纤传输网络中，借鉴电信运营运用的OTN网络技术，结合公司信息网络组网架构，根据各生产厂现有的光纤链路设施（桥架、架空、通讯井等）、业务需求，根据生产厂区域内的车间、装置布局，划分多个业务接入单元，各接入单元设置链路汇聚点，并与现有网络设备间之间搭建组建环形结构光纤链路网；各接入单

元区域内的车间、装置业务接入中，从汇聚点引入接入光缆，实现业务接入区域内的各车间、办公场所，操作室、及装置的生产、办公、视频监控、MES 的网络业务，就近接入（图1）。

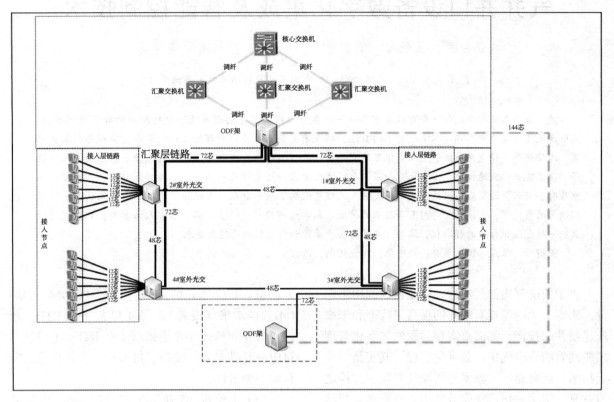

图 1

（1）本次生产单位接入层光纤链路优化改造中，首先各属生产厂每个业务接入单元新增接入层光纤链路汇聚点，结合各生产单位现有的光纤链路设施（桥架、架空、通讯井等）、根据生产厂区域内的车间、装置布局，划分多个业务接入单元，各链路汇聚节点和单位网络设备间之间组建光缆环，实现链路的环形保护，并实现各车间、办公场所，操作室、及装置的生产、办公、视频监控、MES 的网络业务，就近接入；

（2）业务接入单元新增汇聚链路节点，并各车间、装置的根据各类生产、办公、视频监控、MES、ERP、OA、邮件、环测数据上传以及各种 Web 发布等关键业务的接入中，从汇聚节点引出配线光纤接入；

4 局域网接入层光缆链路优化改造思路优点

研究光纤链路组网结构，发现环形结构光纤链路，在业务接入中，光纤纤芯资源可以分为独享、共享资源，能沟灵活支持环形和星型设备组网拓扑，业务接入中，不仅链路纤芯资源的利用率高，链路路由结构简单，跳接节点少、链路损耗小，并且可实现邻近节点环回的环形网保护。

光纤传输网保护方式的选择中，借鉴各大运营商骨干光传送网主要采用"多个环网互联+部分支线"的网络结构，业务保护采用对业务接入单元中的汇聚链路点进行环网保护，对业务接入单元区域内的车间、装置业务接入光纤不进行保护。

5 结论

企业局域网接入光线链路优化改造中，借鉴电信运营运用的 OTN 网络技术，规划业务接入单元，将各接入单元内的各车间、装置根据业务需求，从就近接入单元链路汇聚节点引出，使得接入层光纤链路又分为接入层光纤链路和配线光纤链路。接入层光缆是统一考虑接入单元范围内的业务需求建设的大对数链路资源，总体上要从网络投资控制、安全性、可扩展性、结构清晰等几方面进行组织建设。

气井井口设备数字化集成及智能控制技术

陈晓刚[1] 王登海[1] 高玉龙[1,2] 陈 丽[1] 李颖琪[1] 葛 涛[1]

(1. 长庆工程设计有限公司；2. 中国石油长庆油田公司咨询中心)

摘 要 本文旨在设计一套可以在前端统一采集井口所有设备数据并就地分析控制的智能控制系统，选取满足气井全生命周期排水采气需求的 RTU，将现有井场气井井口所有标准化仪表和排采设备的数据采集、远传通信及供电系统统一纳入，根据现有气田的特性编制嵌入式程序。通过智能控制器中的嵌入式程序实现了气井的就地控制、上位优先，不仅大幅降低间歇和排采作业人工判断和操作工作量，生产措施调整及时、有效，还实现了措施无效上报、嵌入式程序远端下载和更新。本试验首次在取消排采设备原有的控制器的条件下，实现了气井间歇和排采的就地控制和远程操作，减少前端、后端人工参与；从顶层设计上统一规范通讯接口的标准化，满足气井井场生产管理和智能控制的通用要求。

关键词 长庆气田，气井，数字化，智能控制，通信协议，嵌入式程序

由于长庆气田储层特性、以及目前的用工总量，决定了无论是现有气井的提高采收率和未来产建新井的投产，都需要实现远程的数字化管理才能高效的管理气田。数字化管理，其实是一个老技术、新概念。老技术是指油气井监测监控之前就有，很多油田都在安装使用；新概念是指将油田管理自后端推到前端，减员增效，远程控制、就地控制、智能控制，归根结底就是把数字油田建设同人力资源管理和油田生产成本紧密相连。目前长庆油田井场数字化管理的进一步发展由于受到各方面的限制，在实现智能化的进程中，还存在着不少的瓶颈有待突破。

随着长庆气田生产运行管理的提质增效，从数据采集、就地控制、功能扩展及安全等方面已不能满足目前的需求。因此，改变气井井口数字化管理模式，设计一套更高效、更先进、更经济的气井井口综合管理控制系统势在必行。

1 长庆气田气井数字化管理现状

1.1 气井数字化管理及数据传输现状

1. 标准化井场工艺流程

（1）集气工艺流程为：天然气在采气井场经一体化流量计计量，接入采气管线输往集气站。

（2）井场主要仪表：油套压压力变送器，负责检测井口油压、套压；一体化流量计负责检测井口天然气外输流量，流量数据传输至 RTU；RTU 是气井数字化管理的核心设备，它负责采集生产数据，通过井口数据采集及传设备上传至

上位机。1 口气井的点数：2AI、1RS485、1DO（不含排水采气设备），每 4 口井一个 RTU、超过 4 口井的丛式井井场新增 1 台 RTU，1 口气井对应一套排水采气设备、每增加一套排采设备需新增一个 RTU。

（3）上位机（作业区生产管理系统）由服务器、操作员站、网络交换机、打印机以及相应的工业数据采集、处理和监控软件等组成。上位机的主要功能：①对集气站集中监视、事故报警、人工确认、远程操作、应急处理；②井口生产数据的日常管理。气井井口工艺自控流程如图 1 所示。

2. 井场数据传输

现有数据传输方式无法满足智能化通信要求。电子巡井系统主要有短波电台、无线网桥、和光缆三种方式。电台传输是目前长庆气田主流的数据传输方式，其投资低、地形要求低，但带宽小，数据丢包率高，偏远井通讯不稳定，只能实现数据和照片传输，点位有限，无法满足监控点位增加需求；无线网桥传输是对电台的补充，其带宽可达 100M，传输稳定性好，可实现连续数据和视频传输，但受地形影响大；光缆传输带宽可达 1000M，传输稳定性好，投资比较高，主要安装在气田北区上古重要井组。

3. 井场数字化管理

气井无法实现井场就地管控，所有的数据均需上传至上位机进行人工判断后，再将指令发挥井场 RTU，管理效率低。信息化系统（上位平

台)是气井井口数传传输的归口平台,由于各采气厂建有不同的控制及管理平台,控制方法不统

一,数据归口不统一,无法实现信息共享,管理不便。

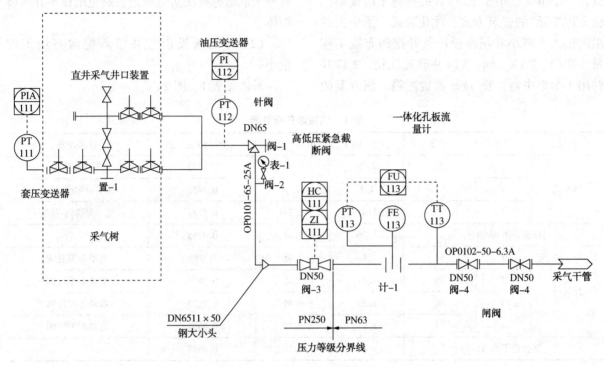

图1　气井井口工艺自控流程图

措施自动设备的全面覆盖是一个漫长而必然的过程,因此,如何利用气井(尤其是丛式井)井场的油套压、流量计等标准化设备与措施自动设备的核心——RTU,通过在RTU内编写嵌入式的程序,让RTU管理所管辖的气井、且优先执行上位机的指令,将数字化管理从后端移向前端、减少人工干预,是缓解目前气井数量与用工总量之间尖锐矛盾的最好的途径。

2　气井井口设备的数字化集成

2.1　研究目标

面向气田全生命周期,设计一套能涵盖气井所有远程控制、智能分析和井场排水采气要求的气井综合管理控制系统,在产建阶段配套井口远程开关井设备,措施阶段根据气井生产特性配套柱塞气举、自动泡排装置,通过在RTU中输入预先编写好的嵌入式程序对气井进行管理,实现气井就地控制、措施无效上报三方面建设可复制推广的模式,由远程操作向智能无人化操作发展,有效提升低效气井的产气量,避免重复建设、大幅降低现场员工劳动强度,大幅降低整体投资(采气+地面)和操作成本,促进气井管理高质发展、实现气田高效运营和价值提升。

2.2　气井井口综合管理控制系统功能需求

RTU应满足气井井口综合管理控制系统需求功能、可编程,支持二次开发。RTU需拥有足够的冗余空间,适合其他排水采气措施、及多种排水采气措施的组合的自主管理与就地控制。可以满足现有标准化井场的所有功能,同时井场在满足数据采集、数据传输及控制的情况下,可以实现开关井控制、柱塞气举系统、自动注剂系统等排水采气设备的无缝接入、自动识别、以及智能控制。气井大多分布在野外,容易受到雷击等的干扰,在进行硬件设计时需要充分考虑系统的抗干扰能力。本系统在硬件锁相电路设计的过程中,使用光电耦合器对前端信号与硬件锁相电路进行隔离。RTU应具备的功能:

2.3　工程方案

本次试验选取长庆油田神木气田2座井场,共计7口气井、共有排水采气设备9套,各类仪表35台:神-1井场共计9口井,选井4口,共有排水采气设备4套,各类仪表20台;神-2井场共计7口井,选井3口,共有排水采气设备5套,各类仪表15台。

共计编写3套工程方案,2019年10月开始,经过现场安装、与仪表和上位机的通信协议

调试之后，于 2020 年 3 正式开始运行，经过了 2 个月的运行，基本达到了预期的效果。形成"5 口井一个单元、小于 10 口井的井场不增设第二套主控单元"的安装方式，优化布线、适应大井组的接入、减小井场新投产气井挖沟布线工作量。在(1、2)#、(4、5)#井放置辅箱，2 口井共用 1 个集中器，在 3#井放置主箱。该方案的优点是：

（1）所有硬件设备全部都在非防爆区，不用另外采取措施解决防爆问题，避免增设单井防爆柜体。

（2）井组新投产气井接入挖沟布线工作量小。

具体见表 1，图 2。

表 1　试验选井统计表

井场	序号	井号	油压/MPa	套压/MPa	气量/($10^4 m^3$/d)	排采设备
1#井场	1	S1	1.38	7.43	0.6233	气动薄膜阀
	2	S2	1.3	11.07	0.4452	气动薄膜阀/柱塞
	3	S3	1.41	6.74	0.1781	气动薄膜阀/柱塞
试验井平均/合计			1.36	8.41	0.4155	
2#井场	1	S4	1.66	3.95	0.089	电动 L 型针阀
	2	S5	1.44	5.45	0.2671	电动 L 型针阀
	3	S6	1.39	6.61	0.7123	电动 L 型针阀
	4	S7	1.27	8.72	0.8904	电动 L 型针阀
试验井平均/合计			1.44	6.18	0.4897	

图 2　井场布置示意图

3　嵌入式程序及配套设施

气井井口综合管理控制系统嵌入式控制逻辑程序，完成气井井场所有监测设备的智能管理与控制，单井实现数据就地采气、分析判断、控制，上位优先。主控单元由 RTU 硬件和嵌入式程序组成。

3.1　嵌入式程序

3.1.1　嵌入式程序的类型

通过计算机软件、在主控单元中编写嵌入式程序，通过连锁气井井场的阀门、仪表，实现排水采气设备在井场的就地管控。根据气井生产阶段和自身特点，在其安装了与其相适应的排水采

气设备后，主控单元可以对其进行识别，当排水采气设备投运时，相应的嵌入式程序立即生效以管控排水采气设备及其生产制度。嵌入式程序主要包含：

（1）主控制程序；（2）仪表及流量计自检（上电自检）；（3）气井生产异常诊断与报警（设备自检）；（4）循环优化程序；（5）上位通信程序；（6）开井、关井控制程序；（7）远程控压开关井控制程序；（8）柱塞气举控制程序；（9）泡排控制程序、间歇+人工泡排控制程序等。

具体见图 3。

嵌入式程序的调整和修改一般通过上位机进行下载，或者通过手机 APP 进行修改，上位优先是嵌入式程序显著的特点，手机 APP 也可以看做是上位机。手机 APP 通过蓝牙通信与主控单元相连接，可以给主控单元发指令、也可以更新主控单元中的嵌入式程序。

3.1.2　嵌入式程序的实现方法

嵌入式程序可以是一条固定的程序，也可以使气井的排水采气生产制度不再是一成不变的，排水采气设备可以根据气井的生产参数进行自主管理，即以适应气井生产为原则、自主调整排水采气生产制度。自主管理是指，当排水采气设备按照上位机给的初值运行、或者在初始命令运行

一段时间后，生产制度不能达到排水采气的目的，即开始调整生产制度，直到达到判定为排水采气有效为止。依据气井生产规律寻找最合理的生产制度，使气井保持在该生产制度下运行。在气井生产一段时间后、当生产制度与气井生产情况不适应时，嵌入式程序会再次启动、反复上述过程，直到再次寻找到最合理的生产制度。

通过嵌入式程序的运行，气井每次调整生产制度完成后(达到预期的效果、在一段时间固定执行某一生产制度)，主控单元即生成一条结果发送至上位机(调整前的生产制度、以及最终的气井所执行的生产制度)，便于作业区的技术人员判断生产制度调整的有效性。当嵌入式程序在多次、反复调整均无效的情况下，也会发送一条指令上报上位机，由就地管控转变为人工干预，确保气井能够在第一时间调整到最佳的工作状态，避免在与自身生产条件不相适应的生产制度下长时间运行(图4)。

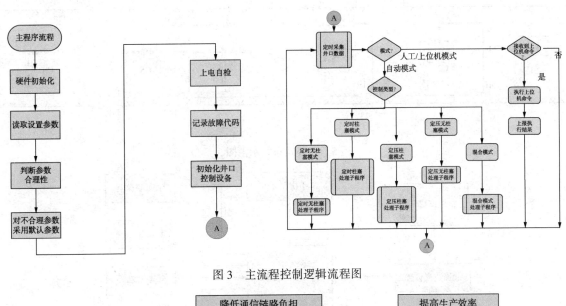

图3　主流程控制逻辑流程图

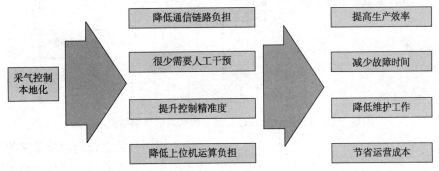

图4　嵌入式程序运行效果示意图

3.2　井场通信及供电

3.2.1　井场通信

由于气井大多分布在比较偏远的地区，气井之间相对也比较分散，因此气井现场监控系统在组网时无法使用现有的电信有线网络；单独为现场拉一根专门的通信线的成本过高，也不可行。综合考虑决定使用移动公司的 AG+APN 无线数据传输方案，该传输方案不受地域限制，可以同时传输生产数据和视频(闯入抓拍)成本也相对较低、数据传输实时性好，专网传输油田内部的数据、确保生产数据不外泄(图5)。

3.2.2　据传输及供电

(1)数据传输：气井的仪表和附属的排水采气设备的仪表，通过有线或无线的方式连接至集中器，集中器通过有线方式连接至主控单元，主控单元通过有线方式连接至通信电杆上的数传设备。

C1、C2 气井的所包含的所有设备的数据汇集至 1#集中器(放置在主箱中)。C1 所有需采集数据的设备包含油压变送器、套压变送器、流量计、高低压紧急截断阀，以上为标准化井场部分，以及排水采气设备(远程间歇、柱塞等)，

C3、C4、C5 气井的所包含的所有设备的数据汇集至 2#集中器(放置在辅箱中)。

（2）供电：设置太阳能板以及埋地或者放置在地面蓄电池，实现对井场所有耗电设备的供电、通过简化嵌入式程序来降低供电、部分耗电量较大的排水采气设备可以单独供电。

3.3 数据标准化

为了能够更好在气田进行推广，适应气田前期建设所采用的各类仪表和流量计的通信协议，还需要进行数据标准化，避免大量的仪表更新换代所带来的高额投资以及改扩建所带来的工作量。由于本次开展的是井场部分的试验、上位机软件暂不支持软件的直接接入，因此进行了主控单元对(模拟)上位机交互的软件模拟，将来开发了上位平台后、可以实现 RTU 的软件的直接接入，具体框架如图6所示。

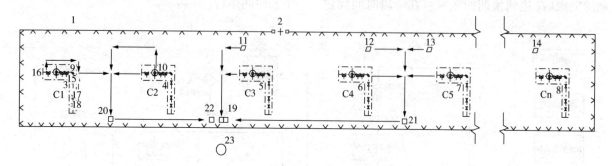

图 5　安装及布线示意图

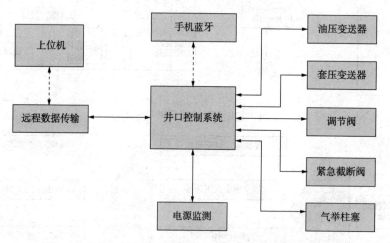

图 6　气井井口综合管理控制系统数据通信框架结构示意图

4　实例应用

4.1　运行效果

经过半年的运行，气井通过气井井口综合管理的控制，所有气井均有不同程度的增产，避免了由于阀门自带系统的故障带来的气井关停、或者无法正常开关井等，完全实现了气井的就地控制、系统稳定性强、人工干预少，经过不断的调整控制策略、1#井场的 2 口气井实现了自主控制。具体的运行参数如表 2 所示。

表 2　试验井运行前后对比示意图

序号	井号	措施前			目前			累计增产气量/ $10^4 m^3$
		油压/ MPa	套压/ MPa	日产气量/ ($10^4 m^3$/d)	油压/ MPa	套压/ MPa	日产气量/ ($10^4 m^3$/d)	
1	S1	1.38	7.43	0.4381	1.36	6.55	0.6233	85.3935
2	S2	1.3	11.07	0.3152	1.32	10.78	0.4452	46.7222
3	S3	1.41	6.74	0.1781	1.39	6.87	0.2221	56.96

续表

序号	井号	措施前			目前			累计增产气量/$10^4 m^3$
		油压/MPa	套压/MPa	日产气量/($10^4 m^3$/d)	油压/MPa	套压/MPa	日产气量/($10^4 m^3$/d)	
4	S4	1.66	3.95	0.0891	1.64	4.01	0.1213	19.5369
5	S5	1.44	5.45	0.1659	1.41	5.42	0.2671	68.5127
6	S6	1.39	6.61	0.3398	1.38	6.59	0.7123	157.4366
7	S7	1.27	8.72	0.4578	1.25	8.54	0.8904	198.4009
平均/合计		1.4071	7.1386	0.2834	1.3929	6.9657	0.4688	632.9658

1#井场的 S4 气井通过运行发现、由于气井开关动作非常频繁，一天内频繁的开关井虽然提高了气井的开井时率、但是频繁的阀门开关动作却会大大缩短阀门的运行寿命、还会导致阀门失效，对阀门长期、稳定的运行非常不利，频繁开关的原因主要是气井保护压力的限制、由于气井设定的保护压力为 3.8MPa，因此每当套压恢复至该压力条件下气井就开井。

通过对气井的观察、以及对目前软件的分析，该气井尚有一定产能、但在井组中处于压力比较低的气井，超压的风险较小，因此将气井设定的保护压力为 3.8MPa 提升至 5MPa，通过这一调整、气井恢复压力由 3.8MPa 提升至 5MPa，关井时间由 30min 提升至 90min，一个开关井周期由 40~45min 提升至 120min，大幅降低了每天开关井动作的次数，气井的压力得到了充分的恢复、更符合气井当前的生产特性、提升了气井的累计产气量。控制策略调整前后对比如图 7 所示。

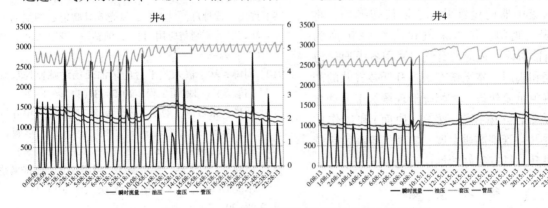

图 7   S4 气井控制策略调整前后对比生产曲线示意图

4.2 经济效益评价

按照单座 5 井式井丛、每年 50% 气井建设期应用该系统估算：标准化井场、人工操作费用、以及增产可以带来 4547 万元的效益，除去远程控制阀门增加的 3100 万元的投资增加，在投产当年、采气+地面综合投资即可节约 1447 万元（表 3）。

表 3   经济效益评价明细表

序号	起止时间	费用明细	节约费用(万元)
1	阀门增加投资	按照 50% 安装远程控制阀门计算，单台远程控制阀门投资为 4 万元，增加投资为 3100 万元。4×1550×50%＝3100 万元。	3100
2	标准化井场节约投资	按照气田年投产 1550 口井计算，约合 310 座 5 井式井丛，合计节约投资 775 万（目前，4 口井以上需增设 1 个 RTU）。标准化井场 5 井式井丛目前投资 60 万元（不包含电动针阀），井场投资 57.5 万元，节约投资 2.5 万元（节约挖沟布线及安装费用 1.5 万元，节约控制系统 2 万元，仪表及通信部分增加投资 1 万元）。2.5×310＝775 万元。	−775

续表

序号	起止时间	费用明细	节约费用(万元)
3	节约人工操作费用	根据气田的经验，间歇生产期，单次人工作业费用为 120 元。气井生产制度为开 3 天关 3 天，388 口井半年的开关井工作量为 23280 次（388 口井×60 次），投产当年节约操作费用为 280 万元。388 口井×60 次×120 元/10000＝280 万元。	-280
4	增产气量效益	半年的间歇生产周期为 180 天，保守估计井均增产 500 方/天，井口天然气 1 元/方计算，增加的气量可以带来 3492 万元的效益。388 口井×180 天×500 方×1 元/10000＝280 万元。	-3492
		节约费用合计	-1447

5 结论

在采气井场层面实现对气井井场所有的仪表、阀门、以及不同时期安装的排水采气设备进行统一管控，采集所有采气工程所必需的生产数据采用 AG+APN 的方式上传上位机、兼具稳定性和实时性、且投资相对较低。每口气井设置集中器，减少了挖沟布线工作量，适应了低渗透气田不同时期气井的投产、以及排水采气设备的接入；接入集中器前设置 RS485 协议转换器，将所有仪表、阀门、排水采气设备统一转换为 RS485 通信协议，适应现有气田采用各类通信协议的仪表和阀门。本系统有效提升低效气井的产气量，避免重复建设、大幅降低现场员工劳动强度，大幅降低整体投资（采气+地面）和操作成本，促进气井管理高质发展、实现气田高效运营和价值提升，具有很好的推广价值。

参 考 文 献

[1] 王遇冬 主编. 天然气开发与利用[M]. 北京：中国石化出版社，2011.

[2] 林道远 等，从企业构架到智慧油田的理论与实践. [M]. 北京：石油工业出版社，2017.

[3] 高志亮 等，数字油田在中国-理论、实践与发展. [M]. 北京：科学出版社，2014.

[4] 高志亮 等，数字油田在中国-油田数据工程与科学.[M]. 北京：科学出版社，2018.

[5] 高志亮 等，数字油田在中国-油田数据学.[M]. 北京：科学出版社，2018.

[6] 谢军."互联网+"时代智慧油田建设的思考与实践[J]. 天然气工业，2016，36(1)：137-145.

[7] 罗辉. 大涝坝气田油气井远程监控系统设计与实现[J]. 自动化仪表，2014，35(10)：42-45.

[8] 冀光，贾爱林，孟德伟等. 大型致密砂岩气田有效开发与提高采收率技术对策——以鄂尔多斯盆地苏里格气田为例[J]. 石油勘探与开发，2019，46(3)：602-611.

[9] 许飞，黄丹丹，吴小康. 风光互补智能起消泡剂加注装置的研制与应用[J]. 石油钻采工艺，2015，37(2)：94-96.

[10] 周涛. 基于嵌入式平台的采油现场终端监控系统[J]. 油气田地面工程，2012，31(11)：78-79

[11] 颜瑾，张乃禄，刘雨. 基于智能 RTU 的气田井场监控系统[J]. 西安石油大学学报（自然科学版），2017，32(4)，61-66.

[12] 白利军，张大陆，张金薇等. 煤层气井智能排采技术应用研究[J]. 中国煤层气，2014 11(5)，28-29.

[13] 杜军军，张遂安，卢晨刚等. 煤层气井自动化建设方案研究[J]. 煤炭技术，2018 37(12)，38-39.

[14] 吴革生，王效明，宋汉华等. 气井井口智能生产控制系统[J] 新疆石油天然气，2008，4(增刊)，126-128.

[15] 田伟，贾友亮，陈德见等. 气井泡沫排水智能加注装置[J] 石油机械，2012，40(9)：78-80.

基于 C#的设计文件管理软件开发

陈 亮 冯俊岩 刘 孟 姜莘莘 刘 望

（深圳海油工程水下技术有限公司）

摘 要 大型深水油气田项目中，会产生大量的设计、管理文件，若公司、项目组没有专业的文传管理系统的支持，过程文件尤其是设计文件的管理通常是靠人工分类、整理、统计实现，费时费力而且容易出现错误。本文采用 c#编程，给出了一种轻量级的程序解决方案，仅需简单设置参数，即可自动完成设计文件的管理工作。

关键词 文件管理，C#，WPF，编程

1 引言

近年来，我国海洋油气田开发逐步从 300 米浅水海域向 1500 米深水海域过渡，开发难度逐渐增加，项目的设计与管理难度也随之增加。其中，最为直观的体现是项目的设计文件管理。

以公司运营的流花某深水项目为例，多家设计单位共同参与了该项目的详细设计。在项目运行过程中，作为项目建造方，公司会不定期收到项目业主发来的设计文件，这些设计文件大部分是以压缩包形式按批次发送，压缩包内包括若干文件夹，文件夹内还可能存在子文件夹或压缩包，文件层级结构较为复杂。

由于公司目前暂无专业的文档管理系统，对这些压缩包文件的整理通常是采用人工解压缩、识别的方式完成。对于深水油气田开发项目，设计文件通常数以千计，人工方式整理不仅工作量非常大，而且效率较低，且容易发送错漏。

考虑到详细设计文件一般都严格遵循总公司发布的《工程信息编码规则》中关于设计文件编码规则，因此可以通过文件名入手，通过程序自动完成设计文件的整理。

C#是微软公司发布的一种由 C 和 C++衍生出来的面向对象的编程语言、运行于 .NET Framework 和 .NET Core（完全开源，跨平台）之上的高级程序设计语言。本文将结合 WPF（Windows Presentation Foundation）框架，来设计程序的用户界面。

2 开发流程

该软件的开发主要包括以下流程：了解文件编码规则，确立功能需求，用户界面设计，逻辑功能实现，测试与完善。

2.1 文件编码规则

通过查询《工程信息编码规则》可以发现，设计文件的编码主要包括五大部分：设计阶段编码、文件分类编码、单体区域编码、专业编码和图号，如图 1 所示。

新建工程设计文件编码由五段码组成,组成方式及含义如下所示:

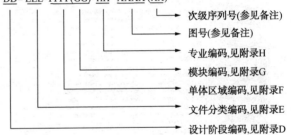

图 1 设计文件编码规则

例如一份文件编码为：DD - DWG - SPS（SXT）- PR - 0101，其表示的含义如下：

DD：详细设计阶段

DWG：图纸文件

SPS（SXT）：水下生产系统的水下采油树系统

PR：水下工艺专业

0101：图纸号

作为建造方，我方工程师通常关注的设计阶段包括：DD-详细设计阶段，MD（DD）-改造详细设计阶段，OI-安装设计阶段。

2.2 确立功能需求

根据与项目组工程师、项目经理以及文控人员的沟通，最终为本软件确立了五个基本功能，

其具体描述如下。

（1）分类整理功能：自动完成指定路径下压缩包的解压操作，如果压缩包内仍有压缩包，则还需要解压所有嵌套的压缩包。同时，对解压后的文件，按照指定的设计阶段代号、单体区域编码与输出文件路径，自动得到整理后结果；

（2）全局解压功能：自动完成压缩包以及嵌套的压缩包的解压，提取所有解压后文件到指定的输出文件夹中(简化层级)；

（3）文件核对功能：根据目前已收到文件，以及项目初始阶段设计公司提交的总体设计文件清单进行核对，找出目前尚未提交的文件列表；

（4）文件归档功能：根据 MDR(一份包括文件名列表的 Excel 文件)，从指定路径中筛选文件并复制到另一指定的文件路径下；

（5）其他功能：文件的批量重命名

2.3 用户界面设计

根据确立好的功能需求，通过 WPF 框架设计了如下的用户界面，如图 2 所示。

图 2　程序主界面

以上是程序的主界面，左侧部分采用 TreeView 控件显示文件的目录树形结构，用户可以切换到不同目录，以动态显示各目录下的文件。右侧顶部主要包括一个文本框，用于修改及显示当前的文件路径，一个按钮，用于打开新的文件路径，右上角的文本框用于文件名的筛选。

右侧中部采用了一个 DataGrid 控件显示文件的详细信息，包括文件名称、类型和大小，双击某一个文件，可以采用本机默认的应用程序打开该文件进行查看。

除主界面外，在工具菜单中包含了上述介绍的 5 个基本功能，由于篇幅限制，这里仅以分类整理功能界面为例进行说明，其余的功能界面基本类似。

如图 3 所示，分类整理界面主要包括两个文本框，分别用于存放源设计文件路径和整理后文件存放路径，二者均可以通过最右侧的打开按钮进行路径指定。一级分类编码，通常也就是设计阶段分类编码，其采用一个组合框内置了多种设计阶段的编号，每选择一次，分类编码将保存到最终分类编码后的文本框中，这样可以实现一次性整理多个设计阶段的文件功能。

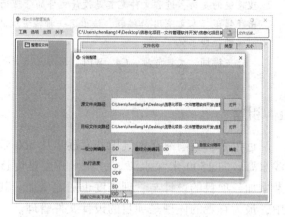

图 3　分类整理功能界面

此外，程序默认各部分编码之间采用短横线（－）进行分隔，若项目比较特殊，可能采用其他的分隔符(如有的项目采用英文状态的句点作为分隔符)，此时允许用户自定义分隔符。

同时，考虑到某些情况下文件较多，整理耗时较长，在最底部添加了一个进度条，用于异步显示当前的执行进度。

尽管程序已经内置了许多一级分类编码，但用户可能在实际项目中遇到一些特殊情况，分类编码在程序给定的列表中找不到。为此，增加了一个自定义功能，在选项菜单中，可以添加新的分类编码配置，如图 4 所示。

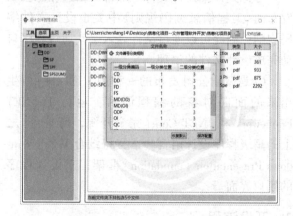

图 4　自定义文件编号分类规则

一级分类编码列填入用户希望使用的自定义分类编码，一级分类位置是表示该分类编码处于整体文编码的第几部分，二级分类位置同理。例如一个新的项目文件名称编码为：HSK-TEST-BP-PR-0001。若一级分类编码为 TEST，二级分类编码为 PR，则一级分类位置是 2，二级分类编码位置为 4。

2.4　逻辑功能实现

程序用到一个核心功能是压缩包的解压。解压主要实现逻辑是通过调用本机安装的 WinRAR 软件来完成，因此该程序在运行前会首先检测用户电脑是否安装了 WinRAR 软件，如果未安装会给出相应提示。

程序通过 WinRAR 的命令行模式，设置好解压路径以及其他参数后，就可以完成解压操作。而针对压缩包中嵌套内层压缩包的情况，程序使用到递归算法，这样不论有几层压缩嵌套，都可以彻底解压出来。其核心代码如下：

```
public void MainUnpack(string rootPath)//解压主程序`
{
    DirectoryInfo rootFolder = new DirectoryInfo(rootPath);
    foreach(FileInfo fil in rootFolder. GetFiles())
    {
    if(packExtArr. Contains(fil. Extension))
    {
        string rarFileName = fil. FullName;
        string rarFolderPath = Path. Combine(fil. DirectoryName, GetRarSizeStr(fil. FullName));
        if(! Directory. Exists(rarFolderPath))
        {
        rarFileName = "\ ""+rarFileName+"\ ""; //
        string saveDir = rarFolderPath+"\ \ ";
        saveDir = "\ ""+saveDir+"\ "";
        string winrarDir = System. IO. Path. GetDirectoryName(GetRarInstallPath());
        string commandOptions = string. Format("x {0} {1}- y", rarFileName, saveDir);
        ProcessStartInfo processStartInfo = new ProcessStartInfo();
        processStartInfo. FileName = System. IO. Path. Combine(winrarDir,"WinRAR. exe");
        processStartInfo. Arguments = commandOptions;
        processStartInfo. WindowStyle = ProcessWindowStyle. Normal;
        Process process = new Process();
        process. StartInfo = processStartInfo;
        process. Start();
        process. WaitForExit();
        process. Close();
        }
    }
    }
    foreach(DirectoryInfo fd in rootFolder. GetDirectories())
    {
    string subFolderPath = fd. FullName;
    MainUnpack(subFolderPath);
    }
}
```

其他功能涉及到的大部分是文件的移动、复制以及新建文件夹等操作。而这些操作在C#中可以使用内置的 System. IO 名称空间下的 FileInfo 类，DirectoryInfo 类进行处理。

此外，为了能够处理 Excel 表格的数据，如按照指定的 MDR 筛选文件到指定路径，以及根据总体设计文件清单核对未提交的文件列表。上述两个功能都需要通过 C#读取 Excel 文件数据，此时需要在项目引用中添加对 Excel 对象的引用，具体操作为在程序的引用菜单单击右键后选择"添加引用"，在弹出的对话框中选择 COM，之后选择"Microsoft Excel 16. 0 object Library"。

2.5 测试与完善

程序开发完成以后，总体大小约 4.3MB，通过测试两个压缩包文件，分类整理了 183 个文件，耗时约 7.6s，程序结果符合预期，如图 5 所示。

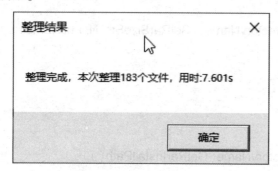

图5 分类整理执行测试

同时根据用户使用后反馈，使用红色字体突出显示新增的文件夹与文件名称，这样可以很方便地知道本次整理过程新增的文件。

3 软件应用

该软件为绿色免安装版，使用时仅需要将打包好的程序文件夹复制到目标电脑上即可使用。用户仅需要通过鼠标点选文件路径以及分类编码等参数，即可一键获得整理好的文件结果。目前该软件已广泛应用于公司多个深水项目中。

4 结语

得益于总公司对于数字信息化工作的高度重视，设计文件编码才有章可循。本文描述的软件开发正是基于文件编码的规则性、统一性来逐步实施。若没有一套完善的、确切的文件编码规则，软件将很难完成上述任务。通过该软件，项目文控人员、设计人员在文件管理、查阅等工作

上可以节省大量时间，大幅提升工作效率。

参 考 文 献

[1] 安小米，张宁，叶晗，杜雅楠. 国外电子文件管理机制及借鉴研究[J]. 档案学研究，2008（2）：58-62.

[2] 刘越男. 我国电子文件管理的现状、问题与对策[J]. 电子政务，2010(6)：10-16.

[3] 王元宝. 浅谈电子文件管理的现状及对策[J]. 科技信息，2012(27)：235.

[4] 张海峰，张强，魏东，黄有群. 软件开发中的技术文档管理[J]，2013，25(6)：511-514.

[5] 刘铁猛. 深入浅出 WPF[M]. 北京：中国水利水电出版社，2010.

[6] （美）Matthew MacDonald. WPF 编程宝典[M]. 王德才，译. 北京：清华大学出版社，2013.

[7] （美）Mark Michaelis. C# 7.0 本质论[M]. 周靖，译. 北京：机械工业出版社，2019.

二三维手动校验
在海洋工程设计领域的使用

陈渊明

（海洋石油工程股份有限公司设计院）

摘　要　随着业主对于设计质量要求的不断拔高，提升二三维设计效率和质量的重要性则愈发凸显，通过二三维校验的方式显然是提升设计质量和效率的一条捷径。然而往往因为项目成本问题，无法通过构架大系统和数据中台实现设计数据自动同步，达到二三维数据一致并自动校验。那么通过手动方式实现数据校验，则能节约项目成本的前提下，在另一个方面提高海洋工程设计质量，有效减少设计差错。

关键词　二三维校验，数据库，质量控制，工程设计

1　前言

当前，全球化和信息化互相交融发展，以大数据、物联网、云计算、人工智能为代表的新一波数字技术创新浪潮席卷各行各业，新的商业模式和颠覆式创新不断涌现，产业边界日益模糊。传统产业与新兴技术之间泾渭分明的界限逐渐消失，以互联网为代表的新兴技术正在改变着传统产业。伴随着世界经济和科学技术的发展，"数字化转型"已成为油气石化行业的重要战略选择。

智能制造全产业链以工程项目管理平台、协同设计平台、智能制造基地等大平台、大系统、大数据建设的带动下，全面提升生产业务数字化率，推动生产业务体制降本增效，此已经成为国内各家企业发展的既定方向。

2　海洋工程设计现状

我国因为历史原因，海洋工程起步较晚，整体的发展虽然较快，但是跟西方发达国家相较，还是比较落后的。而随着国家对海洋资源的不断开发，中海油计划逐步加大了海外工程市场的开发工作，而海外市场对于工程设计有着较高的要求，尤其是对于二维及三维设计质量要求较高，而我国海洋工程设计现在还处于一个各专业设计分离，未形成专业联动的状态，这样在设计过程中会在一定程度上降低设计工作的质量和效率。

那么如何能够有效的提高二维及三维设计质量呢？较为有效的方式就是在设计工程中进行二维和三维的数据校验，当出现设计偏差时，及时对相关的图纸、模型或者数据进行修正，以降低设计过程中从二维设计转向三维设计时产生的偏差，提升相关设计质量。

那么何为二三维校验呢？就是将某专业二维设计中产生的相关成果与其他专业的二维及三维设计中的成果进行对比。二维设计最为直接的成果文件就是工艺专业出的P&ID图纸、电仪专业出的布线图以及仪表清册等等，而三维设计则是各专业协同搭建的三维数据模型，而二三维校验则是将这些成果进行统一的校验，以提升设计质量，减少成果文件的差错率。

现今国际上主流的做法是通过工作流驱动，数据流传递的技术方案，确保设计数据、设计文档在统一平台上交互，通过工程主数据模块及设计过程管理模块确保所有设计成果具备双重属性（即文档+数据），同时加强版本控制、状态跟踪等管理功能，从而真正建成以信息数据驱动的海工统一的项目业务数据平台，建设企业级工程统一标准、编码体系、接口标准以及企业级底层数据仓库。数据仓库存储的项目关键性设计数据、项目文档数据及工程主数据，可为数据统计、数据复用、大数据挖掘和分析，数据模型搭建增强决策支持来提供数据源；为智能化设计和工程项目管理各环节提供数据支撑。通过以上方式，打破各个专业之间的壁垒，使得设计工作贯通整个EPCI生命周期，并实践专业之间数据互传和校验工作。

然而目前国内设计校对因项目成本等原因，

仅局限于三维设计，而没有实现其他设计参数（如二维）的实时共享，往往是采用一种平行设计的思路，多个专业同时开始进行设计工作，当工作数据有交集时，再去查询、调取并完成手动录入，然后汇总到三维设计当中，最后再将三维模型完成修正之后，完成图纸、料单的抽取，在这个设计过程当中，缺少了数据之间的自动传递以及校验，仅仅通过手动操作会大大提升设计过程中的差错率。

3　二三维校验的使用

我方为应对国际市场业主的高标准、高要求，在无法投入大量成本、人力等资源的情况下，我们在设计过程中采用手动校验的方式，对二三维的数据进行比对，同时对于缺少以及错误的数据进行标注，便于设计人员能够及时进行补充及修正，在一定程度上弥补了此项设计缺陷。同时通过手动校验的方式，也为后期贯通设计专业之间的数据壁垒做出了准备，并能在后期实现协同设计工作中给予补充和完善。

现今公司二维设计主要使用的软件为 SP P&ID、SP Instrument、SP Electrical 等，三维设计主要使用的三维软件为 PDMS 或者 Smart 3D。

3.1　前期准备工作

为保障多个软件能够实现数据准确提取比对，我们需要使用一台公共设备实现数据的集中处理，而在此设备上我们针对每个软件不同的后台数据库构建不同的 ODBC，以实现此设备能够具备后台进程直接访问目标数据库的能力。

在构架完成 ODBC 之后，需规划整个项目把控的各项数据源，并分类整理。如利用 EXCEL 构架整体的数据对比组群，并按照专业进行逐一划分，如图 1 所示。

将所有软件对应设计的相关内容进行归纳汇总，并按照实际设计的具体内容进行分表处理，以便于后期从数据库提取的数据能够准确进入到对应的表中，其中包括提取数据、验证数据以及数据分析和汇总等。

3.2　数据提取

在完成前期准备工作之后，就可以按照规划的详细工作细节，从数据库中提取相应的有效数据。我方使用 EXCEL 作为数据提取后存储的主要载体，主要原因是因为 EXCEL 为微软公司开发，能够与 Windows 系统自带的 ODBC 功能较为

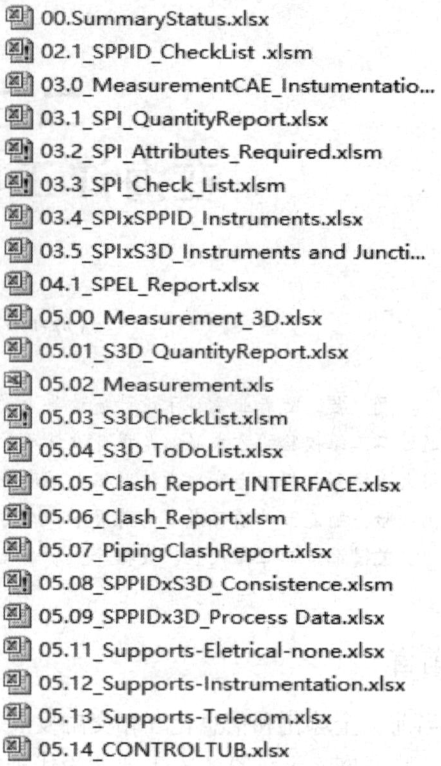

图 1

完美的融合，并且 EXCEL 能够在后期数据对比过程中有更为强大的功能，能够为我们节约更多的设计时间，同时 EXCEL 能够更加自由的嵌入 SQL 语句，实现对访问数据库的更深入操作。如图 2 所示，为从 SPI 软件中需要提取的数据示例。

我方把需要从 SPI、SP P&ID、SPEL、S3D 等提取的数据项作为各个 EXCEL 中每个 sheet 的表头，以便从数据库提取数据后，能够准确的找到对应的数据具体意义是什么，并可以将 EXCEL 与数据库进行连接。当然我们可以在一个 EXCEL 中设定多个连接方式，以便能够更加灵活的实现数据的提取工作，也为后期数据更新做好准备。此处需要各专业详细规划在软件中录入的数据，当各个软件中存在数据名称差异时，需要由专人进行核对查验，并在一定程度上变更专业设计习惯。

如图 3 所示，我们通过连接字符串的设定连接到指定的数据库中，但前提是该设备已经完成了 ODBC 的连接工作，并在连接字符串中设定连接数据库的用户名和密码，以便在后续项目进行过程中能够快速实现数据的刷新工作。

SP ID	DRAWINGNUMBER	ITEMTAG	PROGRESS STATUS	ISBULKITEM	CBR MODULE

图 2

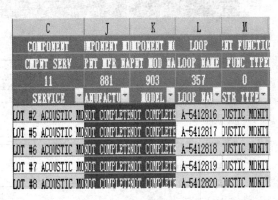

图 4

同时在命令文本中，输入相应的 SQL 语句，通过 SQL 语句，我们能够对已经连接的数据库进行相关的操作，一般此处均为查询语句，当然在对比发现有不一致或者缺失的情况时，也可以通过此种方式进行填补或者修正，以提升设计效率和质量。

3.3　数据校验

在完成数据提取工作后，可以根据项目的实际情况，手动调整数据校验的方式方法，我方主要采用的方法是基于 EXCEL 的自有功能完成的，通过 EXCEL 的函数 COUNTIF 对所有数据进行遍历查询，并进行比对。如在 SPI 和 SP P&ID 中同一位号下，同种类型的属性进行数据对比，如果数据一致则认为 SPI 中的数据正确，并计入完成项，如果缺失则标记为 NOT COMPLETE，如果对比数据不同则标记为 ERROR，这样设计人员就可以通过汇总的报告文件一目了然的知道设计中是否存在质量问题，并且能够快速定位到问题的位置进行修正。

如图 4 所示为我方将 SPI 与 SP P&ID 中的部分数据进行对比，并统计出存在问题位号的具体条目数量，并标识出具体的原因，设计人员可以快速查询并在 SPI 软件中进行修正。

为便于设计人员能够随时随地对数据一致性进行查验，可以通过在 EXCEL 的数据表的连接功能处，手动刷新指定的 SQL 语句或者整个数据表进行刷新，如图 5 所示，通过刷新之后，EXCEL 中挂接的数据将会重新从数据库中进行读取，并重新完成数据校验工作，在项目初期完成定制工作之后，可以在后期快速进行使用，极大的提升了校验效率。

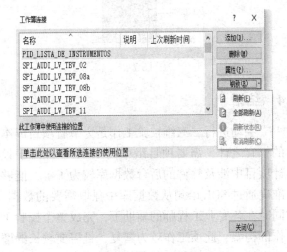

图 5

3.4　校验数据分析

与此同时，我们可以根据对比出的校验数据进一步进行分析，如图 6 所示，可以分析得出较为准确的 SPI 已准确完成的每一项工作的数据，并根据每一项的数据可以得出如图 7 所示的 SPI 软件总体完成的进度情况，根据这项数据具有极高的准确性，便于项目管理人员能够实时把控项目的进度，能够在提升设计质量的同时，还提升了设计项目管理水平。

MEASUREMENT STATUS OF DATABASES FOR DISCIPLINE Instrumentation				
ITEM	REPORT TYPE	DESCRIPTION	FILE	STATUS
1	Quantity Report	Quantities from SPI	03.1 SPI QuantityReport.xlsx	INFO
2	Attributes Required (SPI)	Attributes required in I-ET-3010.90-1200-940-DCX-006_C - TECHNICAL REQUIREMENTS FOR PROJECT AUTOMATION FOR EXECUTIVE DESIGN	03.2 P67 Attributes Required.xlsm	75.85%
3	Quality (SPI)	TBV Check List	03.3 SPI Check List.xlsm	95.38%
4	Consistence (SPIxSPPID)	SPIxSPPID	03.4 SPIxSPPID Instruments.xlsx	98.09%
5	Consistence (SPIxS3D)	SPIxS3D	03.5 SPIxS3D Instruments and JunctionBoxes.xlsx	70.89%

图 6

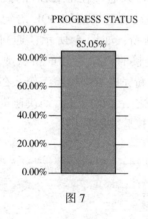

图 7

4 结语

手动进行二三维校验工作是为节省项目成本的权宜之计，需要项目组中的 IT 工程师对于设计项目中涉及软件的后台数据库较为了解，能够准确通过 SQL 语句从数据库中抓取需要的数据，同时在各专业工程师的辅助下，完成整个校验工作的构架，此项工作较为繁复，且需要较长的磨合时间，需要不断调整校验框架，不断完善，直至能够满足设计项目的需求。

随着软件一体化、集成化设计的发展，一般多款相关专业的设计软件均能够进行一定程度上的集成以及数据传递工作，通过自动集成工作虽在项目成本上会有更多的支出，但其能够在各个设计软件中进行数据传递，在一定程度上能够减轻设计人员的工作负担，更能在一定程度上避免出现数据不一致的情况，较手动校验具备更高的自动化。

但通过手动校验具备更高的灵活性，可以根据设计人员的需求进行定制，且不必局限于已经集成使用的软件，并且根据业主的要求可以灵活修正，我认为在未来一段时间内，手动校验可以很好的作为一体化、集成化设计的有效补充手段，使得工程公司能够更好的服务于业主，也能更好的提升设计质量，控制项目进度和成本。

双重整体式绝缘接头的设计与应用

赵　龙

（中油管道机械制造有限责任公司）

摘　要　乍得油田 2.2 期拉尼亚及周边油田地面设施开发工程为了保证站场阴极保护的可靠性，需要采购外径 273.1mm，高压双重整体式绝缘接头。为此，通过应力计算、有限元分析校核、水压加弯矩工装设计、外防腐等几个难点问题对双重整体式绝缘接头进行设计并研制成功，应用于该项目，为后续双重整体式绝缘接头的设计打下基础。

关键词　双重整体式绝缘接头，水压加弯矩，乍得原油管道，热收缩套包覆

1　项目简介

2018 年乍得油田 2.2 期拉尼亚及周边油田地面设施开发工程为了保证站场阴极保护的可靠性，需要采购外径 273.1mm，高压（设计压力10MPa）双重整体式绝缘接头。经业主了解，国外公司绝缘接头价格高，供货周期长，会严重影响工程进度。中油管道机械制造有限责任公司（以下简称中油管道机械公司）于 2009 年自主研制成功了 JYJT-U 型整体式绝缘接头后，陆续在国内外油气管道支线管网和油田地面建设工程中进行推广应用，其生产的绝缘接头受到业主广泛好评。

为满足该项目双重整体式绝缘接头的顺利设计生产，中油管道机械公司在初期技术交流阶段，与设计院就双重整体式绝缘接头的设计、试验等多方面展开了多次技术交流及沟通。为了增加强度及整体绝缘性能，双重整体式绝缘接头的中部过渡连接处需采取不可分开的整体结构；水压加弯矩试验过程中要同时对两个绝缘接头进行水压试验的同时加载弯矩，我公司利用有限元模拟分析计算对其进行研究及设计；此外，该项目的防腐要求外表面包覆辐射交联聚乙烯热收缩套，由于中间管段及最外侧短节的外径小于两侧主体部位，因此，包覆热辐射交联聚乙烯热收缩套也是该项目的一个难点。

目前，该项目双重整体式绝缘接头已投产使用。图 1 双重整体式绝缘接头在乍得现场通过验收。

图 1　双重整体式绝缘接头现场验收

2　主要研究内容

2.1　设计条件

该项目双重整体式绝缘接头设计依托于乍得原油管道工程技术文件，输送介质为产出水，设计温度为 0/75℃，设计压力 10MPa，相接管线材质为 API 5L-PSL2-X52Q，外径 ϕ273.1mm，壁厚 8.74mm，设计系数为 0.72，腐蚀余量为 1.5mm，左法兰、右法兰及固定环的材质为 ASTM A105，水压试验压力为 15MPa，水平埋地安装，内防腐层要求 Sa2.5 级喷砂除锈并涂覆 300μm 的环氧树脂涂料，外防腐层要求 Sa2.5 级喷砂除锈并涂覆 300μm 的环氧树脂涂料后，包覆辐射交联聚乙烯热收缩套，设计寿命为 20 年（同管道寿命）。图 2 双重整体式绝缘接头结构示意图。

2.2　技术难点

2.2.1　设计计算研究

设计标准按照《ASME VIII Div.1 Appendix 2》，设计规范按照《ASME B31.4-2016》。短节

材料 API5L PSL2 X52Q 许用应力[σ]的取值按设计系数 0.72 乘以屈服强度 R_{eL} 360MPa 为：[σ] $=R_{eL}\times F=259.2$MPa；左法兰、右法兰及固定环的材料 ASTM A105 许用应力[σ]的取值按照 ASME B31.3 进行选取为 138MPa。按照《ASME VIII Div.1 Appendix 2》中的法兰强度计算对双重整体式绝缘接头的左法兰、右法兰及固定环在设计压力、水压试验压力、水压+弯矩试验条件下的轴向应力、径向应力及切向应力进行计算和校核，对左法兰、右法兰及固定环在设计压力下的刚度系数进行计算和校核，对固定环在设计压力下的剪切应力进行计算和校核。借助 ANSYS 分析软件，采用有限元分析方法，对双重整体式绝缘接头的左法兰、右法兰及固定环在设计压力、水压试验压力及水压+弯矩试验压力下的轴向应力、径向应力、切向应力进行分析计算和评定。计算结果表明，应力计算与有限元分析校核结果均可通过。图 3 为左法兰应力计算书与有限元分析校核计算书。

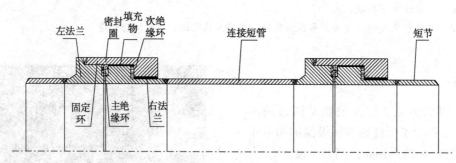

图 2　双重整体式绝缘接头结构示意图

Left Flange Stress Calculation		Unit
Total Moment M_{01}	$M_{01}=F_{D1}L_{D1}+F_{T1}L_{T1}$=2.848932794E7	N.mm
Axial Stress σ_H	$\sigma_H=\dfrac{fM_{01}}{\lambda_1\delta_1^2D_i}$=5.68	MPa
Radial Stress σ_R	$\sigma_R=\dfrac{(1.33\delta_{f1}e_1+1)}{\lambda_1\delta_{f1}^2D_i}M_{01}$=0.94	MPa
Circumferential Stress σ_T	$\sigma_T=\dfrac{Y_1M_{01}}{\delta_{f1}^2D_i}-Z_1\sigma_R$=33.46	MPa
Checking Condition	$\sigma_H\le1.5[\sigma]^t$=207 $\sigma_R\le[\sigma]^t$=138 $\sigma_T\le[\sigma]^t$=138 $\sigma_H+\sigma_R\le2[\sigma]^t$=276 $\sigma_H+\sigma_T\le2[\sigma]^t$=276	
Checking Result	Safe	

应力强度及组合应力强度	应力强度计算值 MPa	应力强度许用极限 MPa	评定结果	路径	线性化结果
一次总体薄膜应力强度 S_I	228.203	S_m=324	通过	图 7 路径 A	附件 1
一次局部薄膜+弯曲应力强度 S	291.854	1.35σ_s=486	通过		
一次局部薄膜应力强度 S_I	89.970	S_m=225	通过	图 7 路径 B	附件 2
一次局部薄膜+弯曲应力强度 S	96.716	1.35σ_s=337.5	通过		
一次局部薄膜应力强度 S_{II}	126.576	S_m=225	通过	图 8 路径 C	附件 3
一次+二次应力强度 S	195.275	1.35σ_s=337.5	通过		
一次局部薄膜应力强度 S_{II}	92.671	S_m=225	通过	图 9 路径 D	附件 4
一次+二次应力强度 S_{IV}	99.048	1.35σ_s=337.5	通过		
一次局部薄膜应力强度 S_{II}	51.513	S_m=225	通过	图 9 路径 E	附件 5
一次+二次应力强度 S_{IV}	73.080	1.35σ_s=337.5	通过		

图 3　左法兰应力计算书与左法兰有限元分析校核计算书

2.2.2　连接方式研究

双重整体式绝缘接头需要将两个绝缘接头做成一个整体形式，其中，过渡短管成为了连接关键部位。最初的解决方法是将 2 台规格为 *DN*250 的整体式绝缘接头，经过分别的独立试验(包括水压试验、水压加弯矩试验、气密性试验等)后，进行中间短节部位的焊接，由于该规格绝缘接头设计压力较高，这种连接方式在水压加弯矩作用下，焊缝位置的强度无法得到有效保证，而且在焊接后仍需进行整体试压，二次试验对于交货期的时间也会产生影响。经过模型建立(图 4)与具体讨论，最终采用了将中间连接长短节先与单侧绝缘接头进行焊接，焊接完成后，再与另一个组装好的绝缘接头进行组对焊接(图 5)。该连接方式不仅减少了中间 1 道焊缝，有效的保证了绝缘接头中间连接段的整体性，在后续水压加弯矩试验作用下，不会因为焊缝的强度造成影响；而且由于双重绝缘接头的结构对称性，在现场与管线安装时无需考虑方向性问题，大大提高了现场施工的便利。

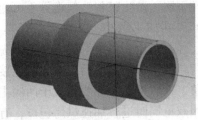

图 4　单个绝缘接头与双重整体式绝缘接头建模分析

图 5　双重绝缘接头中部连接的对称整体形式

2.2.3　水压加弯矩工装研究与设计

该项目双重整体式绝缘接头水压加弯矩的要求为：在保持试验压力 15MPa 的同时，使用加载设备对产品施加弯矩，该弯矩值应能使承受相同弯矩的相连管道产生不小于 90% 管材屈服强度的纵向应力。由于国内项目绝缘接头的水压加弯矩的设计大多是按相连管道的 72% 屈服强度进行计算，这就大大的增加了设计及试验难度：即双重整体式绝缘接头需要在保持 15MPa 内压的同时，承受 324MPa 的纵向压力，然而其中间连接短管处较为薄弱，按照往常在中间施加外压的方法不再可行。经过讨论，并采用有限元分析法模拟现场双重整体式绝缘接头的受力特点（图 6）及水压加弯矩当量压力计算（图 7），最终采用保持 15.0MPa 水压试验的同时，对双重整体式绝缘接头同时加载 2 个弯矩力的方式进行试验，并制作出双重绝缘接头专用水压加弯矩工装 1 套，成功通过试验（图 8）。

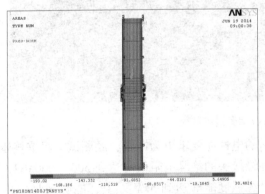
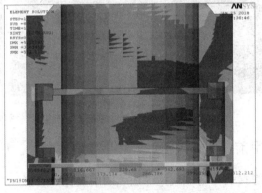

图 6　双重绝缘接头结构载荷图和有限元应力分析图

水压加弯矩试验计算		单位
相接管线中半径R_o	$R_o = (OD-S)/2 = 132.18$	mm
力矩作用位置距支座中心较小端距离a	$a = (l-h)/2 = 1281.0$	mm
总质量m	$m = m_1 + m_2 + m_3 = 1203.0$	Kg
需要施加的弯矩M_{max}	$M_{max} = \pi R_o^2 S\left(0.72R_{el} - \dfrac{P_h R_o}{2S}\right) = 6.989568128E7$	N.mm
由均布载荷引起的支座反力F_N	$F_N = \dfrac{1}{2} m \times 9.81 = 5900.72$	N
重力作用下，A-A 截面产生的最大轴向弯矩M_g	$M_g = \dfrac{2F_N\left[(R_o^2 - h^2)/4 - 2h\zeta c/3 - c^2/2 + al(1-a/l)/2\right]}{L + 4h\zeta/3}$ = 1.35754374E7	N.mm
由外载荷作用下，A-A 截面产生的最大轴向弯矩M_w	$M_w = M_{max} - M_g = 5.632024394E7$	N.mm

图 7　双重绝缘接头水压加弯矩计算

图 8　双重绝缘接头进行水压加弯矩试验

2.2.4　辐射交联聚乙烯热收缩套的包覆

该项目双重整体式绝缘接头埋地安装，外表面防腐为涂覆环氧树脂涂层后包覆辐射交联聚乙烯热收缩套。由于双重整体式绝缘接头中间连接短管和最外侧短节的外径明显小于两侧主体部位的外径，形成了由小到大再到小的结构。如何包覆中间连接短管成为了一个难点。收缩套尺寸如果过大，对绝缘接头的收缩难度也会提高，收缩效果不好，并会造成造成局部粘接不好，整体密封性下降，产生鼓包、气泡等不可逆的缺陷。收缩套尺寸如果过小，又会无法包覆大端主体部位。经过讨论，最终解决方案为：先对两侧主体进行包覆，包覆完成后，对中间连接短管处进行包覆，而收缩套尺寸要稍大于两侧主体部位，并采用双枪同时进行加速烘烤包覆，有效的提高了包覆速度及美观度。如图9所示为双重整体式绝缘接头包覆过程。

图9　双重绝缘接头收缩套包覆过程

3　应用前景

绝缘接头作为取代绝缘法兰的阴极保护管道元件，是用来切断埋地钢质管道的纵向电流，把有阴极保护的管段和无阴极保护的管段隔离开的连接装置，是长输管道必要的关键元件，已成功应用于西二线、伦南-吐鲁番支线、西三线、中缅、中贵、伊拉克哈法亚等管道工程多年。当安装环境要求较高时，如面临严重的土壤腐蚀、电化学腐蚀、微生物侵蚀和化学腐蚀时，绝缘接头的电性能要求更为严格，经测试，双重整体式绝缘接头的绝缘电阻值能达到500~1000MΩ，电绝缘强度能够达到5kV以上，能够满足国内外各种复杂环境的水、油气长输管道工程安装要求。

参 考 文 献

[1] NB/T 47054—2016　整体式绝缘接头[S].
[2] 杨云兰，李文勇，丛川波，等．外径1422mmX80管道低温整体式绝缘接头设计与制造关键技术[J]．油气储运，2020，3(3)：326-333.

油气田数字化站点抗干扰及防雷优化改造设计

彭章保　梁　鹏　李海涛　晋　琨　刘宇闲

（中国石油长庆油田公司第六采油厂）

摘　要　通过对油气田场站数字化系统中雷电影响和设备之间的信号干扰的成因进行解析，借用 SPD、信号隔离安全栅等产品解决数字化站点内 PLC 机柜信号干扰和雷电损害。

关键词　雷电防护，抗干扰

1　现代雷电防护原理

1.1　信息系统易受雷击原因

随着信息技术的发展，油田场站内数字化程度越来越高，各类弱电设备日益增多，雷电对设备的损害会更加明显，雷电损害途径一般为：

（1）雷电以雷电波的形式利用通信电路侵入设备系统，导致设备受到损坏。

（2）建筑物受到雷击或者附近位置受到雷击放电后，产生的空间电磁感应发生瞬间电压过高，导致设备网络环路受损。

（3）雷击后在供电耦合的作用下破坏设备。

（4）由于现场接地工作质量较差，雷击时大地出现点位的反击。

（5）在静电感应的作用下，瞬变电荷发生反应。

电磁场在闪电或者静电的作用下产生环境的瞬变，在以上途径的传导下将大量电流引入信息系统内，致使信息系统在面对浪涌电压以及雷电磁脉冲时对于电压的耐受性变差，这就是信息系统损害的主要原因。

1.2　几种雷电袭击方式分析

（1）直接受到雷电袭击

建筑物或者设备、金属线缆在没有保护的情况下直接受到雷电的袭击。在一瞬间就会产生几万至几十万伏的高压电，还会产生火花放电，这样设备就会受到大量热能以及机械能的作用，从而破坏设备。

（2）受雷电波影响

建筑物和设备并不会受到雷电的直接袭击，但雷电会击中和建筑物关联的传导管件，通过传导管件进入到建筑物内，破坏数字化网络如（计算机、通讯系统等）。

（3）雷击产生的强电磁场的破坏作用

雷击时产生的雷电流会让建筑物周围瞬间产生较强的电磁场，导致电磁脉冲辐射的发生，让其周围的导体上产生极高的电动势，电动势会导致耦合电流的产生，造成相连设备的破损。

（4）由地电位反击引发的损坏

设备接地的方式有一定的差异性，如果设备之间没有进行等电位的连接，在雷击产生的电流向大地释放时，电流之间的差异性就会导致地电位发生变化，如果此时地点位之间的差值大于设备的绝缘强度，就会导致设备被击穿并放电，破坏设备运行。

1.3　防护雷电、过电压的有效措施

（1）利用接闪防护

构建外部的防雷系统：是利用接闪针、接地装置以及引下线的方式将会受到直雷击影响的建筑和设备保护起来，让其不直接暴露在雷电中。在发生雷电时，接闪针可以将雷电产生的较大电流在引下线的作用下直接导入到地下，利用地网进行雷电释放，这种方式可以保护设备不会受到雷电直接袭击。

（2）将雷击产生的电流进行分流

将建筑物的电源线、通信数据下以及天线馈线设置在防雷区的交接位置，并且保证其处于终端设备之前。在《雷电电磁脉冲防护标准》IEC1312 的相关规定中，将电源类 SPD、通讯网络类 SPD 及天馈类 SPD（SPD 瞬态过电压保护器）选择不同的类别进行安装，利用 SPD 将雷电产生的电流在瞬间导入到地下。在数字化防雷工作中 SPD 可以保护数字化设备免遭雷电损害。

（3）做好设备间的等电位连接

对设备间进行等电位连接。首先将均压环设置在需要保护的范围内；其次，建筑物的主钢筋应该连接接闪器以及地网，在中间部位连接均压网或者均压带，在上中下三层的相互作用下达到保护设备的目的。或者直接将建筑物连接的金属物进行等电位均压连接，将不同地线进行等电位处理。这样建筑物就是一个高质量的等电位体，在受到雷击后，建筑物内部以及建筑的附近位置都是出于等电位的状态，不会因为地电位的反击造成设备的损坏。

（4）利用减少电磁干扰进行防护

减少电磁干扰最好的方式就是对其进行屏蔽。雷电电磁脉冲会对金属设备或线路产生辐射，所以为了避免其受到辐射，需要将建筑物的钢筋利用含有金属屏蔽层的电缆进行法拉第笼，用建筑中构建金属屏蔽层、金属管槽、埋地线等方式，减少电磁干扰对设备的影响。

（5）按要求设置电气距离以及布线

设定电气之间的距离以及布线的过程中应该按照《建筑物防雷设计规范》的规定进行设置，可以更好的避免线路之间以及线路与设备之间受到雷击产生较高的电压，避免设备被损坏。

（6）防雷接地

接地在防雷系统工作中起到关键的作用，接地能将雷击产生的电流释放到地下，将雷击产生的电荷以及 SPD 分流电流分散到大地中，与大地异种电荷相吸，减少破坏。

2 影响 PLC 干扰产生的因素与解决措施

工业生产中仪表、系统以及执行机构的应用较多，从低频直流到高频脉冲类的信号、从 mV-A 的信号传输，种类多样。建成系统后仪表与设备之间经常会出现信号干扰的情况，导致系统不稳定，影响人员操作。除去仪表和设备本身的原因外，还有以下原因：

2.1 多点接地形成"接地环路"影响：

系统连接存在多点接地，这样电势差就会出现在信号参考点之间，电势差所形成的接地环路会导致信号在传输中出现误差。

根据国家标准与实践，解决接地环路造成的信号失真问题主要有三种渠道：

第一：工作现场的设备都不接地，让现场只有一个接地点。但在实际现场应用中，部分设备

只有接地才能保证电阻值和操作人员的安全。即便都不接地，个别设备可能因为过旧产生绝缘性下降的情况，也会产生新的接地点。

第二：设法让两接地点的电势相同，这种方法实施性较差，因为接地点的电阻受到多种不可控条件的影响。

第三：安装信号隔离器隔断环路，一方面不影响信号的传输，也解决接地环路的问题。

2.2 电磁干扰、高频信号渗入影响：

在工业过程监控系统中，会碰到测量信号不稳定的情况，一种：电磁干扰引起；一种高频信号渗入。如电流信号输出控制变频器，变频器高频干扰渗入信号中，这样碰到控制室变频器和阀门工作不稳定、不正常。

解决电磁干扰，高频信号渗入影响，根据实验经验，在两个设备信号连接之间加信号隔离栅是最有效的方法之一。

信号隔离栅采用电源、输入和输出三端隔离技术，打破干扰地环路，消除干扰信号。通过 IO 卡件形成接地回路，来确保控制信号的纯净和稳定。同时隔离栅自身具有较强的滤波功能，在自身受到强干扰的情况下，抑制干扰信号的传播，保障信号的稳定。

因而在现场仪表和控制系统中间采用隔离栅，解决现场干扰对控制系统的不利影响，是油田自控回路抗干扰的有效措施之一。

3 实施设计

3.1 概述

我们与国内工业领域专业防雷抗干扰厂家咸阳坤宁微电子研究所合作，提出设计方案，解决场站内防雷及 PLC 信号干扰问题，通过现场测试，完成两个雷暴季检验，解决站内数字化的长久痛点问题，为数字化站点抗干扰及防雷改造的二次优化设计带来新思路。

利用改造室内均压、站点以及数字化地网、配电室接地的方式，减少电位差；通过光纤线路保护、增加电涌保护器、隔离栅对网络交换机、PLC 模块和现场仪表进行保护，防止交换机网口、PLC 模块、现场仪表受外界雷电感应效应造成的串扰损害。

3.2 设计依据

建筑物防雷设计规范 GB50057—2010

建筑物电子信息系统防雷技术规范

GB50343—2012

雷电电磁脉冲的防护　IEC1312

低压配电设计规范　GB 50054—2011

石油与石油设施雷电安全规范 GB15599—2009

视频安防监控系统工程设计规范 GB50395—2007

仪表系统接地设计规范　HG/T20513—2000

等电位联结安装图集　02D501-2

井场和增压点数字化管理建设要求　Q/SY-CQ3356—2009

3.3　改造措施

（1）联合改造站点地网、数字化地网、配电室地网接地以及室内均压接地，使其达成均压，使电位差在最大程度上减小；联合接地电阻小于1欧姆。

（2）进站低压配电柜（数字化取电）安装三相电源防雷保护器作为前级保护，型号：KNF380-40，最大放电电流 Imax：80KA，并联安装；

（3）视频服务器视频线、控制线、电源线接入端口安装三合一电涌保护器，型号：KNF24-D12YD-D12BNC，防止或抑制视频线、控制线、电源线受外界电磁效应、雷电感应效应对视频服务器造成的串扰损害；

（4）网络交换机保护：网络柜内交换机网线接入端口安装网络电涌保护器，型号：KNFC8-RJ45，防止网线受外界电磁效应、雷电感应效应对数据交换机造成的串扰损害；

（5）保护光纤：光纤的钢丝金属构件和防护外壳都是金属导体，光纤在进入到光电转换器前应该做好接地，避免损坏转换器；

（6）站内 PLC 机柜信号采集、控制卡输入、输出端口安装电涌保护型安全栅，型号：KN5042GLB、KN5045GLB 防止或抑制控制线受外界电磁效应、雷电感应效应对 PLC 卡件造成的串扰损害。（1#输油泵进口压力、1#输油泵出口压力、2#输油泵进口压力、2#输油泵出口压力、1#事故罐罐液位、2#事故罐液位、外输管线温度、外输管线压力、外输管线流量计）；

（7）站内现场仪表输入、输出端口安装变送器专用电涌保护器，型号：KNF36i-I，防止或抑制现场仪表受外界电磁效应、雷电感应效造成的串扰损害。（1#输油泵进口压力、1#输油泵出口压力、2#输油泵进口压力、2#输油泵出口压力、1#事故罐罐液位、2#事故罐液位、外输管线温度、外输管线压力、外输管线流量计）；

（8）将所有来自现场的信号线缆屏蔽层以最短的距离接入柜内等电位连接排。（备用电缆不接地，电缆的备用芯不接地，备用芯线宜在电缆终端处进行绝缘处理）

4　结论

通过现场试验，站内数字化系统运行更加稳定，信号监控系统抗干扰能力增强，雷雨季数字化设备损坏率降低90%，促进生产运行，减少了维护成本。

基于C#语言自主开发海洋工程
水工艺计算软件及应用

黄　岩　戴国华　刘春雨　宋　鑫　邢　晨

(中海石油(中国)有限公司天津分公司)

摘　要　渤海油田面临着"低、边、稠"的勘探开发现状[1]，在增储上产、缩短油气田从勘探发现在开发投产的进程[2]的要求下，油气田开发前期研究亟需打破传统模式，提高专业计算工作效率、保证计算准确性。海洋工程专业中的水工艺专业的对接专业多、数据传递多、计算系统多，各项计算需经设计、校对、审核、审定，水工艺专业计算效率及准确性对油气田开发海洋工程专业前期研究工期影响占有较大比例。因此，海洋工程的水工艺专业积极寻求设计计算新方法，将智能化设计思维引入传统的计算工作。水工艺前期研究通过详实的计算基础研究，基于C#语言开发水工艺专业前期研究计算软件，形成生产水处理系统、注水系统、水源井水系统、海水系统、淡水系统、生活污水处理系统六大水系统计算软件。计算软件按平台类型分为中心平台、井口平台，各系统根据不同工艺流程分别计算，软件可自动计算120项(列)数据。应用于15个前期研究项目中不同阶段，经验证计算效率提升5倍以上。水工艺专业计算数字化技术革新在海洋工程前期研究的成功探索，对我国海洋工程专业前期研究数字化自主创新、智能化设计有重要意义，从源头推动油气田前期研究工期提前、保障项目提前见产。

关键词　渤海油田，水工艺，前期研究，计算软件，数字化，智能化

1　研究背景

海洋石油的地面水工艺专业对接专业几乎涵盖了前期研究所有专业，包括地质油藏专业，钻完井专业，采油专业，海洋工程的机械专业、海管工艺专业、主工艺及公用工艺专业、环境专业等，数据传递多达几十项，计算系统常分为生产水处理系统、注水系统、水源井水系统、海水系统、淡水系统、生活污水处理系统六大水系统。专业各项计算工作需经设计、校对、审核、审定，因此，水工艺专业设计计算准确性影响校对、审核、审定的工期；专业计算效率对油气田开发海洋工程专业前期研究工期影响也占有较大比例。该软件体现了对常规油田、高含水老油田、稠油热采、生活污水循环利用工艺等优化计算研究，支持老油田产量接替、地面工艺适应性选择。海洋工程前期研究水工艺专业设计计算数字化技术革新的探索，对我国海洋工程专业前期研究数字化自主创新、智能化设计有重要意义，有助于从源头推动油气田前期研究工期提前、保障项目提前见产。

2　C#语言简介

C#(C Sharp)一种精确、简单、类型安全、面向对象的编辑语言。采用的C#是.net的代表语言.Net代表一个集合，一个环境，它可以作为平台支持下一代Internet的可编程结构。C#语言基础包括控件生成、控件属性、控件事件、数据类型、条件语句、循环语句、数组、图形。C#中的方法智能感知工具可以提高方法编写效率，可以快速而准确地重新组织代码，以获得更好的重用性、可靠性与可维护性，是程序设计初学者快速掌握方法编写的便捷手法。在编制海洋油气平台六大水系统过程中，软件的优势使得编制更加高效，并顺利完成软件的调试、安装与运行。

3　水工艺专业计算软件开发技术

研究立足渤海油田，以水工艺专业为研究对象，自主开发渤海海洋工程专业前期研究计算软件。通过计算逻辑设计、基础数据计算研究、分析不同水系统的需求，结合平台的实时工况，从而设置合理的水工艺计算公式与处理工艺及设备选型。

3.1　水工艺专业计算软件架构

计算软件按工艺系统分为生产水处理系统、注水系统、水源井水系统、海水系统、淡水系统、生活污水处理系统六大水系统；按平台选型分为中心平台、井口平台；不同系统按工艺划分计算(图1)。

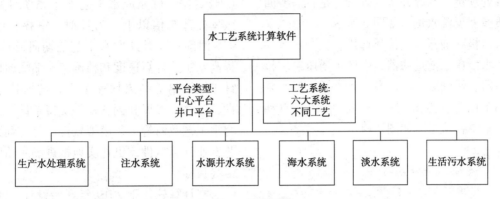

图 1　软件架构

3.2　计算方法研究

以水处理规模系数选取方法研究为例，海上以注水开发的油田中，生产水处理系统和注水处理系统计算系统设计规模时，按标准要求和经验做法，注水系数可取 1.1~1.2。在海洋工程工艺专业计算系统处理规模时，井口平台常选取系数1.1，中心处理平台(CEP)常选取系数1.2。随着工程设施标准化研究的深入推进，前期研究项目以充分利用标准化研究成果为原则，力争加快项目进度。针对渤海某油田储量充分挖潜中水处理规模系数选取，对生产水处理系统和注水处理系统设计规模系数选取进行分析。形成两种计算方法，倒算法和类比法。以倒算法选取老井提液水处理系统规模系数，借鉴渤海某油田含水率变化趋势，计算提液增量预测指标逐年液水比，规模系数取大值，采用倒算法选取老井提液水处理系统规模系数。以类比法选取新投产井水处理系统规模系数，首先通过倒算新投产井水处理系统规模系数，计算新投产井预测指标逐年液水比，假设在 1.01~1.12，取大值为 1.12。其次，由于油田已投产 35 年，其边水规律较清晰，采用类比法计算投产 35 年来最大液水比，假设为1.15，两者取大值为 1.15。

针对老油田、含水率在 90%以上的情况，新投产井物流的水处理系统系数可进行类比法分析，考虑选取近年最大液水比系数；老油田提液可采用倒算法，参考预测指标的最大液水比系数。

3.3　计算软件功能设计

生产水处理系统：根据开发方案的推荐预测指标，选定合理的规模系数，对比潜力指标，取大值。自动得出日产水最大年份、计算反冲洗水、最终形成取整后的总处理规模。设计生产水处理流程，根据不同的处理指标进行设备选取。选定设备台数，自动计算单台规格。

注水系统：手动输入注水水质指标要求、注水压力、注水温度、选择适用的处理系数，设备台数，自动计算单台设备处理规格。

水源井系统：手动输入用户需水量，自动计算补充注水系统水量、海管掺水量；手动输入热采需求、其他用户，自动计算水源井水系数处理规模、设备规格。

海水系统：根据已有的海水用户需求水量及供水状态(连续/间歇)，合理选取生活用海水消耗系数，自动计算平台海水系统设备参数，包括海水提升泵规格、自动反冲洗海水过滤器规格、防海生物装置规格。

生活污水系统：根据已有的生活楼定员人数，合理选取生活污水的黑水和灰水消耗标准，自动计算生活污水处理量。实现生活污水处理规模计算，同时可计算生活污水日最大产生量、年最大排放量。该软件可计算微生物+微电解式、电解式两种不同处理工艺的生活污水处理装置能力。

3.4　计算软件运行演示

以水工艺前期研究生产水系统为例，在主界面上输入油藏提供的配产指标版本，输入油藏提供的推荐和潜力配产指标最大日产水、日注水量，输入已提供的海管掺水量，点击"计算生产水用量"，即刻计算出生产水最大日处理量、注水最大日处理量、水源井水需求量、是否需要回注、介质滤器反洗水量，如图2所示。

输入斜板除油器、气体浮选机、生产水缓冲罐、生产水增压泵前过滤器、生产水增压泵、核桃壳过滤器、污油罐、污油泵、污水罐、污水泵的总数和备用数，点击"计算设备规格"，自动计算各设备单台流量，如图3所示。

图 2　生产水系统模块界面

	总数	备用	规格	
斜板除油器	4	0	501	m3/h
气浮选机	4	0	501	m3/h
生产水缓冲罐	1	0	167	m3
生产水增加泵前过滤器	5	1	501	m3/h
生产水增压泵	5	1	501	m3/h
核桃壳过滤器	15	3	167	m3/h
污油罐	1	0	20	m3
污油泵	2	1	20	m3/h
污水罐	1	0	20	m3
污水泵	3	1	40	m3/h

计算设备规格

图 3　生产水系统模块设备计算界面

4　水工艺专业计算软件应用

水工艺前期研究计算软件可计算 120 项（列）数据，可完成水工艺 6 个系统计算，计算效率提升 5 倍以上，为校对、审核、审定节省 90% 时间。通过开发水工艺前期研究计算软件，提高水工艺计算速度和精确率、缩短前期研究设计工期、培养新人快速上手、增加技术团队韧性，为技术发展和创新提供支持条件。另外，结合主工艺及海管工艺模拟软件，可达到完善全工艺专业计算软件、更扎实地推进渤海油田上产的最终目标。

本计算软件于 2019 年开始设计，2019 年中旬至 2020 年中旬前进行计算程序测试应用、完成软件开发，2020 年下半年进行计算软件应用，共计在 15 个前期研究项目中应用，涵盖新油田开发、老油田扩边调整、稠油热采、资本化调整井项目，见表1。

表 1　水工艺专业计算软件应用于项目不同阶段

序号	应用项目	油田类型	应用阶段
1	K16 油田开发	新油田	可研、基设
2	B26 扩建	扩边调整	可研、基设
3	L5 北油田开发	新油田/稠油热采	可研
4	B19 油田综合调整	扩边调整	可研、基设
5	L4 油田 3 区块开发	新油田/稠油热采	可研
6	B29 油田南区扩边	资本化调整井	可研、资本化
7	K6 油田 1 区块开发	新油田	可研、基设
8	C 油田调整	扩边调整	可研
9	S36 油田二次调整	扩边调整	预可研、可研
10	L29 油田开发	新油田	可研
11	C2-1/2 油田整体开发	新油田	预可研、可研
12	L21 油田Ⅱ期开发	稠油热采	勘探评价
13	B29 油田区域开发	调整井/新油田	可研
14	B34 油田 5 井区开发	新油田	预可研、可研
15	B28 南油田二次调整	扩边调整	预可研、可研

5　结论

随着海洋石油开发节奏越来越快，前期研究项目对各专业的研究效率、研究深度以及研究广度提出了更高的要求。在加速上产的背景下，结合一系列海洋工程前期研究项目适应性计算研究与应用，经过近一年的水工艺相关计算逻辑设计与软件开发编制，形成以下结论：

（1）水处理前期研究基础、工艺划分成熟，深入研究油田水处理系统规模系数等适应性计算研究。

（2）自主应用面向对象的编程语言，开发海洋油气平台六大水系统的高性能软件，提高软件运行速度。

（3）海洋工程水工艺专业前期研究软件的自主开发与应用，提升设计效率，提高设校审质量，为工程建设专业探索了数字化自主创新与设计的可行性。

参 考 文 献

[1] 黄岩，等 . 渤海稠油热采中浓水零排放的制约因素浅析[J]第十九届环渤海浅（滩）海油气勘探开发技术论文集，2017(01)：884-888

[2] 闫凤玉，等 . 渤海油田开发前期项目管理新模式的研究与实践[J]石油科技论坛，2010(05)：57-59

[3] 黄岩，等 . 海上高含水老油田水处理规模系数选取[J]石油化工应用，2020.39(12)：73-76

[4] 黄岩，等 . 海洋石油海水淡化产生的浓盐水排放探讨[J]精细与专用化学品 . 2020.28(7)：17-19

[5] CSDN　　blog. https：//download. csdn. net/download/shongying5868/2983523？utm_ source＝iteye_ new

[6] 李第秋 . C#程序设计课程动态案例教学实践[J]. 福建电脑，2020，v.36(10)：183-184.

[7] 孙枫 . 基于 C#的方法智能感知工具应用与研究[J]. 电脑编程技巧与维护，2020，No.423（09）：138-140.

海上油田无人驻守平台注水泵选型研究与应用

高国强　邹昌明

(中海石油(中国)有限公司天津分公司)

摘　要　注水开发是渤海油田提高采收率的重要措施, 截至 2016 年渤海油田投用 143 台注水泵, 这些注水泵均布置在有人驻守平台。随着渤海油田深入开发, 依托已有平台设施处理能力, 建设无人驻守平台提高经济效益是高效开发边际油气田的攻关方向。为实现无人驻守平台高压注水泵远程控制, 本案例从设备选型、流程设计、运行监测等角度进行了研究和创新, 研究成果已经成功应用在渤海某项目上, 降低了开发投资, 助力油田建产。本研究成果对类似项目有一定的借鉴意义。

关键词　边际油田, 无人驻守平台, 地面卧式电潜泵, 注水泵

随着渤海油田深入开发, 将越来越多动用边部、产能低的边际油田。这些油田总资源量相当可观, 如能有效开发, 对未来渤海油田稳产具有重要的支撑作用。但现实是边际油田通常储量规模小、动用难度大, 单独开发经济性不佳, 利用常规技术无法实现经济高效开发, 亟待技术创新, 进一步降低开发门槛。依托已有平台设施处理能力, 建设无人驻守平台提高经济效益是高效开发边际油气田的攻关方向, 本文以近年渤海某边际油田开发为例, 介绍首次在无人驻守平台上采用高压注水泵的案例。本案例围绕提高设备可靠性、降低人员检修频率、实现远程无人操作等方面进行了技术研究, 现已经实际应用到开发项目中。

本技术的创新应用, 可进一步完善无人驻守平台开发模式, 对类似渤海边际油田的开发, 有一定的参考价值。

1　背景

渤海某边际油田动用储量不足 $500×10^4 m^3$, 根据油藏开发要求计划部署 3 口生产井, 2 口注水井, 进行注水开发, 原油通过海管外输到周边依托平台。新建平台距离可依托的平台距离超过 16 公里。工程开发研究中, 对依托开发、独立开发两种思路, 共 5 种开发模式进行了系统研究对比。研究结果显示无人驻守平台经济效益较好, 能够减小平台规模、降低操作费从而降低开发门槛。但新建平台距离可依托平台距离超过 16 公里, 如新铺设一条注水海管用于油田注水, 即使采用无人驻守平台油田经济效益也难以达到

开发门槛; 另外工作人员乘坐工作船往返依托平台和新建平台, 路程耗时超过 5 个小时。如天气情况恶劣, 有不能及时登临平台处置应急情况的可能。基于此, 研究无人驻守平台远程注水方案, 提高设备可靠性、降低检修频率、实现远程无人操作等是油田是否可实现开发的关键技术之一。

2　解决方案

2.1　概述

本油田的注水水源来自水源井。平台上设有水源井水系统、注水系统。结合油藏开发要求, 每年的注水量根据开发要求动态调整, 所以注水系统既要满足全生命周期注水流量、压力需要, 同时也要具备远程监控, 调整的要求。油田最小注入量在 2022 年, 为 $33.3 m^3/h$; 最大注水量在 2041 年, 为 $46 m^3/h$, 注水压力为 15200kPaA。逐年注水量及注水压力见表 1。

表 1　平台逐年注水量及注水压力

年份	注水量	注水压力	年份	注水量	注水压力
	m^3/h	kPaA		m^3/h	kPaA
2021	0	15200	2032	38.1	15200
2022	34.5	15200	2033	38.9	15200
2023	33.7	15200	2034	39.8	15200
2024	33.3	15200	2035	40.7	15200
2025	33.4	15200	2036	41.6	15200
2026	33.7	15200	2037	42.5	15200
2027	34.2	15200	2038	43.4	15200

续表

年份	注水量	注水压力	年份	注水量	注水压力
	m³/h	kPaA		m³/h	kPaA
2028	35.0	15200	2039	44.5	15200
2029	35.8	15200	2040	45.7	15200
2030	36.4	15200	2041	46.0	15200
2031	37.2	15200			

2.2 注水泵选型

2.2.1 泵型筛选

截至 2016 年渤海油田在服役注水泵共计 143 台,海上平台注水泵主要采用多级离心泵和往复泵。离心泵均为满足 API610 标准的水平多级离心泵,类型有 BB3、BB4、BB5 等。离心泵运转平稳,噪音低,用在注水量较大的油田。现场反馈检修工作量较少,检修频率约为 3 月/次,主要工作量为更换轴承和密封元件。少数油田采用满足 API674 标准的往复泵作为注水泵。多应用于小流量高扬程的工况,现场反馈该泵型震动、噪声均较大,维修频率约为 1 周 2 次,盘根、弹簧、阀门为易坏部件。

研究发现采用注水泵的平台均为有人驻守平台,泵启动、流量、压力调整均由操作人员现场调整。渤海油田有人驻守平台曾采用过 10 台地面卧式电潜泵用于油田污水井回注,该泵为油田生产用的电潜泵改型,该泵重量轻、噪音低、运转平稳,流量、压力适应范围广。地面卧式电潜

泵结构相对简单,由泵体、止推箱和电机组成(图 1)

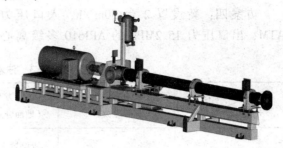

图 1 　地面卧式电潜泵

地面卧式电潜泵泵体部分满足规范 API 11S。适用于小流量高扬程的工况,泵级数较多,叶轮串联造成泵的整体长度较长,维修频率和维修工作量都较小,该泵型单台最大流量可达到 420 m³/h 出口压力可达到 45MpaA。

现场调研表明能满足本油田注水工况的 API610 标准多级离心泵厂家较少,尚无实际投用经验,但多级离心泵在渤海油田应用较多,研究对比发现多级离心泵平均运转时间、平均维修时间、平均维修周期、故障停泵次数等各项数据均优于往复泵。往复泵流量、压力可以满足注水要求,但维修频率较高、故障停泵次数较多,无远程操作应用业绩。地面卧式电潜泵可以满足本油田注水流量、压力要求,维修频率、故障停泵次数,优于多级离心泵,但无远程操作应用业绩,三种泵型均进入方案比选范围。各泵型在渤海油田应用情况(根据现场反馈不完全统计)如表 2 所示。

表 2 　渤海油田注水泵应用情况统计(☆☆☆高,☆☆中,☆低)

泵型	应用场合	数量(台)	维修频率	平均运转时间	平均维修时间	平均维修周期	故障停泵次数
API674 往复泵	有人驻守注水开发	5	☆☆☆	☆	☆☆☆	☆☆☆	☆☆☆
API610 多级离心泵	有人驻守注水开发	138	☆☆	☆☆	☆	☆☆	☆
地面卧式电潜泵	有人驻守污水回注	10	☆	☆☆☆	☆	☆	☆

2.2.2 注水泵选型方案对比

结合油田注水要求,无人平台注水泵选型方案如下:

方案一:新设置 2 台 50m³/h,入口压力 ATM,出口压力 15.2MPa 的往复泵,设置变频器调节流量,流量变化范围为 33.3 m³/h ~

50m³/h。一用一备。

方案二:新设置 2 台 50m³/h,入口压力 ATM,出口压力 15.2MPa 的地面卧式电潜泵,设置变频器调节流量,流量变化范围为 33.3 m³/h ~50m³/h。一用一备。

方案三:新设置 3 台 25m³/h,入口压力 ATM,出口压力 15.2MPa 的地面卧式电潜泵,

设置变频器调节流量，单台流量变化范围为 16.65 m³/h ~25m³/h。二用一备。

方案四：新设置 2 台 50m³/h，入口压力 ATM，出口压力 15.2MPa 的 API610 多级离心

泵，通过打回流调节流量，流量变化范围为 33.3 m³/h ~50m³/h，一用一备。

各方案选型对比见表 3。

表 3　注水泵选型对比表

方案 比选内容	方案一 （往复泵）	方案二 （地面卧式电潜泵）	方案三 （地面卧式电潜泵）	方案四 （多级离心泵）
方案描述	新设置 2 台 50m³/h，入口压力 ATM，出口压力 15.2MpaA 的往复泵，变频控制，一用一备。	新设置 2 台 50m³/h，入口压力 ATM，出口压力 15.2MpaA 的水平多级离心泵，变频控制，一用一备。	新设置 3 台 25m³/h，入口压力 ATM，出口压力 15.2MpaA 的水平多级离心泵，变频控制，二用一备。	新设置 2 台 50 m³/h，入口压力 ATM，出口压力 15.2MpaA 的 BB4 离心泵，通过打回流调节流量，一用一备
设备厂家	略	略	略	略
应用业绩	略	略	略	无
无人驻守平台 使用情况	无			
可靠性及维护工作量	平均一周维护 1~2 次，主要是更换盘根（密封）、阀门、弹簧等。	进口泵平均 2 年换一次密封，3000~4000 天更换一次泵体。	国产泵平均 6 个月换一次密封，3000~4000 天更换一次泵体	每 3 个月更换密封
尺寸(m)	5.5×2.5×2.0	15.5×1.14×1.2	8.6×0.95×0.53	5.0×1.5×1.8
重量(t)	10	10	7	15
电机功率(kW)	315	335.6	186	560
单台投资（万元）	略	略	略	略
(25 年)维修投资	略	略	略	略
全生命周期投资 （万元）	3xx	2xx	2xx	5xx
结论	不推荐	推荐	不推荐	不推荐

从设备对比可知，方案四费用高、且无类似应用业绩；方案二投资较低且与方案三相差不大，但方案二占地面积较小，从全平台投资角度核算后方案二优于方案三，故推荐采用方案二。

方案二注水泵流量扬程曲线，如图 2 所示。

根据平台逐年注水量及注水压力表，油田注水流量范围为 33.3 ~ 46m³/h，注水压力为 15200kPa。方案二中各个工况点均位于泵的高效区内。通过变频器+出口电动调节阀+回流管线，调整泵的流量和扬程满足油藏开发要求。

2.2.3　注水泵远程监测、流程控制、安装

地面卧式电潜泵可在出口阀关闭的情况下，通过变频器逐步提升泵排出压力，直到达到注水

压力后，打开出口阀，逐步增加流量，达到注水要求。基于这一特点，两台注水泵并联运行 1 用 1 备，通过在流程上设置压力变送器，电动调节阀，实现流程过程监测和远程操作。优化后注水泵示意工艺流程，如图 3 所示。

泵本体监测设计，将电机绕组温度、轴承箱振动和温度、泵体振动的监测数据进行收集和远传，用以监测泵运转的状态，如有异常情况，远程切换到备用泵。

采用远程视频监控取代人工巡检，在泵撬附近设置高倍率高清摄像头，用以观测泵的的运行状态，对重点部位进行远程监测。

泵撬全长约 14 米，为避免甲板变形和管线

应力造成泵体变形。一方面采取措施控制甲板结构平整度和变形量，同时泵进出口采用柔性连接。采用可调整对中的设备底座，便于定期检查设备对中情况，适时调整。

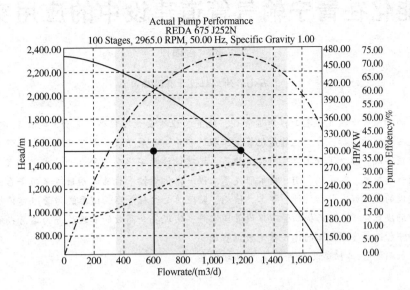

图 2   方案二注水泵流量扬程曲线

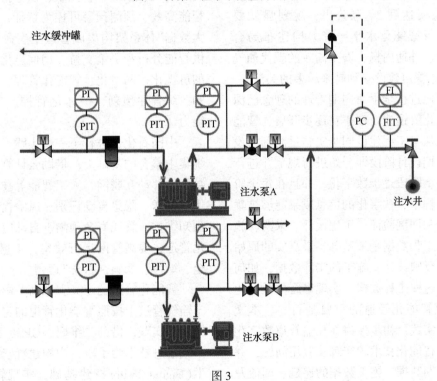

图 3

采用了主备泵降压回流设计，一方面可防止冬季备用泵结冰，同时可保证备用泵在启动时处于满液状态。

系统提升等措施，海上油田无人平台注水泵选型方案已经进入实施阶段。后续将跟进现场的反馈，继续深入研究，以期进一步提高设备安全性和可靠性。

3   结论

通过泵型比选，方案对比、流程优化、辅助

智能化在青宁输气管道建设中的应用实践

傅　敏　崔国刚

（中石化石油工程设计有限公司）

摘　要　为加强青宁输气管道工程建设管理，规范工程建设管理程序，全面掌控工程建设管理情况，达到工程全过程管理的目标，在实施智能化管道工程过程中，开展了设计数字化交付、工程建设管理、施工数据采集应用实践。建立了数字化交付标准体系，搭建设计数字化交付平台的技术架构及集成架构，采用二三维地理信息技术、二维码、GPS 技术研发了工程一体化管控平台及移动数据采集平台，系统涵盖了输气管工程建设的全过程，包括设计、施工、检测、监理的全过程管理，该系统为管道建设提供全面的数据支持，并辅助决策分析，从而提高管道建设管理水平，实现安全高效的管理，并为运营期的管道全生命周期管理及青宁管道数字孪生体的建设奠定数据基础。

关键词　长输管道　工程建设　数字化交付　地理信息

根据《中长期油气管网规划》，到 2025 年全国油气管网规模达到 24 万公里，规划强调要"提高系统运行智能化水平，着力构建布局合理、覆盖广泛、外通内畅、安全高效的现代油气管网"，智能化管道建设受到越来越多的关注。

目前对管道进行全生命周期管理的理念已深入人心，智能化管道建设在正在逐步开展，智能化管道的实施从与工程建设同步实施过渡到与设计同步，在前期设计阶段即开始进行规范并进行合同约束，各个阶段逐步数字化，并且在每个阶段的数字化过程中，数字化的信息成果能够被集成和重复利用和回溯验证。工程设计、采购、施工阶段产生的工程数据是最基础、最真实的原始数据，是真正反映设计、施工的实际数据，如何收集、管理好这些工程数据，实现最终的数字化交付，是实现智能化管道的重要基石[1]。本文结合工程应用实践，初步探讨在长输管道数字化建设过程中的智能化技术的实现及应用问题，并初步探索设计期数据、施工数据的递延、回流及融合利用问题。

1　智能化管道的定义

近年来，石油石化行业开展智能化管道、数字化管道建设的项目越来越普遍，但目前行业内对智能化管道的定义和建设内容及深度还没有普遍的共识。

中国石油对智能化管道的定义为在标准统一和数字化管道的基础上，以数据全面统一、感知

交互可视、系统融合互联、供应精准匹配、运行智能高效、预测预警可控为特征，通过"端+云+大数据"体系架构集成管道全生命周期数据，提供智能分析和决策支持，用信息化手段实现管道的可视化、网络化、智能化管理，具有全方位感知、综合性预判、一体化管控、自适应优化的能力。

中国石化也进行了一些实践，提出在信息系统集中整合的基础上，借助云计算、物联网、大数据、移动互联网、人工智能等技术，建成资源优化输送、隐患自动识别、风险提前预警、设备预知维护、管线寿命预测、自动应急联动的智能化管道，提高管网运行效率，支撑油气管网"安全、绿色、低碳、科学"运营。

智能化管道的定义立意高、影响深远，在青宁输气管道上按照智能化管道的定义进行了部分应用与实践，借助二维码、GPS、移动互联等新一代信息技术为手段，为构建青宁管道的数字孪生（Digital Twin）搭建基础，实现管道工程工程建设的各个阶段，涵盖前期、设计、采购、施工及运维的全生命周期可视一体化综合管控，辅助提高管道管理水平。

2　总体架构

青宁智能化管道以数字化管道为基础，通过二三维地理信息技术、二维码、RFID、GPS 技术等新一代信息技术与油气管道技术的深度融合，开展油气管道智能化建设，实现管道的全生

命周期管理，助力油气管道高质量发展。按照中石化"六统一"原则，根据云计算的体系架构，明确了智能化管道建设内容，通过管道全生命周期数据的采集，提供智能分析和决策支持，实现管道的标准化、数字化、可视化、集成化、智能化管理，整体架构如图1所示。

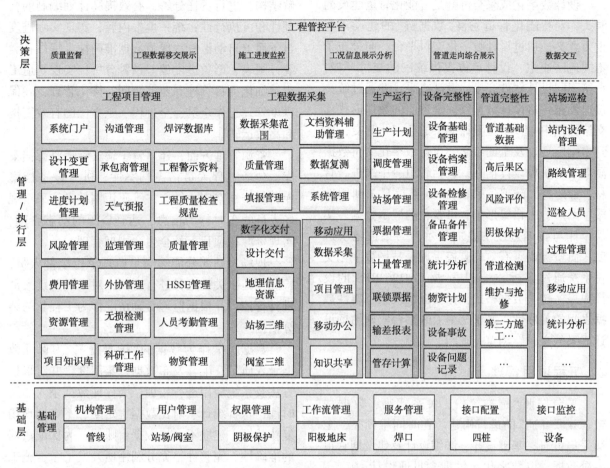

图1　智能化总体架构

3　数字化交付技术

广义的数字化交付涵盖工程建设的各个阶段，涵盖前期、设计、采购、施工及运维的全生命周期，努力打造"全数字链条"的交付体系。

标准规范作为智能化管道建设体系的"地基"和"框架"，是系统建设的基础和保证，能够保障整个工程数字化交付统一、有序和递延、复用。工程数字化标准的建立要从统一设计编码开始，建立工程分解结构、工作分解结构，以管道本体这一"实物"为基本载体，以管道从规划建设到投产运行直至运维报废各个阶段的业务活动为驱动要素，并以管道全生命周期的进展为时间轴，将不同业务活动的成果物逐项加载到管道"实物"上，建立统一的"管道数据模型"，以数据清单和文件清单为基础，建立数字化交付指南，统筹考虑设计数据与施工数据、运营数据的对齐，做到基于实体的数据交付粒度一致。

数字化交付平台主要解决数据的采集、使用问题，而标准作为系统建设的"基石"，依据标准进行信息系统的设计和建设，能确保各系统之间、系统内各应用功能之间的无缝集成和数据共享。在标准规范的基础上，以设计数据作为数字化交付的源头数据，开发设计数字化交付平台，以移动应用和采集系统为主要手段，以项目管理系统为保障，确保施工阶段的数据采集录入及数据的递延利用[2]。

在青宁智能化管道数字化交付实践过程中，交付工作的重要环节是协调各参建单位深度参与。而数据作为交付的最终成果，是智能化管道建设的重要基础，也是企业的重要资产。青宁智能化管道建设对于各阶段产生的数据进行统一的管理，伴随设计、施工、运营各阶段同步完成数据采集工作，形成青宁智能化管道全生命周期管理系统的基础数据中心，并随着管道的生命周期发展不断充实完善，最终形成涵盖管道全生命周期的数据资产。

设计数字化成果交付就是智能化管道建设的源头，对智能化管道完整"数据链"的建设具有重要意义。通过设计数字化交付平台，向分布于不同地区业主、设计单位提供统一的交付环境，承接不同设计软件产生的设计成果，并通过统一接口发布；将设计数据以标准透明的数据形式移交给数据中心，实现设计成果的数字化移交，达到多维度展现及全面移交。设计数字化交付数据涵盖了各阶段设计信息，包括管道、中线桩、管材、穿跨越、防腐、通信等 45 类信息，利用地图、图形、表格等形象、可视化的展示数据。实现设计与施工进度的叠加显示，为把控施工进度、质量提供了有效的监控手段。站场数字化交付系统通过解析 SmartPlant 及 CADWORKS 的设计成果，转换数据格式，保留三维模型、属性数据之间的关联性，基于三维 GIS 平台实现站场设计成果的交付、浏览及查阅[3]。

4　工程项目管理

平台按照"标准统一、关系清晰、数据一致、互联互通"的进行构建。在时间维度上，全面采集可研、基础设计、详细设计及建设期管道基础数据，以数字化交付理念贯通设计-施工-运营各阶段数据，实现数据统一存储、集中查询；在管理维度上，全面采集现场主要施工数据，并按照工程施工数字化成果作为管道"数字孪生体"的建立基础[4]。

以项目管理为基础，围绕中石化工程建设"3557"管理要求开展建设，着重体现进度、质量、合同、费用、HSSE 等五大控制，建成了系统门户、进度计划、质量风险、沟通管理、资源管理、设计变更、监理管理、工程资料等 16 个覆盖工程建设项目管理全过程的功能模块，为项目管理提供决策支持有效提高项目管理水平和工作效率，为项目管理提供决策支持。

门户主页作为项目管理系统的入口，为项目参建单位提供一个信息共享和发布的统一平台，项目参与者及时了解项目最新动态，如将监理、施工、检测单位关键人员签到情况、项目进展情况展示在系统门户中，解决信息孤岛，实现信息共享，同时设置审批流程及权限管理功能，保证

有权限的人发布或看到对应的工程信息。

进度计划管理提供进度计划编制、实际进度填报、进度统计分析的功能。建立统一的计划分解结构，进行责任分解，有效提高计划编制的合理性和可执行性；统一填报内容，实现实际进度自下而上自动汇总，保障数据准确性；提供各类统计图表、形象进度偏差预警分析，实现管道工程精细化项目管理和业务协同一体化管理，确保进度管理工作全员、全过程、全方位的有效衔接和高效运转。

资源管理方面，建立青宁输气管道资源档案库，包括工程人员信息档案库、机具设备档案库，基于档案库，结合二维码识别技术，采集现场人员的实时行为信息，达到资源的动态管理，实现资源在项目上的全生命周期管理。

现场考勤部分能够满足监理单位全部人员，检测、施工关键人员进行签到，对现场关键人员进行管控，并根据监理考勤情况作为工程款的结算依据

数据质量作为数据的"护身符"，为保证数据录入质量，配套发布数据采集制度，并对采集方法及系统应用进行培训。为保证数据录入的及时性，每日统计、对比数据，定期、不定期现场复核数据，建立不合格数据台账等；为保证数据的准确性、完整性，充分利用所开发平台，施工采集数据与设计数据在线成图对比，监控数据偏差，及时发现错误数据及施工变更数据，现场检查、整改落实，形成 PDCA 闭环管理。数据采集主要包括采办数据、施工数据、检测数据、竣工测量数据及非结构化数据，通过数据采集 APP 扫描管材设备二维码、电子标签等技术，实现数据的自动采集、快速流转与在线审核[5]。

5　结束语

青宁智能化管道创新应用"数据移交+专业衔接+作业规范"模式，利用二三维技术融合设计、采办、施工数据，建立"地物"、"数据"联系，实现"数据找物"、"物找数据"双向联动，达到可视化管控，实现用数据说话、用数据决策、用数据管理、用数据创新、呈现数据活力，但如何充分发掘数据的最大应用价值，如何建立"数字孪生体"的持续维护机制，指导管道的日常运营，是下一步要解决的关键问题。

参 考 文 献

[1] 樊军锋. 智能工厂数字化交付初探[J]，石油化工自动化，Vol.53，No.3，2017.6.

[2] 寿海涛. 数字化工厂与数字化交付[J]. 石油化工设计，2017，34(1)：44-47.

[3] 魏巍. 数字化工厂中的 IT 技术及信息系统结构[J]，信息化建设，2015(8)：116.

[4] 吴青. 智慧炼化建设中工程项目全数字化交付探讨[J]，无机盐工业，2018，(50)5.

[5] 邹桐. 工厂石化工程信息管理的探索[J]，石油化工设计，2016，33(4)73~76.

基于机理模型的催化裂化工艺参数研究与优化

高雪颖

（中国石化工程建设有限公司）

摘　要　本文通过催化裂化装置机理模型，系统分析原料性质、操作条件等工艺参数对产品收率影响，并进行参数优化。结果表明，液化气收率与特性因数、微反活性、反应温度呈正相关，与残炭呈负相关；汽油、总液收与原料特性因数、微反活性呈正相关，与残炭含量呈负相关，随反应温度增加呈先增后减趋势。在考察范围内，汽油收率、液化气收率、总液收最大对应的最佳温度分别为 521℃，530℃，511.6℃。研究结果可为工艺设计优化和工厂操作调整提供理论指导。

关键词　催化裂化，机理模型，工艺参数，产品收率，优化

随着原油重质化趋势日益严峻，催化裂化作为炼油过程重油轻质化的核心装置，新工艺及配套设备的研发相继出现，如：增产异构烷烃的 MIP 工艺、增产丙烯的 MIP-CGP，增产低碳烯烃的 DCC 工艺。这些新工艺主要是科研单位针对不同目标产品进行催化剂结构及工艺条件的开发，并通过大量实验构建了反应动力学机理模型，其中集总动力学模型应用最为广泛。针对加氢重油催化裂化，从 7 集总、10 集总发展到 21 集总反应，随着重油组分划分不断精细化，涉及的反应网络愈能精确地描述裂化反应过程。

对于工程设计过程而言，在未知反应行为的情况下进行单元设备的设计较为困难。但随着工程软件研发的不断进步，可以应用专业软件对装置的反应行为进行深入研究。本文应用 ASPEN HYSYS 软件搭建了基于 21 集总反应动力学催化裂化装置机理模型，并采用工厂数据进行模型校正。在此基础上，探索了主要工艺条件对关键工艺指标的影响，并对工艺条件进行优化，从而为提高工艺设计效率和指导工厂操作提供理论依据。

1　催化裂化装置工艺机理模型

1.1　催化裂化装置工艺流程简述

催化裂化装置主要由反应-再生单元和分馏稳定单元组成，其中核心单元为反应-再生系统

（图 1），原料油在雾化蒸汽的辅助作用下雾化后进入提升管，催化剂在提升蒸汽的作用下流态化与原料油气接触在提升管内反应，反应油气和携带的催化剂一起进入提升管出口旋流式快速分离器分离，油气由顶部排出进入分馏稳定系统，待生催化剂经汽提蒸汽汽提去除吸附油气后进入再生器，在空气、高温环境中烧焦，去除催化剂表面的焦炭后再生重新进入提升管反应器参与反应。再生过程生成的热量一部分随着再生催化剂进入反应器为催化裂化反应进行提供所需热量，一部分被取热器吸收生成蒸汽以维持反-再系统热平衡。本文主要针对反-再系统进行工艺研究。

1.2　装置机理模型

1.2.1　装置机理模型搭建与校正

本文基于 ASPEN HYSYS 软件 21 集总反应动力学机理模型对反应-再生系统的工艺性能进行深入研究。整个装置机理模型的搭建与校正流程如图 2 所示。首先选择某厂重油催化裂化 MIP 工艺装置，采集反应器设计尺寸、工厂原料性质、催化剂性质、操作条件等数据，主要工艺参数见表 1，输入装置模型后采用软件默认反应动力学参数进行催化裂化反应、反-再系统热平衡、压力平衡等计算。然后应用工厂产品数据对反应动力学参数进行校正，当误差满足精度需求可以进一步用于工艺指标预测与优化。

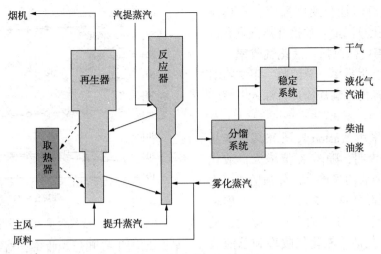

图 1　催化裂化装置流程示意图

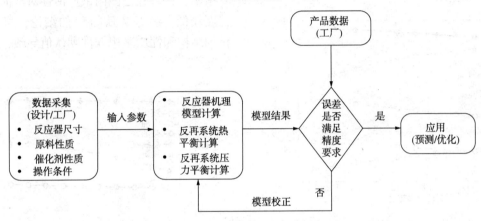

图 2　装置机理模型搭建与校正流程

表 1　主要工艺参数表

变量类型	变量	数值	单位
反应器尺寸	提升管高度	31.2	m
	提升管直径	1.8	m
原料性质	相对密度	0.93	
	HK	235	℃
	10%	374	℃
	50%	533	℃
	残炭含量	6.07	%
	硫含量	0.55	%
	镍含量	8.65	%
	钒含量	6.39	%
催化剂性质	微反活性	59.5	%
操作条件	反应温度	504	℃
	预热温度	197	℃
	反应压力	331	kPa(A)
	预提升蒸汽量	3.8	t/h
	汽提蒸汽量	16.5	t/h
	雾化蒸汽量	25.5	t/h

1.2.2　模型计算结果评估

通过工厂运行数据校正后得到的产品收率如表 2 所示。可以看出，主要产品收率的绝对偏差都在±1.3%以内，说明整个机理模型经过工厂数据校正后可信度较好，可用于进一步工艺研究。

表 2　模型结果对比表

产品收率/%	模型值	工厂值	偏差/%
干气	2.56	3.51	-0.95
液化气	21.99	21.95	0.04
汽油	41.56	40.26	1.3
柴油	20.30	19.96	0.34
油浆	5.11	5.08	0.03
焦炭	8.48	9.05	-0.57

2　工艺条件研究

对于催化裂化装置而言，影响工艺性能的参数众多，本文结合工艺设计和专家经验，筛选了 9 个主要工艺变量，包括原料特性因数、残炭含量、平衡催化剂微反活性、反应温度、预热温度、反应压力、雾化蒸汽量、预提升蒸汽量和汽提蒸汽量;5 个重要指标包括:液化气收率、汽油收率、柴油收率、生焦率、总液收。下文将对上述工艺变量对指标的影响规律进行深入考察。

2.1 原料特性因数

本文参考文献采用 Waston K 研究其对产品收率的影响。图 3 表明,随着 K 值增大,液化气、汽油收率、总液收明显增大,分别增加了为 6.1、10.7、6.2 个百分点;柴油收率、生焦率明显下降,分别降低 10、1 个百分点。因此,提高原料 K 值对提升汽油、液化气收率和总液收有明显的积极作用。

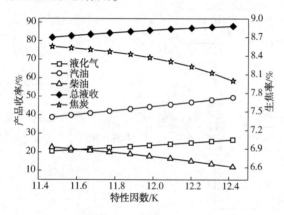

图 3 原料特性因数 K 对工艺指标的影响

2.2 残炭含量

进料残炭含量是影响反-再系统工艺性能的关键指标,对焦炭生成量和热平衡两个方面都有显著影响。图 4 表明,随着残炭含量升高,汽油、液化气收率、总液收分别下降了 4.8、2.6、3.1 个百分点,柴油、焦炭收率分别上升了 4.3、0.8 个百分点。总体而言,残炭含量升高会降低目标产品收率,同时生焦率增大会增加外取热负荷,直接影响外取热器工艺设计尺寸。在实际操作中,残炭含量会成为装置的约束条件,当进料渣油残炭含量过高时需要进行"掺炼"。

2.3 平衡催化剂微反活性

平衡催化剂微反活性是影响产品分布的另一重要因素。图 5 表明,随催化剂微反活性增大,汽油、液化气收率、总液收和生焦率分别增加了 2.3、1.3、1.3、0.4 个百分点;柴油收率下降了 2.3 个百分点。总体看,提高平衡催化剂微反活性有利于提高汽油、液化气收率和总液收,符合催化裂化反应规律,但当微反活性过高时会使轻油过裂化,反而降低汽油、液化气收率、总液

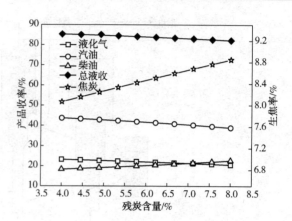

图 4 残炭含量对工艺指标的影响

收,增大干气和焦炭收率,对装置收益不利。需要指出,在考察范围内微反活性对产品收率影响程度较低。参考文献[15]的结论,可能由于催化剂结构和性质采用软件默认值导致,需进一步研究。

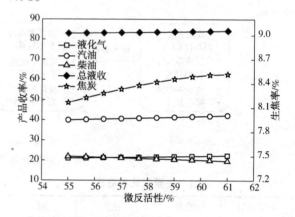

图 5 平衡催化剂微反活性对工艺指标的影响

2.4 反应温度

在再生温度恒定情况下,反应温度、预热温度对裂化反应和热平衡起着关键作用。由图 6.1 可知随反应温度升高,催化裂化反应加快使得汽油、液化气、总液收有所增加,但当温度到达一定值后,裂化程度增大使部分汽油裂化成气体,导致汽油收率、总液收有所下降,液化气收率继续增加,最终升幅分别为 4.2、0.74、7.32 个百分点。柴油收率降低了 10.8 个百分点,焦炭收率升高了 3.2 个百分点。总体看,反应温度对产品收率影响明显,应尽量选择适宜的温度保持较高的汽油、液化气收率并尽量减少焦炭收率。

图 6 表明,原料预热温度升高使带入反-再系统的热量增加,受热平衡限制,引起汽油、液化气、焦炭收率分别下降了 0.8、0.3、0.5 个百分点,柴油收率增加 1 个百分点,总液收基本不变。从提升反应速率的角度看预热温度降低较

好，剂油比会相应增加。但实际操作过程中，预热温度过低会降低进料油品的雾化效果进而使产品分布变差。因此，对于工艺设计和操作而言，

原料预热温度应综合考虑其对热平衡与雾化效果的影响而确定。

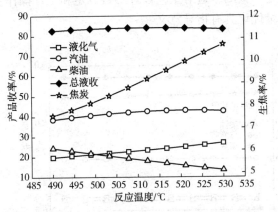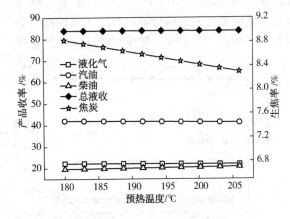

图6 反应温度、预热温度对工艺指标的影响

2.5 反应压力

反应压力是催化裂化反应的另一影响因素。实际装置压力调整体现多因素影响效果，如降压后停留时间减小，二者对反应均会产生影响。因此，本文在控制停留时间恒定的前提下考察反应压力单变量的影响规律。图7表明，随反应压力增大，汽油、液化气、柴油收率、总液收分别降低了0.2、0.1、0.4、0.7个百分点，生焦率升高了0.8个百分点。总体而言，低压有利于汽油加工方案，但反应压力对液化气的影响程度过小，这与工程实际有出入需进一步研究。在实际操作中，反应压力一般维持恒定不作为调节变量。而且，考虑到反应压力与再生压力需要保持压差平衡且再生压力较低不利于再生反应进行，在工艺设计时系统压力的确定要综合考虑反应压力和再生压力对反-再系统整体工艺性能的影响。

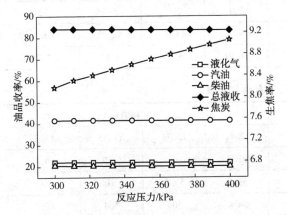

图7 反应压力对工艺指标的影响

2.6 蒸汽流量

在提升管反应器中，油气和催化剂在雾化蒸

汽、提升蒸汽和汽提蒸汽的辅助作用下完成催化裂化反应。图8表明，增加雾化蒸汽量，可以降低油气分压，进而提高汽油收率和总液收，生焦率有所下降。增大提升蒸汽量，反应物停留时间减小裂化反应程度下降，但同时降低油气分压促进裂化反应进行，总体看各产品收率和总液收变化不大。增加汽提蒸汽量，从催化剂颗粒孔隙中置换的油气量增大，液化气、汽油、柴油、总液收略有增加，焦炭收率有所下降。总体来看，提高雾化蒸汽量、汽提蒸汽量、降低提升蒸汽量有利于汽油、液化气收率和总液收的提高，但在工艺设计过程和生产操作过程中，要综合考虑实际设备限制、反应要求和能耗约束，最终实现装置效益的最大化。

3 工艺条件优化

由上文研究发现，各工艺条件对产品收率等工艺指标的影响规律不尽相同，其中原料特性因数、残炭含量、催化剂微反活性、反应温度4个变量的影响程度较大。为进一步研究最佳工艺条件，本文应用HYSYS软件SQP优化算法，分别以汽油收率最大、LPG收率最大、总液收最大为优化目标进行单变量优化，并以优化度（优化后目标值比优化前目标值增加的相对百分比）作为评价各变量对目标优化程度指标，结果如表3、表4、表5所示，其中蓝色粗体数值表示优化后的变量值和目标产品收率值。

对汽油收率与总液收而言，原料特性因数优化度最大，分别为18.91%、4.85%，催化剂微

反活性优化度较弱，分别为 1.59%、0.47%；对应优化变量，残炭最优值为下限值、特性因数和微反活性最优值为上限值，反应温度存在最佳值，分别为 521℃、511.6℃。对于液化气收率而言，反应温度与原料特征因数优化度较高，分别为 23.19%、20.87%，催化剂微反活性优化度

最小为 1.77%；优化变量值除残炭含量为下限值、其它变量均对应其上限值。总体而言，变量优化的结果与文中第二部分变量对指标影响规律是一致的，这对工艺设计参数确定和工厂操作变量优化具有指导意义。

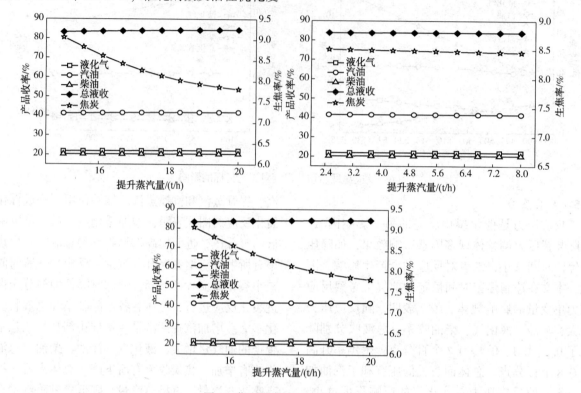

图 8　蒸汽流量对工艺指标的影响

表 3　汽油收率最大工艺条件优化表

项目	工艺条件	原始值	下限	上限	优化值			
优化变量	特性因数	11.73	11.47	12.42	12.42	11.73	11.73	11.73
	残炭含量/%	6.07	4	8	6.07	4	6.07	6.1
	微反活性/%	59.5	55	61	59.5	59.5	61	60
	反应温度/℃	504	490	530	504	504	504	521
优化目标	汽油收率/%	41.56			49.42	43.68	42.22	43.13
	优化度/%				18.91	5.10	1.59	3.78

表 4　液化气收率最大工艺条件优化表

项目	工艺条件	原始值	下限	上限	优化值			
优化变量	特性因数	11.73	11.47	12.42	12.42	11.73	11.73	11.73
	残炭含量/%	6.07	4	8	6.07	4	6.07	6.1
	微反活性/%	59.5	55	61	59.5	59.5	61	60
	反应温度/℃	504	490	530	504	504	504	530
优化目标	液化气收率/%	21.99			26.58	23.21	22.38	27.09
	优化度/%				20.87	5.55	1.77	23.19

表5　总液收最大工艺条件优化表

项目	工艺条件	原始值	下限	上限	优化值			
优化变量	特性因数	11.73	11.47	12.42	12.42	11.73	11.73	11.73
	残炭含量/%	6.07	4	8	6.07	4	6.07	6.1
	微反活性/%	59.5	55	61	59.5	59.5	61	59.5
	反应温度/℃	504	490	530	504	504	504	511.6
优化目标	总液收/%	83.85			87.92	85.24	84.24	84.07
	优化度/%				4.85	1.66	0.47	0.26

4　结语

本文应用 HYSYS 软件搭建催化裂化装置机理模型，采用工厂数据进行校正，并应用校正后的模型深入研究了反-再系统主要工艺条件对产品收率等重要指标的影响规律，筛选出敏感条件，应用 SQP 优化算法、以产品收率最大或最小为目标进行优化，得出以下结论：

（1）对于各产品收率而言，影响较大的工艺条件有 4 个，分别为：原料特性因数、残炭含量、微反活性、反应温度，其它条件在给定范围内对产品收率影响不大；

（2）液化气收率与原料特性因数、微反活性、反应温度呈正相关，与残炭呈负相关，柴油收率与变量关系正好相反；汽油、总液收与原料特性因数、微反活性呈正相关，与残炭含量呈负相关，随反应温度增加呈先增后减趋势；

（3）原料特性因数对汽油收率、总液收优化度最高，分别为：汽油 18.91%，总液收 4.85%，反应温度对液化气收率优化度最高为 23.19%；催化剂微反活性对产品收率优化度最低，分别为：汽油 1.59%，液化气 1.77%，反应温度对总液收优化度最低为 0.26%。

参　考　文　献

[1] 王志刚，袁明江，陈红，刘为民．未来炼厂中催化裂化装置的定位及设计思考[J]．中外能源．2014，19(2)：65~69．

[2] 许友好．我国催化裂化工艺技术进展[J]．中国科学：化学．2014，44(1)：13~24．

[3] 邱中红，龙军，陆友保，田辉平．MIP-CGP 工艺专用催化剂 CGP-1 的开发与应用[J]．石油炼制与化工，2006，37(5)：1~6．

[4] 王达林，张峰，冯景民，姜涛．DCC-plus 工艺的工业应用及适应性分析[J]．石油炼制与化工．2015，46(2)：71~75．

[5] 段良伟．MIP-CGP 反应过程数学模型研究[D]．上海：华东理工大学．2012．

[6] 熊凯．重油 FCC 集总反应动力学模型的建立与应用研究[D]．北京：中国石油大学．2015．

[7] 王建平，许先焜，翁惠新，方向晨，胡长禄，韩照明．加氢渣油催化裂化 14 集总动力学模型的建立．化工学报．2007，58(1)：86~94．

[8] Kiran Pashikanti, Liu Y. A. Predictive Modeling of Large-Scale Integrated Refinery Reaction and Fractionation Systems from Plant Data. Part 2: Fluid Catalytic Cracking (FCC) Process. Energy & Fuels, 2011, 25: 5298~5319. .

[9] 栗伟．催化裂化过程建模与应用研究[D]．浙江：浙江大学．2010．

[10] 李国涛．前置烧焦式催化裂化装置的过程建模、模拟及工艺优化[D]．天津：天津大学．2011．

[11] 杨科．催化裂化装置主分馏塔工艺模拟与分析．化工进展．2003，22(9)：988~991．

[12] 徐占武，王泽爱，李江山，陈远庆，黄波．催化裂化汽油提质增效．炼油技术与工程．2019，49(5)：25~29．

[13] 王韶华，吴雷．多产异构烷烃并增产丙烯技术（MIP-CGP）工业应用．石油化工设计．2006，23(4)：39~41．

[14] 程从礼．催化裂化原料特性因子的计算．石油炼制与化工．2013，44(9)：34~37．

[15] 陈俊武，许友好．催化裂化工艺与工程[M]．北京：中国石化出版社，2015．

液化天然气长距离输送关键技术探讨

邱姝娟

（国家管网集团西部管道有限责任公司）

摘　要　天然气作为一种高效清洁的能源，在世界能源市场结构中的比例将显著增加。天然气液化输送相对于气态输送来说，可以继续保有 LNG 的优点，输送同体积的天然气可节省大量的压气机输送能耗，也可在管道输送末端利用其冷能等显著优点，新材料和新工艺技术的发展使得天然气的液化输送成为可能。文章从 LNG 的特点出发，就 LNG 运输方式进行了调研比选，最后对 LNG 的管道输送站场工艺设计和工艺计算软件等方面作了介绍和比选。

关键词　液化天然气，段塞流，相态，泵站，冷泵站

随着天然气在能源需求结构中的占比逐渐增加，根据国际能源署的预测，2020 年中国在全球能源的需求中可能会占到增长的 30%，在"十四五"期间天然气进口量和消费量均将快速增加。我国天然气陆上入境口岸、国内天然气产地与天然气主力用户的距离都在千公里以上，因此，在可预见的未来，天然气在国内以大输量、长距离的方式输送是一个必然的持续趋势。天然气的陆上输送方式主要有气态管道输送、CNG 槽车运输和 LNG 槽车运输三种方式，其中气态管输是采用最多的输送方式，目前管输费为 0.2 元/Nm³，CNG 槽车运输只适用于距离较短的城市输配气，物流成本为 0.385 元/Nm³；液化天然气(LNG) 已成为目前暂时无法使用管道天然气供气城市的主要气源或过渡气源之一，用于修建管线不经济的中小城镇和工厂或等车辆加气站终端用户供气，同时，也是许多使用管输天然气供气城市的补充气源或调峰气源。液化天然气技术也已成为天然气工业中一个极其重要的部分。鉴于液化天然气(LNG) 体积约为天然气体积的 1/600，体积能量密度是汽油的 72%，与输气管道比较，输送相同体积的天然气，LNG 输送管的直径要小得多，LNG 泵站的费用要低于压气站的费用，LNG 泵站的能耗要比压气站的能耗低若干倍，随着低温材料和设备技术的发展，建设长距离 LNG 管线在技术上是可行的，在经济上是合理的，且安全性能够得到较好保障[1]。因此，天然气的低温液化技术逐渐占据主流，LNG 长输管道建设势在必行[2-4]。

1　液化天然气(LNG) 能源特点及应用前景

LNG 是液化天然气(Liquefied Natural Gas) 的缩写，主要成分是甲烷，是地球上最干净的化石能源[4]。LNG 是天然气经压缩、冷却至其沸点后变成液体，无色、无味、无毒且无腐蚀性，其体积约为同量气态天然气体积的 1/625，重量仅为同体积水的 45% 左右。通常储存在 -161.5℃、0.1MPa 左右的低温储罐内，用专用船或罐车运输，使用时重新气化。

LNG 燃点 650℃，比汽油高 220℃，比柴油高 380℃；爆炸极限为 5%～15%，上下限均高于汽柴油；同时比空气轻，即使泄漏，也能迅速挥发扩散，在开放的空间里不宜达到爆炸极限。在发动机功率、车辆配置、运行状况基本相同的情况下，使用 LNG 与使用柴油相比可节约 10%～20% 的燃料费，较适合于长距离行驶的城市公交、重型卡车和城际巴士等大型车辆。

2　液化天然气(LNG) 运输方式现状

LNG 的输送方式主要有公路和铁路运输两种。公路运输液化天然气罐车有 30、40、45m³ 等几种规格，国外液化天然气罐车容积约为 90m³，我国自主研制的规格为 45m³ 的国产 LNG 槽车已投入使用。美国加州能源委员会报告中，容积为 90m³ 的罐车单程运费为 1.5～3.0 美元/km，需要公司具备《危险化学品经营许可》、《道路运输经营许可证》和《燃气经营许可证》。

铁路运输 LNG 的容器主要朝 LNG 罐式集装

箱方向发展,它的结构与 LNG 槽车相同。与 LNG 槽车相比,LNG 罐式集装箱具有装卸灵活、尺寸适合铁路的特点,可降低运输成本,使得铁路比公路槽车长距离输送 LNG 更经济。

LNG 船是载运大宗 LNG 货物的专用船舶,目前标准载荷量在 13~15 万立方之间,一般船龄为 25~30 年。

目前只有在 LNG 调峰装置和油轮装卸设施上有 LNG 低温管线具体参数见表1。国外专家研究表明,随着低温材料和设备技术的发展,建设长距离管线在技术上是可行的,经济上合理[3]。据报道,文莱有 LNG 海底低温管道,距离32km;日本将建一条从新岛至仙台的 LNG 管道,直径 24in,全长 358km,约用钢材 35000t,约投资 600~700 亿日元。

表1 LNG 接收站进站管道主要技术参数表

序号	内容	规格	备注
1	长度	≤2.0km	唐山 1899m,江苏 1970m,扇岛 2000m,Cove Point1947m
2	管径	≤1118mm	唐山 1067mm,深圳 1118mm,江苏 LNG1016mm
3	设计压力	≤1.79MPa	唐山、江苏、深圳、江苏等 LNG 接收站
4	材质	304/304L 不锈钢	
5	保温	聚异氰脲酸酯 PIR	
6	热力补偿	U 型补偿器	
7	敷设方式	架空敷设、隧道敷设	唐山、江苏、大鹏(架空敷设) 深圳、扇岛、Cove Point (隧道敷设)

3 管道输送工艺设计

LNG 长距离输送管道的设计一般可参照美国 NFPA59A-2001《液化天然气(LNG)生产、储存和装运标准》。2006 年国家质量监督检验检疫总局和国家标准化管理委员会联合发布了《液化天然气(LNG)生产、储存和装运》,该标准在翻译前者的基础上做了编辑性修改,两者的使用效力等同[5-6]。

3.1 相态的选择

LNG 为低温液体,如管道沿线漏热将加热

管道内的 LNG,使之气化,管道内形成气液两相流动,不仅增大沿线阻力,而且还会产生气体段塞流动现象,严重影响管道的输送能力及运行安全。因此在长距离 LNG 管道采用单相输送工艺需要防止液体气化,实现液体单相流动,即将管道操作压力控制在临界冷凝压力之上,管道内流体温度控制在临界冷凝温度之下,使得管道运行工况位于液相区,保持液体单相流动,具体如图 1 所示。

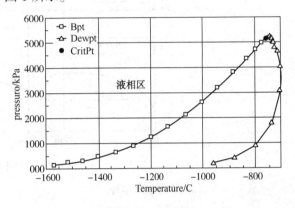

图 1 LNG 相图

为了控制 LNG 处于液相区,必须在管道沿线设置冷站降低温度,通过对 LNG 单相和两项输送进行了优缺点比选,见表 2,推荐单相输送方式。LNG 管道输送工艺与原油加热输送类似,需在管道沿线建 LNG 泵站克服沿线摩阻损失及高差,需建 LNG 冷站保持 LNG 的温度低于泡点温度,工艺设计布站时泵站和冷站可合并为冷泵站[7,8]。

表2 单相输送和两相输送的优缺点对比表

输送方式	优点	缺点
单相输送	成熟的输送方式,不会出现段塞流动现象	需严格控制沿线的压力和温度,设置泵站和冷泵站,投资较大
两相输送	不需设置冷泵站,投资较小	此输送方式没有实例应用,两相流动时,管道流量会减小,阻力增大,甚至还会产生气塞现象,管道压力激增,严重威胁管道的安全

3.2 站场设计

LNG 液态输送采用"从泵到泵"的密闭输送系统,在首站将液化天然气送入管道,经中间泵站或冷泵站后,进入末站,如图2所示,分别提

供 LNG 正常运输所需要的冷量和能量。考虑安全需要，特殊地段设置截断阀室。

首站主要包括 LNG 外输及 BOG 液化两部分，LNG 从储罐中输出，其中生成的 BOG 经压缩机增压，进入再冷凝器与储罐内经低压泵输出

的 LNG 混合，再冷凝为 LNG 进入高压泵，一同加压进入管道。首站的主要设备包括 LNG 储罐、LNG 低压泵、LNG 高压泵、BOG 压缩机、再冷凝器、火炬分液罐、火炬、阀门等，具体如图 3 所示。

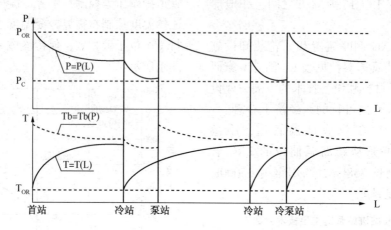

图 2　管道布站示意图

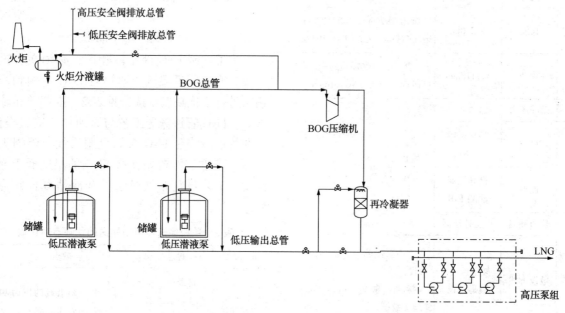

图 3　首站工艺流程示意图

在输送过程中，LNG 的压力不断降低，同时由于吸热及摩擦生热使其温度升高。当温度和压力分别升高和降低到一定程度时，LNG 将部分气化，影响管道安全。对于 LNG 长距离输送管道，沿线除设若干加压站外，每隔一定距离还设冷却站，降低 LNG 的温度。为了使其更经济可将冷站和泵站设置到一起。上游来液通过气液分离器，将产生的 BOG 增压，进入制冷系统将其液化为 LNG，为确保冷量足够，还需将部分 LNG 也通过制冷系统，后将二者与其余部分 LNG 混合后进入高压泵，加压进入管道，其流

程图如图 4 所示。其主要设备包括气液分离器、BOG 压缩机、制冷设备 1 套 (压缩机、膨胀机、冷却器、换热器)、LNG 缓冲罐、LNG 高压泵、火炬分液罐、火炬、阀门等。气液分离器兼具消除水击的功能。

进末站后稳定外输的要求，则在通过气液分离器后，将 LNG 直接气化外输；BOG 通过压缩机后外输，如图 5 所示，主要设备为气液分离器，BOG 压缩机，气化加热器，阀门等。气液分离器兼具消除水击的功能。

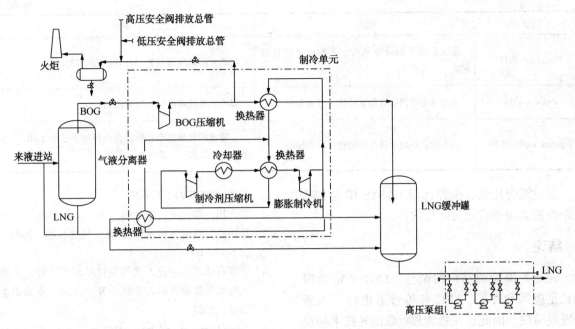

图 4　冷泵站工艺流程示意图

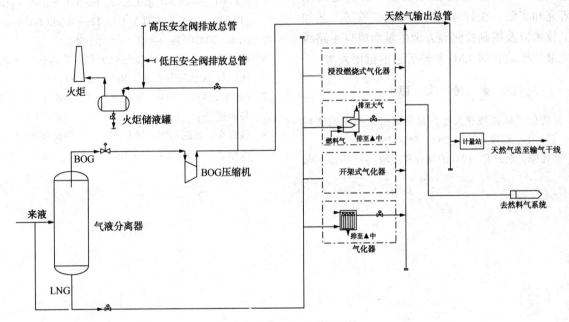

图 5　末站工艺流程示意图

3.3　工艺计算

LNG 长距离液态输送管道的计算方法是明确的，但受到 LNG 低温物性特点及变化规律的限制，许多软件并不能进行 LNG 长距离液态输送管道的计算，或计算精度不高。主要对 HYSYS、PIPEPHASE、PIPESIM 和 PIPELINE STUDIO 筛选见表 2。

表 2　工艺计算软件优缺点对比表

方法	优点	缺点
Hysys 软件	LNG 液化厂和接收站模拟计算常用软件，有 LNG 低温物性数据库，可计算 BOG 气体量	不是常用的长距离管道模拟计算软件

续表

方法	优点	缺点
Pipephase 软件	集输管道专用计算软件，多相流计算精度较高	输送介质温度范围为−51.11~426.67℃
Pipesim 软件	复杂集输管网计算稳定性高，界面友好	温度有最低温度−130℃的限制
Pipeline studio 软件	具有较完备的动静态长输管道计算模块	不能使用组分模型；粘温曲线模型不适于 LNG、LPG；密度变化较大时，软件无法正常工作

通过综合比选，推荐选用 HYSYS 作为 LNG 长距离液态输送管道的计算软件。

4 结论

随着我国能源结构的调整，LNG 必定会得到长足应用和发展，LNG 长输管道也将步入新的发展阶段。因此，在总结和吸取国外技术和经验基础上，国内应加强 LNG 长输管道输送技术的研究和实践，在管道结构、材料、输送工艺和施工技术以及控制检测等方面尽量形成自主路线和成果，推动我国 LNG 长输管道的健康发展。

参 考 文 献

[1] 矫德仁. 试论液化天然气储运的安全技术及管理[J]. 化工管理，2019(26)：86~87
[2] 熊光德，毛云龙. LNG 的储存和运输[J]. 天然气与石油，2005(2)：17~20
[3] 梁光川，郑云萍，李又绿，等. 液化天然气(LNG)长距离管道输送技术[J]. 天然气与石油，2003，12(2)：8~10
[4] 中国石油唐山液化天然气项目经理部. 液化天然气接收站重要设备材料手册[M]. 北京：石油工业出版社，2007
[5] Sylvie Cornot-Gandolphe, Olivier Appert. The Challenges of Further Cost Reductions for New Supply Options (Pipeline, LNG, GTL)[C]. 22nd World Gas Conference, 2003(5)：1~17
[6] 施林圆，马剑林. LNG 液化流程及管道输送工艺综述[J]. 天然气与石油，2010，28(5)：37~40
[7] GB/T 20368—2006，液化天然气(LNG)生产、储存和装运[S]
[8] 钱成文，姚四容等；液化天然气的储运技术[J]. 油气储运，2005，24(5)：9~12.

业务全生命周期管理中数字化工厂 SMART PLANT MATERIALS 软件的应用与探讨

尚思圆

（中国石化工程建设有限公司）

摘　要　当前，数字化工厂在制造业的产品管理中，使用新型思维，能够对产品展开全生命周期监管，促进高端装备产品的创新发展，为企业带来更大经济效益。本研究基于全生命周期理论对某 A 企业的数字化工厂运营管理系统进行应用研究和系统方案实现，借助 Smart Plant Materials 全生命周期的规范化、精细化和透明化管理，经分析可知该系统方案的应用能为企业带来较好管理效益和经济效益。

关键词　全生命周期管理，数字化制造，smart plant materials 软件

当前，企业主要发展方向为数字化工厂。推广数字化工厂，可进一步提升产品生产质量，降低员工作业过程劳动强度的同时，对产品生产整个周期展开全面监控与服务。利用信息化工业化领域技术，打造数字化工厂，加速产品生产逐渐走向智能化[1]。利用射频识别（RFID）、建模、嵌入式以及虚拟仿真各类技术，完成产品参数化的设计，制造过程实现智能化与自动化，利用可视化集成系统，完成产品制造、经营和管理。借助智能生产线以及嵌入式技术，促使高端产品和设备生产行业发展，提高生产效率[2]。基于产品的生命周期展开管理，建设数字化工厂管理系统，拉近企业、用户等和生产环境之间距离，运用全过程产品管理思维，融合产品设计、规划生产线、制造零件、业务决策等思维，培养企业中员工运用系统综合工作能力，提升其生产计划的制定、物流规划的分析、生产质量的管控等能力，高效解决企业制造或生产产品环节，管理产品多方面实践能力，保证人才质量和数字化制造环境需求契合度更高[3]。

1　数字化工厂概述

1.1　数字化工厂概念

完整的工厂生命周期主要指从工厂建设之前决策、准备各个阶段，到工厂关闭或者报废整个期间，建设阶段如下所示：计划制定、可行性分析、项目获批、招投标阶段、初设和详设、施工阶段、竣工阶段、试运行阶段、投产阶段、维护阶段、资产管理、工厂报废、关闭。

顾名思义、数字化工厂，从广义角度分析，主要为对产品整个生命周期内各项关联数据作为基础，处于计算机虚拟环境之内，完成生产过程仿真、评估以及优化管理，建立产品生产全周期的生产和管理组织。从微观角度分析，工程公司使用软件，建立数字化工厂，能够为工厂打造电子化仓库平台，利用数据库将工厂设计、更新和改造多个阶段的数据融合其中，从工厂设计到退役整个阶段，对其实施高效管控[4]。

1.2　数字化工厂运用技术特点

（1）建模技术

在数字化工厂建造过程，需要利用建模技术作为支撑。模型当中富含和产品相关的各项信息，同时，还有产品生产过程各类信息。使用生产系统，构建虚拟化模型环境，通过设备模型完成产品模型数字化的加工，产品生产过程，模型可视为桥梁作用，连接产品和生产系统。故此，数字化工厂内部制造系统的建模主要包括产品、工艺过程、生产系统等建模。

（2）仿真

在数字制造系统下，可基于产品生产整个过程展开统一化仿真，将仿真过程融合到不同阶段，全方位呈现出制造系统使用微观、宏观各个过程。通过形象、生动形式，展现出整个制造系统和加工过程的总体特征，实现对生产环境的精准化呈现。

（3）基于仿真的优化

数字化制造系统中有很多优化问题，如在工艺方面有加工方法的优化、它们几乎涉及与制造相关的所有领域中装配序列的全面优化，保证生

产车间当中，生产线作业状况的平衡性、优化设备布局；还可实现企业当中供应链以及工作流的最大化优化。

（4）集成

在数字化工厂当中，集成技术的运用主要呈现在分布集成、分层集成，将数字模型作为数字工厂运用过程技术支撑平台，保证模型当中不同阶段生产能够相互协调，动态化完成不同层次信息的动态反馈，将以往递进结构缺陷加以克服，保证每个单元的内容分配存在局部自治性优势。

当前，集成技术的主要趋势为，将数字化工厂和制造业当中其他系统之间共同集成。比如：可将 DFS 系统和 PLM 或者 PDM 系统之间进行集成。具体可通过 STEP 文件方式集成，还可通过 XML 文档方式集成，或者利用 Web Services 的构架集成，利用 COftBA 技术和数据库之间集成多种方式。

1.3　数字化工厂构架

在数字化工厂架构体系内，涉及数据主要包括两部分，其一为和工厂自身设计相关的技术数据，主要包括不同专业设计图、计算书、设计过程不同专业委托书、图文信息等，另一部分主要是在此过程形成的客户文件、设计协议以及项目计划等文档信息。利用三维化设计软件展开协同设计，将迪行设计相关的专业进行串联，虽然在迪行设计当中不借助三维软件，但是和三维软件相关的数据交流专业，需要达到处于同一平台数据交换以及迪行设计标准。将 SmartPlant Foundation 作为管理平台以及数据连接平台，组建协同框架，完成数字化工程设计，搭建起技术构架，架构如图 1 所示：

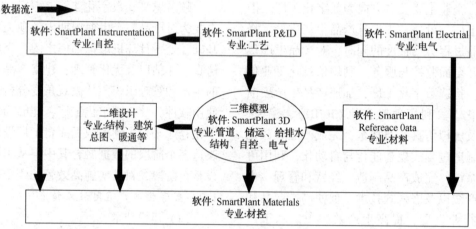

图1　三维设计技术构架图

1.4　数字化工厂应用现状

在国际化的工程公司，数字化工厂应用领域广泛，我国工程公司对于此技术的引入较晚，在使用程度以及开发力度等方面存在差异，致使国内的工程公司在应用数字化工厂环节存在三个级别：

在第一级别应用中，通过数字化工厂概念引入，没有使用整体构架、部分构架等，仅将数字化工厂工作电子形式交付物，单独运用三维软件进行设计，在其他专业仍然选取二维设计方式，导致各专业数据传递还通过以往委托形式进行。

在第二级别应用中，可正视数字化工厂这一概念，并且存在部分工厂的构架，材料代码相对完整。运用三维软件进行设计，构架当中存在部分二维软件，可完成特定专业类型数据传递交流。常见的运用为，利用材料代码工程材料专业的建立，形成三维模型，保证该专业和三维模型二者之间相互联系，将此重点控制流程打通。

在第三级别应用中，存在相对完整数字化工厂的构架，材料的代码体系也非常完整，以上由专业作为基础，保证不同专业间数据流高效传递，利用软件之类规则驱使，确保数据一致性、唯一性，在统一平台之下，完成数据信息迪行管理，实现完成数字化工厂内整个生命周期运管。

2　产品全生命周期的分析

2.1　产品全生命周期

当前在企业生产当中，可融合多种制造理念，首选为 PLM（PLM：Product Lifecycle Management），即产品的生命周期管理，利用 PLM，可将信息技术、管理思想等有机融合，应用在企业生存或者商业运作等过程，保证数字经济的时代下，企业可高效对自身管理方式、经营手段等加以调整。该应用核心内涵为，产品生产整体生命周期，可利用一组系统，将企业内外信息加以集成，实现全面协同，高效捕捉资产、产品及知识等。PLM 不但属于一类管理技术，更为管理理念之一。可基于产品需求，从产品生产到使用至报废整个生命周期实施信息管理。以此角度入手，利用 PLM 管理，可从企业开发产品的立项环节，制销售订单的接收，完成融合设计、生产、管理、工艺、服务等和产品相关细节的管理。

2.2 产品全生命周期管理理论

产品全生命周期管理理论可提供集成平台为企业协同管理和运作提供保障，基于该平台，企业能够利用 CAPP、CAD、CAE.CAM、CAQ、PDM、ERP、SCM 和 CRM 各种单项技术，满足产品生产不同环节管理工作需求。利用 PLM，能够对相关产品信息展开协同化管理，管理过程可保证信息准确性，在特定时间向特定地点高效传输，及时传送给应用对象。利用网络环境，PLM 可搜索和产品有关数据与生产过程，通过全周期和多视角，支持企业运作与经营整个过程。基于此功能，可为企业产品创新带来巨大便利，保证企业能够快速占领行业市场，同时，PLM 的应用也是当前企业建设信息化面临的严峻考验。

3 某 A 企业数字化工厂运营管理系统方案设计与应用

SmartPlant Materials（简称"SPMAT"）是一个覆盖整个 EPC 项目周期的材料管理系统，集材料库、料表、请购、采购、物流运输以及现场材料管理等功能于一身，能够为工程项目建设提供准确、一致的数据，实现了数据的全程透明化，保证了项目建设的经济效益及安全性。

3.1 数字化工厂管理系统总体设计

该论文对 A 公司使用数字化工厂展开运营管理方案进行设计和研究，主要包括数据资源、精益生产、数字化装备制造、数字化供应链、智慧能源、周期质量等管理体系设计方案。对于设计、工艺、产品的数字化相关方面不做研究。A 公司数字化工厂系统框架如图 2 所示。

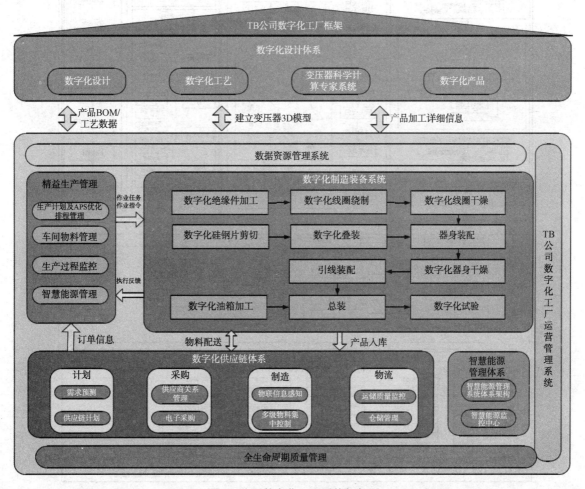

图 2　公司数字化工厂系统框架图

研究过程，对于 A 公司内各类数据实行规范管理，利用系统实现分类数据资源，完善数字化工厂规范体系的设计，统一规定编码规范和数据描述，完成不同业务协同办公。例如：将 PDM、SAP 和 ERP 系统加以集成，完成上述系统内数据转换。

3.2 基于 smart palnt materials 的全生命周期质量管理系统方案

3.2.1 管理系统目标

质量是企业的管理的本质，同时，质量为企业立足之本，此项管理作为运营管理重要环节，和企业发展休戚相关。本研究通过建立高质量数据管理系统，实现对和质量相关重要细节的设计数据、试验数据、采购和制造数据的集中管理，支撑起产品的质量管理档案，使用射频识别、条形码和二维码等技术，追溯质量管理过程。此外，还可利用大数据，对质量影响成因进行分析，完成产品质量问题的异常检测，快速解决相关问题。

3.2.2 系统实施

（1）梳理并分类数据

利用公司各项数据完成架构集成，将数字化工厂当中的资源类型充分梳理，通过对数据来源、稳定性、衍生可能性以及共享程度综合分析，将企业内部数据资源划分为如下几类：第一，智能化工厂当中装备主数据，主要包括自制件和外购件物料数据；第二，产品的定义数据，重点包括设计、工艺类型数据；第三，业务数据，包括采购、销售、财务、库存等数据；第四，动态化感知数据，包括能源管理、设备数据以及质量统计相关数据。通过上述 4 种数据定义形式，将公司内部的数据管理工作不断规范，确保各项运管系统高效、有序运行。数据资源类型如图 3 所示：

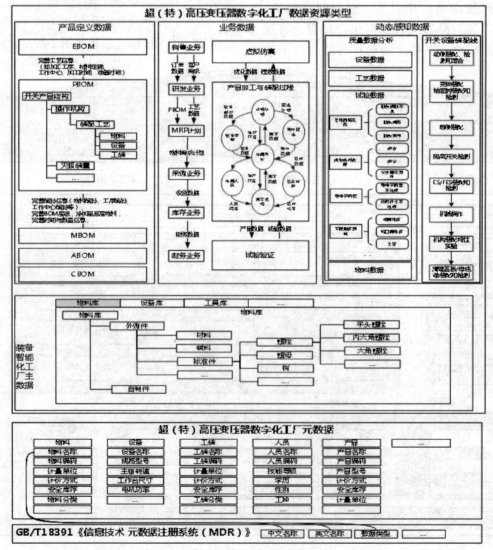

图 3　数字化工厂数据资源类型

（2）系统方案的详细实现

工程通过企业服务总线实现了 SPMAT 与 P6、Prism、Documentum 的集成。基于总线的集成框架如图 4 所示；业务数据在各系统间的数据流如图 5 所示。

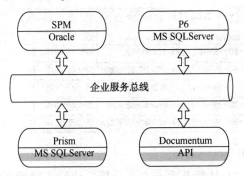

图 4　基于总线的集成框架图

SPMAT 与 P6 集成的业务及数据处理过程如下：

1）在 P6 中按照 WBS 编码规则建立采购三级进度计划，如图 6 所示；

2）在 SPMAT 中创建 PR；

3）总线 SPMAT Adapter 监听 SPMAT 系统，当有新 PR 数据产生时，发送同步请求（请求中主要包含项目号、PR 号、物项代码和交货地点）到企业服务总线；

4）企业服务总线接收到请求后，发送消息到 P6 Adapter；

5）P6 Adapter 根据请求内容，在 P6 中查找相应的要求到达时间并返回，

6）如果查找到要求到达时间，则增加相应的宽限天数由企业服务总线向 SPMAT Adapter 发送更新请求，由该 Adapter 更新 PR ROS Date 字段。

在图 7 的示例中，当总线监听到有新的 PR 产生时，会自动根据规则在 P6 中找到相应作业的 BL Project Finish 字段值，再加上规定的天数之后便更新到了 SPMAT ROS Date 字段。

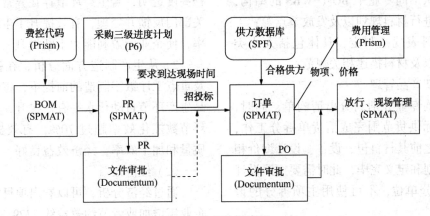

图 5　业务数据流图

Activity ID	Activity Name	Start	BL Project Start	Finish	BL Project Finish
WBS: AF1MI8PNL.3.PN.V.1.MV20 稳压器					
AF1PNMV20002000	MV20稳压器 收到可用于编制PR的上游设计文件			14-Oct-12	14-Oct-12
AF1PNMV20003000	MV20稳压器 编制PR	15-Oct-12	15-Oct-12	29-Oct-12	29-Oct-12
AF1PNMV20004200	MV20稳压器 发标、评标、预中标	14-Nov-12	14-Nov-12	28-Dec-12	28-Dec-12
AF1PNMV20005000	MV20稳压器 合同谈判、签订合同	29-Dec-12	29-Dec-12	11-Feb-13	11-Feb-13
AF1PNMV20007000	MV20稳压器 制造	12-Feb-13	12-Feb-13	31-Jul-15	31-Jul-15
AF1PNMV20009300	MV20稳压器 运抵现场	01-Aug-15	01-Aug-15	30-Aug-15	30-Aug-15

图 6　P6 三级进度计划

SPMAT 与 Documentum 集成的业务及数据处理过程如下：

1）在 SPMAT 中创建并发布 PR 或 PO；

2）企业服务总线监听 SPMAT 系统，当有新批准的 PR 或 PO 数据产生时，发送同步请求（请求中主要包含项目号、PR 或 PO 号、版本、物项明细等）到企业服务总线；

3）企业服务总线将请求发送至 Documentum Adapter；

4）Documentum Adapter 根据请求的数据生成相应的 pdf 文件，并调用 Documentum 的 API 将文件上传到相应的项目文件夹。成功上传的 PR 和 PO 将作为 PR 和合同的一部分在 Documentum 中发起审批流程。

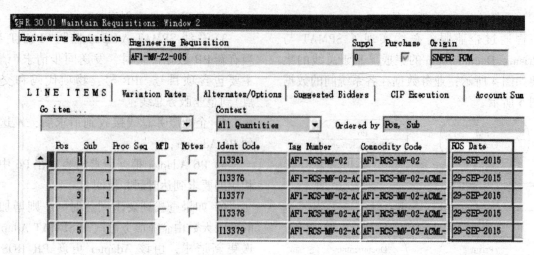

图 7　SPMAT PR

（3）系统设计期间的产品管理流程

• 先行划分出主项信息，按照项目在 SmartPlantMaterials 内位置完成搭建，制定制度；完成询价包分类的确定以及其发布情况等，便于后续开展采购工作；

• 分别确认不同专业中 BOM-WBS 的结构，按照施工标段进行材料规划以及发放节点等；

• 展开材料表规范制定，具体包括大小类码、材料编码以及材料描述相关规范；

（4）采购期产品管理

• 按照采购专业分别划分出请购单，同时，根据供货商实际供货范围完成请货单拆分工作，部分项目设计之前其材料包、设备、设计询价相关文件已经规划和定义完毕，此时需要按照设计询价包作为划分单位，不可使用主项拆分的请购单。

• 确定完备的材料和设备跟踪表，实时反映其进购状态与进度，保证和采购计划之间高效衔接，完成数据的同步共享。

3.3　数字化工厂运营管理效果

（1）管理效益

该项目建设完成之后，A 公司实际生产率预计可提升 40%，产品的研发周期方面预计可缩短 30%，可将产品运营成本降低为 40%，预计产品的不良率可降低 30%，单位产能消耗可降低 10%。数字化工厂的运营过程，起到了引领和示范效应，促使变压器行业持续健康发展，加速技术水平提升，完善管理水平，保证国内此类产品设计、制造、研发为国际领先水平，为我国的装备制造类企业树立了良好典范，有效提升了企业综合竞争实力。

1）从精益生产方面分析，建设了管理系统，A 公司利用 PDM 数据技术，完成 BOM 自动生产，利用 BOM 完成生产计划的编制，保证生产数据、技术数据之间无缝对接，运用数字化工厂的运管理念以及实施方案，保证制造、生产等过程高度透明，若生产环节存在异常，可及时向相关部门反馈并处理，有效提升了生产过程运转效率，使企业的盈利能力不断提升。

2）从生产制造方面分析，在精益化生产以及重点工序数字制造的前提下，将试验检测与产品生产环节自动化水平有效提升，关键设备生产环节数控化效率超过 70%，有效提升产品加工质量和加工效率，经济效益良好。

（2）经济效益

通过经济分析，可以看出项目实施之后，为企业年增加或者节约效益约 2729.34 万元，企业当中 20000 万元的贷款在 6.4 年即可偿还。项目投资回收器 11.14 年。

因此项目经济效益较好，在财务上是可行的。

4　结语

根据本文分析可知，基于 smart palnt materials 的全生命周期质量管理系统集成能很大程度上节省人工、提高数据质量和数据时效性。数字化工厂当中，数字化形式的设计、制造与管理之间存在密切关联。当前国际市场状态下，制造业行业当中竞争达到白热化阶段。因此，要求企业具备较高的研发能力，不断将产品的上市周期加以缩短，将产品服务质量不断提升，控制其生产成本，谋求企业长远发展，为当前需要重点关注的问题，也是数字化工厂建设过程中点关注领域。当前，PLM 成为制造行业的热点话题。未来需要在制造业当中优先使用数字化技术，不断推动行业自动化进程，加速产品设计方法、制造过程、管理模式方面的创新，实现工业的跨越式发展。

参 考 文 献

[1] 侯玉普. 油田注汽设备全生命周期管理应用研究 [J]. 中国设备工程，2020(10)：16-17.

[2] 张雅君，赵子博，李泽锋. 全生命周期管理过程中业务系统改造研究[J]. 档案管理，2020(03)：24-26.

[3] 徐靖. 电子：加速全产业链智能化转型[N]. 中国电子报，2020-04-21(003).

[4] 孙志宇，苏红帆，蔡志文，黄雁. 浅析智能交通运维管理模式[J]. 道路交通管理，2020(04)：34-35.

[5] 苏科，陈歆. 新监管法规下医疗设备全生命周期数字化管理的建设与实践[J]. 中国医疗设备，2020，35(04)：83-85+89.

[6] 李雪海. 基于 PMBOK 的整车全生命周期项目管理方法研究[J]. 时代汽车，2020(07)：28-29.

基于 SpringBoot 的生产运行应急管理系统的设计与开发

孙　蕾

（大庆油田有限责任公司）

摘　要　本项目在全面分析生产运行与规划计划部管理工作的基础上，进行了生产运行应急管理系统的需求分析，把预案管理、培训演练管理、应急处置卡管理、应急管理、报岗管理等各个环节通过生产运行应急管理系统进行了有效整合。生产运行应急管理系统采用 B/S 架构，主框架技术采用 Spring Boot、Spring Framework、Apache Shiro，系统环境采用了 Java EE、Apache Maven，持久层采用了 Apache MyBatis、Alibaba Druid，视图层采用了 Bootstrap、Thymeleaf 模板引擎作为前端框架，同时使用数据库 Oracle11 来实现数据管理。生产运行应急管理系统具有操作简单、使用方便、易于维护、扩展性强等特点，实现了管理部门及时掌握工作动态，为今后指导、决策工作提供有力依据，实现有效管理，为生产运行与规划计划部工作提供了强有力的信息化支持。

关键词　Spring Boot，Apache Shiro，Apache Maven，Apache MyBatis，Alibaba Druid，Bootstrap，Thymeleaf，Oracle11

1　概述

生产运行与规划计划部很多材料、方案依靠人工进行管理和报送，这种管理方式存在着许多缺点，如：办公效率低、资料流传慢、保密性差，另外时间一长，将产生大量的文件和数据，其中有些是冗余的或者与实际有出入的，这就给查找、更新、统计工作带来了不少的困难。通过信息化管理方式梳理并整合生产运行与规划计划部业务流程，材料、方案等纸质材料转为电子数据，工作单据无纸化、管理流程规范化，对部门的管理模式起到重要的辅助作用。系统拟实现以下具体目标：

（1）保证生产运行应急管理系统的安全性，防止 Sql 注入。

（2）实现预案、培训应急演练、应急处置卡、应急物资等四个模块功能，减少手工的录入方式，实现资料已压缩文件形式上传，建立安全的数据库，并实现备份机制，提高效率降低业务人员的劳动强度。

（3）实现报岗调度的动态管理，针对报岗现有业务，分为日常报岗、夜班报岗、应急报岗，并且在报岗的时候进行核对报岗人员信息、报岗 IP、报岗时间；人员信息不符、未到报岗时间不

允许报岗，同时实现报岗 IP 地址记录。

（4）优化业务流程的操作步骤，减少多余的操作环节，提高工作效率。

2　基于 Spring Boot 框架的生产运行应急管理系统的设计

系统设计采用 B/S 架构，主框架技术采用 Spring Boot、Spring Framework、Apache Shiro，系统环境采用了 Java EE、Apache Maven，持久层采用了 Apache MyBatis、Alibaba Druid，视图层采用了 Bootstrap、Thymeleaf 模板引擎作为前端框架。

2.1　主框架技术

Spring Boot 是一款开箱即用框架，提供各种默认配置来简化项目配置。让 Spring 应用变的更加轻量化、更快速的入门。在主程序执行 main 函数就可以运行。你也可以打包你的应用为 jar 并通过使用 java-jar 来运行你的 Web 应用。它遵循"约定优先于配置"的原则，使用 Spring Boot 只需很少的配置，大部分的时候直接使用默认的配置即可。同时可以与 Spring Cloud 的微服务无缝结合。在使用的过程中具有以下优点能够自动配置、快速构建项目、快速集成新技术能力、没有冗余代码生成和 XML 配置的要求，部署内嵌 Tomcat、Jetty、Undertow 等 web 容器，无需以

war 包形式部署，同时自带项目监控，所以本系统采用了 Spring Boot 框架结构便于项目的开发和部署。在开发的时候还要注意的是如果 Spring Boot 采用的版本是 2.0 开发环境要求必须是 jdk8.0 或以上版本，而 Tomcat 也要求版本为 8.0 或以上版本。

同时为了更好的保证系统的安全性，我们在开发的时候采用了 Apache Shiro，Apache Shiro 是 Java 的一个安全框架。Shiro 可以帮助我们完成：认证、授权、加密、会话管理、与 Web 集成、缓存等。其不仅可以应用在 JavaSE 环境，也可以用用在 JavaEE 环境。它具有的优势在于：易于理解的 Java Security API

以及简单的身份认证同时支持多种数据源并且对角色的简单的授权，支持细粒度的授权。可以不跟任何的框架或者容器捆绑，可以独立运行。

2.2　系统环境

maven 不仅是构建工具，它还是依赖管理工具和项目管理工具，提供了中央仓库，能够帮我们自动下载构件。同时，为了解决的依赖的增多，版本不一致，版本冲突，依赖臃肿等问题，它通过一个坐标系统来精确地定位每一个构件（artifact）。Maven 还为全世界的 java 开发者提供了一个免费的中央仓库，在其中几乎可以找到任何的流行开源软件。

2.3　持久层

MyBatis 是一款优秀的持久层框架，它不会对应用程序或者数据库的现有设计强加任何影响。同时 sql 写在 xml 里，便于统一管理和优化。通过 sql 语句可以满足操作数据库的所有需求。项目采用 MyBatis，将业务逻辑和数据访问逻辑分离，使系统的设计更清晰，更易维护，更易单元测试。sql 和代码的分离，提高了系统的可维护性。

2.4　视图层

在视图层我们采用了 Thymeleaf，它可以很好的和 Spring 集成，语法简单，功能强大。内置大量常用功能，使用非常方便，同时静态 html 嵌入标签属性，浏览器可以直接打开模板文件，便于前后端联调。与其它模板引擎（比如 Free-Maker）相比，Thymeleaf 最大的特点是能够直接在浏览器中打开并正确显示模板页面，而不需要启动整个 Web 应用。Thymeleaf 是 Spring Boot 官方的推荐使用模板。

2.5　数据库技术

数据库采用了 Oracle11g，有效保证了生产运行应急管理系统数据的安全性。

2.6　系统主要功能

系统用户主要为业务人员和管理人员，当用户输入用户名、密码、验证码登陆后按照登录的角色显示所具有的功能权限。

（1）预案管理，实现基层单位、矿大队应急管理人员对预案上载、删除、查询管理，并对查询权限进行控制。

（2）培训演练管理，实现基层单位、矿大队应急管理人员对应急演练计划表、应急培训计划表、应急演练方案、应急演练情况、应急培训情况进行上载、删除、查询管理，并对查询权限进行控制。

（3）应急处置卡管理，实现基层单位、矿大队应急管理人员对应急处置卡进行上载、删除、查询管理，并对查询权限进行控制。

（4）应急物资管理：实现基层单位、矿大队应急管理人员对应急物资进行录入、维护、删除、查询、导出，并对查询权限进行控制。

（5）日常报岗管理：实现基层单位、矿大队值班领导通过此功能进行报岗，报岗时间、报岗人员信息不一致，无法报岗，报岗是记录 IP 地址。

（6）应急报岗管理：实现各单位值班人员机器突发故障，无法报岗，可由生产运行与规划计划部相关人员进行替报岗。

3　编码实现

下面是在 Controller 添加导入方法：

```
@PostMapping("/importData")
@ResponseBody
public AjaxResult importData(MultipartFile file, boolean updateSupport) throws Exception
{
    ExcelUtil<SysUser> util = new ExcelUtil<SysUser>(SysUser.class);
    List<SysUser> userList = util.importExcel(file.getInputStream());
    String operName = ShiroUtils.getSysUser().getLoginName();
    String message = userService.importUser(userList, updateSupport, operName);
    return AjaxResult.success(message);
}
```

4　项目的部署和运行

4.1　项目的部署

使用 Spring Boot 的项目部署非常的方便，首先在开发平台 Eclipse 选中项目，找到 RuoY-iApplication.java 文件，点击右键，找到

"export"，找到 Web 下 WAR files，即可生成 War 包如图 1 所示，将 War 包拷贝到 Tomcat 目录下，启动 Tomcat 即可。

图 1　项目打包

4.2　项目的运行

由于是 Web 项目，运行方便简单，直接在浏览器里输入地址即可，运行后的系统界面如图 2 所示。

图 2　生产运行应急管理系统主界面

5　结语

生产运行应急管理系统由于采用了 Spring Boot 架构，从而使项目具有良好的简易性、可维护性、可拓展性，当系统某些需求发生变化时，只需要修改项目的某一层次，而不会影响到替他部分的代码，极大的减小了维护时间。生产运行应急管理系统的开发构建了一个"数据共享、集中展现、业务协同"的平台，适应了企业在管理上的业务需求，提高了信息化管理程度。

参 考 文 献

[1] 陈华 . Ajax 从入门到精通 . 北京：清华大学出版社 . 2008.
[2] 疯狂软件 . SpringBoot2 企业应用实战 . 2018.
[3] 朱要光 . Spring MVC＋MyBatis 开发从入门到项目实战 . 2018.

Tekla Structures 在钢结构工厂化预制中的应用

刘　淼　孙　铭

（大庆油田有限责任公司）

摘　要　近年来，集团公司大力推动工程建设项目"五化"工作，在油气田地面工程、油气储运工程、炼油与化工工程等方面取得了显著成效。本文针对工厂化预制中钢结构预制技术进行研究，对钢结构深化设计软件 Tekla Structures 的创建模型、碰撞检查、创建节点、生成图纸及辅助现场安装等方面功能进行分析，以支撑钢结构的工厂化预制施工，降低施工难度，减少施工成本，提高施工效率。

关键词　Tekla Structures，钢结构，深化设计，工厂化预制

随着工程建设行业的快速发展，钢结构的应用趋于多元化，其结构形式日新月异，杆件连接方式复杂多变，主要涉及钢结构厂房、钢结构管廊及化工装置区钢结构框架等工程，具有工程量大、施工难度高、结构复杂等特点，目前，国内设计院均以 CAD 二维图纸的方式交付施工单位进行施工，但二维图纸较为抽象，直观性差，给施工单位的钢结构预制施工带来很大难题，由芬兰 Tekla 公司开发的 Tekla Structures 钢结构深化设计软件很好的解决了这个难题，其可将二维图纸转化成 3D 模型，并进行碰撞检查、创建节点、创建图纸等辅助施工生产。

1　Tekla 三维建模

Tekla Structures 软件拥有强大的 3D 建模功能，能将抽象的 CAD 二维图纸转化成直观的 3D 仿真建筑模型，在项目开工之前就能将建筑的整体情况很好的表现出来，让工程人员对整个建筑的结构设计有更清楚的认识，3D 建模的过程也是模拟施工的过程，能发现结构设计方面存在的一些问题，及时反馈给设计人员修改，为结构设计的进一步完善提供参考。

（1）图纸准备。创建模型是以图纸为基准，要将设计图纸看懂、看全，掌握图纸的设计内容，理解工程特点与各项技术要求，明确结构设计意图。由于图纸幅面有限，不能将"整件"和"散件"的位置关系以简配示意图的方式表现出来，一般多以创建索引或采用简短文字标注说明，如果不能全面理解图纸就很难正确创建模型（图1）。

（2）软件设置。为了保证后期建模过程流畅、高效，首先根据设计图纸对 Tekla Structures 软件进行相应设置，主要包括确定辅助轴线的添加位置、建立完整的材质库和截面库、添加材料及其编号信息、定义材质默认值等几个方面（图2）。

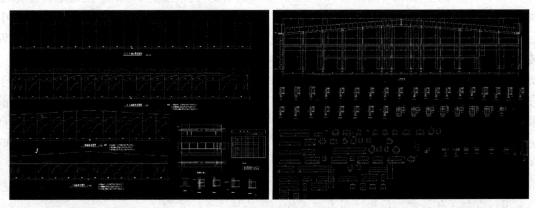

图1

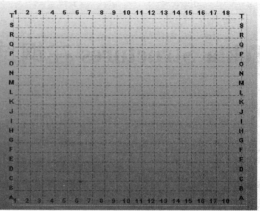

图 2

（3）创建模型。首先在 CAD 中确定模型关键点和参考线的位置：梁参考线的位置统一设定为上翼缘顶面中间，柱参考线的位置设定为腹板中心，桁架的弦杆和腹杆均以截面中心线作为参考线。然后将其作为参考模型导入 Tekla Structures 软件中，选取相应零件的截面尺寸，采用描图法建立模型。这种方法既准确又快速，提高了建模效率(图 3)。

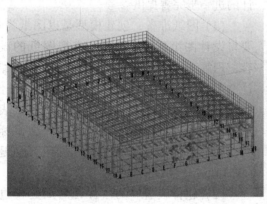

图 3

2　Tekla 碰撞检测

碰撞分为硬碰撞和软碰撞两种形式，前者指不同实体构建间的交叉重合；后者又称为间隙碰撞，指实体构件之间虽然并没有直接交叉，但两者之间的距离无法满足安装要求。杆件位置碰撞必然会引起安装问题，如果所有问题等到施工现场才被发现，那么纠正问题的费用将会非常之高，增加项目不必要的成本投入，同时也会影响工程进度。因此，Tekla Structures 软件的碰撞检测技术作为解决这一问题的方案被提出，它不仅可以快速查找不同构件之间的位置冲突，还可以精确到节点内部检查螺栓的布置是否满足安装要求。常见的碰撞问题有两类。

（1）设计问题。传统的二维设计没有碰撞检查功能，构件位置发生冲突的情况难以避免。在 3D 模型中做碰撞检查很容易发现这类问题，以 3D 模型作为依据，提出设计修改方案，调整模型并及时更新图纸，避免了因设计阶段存在碰撞问题而影响工程进度。

（2）建模问题。3D 建模是工程虚拟建造的过程，要将所有零件依次定位到三维空间中，同时又要保证模型具有较高的精度，整个过程复杂而又繁琐，建模过程出现问题在所难免。Tekla 采用分区域检测的方法，使碰撞检测贯穿于整个建模过程，在错误信息传递到下一区域之前，能够及时被发现并改正，而不是等到整个模型创建完成之后再进行碰撞检查，因为部分碰撞问题具有累加性和传递性。正确的方法应该是在 3D 模型创建完成的同时，所有的碰撞问题随即被修改完毕。

3 Tekla 创建节点

Tekla Structures 软件具有强大的创建节点功能，系统提供 120 余种形式的节点以满足用户需求。此外，Tekla 作为一款智能化 BIM 软件，其亮点之一在于其节点的智能性，各种形式的系统节点均可以根据工程需要，人为设置节点内部零件的属性。在构件位置发生变化时，只要保证最初创建的节点正确无误，即可不用考虑重新创建节点的问题，此功能为钢结构工程后期模型修改带来很大方便。化工场站的钢结构工程杆件众多，杆件连接形式复杂，依据传统的方法设计节点步骤繁多，人为干预程度大，增加了主观判断失误的几率。因此采用自动连接规则设计节点，它是 Tekla Structures 软件用于构件进行自动连接的一种方案，简化了创建节点的步骤(图 4)。

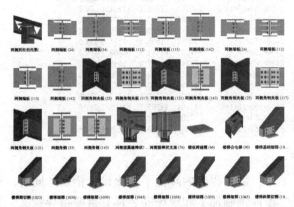

图 4

4 创建图纸

创建图纸功能是 Tekla Structures 软件最重要的功能之一，能根据模型快速的自动创建零件图、构件图和整体布置图，软件自动出图降低了图纸的出错率，提高了图纸的质量。此外，由于设计变更造成的图纸修改是一项难以避免的繁重工作，但是 Tekla 的图纸修改却十分方便快捷。Tekla 软件提供强大的图纸自动更新功能，在 3D 模型与图纸之间存在数据联动关系，在模型中修改某个构件之后，平、立、剖图纸均会自动更新，从而省去了大量修改图纸的时间，为工程顺利实施提供有力支持(图 5)。

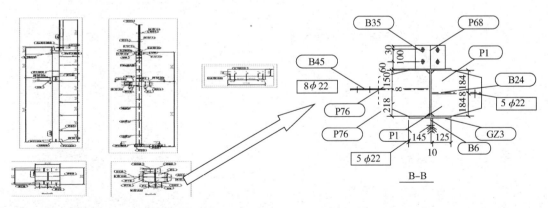

图 5

3D 建模只是一个中间过程，最终需要的成果是钢结构详图，用于指导钢结构的制作和安装。图对于构造复杂的节点仅靠平、立、剖图纸还不能满足工厂化预制的要求，需要增加多个角度的节点 3D 视图。Tekla Structure 软件可以从模型中截取任意空间角度创建节点的 3D 视图，通过多个角度的节点 3D 视图能更直观的展现节点构造情况，增加了图纸的可读性，方便车间工人的加工操作。Tekla Structures 软件生成的详图不仅可以帮助车间工人快速理解复杂节点构造，而且对钢结构现场安装具有指导作用。

钢结构工程包括的零件较多，工厂化预制后如何将众多零件安装在正确的构件上，保证其位置精度，对于施工单位来说存在一定的困难。Tekla Structures 软件能够有效地帮助施工单位解

决这个问题。它能对三维模型中的每一个零件进行自动编号，并且生成零件报表清单。零件报表清单包含模型中每个零件的全部信息，例如零件号、截而型材、材质、长度等(图6)。

构件编号	构件主型材	长度	材质	数量	单	总重	总面积
0(?)	BEAM	9227.6	Q345B	105	0	88.4	2.65
2	CLEAT	190	Q345B	1	1.8	1.8	0.08
3	BEAM	210	Q235B	1	4.2	4.2	0.1
4	PLATE	193.1	Q235B	6	.1.6	9.6	0.28
5	PLATE	193.1	Q235B	1	1.6	1.6	0.05
7	PLATE	466.2	Q235B	1	14.4	14.4	0.39
9	PLATE	190	Q235B	1	0.5	0.5	0.03
10	PLATE	310	Q235B	1	0.6	0.6	0.02
12	PLATE	309.4	Q235B	2	3	6	0.17
13	PLATE	193.1	Q235B	1	1.6	1.6	0.05
B0(?)		0		4	0	0	0
B1	板	200	Q345B	192	1.8	349.7	12.16
BE-0(?)	PLATE	320	Q235B	4	7.5	29.9	0.81
BE-1	Weld Plat	280	Q235B	8	0.3	2.2	0.14
BE-2	BEAM	280	Q235B	8	0.3	2.2	0.14
CG-1	PIP32*2.5	1501	Q235B	64	2.6	166.8	9.66
CG-2	PIP32*2.5	1501	Q235B	32	2.6	83.4	4.83
CC-3	PIP32*2.5	1401.4	Q235B	32	2.4	77.9	4.51
GDL-1	BEAM	7110	Q345B	4	644.5	2578.1	63.99
GDL-2	BEAM	7110	Q345B	4	644.5	2578.1	63.99
GDL-3	BEAM	6970	Q345B	51	632.7	32267.1	801.41
GDL-4	BEAM	6970	Q345B	52	632.7	32899.7	817.12
GDL-5	BEAM	6970	Q345B	4	632.7	2530.7	62.86

型材规格	长度(mm)	净重(kg)	毛重(kg)	材质	备注
PIP102*3.5	632292	5375.5	5375.5	Q235B	RO
H300*250*8*10	33545	1744.1	1966.8	Q345B	I
H350*250*10*14	145140	11644.1	11644.1	Q345B	I
H350*300*6*12	83587	6007.7	6007.7	Q345B	I
H400*200*8*12	29570	1829.1	1829.1	Q345B	I
H400*250*8*12	22337	1505.2	1577.9	Q345B	I
H400*280*8*12	879289	64041.3	67089.7	Q345B	I
H400*280*8*14	12349	1007.3	1048.5	Q345B	I
H400*300*12*18	24404	2809.1	2903.1	Q345B	I
H400*350*14*20	11198	1598.1	1672.1	Q345B	I
H450*220*10*12	151920	11377.1	11377.1	Q345B	I
H500*250*10*14	443104	44105.7	44105.7	Q345B	I
H500*250*10*16	7920	788.2	788.2	Q345B	I
H500*350*10*16	12349	1539.4	1539.4	Q345B	I

图6

5　结束语

综上所述，利用 Tekla Structures 软件强大的三维建模、碰撞检查、创建节点、创建图纸功能提高了支撑化工设备的钢结构工程详图设计的效

率，最大程度的降低了深化设计错误。同时，对零件预制加工和现场安装具有重要指导意义。为支撑化工设备的钢结构工程的顺利实施奠定了良好的基础。

油气田地面工程数字化检测应用探讨

蒋雪松　康　军

(大庆油田三维工程检测有限责任公司)

摘　要　随着计算机技术的发展和普及，无损检测技术也发生了深刻的变革。目前，数字化检测技术在国内无损检测行业已逐步开始应用。近两年中石油在管道工程建设中加快推广应用了 CR、DR、PAUT 等数字化无损检测技术，取得了较好的成效。随着中石油"五化"工作的推进，油气田地面建设工程检测数字化移交，管理信息化目标的推进，数字化检测技术必将会逐步推广应用。本文对油气田地面建设工程数字化检测技术的应用进行了初步探讨。

关键词　油气田数字化检测，CR，DR，PAUT，推广应用

1　油气田无损检测技术应用现状

目前，油气田应用的无损检测技术主要有射线检测(胶片照相法)、超声检测(手动超声波)、磁粉检测、渗透检测等常规无损检测技术。油气田压力管道焊接接头检测方法常采用：射线胶片照相法、手动超声波检测法、渗透着色检测法；储罐类焊接接头检测方法常采用：射线胶片照相法、手动超声波检测法、渗透着色检测法、磁粉检测法。

其技术特点如下：

(1)射线检测：能检测出焊接接头中存在的未焊透、气孔、夹渣、裂纹和坡口未熔合等缺陷；能确定缺陷平面投影的位置、大小以及缺陷的性质；射线检测的穿透厚度，主要由射线能量确定。

其局限性在于：检测时间长，结果反馈慢；辐射剂量大，防护要求高；产生的废液处理难度大。

(2)超声检测：能检测出原材料(板材、复合板材、管材、锻件等)和零部件中存在的缺陷；能检测出焊接接头内存在的缺陷，面状缺陷检测出率较高；超声波穿透能力强，可用于大厚度原材料和焊接接头的检测；能确定缺陷的位置和相对尺寸。

其局限性在于：人员能力水平和经验影响对检测结果的客观性、准确性。检测数据(波形)无法记录。

(3)磁粉检测：可检测出铁磁性材料中的表面开口缺陷和近表面缺陷。

其局限性在于：对工件产生一定剩磁，对工件的后期使用造成一定影响。

(4)渗透检测：可出金属材料中的表面开口缺陷，如气孔、夹渣、裂纹、疏松等缺陷。

其局限性在于：工件的表面要求较高经常需要进行预处理来清理表面；探伤后会产出的废物会对环境造成污染，需要特殊处理。

2　油气田数字化检测技术选用

目前，油气田正全面开展数字化油田建设。为跟上油气田发展的步伐，油气田数字化无损检测工作建设的必要性及紧迫性已显现出来。而效率高、资源消耗少、环保、检出率高等优点同时也能满足高质量发展的要求。所以，推广数字化检测技术势在必行。

针对油气田地面建设工程的特点及需要，结合近几年检测公司数字化检测技术科研及应用情况，油气田检测技术数字化建议采用三种数字化检测技术：计算机射线照相技术(CR)、直接数字化射线检测技术(DR)、相控阵超声检测技术(PAUT)。其检测流程、技术特点及局限性如下：

(1)CR 技术

① 检测流程：现场数据采集、图像扫描、图像评定，出具报告。

② 技术特点：原有的 X 射线设备不需更换或改造，可直接使用；宽容度大，曝光条件易选择，对曝光不足或过度的胶片可通影像处理进行补救；可减小照相曝光量，利于辐射防护；CR 技术产生的数字图像存储、传输、提取、观察方

便；成像板能够分割、弯曲、重复使用；不使用胶片，不需要暗室处理，运行成本低，无污染环境。

③ 局限性：不能直接获取图像，必须将 CR 屏放入读取器中才能得到图像；CR 成像板与胶片一样，不能在潮湿的环境中和极端的温度条件下使用。

④ 应用及成果：编制起草了 CR 检测技术企业标准 Q/SY DQ1678-2015《钢制管道环焊缝计算机射线照相检测》；在中引水厂水源地替代工程；三元 1-8 注入一期及系统工程；杏北 1802 转油站系统工程；宋芳屯油田 808、809 区块产能建设集油注水及供电系统工程等工程中进行了推广应用。

（2）DR 技术

① 检测流程：现场数据采集、图像评定，出具报告。

② 技术特点：工件的透照检测和获得透视图像同步，检测速度快，工作效率高；不使用胶片，不需要暗室处理，运行成本低，无污染环境；检测结果可转化为数字化图像，可用电子存储器存储，调用，复制，传送。

③ 局限性：图像质量、空间分辨率、清晰度低于胶片射线照相；设备一次性投资较大，维护成本较高；需要高频射线机。

④ 应用及成果：编写 Q/SY DQ1679-2015《钢制立式储罐 X 射线数字成像检测》；参与编写《油气田地面建设工程标准化无损检测技术手册》；在中俄原油管道二线工程中进行了推广应用。

（3）PAUT 技术

① 检测流程：设备校准、编码器校准、现场数据采集、设备校验、数据评定，出具报告。

② 技术特点：实时色彩成像，包括 A/B/C/D/S 扫便于缺陷判读；检测速度快，多角度，多晶片，多视图，一次性扫查；具有更高的灵活性，适应各种焊接方式，可对复杂工件进行检测。检出率高，定量、定位精度高。扫查方式简单，便于操作和维护；检测结果受人为因素影响小，数据便于存储，管理和调用。

③ 局限性：PAUT 判读需要经过专项培训及经验积累。

④ 应用及成果：编写 Q/SY DQ0151—2016

《油气田钢制管道环焊缝相控阵超声波检测》；形成相控阵超声波缺陷评价模型 1 套；油气田管道相适应的扫查器 1 套；油气田管道焊缝相控阵检测工艺 1 份。

3 相关行业标准支持

（1）2015 年颁布实施的 NB/T47013《承压设备无损检测》的第十一部分"X 射线数字图像检测 47013.11—2015"，为 DR 检测行业的标准，2016 年又增加了第十四部分，即"X 射线计算机辅助成像检测 47013.14—2016"为 CR 检测的行业标准。

（2）SY/T4109—2020《石油天然气钢质管道无损检测》标准已发布实施，标准根据技术的发展和实际检测工作的需要，增加了计算机辅助成像检测（CR）、衍射时差法超声检测（TOFD）和相控阵超声检测（PAUT）标准分项内容。至此对油气田管道环焊缝形成了完整的 CR、DR、PAUT 技术标准，为下一步推广应用提供了标准支撑。

4 数字检测技术信息化展望

基于网络技术的发展进步，数据传输的限制正在不断弱化。数字化检测数据传输时间不断缩减。数据交汇，随着网速的提升，企业自建云服务器，内网服务器相对于外网服务器不但更加安全，而且不需要专人维护，可实现远程评审。

远程评审改变了现有的检测方式，现场操作人员只需负责数据采集及传输，评审人员及技术人员可远程进行评审，提高了检测专业化程度，同时检测效率及准确性，客观性都有较大提升。同时，可实现由建设单位、监理单位、监督单位及检测单位组成的疑难数据远程专家"会诊"系统，及时消除评定异议。

数据存储更加安全，以往的数字化检测数据都是保存在一块移动硬盘上，如果硬盘损坏，将造成检测数据的完全丢失。利用云服务器可组成磁盘冗余阵列（RAID），选取恰当的 RAID 模式可以解决磁盘损坏数据丢失的问题，使得检测数据的存储安全性更加有保障。

参 考 文 献

[1] GB/T 21355—2008 无损检测 计算机射线照相系统

分类[S].

[2] NB/T 47013.11—2015　承压设备无损检测 第 11 部分：X 射线数字成像检测[S].

[3] NB/T 47013.14—2016　承压设备无损检测 第 14 部分：X 射线计算机辅助成像检测[S].

[4] SY/T 4109—2020，石油天然气钢质管道无损检测

[S].

[5] CEN. EN 462.5—1996 Non‐destructive testing‐Image quality of radiographs Part5. Image quality indicators (duplex wire type), determination of image unsharpness value[S].

某拱顶储罐呼吸阀功效降低分析及解决措施

邵春明

(国家管网集团西部管道有限责任公司)

摘　要　呼吸阀及液压安全阀是保证拱顶油罐通气量的常配附件。文中结合储罐运行数据，利用国内外技术标准计算储罐呼吸量，进而验证储罐所配呼吸阀呼吸量，找出呼吸阀功效降低原因，提出解决措施，为后期呼吸阀安全使用提供理论依据。

关键词　拱顶储罐，通气量，呼吸阀，功效降低，解决措施

某成品油中转站有四座柴油拱顶罐（2 座 10000 方罐，2 座 20000 方罐）。各罐均配置 3 个 $DN300$ 呼吸阀、1 个 $DN300$ 液压安全阀及相配套的 $DN300$ 阻火器。检查发现罐顶液压安全阀外壁均有油流痕迹，液压安全阀配管根部均有油迹，尤其是 20000 方罐顶比 10000 方罐顶油迹明显。本文对拱顶储罐呼吸量，所配呼吸阀呼吸量进行计算分析，提出解决措施。

1 拱顶柴油储罐生产运行情况

1.1 柴油储罐收发油现状

该罐从上游分四路分批次收油（柴油密度区间 $0.823 \sim 0.855 \text{t/m}^3$），考虑到储罐呼吸量，进油总量控制在 480t/h（总共 $583.23 \sim 561\text{m}^3/\text{h}$），出油总量控制为 $600\text{m}^3/\text{h}$。

储罐中转油过程中，会出现收发油造成的"大呼吸现象"，也会因环境温度变化而出现"小呼吸现象"；此两种现象极易使储罐出现超压或真空，严重时会导致鼓罐或低压抽瘪，为预防储罐失稳，均配备液压安全阀、呼吸阀，液压安全阀设计压力比呼吸阀略高，呼吸阀失效后，液压安全阀起作用，其共同确保储罐安全使用。从现场检查出的问题判断，呼吸阀功效未有效发挥，见图1。

2 现柴油储罐的呼吸量

呼吸阀的内部结构包括呼气阀和吸气阀两部分。储罐选配的呼吸阀排气压力要小于储罐的设计正压力，进气压力要高于储罐的设计负压力。当储罐内压力升高到呼气阀设定值时，呼气阀打开，将罐内气体排入外界大气中，此时吸气阀关

图 1　储罐顶上液压安全阀外壁油流
及罐顶油流扩散的痕迹

闭。当罐内压力下降到一定真空度时，吸气阀打开，外界的气体通过吸气阀进入罐内，此时呼气阀关闭。

储罐呼吸量应至少为进出油量与其热效应引起的通气量之和。目前国家没有通用的标准算法来计算呼吸量。但对呼吸阀通气量的计算，在 SH/T3007—2014、HPIS－G－103—1997，API Std 2000—2009 中均有说明，并常被借鉴，本文结合此三个标准计算储在收发油时所需呼吸量。

柴油闪点高于 37.8℃，根据现场实际储运数据，两种储罐最大输入量为 $583.23\text{m}^3/\text{h}$、最大外输量为 $600\text{m}^3/\text{h}$，储罐所配通气阀数量、规格相同；20000m^3 罐受温度影响的热效应所发生的通气量明显比 10000m^3 罐高，因此本文仅依 20000m^3 储罐进行计算分析（10000m^3 储罐计算方法相同）。20000m^3 罐公称直径为 40m，罐壁高为 17.8m。

三种标准计算的储罐所需通气量如下：

1) HPIS-G-103-1997 规定的通气量

闪点高于 40℃ 的油品，运用下列公式：

$$Q_i = V_o + Q_t$$

$$Q_o = 1.07 V_i + 0.6 Q_t$$

式中，Q_i 为吸气时总通气量，单位为 m³/h；Q_o 为呼气时总通气量，单位为 m³/h；Q_t 为在吸气或排气时，由于天气变化引起的通气量，即热呼吸通气量，单位为 m³/h；V_i 为最大进油量，单位为 m³/h；V_o 为最大出油量，单位为 m³/h；对容积大于 3200m³ 的储罐：$Q_t = 0.61S$，S 为油罐壁板与顶板表面积之和，单位为平方米 m³。

2）SH/T 3007—2007 规定的通气量

储罐通气管或呼吸阀的通所量，不得小于下列各项呼出量之和及吸入量之和：

（1）液体出罐时最大出液量所造成的空气吸入量，应按液体最大出液量考虑。

（2）液体进罐时的最大进液量所造成的罐内液体蒸气呼出量，当液体闪点（闭口）高于 45℃ 时，应按最大进液量的 1.07 倍考虑。

（3）因大气最大温降导致罐内气体收缩所造成储罐吸入的气体量和因大气最大温升导致罐内气体膨胀而呼出的气体量，可按表1确定。

表1　储罐热呼吸通气需要量

储罐容量/ m³	吸入量（负压）/m³	呼出量（正压）/（m³·h⁻¹）	
		闪点> 45℃	闪点≤45℃
100	16.9	10.1	16.9
500	84.3	50.6	84.3
1000	169.0	101.0	169.0
5000	787.0	537.0	787.0
10000	1210.0	726.0	1210.0
20000	1877.0	1126.0	1877.0
30000	2495.0	1497.0	2495.0

3）美国标准 API std 2000 规定的通气量

闪点高于或等于 37.8℃ 的油品：

$$Q_i = 0.94 V_o + Q_t$$

$$Q_o = 1.01 V_i + 0.6 Q_t$$

Q_i、Q_o、Q_t、V_i、V_o 的含义同前；气温变化引起的通所量 Q_t 可按表2确定。

4）三个标准计算出的储罐所需通气量见表3。

从表3可见，三个标准计算出的储罐通气量有差异，但相差不大，且计算出的吸气通气量均大于其呼气通气量，因此呼吸阀吸气通气量是决定呼吸阀规格的关键因素。

表2　气温变化引起的通气量

储罐容量/ m³	吸入量（负压）/m³	呼出量（正压）/（m³·h⁻¹）	
		闪点> 45℃	闪点≤45℃
100	16.9	10.1	16.9
500	84.3	50.6	84.3
1000	169.0	101.0	169.0
5000	787.0	537.0	787.0
10000	1210.0	807.0	1210.0
20000	1877.0	1307.0	1877.0
30000	2495.0	1497.0	2495.0

表3　储罐所需通气量计算结果

储罐通气量	HPIS-G-103-1997 计算结果	SH/T 3007—2007 计算结果	API std 2000 计算结果
吸气时总通气量/（m³/h）	2729.93	2519	2441
呼气时总通气量/（m³/h）	1902.25	1709	1895.83

同时可见，HPIS-G-103-1997 计算出的吸气通气量最高，SH/T 3007—2007 其次，API std 2000 最低；显然 SH/T 3007—2007 标准计算结果适中，国内普遍采纳该标准进行储罐设计，本文依该标准计算出的吸气通气量来分析配备的呼吸阀。

3　呼吸阀的选配

3.1　储罐呼吸阀配置因素

考虑当地环境条件，该储罐配置适用气温范围在 -30~60℃ 的自重式全天候型呼吸阀。自重式呼吸阀结构见图2。

常压储罐的设计压力通常为 -500 ~ 2000Pa（G）。呼吸阀的开启压力等级分为五级，具体见表4。由表4可见，通常情况下呼吸阀的负压吸入压力设为 -295Pa 是符合绝大部分储罐的。

表4　呼吸阀开启压力分级表

等级	开启压力/Pa	等级代号
1	+355，-295	A
2	+665，-295	B
3	+980，-295	C
4	+1375，-295	D
5	+1765，-295	E

3.2　储罐所配呼吸阀的确定

根据 SY/T 0511.1—2010 对储罐现配呼吸阀

进行分析验证

储罐允许设计负压值为 500Pa，由表 3 得到储罐的要求通气吸气量为 2519m³/h，当前储罐选三个 DN300 呼吸阀，呼吸阀的吸气开启压力为-295Pa。

因此：

（1）呼吸阀开启压差 $\Delta p = 500-295 = 205$（Pa）；

（2）DN300 呼吸阀通气管的流通面积 $S = \pi \times 0.3^2/4 = 0.07$（m²）；

（3）取吸气阀与阻火器的总阻力系数 $\xi = 6.5$，该取值较保守[2]；

（4）$\because \Delta p = v^2 \cdot \xi \cdot g \cdot \rho/2g$；

$\therefore v = [\Delta p \cdot 2g/\xi \cdot g \cdot \rho]1/2$，取空气密度 $\rho = 1.2$kg/m³，则通过呼吸阀的呼吸气流速度 $v = 7.25$m/s。

（5）二个 DN300 呼吸阀的总吸气量为 $2 \cdot 3600 \cdot v \cdot S = 3 \cdot 3600 \cdot 7.25 \cdot 0.07 = 3654$m³/h。

三个 DN300 呼吸阀的总吸气量为 5481m³/h。

（6）因此根据以上计算分析，配置 2 个呼吸阀的通气量就大于储罐所需吸气量 2519m³/h 的要求。

由以上分析，可见影响呼吸阀呼吸量的因素有"呼吸阀流通面积 S、空气密度 ρ、加速度 g、通过呼吸阀的呼吸气流速度 v、吸气阀与阻火器的总阻力系数 ξ、呼吸阀开启压差 Δp"6 个；其中，"呼吸阀流通面积 S、空气密度 ρ、加速度 g"为三个定值，而主要因素就是"通过呼吸阀的呼吸气流速度 v"，此值由"吸气阀与阻火器的总阻力系数 ξ"和"呼吸阀开启压差 Δp"两因素决定，这两因素正是呼吸阀制造单位需要控制的关键。

该 20000m³ 储罐上安装二台呼吸阀，从理论计算来看，可满足储罐呼吸量要求，安装 3 台呼吸阀可防止某台呼吸阀发生故障时以备用，降低储罐可能出现的超压或负压风险，因此配备三台呼吸阀，设计配备数量合理。

3　结论

巡查发现液压安全阀外壁有油流痕迹的现象反映出储罐所配置的呼吸阀功效未有效发挥，其原因可能有以下三种：

（1）呼吸阀本体失效。呼吸阀为机械传运构件，在长年使用过程中，会因阀盘、导杆磨损，导致其功效降低，直至失效。

（2）阻火器波纹板阻火片阻塞。阻火器在长

期使用过程中，油品挥发至此凝聚，极易阻塞，导致呼吸阀呼吸量不够。

（3）储罐所配呼吸阀呼吸量不能满足储罐呼吸量要求。从上文分析可见，影响呼吸阀吸气量的是"吸气阀与阻火器的总阻力系数 ξ"和"呼吸阀开启压差 Δp"2 个关键因素。设计时，这两值是按规范取的经验值，现场所用呼吸阀实际值有待验证。

4　解决措施建议

（1）加强呼吸阀及阻火器的维护保养

严格执行《储罐操作维护保养修理规定》对呼吸阀和阻火器进行维护保养，尤其要加强季节变化前的检查维护。

（2）对呼吸阀及阻火器采取必要的防冻措施[1]

条件具备后，应对储罐的呼吸阀及阻火器采取防冻措施，当前，加强对储罐呼吸阀及阻火器的维护检查及定期保养。

（3）更新采用新型呼吸阀

更新采用新型的整体式呼吸阀，对阻火器进行维护时，仅拆险阻火器前螺栓，即可达到维护阻火器的作用。减少维护工作量、降低维护操作中的风险。

（4）加强新到呼吸阀的验收检查

目前国家还没有关于呼吸阀验收的技术标准及有效的检验手段，对新购置的呼吸阀呼吸量无有效的检验措施及依据，造成呼吸阀呼吸量控制的盲区，影响到储罐的安全管理。

（5）对拱顶罐进行结构形式改造

因拱顶罐内部结构所限，在单位时间内转输相同量的油品所发生的损耗量，明显较内浮顶罐多，些为从根本上减少油品转输过程中的损耗，可将现有拱顶罐改造为内浮顶储罐。

参 考 文 献

[1] SHT 3007-2014 石油化工储运系统罐区设计规范
[2] SYT 0511.1-2010 石油储罐附件第 1 部分：呼吸阀
[3] 日本通气设备标准 HPIS-G-103-1997
[4] 美国标准 API Std 2000-2009
[5] 张拂晓. 常压、低压储罐呼吸阀的设置、选型与计算研究. 山东化工. DOI：10.19319/j.cnki.issn.1008-021x.2015.20.049
[6] 王晓程. 常低压储罐呼吸阀呼吸量计算与设置. 天津化工. 2016.30(6).

LOPA 分析场景中 BPCS 作为独立保护层的探讨

何愈歆

（中海油安全技术服务有限公司）

摘　要　保护层分析（LOPA）方法应用导则（AQ/T 3054-2015）附录 D 中提到了 BPCS 作为 IPL 的两种评估方法，方法 A 是 BPCS 只能作为 1 个独立保护层，方法 B 是 BPCS 可以作为两个独立保护层，在实际应用中，BPCS 最多能做几个独立保护层目前还没有确定的说法，但选用不同方法将会导致不同的 SIL 定级的结果和工程设计上的不同要求，因此，有必要对导则中方法 A 和方法 B 进行探讨与分析，并采用数据计算评估 BPCS 的失效概率，为 LOPA 分析的选择提供数据支持，避免发生欠保护或过保护的功能安全设计。

关键词　保护层分析，独立保护层，要求时的失效概率，安全完整性等级，安全仪表功能

LOPA（保护层分析）是一种半定量的风险评估技术，通常使用初始事件频率、后果严重程度和独立保护层（IPL）失效频率的数量级大小来近似表征场景的风险。

一个典型的化工过程包括各种保护层，如本质安全设计、基本过程控制系统（BPCS）、报警与人员干预、安全仪表功能（SIF）、物理保护（安全阀等）、释放后保护措施、工程应急响应和社区应急响应等。

在 LOPA 分析过程中，关于 BPCS 作为 IPL 的讨论一直存在，一种观点是 BPCS 作为 IPL 最多可以有 2 个，前提是回路中的传感器和最终执行元件独立，这样至少可以消减 100 倍风险，很容易达到风险控制目标。另一种观点是 BPCS 作为 IPL 最多不超过 1 个，即 BPCS 最多只能消减 10 倍风险因子。因此，不同 IPL 的选取，SIL 定级的结果很可能相差一个等级，采用第二种观点进行 LOPA 分析，SIF 回路的 SIL 等级更高。

下面我们从规范的角度先研究 BPCS 作为 IPL 的评估方法，再通过不同逻辑控制系统能达到的失效概率来半定量的评价其风险可降低因子，以评估其实际可达到的 PFD 数值。

1　保护层分析（LOPA）方法应用导则（AQ/T 3054—2015）

保护层分析（LOPA）方法应用导则（AQ/T 3054—2015）附录 D 中关于"BPCS 多个回路作为 IPL 的评估方法"解释如下：

D.1　同一 BPCS 多个功能回路作为 IPL 的评估方法

D.1.1　在同一场景中，当同一 BPCS 具有多个功能回路时，其 IPL 的评估可使用方法 A 或方法 B。

D.1.2　方法 A 假设一个单独 BPCS 回路失效，则其它所有共享相同逻辑控制器的 BPCS 回路都失效。对单一的 BPCS，只允许有一个 IPL，且应独立于 IE（初始事件）或任何使能事件。

D.1.3　方法 B 假设一个 BPCS 回路失效，最有可能是传感器或最终控制元件失效，而 BPCS 逻辑控制器仍能正常运行。BPCS 逻辑控制器的 PFD 比 BPCS 回路其它部件的 PFD 至少低两个数量级。方法 B 允许同一 BPCS 有一个以上的 IPL。如图 1 所示，两个 BPCS 回路使用相同的逻辑控制器。假设这两个回路满足作为同一场景下 IPL 的其它要求，方法 A 只允许其中一个回路作为 IPL，方法 B 允许两个回路都作为同一场景下的 IPL。

图 1　同一场景下共享同一 BPCS 逻辑控制器的多条回路

D.2.1　同一场景下，同一 BPCS 多个功能回路同时作为 IPL 时，应满足：

① BPCS 具有完善的安全访问程序，应确保将 BPCS 编程、变更或操作上潜在的认为失误降低到可接受水平；

② BPCS 回路中的传感器与最终执行元件在 BPCS 回路的所有部件中具有最高的失效概率值。

D.2.4 如果 IE 不涉及 BPCS 逻辑控制器失效，每一个回路都满足 IPL 的所有要求，在同一场景下，作为 IPL 的 BPCS 回路不应超过 2 个。

D.2.5 所有 BPCS 回路 IPL 总的 PFD，不宜低于 $1×10^{-2}$。

通过对《LOPA 应用导则》(AQ/T 3054—2015)的解读，我们知道，如果 IE 不涉及 BPCS 逻辑控制器失效，每一个回路都满足 IPL 的所有要求，在同一场景下，作为 IPL 的 BPCS 回路不

应超过 2 个，前提条件是 BPCS 逻辑控制器的 PFD 比 BPCS 回路其它部件的 PFD 至少低两个数量级。

具体见图 2、图 3、图 4。

图 2　同一场景下不宜同时作为 IPL
的回路(共享传感器)

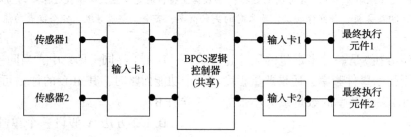

图 3　同一场景下不宜同时作为 IPL 的回路(共享输入卡)

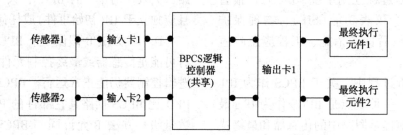

图 4　同一场景下不宜同时作为 IPL 的回路(共享输出卡)

2　BPCS 控制回路 PFD 计算

2.1　计算思路

本节假设一个 BPCS 回路，回路的安全功能为储罐液位高高联锁关闭进料阀。假设液位计采用通用型的差压液位计，控制系统选用通用型的 PLC 控制系统，进料阀采用通用型的气动球阀。通过计算，得出检测元件、控制系统和执行元件的 PFD 数值和整个回路的 PFD 数值，判断是否满足保护层分析(LOPA)方法应用导则(AQ/T 3054—2015)中 D.1.3 方法 B 的要求。

2.2　计算假设

BPCS 回路 PFD 计算是基于以下假设：

（1）仪表和控制系统的平均恢复时间 MTTR (Mean Time To Restoration)假设：24 小时；

（2）仪表的检验测试周期：1 年；

（3）现场仪表、阀门假设检验测试覆盖率：90%；

（4）本次计算不考虑冗余结构；

（5）操作模式为低要求操作模式；

（6）控制系统设计年限：15 年。

2.3　计算工具

BPCS 回路 PFD 计算采用国际权威 SIL 验证软件 EXIDA V4.8。

2.4　计算结果分析

BPCS 回路的结构如图 5 所示。差压液位计、控制系统和气动球阀相关数据均选自 EXIDA 数据库中的通用模型。

根据 EXIDA 软件的计算结果显示：虽然采用 BPCS 作为控制系统的联锁回路的 PFD 数值为 0.0679，回路达到了 SIL1 等级，但是逻辑控制系统的 PFD 数值与检测元件和最终执行元件

的 PFD 数值在同一个数量级，并不满足保护层分析（LOPA）方法应用导则（AQ/T 3054—2015）中，在同一场景下，作为 IPL 的 BPCS 回路不应超过 2 个的前提条件：BPCS 逻辑控制器的 PFD 比 BPCS 回路其它部件的 PFD 至少低两个数量级。

因此，不建议将 BPCS 考虑为 2 个独立保护层消减风险，即当初始事件是 BPCS 失效时，BPCS 不能再作为独立保护层。如表 3 的结果显示：如果 LOPA 定级的 SIL 等级确实过高，需要两个 BPCS 作为独立保护保护层消减风险时，建议逻辑运算器采用取得专业第三方认证的系统，并要求逻辑控制系统的 PFD 达到 SIL3 并且实行 SIS 系统的运维管理。

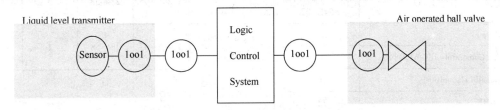

图 5　液位高高联锁回路的结构

表 1　液位高高联锁 BPCS 回路 PFD 计算结果

SAFETY INSTRUMENTED FUNCTION PERFORMANCE			PFDavg	MTTFS	SIL Limit	
					AC	CAP
Target SIL	TBD					
Target RRF	TBD					
Achieved SIL	–		Sensor Part	1.29E-02	99.27	1	0
PFDavg	6.79E-02					
SIL（PFDavg）	1		Logic Solver Part	2.17E-02	85.5	1	–
SIL（Arch. Constraints IEC 61508）	1					
SIL（Systematic Capability）	–		Final Element Part	3.49E-02	236.58	1	0
Achieved RRF	14.7					
MTTFS（years）	38.47					
Remarks	The SIF operates in Low demand mode.					

表 2　采用 SIL2 等级逻辑控制液位高高联锁回路 PFD 计算结果

SAFETY INSTRUMENTED FUNCTION PERFORMANCE			PFDavg	MTTFS	SIL Limit	
					AC	CAP
Target SIL	TBD					
Target RRF	0		Sensor Part	1.09E-02	98.98	1	0
Achieved SIL	0					
PFDavg	4.70E-02		Logic Solver Part	1.69E-03	9.26	2	2
SIL（PFDavg）	1					
SIL（Arch. Constraints IEC 61508）	1		Final Element Part	3.49E-02	236.58	1	0
SIL（Systematic Capability）	0					
Achieved RRF	21.2					
MTTFS（years）	8.18					
Remarks	The SIF operates in Low demand mode.					

表3　采用 SIL3 等级逻辑控制液位高高联锁回路 PFD 计算结果

SAFETY INSTRUMENTED FUNCTION PERFORMANCE			PFDavg	MTTFS	SIL Limit	
					AC	CAP
Target SIL	TBD					
Target RRF	0	Sensor Part	1.09E−02	98.98	1	0
Achieved SIL	0	Logic Solver Part	3.24E−05	284.38	3	3
PFDavg	4.54E−02	Final Element Part	3.49E−02	236.58	1	0
SIL（PFDavg）	1					
SIL（Arch. Constraints IEC 61508）	1					
SIL（Systematic Capability）	0					
Achieved RRF	22					
MTTFS（years）	56.03					
Remarks	The SIF operates in Low demand mode.					

3　结论与建议

BPCS 逻辑控制系统的 PFD 数值很难达到比检测元件和最终执行元件的 PFD 数值高两个数量级的要求,并不满足保护层分析(LOPA)方法应用导则(AQ/T 3054—2015)中,在同一场景下,作为 IPL 的 BPCS 回路不应超过 2 个的前提条件。

因此,当初始事件是 BPCS 失效时,BPCS 不能再作为独立保护层。如果 LOPA 定级的 SIL 等级确实过高,需要两个 BPCS 作为独立保护保护层消减风险时,建议逻辑运算器采用取得专业第三方认证的系统,并要求逻辑控制系统的 PFD 达到 SIL3 并且实行 SIS 系统的运维管理。

参　考　文　献

[1] 刘昌华. 保护层分析中的独立保护层探讨[J]. 安全、健康和环境, 2011, 11(11): 42-45.
[2] 保护层分析(LOPA)方法应用导则(AQ/T 3054-2015).
[3] 阳宪惠, 郭海涛. 安全仪表系统的功能安全[M]. 北京: 清华大学出版社, 2007.
[4] Functional safety of electrical/electronic/programmable electronic safety related system IEC61508-2010

LNG 接收站 DCS 系统国产化升级

吴　凡

（中石油大连液化天然气有限公司）

摘　要　随着国内天然气应用越来越普及，LNG 接收站的发展速度也是突飞猛进，但 LNG 接收站的核心控制系统严重依赖国外厂商，这对国内 LNG 接收站安全运行产生严重影响，并且造成系统建设及维护成本高等一系列问题。中油龙慧公司基于中国石油自主知识产权的监控软件 EPIPEVIEW，参与到大连 LNG 接收站自控系统升级改造项目中，对于国内发展 LNG 接收站项目具有重大意义。

关键词　LNG，LNG 接收站，DCS，国产化

LNG 接收站自控系统负责监视整个 LNG 接收站的生产工艺流程，并通过对阀门、泵等设备的控制，改变生产工艺流程，满足生产需求。为了保证 LNG 接收站的安全高效运行，需要对 LNG 接收站自控系统进行国产化技术改造，解决自控系统严重依赖国外厂商、系统封闭、智能化改造困难等问题。

1　LNG 接收站自控系统国产化升级改造需求

1.1　LNG 接收站安全运行的需要

自控系统硬件和软件严重依赖国外厂商，存在系统后门，售后服务不及时，自主维护困难等一系列问题，这些问题严重影响 LNG 接收站的安全运行。"自主可控"的自控系统是实现 LNG 接收站安全运行的基础，见参考文献[1]。

1.2　LNG 接收站高效运行的需要

目前 LNG 接收站自控系统存在架构封闭、数据共享困难、智能化改造困难等问题。迫切需要进行数据共享、数据分析、智能操作支持、智能维护等国产化技术改造，实现科学决策、智能操作、管控一体的设智能 LNG 接收站建设目标。

1.3　节省系统建设和维护成本的需要

长期以来，LNG 接收站自动化系统为国外产品所垄断，由于国内没有相关替代产品，产品价格居高不下，服务未能达到要求，很多本该开放的技术却被国外公司牢牢抓在手里，很多二次开发和个性化的需求若有开放接口我们完全可以自行实现，但由于其不合理的技术保密机制，我们无法自主实施，只能委托国外公司提供服务，收费又非常高昂。

1.4　提升技术和管理水平的需要

通过参与升级改造，将促进中国石油建立自己的 LNG 软件研发、工程实施、运营和维护的专业队伍，经过项目历练，提升自己队伍在软件研发技术水平，提高工程建设和系统维护水平，为中国石油 LNG 接收站的安全、稳定和高效运行提供有力的支持。

通过参与升级改造，形成一系列行之有效的产品研发、系统建设、系统维护相关的标准和管理制度，见参考文献[3]，提升 LNG 接收站自控系统管理水平。

升级改在的核心工作是对 LNG 接收站自控系统进行国产化安全升级改造，实现对国外自控系统的国产化替代，主要工作内容包括：DCS 系统升级改造、配套系统升级改造、控制网安全改造、自控系统数据共享安全升级、配套设施改造，如图 1 所示。

2　LNG 接收站自控系统国产化升级改造内容

2.1　DCS 系统自动化监控软件升级

对 DCS 系统自动化监控软件部分进行更换，更换后操作员可通过自动化监控软件的客户端对 LNG 接收站进行生产过程实时监视和控制，历史数据、报警、报表等均使用更换后软件提供的功能。

2.2　控制功能优化

根据调研，目前接收站根据《LNG 接收站工艺运行优化及节能研究技术报告》研究成果，采用操作员手工操作执行的方式执行部分节能优化的操作，并未实现 DCS 系统的自动化控制。

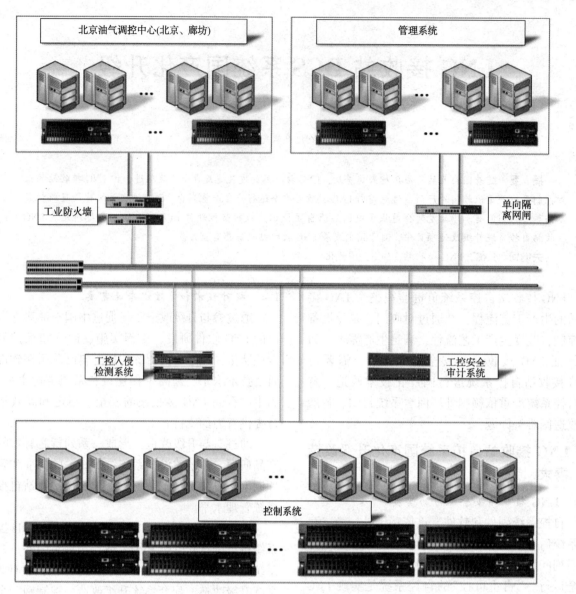

图 1　控制网安全改造

升级改造可在不涉及现场工艺条件改动的情况下，对新建系统予以编程实现，达到对节能优化操作的自动化操控，既可保证节能优化功能全面执行，又可将操作员精力释放出来更加专注生产的安全管控。控制功能优化不在 C300 控制器中实现，采用自动化监控软件拓展功能的方式运行在新系统中，并形成控制功能优化拓展的平台，便于后续其他运行控制功能优化功能的扩展。

2.3　控制网安全改造

生产控制区内部署入侵检测系统，对工业控制系统提供入侵检测、病毒检测和事件告警，支持针对工控环境常用协议如 modbus TCP、profinet/profibus、IEC - 61850 协议标准、IEC - 60870 - 5 协议标准、C37.118 协议、DNP3、

ICCP 等通用标准协议进行识别。

生产控制区内部署工控安全审计系统，对工业控制系统提供安全审计和事件告警，包含异常操作告警审计等功能。支持针对工控环境常用协议如 modbus TCP、profinet/profibus、IEC - 61850 协议标准、IEC - 60870 - 5 协议标准、C37.118 协议、DNP3、ICCP 等通用标准协议进行识别，见参考文献[2]。

在生产控制区部署防病毒系统，提供实时和定时检测、清除病毒功能；支持管理员通过控制台，集中地实现所有节点上防毒软件的监控、配置、查询等管理工作；提供电脑安全边界防御功能；提供软件禁用功能。通过在系统服务端上进行离线统一升级，保证了所有客户端计算机的病毒库升级和漏洞修复。

2.4　自控系统数据共享安全升级

在虚拟化云平台上部署一套共享数据管理套件，与自动化监控软件构成数据镜像系统，实现自控系统数据在管理网上的共享。控制网通过单向网闸把数据传输到管理网，如图 2 所示，数据镜像系统为各种第三方信息化系统提供生产运行数据。数据镜像系统具备 10 万点 I/O 的历史数据管理规模，作为未来智慧化工厂建设的工厂级数据仓库。

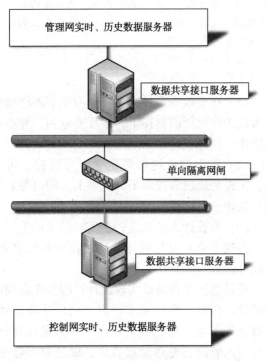

图 2　数据共享安全升级

3　改造后的效果

DCS 自控系统由监控系统软件、控制系统硬件系统(工艺控制器、安全仪表控制器、火气控制器、第三方 PLC 系统等)构成。监控系统软件为系统核心，其与控制系统硬件系统通讯实现数据采集及命令下发，通过监控系统软件的客户端，实现生产过程监视和控制。系统改造后，将采用中石油自主知识产权的自动化监控软件 EPIPEVIEW 作为整个 DCS 系统的监控系统软件，替代 HONEYWELL 公司 EPKS 软件，实现对工艺控制器 C300、安全仪表控制器 SM QPP、火气控制器 SM QPP、第三方 PLC 系统的数据采集与控制。EPIPEVIEW 客户端与服务端交互，实现 LNG 接收站生产过程监视和控制。

3.1　数据采集

升级改造的 EPIPEVIEW 系统接入的控制系统按照类型分包括：DCS、SIS、FGS，按照位置分包括：主控室（CCR）、码头（JCR）、槽车（GCR）。

3.2　生产过程监视

生产过程监视采用总览和工艺区细分相结合的监视方式，系统提供不同监视画面间的快捷跳转，便于调度人员根据生产实际情况在不同的工艺区之间跳转，实时跟踪生产实际状况。为了提高调控效率，1 台操作员工作站配置 4 面显示器，操作人员可以同时监视 4 个画面。系统实现了装/卸船、储罐、低压泵、BOG 压缩、再冷凝、高压泵、ORV 汽化、SCV 汽化、外输等全生产流程的监视。

3.3　设备控制

项目完成了泵、电动阀、调节阀、压缩机、温度、压力、流量、累计量、液位等共 340 多台的开关和调节设备控制调试。

4　结束语

LNG 接收站自控系统国产化升级改造项目是基于中国石油自主知识产权的监控软件 EPIPEVIEW，结合 LNG 接收站自控需求，开发了 DCS 监控系统软件、计量撬监控系统软件、SIS 监控系统软件、FGS 监控系统软件等系列 LNG 接收站自控系统软件，完成国外 HONEY-WELL 的相应软件国产化替换升级改造，实现 DCS 工艺系统、SIS 系统、FGS 系统及第三方配套系统数据采集及下行控制，完全替代国外自控系统对 LNG 接收站进行实时监视控制，已达到国外 LNG 接收站自控系统水平。

参 考 文 献

[1] 邓红霞. DCS 集散控制系统设计组态及应用[D]. 上海：华东师范大学，2009

[2] 徐飞，仇志敏，张正斌. DCS 系统中 DCS 系统设计及先进控制应用[J]. 电子世界，2014，02.

[3] 刘宇超. 液化天然气生产中 DCS 控制系统应用分析[J]. 中国科技投资 2016，17：270-270.

工程项目设计过程管控信息化的思考

侯琳琳

（中国昆仑工程有限公司辽阳分公司）

摘　要　工程项目设计过程管控信息化的目标是整合设计资源，实现"以人为核心"向"以数据为核心"的转变，使设计过程由松散型向可控性转变。在不改变设计人员工作习惯、不增加设计人员工作负担的前提下，实现专业内、专业间的协作，提高设计团队效率；实现设计过程可记录、可管控、可追溯，在提高质量管控水平的基础上，为设计人员创造一个实时共享、协同有序的生产环境。

关键词　工程项目，设计过程管控，信息化

工程设计是一种创造性的脑力劳动，相比其它行业有一定的特殊性，主要体现在设计生产任务急、工期紧、变化快、服务多等特点，所以造成在实际生产管理中存在若干问题。具体表现在：

（1）按照传统设计生产习惯，设计任务繁重造成设计效率低下，设计质量下降；

（2）设计过程口头传达或电话沟通，出现了问题后很难分清责任，互相推诿扯皮；

（3）项目分布地域广泛，大量人员频繁出差，进一步降低设计效率，经常出现延期交图现象；

（4）质量管理与实际生产两张皮，体系要求与设计过程的管理出现脱节现象，事后补单相当普遍，重复劳动，还易出现错漏；

（5）设计成果资料都存放在每个员工计算机上，由于硬盘损坏图纸丢失造成的巨大损失难以计算；

（6）由于信息不透明，过程不透明，管理人员很难真正了解项目真实进度，无法实现真正意义上的实时监管。

这些问题客观存在于设计企业的生产管理中，极大地影响了生产效率和生产质量，迫切需要引入全新的管理手段来解决这些问题。

1　设计过程管控信息化的管理目标

设计过程管理信息化的实施目标是整合设计资源，实现"以人为核心"向"以数据为核心"的转变，使设计过程由松散型向可控性转变，设计过程管控平台的设计思想和实现思路主要体现在：

（1）在不改变设计人员工作习惯、不增加设计人员工作负担的前提下，实现专业内、专业间的协作，提高设计团队效率。

（2）实现设计过程可记录、可管控、可追溯，在提高质量管控水平的基础上，同时为后续项目实现一键归档奠定数据基础。

（3）为设计人员创造一个实时共享的生产环境，实现专业互提与设计验证过程全程信息化，为设计打造协同有序的环境。

设计管控平台需要实现设计过程全生命周期的管理，包括：产品要求评审、项目立项管理、项目任务下达、项目成员任命、外来资料管理、设计输入管理、专业互提管理、成品校审管理、设计方案评审、设计变更管理、出版发行管理、一键归档管理等，同时需要图纸在线批阅、图纸批量签名等技术攻关。

2　设计过程管理信息化的主要功能

就目前工程项目的设计手段而言，CAD 版本越来越高、网络速度越来越快，单机配置越来越高，个人效率明显提高，在团队效率上，却没有明显提高，设计过程管控平台的首要任务就是提升团队设计效率，在此基础上进一步规范设计过程，提升设计成果的质量。主要功能包括：

（1）设计文件管理

设计文件管理是一个长期困扰设计生产和设计人员的难题。利用设计过程管控平台，帮助设计人员把图纸文件，按项目、按阶段、按专业的任务结构进行集中分类管理，一方面加强了文件的安全保障，另一方面为实现共享和协同提供了基础条件。

（2）文件版本管理

实现图纸文件的版本管理。系统自动管理文件版本，实现版本追溯性、过程追溯性、以及不同版本的识别问题，便于跟踪文件不同版本的演变过程和变化历史，当一个文件版本发生变化后，快速判断两个版本之间的差别，快速比较两个版本之间的差异点。

（3）标准图框管理

在资源中心统一管理各专业的标准图框，设计人员在应用时，可以方便下载。设计人员在新建图纸时可以方便地引用最新的图框，保证图框的标准化，自动按照标准对图纸进行图框、图签的规范性检查。

（4）设计任务管理

建立设计任务中心，利用设计过程管控平台，对设计任务进行主动推送、消息提示、跟踪督办，使设计过程透明、设计进展透明，可以对办理过程进行记录和追溯。

（5）专业互提管理

利用设计过程管控平台，实现专业互提的验证过程，做到互提活动的可跟踪、可记录、可追溯。条件互提时能够判断需要接收资料专业，防止遗漏；可以自动匹配各环节的验证人员和接收人员；提出和接收过程中均有详细的痕迹记载。

（6）文件校审管理

利用设计过程管控平台，实现设计文件从设计、校对、审核、审定、会签全过程的校审验证管理，实现文件的在线批阅功能，在校审过程中可以填写校审意见，实现网络化校审。

（7）质量评定管理

利用设计过程管控平台，实现质量评定与设计验证的同步与统一，及时、全面、准确获取专业质量动态，实现错误类别、级别的判定和分析，对设计质量实时评定、统计和分析。

（8）文件签署管理

利用设计过程管控平台，实现图纸文件的批量自动签名。文件批量自动签署一方面可以减轻传统的手工签署工作量，另一方面签字任务和签名动作有历史记录，便于后续追溯。

（9）变更升版管理

利用设计过程管控平台，实现设计变更、设计升版的控制与记录，实现变更申请、变更审批、设计变更、变更验证的过程管理，同时需要对专业变更进行统计和分析，有效地加强工程设计的变更管理。

（10）打印出版管理

利用设计过程管控平台，实现成品、半成品文件的打印出版过程管理，实现出版过程的控制与记录，并自动按照各类出版要求和份数，对打印出版费用的自动计算和统计。

（11）设计进度管理

利用设计过程管控平台，实现项目、专业的进度的实时、动态管理，实现进度情况统计，对设计过程中任务按计划完成、未按计划完成、无计划分类形成动态报表。

（12）一键归档管理

利用设计过程管控平台，为后续文件的归档奠定数据基础和分类结构。按照电子文件归档时机、归档范围的要求，自动按照项目、阶段、子项、专业的组织目录，实现一键自动归档。在保持过程文件和成果文件的历史联系和技术联系的基础上，保证归档数据的完整性、及时性和准确性。

3　设计过程管控信息化的实施策略

随着市场竞争的日益加剧，设计企业普遍面临更大范围、更加严格的市场考验，特别是中小设计企业，在求生存、求效益、求发展的压力下，如何应对和破解设计管理中长期以来的困扰和矛盾？要解决管理中的疑难问题，根本的出路在于实现管理思路创新，实现管理手段创新，从信息化入手。在实施过程中，共同分享以下几点实施策略：

（1）创新的源泉在于实践

创新的源泉在于实践。设计过程管控信息化的规划和建设，必须从管理思路创新的高度、从管理手段创新的层面进行探索和实践，以解决现实问题为导向，既不能贪大求全，也不要贪大求洋，以"实用"为原则，以"能用"为标准，用起来是硬道理。系统的体系建设需要一个长期的积累过程，必须坚持"统一规划、分步实施、突出重点、追求实效"的原则，循序渐进，久久为功，经过多年的积累和发展，才能形成一个主动的、良性的生态体系，为设计生产和设计管理提供强有力的支撑和保障。

（2）信息的力量在于集成

信息的力量在于集成，集成才能体现优势，集成才能发挥优势，设计过程管控的信息化建设只有坚持"平台化、集成化、工具化"的思想，才能充分发挥信息化的作用。设计企业的管理会产生大量的信息，例如经营信息、人事信息、资质信息、负荷信息、策划信息、进度信息、过程记录、设计文件、出版信息、工时信息等。这些数据必须与设计过程管理集成应用，才能形成完整的信息链，如果做不到数据集成、信息集成、功能集成和过程集成，将会从根本上削弱和失去信息化的助推力量。

（3）系统的生命在于服务

三分软件，七分管理。设计过程管控信息化的系统建设，不是单纯购买和简单引进一个软件，而是一个与管理改革和管理提升不断互动、相互支撑的过程，不可能一蹴而就，也不可能一劳永逸。系统的生命来源于不断的实施服务，服务的质量和水平，直接决定着平台的生命力，选择一个懂设计管理、有经验、负责任的开发团队，系统实施才能少走弯路或不走弯路。系统只有不断地积累与提高，不断地继承与发展，设计过程管控水平的提升才能具备一个主动的良性的生态条件。

参 考 文 献

[1] 蔡淦. 协同设计在建筑设计中的应用[J]. 建筑工程技术与设计, 2015, (27): 341-341.

[2] 刘焕新. 过程管理方法在企业中的应用[J]. 企业家天地, 2008, (04).

[3] 施进发, 李济顺, 焦合军. 面向网维化制造的中小企业协同设计系统研究[J]. 制造技术与机床, 2008, (12): 43-47.

智能化工程事故复杂预报模型的构建

郑鹏飞　王国瓦　胡　伟　陈　慧　买　振　侯向辉　杨先茂

（中国石油塔里木油田公司）

摘　要　钻井现场应用综合录井进行钻井工程事故预警是一个长期、连续的过程，关键参数的细微变化往往就是事故发生的前兆。但受技术水平的限制，单纯依靠人工和简单的参数监测很难准确预告事故，这就需要事故预警需要自动进行，能够具有"人类"的智能判断。为解决这一问题，塔里木油田录井科研人员以模糊理论为基础，根据工程事故发生的规律，运用模糊数学、统计理论建立起智能化工程事故复杂预报模型，从而实现实时工程事故预警。

关键词　录井技术，模糊理论，事故复杂，人工智能，预报模型

实现钻井事故及复杂情况的智能化预报，需要在分析大量综合录井现场数据和信息的基础上，总结出一套完整有效的事故异常预报方法，在工程事故发生的早期，给出一定程度或一定意义上的报警，控制事故的发展，最大限度地减少损失。钻井事故本身具有很大的不确定性和随机性，应用模糊理论解决无疑是很好的解决方案，根据工程事故发生的规律，运用模糊数学、统计理论建立起工程事故复杂预报模型，从而达到实时工程事故预警的目的。模型算法的核心是要判断出参数发生的异常，根据工程事故判断时所需参数的不同组合，把异常参数数据送入既定公式，然后对工程事故复杂进行模糊推理，最后得出异常预报结论。

1　基本工作原理

事故推理过程是用参数变化量经过模糊化产生模糊异常变量去激活模糊推理规则（图1），最后利用模糊数学可加性原则得出事故隶属函数形态的最小化叠加结果，从而得到事故程度的过程。

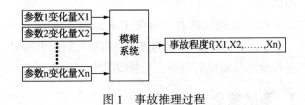

图1　事故推理过程

2　参数异常判断

参数异常判断可以说是整个系统的核心，判

断结果的正确与否关系到后面工程事故复杂预报的成败。但是由于原始的采样数据中往往包含了过多的干扰数据，这些因素大大影响了事故预报的准确性，所以对于大多数工程事故复杂来说更有效的判断依据是各种参数的不同特征量。

2.1　特征量

所谓特征量，就是对由录井仪采集的传感器参数和重要派生参数进行处理和分析得来的二次变量；特征量也可以是传感器参数和重要派生参数经过滤波后的原始值。我们目前提出的特征量主要包括：

原始值——指的是参数的实际采样值经过滤波后的数值；对于那些工程事故发生的瞬间就有异常表现的工程参数（例如：用来进行判断钻具断的参数大钩负荷等）可以直接用其原始值来进行异常判断。

短期均值——为避免个别采样点的影响，对于那些工程事故发生后一定周期内有缓慢、持续异常表现的工程参数（例如：判断井涌的总池体积等）可以用其短期均值来进行异常判断。

变化率——反映趋势性异常变化最直观的特征量，例如：钻具刺漏事故发展时期的立压变化，表现为维持一定的下降率。

振幅值——主要用于从参数震荡异常的判断来预报相应的工程事故。例如：对扭矩异常的判断，常采用对其振幅值的连续观测分析。

2.2　参数异常判断方法

参数异常判断的主要思路是实时观测参数特征量的变化趋势，当该特征量超出设定的正常变化范围时，认为该参数发生了异常。

对于不同的特征量，采用统一的异常判断的方法，现在以原始值的异常判断为例，对该方法作一下简要说明。异常判断过程：根据参数当前的特征量值动态计算该特征量的均值；然后利用均值和预先设定好的参数特征量阈值得出参数特征量正常变化的范围；最后用当前的特征量值与该范围上下限进行比较，在当前的特征量值超出范围上下限时我们认为参数变化异常(图2)。

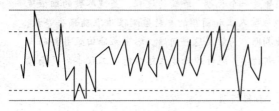

图 2　参数异常判断图

2.3　均值计算方法分析

如图3所示，塔里木油田 LG X 井部分总池体积的曲线图，分析方法是把数据库中所有钻进状态的总池体积连接在一起。

整个数据的均值、上下阈值以及整体趋势等都能够满足数据的变化趋势。对其他数据库的其他参数作相同的分析后发现，在不漏报的原则下，这种均值计算方式能够坚持参数数据的均值正常，反映数据的变化趋势，满足数据分析要求。

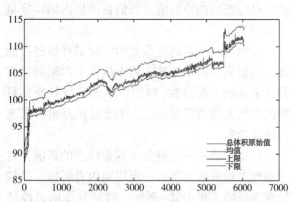

图 3　LG X 井整口井同一钻井状态数据加矩形窗，窗体内求均值

2.4　相关参数分析

在进行参数异常判断前，有如下几项参数值需根据历史数据分析确定：计算均值的窗体长度、参数特征量的上下限阈值以及认为参数异常的异常数据个数。由于这几个方面参数值的确定是相辅相成的，所以在分析数据时要遵循提高参数异常判断的准确性和灵敏度的原则，通过反复重复下述过程，争取找到最佳方案。

a) 首先根据正常数据设定一个默认的上下

限阈值、窗体长度。

b) 分析异常的数据段数、每段异常数据的个数。

c) 调整阈值，保证能够最大限度地报出异常数据个数。

d) 扩大窗体长度，观察异常数据的个数没有减少。

e) 如果数据异常的个数基本不变，保持阈值系数不变，改变窗体长度到异常数据个数开始减少。

f) 保持窗体长度不变，求取当前窗体长度下合理的阈值。

g) 保持新的阈值不变，修改窗体长度至异常数据个数变少。

h) 反复进行上述步骤，直至找到最佳的窗体长度和阈值。

当然，上述分析过程是一个离线的分析过程，以提供参数异常判断的某些关键参数值。

2.5　参数设置调整

利用上述方法仅限于我们对历史数据的分析，从而为系统提供一套默认值，但是为了提高系统在现场的适用性，用户可以根据现场实际情况对这些值进行调整，对异常判断所需的参数设置重新进行定制。

通过对历史数据实际情况的分析发现：对于求特征量均值的窗体长度和异常判断的数据点数基本可以保持不变。

由于不同井场情况传感器安装及使用方法等问题，参数数据的波动范围不尽相同，所以要进行调整的通常是参数的上下限阈值，对于这些阈值在软件实现时以用户能够理解的方式呈现，用户可以根据现场的实际情况进行相应的定制，可以采用以下几种方法：

(1) 根据现场的实际情况和自己的经验对这些参数进行微调，直至到合适的参数值。

(2) 参照软件提供的实时曲线，利用软件提供的设置工具进行调整。

(3) 采用软件自动分析出来的参考阈值。

(4) 利用软件提供的离线分析软件对历史数据进行分析从而得出适用于当前情况的上下限阈值。

3　事故复杂模糊推理

经过前面对参数异常的预报，接下来就是要对这些参数异常进行模糊推理，看是否发生了工程事故复杂。

模糊推理过程是根据异常参数的组合，将组合内所有异常参数的异常值送入统一的模型进行模糊处理，然后根据结果进行工程事故的预报。

为了给用户足够的事故模型创建空间，将采用统一的模糊模型和模糊处理方式。只需根据异常参数特征值的映射，就可以把参数的异常特征值送入到统一的模糊模型进行模糊处理。

3.1　工程事故复杂模型定制

在系统运行之前，除了参数异常判断部分需要用户对求均值的窗体长度等参数进行设置外，也要对工程事故复杂的模型进行定制。

由于在模糊处理部分，采用映射的方式把不同异常参数特征量的不同变化范围归一到了统一的区间，然后采用统一的隶属函数、判别规则等进行模糊推理，整个推理过程不受外部干扰，所以我们可以把模型的创建完全开放给用户，从而实现定制模型的功能。这里所说的模型创建就是要指定相应钻井状态下工程事故的名称，判别该工程事故的参数，各判别参数的特征量，各判别参数特征量的变化特征、异常变化的范围等。

模型创建是建立在专家经验和数据分析基础上的，就是要根据收集来的专家经验和通过数据分析建立一套默认的事故模型，在实际应用过程中可以根据实际情况进行修改。

3.2　异常参数特征值的映射

（1）映射原理

映射就是把不同参数异常特征值的不同变化区间变换到模糊模型隶属函数所要使用的统一数值区间，异常数据判断函数特征值的映射是采用统一模糊模型的基础，也是事故模型"方案型设计"的基础。映射区间表明了参数异常的大小程度，例如：映射区间为[0 10]时，0代表参数异常程度最小，10代表参数异常程度最大。

（2）映射关系确定

映射关系即是前面所说的映射函数；在进行映射时，需要先根据判断函数特征值的特点以及专家的实际经验确定以下几项：

- 异常参数特征值的范围[Xmin Xmax]；
- 映射区间[Tmin Tmax]；
- 映射函数：现在默认采用直线函数；

在以上几项确定好以后，映射系数即可以随之确定，在实际运算过程中直接利用映射系数进行映射即可（图4）。

以立压为例：超过上限（例如：10Mpa）一定

量（例如：0.1Mpa）时认为立压已经开始异常上升，超过上限很大（例如：3Mpa）时认为立压异常上升程度已经最大，此时可以确定立压异常上升的取值区间为[0.1 3]；假设我们要采用的映射区间为[0 10]；就要上述区间[0.1 3]通过函数关系转换到映射区间[0 10]上，从而确定映射系数。

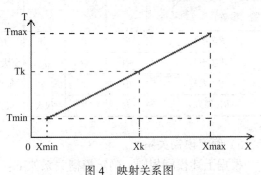

图4　映射关系图

3.3　映射关系调整

当事故最终的预警结果与实际不相符（高报或者低报）时，通常就要来调整映射的函数关系，从而使将来的预报更接近实际情况，这一调整过程可以在自学习阶段来完成。

4　两个异常变量的模糊推理

设计步骤：确定论域、确定论域上的模糊子集、确定隶属度函数、建立模糊控制规则、计算模糊关系 R（或者 R_A，R_B）、模糊推理和解模糊。

1）定义论域

输入：$X = \{0 \sim 10\}$；$Y = \{0 \sim 10\}$

输出：$Z = \{0 \sim 10\}$

2）定义论域上的模糊子集

输入：$A_i(i = 1, 2, 3, 4)$语言值：小，中，大，很大；

$B_j(j = 1, 2, 3, 4)$语言值：小，中，大，很大；

输出：$C_k(k = 1, 2, 3, 4)$语言值：小，中，大，很大；

3）定义隶属度函数

函数图形见图5。

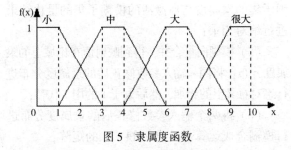

图5　隶属度函数

4）定义模糊规则

模糊规则见表 1。

表 1　模糊规则定义表

模糊规则 输入 A_i（输入参数） 输入 B_j（输入参数）	A_1（小）	A_2（中）	A_3（大）	A_4（很大）
B_1（小）	小	中	中	大
B_2（中）	中	中	大	大
B_3（大）	中	大	大	很大
B_4（很大）	大	大	很大	很大

5）确定模糊关系

根据上述模糊规则，确定模糊关系如下：

$R_1 = A_1 \times B_1 \times C_1$　$R_2 = A_1 \times B_2 \times C_2$　$R_3 = A_1 \times B_3 \times C_2 \cdots\cdots$

$R_{14} = A_4 \times B_2 \times C_3$ $R_{15} = A_4 \times B_3 \times C_4$ $R_{16} = A_4 \times B_4 \times C_4$

$$\underset{\sim}{R} = \bigcup_{i=1}^{16} \underset{\sim}{R_i}$$

6）量化模糊子集

将隶属度函数以矢量形式表示；

7）计算模糊关系 R

（1）求解 R1，即 A1×B1×C1；

（2）最后将 R1～R16 进行模糊合成运算，从而求出总的模糊关系 R。

8）实时推理

（1）利用"单值隶属度法"对两个输入参数进行模糊化：根据前面定义的隶属度函数，将映射值转变成所定义的模糊子集。

（2）根据两个映射值转换后的子集找到该映射值所激活的模糊子集的语言值：前面定义的模糊子集 1、2、3、4 分别对应语言值小、中、大、很大，那么如果相应位隶属度的值大于 0，则说明该模糊子集的语言值被激活；

（3）找到所激活语言值在论域上的量化结果（隶属度分布）；

（4）进行模糊真值修正：将映射值激活的模糊子集的隶属度与所激活的模糊子集的量化结果进行绝对相乘；

（5）模糊向量合并，得到映射值在论域上的隶属度分布：将同一输入参数修正后的隶属度分布进行绝对意义上的相加，然后大于 1 的用 1 代替；

（6）将两个输入参数修正后的隶属度分布进行模糊合成运算，生成一 11×11 的矩阵；

（7）将上一步的结果改写成行向量的形式，

结果是 1×121 的行向量；

（8）将上一步生成的行向量(1×121)与前面得出的模糊关系 R(121×11)进行模糊向量合并(类似于矩阵相乘，前矩阵的列数必须等于后矩阵的行数)，合并后的结果仍为一行向量(1×11)。

9）解模糊

前面实时推理的最终结果为一行向量，它即为一个异常变量经模糊推理后得到的该激活事故的隶属度在论域{0，1，2，3，4，5，6，7，8，9，10}上的分布值，然后再用适当的解模糊即可得到该事故在该论域上所对应的精确值。解模糊即是把行向量转变成一精确值的过程，方法有多种，如最大隶属度法、重心法以及系数加权平均法等。

（1）最大隶属度法

这种方法非常简单，直接选择输出模糊子集中隶属度最大的元素作为输出；如果有多个相邻元素的隶属度值为最大，则取它们的平均值作为输出。最大隶属度法适用于隶属度值最大的元素相邻的情况，优点是能够突出主要信息，计算简单，缺点是很多次要信息被丢失。

（2）重心法

重心法是取模糊隶属函数曲线与横坐标所围图形面积的重心值作为输出值，计算公式如下：

对于连续域：

$$\bar{y} = \left[\int_s y\mu_B(y)\,\mathrm{d}y \right] \Big/ \int_s \mu_B(y)\,\mathrm{d}y$$

对于离散域：

$$\bar{y} = \left[\sum_{i=1}^{l} y_i\mu_B(y_i) \right] \Big/ \sum_{i=1}^{l} \mu_B(y_i)$$

式中，y 为离散点，相当于论域；μ_B 为各元素对应的隶属度值；

重心法也称中位数法、质心法或者面积中心法，是所有解模糊化方法中最合理、最流行和引人关注的方法，它包含了输出模糊子集所有元素的信息。

（3）系数加权平均法

系数加权平均法是将输出量模糊集合中各元素进行加权平均后的计算值作为输出值，计算公式如下：

对于连续域：

$$\bar{y} = \left[\int_s y\omega(y)\,\mathrm{d}y \right] \Big/ \int_s \omega(y)\,\mathrm{d}y$$

对于离散域：

$$\bar{y} = \left[\sum_{i=1}^{l} y_i\omega(y_i) \right] \Big/ \sum_{i=1}^{l} \omega(y_i)$$

其中：y 为离散点，相当于论域；ω 为权系数（当 ω 取各元素对应的隶属度值时，该方法相当于重心法）；

加权平均法适合于输出模糊集的隶属函数是对称的情况，在模糊控制系统中应用较广泛。

10）预警结果输出

将上述得到的精确值转换成模糊语言变量，即可得到事故的等级。

由先前所定义的各模糊子集（语言变量）的区间，看当前解模糊得出的精确值落在哪一个区间，就进行工程事故相应异常程度的预报。

根据上述预报方法，有多种情况，如图6所示：

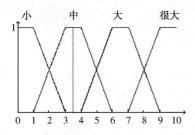 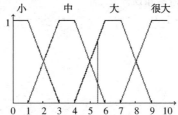 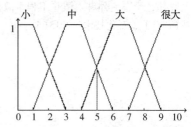

图6　预报方法对比

（1）当解模糊得出来的精确值在0~1，3~4，6~7，>9这些范围时，精确值对应模糊子集的隶属度都为1，也就是说这个精确的值只对应一个模糊子集，这时直接用对应的语言变量预报事故的程度。

（2）当解模糊得出来的精确值在1~3，4~6，7~9这些范围时，最好的预报方法就是直接给出精确值，但这样的话结果就不是很直观，一种办法是给出语言值的程度，如事故大的程度为70%（即隶属度为0.7），或者是给出论域值，如事故为大（区间值为7）、事故为大（区间值为8.5），另外一种直观的方式就是直接用语言值预报，当对应的两个语言变量的隶属度相等时，可以统一一下原则是取高一级的还是低一级的。

5　多个异常变量的模糊推理

由于事故复杂预警模型模拟的是一个具有超大维输入输出的不确定系统，工程事故复杂所依据的传感器参数及其派生参数信息有 M 个，按照模糊控制理论，若每个输入变量的模糊子集的个数为 N 个，输出的工程事故复杂的种类为 T 个，则模糊推理过程中所需要的判别规则数 $S = T \cdot N^M$，这就造成了典型的"维数灾"的问题。

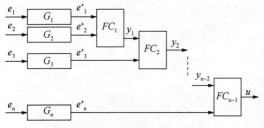

图7　增一型分层模糊推理结构图

如图7所示，给出了一个具有 n 个输入变量的特殊分层模糊系统的结构，即增一型分层模糊推理结构，它首先将变量 e_1、e_2 输入到第一层模糊系统，将其输出 y_1 同变量 e_3 输入到第二层模糊系统，依次进行下去，直至所有的变量都进行模糊推理，这样的推理方法就可以避免"维数灾"的问题。

所以，按照以上方法，对于三个以上的异常参数进行模糊推理时可以以两个输入参数的模糊推理为基础，按照如下增一型分层模糊推理结构图进行分层推理：

基本步骤：

1）根据参数的重要性对参数进行排序；

2）将前两个参数作为第一层模糊推理的输入参数进行模糊推理（推理方法采用两个异常变量的模糊推理方法）；

3）将第一层的输出和第三个参数作为第二层模糊推理的输入参数进行模糊推理，对于 n 个参数，直至求出第 n-1 层的模糊推理结果；

4）求出各层模糊推理的加权和即为最终的分层模糊推理结果。

6　结论

以工程事故复杂预报模型为基础研发的智能工程录井预警系统实现了钻井工程事故复杂预报的自动化、智能化，将现场事故复杂的预报从人工值守中解放了出来，同时也弥补了专家预报经验难以共享的不足，解决了人工经验判断，准确率不稳定、难以发现细微趋势性异常、缺乏积累、难以分享等难题。塔里木油田已在所有的综合录井仪上安装使用本系统，在钻井现场运用中，实现工程事故复杂预报及时率 100%，准确率由应用初期的 86% 上升到 91.9%，确保了钻井安全，提高了勘探效益。

参 考 文 献

[1] 刘克伟，李军，孙琳. 钻井工程事故监测和预警方法研究[J]. 石化技术，2015(5)：122-123.

[2] 王清华，郭清滨，王国瓦等. 超深复杂油气藏录井技术[M]. 北京：石油工业出版社，2017：93.

[3] 诸静. 模糊控制原理与应用[M]. 北京：机械工业出版社，2005：13-19.

[4] 李新，王国瓦，陈慧等. 工程录井预警系统在塔里木油田的应用研究[J]. 录井工程，2011，22(4)：67-71.

长庆油田小流域工程水文参数计算方法研究

骆建文　王治军　雷学锋　曾发荣

（长庆工程设计有限公司）

摘　要　由于黄土高原特殊的沟壑地貌，存在大量的管道穿或跨越河流、沟谷现象，为了确保管道穿或跨越在相应强度洪水冲刷下正常使用，避免发生管道破坏而造成的安全、环保事故，管道设计时必须掌握穿、跨越河流断面处相应设计防洪频率的洪水冲刷深度和洪水水位等工程水文参数；文章从现阶段我国黄土沟壑区工程水文参数计算主要方法入手，综合对比最大洪峰流量计算方法中汇水面积相关法、综合参数法、推理公式法的优缺点，分析各种方法在长庆油田黄土沟壑区域的适用性，而后确定最大洪峰流量计算方法，并详细分区域就最大洪峰流量计算过程中的修正参数进行推断确定，根据河流、沟谷断面形态等要素确定最大洪水位计算方法，在通过河流、沟谷洪水流速、河床岩土属性等要素确定最大冲刷流量。

关键词　黄土沟壑，工程水文参数，汇水面积相关法，最大洪峰流量，最高洪水位，最大冲刷深度，不冲流速

我国的黄土高原位于中部偏北部地区，主要分布在太行山以西，乌鞘岭以东，秦岭以北，长城以南的广大地区，总面积64万平方千米，位于第二级阶梯之上，是地球上分布最集中且面积最大的黄土区，也是世界上水土流失最严重和生态环境最脆弱的地区之一，如图1所示。

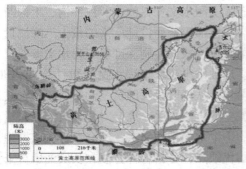

图1　黄土高原地理位置及地形地貌图

黄土高原原生黄土是第四纪冰期干冷气候条件下的风尘堆积物，地层自下而上分为午城黄土、离石黄上、马兰黄土和全新世黄土。黄土结构为点、棱接触支架式多孔结构，其特点为土体疏松，垂直节理发育，极易渗水。黄土中细粒物质如粘土、易溶性盐类、石膏、碳酸盐等在干燥时固结成聚积体，使黄土具有较强的强度，而遇水或其它介质后随着矿物溶解与分散，土体会迅速分散、崩解，经过流水的常年冲刷，形成支离破碎的黄土沟壑地貌，如图2所示。

图2　黄土沟壑地貌

近年来,随着我国经济的高速发展,在黄土高原区域的工业建设也如同雨后春笋一般快速发展,其中石油石化行业由于大型油气田的发现和开采而快速崛起,其导致大量的石油石化设施遍布于黄土高原的各个角落,特别是油气长输管道、油气集输管道、单井管道等石油石化各类管道较为密集的分布于陕甘晋黄土高原,但由于黄土高原特殊的沟壑地貌,必将存在大量的管道穿或跨越河流、沟谷的现象,为了确保管道穿或跨越在相应强度洪水冲刷下正常使用,避免发生管道破坏而造成的安全、环保事故,设计时必须掌握穿或跨越断面处相应设计防洪频率的洪水冲刷深度和洪水水位等工程水文参数,如图 3 所示。

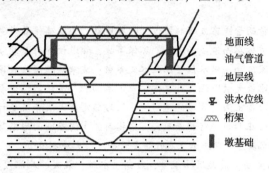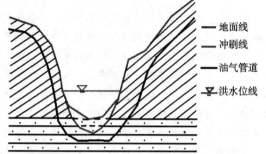

图 3 输油气管道穿、跨越设计示意图

目前,工程水文参数确定一般是水文站专业人员通过 10-20 年长期观测,如图 3、图 4 所示,并根据地区经验公式整理计算后整理获得的,但是长庆油气田大部分的小型穿(跨)越位于季节性冲沟、干沟,根本没有水文站,更谈不上实测水文资料,因此,本文开展了适应于长庆油气田地面工程设计的水文计算方法的研究,其研究成果可以为直接服务于长庆油田黄土高原沟壑区油气田穿跨越选址、跨越设计高度确定、穿越敷设深度确定等工程(图 4、图 5)。

图 4 水文站

图 5 水文测量

1 长庆油田小流域工程水文参数计算方法研究思路

为在长庆油田黄土高原沟壑区的无水文站和无实测水文资料的季节性冲沟、干沟断面确定和提供油田地面设计所需的最大洪峰流量、最大洪水位、最大冲刷深度等工程水文参数,本文就长庆油田小流域工程水文参数计算方法进行研究,主要从现阶段我国黄土沟壑区工程水文参数计算主要方法入手,综合对比最大洪峰流量计算方法中汇水面积相关法、综合参数法、推理公式法的优缺点,分析各种方法在长庆油田黄土沟壑区域的适用性,而后确定最大洪峰流量计算方法,并详细分区域就最大洪峰流量计算过程中的修正参数进行推断确定,根据河流、沟谷断面形态等要素确定最大洪水位计算方法,在通过河流、沟谷洪水流速、河床岩土属性等要素确定最大冲刷流量,详细的研究思路如图 6 所示。

2 最大洪峰流量计算方法及其优缺点比较分析

2.1 最大洪峰流量计算方法

经过对长庆油田所在区域工程水文计算方法进行调查,目前对长庆油田黄土高原沟壑区的无水文站、无实测水文资料的季节性小流域冲沟、干沟断面确定最大洪峰流量工程水文参数计算方法主要有以下几种:汇水面积相关法、综合参数法、推理公式法(皮尔逊Ⅲ法)等。

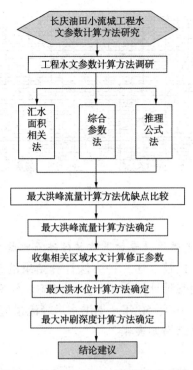

图 6 长庆油田小流域工程水文参数
计算方法研究思路

（1）汇水面积相关法：对于即无水文站、又无实测水文资料的季节性小流域冲沟、河流断面最大洪峰流量计算方法可采用汇水面积和其修正经验参数共同确定，建立的计算模型为 $Q_N = K_N F^n$，其中：K、n—重现期为 N 的经验参数，可根据断面所在各地区编制的《水文手册》查得；N—为重现期；F—断面控制的流域汇水面积（表 1）。

（2）综合参数法：对于即无水文站、又无实测水文资料的季节性小流域冲沟、河流断面最大洪峰流量计算方法也可采用综合参数法确定，通过计算断面上汇水面积、区域降雨、沟形、沟长等有关经验参数确定计算模型为 $Q_N = CN^\alpha F^\beta \psi^\gamma H_{3N}^\eta$，其中：$Q_N$—重现期为 N 的设计洪峰流量；N—设计重现期；F—断面控制的流域面积；ψ—流域形状系数（$\psi = F/L^2$）；L—主沟长度，H_{3N}—设计重现期为 N 的 3h 面雨量，可依据《＊＊地区实用水文手册》查得；C、α、β、γ、η—分区综合经验参数，综合参数法计算成果详见表 2。

表 1 某一地区汇水面积法经验参数例表

区域及地貌类型		丘陵沟壑 I	丘陵沟壑 II	破碎源区	黄土源区	黄土林区	石质林区
n		0.61	0.61	0.62	0.66	0.74	0.67
重现期 K 值	$N=200$ 年	86.7	53.0	41.0	28.9	5.24	18.0
	$N=100$ 年	75.4	48.0	35.0	22.9	4.42	15.0
	$N=50$ 年	64.3	43.0	29.0	18.3	3.58	12.0
	$N=30$ 年	55.2	35.0	24.0	15.2	2.88	9.19
	$N=20$ 年	45.7	31.0	22.0	13.8	2.53	7.80
	$N=10$ 年	37.5	25.0	16.0	9.16	1.84	5.24

表 2 综合参数法设计洪峰流量成果表

设计重现期/年	面积/km²	主沟长度/km	流域形状系数	H_{3N}/mm	分区综合经验参数					设计洪峰流量/（m³/s）
					C	α	β	r	η	
100	24.1	10.0	0.265	105.95	4.35	0.15	0.58	0.11	0.49	462
50	24.1	10.0	0.265	91.38	4.35	0.15	0.58	0.11	0.49	387

（3）推理公式法（皮尔逊Ⅲ法）：通过设计点雨量计算、设计面雨量计算、设计面雨量的时程分配、产流计算、设计洪峰流量计算，并通过 Q_m 纵坐标，τ. t 横坐标绘制关系线，确定洪峰流量，其中长庆油田地处黄土高原，气候干燥，雨量较少，流域土壤常处于干旱状态，暴雨历时短，强度大，时空分布极不均匀，主雨段多集中在 1~2h，甚至更短，多为部分超渗产流（图 7、表 3）。

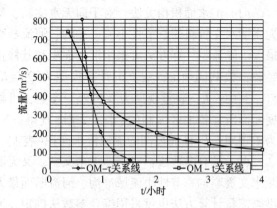 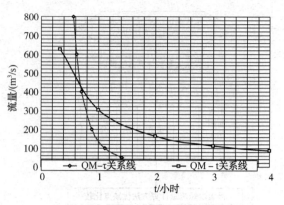

图 7   洪峰流量解析图

表 3   推理公式法设计洪峰流量成果表

重现期/年	m	洪峰流量/(m^3/s)	汇流时间/t
100	2.26	500	0.720
50	2.40	430	0.710

2.2 最大洪峰流量计算方法优缺点比较分析

为了比较上述三种方法计算结果的差异性，本文采用三种计算方法对多处河流、沟谷断面设计频率为 100、50 年一遇洪水洪峰流量值进行计算，计算结果如表 4。

表 4   设计洪水洪峰流量多种方法计算成果表 m^3/s

计算方法	断面一		断面二		断面三		断面四		断面五		断面六		断面七	
	重现期/年		重现期/年		重现期/年		重现期/年		重现期/年		重现期/年		重现期/年	
	100	50	100	50	100	50	100	50	100	50	100	50	100	50
汇水面积相关	525	448	120	98	45	37	451	387	56	42	241	199	333	300
综合参数	462	387	109	94	44	34	425	369	54	40	225	185	314	289
推理公式	500	430	113	95	44	35	433	368	57	44	233	190	326	288
采用值	525	448	120	98	44	37	451	387	57	44	241	199	333	300

综合参数法最小，汇水面积相关法计算的值最大，推理公式法介于二者之间，大量实践计算表明，汇水面积相关法考虑因素较少，计算值一般均偏大，综合参数法考虑因素较多，计算值往往偏小，推理公式法由暴雨推算而来，计算值一般较为符合实际，但其计算步骤繁琐，制约因素众多，因此，取汇水面积相关法计算值作为长庆油田区域工程的应用值较为合理。

3   最大洪峰流量计算方法

汇水面积相关法：$Q_N = K_N F^n$，其中：K_N、n -重现期为 N 的经验参数，可根据各地区的经验参数分区图，结合经验参数表确定，F-汇水面积。

①重现期频率：是指一定洪峰流量重复出现的次数，如设计设防洪水频率 2%，可以理解为某一洪峰流量在发生 100 次洪水时重复出现 2 次，目前中小型穿、跨越提供 2% 设计设防洪水频率，大型穿、跨越提供 1% 设计设防洪水频率。

②汇水面积：也叫集水面积，是指雨水流向同一山谷地面的受雨面积，它是由一系列山脊线、山头曲线、鞍部曲线、嶙岷曲线等同河谷的指定断面组成的闭合面。也就是我们常说的同一受雨面积内的分水岭围成的曲面，一般可以在 1:1 万或 1:5 万图上量取，详见图 8。

③经验参数：可从搜集的各地区的水文手册或水文图集中确定。

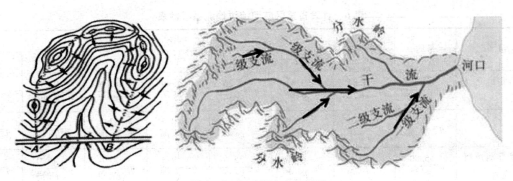

图 8　汇水面积确定和量取

3.1　设计设防频率洪峰流量计算

目前对长庆油田地处陕西省榆林、延安、铜川、渭南、咸阳地区无实测资料流域的设计洪峰流量可用汇水面积相关法进行计算。

$$Q_N = K_N F^n$$

Q_N 为重限期为 N 的设计洪峰流量，单位：m^3/s；F 为流域汇水面积，单位：km^2；

K_N、n 为重现期为 N 的经验参数，可根据各地区的经验参数分区图并结合经验参数表确定，表 5 为某区域的经验参数。

表 5　陕西省某区域经验参数表

地貌区域		丘陵沟壑 I	丘陵沟壑 II	破碎源区	黄土源区	黄土林区	石质林区
n		0.61	0.61	0.62	0.66	0.74	0.67
K	N=0.5%	86.7	53.0	41.0	28.9	5.24	18.0
	N=1%	75.4	48.0	35.0	22.9	4.42	15.0
	N=2%	64.3	43.0	29.0	18.3	3.58	12.0
	N=3.3%	55.2	35.0	24.0	15.2	2.88	9.19
	N=5%	45.7	31.0	22.0	13.8	2.53	7.80
	N=10%	37.5	25.0	16.0	9.16	1.84	5.24

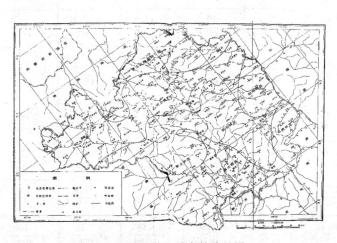

图 9　某区域经验参数分区图

目前对长庆油田地处陕西省对甘肃省庆阳等地区无实测资料流域的设计洪峰流量可用汇水面积相关法进行计算。

$$Q_N = F \times q$$

Q_N 为重限期为 N 的设计洪峰流量，单位：m^3/s；

F 为流域汇水面积，单位：km^2；

q 为洪峰流量模数，可按某区域河流洪峰流量模数表确定，详见表 6。

表6　甘肃省某区域河流洪峰流量模数表

适用范围	平均	P/%						
		0.1	0.2	0.5	1	2	5	10
葫芦河干流 F>2800	$q=\dfrac{0.0232}{F^{-0.161}}$	$q=\dfrac{4.84}{F^{0.217}}$	$q=\dfrac{3.83}{F^{0.205}}$	$q=\dfrac{2.26}{F^{0.171}}$	$q=\dfrac{1.49}{F^{0.143}}$	$q=\dfrac{0.796}{F^{0.094}}$	$q=\dfrac{0.376}{F^{0.0427}}$	$q=\dfrac{0.147}{F^{0.0552}}$
散渡河	$q=\dfrac{9.24}{F^{0.420}}$	$q=\dfrac{66.6}{F^{0.420}}$	$q=\dfrac{58.9}{F^{0.420}}$	$q=\dfrac{47.3}{F^{0.420}}$	$q=\dfrac{40.7}{F^{0.420}}$	$q=\dfrac{33.8}{F^{0.420}}$	$q=\dfrac{24.8}{F^{0.420}}$	$q=\dfrac{19.3}{F^{0.420}}$
静宁以下葫芦河干流以西支流	$q=\dfrac{5.80}{F^{0.336}}$	$q=\dfrac{51.9}{F^{0.336}}$	$q=\dfrac{44.0}{F^{0.336}}$	$q=\dfrac{35.6}{F^{0.336}}$	$q=\dfrac{29.3}{F^{0.336}}$	$q=\dfrac{23.6}{F^{0.336}}$	$q=\dfrac{17.0}{F^{0.336}}$	$q=\dfrac{12.6}{F^{0.336}}$
泾河干流及汭河干支流 250<F<14000	$q=\dfrac{1.40}{F^{0.266}}$	$q=\dfrac{13.1}{F^{0.266}}$	$q=\dfrac{11.1}{F^{0.266}}$	$q=\dfrac{8.92}{F^{0.266}}$	$q=\dfrac{7.40}{F^{0.266}}$	$q=\dfrac{5.97}{F^{0.266}}$	$q=\dfrac{4.25}{F^{0.266}}$	$q=\dfrac{3.13}{F^{0.266}}$
泾河干流及汭河干支流 14000<F>40000	$q=\dfrac{6.94}{F^{0.433}}$	$q=\dfrac{63.0}{F^{0.400}}$	$q=\dfrac{54.0}{F^{0.400}}$	$q=\dfrac{43.1}{F^{0.400}}$	$q=\dfrac{36.2}{F^{0.400}}$	$q=\dfrac{29.3}{F^{0.400}}$	$q=\dfrac{20.7}{F^{0.400}}$	$q=\dfrac{15.6}{F^{0.433}}$
泾河干流及汭河干支流 F>40000	$q=\dfrac{9.07\times10^{10}}{F^{2.63}}$	$q=\dfrac{76.3\times10^{10}}{F^{2.63}}$	$q=\dfrac{63.4\times10^{10}}{F^{2.63}}$	$q=\dfrac{53.3\times10^{10}}{F^{2.63}}$	$q=\dfrac{44.6\times10^{10}}{F^{2.63}}$	$q=\dfrac{36.7\times10^{10}}{F^{2.63}}$	$q=\dfrac{26.6\times10^{10}}{F^{2.63}}$	$q=\dfrac{20.0\times10^{10}}{F^{2.63}}$
茹河、颉河三关口以上	$q=\dfrac{3.68}{F^{0.401}}$	$q=\dfrac{43.8}{F^{0.401}}$	$q=\dfrac{36.8}{F^{0.401}}$	$q=\dfrac{29.2}{F^{0.401}}$	$q=\dfrac{23.1}{F^{0.401}}$	$q=\dfrac{18.2}{F^{0.401}}$	$q=\dfrac{12.4}{F^{0.401}}$	$q=\dfrac{8.76}{F^{0.401}}$
泾河崆峒峡以上及汭河 F<250	$q=\dfrac{2.91}{F^{0.398}}$	$q=\dfrac{29.9}{F^{0.398}}$	$q=\dfrac{24.7}{F^{0.398}}$	$q=\dfrac{20.0}{F^{0.398}}$	$q=\dfrac{16.5}{F^{0.398}}$	$q=\dfrac{13.0}{F^{0.398}}$	$q=\dfrac{9.37}{F^{0.398}}$	$q=\dfrac{6.64}{F^{0.398}}$
崆峒峡至泾川区间支流及洪河	$q=\dfrac{5.06}{F^{0.354}}$	$q=\dfrac{59.0}{F^{0.354}}$	$q=\dfrac{49.7}{F^{0.354}}$	$q=\dfrac{39.3}{F^{0.354}}$	$q=\dfrac{31.6}{F^{0.354}}$	$q=\dfrac{24.9}{F^{0.354}}$	$q=\dfrac{16.5}{F^{0.354}}$	$q=\dfrac{11.8}{F^{0.354}}$
蒲河支流交口河	$q=\dfrac{57.3}{F^{0.794}}$	$q=\dfrac{890}{F^{0.794}}$	$q=\dfrac{735}{F^{0.794}}$	$q=\dfrac{577}{F^{0.794}}$	$q=\dfrac{457}{F^{0.794}}$	$q=\dfrac{341}{F^{0.794}}$	$q=\dfrac{217}{F^{0.794}}$	$q=\dfrac{147}{F^{0.794}}$
蒲河干流及巴家咀以上支流 F<3500	$q=\dfrac{4.99}{F^{0.330}}$	$q=\dfrac{53.2}{F^{0.330}}$	$q=\dfrac{45.3}{F^{0.330}}$	$q=\dfrac{35.5}{F^{0.330}}$	$q=\dfrac{28.9}{F^{0.330}}$	$q=\dfrac{23.0}{F^{0.330}}$	$q=\dfrac{16.0}{F^{0.330}}$	$q=\dfrac{11.6}{F^{0.330}}$
蒲河干流及巴家咀以上支流 F>3500	$q=\dfrac{502}{F^{0.895}}$	$q=\dfrac{5430}{F^{0.895}}$	$q=\dfrac{4600}{F^{0.895}}$	$q=\dfrac{3570}{F^{0.895}}$	$q=\dfrac{2930}{F^{0.895}}$	$q=\dfrac{2300}{F^{0.895}}$	$q=\dfrac{1600}{F^{0.895}}$	$q=\dfrac{1160}{F^{0.895}}$
马连河东川	$q=\dfrac{2.43}{F^{0.243}}$	$q=\dfrac{22.7}{F^{0.243}}$	$q=\dfrac{19.3}{F^{0.243}}$	$q=\dfrac{15.5}{F^{0.243}}$	$q=\dfrac{13.1}{F^{0.243}}$	$q=\dfrac{10.4}{F^{0.243}}$	$q=\dfrac{7.34}{F^{0.243}}$	$q=\dfrac{5.42}{F^{0.243}}$
马连河干流及马连河西川洪德以下干支流	$q=\dfrac{14.7}{F^{0.517}}$	$q=\dfrac{131}{F^{0.517}}$	$q=\dfrac{112}{F^{0.517}}$	$q=\dfrac{90.7}{F^{0.517}}$	$q=\dfrac{75.6}{F^{0.517}}$	$q=\dfrac{60.5}{F^{0.517}}$	$q=\dfrac{43.7}{F^{0.517}}$	$q=\dfrac{32.0}{F^{0.517}}$
马连河庆阳至雨落坪区间支流	$q=\dfrac{2.12}{F^{0.283}}$	$q=\dfrac{37.2}{F^{0.283}}$	$q=\dfrac{30.9}{F^{0.283}}$	$q=\dfrac{23.7}{F^{0.283}}$	$q=\dfrac{18.5}{F^{0.283}}$	$q=\dfrac{14.0}{F^{0.283}}$	$q=\dfrac{9.16}{F^{0.283}}$	$q=\dfrac{5.78}{F^{0.283}}$
马连河洪德以上	$q=\dfrac{9.98}{F^{0.516}}$	$q=\dfrac{61.2}{F^{0.516}}$	$q=\dfrac{52.4}{F^{0.516}}$	$q=\dfrac{44.5}{F^{0.516}}$	$q=\dfrac{38.0}{F^{0.516}}$	$q=\dfrac{32.1}{F^{0.516}}$	$q=\dfrac{24.7}{F^{0.516}}$	$q=\dfrac{19.4}{F^{0.516}}$
达溪河 F<2500	$q=\dfrac{2.79}{F^{0.382}}$	$q=\dfrac{31.4}{F^{0.382}}$	$q=\dfrac{26.1}{F^{0.382}}$	$q=\dfrac{20.7}{F^{0.382}}$	$q=\dfrac{16.8}{F^{0.382}}$	$q=\dfrac{13.3}{F^{0.382}}$	$q=\dfrac{9.24}{F^{0.382}}$	$q=\dfrac{6.51}{F^{0.382}}$
达溪河 F>2500	$q=\dfrac{21.1}{F^{0.642}}$	$q=\dfrac{240}{F^{0.642}}$	$q=\dfrac{199}{F^{0.642}}$	$q=\dfrac{158}{F^{0.642}}$	$q=\dfrac{128}{F^{0.642}}$	$q=\dfrac{100}{F^{0.642}}$	$q=\dfrac{69.9}{F^{0.642}}$	$q=\dfrac{49.4}{F^{0.642}}$

4　最高洪水位计算方法

可根据实测断面图、河流比降、地区水文站的实测比降、地区糙率值，采用曼宁公式计算各级水位下的相应流量，建立穿（跨）越处的水文计算断面水位-流量关系曲线，推求该断面的重现期洪流量对应的水位。

$$Q = KAR^{2/3} \quad K = (1/N)\, J^{1/2}$$

式中，Q 为重限期为 N 的设计洪峰流量，单位：m^3/s；A 为断面面积，单位：m^2；R 为水力半径，通常用平均水深代替，$R = H_{平均}$；J 为河流比降‰，根据河段实测比降资料分析确定；N 为糙率，通过资料调查分析确定。

通过上述上式进行试算，填写计算断面水位-流量关系计算成果表，并绘制水文计算断面水位-流量关系曲线，根据上节确定的重限期为 N 的设计洪峰流量 Q_N，在水文计算断面水位-流量关系曲线上查到对应的设计洪水位(图10)。

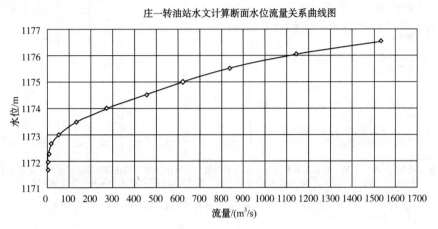

图 10　水文计算断面水位-流量关系曲线

5　最大洪水位计算方法

采用《堤防工程设计规范》(GB50286~2013)和《给水排水设计手册》(第二版)的平行水流冲刷计算方法(图11、图12)。

$$h_b = \left[\left(V_{cp}/V_{允} \right)^n - 1 \right] \times h_p$$

式中，h_b 为设计冲刷深度，单位：m；h_p 为冲刷处的水深，以近似设计洪水最大水深代替，单位：m；V_{CP} 为设计洪水平均流速(可用曼宁公式计算)，单位：m/s；

$V_{允}$ 为河床面上允许不冲流速，单位：m/s。

非粘性土壤容许(不冲刷)流速

序号	土壤及其特征		土壤颗粒 /mm	水流平均深度/mm					
	名称	特征		0.4	1.0	2.0	3.0	5.0	10及以上
				平均流速/(m/s)					
1	粉土与淤泥	灰尘及淤泥带细砂、沃土	0.005~0.05	0.15~0.20	0.20~0.30	0.25~0.40	0.30~0.45	0.40~0.55	0.45~0.65
2	细砂	细砂带中砂	0.05~0.25	0.20~0.35	0.30~0.45	0.40~0.55	0.45~0.60	0.55~0.70	0.65~0.80
3	中砂	细砂带粘土、中砂带粗砂	0.25~1.00	0.35~0.50	0.45~0.60	0.55~0.70	0.60~0.75	0.70~0.85	0.80~0.95
4	粗砂	砂夹砾石、中砂带粘土	1.00~2.50	0.50~0.65	0.60~0.75	0.70~0.80	0.75~0.90	0.85~1.00	0.95~1.20
5	细砾石	细砾掺中等砾石	2.50~5.00	0.65~0.80	0.75~0.85	0.80~1.00	0.90~1.10	1.00~1.20	1.20~1.50
6	中砾石	大砾石含砂和小砾石	5.00~10.00	0.80~0.90	0.88~1.05	1.00~1.15	1.10~1.30	1.20~1.45	1.50~1.75
7	粗砾石	小卵石含砂和砾石	10.00~15.00	0.90~1.10	1.05~1.20	1.15~1.35	1.30~1.50	1.45~1.65	1.75~2.00
8	小卵石	中卵石含砂和砾石	15.00~25.00	1.10~1.25	1.20~1.45	1.35~1.65	1.50~1.85	1.65~2.00	2.00~2.30
9	中卵石	大卵石掺砾石	25.00~40.00	1.25~1.50	1.45~1.85	1.65~2.10	1.85~2.30	2.00~2.45	2.30~2.70
10	大卵石	小卵石含卵石和砾石	40.00~75.00	1.50~2.00	1.85~2.40	2.10~2.75	2.30~3.10	2.45~3.30	2.70~3.60
11	小圆石	中等圆石带卵石	75.00~100	2.00~2.45	2.40~2.80	2.75~3.20	3.10~3.50	3.30~3.80	3.60~4.20
12	中圆石	中等圆石夹大个鹅卵石	100~150	2.45~3.00	2.80~3.35	3.20~3.75	3.50~4.10	3.80~4.40	4.20~4.50
13	中圆石	大圆石带小杂物	100~150	2.45~3.00	2.80~3.35	3.20~3.75	3.50~4.10	3.80~4.40	4.20~4.50
14	大圆石	大圆石带小漂石及卵石	150~200	3.00~3.50	3.35~3.80	3.75~4.30	4.10~4.65	4.40~5.00	4.50~5.40
15	小漂石	中漂石带卵石	200~300	3.50~3.85	3.80~4.35	4.30~4.70	4.65~4.90	5.00~5.50	5.40~5.90
16	中漂石	漂石夹石	300~400	—	4.35~4.75	4.70~4.95	4.90~5.30	5.50~5.60	5.90~6.00
17	特大漂石	漂石夹鹅卵石	400~500以上	—	—	4.95~5.35	5.30~5.50	5.60~6.00	6.00~6.20

图 11　非粘性土不冲流速图表

岩石容许(不冲刷)流速

序号	岩石名称	岩石表面粗糙时				岩石表面光滑时			
		水流平均深度(米)							
		0.4	1.0	2.0	3.0	0.4	1.0	2.0	3.0
		平均流速(m/s)							
	一、沉积岩								
1	砾岩、泥灰岩、板岩、页岩	2.1	2.5	2.9	3.1	–	–	–	–
2	松石灰岩、灰质砂岩、白云质石灰岩、紧密砾岩	2.5	3.0	3.4	3.7	4.2	5.0	5.7	6.2
3	白云质砂岩、紧密的非层状石灰岩、硅质石灰岩	3.7	4.5	5.2	5.6	5.8	7.0	8.0	8.7
	二、结晶岩								
4	大理岩、花岗岩、正长岩、辉长岩(极限抗压强度70~160MPa)	16	20	23	25	25	25	25	25
5	斑岩、安山岩、玄武岩、辉绿岩、石英岩(极限抗压强度160~220MPa以上)	21	25	25	25	25	25	25	25

注:1.表中岩石系无裂缝、且岩面新显未风化者,若有裂缝、且风化,则容许流速应视裂隙情况及风化程度予以减小。如岩石风化很严重(有碎块)的岩石,其容许流速可根据碎块的大小及其容重按非粘性土壤容许(不冲刷)平均流速数据采用。
　　2.当水深大于3m时,容许流速按$v = \sqrt[4]{H}0.2 \cdot v_1$(m/s)公式计算,式中$H$----平均水深(m)$v_1$--1米水深时的容许流速(m/s)。

图 12　岩石不冲流速表

6　结论

（1）本文首次对长庆油田黄土高原沟壑区的小流域工程水文参数计算方式进行研究,其根本宗旨是将工程水文参数计算方法与工程实践紧密结合,开发适宜长庆油田黄土高原沟壑区小流域工程水文参数计算软件,成果能准确、快速确定长庆油田黄土高原沟壑区影响工程建设的工程水文参数,可有效指导油气田场站选址、跨越设计高度、穿越敷设深度等建设项目设计工作。

（2）本文研究认为长庆油田黄土高原沟壑区即无水文站、又无实测水文资料的季节性小流域冲沟、河流断面最大洪峰流量计算方法可采用汇水面积和其修正经验参数共同确定。

（3）本文对长庆油田黄土高原沟壑区的无水文站和无实测水文资料的季节性冲沟、干沟断面确定和提供油田地面设计所需的最大洪峰流量、最高洪水位、最大冲刷深度等工程水文参数,提供了科学、合理的计算方法。

（4）本文研究提出的长庆油田黄土高原沟壑区小流域工程水文参数计算过程的修正系数,能够科学、合理的反应长庆油田黄土高原沟壑区工程水文计算的各类影响因素。

新型半自动 TIGTIP 焊及智能视频检测系统在镍基 CRA825 长输复合管施工中的应用

刘振干　李胜利　张二波　陈国柱

（中国石油天然气第一建设有限公司）

摘　要　主要介绍了半自动 TIPTIG 焊焊接工艺，通过实际焊接试验，对 TIPTIG 焊焊接头进行了无损检测和机械性能及晶间腐蚀试验，验证了接头的良好机械及耐腐蚀性能，证实了半自动 TIPTIG 焊在 CRA825 长输管道施工中能显著焊接效率、获得性能优良焊缝接头；介绍了智能管道视频检查仪在镍基 CRA825 长输复合管内表面检查中的应用，进一步确保了实际产品焊缝的焊接质量。

关键词　半自动 TIPTIG 焊，CRA825 镍合金，长输管道焊接

1　工程概况

近年来，根据海外油气资源硫含量较大，腐蚀性较强的特点，新型复合材料如 CRA825 复合管越来越多的被应用到工程实际中。CRA825 复合管是一种特殊的双金属工程材料，它既有常规碳钢管道优质的力学性能及工程经济性，又具备镍基合金特殊的抗腐蚀性能，在海外油气田建设过程中已越来越多的应用到酸性及湿 H2S 介质等抗腐蚀要求高的场合。某海外油气田项目，为了保障油气田管线的安全运行，提高油气田管线的运行寿命，全线采用 CRA825 复合材料管线。该管线全长 63 公里，采用埋地管线设计，设计压力 230bar，管线材质采用 API5LX60 管线钢作为基层，用冶金复合方式堆焊 825 镍合金管作为复层金属，管线直径 6in，壁厚 9.53mm+3mm，部分穿越路段厚度 10.97mm+3mm。

2　焊接工艺优化优择

CRA825 复合管管道主要施工难题是如何保证 CRA825 复合管焊接质量，保证 CRA825 复合层不被碳钢污染，降低碳钢层对高合金的稀释性，熔接好过渡层，进而保证焊缝质量，提高一次焊接合格率。由于该管线材质特殊，质量要求高，施工工期紧，我们对焊接可行性方案进行分析优选。

2.1　手工氩弧焊+焊条电弧焊（GTAW+SMAW）

手工氩弧焊+焊条电弧焊（GTAW+SMAW）是长输管道焊接的传统焊接方法，应用范围光、施工经验丰富，技术较成熟，但是焊接效率低、受焊接环境、操作工人操作水平影响大，质量不稳定。

2.2　半自动热丝氩弧焊（Semi-Automatic TIP-TIG）

半自动热丝 TIPTIG 氩弧焊，是一种新兴的先进的焊接工艺方法，采用动态振动自动送丝系统，并加入了热丝系统，突破了传统氩弧焊手工送丝效率低的缺点，综合了传统 MAG 焊自动送丝焊效率高及 TIG 焊飞溅小、质量稳定的双重优点。一方面它采用动态振动自动送丝技术破坏熔滴及熔池的表面张力，提高熔敷效率，细化晶粒，便于熔池中气体的溢出，改善熔敷金属性能及外观成型；另一方面热丝系统在焊丝送入熔池前提前对焊丝进行加热，进一步提升了焊丝的熔敷效率，降低了热输入量，提升了焊缝的冶金性能。

2.3　全自动热丝氩弧焊（Automatic-TIPTIG）

全自动 TIPTIG 氩弧焊是在半自动热丝氩弧焊的基础上，增加控制机头及遥控自动控制单元，实现了全位置全自动焊接，它涵盖了半自动 TIG 焊的优点，同时又实现了全自动智能控制，进一步提高了施工效率，增大了该种焊接方法的机械化、智能化水平，但是不足在于机械化程度高，焊接参数调校要求高，对焊环境要求苛刻、设备设施复杂、设备成本较高、设备维修难度高。

综合上述三种焊接方法的特点，我们对三种焊接方法进行综合对比分析，见表 1。

表 1   CRA825 复合管焊接工艺对比表

焊接方法	方法可行性	焊接效率	焊接质量	操作难度	机动灵活性	设备成本	综合结论
手工焊	应用多，技术成熟	很低	不稳定，波动大	难度小	很强	低	良
半自动 TIG	新技术未广泛应用	较高	稳定、波动小	难度一般	很强	一般	优

由于本次长输管线是在野外施工的集输管线，焊接机组需要考虑接效率、焊接质量，同时综合考虑机组保障便利性、操作灵活性、现场适应性。根据优选分析结果，半自动 TIPTIG 焊接工艺方法综合性能更好，更适合野外集输管线的焊接工作。

CRA825 复合管材质特殊，焊接难度大，质量要求高，施工工期紧，考虑到传统手工焊对焊工要求高，焊缝质量不稳定、焊接效率低下等因素，因此决定引入先进的 TIPTIG 焊接工艺来完成 CRA825 管道的焊接。

3 焊接工艺试验

为了验证 TIPTIG 能够获得优良的焊接接头，对 TIPTIG 焊工艺依据业主规范及国际标准进行了焊接工艺评定试验。

3.1 试验母材

试验母材采用和工程材料一致的 API5LX60 +3mm CRA825 材质，该母材采用冶金复合的办法。基层母材的力学性能及 CRA825 复合层的化学成分见表 2、表 3。

表 2   API5LX60+3mm CRA825 复合管力学性能

指标	屈服强度 $R_{t0.5}$/MPa	抗拉强度 Rm/MPa	屈服比 $R_{t0.5}/Rm$	伸长率 e	硬度值 HV10
理论值	415~565	520~650	0.93 Max.	Min20%	248
实际值	510.58	590.83	0.86	33.6%	190

表 3   API5LX60+3mm CRA825 复合管复合层化学成分

复合层 CRA825 化学成分/%												
化学成分	C	S	P	Mn	Cr	Ni	Mo	Si	Cu	Ti	Fe	Al
实际值	0.009	0.002	0.002	0.73	22.2	41	2.71	0.10	2.5	1.1	27	0.16

3.2 焊材的选择

根据复合管母材的基层碳钢强度及复合层化学成分，选用 ERNiCrMo-3(N06625)焊材作为填充金属，参考国际市场的焊材品牌，本次试验选择了 ESAB 和 Special metal（下文中简称 SPME）的两个品牌的 ERNiCrMo-3 焊材进行对比试验，焊丝直径 0.9mm。ERNiCrMo-3 焊材的化学成分见表 4。

表 4   ERNICrMo-3 焊丝的化学成分对比

成分	C	Mn	Fe	P	S	Si	Cu	Ni	Al	Ti	Cr	Nb+Ta	Mo
规定值/%	0.1	0.5	5.0	0.02	0.015	0.5	0.5	58min	0.4	0.4	20~23	3.15~4.15	8~10
SPME/%	0.009	0.001	0.08	0.003	0.001	0.03	0.002	65	0.18	0.21	22.6	3.52	8.7
ESAB/%	0.015	0.02	0.15	0.006	0.002	0.06	0.01	64.5	0.1	0.18	22.5	3.7	8.5

3.3 接头的设计

根据 TIPTIG 焊接工艺特性，为了进一步提高熔敷效率，降低焊缝截面积，减少焊接输入及热影响区，焊接接头的坡口采用专用刀头加工的"U 形"坡口，坡口详图及实际图见图 1。

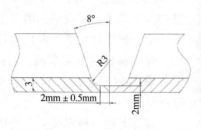 

图 1   坡口形式图及实际坡口

3.4　惰性气体背保护装置

由于镍基合金焊接的特殊性，为了获得优良的根部焊缝，必须采用惰性气体对焊缝进行背面保护，本次采用的是带自动背保护装置的专用长输管道内对口器，见图2。该装置集管道内对口器功能及焊缝背面气保护装置于一体，通过氩气管道和外部的氧含量自动监测仪相连，实现了自动实时监测焊缝背面氧含量浓度，起到了对口及接头背面保护的双重作用。

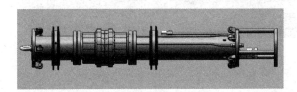

图2　集对口及焊缝背面保护一体的内对口器

3.5　焊接工艺参数

（1）焊接前应对坡口表面进行清理，对坡口及周边的污物、基材锈蚀等进行彻底清理，并采用丙酮对复合层坡口表面，焊丝等进行彻底清理。

（2）焊接采用小电流、多层多道焊、小热输入的方法进行焊接，焊接热输入不超过 2.0kJ/mm，焊接工艺参数见表3。

（3）不预热或者采用低于 50℃ 的预热温度，层间温度控制在 150℃ 以内。

（4）结合 TIPTIG 焊接特性，采用适当的摆动方式提高熔敷效率减少层间缺陷的产生。

（5）填充金属采用 ERNiCrMo-3 焊丝，直径 0.9mm，电流采用直流正接的方法。

表3　TIPTIG 焊接工艺参数

焊接层数	焊接电流/A	电弧电压/V	送丝速度/(m·min⁻¹)	焊接速度/(mm·min⁻¹)	热输入/(kJ·mm⁻¹)
打底焊	110~-170	9~14	1.33~2.44	60~120	≤2.0
热焊	120~180	9~14	1.33~2.44	70~140	≤2.0
填充焊	160~210	9~14	1.33~2.44	80~160	≤2.0
盖面焊	160~200	9~16	1.33~2.44	60~130	≤2.0

3.6　惰性气体背面保护监测

CRA825 复合管焊接背保护气体采用氩气，纯度为 99.997% 以上。焊接前，打开内部充氩装置对接头根部进行氩气置换，气流量 14~30L/min，冲氩 2~3min，采用和内对口器相连的

氧含量测试仪对接头背面氧含量进行监测，见图3。为达到良好的背面保护效果，焊接前及焊接过程中，背面保护气中氧气含量要达到 0.1% 以下，以不大于 0.05%（500ppm）为最佳。

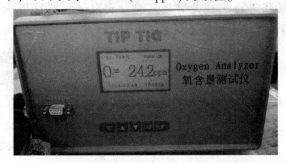

图3　实时监测接头背保护的氧含量

4　焊接接头的无损检测

焊接完毕待温度降至室温后，对焊接接头进行外观检测，焊缝内外部表面成型良好，无咬边、焊瘤、焊缝表面圆滑、余高 1.5~2mm，无任何表面缺陷。焊缝根部呈现银色及局部蓝黄色，氧化颜色符合规范规定。然后对接头进行 RT 和表面 PT 检测，RT 检测底片仅有个别气孔、夹钨存在，共焊接试件 10 件合格率 100%，焊缝 RT 显示统计表见表4。

表4　接头 RT 结果统计对比

试样 ＼ 焊材	SPME 焊材	ESAB 焊材
试件 1	NSD	NSD
试件 2	NSD	NSD
试件 3	PO	TI
试件 4	PO/TI	PO
试件 5	NSD	PO

NSD：无可记录缺陷；PO：气孔；TI 加钨

5　焊接接头的机械性能试验

5.1　焊接接头的力学性能

对焊接接头按照 ASTMA370 进行了拉伸、弯曲试验，以验证焊接接头的力学性能，力学性能结论见表5，从表中数据分析，焊缝力学性能良好，符合规范要求。

表5　焊接接头的力学性能

	抗拉强度	断裂位置	断裂类型	侧弯试验	结论
SPME 焊材	523/543MPa	母材	韧性断裂	无裂纹	合格
ESAB 焊材	534/530MPa	母材	韧性断裂	无裂纹	合格

5.2 焊接接头的宏观及硬度试验

为了进一步验证焊接接头的熔合性及更好的保证焊接接头的耐酸性介质的腐蚀能力，对焊接接头进行宏观及硬度试验。宏观试验照片见图4，硬度值见表6。通过宏观照片观察焊缝层间

熔合良好，未发现任何层间夹杂及未熔合产生。焊接接头碳钢部分硬度值均小于规范要求值275HV10，焊缝金属硬度值均小于340HV10，硬度指标符合规范要求，对比分析 ESAB 焊材的硬度值相对较高。

(a)SPME焊材接头宏观照片

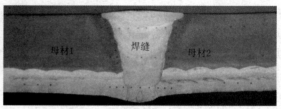
(b)ESAB焊材宏观照片

图 4

表 6 焊接接头的硬度值(HV10)

	母材 1			热影响区 1			焊缝			热影响区 2			母材		
SPME	167	155	178	170	182	197	208214 209 216 215 213	221 213 219	233 221 229	198 179 196	184 172 168	205 200 213	192 187 194	188 187 198	189 180 175
ESAB	179 174 174	158 155 158	183 187 184	166 189 172	170 173 185	211 215 217	269 253 262 259 245 238	261 266 271	270 256 233	174 165 172	182 180 178	214 211 214	174 176 172	170 171 165	188 189 184

5.3 冲击试验

为了验证接头的低温韧性，对接头进行 V 型缺口夏比低温冲击试验，冲击温度执行最低设计温度-20℃。冲击试样取样位置见图5(复层金属去除掉)，分别从焊缝金属(WM)、熔合线(FL)、熔合线+2mm(FL+2)、熔合线+5mm(FL

+5)部位取样，每个部位按照标准取 A，B，C 三个冲击试样，试样采用 10x5mm 小尺寸试样，冲击试验结果见表7。从此表可以看出，两种焊材的接头的低温冲击性能良好，焊缝处冲击值相当，SPME 的焊材的接头融合线及热影响区冲击性能略好，均满足规范要求。

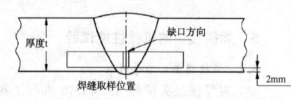
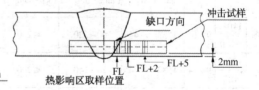

图 5 夏比冲击试样取样位置

表 7 焊接接头的低温冲击吸收功值

	取样位置	A 试样（J）	B 试样(J)	C 试样(J)	平均值(J)	规定值（J）
SPME 焊材	WM	84	76	70	77	平均值≥42J，单个冲击最小值≥31J
	FL	72	70	72	71	
	FL+2	134	124	158	139	
	FL+5	154	148	154	152	

	取样位置	A 试样（J）	B 试样（J）	C 试样（J）	平均值（J）	规定值（J）
ESAB 焊材	WM	74	74	90	79	平均值≥42J，单个冲击最小值≥31J
	FL	72	46	48	55	
	FL+2	136	124	112	124	
	FL+5	147	144	140	144	

6　焊接接头金相、化学成分及腐蚀试验

6.1　微观金相试验

经过取样、粗磨、细磨、腐蚀制备金相试样在 400X 光学显微镜下观察，如图 7 所示。接头部位由于熔合了碳钢母材、825 堆焊层、填充金属三种材质，因此其化学成分比较复杂，从图 6 可以看到，焊缝为均匀奥氏体，呈枝状发展，枝状晶发展方向较一致；接头母材及热影响区均为细晶粒铁素体及珠光体，晶粒分布均匀，无晶间化合物析出。

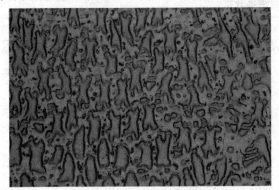

(a)SPME焊缝金属微观图像

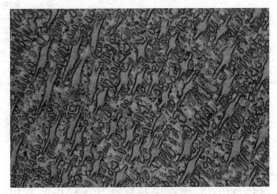

(b)ESAB焊缝金属微观图像

(c)SPME热影响区金属微观图像

(d)ESAB热影响区微观图像

图 6

6.2　焊缝金属的化学成分

为了验证 TIPTIG 焊接过程中对镍基焊材稀释性的影响，对焊缝金属进行化学成分分析，从根部焊缝中心距表面 0.5mm 处取样分析，得出焊缝金属的化学成分如表 8 所示，焊缝金属的化学成分符合焊缝所用镍基焊材的化学成分的要求。

表 8　焊缝金属化学成分

成分	C	Mn	Ti	Fe	Al	P	S	Si	Ni	Cr	Mo	Nb	Cu
规定值/%	0.1	0.5	0.4	5.0	0.4	0.02	0.015	0.5	58min	20~23	8~10	3.15~4.15	0.5
SPME 焊材	0.002	0.376	0.379	4.142	0.112	0.008	0.008	0.143	61.12	20.42	8.818	3.35	0.325
ESAB 焊材	0.029	0.381	0.342	3.968	0.088	0.009	0.013	0.151	60.97	21.01	8.808	3.44	0.326

6.3 焊接接头的晶间腐蚀试验

为了保证焊接接头具有优良的抗腐蚀性能，根据 ASTM G28 方法 A 对焊接接头进行硫酸-硫酸铁环境下的晶间腐蚀试验。取样部位位于焊缝根部包括焊缝及热影响区（去除基层碳钢），试样大小为 25x25x3mm，然后进行加工、抛光、称重。试验环境为 25g 硫酸铁（$Fe_2(SO_4)_3$）融于 600mL 硫酸形成的硫酸-硫酸铁溶液，加入试样后在沸腾状态下连续沸腾 120h。试验结论采用称重法进行评估。腐蚀试验见图 7，结论见表 9，从试验结果得知 SPME 焊材的腐蚀速率明显优于 ESAB 焊材。

图 7　ASTM G28 硫酸-硫酸铁腐蚀试样

表 9　腐蚀试验结果分析

指标	初始重量/g	最终重量/g	试块面积/cm^2	腐蚀重量/g·m^{-2}	腐蚀速率/mm·year^{-1}	指标值/mm·year^{-1}	结论
SPME 焊材	15.59279	15.54571	15.54	30.30	0.2620	0.9	合格
ESAB 焊材	14.84137	14.75213	14.87	59.98	0.5188	0.9	合格

7　焊接试验结论

根据上述焊接试验及理化试验结果分析得出：

（1）TIPTIG 焊在镍基复合管焊接中能获得优良的焊缝，合格焊工焊接的焊缝中只有极少数的气孔及加钨存在，均在接受范围内。无热裂纹、未熔合、未焊透等焊接缺陷产生。

（2）SPME 和 ESAB 焊材均能获得机械性能及抗腐蚀性能合格的焊接试验结果，但 SPME 焊材在接头硬度性能、焊缝冲击性能、耐腐蚀性能方面更胜一等，尤其是耐腐蚀性能方面，具有较大优势，因此选择性能更优的 SPME 品牌焊材。

8　现场焊工操作培训考试

为了保证焊接质量，对采用热丝半自动 TIG 焊接的焊接工人按照现场环境进行操作培训考试。焊工操作培训主要培训新型半自动 TIG 焊接原理、操作技能手法、摆动方法及技巧、根部熔合技巧、引弧及收弧方法等操作技能和焊机保养维护。同时模拟现场风沙环境、焊接位置姿势等对焊工带来的影响。每个焊工焊接 5 件管段、焊接后进行 100% 外观，表面渗透 PT、射线 RT 检测，全部 100% 合格，符合业主规范要求。

9　现场 CRA825 复合管焊接及检验

产品焊接应该严格按照焊接工艺指导书进行，只有评定合格的焊工才可以进行产品焊接。

（1）焊接前对焊缝周边 25mm 范围内进行清洁处理，彻底清除油污、锈蚀、重皮、水汽、油漆等所有外部污物、杂物、异物。

（2）组对、焊接必须在现场防风棚内进行，管段放置在沙包上，距离地面至少 300mm，以便提供有效的操作空间。

（3）组对时先进行坡口处理，采用不锈钢丝刷对坡口进行打磨处理，采用丙酮擦拭坡口复合层，对组对错变量进行检测，保证错边量不大于 1mm，以保证根部焊缝熔合质量。

（4）焊接前通过内对口器专用氩气管道对焊缝内部进行冲氩保护，使用便携式氧含量测试仪对焊缝根部进行氧含量测试，氧含量不大于 0.05% 才可以开始焊接。

（5）基于 TIG 焊对风速的敏感性，现场焊接时要采取严格的防风措施控制风速不大于 2m/s。

（6）焊接时，采用适当的电流下限进行焊接，减少焊接热输入，根层焊接厚度不允许超过复合层厚度，热焊焊接要马上进行，时间不大于 10 分钟，热焊焊接要涵盖复合层及碳钢层，第一层填充焊接主要熔合母材碳钢层。

（7）焊接层间温度不要大于 150℃，焊接要尽可能一次焊接完毕，不中断焊接，中断焊接后要进行表面 PT 检查确保无表面缺陷方可进行下一步焊接。

（8）焊接后，对产品的焊接接头进行表面渗透检测、射线检测，焊接一次合格率为 99.2%。

10　管道智能视频检验系统

根部焊缝质量对 CRA825 复合管耐腐蚀性至关重要，CRA825 复合管全位置焊接的重点和难点是确保根部熔合良好。由于镍基熔滴密度大，流动性差，粘性高，再加上现场焊接条件制约，容易造成根部未熔合、未焊透、局部焊瘤、凹陷等缺陷。由于长输管线的特点，传统的玻璃内窥镜无法对现场长输焊缝进行内表面成型外观检验，因此决定引入管道智能视频检验系统。

德国 WOHLER（沃勒）VIS350 工业可视智能检测系统是专门用于管道内检测的智能视频检验系统。本系统主要有主机、操作面板、彩色显示屏、推索（连接摄像头和主机）、360 度旋转摄像头、充电电池系统、存储及输出系统组成。

焊接完毕后，下一道焊缝焊接前，通过系统 20m 长的推索，将直径 40mm 的彩色摄像头伸入管道内部进行检验，通过屏幕上显示的推索伸出长度判定焊缝位置，当摄像头达到焊缝区域时，通过控制面板可以轻松控制摄像头进行摄像头 360°旋转，摄像头自带足够的光源在管道内部对焊缝进行 360 度周向外观检查。同时，通过控制面板，可以实现对焊缝局部拍照及拍摄视频留存，通过自带的存储系统及 USB 连接口实现和电脑连接，可以将拍摄的照片及视频进行传输。

通过管道智能视频检验系统对管道内表面进行检验，发现焊缝根部成型良好，背面氧化色符合标准规定，通过智能视频检验系统发现的极个别不合格焊缝及时进行割口重新焊接处理。

图 8　沃勒 VIS350 管道视频检测系统

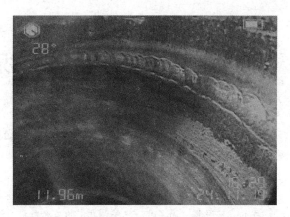

图 9　智能视频仪在 11.96 米处拍的内焊缝照片

11　结论

半自动 TIPTIG 可根据长输管道现场实际条件实现全位置、全天候焊接，机动性强，适用性广，焊接操作便利、合格率高。采用 TIPTIG 焊能大幅提高焊接效率，经过实际对比，现场半自动 TIPTIG 比一般手工焊效率提高 1.5~2 倍。配合使用智能管道视频检验系统对施工难度最大的打底焊进行外观成型及氧化程度检测，实时监控根部焊缝焊接质量，确保焊缝一次射线检测合格率，培训合格的焊工可在满足工作量的基础上获得良好的焊缝，有效提升了长输管道施工的效率和质量、提高了施工自动化、智能化水平、获得了良好的经济及社会效益。

参 考 文 献

[1] 许小波，崔群，杨谦等. 镍基双金属复合管 TIPTIG 焊接工艺[J]. 焊接工艺，2015(9)：128-131.

[2] DEP 61.40.20.36. Weld of CRA-Clad or CRA-Lined Pipe Materials [M]. February 2014.

[3] Ivan Bunaziv，Vigdis Olden，Odd M Akselsen. Metallurgical Aspects in the Welding of Clad Pipelines[J]. Mechanical Engineering，2019，9，3118，1-24

长输管道自动焊工况数据采集研究与应用

孟令宝　倪红元　李纪运

（辽河油田建设有限公司）

摘要 大口径、高压长输管道已成为天然气管输方式的主流趋势，国内现已普遍采用自动焊接工艺，随着信息技术的发展，采集工况数据具备了稳定的平台。实时采集的施工工况数据提供了管道施工过程的真实数据，而实时、完整、真实的工况数据为焊接作业提供了监控和分析手段，对于管道建设的质量控制、管道的安全平稳运行具有现实意义。本文主要针对长输管道自动焊接实时工况采集技术的研发与应用过程进行阐述，为行业该类工程提供一定的技术经验。

关键词 工况数据采集，研究，工程应用

1 研究背景

天然气是国家战略能源，也是目前已知的绿色能源之一，近几年来随着市场需求越来越大，国家建设天然气输送管道口径也随之变大，中俄东线天然气管道工程（黑河-长岭）段是国内第一条全面采用 D1422 口径，X80M 高强度管材的大口径长输管道。该段管径大，钢材等级高，并且全面采用全自动气体保护焊接工艺，在全线实时采集施工数据，管道建设进入第三代智能管道建设阶段。为公司有能力参与智能管道施工，对智能管道施工技术研究已迫在眉睫。

管道施工数据数字化作为中石油智能管道、智慧管网建设的重要组成部分，将成为今后大口径管道建设标准内容，成为管道运营、建设全生命周期的常态化工作，项目施工期间施工参数采集是其中的主要内容，因此有必要进行施工设备和施工现场、工艺参数的数字化采集传输研究，提升公司管道施工数字化采集能力，满足中石油提出的"全数字化移交"、"全智能化运行"、"全生命周期管理"的"智慧管道"建设"三全"目标要求。

当前大口径、长距离、全自动焊智能管道市场需求大，国内具备施工能力的单位少。介绍智能管道施工技术，掌握施工工况数据数字化采集技术，有利于国内智慧化管道建设持续发展。

2 主要研究内容

管道施工数据数字化采集传输系统的研究方向为：解决焊接设备不具备数据采集能力的问题；解决数据传输规范的问题；解决工况参数存储与移交的问题。

2.1 管道全自动焊接设备工况参数采集子系统研究

要采集焊接设备工况参数，就必须通过改造全自动焊接设备，使其具备参数采集能力，课题通过增加传感器及改造焊机控制、传感系统，实现焊接设备的各项工况参数采集功能，由 PLC 读取并编码工况实时数据，按数据规范和地址点表写入统一的协议并传输，实现焊接设备工况数据采集及传输功能（图1、图2）。

图 1　内焊机

图 2　外焊机

本课题采用数据采集模块，感应线圈、AD转换模块、时钟模块、数据传输模块等，按照焊机中控系统的接口要求，设计并制作了焊机工况参数采集硬件系统，采集全自动焊机的电流、电压、送丝速度、焊接速度、摆频、摆宽、停留时间等参数，满足采集数据实际需求(图3)。

图3　内焊机采集传输系统

图4　外焊机采集传输系统

图5　外焊机采集传输模块

2.2　焊接设备数据传输接口及数据规范研究

一个系统必须具备统一的数据规范，课题组通过研究工况数据采集的特点和具体要求，统一使用了 ModBus TCP 通讯协议、制定了统一的数据点表。Modbus TCP 协议是通用工业标准，数据帧格式简单紧凑，数据传输量大、实时性好，

同时课题组增加了时间戳和会话机制，在实现基于身份的验证机制的同时，可以防止焊接设备重启、掉线等产生连接错误。统一的数据点表，对数据类型和地址进行规划，确保了采集数据统一。数据点表对每个地址、每个数据采集点进行统一规定，识别来自不同工序施工参数采集点数据，包括施工工序、焊口编码、人员 CDP 编码、设备 CDP 编码以及电流、电压、送丝速度、焊接速度、角度等信息(表1)。

表1　焊机点表

描述	Modbus 寄存器起始	数据类型或字节长度	单位
焊层	30001	float	
焊接角度	30003	float	度
焊接速度	30005	float	mm/min
焊枪1送丝速度	30007	float	m/min
焊枪1电压修正	30009	float	%
焊枪1脉冲修正	30011	float	
焊枪1摆宽	30013	float	mm
焊枪1摆动时间	30015	float	ms
焊枪1边停时间	30017	float	ms
焊枪1焊接电流	30019	float	A
焊枪1焊接电压	30021	float	V
焊枪2送丝速度	30023	float	m/min
焊枪2电压修正	30025	float	%
焊枪2脉冲修正	30027	float	
焊枪2摆宽	30029	float	mm
焊枪2摆动时间	30031	float	ms
焊枪2边停时间	30033	float	ms
焊枪2焊接电流	30035	float	A
焊枪2焊接电压	30037	float	V

2.3　工况参数存储与移交研究

课题组在现场搭建工况数据采集信息平台，按通 TCP\IP 协议将各全自动焊接设备采集子系统和工况数据采集服务器连接至采集信息平台，实现各子系统之间的通讯。采集服务器按固定频率(3次/秒)，一次性读取焊接设备工况采集子系统所有数据，按数据点表及数据规范，以焊口编号为关键字，将数据整理后存储于数据库中，同时提取有效数据通过数据接口实时移交至业主工况参数数据库(图6、图7)。

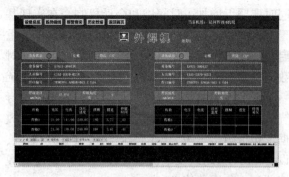

图 6　EPIPEVIEW 数据采集

图 7　数据查看

本课题采用施工现场二维码应用体系、施工管理助手终端采集系统、设备运行过程自动采集传输方式相结合的管道施工现场数据信息采集架构。

（1）生成焊口二维码标签，通过录入焊口编号、管材二维码等，封装进焊口二维码中，并打印出纸质二维码标签，供施工设备数据采集扫码使用。

（2）施工前准备，施工前确保无线网络工作正常，施工设备、采集服务器及无线网络连接正常，数据采集软件正常运行。

（3）作业前准备，扫描焊口、人员、施工设备二维码标签，并确保采集服务器已获取二维码数据。

（4）数据采集，施工设备工作期间，设备数据采集系统采集施工数据，与焊口、人员、施工设备二维码数据整理后提交至远传模块，远传模块将数据写入点表中，按 MODBUS 协议传输给采集服务器，采集服务器按点表地址和数据类型进行解析，显示在采集软件中并存储于服务器中。

（5）按业主数据库服务器接口规范批量移交数据。

3　关键技术解决

通过上述技术研究，解决了管道施工工况采集的技术关键，达到了技术应用条件。

3.1　实现自动焊接设备数字化采集功能

对自动焊接设备进行数字化改造，增加相应数据采集功能，能够采集到电流、电压、送丝速度、焊接角度、焊接速度、预热温度等参数，以实现自动焊接设备采集功能。

（1）增加相应的传感器，通过信号缆线传输到下位机。可以采用模拟信号传感器，也可采用数字传感器。

（2）单台焊接设备增加数据采集下位机，下位机使用 PLC，其主要作用是采集焊接设备各种参数及状态，并将这些参数和状态信号转换成数字信号。

（3）下位机按固定频次采集数据，对数据分别进行处理，并按数据规范将所采数据分别存储在存储器相应的地址，为上位机提供数据。在实际应用中，通过对焊接工况数据的分析，采用的频次为 3 次/秒。

3.2　统一数据传输接口及数据规范

数据远传必须使用相应传输协议并建立统一的数据规范，以协调不同设备的下位机。

（1）下位机统一使用 ModBus 数据传输协议，Modbus 协议是通用工业标准，具有标准、开放，可以支持多种电气接口，数据帧格式简单紧凑，数据传输量大、实时性好等特点。

（2）下位机使用 Modbus 协议并增加时间戳和会话机制，实现基于身份的验证机制的同时，可以防止施工设备重启、掉线等产生连接错误。

（3）下位机数据存储使用统一的数据点表，设备进行了数据采集改造，但设备类型和采集设备型号不尽相同，采集的参数也各不相同，使用统一格式的数据点表进行规划，可以避免上位机采集不同设备时数据不规范的问题。

（4）数据点表对每个数据采集点进行统一编码，识别来自不同工序的数据，包括施工工序、焊口编码、人员 CDP 编码、设备 CDP 编码以及电流、电压、送丝速度、焊接速度、焊枪角度等。

3.3 建立了采集传输与数据移交平台

工况数据采集上位机需要与下位机通信，获取下位机的信息，需要搭建传输平台，接入上位机与下位机。同时，上位机将采集到的工况数据，通过4G网络实时移交至管道数据库。

（1）管道施工为露天场所，施工场地随时移动，外部条件较差，故采集传输采用无线网络平台。

（2）平台的搭建严格按照CDP文件和网络建设规范执行，采用工业级防水防尘型号的路由器、交换机、无线AP等设备，以适应野外施工环境。

（3）根据焊接现场线状作业面的特点，采用功率较大的定向AP，增加网络直线覆盖距离。

（4）使用电信运营商4G网络将所采集的数据移交至数据库。

4 应用实例

在中俄东线天然气管道工程（黑河-长岭）段六、七标段施工中，工况数据采集系统应用于5个主线路焊接机组，完成了137公里焊接工况数据采集和数据移交任务（图8）。

（1）无线传输平台搭建选择使用两台大功率定向AP，实际单向有效覆盖150米以上。供电系统使用了UPS供电，增加了后备电源容量，且配置了光伏发电，降低了运行成本和设备故障率。确保系统稳定运行。

（2）上位机采用EPIPVIEW软件作为工况数据采集、管理和数据移交软件。下位机安装在焊机中控箱内，确保焊接作业时下位机能够正常运行。

（3）制定并执行数据采集流程，封装人员、设备和焊口的二维码并作为唯一的数据源生成焊口二维码标签，供焊接设备数据采集扫码使用。

（4）施工前检查传输平台上位机、下位机运行状态，作业前通过扫描焊口、人员、设备二维码将信息提交给下位机。

（5）焊接作业期间，下位机采集施工数据，与焊口、人员、施工设备二维码数据并整理，按点表写入，上位机按点表解析、显示并存储。

- 扫描焊工二维码,识别身份,确保符合要求
- 扫描焊口电子标签,建立关联关系
- 实时输出电流电压、送丝速度等参数
- 通过现场无线局域网,获取焊机工况信息
- PCM系统
- 数据移交
- 远程监控

图8　数据采集过程

机组现场管理人员和操作人员可以在上位机的EPIPVIEW软件查看焊接数据，如完成焊接口数、单个焊口工况数据（如焊接电流、电压、送丝速度、焊接速度、焊枪角度等），项目管理人员可通过管理系统察看移交的数据。

工况数据能够真实、准确地反映焊接参数，各级管理人员能够清楚的了解实际焊接数据，避免违反焊接工艺规程的情况，严格控制焊接质量。将其与焊口检测缺欠位置、种类相对应，可以辅助分析焊接设备故障或焊工操作问题，提高焊接合格率。

5 结束语

自动焊接数据采集技术在中俄东线管道建设工程中首次应用，已经取得了阶段性成果，为数据采集提供了一条有效的技术方法。随着国内管道建设规模提高，将在更大范围使用管道自动化焊接工艺，工况数据采集和管理将越来越普遍，该工况数据采集方法将为同行施工提供一定的借鉴作用。

新型全自动栅栏式移动活动梯的研发

赵向苗　邵艳波　杨智超

(中国石油工程建设有限公司华北分公司)

摘　要　目前国内成品油库火车卸油采用的是上卸方式；由于油罐车车辆长度及围栏形状不一，在火车混编入库时，存在活动梯不能正对护栏口的情况，操作人员登车操作均存在坠落的安全隐患。研发的新型全自动栅栏式移动活动梯采用双列式伸缩结构方案，适用于油库火车卸油系统各类型油罐车，确保活动梯能搭到不同编组情况下所有类型罐车的护栏口，消除了传统活动梯不能对应槽车罐口带来的安全操作隐患，提高操作环境的安全性；方案采取自动化控制，无需人工现场操作，减轻了操作工人的劳动强度，体现了人性化管理。

关键词　全自动，栅栏，移动活动梯

1　前言

目前火车来油仍然是国内成品油库的主要来油方式，而火车卸油采用的是上卸方式。活动梯固定在栈桥上安装，不能前后移动；罐车入库后，活动梯落到罐车上，操作工人需要通过活动梯爬上卸车栈桥，上罐进行操作。由于车辆长度及围栏形状不一，在火车混编入库时，存在活动梯不能正对护栏口的情况，操作人员登车操作均存在坠落的安全隐患。尤其在北方寒冷地区，冬季罐车顶覆盖冰雪，车顶行走时更容易导致在罐车上坠落，必须采取有效的安全防范措施。

2　基础数据

2.1　油罐车

我国用于装运汽油、柴油、煤油等化工介质的罐车主要有 G60K、G70K、GQ70 和 GQ80 罐车，油罐车编组一般为以上几种车型混编（图1）。各种轻油罐车相关参数见表1。

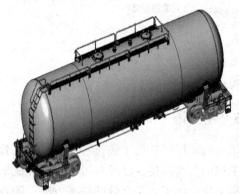

图 1　油罐车现场照片

表 1　主要轻油罐车参数表

车型代码	有效容积/m³	车辆长度/mm	最大宽度/mm	距走板面/mm	围栏截面/mm	围栏形状
G60K	60	11988	2912	3897	1800	L 型
G70K	69.7	11988	3020	3985	1800	L 型
GQ70	78.7	12216	3320	4076	1800	口型
GQ80	89.9	13136	3270	4184	1576	双人孔中心线两侧 1530mm

火车槽车上在卸油口周围设置有护栏，护栏大小一般为 2.75m×1.84m×0.45m（图2）。

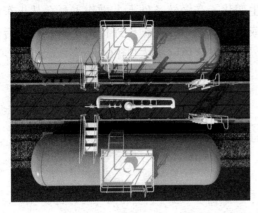

图2

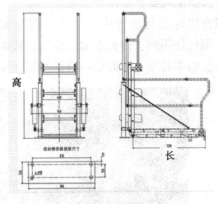

图3　活动梯示意图

2.2　活动梯

活动梯的型号有3步梯、4步梯、5步梯，梯子宽度一般0.6~0.8m。各型号活动梯的长度及高度基本情况如下：

3步梯：长1250mm~1280mm，高1895mm~2110 mm

4步梯：长：1650mm~1755mm，高2295mm~2700mm

5步梯：长：2050mm~2155mm，高2695mm~3100mm（图3）。

活动梯的选型是根据项目要求来定，具体选3步梯还是4步梯，主要取决于栈桥与铁路专用线之间的安全距离。目前，老油库及新建油库栈桥与铁路专用线之间的相对位置存在以下两种情况：

（1）火车栈桥中心线与鹤管立柱中心线在一条直线上，且位于2条铁路专用线的中心线上，铁路中心线间距离为6.5m，逃生梯布置于栈桥下，此时一般采用4步梯，如图4所示。

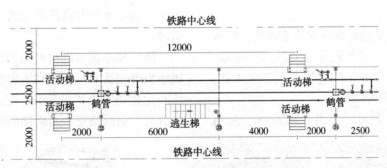

图4

（2）火车栈桥中心线与鹤管立柱中心线不在一条直线上（即栈桥偏向其中一条铁路专用线的一侧），但鹤管立柱距2条铁路专用线的中心线的距离相等，逃生梯布置于栈桥一侧，此时栈桥一侧采用3步梯，一侧采用5步梯，如图5所示。

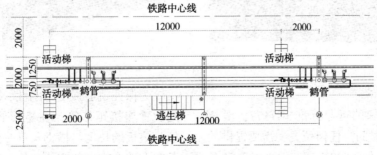

图5

2.3　操作人员行走距离

槽车入库时，始端车位车钩中心线一般与栈桥端部对齐。此时鹤管立柱与卸油口基本水平，活动梯中心距槽车装/卸油口周围护栏约

750mm，操作人员上车作业较方便。

但在实际运行过程中，由于一列车编组混编，车型往往不同，因此在火车始端位置确定的情况下，后面各节火车卸油口与活动梯间距逐渐

发生变化。在极端条件下，操作人员会从火车端部或者尾部上车，在护栏外行走至护栏内，行走距离长，安全风险极大(图 6)。

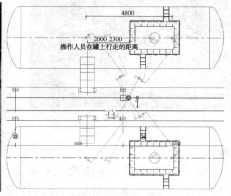

图 6　人员在油罐车行走示意

根据现场反映，有时油库来车会有罐车卸油口处于槽车长度 2/3 的轻油罐车，若此时操作人员上罐需在罐顶行走约 2m，在无任何安全防护的情况下，操作人员容易高空坠落。

3　新型全自动栅栏式移动活动梯的研发内容

栅栏活动滑轨采用槽钢作为轨道材质，焊接于栈桥边缘上；活动梯在轨道上通过滑轮滑动，采用铜合金，保证与钢结构的轨道不产生火花，满足现场环境与防爆要求。

栅栏沿轨道方向伸缩距离≥3800mm，适应

范围大；栅栏顶端到栈桥桥面高度 1050mm，与栈桥橇之间通过螺钉连接。

栅栏采用电机驱动，运行噪音≤60dB；选用液压马达(防爆电机)固定在可移动座板上，且通过齿轮与齿条啮合；在可移动座板上安装有四个滚轮，分别坐于上、下导轨上，同时通过上、下滚轮来限制齿轮齿条的中心距，保障正常运转。

活动梯座板与电机可移动座板相连，通过电机座板带动活动梯座板在矩形槽内移动。具体液压马达移动方式见如下图。在活动梯移动到适当位置时，前端格栅板可伸缩(图 7)。

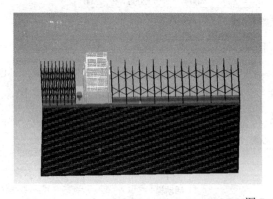

图 7

3.1　基座方案的确定

参考电动滑动梯的行业标准 JGT177，滑梯在运行过程的任何时间，任何位置，需要提供的最小可承受水平推力≮590N，结合油库现场条件和行业安全要求，滑动梯的基座采用框架式结构形式，采用对扣式槽钢做为基座基础。

为保证轨道强度与刚性，两个对扣的槽钢之间设置连接矩形管，在矩形管的上表面设置垫板，垫板的长度与槽钢长度一致，垫板上设置上下左右四个方向的定位机构，确保运行过程中滑梯的固定与安全可靠(图 8)。

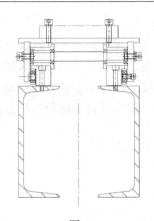

图 8

3.2 伸缩机构的实现

伸缩机构是系统的关键结构，选用双列式伸缩结构方案，整体结构采用平行的双列伸缩结构，生根在轨道上，由动力系统拖动来回行走(图9)。

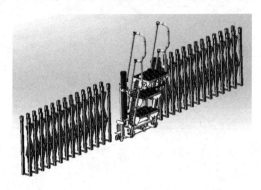

图 9

3.3 滑动设备选材

移动式活动梯的选材需要满足以下几个条件：

（1）防爆

（2）露天条件下的长时间使用

基于以上两点：

核心部件的材料选择如表2。

表 2

名称	材质	规格型号
踏步梯	碳钢（符合防爆标准的标准件）	
轨道	碳钢	Q235B
伸缩机构	奥氏体不锈钢	314
连杆机构	奥氏体不锈钢	314
连杆用轴	铜	H62
连杆用滚轮	尼龙	
前后滚动轮	铜	H62
动力轮	铜	H62

3.4 电控

活动梯的动力由防爆伺服电机提供，由伺服驱动器驱动，通过行星减速机将力矩放大后与踏步梯连接，拖动踏步梯来回移动(图10)。

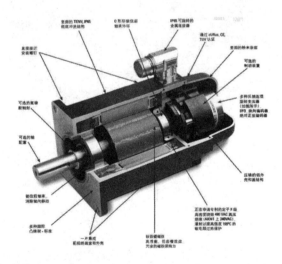

图 10

1）伺服驱动器：

型号规格：增量式

额定输出电流：10A

报警极限：300%

2）防爆伺服电机

型号规格：YBRDa115-10006 220V

防爆等级：ExDIIbT4

输出力矩：6N.M

额定转速：3000n/min

额定功率：1000W。

4 结语

全自动栅栏式移动活动梯采用双列式伸缩结构方案，整体结构采用平行的双列伸缩结构，生根在轨道上，由动力系统拖动来回行走，可适用于油库火车卸油系统各类型油罐车，确保活动梯能搭到不同编组情况下所有类型罐车的护栏口，适应性强。

活动梯可实现电动操作，电控设备动力由防爆伺服电机提供，通过行星减速机将力矩放大后与踏步梯连接，拖动踏步梯来回移动；活动梯可操作性较强，可实现自动运行，操作简单，降低工作强度。

浅谈数字孪生技术在息烽天然气
门站工程建设中的应用

何　欢[1]　史　庆[1]　刘　遂[1]　周鑫荣[1]　苏　博[1]　刘　山[2]

[1. 中石油昆仑燃气有限公司贵州分公司；2. 神州雄旗(北京)科技有限公司]

摘　要　天然气管网是城市能源输送结构的重要组成部分，它为城市工业、商业和居民生活提供优质气体燃料。天然气门站作为长输天然气管道至下游城镇及工业用户分输的气源节点有着举足轻重的作用。天然气门站工程建设管理已从数字化走向可视化，朝着智能化管理趋势发展。数字孪生(Digital Twin)技术是基于物理模型、BIM数据、运营期实时数据，集成多学科、多尺度、多源的仿真过程，建立了实体模型和虚拟模型的完整映射，从而实现仿真对象全生命周期管理的技术。

关键词　门站，数字孪生技术，全生命周期管理，实体模型，虚拟模型

随着数字化、智能化等技术的发展，油气管道运行管理模式将发生根本性转变，形成以智能管道、智慧管网为核心的发展理念。随着工业4.0时代的来临，数字孪生体概念蓬勃发展，数字孪生技术在工业制造、风电、船舶、大型建筑、城市运营等领域中逐步得到应用，随着中俄东线的开工，也在天然气储运领域进行了尝试，但在城市燃气门站工程中的相关应用研究还处于初步探索阶段。本文基于数字孪生技术，融合可视化方法和智能工地管理方法，建立天然气门站工程管理动态可视化管理，通过现代化手段，实现对天然气门站工程设计、施工、质量的评估与预测，进而实现天然气门站工程智能展示、精准管控和可靠运维。

1　数字孪生技术与BIM技术原理

1.1　数字孪生技术

数字孪生最初由美国国防部提出并利用，主要应用于航空航天飞行器的健康维护和保障。数字孪生主要是通过在虚拟世界中模仿物理世界，建立现实世界中物理实体的配对虚拟体(映射)，利用三维图形软件构建可视化模型直观映射现实中的物体，通过充分利用数字孪生系统中虚拟现实仿真模型、静态数据、实时数据以及经大数据技术处理后的AI数据，完成整体系统状态的仿真模拟和预测，从而实现对物理空间各类要素全生命周期的描述。

1.2　建筑信息模型BIM技术

建筑信息模型(Building Information Modeling，BIM)技术是在数字信息化背景下提出来的一种创新工具与生产方式。其已在欧美等发达国家引发了建设行业的变革。BIM是以三维数字技术为基础，集成建筑工程项目各种相关信息的工程数据模型，它是对工程项目设施实体与功能特性的数字化表达，我国BIM技术起步相对较晚且发展速度较为缓慢，目前在天然气管道工程设计方面，仍然主要以传统设计为主。在管道工程设计中BIM技术相对于传统二维设计具备以下优势：①设计具有可视化；②工程量计算准确性提升；③自动关联减少工作量及提升工作效率；④可多专业协作。

1.3　三维建模技术

三维可视化技术通过建立实物模型，将现实情况下的建筑物模型转化为带有实物的数据表征方式的三维图像信息。利用直观的视觉表达形式，可为决策者提供多角度、多层面的决策环境，降低不确定性，提高预见性。

油气站场数字化建设的关键内容之一是创建站场的三维模型实体，作为站场运维、业务管理等各类信息的载体。三维模型的来源，主要分为正向建模和逆向建模两类。正向建模，主要是指设计院在进行三维设计的过程，成果是三维设计模型。设计院三维设计一般在数字化协同设计平台中进行。设计平台最终提供完整的项目模型与数据库，用于提取工程设计成果，并通过移交工

程项目完整的数据与模型，实现数字化移交。逆向建模是对已有的实体进行数据采集测量，并根据测量结果进行建模恢复的过程。采集过程多采用三维激光扫描技术、物探技术，建模过程多采用 3ds Max 等常规建模软件。

2　中石油息烽天然气利用项目简介

息烽门站工程占地 9.7 亩，站内包括总图、建筑、结构、自控、通信、供配电、给排水、消防、防腐及阴极保护等专业，设计输气规模为 $150×10^4 Nm^3/d$；站外工程包括两条进出站管道，其中进站线路总长 1.15km，设计压力 10.0MPa，线路管径 D323.9×12mm，采用 L360N PSL2 无缝钢管。出站燃气管道线路总长 3.23km，设计

压力为 0.8MPa，线路管径 D323.9×6.3mm，采用 L360M PSL2SAWH 螺旋埋弧焊钢管。

3　息烽门站数字孪生体建设与集成

3.1　数字孪生体建设

由于息烽门站在设计阶段，未采用管道工程数字化设计，依然按照传统二维图纸的设计方式，组织设计工作，提交设计成果，这种方式的局限性非常明显，主要表现为图纸数据的精度有限，无法得到可以递延使用的数字化成果，无法获取复杂部位的管线断面结构信息，无法满足管线后期施工与科学管理的需求，因此，需要根据设计图纸和现场实际安装过程进行逆向建模(图1)。

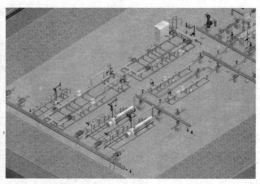

图 1　逆向建模示意图

数字孪生体模型建设的思路：首先通过 3Ds Max 软件对站场实体模型进行三维建模，三维模型是站场数字孪生体的基础，不仅要把站场直观

地表现出来，后续还需要将所有动、静态数据都要通过其进行展示(图2)。

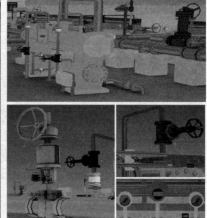

图 2　三维设备单体建模

3Ds Max 建模软件广泛应用于建筑设计等领域，操作简单且能够保证站场模型的精度符合要求。从整体上看，站场设施一共可以分为 3 大类：站场建筑与总图、站场设备和站场管道。参

照站场的建筑图纸、施工图、管网分布图及设备说明书，实现站场 1∶1 比例还原。所有单体模型构建完成后，在站场场景图的基础上完成进一步整合。

通过 3Dmax 软件对站场及关键装置进行建模,将实际生产场景真实还原;采用 Unity3D + BIM 技术,对全站总图及其关键装置结构进行建模,将生产数据与模型进行关联与编辑,设置系统界面、环境配置,使数字孪生体所获取的数据展示更加直观,实现关键装置三维数字化模型可视化(图3)。

图3 门站三维场景

3.2 施工期数据采集

为加强门站建设期管理,息烽项目对门站建设期间的工艺区施工焊口位置和设备安装位置进行了精确测量采集,全面掌握了站场施工进度情况,并实现了相关建设期焊口、检测、试压工序属性数据的维护与管理,施工数据入库加载到三维门站模型中,形成数字孪生体的组成部分(图4)。

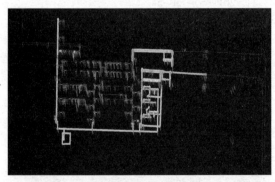

图4 真实施工数据采集

通过实现设计信息、施工信息、检测信息、竣工信息、设备安装等信息的采集、整理和录入,建立数字孪生体的属性数据库。属性数据主要包括:采办数据、施工记录、测量数据和设计文档、图纸,以及沿线的一些调查数据。采办数据由采办部门提供;施工数据主要由 施工单位、检测单位提交,监理单位进行协调;测量数据、调绘数据主要由测量单位采集与提交(图5)。

图5 建设期施工数据作为数字孪生体的属性进行展示

3.3 倾斜摄影数字化建模

在门站施工过程中,利用无人机对门站各阶段开展了倾斜摄影数字化建模工作,用来与实际现场施工采集数据对比,有效管控门站地下隐蔽工程和现场施工进度情况(图6)。

图6 息烽门站倾斜摄影建模成果

3.4 数字资产平台建设

在传统模式下,对不同源头数据的应用是通过 API、中间库或文件接口交换的,在数字孪生条件下,对数据的应用要求呈现出不同的需求。息烽项目通过建立数字资产平台,屏蔽数据源之间直接接口，建立数据中台的 API 网关为各阶段业务应用提供规范的接口，实现数字孪生体属性数据的集中管理，实现快速的、敏捷的、中台化的数据交付服务(图 7)。

图 7　数据资产管理平台界面

4　总结

　　智能化、数字化发展趋势下的天然气门站工程建设有别于传统管道工程建设，核心是如何利用三维模型成果、数据标准和设备资料等，实现设计、采购、施工、运营管理业务链的贯通，形成设计、采购、施工三位一体的数字化建造环境，最终形成与物理场站及其附属信息完全一致的数字场站，即数字孪生体，助力天然气工程的智能化运营和智慧化发展。

　　息烽门站工程探索了如何将三维数字模型和现场工程管理有效融合，形成模型 3D+施工进展的进度管理模型和信息深度融合，实现了业主方

在时间维度上对工程建设进行管控的能力，为现场施工的组织管理提供支持，同时基于三维数字化模型，实现焊缝、设备安装信息的四维管理和信息在三维模型的呈现，为数字孪生体提供基础数据。基于三维模型形成的带有设计、采购、施工等最终属性信息的模型，即三维竣工图(数字孪生体)。

　　然而，数字孪生体目前也还存在数据支撑能力不足、孪生可视化模型获取容易，内在运行机理模型严重匮乏，安全防范亟待强化等问题，相信在不远的将来，随着管道行业智能化发展的不断深入，数字孪生技术在行业中的应用也将会不断深化，发挥更大的价值。

参　考　文　献

[1] 纪博雅，戚振强. 国内 BIM 技术研究现状[J]. 科技管理研究，2015，35(6)：184-190.

[2] 刘鹏. 油气站场数字化建设中的二维建模研究[J]. 测绘通报，2019(S1)：119-121. DOI：10. 13474 / j. cnki. 11-2246. 2019. 0526. [3] 闫婉，任玲，宋光红，等. 数字化协同设计对智能油气田建设的支持[J]. 天然气与石油，2018，36(3)：110-115.

[4] 王星，田茂义，宁化展，等. 基于 ArcGIS 与 3ds Max 三维地形可视化关键技术的研究[J]. 城市勘测，2011(6)：50-54.

"五化"建设在辽河雷 61 储气库项目上的应用

由双海

（中国石油辽河油田公司）

摘　要　2020 年 8 月 7 日，辽河油田雷 61 储气库工程一次试运行投产成功，这是辽河油田公司深入贯彻落实习近平总书记重要讲话和指示批示精神，加快天然气产供储销体系能力建设取得的一项重要成果。上半年，受国际油价暴跌和新冠疫情肆虐"两只黑天鹅"叠加影响，雷 61 储气库工程的建设受到了前所未有的挑战。与此同时，业主对工程建设项目的精细化管理要求日趋严格，对工程建设企业的设计手段、模块化建造水平、数字化移交提出更高的要求。因此，为了保障雷 61 储气库建设的顺利实施，实现高效、安全的建设目标，推进"五化"建设，成了唯一、必要的选择。本文就实施"五化"建设在提升工程质量，提高效率效益，促进工程本质安全方面进行探讨，以期为今后储气库群建设提供有效参考。

关键词　标准化设计，工厂化预制，模块化施工，机械化作业，信息化管理，储气库建设

在当前全球工业化和信息化技术高度发展和深度融合的背景下，传统的工程建设模式已经不具备优势，如果延续采用传统建设模式，工程建设企业将很快在行业竞争中处于劣势，甚至被淘汰出局。因此，严峻的国内外形势，倒逼油气生产企业降低工程造价，提高效益；倒逼工程建设企业必须降低成本，提高效率。"五化"则是对传统工程建设理念的一次变革，是对传统建设模式的一种颠覆。

1　"五化"的基本含义

"五化"建设是中石油集团公司工程建设板块近年来力推的一种全新的工程建设模式，即标准化设计、工厂化预制、模块化施工、机械化作业、信息化管理。"五化"之间紧密相连，环环相扣，是一个有机的整体。

标准化设计，是将建设标准、工艺流程、平面布局、设备选型、模块划分、配管安装进行统一定型的技术方法，通过统一的设计作业平台，针对具体工程项目，将数据库中标准模块进行组合，实现装配式设计，达到设计成果的快速标准化输出，包括图纸文件、三维模型等。

工厂化预制，根据标准化设计形成的成果和模型，最大限度地将施工现场的工作量转移到工厂内实施，完成橇块、模块和组件的加工制造工作，把三维模型和虚拟模型等变成模块实体。

模块化施工，在工厂化预制完成单个模块制造后，将所有模块拉运至施工现场，利用吊车等设备，把一个装置或者一个产品的多个组成模块按照流程要求，进行"搭积木"式的模块组合安装，快速完成工程项目的现场施工工作。

机械化作业，利用技术先进、性能优越和经济可行的施工设备、机械、机具，例如管道自动切割、自动焊接、自动无损检测等设备，代替传统的人工作业，降低劳动强度，提高工作效率和施工质量。

信息化管理，运用云计算、互联网、物联网、大数据和移动应用等先进信息技术，建立统一的信息管理平台，对工程建设项目设计、采购、施工、监理、交付、运行维护等，实施全生命周期管理、项目的全数字化移交、全智能化运行。

工程项目建设实施"五化"，标准化设计是基础和龙头，工厂化预制是标准化设计的延伸，模块化安装是工厂化预制成果的实现方式，机械化作业是实现工厂化预制和模块化安装的有效手段，信息化管理是各环节协调统一、高效运转的保障。

2　"五化"在储气库建设中的主要优势与成果

2.1　标准化设计方面

雷 61 储气库打破以往的建厂模式，首次采用三维撬装化、模块化设计。该工程以模块化、撬装化设计为基础，形成了储气库标准化工艺流程、管道压力统一规定、三维模块图集、定型图

库管理等十项设计技术、九项技术文件以及 38 个注采撬块和 2 个双层装置模块的设计。通过撬装化、模块化设计，现场设备及工艺结构布局由平面展布向空间叠加集成，装置紧凑，功能由分散型向一体化、智能化集成，为本工程减少占地约 8.8 万亩。通过多专业协同的三维数字化设计，实现自动出图出料，大大提高了设计效率和质量。通过三维数字化在线审查平台，在图纸审查环节，更系统、直观地对整个储气库的平面布置、空间布局、模块划分精度以及管道、设备、电气、仪表的位置走向的合理性、实用性进行了审查，从而最大程度地减少"错、漏、碰、缺"的发生，提高设计质量的同时，从源头上保证了工程本质安全。

2.2　工厂化预制

雷 61 储气库地面工程在预制厂完成了 36 个模块化、撬装一体化装置的预制工作，撬装化、模块化率达到 90%。通过施工模式的转变，将传统的现场平铺施工作业改为厂房内预制，施工方式从"室外"走向"室内"，不受季节和外界环境影响。安全方面，改变以往先土建基础、再工艺安装、最后电气仪表的施工顺序，实现了工艺安装、钢结构安装与土建基础同步开工，互不干扰，减少了现场交叉作业产生的风险。工期方面，工厂化预制可充分利用已到货设备和材料进行预制，降低了采购周期长的设备和材料对工期的影响，缩短工期约 2 个月，极大提高建设效率。质量方面，焊接、检测、试压、吹扫、除锈、防腐、保温、调试等作业均在工厂内分工序，实施流水化作业，高效规范。同时，预制车间内稳定的作业环境，能规避施工现场诸多不利环境因素对各工序造成的影响，极大提升工程整体质量。

2.3　模块化施工

工厂化预制是模块化安装的基础，而模块化、撬装化设计是模块化安装的灵魂。设计人员通过统筹整个工程实际，在满足工艺流程及操作要求的同时，统筹考虑后续的模块预制、组装、拆分、包装、装卸、运输及现场安装等工作，同时兼顾传统建设模式下厂区的安全生产、日常操作和检维修、事故逃生等方面，对模块进行全面的策划和设计。通过模块化安装，大幅缩减了现场吊装作业、高空作业和交叉作业的频次，减少了现场工作量。对比同类采用传统施工方式的工

程，如锦州分输压气站，作业高峰期现场最多 10 个机组、200 多作业人员、22 台吊车同时立体、交叉作业，风险极大。而雷 61 储气库工程，通过工厂预制和现场组装，仅需一个机组、20 多人，两台吊车配合便可实现模块化、撬装化设备的安装，提高施工效率的同时有效降低了作业风险，为项目安全顺利开展提供有力的技术保障。

2.4　机械化作业

机械化作业是大幅降低人工成本、提高施工效率效益的重要措施。雷 61 储气库工程的顺利建成投产得益于管道自动焊、坡口一体机、等离子回旋数控切割机、钢结构矫正机等设备的应用。机械化设备代替传统的人工作业，降低劳动强度、提高效率的同时，大幅提升工程质量。该工程工厂化预制产品机械化程度达到 95% 以上，焊接一次合格率由 96% 提高到 99.5%，其中一级片占比 98.7%，远高于手工焊作业质量。

2.5　信息化管理

雷 61 储气库工程以 BIM 技术作为储气库信息化建设发展的重要载体和手段，以打造"BIM+移动互联网+物联网+大数据"的建设管理信息平台作为支撑，逐步引领储气库建设管理朝着精细化、专业化、智能化方向纵深推进。按照"一个平台，两条主线"的 BIM 技术应用总体路线开展 BIM 技术应用。其中"一个平台"，即建立一个以 BIM 为底层的雷 61 储气库项目建设服务平台，是实现数字化交付的基础。"两条主线"，是指针对雷 61 储气库建设项目，按照技术应用和管理应用两条主线开展 BIM 应用。

平台主要服务于工程建设期管理，按照业务板块划分模块，进行多项目集中统一管理。项目系统面向各项目的前线指挥部及参建单位，服务于单个项目层面的前线工程管理，模块划分与系统有较大继承性，作为项目前端的主要数据录入源头，两级子系统均具备数据录入、导入、分析、汇总、输出报表等电子化处理功能，最终实现两级平台，多项目同步覆盖应用。

通过数字化管理移交系统的搭建，借助于移动互联网、智能识别、信息融合、大数据等技术，最大限度地采集建设过程中的信息资源，利用信息资源，建成技术先进、数据完整、功能完善、安全稳定的地面建设数字化管理移交系统。通过系统建设，实现地面建设工程基础工作和业

务管理的规范化操作、线上业务流转，改变地面建设工程管理的现有管理模式，实现地面建设工程的全生命周期数据采集、全数字化移交和工程建设精细化管理，支撑工程管理体系高效运行，提升储气库建设效率和效益，降低建设项目管理成本。

通过该技术的应用，建立了储气库建设综合数据库，统一管理地面建设工程的数据，实现了雷61储气库工程的全数字化移交和在线归档，满足工程项目的资料移交和归档要求，实现了数据的综合分析和应用，实现了施工进度、施工质量等施工现场数据的一站式查询和管理，减少建设项目部获取和分析施工数据的工作量，提高工作效率，实现了工程现场的人员出入场管控和安全管控。为雷61储气库建成"全数字化移交、全智能化运营、全生命周期管理"的智慧场站目标迈出关键一步[3]。

3 结论

通过油田公司的高效组织和地方政府的大力支持，在各参建单位的积极配合、共同努力下，历时8个多月，一座智能化的储气库从一片荒地上拔地而起。雷61储气库能如期、安全、高质量地完成建设任务，"五化"建设功不可没。"五化"是转变发展方式、优化组织模式、提高质量效益、建设精品工程的重要举措，也是实现业主投资效益最大化、显著提升工程建设质量和效益的重要途径。雷61储气库工程的建设已通过实践证明了"五化"的诸多优势，为后续的储气库建设积累了宝贵的经验、奠定了坚实的基础。今后，油田公司将以储气库群建设为契机，以"五化"为抓手，促进工程建设模式的转型升级，不断建设精品工程，为油田公司做好"千万吨油田、百亿方气库、流转区效益上产"三篇文章，保障国家能源安全，做出新的更大贡献。

参 考 文 献

[1] 穆华东，李海润，张振庭. 工程建设企业"五化"模式提升竞争力的实践与意义. 国际石油经济，2018(10).

[2] 赵思琦，孙军，王海. 模块化施工在油气工程质量管理中的应用. 项目管理技术，2019(12).

[3] 王军，王辛夷，赵利杰. 石油工程建设项目"五化"战略思想的研究与实践. 石油工程建设，2018(5).

一键启停输在管道智慧化建设中的应用

张　佳　公茂柱　邵艳波　潘　毅

(中国石油工程建设有限公司华北分公司)

摘　要　针对目前国内液体管道启停输操作繁琐复杂，管道运行存在较大的人为误操作因素和事故安全隐患的问题。结合国内智慧管网建设目标及构架，探讨液体管道"一键启停输"对智慧化管道建设的积极意义。基于实际案例，从实施基础、停输控制逻辑、启输控制逻辑3方面分析"一键启停输"的可行性。"一键启停输"项目可提升管道整体自动化运行水平，为液体管道智能化建设奠定基础，对于提升我国液体管网的安全运行和智能化建设具有重要意义。

关键词　液体管道，一键启停输，可行性，智慧管道

2017年，国家发改委、能源局发布了《中长期油气管网规划》。规划指出：目前中国运营的油气管道里程为$12×10^4$ km，到2025年将达到$24×10^4$ km，形成主干互联、区域成网的全国网络。2019年12月9日，国家石油天然气管网集团有限公司(简称"国家管网集团公司")正式成立，管理约$9.37×10^4$ km管道、8座储气库、10座LNG接收站以及12家省网公司。国家管网集团公司提出了"打造智慧互联大管网、构建公平开放大平台、培育创新成长新生态"的"两大一新"战略发展目标，坚持"统一规划、统一建设、统一调度"，这标志着"全国一张网"格局的形成。调控中心将承担更多管道的调控任务，调度员的工作量和操作难度必将显著增加，因此，提高管道运营的智能化水平，减少调度员的工作强度成为亟待解决的问题。

1　一键启停输对智慧管网建设的意义

智慧管网是在标准统一和数字化管道的基础上，以数据全面统一、感知交互可视、系统融合互联、供应精准匹配、运行智能高效、预测预警可控为特征，通过"端+云+大数据"体系架构集成管道全生命周期数据，提供智能分析和决策支持，用信息化手段实现管道的可视化、网络化、智能化管理，并具有全方位感知、综合性预判、一体化管控、自适应优化的能力。通过推进管道数据由零散分布向统一共享、风险管控模式由被动向主动、运行管理由人为主导向系统智能、资源调配由局部优化向整体优化、管道信息系统由孤立分散向融合互联的"五大转变"，实现"全数

字化移交、全智能化运营、全生命周期管理"目标。

智慧化管网建设最终目的即是在可视化条件下的管道全智能化安全运营，因此一键启停输对智慧管网建设具有重要意义。

1) 一键启停输是智慧化运行基础

智能化管道建设是未来的发展趋势，为提升管道整体自动化运行水平，实现安全风险自动检测、识别、处理，进一步提升管道智慧化运行水平，有必要实施"一键启停输"可行性研究，达到启停输前的智能检测、启停输过程的智能化、故障判断的自动安全防护等目的，实现管道的安全平稳高效运行，为液体管道智能化建设奠定基础。

2) 树立一键启停输智能化运行示范

管道"一键启停输"典型示范工程成功实施后，通过不断总结经验教训，完善、优化操作指令，最终达到管道的智能、安全运行。同时，可为后续新建及在役输油管道的"一键启停输"提供示范作用，对于提升我国整个油气管网的安全运行和智能化建设具有重要指导意义。

3) 一键启停输着力于智慧化安全运维

以管道安全运行为首要目标，充分考虑一键启停输过程中的各种异常情况，程序应具备执行过程中异常情况的安全保护自动处理功能，切实保障管道的运行安全。提升管道整体自动化运行水平，达到启停输前的智能检测、启停输过程的智能化、故障判断的自动安全防护等目的，实现管道的安全平稳高效运行，为液体管道智能化建设奠定基础。充分考虑模块化实现的技术方案，

灵活、高效的满足调度员对不同工况下的一键启输、一键停输要求。

2　一键启停输技术

2.1　实施基础

1) 安全保护控制系统基础

安全控制系统由以下分系统构成：调度中心监控系统、水击超前保护PLC、全线各站站控系统（SCS）、阀室的RTU等。站控系统和RTU通过光缆与水击超前保护PLC及调控中心监控系统进行通讯，同时租用电信专线（DDN）（或卫星等其它通讯介质）作为备用信道，主、备信道能够自动切换，确保通讯的可靠性。

全线各站ESD及水击超前保护数据直接传送至水击保护PLC，并经该PLC向各站发布安全保护控制命令，同时将数据及事故信息上传至调控中心。调控中心下发的安全系统控制命令，先送至水击超前保护PLC，再下发到各站ESD。

2) 安全保护措施基础

管道事故工况下需要采取各种安全保护措施，预防事故的发生。根据管道发生的各种情况，应分层次采取保护措施，做到既能保证管道安全，又减少不必要的负面影响。在事故工况下，以保护管道和设备安全为优先考虑。管道系统安全保护措施的先后顺序为联锁保护、水击超前保护、ESD保护和泄压保护等。

（1）联锁保护控制

联锁保护控制是安全控制过程中最优先采取的措施，由站控系统实现，其控制内容主要包括：各站储油罐、泄压罐和污油罐联锁保护控制；输油主泵压力保护控制；压力保护性调节。

（2）水击超前保护控制。

目前的管道虽然启停输操作各模块功能具备，但仍由人工远控操作，各模块未能实现智能化运行。以西部某成品油管道为例，管道在启输过程中调控中心需下发指令高达400余次，还需与各个站场电话联络启输的相关进度等，管道的启停输操作繁琐而又复杂，且各个站场启输操作必须高度协调，启停输过程中人员始终处于高度紧张状态，管道运行存在较大的人为误操作因素和事故安全隐患。

因此，管道各控制模块功能需集成为统一的管道启停输控制逻辑。通过实施管道一键启停输自动控制技术，可有效调高提高调度员工作效率

和管控水平，减少人为干预不确定性及事故安全隐患，实现液体管道的安全平稳高效运行。

以某管道全线流量$800m^3/h$（无分输、注入）为例进行全线一键启停输的设计，论证一键启停输的可行性（图1）。

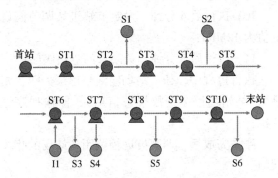

图1　管道系统流程示意图

2.2　一键停输逻辑

停输前应提前2小时通知各站停输时间，各站应提前做好停输准备。停输前调度再次确认各站场、阀室的输油泵、阀门的仪表信号是否处于正常状态。

调度下发一键停输命令，水击PLC内的一键停输程序自动按以下逻辑执行：

调用首站停站模块，停运首站输油泵；（停站模块内置程序应先停主泵，间隔10秒后再停运给油泵。停泵采用联锁停泵程序，下同）

执行后检测到1#检测点压力下降后，调用ST2泵站和ST1泵站的停站模块；

执行后，当ST3站进站压力下降0.2MPa且低于1.0MPa，则直接调用ST3站停站逻辑；如果仍高于1.0MPa，则继续等待，一直到下降至1.0MPa，调用ST3泵站停站逻辑；（下述步骤中，ST4、ST6、ST8、ST10泵站均为此判断逻辑，即如果进站压力高于1.0MPa，需继续等待，直到低于1.0MPa才启动停站逻辑，不再重复描述）。

3) 执行后，当ST4站进站压力下降0.2MPa且低于1.0MPa，调用ST4站停站逻辑；

4) 执行后，检测到2#检测点压力下降后，调用ST5站停站模块；

5) 执行后，当ST6站进站压力下降0.2MPa且低于1.0MPa，调用ST6泵站停站逻辑；同时，设定末站进站调节阀设定值为10MPa；

6) 执行后1分钟，调用ST9泵站停站逻辑；

7) 执行后，当ST10进站压力下降0.2MPa

且低于 1.0MPa，调用 ST10 泵站停站逻辑；

8）执行后，当 32#阀室压力下降 0.2MP 后，调用 ST7 泵站停站逻辑；

9）执行后，当 ST8 站进站压力下降 0.2MPa 且低于 1.0MPa，调用 ST8 泵站停站逻辑；

10）执行后 4 分钟，设定末站进站调节阀设定值为 12MPa；

11）执行后 5 分钟，关闭末站进站阀门；

执行过程中，任一站场输油泵停泵失败，则跳出"某站场停泵失败报警信息"，停输程序继续执行；

停输完成后，调度员远控关闭各站场的相关阀门。

在停输过程中，各站高高联锁报警、水击泄放系统、水击保护程序均为投用状态，出现紧急事故可自动触发保护程序，以保证管道的安全。

在停输过程中，各站场人员应随时待命，如果某站输油泵停泵失败，站场人员应及时现场停泵，保证停输程序的继续执行(表 1)。

表 1　800m³/h 停输后全线压力状态表

站名	进站压力/MPa	泵出口压力/MPa	出站压力/MPa
首站	0.20	4.94	4.93
1#检测点	0.00	—	—
ST1	4.53	4.54	4.56
ST2	5.34	5.35	5.35
S1	5.50	—	—
ST3	3.21	3.21	6.41
ST4	1.57	2.69	3.26
2#检测点	0.22	—	—
S2	1.27	—	—
ST5	4.73	4.73	4.82
I1	1.69	1.69	1.86
3#检测点	0.33	—	—
S3	3.09	—	—
S4	4.18	4.18	5.38
ST8	1.47	3.14	5.64
4#检测点	0.02	—	—
S5	8.07	—	—
ST9	6.79	6.87	6.87
S6	5.11	—	—
ST10	2.60	3.20	4.59
5#检测点	0.07	—	—
末站	10.88	—	—

2.3　一键启输逻辑

1）准备工作

启输前的准备工作由中控人员或站控人员执行。

启输前，应提前 2 小时通知各站启输时间，暂停相关现场作业，各站人员做好启输前准备工作。

调度员导通首站至给油泵进口的相关阀门、末站出站至油库的相关阀门，并再次确认首末站进出罐流程是否正确、畅通。

检查线路所有远控阀室、进出站干线阀门的状态为全开状态；

检查并打开各个站场内干线上的手动阀门；

检查确认各站高、低压压力开关联锁保护处于投用状态，各站高、低压泄压阀均投用；

检查电源是否正常。

2）控制逻辑

准备工作完成后，调度员下达一键启输命令，程序进行输量台阶选择、设备预选、导通流程等逻辑，启输过程进行控制如下：

（1）调用首站启站模块，启站模块内置程序如下：首先启动 1 台给油泵，10 秒后，启动另一台给油泵，系统检测到给油泵出口阀门为全开状态后，启动首站两台大泵，并设定出站压力目标值为 8.24MPa，PID 由手动状态自动切换为自动状态，系统检测出站流量，如未达到 800m³/h，则调节阀按照每 30 秒设定值调高 0.2MPa 开阀，一直到流量达到 800m³/h 或者出站压力设定值达到目标值，则停止开调节阀。（注：ST3、ST4、ST6、ST8、ST10 的启站模块中，检测流量和调节阀设定值逐步增加的逻辑均与首站相同，不再重复描述；另外，如果出站压力或目标流量始终达不到目标值，程序给出报警信息，程序继续执行；同时调度员密切跟踪各站场及高点检测阀室的进出站压力变化情况，根据各站压力情况判断是否干预，如终止程序或者等待系统自动触发各种联锁保护等，其他站场启站与该站相同，不再重复。）

程序检测到 1#检测点压力上升 0.2MPa 后，调用 ST1 站启站模块；模块内置程序如下：当变频泵转速达到 2000 转后，PID 由手动状态自动切换为自动状态，并设定出站压力目标值为 6.0MPa，系统检测出站流量，如未达到 800m³/h，则设定值按照每 30 秒调高 0.2MPa，一直到流量达到 800m³/h 或者出站压力设定值达到目标值,则停止调节。(注:ST2、ST5、ST7、ST9 均采用此逻辑,不再重复。)

(2)执行后,当 11#阀室压力上升 0.2MPa 后,调用 ST2 站启站模块(出站压力目标值为 6.6MPa);

(3)执行后,当 ST3 站进站压力上升 0.2MPa 且大于 1.8MPa 时,调用 ST3 泵站启站逻辑(出站压力目标值为 6.38MPa);

(4)执行后,当 ST4 站进站压力上升 0.2MPa 且大于 1.8MPa 时,调用 ST4 泵站启站逻辑(出站压力目标值为 4.32MPa);

(5)执行后,当 2#检测点压力上升 0.2MPa 后,启动 ST5 泵站启站模块(出站压力目标值为 6.56MPa);

(6)执行后,当 ST6 站进站压力上升 0.2MPa 且大于 1.8MPa 时,调用 ST6 泵站启站逻辑(出站压力目标值为 6.38MPa);

(7)执行后,当 32#阀室压力上升 0.2MPa 后,启动 ST7 泵站启站模块(出站压力目标值为 6.71MPa);

(8)执行后,当 ST8 站进站压力上升 0.2MPa 且大于 1.8MPa 时,调用 ST8 泵站启站逻辑(出站压力目标值为 6.70MPa);

(9)执行 1.5 分钟后,启动 ST10 泵站启站模块,并设定出站压力目标值为 5.82MPa;同时设定末站进站压力为 8.4MPa;

(10)执行 2 分钟后,启动 ST9 泵站启站模块,并设定出站压力目标值为 7.5MPa;全线启输完成。

程序具备执行过程中的异常工况自动处理功能:

启输前应判断上次停输后各站的进出站压力,如果启输前某站进站超低,程序应等待进站压力升高到 1.8MPa 时启泵;如果启输前某站进站超高,程序应给出报警信息,由调度员处理此种情况(比如暂时屏蔽进站超高联锁保护程序),待处理完毕后,再继续执行启输程序;如果停输后的出站压力较高,应使进站压力下降到某值(且大于 1.8MPa)才启泵,避免启泵后出站压力超限。

在输油泵预选界面,设置预选备用泵按钮,调度根据启输工况,预选启输泵和备用泵,当启泵失败时,程序可自动启动备用泵。如备用泵也启动失败,程序显示报警信息并弹出确认框,如调度员无干预,则延迟一定时间,一键启输程序自动终止后续操作,并触发水击保护程序。如无预选备用泵,启泵失败时,则弹出确认框而调度员无干预后,终止启输程序后续操作,并触发水击保护程序。

启输过程中,在出现超压或低压情况或者出现站关闭等事故时,程序显示报警信息并弹出确认框,如调度员无干预,则延迟一定时间,一键启输程序自动终止后续操作,自动触发水击保护程序。

3 结束语

目前国内液体管道启停输操作基本仍由人工远控操作,操作繁琐复杂,管道运行存在较大的人为误操作因素和事故安全隐患。

实施"一键启停输"后,中控调度员仅需执行一键启输程序,程序即可自动完成整个启输过程;同时,启停输程序设置完备的安全保护措施,可保证管道启输的安全平稳运行。因此,项目的实施可大大减少调度员的劳动强度,减少人为操作失误,实现管道的安全平稳高效运行。

同时,实施"一键启停输"项目可提升管道整体自动化运行水平,为液体管道智能化建设奠定基础,为后续新建及在役输油管道的"一键启停输"提供示范作用,对于提升我国液体管网的安全运行和智能化建设具有重要意义。

建设企业信息智能化系统开发与应用

杜 鑫 倪洪源 徐祥会 李纪运

(辽河油田建设有限公司)

摘 要 典型的工程建设企业,皆具有项目遍布全国、队伍跨地区分布、基层队伍流动施工、远程办公需求诉求大的特点。但一直以来由于技术的限制,建设企业未能建设一套结合单位特点的信息智能化管理系统,存在企业项目数据不够完善、生产过程信息统计不够及时、多地办公审批手续繁杂、数据穿透性差等弊病。因此,需要建立一套针对建设企业信息智能化管理的综合平台,对生产经营数据进行实施跟踪,减少管理上的盲点,加强信息传递的及时性,加快业务处理的响应速度。通过实现现有数据的整合,与现有管理系统进行交互,提高信息自动化处理水平,实现企业生产经营工作的精细化、透明化、数据化、一体化,提高工作绩效,提升管理水平。本文主要论述我公司开发与应用信息智能化系统技术经验。

关键词 大数据,信息系统,生产经营一体化

1 项目概述

1.1 项目背景

持续推进信息化和工业化融合(以下简称两化融合)是党中央、国务院的战略部署,两化融合管理体系是推进两化深度融合的重要举措和有力抓手。明确了系统推进两化融合管理体系的指导思想、工作目标、重点任务和保障措施,其核心是深化实施和普及推广两化融合管理体系标准,加速技术创新和管理变革,提升全要素生产率和产业核心竞争能力,加快新旧动能接续转换,促进制造强国和网络强国建设。

"十三五"期间,经济新常态对企业发展提出了新的机遇与挑战,面对两化深度融合、工业4.0等政策推进力度增强、"云物移大智"技术应用日益广泛、提高运营决策效率需求更加急迫的发展环境,信息化必然成为企业转型发展的有力工具。

目前,辽河油田建设有限公司(以下简称为公司)的基础生产管理、经营管理等数据、报表统计以及日常业务的信息处理都采用电子表格手工记录,各个环节存在数据重复录入、表格复杂,手工录入准确性低的问题,大大降低了数据的有效利用率。同时,公司具有队伍跨地区分布,基层队伍流动施工、连续作业的特点,迫切需要对公司生产经营数据进行实时跟踪,减少管理上的盲点,加强信息传递的及时性,加快业务处理的响应速度。

因此,通过开发并实施公司管理信息化平台,通过实现现有数据的整合,与现有管理系统进行交互,提高信息自动化处理水平,实现公司生产经营工作的精细化、透明化、数据化、一体化,提高工作绩效,提升服务水平。

1.2 建设目标

根据企业的管理需要和系统总体建设周期的要求,遵循总体规划,分步实施,稳步推进的原则,打造企业管理全面信息智能化、精细化的总体目标。

第一阶段:基础数据信息化,管理信息化、流程化

以经营管理为主线,实现项目、人员、收入、成本、物资、设备、考核等信息化管理;实现机关科室重要业务信息化,建立相关数据库,各项数据归集、汇总和分析。

第二阶段:数据深化应用,管理提升

实现其他相关业务的拓展,利用基础数据建立信息化管理体系,强化数据应用、实现管理提升。

2 建设内容

公司管理信息系统以精细化管理为基础,以工程项目经营管理为主线,将人员管理、项目管理、物资管理、设备管理、党建管理、审计管

理、绩效考核管理、查询分析、领导决策等功能纳入系统。

将基层员工、项目、项目部、分公司、机关、领导联系在一起，实现对项目所属人员数据的考勤归纳、对生产施工及物资消耗的动态管理、对设备车辆信息的跟踪和更新、以及经营成本和收入对比分析等综合数据统计，整体提高公司精细化管理水平，提升信息的准确性、及时性和有效性，为领导科学决策提供数据支撑（图1）。

2.1 构架设计

2.1.1 设计构架

公司管理信息系统共设置5层结构：用户、终端、应用层、应用支撑层、数据层（图2）。

2.1.2 数据库构架

建设十大数据库，实现数据统一、共享（图3）。

图1

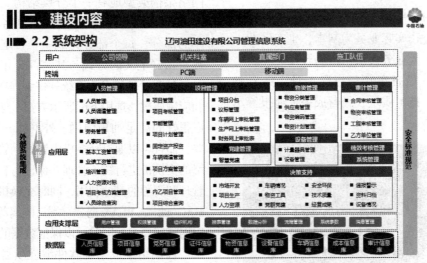

图2

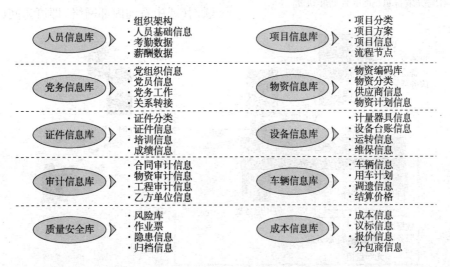

图3

2.1.3 管理层级构架

整个系统基于"三级管理、三层服务"的原则进行设计、开发(图4)。

三级管理：公司级、科室/项目部级、小队级

三层服务：操作层、管理层、决策层

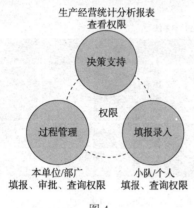

图 4

2.2 功能需求设计

构架了以公司实际业务为基本，生产经营一体化为主线的十大业务模块：市场开发、项目生产、人力资源、设备车辆、物资工具、党群党建、安全环保、技术质量、经营成果、通报警示(图5)。

图 5 图例决策首页(演示数据非机密)

3 技术核心

3.1 总体设计方案

系统框架是连接软件开发需求和软件设计的纽带，本系统采用 B/S 的开发模式，由于系统开发过程中所涉业务项目比较庞大，系统越庞大架构越复杂。管理信息化系统采用的是三层架构的开发模式-表示层、业务逻辑层、数据访问层。下面从网络框架、技术体系、安全性行等方面进行说明。

3.1.1 网络架构

网络架构(Network Architecture)是为设计、构建和管理一个通信网络提供一个构架和技术基础的蓝图。网络构架定义了数据网络通信系统的每个方面，包括但不限于用户使用的接口类型、使用的网络协议和可能使用的网络布线的类型。网络架构典型地有一个分层结构。分层是一种现代的网络设计原理，它将通信任务划分成很多更小的部分，每个部分完成一个特定的任务和用小数量良好定义的方式与其它部分相结合。

针对管理信息化系统软件编程项目的网络规模和应用层次，选用下图所示方案，建成后的网络可以很好的满足油田内网、外网用户操作系统的需要，而且可以通过交换机内置的网管软件对整个网络的交换机进行统一管理，保证对整个网络的轻松管理和资源的充分利用，同时交换机支持如端口与MAC 捆绑、VLAN 划分、端口隔离等功能，满足油田网特定要求的同时可以保证数据的安全。

在网络集成系统软件编程项目中将应用程序和数据库集中部署，系统用户通过浏览器借助互联网(或中石油内部网络)即可访问(图6)。

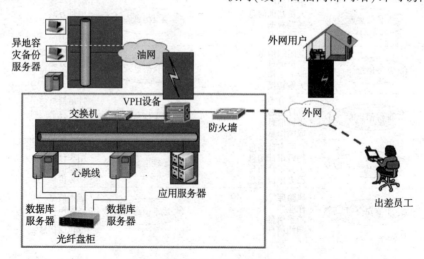

图 6 管理信息化系统网络架构

3.1.2　技术体系

公司管理信息化系统采用基于三层结构的 B/S 模式，集成中石油邮箱权限验证方式，同时实现用户信息、权限的统一管理，技术架构如图7 所示。

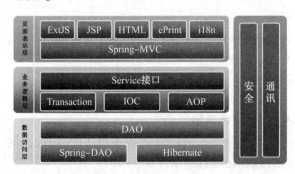

图7　项目技术架构

系统全面采用 J2EE 标准的多层应用架构。J2EE 作为企业级架构已经被广泛应用，系统在 J2EE 架构的基础采用了更加实用的框架技术，涉及到表现层、业务层、持久层以及各层之间的交互。

表现层采用 JSP、JavaScript 和 CSS 等技术，负责业务数据的显示。

服务层负责业务逻辑的实现。在业务层中采用了基于 Spring 框架技术的，将业务逻辑包装成服务（Service），这些服务被发布出来才能被客户端使用。同时业务层负责事务管理，采用灵活、可配置的事务管理方式。

数据访问层负责与数据库的访问，包括数据的读、写操作。在持久层中利用 Hibernate 技术将数据的读、写方法包装成对象的方式，并采用了 DAO 的设计模式，大大简化了数据库的访问。

表现层与业务层的交互采用了基于 Ajax 技术的 DWR 框架实现，该框架采用面向对象的方式实现浏览器与服务器之间的交互，并可以实现浏览器的局部刷新，提高用户体验。

通过各层角色的划分，系统的总体结构更加清晰，系统的耦合性更小，系统更加稳定和易于维护。

3.1.3　系统安全设计

系统安全性设计可以划分为程序设计安全性、程序部署及操作系统安全性、数据库安全性、网络安全性、物理安全性等五个层次。

程序设计的安全性主要针对现在大多系统的分布式结构，因为同时要面向不同地理位置，不同网络地址，不同级别，不同权限的用户提供服

务，容易产生潜在的安全隐患。由设计不当产生的安全漏洞分类主要有以下几点：

1）输入验证漏洞：嵌入到查询字符串、表单字段、cookie 和 HTTP 头中的恶意字符串的攻击。这些攻击包括命令执行、跨站点脚本（XSS）、SQL 注入和缓冲区溢出攻击。

2）身份验证漏洞：标识欺骗、密码破解、特权提升和未经授权的访问。

3）授权漏洞：非法用户访问保密数据或受限数据、篡改数据以及执行未经授权的操作。

4）敏感数据保护漏洞：泄露保密信息以及篡改数据。

5）日志记录漏洞：不能发现入侵迹象、不能验证用户操作，以及在诊断问题时出现困难。

对于以上的漏洞，防范措施有：

1）针对输入验证漏洞，在后台代码中必须验证输入信息安全后，才能向服务层提交由用户输入产生的操作。

2）针对身份验证漏洞，程序设计中，用户身份信息必须由服务器内部的会话系统提供，避免通过表单提交和页面参数的形式获取用户身份。

3）针对授权漏洞，在访问保密数据或受限数据时，一定要根据用户身份和相应的权限配置来判断操作是否允许。

4）针对敏感数据漏洞，在储存敏感数据时，一定要采用合适的加密算法来对数据进行加密。

5）针对日志记录漏洞，程序设计中，对改变系统状态的操作，一定要记录下尽可能详细的操作信息，以便操作记录可溯源。

就程序部署及操作系统安全性而言，可用以下的防范措施：

1）无论部署于何种操作系统，需要保证操作系统在部署前，安装了全部的安全升级补丁，关闭了所有不需要的系统服务，只对外开放必须的端口

2）定期查看所部署服务器系统安全通告，及时安装安全补丁。

3）定期检查系统日志，对可疑操作进行分析汇报。

4）应用服务器程序在服务器中文件系统中的目录结构位置应该尽量清晰。目录命名需要尽可能的有意义。

5）应用服务器程序不能以具有系统管理员

权限的操作系统用户运行。最好能建立专门的操作系统用户来运行应用服务器。

就数据库安全性而言，可用以下的防范措施：

1）数据库监听地址要有限制，只对需要访问的网络地址进行监听。

2）定数据库备份制度。定期备份库中的数据。

3）数据库操作授权限制，对表一级及其以上级别的数据库操作授权不应对应用服务器开放。

就网络安全性而言，可用以下的防范措施：

1）选用企业级防火墙。

2）根据具体网络环境，制定尽可能周密的防火墙规则。

3）需要在外网中传输的数据，应选用合适的加密算法进行加密。

就物理安全性而言，可用以下的防范措施：

1）服务器应部署于专业的数据机房，做好机房管理工作。

2）对于支持热插拔的各种接口，需要在部署前在系统 BIOS 中关闭。服务器在运行过程中，应该做好各种防护措施。

3.2 系统配置

3.2.1 硬件环境

采用系统集成技术，将供电系统、硬件监测系统、容灾备份系统、打印系统、电话系统及视频会议等集成为一个能够为公司管理信息化系统提供硬件支撑和运行保障的高标准、高质量、高效率的硬件集成系统。

➢ 英特尔 Intel X86 兼容的商用 PC 机，推荐的硬件配置；

➢ 处理器为英特尔奔腾四（Pentium IV）1.8GHz 或以上；

➢ 内存：512MB 或以上；

➢ 彩色显示器，分辨率 1024x768。

3.2.2 软件环境

开放式的门户设计思想、安全可靠的数据交换及共享架构管理模式，使公司管理信息化系统具备了直观、安全、兼容的特性，确保全公司各级数据交换的安全稳定运行，确保数据共享的开放性。

平台数据库遵循统一架构、统一标准的设计模式，以确保各级数据的互联互通及平稳迁移。

利用技术标准、管理规范等对业务流程进行输理、规范，通过门户网站、无线网等技术手段，调用各类数据库系统中的数据信息，为二级单位提供信息化办公系统，满足各部门的业务需要，同时也实现总公司及相关职能部门的数据互通和共享。

➢ 操作系统：Windows Server 2008；Windows Server 2012；Windows XP Service Pack 2；Windows 7；

➢ IE 8.0 或更高版本。

3.2.3 网络环境

系统运行在油网环境或通过 VPN 访问，同时可以利用现有网络设备。

3.2.4 数据资源

根据数据的关联程度及数据的存储特性，对平台的数据进行了逻辑划为，主要分为：项目信息、组织机构、人员信息等基础信息等数据库。

3.3 信息安全有效性

● 黑盒检验

检测系统需要体现的是公平、公正、真实。因此样品检验功能采用设置黑盒检验任务下达功能。减少样品信息暴露范围，避免人为干扰检验数据。

4 实施成果

4.1 建设情况

辽河油田建设有限公司管理信息智能系统项目于 2019 年 3 月 11 日开始建设，至今已对经营科、人事科、生产科、资产科、质量节能科、物资供应站、审计科和组织部等 8 个科室进行了信息化建设。

项目制定了以周为单位沟通与汇报的机制，并按照统一规划、分步实施的原则有序开展。第一阶段根据各科室业务，搭公司信息化建设架构，实现各机关科室重要业务信息化，达到人员、成本、设备等信息化管理，建立相关数据库，各项数据归集、汇总和分析。

4.2 应用情况

系统目前已开通 1067 个用户，从 2020 年 8 月至今统计已有 108 万次操作记录，平均每月 18 万次点击操作。组织线上线下培训累计 37 次，累计培训 1500 人次。

已上线 36 个业务审批流程，将车辆、生产、人事、财务、合同、工程、物资、议标等各类业务审批实行线上审批。

截止目前已有971条网上审记录，审批流程规范、公平公开且及时高效，减少了人员及车辆往返的费用、节省了人员时间。

4.3 实施效果

4.3.1 数据采集信息化

在没有信息化系统之前公司各项目的数据采集是通过下发excel到基层，需要逐个收集、整理。推行系统后解决了原来的诸多问题详见表1。

表1

使用系统前			使用系统后
通过文件传输，无网络共享	无法共享	实时共享	实现内外网兼容，实现工作灵活，自由度高，处理及时
被动收集Excel表格，效率低，统计不及时	时效率低	高效流程	设置前置立项条件，不立项无法办理后续业务，倒逼项目信息统计上报
项目填报无审核流程	单级上报	双重审核	由基层填报，机关主管科室审核，双重确认，保障数据准确性
Excel表格结构复杂，操作不便	操作复杂	可视化操作	填报可视化程度高，设置提示，基层学习上手工作快
Excel表格公式繁多、设置困难，计算易出错	人工计算	逻辑处理	系统填报减少数据2次处理环节，后台逻辑整理，效率高，错误率低
无名称唯一性校验，各个系统项目名称混乱	名称重复	名称唯一	选择项目名称，保障唯一性，解决公司生产、合同、财务、技术质量等多系统实施项目名称统一问题，统一应用口径

4.3.2 数据处理信息化

使用信息化系统前后数据处理对比详见表2。

表2

使用系统前	使用系统后
数据需求多、Excel设置公式多、引用逻辑关系复杂，基层填报困难	将复杂的数据需求放在系统设计层面，基层只需填报简单基础数据，其他的相关信息逻辑生成
油建每年近500多个项目，周报、月报的数据收集整理任务艰巨	减少基层和主管机关部门的数据处理工作
不同版本软件的兼容性不同，容错能力不足	弥补软件兼容性问题，数据的准确性和可追溯性强

4.3.3 建立云数据库

建立公司十大模块云库，设置分级权限，便于不同层面查询及使用管理。作为公司数据穿透的基础支撑(图8)。

4.3.4 实现项目智能预警

通过设置周报超期预警，可以及时掌握公司各项目是否正常运行。当有预警项目出现，则可及时调整施工资源配置，并帮助项目解决受阻问题，保障项目有序实施(图9)。

纸质文件、电子文件本地存储

图8

图9

4.3.5　提升管理效率

组织管理能力提升：项目的计划、竞争性谈判改为系统执行后，解决了公司外部项目多，承包商单位全国范围内跨地域广、难以组织的问题。预计年节约差旅等费用 100 万元。

项目运行效率提升：将工程类项目分包竞价由原来的 7 天缩短为了 3 天，极大的提高了项目运行效率，节约大量项目等待成本（包括人工、机械、调遣费用）。

竞价提速、议标成本下降：配货运输议标竞价由原来的 3 天缩短为了 1 天完成，急难险重任务实现了 45min 内完成竞价手续，实现

快速组织且合规管理，节约项目成本。通过背对背报价，实现议标成本显著下降。

4.3.6　推动线上审批

已运行线上审批业务包括：分包计划、公务用车审批、疫情防控赴外项目审批、设备车辆设备需求计划、配货申请、工程议标竞价、配货议标竞价等业务。

签字流程、审批手续的简化与远程操作，大

量的减少了兴隆台-于楼，项目-于楼的交通往来。

估算目前平均每天减少 15 车辆台班，

按 260 元（含油）台班费用计算：260×15 = 3900 元/天；

按每年 248 天计算：3900×248 = 967200 元。

平均每天节约 15 人工；

按平均 200 元成本每天，人工费用每天 = 15×200 = 3000 元，

按每年 248 天计算：3000×248 = 744000 元。

全年目标节约费用 = 967200 + 744000 = 1711200 元

4.3.7　手机终端办公

移动端 APP 的开发，将 10 大模块信息与系统相连，使公司领导能利用碎片时间查阅公司生产经营信息，为公司决策做好数据支撑。

APP 端审阅文件、电子签名的实现，让手机成为了更加灵活的办公设备，提升了工作效率。

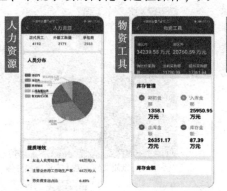

5　结束语

该系统的开发与应用，已在我公司建设项目管理中得到了检验，证明该系统的开发解决了企业过去管理信息不畅问题，提高了管理效率，为企业带来了很大的经济效益，有较好的推广前景，为建设施工企业信息建设提供了成功经验。

乌石化工程项目管理信息系统应用效果

刘德清

（中国石油乌鲁木齐石化公司）

摘　要　工程项目管理系统（EPM）一期项目是中国石油乌鲁木齐石化公司为建设公司智能化工厂中的一部分主要为炼油化工建设、管道建设、油气田地面工程建设覆盖业主与承建方（EPC）的工程建设提供项目管理的系统。建设符合业务需求的、先进的企业级工程项目管理系统，提升企业项目管理能力和水平，加强项目全周期管控能力，推动企业项目精细化管理进程，实现工程建设项目的全过程管理与进度跟踪，为乌石化建设信息化工厂做出贡献。

关键词　工程管理，企业管理，进度跟踪

1　工程项目目标管理的重要意义

工程项目是在特定的资源和环境等约束条件下，具有明确目标的一次性任务。工程项目的目标简言之就是实施项目所要到达的期望结果，它是由项目的成果性目标和约束性目标构成的目标系统，传统的项目管理强调项目的工期、预算和质量这些称为刚性目标。这些刚性目标通常是由专家和管理人员精心设计，研究和估算指定算出来的，最终得以确认，尽管如此，由于项目用户在启动初期中项目创意设计含糊使得需求难以得到满足，施工过程中关键节点把控不准确，最终导致项目目标无法实现，所以通过信息共享及协同工作平台，增强项目协调能力，提高工作效率，通过系统定性梳理与优化炼化建设项目管理业务流程，规范项目过程管理以项目为主线采集整合项目管理业务数据，增加透明度，提升执行能力成为现代化项目管理的关键。

2　目前系统总体业务框架介绍

乌鲁木齐石化公司从 2019 年引进使用，目前主要围绕公司主要红线项目使用，目前 EPM 系统框架大致分为三块，项目前期模块、投资管理模块以及项目评价模块，为与其他使用公司使用差异化乌石化公司根据实际情况拓展三项功能，丰富了展示内容，提高了使用效率（图 1）。

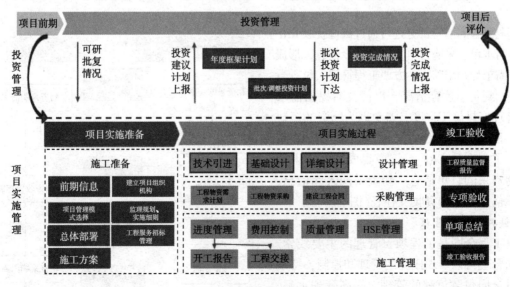

图 1　EPM 系统业务框架

3　EPM 功能介绍

3.1　前期管理

前期信息管理主要实现可研批复信息的共享，以及前期文件项目前期项目建议书、项目用地、环境评价、安全评价、职业卫生、节能评估、需国家核准的项目、可行性研究报告等几类前期文件的状态跟踪及批复文件备案。本系统还可与投资项目管理系统(IPM)集成获取可研批复信息，在 IPM 系统中项目可研批复后，将可研批复信息发送至炼化 EPM 系统，在炼化 EPM 系统中项目相关管理人员可查看权限范围内项目的可研批复信息，实现项目信息共享。

3.2　项目实施准备

在项目前期信息录入并审核通过后，确定业主管理模式及工程发包模式，确定项目组织结构；提供招标方案，招标结果、不招标审批流

程；准备并审核总体部署，提供监理规划、实施细则的审批，施工组织设计、施工方案的审批。提高工作效率，并实现文件备案。此处可实现项目管理模式、标段划分及工程发包模式、项目组织机构在线维护与在线审批，实现总体部署，监理规划、监理实施细则，施工组织设计、施工方案等的在线提提报与审批。

3.3　项目设计管理

设计管理涉及基础设计到详细设计、设计变更等设计相关工作。加强基础设计的计划管理和状态监控，及时掌握设计工作的进展情况；管理图纸的收发存，提高工作效率；逐项跟踪图纸会审意见的后期处理情况。

3.4　材料设备管理

依据项目工程进度计划安排，从工程建设项目管理角度掌握主要设备/主要材料的采购情况、出库情况；关键设备的监造情况(图2)。

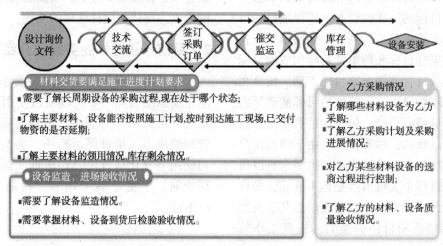

图2　设备管理功能图

关于材料设备管理部分还可通过接口获取 ERP 中的采购需求单、采购订单、设备出库信息，形成材料设备需求计划跟踪表，方便工程管理人员查看物资采购、到货、库存情况，以便及时提出需求计划，合理安排施工进度，避免因为物资的短缺而影响工程进度。炼化 EPM 系统与炼化 ERP 系统集成为了实现从 ERP 系统中集成物资需求单信息、物资采购订单信息、物资采购入库信息、物资出库信息形成物资收发存表(图3)。

3.5　建设工程合同管理

建设工程合同是工程项目管理的主要线索。基于合同管理可以实现概算的管理和控制，特别是通过对合同付款流程的管理，提高管理水平。此外，还可以帮助项目管理人员按项目掌握合同信息(图4)。

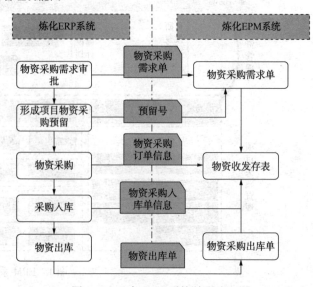

图3　EPM 与 ERP 系统关联流程图

图4　EPM 合同流程

合同管理系统中完成合同签订后，合同信息集成至炼化 ERP 系统，ERP 系统集成至 EPM 系统，在炼化 EPM 系统中完成合同信息维护，并跟踪合同执行，工作量申报及确认。

与 ERP 系统集成获取工程建设合同基本信息以及合同变更信息，同时支持合同管理人员根据合同文本补充完善合同信息，如合同明细项、合同可付款比例、合同约定付款条款等。合同明细项设置关联概算，以便实现费用对比查看(图5)。

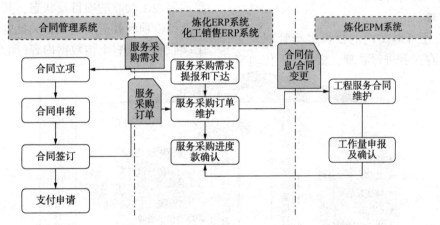

图5　EPM 系统、合同管理系统和 ERP 系统关联图

3.6 项目费用管理

帮助工程管理人员了解项目概算的情况，加强对概算的管理；了解投资计划的下达情况，合理安排、使用资金；掌握项目投资执行情况。

3.7 进度管理

炼化 EPM 系统提供了项目进度管理功能，包括了进度计划完成、开工报告、总体控制计划、进度计划完成、项目简报、月报、项目报告、实物工程量、中间交接、工程交接等内容，用户及专业科室可根据所需查看进度内容。

3.8 质量管理

确定建立质量方针、目标、制定质量保证体系(提供质量组织机构、质量管理人员维护及审核功能)、实现相关单位、人员资质证书审查、制定质量管理计划、实现质量检查记录和质量问题整改的跟踪记录管理、监理仪器状态登记、关键工序(如隐蔽工程)质量验收提示功能：提前24小时通知；、材料抽检、设备到场验收情况、质量事故处理验收。

3.9 HSE 管理

确定项目安全方针和目标后，建立项目 HSE 体系，监控建设项目"三同时"，审核 HSE 措施费，组织 HSE 检查，处理 HSE 事故，HSE 考核。实现建立项目安全方针和目标，建立 HSE 体系，实现 HSE 培训及人员考试分数信息记录，提供建设项目"三同时"状态监控，通过接口传给 HSE 系统，支持隐患整改通知单的在线发出和在线回复，实现隐患整改过程的跟踪管理；依据 HSE 检查扣分，自动实现对承包商的考核，提供 HSE 风险评价、HSE 应急预案，维护与查询功能提供 HSE 事件、事故记录功能实时记录 HSE 绩效考核(图6)。

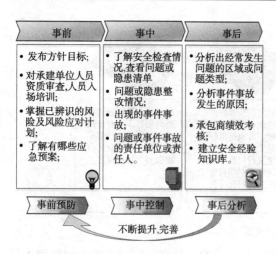

图 6 HSE 管理功能

3.10 竣工管理

通过制定竣工计划,落实专项验收,从而对实施竣工验收的过程监管。收集相应文档材料备案,方便对竣工文件可视化(图 7)。

3.11 文档管理

EPM 系统还可对文档的模板进行管理、文档的收、发、存过程进行管理,根据已上传内容

进行检索,形成文档库此功能支持支持 WORD / EXCLE /PDF /TXT 格式文件(图 8)。

4 数据维护及报表

4.1 数据维护内容

以炼化板块资本性支出项目为主线,涵盖项目实施阶段各业务的管理,实现前期项目可研批复信息及前期批复文件状态共享,项目管理模式、项目管理组织机构的在线审批。招标方案、招标结果、不招标的审批流程,及过程文件备案,总体部署、监理规划、实施细则,施工组织设计、施工方案的在线审批。对项目使用过程中,设计管理业务需求、材料设备业务需求、建设工程合同业务需求、费用控制业务需求、进度管理业务需求、质量管理业务需求、HSE 管理业务需求中数据进行维护与统计。同时可查询当年需要竣工验收的项目及状态,其中包括生产考核总结专项验收进展,及相关批复文件备案。竣工验收相关资料上传数据内容(图 9)。

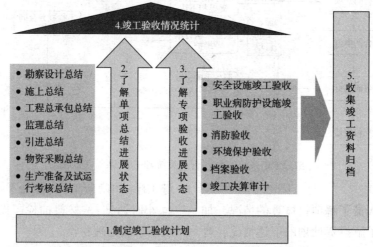

图 7 竣工管理功能图

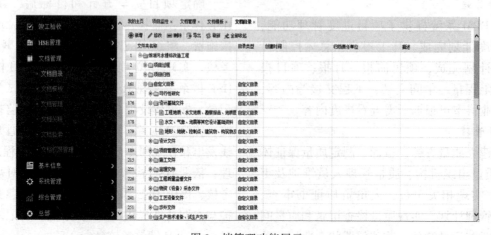

图 8 档管理功能展示

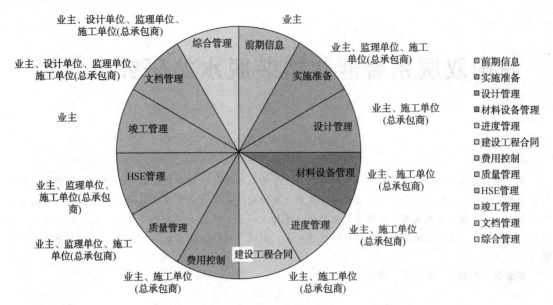

图9　EPM 系统数据维护相关方

4.2　综合报表功能

系统自动出具多项目的汇总、统计类报表，并提供多种查询条件，可以按照组合查询条件查询所需的内容。统计类报表有：建设项目概况表、主要材料订货、到货情况表、主要设备订货、到货情况表、投资计划表、工程投资完成情况统计报表、资金计划报表、资金支付统计表、合同执行情况汇总表、月份实施进度计划表、实物工程量统计报表、建设项目三同时进度表、资本性支出项目竣工验收计划表等。

乌石化公司为更直观明了掌握项目前期工作内容、招标统筹进度内容和物资工作统筹内容，新增前期工作统筹表、建设项目施工招标统筹计划表及建设项目物资采购工作统筹计划表，根据计划时间规定要求完成时间，超出计划时间自动标红，完善管理(图10)。

项目前期文件	项目组织	监理规划、监理实施细则	总体部署	施工组织设计	基础设计	详细设计出图计划编制	主要设备过程控制	合同登记	工程进度款支付申报	投资计划查询	投资完成情况	开工报告
0%	0%	0%	0%	0%	0%	0%	0%	0%	0%	100%	0%	100%
0%	0%	0%	0%	50%	0%	0%	0%	0%	0%	100%	0%	50%
0%	0%	0%	0%	50%	0%	0%	0%	0%	0%	0%	0%	50%
66.6%	50%	100%	100%	0%	100%	100%	0%	100%	0%	100%	100%	100%
0%	0%	0%	100%	100%	0%	0%	0%	0%	0%	100%	100%	100%
0%	0%	0%	100%	0%	0%	0%	0%	100%	0%	100%	100%	100%
0%	0%	0%	0%	0%	100%	0%	0%	0%	0%	100%	0%	0%
0%	0%	0%	0%	0%	0%	0%	0%	0%	0%	100%	0%	100%
0%	0%	0%	0%	0%	0%	0%	0%	0%	0%	100%	0%	50%
0%	0%	0%	0%	0%	0%	0%	0%	0%	0%	100%	0%	100%
0%	0%	0%	100%	0%	0%	0%	0%	0%	0%	100%	0%	100%
0%	0%	0%	0%	0%	0%	0%	0%	0%	0%	100%	0%	100%
0%	0%	0%	0%	0%	0%	0%	0%	0%	0%	100%	0%	50%
0%	0%	0%	0%	0%	0%	0%	0%	0%	0%	100%	0%	100%
0%	0%	0%	0%	0%	0%	0%	0%	0%	0%	100%	0%	100%

图10　建设项目数据录入情况统计功能展示

5　结论

随着紧急全球化发展，企业间的竞争越来越激烈，乌鲁木齐为了可以更好的生存和发展，要求企业要不断提高自身的核心竞争力。解决工程项目管理中存在的一系列问题，完善工程项目管理法律法规体系，这就需要借助发展迅速的信息技术，使用信息系统可以显著提升工程项目的管理水平，通过信息共享及协同工作平台，增强项目协调能力，提高工作效率。如不借助信息化手段，不仅会影响工程施工周期，还会导致管理效率下降，借助信息化平台可以将工程设计的信息数据进行收集、存储和管理，也可为后期工作开展提供便利，建设新时代智能化工厂，乌石化正在路上。

油田双层系智能化橇装脱水站研究及应用

王昌尧　穆中华　张　平　池　坤　肖　雪

（长庆工程设计有限公司）

摘　要　长庆油田开发区域地形破碎的特点导致了其站场建设过程中征地困难及站场用地紧张，产能持续上升造成了人力资源紧张，且低油价的冲击要求油田通过技术革新实现降本增效。在长庆油田现有一体化集成装置研发能力及装置和站场智能化设计的基础上研发了双层系智能化橇装脱水站技术，通过双层系、双流程脱水站橇装化技术和智能化升级改造技术，实现了站场土地资源利用最大化、人力资源使用最优化。

关键词　智能化，双层系，橇装化

1　综述

长庆油田位于鄂尔多斯盆地，其低渗低压的特点造成了其开采难度大、开采成本高的结果。且其地形结构复杂，地面集输设备及站场用地紧张，地面集输流程建设难度大。随着长庆油田快速上产，油田快速建产与人力资源不足的问题已日益显现，无人值守化管理成为油田解决人力资源短缺问题与提高经济效益的重要途径[1]。按照"机械化替人、自动化减人"的思路开展设计，长庆油田已在油田内部大范围的推广无人值守站场及井场，特别是对于高危场所及高频操作的设备，无人值守有着不可替代的优势。在此背景下长庆油田建成国内最大规模油气生产物联网系统，数字化井场覆盖率 96.7%；数字化站点覆盖率 100%。油田已完成无人值守的小型场站占91%。且长庆油田大中型站场已在很大程度上实现了橇装化[2]，满足了长庆油田滚动开发的要求。长庆油田智能化水平位列全国第一，站场橇装化水平领先全国，这为双层系智能化橇装脱水站的建设奠定了基础。

双层系智能化橇装脱水站在长庆油田乃至在全国都无先例，因此，长庆油田开发的双层系智能化橇装脱水站在全国范围内都具有示范意义。双层系智能化橇装脱水站相对于单层系两个橇装站的优势主要包括：站场用地集约化、注水系统集约化、输油管道集约化、人力资源利用最优化。长庆油田建设的橇装化双层系无人值守脱水站是油田目前已建脱水站中，

工艺流程最复杂（双流程）、橇装化程度最高（93%）、自控水平最先进的双层系原油处理站场，是在高标准、严要求下打造的一座示范性标杆工程。

2　双层系智能化橇装脱水站技术

长庆油田在二次发展的建设中，每年的产能及新建站场数量较大，按照油田总体部署"当年打井、当年输油"的建设要求，采用新工艺、新技术适应油田发展新形势。双层系智能化橇装脱水站具有集约化、智能化等多种优势，满足油田发展的技术需求。以下为双层系智能化橇装脱水站的先进性及其创新性。

2.1　双层系脱水工艺流程优化

长庆油田以多层系开发为主，研发双层系智能化橇装脱水技术，对双层系脱水工艺流程进行优化，不配伍的不同层系油藏采出原油分别进入同站场不同密闭工艺流程进行脱水处理，采用"相互补气和压力调节、两级缓冲和三相分离脱水有机结合"的密闭脱水工艺技术，实现了三叠系、侏罗系双层三相分离密闭脱水。

传统的脱水流程检测含水不达标无法二次脱水只能出站，本次工艺流程优化后，原油出三相分离器脱水后，通过含水分析仪检测含水，三通电动阀自动流程切换，脱水后的合格净化油增压出站，不合格的净化油则进入事故罐沉降脱水，整个过程自动检测不需人工介入，解决了不合格净化油交接困难的难题(图1)。

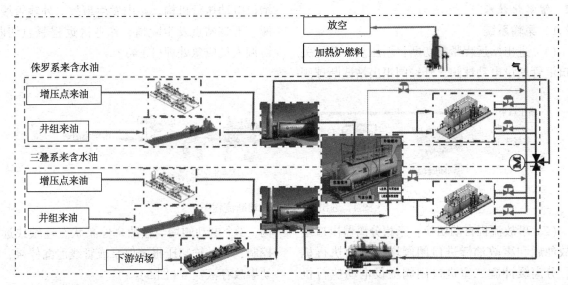

图1　双层系智能化橇装脱水站工艺流程图

采出水处理形成了"沉降+气浮+过滤"和"沉降+生化+过滤"的采出水分层处理工艺，采出水处理采用"不加药预处理技术、微生物除油技术、紫外线在线杀菌"技术，较常规处理技术相比引入微气泡预除油技术，不添加常用混凝和絮凝药剂、污泥量少、运行费用低，生产管理方便（图2）。

图2　一体化微生物装置图

清水处理采用自清洗过滤器、PE 烧结管精细过滤工艺技术，加压泵、全自动自清洗过滤器、卧式 PE 烧结管过滤器、注水泵系统密闭连续供注水，整个工艺取消中间水池、水罐，实现24h 工艺连续运行，减少一次加压提升，实现供注水一体化智能控制联动（图3）。

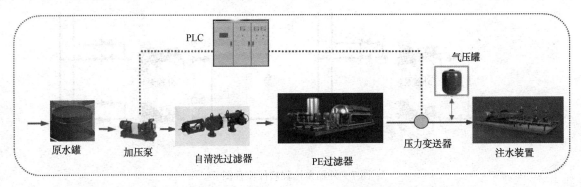

图3　清水供注水系统智能联动效果图

2.2 智能化技术

2.2.1 集输系统

（1）进出站远程紧急切断：增压点、总机关出口汇管增设电动球阀、外输阀组出站截断球阀增设电动执行机构。站内发生事故、外输管线泄漏、下游站点发生险情，作业区远程紧急切断，协调人员应急处理（图 4）。

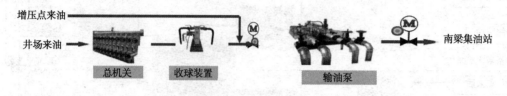

图 4 进出站远程紧急切断流程图

（2）事故流程自动切换：三相分离器出口至事故油罐和事故油罐进口闸阀增设电动执行机构，分离缓冲罐二室进口闸阀增设电动执行机构，3 个电动阀均与输油泵停泵状态连锁或远程控制，当外输超压报警停泵或管线泄漏停泵，启动事故存液流程（图 5）。

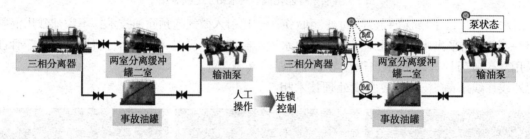

图 5 事故流程自动切换流程图

（3）事故油罐出口自动启闭：出口闸阀增设电动执行机构，根据上传储罐液位数据，远程连锁控制事故油罐出口电动阀启闭（图 6）。

（4）外输泵远程启停，2 台泵远程切换，外输泵进出口设置电动阀门，实现外输泵远程启停，2 台泵远程切换（图 7）。

图 6 事故油罐出口自动启闭流程图

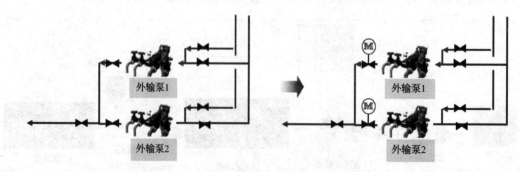

图 7 外输泵远程启停流程图

（5）过滤器差压保护，外输泵、流量计的进口过滤器主管线设置压力差值监测上传，压差限值 0.1MPa 报警，智能诊断故障，报警信号上传至控制中心（图 8）。

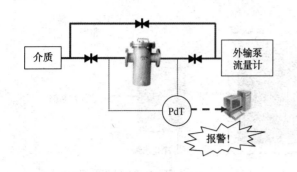

图 8　过滤器差压保护流程图

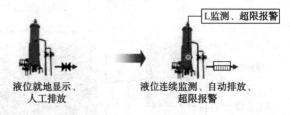

图 9　凝液液位远传流程图

（6）凝液液位远传：伴生气分液器凝液回收腔设连续液位监测并传至站控室，高液位（L≥0.6m）报警，出口增设重力式疏水阀，实现自动排污（图 9）。

集输系统通过智能化技术升级，实现了双层系五主生产流程的手动阀均为常开状态，通过电动阀和监测仪表的连锁智能控制，可以实现数字化、智能化要求。除收球、加药罐补药、加热炉补水需要人工定期操作外，其余工况均根据生产运行需求不定期和中心站/井区等指令进行操作（图 10）。

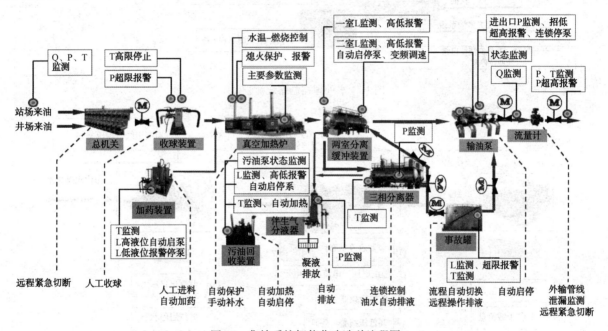

图 10　集输系统智能化改造总流程图

2.2.2　水处理及回注系统

（1）水处理系统

目前采出水处理系统对沉降除油罐进水进行流量监测；净化水罐、污泥池、污水池等进行液位监测，一体化装置根据压差实现自动反洗。本次智能化升级改造将净化水罐液位信号与注水泵、喂水泵连锁，低液位报警自动停喂水泵、注水泵（图 11）。

（2）注水系统

将注水干线管损压差与注水泵、喂水泵联锁，实现异常压差自动报警关停注水泵喂水泵。注水泵房加装高清摄像头，替代员工日常巡检，降低安全风险（图 12）。

2.3　站场撬装化及综合布站技术

2.3.1　站场撬装化技术

通过小型化、一体化、撬装化、集成化研究，采用站场撬装化技术成功克服了双层系脱水站站内工艺流程复杂、生产设施多、功能集成度低的瓶颈。对站内集输系统、采出水回注系统、供热系统、供配电系统的 40 多类设施按介质、功能、流程分类、整合，优化组合形成了 8 类一体化装置，通过多撬组合应用，实现原油加热、油气分离、原油计量增压、注水、供配电及数据采集控制等生产要求，满足双层系脱水站功能需求。在施工手段上进行了创新，撬装化设备在工厂提前预制完成，现场仅需拼接组装，极大的减少了施工出错率，缩短了工程建设周期（图 13）。

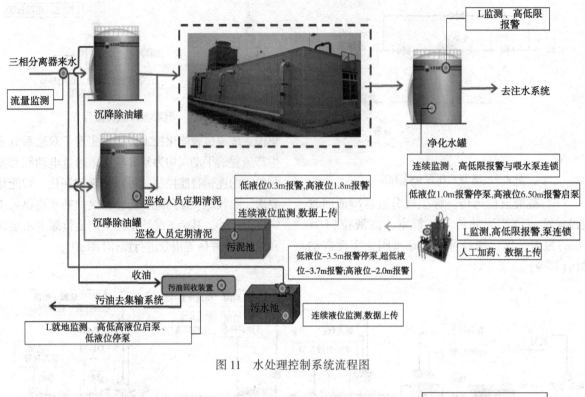

图 11　水处理控制系统流程图

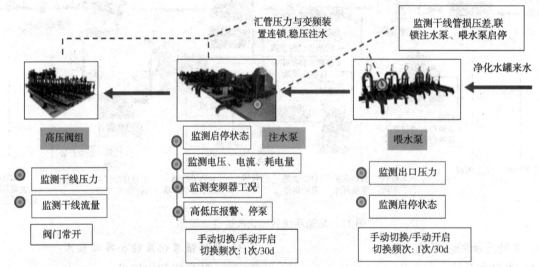

图 12　注水系统流程图

图 13　双层系智能化撬装脱水站一体化集成装置效果图

图 13 双层系智能化撬装脱水站一体化集成装置效果图(续)

2.3.2 装置智能化

运维人员能对装置远程诊断、提前预警、故障报警，及时维护，提升装置智能化水平，实现站场的智能化。采用远程监测系统，采集一体化集成装置运行数据，对装置运行状态进行分析，使运维人员能够实时掌握装置运行数据，达到远程诊断、提前预警、故障报警，提示运维人员及时维护，提升装置智能化水平。达到站场的有人巡护、无人值守、集中管理、运行远程监控、事故紧急关断的控制管理模式。

2.3.3 站场综合布站技术

双层系智能化撬装脱水站主要包括罐区、工艺区、水处理及回注区和辅助生产区四个区块。在站场工艺顺畅的前提下，按危险级别递降顺序布置平面，平面按储罐区、工艺区、水处理及回注区、辅助生产区等顺序进行布置，按照危险级别递降的顺序进行布置。与传统的单层系脱水站相比，双层系脱水站通过流程优化、装置集成，以及供电、通信、热工等系统设施共用。创新采用错层法及站场边缘等高线法确定场地标高，解决地形破碎高差大的难题，因地制宜的根据等高线形状、轴对称线方向，布置及确定场地标高，实现站场与地形紧密结合，减少不必要的填挖土方，可有效缩减征地面积及建设投资(图 14)。

图 14 双层系智能化撬装脱水站现场照片

3 总结

通过采用双层系智能化撬装脱水站技术，油气集输系统、水处理及注水系统各项指标均达到了国际或国内先进水平，具有功能集成、结构撬装、操作智能、管理数字化、维护总成的特点。通过实际应用，减少了输油泵房、计量间、加药间、配电室等生产用房，仅保留注水泵房，相比同规模联合站撬装化程度由 46% 提高到 93%，缩减征地面积 13%，降低了建设投资，优化了驻站人员数量，有效降低了员工劳动强度。

参 考 文 献

[1] 李健, 任晓峰, 冯博研. 油田数字化无人值守站建设的探索及实践[J]. 自动化应用. 2018, (05): 157-158.

[2] 夏政, 罗斌, 张箭啸等. 长庆油田一体化集成装置的研发与应用[J]. 石油规划设计. 2013, 24(3): 19-21.

基于 FPSO 长距离拖航连接的创新与应用

王　飚　戈立民　梁小磊　秦立成　高　敏

（海洋石油工程股份有限公司）

摘　要　内转塔单点系泊系统是近年来使用最为频繁的单点系统。与常规转塔式系泊系统相比，内转塔式单点系泊装置可靠性高、抗风浪能力强、可设多通道旋转接头、便于维护。论文以海洋石油工程股份有限公司在南海成功实施的海洋石油 118FPSO（浮式生产储卸油装置）单点系泊系统为例，对 FPSO 长距离拖航连接的创新与应用进行论证，供今后同类型工程项目借鉴。

关键词　浮式生产储卸油装置，靠泊，单点系泊系统，拖航，连接

据不完全统计，转塔式系泊系统在全世界系泊系统中所占比例约为 65%，其中内转塔占据大多数。内转塔式单点系泊装置可靠性高、抗风浪能力强、可设多通道旋转接头、便于维护。该系统海上安装连接存在许多高难度技术和风险，目前世界上仅有少数海洋工程专业公司具备其安装能力。

海洋石油 118FPSO 单点系泊系统是我国最新研制的内转塔单点系泊系统，其设计为五百年一遇的极限环境条件，是现阶段国内单点系泊系统设计条件最为严格的单点系泊系统。该项目 FPSO 及单点系泊系统安装，进行了多项的技术创新，特别是在 FPSO 拖航运输和 FPSO 连接技术上取得了重大的突破，不仅在工程上得以成功的实现，同时推广到不同海况的水域，为这项技术的推广打下了基础。在 FPSO 靠泊设计、拖航、现场连接上，还形成了一系列的创新与应用，可以更好的指导今后的工程实践。

1　FPSO 靠泊技术

FPSO 船体在船坞建造完成后首先要完成出船坞、码头靠泊作业、后续模块集成作业。船舶靠泊就是船舶通过缆绳系靠在码头，大型船舶由于其体积比较大，因此会很难控制，其在靠泊码头的时候会有很大的冲击力，如果没有好的缓冲装置，会对码头和船舶本身造成损伤。如今的缓冲装置是在码头的侧边放置一些轮胎，用橡胶的弹性来吸收冲击力，这样的办法比较简陋且缓冲效果不好，因此有必要寻找一种新的方案来解决这个问题。

为了有效的解决海洋石油 118FPSO 靠泊码头的诸多风险，节约项目的作业时间，研制了一种新型的码头靠船缓冲装置。该装置主要包括预缓冲模块、主缓冲模块、支撑模块和底座模块；预缓冲模块包括缓冲轮、辅液压杆和连接杆，主缓冲模块包括气囊、主液压杆、头部连接器、尾部连接器和连接球，支撑模块包括两根调向液压杆、连接球放置的球壳、呈圆形的支撑底板、两块立板和两块加强肘板，底座模块包括合页、底座液压杆、上底板和下底板；所述连接杆的中部与辅液压杆的一端相连，该连接杆的一端与缓冲轮相连，另一端与头部连接器相连，辅液压杆的一端与尾部连接器相连，主液压杆的一端经头部连接器与气囊相连，该主液压杆的另一端经尾部连接器与连接球相连，连接球放置在球壳内，该球壳固定在支撑底板的中央，立板对称地固定在支撑底板的周缘上，在球壳（外壁与立板内侧之间设置加强肘板，且该加强肘板固定在支撑底板上，调向液压杆的一端固定在立板内侧上方，另一端与尾部连接器相连，上底板和下底板的一端通过合页相连，底座液压杆的两端分别与上底板和下底板相连，支撑底板固定在上底板上（图 1）。

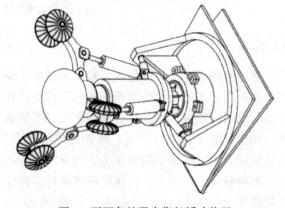

图 1　可调角的码头靠船缓冲装置

可调角的靠船缓冲装置，将底座模块固定在码头地面，然后依次利用支撑模块、主缓冲模块、和预缓冲模块，通过力的缓冲，有效解决了FPSO 码头靠泊造成船体受损的风险，且该装置安装操作简单、方便、快捷，成本较低，且对于结构物码头靠泊均有很好的推广意义。

2　FPSO 长距离拖航的方法

该方法针对 FPSO 长距离拖航的各阶段，包含离泊操纵、航道航行和海上拖航，利用 FPSO 船艉甲板拖带系统设计：即拖力眼板作为拖拉点，将龙须链穿过船艉处对应的导缆孔，一端挂在拖力眼板上，另一端通过卡环与三角板相连，三角板外侧连接一根过桥缆。该方法解决了由于海况比较复杂，不易长距离拖航的问题。

2.1　离泊操纵及航道航行作业

"HYSY118" FPSO 引水出港工作分为：码头离泊和航道航行。FPSO 出港码头为大连船舶重工船厂码头。引水出港作业由船厂引航员和大连港引航员共同协商负责指挥完成。

因大连船厂对其码头有引水权限，且对码头的环境条件较大连港引水更为熟悉，所以船厂码头至交接点香炉礁 3 号浮的，引水由船厂引航员负责完成，交接点至大连港外锚地属强制引水区域，必须由大连港引航员负责完成。若 FPSO 出港码头没有引水权限，则全程有引航员负责完成（图2）。

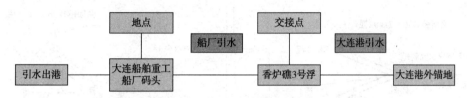

图 2　FPSO 出港引水职责图

2.1.1　离港

FPSO 离港时，主拖轮挂拖，引水员登 FPSO，在引水员的指挥下栓挂港作拖轮如图 3 所示。到达申请的出港时间时，即开始 FPSO 码头离泊作业；FPSO 离泊时，利用港作拖轮 1 和 2 将 FPSO 拖航足够的横距后，主拖轮调头将 FPSO 船艏朝向航道出口，港作拖轮协助控制 FPSO 艏向，如图 4 所示。离泊操纵作业完成（图3、图4）。

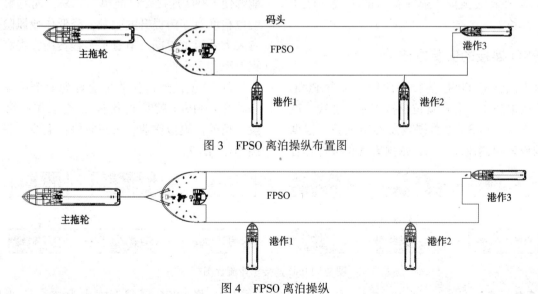

图 3　FPSO 离泊操纵布置图

图 4　FPSO 离泊操纵

2.1.2　航道航行

在船厂引水员的指挥下，由主拖轮带力启拖，在船厂引水员的指挥及所有港作拖轮的协助下，拖带 FPSO 出港至指定水域，并移交至港口引水员；港口引水员指挥主拖轮及数个港作拖轮拖带 FPSO 至港外锚地后，指挥解脱数个港作拖轮，完成航道航行作业（图5）。

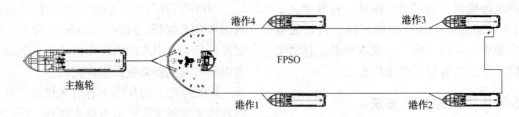

图 5　FPSO 航道航行布置图

2.2　长距离拖航

将位于 FPSO 船艏甲板外侧的制链器的拖力眼板作为拖拉点，将龙须链穿过船艏处对应的导缆孔，一端挂在制链器的拖力眼板上，另一端通过卡环与三角板相连，三角板外侧连接一根过桥缆，三角板回收缆一侧挂在三角板上，另一侧连接到船艏固定，同时，船艏主甲板周围环境应保证整洁 (图 6)。

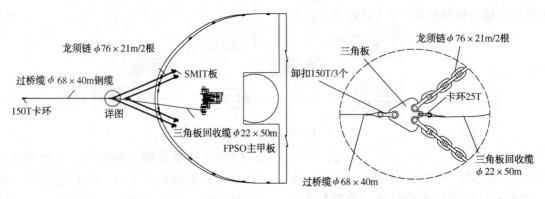

图 6　FPSO 拖航索具布置图

FPSO 长距离拖航到达预定海域后，根据潮流潮汐表及天气预报，选择合适的上线、就位时间。

3　FPSO 连接的安装方法

该方法针对 FPSO 连接各阶段，包含 FPSO 就位连接准备工作、精就位模拟作业、上线、就位连接作业、FPSO 浮筒锁紧及旋转试验，根据潮流潮汐表绘制流玫瑰图，依据天气预报选择合适的作业窗口，采用的预布提升牵引缆方案不仅能够使 FPSO 连接变得简单、容易，而且解决了就位精度及浮筒提升的问题，降低作业风险的同时大大缩短了工期，节省工程费用，提高了工程效率和安全性。

FPSO 就位连接作业主要分为三个阶段，第一阶段：FPSO 就位连接前准备工作；第二阶段：精就位模拟作业；第三阶段：上线、就位连接作业 (图 7)。

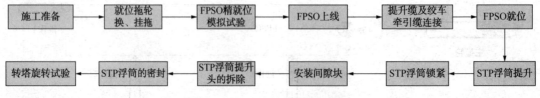

图 7　FPSO 连接作业流程图

3.1　连接准备

FPSO 就位连接准备工作：

(1) 根据潮流表及天气预报确定 FPSO 上线、就位连接的作业时间，打开水下转塔生产设施舱室进行通风；

(2) 将 FPSO 调载至吃水为 7.5m；拆除水下转塔生产设施舱室盖，并固定存放；

(3) 根据就位连接协调会议确定的就位方向，拆除 FPSO 码头预布的浮筒提升牵引绳；

(4) 提升绞车牵引缆，并下放至水下转塔生

产设施舱室盖附近位置,将浮筒的提升牵引缆绳与提升绞车牵引缆绳连接;

(5)甲板操作人员回收浮筒提升牵引缆绳,将提升绞车牵引绳牵引至 FPSO 船艉甲板,拆除浮筒提升牵引缆绳,并在带缆桩上固定绞车牵引绳;

(6)打开水下转塔生产设施舱室的摄像头监控及照明系统;使每一个水下转塔生产设施锁紧装置的手动阀处于打开状态;并确认锁紧机械处于满行程;对 FPSO 进行再调载;

(7)将 FPSO 拖航至距水下转塔生产设施浮筒安全区域,由主拖轮拖带 FPSO 顶风顶流,使 FPSO 滞航;两就位拖轮分别靠泊在 FPSO 船艉左、右舷,并将预先布置的就位缆绳牵引至就位拖轮处与拖缆连接,完成 FPSO 船艉与就位拖轮的挂拖。

3.2 精准就位模拟作业

FPSO 精准就位模拟作业工作:

(1)在就位总指挥的指令下,由三艘就位拖轮控制 FPSO 顶风顶流缓慢靠近坐标点,并控制水下转塔生产设施舱室横向距离坐标点处 50—60m 处停下,就位拖轮控制 FPSO 在此位置保位 10min;然后,主拖轮向右平移,并缓慢增加主机负荷,同时,指挥第二就位拖轮向右后方缓慢带力,第一就位拖轮维持原主机负荷或降低主机负荷,三艘就位拖轮配合控制 FPSO 向右平行移动,最终,使 FPSO 在坐标点位置保位约 30min;

(2)前后左右移动模拟作业:FPSO 在三艘就位拖轮的控制下微速向前移动;三艘就位拖轮控制 FPSO 在目标范围内停下,并保位 10min;并在三艘就位拖轮的控制下向后移动,并保位 10min;然后,进行左右移动模拟作业,三艘就位拖轮控制 FPSO 在目标范围内停下,并各保位 10min;

(3)侧向移动模拟作业:三艘就位拖轮控制 FPSO 微速向左前方移动至目标范围内停下,并保位 10min;并在三艘就位拖轮的控制下,向右前、后方移动,并保位 10min;

(4)旋转模拟作业:三艘就位拖轮控制 FPSO 围绕坐标点从 0°旋转至 180°,旋转过程中,需控制其精度为±5m;三艘就位拖轮控制 FPSO 在 180°位置停下,完成旋转模拟作业。

具体见图 8。

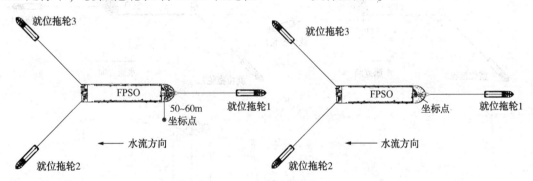

图 8　FPSO 精就位图

3.3 上线、就位连接作业

FPSO 上线、就位连接作业:

(1)据潮流潮汐表及天气预报,选择合适的上线、就位时间;三艘就位拖轮控制 FPSO 顶风顶流缓慢靠近水下转塔设施浮筒;在距离浮筒 1~2 海里时,由第三就位拖轮将浮筒提升缆布置至其船艉甲板上,水下转塔生产设施舱室横向距离水下转塔设施浮筒 50~60m 处停下;

(2)三艘就位拖轮控制 FPSO 保位;第三就位拖轮携带浮筒提升牵引缆绳慢慢靠近至距离 FPSO 后;FPSO 的甲板操作人员,将撇缆绳抛至第三就位拖轮甲板;第三就位拖轮的甲板操作人员,将浮筒提升牵引缆绳连接至撇缆绳;FPSO 的甲板操作人员回收撇缆绳,并将浮筒提升缆绳牵引至主甲板一侧;FPSO 的甲板操作人员拆除撇缆绳,并将浮筒提升牵引缆绳与浮筒提升缆连接;然后,将连接完成后的浮筒提升牵引缆绳与浮筒提升缆抛出 FPSO 船舷外;第三就位拖轮航行至 FPSO 船艉一侧外安全距离待命;

(3)主拖轮向左平移,三艘就位拖轮控制 FPSO 向右平移,并启动提升绞车快速回收绞车牵引绳及浮筒提升缆,当接近浮筒时,调整主拖

轮船位至 FPSO 艏向方向，使 FPSO 的水下转塔
生产设施舱室至水下转塔生产设施浮筒正上方位
置处停下，三艘拖轮控制 FPSO 保位；

（4）FPSO 浮筒锁紧及旋转试验：1. 启动提
升绞车继续回收浮筒提升缆，直至浮筒提升缆非
受力部分完全回收至提升绞车辅滚筒后，停止回
收；2. 保持提升绞车的提升力在 500T 以上，激
活水下转塔生产设施锁紧装置，确保每一个锁紧
装置到位；最后，启动开排泵，对水下转塔设施

舱室进行排水，舱室排空后，人员进入舱室，检
查所有的锁紧装置；3. 转塔旋转试验；解脱主
拖轮、第二就位拖轮，位于 FPSO 艉部的第一就
位拖轮拖带 FPSO 顺时针和逆时针各旋转 360°；
确认旋转过程中水下转塔生产设施浮筒没有噪音
和粘结情况后，第一就位拖轮解脱，FPSO 连接
完成。

具体见图 9。

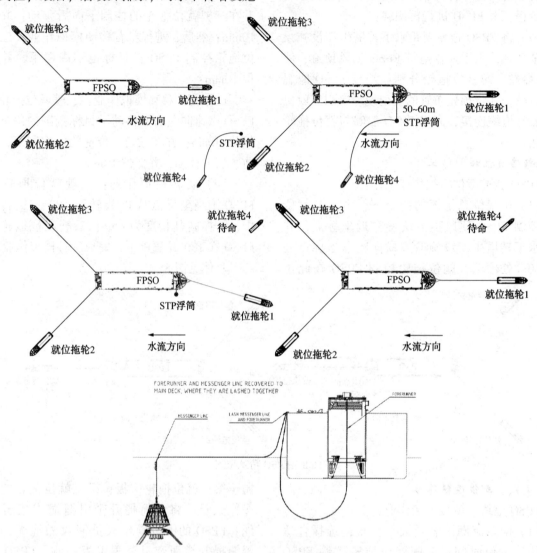

图 9　FPSO 上线连接图

4　结语

FPSO 长距离拖航连接的创新与应用在海洋
石油 118FPSO 靠泊、拖航、连接工作中得到了
成功的应用及推广，是海油工程在该工程领域中
又一次开拓、发展和创新，FPSO 就位连接工作
海上施工需要有大规模作业船队的支持，同时由

于海上环境因素的不确定性和高风险性，这就要
求抓住最有利的天气时机，在保证工程施工安全
的前提下通过科学化、精细化的管理和协调工
作，提高船舶资源等大型资源装备的利用率，有
效地节省了工程费用，创造了可观的经济效益。
且 FPSO 长距离拖航的方法在海油工程后续巴西
项目船体拖航和流花项目海洋石油 119FPSO 均

得以利用和推广，同样供今后同类工程项目借鉴，具有极大的推广前景。

参 考 文 献

[1] 王嘉俊. 内转塔式 FPSO 系泊特性研究[D]. 华中科技大学, 2015.

[2] 伦玉国, 徐化奎, 潘永泉. 海洋石油 118 FPSO 设计与建造[J]. 海洋石油, 2015, v.35; No.166(03): 95-101.

[3] 晏莱, 高秉峰, 秦勇. STP 式内转塔单点系泊系统 FPSO 连接[J]. 石油工程建设, 2016, v.42; No.256(01): 34-37.

[4] 刘晓健. FPSO 单点系泊系统运动响应分析[D]. 江苏科技大学, 2013.

[5] 刘雪宜. 内转塔单点式 FPSO 的拖航和连接[J]. 石油工程建设, 2012, v.38; No.234(06): 16-21+107.

[6] 谢铜辉, 杨料荃. 浮式生产储油卸油装置单点系泊系统综述[J]. 海洋工程装备与技术, 2014, v.1; No.3(03): 189-194.

[7] 刘义勇, 王火平, 邓周荣, 王谦. FPSO 单点系泊关键构件互换连接技术研究及应用——以陆丰油田群"南海开拓"号 FPSO 临时替代生产工程为例[J]. 中国海上油气, 2013, v.25(05): 73-76.

绝缘接头的外涂层防腐技术研究

赵 龙 李 秋 勾冬梅 谭文双

（中油管道机械制造有限责任公司）

摘 要 随着管道服役年限的增长，管道腐蚀对管道服役时间的决定性影响逐渐显现，做好防腐工作对于延长管线服役时间尤为重要。绝缘接头作为长输管道关键的阴极保护元件，防腐涂层对于其阴极保护性能有着至关重要的作用。从机械性能、电气性能、施工难易等角度对环氧树脂、环氧酚醛涂料、热收缩套、冷缠带、粘弹体等5种防腐方式进行分析并归纳总结。

关键词 绝缘接头，阴极保护，防腐，热收缩套，粘弹体

1 绝缘接头在管道输送中的作用

油气管道输送，由于其经济、安全、损耗率低等优越性，在近百年来得到了迅速发展。但随着管道服役年限的增长，管道腐蚀对管道服役时间的决定性影响逐渐显现，做好防腐工作对于延长管线服役时间尤为重要。目前，我国长输管道大多采用防腐涂层加阴极保护的联合防腐方式，保护效果非常好。作为腐蚀控制的第一道防线，防腐涂层将被保护金属管道与腐蚀环境隔离，同时也为阴极保护提供了绝缘条件；作为防腐保护的第二道防线，附加阴极保护能够提供充分的保护，使整个防腐体系高效运行。

绝缘接头作为长输管道关键的阴极保护元件，是用来切断埋地钢质管道的纵向电流，把有阴极保护的管段和无阴极保护的管段隔离开的连接装置。其具有钢制管道要求的强度、密封性能和电化学保护工程所要求的电绝缘性能，配备火花间隙型过电压保护装置，公称直径 DN20～DN2500、设计压力≤42MPa、设计温度-46℃～100℃，工作介质为净化天然气、煤层气、酸性湿气、原油和成品油等，具有抗弯曲和防震性能好，使用寿命长的优势；当绝缘接头两侧由于闪电、雷击或电气化设施影响等使两侧电子累积，达到某个额定值，火花间隙将自动放电，且不损伤绝缘接头的绝缘性和密封性，绝缘接头可以继续正常使用，火花间隙也继续正常工作。

绝缘接头在油气管道中应用十分广泛。目前，国内大型油气长输管线如中俄东线原油工程、西气东输二线工程等进出站均设置绝缘接头用于阴极保护，绝缘接头基本结构见图1。

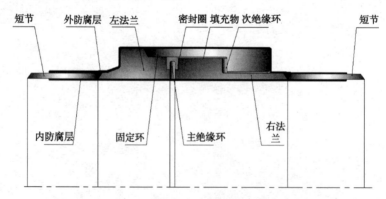

图 1　绝缘接头基本结构示意图

2 防腐涂层对于绝缘接头的重要性

油气长输管道大多数是地下安装的，绝缘接头作为长输管道的一部分，也是进行埋地安装，由于绝缘接头的特殊密封结构，安装在管道上便不再进行维护修复，因此，绝缘接头的外表面防腐至关重要。外表面防腐对于埋地管道腐蚀的影响主要表

现在两点，一方面是外防腐保温层的使用使得管道本身与具有腐蚀性的土壤隔离，从物理上阻断了电化学反应的发生；另一方面，管道运行一段时间后，防腐层受到外界因素影响出现老化、破损和剥离的现象，使得管道阴极保护电流增大，保护距离缩短。如果不进行及时的维护和检测，最终将导致破裂和穿孔等破坏事故。

在涂层和阴极保护联合防腐时，涂层的状况对阴极保护有着重要的影响。在选择防腐涂层时，不仅要考虑涂层本身的电性能、机械性能、老化性能（化学性能）和经济性，还要考虑涂层对阴极保护的影响

3 绝缘接头的外表面防腐方式

3.1 目前国内外长输油气管道绝缘接头常用的外表面防腐方式

根据现阶段行业标准SY/T 0516—2016《绝缘接头与绝缘法兰技术规范》及CDP-S-OGP-MA-016-2016-3《油气储运项目设计规定》中的规定，绝缘接头外表面应按下述几种形式进行外表面防腐：

（1）无溶剂型液体环氧涂料

具有牢固的附着力，并具有一定的电气强度和耐化学介质腐蚀能力，宜用于设计温度低于80℃的工况。涂层的性能指标应分别符合SY/T 0457《钢质管道液体环氧涂料内防腐层技术标准》、CDP-S-PC-AC-016-2016《无溶剂液体环氧涂料技术规格书》的相关规定，厚度不应小于300μm，不加辐射交联热收缩套的绝缘接头外涂层厚度不应小于500μm。

（2）环氧酚醛涂料。

其环氧基含量高，黏度较大，固化后产物交联密度高，其纤维增强塑料具有良好的物理机械性能。具有牢固的附着力，并具有一定的电气强度和耐化学介质腐蚀能力，用于设计温度80~100℃时的工况；性能指标应符合《SY/T0319钢

制储罐液体环氧涂料内防腐层技术标准》的相关规定，涂层厚度同无溶剂型液体环氧涂料。

（3）环氧涂料与辐射交联热收缩套的混合使用

热收缩套是由辐射交联聚烯烃基材和特种密封热熔胶复合而成，特种密封热熔胶与聚乙烯基材、钢管表面及固体环氧涂层可形成良好的粘接。加热时，热缩套基层收缩、胶层熔化，紧密的收缩包覆在补口处，与原管道防腐层形成一个牢固、连续的防腐体。用在绝缘接头防腐时，环氧涂料厚度不低于300μm的情况下，涂覆一层特殊的干膜无溶剂环氧涂层，再于外表面包覆辐射交联热收缩套，形成类似管道3PE防腐形式。

3.2 其他外表面防腐方式

（1）环氧涂料与聚乙烯冷缠带的混合使用

聚乙烯胶带是在制成的聚乙烯带基材上，涂上压敏型粘合剂，成压敏型胶粘带（简称胶带）。它的防腐作用主要靠聚乙烯基膜，粘合剂只作为缠绕时的粘合。用在绝缘接头防腐时，环氧涂料厚度不低于300μm的情况下，外面包覆聚乙烯冷缠带。

（2）粘弹体胶带

粘弹体产品是一种永不固化的粘弹性聚合物，具有独特的冷流特性，可以渗入不规则的结构中进行填补并且塑造成平滑的外型。因此，对于异形件绝缘接头，粘弹体应用具有优异的简便性和防腐密封效果。用在绝缘接头防腐时，环氧涂料厚度不低于300μm的情况下，外面包覆粘弹体胶带。

4 防腐方式指标对比及优缺点分析

绝缘接头外表面一般按照上述5种方式进行防腐作业，当有特殊工况时，例如埋地土壤环境腐蚀性较高时时，会按实际工况采取相应的防腐形式。表1为上述5种防腐方式的指标对比。

表1　防腐方式的指标对比（常温）

防腐形式	体积电阻率/（Ω·m）	吸水率/%	剪切强度/MPa	拉伸强度	剥离强度/（N/cm）	电气强度/（V/μm）	黏结力/MPa
试验方法	GB/T 1410	SY/T 0414	ISO21809-3	GB/T 1040	GB/T 23257	GB 1408.1	
无溶剂型液体环氧涂料	≥1×10¹³	—	—	—	—	≥5	≥10
环氧酚醛涂料	≥1×10¹³	—	—	—	—	≥5	≥8
聚乙烯冷缠带	≥1×10¹³	≤0.3	—	60	≥30	≥30	
辐射交联热收缩套	≥1×10¹³	≤0.1	≥1	18	≥5	≥15	—
粘弹体胶带	≥1×10¹²	≤0.03	≥0.02		≥2	≥15	

从上表我们可以看出，单独使用无溶剂环氧树脂涂料或环氧酚醛涂料作为绝缘接头外表面防腐，在涂覆 500μm 的情况下其电绝缘性能及电气强度效果已经达到预期效果，而且施工简便，涂刷环氧树脂后无需进行其他操作。但是绝缘接头单独涂覆环氧树脂涂料或环氧酚醛后，耐机械冲击强度差。绝缘接头在工厂制造后通常需要通过陆运或者海运至安装地点，虽然在运输途中会对其进行防护，却仍然不可避免在安装过程中对防腐层产生冲击而至防腐层损坏，如若发现不及时，在绝缘接头埋地后将会造成外表面腐蚀乃至穿孔从而导致绝缘失效；

绝缘接头作为一种异形管道元件，有着特殊的外形结构及内部构造，外部为中间大、两端小，内部拥有橡胶等密封元件，热收缩套的防腐性能、耐机械冲击性能虽好，但是在实际使用过程中，需要烘烤处理，既易对密封元件造成损坏，亦会由于大端收缩至小端时烘烤不均匀，造成局部粘接不好，整体密封性下降，产生鼓包、气泡等不可逆的缺陷。

聚乙烯冷缠带具有防腐绝缘性好、理化和热稳定性较好、耐机械冲击性能最佳、施工简易等优点。缺点是很难完全密封。要在钢管表面形成一个完整的密封防腐层，影响的因素太多，例如：胶带的生产质量、预制时每卷胶带的首、末端防起皱、卷翘，要贴紧，管端预留长度，包覆后美观性较差等。

粘弹体的绝缘性能和耐冲击性能都很一般，然而在异形件的防腐中却有着得天独厚的优势。首先：施工简易：无需烘烤加热，这就避免了上述热收缩套防腐时大小端烘烤不均，收缩性能差的问题；然后其冷流性及自修复功能的特点，使其在收到机械冲击时能够达到自修复功能，起到完全保护的效果；最后粘弹体具有彻底的杜绝水分侵入，彻底杜绝微生物腐蚀，具有良好的耐化学性，且无阴极保护剥离现象，因此具有独特的长效性及安全环保性。近年来，粘弹体作为一种专门为埋地管道以及其它需要防腐的异形设备所研究设计的一种防腐新产品，在阀门、法兰及泵等管道设备中广泛应用。如图2所示，绝缘接头一侧包覆冷缠带一侧包覆粘弹体胶带对比。

图2　绝缘接头一侧包覆冷缠带一侧包覆粘弹体胶带对比

5　结论

防腐涂层和阴极保护的联合使用使腐蚀控制手段相互补充，是最经济合理、安全可靠的防腐措施。防腐涂层在阴极保护是否成功中起到了重要的作用。无论使用哪一种防腐方式，其必须进行严格的机械性能(如粘结力、抗土壤应力)和电绝缘性能检测(如电气强度、电绝缘性能)。只有良好的、现代化的防腐涂层，才能施加有效的阴极保护，也才能大大降低阴极保护的费用，加大总体经济效益。

目前绝缘接头外防腐方式应用最为广泛的是环氧树脂涂料加辐射交联聚乙烯热收缩套，其具有优秀的机械性能和电绝缘性能。而粘弹体胶带的独特性能也将使其成为未来的绝缘接头防腐乃至长输管道防腐的一项解决方案。

参　考　文　献

[1] 杜萌. 接地导致埋地管道阴极保护失效的应对措施 [J]. 科学与技术, 2019, 21.
[2] 刘松杰. 长输管道粘弹体防腐补口方法应用[J]. 管道设备与技术, 2014, 1.
[3] SY/T 0516-2016. 绝缘接头与绝缘法兰设计技术规范[S].
[4] 李晓星. 防腐涂层对阴极保护的影响[J]. 全面腐蚀控制, 2001, 5：17-19.
[5] NB/T 47054—2016. 整体式绝缘接头[S].
[6] CDP-S-OGP-MA-016-2016-3. 油气储运项目设计规定[S].

炼化企业工程造价全过程管理"信息化"的应用

陈邦方　杨晓军　王小丽

(中国石油兰州石化公司)

摘　要　国有炼化企业传统的工程造价管理,从初步设计概算、合同、变更单、预算到结算都是以纸质文件流转形式为主,流程长,信息反馈慢,不利于工程造价的确定与控制。"信息化"的应用,是现行预结算计价软件(神机妙算软件)与集团公司投资一体化平台、公司项目管理平台(EPM)和公司设备管理平台实现有效对接与集成,建立工程造价信息管理平台,实现工程造价固定业务全部上线运行,信息共享、流通便捷,有效确定和控制公司工程建设投资和检维修费用,提升了炼化企业工程造价管理效能,为企业总体效益提升做好保障工作。

关键词　管理创新,全过程,信息化,效能化

1　引言

当前造价行业恰逢技术升级的重大机遇期,研究和追求高效的造价全过程管理模式,强调投资决策、设计、招投标、施工、竣工结算乃至运维各阶段之间全过程的造价协同管理具有重要意义。炼化企业工程造价管理,同时兼负工程建设投资和检维修费用控制的两大职责。对企业建设成本和运营维护成本控制起到关键作用,其管理效果的优劣对追求目标整体效果的作用至关重要。但是,受传统管理手段和技术的限制,目前还存在诸多问题,如存在数据信息碎片化、孤岛化、控制管理界点不清晰、管理缺乏系统有效性等问题,为此建立系统性工程造价管理模式,通过管理平台流程化、系统化提升管理尤为重要。

随着工程造价管理升级的需要,至少有两个技术创新方向正在引起行业的广泛关注。一个方向是基于信息化建设的造价技术革新。另一个方向是BIM技术和智能建模算量技术的推广使用。BIM技术逐渐成为全过程管理的有效技术手段,掌握BIM技术将成为对造价融入全过程管理的基本要求。

20世纪90年代以来,随着工程领域BIM、大数据、"互联网+"等信息化技术的运用,造价行业不再是简单的工程计价,而是逐步向工程造价管理转型。在集成化、标准化、信息化趋势带动作用下,国家相继发布了《关于做好建设工程造价信息化管理工作的若干意见》和《2011—2015年建筑业信息化发展纲要》等通知,从政策角度对于工程造价信息化建设予以了充分的支持。

2　背景

2.1　全过程管理的需要

半个多世纪以来,炼化企业以算量、套价为主的造价管理,"轻前期、重结算,轻管理、重审查"方式,显现出对于新管理模式需求下的不适应,特别是项目前期、初步设计阶段估、概算,全生命周期成本控制,EPC等非传统模式下的发包价格确定等。由于缺乏有效的技术和手段,造价管理信息化集成度较低,造成管理过程存在造价信息不能全方位的共享、造价数据不能深度利用的情况,在投资估算和概算审核阶段,设备、材料价格、特殊设备安装费用等因缺乏历史数据支撑,因未实现一些数据源和指标成果共享,往往大多认可设计院询价资料,或者更多依靠人工经验判断,从而造成最终批复估概算总投资会出现偏离,尤其国有炼化企业项目投资存在投资额大、建设周期长、项目单一性强等特点,在工程招投标阶段业主方和施工都是依据行业或地方定额规定,编制招标控制价和投标报价,很难反映工程真实成本,业主难以通过招标达到控制投资的目的。

以总投资100亿元某国内炼化企业乙烯项目建设为例,该项目为概算切块模式下的EPC,概算计列同口径设备费22.07亿元,实际采购费用18.60亿元,设备结余资金3.47亿元,根据EPC总包合同规定,这部分结余资金全部归EPC总包单位,造成业主控制成本的难度加大,

实际投资对提升项目生产装备水平造成局限。这种现象的根本原因还是在项目实施前对实施过程中的事项估计不足。建设投资阶段不考虑运营成本，考虑运营需要又造成不合理的投资费用增加。因此，树立全过程造价管理的意识十分迫切。

2.2 精细化管理的需要

近年以来，炼化企业工程造价管理以预结算的单一管理逐步走向全过程造价管理，但是如何做到、做好全过程管理，取得管理成效，还需从精细化管理角度出发，结合炼化企业特点，积极探索、研究、寻求自身发展的途径。

工程造价管理与规划、物采、工程、机动、民建、生产技术、安全、设计、监理、施工、咨询等多组织进行对接，跨组织协调业务量大，业务流程环节多，过程控制存在诸多不可控因素，如造价审核文件流转时间长，节点控制难度大，造价文件丢失等现象时有发生，这些人为因素造成的管理不到位，带来大量协调工作，使规定审核时效无法保证，工程投资控制难度增加，由于无法有效控制造价管理节点，造成制度落实不到位、部门管理界点不清晰、管理缺乏有效系统性等问题。主要体现在检维修结算年底集中报审、乙供及甲改乙材料重复出现事后审批控制的现象，现场实际使用材料等级与审批的材料价格匹配确认始终无法实现等问题。为了更好地解决这些问题，建立系统性工程造价管理模式，通过管理平台流程化、系统化提升管理尤为重要。

2.3 提升效能的需要

当前炼化企业造价业务的现状，主要表现在造价工作的复杂想和重复性、造价成果的低可比性和低共享性。由于在工程造价管理中，缺乏信息化建设，造成目前出库单材料价格核销、合同借阅、成果文件流转等还停留在人工流转传送阶段，不仅造成效率低下，而且存在计算错误风险、增加合同管理难度、人工汇总核算工作量加大等问题，如果过程中把控不严，还会给企业带来经济损失。多年来，由于缺乏有效的管理手段，这些问题始终未能最终解决，给企业工程造价管理带来一定困扰。因此，炼化企业工程造价管理必须要创新管理手段，探索 BIM 技术、互联网+等信息手段的使用，进一步提升现有的工作效率，在达到工程建设投资控制和检维修费用控制的同时，更加注重提升管理效能。

3 设计与开发

在现有的环境模式下，增强主观创新意识和客观技术力量，以信息化整合为代表，将信息化技术与工程造价管理相结合，实现所有造价管理固定业务上线运行，应用短信提醒、自动考核等手段，开发合同线上查阅、ERP 材料自动核销、审计在线审核，达到过程有效管控，整体管理效能提升的目的。

3.1 集成现有管理软件和计价软件，实现各部门协同发展

炼化企业在工程项目和运维管理中，都在向信息化、智能化转变，中国石油先后研发了投资一体化管理平台、EPM 项目管理平台、设备管理平台等，以实现在系统内的管理管控切实有效，作为子公司可从自身出发，与现有管理平台集成，整合各系统内的造价信息资源，建立广泛的数据资源来源通道及集中管理数据库，建立健全造价管理价格体系。

3.1.1 与投资一体化平台集成

利用已搭建好的平台数据库，实现线上查询：设备材料价、地区指导价、设计单位询价等数据，实现估概算线上审核。为项目投资估算、基础设计概算提供可靠支撑，从而提高估概算的投资准确性，为优化设计及项目承包模式的选择提供可靠信息，减少决策阶段失误，提高后续项目建设过程投资控制的能力(图1)。

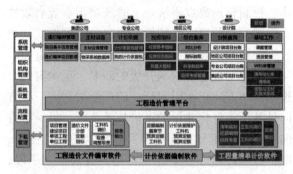

图 1 投资一体化管理平台

3.1.2 与项目管理平台(EPM)和设备管理平台实现有效对接

与项目管理平台(EPM)和设备管理平台实现有效对接，从中提取项目招投标信息、合同信息、设计变更、签证信息、开工及中交信息、检维修计划信息、工程量确认信息等，减少有效信息重复录入和维护成本，为造价管理平台搭建后

续合规管理流程提供有力支撑，为造价管理平台实现短信提醒和自动考核提供指标依据，实现过程管控有效。同时将造价审核后的成果及时反馈项目管理平台和设备管理平台，实现对造价业务数据库实时监控、在线查阅，使各管理单位随时掌握造价文件流转状态，为项目管理责任单位日常管理和投资控制、费用决策提供依据，改善以往因造价数据反馈不及时、不准确，给建设项目投资过程管控和检维修费用计划下达决策带来的难题。实现与项目管理平台（EPM）和设备管理平台实现有效对接，建成承接转化各部门业务时来时办、时办时结的"高速公路"，实现实时数据共享，达到以工程造价专业为核心提高企业专业管理水平的有效手段（图2、图3、图4）。

图2 造价平台与BPM流程映射

图3 设备综合管理平台结算数据同步

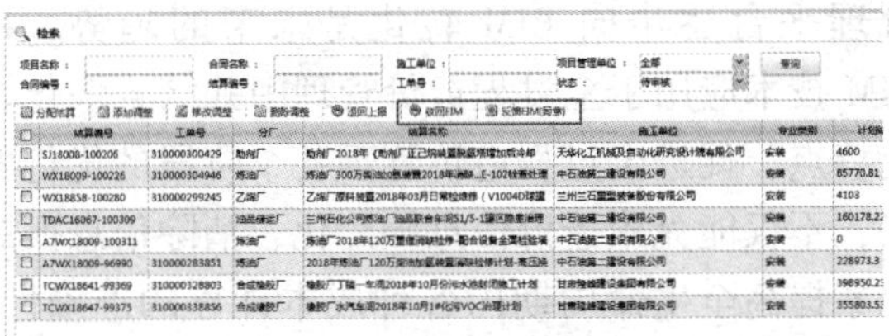

图4 向设备综合管理平台反馈审后数据

3.1.3 与现行预结算计价软件（神机妙算软件）集成

与现行预结算计价软件（神机妙算软件）集成，实现系统底层实现与神机妙算专业造价软件的融合，实现与神机妙算软件结算信息、工程文件及结算文件共享；实现网页端自动打开神机妙算软件及相关参数传递功能，提高了业务处理进程。改善既有计价软件固定模板的问题，完善技术数据信息，奠定审核依据基石（图5）。

图5 平台提取神机妙算软件计算结果

3.2 将固定业务全部纳入线上运行、再造精细化管理典范

3.2.1 打通造价业务线上流转快速通道

建立基础数据维护、预算管理、可研估算（初设概算）管理、其他费用管理、材料价格管理、结算管理、流程与考核管理、数据中心、统计分析等功能模块，将固定业务全部纳入线上运行，实现系统管理自动化、信息化。建立项目、合同、设计单位、监理单位、施工单位等基本信息，实现对项目结算审核、材料价格审批、预算审批、初设概算与可研估算审核、其他费用审核等业务的全流程信息化管理和电子化签章，打通造价业务线上流转快速通道，大大减少线下纸质资料，注重细节，再造流程，为全过程造价管理提供技术保障（图6）。

图6 系统主页面

3.2.2 强化过程管控功能

实现预算、概算、费用审核、材料采购价格、结算等业务形成的审前、审定数据的集中，实现分业务类型、分项目进行目录化管理。打造全方位统计功能，提高数据统计准确率，为公司投资控制、费用决策提供依据。突出平台对业务流程节点风险的管控，平台流程中的每个节点设置审核要求和任务提醒，自动提示任务办结时间，并将任务办理情况信息及时推送至责任人手机端，提高节点审核通过效率，降低过程风险，实现对造价相关业务部门的有效督促，最终实现造价全过程管控合规有效（图7、图8）。

图 7　按状态查询

图 8　按分厂统计

3.2.3　拓展系统功能

建立合同自动链接、材料 ERP 系统自动核销、数据统计分析、数据中心、流程考核等模块，造价数据信息由系统运行过程中自动形成，并进入工程造价数据中心库，实现造价信息与公司规划、机动、工程、财务、审计、档案、矿区等内部单位以及监理、施工等外部单位共享，打破造价信息孤岛，充分实现造价信息查询、统计分析和工作留痕的功能拓展；重视项目建设前期及过程动态管理，建立数据库，使数据的查询与统计分析更加便捷，深化造价业务信息资源共享，实现施工单位、项目管理责任单位、审计部门、档案管理，线上查询、线上审批，无需纸质流转，达到提升效能（图9、图10）。

图 9　造价数据目录化管理

图 10　结算数据监控

3.2.4　充分挖掘"信息化"技术创新潜能

实现 ERP 材料自动核销、合同信息自动采集、财务数据凭证自动生成等管理创新，获得工程造价管理精细化的实践效益，达到提升工程造价最大效能的目的。工程建安费用中，材料费占比约 50%~70%，结算审核时，要投入大量精力和时间对材料费用进行核对，如果实现 ERP 材料自动核销，将大量减少审核人员工作量提高审核效率，同时可减少人工操作错误，提高结算审核质量。同时，在结算审核过程中，存在大量借阅合同的现象，造成合同管理难度增加，同一合同多人同时需要时，无法满足；借阅不及时归还，还存在丢失的风险，实现线上合同信息自动采集，不但可以减少合同岗位人为录入错误的风险，减少结算审核错误，同时减少合同管理难度；财务数据自动生成凭证，减少纸质打印、报送重复、丢失的风险，真正意义实现造价文件线上自动流转。

4　积极探索以 BIM 为信息化的创新技术

BIM 是在计算机辅助设计（CAD）等技术基础上发展起来的多维模型信息集成技术，是对建筑工程物理特征和功能特性信息的数字化承载和可视化表达。BIM 能够应用于工程项目规划、勘察、设计、施工、运营维护等各阶段，实现建筑全生命期，各参与方在同一多维建筑信息模型基础上的数据共享，为产业链贯通、工业化建造和繁荣建筑创作提供技术保障。

BIM 是促进我国建筑业"信息化"与"工业化"两化融合的重要创新手段，在工程建设全过程中应用 BIM 技术的优势是显而易见的，造价管理平台逐步向 BIM 转化是未来的趋势。将 BIM 技术应用于全过程造价管理中并结合炼化企业特点，促进全过程造价管理各个阶段的优化发展，不仅能克服造价信息碎片化、消除信息孤岛现象提高全生命周期内各种成本计算的准确性，推动造价管理精细化发展。

利用 BIM 生成模型可以看作是集成项目整个周期中，各阶段、各专业，涵盖项目所有几何信息（三维）、非几何信息（材料信息、构件信息、施工计划信息、质检信息、运维记录信息等）的"数据库"，在"数据库"中可以针对设计变化而细化到针对某个构建、某种材料的变化而增、删、查、改各构件信息。同时，该"数据库"的优势还在于其数据能够在授权下供参与项目建设备方使用，以实现信息互通。这也意味着，当项目利用 BIM 进行设计后，设计结果可以直接导入成本计算软件从而自动获得项目成本，其优势一方面是避免了各专业的重复劳动，提高了工作效率，另一方面如果设计出现变更，项目成本也能根据设计变更而快速得到相关变更后的成本增减情况，从而为后续进一步的决策提供依据。

5　取得的成效及展望

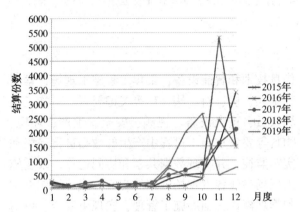

图 11　2015 年–2019 年月收审结算情况统计图

5.1　过程管控得到有效落实

　　工程造价全过程管理初见成效，长期以来工程检维修结算年底集中送审现象得到有效控制，如图 11 所示，近二年按计划提前完成工程检维修结算审核，及时提供数据，为工程检维修费用的合理使用提供了依据，得到公司充分肯定；杜绝了多年来乙供材料和甲改乙材料事后审批响结算报送和审核状况，达到维护材料价格时效性的市场特性，为工程结算的及时审核和提高结算审核质量提供了保障，为现场材料管理起到积极作用。

5.2　管理效能得到有效提升

　　实现了与公司规划、机动、工程、财务、审计、档案中心、矿区等内部单位以及监理、施工等外部单位信息共享，专业管理无缝对接；实现 ERP 材料自动核销，攻破甲供乙领材料结算难题；实现合同自动连接，造价审核依据条款及时掌握；促进了工程造价管理制度化、流程化、标准化、信息化、考核自动化，减少个人自由裁量权，降低执行中的风险；通过信息数据积累，为前期估概算审核提供有力依据，增加投资管控效益最大化。

5.3　展望

　　国内的 BIM 应用还处于起步阶段，但已有一些相关案例可以作为参考：在民建领域，上海中心大厦通过深度应用 BIM 技术，实现了真正意义的造价动态管理。该项目通过成立专门的 BIM 工作中心，建立了精确合理的资源需求计划，同时实现了对各类构建设计、加工、组装等全过程的数字化管理，有效降低了返工和浪费现象，为项目建造节约了大量成本。BIM 在石油化工建设项目领域相关文献还较少，但已有资料显示，恒力石化 130 万吨/年 C3/C4 混合脱氢装置大部分方案都由 BIM 首先建立三维模拟效果，帮助施工队伍迅速明确"路线图"和"时间表"。

　　后期，以工程造价信息平台为载体，不断研究和尝试 BIM 技术应用，基于 BIM 的工程项目全生命周期成本控制的研究势必将引领工程建设技术走向更高层次，其应用将大大提高工程集成化成都的同时，为建设行业的发展带来宏大的效益，使设计乃至工程各参与方的效率显著提高。

参 考 文 献

[1] 基于 BIM 的全过程造价管理模式探索[J]. 工程造价管理，2019(04)：25.
[2] 全过程工程咨询下的工程造价咨询业务展望[J]. 工程造价管理，2019(06)：56.
[3] 探讨工程造价全过程管理的重点问题和对策[J]. 工程造价管理，2019(04)：41.
[4] 住建部：关于推进建筑信息模型应用的指导意见. 工业建筑出社，2015-07-03.
[5] 基于 BIM 的全过程造价管理模式探索[J]. 工程造价管理，2019(04)：26.
[6] BIM 技术推动建筑行业变革[J]. 福建建筑，2011 (06)：126-127.

"智慧工地"在建筑施工行业的应用

郭太江　王　明　张益公　樊伟伟　施汶娟

（海洋石油工程股份公司）

摘　要　本文浅析了"智慧工地"在建筑施工行业的发展现状，解读了"智慧工地"的主要功能，深入探讨了"智慧工地"的系统组成及在工程管理方面的实际应用，具体体现在数据可视化，智能人员管理，智能施工工机具、物料管理，BIM 技术应用，VR 安全体验馆，施工质量、安全隐患排查，安全风险隐患管理系统，塔吊动态监测系统，全方位监控预警系统，人员识别的行为操作系统，危险作业监控预警，扬尘、噪声、气象环境监测系统等方面应用的价值和意义。

关键词　智慧工地，建筑施工，工程管理，应用

1　"智慧工地"在建筑施工行业的发展现状

众所周知，建筑行业的工作模式基本固定，在施工过程中面临不同的施工环境。目前在工程管理中遇到的问题主要集中在施工现场环境复杂简陋、人员管理能力参差不齐、信息化程度低下等。传统的工程现场管理模式已不符合可持续发展的市场需要，施工企业迫切需要利用更先进的科技手段来促进施工现场管理的创新和发展，真正构建一个智能、高效、绿色、精益的"智慧工地"施工现场管理一体化平台。

因此，通过设备集成结合先进的通信、计算机及网络技术，同时结合项目实际管理需要研发符合贴合自身的综合信息化平台，实现以数据为核心，规范两项标准（硬件标准、数据标准），打造三项能力（感知能力、决策预测能力、创新能力），实现四个智慧化（管理智慧化、生产智慧化、监控智慧化、服务智慧化）的智慧工地系统是建筑施工行业管理人员追求的目标。

近年来，随着智能信息化水平的迅猛发展，加上国家对建筑施工行业智能信息化发展的鼎立支持，"智慧工地"开始以一种崭新的形式出现在各大建筑施工现场，它的出现，有效提升了施工现场的工程管理，从而创造更多的经济效益及价值，有着广泛的发展前景。

2　"智慧工地"的主要功能

"智慧工地"，即综合运用移动互联、物联网、人工智能 AI、大数据、BIM、GIS 等新一代信息技术和智能设备，聚焦工程施工现场，紧紧围绕人、机、料、法、环等关键要素，对施工现场人员、重点设备、视频、安全、生产、环境、物料等要素在施工过程中产生的数据进行采集和实时监控，并实现数据共享和协同运作，改变施工现场参建各方现场管理的交互方式、工作方式和管理模式，辅助施工管理，实现更安全、更高效、更精益的工地施工管理，实现工程施工可视化智能管理，以提高工程管理信息化水平，解决施工现场管理难、安全事故频发、环保不达标等问题，替代传统建筑施工现场管理的方法，为施工现场提供现更科学、更现代化管理的新模式。

"智慧工地"工程的范围包括但不限于开发一套满足技术要求所规定的系统管理平台及对接基础硬件所需要实现的功能需求，实现覆盖建设单位、监理单位、总包单位、施工单位的智慧工地管理信息系统，满足现场管理应用，并对施工关键工段工序进行重点管控，是一个集安全、质量、进度、设备、物资验收以及劳务实名制和物联监测平台为一体的智慧管理平台。

3　"智慧工地"的系统组成及应用

智慧工地的系统组成包括但不限于如下部分：

（1）数据可视化

建筑施工现场可设置大屏幕，通过施工现场信息汇总展示，可一目了然地查看包含项目总体基本情况、施工进度情况、安全质量问题汇总分析、劳务进场数据等。并可实现施工现场实时人数、日累计人数、总人数、近期作业趋势分析、

安全教育完成比例情况、施工作业人员工种分析、年龄分析、工效分析、地域分析。

（2）智能人员管理

通过对接人脸识别、指纹等验证等身份识别方式，对业主、监理、总包、施工单位等人员进出施工现场进行实名制进出登记及考勤管理。门禁系统与多媒体培训系统对接，人员培训教育合格后方可设置准入。

统计数据时可以自动生成上个月的考勤记录，能够分类统计业主、监理、总包、施工单位及各职务/工种人员，可以精准掌握项目施工不同阶段各工种工时投入。实施人员实名制管理，能够根据施工人员的身份信息，对劳务人员结构组成、年龄组成、性别比例等信息进行分析，合理优化劳务队的素质，并且能够实时了解在场总人数以及各分包队伍、各个班组、各工种分布情况。通过一段时间的数据采集，劳务管理系统可以准确提供该时间段内的劳动力曲线，管理人员可以根据劳动力曲线对劳动力的使用进行分析，对用工高峰期与低谷期进行对比，优化劳务人员的使用情况，在确保正常施工的情况下，争取使劳动力曲线更加平滑，从而避免阶段性的窝工，节约劳动力使用成本。

（3）智能施工工机具、物料管理

对于进入施工现场的施工工机具及物料，如汽车吊、装载机、电焊机等工机具，施工物料钢管、接头等重要物料，经进场验收合格后，在系统中进行登记。登记完成后系统根据物料验收单自动生成此批物料的二维码/条形码，通过二维码/条形码打印机可以打印出来贴到相应的物料上，管理人员可随时查看，进行实时监控。

施工物料在施工过程中用到哪个设备、哪个装置及具体地方，在进行设备检查、质量检查、工程验收时可以随时扫描此物料上的二维码/条形码进行查看。在了解这些信息后，管理人员能够根据工程的实际进展情况，对材料的进场进行有效的管控。

在工机具管理方面，可以根据施工进度计划模拟，合理安排机械、设备的进、出场时间。在工机具进场时，管理人员可以通过二维码附加的信息了解进场工机具在建筑工地的位置和使用情况。在工机具退场时，管理人员通过二维码附加的信息及时找到该工机具，以防丢失和损坏。

（4）BIM技术应用

BIM，即Building Information Modeling，建筑信息模型。是以建筑工程项目的各项相关信息数据作为模型的基础，进行建筑模型的建立，通过数字信息仿真模拟建筑物所具有的真实信息。它具有信息完备性、信息关联性、信息一致性、可视化、协调性、模拟性、优化性和可出图性八大特点。

从前期施工场地布置开始就通过BIM建模手段，对施工场地内各功能区的划分、塔吊的定位、场区道路的布置进行建模，通过模型对塔吊的工作范围、吊重、塔吊的利用率，工作人员和车辆的入场、出场路线进行模拟，实现三区分离、人车分流。

可通过BIM模型在线展示工程项目，通过点击放大、拖拽、漫游以及动画方式了解工程项目相关概况或细节，包括360°全景、模型预览、场地漫游、模拟建造等。

BIM模型的精确度决定了"智慧工地"的开展程度，BIM是一个由二维模型到三维模型的一个转变过程，也是从传统施工中被动"遇到问题，解决问题"到主动"发现问题，解决问题"的一个转变过程。所以，BIM模型的应用对于"智慧工地"建设显得尤为重要。

（5）VR安全体验馆

目前建筑工地传统安全教育主要体现为灌输式培训，尽管绝大多数工人能够顺利通过考核上岗，但安全意识却始终参差不齐。VR安全体验馆是通过对高处坠落、火灾、触电、机械伤害、物体打击等项目的虚拟化、沉浸式体验，让施工从业人员亲身感受违规操作带来的危害，强化安全防范意识，熟练掌握相应安全操作技能，从而达到施工安全教育目的。

VR虚拟现实安全体验馆的优势主要体现在以下几个方面：

➢ VR工地安全体验馆是采用VR技术打造，比用单一VR技术打造的体验馆更炫酷，体验更逼真。比如很难搭建的场景、危险性很高的场景等。同时，VR场景更加真实完整，体验感更强，安全教育效果更明显。

➢ 可以将当前实际项目进行虚拟，在当前项目中的某个位置进行实景模拟，让体验人员在虚拟的本项目中进行安全体验，教育体验效果更好。

➢ 新型的科技体验激发了工人参加安全教育

的兴趣，工人对安全事故的感性认识也会增强。

> 虚拟场景建设不再受场地限制，可模拟真实场景下的安全事故和险情。

> 体验者进入虚拟环境可对细部节点、优秀做法进行学习，获取相关数据信息。同时还可进一步优化方案、提高质量，提高工人的安全防范水平和应对能力。

> 虚拟环境中的质量模型样板由软件绘制，有效避免了由于工人技能差别带来的样板标准化的差异；避免了材料、人工的浪费；一次购买，多次使用，减少建筑垃圾，节省成本，这个工地用完可以转运下个工地继续用，符合绿色施工的理念。

（6）施工质量、安全隐患排查

施工管理人员通过手机 APP，随时对工程质量进行拍照，然后将照片上传至系统。系统后台根据大数据图像分析对比进行智能分析，智能判别其质量是否合格。如果不合格，给工程管理人员提醒或通知，以便工程管理人员采取进一步措施。

现场施工人员或上级安全检查人员可以通过手机扫描现场提前设置的二维码随时将发现的隐患上传到系统，由安全管理人员跟踪后期整改。对于上传隐患多的施工人员可以由项目组实施奖励。

（7）安全风险隐患管理系统

通过设置安全风险隐患管理系统，对发现隐患记录、隐患数量、隐患整改数量、隐患所属责任单位及责任人分析、隐患趋势分析、隐患类别分析。

系统后台可导出安全隐患排查台账，并可以定期汇总分析以下隐患信息：

> 每月发现隐患数量；

> 隐患类型分类分级（隐患类型、严重程度）；

> 隐患整改责任单位（施工单位）；

> 隐患整改完成用时；

> 隐患整改完成率。

通过隐患数量和施工工时的对比、隐患整改时间等数据，来判断隐患排查治理的力度是否到位，作为对项目考核评价的依据。

建立分包单位及分包商员工个人诚信平台，对于工人在生活区以及施工作业区的违章信息集成在平台，建立黑名单，并将信息在项目现场公

开，一旦进入黑名单，将无法再进入公司任何项目的施工现场。

通过安全隐患管理系统，有效提升建筑施工工地的安全隐患排查治理，消除事故隐患，避免安全事故发生。

（8）塔吊动态监测系统

即利用物联网技术、微电子技术、信息传感技术、信息通信技术等，对施工现场塔吊进行实时运行安全监测、群塔防碰撞监测等。

通过打通和塔吊黑匣子的数据连接，实现塔吊实时运转的各种数据均能到数据平台，通过点击模型上的塔吊，就能看到该塔吊的实时黑匣子数据，也能实现历史数据查询；也可以设置报警机制，塔吊运转数据超标能触发报警。

应用塔吊动态监测系统，可有效防止塔吊事故的发生，保证塔吊使用的安全。

（9）全方位监控预警系统

对施工现场区域如临建区域、预制区、库房、办公区、食堂等室内外监控等进行无死角视频安全监控，并对现场重要区域施工过程中施工人员安全行为进行无死角全方位监测。

施工区域设置全场监控系统，覆盖全部施工区域，做到全局动态监控，发生安全、治安保卫等事件后可随时取证。对于重点作业区域设置高清摄像头，通过电脑编程判定明显的违章操作和危险行为，例如未佩戴安全帽、高处作业不系挂安全带、未经允许进入隔离区域、吊装作业人员站位不当、未经允许进入业主生产区域等，由摄像头进行自动抓拍记录并发出预警，及时提醒安全管理人员进行后续处理，可大大减少违章作业的发生。通过智能监控，为现场人员、物资安全提供有效保证。

（10）人员识别的行为操作系统

施工升降机及塔吊均实现操作人员指纹识别（部分采用人脸识别）方能启动机械的功能，防止机械被乱用，另外操作人员每次刷指纹启动时，其操作的行为形成的记录也将同步保存，以备调取。

工程现场的一级二级配电箱只能是具有电工操作资格证的人员才能进行接线等其它操作，但往往施工现场这块的管理有缺失，现在绝大多数电箱都是机械锁，电箱门基本处于不关闭状态，谁都可以去接电、拆电。借鉴物联网电子锁技术，电箱的开启权限只对电工开放，必须扫描二

维码才能开启电箱(或者必须是电工的门禁卡)以此严格现场安全用电管理。

共享辅助工具:在施工现场为工人准备必要的手头操作工具及小型施工机具,如夜间作业工人没有手电筒,现场可免费刷卡提供一个,并可追溯到领取工具人员,实现借还闭环处理。

(11)危险作业监控预警

结合物联网、云计算和大数据等新一代信息技术,以八大危险作业(动火作业、进入受限空间作业、临时用电作业、高处作业、断路作业、破土作业、吊装作业、盲板抽堵作业)安全为主线,现场作业与安全监控相结合,通过识别、分析与控制非常规作业过程中的危险及隐患,直观识别属地违规作业动态,确保作业许可申请过程处于可控范围内,有效规避风险及事故,实现作业许可的信息化、智能化监控。

(12)扬尘、噪声、气象环境监测系统

为有效控制施工现场扬尘噪声污染,现场在特定位置放置扬尘噪声在线监测设备,通过对接工程环境监控系统,实现对项目施工现场的扬尘监测、气象监测、噪声监测,以及数据的分析应用。通过扬尘噪音监测设备,能够实时统计PM2.5、PM10、噪音、温度、湿度等,并设置报警值,当超标则及时提醒。通过与雾炮、地面喷淋、塔吊喷淋联动,可实现手动、与扬尘监测设备联动自动化、设定施工作业时间并与之挂钩

的定时降尘作业,对现场环境的治理更全面、及时、到位。

4 结束语

"智慧工地"用"智慧"的管理理念进行建筑施工工程特定生命周期的管理,围绕工程施工现场"人、机、料、法、环"五大因素,与传统管理工艺流程进行融合,进一步推动建筑工程信息化建造和智慧建造的发展,是工程管理领域新的维度思考。它的出现和应用,根据施工现场业务管理需求,搭建项目施工现场物联网的整体应用,实现工地物联网管理平台进行统一管理,能够大幅降低运营成本,节省人力投入,减少安全隐患,规范施工管理,有效缓解项目施工现场劳务、设备、材料、质量、安全、环境等方面的管理难题,大大提高了建筑施工行业现场的工作效率和生产力。

参 考 文 献

[1] 谢晓东.智慧工地应用现状及对策研究[J].价值工程,2020,12.

[2] 张艳超.智慧工地建设需求和信息化集成应用探讨[J]应用与技术,2018(4):86-88.

[3] 张天文.智慧工地在项目经营管控中的应用[J].价值工程,2018,37(28):220-222.

[4] 毛志兵.推进智慧工地建设,助力建筑业的持续健康发展[J]工程管理学报,2017,31(5):80-84.

海洋石油工程材料跟踪管控技术及应用

刘　超　许　东　吕文斌　袁林峰　徐康鑫

[海洋石油工程(青岛)有限公司]

摘　要　海洋石油工程产品类型多,涉及多个专业,如结构、管线等,每个专业材料种类多,数量大。现有项目对材料跟踪管控的准确度、实时性和共享性要求越来越高,传统手动统计方法效率低、易出错,不能满足要求。本文对材料跟踪管控技术进行了研究,梳理了材料采办、入库、存储、发放及跟踪流程,建立并比较模型,最终实现了跟踪管控自动化、智能化,成功解决了材料管控中的难题,成果通用,已应用于多个项目,具有很强的推广价值。

关键词　海洋石油,工程材料,材料跟踪,材料管控

海洋石油工程产品种类较多,既有传统的组块/导管架,又有新兴的 LNG 及浮式平台等,这些产品的建造周期包含设计、预制、安装、试验和调试等多个阶段,每个阶段又涉及多个专业,如结构、管线、电仪、机械等,每个专业应用的材料种类繁多,数量巨大,分为主材、辅材及耗材,常见材料有板材、型材、管材、线材等,又分为不同材质,如碳钢、不锈钢、双相不锈钢、铜镍合金等等[1],材料是产品的基础,在建造阶段位于关键路径,现有工程项目对材料跟踪管控的准确度、实时性和共享性要求越来越高,不同权限、多个用户、统一平台是材料跟踪管控技术的发展趋势,传统的人工手动统计方法效率低、易出错[2],已经不能满足要求,在数据量大、时间紧迫时问题尤为突出,亟待提升改进。

1　技术思路、原理和研究方法

1.1　技术思路和技术创新

材料问题一直是制约海洋石油工程产品建造的关键因素,实际生产过程中,材料涉及多个环节、多个专业和多个板块(如设计、项目管理、仓储、生产车间等)。每一个板块都有自己的数据,较为封闭,开放性、实时性和共享性差,不能满足项目要求,亟待提升。

材料管控的全流程是采办→到货→验货→入库→存储→发放,反映到施工环节,材料管控是收(材料入库)→存(存储)→发(发放)→缺(缺料)→催(催料到货/补采),实质无非就是四个问题,如下:

1)材料是什么?即材料本身的属性(名称、壁厚、材质、端面、压力等级等);

2)材料从哪里来?即材料的到货单、采办料单、请购书等;

3)现在在哪儿?即材料的存储情况(区域、台账、序号等);

4)到哪里去?即工单或施工料单。

为了解决以上材料跟踪管控中的各种问题,从实际应用出发,多次深入现场交流,倾听各方建议,基于理论模型,结合实际情况,从操作简单、实用快捷、维护方便等因素考虑,基于 Visual Studio IDE,运用 .NET 编程开发语言,采用数组、"字典"及排序算法,最终开发出该技术。

较传统的材料管控方法,新的技术有以下创新:

1)材料管控自动化、信息化,不再是传统的人工手动统计方式;

2)到货单/采办料单和施工料单批处理,无需单个进行;

3)材料智能匹配发放,有程序自动判断和决定发放顺序和发放数量;

4)从源头上指定仓储台账序号,直接定位到仓储货架,提高找料和叉车等机械使用效率;

5)缺料清单自动报表输出;

6)材料数量小于设定阈值时预警提示。

1.2　技术原理和技术方法

确定项目的五个基本功能:数据核对、材料输入、材料输入、预警、其他(备份、提示等)。采用数组、字典和排序等算法,技术流程如下:

1）数据核对及材料入库

首先对材料单号进行核对，如果单号为空或者格式不符合要求，系统报错，提示核对单号信息，程序退出。其次对材料 Eng. Code（材料标识码）进行核对，如果 Eng. Code 为空或者格式不符合要求，系统报错，提示核对 Eng. Code 信息，程序退出。

对材料数量进行核对，如果数量为空或者格式不符合要求，系统报错，提示补全单号信息，程序退出。当以上核对信息全部无误后，系统开始录入材料单号信息，完善台账信息后，材料的整个录入过程完成，如图 1 所示。

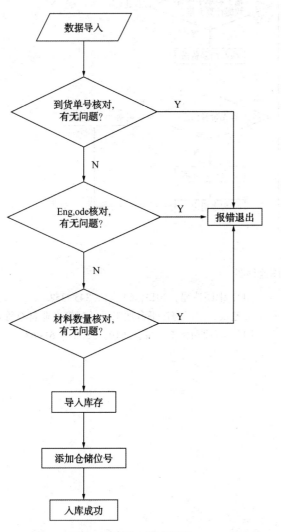

图 1　材料入库流程图

2）数据核对及材料出库

首先对材料单号进行核对，如果单号为空或者格式不符合要求，系统报错，提示核对单号信息，程序退出。其次对材料 Eng. Code 进行核对，如果 Eng. Code 为空或者格式不符合要求，系统报错，提示核对 Eng. Code 信息，程序退出。

然后对材料数量进行核对，如果数量为空或者格式不符合要求，系统报错，提示补全单号信息，程序退出。当以上核对信息全部无误后，系统开始录入材料单号信息，开始材料数据的筛选和排序，进行选择发放，如图 2 所示。

2　成果及应用

该成果已成功应用于渤海某平台、国外某船型 FPSO、国内某船型 FPSO、国外某圆筒型 FPSO、国内某半潜桁架式 FPSO 项目，其中，以管线专业为例，应用情况如下：

1）渤海某平台项目 CEPI 和 CEPJ 组块施工料单 1100 余个，管线约 40000m；

2）国外某船型 FPSO 项目管线材料约 3.6 万项，各类型采办料单 175 个，施工料单 1425 个，管线数量约 100000m；

3）国内某船型 FPSO 项目 TMS + TOPSIDE 管线约 35000m；

4）国外某圆筒型 FPSO 项目上部组块管线约 35000m；

5）国内某半潜桁架式 FPSO 项目 TOPSIDE 管线约 25000m。

以上几个项目，管线总量约 235000m，约 80000 个单管，施工料单总量约 5000 个，运用该技术，共节省约 5000 人工时，节省管线约 3500m，技术可行性、安全性、数据准确性、实时性及经济性方面完全满足项目要求，共创造经济效益 300 余万元。

3　结论

研究了海洋石油工程中材料跟踪管控的流程，从现场实际出发，建立理论模型，对比分析，采用 VS 编程技术，成功开发出一整套材料跟踪管控技术与标准方法，解决了多个账本不统一、长期困扰施工中的难题。

1）实现了海洋石油工程材料跟踪管控的自动化和智能化，成功应用于生产项目。

2）该技术具有通用性，可应用于结构、管线、电仪、机械等多个专业的材料跟踪管控，后续项目也可使用，可根据项目特殊要求进行定制，适应性好、容易维护、便于升级，具有很强的推广价值。

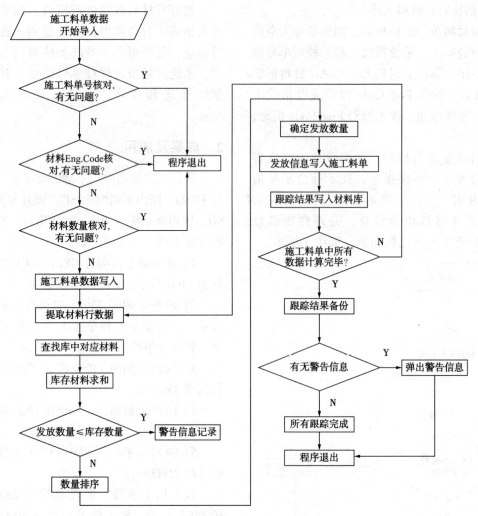

图 2　材料出库流程图

参 考 文 献

[1] 潘德峰，张少华．新材料在海洋平台管线上的应用

[J]．中国造船，2013，54(2)，345-352.

[2] 王超众．浅谈海洋平台加工设计配管专业材料管理

[J]．石油和化工设备，2019，22(3)：61-63.

法兰管理系统在海洋石油工程建造中的应用

王超众　徐　庚　吴　涛　邢同超　王　朝

[海洋石油工程(青岛)有限公司]

摘　要　法兰管理是海洋石油工程项目为防止法兰节点泄露而采取的一项重要保障措施，从项目开始建造直到投产运行都起着至关重要的作用，目前越来越受到国内外海洋石油工程项目的重视。对于万吨级的海洋平台来讲，法兰节点数量至少上千个，如何快速高效地出具节点报告并实时跟踪法兰节点施工动态是现场检验人员和项目管理人员关注的重点。本文针对此需求，描述了一种解决方案，本方案在项目一开始就制定了法兰节点数据模板、报告模板，技术方、施工方、检验方、项目组等各相关部门通过网页共享数据，并能实现自动生成报告和动态跟踪节点状态的功能，本方案经过项目的实际运行，效果良好，其中的经验可供相关需求单位参考。

关键词　法兰管理，项目管理，管线专业，螺栓紧固，海洋石油工程

近年来，法兰管理越来越受到国内外海洋工程项目的重视，无论是海洋平台、LNG 大型管廊或核心工艺模块，还是各类 FPSO 项目，都非常关注法兰节点的紧固情况。法兰管理做不到位，在建造阶段容易发生泄漏，为试压气密工作带来潜在的危险，在投产阶段更易发生安全事故，所以法兰节点不但要做法兰管理，而且还要严格把控。

法兰管理的主要工作在于螺栓紧固，对于不同的节点，由于法兰的不同、螺栓和垫片的不同以及使用润滑油的不同等因素使得各节点需要采用不同的紧固方式，如使用力矩扳手或液压拉伸，选用了合适的紧固方式以后还要按照操作流程逐步施加扭矩或拉伸，每一个节点完成以后都要挂牌并出具报告。就笔者从事过的项目而言，五千吨的井口平台至少就有一千多个法兰节点，万吨级中心平台的节点数量少则两三千，多则四五千，如何快速高效地帮助现场工人识别选取螺栓紧固工具，帮助检验人员出具节点报告，帮助项目管理人员实时动态跟踪法兰节点施工情况，本文提供了一个参考。

1　法兰管理系统简介

管线作为海洋石油工程的"经脉"四通八达，其连接设备处、阀门处和经常检修处等位置常使用法兰连接，而法兰连接若处理不当则极易成为泄漏点，特别是对于运输高危介质的管线，一旦发生泄露将造成极其严重的后果。法兰管理在此背景下应运产生，其最终目的是要确保管线的法兰节点在测试和运行期间无泄漏。

一般来讲，技术人员需根据项目具体要求编制法兰管理作业指导书。对于每一个法兰连接点，操作人员需按照指导书的要求对法兰进行装配，检验人员根据指导书中量化的标准进行检验，合格后出具报告并对此法兰节点进行挂牌标识。在常规项目中，法兰节点数据、法兰节点状态等信息都是离线数据，没有标准化也没有动态跟踪。为实现法兰节点数据的动态跟踪和实时共享，本项目参与人员搭建了一个网页版的法兰管理系统，该系统可实现数据的上传下载、节点报告的生成、节点状态的实时显示等功能，其登录界面如图 1 所示。

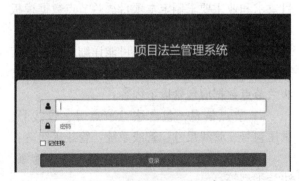

图1　法兰管理系统登录界面

法兰管理系统的开发流程示意图如图 2 所示。

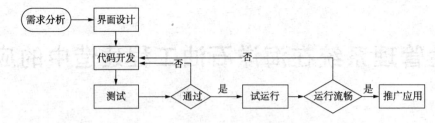

图 2　法兰管理系统开发流程示意图

2　法兰管理系统开发

系统开发前,开发人员需详细调研目标人员的使用需求。该系统目标人员为法兰管理工作的技术人员、操作人员、检验人员和管理人员,其中技术人员为系统提供基础数据,操作人员直接调取数据使用,检验人员需对数据进行二次加工生成报告并标记节点状态,管理人员根据节点状态实时掌控法兰管理工作进度并据此安排工作。

需求明确以后,开发人员可开展界面设计、代码开发等工作。本系统后台利用 Python 下的 Django 框架实现,采用了 MVC 的软件设计模式。本系统采用的 Django 的版本为 2.2,Python 版本为 3.6。系统前端框架使用了 Bootstrap,它是基于 HTML、CSS、JAVASCRIPT 的开源工具包,简洁灵活,使得 Web 开发更加方便快捷。系统的运行流程和逻辑如图 3 所示。

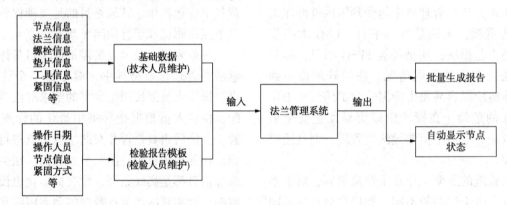

图 3　法兰管理系统流程

3　法兰管理基础数据准备和报告准备

项目开始前,技术人员和检验人员需根据项目要求和业主要求制定本项目法兰节点数据模板和报告模板。

法兰节点数据模板应尽可能详细,包含施工过程中可能要需要用到的各种数据。一般来讲,法兰节点数据应包含以下内容:

a) 节点信息,包含法兰节点号、管线号、试压包号、管线尺寸、管线系统、管线等级等;

b) 法兰信息,包含法兰尺寸、法兰磅级、法兰类型等;

c) 螺栓信息,包含螺栓尺寸、螺栓长度、螺栓数量、螺栓材质等;

d) 垫片信息,包含垫片类型、垫片材质等;

e) 使用工具,包含工具类型、工具编号、工具量程等;

f) 紧固信息,包含紧固方式、紧固值、紧固步骤、润滑情况等;

g) 人员信息,包含操作人员、见证人员、操作时间等。

数据模板制定的好坏会直接影响操作人员效率的高低,比如螺栓紧固方式和紧固值的选择,常规项目一般要求操作人员根据法兰管理程序中的要求进行施工,但程序内容太多,查询表格容易出错,现场操作起来也不是很方便。如果直接将这些内容统一到法兰节点数据模板中,则可直接提升操作人员的工作效率至少 5% 以上。

检验人员应根据项目的实际需求制定报告模板,模板应清晰明了,如图 4 所示,展示了一个法兰节点报告模板的示例(仅截取了部分内容)。

法兰管理报告	
报告编号：	
节点编号	
系统代码：	流体介质：
法兰节点编号：	管线等级： 试压包号
管线壁厚系列/壁厚值	力矩值(Nm)/拉伸值(KN)

图4　法兰节点报告模板示例

4　法兰管理数据共享和报告生成

按照节点数据模板，技术人员根据图纸文件统计出项目中所有需要做法兰管理的节点，上传至法兰管理系统，相关人员可登录同一网站进行下载实现数据共享。检验人员通过点击"下载报告"按钮可实现报告自动生成。节点数据上传下载以及生成报告功能如图5所示。

图5　节点数据上传下载和生成报告功能

通过数据共享，技术人员、操作人员、检验人员和管理人员共用同一套数据，减少中间环节，避免数据混乱，保守估算，这套系统至少能为本项工作提升10%的工作效率。

在生成报告方面，本功能可直接节省检验人员一半的时间。按照传统方式，检验人员制作一份报告需要10min，本功能为批量生成，节点数量越多效率越高，在笔者参与的实际运行项目中，有1200条节点数据，使用本功能以后，每份报告的综合耗时减少为5min，效率提升100%。

5　法兰管理节点状态实时掌控

法兰管理工作实施后，管理人员最关心的数据就是整个项目一共有多少个节点，完成了多少个节点。法兰管理系统通过对节点数据的状态判定，可自动判断节点完成状态，并可按组块、试压包、系统等筛选条件生成柱状图和饼状图，如图6所示。

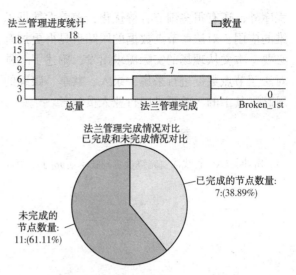

图6　法兰节点数据的动态展示

通过该系统的数据收集功能，管理人员可以非常直观的掌握现场施工动态，节省与各方人员沟通时间，为合理安排工作提供了良好的数据参考，进一步提升了项目管理效率。据估算，此项功能可提升管理人员至少10%的工作效率。

6　法兰管理系统应用前后对比

法兰管理系统应用前后对比情况如表1所示。

表1　法兰管理系统应用前后对比

项目	法兰管理系统使用前	法兰管理系统使用后
法兰节点数据	离线数据，无法做到实时更新	在线数据，实时更新
法兰节点紧固模式	操作人员根据法兰磅级、螺栓类型、垫片类型等信息查表，容易出错	根据法兰节点号直接报出
法兰节点报告	手动输入excel表，容易出错，制作效率约10分钟/份	自动批量生成，准确性高，在某1200个法兰节点的项目中，制作效率提高为约5分钟/份
法兰节点状态跟踪	检验人员、操作人员分别根据表格汇总，数据不直观且易出现数据不一致情况	共用系统一套数据动态展示，清晰直观

7　总结

法兰管理在海洋工程项目中的重要性日益凸显，在项目实际运行中，除了严格遵循法兰管理程序外，还有很多细节有待优化，随着大数据思维的应用，对法兰节点数据的跟踪也显得更加有必要，本文从现场的实际需求出发，阐述了一种对法兰节点数据进行采集、录入、共享、跟踪的思路，其中的经验可供同行业人员参考。

参 考 文 献

[1] 田冲.LNG 管线法兰完整性管理技术研究[J].海洋工程装备与技术，2018，05(增刊)：93-98.

[2] 苗双喜，张伟，李春祥，等.法兰管理设备的工作流程和计算力矩[J].石化技术，2018，(3)：235-236.

非常规资源开发的数字化信息系统开发与应用

王　程　窦济琳　霍海宁

（中国石油吉林油田公司）

摘　要　随着吉林难采储量的逐步动用，常规原油地面集输注系统形成的低成本、高效技术系列，难以有效解决难采储量分布广、生产参数变化大，产出物成份复杂、枯竭式只采不注，多余水系统难以消化，压裂返排液量大、性质复杂、已建污水处理系统难以适应等各种问题。难采区块距离已经系统较远，含水高(>85%)，产液、压裂液量大、拉运成本高，季节性影响大，由于只采不注，集中处理产出水难以平衡，各区块产出污水配伍性差，影响注水效果等问题突出。根据从以上需求，研究在 VisualStudio2015 的开发环境下，以 LayUI 框架搭建系统网站框架，.NET 为开发语言，在 B/S 架构下构建软件，应用在非常规资源开发生产实际上。

关键词　LayUI，NET

1　研究目标

联合物联网大巡检智能管控技术，配套研究致密油开发地面关键技术，形成满足难采储量效益动用需要的低成本智能化成套技术，确保致密油开发地面系统高效运行。

2　关键技术及研究路线

关键技术：

本系统针对非常规能源开发公司单井罐生产需要，利用智能网关将利用智能网关传送 A1、A2、A3、D1、D2 共三路 4~20mA 和两路开关量信号，将单井罐液位、井口压力、井场车辆检测状况上传至系统，系统对数据进行处理、展示、汇总，给与管理人员全新管理方式，解决了信息传递不及时等问题(图1)。

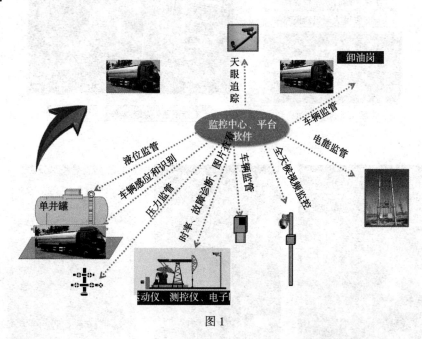

图1

关键技术主要是：
(1) 图片压缩处理技术
(2) 数据加密传输技术
(3) 安全数据存储技术
(4) 移动端展示
(5) 数据汇总分析技术

（6）车辆只能识别和抓拍技术

（7）变压器监管技术

研究路线：

（1）远距离传输技术本系统采用中国联通的gprs 网络作为数据通信平台。目前，经过多年的gsm 网络建设，电信部门的覆盖面一直在扩大，已经成为一个成熟、稳定、可靠的通信网络。Gprs 网络可以提供广域无线 ip 连接。钻井平台监控系统采用移动公司的 gprs 网络平台，充分利用现有网络，缩短了施工周期，降低了成本

（2）使用高效的图像压缩算法。由于前端部分图像数据量大，容易造成网络和数据库的压力。为了提高系统上传和浏览图像的速度，节省流量，从而降低成本，我们研究了一种新的图像压缩算法，在保证了图片质量的同时，以最高的速度上传。

（3）方便的图像显示技术。系统需要显示多列数据，在同一页面上显示比较麻烦。我们特殊数据冻结方法，将数据以某些特殊方式展示，易于查看的同时保证了用户使用的舒适性。

（4）本系统采用联通的云服务器，应用先进的弹性计算，可以在几分钟内快速增加或减少云服务器的数量，以满足快速变化的业务需求。通过定义相关策略，确保使用的 CVM 实例数量在需求高峰期间可以无缝扩展以确保程序的可用性，并在需求平稳期间自动回落以节省成本。

（5）安全网络。本系统运行在逻辑隔离的私有网络中，通过访问控制列表和安全组，有效保障资源的安全。完全控制专用网络环境配置，包括自定义网段分区、IP 地址和路由策略。从而实现真正的网络安全。

（6）双 4G 视频控制器。以全网通无线 4G的方式，应用车辆检测技术、车辆识别技术、车辆抓拍技术、人形识别技术四项技术实现对偏远地区高清视频和数据的无卡顿传输，同时支持报警信号的输入（图2）。

（7）变压器监测技术。电能管理的物联网平台终端接入设备，实现对电压、电流的采集和深化应用（图3）。

存储:前端回放 平台保存
智能应用:人形识别报警
调焦变倍:拉远 拉近

支持预置位设定:装车位　井场

图 2

图 3

3 创新点

（1）安全的数据存储技术。以集群方式部署数据库，保证了读写速度的同时，存储了海量数据出。移动终端安全数据显示技术。通过联通的云平台，利用账户访问系统的权限保证数据安全。该平台符合国家信息安全三级保护体系，数据访问安全可靠。

（2）多层次管理。从团队到管理者，从管理者到研究机构，可以获得有效的数据，并且可以从不同的层次上查看系统数据。

（3）系统化展示。本系统将多个数据将分配给不同的标签，使页面更容易查看和更美观。利用高效的图像压缩算法。保证图像上传和浏览的速度同时节省流量，从而降低成本。

（4）覆盖面广。Gprs 信号可以适应野外的工作环境。即使有信号较弱地区信号一旦连接数据即可上传，系统就可以应用。

4 应用效果

通过采集单井罐液位、自喷井油压、重点井视频、重点道口抓拍、车辆感应识别。在原有网络安全框架基础上，进行系统平台的搭建。防爆区域划分严格遵循设计院图纸。硬件安装严格按照施工规范进行，软件接口协议对接符合物联网平台标准。最终实现井、间、站。一体化（图4）。

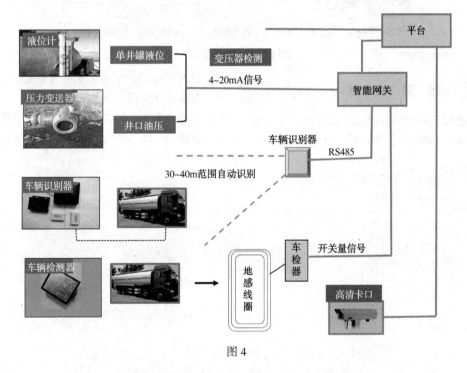

图 4

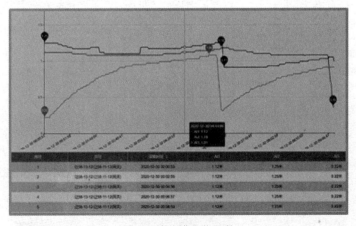

图 5 单井罐液位监控

该系统可对单井时率、变压器电压电流参数、车辆通行井况、单井罐液位等数据进行实时监控，还可对历史数据整合成可视化控件，对非常规能源开发的生产管理油料防盗、车辆管理提供了新的管理思路让管理人员更直观了解现场状态(图6)。

| 手机\平板APP | 手机主窗口 | 视频列表 | 24小时录像 | 夜间效果 |

图6 系统软件平台

参 考 文 献

[1] 张培亮，张昕. 图像数据压缩技术研究进展[J]. 山东通信技术，2003(04)：20-22.

[2] 黄洲. Apache-Tomcat 服务器集群管理系统的设计与实现[D]. 华中科技大学，2011.

[3] 何莉. H5 技术在移动客户端中的应用研究[J]. 中国管理信息化，2019，22(20)：164-165.

基于 Unity3D 立管横焊机器人虚拟现实技术研究

罗 雨 黎 娟 周灿丰 郭聚智 方泽伟

(北京石油化工学院 能源工程先进连接技术研究中心 深水油气管线关键技术与装备北京市重点实验室)

摘 要 为提高立管横焊机器人在复杂环境中的作业能力，实现远程遥控焊接和监控，对其虚拟仿真技术进行了研究。综合运用 UG 和 3D MAX 对机器人、作业现场 1∶1 三维建模、装配和渲染优化，通过 Unity3D 内置的图形用户界面(GUI)系统构建人机交互场景，设计了基于 Unity3D 的虚拟现实系统，实现了机器人实时运动仿真和碰撞检测。操作者通过人机界面可以调整、缩放视角，设置运动参数和焊接参数，对立管横焊机器人进行远程遥控操作。结果表明，该虚拟现实系统实时有效，人机交互良好，可为虚拟仿真技术在机器人遥控焊接领域应用提供参考。

关键词 虚拟现实，焊接机器人，人机交互，碰撞检测

1 引言

近年来，伴随着计算机技术的发展，虚拟仿真技术被广泛应用于航空航天、核电设备维修、海洋工程建设等领域。面对复杂、极限、恶劣的焊接作业环境，机器人遥控焊接技术能够代替人执行焊接任务，虚拟仿真技术具有接近真实环境的临场感，为提高焊接机器人在复杂环境中的作业能力、工作效率和可靠性提供了一种新途径。

国外在这方面的研究工作起步较早，先后取得了一系列突破性的科研成果。最早可以追溯至 1947 年美国原子能委员会研究所研制的主、从机械手；瑞典皇家理工学院的 Christian Smith 和 Patric Jensfelt 借助虚拟环境观察远端机器人的运动情况，实现了对机器人的精准控制；巴西圣卡塔琳娜州联邦大学的研究人员通过虚拟仿真技术进行了机床控制方面的研究，可远程操作机床进行零件生产；美国宇航局 NASA 实验室利用虚拟仿真技术研制火星巡视器，完成模拟验证等任务。国内在这方面的研究开展相对较晚，随着我国相关科研人员的努力，目前也取得了很多阶段性成果。哈尔滨工业大学实验室自 1993 年建立了主、从遥控机器人焊接实验系统，便一直进行基于虚拟仿真技术遥控操作机器人系统的研究工作，研究人员将虚拟仿真技术与自适应控制相结合，成功建立了基于虚拟仿真技术的卫星在轨自助遥控操作系统；北京航空航天大学研制了分布式虚拟现实应用系统与支撑环境 DVENET，并依托 DVENET 相关研究成果，开发了若干虚拟现

实应用系统；浙江大学的研究人员基于 3D Max 结合 Unity3D 平台，开发了基于虚拟仿真技术的工业机器人、数控机床系统。

本文以立管横焊机器人为研究对象，选择 Unity3D 作为软件开发平台，采用 UG 和 3D Max 构建机器人三维模型和工作环境模型，并进行渲染，使整个虚拟场景更具临场感。此外，还设计了人机交互界面，实现了虚拟现实同步、碰撞检测等功能，为虚拟仿真技术在机器人遥控焊接领域应用提供了参考。

2 系统总体设计方案

系统总体设计方案如图 1 所示。整体可以分为本地操作端、远程工作现场两部分，远程工作现场包括立管横焊机器人、焊接电源和辅助系统(保护气供给)。其中，焊接机器人采用伺服电机驱动，通过 TwinCAT3 软 PLC 控制。通过虚拟仿真创建的 3D 虚拟现实系统，可以观察焊接机器人和焊枪的运动状态，虚拟现实系统与控制系统的数据交换实时动态更新，从而保证了虚拟环境与真实环境的一致性、同步性。操作人员在本

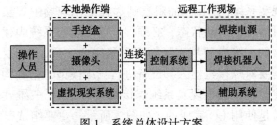

图 1 系统总体设计方案

地操作端可以通过手控盒和虚拟现实系统远程操作焊接机器人。

3　三维模型构建及优化处理

3.1　三维建模方案

基于 Unity3D 的虚拟现实系统三维建模主要包括两部分：立管横焊机器人模型和周围环境模型。实际焊接过程中主要监控对象是焊接机器人，为保证机器人模型的精度，以及方便后期维护、拓展，本文采用 UG 来完成机器人的 1∶1 三维建模。由于 Unity3D 软件平台不支持 UG 三维模型的文件格式，所以必须将 UG 三维模型文件导入 3D Max 中，使用 3D Max 软件对模型需要导出的信息进行筛选和设置，最后导出 FBX 格式文件，以供 Unity3D 软件平台开发使用。与焊接机器人不同，焊接电源和辅助系统不涉及运动控制，因此可以直接在 Unity3D 中建立它们的三维模型。图 2 所示为虚拟现实系统三维建模方案。

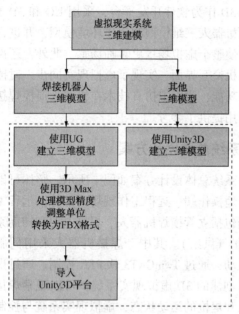

图 2　虚拟现实系统三维建模方案

3.2　虚拟现实系统三维建模

为了使本地操作端的操作人员能够通过虚拟现实系统的 3D 画面观察到远程工作现场中焊接机器人的运动状态，必须保证虚拟现实系统中建立的三维模型与实际物理对象完全一致。因此，需要对焊接机器人等设备进行三维模型的精确构建，本文虚拟现实系统焊接机器人 1∶1 三维建模是使用 UG 完成的。如图 3 所示，主要组成部分有焊接小车、摆动机构、高低调整机构以及焊

接导轨等，首先利用 UG 建立各部分的三维模型，然后再按照合理的顺序进行装配得到整体三维模型。

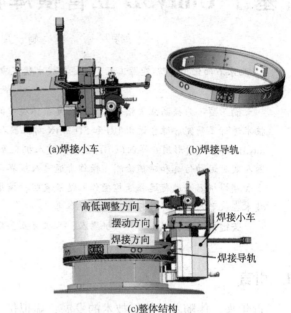

(a)焊接小车　　　　(b)焊接导轨

(c)整体结构

图 3　虚拟现实系统焊接机器人 1∶1 三维模型

Unity3D 中预设了多种基础三维物体供用户使用，本文中的焊接电源和辅助系统（保护气供给）就是使用 Cylinder（圆柱体）、Sphere（球体）、Cube（方块）、Capsule（胶囊）进行的建模。在建模过程中，通过对基础三维物体属性的设置和渲染，使整个虚拟场景更加逼真。焊接电源和辅助系统（保护气供给）的三维模型如图 4 所示。

(a)焊接电源　　　　(b)保护气供给

图 4　焊接电源和保护气供给三维模型

在实际焊接过程中，焊接机器人主要存在三种运动场景：焊接小车绕焊接导轨做圆周运动、焊枪摆动机构做横向往复运动、焊枪高低调整机构在高低方向上移动。虚拟现实系统需要在 Unity3D 环境下实现对焊接机器人的运动控制，系统中的焊接小车、焊枪摆动机构、焊枪高低调整机构之间存在一个层级关系：当焊接小车运动时，摆动机构和高低调整机构也随之运动；当摆

动机构运动时，高低调整机构随之运动，而焊接小车不随之运动；当高低调整机构运动时，焊接小车和摆动机构均不随之运动，这一层级关系可在 Unity3D 虚拟现实系统中使用父-子关系来模拟。如图 5 所示为系统的层级关系，将整个焊接小车设置为父物体，摆动机构为其子物体，高低调整机构为摆动机构的子物体。子物体跟随父物体运动，但子物体自己的运动不会影响父物体。

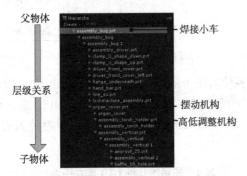

图 5　父-子层级关系

对 Unity3D 中的三维模型进行设置和渲染可以使整个场景更加逼真，使虚拟现实系统更具临场感。如图 6 所示为设置和渲染后的三维模型，在所有的属性设置和渲染中，Transform（几何变换）和 Mesh Renderer（网格渲染）最为关键。Transform 决定了三维模型在场景中的绝对位置、相对位置、形态和尺寸大小，Mesh Renderer 可以对初步建好的三维模型进行网格渲染，使模型更贴近真实设备。

图 6　属性设置和渲染后的三维模型

3.3　虚拟焊接场景特效实现

为提高虚拟焊接场景的真实感，模拟焊接时的焊接电弧以及焊接后的焊缝效果，本文利用 Unity3D 中的粒子系统（Particle System）模块和动态轨迹生成技术，对其进行了虚拟仿真，以使整个虚拟现实系统更加逼真。

如图 7 所示为粒子系统模块，粒子系统模块能够将大量微小的对象组合在一起，可根据实际

的场景需要设计呈现方式和呈现效果，其中的关键参数有：Shap（粒子形状）、Color over Lifetime（粒子生命周期内的颜色）、Size over Lifetime（粒子生命周期内的尺寸大小）、Renderer（渲染）等，本文在综合运用相关参数的基础上，最终设计了一种接近焊接电弧的粒子效果。

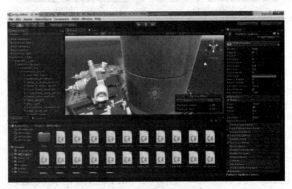

图 7　接近焊接电弧的粒子效果

焊接后的焊缝效果是通过动态轨迹生成技术实现的，将焊枪端点作为运动轨迹的描述体，利用 LineRenderer() 方法把该端点的轨迹画出来，焊缝效果生成与焊枪端点运动同时进行，从而实现了类似真实焊缝的仿真效果。如图 8 所示为虚拟现实系统中的焊缝效果。

图 8　虚拟现实系统中的焊缝效果

3.4　虚拟摄像机创建

虚拟摄像机的位置及视野范围决定了操作人员在虚拟现实系统中的视野范围，为了能够全方位观察焊接机器人运动情况，本文共采用四个虚拟摄像机对机器人的运动情况进行采集。通过一个摄像机观察整个焊接机器人系统视野如图 6 所示。另外三个彼此相隔 120° 的摄像机观察焊接小车的运动，保证在任何位置均有摄像机捕捉其运动情况。虚拟现实系统中的摄像机可以通过脚本代码进行调用和控制，如

图 9 所示为同一位置三个虚拟摄像机捕捉到的不同视角的画面。

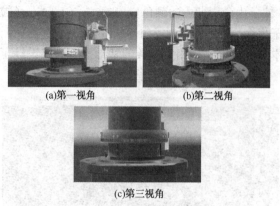

(a)第一视角　　　　(b)第二视角

(c)第三视角

图 9　同一位置不同视角的画面

应用多个摄像机虽然拓宽了操作人员的视野范围，但对于运动范围较小的摆动机构和高低调整机构，仍不便于观察。鉴于此，本文增加了虚拟摄像机视角上下、左右移动以及缩放功能。视角上下、左右的移动，是通过改变摄像机在水平和垂直方向上的位置实现的；视角的缩放，是通过改变摄像机的视野大小实现的。如图 10 所示为视角的整体放大和缩小。

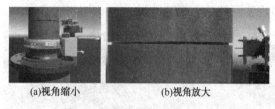

(a)视角缩小　　　　(b)视角放大

图 10　视角的整体放大和缩小

4　人机交互设计及碰撞检测实现

4.1　人机交互界面设计

人机交互设计对虚拟现实系统至关重要，如图 11 所示为人机交互设计方案，本文设计的人机交互界面主要有两个功能：运动监控和参数设置。运动监控模式下，焊接机器人实时反馈位置、姿态和焊接过程参数，虚拟现实系统根据反馈信息对其进行实时运动仿真，同时实时显示焊接电压、焊接电流、送丝速度等焊接参数，观察者通过人机界面实现对整个机器人焊接过程的监控；参数设置模式下，操作人员能够通过人机界面对机器人运动参数和焊接参数进行设置，并利用人机界面上的虚拟按钮远程遥控操作机器人。

Unity3D 自带 GUI 脚本控件，GUI 脚本控件

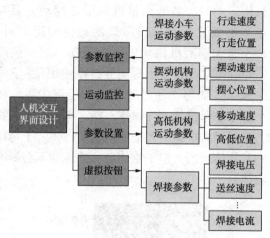

图 11　人机交互设计方案

中有多种适用于制作人机交互界面的控件，所有的 GUI 脚本控件都必须定义在 OnGUI( ) 事件函数中，本文虚拟现实系统使用的几种控件如表 1 所示。

表 1　使用的几种 GUI 脚本控件

控件名称	在虚拟现实系统中的应用
Label	显示读取的信息
Button	虚拟按钮
RepeatButton	远程遥控操作焊接机器人
TextField	输入运动参数和焊接参数
Toggle	控制机器人运动状态

如图 12 所示为虚拟现实系统部分人机交互界面，本地操作端虚拟现实系统与远程 TwinCAT3 软 PLC 控制系统通信成功后，人机交互界面根据远程控制系统反馈的信息实时刷新，保证人机画面与实际焊接现场、虚拟机器人运动与实际机器人运动完全一致和同步，同时操作者也可以通过人机界面发出控制命令和设置相关参数，以实现远程遥控操作。

图 12　部分人机交互界面

4.2 碰撞检测实现

作为虚拟现实系统的关键技术之一，碰撞检测的好坏直接影响虚拟现实系统的真实性、交互性[10]，为了防止焊接机器人焊枪与待焊管道发生碰撞，本文在虚拟现实系统中设计了碰撞检测，对将要发生的碰撞事件进行预警。

在 Unity3D 中，发生碰撞的必要条件是一个物体需要有碰撞器，另外一个物体需要有碰撞器和刚体属性。要做出较为逼真、符合逻辑的虚拟现实系统，实现实时快速的碰撞检测，就必须要为静态的模型加上碰撞器和刚体，为动态的模型加上移动碰撞器和刚体。虽然本文中待焊的管道是圆柱体，但因其坡口形状不规则，胶囊碰撞器包围盒难以与之良好贴合。由于对检测精度要求较高，因此采用网格碰撞器作为包围盒，如图 13 所示为添加了网格碰撞器包围盒的管道，可以看出包围盒与坡口贴合良好。

图 13　网格碰撞器包围盒

当带有包围盒的对象发生碰撞事件、处于碰撞状态中或退出碰撞状态时，Unity3D 会分别调用不同的碰撞事件检测函数，表 2 列出了 Unity3D 中主要的三种碰撞事件检测函数。

表 2　碰撞事件检测函数

碰撞事件 检测函数	含　义
OnCollisionEnter( )	发生碰撞事件
	当一对象碰撞到此事件函数所在的另一对象时触发此函数
OnCollisionStay( )	处于碰撞状态中
	当与此事件函数所在的对象一直发生碰撞时触发此函数
OnCollisionExit( )	退出碰撞状态
	没有碰撞事件时触发此函数

如图 14 所示，正常情况下焊枪末端颜色为绿色，当机器人焊枪与工件之间的距离小于一定值时，程序检测到发生碰撞事件，虚拟现实系统中的焊枪末端颜色变为红色，提醒操作人员注意避免发生碰撞事故。

(a)正常情况

(b)碰撞事件

图 14　碰撞检测

5　系统仿真试验

5.1　试验系统

如图 15 所示，该试验系统分为本地操作端和远程工作现场两个部分，远程工作现场由立管横焊机器人、焊接电源、辅助系统（保护气供给）以及待焊管道等组成。其中，焊接机器人采用伺服电机驱动，通过 TwinCAT3 软 PLC 控制。本地操作端虚拟现实系统采用基于 .NET 平台的 C#语言编写，通过 ADS 与远程 TwinCAT3 软 PLC 控制系统进行通信，操作者通过虚拟现实系统和手控盒可以远程遥控操作和监控立管横焊机器人。

5.2　通信试验

虚拟现实系统与远程控制系统建立连接后，为保证虚拟机器人与实际机器人运动的一致和同步，实现远程遥控操作和监控，必须要尽可能地减小通信延时。运动速度是实现实时运动仿真的一个重要参数，为了验证系统的通信延时，本文以读取电机轴转速为例，测试读取数据的实时性和准确性。远程控制系统中电机轴转速以时间为变量按照一定函数关系变化，然后在本地操作端

读取数据进行对比，以此验证数据通信的实时性和准确性。如图16所示为本地数据与远程数据的对比结果，从图中可以看出，本地操作端读取数据通信延时和同步误差较小，具有较好的实时性和准确性。

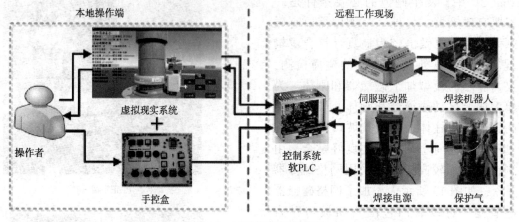

图15　试验系统结构框图

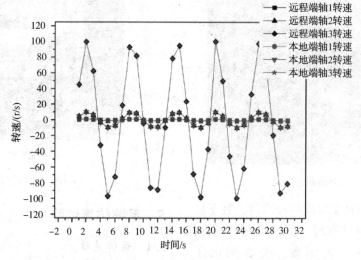

图16　本地数据与远程数据对比结果

4.3　同步交互试验

立管横焊机器人在实际焊接过程中主要存在三种运动场景：焊接小车绕焊接导轨做圆周运动、焊枪摆动机构做横向往复运动、焊枪高低调整机构在高低方向上移动。本试验的目的是对虚拟现实系统实时运动仿真功能进行验证，测试虚拟现实系统能否实时获取实际机器人的运动状态，实现同步运动。

如图17所示为焊接小车绕焊接导轨做圆周运动的两个不同位姿，由图（a）和图（b）两者对比中可以看出，虚拟焊接小车与实际焊接小车沿

顺时针方向以相同速度同步行走，且两者在相同时间内行走的弧度相同。

如图18所示为焊枪摆动机构做横向往复运动的两个不同位姿，由图（a）和图（b）两者对比中可以看出，虚拟、现实焊枪摆动机构同步向上移动，且两者在相同时间内均从管道坡口的下边缘移动到了上边缘。

如图19所示为焊枪高低调整机构在高低方向上移动的两个不同位姿，由图（a）和图（b）两者对比中可以看出，虚拟、现实焊枪高低调整机构同步向管道坡口内移动。

(a)绕导轨做圆周运动位姿1

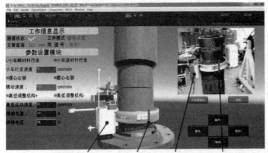

焊接小车　焊接小车　焊接小车　焊接小车
虚拟位置2　虚拟位置1　实际位置2　实际位置1

(b)绕导轨做圆周运动位姿2

图 17　绕导轨做圆周运动位姿对比

摆动机构　摆动机构
虚拟位置1　实际位置1

(a)摆动机构做横向往复运动位姿1

摆动机构　摆动机构　摆动机构　摆动机构
虚拟位置2　虚拟位置1　实际位置2　实际位置1

(b)摆动机构做横向往复运动位姿2

图 18　摆动机构做横向往复运动位姿对比

同步交互试验对虚拟现实系统的有效性和工作效果进行了验证，结果表明，本系统同步交互效果良好，能够较好地完成实时运动仿真。

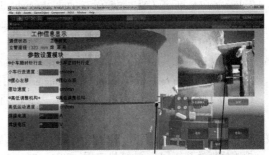

高低调整机构　高低调整机构
虚拟位置1　实际位置1

(a)高低调整机构高低方向上移动位姿1

高低调整机构　高低调整机构　高低调整机构　高低调整机构
虚拟位置2　虚拟位置1　实际位置2　实际位置1

(b)高低调整机构高低方向上移动位姿2

图 19　高低调整机构高低方向上位姿对比

5　结束语

本文对立管横焊机器人虚拟仿真技术进行了研究，综合运用 UG 和 3D Max 对焊接机器人、作业现场进行了三维建模、装配和渲染，进而设计了基于 Unity3D 的虚拟现实系统。整个虚拟现实系统能够根据远程控制系统（TwinCAT3 软PLC）的反馈信息对机器人进行实时运动仿真，并实现了碰撞检测，操作者通过人机界面可对立管横焊机器人进行监控和远程遥控操作。

参 考 文 献

[1] 卞峰，江漫青，桑永英．虚拟现实及其应用进展[J]．计算机仿真，2007，24(6)：1-4.

[2] 魏秀权，李海超，高洪明，等．基于人机交互的遥控焊接虚拟环境标定技术[J]．焊接学报，2006，27(4)：37-40.

[3] Zhao J, Gong Q M, Eisensten Z. Tunnelling through a frequently changing and mixed ground：A case history in Singapore[J]. Tunnelling & Underground Space Technology, 2007, 22(4)：388-400.

[4] Smith C, Jensfelt P. A predictor for operator input for time-delayed teleoperation[J]. Mechatronics, 2010, 20(7)：778-786.

[5] Alvares A J, Ferreira J C E. WebTurning：

Teleoperation of a CNC turning center through the internet[J]. Journal of Materials Processing Tech, 2006, 179(1): 251-259.

[6] Jiang Z, Hong L, Jie W, et al. Virtual reality-based teleoperation with robustness against modeling errors[J]. Chinese Journal of Aeronautics, 2009, 22(3): 325-333.

[7] 杨壹斌, 李敏, 解鸿文. 基于Unity3D的桌面式虚拟维修训练系统[J]. 计算机应用, 2016, 36(S2): 125-128.

[8] 周泽伟, 冯毅萍, 吴玉成, 等. 基于虚拟现实的流程工业过程模拟仿真系统[J]. 计算机工程与应用, 2011, 47(10): 205-216.

[9] Kong L F, Zhao H Y, Xu G M. Parameter selection and performance analysis of mobile terminal models based on Unity3D[J]. Computer Aided Drafting, Design and Manufacturing, 2014, 24(3): 57-63.

[10] 苗艺楠, 申闫春. 基于Unity3D的交通事故虚拟再现系统研究[J]. 计算机仿真, 2018, 35(12): 122-126.

海上平台110kV高压海底电缆选型研究

封　园　周新刚　金　秋　郝　铭　高　阳

[中海石油(中国)有限公司天津分公司渤海石油研究院]

摘　要　海底电缆作为海上平台间电能和信息的传送通道，其安全稳定运行直接关系到平台用电的可靠性，尤其是涉及到高电压等级、大截面积、大长度的海缆工程，其结构复杂，电气及机械性能要求高，因此，在工程设计阶段对海缆的选型尤为慎重。以某海上平台实际海缆工程为例，通过对海缆绝缘材料、系统通讯要求、海缆载流量及压降等方面综合分析，结合经济比选结果，明确了适用于项目的海缆选型方案，为后续类似项目提供参考借鉴。同时为了保障海缆的安全可靠运行，本项目设置了一套110kV海缆在线监测系统，通过对海缆温度、扰动、AIS等运行信息的在线监测，实现了对突发危害事件的提前预警及定位，协助相关人员及时、准确地保护海缆，消除隐患，最大限度地提高海缆的运行效率。

关键词　海上平台，高压，海底电缆，选型研究

国内海上油气平台电力来源主要来自平台自建电站或依托周边电站平台形式，通过海底电缆为周边的井口平台供电或通过电力组网方式为多个平台联网供电。随着海上平台用电规模的增长及海缆制造技术的不断进步，依托岸电供电方案开始在海上平台初步应用。海缆作为联通电源与平台间的主动脉，其安全稳定运行直接关系到平台用电的可靠性，尤其是涉及到高电压等级、大截面积、大长度的海缆工程，其结构复杂，电气和机械性能要求高，若有航道跨越，工程施工难度增大，海缆的设备费用及敷设费用极高，因此，在工程设计阶段对海缆的选型尤为慎重。

本文以某海上平台实际海缆工程为例，通过对海缆绝缘材料、系统通讯要求、海缆载流量及压降等方面综合分析，结合经济比选结果，明确了项目的海缆选型方案，为后续类似项目提供参考借鉴。同时为了保障海缆的安全可靠运行，本项目设置了一套110kV海缆在线监测系统，通过对海缆温度、扰动、AIS等运行信息的在线监测，实现了对突发危害事件的提前预警及定位，协助相关人员及时、准确地保护海缆，消除隐患，最大限度地提高海缆的运行效率。

1　工程项目背景

本项目拟新建一座CEP平台，与海上某A油田通过栈桥相连，新建平台用电规模约25MW，A油田实际用电负荷约10MW，A油田现有电源由自建电站供电。新建CEP平台后，电力拟全部依托B油田，A油田电站全部退出，目前B油田采用岸电供电形式，新建CEP平台距离B油田约48公里，其供电形式见图1。

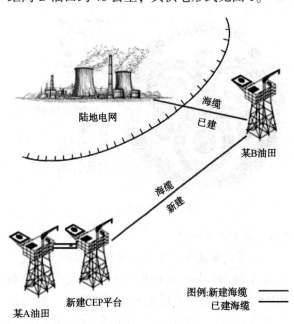

图1　项目供电背景

2　海缆选型研究

2.1　高压交流海缆绝缘选型

目前国内220kV电压等级及以下交流海底电缆主要有自容式充油纸绝缘海底电缆和交联聚乙烯绝缘海底电缆两种。与充油电缆相比，交联聚乙烯绝缘属于固体绝缘，能在高温90℃下运行，传输容量更大，不需要辅助装置。充油电缆

可靠性高，机械性能好，近些年虽采用低介质损耗聚丙烯-牛皮纸复合纸绝缘，增加了传输距离，但制造工艺复杂，敷设安装不便，易燃，不环保，一旦发生漏油，对周边海域生态环境影响较大。

随着高分子材料和电缆生产制造技术的发展，交联聚乙烯绝缘海底电缆不论是单芯电缆还是三芯电缆的制造技术已非常成熟和普遍，单根海缆的生产长度几乎不再受到限制，且电气性能好，机械强度高，安装敷设和运行维护方便，更绿色环保。因此，本项目推荐选用交联聚乙烯绝缘海底电缆。

2.2 海缆结构形式

根据系统通信要求，海缆需配置3×24芯光缆。考虑到三芯海缆较单芯海缆占用的海域资源少、投资低、施工工期短、海缆损耗小等，结合海上平台常用海缆结构型式及厂家生产能力，本项目选用三芯光纤复合海底电缆，其结构剖面图见图2。

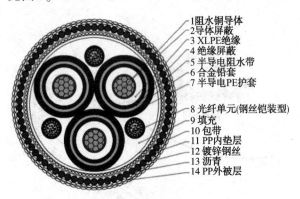

1 阻水铜导体
2 导体屏蔽
3 XLPE绝缘
4 绝缘屏蔽
5 半导电阻水带
6 合金铅套
7 半导电PE护套
8 光纤单元(钢丝铠装型)
9 填充
10 包带
11 PP内垫层
12 镀锌钢丝
13 沥青
14 PP外被层

图2　海缆结构形式

2.3 海缆选型研究

本项目新建平台用电规模约25MW，通过栈桥与A油田连接，A油田现有实际用电负荷约10MW，故全油田总用电负荷约35MW。电力依托B油田后，A油田全部用电负荷由B油田岸电供电，海缆传输距离48公里。

2.3.1 海缆方案

根据项目需求及海缆设计规范，本文提出了两种海缆选型方案（表1）。

表1　海缆选型方案

方案	回路数	电压等级	海缆长度	海缆截面积
方案1	双回	35kV	48km	3C×400mm²
方案2	单回	110kV	48km	3C×240mm²

对两方案的海缆载流量及压降进行校核（表2）。

表2　海缆载流量及压降校核

海缆方案	载流量	载流量校核	压降	压降校核
方案1	675A	满足	7.01%	不满足
方案2	457A	满足	3.50%	满足

其中，表2中海缆载流量摘自厂家资料，经校核，两方案海缆载流量均满足要求。对海缆压降进行校核，方案一压降7.01%，超出海上平台压降规范要求的5%，不满足压降要求，方案二压降3.5%，满足压降要求。

为降低方案一的压降，使其保持在5%以内，对35kV海缆进行无功补偿。经核算，需接入8.5Mvar并联电容器，补偿后压降为4.09%，满足系统要求，此时两方案的载流量及压降均满足要求。

2.3.2 传输容量与供电电压的关系

常见海缆传输容量与供电电压关系见表3。

表3　传输容量与供电电压的关系

传输容量/kW	电压等级/kV	输电距离/kV
2000kW	6kV	3km~10km
3000kW~5000kW	10kV	5km~15km
2000kW~10000kW	35kV	20km~50km
10000kW~50000kW	110kV	50km~150km
50000kW~200000kW	220kV	150km~300km
>200000kW	500kV	>300km

根据海缆传输容量与供电电压及输电距离的推荐值，结合本项目用电负荷及传输距离，海缆电压等级初步确定采用110kV电压等级。

2.3.3 经济性对比分析

本项目前期咨询了3家海缆供应商，分别对方案一和方案二的海缆设备费用及敷设费用进行了报价，详见图3。

从三个厂家提供的海缆报价可以得出一致结论，即方案二采用110kV单回路方案的经济性优于方案一采用35kV双回路方案。35kV双回路方案虽然海缆设备费用低，但采用双回路形式，海缆敷设施工费用高，综合成本高于110kV单回路方案。

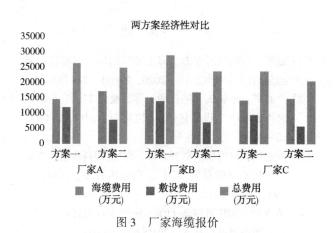

图 3　厂家海缆报价

综上所述，本项目的海缆选型为：110kV，单回路，48km，3C×240mm² 交联聚乙烯三芯光纤复合海底电缆。

3　海缆在线监测系统

海缆作为海上平台间电能和信息的传送通道，布设环境特殊，时常会遭遇洋流、潮汐、船锚和捕鱼作业等侵害，历经长年运行，海缆自身也会出现异常发热、绝缘故障、线路老化等问题，其受损后维修周期长、成本高、经济损失大。为保障海缆安全可靠运行，本项目设置了一套 110kV 海缆在线监测系统，对海缆的运行状况进行全方位监测。

3.1　海缆综合在线监测系统平台软件

海缆综合在线监测系统平台软件集海缆状态监测、区域船舶监控、设备控制等功能与一体。通过内置光纤感知海缆运行温度、受锚害和捕鱼作业等引起的异常扰动，利用已知数据分析计算出海缆的缆芯温度、埋深变化和冲刷状态，对海缆实现全方位在线监测。结合电子海图对船舶位置、航向、航速等进行预判，提前警告警戒区域内的船舶不要在海缆路由区域逗留和抛锚，避免海缆遭受锚害，同时记录每艘过往船舶的信息和航行动态，为后续事故索赔提供证据。

3.2　温度应变监测系统

利用海缆内置光纤，感应海缆的实时温度、应变变化，通过监测主机解调温度、应变数据，传送给集中监控计算机，当监测到温度和应变异常时立即报警并准确定位异常点，避免海缆长期在过热状态下运行，及时发现并分析海缆受力变化情况，保障海缆的安全运行。

3.3　海缆扰动监测系统

利用海缆中的内置单模光纤，实时监测海缆扰动，对船舶锚砸振动和挂缆拖拽引起的海缆扰动进行报警并准确定位。系统可同时监测海缆多点扰动事件，提前预警和定位，避免海缆遭受破坏。

3.4　船舶预警监控系统

船舶预警监控系统以 AIS 船舶识别预警系统为主体，结合甚高频电台、远程喊话、岸基雷达、视频监控，融合识别目标，全方位实时监控海缆路由区域船舶，对船舶的位置、航向、航速等进行预判，分析海缆路由区域内船舶的停泊和抛锚意图，并通过发送信息和远程喊话提前警告船舶不要在海缆路由区域内逗留和抛锚，同时系统会记录船舶的信息和航行动态，为后续事故索赔提供证据。

3.5　海缆埋深监测系统

海缆在敷设过程中一般采用深埋敷设对其进行保护，但随着时间的推移和外界洋流冲刷等因素的影响，海缆的埋深会发生变化。当海缆埋深低于 1.5 米甚至裸露时，容易受到船锚钩挂、渔业活动等破坏。海缆埋深监测系统通过热力学有限元分析，计算出海缆埋深分布，结合海缆温度数据和外界环境温度的变化，持续观测海缆埋深状态，对长期监测的温度进行数据分析，从而对海缆环境的原始数据做出修正，提高埋深监测的准确性。

3.6　海缆冲刷监测系统

近海海底的海缆区域常有外来构筑物的存在，会改变局部范围内原始海流流态，导致构筑物周围海床产生冲刷，使海缆裸露于海底甚至在海底悬空，局部流场产生的涡激震荡等次生作用，以及外界水流和砂石的持续冲刷，会加速海缆老化，导致绝缘层损伤。海缆冲刷监测系统通过对整条海缆上各个区域的声场强弱及频率等瞬态信息进行深入分析、特征识别、结合海缆的温度数据，抓取海缆运行的异常信息，对海缆的裸露和洋流冲刷做到早发现、早处理，可有效节约成本，提高经济效益。

3.7　海缆备纤监测系统

利用实时上报的光纤状态、光功率和告警信息等数据，分析光纤的损坏和衰耗状态，及时发现问题，准确定位故障点。当海缆中用于监测和通讯的光纤发生断裂或损耗过大的情况，备纤监测系统可为调换工作提供参考，避免使用不良备纤，引发二次事故。

本项目通过对海缆温度、扰动、AIS 等运行信息的在线监测，对突发危害事件做到了提前预警及定位，并协助相关人员及时、准确地保护海缆，消除隐患，最大限度地提高海缆的运行效率。

4　结论

本文以某海上新建油田为例，在依托岸电供电方案下，通过对海缆绝缘材料、系统通讯要求、海缆载流量及压降等方面开展技术与经济性对比分析，筛选出了最优的海缆选型方案，为后续类似项目提供参考借鉴。同时通过设置海缆在线监测系统，对海缆温度、扰动、AIS 等运行信息实施全方位在线监测，实现了对突发危害事件的提前预警及定位，协助相关人员及时、准确地保护海缆，消除隐患，最大限度地提高海缆的运行效率，保障了海缆的安全可靠运行。

参 考 文 献

[1] 高璇，刘国锋，李雪. 海上油气田岸电应用设计要点分析[J]. 电气应用，2020，39(3)：74-77.

[2] 严有祥，杨毓庆，陈日坤，等. 厦门 220kV 春围Ⅱ路海底电缆工程概述[J]. 供用电，2012，29(4)：65-67.

[3] 周远翔，赵健康，刘睿，等. 高压/超高压电力电缆关键技术分析及展望[J]. 高电压技术，2014，40(9)：2593-2612.

[4] 黄业同. 阳江海陵岛 110kV 海缆工程设计探讨[J]. 广东输电与变电技术，2010(6)：64-66.

[5] 张建民，张洪亮，谢书鸿，等. 交联聚乙烯绝缘海底电缆在中国海洋风电建设中的典型应用和发展前景[J]. 南方电网技术，2017，11(8)：25-33.

[6] GB 50217—2007，电力工程电缆设计规范[S].

[7] GB/T 51190—2016，海底电力电缆输电工程设计规范[S].

三相分离器在线除砂工艺改进与智能化实践

朱梦影[1]　程　涛[2]　郝　铭[1]　王越淇[1]　王文光[1]　李少芳[1]　唐宁依[1]

[1. 中海石油(中国)有限公司天津分公司渤海石油研究院；2. 中海石油(中国)有限公司蓬勃作业公司]

摘　要　某油田三相分离器在线除砂效果差，分离器积砂严重。对分离器除砂机理分析，对于分离器水力除砂系统，不同砂物质均存在临界流化系数，除砂效率遵循指数递减规律。对该油田除砂系统内部设计、参数设置和作业程序等分析后发现，除砂作业工作量大、工序复杂是除砂效果差的主要原因。提出了除砂作业新方法和智能化控制方案，提高了作业效果，降低了作业难度。为分离器除砂提效提供解决思路，有利于分离器在线除砂智能化升级。

关键词　水力除砂，流化系数，分离器除砂工艺，除砂方法，智能化

某油田的油层是一个非胶结砂岩油层，按裸眼完井方式进行开发生产，因此处理平台三级分离器中都设计了内部除砂装置。随着生产进行，该油田分离器积砂问题便开始暴露出来，砂子积累在分离器底部，不仅影响分离器处理效率和生产水水质，同时也对螺杆式原油泵等设备正常运行造成影响，原油泵不得不经常进行维修。尽管该处理平台按规定每周对所有分离器进行除砂作业，但仍有大量砂子留在分离器中，开罐检查发现，通常只有每个排污口周围的圆锥形区域内是清洁无砂的，如图1所示。

图1　生产分离器积砂现状

处理平台原油系统分为两个序列，各有三个生产分离器，其除砂流程如图2所示，来自生产水分配系统的水进入分离器喷嘴，搅动沉砂，砂被水带出来进入除砂泵，增压至水力旋流器，经过两级处理，砂被分离出来进入砂处理系统，而生产水中一部分进入水处理系统，另一部重新进入除砂循环流程，携带砂进入水利旋流器。

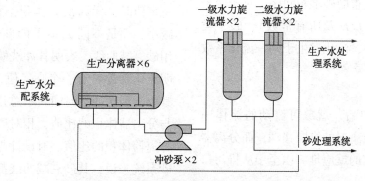

图2　生产分离器除砂系统流程简图

1 分离器除砂机理分析

1.1 流化作用

研究表明，冲洗流的动量通量直接决定着除砂作用的大小。对于任一喷嘴，其冲洗流的动量通量可以由下式计算：

$$J = 2\Delta PA \qquad (1)$$

式中，J 为冲洗动量，J；ΔP 为喷嘴前后压差，Pa；A 为喷嘴面积，m^2。

在一定的动量通量下，喷嘴下游一定距离内的砂子将被流化。保持砂子静止的因素有上覆砂子的高度、砂子潜在水中所受的浮力、砂子的密度及砂子的平均粒径等，流化作用能使砂子沿分离器底部流动并经排污口流出。因此，砂层流化是除砂系统的重要特性，而表征这一特性的流化系数 F 被定义为：

$$F = \frac{J_{sum}}{W_s} \qquad (2)$$

式中，J_{sum} 为所有喷嘴的总动量，J；W_s 为砂子的沉没重量，表示装满整个分离器体积的砂子沉没在相应的分离器液体中的重量，N。

因此，对于常用的圆柱形分离器，流化系数 F 可以由下式确定：

$$F = \frac{2n\Delta Pd^2}{LD^2(\rho_s - \rho_l)g} \qquad (3)$$

式中，n 为喷嘴的个数，无量纲；ΔP 为喷嘴前后压差，Pa；d 为喷嘴口直径，m；L 为分离器长度，m；D 为分离器直径 m；ρ_s 为砂的密度，kg/m^3；ρ_l 分离器内液体密度 kg/m^3；g 为重力加速度，m/s^2。

分离器中的砂量是确定流化作用及流化发生时流化系数 F 的临界值的重要参数，式(3)中的砂量取为装满分离器的砂重量，这可以理解为除砂系统能够处理最严重的砂堆积问题。对于两个几何相似（n、d/D、L/D 及所有常数）、砂子类型相同的除砂系统中，流化发生于同一流化系数值处[1]。

1.2 冲洗

当砂子被流化以后，就象可流动的流体一样，能够容易地沿分离器的纵向移动，而分离器内就象一个完全搅拌的反应堆，以至于从排污口排出的砂-水浆与分离器内的砂-水浆组成相同。对于设计良好的除砂系统，其冲洗流的方向基本与分离器壁面相切，因此，底层的砂子受到最强的搅拌作用，而上层的砂子基本未受到搅拌作用。于是，可以用一个理想的模型来描述这种除砂动态，即一个块状区覆盖着另一个完全搅拌区，且随着完全搅拌区砂-水浆的不断排出，完全搅拌区逐渐向块状区扩展，以保持完全搅拌区的体积不变，而块状区不断减小，直至消失。因此，冲洗出的砂-水浆中砂的浓度曲线如图 3 所示。

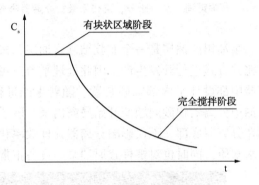

图 3　理论砂浓度曲线

由图 3 可以看出，理论砂浓度曲线为一分段曲线。在块状区消耗阶段，砂浓度为常数，当全部砂子被搅拌以后，砂浓度曲图线为一指数递减曲线，砂浓度曲线对时间的积分即为冲出的砂量。显然，残留在分离器中的砂量随冲洗时间的增加而减少。

1.3 实验分析

The University of Sheffield 的 priestman 等人设计了三个不同大小的分离器模型进行研究，发现在不同的实验条件下，在同一冲洗时间下，随着冲洗能量的增加，即 F 值的增加，无因次砂体积不断减小，如图 4 所示，但当 F 值的增加到一定值时，无因次砂体积不再随 F 值的增加而减小，而是不同 F 值下的砂衰减曲线为一条通用砂衰减曲线，表明其冲洗效率不再增加，这说明流化系数 F 有一个临界值，即临界流化系数，其中无因次冲洗时间表示总排出量（排量×时间）与分离器体积的比值，相对砂体积表示积砂量与分离器体积的比值。对设计与运行状况良好的除砂系统来说，其砂衰减曲线都遵循这一条通用曲线，如图 5 所示，说明分离器除砂效率遵循指数递减原则。

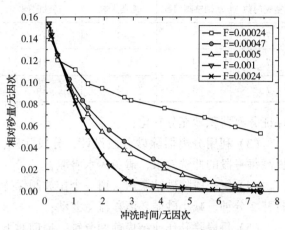

图 4　不同流化系数下砂衰减曲线

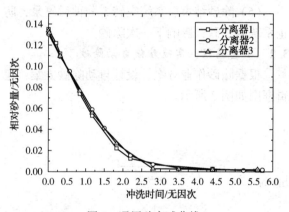

图 5　通用砂衰减曲线

2　分离器在线除砂问题分析

2.1　除砂系统内部设计合理性分析

为了获得最优的除砂系统，不仅要使 F 值等于其临界值，而且还应具有良好的冲洗流布置，否则难以取得最优冲洗效果。冲洗流的大小是决定冲洗效果的一个重要因素，为了使冲洗流不被砂子阻断，冲洗流的大小应足以穿透到下一冲洗管排或分离器中心线。冲洗流在冲洗管线上的间隔和所要求的冲洗范围有关，而冲洗范围又是冲洗管排数、砂子静止角及分离器直径等的函数，所以冲洗流的间隔应足够近，以便使它们之间能够一起联合作用，将砂向前推进[5]。距分离器底部中心线最远的冲洗流喷嘴应位于分离器壁的某一倾角之上，这一倾角为砂子在水中的静止角，如图 6 所示，如果该冲洗流喷嘴向分离器中心靠近，砂子将在喷嘴与砂子静止角之间的区

域堆积，无法达到有效除砂。砂子的静止角与砂子的类型有关，查询资料，从该油田的分离器冲洗出砂子的静止角约为 34°，三级分离器的有效除砂体积分别为 28.8m³、56m³ 和 34 m³，大于油田月平均除砂量 12m³。

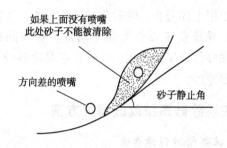

图 6　砂堆积示意图

2.2　在线除砂参数合理性分析

冲洗流通过喷嘴的压降是决定除砂系统流化系数的一个主要变量，影响流化系数数值，如果供液压力较小将导致冲洗流无冲洗能力[6]，一般设计中选喷嘴压降在 0.2 ~ 0.4MPa 为宜。对于一个给定的分离器，增大排量将减少实际冲洗时间，实验中，在总排出量一定的条件下，当排污口数量及流化系数 F 值一定时，排量从 50L/min 增加到 83L/min 对除砂效率并没有影响[4]。经过核算，该油田各分离器除砂系统流化系数均大于 0.001，满足该油田砂物条件需求。

2.3　在线除砂作业程序合理性分析

经过现场调研，发现该油田分离器除砂作业中关键指标，如开阀门顺序、各个阀门保持时间、开度大小、流量/压力控制、旋流器排砂控制等主要靠经验，不同员工操作手法差距较大，因此该原因对除砂效果影响比较大。另外现有除砂作业需要现场开关的手阀数、需要中控远程开关阀门数、中控远程调节阀门数、远程控制阀门、现场人员配合控制的阀门、参与人数、除砂时间统计如表 1 所示，除砂作业时中控需要根据工况调整除砂泵流量、根据水力旋流器砂位调节排砂阀开关状态、根据分离器砂位和液位情况调节除砂水量大小，现场人员根据中控指令和除砂泵工况手动调节除砂泵补水手阀。

表1　各生产分离器除砂工作量统计表

除砂分离器	需要现场开关手阀数	中控远程开关阀门数	中控远程调节阀门数	中控实时调整阀门数	需要现场手动调整阀门数	除砂作业需要人数	除砂作业持续时间
一级分离器	19	11	7	7	1	3	1h
二级分离器	22	14	7	7	1	3	1h
三级分离器	19	11	7	7	1	3	1h

根据上述分析，除砂作业工作量大、工序复杂，会导致员工操作失误率增加，影响除砂效果，除砂作业工作量大、工序复杂是除砂效果差的主要原因。

3　在线除砂系统改进解决方法

3.1　编制除砂作业方案

根据现场操作经验与理论研究结果编制除砂作业方案，主要要点如下：

（1）除砂前系统自循环3分钟，避免系统内积砂对本次除砂影响；

（2）除砂排放口打开之前喷嘴冲洗2分钟，

保证分离器积砂充分软化；

（3）利用分离器除砂分段设计，分段除砂，提高每一段的冲洗效果，避免大水漫灌；

（4）每一段除砂结束后，留一个排放阀保持打开2分钟，减小砂循环流程流量波动；

（5）每段除砂作业结束前两分钟，提前对下一段除砂开始冲洗，节省总除砂时间；

（6）除砂结束后系统空转5分钟后停泵，防止系统内积砂，影响下一次除砂。

3.2　组态编程、实现在线自动除砂

根据除砂作业方案，设计自动除砂方案，逻辑框图如图7所示。

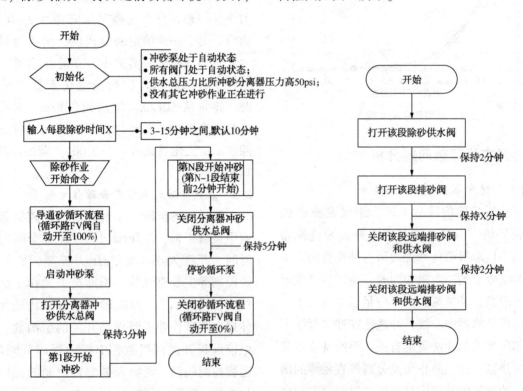

图7　自动除砂作业程序框图

在确定了自动除砂顺序控制逻辑以后，在集散控制系统内部编制了400多条顺序控制逻辑，完成了五个控制模块内部的数据交换。逻辑编写完成后进行了除砂逻辑调试，经过反复调试对除

砂逻辑进行了优化，最终实现了一键除砂，可以单独对每个分离大罐进行除砂，也可以一次性对每条序列的三个分离大罐实现连续除砂。如图8所示为一级分离器自动除砂界面。

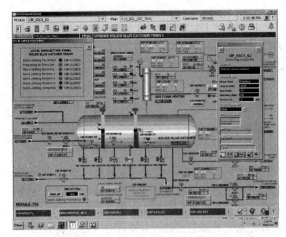

图8　一级分离器自动除砂界面

4　应用实践

目前该工艺已经在蓬莱油田处理平台六个生产分离器应用，该系统通用之后，统计2017年1月至2019年12月数据发现，2018年7月改进工艺投用之后，系统砂清理能力提升446%，除砂效果良好；自动除砂投用之后，现场人员只需在巡检过程中把流程导通，除砂作业中控1人即可完成，而且过程中不用再调节阀门，监控系统即可，有效降低了工作量和工作难度，提高了工作效率和准确性。

5　结论

（1）三相分离器水力除砂系统理论研究表明，对于不同砂物质，均存在临界流化系数，分离器除砂效率遵循指数递减的规律。

（2）在理论研究的基础上，可按除砂系统内部设计合理性、除砂系统参数设置合理性、作业程序合理性等对对分离器水力除砂系统进行分析，评价其运行状况。

（3）根据现场操作经验与理论研究结果提出除砂作业新方法，该方法可有效提高分离器水力除砂作业效果；

（4）针对原除砂作业工作量大、工序复杂等原因，设计了分离器在线除砂智能化程序，降低了工作量和工作难度，提高了工作效率和准确性。

参　考　文　献

[1] 赵金春. 孤东大罐油砂自动处理装置设计与应用[J]. 油气田地面工程(5)：52-53.

[2] 张意. 储罐自动清砂技术研究[J]. 石油石化节能，2016，6(005)：35-37.

[3] 寇杰，曹学文，肖荣鸽. 油罐自动清砂工艺装置设计与应用研究[J]. 西安石油大学学报（自然科学版），2007，22(3)：57-59.

[4] Priestman G H，Tippetts J R，Dick D R. The design and operation of oil-gas production separator desanding systems [J]. Chemical Engineering Research and Design，1996，74(2)：166-176.

[5] 张志贵. 容器水力冲砂存在问题及改进措施[J]. 华北石油设计，1995，000(002)：14-17.

[6] 朱宏武，任志禄，赵翠玲. 冲砂喷嘴水力冲砂性能的试验研究[J]. 石油机械，2005，33(012)：13-15.

逆向工程技术在数字化检测方面的应用

杨小乐　李翔云　赵铭文　程　霖　梁　鹏

[中海石油(中国)有限公司天津分公司]

摘　要　为了提高板材构件的数字化检测效率，基于逆向工程，提出了一种曲面板的数字化检测方法。由于海洋装备涉及到的曲面板外形比较大，将曲面板划分为两个区域来获取点云数据，基于几何特征的方法完成了两片点云的拼接。利用点云数据滤波算法对点云进行去噪、精简滤波预处理，基于CATIA的自动拟合曲面功能完成了点云数据的曲面重构，通过预处理后的点云数据与原设计模型进行对比得到加工出来的精度误差，经过分析，实例中的曲面板的加工精度较好。

关键词　逆向工程，数字化检测，曲面板，PCL点云库，曲面重构

随着信息化、智能化时代的到来，传统制造业需要向智能化、数字化方向发展。海洋装备建造过程十分复杂，数字化制造技术极大地提高了生产效益和效率。在精度控制方面，由于板材构件加工时的工艺限制，往往需要多次加工成形才能保障后续工作的顺利进行，准确判断板材构件是否达到加工要求显得尤为重要。目前，国内对板材构件进行检测的方法主要采用样板、样箱，存在工作强度大、检测效率低、无法形成定量的检测结果等方面的不足。而如何实现检测工艺的自动化和数字化以代替手工对样检测方法，已成为制造业急需破解的难题。

由于逆向工程可以完成对先进产品的复制、改进以及创新设计，可以有效地缩短产品的生命周期，所以逆向工程技术一经提出就备受广大工程人员的青睐。近些年来，逆向工程技术已经在越来越多的行业中得到了应用和创新，在航空航天、汽车制造、医学及文物修复等方面已有许多研究和应用。本文基于逆向工程技术，提出了一种曲面板的数字化检测方法，本文的检测流程图如图1所示。

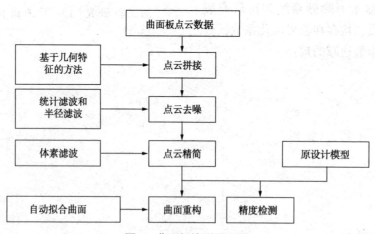

图1　曲面板检测流程图

1　点云的拼接

由于激光扫描仪的量程范围、被测物尺寸大小、扫描存在盲区、支撑物或障碍物的阻挡等诸多因素，在获取被测物的点云数据时，一般会被被测物进行多次测量，为了完成多片点云数据坐标系的统一，点云数据拼接时需要保证每片点云与与其拼接的点云至少拥有3个共同点，通过对共同点之间的坐标关系进行解算来获取平移参数和旋转参数，从而完成坐标系的统一。基于几何特征的方法拼接方法需要保证拼接的点云片之间有互相重叠的区域，并且在重叠区域内含有相同

的几何特征，包括点、线、面等。

图 2　曲面板 1 的三维点云数据

　　由于曲面板尺寸一般较大，所以需要分两次测量，如图 2 所示为曲面板 1 的三维点云数据，如图 3 所示为曲面板 2 的三维点云数据，为了便于多片点云的拼接工作，在获得曲面板 1 和板 2 的三维点云数时确保两片点云之间有一定的重叠区域，并且在两片点云重叠区域内做了 3 处标记，本文通过重叠区域内的 3 处标记的几何特征进行拼接工作，拼接后的点云数据如图 4 所示。

图 3　曲面板 2 的三维点云数据

图 4　拼接后的曲面板

2　点云数据去噪

　　用三维激光扫描仪获得的点云数据，会由于扫描设备的精准度问题、以及人为操作等带来的影响，得到的点云数据中将会带有一些噪声点，本文通过对统计滤波器和半径滤波器进行组合，利用 PCL 点云库中中的统计滤波器去除明显离群点，再利用半径滤波器去除主体点云的边缘噪点[8]。

　　经过统计滤波和半径滤波处理后的点云数据如图 5 所示，通过图 5 可以看出经过过滤后，噪声和离群点已经被很好地被去除掉。

图 5　经过统计滤波和半径滤波处理后的曲面板

3　点云数据精简

　　由于激光扫描仪扫描得到的点云数量十分庞大，庞大的点云数据将会影响计算机的处理速度，对点云进行造型处理时不是所有的点对模型重构都有用，大量的点云数据为后期的特征提取、曲面重建等工作带来了数据处理速度上的困扰，因此为了加快模型重建速度，需要对经过去噪滤波后的点云进行采样处理。

　　本文采用体素滤波器减少点云的数量，体素滤波器通过使用 AABB（Axis – aligned bounding box）包围盒算法对点云数据进行体素化处理，之后对每个体素（可以想象为三维立方体）中包围的点的重心进行计算，利用计算出的重心代替这个体素内的点，从而完成对点云数据进行采样的目的。

　　滤波前的点云数量为 791102 个，滤波后的点云数量为 181830 个，经过体素滤波后的点云明显变得稀疏很多，曲面版的部分电云如图 6 所示。

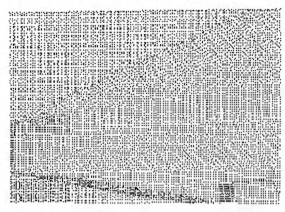

图6　体素滤波后的部分点云

4　曲面重构

通过对处理好的点云进行曲面的重构,可以为产品的加工制造、创新改型设计以及工程分析等打下良好的基础。曲面重构是逆向工程中重要的一步,通过曲面重构可以获得产品的数字化模型,进而可以进行产品的设计改良和加工制造。曲面重构的形式一般包括三种:Bezier 曲线、B 样条曲线和 NURBS 曲线,因为 NURBS 方法可以将 Bezier 曲线、B 样条曲线曲线、自由曲线曲面和初等解析曲面等各种形式的曲线和曲面统一到一种表示之中,而且 NURBS 可以很容易的表达出产品的形状,所以 NURBS 方法在 CAM/CAD 行业中最终成为了行业标准。

NURBS 曲线的表达式如下所示:

$$F(u) = \frac{\sum_{i=0}^{n} P_i N_{i,k}(u) w_i}{\sum_{i=0}^{n} w_i N_{i,k}(u)} = \sum_{i=0}^{n} P_i R_{i,k}(u) \quad (1)$$

$$R_{i,k}(u) = \frac{w_i N_{i,k}(u)}{\sum_{i=0}^{n} N_{i,k}(u) w_i} \quad (2)$$

式中,w_i 为控制顶点的加权值;u 为参数值;$N_{i,k}(u)$ 为 B 样条基函数;$R_{i,k}(u)$ 为有理基函数;P_i 为控制点;k 为 k 次阶数。

NURBS 曲面的方程表达如下所示:

$$N(v, u) = \frac{\sum_{i=0}^{n} \sum_{j=0}^{m} P_{ij} w_{ij} N_{i,p}(v) N_{i,q}(u)}{\sum_{r=0}^{n} \sum_{s=0}^{m} w_{rs} N_{r,p}(v) N_{s,q}(u)}$$
$$= \sum_{i=0}^{n} \sum_{j=0}^{m} P_{ij} R_{i,p;i,q}(v, u) \quad (3)$$

$$R_{i,p;i,q}(v, u) = \frac{w_{ij} N_{i,p}(v) N_{i,q}(u)}{\sum_{r=0}^{n} \sum_{s=0}^{m} w_{rs} N_{s,q}(u) N_{r,p}(v)}$$
$$\quad (4)$$

式中,$R_{i,p;i,q}(v, u)$ 为基函数;P_{ij} 为 NURBS 曲面的控制点。

在进行曲面重构之前,需要对点云进行三角网格化处理,对曲面板点云创建三角网格面后如图7所示。

图7　曲面板点云创建三角网格面

本文采用 CATIA 的自动拟合曲面功能对预处理后的点云进行曲面重构。拟合出的曲面如图8所示。

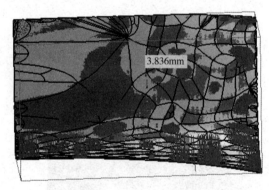

图8　重构出的曲面

5　精度检测分析

在逆向工程中,从被测物的测量到曲面重构是一个过程,在这个过程中引起误差的原因有很多,其中包括被测物体自身的因素、数据测量过程中引起的误差、数据进行预处理过程中产生的误差以及曲面重构过程引起的误差等。精度检测主要包含两方面的内容:一是预处理后的测量点云与原设计模型之间的精度误差,这种种精度误差分析方式常用于实际产品的加工制造质量检测,通过测量点云与原设计模型的对比分析,可以很直观的分析出制造的产品是否合格;二是产品的预处理后的测量点云与点云重建出来的曲面之间的精度误差，这种精度误差分析方式可以用于查看重建出来的曲面模型是否满足模型重建的要求，若不满足，可以重新进行模型重构工作。

　　本文主要研究的是曲面板的加工精度误差，为了检测曲面板的加工误差，考虑到点云数据重构出来的曲面都会带有一定的构造误差，本文将预处理后的点云与原设计模型进行偏差的对比分析，通过对比分析可以看出加工制造出来的曲面板与原设计模型的偏差大小为 3.84mm，且大部分精度偏差值都在 0-2.56mm 之间，占了总数据的 96.75%，如图 9 所示，整块曲面板的大小约为 5m×4m×4m，厚度为 6mm，产生的偏差这在实际工程应用中是可以接受的。

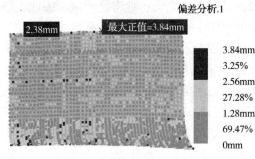

图 9　曲面板的精度误差

6　结论

　　本文基于逆向工程提出了一种曲面板的数字化检测方法，采用基于几何特征的方法完成两片曲面板点云的拼接，利用 PCL 点云库中的点云数据滤波算法对点云进行去噪、精简滤波预处理，采用自动拟合曲面对预处理后的点云进行曲面重构，通过预处理后的点云数据与原设计模型进行对比得到加工出来的精度误差，经过分析，加工出来的曲面板的精度较好。

　　在板材构件的检测应用方面，后期可以利用编程语言对 CATIA 进行二次开发，进而完成曲面板的快速检测。

参 考 文 献

[1] 王振兴. 船舶曲板成形双目立体视觉在位检测技术研究[D]. 上海交通大学，2015.

[2] GOMEZ A, OLMOS V, RACERO J, et al. Development based on reverse engineering to manufacture aircraft custom-made parts [J]. International Journal of Mechatronics and Manufacturing System, 2017：40-58.

[3] LULI Z, TOMI R, LLIN I P, et al. Application of reverse engineering techniques in vehicle modifications [J]. Advanced Concurrent Engineering, 2013：921-932.

[4] FANG A, ZHENG M, FAN D. Application status of rapid prototyping in artificial bone based on reverse engineering[J]. Journal of biomedical engineering, 2015, 32(1)：225-228.

[5] NAN L J J, HUA G G, CHAO J. Eave tile reconstruction and duplication by image-based modeling [J]. Lecture Notes in Computer Science, 2015, 9218：219-225.

[6] 王程远. 三维重建中的点云拼接算法研究[D]. 中北大学.

[7] 地面三维激光点云数据处理及模型构建[D]. 成都理工大学，2017.

[8] 鲁冬冬，邹进贵. 三维激光点云的降噪算法对比研究[J]. 测绘通报. 2019(S2)：102-105.

[9] 赵海鹏. 城区车载激光扫描数据滤波算法研究[D]. 中国科学院大学(中国科学院遥感与数字地球研究所)，2018.

渤海油田海冰智能监测与平台安全预警技术研究

李翔云　杨小乐　许晓英　郝　铭　蒋　烜

[中海石油(中国)有限公司天津分公司]

摘　要　渤海每年冬季都会形成大量海冰，严重影响海洋平台安全生产。因此，渤海油田建立了一套集海冰监测、平台冰激振动响应预报与智能化安全预警技术体系，基于海冰智能监测与基于PIC模式的海冰数值预报技术，全方位获取渤海海冰冰情实时和预报信息；基于Elman神经网络的海洋平台冰激振动响应预报技术，实现海洋平台短期冰激振动响应预测；基于海洋平台加速度响应预测结果，发布风险预警信息以及相应的应急措施，以达到冰区油田冬季安全生产的目的。

关键词　海冰智能监测，海洋平台，冰激振动响应预报，安全预警

1　引言

渤海三面受陆地环绕，海水浅、含盐量低，每年冬季都形成大量海冰。海冰是冰区海洋工程的主要荷载之一，直接影响着海上油气田的勘探开发和生产运营，威胁着海上工程设施和航运的安全。从国外大量的海冰灾害以及我国海洋石油平台被海冰推倒的海难事故和沉痛教训，可以看到海冰的破坏力之大，危害之严重。因此，渤海油田开发了一套集海冰监测、平台冰激振动分析与智能化安全预警技术体系，利用智能化技术对海冰进行不同形式的监测，对冰情变化进行预测，对来自各方面的海冰数据及与海冰相关的生产作业进行管理，分析危险冰情，发布预警信息和提出应急措施，以达到冰区油田冬季安全生产的目的(图1)。

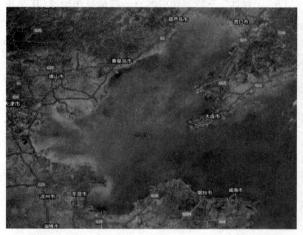

图1　渤海重冰年海冰分布

2　渤海海冰智能监测与海冰数值预报技术

2.1　海冰智能监测技术

根据海冰覆盖情况，渤海油田对锦州9-3海域和锦州20-2海域共计10座平台部署了海冰智能监测与预警系统，实现了对渤海重冰区的监测全覆盖。海冰智能监测手段包括：雷达跟踪监测、气象站实时监测、视频监控、振动实时监测

及卫星云图等。与此对应，建立了渤海油田海冰智能监测五大系统，分别为雷达跟踪系统、气象观测系统、视频监控系统、振动监测系统、无线通信系统。整个监测体系全方位、立体化的实时对整个渤海海冰冰情进行监测，以便实时获取到海冰冰情信息(图2)。

海冰现场监测系统包含三个方面：海冰要素监测、海冰环境要素监测及平台结构冰激振动响

应监测。海冰要素监测内容包括：冰厚、冰速、冰密集度、冰类型等。海冰环境要素的监测主要是：气象和水文测量。平台振动响应监测是海冰

管理项目的重要组成部分。建立典型海冰现场观测及冰激振动响应测量系统和测量软件如下图所示(图3，图4)。

(a)航海雷达

(b)气相观测

(c)海冰视频监控

(d)振动监测

(e)网络通信设备

图2　渤海海冰监测系统

图3　海洋平台海冰监测体系

2.2　海冰数值预报技术

以往海冰模式采用差分求解进行海冰数值计算，该计算方法容易导致扩散，使得计算变量的预报精度淹没在数值扩散的噪声中。而 PIC 模式对同一网格内的海冰粒子团运动进行拉格朗日积分，再将粒子团插值到固定欧拉网格进行动量方程的求解，得到各个粒子团的速度。在质点网格海冰模式中，平流项采用拉格朗日方法，避免了数值扩散问题。应用 PIC 海冰模式作预报，考虑海冰粒子的拉格朗日平流过程，海冰边缘带的冻结和融化过程，渤海强烈的风场和潮流场对海冰的作用等等，有助于提高渤海海冰外边缘线预报精度，如图5所示为 PIC 海冰模式流程图。

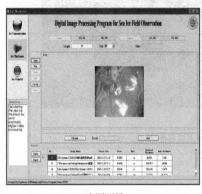
(a)冰厚测量

(b)密集度测量

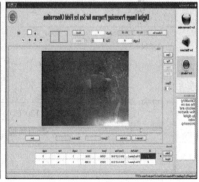
(c)海冰视频监控

图4　海冰测量软件

如图6所示为2020年盛冰期海冰数值预报个例。从预报图和实况图的对比中，可以看出数值模型对盛冰期的海冰预报精度较高，两幅图海冰外边缘线吻合较好，很好地反映了渤海冰情的发展趋势及海冰覆盖范围，为海上生产安全提供了重要保障。

为客观评价海冰数值预报精度，对2019/

2020年海冰数值预报结果进行统计检验，检验项目包括冰厚均方根误差、海冰外边缘线平均误差及其预报保证率。2019/2020年冬季不同预报时效的冰厚和外边缘线预报误差如图7所示。冰厚预报误差的逐日演变曲线表明，冰厚和海冰外边缘线预报误差随着预报时效的延长而增加，24~72小时冰厚预报结果与海冰实况符合较好，

预报误差较小；96～120 小时冰厚和海冰外边缘线预报误差较大(图 8)。因此，主要采用 24～72　　小时预报结果进行海冰数值预报。

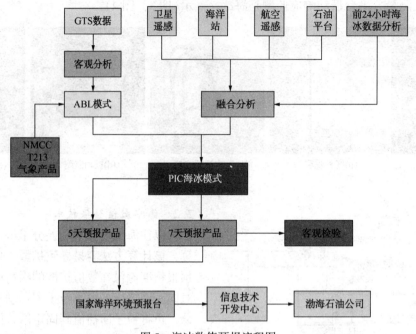

图 5　海冰数值预报流程图

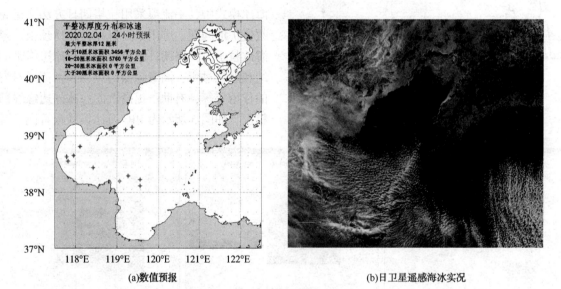

(a)数值预报　　　　　　　　　　　　(b)日卫星遥感海冰实况

图 6　海冰数值预报

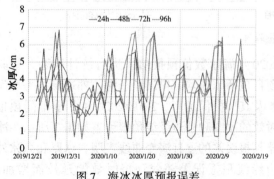

图 7　海冰冰厚预报误差

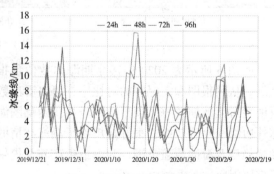

图 8　海冰外边缘线预报误差

3　海洋平台冰激振动响应预报研究与风险预警

3.1　平台冰激振动响应预报技术

研究发现，冰激振动较强时段，平台的振动频率主要集中在结构的基频上，因此，通过冰激振动响应的频谱分析，可以确定各平台结构的基频。基于本年度现场实测数据，各平台实测冰激振动响应频谱如表1所示。

表1　渤海辽东湾各平台实测冰激振动响应

平台	JZ20-2 MUQ	JZ20-2 MSW	JZ20-2 NW	JZ9-3 WHPC	JZ9-3 GCP
基频/Hz	1.17	1.44	1.01	1.39	2.01

渤海辽东湾抗冰导管架平台，无论是直立结构还是锥体结构在动冰荷载下振动显著。通过导管架结构的动力特性分析，可以发现渤海辽东湾导管架结构一阶固有频率大致在 1～2 Hz 范围内。现场海冰监测，常规的冰况下，一定的冰厚、冰速使得冰力能量谱频率多数集中在 1Hz 左右，如图9所示。因此，结构固有周期与冰力

周期十分接近，不可避免的存在冰激共振现象，动力效应明显。

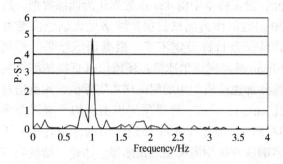

图9　渤海实测冰力能量谱

结构所受冰荷载除平台结构形式影响外，主要与海冰厚度、速度与漂流方向相关，而气象环境信息中的温度信息可一定程度上反映了海冰的热力状态，风与潮流作用则决定了海冰的动力行为。基于实测数据建立风、流、温度、初始冰情与结构振动加速度的非线性关系模型，通过天气预报与海域潮流表信息获取风、流和温度的短时预报信息，结合实测现阶段冰情，即可实现短期冰厚、冰速及平台冰激振动响应预测，建立的渤海油气平台冰情、冰激振动风险预测模式如图10所示。

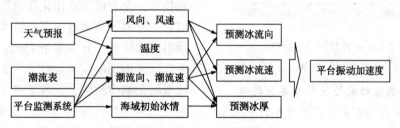

图10　风险预测模式图

如图11所示，Elman 神经网络主要由输入层、隐含层、承接层与输出层四个部分组成。在输入层中，神经元对信号起传输作用，在输出层

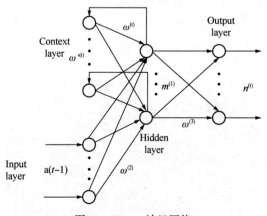

图11　Elman 神经网络

中，神经元起到线性加权的作用，隐含层中的传递函数采用线性或者非线性函数，承接层的神经元对于时序数据具有良好的处理能力，因它的记忆性可以利用好前后数据间的联系。

加速度响应信息是抗冰导管架平台失效分析的重要判据，本文采用 Elman 神经网络，对比传统统计预测方法，基于冬季平台现场实测冰情、环境及结构响应数据开展平台冰激振动响应预测算例分析，讨论了神经网络预测方法在平台冰激振动响应预测中的应用。

以 2014 年、2019 年、2020 年现场实时监测的共 469 组冰情数据作为样本，构建由风向、风速、水流向、水流速、温度与初始冰厚的现场监测数据作为输入，油气平台结构振动加速度作为

输出的冰激振动预测模型。设置输入层神经元6个，单层460个隐层神经元和一个输出层神经元；设定样本中前439组数据作为训练数据，后30组数据作为测试数据，网络最大训练次数和训练误差目标设定不变。根据训练结果，得到Elman神经网络由冰情、环境信息直接预测结构振动加速度模型中的测试样本实际值、预测值对比如图12所示，算得预测模型平均预测误差为14.57%。基于Elman神经网络的冰情环境—平台响应直接预测模型对比冰厚、冰速—结构响应预测模型预测精度接近，且避免了冰厚、冰速预测中必然存在的误差，具有更高的预测精度与可行性。

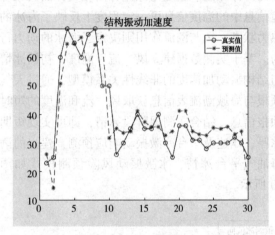

图12 基于Elman神经网络的结构
振动加速度直接预测图

3.2 海洋平台冰激振动风险预警及应急措施

为保障冰期平台的安全生产以及平台上人员生活安全，需要对平台冰激振动响应进行预测，进而对平台安全进行评估，以便采取及时有效的抗冰、防冰措施，保障平台的安全生产。

（1）平台人员感受

对有人平台，评价人员感受的指标有三级，用加速度效值（均方根值）表示，分别是（针对冰激振动等效持续时间为4小时）：

    a. 舒适性界限：11.00gal；

    b. 工效降低界限：34.70gal；

    c. 暴露性界限：69.40gal。

（2）上部管线

加速度指标可分为三级，用加速度的均峰值表示：

    a. 预测加速度均峰值达到40gal，建议平台加强破冰船职守；

    b. 预测加速度均峰值达到60gal，建议平台进行破冰；

    c. 预测加速度均峰值达到100gal，建议平台必须破冰

4 结论

渤海每年冬季都会形成大量海冰，严重影响海洋平台安全生产。为保证冰区海洋油田冬季安全生产，本文开展海冰智能监测、平台冰激振动响应预报与安全预警技术研究，基于海冰智能监测技术，全方位、立体化获取渤海海冰冰清实时信息；开展了海冰数值预报技术研究，实现提前预报海冰信息；开展基于Elman神经网络的海洋平台冰激振动响应预报技术，实现海洋平台短期冰激振动响应预测；开展了基于海洋平台加速度响应预测结果，对海洋平台安全进行预测评估，发布风险预警信息以及相应的应急措施，以便采取及时有效的抗冰措施，进而保障冰区海洋平台的安全生产。

双燃料往复式发电机组在海上平台的应用设计研究

马金喜　邹昌明　郝　铭　高　阳　姜云飞

[中海石油(中国)有限公司天津分公司渤海石油研究院]

摘　要　对于自产伴生气少，且无法依托周边电网开发的海上油气田项目，应用双燃料往复式发电机组，其燃料适应性较强，可充分利用自产伴生气，最大限度的减少燃料油消耗，节约操作成本，提高油田整体开发收益，是设计研究的重点机型。本文从海上平台应用的角度，对双燃料往复式发电机组的机型、界面参数、技术特点以及应用的关键点进行分析，指出应用设计的技术难点和切入点，为后续相关工作提供借鉴和参考。

关键词　双燃料往复式发电机组，海上平台，主电站，油田伴生气

1　前言

对于自产一定量伴生气，但无法依托周边电网开发的海上油气田项目，如何结合油藏指标，根据设计需求电负荷和热负荷，通过合理优化配置，兼顾操作管理，选用技术成熟可靠的发电机组，同时又能充分利用自产伴生气，最大限度的减少燃料油消耗，节约操作成本，降低投资，提高油田整体开发收益，这是前期阶段主电站方案优选时重点研究的内容。双燃料往复式发电机组燃料适应性较强，机组性能稳定，是产气少、无依托开发的海上油气田项目研究应用的重点机型。

2　代表机型及应用情况

主要生产厂家的代表机型有瓦锡兰公司的20DF/34DF/46DF/50DF，单台机组功率覆盖范围约 1.1MW~16.5MW，已在全球应用超过 1300 台，其中近海油田应用约 120 台；MAN 公司的代表机型是 51/60DF，单台机组功率覆盖范围约 5.5MW~17.5MW，已在全球应用超过 78 台，大多用于 LNG/CNG 运输船；MAK 公司的代表机型是

34DF 和 46DF，单台机组功率覆盖范围约 2.5MW~17MW，在全球也有应用。

3　界面参数及技术特点

3.1　界面参数

机组的辅助系统包括燃料气处理系统、燃油系统、滑油系统、冷却系统以及启动系统。各系统的界面参数控制要求见表1。

表1　界面参数控制要求

系统	温　度	压力
燃料气系统	进 GVU 前一般控制在 50~60℃，应高于露点	进 GVU 前 5~6barG
燃料油系统	燃料油：≤150℃，12~15cst；日用罐预热温度应≥75℃。 点火油：进机前≤70℃，4~11cst。	燃料油：进机前 6~8barG 点火油：进机前 5~9barG
滑油系统	进机前：滑油温度控制在 63~65℃	进机前：滑油压力 500kPaG，一般压力低于 200kPaG 停机
冷却水系统	一般低温冷却水入口温度 38℃；高温冷却水泵出口温度 60℃；中冷器淡水入口温度 60℃，出口 38℃，海水入口温度 32℃，出口温度 48℃（海水温度在 45~55℃易大量析盐，结垢堵塞）。	高温水进机压力：0.3~0.4MPaG
启动系统	启动/助推空气：20℃	启动空气：3MPaG

注：(1)GVU 是 Gas Valve Unit 的缩写。

3.2　技术特点

双燃料发动机的点火方式采用压燃式，电点火模式，燃气模式使用柴油引燃油。引燃油消耗量一般额定功率运行按 2g/kW·h（按热耗比例为 1%折算），出力每降 5%，引燃油消耗增加约 0.1g/kW·h。燃气模式转为长期燃油模式后，引燃油应继续工作。

启动方式分为燃气模式、燃油模式以及后备模式。燃气模式需 GVU（Gas Valve Unit）燃气泄漏自检，点火油工作自检。燃油模式将跳过燃气泄漏自检，但要进行点火油工作自检。后备模式只用于失电启动，将跳过所有自检。但要进入燃气模式必须要停机重新用两种模式启动。

单一燃料运行模式包括燃气运行模式、燃油运行模式以及后备模式。使用燃气将用柴油点火，在报警或接到外部指令后，任何负荷工况都能瞬时切换成燃油模式，并保持发动机输出功率和频率稳定。燃油运行模式使用原油或柴油，点火油应继续工作。一般在 80%负荷以下的工况，在接到外部指令的情况下，自动切换成燃气模式，并保持发动机输出功率和频率稳定；后备模式使用重油或柴油，点火油不工作。如还要再次燃气运行，该模式运行时间一般不超过 30min。

油气混烧模式全球实际应用较少，随负载增加，含气比可以降低，一般在 15%~88%，推荐控制在 30%~70%。负载率范围控制在 20%~85%。

低负荷运行有限制，在小于 25%MCR（Maximum Continuous Rating）工况下，一般连续运行时间不宜超过 100h，经济运行工况负荷率控制在 60%~90%。

燃油模式的突加性能一般为 3 级~4 级加载，第一次加载约 30%；燃气模式一般为 4 级~5 级加载，第一次加载约 30%。燃油模式的突卸性能一般为 3 级卸载，第一次加载 33.3%；燃气模式一般为 4 级~5 级加载，第一次加载约 33%。

4　应用设计的关键点

4.1　燃料的适用性

伴生气的适用性应书面咨询厂家，按照油田伴生气的组分计算甲烷数，并评估其适用性。甲烷数 80 以上机组可以达到 100%负荷运行，主流厂家甲烷数基本要求控制在 40~50 以上，机组才能运行。一般甲烷数降低 1 个点，出力折减约 1%。

燃油适用性主要关注黏度、闪点及钒钠含量。黏度高影响进机的良好雾化效果，热耗就大，闪点若低于 60℃，需配置闪蒸装置提升闪点，保证系统防爆安全。钒、钠产生热腐蚀，若钠超标，易产生积碳、滤器堵塞。需要分析钠是否含在油中，进而采取分油机水洗的方案。

4.2　机舱布置要求

平台同时设置原油发电机组和双燃料发电机组两种机型时，宜采取双机房方案（原油/双燃料），降低系统断电风险。机房内为安全区，滑油、冷却、起动辅机设备布置机房内。燃料气、燃料油处理设备布置在机房外，属于危险区。备用柴油系统位于安全区，增加供油安全性。主机房内设 1.5m 夹层，管线布置在夹层内。

4.3　安全防爆设计

由于主发电机房间设备多，无法同时满足 2 类危险区的防爆要求，机舱考虑划为安全区，那就必须控制泄漏源，提出采用双壁管方案。进入机舱内的输气管线为双壁管，目的是将机组上的泄漏源与机舱进行隔离，双壁管环形空间为危险区，机舱内为安全区；对双壁管的环形空间进行负压通风，不小于 30 次/小时，通风出口加油气泄漏监测。

油气泄漏检测方案考虑在双燃料主发电机房布置可燃气、H_2、CO 气体探头。对机组环形空间排风口除设置可燃气探头外，还要设置 H_2、CO 气体探头，主机房间风机进口考虑布置可燃气体探头。泄漏油收集单元进行漏油量监测。

油气泄漏应急关断方案考虑在燃料储罐、日用油罐、燃料气处理系统出口设关断阀（就地、遥控、自动控制），每套机组输油管线至机房外设置双关断阀，机组进机前 GVU 内设置 DBB（Double Block and Bleed）阀门。风机进口探测到可燃气，风机风闸关断，探测到可燃气、H_2 或 CO 时，应引起 ESD 2 级关断，主机房间内检测到火焰时应引起 ESD 2 级关断。

主发电机房间的着火消防方案可以采用高压细水雾的消防方式，机房内的电气设备防护等级要求按 IP44 进行配置。房间内设置 CCTV，全程监控机房状况。

4.4　采办要求

对于额定功率在 7600kW 以上的往复式发电机组，供应商一般不承诺成橇运输，选型时应注意对单台机组容量的权衡确定。主发电机组的采办通常为项目的关键路径，技术澄清和商务谈判时应特别关注产地、成橇和运输方式、交货期以及取证要求。

5　结束语

双燃料往复式发电机组是国际上近十年才发展成熟的机型，只有少数公司可以生产，它的原动机母型仍是柴油机。但是，目前我国还不能生产此类机型，因此，仍属于新技术机种。机组的系统相对比较庞大复杂，安全设计要求较高，机组燃料适应性较强，可充分利用油田自产伴生气，最大限度的减少燃料油消耗，节约操作成本，降低投资，提高油田整体开发效益，所以它也是海上平台主电站的优选机型之一。对于自产伴生气少，且无法依托周边电网开发的海上油气田项目，应用双燃料往复式发电机组，其燃料适应性较强，是设计研究的重点机型。

参 考 文 献

[1] 马金喜，陈丰波等. 渤海油田海上平台主电站方案优选新思路[J]. 油气田地面工程，2017，36(6)：66~68

[2] 王文祥. 双燃料往复式原油发动机用于海洋石油平台的适应性[J]. 中国海上油气（工程），2000，12(6)：47~50

数字化转型下的海上平台电力负荷预测策略研究

鲁 凯　陈丰波　金 秋　高 阳　封 园

[中海石油(中国)有限公司天津分公司]

摘　要　中长期电力负荷预测是海上油田电力系统规划设计的理论依据，精确的负荷预测可以减少海上油气田平台的安装空间，节省投资费用和运行费用。本文在陆地电网中长期负荷预测方法的基础上，结合海上油田电力负荷特点，建立适用于海上油田的基于偏最小二乘法中长期负荷预测模型。与此同时，为推动海上平台工程建设数字化转型，建立负荷数据数据库，提出了数字化转型背景下的一种海上平台电力负荷预测策略。

关键词　海上平台，负荷预测，数字化转型，偏最小二乘法

1　引言

中长期负荷预测是电力系统的一个重要研究领域，对于保障电源电网规划、运行的安全性和经济性具有重要意义。负荷预测从预测内容上可分为电量预测和电力预测两大类。其中，电量预测的预测对象包括全社会电量、各产业电量、各行业电量等，电力预测的预测对象包括最大负荷、最小负荷、峰谷差等。考虑到海上油田中长期电力负荷侧重于预测结果对油田规划的指导作用，应该选择具有代表性的中长期负荷预测对象，而不对逐个对象进行分析和研究。年最大负荷为全年日负荷的最大值，它是合理配置电源、确定系统容量的重要依据。因此，本文选取年最大负荷作为电力预测的主要研究对象。

国内外关于中长期负荷预测的模型和方法主要有：传统的单耗法、趋势外推法、弹性系数法，计量经济学中的时间序列法、回归分析法，现代预测技术中的神经网络法、模糊预测法和灰色预测法等，以及博采各方法之众长的组合预测法。近年来，考虑要素更全面、建模更精细的预测模型逐渐涌现。文献[5]针对城市化形成的复杂数据环境，采用层次分析法确定各要素对电力负荷影响的权重，再采用模糊聚类分析法预测中长期负荷；文献[6]借鉴向量误差修正理论，从短期扰动和历史存续2个方面深入分析不同行业的电力需求关系，提出一种新型的负荷预测方法；文献[7]从负荷数据的增长率无后效性出发，采用马尔可夫链划分区间，通过方差-协方差方法分配权重，提出一种组合预测模型；文献

[8]利用经验模态分解模型从时间和空间上对负荷进行分解，再采用支持向量机算法进行负荷预测。

综上，中长期负荷预测发展迅速，预测效果不断改善，但是在以下2个方面仍然有一定改进的空间。其一，多数方法的预测思路本质上都是采用时序外推法，即利用负荷及其影响因素的历史数据建立负荷变化规律模型，再外推预测未来的负荷。这种方法比较适合用于负荷稳定增长、存在大量数据样本的情况。而在负荷增长的新阶段，真正较有价值的数据仅为近几年的数据，因此，需要探索在样本数量少的情况下的负荷预测模型建模方法。其二，很多模型往往仅能提供单一的预测结果，或通过简单的上下浮动得到结果区间。

瑞典化学家 S. Wold 教授提出的被称为第二代回归分析的偏最小二乘回归是一种新的多元统计数据分析方法。它是多元线性回归、典型相关分析和主成分分析的有机结合[9]，较传统的回归分析、主成分回归具有更大的优势，从而使模型精度、稳健性、实用性都得到提高。

本文首先将偏最小二乘回归模型应用于电力负荷的预测，并与基于最小二乘的多元线性回归模型预测成果进行对比，其次，探讨了偏最小二乘法在电力负荷预测中的可行性和优势。最后，在工程建设数字化转型的背景之下，建立负荷数据数据库，提出了数字化转型背景下的一种海上平台电力负荷预测策略，设计基于偏最小二乘回归方法的海上平台电力负荷预测系统软件。

2 偏最小二乘回归模型原理及模型

2.1 偏最小二乘回归原理

在建立回归模型中，当数据满足高斯—马尔科夫定理，根据最小二乘法有

$$B = X(X^T X) - 1 X^T Y \qquad (1)$$

式中，B 为估计变量；$Y = \{y_1, y_2, \cdots, y_q\}$ 为因变量；$X = \{x_1, x_2, \cdots, x_m\}$ 为自变量，当自变量之间存在多重相关性时，式中 $X^T X$ 几乎为零，回归模型将会失效，此时模型的精度和可靠性都得不到保证。

与一般的多元回归方法不同，偏最小二乘方法并不是直接对因变量 Y 与自变量 X 之间的关系，而是利用主成分分析、典型相关性分析选取若干对系统具有最佳解释能力的成分，再利用这些成分进行多元线性回归分析。

从自变量 X 与因变量 Y 中提取主成分 F_1 和 G_1 时，为了尽可能完整地保留原始数据中异常信息，要求 $Var(F_1)$、$Var(G_1)$ 取最大值，典型相关性分析要求成分 F_1 与成分 G_1 之间的尽量相关，即 $Cov(F_1, G_1)$ 取最大值。综上，偏最小二乘法的目标函数为求 $Cov(F_1, G_1) = \sqrt{Var(F_1)Var(F_1)} r(F_1, G_1)$ 的最大值。

利用 F_1 建立回归模型并检验模型精度，当精度满足要求则不再计算；如果不满足精度要求则继续计算第 2 个主成分，循环直至取到成分 F_i 时满足精度要求为止，建立 F_1 到 F_i 共 i 个主成分对于 Y 的回归方程，并将主成分还原成原始自变量得到最终的回归模型。

2.2 偏最小二乘回归建模

（1）数据标准化处理 标准化的目的是使样本点集合重心与坐标原点重合。

$$\begin{cases} F_0 = (_{F_{0y}} \\ F_{0y} = [y - E(y)]/S_y \end{cases} \qquad (2)$$

$$\begin{cases} E_0 = (E_{01}, E_{02}, \cdots E_{0m})_{n \times m} \\ E_{0i} = x_i^* = [x_i - E(x_i)]/S_{xi}, (i = 1, 2, \cdots, m) \end{cases} \qquad (3)$$

式中，F_0，E_0 分别为 y，X 的标准化矩阵；$E(y)$，$E(x_i)$ 分别为 y，X 的均值；S_y，S_{xi} 分别为 y，X 的均方差；n 为样本用量。

（2）第一成分 t_1 的提取

已知 F_0，E_0，可从 E_0 中提取第一个成分 t_1，

$$t_1 = E_0 W_1$$

式中，W_1 为 E_0 的第一个轴，为组合系数。$\| W_1 \| = 1$；t_1 是标准化变量 x_{1*}，x_{2*}，$\cdots$，x_m^* 的线性组合，为原信息的重新调整。

从 F_0 中提取第一个成分 u_1，

$$u_1 = F_0 C_1$$

式中 C_1 为 F_0 的第一个轴，$\| C_1 \| = 1$。

在此，要求 t_1，u_1 能分别很好地代表 X 与 y 中的数据变异信息，且 t_1 对 u_1 有最大的解释能力。根据主成分分析原理和典型的相关分析的思路，实际上是要求 t_1 与 u_1 的协方差最大，这是一个最优化问题。经推导有

$$\begin{cases} E_0^T F_0 F_0^T E_0 W_0 = \theta_1^2 W_1 \\ F_0^T E_0 E_0^T F_0 C_1 = \theta_1^2 C_1 \end{cases} \qquad (4)$$

式中 θ_1 为优化问题的目标函数；W_1 为 $E_0^T F_0 F_0^T E_0$ 的特征向量，θ_1^2 为对应的特征值。C_1 为对应于矩阵 $F_0^T E_0 E_0^T F_0$ 最大特征值 θ_1^2 的单位特征向量。

要 θ_1 取最大值，则 W_1 为 $E_0^T F_0 F_0^T E_0$ 矩阵最大特征值的单位特征向量，本文中，$C_1 = 1$，则 $u_1 = F_0$。

$$W_1 = \frac{E_0^T F_0}{\| E_0^T F_0 \|} = \frac{1}{\sqrt{\sum_{i=1}^{m} r^2(x_i, y)}} \begin{bmatrix} r(x_1, y) \\ \cdots \\ r(x_m, y) \end{bmatrix}$$

$$t_1 = E_0 W_1 = \frac{1}{\sum_{i=1}^{m} r^2(x_i, y)} [r(x_1, y)E_{01} + r(x_2, y)E_{02} + \cdots + r(x_m, y)E_{0m}]$$

式中，$r(x_i, y)$ 为 x_i 与 y 的相关系数。

从 t_1 中可以看出，t_1 不仅与 X 有关，而且与 y 有关；另外，若 x_i 与 y 的相关程度越强，则 x_i 的组合系数越大，其解释性就越明显。

求得轴 W_1 后，可得成分 t_1。分别求 F_0，E_0 对 t_1 的回归方程为

$$E_0 = t_1 P_1^T + E_1, F_0 = t_1 r_1 + F_1 \qquad (5)$$

式中，$P_1 = E_0^T t_1 / \| t_1 \|^2$ 为回归系数，向量；$r_1 = F_0^T t_1 / \| t_1 \|^2$，为回归系数，标量；$E_1$，$F_1$ 分别为回归方程的残差矩阵，$E_1 = [E_{11}, E_{12}, \cdots, E_{1m}]$；$F_1 = F_0 - t_1 r_1$。

（3）第二成分 t_2 的提取

以 E_1 取代 E_0，F_1 取代 F_0，可以求第 2 个轴 W_2 和第 2 个成分 t_2，有

$$W_2 = \frac{E_1^T F_1}{\| E_1^T F_1 \|}$$

$$= \frac{1}{\sqrt{\sum_{i=1}^{m} C_{ov}^{2}(E_{1i}, F_1)}} \begin{bmatrix} C_{ov}(E_{11}, F_1) \\ \cdots \\ C_{ov}(E_{1m}, F_1) \end{bmatrix}$$

$$t_2 = E_1 W_1$$

式中，$C_{ov}(.)$ 表示协方差。

施行 E_1，F_1 对 t_2 的回归，有

$$\begin{cases} E_1 = t_2 P_2^T + E_2 \\ F_1 = t_2 r_2 + F_2 \end{cases} \tag{6}$$

式中，$P_2 = E_1^T t_2 / \| t_2 \|^2$，$r_2 = F_1^T t_2 / \| t_2 \|^2$。

（4）第 h 成分 t_h 提取

同理，可推求第 h 成分 t_h。h 可用交叉有效性原则进行识别。h 小于 X 的秩。

（5）推求偏最小二乘回归模型

F_0 关于 t_1，t_2，$\cdots$，t_h 的最小二乘回归方程为

$$\hat{F}_0 = r_1 t_1 + r_2 t_2 + \cdots + r_h t_h \tag{7}$$

由于 t_1，t_2，$\cdots$，t_h 均是 E_0 的线性组合，由偏最小二乘回归的性质有

$$t_i = E_{i-1} w_i = E_0 W_i^* \quad (i = 1, 2, \cdots, h) \tag{8}$$

式中 $W_i^* = \prod_{k=1}^{i-1} (I - W_k P_k^T) E_i$。

将式（8）代入式（7）得

$$\hat{F}_0 = r_1 E_0 W_1^* + r_2 E_0 W_2^* + \cdots + r_h E_0 W_h^*$$
$$= E_0 (r_1 W_1^* + \cdots + r_h W_h^*) \tag{9}$$

记 $y^* = F_0$，$x_i^* = E_{0i}$，$\alpha_i = \sum_{k=1}^{h} r_k W_{ki}^*$（$i = 1$，$2$，$\cdots$，$m$），则式（9）可还原成标准化变量的回归方程为

$$\hat{y}^* = \alpha_1 x_1^* + \alpha_2 x_2^* + \cdots + \alpha_m x_m^* \tag{10}$$

式（10）还可进一步写成原始变量的偏最小二乘回归方程为

$$\hat{y} = \left[E(y) - \sum_{i=1}^{m} \alpha_i \frac{S_y}{S_{x_i}} E(x_i) \right] +$$
$$\alpha_1 \frac{S_y}{S_{x_i}} x_1 + \cdots + \alpha_m \frac{S_y}{S_{x_m}} x_m \tag{11}$$

3 偏最小二乘回归模型在电力负荷预测中的应用

3.1 偏最小二乘回归模型预测结果

本文收集了某海上油田区域的 2011 年至 2016 年的电力负荷数据，并对收集的历史数据进行了统计与处理，分析了油田电力负荷趋势，分别采用最小二乘法与偏最小二乘法对此区域的负荷数据建立负荷预测模型，图 1 为采用最小二

乘法与偏最小二乘法建立的负荷预测模型的预测误差曲线，从图 1 可以看出，采用最小二乘法存在较大的误差，且有逐年上升的趋势；采用偏最小二乘法存在一定的误差，但是低于采用最小二乘法建立的负荷预测模型的误差，且在可允许的范围之内，从而验证了海上平台负荷预测采用偏最小二乘法的可行性与准确性。

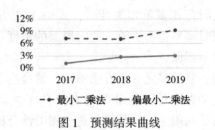

图 1 预测结果曲线

3.2 电力负荷预测系统设计

设计的负荷预测模型建立流程如图 2 所示，负荷预测系统设计如图 3 所示。

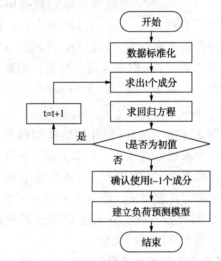

图 2 负荷预测模型建模流程

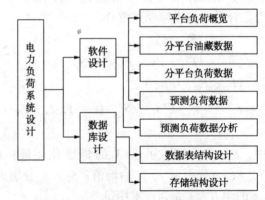

图 3 负荷预测系统设计

电力负荷预测系统设计分为软件与数据库设计两个部分，电力系统负荷系统设计的软件部分

设计主要功能为通过历史油藏数据、历史负荷数据、预测油藏数据预测电力负荷。电力系统负荷系统设计的数据库部分设计主要是合理设计数据之间的关系、数据表设计及数据处理方法的实现，具体设计的表分为历史油藏、预测油藏、历史负荷、预测负荷数据表，数据处理方法通过存储过程实现。

4　结语

海上油田电力负荷预测作为油田电网规划的基础性工作，其预测准确性直接影响配电网规划合理性，进而影响油田电网运行的可靠性和安全性。本文在分析研究电力负荷预测相关理论知识的基础上，结合海上油田开采及电力发展状况，将偏最小二乘法方法应用到海上油田中长期电力负荷预测。结合数字化转型的大背景，建立负荷数据数据库，提出了一种海上平台电力负荷预测策略，设计基于偏最小二乘回归方法的海上平台电力负荷预测系统软件。

参 考 文 献

[1] Swasti, R, Khuntia, et al. Forecasting the load of e-lectrical power systems in mid- and long-term horizons: a review[J]. IET Generation, Transmission & Distribution, 2016, 10(16): 3971-3977.

[2] 许梁，孙涛，徐箭，等. 基于函数型非参数回归模型的中长期日负荷曲线预测[J]. 电力自动化设备，2015，035(007): 89-94, 100.

[3] 康重庆，夏清，张伯明. 电力系统负荷预测研究综述与发展方向的探讨[J]. 电力系统自动化，2004，28(017): 1-11.

[4] 张栋梁，严健，李晓波，等. 基于马尔可夫链筛选组合预测模型的中长期负荷预测方法[J]. 电力系统保护与控制，2016，44(12): 63-67.

[5] 李亦言，严正，冯冬涵. 考虑城市化因素的中长期负荷预测模型[J]. 电力自动化设备，2016，36(004): 54-61.

[6] 王鹏，陈启鑫，夏清，等. 应用向量误差修正模型的行业电力需求关联分析与负荷预测方法[J]. 中国电机工程学报. 2012 (04)

[7] Zhu Y, Jia Y, Wang L. Partial discharge pattern recognition method based on variable predictive model-based class discriminate and partial least squares regression [J]. Iet Science Measurement & Technology, 2016, 10(7): 737-744.

[8] Ghelardoni L, Ghio A, Anguita D. Energy Load Forecasting Using Empirical Mode Decomposition and Support Vector Regression[J]. IEEE Transactions on Smart Grid, 2013, 4(1): 549-556.

[9] 王惠文. 偏最小二乘回归方法及其应用[M]. 国防工业出版社，1999.

[10] 张戈力，毛安家，赵岩. 一种 PLS 回归的并网风电项目利润预测方法[J]. 电力系统保护与控制. 2013, 41 (08): 87-92.

智能化射孔设计软件与器材链管理系统的研发与应用

齐国锋 林 鹏 马建平 白 玲 姜文霞 赵 茜

（中国石油测井公司天津分公司）

摘 要 针对目前各油田主要通过手工或者单机版排炮软件进行排炮设计的现状，本文设计了一款智能化射孔设计软件与器材链管理系统(以下简称排炮软件)。通过将排炮设计与器材库进行动态关联，实现自动排炮与手工调整相结合的排炮设计新方式。同时，结合互联网+及大数据的思维，排炮软件集成数据记录、统计、分析的功能，可以为后续软件升级提供基础数据支持。排炮软件分为三个子模块，智能化排炮设计模块、器材链管理模块以及运营决策模块。软件采用客户端/服务器(C/S)架构，使用Java为开发工具。开发过程中涉及的两个核心模块：器材数据库和排炮设计算法。另外，软件的数据分析功能的设计与开发包括器材出入库记录统计、器材消耗量统计以及器材成本统计三部分功能，通过不同维度对射孔作业进行分析，并进行各类报表的自动生成，为管理者提供直观的数据支撑，实现精细化管理的目的。通过软件将操作过程中产生的数据都进行了记录，经过整理、统计和分析，得到初步结论，后续将根据这些结论对软件进行优化。

关键词 排炮，油管传输，排炮算法，射孔作业，大数据，互联网+，精细化管理

1 引言

射孔作业是石油开采工艺的"临门一脚"。油管传输射孔这一施工方式由于具有一次下井装弹量大、不需泵送、管串负载能力强、井控风险低等优点被广泛应用，而排炮设计则是施工中重要的一部分，对于复杂分布的油层，排炮设计的好坏直接影响油层射开率，进而影响采收率。

传统排炮设计采用人工计算方式，工作效率低，且对排炮方案的对与错、优与劣缺乏一个合理的判别标准，因此，需要一款利用计算机软件进行辅助排炮设计的软件。由于传统软件工程师对于射孔这一过程缺乏直接认识，导致设计出的软件存在各种实际问题，使得目前仍未有大规模在油田使用的排炮软件。

以现有众多排炮类软件为基础，结合技术人员在射孔领域多年的相关经验，总结出基于人工排炮的自动排炮规则。先前市面上已有的排炮软件均为单机版，即不能与现有器材进行实时关联，易造成排炮设计时误选器材库中不存在的器材进行设计，最终导致整个设计需多次返工的情况。于是，结合数据库进行器材管理，并将库存器材数据直接展示在排炮软件中，并且实现消耗器材的统计功能于一体的智能化软件，从而还能通过软件实现精细化管理的目的。

2 研究步骤

2.1 软件结构设计

软件结构如图1所示，由智能化排炮设计、器材库管理、运营决策三个模块组成。

智能化排炮计算模块有两部分功能：一是根据给定的初始条件完成排炮计算；二是排炮结果分析及输出功能。器材库模块有三部分功能：一是器材基础信息维护功能，用户可将所有器材录入数据库；二是出入库管理功能，可以实现器材的动态管理；三是器材超限预警，当库存器材量超过上限或低于下限时会提醒库房管理人员进行处理。运营决策模块有两部分功能：一是数据统计功能，收集统计器材库存数据、排炮结果、已完成排炮的井数据、未完成排炮的井数据以及成本使用情况等多维度的信息，统一管理和分析；二是报表输出功能，即将统计出来的结果以报表的形式进行输出。

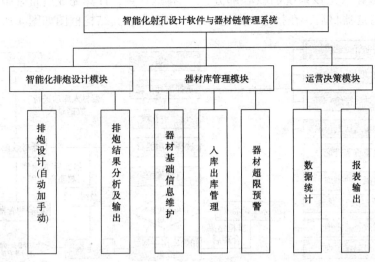

图1　软件结构图

2.2　程序编写

程序采用 Java Develop Kit 1.8 开发环境，采用 JAVA 编程语言，基于 Java Swing 框架进行开发。客户端程序可以较完美的适应 windows xp、64 位及 32 位 windows 7、windows 10 等主流操作系统，报告输出部分针对 OFFICE07 以及 10 版本分别设计了不同版本。

数据库采用 PostgreSQL，该数据库源代码写的很清晰，易读，容易上手。后期利用 PostgreSQL 进行二次开发也更加容易。

3　软件开发设计

3.1　器材数据库的建立

任何软件的正常运行都离不开数据的支撑，保证该软件能正常运行，建立相应的器材数据库。本软件的器材数据库涉及射孔枪、夹层枪、接头、增压装置等器材，具体的数据表结构如图 2 所示。

```
array_gun_detail
charger
charger_log
equipment
equipment_log
function_type
joint
joint_log
magazine
magazine_log
oil_well
patent_info
perforating_equipment
perforating_projectile
perforating_projecile_log
role_authority
role_def
spacer
spacer_log
student
sys_parameter
user_info
well_level
```

图2　数据库表结构

其中，涉及器材数据库的表结构有：增压装置信息表（charger）、增压装置入出库记录（charger_log）、接头信息表（joint）、接头入出库记录（joint_log）、弹架信息表（magazine）、弹架入出库记录（magazine_log）、夹层枪（spacer）、夹层枪入库出记录（spacer_log）、射孔枪（perforating_equipment）、射孔枪入出库记录（equipment_log）、射孔弹信息表（perforating_projectile）以及射孔弹入出库记录（perforating_projectile_log）。

以上 6 种器材是在排炮设计中经常会使用到的器材，将这些器材进行数据化后，便可在系统中进行使用，每种器材的信息表中，都有唯一的标识字段，保证了在系统流程中每种器材的唯一性，为后续的统计提供了依据。

3.2　排炮设计流程

本软件的排炮设计方法是通过理论最大覆盖率算法，采用自动排炮和人工调整相结合的方法，实现最优射孔排炮结果。

软件整体的设计流程如图 3 所示，首先在软件中选择射孔工艺，设置射孔段并进行待用器材的选择，完成上述操作后，系统进行自动排枪，当自动排枪结果输出后，设计人员判断设计结果是否满足要求，如果结果合理则将排枪结果输出至 word 打印排炮单，并将结果保存至数据库中，同时从器材库中扣除对应数量的器材放入待定区，当器材进入待定区后，系统会对器材库中的器材数量进行判断，如果数量不足则通知库管员购置器材。施工完毕后，将施工数据进行保存，供后续统计分析使用。

其中，自动排炮算法是该系统的核心部分，主要功能是设定好待选器材后，在指定位置进行

排炮计算，计算完成后将管串数据导入手动排炮界面中。其结构框图如图4所示：

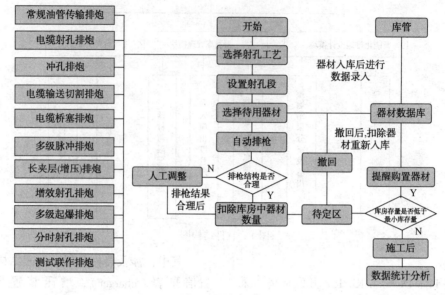

图3 设计流程图

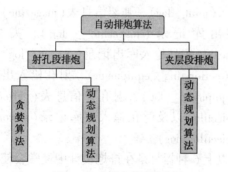

图4 自动排炮算法框图

3.2.1 贪心算法

贪心算法(又称贪婪算法)是指，在对问题求解时，总是做出在当前看来是最好的选择。也就是说，不从整体最优上加以考虑，算法得到的是在某种意义上的局部最优解。贪心算法不是对所有问题都能得到整体最优解，关键是贪心策略的选择。

宏观来看，对于每个射孔段，其管串排布均会对后续段排布产生影响，但对于夹层段较长的情况，这种影响可以忽略，这正符合了贪心算法所需最重要的无后效性。

但对于实际情况来说，并不是所有的夹层段都足够长，并不满足贪心算法所需的无后效性，但如果将较短的层段结合成为较长的层段，那就可以应用贪心算法。考虑到实际排炮情况，我们首先将长度小于待用最长枪的夹层段向上与射孔段合并，采用射孔段排布方法来排布。

3.2.2 动态规划算法

动态规划(Dynamic Programming)是运筹学

的一个分支，是求解决策过程(Decision Process)最优化的数学方法。20世纪50年代初美国数学家R. E. Bellman等人在研究多阶段决策过程(multistep decision process)的优化问题时，提出了著名的最优化原理(principle of optimality)，把多阶段过程转化为一系列单阶段问题，利用各阶段之间的关系，逐个求解，创立了解决这类过程优化问题的新方法——动态规划。

一个典型的动态规划算法案例路线图：

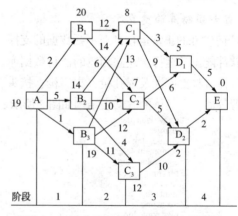

图5 一种典型的动态规划算法示意图

动态规划一般可分为线性动规，区域动规，树形动规，背包动规四类。本系统使用的是其中背包问题动规思路。

将其引申到排炮过程中，即为分析如何将给定的一组物品(即射孔枪、接箍)在限定的长度内(即为排炮层段长度)做出选择，使物品的总长度尽可能接近限定的长度。

$F_{[i][v]}$ 表示前 i 件物品恰好放入空间为 v 的容器中时，容器可以包含的最大价值。我们可以理解为当前枪的长度总和刚好为 v，因此背包问题的状体转移方程可以记为：

$$F_{[i][v]} = Max\{F_{[i-1][v]},\ F_{[i-1][v-w[i]]} + v[i]\} \tag{1}$$

其中 $w[i]$ 为物品的价值，在本例中由于不存在枪串价值高低区别，因此 $w[i] = i$。

建立长度数组 $Res_{[v]}$，结果数组 $Q_{[v, n]}$，其中 v 为待排布段长度（精确到 CM，整数），将所有待选枪（共 n 支）依射孔段长度从大到小排序，记为 $GUN_{[n]}$，其中最长枪为 $GUN_{[1]}$，初始化 $Res_{[v]}$ 即：

$$Res_{[v]} = FIX\left(\frac{v}{GUN_{[1]}}\right) * GUN_{[1]} \tag{2}$$

$$Q_{[i,\ 1]} = FIX\left(\frac{v}{GUN_{[1]}}\right) \tag{3}$$

随后进行优化改进：

$$Res_{[v]} = MAX(Res_{[i]},\ Res_{[i-GUN_{[2]}]}) + GUN_{[2]} \tag{4}$$

若 $Res_{[v]} < Res_{[i-GUN_{[2]}]} + GUN_{[2]}$ 则表示 $GUN_{[2]}$ 为更优解，那么

$$Q_{[i,\ 1]} = Q_{[i-GUN_{[2]},\ 1]} \tag{5}$$

$$Q_{[i,\ 2]} = Q_{[i-GUN_{[2]},\ 1]} + 1 \tag{6}$$

如此循环 n 次，即可求得最优解的集合，随后根据实际情况选择 V 的值，再在 $Res_{[v]}$ 对应的 $Q_{[v,\ x]}$。

综上所述，自动排炮计算流程图如图 6 所示：

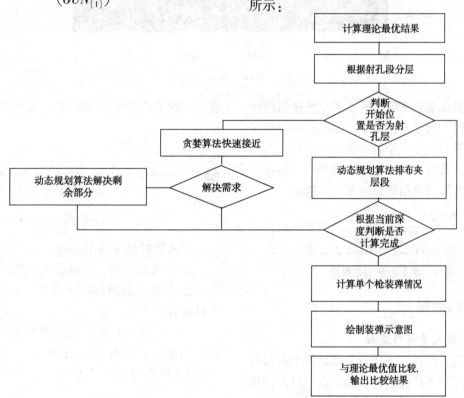

图6　自动排炮计算流程图

手动排炮主要功能包括对自动排炮结果的调整及统计与分析，是软件系统的重要基础。其结构框图如图 7 所示：

部分相关统计与计算方式均按照油田习惯进行，并额外提出了"理论最大覆盖率"这一概念。其含义是在不考虑器材数量的情况下，理论最大射孔长度与实际油层总长的比值，具体计算公式如下所示：

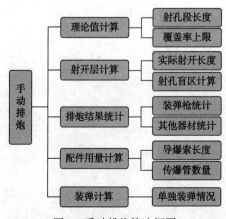

图7　手动排炮算法框图

$$理论最大射孔长度 = \sum_i^n \left[\text{FIX}\left(\frac{油层长度_i}{最长枪长度 + 接箍长度} \right) * 最长枪射孔段长度 + \text{Min}\left(最长枪射孔段长度, \text{MOD}\left(\frac{油层长度_i}{最长枪长度 + 接箍长度} \right) \right) \right] \quad (7)$$

$$理论最大覆盖率 = \frac{理论最大射孔长度}{实际油层总长} * 100\% \quad (8)$$

$$传爆管数量 = 接箍数量 * 2 + 2 \quad (9)$$

$$导爆索长度 = (射孔枪总长 + 接箍总长) * 1.5 \quad (10)$$

手动设计的管串，与油层直接对比可以十分直观的得出实际射孔枪有效段是否存在于油层内，将油层内的有效段记为射开段，油层内的无效段记为盲区段。根据有效段内的孔密计算每一发弹的相对位置，以此判断弹架中的哪些弹位需要装弹。如图 8 所示：

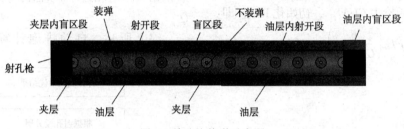

图 8　单独抢装弹示意图

理论上射孔覆盖率最为直观的反映排炮设计的优良。同时，为了方便施工，输出结果中会包含满弹枪数量与类型，半满枪数量与类型、空枪数量与类型以及所有装弹枪的精确到每个装弹孔装弹情况。实际计算结果显示如图 9 所示：

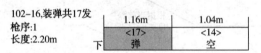

图 9　单个枪装弹结果图

4　软件实验应用

4.1　库房管理人员操作流程

库房管理人员进入系统后若器材库中有器材的数量低于库存下限时，会在用户登录时进行提醒，实现了自动化预警功能，提醒窗口如图 10 所示。

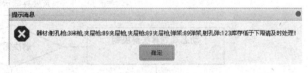

图 10　器材低于库存下限提醒

录入器材具体操作流程：

1. 输入用户名，密码进入系统；

2. 在基础数据维护菜单下，点击需要录入器材对应的菜单；

3. 点击新增按钮，根据弹出菜单中的提示，录入信息，点击保存，具体操作如图 11 所示（以射孔枪为例）。

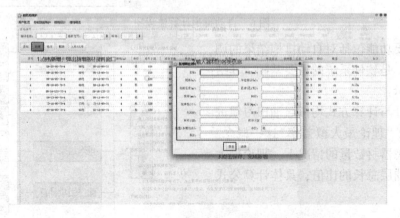

图 11　器材录入界面

修改器材具体操作流程：

1. 输入用户名，密码进入系统；

2. 在基础数据维护菜单下，点击需要修改器材对应的菜单；

3. 根据查询条件提示输入信息进行查询，或者直接点击查询按钮，在列表中找到对应器材；

4. 点击修改按钮，根据弹出菜单中的提示，修改对应信息，点击保存，具体操作如图 12 所示。

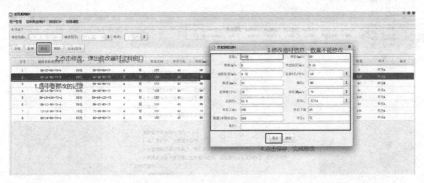

图 12　器材修改界面

删除器材具体操作流程：

1. 输入用户名，密码进入系统；

2. 在基础数据维护菜单下，点击需要删除器材对应的菜单；

3. 根据查询条件提示输入信息进行查询，或者直接点击查询按钮，在列表中找到对应器材；

4. 点击删除按钮，具体操作如图 13 所示。

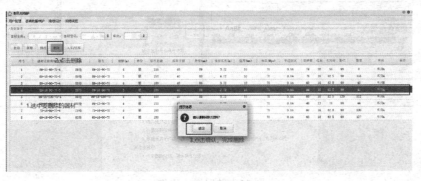

图 13　器材删除界面

器材出入库具体操作流程：

1. 输入用户名，密码进入系统；

2. 在基础数据维护菜单下，点击需要进行出入库操作器材对应的菜单；

3. 根据查询条件提示输入信息进行查询，或者直接点击查询按钮，在列表中找到对应器材；

4. 点击入库/出库按钮，在弹出的菜单中，根据实际情况选择入库或者出库，输入数量以及备注（选填），完成出入库操作，具体操作如图 14 所示。

图 14　器材出入库界面

4.2 排炮设计人员操作流程

1. 排炮设计人员根据实际情况选择常规排炮或者增压排炮设计菜单，下面以常规排炮介绍具体操作流程，具体界面如图 15 所示。

2. 根据提示输入井参数信息，施工井段信息，并对每个油层段进行器材选择，具体操作如图 16 所示。

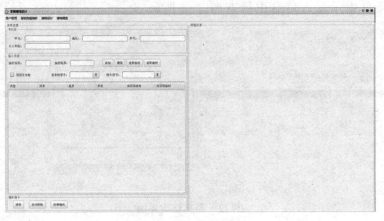

图 15   常规排炮界面

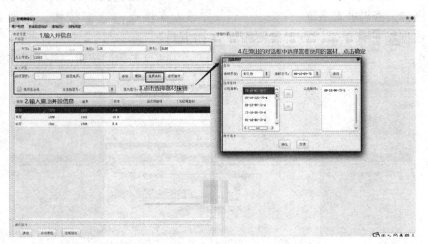

图 16   井况录入操作

3. 点击自动排枪，等待右侧模块展示出排炮结果，结果如图 17 所示。

4. 上下拖拽滚动条查看结果是否符合要求；

5. 如果符合要求则点击结果输出按钮，完成排炮设计

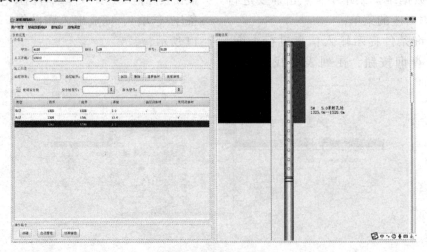

图 17   结果预览界面

6. 如果不符合要求则点击不符合要求的器材，在弹出的窗口中点击插入，然后在待选择器材窗口中选中需要插入的器材完成新器材插入，再次点击不符合要求的器材进行删除。如果插入器材是在选中器材的下方进行的。确认最终结果合格后点击结果输出，将最终的结果图输出至word文档，同时井信息的数据传输至排炮调度界面，具体操作如图18所示。

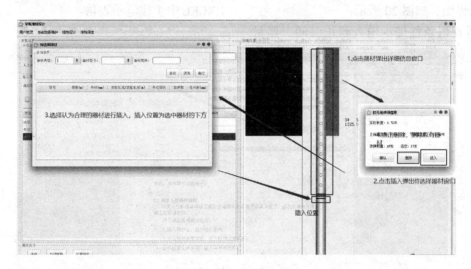

图18　人工排炮操作

4.3　调度人员操作流程

调度人员根据具体施工情况在排炮调度界面安排具体施工，涉及的操作为进行施工和取消使用。

进行施工具体操作流程：

1. 输入用户名，密码进入系统；
2. 点击排炮调度菜单，进入排炮调度界面；
3. 根据查询条件提示输入井号等信息，结果如图19所示。

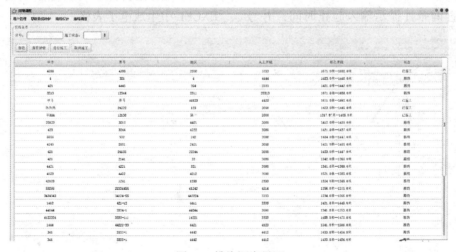

图19　排炮调度界面

4. 在列表中选中需要的信息，点击进行施工，即完成施工部署

取消施工具体操作流程：

1. 输入用户名，密码进入系统；
2. 点击排炮调度菜单，进入排炮调度界面；
3. 根据查询条件提示输入井号等信息；
4. 在列表中选中需要的信息，点击取消施工，即取消施工。

4.4　管理者操作流程

目前系统中为管理者提供了三类查询功能，包括，器材出入库查询，器材消耗查询以及器材成本消耗报表三种，分别用于查询器材的入出库情况，实际射孔施工时器材的消耗情况以及器材成本的消耗情况，下面将分别介绍每种功能的具体操作。

器材出入库查询具体的操作流程：

1. 输入用户名，密码进入系统；

2. 点击报表输出菜单，选择器材出入库明细报表进入界面，如图 20 所示；

3. 根据查询条件提示输入起止时间，器材

类型，型号的等信息，点击查询按钮；

4. 在列表中便会显示出对应的器材在选定时间内的出入库明细信息

5. 点击选择路径可将显示出的数据输出到EXCEL 中生成电子表格

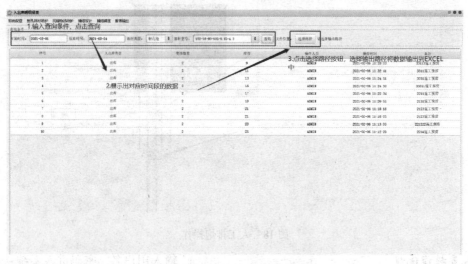

图 20　器材出入库明细报表界面

器材消耗查询具体的操作流程：

1. 输入用户名，密码进入系统；

2. 点击报表输出菜单，选择器材消耗报表进入界面，如图 21 所示；

3. 根据查询条件提示输入起止时间，井号

的等信息，点击查询按钮；

4. 在列表中便会显示出对应的器材在选定时间内的出入库明细信息

5. 点击选择路径可将显示出的数据输出到EXCEL 中生成电子表格

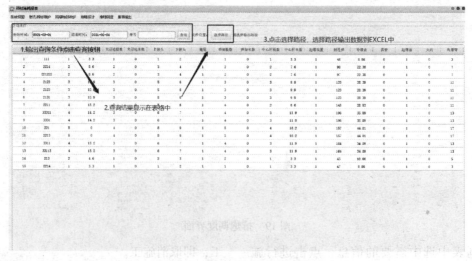

图 21　器材消耗报表界面

器材成本消耗查询具体的操作流程：

1. 输入用户名，密码进入系统；

2. 点击报表输出菜单，选择器材成本消耗报表进入界面，如图 22 所示；

3. 根据查询条件提示输入起止时间，井号

的等信息，点击查询按钮；

4. 在列表中便会显示出对应的器材在选定时间内的出入库明细信息

5. 点击选择路径可将显示出的数据输出到EXCEL 中生成电子表格

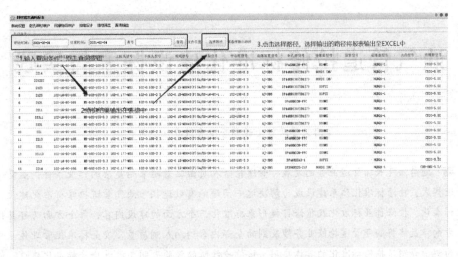

图 22 器材成本消耗报表界面

5 结论

通过实际运用排炮软件，基本解决了实际生产中存在的问题，大大提高了工作效率。软件自动生成设计报告，使射孔通知单拥有统一模板，有利于标准化作业。

排炮软件基于网络版的形式完成，结合权限设计，一方面可以很好的完成数据的收集整理工作，对数据可以进行有效的统计分析；另一方面，也可以保证数据的相对独立性，各用户之间不会造成数据泄露。通过逐渐对数据进行收集整理，统计分析，当数据量足够庞大，历史数据足够有参考性时，经过对数据库的大数据分析，自动生成设计方案。软件内集成了多种统计功能，提高了统计人员的工作效率，同时为管理者系统了直观的报表，实现了精细化管理。

油气管道抢修标准化建设探索与实践

赵　康

（国家管网集团西部管道有限责任公司）

摘　要　随着油气长输管道业务的发展，管道抢修人员面临着越来越复杂的作业条件，亟需一种科学高效的管理模式，抢修标准化体系建设成为解决这一问题的有效途径。油气管道抢修标准化建设，可分为抢修管理标准化、抢修作业标准化及抢修目视形象标准化三个方面的建设内容，每个方面又可具体分为若干个建设方向，最终将油气管道抢修业务涉及到的全部内容均纳入到质量、安全标准化管理体系中。以某维抢修队为例，介绍了抢修标准化的具体应用，该维抢修队的经验表明，推进抢修标准化建设，能够有效促进抢修队伍综合应急能力的提升，切实提高抢修作业的质量和效率。

关键词　油气管道，抢修，标准化，管理模式

当前，油气长输管道已成为陆上油气运输的主要方式，预计到 2025 年，我国输油气管道总里程将达到 24 万公里。油气管道作为重要的基础设施，对于保障国家能源安全，促进社会经济发展具有重要意义。由于设计缺陷、材料缺陷、管道本身的腐蚀老化，以及施工破坏、打孔盗油、地质灾害等外力因素，导致管道破裂、泄漏等事故时有发生。油气具有易燃易爆、腐蚀、毒害等危险特性，一旦处置不利，极易引发火灾、爆炸、中毒等严重事故，造成巨大的人身伤亡及财产损失。长输管道应急抢修队伍是处置管道各类突发事件的专业化应急力量，是保障油气管道平稳运行的最后一道防线，因此保证抢修作业安全及作业质量至关重要。

随着管道业务的迅速发展，抢修队伍往往要承担着不同管径、不同运行压力、不同输送介质管道的应急抢修任务，作业条件日益复杂，因此，建立现代高效的油气管道抢修管理体系逐渐成为行业重要而迫切的需求。油气管道抢修标准化是指在总结抢修管理制度、作业规程、实践经验的基础上，提炼和优化抢修管理方法及抢修作业步骤，形成安全、准确、高效的抢修作业程序，对抢修作业的全过程进行规范和指导。在以往的研究中，众多学者对于长输管道运行标准化做了大量工作，但在抢修方面，研究文献较少。相关学者在总结维抢修队伍应急抢修实际问题的基础上，从各自角度提出了应急抢修标准化管理方法，具有一定的实践意义，但并未形成体系，缺乏对该问题的系统性论述。本文在总结西部管道公司抢修标准化工作经验的基础上，为油气管道抢修标准化建设提供系统性方案，以期推动和促进油气管道抢修标准化工作，提升抢修作业安全管理水平，提高抢修作业质量和效率，降低抢修作业成本，实现油气管道抢修业务高质量发展。

1　油气管道抢修标准化建设方案

油气管道抢修标准化应从抢修管理、抢修作业、抢修目视形象三方面进行建设，三者之间相互关联，协调统一。整体建设框架如图 1 所示。

1.1　抢修管理标准化

（1）抢修队伍管理标准化

油气管道抢修队伍的综合应急能力决定了抢修任务完成的质量和效率，因此，要按照铁军建设要求，强化抢修队伍管理，打造一支纪律严明、业务精干的专业化抢修队伍。抢修队伍管理应从岗位任职资格、队伍能力建设及日常管理等方面进行标准化。岗位任职资格方面，应制定抢修队伍人员准入标准，遴选思想觉悟高、业务能力强的人员加入抢修队伍，保证抢修队伍人员素

质的稳定性。队伍能力建设方面，应结合抢修业务实际，制定科学合理的练兵标准，明确不同工种、不同层级人员理论学习、技能训练的内容、方式、频次及效果，从制度上保证抢修队伍应急能力稳步提升。日常管理方面，应制定战备管理、内务管理等标准，保证抢修队伍做好充分准备，随时投入应急抢修战斗。

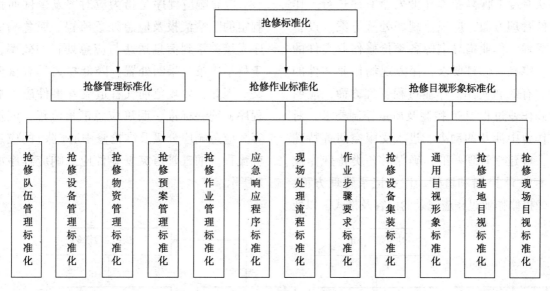

图1 油气管道抢修标准化建设整体框架

（2）抢修设备管理标准化

油气管道抢修设备种类多、数量大，且重型设备、特种设备占比很大，因此在设备机具配置、使用、维护、更新、报废等环节均应建立明确标准，保障抢修设备充足、完好，发挥最大效用。设备配置应结合抢修业务实际，明确规定不同层级抢修队伍应配置设备机具的种类、名称、规格和数量，并结合技术发展，定期进行更新和优化。设备维护保养方面，应以生产厂商提供的保养手册为依据，以分类管理、专人负责为原则，建立明确的维护保养标准，规定设备保养的内容、频次和效果，规范备品备件的储备定额，保证抢修设备始终处于完好备用状态，随调随用。

（3）抢修物资管理标准化

油气管道抢修物资主要包括站场应急物资、管道阀室应急物资、管材及油品回收物资等，在物资储备、保管、调用等方面进行标准化管理，对于保障抢修物资第一时间供应具有重要意义。物资储备方面，应制定标准规范，明确储备物资的种类、名称、规格型号、数量、适用线路及库存地点，并结合业务发展实际，定期进行修订和补充。物资保管方面，应对物资存放、保养、日

常检查、质量检验等方面进行规范，确保抢修物资完好备用、随调随用。此外，应制定应急物资调拨、出库、配送等相关标准，确保应急状态下，抢修物资能够快速就位，在关键时刻发挥重要作用。

（4）应急预案管理标准化

应急预案在油气管道突发事件应急处置过程中起到纲领和主导作用，应急预案管理标准化对于迅速、科学、有序处置油气管道突发事件，最大程度减少突发事件带来的损失具有重要意义[8-10]。应急预案管理标准化包括应急预案编制、修订、培训、演练等方面的标准化。应急预案编制修订方面，应明确应急预案层次体系，规定预案的编制主体、编制方式、评审要求、备案要求及修订周期，确保应急预案的科学性、针对性、实用性和实效性。应急预案培训方面，应明确培训主体、方式、效果及相关记录要求，保证抢修人员熟知应急预案内容及应急职责，掌握应急程序及现场处置方法。应急演练方面，应明确各级单位应急演练的形式、规模、频次、内容以及演练评估、总结等要求，使应急演练真正发挥出检验预案、完善准备、锻炼队伍、磨合机制的重要作用。

（5）抢修作业管理标准化

油气管道抢修作业管理包括作业文件管理、作业过程管理及作业记录管理，是抢修管理的核心和重点。建立抢修作业管理标准化体系，能够从制度上保障抢修作业安全有序进行。作业文件管理方面，应规范现场处置方案、设备操作规程、作业指导书等各类抢修作业文件的编制、审批及修订要求，保障现场作业文件的科学、有效和实用。作业过程管理方面，应明确抢修作业过程 HSE 控制及质量控制要求，对抢修作业中涉及的动火、进入受限空间等特殊作业，应建立管理标准，确保对各类特殊作业形成有效地控制和监管。作业记录管理方面，应明确抢修作业过程应记录的内容及格式，以便

有效掌握现场作业过程，为作业监督及优化提供数据基础。

1.2　抢修作业标准化

（1）应急响应程序标准化

应急响应程序是指为应对突发事件而预先制定的险情汇报及应急处置流程。应急响应程序直接关系到信息送达与应急处置的效率，对于科学决策、果断处置、降低损失具有重要意义。因此，要规范油气管道突发事件应急响应程序，统一标准，明确应急汇报流程、汇报内容、应急响应分级及维抢修中心（队）的应急响应流程。油气管道突发事件应急响应程序如图2所示。

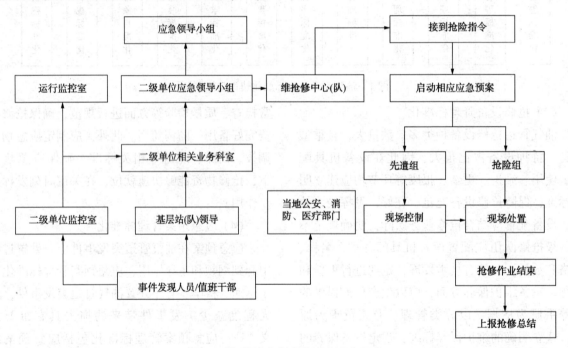

图2　油气管道突发事件应急响应程序

（2）现场处置流程标准化

现场处置流程是针对具体的突发事件类型而制定的应急处置方案，是抢修人员必须熟练掌握的作业准则，对于突发事件发生后，抢修力量迅速反应、正确处置具有重要意义，因此，应科学制定现场处置流程标准，统一规范，明确油气管道各类事故现场处置的"规定动作"，将抢修现场处置的应急状态转化为按部就班的作业过程，切实保障抢修作业质量和安全。某维抢修队输气管道突发事件现场处置

流程如图3所示。

（3）作业步骤要求标准化

抢修作业涉及众多操作步骤，每一步的作业质量都会影响到后续作业的安全和效率，进而影响抢修作业的整体效果，因此，应规范抢修作业步骤的安全和质量要求，明确每项作业的危险因素、危害来源、管控措施及关键质量参数，建立量化标准依据，规范作业过程，促进抢修人员把"规定动作"做的准确到位。某作业步骤的标准化要求如表1所示。

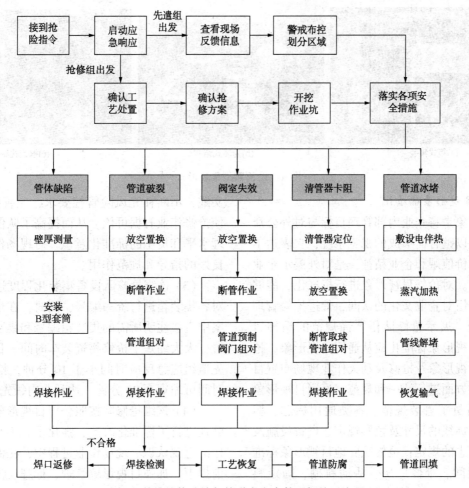

图 3　某维抢修队输气管道突发事件现场处置流程

表 1　某作业步骤标准化要求

步骤名称	危险因素	危害来源	管控措施	关键质量参数
吊装料管组对作业	1. 机械伤害 2. 高处坠落 3. 起重伤害 4. 滑倒、跌落	1. 管道挤压、人员伤亡 2. 吊装管道是人员跌入作业坑 3. 起吊误动作、吊装过程中钢丝绳断裂、物体坠落 4. 现场作业面混乱	1. 吊装时人员站位合理; 2. 警戒带到位,人员配合拉牵引绳; 3. 作业前对吊装吊耳进行全面安全检查,设备设施必须符合特种设备安全技术规范要求。合理调整起吊角度,严禁吊臂穿越障碍物进行吊装作业; 4. 工序结束时,清理作业面。	1. 组对间隙:3.5mm-4.5mm; 2. 错边量不大于1mm,错边量小于等于壁厚的八分之一,且连续50mm范围内局部最大不应大于3mm,错边沿周长应均匀分布,两管口螺旋焊缝或直缝间距错开间距大于或等于100mm。

（4）抢修设备集装标准化

油气管道事故具有突发性，抢修队伍在接到抢险命令后，通常需要在极短的时间内做好装车准备，赶赴事故现场。若抢修设备随意存放、管理混乱，则难以保证快速装车，且容易遗漏机具、备件，贻误抢险时机[14]。为提高抢修队伍应急响应速度，保障抢修设备、机具、物资及时运达抢修作业现场，应大力推进抢修设备集装化。建立抢修设备集装标准，对集装物资分类、集装箱结构形式、固定方式、加工制造要求、装箱清单等内容进行明确规范，切实提升抢修设备集装化的水平和质量，进而提高抢修队伍快速响应突发事件的能力。几种典型的设备集装形式如图 4 所示。

(a)箱式集装　　　　　(b)撬装式结构　　　　　(c)框架式结构

图4　设备典型集装形式

1.3　抢修目视形象标准化

目视形象是将企业内部管理目标与对外公众外部形象加以整合而形成的视觉系统,它表达了企业的核心价值观和企业精神,是对外展示企业文化的窗口。对抢修目视形象进行标准化,能够提升抢修队伍对企业文化的认同,促进抢修管理目标的实现,展示抢修队伍严谨规范的精神风貌。抢修目视形象标准化应从通用目视形象、抢修队驻地目视形象及抢修及动火作业现场布置目视形象三大方面进行统一和规范。通用目视形象标准应包括员工着装规范、各类通用标志、标牌、标签、标线的尺寸及色彩规定、设备设施及作业安全标志的规定;抢修队驻地目视形象标准应对各功能间、维修厂房、活动料棚、固定料棚、车库及车辆、实训练兵场地等区域的布置及标识进行统一规范,并给出典型示例;抢修及动火作业现场布置目视形象应对作业现场的布置进行规定,对作业现场涉及到的标识标牌进行规范统一,同时提供典型示例。

2　油气管道抢修标准化应用实践

某维抢修队共有员工34名,主要负责3类介质(原油、成品油、天然气),5条线路,2个作业区,9个输油气站场,41座阀室,共计1828km管线的维抢修业务。该队从2016年开始大力推行抢修标准化管理,取得了良好的效果。

(1)该维抢修队加强队伍管理标准化建设,根据人力资源和维抢修业务实际情况,制定岗位能力标准及练兵标准,科学评定作业人员能力,配套进行量化考核。员工对照标准,明确自身优势和不足,强化弱项训练,有效促进了现场作业和队内管理的提升。

(2)该维抢修队依据相关作业标准,建立抢修作业标准化图集,图集明确了抢修作业各环节、各步骤应达到的标准和要求,并且通过现场实践,不断补充风险管控要求,完善技术细节,使抢修作业有据可依,从而提高了队伍的合规管理水平和员工的标准化意识,对现场作业起到了良好的指导和规范作用。

(3)该维抢修队设备集装化程度达到100%,对各集装箱进行统一编号,同时,在现场处置方案中直接注明所需的集装箱编号和集装箱装车位置,大大缩短了抢修物资装车时间。目前,该队先遣组应急反应时间小于10分钟,抢修组装车时间可缩短至25分钟,达到业内领先水平。

(4)该维抢修队按照公司目视形象标准,对驻地进行了标准化改造,强化了员工对标准化工作的直观认识。现场作业过程中,在保证安全的前提下,加强目视形象管理,标牌、设备、机具严格按照标准布置,保证了作业现场的规范性,展示了抢修铁军的精神风貌。

2019年至2020年上半年,该维抢修队共计完成了7次一级动火作业、2次二级动火作业,动火工作量是过去四年的总和,作业一次合格率达到100%。通过抢修标准化管理,该维抢修队人员的综合能力显著提升,团队配合默契程度显著增强,队伍抢修作业效率和质量得到了明显提高,有效保障了抢修作业安全有序进行。

3　结论

(1)油气管道抢修标准化建设,是适应管道抢修行业发展的必由之路,能够有效保障抢修作业安全,提高抢修作业质量和效率,降低抢修作业成本。

(2)油气管道抢修标准化包括抢修管理标准化、抢修作业标准化、抢修目视形象标准化。抢修管理标准化从抢修队伍管理、抢修设备管理、抢修物资管理、应急预案管理、抢修作业管理等方面进行规范统一;抢修作业标准化从应急响应程序、现场处置流程、作业步骤要求、抢修设备集装等方面进行规定。

（3）以某维抢修队为例，介绍了该队实行抢修标准化建设的方法及取得的效果，实行抢修标准化管理后，该队的作业效率和质量明显提升，能够更好适应日益增长的管道抢修业务需求。

（4）本文介绍的油气管道抢修标准化建设方案具有系统性和实用性，可以为油气管道抢修行业标准化管理提供有益参考。

参 考 文 献

[1] 吕政.中国长输油气管道集中调控企业发展环境与战略现状[J].油气储运，2019，38（12）：1330-1337.

[2] 黄维和，沈鑫，郝迎鹏，等.中国油气管网与能源互联网发展前景[J].北京理工大学学报（社会科学版），2019，21（01）：1-6.

[3] 肖斌涛.油气长输管道安全应急救援实训系统研究与探索[J].系统仿真技术，2017，35（01）：11-17.

[4] 徐明伟，张玲玲.油气管道应急抢修标准化管理实践与探索[J].建筑工程技术与设计，2016，（8）.1608-1609.

[5] 郑海亮，朱志强.油气管道管道维抢修管理[J].中国化工贸易，2018，（10）.13.

[6] 闫杰，刘寒冰，崔莹莹.油气管道维抢修队伍应急抢修区域化管理[J].油气储运，2012，31（9）.711-713.

[7] 石蕾，郝建斌，郭正虹等.美国油气管道维抢修应急响应程序[J].油气储运，2010，29（12）.881-884.

[8] 张新法，郝银贵，郭洋.油气管道企业应急预案体系的构建[J].天然气与石油，2017，13（03）：113-117.

[9] 董绍华.中国油气管道完整性管理20年回顾与发展建议[J].油气储运，2020，39（03）：241-261.

[10] 陈朋超，冯文兴，燕冰川.油气管道全生命周期完整性管理体系的构建[J].油气储运，2020，39（01）：40-47.

[11] 吴轩，李竞，胡京民等.油气管道重大突发事件应急响应对策[J].油气储运，2019，38（12）：1338-1343.

[12] 付立武.油气长输管道维抢修预警分级响应体系[J].油气储运，2012，31（05）：390-393+407.

[13] 郑登锋，徐丽，陈永等.基于HSE风险分析的油气管道企业应急预案体系与实践[J].油气田环境保护，2018，28（03）：44-48+62.

[14] 李永鑫，肖海峰，赵迎波等.维抢修设备集装和模块化管理[J].油气储运，2015，34（02）：225-228.

大庆油田"智慧工地"实践与展望

尹峰哲　姜兴安　石晓琳

（大庆油田工程建设有限公司）

摘　要　2020年大庆油田开展了"智慧工地"云平台应用的试点实施。该项目综合运用采用"云、大、物、移、智"等新兴的信息化技术，建立了符合中国石油油气田地面建设施工阶段管理特点的一体化云平台，缓解了地域偏远、分布广阔、项目类别和数量多等矛盾，实现了施工现场管理的精准管控和数字化转型。本文介绍了"智慧工地"一体化云平台的功能和应用效果，并对未来发展方向进行了展望。

关键词　油气田地面建设，施工现场，信息化，智慧工地，实践，效果，展望

在油气田地面建设过程中，施工阶段是一个在短期内、相对狭小的空间聚集大量的人员、机械、材料互相交错的复杂环节，所以成为安全风险、质量隐患和工期延误的高发阶段。目前中国石油所属油气田地面建设项目存在地域偏远、跨度覆盖广、投资金额大、项目类别和数量多、工期紧等特点，施工阶段的现场管控仍依靠传统的管理方式，管理效率低、成本高、信息同步性差、巡检覆盖率低，管理人员不能及时获得施工现场安全、质量、进度等关键管理数据，无法有针对性地制定相关，急需运用信息化手段改变现状。

2019年，中国石油天然气股份有限公司委托大庆油田开展针对油气田地面建设施工阶段信息化管理的《油气田地面建设工程智慧工地技术应用研究》项目，建立了符合中国石油天然气集团公司油气田地面建设管理特点的"智慧工地"

一体化云平台，该项目平台在云架构的基础上，综合运用"云计算、大数据、物联网、移动应用、人工智能"和VR虚拟现实等新兴的信息化技术，满足不同投资规模、不同类别、不同地域的油气田地面建设工程的管理要求，实现了施工现场的人员、安全、质量、进度、环境监测及预警、智能监控等管理需求的信息化管控。项目实施后，实现各类型建设项目施工过程的实时监控、智能感知、数据采集和智能化统计分析，全面远程掌握施工现场真实的工程质量、安全、进度等各项关键数据，为科学化决策提供依据，进一步提升施工监管水平。

1　总体布局

"智慧工地"平台建设总体分为三个功能区域：施工现场、培训区和监控中心如图1所示。

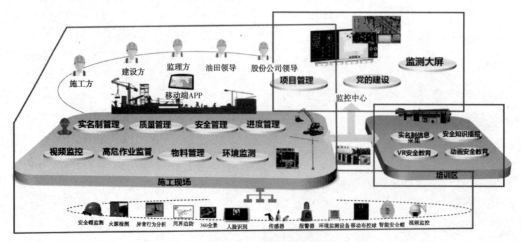

图1-1　"智慧工地"平台建设总体布局图

（1）施工现场：利用摄像头、环境监测设备等传感设备，人脸识别、异常行为分析等智能技术，实现现场感知数据、音视频的采集，统一接入智能工地平台。通过智能工地平台，实现实名制管理、质量管理、安全管理、进度管理、视频监控、高危作业监管、环境监测等现场管理，同时开发移动APP，实现移动化办公。

（2）培训区：通过安全工具箱以及VR技术，实现实名制信息采集、安全知识播报、VR安全教育、动画安全教育，培训区的实名制信息、入场培训结果都进入数据库，并与门禁系统进行关联。

（3）监控中心：利用大屏幕和数据可视化技术，实现项目管理、党建协作区和监测大屏的展示和监控。

2　总体架构

智能工地平台采用分层架构，分为六层进行建设如图2所示。

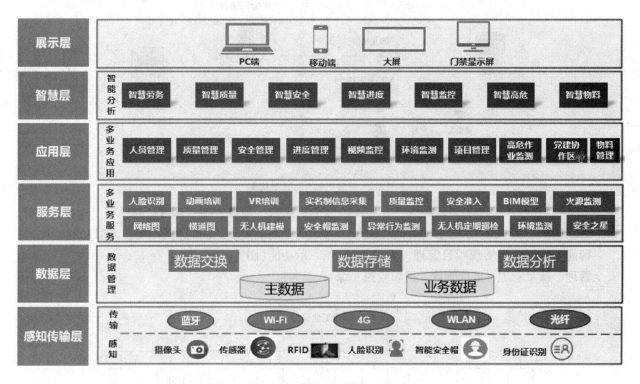

图2　"智慧工地"总体架构图

（1）感知传输层：摄像头、传感器、人脸识别、环境监测系统、身份证识别等感知设备采集回来的数据，通过WIFI、4G、光纤等传输网络进入到数据层。

（2）数据层：建立主数据库和业务数据库，完成数据交换、数据存储、数据分析等数据管理，将处理分析之后的数据传递给服务层。

（3）服务层：通过微服务技术，将人脸识别、动画培训等等功能进行拆分和封装。

（4）应用层：根据业务需求，调用组合各类服务，开发人员管理、质量管理、安全管理、进度管理、视频监控、环境监控、高危作业监察等各类应用。

（5）智慧层：在应用实践基础上，通过智能分析等技术，逐步开展智慧劳务、智慧质量、智慧安全、智慧应用等各类智能化管理的研究与推广。

（6）展示层：通过PC端、移动端、监控大屏、门禁显示屏等多种方式进行展示，实现监控管理方式的多样化、可视化、移动化。

3　部署架构

如图3所示。

（1）平台的应用服务器、数据库服务器、文档服务器部署在DMZ区，实现内外网数据互通。内网用户可以直接访问。

（2）入场安全教育工具箱、监控设备、视频服务器、人脸识别门禁、环境监测设备部署在互联网，通过光纤、WiFi、4G 网络相互连接，并通过防火墙进入 DMZ 区的后台服务器。

（3）移动 APP 的用户，通过互联网、防火墙，调用移动办公平台的接口服务，访问智能化工地平台。

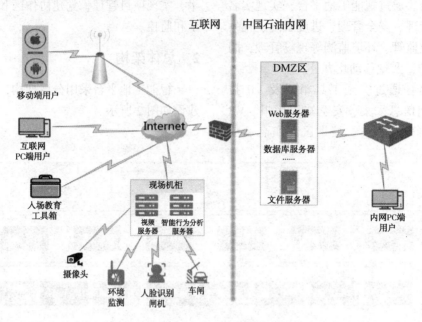

图 3　"智慧工地"部署架构图

4　功能架构

智能工地平台要实现项目管理、人员管理、安全管理、质量管理、进度管理、视频监控、综合展示、项目管理、环境监测预警、党建协作等九个功能模块，同时具备 PC、大屏和移动端展示功能（图 4）。

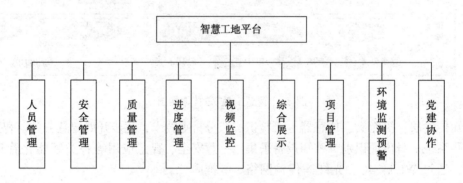

图 4　"智慧工地"功能架构图

4.1　人员管理：

4.1.1　由多媒体安全培训工具箱和智能面部识别门禁组成的实名制管理系统，通过读取身份证信息、建立培训档案、集中动画培训、多人同时无纸化考试、自动阅卷评估、培训档案批量打印存档等流程后，考试合格人员后方可通过面部智能门禁进入施工现场。

4.1.2　PC 端和移动端可即时显示在场人员类别、工作、所属队伍的图形化图表。

4.1.3　如有违纪行为将记录在黑名单库中，并在所有智慧工地现场实现禁入。

4.1.4　入场门禁处设立显示器，人员通过时即时显示姓名、工种、所属队伍等详细信息以备查阅，并自动生成考勤记录。

4.1.5　平台可实现在场人员统计、施工人员档案查询、施工队伍查询等功能。使管理人员能在远程了解在场施工人员的专业、数量、队伍出勤等详细情况。

具体如图 5，图 6，图 7 所示。

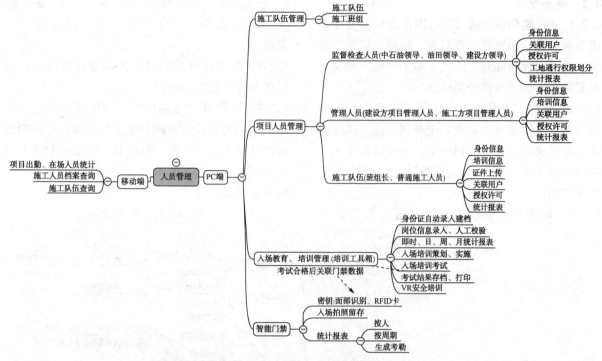

图5 "智慧工地"人员管理功能详图

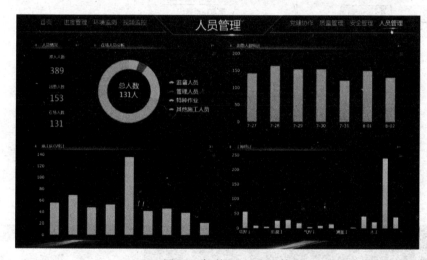

图6 "智慧工地"人员管理 PC 端及移动端界面图

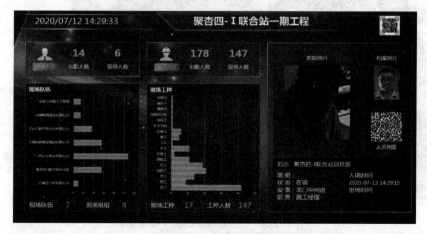

图7 "智慧工地"人员进出场统计图

4.2　安全管理

4.2.1　PC端和移动端可即时图形化显示安全隐患发现总数、待整改、待复查、超期未整改等数量，并可实现按照施工队伍、施工区域、所属专业和危害等级等条件分类统计。

4.2.2　建立了安全知识库，施工管理人员可将安全相关法律法规、企业安全条例、施工图纸等安全相关文档上传至知识库中，并可批量生成二维码张贴于施工现场，可随时随地在线查看安全知识文档。

4.2.3　现场安全管理人员可通过手机端进行安全隐患的巡检、整改、复查，实现安全隐患的闭环管控，并自动生成安全检查记录和报表。

4.2.4　作业许可功能可上传作业许可文件，确保作业许可的管理落地。

4.2.5　安全教育培训引入了VR培训功能，以施工场地为背景，不同专业人员可以通过虚拟现实的沉浸式交互体验，从视觉、听觉、触觉等感官方面产生更切实的教育效果，大大加强了安全培训效果。

具体如图8，图9，图10所示。

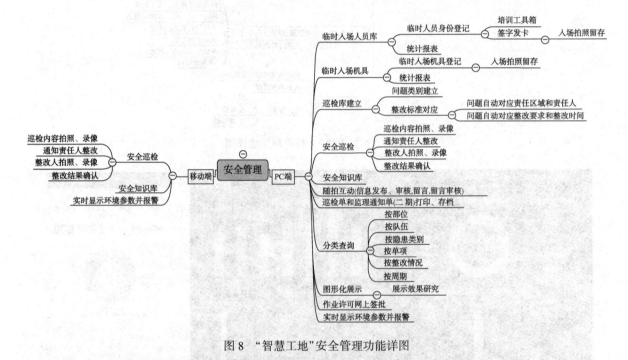

图8　"智慧工地"安全管理功能详图

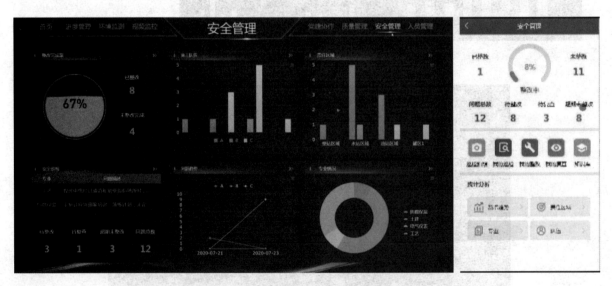

图9　"智慧工地"安全管理PC端及移动端界面图

图4-10　"智慧工地"VR安全教育界面图

4.3　质量管理

4.3.1　PC端和移动端可即时图形化显示质量问

题发现总数、待整改、待复查、超期未整改等数量，并可实现按照施工队伍、施工区域、所属专业等条件分类统计。

4.3.2　建立了质量知识库，施工管理人员可将质量相关法律法规、企业管理版发、施工图纸等质量相关文档上传至知识库中，并可批量生成二维码张贴于施工现场，可随时随地在线查看质量知识文档。

4.3.3　现场质量管理人员可通过手机端进行质量问题的巡检、整改、复查，实现质量问题的闭环管控，并自动生成检查记录和报表。

具体如图11，图12所示。

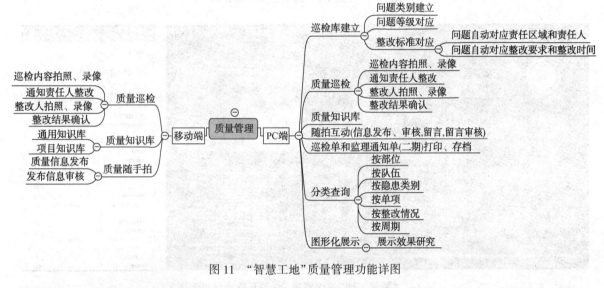

图11　"智慧工地"质量管理功能详图

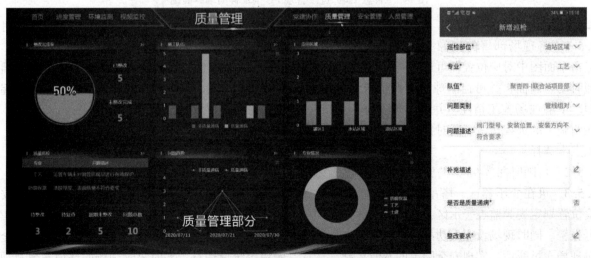

图12　"智慧工地"质量管理PC端及移动端界面图

4.4　进度管理

4.4.1　平台界面显示总工期、开工天数、距离竣工天数等实时数据，并显示三级进度计划图，

支持横道图、网络图，使项目管理者及时掌握施工进度。

4.4.2　在设定好的里程碑节点输入即时进度，

若实际与计划由偏差时，系统自动进行里程碑预警，预防工期延误的情况发生。

4.4.3 采用实景三维建模技术，实时展示施工现场的实景三维模型，使管理者可在远程了解施工现场的形象进度，提高管控效率。

4.4.4 机械资源和劳动力资源图表显示计划资源与实际的偏差，便于及时调整资源投入。

4.4.5 建立随拍互动模块，相当于施工现场的论坛，现场人员可将施工现场实时质量、安全问题和好的方面的各种场景和动态通过照片、视频等形式匿名上传至平台，经过审核后可发布于随拍互动栏目。

具体如图13、图14所示。

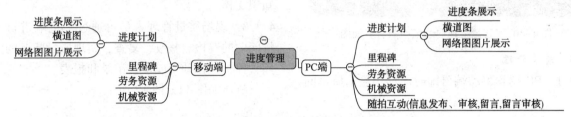

图13　"智慧工地"进度管理功能详图

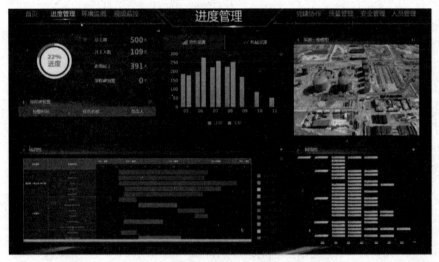

图14　"智慧工地"进度管理PC端及移动端界面图

4.5　远程视频监控

4.5.1 将现场部署的摄像头标记于平面图中，点击平面图中对应位置即可远程调取施工现场的即时动态画面，并可控制球形摄像机转动视角，即时了解现场施工情况，并可实现安全、质量、文明施工的远程执法。同时提供树状摄像头列表供点击选择。

4.5.2 可随时回放90天的施工现场视频。

4.5.3 可在变压器区、塔吊基础、深基坑等危险位置划定视频监控警示区，有动态物体进入即可报警。同时现场设立大功率音箱，管理人员可对现场人员喊话，实现安全隐患的及时控制。

4.5.4 智能行为分析可以对未戴安全帽、未穿工作服、吸烟等违章画面进行人工智能分析和报警，为安全管理人员大幅提高了监管效率。

4.5.5 在站外施工、临时高风险作业等场景可部署移动布控球，使监控无盲区。

4.5.6 在施工现场配备无人机，平台可同步播放无人机直播视频，便于高层管理人员远程掌握实时形象进度。

具本如图15，图16，图17所示。

4.6　综合展示

通过项目看板可以对工程项目的进度管理、环境监测、视频监控、党建协作、质量管理、安全管理和人员管理等功能进行概览。手机APP端可显示项目工期、项目人员、质量问题、安全隐患等统计信息，实时显示现场的环境参数及预警信息，可以导航至项目概览、人员管理、质量管理、安全管理、进度管理、视频监控、随拍互动及环境监测模块的首页(图18)。

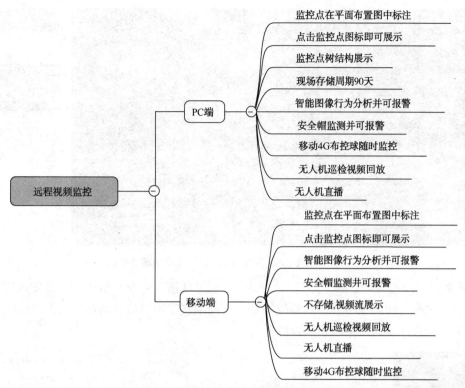

图 15　"智慧工地"远程视频管理功能详图

图 16　"智慧工地"远程视频 PC 端及移动端界面图

图 17　"智慧工地"远程视频区域禁入示意图

图18 "智慧工地"综合展示 PC 端及移动端界面图

4.7 项目管理

实现对项目名称、所属油田、所属单位等基本信息的维护；责任区域管理实现将项目区域与施工队伍、专业、整改人、通知人进行关联；移动端实现项目信息的概览(图19)。

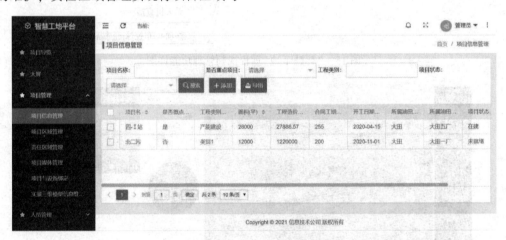

图19 "智慧工地"项目管理界面图

4.8 环境监测

4.8.1 在 PC 端和移动端实时显示施工现场温度、风力、湿度、PM2.5 等环境参数，为施工生产管理提供实时准确的参考依据。

4.8.2 平台自动获取第二天的天气预报，与安全相关的环境参数高于作业要求时，系统提前进行预警，使施工生产管理人员合理安排施工，防止因指派错误任务而误工的情况发生。

4.8.3 当环境参数阈值的超过焊接、防腐等环境参数要求时，平台即时显示相关作业警报，提示管理人员及时撤销作业内容，或增加辅助措施保障施工过程安全和质量。

具体如图20，图21，图22 所示。

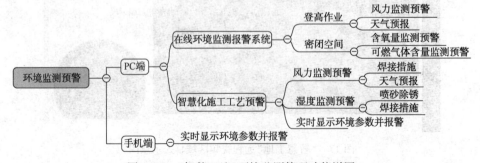

图4-20 "智慧工地"环境监测管理功能详图

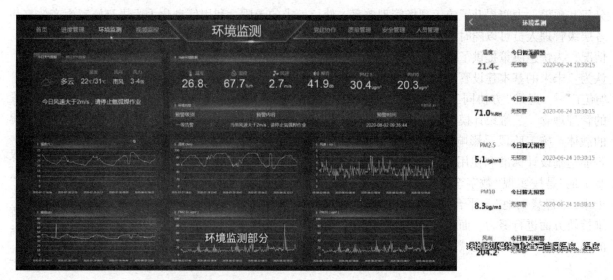

图 21   "智慧工地"环境监测 PC 端及移动端界面图

图 22   "智慧工地"环境监测设备图

4.9   党的建设

及时把上级重大精神、协作区工作动态、工作制度、先优事迹等以图片、视频、文字的形式在智慧工地平台进行展示，开辟学习园地、党课评比、建言献策模块，营造了"共商、共建、共享、共赢"的氛围，树立了"一切工作到支部"的鲜明导向(图 23)。

图 23   "智慧工地"党建协作界面图

5   结论

2020 年，拥有自主知识产权的"智慧工地"信息化管理云平台在大庆油田聚杏四-I 联合站系统工程(工程造价 5.08 亿元)进行部署和实施，通过平台发出安全质量巡检单 185 张，使安全、质量巡检闭环管控率提升至 98%；环境监测安全预警 135 次，施工工艺预警 97 次；远程发现安全隐患 45 项，及时制止违章行为 12 项，远程发现违规作业 65 项；实名制认证及多媒体安全培训人数 483 人，发现人证不符人员 3 人，列入企业黑名单 1 人；安全、质量知识库内容 79 项，实景三维建模 7 次，无人机视频拍摄 12 次；里程碑进度预警 3 次，三级进度计划 34 张。"智慧工地"云平台通过现代化的信息技术手段，将施工现场的各项管理数据进行综合展示、系统分析和预警，大幅提升了施工现场管理效率，使各层级管理人员可以随时随地远程掌握现场实际情况，为快速决策提供了提供了科学依据。笔者认为：未来的基本建设管理最终将实现"设计"、"施工"、"运维"方协同工作的模式，即"BIM"的管理理念，三维设计模型将成为三方协同工作的载体，施工阶段是影响"数字孪生"的实体是否能达到设计标准和使用要求的关键环节，"智慧工地"是按实现"数字孪生"的有效管控手段。未来，"智慧工地"云平台应在与设计端实现三维接轨方面进行努力。面对日益激烈的市场竞争的现实，和大幅度快速减员与日益提升的管理要求的矛盾，利用信息化手段提高施工生产效率和管理效率是必由之路。

参 考 文 献

[1] 胡玉涛，赵力成，尹峰哲等．油气田地面工程建设智慧工地平台管理手册．中国石油天然气股份有限公司．2020.

[2] 胡玉涛，赵力成，尹峰哲等．油气田地面工程建设智慧工地平台操作手册．中国石油天然气股份有限公司．2020.

[3] 赵力成，贾纯斌，尹峰哲等．油气田地面建设工程智慧工地技术应用研究，开题报告．中国石油天然气股份有限公司．2019.

三维应急指挥平台在江苏 LNG 的建设

曹耀中

(中石油江苏液化天然气有限公司)

摘　要　江苏 LNG 接收站在应急预案执行时，受到现有技术水平的限制，会有传达时效性差、传达内容偏差、应急领导小组获得的信息不直观等问题。为解决上述问题，江苏 LNG 公司引入"互联网+"技术建立三维应急指挥平台。该平台通过日常安全管理、应急救援管理、短信平台管理模块、气象监测数据模块和外系统集成管理五大模块，充分整合了接收站现有的风险管理、应急响应、应急演练内容，使江苏 LNG 公司的安全管理水平得到了较大的提升。

关键词　安全管理，应急管理，信息化，领结理论，LNG 接收站，互联网+

1　系统开发背景

LNG 是液化天然气的简称，有着低温、流动性强，极易挥发，蒸汽扩散速度快，闪点低等特性，火灾危险等级是甲 A 类。LNG 接收站作为 LNG 大批量储存、处理和转运的企业有如下特点：LNG 储存集中形成重大风险源；站内设备阀门众多，易发生泄漏；低温介质存储、操作难度较大，处置不当易超压、易泄漏；如果站内发生的事故事件得不到及时有效的应急处置，设备内部存储的 LNG 容易受到影响发生诸如气体膨胀爆炸、火灾、爆燃等次生事故。为保障安全生产，各个接收站都会形成应急管理规定、应急领导小组、应急处置预案，并根据应急预案会形成一套应急相应流程如图 1 所示。

在传统的技术条件下，从现场工人发现问题到上报当班领导再到汇报应急领导小组，层层转达传达，时效性差，缺乏直观性。为建设更加高效的安全应急体系，健全双重预防机制，江苏 LNG 开发了三维应急指挥平台。三维应急信息系统的最大特点在于它能够实现全息现实场景再现，以三维真实的场景关联相关信息，最大程度地做到人性化和可视化，能够对企业的日常安全监管和应急管理工作进行的直观展示和有效管理。

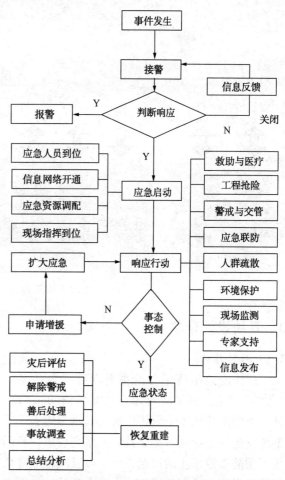

图 1　江苏 LNG 的典型应急响应流程

2　系统建设总体框架

构建三维应急指挥平台是安全应急管理的现代化管理手段，是企业信息化的发展趋势。系统的整体架构设计如图 2 所示。

系统利用睿—PLANT 平台搭建的企业可视化场景及基础应用环境，补充采集江苏 LNG 预案、应急资源等数据，从而在全息化工厂基础平台实现重大危险源、安全生产隐患动态管理、全息化预案管理、应急响应与辅助决策、应急模拟演练五大方面功能的具体应用，同时集成企业的 DCS 系统、视频监控系统，建设气象监测预警、短信平台管理两大模块，保障三维应急指挥平台信息的完善。

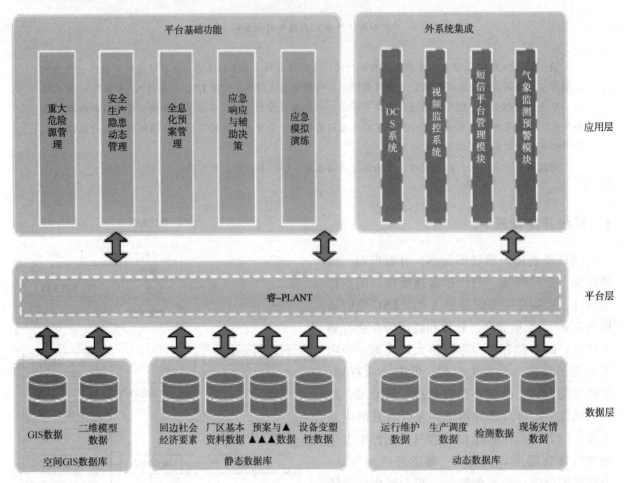

图 2　江苏 LNG 三维应急指挥平台架构

3　系统设计理念

3.1　领结理论

三维应急指挥平台的主要设计理念是基于"领结"理论。领结法直译自英文术语 Bow-tie，是一种图形化的安全分析方法，其直观地表达了事故发生的原因和可能导致的一系列后果，且涵盖了预防事故发生的控制方法，以及减轻或降低事故后果影响的缓解措施。一个典型的领结图包含以下几个因素：

顶事件，亦通常被称为关键事件，其位于领结图的中央，是多种风险因素所指向的共同结果。

原因，亦可直接称作风险或威胁，指引发顶事件的原因。

后果，位于顶事件的右侧，是顶事件所引发的负面事件。

屏障，是领结法中的专用术语，指用于预防、控制或缓解事故的物理或非物理方法。根据其定义，屏障在领结图中应该同时位于顶事件的左右两侧，分别表示预防事故发生的控制方法和缓解事故后果的措施。

本系统在建立之时列举了江苏 LNG 接收站存在的隐患，并结合现场经验分析得出可能导致的后果，通过领结法进行分析出控制风险和缓解后果的屏障措施，将接收站的应急预案以一种全面和直观的预设脚本展现在系统中。平日可通过系统预设脚本进行应急演练，应急状况下基于真实三维场景进行信息查询、灾害评估、指令下达、作战部署等，真正实现"平战结合"（图 2，

图3）。

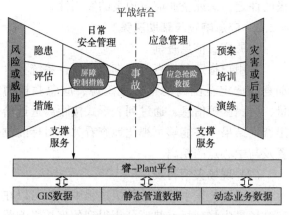

图3　三维应急指挥平台领结图

3.2　全息数据融合

三维应急指挥平台是把三维场景与它背后的属性数据整合到一起，并且进行相应的融合。

设备全生命周期的数据和图纸资料挂接：不仅可以看到设备的基础属性信息，可以把它全生命周期的数据和图纸资料进行挂接，比如现场检维修拍的照片。

上下游逻辑关系融合：设备之间的这种联通关系也植入进去。比如，针对某个设备，在紧急关断时可以查询其上下游设备，可以看到他们之间的联通关系。

业务逻辑关系的融合：系统对数据的各类业务逻辑关系进行了融合，可实现可业务功能的关联管理。比如可以以某个设备为中心，查询一定范围内其他重大危险源分布、消防设备分布、救援力量分布，同时可以关联查询该设备隐患记录等。

三维应急指挥平台将空间位置关系、上下游联通关系、业务逻辑关系等有机融合到一起，支持相关应用。

4　系统主要功能

4.1　日常安全管理

重大危险源及隐患管理是企业日常安全管理的重要方面，实际中，对事故隐患的控制管理总是与一定的危险源联系在一起，因为没有危险的隐患也就谈不上要去控制它；而对危险源的控制，实际就是消除其存在的事故隐患或防止其出现事故隐患。三维应急指挥平台以全息化工厂为基础，实现重大危险源及隐患的可视化管理。

4.1.1　重大危险源管理

（1）重大危险源分级分类管理

系统可将企业内的重大危险源信息进行分类汇总并保存，用户可以在三维场景下全方位、多角度地查看重大危险源的空间分布、基本属性信息及图片。在查看重大危险源的基本信息时，可随时调阅相关联的应急预案。用户可对重大危险源信息进行编辑。

（2）重大危险源辨识

系统能够提供重大危险源辨识功能，通过重大危险源各种参数的录入，依据国家颁布的重大危险源辨识标准和企业安全预评价的结论，系统可辅助辨识哪些是重大危险源，哪些是非重大危险源。

（3）危险源风险评估结果展示

系统可以提供两种重大危险源风险评估的方法。一种方法是通过集成的火灾、爆炸、扩散专业事故后果评价模型，结合厂区的实际天气状况、事发设备、事故类型等分析出重大危险源的事故影响范围和后果。另外一种方法是根据江苏LNG提供的安全预评价报告，将重大危险源的安全评价结果进行集成并可视化展现，用户只需选择关注的区域、设备、事故类型等，系统会给出模拟计算的结果，并结合三维场景进行可视化展现。

4.1.2　安全生产隐患动态管理

基于三维场景，系统可对隐患进行三维可视化管理，便于企业相关领导快速掌握企业隐患分布位置和状况，保证现场安全隐患的及时排查和迅速处理，促进安全工作的提高与改善，达到安全生产的目的。

（1）隐患分级分类管理

系统支持隐患信息的分级分类管理，按照重大隐患、较大隐患、一般隐患等对隐患信息进行分级保存与管理。同时可按照人的不安全因素、物的不安全状态、环境不良以及管理不当等对隐患进行分类存储和管理。系统可以进行自动排查，将逾期未能整改的隐患以列表形式给出，并在用户指定对象后作定位查询和三维显示。系统可将整改记录进行保存，以便调阅查看隐患整改情况。

（2）隐患可视化管理

系统可对隐患进行三维可视化管理。在全息企业场景下，可将每次生产区域、设备设施安全检查中发现的事故隐患进行标绘，标绘内容包括隐患查处日期、隐患情况、整改期限、整改负责人，目前状态（包括未整改、整改中、整改完毕、验收合格）等。

（3）隐患整改管理

系统支持隐患全过程管理。系统提供权限设置，不同人员享有不同使用权限。管理人员对隐患进行评估，确定隐患级别，根据隐患的严重程度制定隐患整改方案，下达限期整改隐患命令。执行部门对隐患进行整改，上级主管部门进行检查后，确定整改通过，并进行消项。

（4）隐患预警报警

用户可自行设置隐患整改报警期限，当逾期未整改时，系统提供报警信息，督促相关人员整改。

4.2 应急救援管理

4.2.1 全息化预案管理

基于三维可视化场景，可以将文本预案进行三维可视化制作，同时三维可视化行动方案与文本预案进行关联存储，事故应急状态下直接调用和对比分析，为应急辅助决策提供依据。

（1）预案体系化管理

系统通过对公司内现有应急预案进行梳理、归类和信息提取，按事故类别不同、级别不同将预案分门别类进行保存，形成由一个总体预案对应多个专项预案，一个专项预案对象多个现场处置方案，一个现场处置方案又对应多个全息化预案的系统的、直观的应急预案体系。

（2）可视化预案管理

系统可将这些文本预案和行动方案制作成基于真实场景、真实数据的三维可视化方案，在三维地理信息场景基础上进行预案和行动方案的编辑和制作，依据三维场景中的各种具体信息，通过专门的数字化预案和行动方案的脚本编辑工具实现预案和行动方案的可视化展现。当发生事故后进行应急救援和应急抢险时能够快速匹配并调阅查看与事故情况相同或相仿方案的要点和可视化的行动内容，在现场态势混乱和信息复杂情况下辅助应急指挥员合理有序的下达应急指令，快速、有效地应对突发事件。在平时则可以成为各类人员针对预案的培训、演练教材。

（3）预案考核评级

系统可对企业制定的应急救援预案进行考核评定，根据其在模拟演练及真实事故发生时使用情况，综合考量其可行性和有效性，进行预案等级的评定，保证企业应急预案的实用性。

4.2.2 应急响应与辅助决策

（1）应急信息查询

在用户指定事故点及查询范围后，系统可自动查询选定范围内的重大危险源、应急救援力量、居民区等信息，通过列表形式按距离远近给出查询结果，并能够可视化地查看关注目标的位置及与中心点的距离。

（2）现场灾情再现

在进行突发事故应急救援过程中，可以在三维场景中将现场态势、分析得到的事故影响范围及后果、目前应急资源调配情况和现场部署等借助三维可视化平台展示给各级指挥中心和领导，达到信息直观传递与快速了解的目的，利于各级救援指挥部门联合制定救援措施、采取统一的救援行动、实时反馈救援信息。

（3）辅助决策分析

指挥人员可根据灾情发展情况制定救援策略，并通过系统提供的标绘功能快速制定"作战"方案，下达展示给相关救援人员。应急专家也可以结合三维场景和数学模型进行事故分析，并将专家会商结果共享给其他应急人员，为应急指令的下达提供依据。

（4）上下游紧急关断查询管理

用户在三维场景中点选一设备时，可通过列表的方式查询与所选设备相关联的上下游设备，当在列表中选择某一设备时，可在三维场景中定位显示该设备的位置及名称，并能够动态地展现所选设备到达上游、下游设备的路径。可通过该功能迅速了解事发设备的上下游设备，为正确下达紧急关断决策提供支持。

（5）路径导航

植入道路信息，可自动匹配救援力量抵达现场的行车路径，并可按时间最短、路程最短等方式规划出最佳的救援路线。

（6）事故救援评估

事故应急救援工作需要向各级政府安监部门通报时，可以根据需要将汇报的事故情况在三维全息化场景中展示，并通过预留客户端与地方政府应急指挥部门进行灾情通报、讲解、展示、请求调配救援力量和救援物资等，实现应急救援协同指挥的同时又合理控制企业突发事故信息的发布。

4.2.3　应急模拟演练

（1）模拟培训演练

基于真实场景、真实周边情况和真实数据的可视化培训演练系统，提供良好的人机交互与演示功能。系统提供演习数据库，用户可触发演习数据库中的应急事件，启动应急演习，当事件触发后系统可将整个应急救援过程自动按照事态发展进行演示，过程中可对事故环境参数、参演队伍等随时进行调整和讲解，以展示不同事故的应对措施和救援策略。

（2）演练评估

系统可将预案模拟演练执行到的当前状态和执行轨迹明确标注，记录执行过程，为上级部门检验事故应急预案的合理性和实用性以及评估演练效果提供依据。

4.3　短信平台管理模块

为了在应急时实现通信畅通，及时有效地将信息传达到相关人员，建设短信平台，与三维系统集成后，主要实现短信信息管理、策略与分组管理、事件管理、历史记录查询等四大功能。

4.4　气象监测预警模块

在江苏 LNG 配置移动式自动气象站，主要包括环境温湿度、风速风向、大气压力传感器，数据采集器，观测支架等，主要实现实时气象数据采集管理、气象数据统计分析与预警等功能。

4.5　外系统集成管理

4.5.1　DCS 系统集成

三维应急指挥平台通过对 DCS 系统的集成，对实时数据进行可视化展示，为重大危险源动态跟踪，及事故的推演分析提供实时数据支持。

4.5.2　视频监控系统集成

通过集成视频监控系统，能够在三维场景中显示厂区内所有摄像头分布情况。选择某一摄像头，可以弹出窗口实时显示现场工业视频监控系统的视频画面，可以将视频画面与三维全息场景进行比对。

5　项目达成的目标

5.1　日常安全管理得到强化

三维应急指挥平台使得各级领导和操作人员能够及时了解和掌握相关设备工艺流程与生产设备设施中的异常工况、风险类型、风险具体描述、可能导致的后果、关联及影响的设备或工艺、风险周期、监控形式、预防风险措施、风险控制措施、责任归属、关注层面等信息，细化了重大危险源的管理，促进了隐患的及时排查，从而避免信息遗漏。

5.2　预案管理实现全息化

三维应急指挥平台建立了更为便捷的全息化预案管理系统，实现预案的分级分类管理、版本管理和更新维护，简化了预案编制流程，增强了预案保存的安全性，提高了预案查询使用的便利性。同时为预案的培训演练、检验预案的适应性和可操作性提供可视化的工具。

5.3　增强了应急响应与辅助决策能力

三维应急指挥平台的建立，实现了辅助应急指挥人员全面掌握事故现场的整体态势，快速获取企业周边人口、道路、救援资源等信息，快速调配应急资源、分配救援任务，控制事件进一步恶化，为应急抢险救援赢取宝贵时间。同时与上级公司和地方应急机构进行信息交互，传递事故救援资讯，协同指挥救援。

5.4　外系统信息集成

三维应急指挥平台将现有的外系统信息进行集成，对现有系统的资源有效地整合，实现多系统信息的可视化查询，便于关键信息的快速准确获取。同时需要这些外系统信息能够与三维场景进行有机融合，使得在应急救援指挥过程中，能够及时、准确地获取应急相关信息，保证应急救援的快速进行。

6　结束语

随着三维应急指挥平台的建设，江苏 LNG 公司全面梳理了接收站现有的风险管理、应急响应、应急演练内容，充分整合了已有的各个子系统并使其与接收站的安全管理有机结合起来，使江苏 LNG 公司的安全管理得到了较大的提升。随着 5G 技术的铺开应用，三维应急指挥平台的传输速度会更快，平台功能将会得到进一步完善，江苏 LNG 公司会将安全管理与"互联网+"技术结合的更加紧密，更加深入探索安全管理的新模式，努力实现昆仑能源公司"数字昆仑"的"十三五"信息化规划的企业架构愿景。

参　考　文　献

[1] 云成生，韩景宽，张申远，等. GB 50183-2015 石油天然气工程设计防火规范[S]. 中国石油天然气股份有限公司规划总院，2015：1-73.

［2］李哲．三维应急信息系统在油库安全管理中的应用［J］．石油化工自动化，2014：50（4）：58-61.

［3］吴瑕，李长俊，贾文龙．领结法及其在油气工程领域的应用［J］．油气储运，2017，36（6）：657-664.

［4］TRBOJEVIC V M, CARR B J. Risk based methodology for safety improvements in ports［J］. Journal of Hazardous Materials, 2000, 71(1-3)：467-480.

［5］DIANOUS V D, FI VEZ C. ARAMIS project：A more explicit demonstration of risk control through the use of bow-tie diagrams and the evaluation of safety barrier performance［J］. Journal of Hazardous Materials, 2006, 130(3)：220-233.

［6］RUIJTER A D, GULDENMUND F. The bowtie method：A review［J］. Safety Science, 2016, 88：211-218.

［7］SKLET S. Safety barriers：definition, classification, and performance［J］. Journal of Loss Prevention in the Process Industries, 2006, 19(5)：494-506.

LNG 高压泵维修技术及部分配件国产化

刘龙海

（中石油江苏液化天然气有限公司）

摘　要　LNG 高压泵是接收站增压外输的核心设备。目前，国内接收站高压泵多采用进口，进口泵自主维修技术有限及配件国产化水平较低。本文主要介绍了江苏 LNG 接收站通过 5 台进口 EABRA 高压泵的自主维修，总结归纳出了高压泵维修的技术难点，打破了国外技术壁垒；此外，在泵检修过程中部分配件成功实施了国产化，缩短了维修周期，降低了成本，对同行业已投产的 LNG 低温泵的维修、配件国产化具有重要指导意义。

关键词　高压泵，维修，国产化

1　前言

高压外输泵(高压泵)是 LNG 接收站的核心设备之一，其作用是将 LNG 增压后再进行气化外输，其运行的好坏直接影响外输供气量。目前国内 LNG 接收站高压泵大多是从国外进口，江苏 LNG 接收站共有 7 台美国进口 EBARA 高压泵，自 2011 年 5 月安装投入后，在平均使用15000 小时后，P-1401A/B/C/D/E 五台高压泵相继出现不同程度振动异常现象。由于 LNG 在国内起步较晚，国内尚没有对该型高压泵的自主维修经验，均需要依托国外厂商协助维修，存在技术服务等待周期长、费用昂贵、技术封锁等一系列问题。江苏 LNG 通过对高压泵的自主性检修及部分配件国产化，解决了相关的技术难题，积累了维修经验，极大减少了维修周期和成本，为 LNG 接收站的安、稳、长、满、优运行提供了有力保障。高压泵的主要参数见表 1，高压泵结构见图 1。

表 1　高压泵技术参数表

泵型号	8ECC-1515
比重	0.427/0.465
泵的介质	液化天然气
介质温度	-161.2℃
额定水头	2275 米
额定容量	450m³/h
额定转速	3000rpm

续表

电机额定功率	2096kW
电源	6000V
满载电流	242.5A
起动电流	1506A

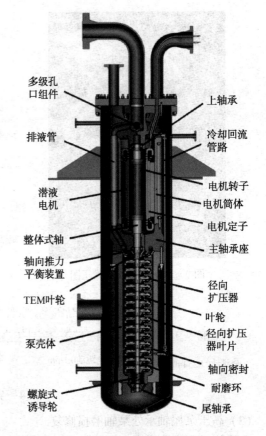

图 1　高压泵结构图

（图中标注：多级孔口组件、排液管、潜液电机、整体式轴、轴向推力平衡装置、TEM叶轮、泵壳体、螺旋式诱导轮、上轴承、冷却回流管路、电机转子、电机筒体、电机定子、主轴承座、径向扩压器、叶轮、径向扩压器叶片、轴向密封、耐磨环、尾轴承）

2 维修技术要点

高压泵进行维修时要求环境保持干燥、无尘。由于 LNG 高压泵运行介质温度为 -162℃，泵各部件间的配合间隙是依据所选材料在冷态状况下设计的。此配合间隙直接影响泵的使用寿命，如何把握低温部件在常温状态下的安装间隙是该泵维修与装配的关键点。通过对五台高压泵的维修经验总结分析，维修主要技术难点主要有以下几个方面：

（1）控制磨损配件的二次加工精度及装配间隙

① 针对高压泵扩散壳体处级间衬套普遍存在磨损严重、配合间隙超差等情况，利用厂商供货的衬套坯件，在国内加工厂数控立式加工中心进行二次加工。将级间衬套冷装至扩散壳体后，加工时保证扩散壳体同轴度及垂直度控制在 0.01mm 之内，加工级间衬套内径 $\phi76.43 - \phi76.45$mm，控制轴（轴径设计值为 $76.20 - 76.18$mm）与衬套的配合间隙在 0.23-0.24mm 之间（图2）。

图2　级间衬套加工找正图

② 主轴承衬套磨损、配合间隙超差；利用厂商供货的轴承衬套坯件，在国内加工厂数控立式加工中心进行二次加工。将轴承衬套冷装至电机中间壳体，加工时保证其同轴度及垂直度控制在 0.01mm 之内，加工主轴承衬套内径 $\phi215.42 - \phi215.43$mm，主轴承（轴承外径 $\phi215$mm）与主轴承衬套配合间隙在 0.42 - 0.43mm 之内，延长了高压泵的使用寿命（图3）。

图3　主轴承衬套加工找正图

（2）细长泵轴的校正难度大

高压泵泵轴总长 4m，尾端最小直径只有 70mm，属于典型的细长轴，维修时泵轴易出现弯曲现象。其中 C 泵最大弯曲跳动值达 1.87mm，远超设计标准。针对泵轴的弯曲部位和弯曲程度，自主设计并加工专用校正工具，结合冷校直原理采用手工捻打法进行应力点的应力释放和矫正。采用专用校正工具一次性将轴的径向跳动校正到 0.01mm，低于 0.0254mm 标准值，成功完成校轴，使泵运行更加平稳（图4）。

图4　泵轴跳动检测图

（3）高压泵尾轴承处泵轴磨损修复

在维修过程中多台高压泵尾轴承处泵轴出现磨损，最大磨损量达 0.20mm，严重影响轴承使用寿命及泵运行周期。厂家建议更换泵轴，成本高；采用喷涂技术修复泵轴不能保证原材料粘合强度，同样影响使用寿命；因此创造性提出采用滚花方法对泵轴进行修复。通过多次滚花控制泵轴直径与原轴一致,投入使用后后泵运行良好(图5)。

图 5 　泵轴滚花图

3 级间衬套、电机端盒壳体等部分配件国产化研究应用

3.1 级间衬套

在维修实践中发现五台高压泵均出现级间衬套磨损共同现象,需要全部更换。但该配件存在供货周期长、费用昂贵等一系列问题,严重影响设备维修及时性。通过反复研究论证,对原厂供货级间衬套自主测绘,委托国内完成加工。在 P-1401D 高压泵解体维修过程中,全部更换国产级间衬套 14 个,材质选用 COP ALY C93200,PER ASTM B584。截止目前高压泵 P-1401D 已平稳运行 10000 小时,振动值始终保持在 1.5-1.8mm/s 之间,远低于厂商设计值 10mm/s 标准(图6,表2)。

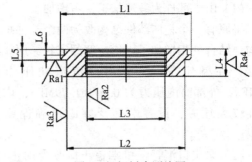

图 6 　级间衬套测绘图

表 2 　级间衬套测绘尺寸表　　　　mm

L1	L2	L3	L4	L5	L6
Φ126.7	Φ114.38±0.01	Φ75.8	25.4	9.7	5.4

3.2 电机端盒壳体

2017 年 12 月在 P-1401B 高压泵解体大修过程中,电机出口端盖发现有较长贯穿裂纹,须整体更换。将 P-1401D 出口端盖用于 P-1401B 泵体,回装并投入使用,导致 P-1401D 高压泵出口端盖无备件。该电机出口端盖为进口部件,供货周期长。为及时保障设备完好性,提出对高压泵电机出口端盖国产化改造,考虑该部件结构特点及承压等重要作用,避免后期再出现裂纹等缺陷问题,对其结构及材质进行优化。采用锻造铝合金替代原有铸件(图7,图8)。

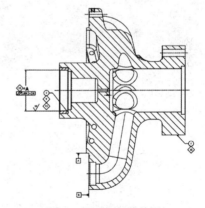

图 7 　原泵电机端盖图

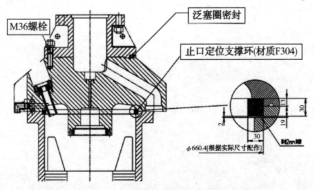

图 8 　结构优化后电机端盖图

（1）由于部件为锻造加工，考虑加工工艺问题，将原有一个整体部件结构改为两个部件配合结构，结合处相增加了一道泛塞圈密封，用螺栓连接，在额定工况下，出口流道处压力约13MPa，外部筒内压力为0.67~1.79MPa，内外存在较大压差，设置端面泛塞圈可确保密封效果。

（2）泵出口汇管电机端盖止口改为内止口，增加不锈钢（F304）材质支撑环用以定位，该止口支撑环与汇管端盖采用过盈配合，保证了与汇管电机端盖的同轴度，与电机定子壳体止口配合偏差控制在0.02mm之内。增加的支撑环尺寸如图2，同时支撑环上端面靠紧汇管电机端盖与电机壳体止口端面留有间隙，保证外侧端面O圈的密封性能，最终保证低温下的可靠定位。

2018年4月，委托国内泵厂加工完成。2018年5月，回装测试，泵振动值1.9mm/s数值偏大。对该泵重新解体查找原因，查出是出口端盖止口与轴承安装孔的同心度大（0.20mm）超标，经驻厂监造，从新优化加工方案，将止口与轴承安装孔的同心度调整到0.02mm，解决了部件偏差。再次将泵组装调试，此次运转成功，各部性能达标，振动值为0.5~0.8mm/s优于设计

标准值。

4　结论

江苏LNG接收站通过高压泵自主解体维修，并对常见故障进行分析、处理与总结，解决了泵运行时振动大的故障，积累了维修经验；与此同时，在高压泵泵维修过程中，大胆探索，成功实现部分关键配件国产化，降低了进口关键设备维修周期和成本，为LNG接收站的安、稳、长、满、优运行提供了有力保障，也对同行业低温泵检修、备品备件国产话具有重要指导意义。

参 考 文 献

[1] 杨林春.LNG接收站关键设备低压泵的自主性检修[J].天然气技术与经济，2017，（01）.

[2] 胡超.LNG接收站高压外输泵异响故障分析[J].炼油技术与工程，2017，（5）：84-87.

[3] 尹瞳.LNG接收站低温泵常见故障分析与处理[J].设备管理与维修，2017，（06）.

[4] 顾安忠.液化天然气技术手册[M].北京：机械工业出版社，2004：503-519.

[5] 江海斌，万学丽，景宏亮.我国LNG低温潜液泵现状及国产化情况分析[J].通用机械，2014（11）：54-60.

基于卫星通讯的海外放射源动态监控系统设计与应用

高凌云[1] 陈茂柯[1] 夏大坤[1] 宫玉明[1] 彭科普[1] 姜 乔[2] 陈嘉恒[1]

(1. 中国石油集团测井有限公司西南分公司；2. 中国石油集团测井有限公司质量安全环保处)

摘 要 为强化对高风险移动放射源的监控，避免辐射事故发生，根据高风险移动放射源工作方式、安保要求及监控所需条件，本设计采取优化设备配置、组合监控、强制约束、实时剂量监测等方法，设计了基于卫星通讯的移动放射源在线动态监测系统。实现对其辐射剂量、位置、工作状态的实时监控和事故报警、统计分析等功能，同时基于卫星通讯的数据传输链路，为海外放射源监控数据传输提供高效通道，为高风险移动放射源的科学管理提供可靠的技术手段，切实提高移动放射源管理和监控水平。

关键词 放射源，卫星通讯，在线监控，剂量监测

随着核物理和核技术的高速发展，放射源技术深入到人类生产生活的各个领域。在工业领域中，放射源主要应用在资源勘探、工业探伤和矿石成分分析等中。但是放射源在带给人类工业巨大便利的同时，也给人们带来了很多危害。由于放射源是无色无味的，且很难通过肉眼或身体感知，放射源的放射性泄漏会给人体带来极重危害，监管缺位容易造成放射性事故甚至引发核辐射灾难。由于放射源数量庞大并且经常要运往其他地区作业，尤其是海外地区，使放射源难以管理，尤其在放射源运输过程中或作业期间，容易因人为疏忽导致放射源丢失，故有必要利用现代传感技术针对放射源监管提出更加科学决策。

本研究是建立一套基于卫星通讯的放射源在线监控系统，实现实时跟踪监视海外放射源状态和位置功能，自动根据状态和位置完成放射源的存储、借出、运输、使用、归还上的状态改变，杜绝人为失误。并且通过对源罐的监控，实时监视源是否在源罐中，源罐丢失时能够更及时的发现，方便搜寻，减少放射源性辐射对社会和环境产生的威胁。

1 系统架构及特点

本系统主要是实现前端智能设备实时采集监视放射源状态和位置功能，并通过卫星通讯传输数据，自动根据状态和位置完成放射源的存储、借出、运输、使用、归还上的状态改变。并且通过对源罐的监控，实时监视源是否在源罐中，源罐丢失时能够更及时的发现，方便搜寻。

1.1 系统特点

放射源在线监控系统的原理是将放射源的一些运行信息、状态信息、监控信息等放射源日常管理所需的数据进行采集，上传至系统后台程序自动处理，当程序发现采集得到的数据出现异常时，通过警示灯等手段告知管理员。相较于其他信息化管理系统，本系统具有如下突出特点：

（1）系统能够实现 V 类及 V 类以上放射源全监控，完全覆盖放射源移动、贮存、使用三种状态，并且对于状态转换时进行重点监控，确保源的使用安全。

（2）硬件接入 OMS 系统，简便人工操作，降低人员负担，提高可靠性。

（3）对现有设备改动小，增加小型化智能设备即可实现监控，推广应用成本低。

（4）北斗/铱星卫星传输模块的应用，确保监控系统可在全天候、全球条件下实现数据信息的传输。

1.2 系统逻辑架构

系统数据流向机构图如图 1 所示，硬件逻辑结构图如图 2 所示。当源罐、刻度源在仓库时，系统通过出入库读卡器判断位置并通过仓库 4G 传输模块将数据传输至后台；源罐、刻度源在源车时，通过源车读卡设备读取数据并通过车载通

信系统将数据传输至后台；源罐在作业时，通过 LORA433 跟源车的车载通信系统连接，并将数据实时传输至后台；刻度源在作业时，通过手持设备进行定向检测并随时进行巡检。

当源罐未被源车或仓库读卡设备搜寻到，也未跟源车的车载通信系统连接即认为丢失。源罐探测器将启动铱星卫星通信将源罐 GPS 位置信息传输至后台。（正常状态时源罐探测器的铱星卫星模块处于关闭状态）回传后台数据包含：设备 ID、上报时间、经纬度、辐射值、电量信息、状态信息。因所有硬件设备都有 ID 号，所以可通过传输数据的 ID 号判断源在库房、在源车、在作业或丢失。

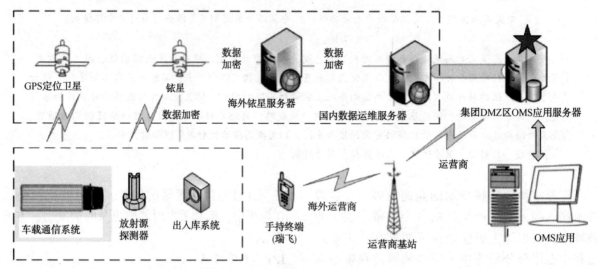

图 1　数据流向结构图

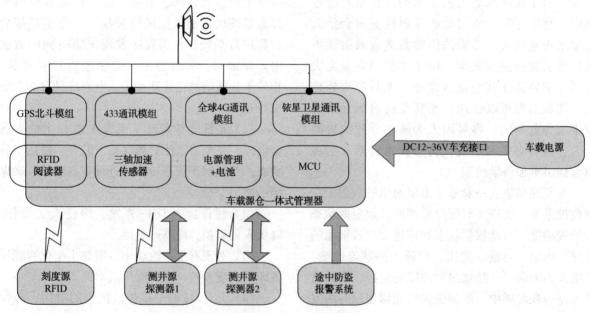

图 2　硬件逻辑结构图

1.3　系统网络架构

　　系统网络结构示意图如图 3 所示，在本系统中，测井源监测器可通过 433 无线协议与一体化车载系统、手持终端通信，通信距离大于 5000 米。当测井源探测器与一体机或手持通信故障或超时时，视为检测器失联，会触发应急通信机制，

即 433 网络把报警信息发送至车载，车载通过卫星网络发送至服务器。

　　手持机可通过内置通信协议读取刻度源标签信息。手持终端均可通过无线方式与测井源探测器以及刻度源建立局域网通信，架构见图 3。

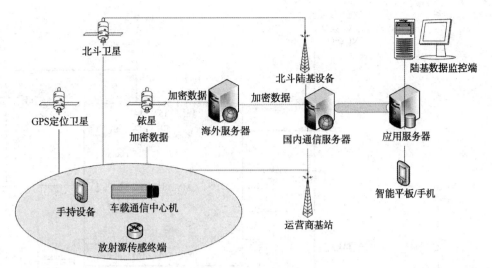

图3　系统网络架构图

车载一体机由 GPRS/4G/WIFI 与海外基地局域网络建立通信，数据直接传回 OMS 服务器，或直接通过卫星网络传输至 OMS 服务器。为解决海外偏远地区电信运营商无信号的问题，采用铱星卫星网络，为节省卫星通信费用，采取动态切换机制，优先使用本到运营商网络，运营商网络无信号时自动切换至卫星网络，彻底解决野外数据实时性的问题。

2　系统设计

2.1　源灌监控探测器

智能源灌监控单元是监控系统前端的核心硬件设备，采用铝合金、赛钢材料经 CNC 一次加工成型的结构设计，体积小巧，可便捷加装到现有放射源灌体上。整体抗震防摔、防水、防尘，采用旋钮式顶盖，方便更换一次性电。将德国进口辐射检测芯片，GPS 北斗定位模组、陀螺仪、lora 无线模块、有源 RFID 电量检测状态指示灯等功能高度集成于一体(图4)。

图4　源灌探测器设计图

探测器内盖革计数器满足对伽马射线定性测量功能，通过对放射源辐射计量平均采样值以及综合工况判断预警，实现在附近有其它源罐时不影响对源芯是否在罐内的判断；同时设备向中控系统上报位置信息、辐射值、电压、剩余电量等信息，监测器指示灯显示 GM 管、电量预警功能，方便前端人员直观判断设备运行状态；433 无线数传 LoRa 扩频通信技术，实现局域通信功能以及应急搜寻功能；4G 通信模块，为不同环境下提供数据传输通道。

为解决源灌探测器在外使用过程中不便充能，设备使用时间短的问题，本次源灌探测器的设计，引入加速度震动传感器，通过传感器采集源灌的微量运动信息，结合不同工况下的数据采集形式，形成一个有效的安全休眠机制，极大地提升了源灌探测器的一次使用时间(图5)。

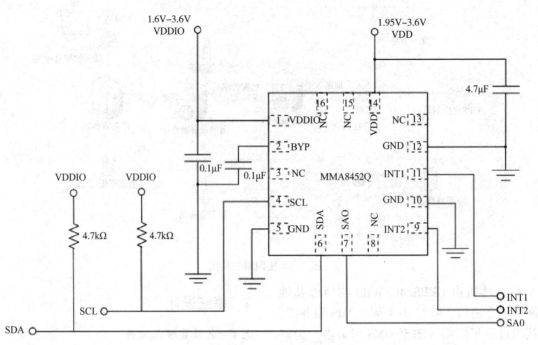

图5 加速度震动传感器原理图

2.2 源车监控单元

源车监控是对源运输过程中的监控,主要功能包含一方面对源车本身进行监控,比如源的仓门开关监控,意外开启报警等;另一方面实时采集源罐探测器数据并提供中转服务,将源罐信息转发给中控系统或待手持机读取。

车载式一体监控主机采用一体化集成设计,集成车载主机系统以及不间断电源系统,体积更小,便于安装使用,车载一体机主要包含通讯模组+电源模组。通讯模组中,车载一体机相对探测器,增加全球铱星卫星通讯模组,可在4G网络条件不满足通讯要求的情况采用卫星通讯。

为保障在运输途中连续不间断的实时监控,车载主机具备数据补遗功能,数据存储周期≥30天;同时车载通讯监测设备可用两种通讯方式与源罐探测器通讯:一种为传统的有线模式,另一种为无线模式,插上连接线可与探测器数据通讯。

车载数采/通信系统采用不锈钢底座支架加聚甲醛蘑菇头一体成型,集成铱星卫星通信、全球4G通信、LORA433一体化通信等通信模块,有源电子标签采集、探测器数据采集等功能,实现全球无死角实时传输数据。传输方式按照局域网、4G、卫星的优先顺序进行传输(图6)。

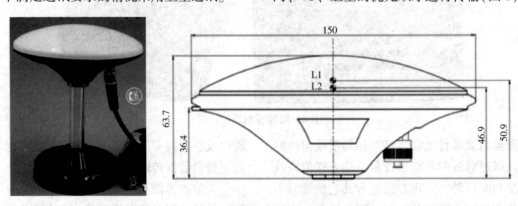

图6 车载数采/通信系统

2.3 手持终端

手持终端的设计集成了辐射检测、蓝牙通信以及RFID扫描功能。通过配置不同的客服端APP,该终端可以实现运输途中巡检、作业现场管理、人工数据录入等放射源使用全程监控管理工作(图7)。

主要功能模块：辐射检测（辐射剂量定性检测）、蓝牙通信、RFID 扫描等。

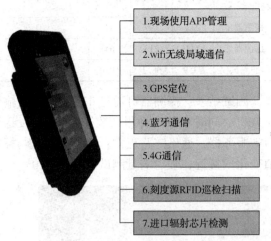

1. 现场使用APP管理
2. wifi无线局域通信
3. GPS定位
4. 蓝牙通信
5. 4G通信
6. 刻度源RFID巡检扫描
7. 进口辐射芯片检测

图 7　手持终端

2.4　小源及出入库管理设备

2.4.1　出入库管理

库内外各一个无线接收器，通过天线角度设定，实现出入库方向检测及状态判断；出入库结果数据利用库房主机利用基地无线局域网或者卫星通信，接入 OMS 平台。

2.4.2　小源标签

小源标签指的是一种具有无线局域网通讯功能的电子标签，采用有源标签，为所有 IV 类及 IV 类以下源加装标签，可以使用手持终端及库房路由器对其进行位置监控。内置可更换电池；适应低温环境；电池寿命大于 1 年。

3　系统测试及应用

系统根据设计生产实物产品，在中油测井西南分公司放射源库房进行实物测试，包含设备通讯、辐射剂量监测等（图 8）。

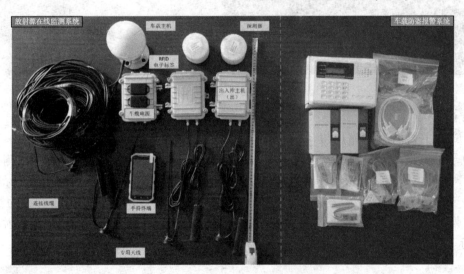

图 8　设备实物图

3.1　手持机测试

手持机测试的主要测试内容为设备通讯、辐射剂量测试。测试将手持机与标准枪（赛默飞世尔 RadEye NL 便携式中子测量仪）放置到放射源库（库内与库外）同一位置处，记录标准枪测试的辐射剂量值及同一位置处手持机通过 4G 信号传输到后端的监测值。测试结果如表 1 所示。

表 1　辐射剂量测试　　　　　μSv/h

测试值 设备	第 1 次	第 2 次	第 3 次	第 4 次
手持机测量值	840	535	207	2
标准测试仪	92.1	67.94	34.05	0.43

测试结果：手持机测试数据通过 4G 发送到后端服务器，通讯正常；辐射值测试与标准值变化率接近，辐射剂量测试正常（图 9）。

标准剂量值92.1　　　　　测试数值840

图 9　手持机实物测试图

3.2 车载机及探测器测试

车载机及探测器测试的主要内容为车载机通讯测试和探测器辐射剂量测试。测试时连接车载机运行，将探测器与标准枪（赛默飞世尔 RadEye NL 便携式中子测量仪）放置到放射源库（库内与库外）同一位置处，记录标准枪测试的辐射剂量值及同一位置处探测器检测值（探测器通过 433 传输到车载机，车载机通过 4G 传输到后端）。测试结果如表 2 所示。

表 2　辐射剂量测试　　　μSv/h

测试值 设备	第 1 次	第 2 次	第 3 次	第 4 次
探测器 1	238	197	54	0
探测器 2	243	213	64	1
标准测试仪	73.9	68.1	19.0	0.55

测试结果：探测器可通过 433 将信号传输到车载机，同时车载机将测试数据通过 4G 发送到后端服务器，通讯链路正常；辐射值测试与标准值变化率接近，辐射剂量测试正常（图 10）。

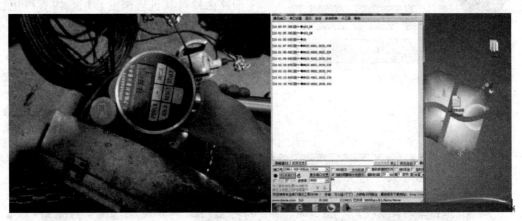

图 10　探测器实物测试图

3.3 库房系统测试

库房测试的主要内容为库房机 4G 通讯测试，RFID 电子标签出入库检测。测试时连库房机连接运行，手持电子标签分别经过出、入两台库房机。

经测试发现：出、入库房机均可检测到 RFID 电子标签，并通过 4G 网络传输检测数据到后端服务器，通讯正常。

3.4 现场实际应用

本次设计，产品实物已在中油测井国际事业部南苏丹作业项目部使用，现场实际使用情况良好，实现了对现场测井用放射源的实时在线监控，并同步将数据传回国内，为放射源的全过程安全管控提供保障（图 11、图 12）。

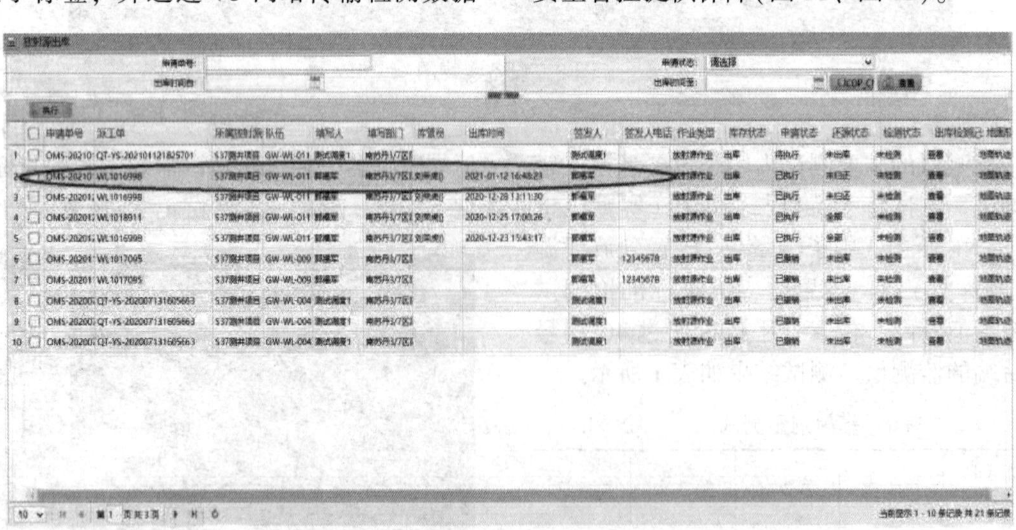

图 11　南苏丹现场实际应用回传信息图 1

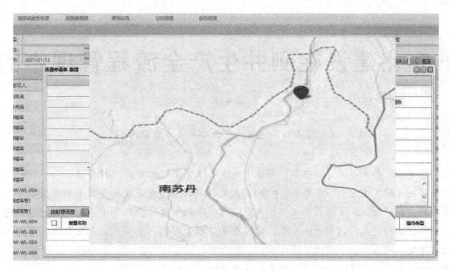

图 12　南苏丹现场实际应用回传信息图 2

4　结论

　　本文设计了高风险移动放射源在线监控系统。解决了传统监控系统存在体积较大、电池续航时间短、一线探伤工作人员接受度低，尤其是海外数据回传难等技术瓶颈，；具有操作使用简单，剂量、位置、射频信息监控真实、有效及稳定，单一监控和组合监控相结合，能有效落实企业辐射安全主体责任，便于运维等特点；能有效对高风险移动放射源实施全流程、全场景、多要素的在线监控。该系统的投入运行将为高风险移动放射源的科学管理提供可靠的技术手段，切实提高移动放射源管理和监控水平，确保高风险移动放射源的实体安全。该系统能够使环境保护部放射源的管理更加先进、科学、快速、信息化，提高了放射源监管水平，局域良好的推广应用前景。

参 考 文 献

［1］从慧玲，张金涛，刘新河，汪幼梅. 我国核工业废放射源安全管理［J］. 辐射防护，2002（05）：263-268.

［2］LIU H, YAO Y. A moving radioactive source tracking and detection system［C］. 43rd Annual Conference on Information Sciences and Systems. IEEE, 2009：50-54.

［3］Yu L, KUANG H. Construction of remote automatic surveillance management system Off radioactive source［J］. Environmental Monitoring and Forewarning, 2011, 3（1）：011.

［4］朱雯雯. 基于 WebGIS 的放射源在线监控系统研究［D］. 华中农业大学，2009.

［5］邢和国. 射线检测放射源和射线装置辐射安全防护状况年度评估规范［J］. 中国石油和化工标准与质量，2019，039（015）：7-8.

浅谈数字化建设在测井生产全流程管理中的应用

展天枢

（中国石油集团测井有限公司吉林分公司）

摘　要　随着油气企业对实时、安全、高效、一体化服务要求的提高，利用数字化手段提升技术和服务水平成为油服企业的发展方向。今年是"十四五"规划开局之年，也是油服企业全面推进数字化转型、迈进新发展阶段的关键时期。本文分析了测井生产全流程数字化管理的现状和需求，为进一步推进企业数字化建设提供思路，从而提高信息化的认知度、完善业务流程、优化部署模式、实现数据的管理和分析，提升生产流程数字化、网络化、智能化发展水平。

关键词　油服企业，生产运行管理，数字化建设

1　测井生产流程数字化建设现状

1.1　行业背景和数字化趋势

1.1.1　行业背景

石油和天然气行业一直在世界经济转型中发挥着关键作用。2020年面对突如其来的新冠肺炎疫情和油价下跌严峻形势，能源产业变革、预算超支以及市场竞争激烈问题日益加剧，导致整个行业经济陷入紧张状态。勘探开发项目由于探测对象以及作业环境的多样化、复杂化，工程项目成本更高，迫切需要在井下地层参数采集、测井数据传输等方面研究新的测量方式和工作模式，通过数字化、智能化建设，实现更准确、更高效、更安全的作业和地质信息探测。与此同时，全球信息流的增长带来了新的数据安全风险，各行各业也在奋力应对客户期望不断改变、文化转型、监管过时和技能短缺等多方面的挑战，油服企业面临的压力更是不断攀升。

在"十四五"开局之年，中国石油集团公司提出贯彻落实数字转型战略，以建设"数字中国石油测井"为目标，充分利用信息技术和数字化技术实现智能化作业、网络化协同、个性化服务等新能力，开创基于用户、数据、创新驱动的新发展模式，实现协同共享、持续创新、风险受控和智慧决策机制，不断提高全员劳动生产率和资产创效能力。虽然数字化有望成为积极变革的源泉，但若想充分发挥其襄助企业和社会的潜力，还必须克服一系列难题。

1.1.2　数字化趋势

数字信息正深刻影响油服生产链的各个环节，数据的生成、共享、分析和存储，已成为数字化转型的重要推动因素。先进的油服企业正利用声音图像识别、机器学习、大数据分析、物联网、云计算等技术，赋能全流程各环节作业生产，这些技术也逐渐成为所有面临转型的油服企业首要数字化主题。

中国石油集团明确提出，为建设世界一流综合性能源公司，保障国家能源安全作出新贡献，就需以高水平数字化转型支撑高质量发展。在企业推进数字化转型的关键时期，信息化工作要开好局起好步，以建设数字中国石油为目标，以推动业务发展、管理变革、技术赋能为主线，坚持落实价值导向、战略引领、创新驱动、平台支撑的指导方针，打造支撑当前引领未来的新型数字化能力，推动业务模式重构，管理模式变革，商业模式创新，从根本上改变当前开展作业的方式。

1.2　数字化建设的初步成果

1.2.1　应用系统初步建成并投入使用

测井公司生产系统经过2019年和2020年持续建设和运行，已搭建成为以生产运行管理为核心的集生产、安全、资源、市场的一体化应用信息平台。目前，该系统已实现生产运行自动流转、调度指挥、大屏监控等功能，初步完成作业任务、解释中心、设备管理、放射源管理等主要业务的数据链流转，并于2021年1月正式上线使用。该系统从创建井号到分析资料得出试油结论，实际生产流程中的每一步都得以体现，数据录入全面覆盖市场管理、调度、作业队、解释中心、设备管理等重点岗位(图1)。

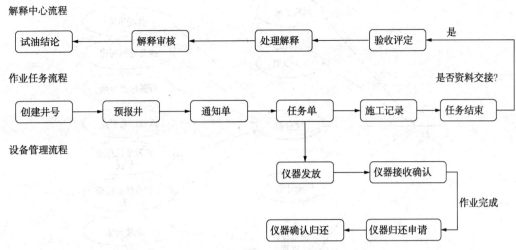

图 1　测井生产系统流程图

1.2.2　业务数字化初步实现

目前该系统已包含生产作业管理、设备管理、放射源管理、队伍人员管理、资料解释管理、市场管理、统计报表等业务模块，并与

ERP 设备、智能源罐、测井装备制造、车载数据中心、LEAD 4.0 等系统集成对接，保证了系统间数据互通共享和数据一致性，实现"一次录入、全局互通共享"（图 2）。

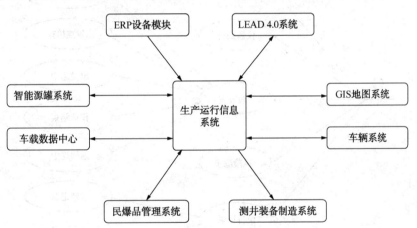

图 2　各数据平台关联图

结合流程图和关联图可以看出，现有系统在数据采集和流转上已基本覆盖测井主要生产流程，同时由于对作业数据的时效性需求，该系统还开发了移动端功能，目前涉及作业队长、操作工程师、绞车岗、井口工、驾驶员五个岗位业务，移动端作业队长和操作工程师用例如图3，图4所示。可以看出现阶段该系统的建设方向是全面推进无纸化作业，而且主要业务的数字化已经初步实现。

该系统还通过固化业务流程和数据标准，监督数据录入准确性和时效性，简化了以往的人工核对工作，为各级数据分析提供了准确依据。根据业务、级别划分开展了人员培训，使得各岗位了解整体流程，明确自身职责。此外，系统的统

计报表功能也在逐渐完善，为各级管理部门提供有效的数据支撑。

1.3　目前数字化建设中存在的问题

1.3.1　数字化业务有待进一步拓展

通过上文的介绍可以看出，生产流程主要业务数据流转已初步实现，但仍有很多管理业务没有包含进来，因此生产数据仅限于各模块单独的统计，不能实现全面的动态分析。在数字化建设初级阶段，数字化的作用大部分还是以实现无纸化数据填报来节约成本，但是在下一阶段的建设中，为了使数据分析发挥更大的作用，要拓展更多的数字化业务，如远程技术支持、智能装备管理、市场价格体系等，只有数据采集面真正实现全覆盖，才能辅助管理者全面的进行数据分析。

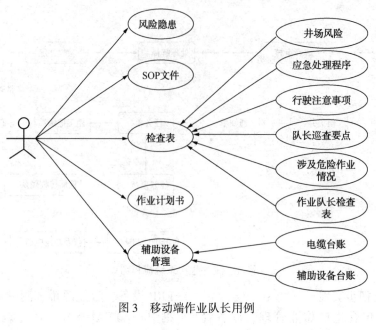

图3　移动端作业队长用例

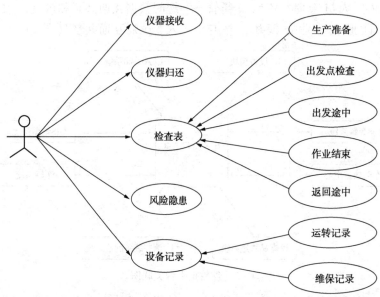

图4　移动端操作工程师用例

1.3.2　平台一体化有待实现

由于各业务模块同时启动对数字化的探索，百花齐放的同时也因数据平台种类多，操作复杂无法做到功能整合，维护、管理成本大，有些功能模块之间关联性差，数据无法形成有效的互通，造成不同的统计出口反映出的信息存在和大的差异，需要通过技术开发以数据推送的形式保证各子系统数据的一致性，而现阶段如果将已存在的平台推翻重新整体开发，势必会耗费大量的人力和时间。因此，无论是从操作统一还是数据标准的角度出发，进一步打通平台互联通道，实现一体化也是下一步的发展方向。

1.3.3　人员素质有待进一步提高

智能化、自动化带来机遇的同时，也带来了沉甸甸的责任，为了适应新时代下的新的工作模式，企业必须推动工作岗位转型，重视员工培训。如果仅仅将智能化、自动化技术单做业务的加速器，企业则可能因为忽视人机协作的重要性而无法实现未来的增长。现阶段流程自动化已基本实现，可通过系统自动执行一些重复性工作，能够让员工专注的去解决有价值的工作，但这并不是最终的目标。为了最大限度的发挥数字化管理的潜力，企业需要重塑自己的业务流程，利用机器学习和实时数据进行自我的改进。

2　测井生产流程数字化建设规划

2.1　目标愿景

利用云计算、社交媒体、大数据分析等技术，加速推动油服企业数字化转型，按照测井全生产流程各环节统筹规划，逐步推进。

利用云计算技术打破业务职能的孤岛状态，实现互联互通；大数据分析可以帮助公司分析来自多种不同来源的数据，从而形成定制化服务；基础设施建设能够支持不同的井场环境；移动设备、传感器技术使得远程监测得以实现，既可以保障安全性也可以提升数据获取的时效性；社交渠道则会让沟通变得更快、更直接、费用更低。综合贯通这些技术，推进企业运行的智能化转型，提高服务油气能力，拓宽市场范围，节约人力成本，实现企业提质增效。

2.2　总体规划

打通测井生产全流程数据链，提升数据采集时效性和覆盖面。

（1）市场环节，利用行业标准从技术水平、装备实力等方面综合评判自身服务能力，利用大数据技术分析客户需求与市场价格，提供定制服务，辅助与甲方洽谈业务。

（2）装备环节，智能管理测井生产所需的设备材料，采集装备参数和使用记录，提供实时追踪和预测性维护。

（3）生产环节，提升作业队数字化水平，利用移动设备和可穿戴设备，实现安全监控和井场数据实时传输，远程监控并提供技术支持，整合各类程序，存储历史数据，为跨平台提供接口。

（4）资料解释环节，在井下地层参数采集、测井数据传输等方面研究新的测量方式、工作模式，引入人工智能，实现更准确、更高效、更安全的作业和地质信息探测。

（5）结算环节，智能管理报价体系，减少人力投入。

通过以上五个环节确保准确高效的数据采集后，打造数据分析平台，将全流程数据打通进行分析，形成数据资产，指导各环节优化改进，辅助领导层经营决策。整体规划如图5所示。

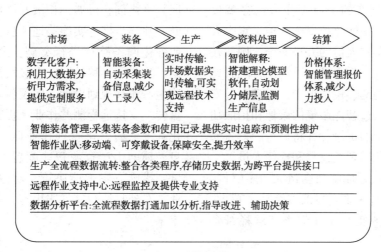

图5　整体规划图

2.3　具体措施

2.3.1　提升数据实时传输效率

在测井数据采集过程中，对数据的实时性，安全性都要求比较高。一般都会存在由于偏远地区网络信号差，造成数据传输不通畅等现象，随着云计算、人工智能等新技术的成熟，在油田建立5G专网通信，服务于测井数据传输也成为一种趋势，因此可以通过在开发采集区域部署5G专网，保证数据传输的实时性、准确性。5G网络的稳定性和及时性可以将测井自动化和实时控制水平推向一个更高的水平。在远程监控方面，生产运营数据和高清监控视频可以通过高稳定性的5G网络在短时间内传到控制中心，实时掌握现场情况成为可能；在远程指挥方面，受益于信息交互和响应速度的提升，无人机巡检和远程控制可以对井场的生产设备设施状态进行精准操控，实现无人值守，减少工作量。

另外5G专有网络解决了有线光缆的痛点。有线光缆在的传输方式在实际的生产环境中建设成本和施工的风险都很高，而且受制于地理环境，有线光缆可能无法实现有效传输。高带宽、大容量、低延时的5G网络可以保证油气生产、工程建设、测井数据等方面对效率的需求，同时采用专用频段可以增加油田专网的安全性和保密性。

2.3.2 智能化建设装备、作业队和解释流程

利用移动设备、智能芯片和可穿戴设备等技术制造自动化装备，建设智能化作业队、智能装备和智能解释。

（1）装备方面嵌入智能芯片制造智能设备，固化装备参数标准，改变现在以经验定结果的工作模式，开发条码系统，扫码取用，实时追踪设备动态，简化设备借出、使用、归还过程中人工录入步骤，做到管理部门可实时掌握每一支仪器出入库的全面状态。

（2）智能作业队建设可利用智能穿戴设备保障安全，提升效率。智能穿戴设备一般指综合运用各类识别、传感技术、云服务等交互及存储技术实现用户交互、实时监测等功能的智能设备。《2019年中国智能可穿戴设备行业研究报告》指出，目前智能设备中智能眼镜和智能手表在工业领域的应用较广泛，因此可以参考这些比较成熟的智能设备，结合现有的一线工作人员穿戴设备，利用实时交互的功能监控安全防护、减少人力支出，保护一线工作人员的人身安全。例如在井场施工的过程中，工作人员可以利用智能眼镜进行人员防护用具检测、设备识别，提高人员安全性和工作效率，通过智能眼镜的录像和拍照功能对作业流程进行全面记录，并将后台的设备参数、井场记录等信息展现给监督和检修人员。

（3）处理解释过程面临数据量大、多解性、不确定性等难点，随着油气判识难度越来越大，需利用数字化管理来提高工作效率和解释符合率。近几年，先进的油服企业已经将人工智能应用在测井处理解释方面，主要集中在自动深度校正、自动报告生成、智能分层、曲线重构、岩性识别、成像测井解释、储集层参数预测、含油气性评价等方面。用以解决目前依赖于人工鉴定，智能化水平偏低的问题。例如将专家解释处理完的数据作为样本，利用人工智能算法构建基于测井曲线的智能化岩性识别模型，实现岩性的智能化识别。

2.3.3 重视人才培养。

在石油行业推进数字化建设，是传统行业和新兴技术的碰撞结合，在这个进程中，会导致不同程度存在"建多用少"的问题。同时，由于石油勘探开发和数字化这两个领域所涵盖的学科太广，复合型人才培养难度大、周期长。因此，应当加强校企合作、石油企业与IT企业的深度合作来培养复合型人才。

3 结论

油服企业的数字化建设有着巨大潜力，需把握数字化创新机遇，积极开展数字化转型议题研究，并逐步推进实施落地，从业务数字化和数字业务化两条路径进行突破，通过云计算、大数据、物联网、移动互联、区块链等技术应用，围绕生产流程规划设计，实现各环节信息及时准确流转、支持远程测井作业、提升扩展作业队数字化程度，动态化管理作业队、仪器、放射源信息、辅助生产资源智能配置、生产协调智能调度、措施方案智能决策，对内构建智慧油服企业，对外打造智慧油服生态，助力油服企业赢在未来。

采用 Excel 基于 MES 理论编制管道工厂化预制管理系统

敬希军

（大庆油田工程建设有限公司）

摘　要　有效的信息化管理系统是管道工厂化预制工作能够优质高效完成的关键。传统管理方法已不能满足管道工厂化预制这种高标准、高效率的机械化生产模式。按照实用、适用、易用的原则结合预制工作站实际管理需求使用 Excel 表格参照 MES 制造执行系统功能模块编制出工厂化预制工作专用的信息管理系统，完成快速工单排产、工作进度追踪、生产数据统计等信息管理工作。

关键词　Excel，MES 理论，管道，工厂化预制，信息管理系统

管道预制工作站技术先进自动化程度较高，是执行管道工厂化预制工作最重要的一项措施。传统那种凭借经验安排生产，手工填写报表的管理方法已不能满足工厂化预制这种高标准、高效率的机械化生产模式，迫切需要一套科学规范的信息化管理系统。目前这方面最先进的解决方案是 MES（制造执行系统）理论，但该系统实施条件要求过高，不适合现有管道预制工作站引进使用。Excel 表格是大多数办公电脑中都有安装的数据处理软件，普及率高且简单易用，使用 Excel 表格围绕工厂化预制工作实际需求并参照 MES 系统功能模块编制工作站专用的信息管理系统，完成预制项目信息录入、快速精确工单排产、工作进度追踪、工作量统计等信息管理工作，有效地提高预制工作的效率和生产质量。

本文主要研究了以下三方面内容：1 管道工厂化预制工作特点和信息化管理需求；2 MES 理论的定义、所包含的功能模块作用及系统实施要求；3 基于 MES 系统理论采用 Excel 表格编制出一套预制工作站专用的信息管理系统，并在管道预制工作中进行实际应用。

1　管道工厂化预制工作特点及信息化管理需求

随着现在管道工程对工程质量、工程进度、成本控制等方面要求越来越高，推行五化建设是今后施工必然的发展趋势。管道预制工作站是实施五化工作中工厂化预制最重要的执行措施，其能否高效有序的运行直接影响着管道预制工作的成效好坏。

1.1　管道工厂化预制工作特点

移动式管道预制站主要设置在油田场站建设工程施工现场，主要承担项目中工艺管道工厂化预制工作图 1。

预制站主体为集装箱式钢质板房设计，便于不同施工项目间搬迁和不同的施工环境中布置。板房中配置数控等离子切割机、MAG 自动焊机及电动旋转卡盘等机械化设备，能够完成管道数控自动化定长切断、多角度坡口加工、各式相贯线切割及管+弯头，管+法兰等多种组对形式的 MAG 自动焊接工作，自动化程度较高。工效及质量远远超过传统手工预制方式，尤其大批量生产效果更为明显。

图 1　移动式预制工作站外景

1.2　管道预制工作信息化管理需求

管道预制工作站接到一项预制加工任务后，要及时根据管道尺寸、加工形式和加工要求进行管段编号，以便合理分配给工作站不同职能机组人员有序开展工作，加工完成要按编号分类码放，便于产品追溯和准确交付。每次下达的任务

管径型号多种、加工类型多样，采用人工排产耗时费力且易出错，因此需要有一套清晰明了、信息完善的信息化管理系统，从而提高工作站的整体运作效率，降低运作成本。

管道预制工作站经常同期加工多个项目的预制工作，多种材料不同时间的进场与消耗、多种预制加工要求、不同进度的工单已加工和完工状态、成品检验交付等一系列工作复杂繁琐，仅靠人工口头传达和手工记录长期以往慢慢将会导致许多的数据混乱，将会严重影响预制工作的有序进行。因此需要一套能够记录工单开工完工时间、任务进度的信息化管理系统，以便及时协调预制站各个环节的生产节拍，实现生产协同提高预制产能；

管道预制站各机组每日加工内容不同、数量不一，以往都是集中月底人工查看工单进行统计，数据积压量大统计经常出现错漏缺的现象，因此需要一套能够随着生产进度推进同步完成工作量统计的信息化管理系统，以便管理层随时掌握预制完成量，及时合理进行施工现场安装生产计划决策。

2　MES 系统分析

目前施工管理这方面最先进的解决方案是MES 制造执行系统，广泛应用于制造业、冶金矿业、电子信息、石油化工等众多领域，帮助企业实现生产过程透明化、高效化、可追溯化，全面提升企业精细化管理水平、达到降本增效的目的。

2.1　MES 管理系统的定义及功能模块作用

MES(Manufacturing Execution System)即制造企业生产过程执行系统，是一套面向制造企业车间执行层的生产信息化管理系统。MES 系统由资源管理、生产任务管理、计划与排产管理、生产过程管理、质量过程管理、物料管理、生产追溯管理和性能分析等功能模块组成，涵盖了制造现场整个流程图 2。

在企业中，上层 ERP 管理层无法及时获取基层施工现场的实时信息，造成生产计划与生产信息不同步，因此 MES 作为连接两者的桥梁，管理人员在系统中上传生产指令、安排生产计划、调用原材料、设置产品质量指标，并通过系统设置的监控方案，直接查看车间场景，实时掌握一线生产进度、用料情况、设备运行情况等工作。操作人员通过在线采集或自动采集的方式录

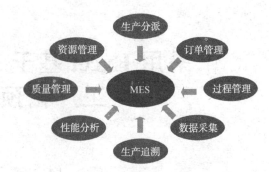

图 2　MES 系统功能模块

入生产数据，通过 MES 模块的设定形成数据网，公司各级管理人员和操作人员通过相应的权限利用这些数据对整个生产运行过程实现了过程监控、数据采集、统计分析等功能，方便了车间调度安排生产计划，下达生产任务图 3。

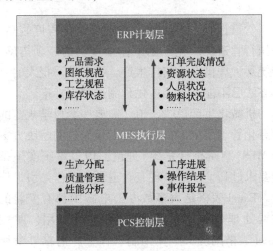

图 3　MES 系统在企业中的作用

2.2　MES 管理系统实施的基本要求

软件要求：企业实施 MES 系统需要向软件服务商购买，因系统功能、服务质量、安全性能、特殊需求定制功能等因素的不同，国内主流开发商的 MES 系统平台在企业中布置价格从几万到几十万甚至上百万元不等，另外每年还有维护年费。自主研发 MES 系统平台，需要聘请具有程序开发技术和管理知识的专业团队进行平台开发和维护，薪资待遇也是一笔不小的费用。

硬件要求：要想这一套系统完全运行起来，需要相应配套服务器、系统工位机、LED 电子看板、数据采集器、安灯呼叫系统、现场监控设备等一系列硬件设备；同时现场还需要通畅的网络来保证各级设备之间进行实时数据传输。

2.3　预制工作站实施难点

成本高：工作站预制任务全部来自企业内部工程生产分配，MES 系统软件购置、运营费用

和前期硬件配置费用加起来是一笔不小的开支，相对整体效益提高结果投入产出比较低；

布置难度大：预制工作站工作地点大多数远离市区临时设置，配置的服务器、监控采集设备、网络硬件等等诸多硬件增加了现场布置难度；

功能浪费：MES 系统主要是以全流程物料移动与跟踪为主线，通过分布在各环节的智能设备采集数据来进行生产管理，工艺流程复杂的车间工厂使用效果较好。预制工作站主要工作是管道的切断及组焊，工艺较为单一，MES 系统中多数功能无法发挥出应有的效用；

操作难度大：实施 MES 系统需要对当前工作站管理流程体系、生产工艺全面整体重新规划重构，涉及因素较多，并且实施后管理人员和生产人员均需要很长一段时间的专业培训和适应才能熟练的掌握系统使用。

3　Excel 系统信息系统编制

结合管道预制工作站工作特点及信息管理需求分析，Excel 软件从经济性、实用性、适用性及易用性等多方面考量完全能够满足当前工厂化预制工作的信息管理工作需要。使用 Excel 软件参照 MES 模块进行系统开发。

3.1　Excel 表格编制

新建 Excel 表格，创建多个 Sheet 工作表，分别命名导航页、项目信息、机组信息、工单排产、工单明细、完工明细、进度报表等十二项内容，每个工作表内设置相应的子功能，各表格之间相同项用 Excel 引用功能进行关联，一个表中数据发生变化其他工作表内数据均有变动，从而消除信息孤岛实现生产各环节结合为一整体，加快数据汇总时间和准确度图 4。

图 4　预制工作站工单管理系统界面

3.2　Excel 表格主要内容

工作表 1-项目信息，该表中录入工单序号、管段编号、加工形式、规格型号等信息，是项目的预制加工的任务信息；下列表中以 2020 年施工的大庆油田某深度污水处理站改造工程其中一部分预制工作中预制工作为例进行表格的填写图 5。

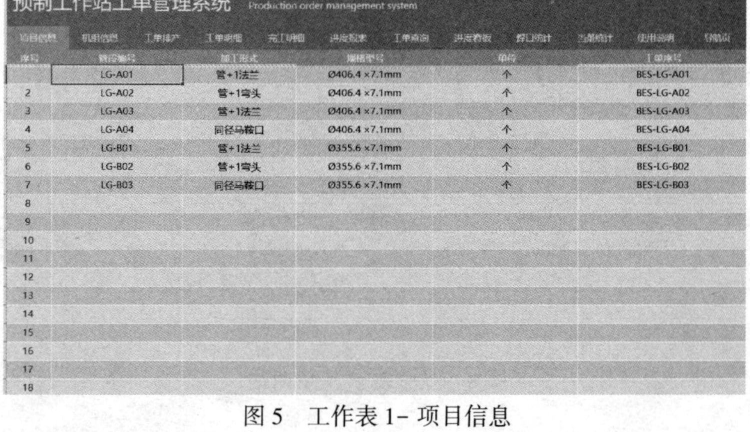

图 5　工作表 1- 项目信息

工作表2-机组信息，该表中录入机组编号、机组名称、操作手人名等信息，对工作站施工人员的信息登记，方便对生产信息追溯图6。

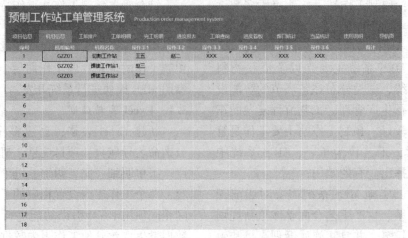

图6　工作表2-机组信息

工作表3-工单排产，该表中录入管段编号、加工内容、规格、工作站编号、机组名称、操作手人名等信息，是对下达的工单内容根据工作站加工范围进行派工分配图7。

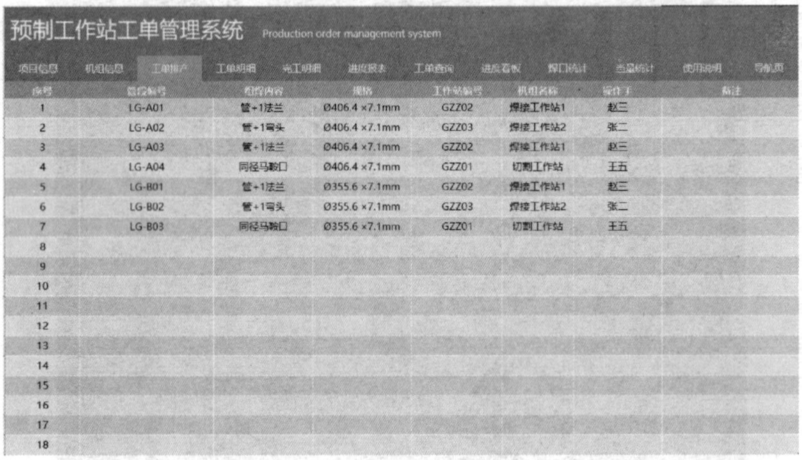

图7　工作表3-工单排产

工作表4-工单明细，该表中录入工单序号、管段编号、加工形式、规格数量、加工人员等信息，是对项目的预制加工的详细任务信息图8。

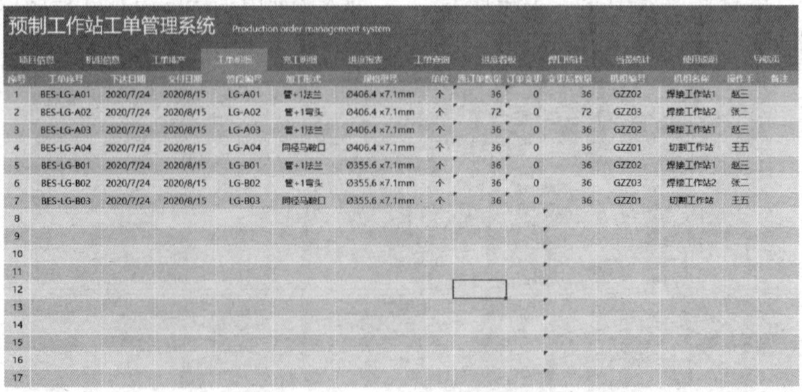

图8　工作表4-工单明细

工作表 5-完工明细，该表中录入工单序号、管段编号、加工形式、规格型号、加工数量、完 工数量等信息图 9。

预制工作站工单管理系统 Production order management system

序号	完工序号	完工日期	工单序号	管段编号	加工形式	规格型号	单位	完工数量	备注
1	GD20020001	2020/8/15	BES-LG-A01	LG-A01	管+1法兰	Ø406.4 ×7.1mm	个	36.00	
2	GD20020002	2020/8/15	BES-LG-A02	LG-A02	管+1弯头	Ø406.4 ×7.1mm	个	20.00	
3	GD20020003	2020/8/15	BES-LG-A03	LG-A03	管+1法兰	Ø406.4 ×7.1mm	个	15.00	
4	GD20020004	2020/8/15	BES-LG-A04	LG-A04	同径马鞍口	Ø406.4 ×7.1mm	个	36.00	
5	GD20020005	2020/8/15	BES-LG-B01	LG-B01	管+1法兰	Ø355.6 ×7.1mm	个	30.00	
6	GD20020006	2020/8/15	BES-LG-B02	LG-B02	管+1弯头	Ø355.6 ×7.1mm	个	1.00	
7	GD20020007	2020/8/15	BES-LG-B03	LG-B03	同径马鞍口	Ø355.6 ×7.1mm	个	30.00	
8									
9									
10									
11									
12									
13									
14									
15									
16									
17									
18									

图 9　工作表 5-完工明细

工作表 6-进度报表，该表中录入工单序号、管段编号、加工形式、规格型号、下单数量、完工数量、完工率等信息，是根据前面完工数量信息自动统计，以此对整个项目的生产进度有一个准确的掌握图 10。

预制工作站工单管理系统 Production order management system

序号	工单序号	下达日期	交付日期	管段编号	加工形式	规格型号	单位	下达数量	已完工数量	差率	完工率	完成日期	是否完成	备注
1	BES-LG-A01	2020/7/24	2020/8/15	LG-A01	管+1法兰	Ø406.4 ×7.1mm	个	36	36	0	100.00%	2020/8/15		否
2	BES-LG-A02	2020/7/24	2020/8/15	LG-A02	管+1弯头	Ø406.4 ×7.1mm	个	72	20	52	27.78%			是
3	BES-LG-A03	2020/7/24	2020/8/15	LG-A03	管+1法兰	Ø406.4 ×7.1mm	个	36	15	21	41.67%			是
4	BES-LG-A04	2020/7/24	2020/8/15	LG-A04	同径马鞍口	Ø406.4 ×7.1mm	个	36	36	0	100.00%	2020/8/15		否
5	BES-LG-B01	2020/7/24	2020/8/15	LG-B01	管+1法兰	Ø355.6 ×7.1mm	个	36	30	6	83.33%			是
6	BES-LG-B02	2020/7/24	2020/8/15	LG-B02	管+1弯头	Ø355.6 ×7.1mm	个	36				2020/8/15		否
7	BES-LG-B03	2020/7/24	2020/8/15	LG-B03	同径马鞍口	Ø355.6 ×7.1mm	个	36	30	6	83.33%			是
8														否
9														否
10														否
11														否
12														否
13														否
14														否
15														否
16														否
17														否
18														否
19														否

图 10　工作表 6-进度报表

工作表 7-工单查询，该表中在左上角订单信息中输入想要查询的工单序号就可以出现这个工单的下达时间，目前状态等信息图 11。

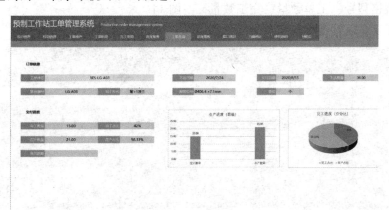

图 11　工作表 7-工单查询

工作表 8-进度看板，该表中通过选择截止日期来查看这段时间中累计工单、累计完工工单、剩余在产工单、超期工单等信息，是整个工作站运行的整体预制加工的任务信息的一个统计工作图 12。

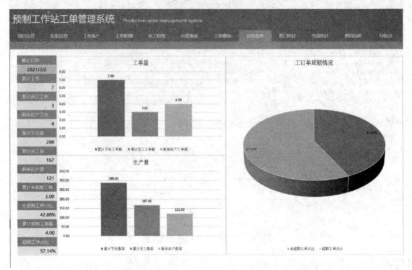

图 12   工作表 8-进度看板

工作表 9-焊口统计，该表中录入管段编号、加工形式、规格型号、工单数量、完工数量等信息，是已完成工单的焊口数量统计信息图 13。

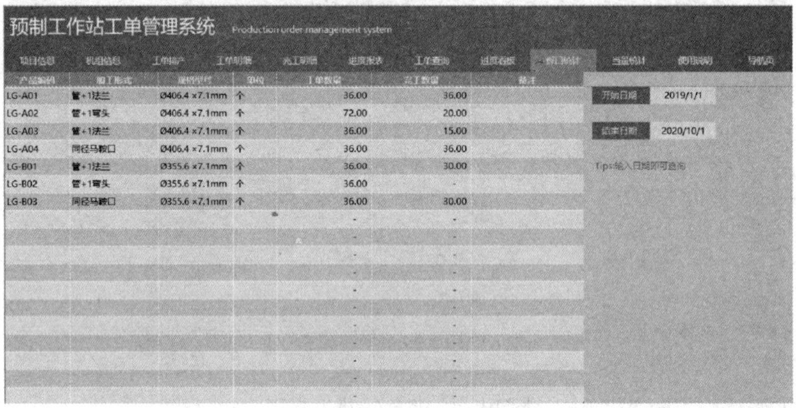

图 13   工作表 9-焊口统计

工作表 10-当量统计，该表中录入管段编号、加工形式、规格型号、工单数量、完工数量等信息，是对完工工单以管道寸径和数量乘积数值，当量为单位这种国际通行的方法统计工作量图 14。

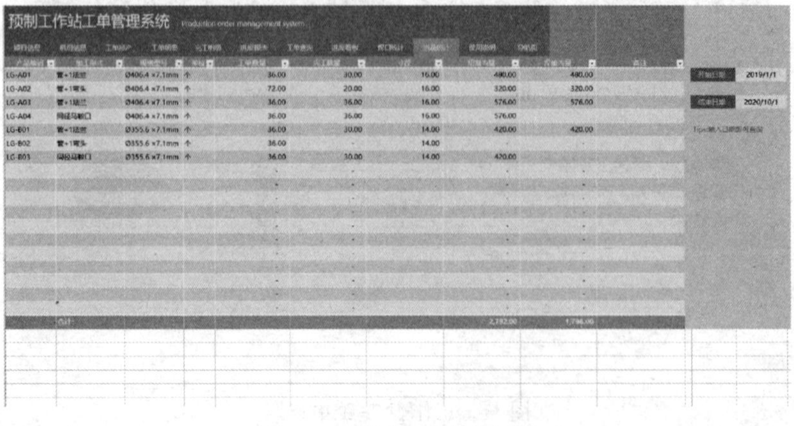

图 14   工作表 10-当量统计

3.3　工厂化预制应用效果

Excel 编制完成的管理信息系统在预制工作站进行使用与 MES 系统各方面进行效果表 1。

表 1　Excel 和 MES 应用效果对比表

项目 ＼ 名称	MES	Excel
实施费用	几万元－百万元	无
维护费用	几千元－几万元	无
硬件设施	需要单独配置	无额外要求
网络环境	实时网络覆盖	不需要，按当天报表手动录入
应用权限	布置有系统软件的电脑	所有办公电脑都可以操作使用
操作难易度	需专门学习	会 excel 软件均会使用
信息完整度	信息详细完善	信息详细完善
工单状态追踪	实时	当天报表和现场问询
生产数据统计	时时同步，详细准确	具备常用信息，结果准确

4　结论

针对管道预制工作站编制的这套 Excel 信息管理系统充分保留了 MES 系统的主要功能，并且具有以下几方面优势：

（1）实施无需增备额外软硬件设施，使用维护成本低，切合实际经济可行；

（2）使用简便快捷，无需特别培训，会操作 excel 软件即可进行使用；

（3）软件对电脑配置要求低，文件格式通用，易于分享推广应用；

虽然这套 Excel 表格编制的信息管理系统不是当前同类系统中最先进的，但是完全可以实现对工厂化预制工作的快速精确工单排产，开工完工状态追踪，工作量同步统计更新等精细化管理工作，达到了有效提高预制工作的运作效率和降低生产成本的目的。

参 考 文 献

［1］饶运清 . MES—面向制造车间的实时信息系统［S］. 信息技术：1009-2552（2002）02-0061-02.

［2］罗凤，石宇强 . 智能工厂 MES 关键技术研究［S］. 制造业自动化：1009-0134（2017）04-0045-05.

［3］李慧，张伟 . MES 系统在生产中的应用［S］. 设备管理与维修：10.16621/j.cnki.issn1001-0599.2019.01.07.

"智能工地"中的绿色电源

韩　涛　李忠琴

（大庆油田工程建设有限公司）

摘　要　智能工地移动办公暖房供电需要稳定电源供应，传统发电机缺点明显需要寻找一种新型的清洁的能源以代替传统汽油发电机供电。利用太阳能光伏系统发电，大大降低了施工成本，增加企业效益，对建设者有着深远的影响。

关键词　可再生，太阳能，光伏发电

建设长输管道核心是焊接，焊接的核心就是电，它的重要性不言而喻。随着智慧管道发展，智能工地建设引入施工建设中，智能工地移动办公暖房供电需要稳定电源供应，但是传统发电机缺点明显需要寻找一种新型的清洁的能源以代替传统汽油发电机供电，如果太阳能能够取代汽油能源，太阳能是取之不尽，用之不竭的太阳能发电，不会产生任何废料，也不会排放任何气体，对环境没有任何影响，是一种完完全全清洁的能源。利用太阳能光伏系统发电，大大降低了施工成本，增加企业效益，对建设者有着深远的影响。

1　概况

1.1　智能工地供电系统应用情况

为满足智能工地 wifi 组网及视频监控系统正常运转，现场配备移动办公暖房，暖房整体供电由汽油发电机供电，汽油发电机运营成本大、噪音大，对环境有污染，所以利用太阳能发电，具有充分的清洁性、绝对的安全性、相对的广泛性、资源的充足性及潜在的经济性等优点，在长期的能源战略中具有重要地位并且得到广泛的应用（图 1）。

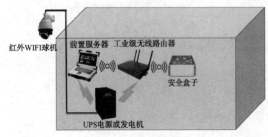

图 1　办公设备

1.2　发电机发电存在问题

（1）燃油高、施工成本大。

（2）现场噪音大，发电机排放污染环境。

（3）发电不稳定，户外环境因素影响容易损坏。

1.3　发电成本分析

通过进行成本测算，现在使用的 1 台 3kV 发电机从采购到发电，一年发电成本大约 23757 元左右，太阳能除采购安装费外，基本不产生任何成本，一年发电成本大约 4386 元（表 1，表 2）。

表 1　3kV 发电机

序号	名称	工作时间/(h/d)	天数	金额	备注
1	发电机			2500	采购费
2	发电燃油	8	365 天	21257	每小时油耗 1.122 升，油价 6.5 计算
	合计			23757	

表 2　太阳能采购费用

序号	名称	数量	单价	金额	备注
1	太阳能电池板	3	480	1440	采购费
2	太阳能蓄电池	4	395	1580	采购费
3	太阳能控制器	1	268	268	采购费
4	太阳能逆变器	1	598	598	采购费
5	安装小料费			500	安装费
	合计			4386	

1.4　解决措施

根据情况对比太阳能光伏供电比发电机发电更有优势，所有太阳能光伏供电效果更好。

2 太阳能的应用分析

就目前来说，人类直接利用太阳能还处于初级阶段，主要有太阳能发电、太阳能热水系统等方式

2.1 太阳能的利弊

2.1.1 太阳能应用的优点

（1）节约资金。相比于成本较高的发电机发电，太阳能电力无疑更能节约成本。

（2）安全无风险。相比于用油罐车运输易燃易爆的汽油燃料，太阳能电力更具有安全感。

（3）使用寿命长，太阳能发电装置不会产生磨损，比发电机的生命周期长得多了。

（4）可以储能，阴雨天也能正常运转。

2.1.2 太阳能应用的缺点

（1）不稳定性：由于受到昼夜、季节地理纬度和海拔高度等自然条件的限制以及晴、阴、云、雨等随机因素的影响，所以，到达某一地面的太阳辐照度既是间断的，又是极不稳定的，这给太阳能的大规模应用增加了难度。

（2）效率低和成本高：目前太阳能利用的发展水平，有些方面在理论上是可行的，技术上也是成熟的。但有的太阳能利用装置，因为效率偏低，成本较高，总的来说，经济性还不能与常规能源相竞争。

3 选用太阳能供电系统的设计

3.1 野外办公暖房太阳能供电系统组成

野外办公暖房太阳能供电系统，是由光伏电池组件（太阳能电池板），蓄电池，控制器，负载与逆变器（输出电源为交流220V）所组成的电路（图2）。

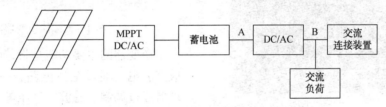

图2 系统概况图

3.2 野外办公暖房太阳能供电系统组成原件介绍

3.2.1 光伏电池组（太阳能电池板）

光伏电池组件，将太阳的辐射能转换为电能，送往蓄电池中储存起来，或者推动负载工作。是太阳能发电系统中的核心部分，也是太阳能发电系统中价值最高的部分。

3.2.2 太阳能蓄电池

太阳能蓄电池是'蓄电池'在太阳能光伏发电中的应用，目前采用的有铅酸免维护蓄电池、普通铅酸蓄电池，胶体蓄电池和碱性镍镉蓄电池四种。国内目前被广泛使用的太阳能蓄电池主要是：铅酸免维护蓄电池和胶体蓄电池。

白天太阳光照射到太阳能组件上，使太阳能电池组件产生一定幅度的直流电压，把光能转换为电能，再传送给智慧控制器，经过智慧控制器的过充保护，将太阳能组件传来的电能输送给蓄电池进行储存。

太阳能蓄电池的使用与维护：

（1）选用适合野外工作适宜温度 -40℃ ~40℃

（2）太阳能蓄电池联接的方法为：将太阳能蓄电池的正极与正极、负极与负极联接。这样太阳能蓄电池的电量就会增加一倍，而电压与一块太阳能蓄电池的电压一样。太阳能蓄电池两极柱切不可短路。

（3）对于新安装或整修后第一次充电的太阳能蓄电池，进行一次较长时间的充电，为初充电，应按额定容量1/10的电流来进行充电。安装前必须测量蓄电池是否充足，如电力不足，请在阳光充足的地方对蓄电池进行8到16小时以上充电或者用交流电先把电池充足，应严格避免过放充电。用交流电正常充电时，最好采用分级充电方式，即在充电初期用较大电流的恒流均充，充到均充电压并恒压一定时间后改用常规的恒压浮充方式。

（4）保持蓄电池本身的清洁。安装好的太阳能蓄电池极柱上应涂上凡士林，防止腐蚀极柱。

（5）为太阳能蓄电池配置在线监测管理技术，对太阳能蓄电池进行内阻在线测量与分析，及时发现蓄电池的缺陷，及时进行维护。

（6）冬季预防太阳能蓄电池冻裂，夏季避免阳光直晒，应将太阳能蓄电池放于至暖房内。

3.2.3 太阳能控制器

（1）太阳能控制器全称为太阳能充放电控制器，是用于太阳能发电系统中，控制多路太阳能电池方阵对蓄电池充电以及蓄电池给太阳能逆变器负载供电的自动控制设备。控制器的主要功能是使太阳能发电系统始终处于发电的最大功率点附近，以获得最高效率。而充电控制通常采用脉冲宽度调制技术即 PWM 控制方式，使整个系统始终运行于最大功率点 Pm 附近区域。在温差较大的地方，合格的控制器还应具备温度补偿的功能。其它附加功能如光控开关、时控开关都应当是控制器的可选项（图3）。

图3 太阳能控制器实物图

（2）太阳能控制器有三项功能，分别是功率调节功能，通信功能（简单指示功能，协议通讯功能如 RS485 以太网，无线等形式的后台管理.）与完善的保护功能（电气保护，反接，短路，过流等）。

在选择太阳能控制器的时候要考虑输入功率，输出功率，退出欠压保护，散热与充电模式。

常规的太阳能控制器的充电模式是照抄了市电充电器的三段式充电方法，即恒流、恒压、浮充三个阶段。因为市电电网的能量无限大，如果不进行恒流充电，会直接导致蓄电池充爆而损坏，但是太阳能路灯系统的电池板功率有限，所以继续延用市电控制器恒流的充电方式是不科学的，如果电池板产生的电流大于控制器第一段限制的电流，那么就造成了充电效率的下降。MCT充电方式就是追踪电池板的最大电流，不造成浪费，通过检测蓄电池的电压以及计算温度补偿值，当蓄电池的电压接近峰值的时候，再采取脉冲式的涓流充电方法，既能让蓄电池充满也防止了蓄电池的过充 。

3.2.4 太阳能逆变器

逆变器就是一种将低压（12 或 24 伏或 48 伏）直流电转变为 220 伏交流电的电子设备。由太阳能电池板产生的电能，会经过逆变器 DC/AC 转换，转换为 220V，50Hz 的交流电，从而为智能工地设备提供电能。逆变器是一种电源转换装置，逆变器按激励方式可分为自激式振荡逆变和他激式振荡逆变（图4）。

图4 太阳能逆变器实物图

逆变器的主要功能是将蓄电池的直流电逆变成交流电。通过全桥电路，一般采用 SPWM 处理器经过调制、滤波、升压等，得到与照明负载频率、额定电压等相匹配的正弦交流电供系统终端用户使用。有了逆变器，就可使用直流蓄电池为电器提供交流电。

逆变器不仅具有直交流变换功能，还具有最大限度地发挥太阳电池性能的功能和系统故障保护功能。这里简单介绍自动运行和停机功能及最大功率跟踪控制功能。

自动运行和停机功能，早晨日出后，太阳辐射强度逐渐增强，太阳电池的输出也随之增大，当达到逆变器工作所需的输出功率后，逆变器即自动开始运行。进入运行后，逆变器便时时刻刻监视太阳电池组件的输出，只要太阳电池组件的输出功率大于逆变器工作所需的输出功率，逆变器就持续运行；直到日落停机，即使阴雨天逆变器也能运行。当太阳电池组件输出变小，逆变器输出接近 0 时，逆变器便形成待机状态。

最大功率跟踪控制功能，太阳电池组件的输出是随太阳辐射强度和太阳电池组件自身温度（芯片温度）而变化的。太阳辐射强度是变化着的，显然最佳工作点也是在变化的。相对于这些变化，始终让太阳电池组件的工作点处于最大功率点，系统始终从太阳电池组件获取最大功率输出，这种控制就是最大功率跟踪控制。太阳能发电系统用的逆变器的最大特点就是包括了最大功率点跟踪(MPPT)这一功能。

4 智能工地暖房设备供电设计

根据智能工地现场配备设备情况，核算出功率总计功率为490W。具体情况如表3所示。

表3 暖房发电设备负载的计算

电器	数量	功率约为	每天运行时间
监控摄像头	1	20W	8h
无线定向 AP	2	50W	8h
NVR 录像机	1	100W	8h
数据采集计算机	1	300W	8h
交换机	1	20W	8h
总功率		490W	

根据为了充分满足现场供电需要，决定留出充裕的额度，决定采用正常情况下每日可以发出600W左右的系统，已备日后填充设备，更好的留出了备用容量，已备不时之需。

4.1 太阳能发电系统设计方案

具体见表4。

表4

序号	名称	数量	备注
1	太阳能电池板	4	1 片 150W
2	太阳能蓄电池	4	
3	太阳能控制器	1	
4	太阳能逆变器	1	

5 结论

发电系统安装运行后，太阳能控制器自动稳压调压功能很好的发挥作用，同时电路故障能够自动报警，蓄电池蓄电稳定，以保证设备不断电、还具有过压、欠压保护等功能。通过对太阳能电池板、蓄电池、DC/DC 变换器、DC/AC 逆变器等太阳能供电系统组件进行分析到太阳能安装方案具体实施，基本实现预期目标。同时经过实践取得了一些进展。但也存在一些问题，如电路电源工作稳定性还未达到预期目的，还得提高系统的效率和可靠性。方案实施后，去除传统发电机发电，节省经济成本，解放人员看护，发电机日常维护等多个环节工作，提高了生产效率。

人工智能技术在石油石化行业的应用探索

代明忠   钮 顺

（中国石油集团测井有限公司）

摘 要 当前，人工智能技术是最具成长性的信息技术之一，近几年来已在航空航天、云端人工智能、智能制造、对话式人工智能平台等多个领域取得了突破性的进展。在石油石化行业内，人工智能技术的发展应用前景十分广阔。本文主要阐述了人工智能信息技术在石油石化行业中的典型应用场景，分析了人工智能技术在应用过程中所面临的问题，针对问题提出相关解决策略和保障性措施，为促进人工智能技术在石油石化行业应用的发展提供参考。

关键词 应用探索，人工智能，石油石化，行业应用

1 概述

近年来世界各国对于人工智能技术领域的重视程度越来越高，尤其是中国，相继出台了人工智能行业发展规划和 2018-2020 年新一代人工智能发展计划及相关规范。2021 年 3 月，《中国十四五规划和 2035 年远景目标纲要》全文正式发布。全文提出，加强引领性科技攻关，瞄准人工智能、量子信息、脑科学等前沿领域，实施一批具有前瞻性、战略性的国家重大科技项目。中国电子协会十分重视人工智能领域的发展，曾挑选了十个极具代表性的人工智能技术，展望人工智能技术的未来发展方向。石油石化行业是我国能源的支柱产业，关系着国家能源安全和民生问题，容不得半点闪失。石油石化行业涉及的领域众多，包括石油、天然气的开采，油气管道，石油炼化及油气销售等，这决定了石油石化行业人工智能技术应用场景的复杂性[1]。目前人工智能技术的实现方法主要有两种，一是以计算机软件编程为主的人工智能技术，如文字识别、语音识别等技术。另一类是以可编程机器人为分支的，更高程度的人工智能技术。通过对机器人的操控，实现某一方面的替代，甚至取代人类的部分工作。传统的机器人更多的是实现重复的动作，而具有新一代人工智能技术的可编程机器人则具有了自主学习能力，通过不断的训练、进化，能代替人类从事很多较的危险的工作及活动。

2 人工智能技术在石油石化行业的应用现状

在石油石化行业的产业链中，大部分勘探开发、生产、销售环节均存在高危风险。在石油石化行业生产过程中的工作和物料，如装卸放射源、原油、乙烯、丙烯、天然气等均属于易燃易爆物品，一旦发生事故，后果不堪设想。当然高放射性、高毒、高腐蚀物料众多，在操作过程中极易对工人造成伤害。石油石化行业历来都是新方法、新技术的推广先行者，受益于第四次工业革命的数字化转型，石油石化行业已由之前的劳动密集型行业逐渐向技术密集型行业转变。近年来在美国页岩气革命的带领下，石油石化正在经历一场新的转型升级[2]。根据国际知名管理公司预计，2025 年人工智能技术在石油石化行业内的应用将延伸至上游领域，将为行业节约数千亿，甚至上万亿的生产、运营成本。美国 Shell、英国 EP 等老牌石油企业，在五年前已经开始了以人工智能技术为驱动的数字化转型，并与知名咨询公司、美国微软等 IT 业的行业龙头合作，将机器学习、计算机视觉等人工智能技术应用于石油石化行业的上、中、下游，取得了不错的成绩。三年前，道达尔公司携手谷歌，联手打造智慧油田项目，让人工智能技术在油气勘测、管网监测等领域得到了深入应用。

然而中石油和中石化在人工智能领域的应用则相对较晚，仅在智慧炼化厂和智慧油田领域取得了一定的突破。截至 2019 年，中石油自行研发的以图像识别和机器学习为代表的人工智能技

术在其勘探开发认知计算平台上得到了应用。另外在中石油的部分输油管线上，巡线无人机和机器人开始推广应用，据了解，西部某油田和中部某油田已经得到很好的应用。实现了管道的远程成像与管道的参数采集，并通过"智能大脑"的分析，有效解决了人工巡线方式的局限性。中石化公司则以智慧油田、智能炼油厂、智能管线为基础，通过私有云平台与智慧应用的结合，打造中石化的智慧云。在此基础上，结合工厂的实际需求，将人工智能技术深入到工厂的自动报警领域，取得了很好的效果。纵览人工智能技术在我国石油石化行业中的应用，多以解决某个实际的技术问题为出发点，缺乏对人工智能技术的整体规划。十四五期间，需要根据行业特色，从石油石化行业的预防性维护、优化生产过程、安全预警和知识管理四个维度，打造多个适用性强的示范解决方案，为人工智能技术在全行业的推广起到指导作用[3]。

3　人工智能技术在石油石化行业中的典型应用场景

我国的人工智能技术的虽然起步较晚，但是近几年来的发展势头迅猛，已成功为石油石化行业解决了诸多实际问题。为此，中石油专门成立了昆仑数智科技有限公司大力推动油气行业的数字化转型，发展行业人工智能生态，推动油气行业智能化革命。其他大型石油石化企业也在机器学习、图像识别、语音识别等人工智能领域取得了突破，经过几年的应用与实践，涌现了一批典型的应用场景。

3.1　石油石化上游领域的典型应用场景

在石油石化的上游领域以油田和钻井为主，目前较为成熟的应用场景有海底钻井机器人、岩心岩石相分类、钻井曲线解释、地震资料解析、油气甜点预测、生产与预测数据动态匹配、油井数据驱动油气藏产量预测等场景。当然这其中的某些场景并不是单一人工智能技术的应用，结合了大数据、物联网等技术。海底钻井机器人最初由国外公司研发，目前在油气开采过程中得到了应用，其设计原理是依赖于设置在机器人机身上的各种传感器收集海底的数据，并通过通信技术将数据实时传回至控制台，通过人工智能算法的判定，发送给机器人相应的指令，机器人根据下一步的指令来完成动作。海底钻井机器人可以根

据卫星系统的精准定位，到达指定海域后，自动展开井架并固定，无需通过人工操作就能进行采油操作，既降低了海上采油的风险，又节约了企业的生产成本[4]。岩心岩相分析主要运用了人工智能的深度图像识别技术，通过人工智能的深度算法，对人类鉴别岩心岩相的经验进行深度学习，能快速对岩石的类型、对岩心岩石相进行特征标注等。通过训练后的人工智能识别系统对岩心岩石相的分类精确度远高于人类，同时分类的时间大大降低。另外利用卷积神经网络算法等新方向，为石油石化行业上游领域的某两个事物建立关系模型，通过对目标函数的识别，达到对目标的高精度识别，这些都是人工智能技术在石油石化行业上游领域的典型应用场景。

3.2　石油石化中下游领域的典型应用场景

石油石化行业的中下游领域，主要集中在油气管道，石油炼化及油气销售等，相对于上游领域，中下游领域的典型应用场景更侧重于人工智能技术中的机器学习。在石油炼化厂，大量的危险场景可以利用智能机器人代替人进行工作，既避免了环境对于人身体的伤害，也能避免由于个别员工的疏忽大意造成的意外事故。智能巡线机器人、巡线无人机等已经广泛应用于石油石化行业输油、输气管道的巡检。智能巡线机器人和智能巡线无人机都是通过可见光和红外摄像机作为主要的数据采集设备，通过机器视觉、电磁场、北斗定位系统、地理信息系统等多个系统集成在机器人或者无人机上，让机器人或者无人机自主巡检、自主移动。当然巡线机器人和无人机必须具备障碍物躲避、线路规划、巡检图像录制、巡检数据记录等功能。根据统计数据显示，使用智能巡线机器人和巡线无人机后，石油石化行业的巡线工作效率提高了二倍以上，成本降低二分之一，并且优化了行业的人力资源结构。另外在智能加油加气站，人工智能技术的魅力也逐渐展现出来，除了目前较为常见的智能洗车设备外，已经在图像识别、防爆机器人等方向有了重大的突破，并显现出了一定的经济效益。

3.3　石油石化管理领域的典型应用场景

人工智能技术在石油石化管理领域的应用皆在帮助工作人员减轻重复劳动、找寻各数据之间的关联关系。石油石化企业的销售部门可以对终端用户进行消费画像，运用人工智能技术中的深度学习算法挖掘客户的潜力，提出针对性的销售

方案。另外，由于石油石化行业中的大多数企业均是直接面向大众消费者，每日的会计账目众多，仅依靠人工会计记账的方式会出现错误率提升，凭证生成速度较慢等问题。不少石油石化企业已经开始试用智能会计系统，不仅能快速完成企业日常的会计记账和凭证整理工作，还能实现定期报表的填报、会计报告的基线审核和月度、季度及年度报告的预提，并对所有的审批环节进行督促，对企业财务会计和管理会计的全过程进行闭环的审查。依据中石油对外公布的数据，运用智能会计系统后，企业会计工作的效率提高了十倍左右[5]。

4　人工智能技术在石油石化行业内应用过程中所面临的问题

虽然人工智能技术在石油石化行业内的应用不断增加，但是仍然面临着一些风险和问题，只有清晰的意识到这些风险和问题，确定解决问题和降低风险的思路，才能更好的将人工智能技术应用于石油石化行业。在人工智能技术的应用中，首先要面临的是信息安全风险。众所周知，石油石化行业是国家的能源命脉，一旦发生信息安全事故，可能造成国家能源危机。人工智能技术尚处在探索阶段，许多算法和技术不成熟，如果存在某些致命的 BUG，很可能酿成大错。其次是技术思维的固化，石油石化行业虽然是传统行业，承担的社会责任较多，但是必须摒弃固化的思维，敢于突破舒适区，寻找新的人工智能技术上的突破点。新型的技术不是和人类抢饭碗，而是帮助人类减少重复劳动，避免劳动中的伤害。在上述典型应用场景的基础上，在多点地质结构建模、水力压裂、深海勘察等石油石化行业内的应用场景进行科技攻关，解决更多的实际问题。第三是高精尖问题的攻克和人工智能技术的自主化。虽然在世界范围内，人工智能技术已经取得了不少重大突破，但是多数技术仍是通过国外技术的引进，我国自主可控的技术较少。在人工智能中的机器视觉、深度学习、NLP 和神经网络方面有了较大突破，但是大型的海洋石油勘探和开采机器人尚未有能力自主研发，在石油石化领域绝不允许关键技术"卡脖子"[6]。最后是法律法规方面的问题。由于人工智能技术在我国的应用时间较晚，我国关于这块内容的法律法规尚未健全，导致很多问题的处理没有法律法规

可依。

5　人工智能技术在石油石化行业应用的解决策略和保障性措施

5.1　构建行业及企业级的人工智能信息安全体系

2019 年正式实行的《信息安全技术网络安全等级保护基本要求》中，已经将人工智能技术的信息安全纳入了保护范围。2020 年国家已经从顶层层面出发，印发了《国家新一代人工智能标准体系建设指南》，明确指出在 2023 年要初步建成人工智能标准体系，石油石化行业属于智能能源标准体系的建设范畴。人工智能领域涉及的物理设备和软件代码众多，如何保证物理设备的安全和及时发现软件代码的漏洞，这些都是石油石化行业及企业人工智能信息安全体系需要解决的问题。随着人工智能技术在石油石化行业应用的增多，行业协会和各单位需要依照各自应用的特点，以机器学习、知识图谱、类脑智能计算、量子智能计算和模式识别等关键通用技术为基础，建立各系统的建设、操作标准和各类问题的应急处理预案，促进行业及企业级人工智能信息安全体系的建设和完善[7]。

5.2　实现人工智能关键技术的自主可控

在十九届五中全会上，提出了科技关键技术的自主可控，这是首次将科技自强提升到国家发展的战略层面。人工智能技术是世界公认的下一个划时代技术，深度学习框架是其核心，必须作为自主可控核心内容的一部分。深度学习框架在人工智能的体系中扮演着类似计算机"操作系统"的角色，这个重要技术壁垒必须被打破。现在人工智能技术在石油石化行业内的应用多为机器学习，而深度学习是对底层语言和重要的算法进行封装，这就能实现人工智能专家经验的复制和移植，让机器学习训练过程中的劳动重复率降低。目前，脸书、谷歌、亚马逊等国际巨头纷纷推出了自己的开放框架，而自主品牌中仅有百度飞浆能与国际巨头在深度计算框架领域齐头并进，相信在不久的将来，更多的石油石化行业的人工智能技术将采用百度飞浆作为深度学习的框架。另外人工智能技术在石油石化行业中的应用需要大量的智能计算中心来快速运算出人工智能模型。智能计算中心的网络、服务器和存储等设备仍大量依靠国外厂商提供芯片，这也是亟待解

决的问题。

6 结语

综上所述，虽然人工智能技术近几年来已经在石油石化行业的场景得到了广泛应用，并在某些岗位逐渐代替了人类的工作，但是仍处在人工智能技术应用的初级阶段。在石油石化行业人工智能技术的探索和应用过程中，必须理性分析存在的问题，做好关键技术的突破，保障人工智能技术的信息安全，才能使人工智能技术为企业所用，为石油石化行业的企业转型助力。

参 考 文 献

[1] 张淳奕. 人工智能技术在石油石化行业中的发展趋势[J]. 化工管理，2020(11)：75-76.

[2] 李阳，廉培庆，薛兆杰，等. 大数据及人工智能在油气田开发中的应用现状及展望[J]. 中国石油大学学报(自然科学版)，2020，44(04)：1-11.

[3] 陈皇，戴礼荣，张仕良，等. 基于人工智能的节能控制物联网云平台的设计与研究[J]. 电脑知识与技术，2021，17(02)：173-174+176.

[4] 黄玉峰，马磊，岳永军，等. 浅谈智能机器人在石油勘探领域中的应用[J]. 物探装备，2018，10，28(5)：300-303.

[5] 王同良. 中国海油人工智能技术探索与应用[J]. 信息系统工程，2020，(03)：93-94.

[6] 梁松. 具有石化特色的人工智能专业建设研究[J]. 数码世界，2020，(09)：211-212.

[7] 卢旗，郝春亮，胡影. 面向人工智能安全的政策与应用发展分析[J]. 信息技术与标准化，2020，(12)：24-28+33.

八扇区水泥胶结测井仪器数据的处理方法

赵德奎　王海艳　张　健　苏　楠

（中国石油集团测井有限公司大庆分公司）

摘　要　八扇区水泥胶结测井仪可以在8个方向采集声幅数据，可以全方位检测胶结质量，因此需要传输大量的波列数据。利用现有数传，我们对扇区声波波列数据采用分包上传模式，来满足数据的传输。本文对分包传输方法实现了数据的结构的定义以及数据处理的流程。经过实际上井实验，这种方式可以满足仪器的需求。

关键词　测井采集，八扇区，软件

八扇区水泥胶结测井仪采用八扇区探头结合光纤陀螺连续测斜仪器的方式，能够得到绝对方位的八个区域的井周信息。不仅可以采集变密度与声幅数据，还可以在8个方向上采集扇区波列，生成扇区灰度图，360度显示胶结质量。因此井下仪器需要采集10道波列数据并传输给地面系统，10道波列数据量接近8000字节。慧眼1000数传仪器采用200K数传，地面系统的ISA总线接口仅给数传接口板分配了894字节的数据存储空间，因此扇区数字声波测井仪要采取采用分包上传的方式。

1　技术的实现

在八扇区水泥胶结测井仪器中，井下仪器需要采集8道扇区波形数据、1道声幅波形数据、一道变密度波形数据。10道波列的数据量接近8000字节。慧眼1000数传仪器采用200k数传，地面系统的ISA总线接口仅给数传接口板分配了894字节的数据存储空间，因此扇区数字声波测井仪要采取采用分包上传的方式来传输数据。井下仪器的单片机在采集到10道波形后要将数据分解为880字节长度的数据块，再按照数传仪器的数据格式要求加上控制字送给数传仪器，数传仪器将数据送给地面板卡后，再由采集软件按照协议进行解包与合包处理，再分为各道声波波列按照仪器算法生成测井曲线。

1.1　数据结构的定义

仪器采集的波形数据结构如表1所示：

表1　仪器采集数据波形结构表

仪器站号	数据长度	标识符	仪器信息	SBT1-8数据	CBL数据	VDL数据

仪器站号1字节；长度2字节；标识符1字节；

仪器信息数据结构如表2所示：

表2　仪器信息数据结构表

长度	状态	发射脉宽	发射次数	温度	工作模式

长度：1字节，仪器信息包中其后字节数，为0时其后无数据；

状态：1字节，指示仪器的工作状态；

发射脉宽：1字节，表示声波发射的脉冲宽度，当量为μS；

发射次数：1字节，每完成1次声波发射1，计满后回绕；

温度：2字节，仪器温度采集值；

模式：1字节，仪器工作模式；

SBT、CBL、VDL等10道波列数据结构一致，如表3所示：

表3　波列数据结构表

波列参数	波列数据

波列参数由"长度"、"延时时间"、"信号增益"组成。长度1字节，表示其后字节数。延时时间2字节，表示本道从声波发射时刻到信号开始采集的时间，当量为μS。信号增益1字节，指示出本道程控放大器的增益。

波列数据由"长度"、"采样点 1 数据"…"采样点 n 数据"组成。长度占用 2 字节，每个采样数据长度按照仪器工作模式有所不同。井下仪器的高速 A/D 在采集时是 12bit 的，为了减少数据传输的压力，设计了 3 种工作模式，对波形数据进行了优化处理。

模式 0：每个采样点占用 2 字节。优点是单片机程序编制简单，缺点是数据传输空间有所浪费。

模式 1：每个采样点占用 1.5 字节。由于每个采样点实际有效位数是 12bit，两个点加起来 24bit，3 字节，10 道波形加起来可以节省 1925 字节数据空间。此模式优点是数据传输空间利用率高，缺点是单片机程序编制复杂。

模式 2：每个采样点 1 字节。每个采样点只取前 8bit，1 个字节。牺牲采样精度来换取空间。此模式优点是数据传输空间利用率最高，缺点是数据采样精度降低，影响波列质量。

1.2 数据的分包与传输

数传仪器要求的数据包结构为：站号+块长度+标识符+测井数据。针对表 1 中的数据，按照 880 字节分割成子数据块，在每个子数据块前面加上分包序号来作为数据合包时的依据。分包序号为单字节，8 个位的定义如下：

D7 位：后续包标记，=1 有后续包，=0 无后续包

D6 位：备用，=1

D5~D0 位：分包序号，从 0 开始，每上传一个分包加 1，加满后回绕

将每个包含分包序号的子数据块按照数传仪器的数据包结构进行包装，按照时序依次传输给数传仪器，再由数传仪器传输给采集系统，由测井采集软件进行合包处理，得到完整的波列数据。

数据的传输流程如图 1 所示。

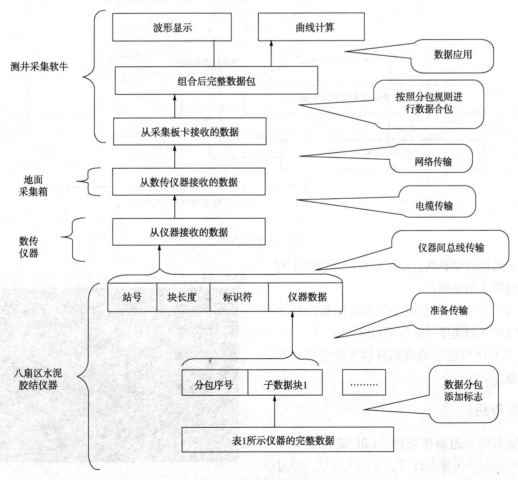

图 1　数据的传输流程图

1.3 数据的合包

采集软件接收到的数据按照分包序号规则进行合包可以得到完整波列数据，如图2所示。

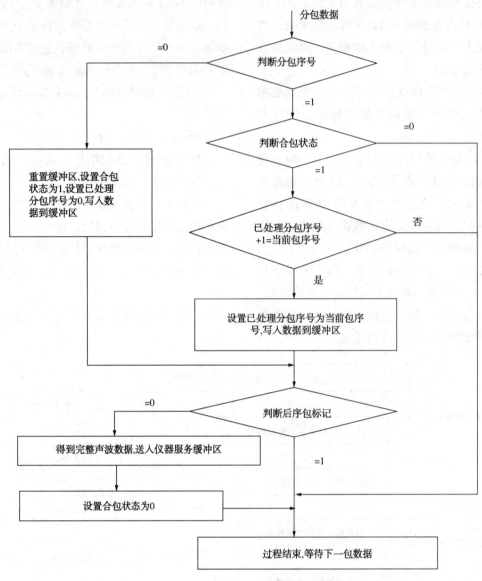

图2 合包流程图

为了数据的完整性，在进行数据合包操作时应严格遵循2条原则：

a. 在找到第一个分包序号为0的数据包之前，接收到其的他序号的数据包应舍弃。

b. 只有序号连续的数据分包才能合并，否则需要舍弃。

2 实际应用

采集到的8道扇区波列、CBL波列和VDL波列都可以完整采集并处理，如图3所示。经过刻度与曲线计算，可以生成八扇区灰度图、声幅曲线与变密度灰度图。

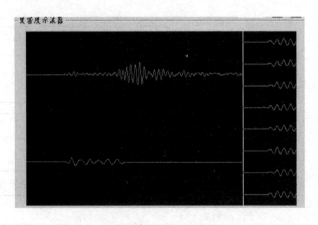

图3 波列显示图

　　在实际测量的某套管井中可以清晰看到在空套管、完全胶结、部分胶结的三种情况下扇区曲线(左面第一道,最大、最小与平均)、声幅曲线(左面第二道)、扇区灰度图(右面第二道)、变密度灰度图(右面第一道)的不同反应,如图4所示。

　　在声波刻度井采集的曲线资料中可以清晰看到100%胶结、50%胶结与0%胶结的扇区灰度图,如图5所示。

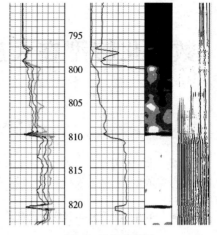

图4　采集曲线图

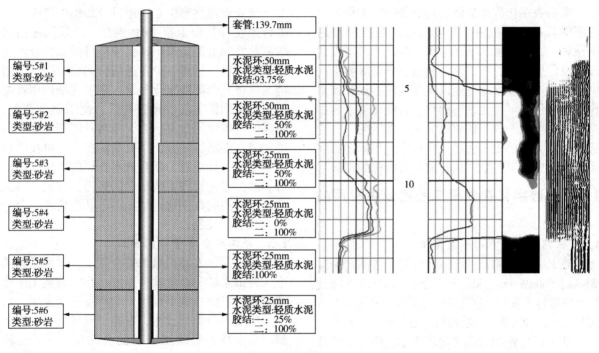

图5　刻度井胶结灰度图

3　结论

　　综上所述,在八扇区水泥胶结测井仪器需要传输大量数据的时候使用分包传输方式可以在低速数传下完成数据的传输。经过数十口井的施工,在测速300米/时,数据传输很稳定,可以提供更精细的井周水泥胶结信息,克服了现有的 CBL-VDL测井系列很难区分窜槽和微间隙技术问题,为固井质量评价提供一种新的方法和手段,为用户提供更全面、更丰富、更优质的固井评价技术服务,满足固井质量检测技术进步和发展的需要,为射孔、油层改造等作业措施提供依据。

数字化转型在大庆油田工程建设中的应用

丛日友

（大庆油田工程建设有限公司）

摘　要　数字化转型与智能化发展是油田工程建设领域一种新的施工理念，通过在大庆油田工程建设中数字化转型的应用现状，发现应用过程中存在的几个主要问题，对工程建设数字化转型的未来提出相应的发展建议。

关键词　数字化转型；工程建设；应用

工程建设是油田上最大、最具活力的行业之一，也是数字化程度最低的行业之一。工程建设正面临着重大挑战——平均 80% 的建设项目超出预算，20% 的建设项目超期。随着油田工程建设的设计更复杂，和安全、质量、环保等要求的更高，将进一步推动行业以更高效的方法开展工作。数字化、可视化、自动化、智能化需求的提高、降本增效、改革创效成为施工领域的一种趋势，并且大庆油田工程建设中已经应用很多数字系统，并期待更多数字化转型和智能化的发展。

1　目前数字化在油田工程建设中应用的现状

1.1　三维图纸的识别和应用上

施工单位收到设计院的设计图后，应用 Navis-Works、SolidWorks、3dmax 三维软件进行三维建模，模拟施工过程，进行可视化交底、样板下料等指导施工，和对施工内容进行可视化碰撞检测等。

在工厂化预制和模块化施工中，将二维设计图纸导入到 Revit 软件中，根据实际情况建三维模型，生成加工图，采用数控焊机和切割机进行工厂化预制和模块化施工（图 1）。

图 1　工厂化机械人焊接施工

1.2　施工资源调配上

成立资源共享中心，通过设备集中运维管理平台系统和物资上报 ERP 系统等，采用通信网络提前发起资源需求申请，按项目需求，合理安排施工人员、材料、设备进场，到场时间、使用情况等信息全部数字化显示。施工现场使用资源信息，在网络上能够迅速查询，便于机动调配，提高了资源使用效率。当天或当月使用结束后一键完成内部结算任务，结算费用在系统可按项目自动生成统计汇总，项目成本核算的费用支出一目了然。通过管理系统平台的运用，实现了对全部施工资源的数字化网络操作、动态管理、合理调度和费用控制。

1.3　施工安全质量的监督上

为了保证人和机械的安全施工，采用最新的个人警报系统和视觉辅助系统，在智慧施工组合中实施。以防止施工现场安全质量事故发生。

应用人脸识别技术，在施工现场部署了实名制门禁系统，将施工人员的身份证、工种、证件、保险等信息录入门禁系统，杜绝无证施工和黑名单人员进入施工现场的安全风险。

应用报警系统和视觉辅助系统，实时监控施工现场人和机械的不安全行为，物的不安全状态，保证施工安全和质量。

1.4　施工技术资料文件管理上

在工程施工中，施工技术资料是重要的组成部分，是对工程进行检查、维护、管理、使用、改扩建的原始依据，施工技术资料的管理尤为重要。

目前油田基本建设运行管理系统实现了从开工到竣工验收全过程施工技术资料的记录、传递、审批、存档功能，基本实现了无纸化办公。而且系统可以对项目技术资料的过程进行监督和管理，按照设置好的流程化和标准化填写表单，避免了资料编制不规范、资料办理不及时、缺项落项等问题的发生(图2)。

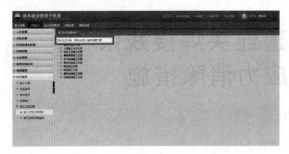

图 2　基本建设运行管理系统

2　数字化在油田工程建设中应用存在的问题

2.1　数字化转型投入不足

对数字化转型认识不够，没有对需要投入的时间、人力与资金有足够的认识，对人员需要适应的时间不够宽容。认为技术先进胜于对人员的重视，愿意投入资金在创新科技，不愿意投入在人以及人的培训成长上。各种新的数字化应用系统都在测试阶段，缺少系统更新迭代的意识，系统版本更新维护不及时等问题。

2.2　数字化系统不完善，多系统间不统一

虽然开始了数字化转型，但是还有不少手工流程，比如二次试化验、安全施工许可证审批、预算造价审核等；

三维应用软件繁杂，没有针对施工领域简洁快速识图，由二维转三维建模的专业软件，亟待开发解决。

生产、技术资料数字化系统不同，多个系统林立，不同业务流程在不同系统之上运转，互相割裂；系统间的数据未完全打通，数据标准、来源、时效不统一；造成不能很好的协调对接。

2.3　数字化工程建设应用范围受限

由于油田工程建设，工程分为产能、改造、维修工程，还分为站内、站外工程。

对于合同金额较大的站内产能工程，人员、设备等数字化资源投入多，三维模型应用上，施工资源调配上，施工安全质量的监督上，施工技术资料文件管理上，数字化应用效果都较好。

对于站内维修改造的较小工程和站外工程，只能应用部分数字化系统，且数字化投入占比较大，增加成本，减少效益，数字化转型并不一定适用。

3　数字化转型发展建议

3.1　加大数字化转型的投入

从人员和设备上加大投入力度，增加和培训

数字化信息操作人员，加大工厂化预制和模块化施工设备场地的投入，使用自动化更高，标准更好的自动化设备生产成套预制产品。

加大数字化软件购买、培训、开发的投入，利用手机的便携性、智能性等特点，开发手机端资料编制系统 APP，业主代表、监理人员和技术人员在施工现场测量检查合格后，现场即可录入数据，同步上传至基建运行管理系统中，实现与基建管理运行系统的无缝对接。

3.2　数字化多系统的统一

把生产、技术、材料、造价等系统结合起来，形成一个基于 BIM 技术方法的数字化整体系统，让数据统一，具有集成功能，针对一个工程建设施工，从开工到竣工全方位、全过程的对工程项目进行数字化管理。根据项目的类别、大小确定数字化程度的选择，给项目创造最大的效益。

4　结论

在科学技术飞速发展的今天，数字化已经成为企业发展壮大的助推器。作为油田基建施工企业，只有把握信息时代脉搏，将现代化信息技术应用于施工生产和项目管理全过程中，加快业务结构的数字化转型升级，打造特色业务，完善以项目为导向的制度流程，深化精细管理和规范管理；加快生产方式转型升级。使企业各项资源得到优化合理配置，才能进一步提高工作效能和整体运作效率，加快施工形象进度，并且在保证安全、工期、质量三个目标的前提下，使项目施工成本降至最低，创效盈利能力得到提升，企业就能获得最大的经济效益，就能进一步增强发展实力。

参 考 文 献

[1] 刘畅，黄涛．基于 BIM 的油田站场管道工厂化预制加工的探讨．大庆油田工程有限公司．大庆油田工程建设有限公司油建二公司论文汇编，2019.

[2] 霍达．基于 DQMDS 平台开发施工技术资料管理系统的设想．大庆油田工程有限公司．大庆油田工程建设有限公司油建二公司论文汇编，2017.

[3] 胡建立．NavisWorks 在工程施工中的应用．大庆油田工程有限公司．大庆油田工程建设有限公司油建二公司论文汇编，2017.

中俄东线 X80 钢管道连头焊接残余
应力数值模拟及应力消除措施

刘 阳

（国家管网集团北方管道有限责任公司）

摘　要　焊接残余应力严重影响管道性能，特别是对于拘束度高、受力条件复杂的连头焊口，明确焊接残余应力分布规律对管道安全运行具有重要意义。本文分析了焊接残余应力发生机理、产生原因及导致的后果。基于有限元软件 MSC. Marc 建立三维有限元模型，对中俄东线所采用 X80 钢管道连头焊接过程进行了模拟仿真，同时采用 X 射线衍射法对残余应力分布进行实验验证，最终将模拟计算结果与实际残余应力分布规律进行对比分析，得到连头轴向及环向的焊接残余应力分布规律，结果表明焊接过程和连头高拘束度等条件导致连头焊缝外表面附近区域存在较大的拉应力。并研究分析了有损和无损两种焊接残余应力的检测方法，最终通过研究制定几种切实可行消除残余应力方法在根本降低管道连头焊接环焊缝破坏强度。

关键词　X80 钢，连头焊接，残余应力，数值模拟

随着我国能源结构的调整、天然气等清洁能源需求不断增长，大口径、高钢级管道的应用，钢管的强度也越来越高。近期所采用 X80 高钢级管道项目如西气东输二线工程、中缅天然气管道工程、陕京四线输气管道工程、中俄东线天然气管道工程等。油气输送管线钢管经常运行于苛刻的环境及敏感地带，如低温冻土、覆冰、悬空区、地震、大落差地带等，这使管道外部承受了很大的轴向应力，加之管道内部介质压力，长期运行过程中对管道所承受一定的应变量进行考验，尤其最薄弱的应力集中点发生在钢管连头环焊缝区域。

管道焊接是油气管道工程至关重要的施工环节，焊接是最重要的制造工艺之一，焊接残余应力是工件不可避免的结果，对焊缝的失效起着至关重要的作用。对不同金属的焊接残余应力进行了较长时间的研究。焊接残余应力一般可分为纵向和横向分量；纵向的通常比横向的高。与其他主要工程构件相比，残余应力的安全系数较小残余应力可能通过疲劳、应力腐蚀、开裂、断裂等方式导致过早破坏，或导致不可接受的变形。残余应力可以通过平均应力水平的变化来改变疲劳寿命，特别是在管道表面。应力腐蚀开裂常常发生在不良组织、腐蚀应力和冲击环境的共同作用下。残余应力可能会改变裂纹扩展的临界裂纹尺寸，无论是发生在管道工程中还是钢管的锻造加工中。

焊接过程常常使管道焊接接头及附近区域产生残余应力，严重影响管道使用性能，导致焊接接头成为输送管道的薄弱环节，近几年发生了多起与焊接以及残余应力相关的油气管道安全问题。由于连头连接的是两段已经完成的管道，在允许的施工误差范围内，两端管线几乎不可能形成完全的中心轴对应的情况，组对难度大。连头施工时通常使用对口器进行强力组对，以消除或减小错边，无法避免地产生较大的应力和变形，同时管道不能轴向移动，导致焊接后会产生轴向应力，应力叠加的状态复杂，严重降低管线的性能。

中俄东线管道项目是中国东北方向首条陆上天然气跨境战略通道，项目大量应用 X80M 管线钢。本文针对中俄东线管道施工中连头焊接产生的残余应力问题，开展 X80 钢管道连头焊接残余应力的产生与分布模拟仿真研究[11]，以及现场残余应力测试，得到管道连头残余应力分布规律，为分析和控制管道连头焊接残余应力提供依据，对管道运输的安全稳定运行具有积极的指导意义。

1　残余应力发生机理

焊接残余应力为热应力，热应力是由不均匀的热膨胀或收缩造成的。焊接区在焊接加工过程

中被急剧加热而产生局部熔化，材料受热膨胀后受到结构周围较冷区域的限制，并且材料屈服极限会随着温度的升高而下降。在冷却过程中易出现金相组织转变使得材料体积增加，导致焊接区产生残余压应力，特别是周围区域承受残余拉应力。冷却后的焊缝在管道周围收缩，形成环向力，环向应力最大的是母材相邻部位。焊缝附件的应力相对较低。随着冷却，收缩焊缝受相邻母材的约束，母材同时进入压缩状态它也被加热，导致它热胀冷缩，同时也增加了远离焊缝的母材对它所施加的压缩应力。压缩应力超过屈服强度（屈服强度降低随着温度升高而降低），材料产生压缩变形。随着熔池和邻近材料继续冷却，与焊缝相邻的母材受到约束萎缩。焊接接头处的腐蚀抗力较低，导致焊接接头成为输送管道的薄弱环节，尤其是连头等拘束度和残余应力大的焊口。

2 残余应力数值模拟

2.1 有限元模型的建立

应用焊接模拟计算中常用的有限元分析软件 MSC.Marc 进行模拟计算，建立管道连头焊接三维有限元模型，管径 1219mm，壁厚 18.4mm，设置 V 型坡口。由于模型几何结构的对称性，因此取其一半建立模型进行分析，如图 1 所示。焊缝区域和近缝区采用细化网格，宽度 0.5mm，远离焊缝区采用相对稀疏网格，既能够有效提高模拟精度，同时也兼顾了运算效率。

图 1 有限元模型

2.2 材料性能参数

温度场的计算中，所使用材料的物理性能参数是和温度相关的，如屈服强度、密度、线膨胀系数、比热、热导率、弹性模量等。定义性能和温度的多段线性关系，本文研究对象 X80 钢的材料热物理参数如表 1 所示。

表 1 X80 钢热物理参数

温度/℃	20	100	200	400	800	1200
密度/(g/cm³)	7.81	7.79	7.77	7.72	7.61	7.50
比热容/J/(kg·℃)	423	473	536	550	636	640
弹性模量/MPa	210000	207000	204000	187500	118600	39500
屈服强度/MPa	555	520	500	480	100	15
线膨胀系数/(m/m/k)	11	12	13	14	15	18
热导率/(W/m·K)	50	48	47	38	30	32

2.3 热源模型

模拟中可将焊接看作是使一定的热源按一定的规则对试件加热然后冷却的过程。为提高温度场计算的准确性，必须首先建立准确的热传递数学模型。如图 2 所示，双椭球热源模型，在处理手工电弧焊、熔化极气体保护焊等焊接时有较高的准确性。

根据焊接实验中观察记录的电弧状态，设定热源模型尺寸参数，焊接电流、电压、焊接速度、焊接路径等均按照工程应用的参数进行设置。

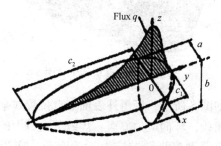

图 2 双椭球热源模型

2.4 模拟计算边界条件

焊缝金属逐步填充选用生死单元法，焊缝单元在相应的载荷步开始时被逐步激活。分析采用热机耦合算法，设置三种边界条件：一是轴向约束边界条件，以此来模拟连头焊口两侧难以轴向移动的情况；二是在坡口附近 0 点位置施加向下的载荷，以此模拟对口器强力组对以减小错边的效果；三是设置热分析边界，包括环境温度、对流系数等，以此来模拟加热和冷却的过程。

3　有限元计算结果

首先进行焊接温度场模拟，温度场达到准稳态时坡口温度分布，如图 3(a)所示，坡口附近温度达到钢材熔点，符合侧壁完全熔合及层间焊透的情况，熔池大小与实际尺寸相符；焊接完成后试件温度分布，如图 3(b)所示，试件温度趋近于设置的环境温度。

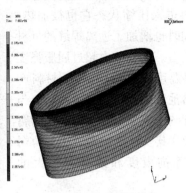

(a)焊接过程中坡口温度　　(b)焊接完成后试件温度

图 3　焊接温度场

在焊接温度场计算的基础上，采用热机耦合的方法，进行应力场的数值模拟。焊接时，由于局部的快速加热和冷却，焊接后不均匀的温度场造成的内应力，使接头局部区域发生弹塑性变形，产生相当大的残余应力。如图 4 所示，焊接完成后的等效米塞斯应力云图。

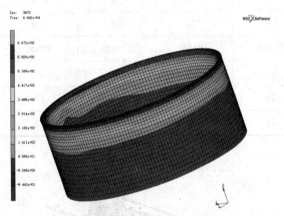

图 4　等效米塞斯应力云图

如图 5 所示，管道外表面 0 点位置残余应力分布曲线，环向应力方面，焊缝区为较大的拉应力，随着远离焊缝拉应力逐渐变小、变为压应力，拉应力峰值高达约 500MPa；轴向应力方面，焊缝区为较大的压应力，随着远离焊缝拉应力逐渐变小、变为拉应力。这是环缝冷却径向收缩，以及径向收缩导致管壁弯曲变形的结果。当外力

与残余应力叠加，容易导致发生局部断裂，从而导致结构破坏。特别是在材料塑性不够、淬硬倾向大的情况下，更易产生焊接裂纹。

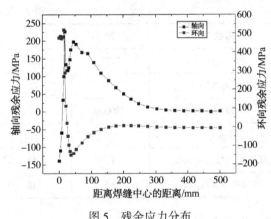

图 5　残余应力分布

4　残余应力测试

测量焊接残余应力的方法按其对被检测对象是否产生损伤分为有损法和无损法两大类。有损法是采用机械加工的手段，对被测构件进行部分解剖或完全剥离，使被测构件上的残余应力部分释放或完全释放，利用电阻应变计测出残余应力的方法，如盲孔法、压痕法、切割法等，而 X 射线衍射法、超声弹性法和磁性法等测试方法不会对被测构件造成损害。

无损法通常采用磁性法，磁性法是基于铁磁性材料的磁致伸缩效应测试残余应力，适用于管道施工现场测试。选取中俄东线某管道连头施工现场，焊接完成后用砂纸将焊接接头及附近区域打磨光滑，使用磁性法进行焊接残余应力测试，如图 6 所示。测试对象为直径 $\phi 1219 \times 18.4$mm的 X80M 直缝钢管。测试点位于垂直焊缝的直线上，以焊缝为中心，两侧每 25mm 取一点进行测试，图中所示为环向应力测定值。测试结果与有限元模拟结果对比可知，试验与模拟结果的大致趋势相同，连头焊缝附近存在较大的拉应力，实验结果验证了数值模拟的合理性。

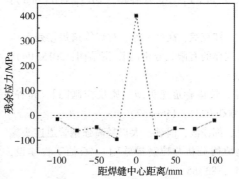

图 6　残余应力测试

5　降低残余应力的做法

5.1　锤击法

残余应力锤击处理方法是在焊接结构内局部产生一定的塑性伸长，从而达到释放焊接残余应力的目的。在焊接部位使用手工敲击，或用气动的劈枪进行敲击等方式。

5.2　热处理法

焊接结构常采用热处理的方法来消除残余应力。焊接结构内的残余应力会在较高的温度下发生松弛，从而导致应力自行消除，这主要是由于金屑在高温下强度较低。加热温度越高、保温时间越长，残余应力的消除就越多。但要注意可能由于加热和冷却不均匀，在结构中产生新的残余应力或材料组织的改变，这将对后续的加工和使用带来极其不利的影响。

5.3　机械加载消除法

采用机械加强方法使焊后结构的焊接接头塑性变形区得到拉伸，从而减少因焊接引起的压缩塑性变形量，以获得内应力降低。并且加载应力越高，内应力也消除得越彻底。

5.4　超声波法

超声波处理是利用超声波冲击焊接件焊接区域以达到消除焊接残余应力，改善焊接件性能的一种技术。超声波处理相对传统方法有投资少、处理时间短、效率高、方便快捷、无污染等特点。超声波处理消除薄壁件的焊接残余应力的效果非常理想，不仅能够降低残余应力，而且还会减少焊接位置应力集中、提高焊接处疲劳强度、抑制焊接裂纹，减小变形、稳定焊缝尺寸。

5.5　喷丸消除法

喷丸处理是通常用一种小的球形弹丸轰击管件表面，每粒弹丸翅击金属表面就像是用细小的锤尖在敲击，形成一个个细小的凹痕，从而使表面上的材料纤维处于受拉状态。由于表面以下的金屑力图使其恢复原状，所以，在压痕下边一个半球形的冷作硬化区域内，就会产生高的压缩应力。交错重叠的压痕在金屑表面形成均匀的残余压应力层。只要控制适当，作为疲劳裂纹敏感区的工件表面，就会被一个大而均匀的压缩层包围，从而有效防止疲劳裂纹的产生与扩展，提高管道的使用寿命。

6　结论

（1）本文利用 Marc 有限元软件，开展 X80 钢管道连头焊接残余应力的产生与分布模拟仿真研究，并采用磁性法进行应力测试，得到管道连头残余应力分布规律，结果表明焊接过程和连头高拘束度等条件导致连头焊缝外表面附近区域存在较大的拉应力，容易发生断裂导致结构破坏。

（2）管道连头存在较大焊接残余应力的情况在工程中应当给予高度的重视，应结合管道连头焊接残余应力特征开发具有较低残余应力的连头焊接工艺，通过焊接过程进行控制（如焊后热处理)及超声喷丸技术改善焊接接头及附近区域残余应力场,形成连头焊接残余应力控制技术,降低管道连头焊接残余应力,保障管道安全运行。

参 考 文 献

[1] 余磊, 轩福贞. X80 钢双丝螺旋焊焊接残余应力的有限元分析[J]. 压力容器, 2015, 000(008): 26-34.

[2] 白林越, 江克斌, 高磊, 等. 对焊管道焊接残余应力分布规律的有限元分析[J]. 钢结构, 2015(04): 85-89.

[3] 张与胜. 长输管道连头施工质量控制[J]. 硅谷, 2012, 000(023): 156-157.

[4] 李秀芹, 都俊波, 闫斌. 大口径高强钢管道连头施工缺陷原因分析与控制措施[J]. 石油工程建设, 2015(4): 83-85.

[5] 张颖云, 赵安安, 陈素明. TC4 钛合金激光锁面对接焊的微观组织及力学性能研究[J]. 热加工工艺. 2019(13).

[6] 王浩军, 张颖云, 毛悦, 伍亚辉, 魏至男, 傅莉. TC4 钛合金搭接接头双侧激光角焊的组织与性能[J]. 热加工工艺. 2019(11).

[7] 李树栋, 赵云峰, 丁洁琼, 占小红, 陈莉莉. 铝合金 MIG 焊 L 形接头的有限元分析及试验验证[J]. 焊接. 2018(08).

[8] 游敏, 郑小玲, 陈燕, 张瑞芳. 平板对接接头横向残余应力调控技术研究[J]. 三峡大学学报(自然科学版). 2002(01).

[9] 鲁立, 胡梦佳, 蔡志鹏, 李克俭, 吴瑶, 潘际銮. 核级管端法兰面在线堆焊修复的残余应力[J]. 清华大学学报(自然科学版). 2020(01).

[10] 赵剑, 卞冰. 浅析焊接残余应力的产生及影响[J]. 山东工业技术. 2016(06).

[11] 卢书嫒, 王卫忠, 俞璐, 时伟, 刘烽, 吴骋. 焊接残余应力的测定及消除方法[J]. 理化检验(物理分册). 2017(09).

[12] 李瑞英, 赵明, 吴春梅. 基于 SYSWELD 的双椭球热源模型参数的确定[J]. 焊接学报. 2014(10).

[13] 张利国, 姬书得, 方洪渊, 刘雪松. 焊接顺序对 T 形接头焊接残余应力场的影响[J]. 机械工程学报. 2007(02).

[14] 姚君山, 王国庆, 刘欣, 薛忠明, 顾兰, 李存洲, 张彦华. 钛合金 T 型接头激光深熔焊温度场数值模拟[J]. 航天制造技术. 2004(02).

[15] 朱晓欧. TC4 钛合金双光束激光填丝焊成型工艺研究[J]. 世界有色金属. 2018(05).

[16] 齐国红, 陈进泽, 蒋建献. 焊接顺序对 T 型接头残余应力场的影响[J]. 电焊机. 2018(02).

[17] 李青, 王岩松, 赵礼辉, 刘宁宁. T 型板单双面焊接结构的残余应力与变形研究[J]. 热加工工艺. 2017(03).

[18] 宋威, 鄢锉, 曹轼毓. 激光焊接顺序对镀锌钢板焊接残余应力分布的影响[J]. 应用激光. 2016(01).

[19] 张可荣, 张燕华, 王娜, 周章金. TC4 钛合金激光焊接应力及演变数值模拟[J]. 热加工工艺. 2013(21).

[20] 高永毅, 林丽川. 一种新的残余应力评估方法[J]. 中南工业大学学报. 1996(02).

[21] 杨化仁. 焊接结构残余应力的测定及其对疲劳裂纹扩展速率的影响[J]. 热加工工艺. 1994(03).

[22] 陈锟, 刘克家, 刘琦, 陈惠芬. 基于比容测量对材料三维残余应力及其分布的测试分析[J]. 精密成形工程. 2017(06).

[23] 陈锟, 刘克家, 吴新猛, 陈惠芬, 刘琦. 材料三维残余应力测量的新方法[J]. 塑性工程学报. 2017(05).

[24] 宋俊凯, 黄小波, 高玉魁. 残余应力测试分析技术[J]. 表面技术. 2016(04).

[25] 原梅妮, 杨延清, 黄斌, 娄菊红. 金属基复合材料界面性能对残余应力的影响[J]. 材料热处理学报. 2012(06).

[26] 黄斌, 杨延清. 金属基复合材料中热残余应力的分析方法及其对复合材料组织和力学性能的影响[J]. 材料导报. 2006(S1).

[27] 刘秋云, 费维栋, 姚忠凯, 赵连城. 金属基复合材料的热残余应力研究进展[J]. 宇航材料工艺. 1998(03).

[28] 陈锟, 刘琦, 刘克家, 陈惠芬, 陈麒忠, 吴新猛. 一种轴承钢材料热处理过程中所对应残余奥氏体含量的测定方法[P]. 中国专利: CN106896124A.

基于卷积神经网络的油气管道智能工地监控实现

赵云峰　姜有文　王巨洪

（国家管网集团北方管道公司）

摘　要　随着油气管道建设快速发展，管道安全监管压力与难度与日俱增，油气管道建设工地现场由于高风险易发生的不安全行为难以管控，往往导致施工事故的发生。依赖深度学习技术的发展成熟，使得视频智能识别技术广泛应用于智慧城市的建设中，也使该技术应用于油气管道智能工地监控成为可能。利用卷积神经网络 CNN 技术，与 TensorFlow 深度学习框架相结合，提出了一种适用于油气管道施工工地安全风险智能监控识别算法。该算法能够实时对施工人员的劳保着装和不安全行为进行快速、准确识别。通过在油气管道施工工地安装摄像头，视频无线传输至后台智能识别分析服务器，将识别报警信息及时推送至智能安全监管平台，实现了油气管道智能工地监控新模式。当施工人员没带安全帽，未穿工作服，进入危险区域或发现挖掘机械的情况下，智能分析服务器能够及时识别，并向智能安全监管平台发出报警信号。试验测试结果说明，该油气管道智能工地监控系统具有较高的实时性和准确性，大幅度减少了管理人员的监督成本，同时也提高了施工现场的安全保障。

关键词　智能监控，视频监控，智能管道，智能识别，安全

油气管道是国家重要的经济命脉，关系到国家能源战略安全。根据 2017 年国家发改委、能源局印发的《中长期油气管网规划》，2025 年中国油气管网规模将达到 24×10^4 km。随着油气管道建设快速发展，管道安全监管压力与难度与日俱增，油气管道建设工地现场由于高风险易发生的不安全行为难以管控，往往导致施工事故的发生。例如不佩戴安全帽，不穿工服，翻越围栏，人员在大型作业机械附近活动等，这些不安全行为给施工现场带来较大的安全隐患。视频监控是管道安全防护的重要技术措施，通过在管道站场和沿线安装监控摄像头，能够实现可视化监管。按照应急管理部部长办公会关于加快重点单位远程监控信息化系统建设的总体要求，管道企业近几年大力推进可视化监控，实现了对输油气站场、管道高后果区和管道施工现场的视频监控覆盖，然而，当视频监控画面达到成百上千个时，单依靠人工进行监视无法达到生产要求。研究表明，人眼监视视频画面仅 22min 就会对画面中 95% 以上的信息视而不见，完全不能达到监控效果。

近年来，随着深度学习技术的成熟，使得视频智能识别技术广泛应用于智慧城市的建设中，可对施工人员的劳保穿戴、翻越围栏、高空跌落等不安全行为进行智能监控。因此，利用深度学习技术特别是当下流行的卷积神经网络算法，可以基于传统视频监控，提取管道现场人和物的特征，开展针对性训练，通过推理识别后，应用于管道现场，实现对安全风险的智能、实时识别，及时推送报警，从而解放人工劳动，达到真正的 24h 全天候的智能化监管。

1　油气管道智能工地监控系统架构

1.1　智能工地监控系统组成

智能工地监控系统主要由 3 部分组成，主要包括监控设备，通信网络系统，智能分析系统及智能安全监管平台。监控设备主要是工地安装的摄像头，摄像头一般安装在施工工地旁边，用支架或稳定基础固定，采用电池、太阳能供电。通信网络系统由 4G 无线网卡和工业路由器构成通信链路，采用 4G 无线信号将摄像头采集到的视频信息传输至智能分析服务器。智能分析服务器依据卷积神经系统深度学习训练好的识别模型对视频数据进行推理分析，分辨识别关键目标的异常行为，过滤掉用户不关心的信息，并以最快和最佳的方式发出警报[9-10]，将发现的问题推送至智能安全监管平台。智能安全监管平台有网页端和 APP 两种形式，展示智能监控设备的分布，以及各种报警信息，统计数据等，为监控管理者提供有用的关键信息，实现管理的可视化与智

能化。

1.2 智能工地监控系统安装

智能工地监控系统主要针对油气管道施工工地的情况进行监控，因此布点主要选择易发生危险的位置进行监控，如储罐入口，管道作业坑边，吊车臂上等处，以提供易于监控或从高处俯瞰的视角。另外还可借助无人机进行监控，可监控更大范围的工地情况。安装工作2人一组，组装设备后固定，调通网络测试，接入后端智能分析系统，整个系统可在1h内完成安装。

2 智能工地识别关键技术

2.1 卷积神经网络算法

传统的机器学习算法主要有括遗传算法、决策树、聚类算法、支持向量机等，这些算法处理的数据量较小。基于神经网络的深度学习算法，大大减少了子网的递归分裂次数，卷积神经网络（Convolutional Neural Networks，CNN）是在普通神经网络的基础上加入卷积结构的人工智能算法，对图像特征具有较强的提取能力，识别效果十分显著，训练的模型也能够轻易地移植到各种智能装备上实现端到端的识别，因此，以卷积神经网络（CNN）为代表的深度学习方法在图像识别、人脸识别、语音识别等领域已经广泛应用[20-22]。

卷积神经网络包括卷积层，池化层和全连接层。卷积层使用不同的卷积核，将所针对的信息的不同特征提取出来。当用所有提取到的特征去训练分类器时，需要大量的计算量，很容易出现过拟合，因此，采用池化层对某个特定的特征计算其平均值或最大值，这样能够对特征图像进行降维，且在一定程度上保证特征的尺度特性不变。然后全连接层对输入的向量进行线性运算，将线性运算结果经过激活函数即可得到模型输出[5]。

2.2 CNN模型识别训练

（1）框架

TensorFlow是当前应用广泛的深度学习框架之一，采用TensorFlow框架可以很好地实现CNN算法，尤其适用于大规模工业级别的训练和部署应用。利用该框架结合CNN算法对安全帽、工作服、人员以及挖掘机械模型进行训练。Python集成了众多深度学习相关的工具包，由于TensorFlow为Python提供了数据接口，使得Ten-

sorFlow对Python平台具有较强的兼容性。因此，使用Python+TensorFlow+CNN的架构对模型进行学习和训练，从而保证训练的高效性与准确性。

（2）训练流程

结合CNN模型，对油气管道施工工地常发生的安全风险，未戴安全帽，未穿工作服，人员（进入危险区域）和挖掘机械4种模型进行训练，训练过程如图1所示。

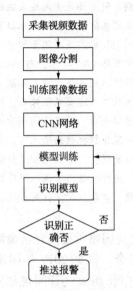

图1 CNN模型训练流程

CNN模型的训练流程可以简单表述为：首先，在采集的监控视频中利用软件分割截取出来满足训练要求的大量图片，通过预处理使之符合传入数据的要求，作为训练样本；再建立相关卷积神经网络，配置训练的参数，如迭代次数，训练样本量等，进行模型训练，达到一定迭代次数后得到初始的识别模型。然后通过图片进行检测，看模型是否达标，如果不达标，调整数据样本和参数，再进行训练，经过多次不断地学习训练，最终得到合格的识别模型。

（3）训练迭代次数和样本量

模型训练时，一般迭代次数和训练样本量增加，识别准确率也随之增加，但是也需要注意，这样同时花费的时间成本也在上升。因此，需要结合项目实际情况，选择最优的方案，在训练前，确定模型训练所需的最佳迭代次数和样本量。结合油气管道工地识别模型，采用分解实验，迭代次数和样本量对算法平均识别准确率的影响，如图2和图3所示。

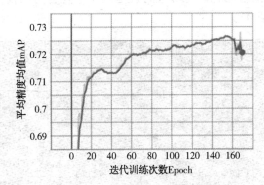

图 2　迭代次数对精度均值的影响

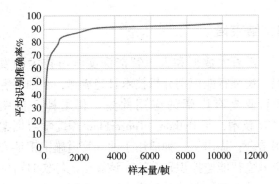

图 3　样本数量对平均识别准确率的影响

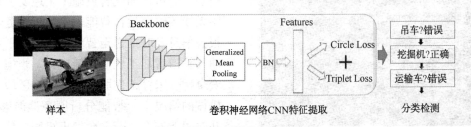

图 4　图片特征提取及分类检测

从试验结果可以看出，随着迭代次数增大，平均精度均值会随之提升，但当迭代次数 140 次时，平均精度均值已可达到较好水平，当迭代高于 160 次时，平均精度均值下降。同时也可以看出，当训练图像大于 3000 帧时，算法平均识别准确率能达到 90% 以上，样本量再继续增加，平均识别准确率会增大，但是幅度不大，趋于稳定。因此，综合考虑各种影响因素，选定最优的参数为，迭代次数 100 次，训练样本量 3000 帧。

在油气管道工地现场所采集的监控视频中分割出符合模型训练要求的 3000 帧图像进行训练，包括安全帽、工作服，人员以及挖掘机械 4 类模型，迭代次数为 140 次。

（4）特征识别检测

实验环境采用一块 NVIDIA2080Ti 显卡，CPU i7-9700K，系统采用 UBUNTU16.04。

训练模型完成后，对每个模型采用 1000 帧样本图片集进行检测，测试其准确率。检测过程如图 4 所示，通过提取图片特征，对图片中的特征进行分类检测，从而实现对图像中的物体进行识别。检测结果如表 1 所示。

表 1　检测结果

检测项目	测试集/帧	识别速度/fps	准确率/%
安全帽	1000	210	92.2
工作服	1000	230	90.1
人员	1000	500	95.4
挖掘机械	1000	190	87.5

由检测结果可以看出，所设计的算法对于施工人员的识别速度和准确率达到了 500fps 和 95.4%；对人员的安全帽的检测平均识别速度为 210fps，准确率为 92.2%；尤其对于施工人员工作服的检测识别速度为 230fps，准确率为 90.1%；对挖掘机械的检测的识别速度为

190fps，准确率为 87.5%，识别比较有挑战性。检测结果可以看出，在现场工地中，全场景全天候情况下，对于目标的形状、颜色较多，加上不同角度拍摄，具有较高的复杂性，算法经过应用提现了较好的泛化性和鲁棒性。识别效果如图 5、图 6、图 7、图 8 所示。

图 5　安全帽检测

图 6　工作服检测(橘红色)

图 7　人员进入危险区域检测(作业机械旋转半径)

图 8　挖掘机械

3　应用效果

在油气管道建设工地、动火作业工地以及储罐大修工地等处,安装部署智能工地监控系统,对施工工人未戴安全帽,未穿工作服,人员进入危险区域,发现挖掘机械等存在较大危险因素的情况进行监控。采用摄像头对现场施工环境进行实时监控,通过 4G 通信链路将视频传输至智能识别分析服务器,服务器通过调用识别模型程序,对回传的数据信息进行识别分析,将识别出的报警信息发送到智能安全监管平台提醒管理人员实施安全监管。例如,当发现人员进入作业机械旋转半径时,就会立刻对该人员和挖掘机标注出来,并发出报警信息,并将报警信息自动传送到智能安全监管平台(APP),相关管理人员看

到报警信息后能够及时提醒制止危险行为的发生(图 9)。

图 9　视频智能管理平台

4　结束语

随着大数据和人工智能深度学习技术的发展,视频智能识别分析技术日趋成熟,在油气管道行业具有广阔的应用前景。利用神经网络CNN 技术,与 Python、TensorFlow 深度学习框架相结合,提出了一种适用于油气管道施工工地安全风险智能监控识别算法。该算法能够实时对施工人员的劳保着装和不安全行为进行快速、准确的别。通过在油气管道施工工地安装摄像头,视频无线传输至后台智能识别分析服务器,将识别报警信息及时推送至智能安全监管平台,实现了油气管道智能工地监控新模式。当施工人员没带安全帽,未穿工作服,进入危险区域或发现挖掘机械的情况下,智能分析服务器能够及时识别,并向智能安全监管平台发出报警信号。试验测试结果说明,该油气管道智能工地监控系统具有较高的实时性和准确性,大幅度减少了管理人员的监督成本,同时也提高了施工现场的安全保障。

通过针对性算法研发,可将其广泛推广应用于管道维修维护作业现场、管道线路重点地段、站场安全管理及无人机智能巡线,从而实现管道企业对油气管道安全风险 24h"全天候"监管、安全风险智能识别、告警信息自动推送,将安全风险消灭在萌牙中,提高管道安全防护水平,保障管道安全平稳运行。

参　考　文　献

[1] 国家发改委. 国家发展改革委、国家能源局关于印发《中长期油气管网规划》的通知[EB/OL]. (2018-05-19)[2020-03-20]. http://www.ndrc.gov.cn/zcfb/zcfbghwb/201707/t20170712_854432.html.
[2] 林鹏,魏鹏程,樊启祥,等. 基于 CNN 模型的施工

现场典型安全隐患数据学习[J].清华大学学报(自然科学版),2019,59(8):628-634.

[3] 姜昌亮.中俄东线天然气管道工程管理与技术创新[J].油气储运,2020,39(2):21-129.

[4] 程万洲,王巨洪,王学力,王新.我国智慧管道建设现状及关键技术探讨[J].石油科技论坛,2018,37(3):34-40.

[5] 李柏松,王学力,徐波,孙巍,王新,赵云峰.国内外油气管道运行管理现状与智能化趋势[J].油气储运,2019,38(3):241-250.

[6] 王巨洪,张世斌,王新,李荣光,王婷.中俄东线智能管道数据可视化探索与实践[J].油气储运,2020,39(2):169-175.

[7] 黄凯奇,陈晓棠,康运锋,谭铁牛.智能视频监控技术综述[J].计算机学报,2015,34(6):1093-1118.

[8] 张凡忠.智能视频分析技术在视频监控中的应用[J].中国安防,2013(12):56-61.

[9] 韩国强.浅谈智能视频监控技术及其主要应用[J].计算机与网络,2014(2):64-67.

[10] 李立仁,李少军,刘忠领.智能视频监控技术综述[J].中国安防,2009(10):90-95.

[11] 李华,王岩彬,益朋.基于深度学习的复杂作业场景下安全帽识别研究[J].中国安全生产科学技术,2021,17(1):175-181.

[12] 房凯.基于深度学习的围栏跨越行为检测方法[J].计算机系统应用,2021,30(2):147-153.

[13] 张明媛,曹天卓,赵雪峰.基于ANN识别施工人员跌落险兆事故的研究[J].2018,18(5):1703-1710.

[14] 石洪康,田涯涯,杨创,等.基于卷积神经网络的家蚕幼虫品种智能识别研究[J].西南大学学报(自然科学版),2020,42(12):34-45.

[15] 卫潮冰.基于CNN的安全智能监测识别算法[J].电子设计工程,2020,28(4):64-68.

[16] 曹闯明.油气长输管道巡检中的智能视频监控技术[J].油气储运,2018,37(10):1192-1195.

[17] 裴斌,赵焱.智能视频分析在油气管道安全监控中的应用[J].中国石油和化工标准与质量,2018,38(12):97-98.

[18] 裴斌,赵焱.智能视频分析在油气管道安全监控中的应用[J].中国石油和化工标准与质量,2018,38(12):97-98.

[19] 姜有文,王巨洪,赵云峰.油气管道智能视频监控技术原理与实现[J/OL].油气储运:1-8[2021-03-11].http://kns.cnki.net/kcms/detail/13.1093.TE.20200526.1702.008.html.

[20] 葛宝义,左宪章,胡永江.视觉目标跟踪方法研究综述[J].中国图像图形学报,2018,23(8):1091-1107.

[21] 张娟,毛晓波,陈铁军.运动目标跟踪算法研究综述[J].计算机应用研究,2009,26(12):4407-4410.

[22] 尹宏鹏,陈波,柴毅,刘兆栋.基于视觉的目标检测与跟踪综述[J].自动化学报,2016,42(10):1466-1489.

LNG 储罐 9Ni 钢自动立缝焊系统设计浅析

穆宇轩

（中国石油京唐液化天然气有限公司）

摘 要 随着全球液化天然气(LNG)的消费持续增长，具有出色的低温韧性的 9%Ni 钢已成为构造低温 LNG 储罐的主要材料。LNG 储罐壁板中 9%Ni 钢的立缝焊接是储罐建造中的重要焊接过程。目前，主要使用手工焊接。这种焊接效率低，工作条件差，强度高，焊接质量不易保证。9%Ni 钢 LNG 储罐 LNG 立缝自动焊系统具有焊接方便、简单、高效、快捷、质量高的特性。根据焊接控制的技术要求及 9%Ni 钢特性，中石油唐山 LNG 接收站应急调峰保障工程项目部联合机电设备公司针对 LNG 储罐结构的特点及目前所用的设备情况设计了一套专用的立缝自动焊机，实现焊接成本管理、数据管理、设备管理、人员管理、品质管理。

关键词 9%Ni 钢，立缝自动焊，机械结构，控制系统

1 引言

随着全球对液化天然气(LNG)需求的持续增长，世界各国都在积极促进低温液化天然气的存储。随着我国能源结构的调整，我国更加重视能源产业，液化天然气项目得到了迅速推进。我国已将实施进口液化天然气多样化发展战略作为国家能源战略的重要内容。LNG 储罐如今已成为技术发展的中心。近年来，液化天然气在世界各国的社会发展中发挥了重要作用，对液化天然气的需求也在增加。据估计，2020 年全球天然气贸易的 40%将是液化天然气。LNG 储罐主要由 9%Ni 钢制成。9%Ni 钢仍具有相当于-196℃超低温的良好强度和韧性，但是这类钢的焊接要求更高。LNG 储罐的壁板使用 9%Ni 钢。立缝焊主要基于手工电弧焊(SMAW)或氩弧焊和钨极电弧焊(GTAW)的多层和多道焊，而电击焊用于具有较厚焊缝的垂直接头。其中，手工氩弧焊的焊接工作量大，焊接效率低，工作条件差，强度高，焊接质量难以保证，数量大。尽管电渣焊具有较高的焊接效率，但其加热和冷却速度较低。焊接热量输入很高，焊缝经常出现厚的树枝状结构。而氩弧焊(GTAW)始终处于半自动焊接水平，为加快焊接工艺和质量，提高焊接自动化技术水平，进而提高焊接效率，提高焊接速度，进行了工艺控制改善周期，降低工艺水平，降低维修率，减少焊头准备时间，减少焊接尺寸，减少焊接后操作，降低潜在的安全风险，简化设备，

调整高效，快速且高质量，全自动焊接将成为主要力量。

2 9Ni 钢特性与焊接性能

9%Ni 钢作为 LNG(-196℃)低温下，使用能够保持较高韧性匹配的马氏体型组织钢，有其独特的优越性，尤其低温韧性可和奥氏体型材料相媲美而得到广泛应用。但从技术要求分析，其生产难度较大，特别是钢中不利于韧性的杂质元素等控制要求，热加工、热处理等工艺区间较窄等，被公认为技术难度最大的钢种。9%Ni 钢通常用于低温储罐材料，钢板出厂前已经经过了热处理，改善了母材的可焊性，细化晶粒，增强了焊缝的低温韧性。9%Ni 钢焊接选用高镍焊接材料焊接时，焊缝金属内奥氏体由于焊缝含镍量高，焊接过程热裂敏感性很强，易于出现弧坑焊接裂纹，焊缝金属熔点较母材低 100-150℃，焊接时焊道熔深浅、流动性差，对于夹渣和未熔合焊接缺陷比较敏感。由于 9%Ni 钢是一种磁化倾向较大的材料，焊前严禁接触磁性材料，避免产生很强的电弧偏吹，影响焊接质量。由于采用高镍奥氏体焊接材料焊接，为保证焊接接头的低温韧性，9%Ni 钢焊接前无需预热，同时严格控制层间温度。

3 立缝自动焊的焊接工艺

3.1 焊接工艺方式的选择

唐山 LNG 接收站应急调峰保障工程储罐内

罐钢板板材厚度选用 δ = 12mm、18mm 及 27.5mm，焊接材料选用德国伯乐公司生产的 E NiCrMo-3T1-4（伯乐 UTP AF6222Mo PW）药芯焊丝（规格 φ1.2）进行焊接工艺评定试验。焊接工艺采用 FCAW，保护气选择 80%Ar+20%CO^2。

根据 EN15614-1：2012 和 EN14620-2：2006 标准要求，结合以往的施工经验，充分考虑 LNG 储罐结构、罐体壁厚、接头形式、焊接方法、焊接位置和返修等因素，重点从焊接线能量对接头性能影响出发，选择了不同的线能量（表 3-1）对 δ = 12mm、18mm 及 27.5mm 的 9% Ni 钢板进行试验。

表 1   06Ni9 钢焊接焊接参数

序号	试验项目编号	焊接方法	试件厚度	焊接位置	焊接方向	焊接电源 极性	焊接电源 电流/A	电弧电压/ V	焊接速度/ (mm/min)	线能量/ (kj/cm)
1	001	FCAW	δ12	3G	向上	DC-	140	22.6	103	18.43
2	002	FCAW	δ12	3G	向上	DC-	150	22.6	125	16.27
3	003	FCAW	δ12	3G	向上	DC-	150	22.8	103	19.92
4	004	FCAW	δ18	3G	向上	DC-	140	21	102	17.3
5	005	FCAW	δ18	3G	向上	DC-	150	22.5	123	16.5
6	006	FCAW	δ18	3G	向上	DC-	150	22.5	113	17.9
7	007	FCAW	δ27.5	3G	向上	DC-	125	21.5	114	14.14
8	008	FCAW	δ27.5	3G	向上	DC-	125	23	123	14.02
9	009	FCAW	δ27.5	3G	向上	DC-	130	22.7	119	15.45

3.2 焊丝的选择

由于药芯焊丝焊接飞溅少、焊缝成形好，所以减少了清除飞溅与修磨焊缝表面的时间。对钢材的适应性与实心焊丝相比，由于药芯焊丝一般是通过药芯过渡合金元素，因此可以像手工焊条那样方便地从配方中调整合金成分，以适应被焊钢材的要求。工人操作要求药芯焊丝对工人的操作水平要求低，与手工焊条比，省去了向下运条的操作，与实芯焊丝比，其电流、电压适应范围宽。

因此项目使用的 9%Ni 钢的焊接材料为德国伯乐公司生产的镍基焊接材料，焊接材料型号、牌号与规格，如表 2、表 3 所示。要求焊接材料的屈服强度 $\sigma 0.2 \geq$ 450MPa，抗拉强度 $\geq$ 690MPa，断后延伸率应 $\geq$ 35%，-196℃夏比 V 型缺口冲击韧性平均值 $\geq$ 60J，允许一个值 $\geq$ 45J，侧向膨胀值 $\geq$ 0.38mm。

表 2   焊接材料型号、牌号与规格

名称	型号	牌号	规格	生产厂家
焊丝	E NiCrMo-3T1-4	UTP AF6222Mo PW	Ø1.2mm	伯乐

表 3   焊材化学成分   %

	C	Si	Mn	P	S	Cr	Mo	Ni	Fe	Cu	Ti	Nb+Ta
焊丝	0.02	0.49	0.00	0.001	0.004	20.14	8.86	66.61	0.24	0.01	0.06	3.46

3.3 坡口形式的选择

δ = 12mm 的坡口为单边 V 型，δ = 18mm、27.5mm13mm 钢板的坡口为 X 型。具体尺寸如图 1、图 2、图 3 所示。

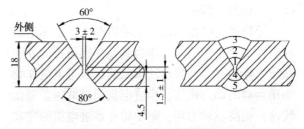

图 2   δ = 18mm 钢板坡口形式尺寸

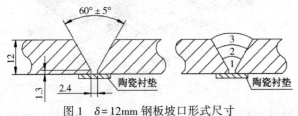

图 1   δ = 12mm 钢板坡口形式尺寸

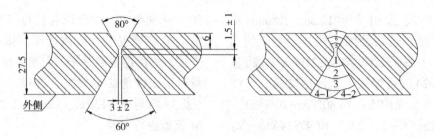

图3 $\delta=27.5mm$ 钢板坡口形式尺寸

4 立缝自动焊系统设计

4.1 焊机机械结构

　　自动立焊机机械结构的总体图如图4所示，主要由小车行走轨道及吸盘、小车行走装置、模组转接模块、连接件装配体、手控盒、横向和高度调节装置、焊枪及焊丝调节组件等部件组成。其中小车行走装置包含步进电机及减速器、齿轮及传动轴、滚轮部件等。焊接小车与轨道间通过齿轮—齿条啮合，可在所有位置匀速运动，在其上还安装有焊枪横向手动调整机构（用于焊枪对中）、焊枪横向摆动机构组件、焊枪高度自动调整机构（弧压自动跟踪）组件、焊枪手动调整机构组件。上述各机构应安装紧凑、装卸简单方便，具有较强的耐海水腐蚀性能。

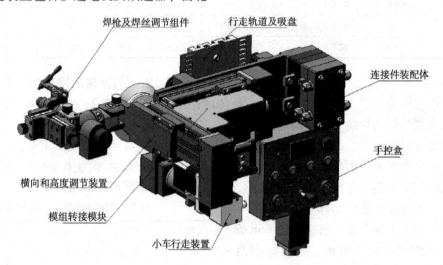

图4 机械总体结构图

4.2 小车自动行走功能

　　LNG储罐立缝焊接施工时，先将焊接小车导轨固定在立缝位置，使导轨和立缝平行，焊接小车在导轨上行走，实现立缝的自动化焊接。焊接小车如图5所示。

　　导轨通过吸盘固定在储罐内壁上，小车沿该导轨行走。小车的基板作为其他焊接组件的安装基座，作为整套装置运动承载体，步进电机作为小车运动的动力机构，步进电机通过减速器降低转速，提高驱动力矩，驱动轮在步进电机的驱动作用下相对导轨滚动。可调位紧定手柄以及弹簧挡块可调节驱动轮以及步进电机组件在导轨横向的位移，适应不同导轨齿纹宽度的细微调整。手柄以及相应的弹簧组件可实现小车滚轮与导轨边

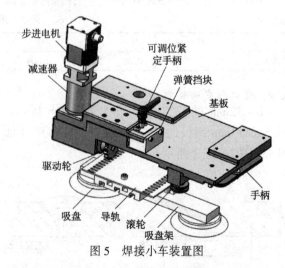

图5 焊接小车装置图

缘接触松紧的调节，适应不同导轨宽度的细微调整。因此该小车不仅可以在步进电机的驱动下实

现沿导轨自动行走，还具备适应导轨宽度的调节功能，可实现焊缝自动化焊接的功能，满足研制需求。

4.3 焊枪位移调节

焊丝调节装置以及焊枪等组件可随焊枪安装板上下移动，如图 6 所示。焊枪安装板安装于高度调节装置的垂向导轨上，焊枪安装板的上下移动由步进电机驱动，步进电机通过齿带传动连接螺杆，螺杆的旋转驱动滑块上下移动，当步进电机驱动脉冲停止时，电机的自动锁止功能以及螺杆的单向传动特点确保滑块停止运动。因此以步进电机作为执行器，接收闭环控制运动指令，可实现焊枪高度的自动调节，满足研制需求。

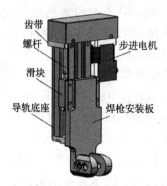

图 6 高度调节装置图

高度调节装置安装于模组转接块上，如图 7 所示。模组转接块安装于横向调节装置的横向导轨上，模组转接块的横向移动由步进电机驱动，步进电机通过齿带传动连接螺杆，螺杆的旋转驱动滑块横向移动，当步进电机驱动脉冲停止时，电机的自动锁止功能以及螺杆的单向传动特点确保滑块停止运动。因此以步进电机作为执行器，接收闭环控制运动指令，可实现焊枪横向位移的自动调节，满足研制需求。

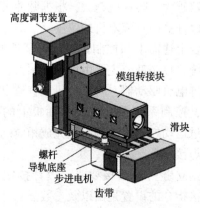

图 7 横向调节装置图

4.4 机械结构焊丝位置调节

为了使焊丝与焊枪以及工件之间的相对距离、角度等可调至合适的状态，自动立焊机的送丝头应该具有多自由度的调节功能。送丝头及焊枪在立焊机中的位置如图 8 所示。

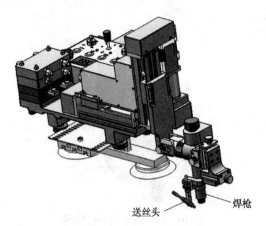

图 8 送丝头及焊枪位置图

送丝头安装于焊丝调节装置上，焊丝调节装置通过螺钉固定于焊枪座上，焊丝调节装置如图 9 所示。转动调节螺丝 3，可驱动焊丝调节下滑块沿交叉导轨前后移动；转动调节螺丝 2，可驱动焊丝调节角座沿交叉导轨上下移动；转动调节螺丝 1，可驱动焊丝调节过度座沿交叉导轨左右移动。因此通过螺丝 1、2、3，可手动调节送丝头的 3 个方向自由度运动，方便焊丝位置调节，满足研制需求。

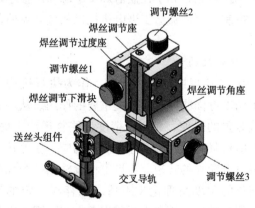

图 9 焊丝调节装置图

4.5 焊枪角度调节

焊枪固定于焊枪座上，焊枪座可绕 X-Y 旋转件轴转动，如图 10 所示。通过旋转调节螺丝 4，可调整焊枪座与 X-Y 旋转件轴之间摩擦力的大小，摩擦力调小时，可将焊枪座绕旋转轴转动，摩擦力调大时，锁定焊枪座。通过旋转调节螺丝 5，可调整 X-Y 旋转件与焊枪安装板转轴之间的摩擦力，摩擦力调小时，可将 X-Y 旋转件绕旋转轴转动，摩擦力调大时，锁定 X-Y 旋转件。因此通过螺丝 4、5，可手动调节焊枪的两自由度转角，方便焊接角度调整，满足研制需求。

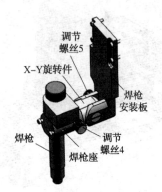

图 10　焊枪角度调节机构图

5　立缝自动焊机控制系统设计

5.1　控制系统结构

立缝自动焊系统采用运动控制系统，焊接电源采用 TIP TIG 半自动焊接系统，型号为 WIG500i DC。采用纳诺达克步进电机及驱动器。除以上主要部件外，系统还包括电压和电流传感器、直流电机调速器、按钮、指示灯、继电器等电气元件，共同搭建出控制系统硬件平台。控制系统通过控制箱和手控盒对焊接电源和焊接小车进行控制，驱动器给步进电机提供相应电流使其运行。

5.2　执行机构

在 LNG 焊接控制系统中，作为执行机构在加工精度方面同样起着至关重要的作用。从动力系统装置的轻便、耐用、精度、往复运动考虑，步进电机具有很好的起停和反转响应，在停转的时候具有较大的转矩，步进电机没输入一个脉冲所转过的角度与理论步距角之间存在一定的误差，但步进电机不存在累积误差，每一圈走完都会回到原来的位置上，所以步距误差的长期累，运动重复性好，步距值不受各种干扰因素影响，步进电机还具有转数调节范围宽，寿命长，价格低等特点。所以本文的行走、调高、摆动驱动装置均采用 Nanotec（纳诺达克）生产的步进电机，步进电机驱动器选用 Nanotec 公司生产的 SMCI33 系列驱动器，步进电机型号 AS4118，减速器型

号 PLE40-3S。送丝电机与送丝搅拌电机驱动器为 AQMD3010NS，直流电机编码器型号为欧姆龙线性驱动输出型增量型编码器 E6C2-CWZ1X，分辨率选取为每圈输出 2000 个脉冲。

5.3　控制系统电气设计

5.3.1　焊接电源的选择

为了确保焊接接头冲击韧性，防止焊缝金属晶粒粗大，焊接电源选用米勒公司生产的 PipePro 450RFC 直流数控逆变方波脉冲焊接电源，其熔滴为脉冲喷射过渡，和常规的脉冲焊接电源相比，具有更短的电弧、更窄的弧柱和更小的热输入，近可能消除电弧漂移和弧长变化的影响，使得熔池控制更容易。行走机构、机架根据 LNG 储罐结构的特点及目前所用的设备情况进行改造，满足 LNG 储罐立缝焊接的需要。

5.3.2　控制系统

控制系统整体主要通过固态继电器控制步进电机驱动器和直流电机驱动器导通，驱动器全部采用 24V 安全电压供电，控制器与驱动器连接，控制器输出端口发送脉冲+方向控制信号控制驱动器，其中行走电机带动焊接小车爬行，摆动电机带动焊枪摆动，弧压调高电机调节弧长高度，步进电机电机运动后通过尾部编码器给驱动器，驱动器通过参数的内部处理后，将编码器反馈的信息通过信号输入端口传递至，最终实现高精度的闭环控制。控制系统的送丝和搅拌采用 PLC 输出 0 ~ 10V 模拟量控制直流驱动器 AQMD3610NS 输出 PWM 波控制直流电机调速，直流电机的编码器与输出轴相联，编码器的脉冲量是固定的，在轴旋转的时候，编码器就会输出 A、B 两相的脉冲，PLC 高速计数器接口收到脉冲，根据轴转的速度不同时，在单位时间内收到的脉冲数越大，转速就越大，根据脉冲量与所用时间可以计算出直流电机的速度反馈值。

综合上述需求和控制系统内各部件的功能，控制系统的控制部分主要由运动控制器，步进电机，步进电机驱动器，直流电机，直流电机驱动器构成，控制系统需根据操作面板上的按钮动作，通过运动控制器控制电机完成相应动作，最终实现焊接工艺。

根据立缝自动焊接要求，设计按钮如下所示：焊接指令的设置是由以及参数显示是有立焊手控可来实现的，手控盒上设置了工作指示灯、小车调整按钮、工艺调整按钮、点动送丝按钮以

及小车方向选择开关、焊枪位置调整手柄、紧急停机等附件，以实现对焊接参数的设置以及焊接过程的控制。

6 结论

本文在对 9%Ni 钢动态自动送丝和半自动热丝 TIG 焊接工艺进行研究的基础上，选择了 TIP TIG 焊接技术和已在欧美工业化国家广泛使用的现有 TIG 焊接技术。国内应用较少的 TIP TIG 焊接技术和现有的热丝 TIG 焊相结合焊接方式应用到 9%Ni 钢壁板立位置焊缝的焊接上，LNG 的焊接设备控制系统和垂直焊接检查系统已经到位。热丝 TIG 焊和 TIP TIG 焊，对 9%Ni 钢的焊接的进一步研究奠定了基础，并促进了大规模 LNG 储罐的大规模建设。对实现焊接设备控制技术的智能化、焊接方法的高效化、焊接过程的全自动化，不断满足现代化生产的需要起着重要作用。

参 考 文 献

[1] 韦宝成，杨尚玉，郭鹰. LNG 储罐 9%Ni 钢立缝全自动焊技术[J]. 电焊机，2020，50(06)：113-116+137.
[2] 黄淑女，王作乾. 大型 LNG 储罐中 9%Ni 钢的焊接施工[J]. 石油工程建设，2019，36(05)：62-63+87.
[3] 钟桂香，郗祥远. 大型石油储罐焊接设备简介[J]. 石油化工设备，2017(S1)：44-46.
[4] 沙玉章，周国强，彭立. 立向角焊缝一次成形自动焊接技术[J]. 电焊机，2017，42(02)：20-22.
[5] 王凤兰，沙玉章，李景波，李建军. 双丝气电立焊厚板立缝焊接技术的研究[J]. 焊接技术，2017，41(07)：30-33.
[6] 杨守全. 贮罐自动焊设备及应用技术的现状与发展[J]. 化工建设工程，2018(01)：20-25.
[7] 生利英. 4150m~3 高炉厚板炉壳立缝和横缝自动焊接工艺[J]. 焊接技术，2018，42(11)：71-73.
[8] 孙云翔，陈月峰，王树昂，张钊，陈金强. PLC 在自动焊接技术中的发展及应用研究[J]. 企业科技与发展，2021(01)：85-87.
[9] 张建护，李春润，唐德渝，龙斌，侯泽峰. ASW-Ⅱ型球罐自动焊设备的工程应用[J]. 石油工程建设，2018，34(06)：51-53+101.
[10] 刘家发. 大型立式储罐高效自动焊接技术[J]. 金属加工(热加工)，2018(06)：36-39+48.
[11] 张睿伟. 3200m~3 高炉炉壳焊缝自动焊接技术[J]. 焊接技术，2018(05)：34-36.
[12] 杨建强. 储罐倒装施工内外横缝两用埋弧自动横焊机的设计及焊接工艺[J]. 电焊机，2019，41(10)：71-72.
[13] 黄军平，杨建强，曾君，蒲江涛，王新. 大型浮顶储罐倒装施工自动焊的研究与应用[J]. 金属加工(热加工)，2019(08)：21-23+32.

浅谈油田地面数字化建设与智能化转型

刘劲松

（中国石油天然气集团有限公司大港油田分公司第二采油厂）

摘　要　随着信息技术、自动化技术的快速发展，我厂实现了单井---管道---站库的整装地面数字化建设，达到解放生产力、提质增效等目的，但随着国际油价持续走低和安全环保带来的双重压力，油田的发展面临前所未有的挑战和考验，基于油田地面数字化建设，依托信息化技术推进老油田数字化转型智能化发展，为系统优化、精益管理、盘活用工、降本增效提供支撑，助推采油厂提质增效，转型升级，打造新型智能化采油厂。

关键词　无人值守，少人值守，信息化，RTU，PLC

1　数字化油田建设背景

随着油田中后期的开发，以及疫情和国际油价的双重影响，油气开发过程中所面临的难题也日趋加剧。就我厂而言，主要体现在以下几个方面：

（1）持续上产与用工总量不断减少的矛盾

按照"三控制一规范"和上市单位出 5 进 1 的原则及每年正常退休，引发持续上产与用工总量不断减少的矛盾，而且新进大学生基本工作在一线，不能更好的施展才华，需要给年轻员工提供展示舞台，同时，新区开发增产不增人，需要岗位优化。

（2）安全生产和环保压力

我厂生产井大都分布在农田、虾池、河道及地方企业厂房边缘地区，新的安全环保法实施后，面临更大压力。

（3）管理模式繁琐，效率低

传统生产模式由人工录取各类数据，工作效率低、劳动强度大、采集上报周期长、信息量不全，发现问题时，逐级上报，且管理层级多，反馈环节多，决策效率低。

面对以上问题，我厂依托地面数字化油田建设，整合自动化资源，来带动优化组织机构，盘活人力资源，提升安全生产管控能力，提高管理水平。

2　我厂数字化油田建设内容

2.1　油水井数字化

2.1.1　油水井生产参数采集系统

采油厂油水井全部安装生产信息采集系

统，实现了油水井生产现场 Zigbee（图 1）传输网络的全覆盖，油水井现场设备、仪表安装达到标准统一，目前，数据传输率>95%，数据采集传输及报警时延<2min，数据采集传输及丢失率<1%。

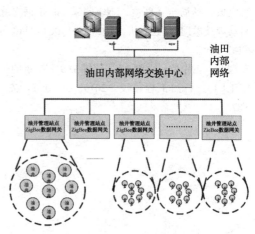

图 1　Zigbee 技术网络构架图

2.1.2　非密闭油气生产全过程全时段管控系统

系统采用先进的移动互联网、物联网和云计算概念，将采油厂单井点和运油罐车全部纳入一个综合监管网络内，通过建设监控指挥中心，对原油拉运进行统一的智能监管，井场建设拉油点视频监控、拉油点电子锁控、油罐车电子锁封管理子系统，形成了采油物流配送的全过程全时段闭环式管控新模式（图 2）。实现了行为可控、液量载体可控、路途痕迹可控，有效提升单井拉油生产管控能力。

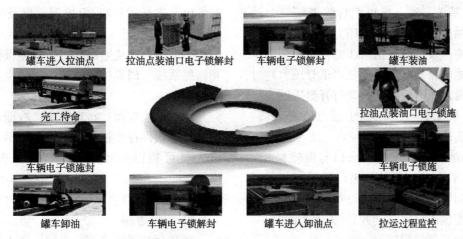

图 2　非密闭油气生产全过程全时段管控系统闭环式管控模式

2.2　站库数字化

2.2.1　接转站数字化

1) 设计思路

无人值守站系统是在 A11 系统整体技术架构基础上开展建设的，通过现场仪表、控制设备对生产现场数据进行采集，结合 PLC 技术、组态软件应用，实现作业区生产监控。同时将生产实时数据整合进 A11 的生产管理子系统中，最终在采油厂及油田公司实现对无人值守站的集中管控(图 3)。

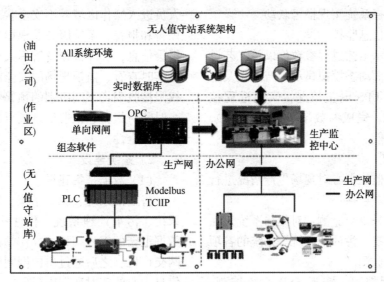

图 3　无人值守站系统架构

2) 系统建设

(1) 生产专网建设

无人值守站与作业区通信采油光缆有线传输，宜充分利用现有网络资源，在作业区部署单向网闸，建设生产专网与办公网实现物理隔离，实现实时数据单向传输，保证数据传输安全。

(2) 生产过程控制系统建设

① 生产参数调控

为保证站内各系统的生产安全，对系统设定报警限制，当实时监测的生产参数超过限定值时，启动相应保护措施。

② 远程监控

远程监测各机泵的运行状态，并通过控制信号，远程自动启/停各机泵。

③ 联锁保护系统

A. 集输系统：可实现对压力、温度设置高高、高、低、低低四种报警值，并根据压力、温度的高高、低低报警联锁停泵，以及过滤缸前后压差变化达到限定值时报警，在接收到停泵信号及压力高高报警信号后，自动开启直通电(气)动阀门，在泵运行状态及压力数据正常情况下自动关闭直通电(气)动阀门。可燃气体浓度设超高报警值，实现与泵房风机形成联动开启、报警消除后自动停机的功能。

B. 注水系统：进、出口汇管管道安装自动泄压阀与污油池工艺相连，当压力、温度出现高高、低低报警以及过滤缸前后压差变化达到限定值时，机泵能够自动停泵，而且当汇管压力超过自动泄压阀设定压力值时，自动打开泄压阀。

C. 加热炉系统：供气管线压力值设置高、低压限值，实现报警功能。

D. 污油池系统：污油泵出口与混输泵（输油泵）出口汇管相连，污油泵出口管道安装单流阀，出口控制阀门常开，系统可对液位设高、低报警值，并根据限值，自动开启/关闭污油泵。

（3）生产环境监测建设

① 视频监控：根据站内环境和监控需求配置球机和枪机等视频采集设备，泵房内采用防爆型摄像机，摄像机通过网线上联至交换机，将数据上传至作业区硬盘录像机。

② 周界报警：周界报警系统根据站库围墙设计对射设备，站内安装照明、报警、扩音器设备，能够与视频监控系统实现报警联动。

（4）物联设备信息监控建设

在人机界面显示工艺过程参数值以及工艺设备运行情况，多画面动态模拟显示生产流程及主要设备运行状态，UPS 电量情况，实现远程控制设备的运行状况，完成参数超限报警、联锁、报警事件记录等功能。

3）实现功能

在作业区生产监控中心对现场生产情况进行实时监控，实现功能包括：

（1）生产数据采集与监测：对集输系统、注水系统、加热炉系统、污油池系统等系统的各项生产参数进行实时监测。

（2）生产过程控制：实现 ESD 系统控制、对各机泵进行远程启/停控制，以及对生产参数进行设定、修改。

（3）生产环境监测：包括气体报警系统、视频监控系统、周界报警系统，提高生产现场的安全性。

（4）监控界面：将现场生产数据及工艺流程通过组态软件在监控电脑中集中展示，中控室值班人员可根据实际情况进行数据查询及远程操作。

2.2.2 联合站数字化

1）设计思路

将联合站现场仪表数据统一接入信息中心存储，系统利用现有运行参数数据进行智能分析，分别监测罐区、气液分离区、外输泵房、加热炉区的设备和管线的安全运行状态，可以基本满足生产、安全预警需求，通过现场仪表、视频图像对现场画面进行实时的图像分析，并对危险区域内的设备、管线的泄漏、烟雾、明火以及非工作人员进入操作区域等不安全状态进行监测并进行预警和报警，系统服务器根据分析结果发布预警报警信息，各级操作及管理人员可通过桌面电脑可实时查看、监视现场的安全状况，根据不同的权限接收现场不同级别的预警和报警信息，在第一时间对报警、预警信息进行处理，提高现场生产的安全性。

2）系统建设

（1）数据采集建设

将输油系统、脱水系统、加热炉系统、生化系统、污水处理系统、供注水系统等所有 PLC 数据汇聚的工程师站、操作站都连接到同一生产网交换机，之后通过单向网闸将生产数据传输到信息中心的实时数据库(图 4)。

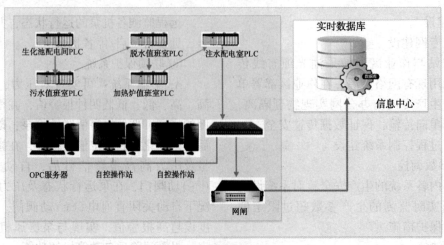

图 4　数据采集图

（2）视频采集建设

在原有视频监控的基础上完善储罐、外输、脱水、加热炉、污水、消防泵房、供注水泵房、出入口等重点区域摄像机的数量，实现全区域内视频监控的全覆盖，以实现对重点危险区域进行自动识别及监控。

（3）区域识别建设

在出入口、重点危险区域部署区域识别系统，共分两类：一类是在重点危险区域房间内部署读卡装置，当人员携带的防爆标签进入区域内时，系统进行感知；另一类是在各出入口部署感知系统，当人员携带标签进出时，系统能识别人员是进入还是离开，从而实现人员进入重点危险区域的信息及位置。

（4）中控室建设

① 大屏系统

中控室安装展示大屏，用于展示流程界面、视频监控、安全预警等系统。

② 不间断电源改造

部署 UPS 供电系统，用于给中控室机柜的自控系统、服务器、数据库在现场停电的时候提供电源，避免数据的损害和丢失，为抢救电力系统争取时间。

3）实现功能

主要对站内的储罐区、油气处理区、外输泵房及管线、加热炉区和出入口等范围进行监控和管理，主要功能有：

（1）储罐、管线、容器油气泄漏、烟雾、明火及非工作人员进入操作区预警和报警。

（2）对管线、容器、流程的超压、超限、仪表故障等进行识别并预警。

（3）对该联合站的出入口人员、车辆、特种设备进行登记，对不合格者限制入内。

（4）现场安全生产状况可通过仪表信息、图像、声音等实时传送到各管理部门，现场突发情况、安全预警信息、安全事故等实时推送给相关人员。

（5）对监测数据进行智能分析，自动提醒生产运行辅助，并实时发出预警信息，通过视频监控、周界报警联动功能，为该站的安全生产提供保障。

（6）数据通过 opc 接入上一级集中存储，统一进油田系统。

（7）Web 页面展示，建立油田公司、二级单位、站库三级预警信息系统，实现各级安全管理、安全监督人员的对现场监督的穿透式管理。

联合站重点危险场所安全预警信息系统建设后，可全方位、实时的采集生产现场的仪表、视频信息，通过对其智能化的分析，工作人员可随时掌握现场的安全状态，可实现对重点危险部位的全方位、全时段、实时的安全监督和管控，这些现场的安全状况预警和报警实时传送到油田公司、采油厂、联合站的安全监督和管理人员电脑终端，改善了目前的安全监督管理流程，强化了三级管理模式，实现了现场穿透式管理，同时根据不同的各级别人员的权限，发送不同级别的预警和报警信息，实现监控全过程记录，达到事件可追溯的目的。

2.3　管道数字化

2.3.1　阴极保护系统

采油厂的联合站、接转站、长输管道应用了外加电流保护，所有远传数据可在统一平台上集中展示。

2.3.2　管道泄露报警系统

输油管道泄漏监测报警定位系统（图5）以负压力波结合次声波法为基本方法，当首末两站间输油管道内某一点发生泄漏时，泄漏点压力突然降低，产生负压波。负压力波将沿管道利用介质（原油）向两端传播，当该负压波传播到管道端点时，引起首站出站压力和末站进站压力降低，并分别被设在两端的压力变送器捕获，随泄漏位置的不同，首末站响应的时间差也不同，根据响应时间差、管道长度、压力传播速度即可计算出相应的泄漏位置。

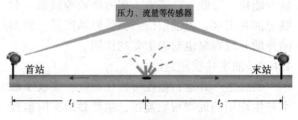

图5　管道泄漏报警系统原理图

目前，该系统已安装在我厂长输管道上，能够发现问题及时报警，保证安全生产降低损失，某日，管道泄漏报警系统发出泄漏报警，同时长输管线两端交接油报表对数出现较大差值，通过系统定位确定泄漏点，及时进行了处理，把损失降到了最低。

2.4　电力数字化

通过电力生产信息综合管理平台，可实时采集、监测各电力线路运行数据及报警信息，并根据采集的实时数据及时分析统计，实现了我厂电力设施运行状况的监控、管理及数据的深化应用。

3 取得的主要成果

3.1 优化组织机构

组织机构进一步精简，四级生产管理转变为三级生产管理模式，优化下来的员工充实到其他岗位，不仅解决了新区生产人员紧缺的难题，也壮大了技术部门实力，使技术人员比例更加科学，业务技术水平进一步提升。

3.2 提高劳动生产率

在产量稳定，人员减少的情况下，人均油气产量约提高 35%；人均管理井数约提高 40%。

3.3 提升了管理水平

通过建设，使站库运行由驻站式管理变为巡检式管理，技术决策由会议模式转变为数字管理模式，安全隐患的被动式管理转变为主动式管理，实现了现场管控一体化。同时注水系统效率、分注合格率、纯抽泵效、检泵周期等指标有了大幅度提升，自然递减率、躺井率、注水单耗、集输系统单耗等指标有了大幅下降。

4 数智化转型建设

4.1 油水井

4.1.1 原油含水在线检测

通过单井原油含水在线检测，实现井口原油含水的自动检测，解决人工蒸馏化验含水，存在费时费力，取样随机性大，不能及时、准确反映油井含水变化情况等问题，达到提高油田管理、减少能耗、降低生产成本、提质增效等效果，对确定油井出水、出油层位、估计原油产量、预测油井的开发寿命也起着重要的作用。

4.1.2 油水井视频监控

通过生产井运行监控可视化系统，实现了油水井生现场的远程视频监控，生产参数实时监控与报警、历史报警信息的综合展示与统计分析等功能，确保油田安全生产和远程监控的需要。

4.2 站库数字化建设

4.2.1 数据监控中心数据整合

以联合站为数据监控中心，将所辖的油水井、管道、站库、电力等生产数据集成展示，并通过软件智能分析，实现监管一体化，达到优化人力资源配置、减轻员工劳动强度、提高油田管理水平等目的。

4.2.2 安全预警平台搭建

该平台通过数字化、智能化手段实现对人的不安全行为、物的不安全状态、环境因素和管理缺陷等风险的智能识别与主动预警的远程监管创新模式，在中小站场、施工作业现场的视频监控方面进一步建设、集成和深化应用，在生产运行安全环保预警可视化系统方面进一步推广应用，辅助管理人员实现快速便捷的远程监管与违章处理，从而减少人员现场监督工作量，提高监督成效，实现企业降本、提质、增效等目的。内容如下：

1）固定场所的安全监管：重点设备设施运行、重大风险源、危化品、管道的监控与监测及安保、环保风险管控；

2）施工作业现场的安全监管：个人违章行为的监控、作业过程中可能出现的可燃、有毒气体的监测及钻井、修井、压裂、地面工程建设和设备维修等大型作业过程中可能出现的险情或风险的管控；

3）安全环保监管信息的管理：承包商入场人员资质、培训情况、考核评价等承包商安全监管信息、监督检查和日常巡检过程产生的现场问题、隐患及监管人员工作轨迹等信息、高风险作业信息等，并通过智能化识别工具，强化风险管控。

4.2.3 原油自动交接装置

通过该装置，实现交接油生产数据的自动采集、计算、存储、查询、工况报警等功能，采集的数据与人工化验数据对比，数据偏差较小，能够满足内部交接的需求，可进一步优化人力资源，提高交接油管理水平。

4.2.4 无人机技术

通过无人机巡检，替代人工巡检，当雨雪天气过后，能够对人工进入困难的井场、管线等地面设备进行巡检，提高了工作效率，优化了人力资源，节约了用工成本，同时，利用无人机热成像巡检，及时发现管线泄露，及时处理，降低环境污染风险，也能及时发现盗油现象，通过远程喊话，及时追踪，降低巡检人员的人身安全风险。

参 考 文 献

[1] 张列贵. 简述现代机械自动化技术. 黑龙江科技信息. 2007.

[2] 李晓东，崔凯，邵勇，段春节. 石油机械. 2011.

[3] 褚健，荣冈. 流程工业自动化技术，机械工业出版社，2004.

浅析油田数字化转型智能化建设的挑战与机遇

董　娟　郭亚男

(中国石油天然气股份有限公司大港油田分公司第五采油厂)

摘　要　伴随我国经济和科学的不断发展完善，各种数字化、智能化技术已经普及到各个领域，我国的数字化油田的建设已经有一定的基础，数字化、智能化油田建设更高效率的提高了采收率还可以降低开采成本，更大程度上保障了开采的安全，所以油田数字化的建设十分重要。本文首先分析了数字化转型与智能化建设面临的挑战，其次总结了挑战带来的发展机遇。

关键词　数字化，智能化，挑战，机遇

油价长期低迷，生产经营形势日趋严峻，油田企业运营成本过高，机构庞大，效率低，效益差，与国际先进能源公司水平相比存在巨大差距，而数字化程度、智能化应用的差距是重要原因之一。要实现高效勘探、低成本开发、经营管理精细管控、安全生产快速处置，实现提质增效、高质量发展，必须开展革命性举措及创新改革，全面推进数字化转型智能化发展。

1　数字化转型与智能化建设面临的挑战

1.1　运营管理模式急需改革创新，队伍员工亟待高效赋能

一是从管理体制方面看，两级管理机关规模偏大，生产单位三级甚至四级管理模式，管理链条相对较长，传统组织与新型油公司模式要求还有差距；二是从员工队伍建设与素质方面看，用工老龄化、员工减员与公司转型发展之间深层次矛盾突出，伴随着大平台、大系统的集中建设，智能化应用，需要加快研究建立人才新型赋能体系。

1.2　传统技术体系急需突破，新型协同研究模式亟待建立

随着资源劣质化，复杂断块勘探开发难度日益加大，依靠传统地质理论体系及人工经验的研究模式已无法适应企业发展及技术进步的需要，急需加快新理论、新技术、新方法的突破。

目前油田在大数据、人工智能等方面应用难度大，迫切需要总结一套全新的研究方法，探索建立"专业+数字化+人工智能"的研究模式，促进增储建产提质增效。

1.3　数字化产品急需换代升级，生产智能化程度亟待提升

油田生产现场自动化改造开展较早，油水井数字化设备老化，急需升级换代；原有模式尚未满足智能井场和智能井丛场建设需求，管道数字化覆盖率不足，站库关键点位的智能化控制程度不够；同时，在钻井、采油、注水、集输、修井等过程中的智能化还需进一步加强；在页岩油、储气库等新的重要业务领域数字化模式还未建立。

1.4　系统与业务急需融合创新，一体化战略亟待智能支撑

目前油田虽然一定程度上实现了业务流程的在线化和标准化，但业务系统与管理创新融合度不高，作用发挥不充分；同时，现有信息系统数量众多，系统功能重复、数据采集源头不统一，应用效果参差不齐，信息共享应用不充分，生产经营一体化战略迫切需要高度集成、数据充分共享、智能创新的业务系统支撑。

2　数字化转型与智能化建设的机遇

为了有效应对数字化转型与智能化建设中面临的挑战，迫切需要应用ABCDE(人工智能、区块链、云计算、大数据、边缘计算)等智能化技术，深入推进技术创新、生产智能化、生产经营一体化，建立人才赋能体系和产业生态，推进传统生产要素向智能生产要素转变。

2.1　数字化智能化产品技术的开发与应用

大力发展大数据分析和人工智能技术在勘探开发研究领域的应用；推进无人机巡线技术在生

产现场的应用；创新利用数字孪生、虚拟增强现实等技术构建地上地下一体化场景，指导公司生产决策；重点开展在地上和工程技术领域自主数字化智能化软硬件产品的研发；尝试开展区块链技术在数据安全领域的应用等(图1)。

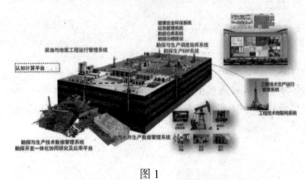

图 1

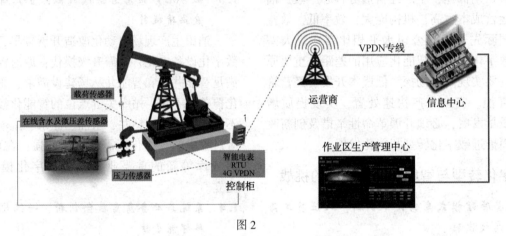

图 2

2.2 推进勘探开发科研生产全领域智能化

2.2.1 勘探开发智能化

利用物联网技术，提升作业现场数字化水平，降低作业成本和风险；协同研究利用数字孪生、认知计算等技术，集成专业软件、项目数据和研究成果，实现多学科、多专业、多部门在线协同，提升研究智能化水平。

2.2.2 生产运行智能化

地面数字化改造覆盖率达到 100%，实现油田全面感知、自动控制、智能分析、主动预警、全景可视、一体化协同；实现公司生产运行过程全面监控、科学调度、应急指挥，构建生产主导、多专业协同、多部门响应的大生产智能管控模式(图2)。

2.2.3 安全环保智能化

实现站库安全预警、工况智能诊断、措施智能推荐，确保重要安全场所生产平稳运行、安全智能受控(图3)。

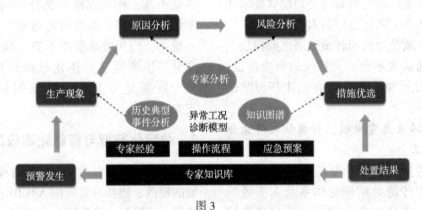

图 3

2.3 建设"四位一体"的高效运营管理体系

以经济效益为中心，打造"决策支撑体系、经济运行体系、绩效考核体系、效益评价体系""四位一体"运营管理体系，建立生产经营一体化管理模式，促进公司经营管理步入"无效变有效、有效变高效、高效再提效"的良性循环，进一步提升公司整体运转效率和经济效益。

2.4 创新构建科学精准的人才赋能体系

以人才价值为导向，针对岗位实际需求，通过构建"任务模型"、"任职资格工作技能"模型、企业知识图谱和成果系统，实现人才精准赋能，培养员工快速成长为技术骨干和专业领军人才。同时，创新人才组织管理体系，结合大数据分析，实现人才精准定位和考核，按需科学动态配置、充分释放人才活力。

2.5　加快推进油田内外部产业生态建设

结合油田生产运营实际需要，建立内外部产运储销联动机制，确保原油产销衔接平稳；拓展数字化智能化应用，满足油田国内国际一体化市场开拓的需要；强化与钻探、装备、物探等上游企业信息集成，推进科学高效、安全钻井实时地震处理；构建油田内外部物资产供销一体化供应链，统一的仓储管理与内外部供应商进行对接。

3　结论与认识

面对新挑战新机遇，我们要坚持新发展理念，坚持稳健发展方针，大力推进油田数字化转型与智能化建设，走出一条具有中国石油特色的油田数字化转型与智能化建设道路。一是推动发展理念变革。大力推进"两化"深度融合，充分利用信息化的快捷性、准确性和可靠性，以及在管理上所能达到的规范性、透明性和先进性等，构建并用好现代化管理信息平台，充分发挥支撑保障作用。二是推动工作模式变革。深入推进数字化、可视化、自动化、智能化发展，实现生产运行从人工值守向人机结合和无人值守转变，经营管理从粗放向精细和精准转变，业务决策从人工测算、经验管理向基于数据和模型的定量分析转变。三是推动运营管理变革。搭建形成集中统一的共享信息平台，推进大数据分析应用，实现跨区域跨企业资源的精准实时调度优化和共享。四是推动科技研发变革。进一步拓展云资源覆盖和共享范围，通过科学计算云，建立跨单位、多学科协同攻关研究环境，降低研发成本，共享研发成果，共推科技攻关。五是推动管理体制变革。创新形成以各类共享中心为主要特征的生产经营管理服务新组织形态，压缩管理层级，推进以流程为导向的多部门协同工作，实现组织扁平化和管理高效化。

塔里木油田南疆天然气利民工程长输管道 OTN 光传输系统 10G 骨干网建设工程分析与实践

褚建辉　邢文生　王春奇　王　峰　汪希磊　王保平　刘　志　艾力卡木·艾海提　杨　震

（中国石油塔里木油田公司）

摘　要　塔里木油田分公司南疆天然气利民工程是中国石油 2010 年 7 月实施，是以 SDH 智能为核心的数字化、信息化管理应用的天然气长输管道工程。到 2019 年，南疆利民工程已运行 7 年，按照油田中长期油气发展规划，塔里木油田库尔勒基地本部及其各作业区已完成 40×10G 的 OTN 光传送骨干网络建设，根据塔西南信息化的需求导向、技术发展考虑，依托南疆利民工程的 SDH 光传输塔里木油田库尔勒基地至泽普塔西南基地 10G 骨干网建设工程就已迫在眉睫。

关键词　长输管道，OTN 光传输，中国石油，塔里木油田，南疆利民工程

1　背景

南疆天然气利民工程是"气化南疆"的延续和拓展，也是中国石油贯彻中央新疆工作座谈会精神，为了更好履行中国石油作为中央企业所承担的政治、经济、社会三大责任，实施优势资源转化战略，助力南疆经济社会发展的一项重大民生工程。

中国石油实施第一号援疆项目——南疆天然气利民工程，具体见图 1 南疆天然气利民工程长输管网示意图。

南疆天然气利民工程管网示意图

南疆天然气利民工程建成后　　年节省标准煤266万吨
600万百姓受惠　　　　　　　减少二氧化碳排放522万吨

图 1　南疆天然气利民工程长输管网示意图

油气生产物联网工程项目已建设，同时，配套开发实时数据监测分析系统，多渠道、多场景使用实时数据，实现了作业区中控室、区域中心、油田协同中心、总部决策中心多层协同工作；生产组织模式的变革对生产和视频数据的实时性、安全性、稳定性传输有了新的要求，进而也对油气生产物联网工程数据传输系统的拓扑构建、传输自愈能力与网络安全提出了更高的要求。

基于以上 2 点原因和要求，要把南疆利民现有 SDH 光传输网设备从 40G 交叉容量升级到 200G 交叉容量，同时满足设备扩容 10G 单板的需求，已刻不容缓。现有设备是华为 OptiX OSN3500，塔西南公司南疆利民工程长输管道 SDH 光传输骨干网 OSN 改造升级到 OTN 骨干 10G 光传输网，使用华为 OptiX OSN7500，改造工程计划在 2020 年 11 月实施。

2　OTN 光传输系统 10G 骨干网改造建设工程分析与实践

2.1　项目背景

（1）目前，塔西南基地与库尔勒基地本部没有实现光缆连通，只是通过租赁电信 622M 长途专线接入油田公司办公网，存在网络带宽窄，投入高，无备用链路等问题，严重制约了塔西南公司信息化应用发展水平。

已无法满足未来 10 年信息化发展趋势，现已成为库尔勒基地至塔西南信息业务传输瓶颈。

（2）近几年来塔西南到库尔勒基地本部的信息化业务明显增加，由于信息安全的迫切需要，油田规划在塔西南建立异地灾备中心。为进一步提升塔西南物联网建设与生产自控化水平，满足

日益增长的两地办公业务信息传输、油田信息安全及防恐维稳的需求，需要在油田库尔勒本部与泽普塔西南基地间建立 1 条既安全又高速可靠的高速传输通道。

（3）南疆利民工程 SDH 光传输主干网络于 2013 年建成使用，主干传输带宽为 2.5G，支线传输带宽为 622M/155M。塔里木油田光传输骨干网升级改造工程于 2018 年 11 月底竣工投产，已建成基地至前线各作业区(塔西南及所属作业区除外)40×10G 的 OTN 光传送骨干网络。在这两个工程基础上，目前具备完成塔里木油田库尔勒基地至泽普塔西南基地 10G 骨干网建设条件。具体见图 2 塔里木油田 OTN 光传输骨干网络现状图。

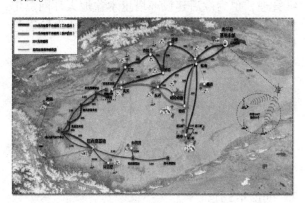

图 2　塔里木油田 OTN 光传输骨干网络现状图

2.2　建设必要性

南疆利民传输主干网整条链路的业务多以集中性业务为主，通过光纤链路的传输，业务配置非常集中，低阶交叉容量占用很大。随着塔里木油田信息化建设的发展，塔西南公司所属各单位通讯网络发展和对网络带宽需求增大，南疆利民 2.5G 主干网传输系统已经出现部分问题，现存在主要问题如下：

（1）由于业务的迅猛增长，部分节点已经出现交叉能力不足的现象，环网部分段落已经出现时隙紧张问题，无法满足后期新业务的增长。

（2）部分站点已经出现槽位紧张的问题，无法扩容单板。

（3）随着沿线管道通信业务的不断丰富，目前 2.5Gbit/s 带宽已所剩无几。同时后期物联网发展对大带宽数据传输的需求，2.5Gbit/s 业务已远远不能满足今后使用需求。

（4）考虑到油田当前以及未来信息化发展趋势，现租用运营商的通信链路也已无法满足塔里木油田库尔勒基地至塔西南办公网业务传输需求。

（5）按照油田规划，物联网业务、安防系统、高清视频、办公信息化、维稳的需求等，目前已无传输带宽可用。

（6）存在光缆纤芯资源短缺，机房可扩容机架位置不足，重新搭建高速率大容量网络工程投资费用过高等因素。

鉴于以上问题的存在，有必要考虑一种即保护原有投资，又能满足后期物联网发展需求的切实可行的方案，就是将线路传输 2.5Gbit/s 业务平滑升级到 10Gbit/s，为建设数字化、信息化企业提供可靠的 SDH 光传输通道保护奠定基础。

塔西南通信业务需求：

（1）生产网业务。

（2）办公网业务。

（3）公共信息网业务。

（4）语音软交换网络业务。

（5）动环监控网络业务。

2.3　PTN 与 OTN 比较

OTN 是以波分复用技术为基础，在光层组织网络的，ITU-T 的建议所规范的新一代"数字传送体系"和"光传送体系"，将解决传统 WDM 网络无波长/子波长业务调度能力差、组网能力弱、保护能力弱等问题。

应用管理：塔里木油田公司现网骨干网采用 OTN 模式，南疆利民天然气长输管道光传输可纳入油田光传输网络保持全网统一运维管理，也为今后建设环塔里木盆地大环网奠定基础。

2.4　建设地点

南疆利民传输主干网全线。

2.5　SDH 光传输系统改造原则

（1）塔西南 OTN 骨干网建设完成后，为塔西南各前线作业区和南疆利民管道通信业务以及未来的新业务提供了长期发展的链路和带宽基础，确保未来业务快速增长不会遇到瓶颈。

（2）塔西南 OTN 骨干网建设过程中，南疆利民管道各站场阀室 SCADA 数据及喀什基层站范围内所有通信业务仍维持原 SDH 光传输通信链路传输；同时，对南疆利民管道 4 座基层站的 SDH 网元进行扩建，将各基层站汇聚的大颗粒的 IP 以太网业务(如视频会议、办公网、视频监控及网管数据等)分流到 OTN 网络，减轻 SDH 设备的业务压力。

（3）本工程暂利用 SDH 光传输设备光线路板热备板正在使用的光纤进行传输，SDH 光线路板由 1+1 热备改为 1+1 冷备。

业务割接要求，本工程 OTN 骨干网建成后，需将大北已建办公网、公共信息网等业务割接到 OTN 骨干网设备上，传回泽普。具体见图 3 塔里木油田南疆利民工程 SDH 光传输系统改造方案示意图。

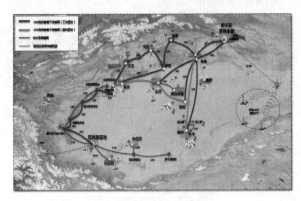

图 3　塔里木油田南疆利民工程 SDH 光传输系统改造方案示意图

2.6　主要技术思路与建设内容

（1）对于低交叉容量不足的现网设备，可以通过交叉板升级的方式把现网设备从 40G 交叉容量升级到 200G 交叉容量，同时满足设备扩容 10G 单板的需求。

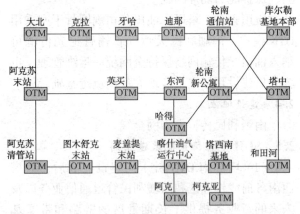

图 4　塔里木油田 SDH 光传输骨干大环网网络结构规划示意图

（2）由于环网中部分节点的网络带宽已经出现不足的现象，因此需将 2.5G 环网升级为 10G 环网。在原设备上扩容 10G 光接口板（V-64.2），通过升级 OptiX OSN3500 上的交叉时钟板以及光群路板，并配置 BPA 板和色散补偿板，并对环网中部分时隙进行优化，以应对今后网络业务的爆发式增长。

（3）对设备槽位不足的站点，只能新建槽位较多的 OSN 7500 设备，并且对原 OSN 3500 的设备上的板件还尽可能多的用在 OSN 7500 子架上。

2.7　现状困境与项目效果：

OTN 光传输改造 10G 骨干网建设完成后，就能满足后期塔西南公司物联网发展需求。也为建设数字化、信息化企业提供了可靠的 SDH 光传输通道保护。具体见图 4 塔里木油田 SDH 光传输骨干大环网网络结构规划示意图。

3　结束语

从技术适度超前发展考虑，本工程采用 OTN 技术进行改造后，南疆利民天然气长输管道光传输可纳入油田光传输网络实现全网统一运维管理，也为今后建设环塔里木盆地大环网奠定基础，又能满足塔西南未来 10 年信息化发展趋势的需要。

参 考 文 献

[1] 孙军，高森彪，长输管道数字化及应用，2018 年中国石油石化企业信息技术论文集，中国石化出版社，2018 年 4 月 20 日第 1 版：2-348.

[2] 唐丹．南疆天然气利民工程管道建设效益分析，来源：油气田地面工程<生产管理>第 31 卷第 5 期，2012 年 5 月．

[3] 王芬芬．航测技术在南疆天然气利民工程的应用，来源：油气田地面工程<基建管理>第 32 卷第 4 期，2013 年 4 月．

[4] 中石油南疆天然气项目开工，来源：绿色中国 2010-7-31.

[5] 南疆天然气利民工程开工，来源：国外测井技术 2010 年 08 月．

[6] 中石油"气化南疆"工程开工，来源：前沿资讯--项目动态 2010 年 07 月．

[7] 中石油力推南疆天然气利民工程，王新红．来源：天山网，2012-02-16.

[8] 南疆天然气利民工程，来源：石油石化物资采购网，2011-06-15.

[9] 南疆天然气利民工程全面展开，来源：证券新闻证券时报网[微博]，2013-03-20.

[10] 西气东输管道工程与我国天然气工业发展，来源：油气田地面工程<生产管理>第 31 卷第 5 期，2013 年 5 月．

[11] SDH 和 DWDM 设备操作与维护，文杰斌，人民邮电出版社，北京，2014 年 2 月第 1 版．

[12] OptiX OSN 3500 智能光传输系统技术手册——产品概述分册，华为科技公司，深圳，2013-11-10.

安全实物教室在化工企业安全培训中的良好实践

赵 杨

（中海油安全技术服务有限公司）

摘 要 安全实物教室是在对各企业生产作业过程中不可接受的风险及现场安全管理的重点、难点进行实物体验和培训课程整体设计，采取"情景再现"的方式，呈现现场、明示风险，并以清晰的知识点进行安全技术、技能传授和训练。并在每个单元模块中确定具体的知识点，采用简明、直接、实用计实物培训和训练方法设计，以期能够快速提升人员安全能力和固化为安全行为。

关键词 实物教室，实物培训，情景再现

随着社会经济的发展和人们安全意识不断提升，政府、社会、企业各个方面都在不断强化安全教育、培训，但传统式的说教和理论培训收效甚微，且难以规范人员行为模式并落实到现场。"安全是天字号工程"，江苏响水天嘉宜化工有限公司"321"特别重大爆炸事故发生后，党中央、国务院以及各级政府都做出明确指示，政府、社会、企业要加强监测预警，不断强化安全教育、培训。

1 安全实物教室建设的背景

传统"教本宣科"的安全培训模式理论性较强、知识和现场生产工作难以快速融合，且缺乏操作体验和现场实践，往往收效甚微，且难以规范人员行为模式并落实到现场实际工作中。早在2012年国务院安委【2012】10号令《关于进一步加强安全培训工作的决定》就已经明确要求开展实物教室培训工作，牢固树立"培训不到位是重大的安全隐患"，培训是对企业员工最好的福利。故在岳阳油库改造前特建设安全实物教室，为提高现场人员与承包商的安全水平。

2 安全实物教室建设的目的

安全实物教室培训能让受训者在观看、参与、体验的过程中，通过"听、看、做"等形式，有效地把思维与行动结合在一起，使其对公司安全管控的重点领域，相关的项目风险及其引发的后果有更深入的了解，从感性上加深对安全重要性的认识，提高安全技能和对风险的认知，从而减少生产施工现场的安全事故。

3 安全实物教室的需求与愿景

3.1 三个需求

（1）政府对安全管理的需求

提升国民素质及自身执法能力，减少事故。（凸显外在形式，体现政治内涵）

（2）企业安全技能提升的需求

作业人员能够认知和防范现场事故，消除不可接受风险。（风险认知和具体防控能力）

（3）国民安全避险的实用需求

关注家人安全、避免意外伤害。

3.2 四个愿景

（1）体现社会责任、展示企业实力

设计过程中兼顾政府执法人员和公益培训功能，植入企业技术特点和专项安全产品能力。

（2）创造交流平台，获取广阔资源

以实物教室培训为对外交流平台，促进产业发展和对外交流合作。

（3）拓展业务空间、创建公司品牌

通过实物教学在取得一定经济效益的同时，作为安全服务窗口，获得客户及口碑，实现品牌效益和良性发展。

（4）引领行业发展，主导产业未来

对于实物培训核心课题进行深度研发，形成系列产品，引领市场。

4 安全实物教室的设计

4.1 功能定位

针对企业生产中存在的风险，采用体感和可视化的方法进行直观呈现，（风险可视化和风险惊现的表现形式）；通过讲解、展示以及实操演

示和训练的手段实施教育、培训(有清晰明确的知识点,突出互动和训练环节),使学员能够快速认知风险的本质,并能够根据现场条件采取有效措施控制风险、避免伤害。

知识技能转化方式:具象感知+关联性思维+体感、体验+行为习惯训练

4.2 内容定位

以化工企业不可接受风险为的作业内容为基础,将高处作业、限制空间作业等风险较大的作业作为主体,突出危险化学品现场安全管控和应急处置(包括危险化学品基础知识和化工企业重大危险源知识、粉尘防控、液氨防控、危险化学品泄漏抢险、危险化学品泄漏处置、应急指挥)。

5 安全实物教室简介

设计功能区划分为前厅走廊景观墙、安全文化导入区、服务站、开关间、培训教室、急救站(休息区)、各培训体验功能模块区、演练区(含办公区)、感悟区(含留影墙)。

培训模块构建初步设计是产品核心功能设计,依据根据需求、定位,确定主题内容。建立、明确具体的功能模块,并横向结合包装设计、宣贯广告设计、效果手段设计的可行性和特点,确定模块内容。

内在层次逻辑设计:

工业生产过程递进式设计(基础—作业—重点—事故应急)

情绪节奏设计(净化教育—兴趣引导—付出回报—建立成就)

情节性设计("虎头"—"熊腰"—"豹尾"—回顾)

教学环境设计(场地认可—层次渐入—明暗呼应—参与互动)

6 安全实物教室的建设内容

安全实物教室共包括风险辨识模块、危险化学品安全管理模块、液氨专项知识模块、粉尘专项知识模块、危险化学品泄露抢险模块、危险化学品应急救援模块(含泄露物收集、含通用救援)、进入限制空间作业安全、吊装作业(含作业现场、场地环境安全)、高处安全、动火安全、电气安全、标识知识、工具安全、职业健康、安全劳动保护用品、火灾消防、现场急救、人员逃生等十八个模块,实物培训模块的设计根据企业自身特点和作业风险特点而定。

6.1 风险辨识模块

将现场作业的各类风险(主要内容为本场馆中的各模块内容)设计在实物、画板、模拟场景当中,不少于 200 个风险点,以个人和小组的形式进行查找,也可用于展示风险进行介绍(图 1)。

图 1 风险辨识模块

6.2 危险化学品安全管理模块

位于主题展区,与大屏、沙盘为一体,建立安全实物教室实践及成果展示,教学机系统介绍。

危险化学品沙盘整体构建企业重点、危化重点、危险源、应急资源等(同时也可用于应急指挥模块),企业主要风险及管控(图 2)。

图 2 危险化学品安全管理模块

6.3 液氨专项知识模块

液氨、运输、储存、使用过程中的风险及控制，体感、味觉可通过液氨和亲水性食物添加剂实施(图3)。

图3 液氨专项知识模块

6.4 粉尘专项知识模块

各类粉尘介绍(重点生产过程中的防火防爆、呼吸保护主要在职业健康模块介绍)，粉尘的危害及安全控制。

除尘设备设施、降尘抑爆办法、泄露设计及人员安全防护、应急处置说明(图4)。

图4 粉尘专项知识模块

6.5 危险化学品泄露抢险模块

针对罐体、管线、阀门、弯头等各处漏点及不同的危险化学品介质及其压力、温度、流量特点进行带压堵漏或预防性防护(图5)。

图5 危险化学品泄露抢险模块

6.6 危险化学品应急救援模块(泄漏物收集、通用救援)

对应急流程进行介绍，参观现场处置卡和进行应用说明，现场指挥要领介绍，演练过程介绍，培训过程中可组成救援队伍进行现场演练(图6)。

6.7 进入限制空间作业模块

限制空间的定义、种类及风险，对通风、换气、安全防护、气体检测、临时照明、应急救援、作业现场管理及作业许可进行讲解(图7)。

6.8 吊装作业模块

以吊装作业为基础进行作业和现场控制管理，作业环境风险辨识和控制措施、管理办法。对吊机、系物和被系物、作业许可、环境物资和人员管理、交叉作业进行讲解(图8)。

图6 危险化学品应急救援模块

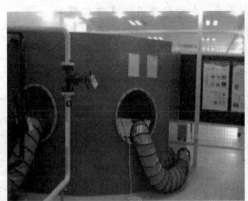 

图 7　限制空间作业模块

图 8　吊装作业模块

图 10　动火作业模块

6.9　高处作业模块

通过高处作业事故演示和体验，感知作业的安全行为和遵守标准的重要性。对高处作业的指示逐一进行讲解和训练。其中包括高台、脚手架、梯子等物的稳定性及相关防护设备，人的安全行为及安全防护用品正确使用、高处悬空应急救援(图 9)。

6.11　电气安全模块

阐述电的基本原理，对人体的影响、电能意外释放的途径和危险，对防爆电器进行系统说明和设备原理介绍以及对电器产品的正确使用方法(图 11)。

图 9　高处作业模块

6.10　动火作业模块

通过危险区划分设定场所，进行动火作业风险管理，进行隐患排查点设定进行现场控制(图 10)。

图 11　电气安全模块

6.12　标识知识模块

以危险化学品标识为主体，配合生产过程中的各种标识，了解安全生产标识系统和标识的现场使用要领。通过电子标识辨识、连连看等形式进行人员标识认知培训和教育(图 12)。

图12 标识知识模块

6.13 工具安全模块

对基本工具、电动工具、气动工具，其中重点是防爆工具的选择和使用。针对刺伤、切伤、挤伤、碰伤、电伤以及打击伤等各类工具伤害特点进行使用及场地安全控制(图13)。

图13 工具安全模块

6.14 职业健康模块

介绍职业危害因素和伤害内容，包括危险化学品有毒物质、粉尘。主要物理因素包括高温、低温、噪声、辐射，其中还有简单的生物、生理和心理因素(图14)。

图14 职业健康模块

6.15 安全劳动防护用品模块

介绍各类防护用品，包括头部防护、听力保护、眼部防护、手部防护、脚部防护、身体防护、呼吸防护七类用品，(同时包括安全带、防

坠器相关防护器具和救援防护用品)。对主要防护用品进行正确选择、使用培训和穿戴训练(图15)。

图15 安全劳动防护用品模块

6.16 火灾消防模块

以火灾、爆炸认知和消防系统使用培训为主体进行。建立工业现场火灾燃爆和影响范围、灭火设备选择和灭火剂量匹配、基础火灾动力学为核心内容(图16)。

图16 火灾消防模块

6.17 现场急救模块

对受伤人员进行救护，主要包括担架搬运、徒手搬运、心肺复苏(CPR)、骨折包扎、止血等内容(图17)。

图17 现场急救模块

6.18 人员逃生

通过烟雾、声、光、电等手段，模拟真实火灾情景，增设应急灯、安全出口标示牌、各种障碍和危险场所，加入倾斜屋、逃生设施训练；体验者使用逃生道具，采取正确方式完成逃生过程。

7 安全实物教室取得的成效

7.1 快速培养大批承包商和新员工

通过一年多来的安全实物培训实践，对进入油库施工的承包商与站内员工起到了有效的培训作用，推广以"实物教学"为主的培训方式，快速培训一大批承包商、现场监督与现场员工，能够迅速对现场高风险作业建立感性认知，掌握安全作业的操作要点，提升员工危险辨识与风险控制的能力，从而有效减少在油库改造期间的安全事故。

7.2 创新培训模式，激发培训兴趣

通过实物培训，逐渐形成理论结合实际的培训模式，以实物模拟的方式立体的呈现了现场将会发生的作业类型，使培训学员在培训过程中进入"沉浸式"的培训体验，有效激发学员的培训兴趣，在实际体验与训练中掌握高风险作业的安全管理要点。

7.3 大大降低了现场作业风险和事故发生

自安全实物教室建成以来，每一批入场的承包商都会由现场监督或安全管理人员通过安全实物的模式进行培训，培训承包商及现场员工 500余人，整个改造过程中未发生一起人员伤害事故，大大降低了人员因安全意识或安全知识欠缺而带来的风险，有效保障了企业在施工期间的安全。

8 结束语

通过有效的理论结合实际的实践培训，大大提高学员对培训的兴趣，达到快速提高企业和承包商员工的安全素质的目的。企业综合战略与人才发展战略的全面实施，促进企业实现安全发展和平稳发展。相信今后随着时代的进步，安全实物教室也会结合现代科技元素，将会得到越来越多社会和企业的认可，同时安全实物教室也会是今后培训的主要趋势。

钻完井智能化转型运营模式思考

卢忠沅[1]　黎　强[1]　周　波[1]　郭新勇[1]　朱金智[1]　王泽华[1]　张彦龙[2]　陈　蓉[3]

(1. 中国石油塔里木油田公司；2. 中国石油集团工程技术研究院；3. 中油测井塔里木分公司)

摘　要　国内外钻完井智能化转型以远程作业支持中心建设为主，建设规模超过百人，并形成了适合各自管理模式的运行模式。国外管理模式扁平化，运行模式普遍以一级运行模式为主，生产决策支持从作业支持中心直接到现场，体现了高效率和强执行力。国内管理模式多级，运行模式按照生产情况的重要性和危害性分级，多为多级运行模式，不同层级的管理侧重点不同。作业支持中心人员构成按照数据-分析-决策-执行的业务链组建运行团队，很好的契合专业学科分类和运行管理节点。在建设过程中，国内钻完井远程作业支持中心运维模式充分结合国内管理模式，尽量减少管理分级，实现运行模式与管理模式的高度匹配，和生产管理流程的高效运行。运行团队组借鉴国外人员构成，按照运行管理节点组建团队。

关键词　作业支持中心，管理模式，运行模式，运行团队，生产管理

国外钻完井现场信息化建设始于 20 世纪 80 年代，整个建设经历经过了现场信息化起步、现场数据实时采集传输、现场数据监控、自动监测及报警、诊断分析、专家决策、远程操作、问题诊断及作业指挥和全球化协同及作业指挥等八个阶段(图 1)，未来的建设方向是问题诊断自动干预，最终实现自动化干预智能化。

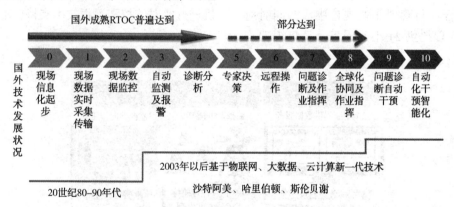

图 1　国内外钻完井作业支持中心建设阶段划分图

80 年代初斯伦贝谢公司首先提出实时钻井数据中心这一概念，解决偏远井场数据难以传输到其他区域进行分析处理的问题，标志着钻井现场信息化建设起步。90 年代初挪威国家石油公司首先建立了钻井作业中心，实现对生产过程的远程监测、支持、控制。进入 21 世纪初，随着壳牌、哈利伯顿和斯伦贝谢等国际石油巨头先后建立了全球性的作业支持中心，标志着钻完井信息化进入全球化协同及作业指挥阶段。国内钻完井信息化建设起步相对较晚，普遍是从 2000 年开始着手策划和建设，起步相对较晚。但随着国内物联网、云计算、大数据、人工智能、区块链和 5G 技术的推广应用，巨大的推动了油气行业信息化建设，钻完井信息化发展势头迅猛。

1　国外钻井行业建设规模及运行模式

国外跨国油公司和油服公司建设规模庞大，已经形成了全球的一体化协同决策指挥。管理模式普遍采用集中式，管理体系扁平化，生产运行流程简捷高效。采用一体化运营方法组建业务和信息技术多专业团队，可分析包括地质、油藏、钻完井等各环节数据，通过大数据分析、人工智能算法等，指导精确布井、高效钻井和压裂设计优化，实现多专业的协同，大幅提高钻井作业效率和单井产量，降低吨油成本。推动了甲乙方作业协作，使勘探开发所有参与者在一个共同环境

中制定计划，跟踪作业进展，及时获取所需的全部信息和专业技术指导，最大限度解决制约项目执行水平、影响工作效率的专业壁垒和沟通不畅。

1.1 油服公司—斯伦贝谢公司建设规模和运行模式

斯伦贝谢公司以油服公司服务模式，按照区域项目性质组建作业支持中心，分为远程钻井作业支持中心、钻井数据服务中心、综合项目管理作业支持中心。远程钻井作业支持中心主要是支持单井技术服务项目，负责正钻井作业情况的实时分析和优化，实现钻井提速提质提效，在全球共建设有 35 个远程钻井作业支持中心。钻井数据服务中心主要提供数据采集服务和支持钻井数据采集项目，负责配备钻井实时数据采集设备，提供钻完井实时数据采集质量的控制，实现数据资源共享，全球有 12 个实时钻井数据服务中心。综合项目管理作业支持中心是综合性的支持中心，主要是支持区块总包项目，负责区块的整体评价，钻井作业的实时支持以及数据服务工作。全球 3 个综合项目管理作业支持中心，同时对 94% 的钻机远程提供 24 小时服务。从组织架构来看，斯伦贝谢采用一级支持，作业支持中心直接支持到井场的运行模式。

1.2 油公司—沙特阿美公司建设规模和运行模式

沙特阿美公司以油公司生产模式，按照信息化支持节点，成立运行团队。运行团队主要由三个团队构成，数据质控管理团队、钻井监控团队、地质导向团队。其中数据质控管理团队负责数据的管理，包括数据的收集和初步处理，数据的计算分析，实时监测数据的配置，数据可视化应用配置，每班 18 人团队共 72 人。钻井监控团队负责异常监测和分析优化，包括日常钻井作业监控，工程异常情况发现，利用软件优化分析，专家带班技术支撑，现场作业指令的下达。每班 20 名工程师另外还有 1 名专家，整个团队 84 人。地质导向团队负责地质跟踪和导向作业，包括地质跟踪分析，导向作业监控，优化调整建议，现场作业指令下达。每班 3 人，整个团队共有 12 人。运行依托庞大支撑团队，人员达到 168 人，采用 7×24 小时工作制度，对 200 部钻机进行实时监控和远程技术支持(图 2)。

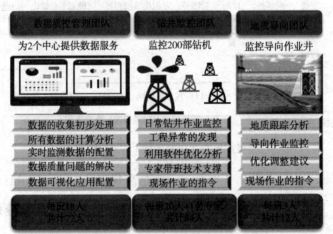

图 2　沙特阿美作业支持中心团队构建模式

1.3 油公司—雪佛龙油公司建设规模和运行模式

雪佛龙公司深刻汲取墨西哥湾 Macondo 井喷事故教训。2010 年 4 月 BP 在墨西哥湾"深水地平线"号钻井平台发生井喷事故（Macondo Blowout）以后，雪佛龙公司做了两件事，一是开发了一套"井安全"认证系统，实际是井控安全认证系统；二是建立了钻完井决策支持中心。

钻完井决策支持中心其主要目的就是避免灾难性的安全事件发生，并为业务部门取得一流领导绩效提供工作流程与数字化解决方案。该中心设在雪佛龙勘探开发研究中心，为全球 16 个作业部的高风险井提供 7×24 小时的远程技术支持。目前共有 120 人，分六个团队，均是与业务部门钻井综合团队协作的具有丰富经验的各路专家，他们利用 PetroLink 实时监控与工程预警软件、优化分析软件及辅助决策等软件，负责跟踪监控 50 口左右高风险井、复杂井。六个团队分别为作业监控团队、孔隙压力专家团队、工程与业绩支持团队、定向工程师团队、地质导向专家团队和数据管理调度与系统维护团队。

2 国内钻井行业建设规模及运行模式

国内远程作业支持中心起步于本世纪初，钻

井远程作业支持中心为了适应国内管理模式，普遍采用多级管理模式。借鉴国外远程作业支持中心建设模式组建专业化的运行团队和信息化运维保障队伍，重点管控作业现场风险和现场人员履职，关注钻完井作业关键指标。采用多级运行管理模式，明确了业务管理、技术研究、生产等单位的管理职责和范围，保障了中心的有序运行（图 3）。

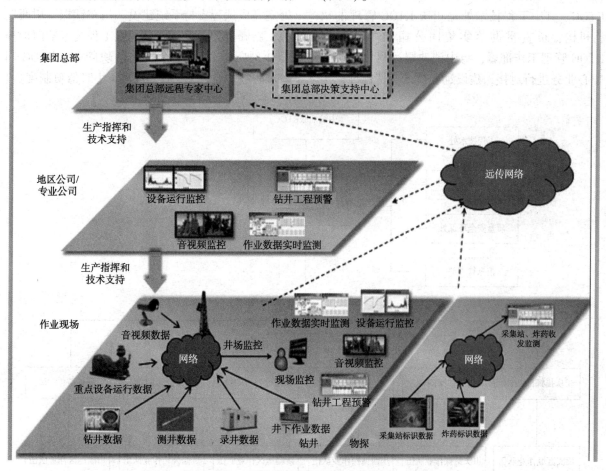

图 3　国内油公司运行模式示意图

2.1 西南油气田油公司建设规模及运行模式

西南油气田钻完井远程作业支持中心（简称 DOC）由油田公司机关职能部门工程技术处主导，依托川庆钻探建成 11 个 DOC，形成了管控、监督、决策"三位一体"的油公司工程技术管理模式。中心作用定义为"三个突出"，即突出井控安全管控，突出工程质量监管，突出工程技术支持，采用 7×24 小时值班制度。通过生产单位、监督中心、油田公司（工程处+工程院）"三级管理"模式，实现远程监控和技术支持全覆盖。

DOC 运行队伍由 4 个团队构成，川庆钻探

钻采院负责数据质控管理，各二级单位负责一般井监控，工程监督 DOC 负责油田重点井监控，工程技术处 DOC 负责集团重点井监控和重大异常的分析、决策，各有侧重、相互协同。一般井监控团队由各二级生产单位 5～6 名技术人员构成，负责所辖区域新钻井实时跟踪和分析优化，实行 7×24 小时值班制度。油田重点井监控团队由 10 名经验丰富、技术过硬的工程监督中心人员构成负责油田重点井实时跟踪和分析优化，实行 7×24 小时值班制度。集团重点井监控团队由工程技术处 5～6 名人员构成，负责集团公司重点井的实时跟踪和分析优化以及重大异常井的分

析和处置，实行 5×8 小时值班制度。数据质控管理团队由川庆钻采院 20 名人员组成，负责钻井现场数采设备的配置，数据质量的控制以及数据治理工作，实行 7×8 小时值班制度。

2.2　川庆钻探油服公司建设规模及运行模式

川庆钻探按照区域建设远程作业支持中心（简称 RTOC），设立两级远程技术支持中心（图 4），一级为公司 RTOC，二级为各二级单位 RTOC。其中工程技术处是川庆 RTOC 管理的执行机构，负责贯彻落实集团公司和中油油服 RTOC 管理工作部署，与中油油服远程技术支持中心业务进行对接，建设远程技术支持标准、工

作流程、有关制度，牵头建设完善以一体化（keepDrilling）为支撑的管理平台，协调生产运行、质量安全环保、信息等相关部门，为 RTOC 提供全方位的支持。生产协调处负责生产运行远程支持系统建设和应急值班工作。质量安全环保处负责安全远程支持系统建设，指导安检院、长庆监督公司开展作业现场远程安全监管。信息管理部负责 RTOC 系统建设和运行维护，配合其他处室完成远程支持系统建设。川东钻探、川西钻探、新疆分公司及试修公司在工程技术部门加挂 RTOC 牌子，实行一个机构两块牌子。RTOC 归口工程技术部门管理，实行 24 小时值班制度。

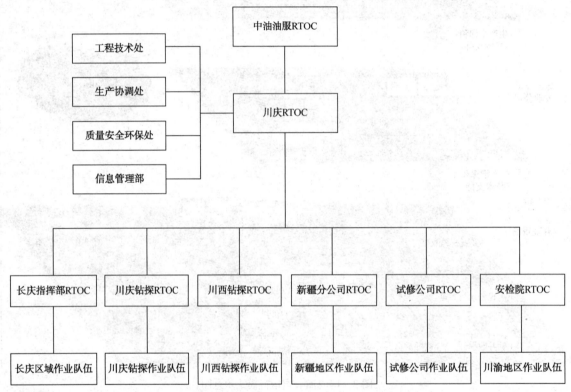

图 4　川庆钻探油服公司远程作业支持中心运行模式

3　数字化转型后的油公司钻完井远程作业支持中心运行模式思考

根据上述分析，不管是国外还国内，不同性质的公司关注点不同，油服公司更注重项目进度与工作效率，油公司更注重安全和质量。公司性质决定关注点，关注点决定作业支持中心功能建设和运行模式。目标都是为了打造一个为钻完井作业提供高效技术保障和精准决策辅助的"远程支持总枢纽"，降低事故复杂，提高钻井效率，实现钻完井作业的提速提质提效。因此生产数据

高度共享，分析结果更加快捷科学，支持效率更加高效的钻完井远程作业支持中心成为了油公司追逐的"香饽饽"。

3.1　建设功能丰富的钻完井远程作业支持中心

目前先进的数字技术框架按照 1+2+N 设计，"一朵云"为底台，实现云计算、数据库服务、存储服务、网络服务和灾备服务；"两个平台"为数据中台、业务中台，数据中台实现数据的集成和共享，业务中台实现公共组建集成和共享；"N 个智能应用"，应用平台的多元化、智能化搭建。

油公司钻完井远程作业支持中心突出风险管控和技术支持，运行管理与支持辅助系统保证中心的平稳运行(图5)。建设架构设计中，远程风险管控主要侧重于人和施工作业的实时管理和安全管理，包括人员履职、专业作业监测、异常报警、工程预警和井控管理等功能。远程技术支持主要侧重于实时技术分析支持，包括随钻跟踪分析、钻井参数优化分析、井筒质量分析和钻井关键KPI分析。运行支持管理主要是进行数据质量和应用系统的维护管理，主要功能由应用支持、数据管理、运行管理和系统维护。

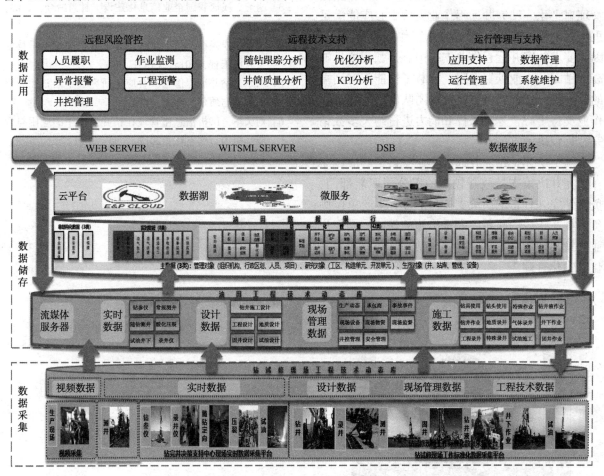

图 5 钻完井远程管控支持应用系统建设框架

3.2 建立高质量的专业运行支持团队

运行支持团队是钻完井远程作业支持中心的正常运行的基础，团队人员的构成直接决定作业支持中心的运行质量。而钻完井工程又是一项集综合性和经验性的学科，团队建设要涉及工程、地质、数据等专业，同时工程、地质专业人员必须有丰富的现场和优化分析经验。因此建议团队按照日常监控团队、地质导向团队、优化分析团队、专家决策团队、数据维护团队、IT支持团队6个专业团队建设。

日常监控团队主要依托日常专业施工作业的实时参数和视频，对工程质量和工程风险进行监控，同时负责部分数据质量监控的职责，发现异常工程和数据问题进行初步处理。地质导向团队依靠实时数据和手工数据进行地质问题分析和研判，实现最优地质目标，辅助进行施工作业优化和应急作业制定方案。优化分析团队依靠实时数据和手工数据对钻井参数进行实时优化，工程异常问题制定解决方案，以及应急作业过程的施工参数、设备工具的模拟分析。专家决策团队负责重大工程变更方案的技术把关和技术决策，重大施工作业的过程跟踪和远程协同，重大应急作业的方案编制和技术把关。数据维护团队负责数据采集计划的编制，数据采集质量的控制，数据采集设备的状态监控，为数据的统计分析和施工作业分析优化保驾护航。IT支持团队负责系统的建设、优化和完善，专业软件的日常维护。6个团队有机组合，实现数据、工程、地质和设备等问题的有效协同。

3.3 智能化转型的运行模式探讨

　　未来智能化转型后，钻完井作业的管理模式必须配套转型，组织结构也必须进行优化调整，传统的职能组织结构和线性组织结构向矩阵组织结构过渡，或压缩原来的多层级组织结构，实现管理扁平化。钻完井远程作业支持中心应能满足重大以下作业施工项目或应急工作的决策支持，因此要求钻完井远程作业支持中心必须配置足够高的钻完井作业处置权限。搭载了性能相对高端的软硬件设备和经验丰富支持团队的钻完井远程作业支持中心，才有条件和能力进行绝大多数钻完井远程决策支持。

　　综上所述，钻完井远程作业支持中心应设立在钻完井决策支持权限较高油田公司职能部门，负责钻完井日常的决策支持(图6)。生产单位则负责生产指令的执行，安全措施的保障。实现作业决策与现场直接对接，实现钻完井作业的扁平化科学化管理。

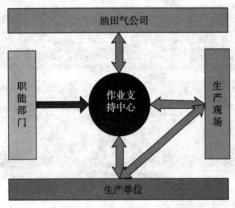

图6　钻完井远程作业支持中心组织结构图

参 考 文 献

[1] 彭军生. 国外钻井技术的发展趋势. 钻采工艺，1994，17(2).
[2] 常建军. 钻井工程信息管理与决策系统的设计. 现代电子技术，1995，(1).
[3] 胡莹. 浅谈我国企业信息化建设. 甘肃冶金，2003，(4).
[4] 王敏. 浅谈钻井信息化管理设计及实现. 电子技术与软件工程，2015，(14).
[5] 闫冰. 钻井远程信息平台应用研究. 中国石油和化工标准与质量，2019，(2).
[6] 刘庆军. 试析信息化管理在钻井生产中的应用与发展. 中国石油石化，2017，(9).

Cesium 技术在潮州天然气高压管道中的应用研究

田晓龙[1]　周顺青[1]　杨大升[1]　赵　丹[2]

[1. 中石油天然气销售分公司；2. 神州旌旗(北京)科技有限公司]

摘　要　油气管道工程是典型的线性工程，传统的基于二维图形走向+管道属性的管理方式已经不能满足精细化的管理需求。开源 WebGIS 平台 Cesium 能够提供二、三维一体化的时空数据展示与管理功能，在轻量级 GIS 应用场景下为地理信息的展示与分析提供了一个低成本、易共享的解决方案。在潮州天然气高压管道工程建设项目中，基于 Cesium 技术的三维可视化平台的应用中进行了深度探索，该系统以管道全生命周期数据为数据基础，辅以进度展示、施工采集数据分析校验、周边查找与分析等功能，为工程建设管理提供管道工程基础信息展示、施工资源与进度可视化功能。该技术的应用为工程项目管理提高了可视化管理水平，大力提升了项目管理人员的管理效率，实现了向运行单位进行可视化移交的目的。GIS 技术的应用，为管道的管理与运行提供了科学有效的管控手段与技术支持。

关键词　GIS，天然气储运，二三维可视化，管道工程指标

目前，国内油气管道建设正在向数字化、智能化方向快速推进，此趋势以数字化设计为源头，有助于改善数据移交手段，持续提升数据移交的自动化、集成化程度，实现工程建设全数字化移交，建设数字孪生体，为管道智能化运行、全生命周期管理提供基础数据支撑，为管道项目运行与安全提供了有利保障。这种管理模式将一改原有的在管道运营期才搭建管道数字模型进行完整性管理的方式，要求在建设期随着管道建设的同时，形成一条虚拟化管道数字模型，同步反应施工进展和周边环境变化。随着工程的推进，虚拟管道也不断完善，直到管道竣工，数字化管道随管道实体一同交付。

潮州天然气高压管道项目全长 96.5 公里，线路山区段占全线总长的 1/3，且多为石方段，尤其登塘镇区域内山体起伏大，坡度较大；三穿工程多，其中定向钻穿越 19 处、铁路及公路顶管穿越 35 处；雨季时间长，有效工期短；征地拆迁协调难度大，对施工现场 QHSE 管理保证措施提出了更高的要求。管道建设过程大多是开放移动施工，地区地质构造复杂、地貌类型多样、施工单位众多、外部协调因素复杂，这些因素对油气管道施工进度和质量安全会构成较大制约和影响。现在，多数工程项目采用随 GIS 系统进行数据整合，但仍然面临着很多问题。目前多数厂商的 GIS 系统仍然以处理二维数据模型为主，其在地理空间信息的展示和分析方面具有很大的局限性。另外，基于 C/S 架构的 GIS 系统需要为不同的操作系统分别提供相应版本的 GIS 客户端，这在一定程度上加大了 GIS 客户端的开发和管理难度。近年来，基于浏览器的 WebGIS 应用在洪水监测等自然环境管理，城市交通轨道施工等线性工程中都有展示出了其高效，可扩展性强的特点。针对传统客户端的二维管道系统所存在的问题，以及 WebGIS 在天然气管道管理中的可行性与优势，在潮州天然气高压管道中，展开了对 Cesium 应用的研究。

Cesium 是一款开源的基于 JavaScript 的 3D 地图框架，实现了在浏览器中无插件展示三维虚拟地球的功能，具有跨平台、跨浏览器的特点，可降低成本、提高效率。在潮州天然气高压管道中，应用了基于 Cesium 技术的三维可视化平台，基于全数字化移交各方面的数据，围绕管道工程建设管理需求，进行数据的多维度、多角度的可视化展示，并辅以统计、分析，更加直观、形象展示管道工程，辅助开展工程建设管理决策。

1　研究区概况

潮州市是广东省天然气消费大市，根据工业增加值划分依次为陶瓷工业、电力生产和供应业、食品工业、塑料工业、不锈钢制品业和电子工业等 6 大主导产业，以陶瓷工业用气为主，全市目前年消费液化天然气(LNG)、液化石油气(LPG)折合天然气 20 亿方左右。因潮州市没有

管道天然气气源，各工业企业和用气终端，完全以价格为导向，随时切换 LNG 和 LPG，潮州天然气高压管道项目的实施将为潮州市连续输入清洁的天然气，促进潮州市能源结构优化，降低用气成本，提高陶瓷等工业市场竞争力，助力潮州市经济社会持续健康发展，具有明显的社会效益与环境效益。

潮州项目率先在昆仑能源支线管道工程建设中实施数字化管道建设，建成后将以潮州项目的实践经验为典范向昆仑能源同类工程推广。基于 Cesium 技术的三维可视化平台的研究应用是数字化管道技术发展的必然趋势和不可或缺的部分。

2 系统设计

2.1 架构设计

基于 Cesium 技术的管道三维可视化系统以地理数据三维交互可视服务为核心，以稳定性和通用性为主导，采用 Java、JavaScript、HTML 等开发语言，实现对管道工程建设数据的加载、定位以及查询等功能。系统从逻辑上分为支撑层、数据层、逻辑中心层和应用层，支撑层提供了系统开发的计算机软硬件设备。数据层包含两部分，一是存储在 Oracle 数据库的管道建设期数据。数据总体分为四类：地理信息和周边环境数据、设计成果数据、施工数据、竣工数据。其中施工数据采集过程中，采用了对航拍视频、路由对比、焊接防腐等工况数据自动传输、移动终端数据采集助手等各类辅助工具，在工程质量安全管理方面具有重要意义。二是地形、影像专题信息。逻辑中间层通过 Restfull API 以及 Cesium 地图引擎实现客户对数据库的访问，基于 Cesium API 实现地图的显示、浏览和查询，利用 Google Suggest 实现石油设施基本属性信息的检索。表现层包含各项数据的可视化显示等功能，如图 1 所示。

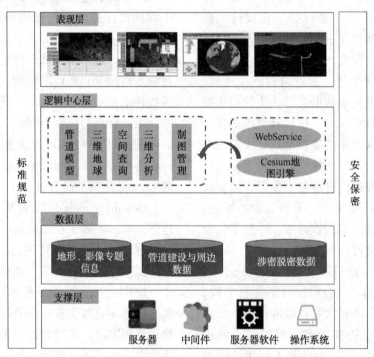

图 1 系统架构

2.2 功能设计

（1）基础信息展示

基础信息展示项目概况、参建单位工程量等方面。项目概况包括管道起止点位置、管道长度、管径及设计压力、站场及阀室分布情况。参建单位工程量包括施工标段、施工单位及工程量、监理单位及工程量、检测单位及工程量（图 2、图 3）。

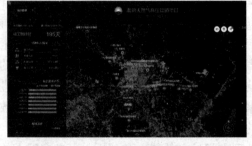

图 2 工程一体化管控平台

图 3　站场模型展示

（2）施工过程与资源可视化展示

展示每天重点施工工序（焊接、检测、补口、回填、穿跨越）的工程进度，以不同符号在平面图展示固定地点，展示参建单位驻地及中转站位置、施工机组基本情况（图 4）。

图 4　施工过程重点工序进度展示

（3）周边查找

通过缓冲区分析技术精确识别出线性地物两侧指定距离宽度的空间区域范围高风险位置和存在的威胁，使管理重点更加清晰（图 5）。

图 5　管道两侧周边情况展示

（4）数据分析与校验

竣工测量数据回流对比设计数据。竣工焊口偏差分析：分析竣工焊口（矢量点）到施工中线（矢量线）的垂直距离，设定阈值后，通过偏差对比分析，自动标记出与设计偏差较大的部分。竣工焊口埋深分析：根据竣工焊口采集数据埋深值，对比施工规范阈值，给出对比结果，自动标记埋深不达标焊口（图 6）。

图 6　竣工测量数据回来与设计数据对比

（5）飞行漫游和视频双屏对比

飞行漫游，通过模型模拟无人机的航飞路线，同步播放航飞视频，更直观真实反映管道本体和周边情况（图 7）。

图 7　飞行漫游和视频双屏对比图

功能架构如图 8 所示。

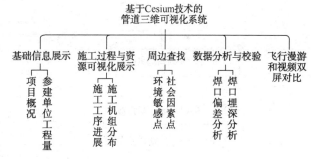

图 8　功能架构示意图

3　关键技术

3.1　缓冲区分析

缓冲区分析，又叫邻域分析，是一种常见的 GIS 空间分析算法。缓冲区分析指针对点、线、面等地理空间对象，通过计算机自动构建其周围指定宽度的空间区域，实现空间数据在其领域延伸的地理空间分析方法。常用于分析地理对象的影响范围，如一个化工厂排放废气的污染范围，交通线两侧拆迁范围，缓冲区也可以是地理对象的服务范围，如河流的灌溉范围，电力线路的供电范围，商场、医院、银行的服务范围等。通过缓冲区分析方法精确识别出线性地物两侧指定距离宽度的空间区域范围高风险位置和存在的威胁，使管理重点更加清晰。在风险控制方面，本系统利用缓冲区分析等空间分析技术，可以划分管线附近建筑及居民地的风险等级，协助管道安全管理与风险防控（图9）。

图9　缓冲区分析示意

———— 线性地物
▬▬▬ 缓冲区范围

基于 Cesium 的缓冲区分析识别流程如图10所示：

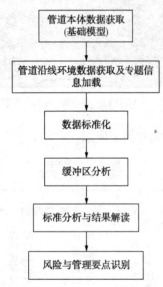

管道本体数据获取
（基础模型）
↓
管道沿线环境数据获取及专题信息加载
↓
数据标准化
↓
缓冲区分析
↓
标准分析与结果解读
↓
风险与管理要点识别

图10　缓冲区分析识别流程

3.2　Ajax 技术获取后台数据

Ajax 即"Asynchronous JavaScript And XML"（异步 JavaScript 和 XML），指的是一套综合了多项技术的浏览器端网页开发技术。建立在 JavaScript、XHTML 和 CSS、XML、XMLHttpRequest, 等大量成熟技术基础之上，可用于快速创建动态网页。

Ajax 是 Web2.0 技术的核心由多种技术集合而成，使用 Ajax 技术不必刷新整个页面，只需对页面的局部进行更新，可以节省网络带宽，提高页面的加载速度，从而缩短用户等待时间，改善用户体验我们传统的 web 应用。通用的异步传输技术，就是利用异步提交 POST 数据到 Restfule 服务上，分析返回的数据，获得结果并进行可视化。

4　结语

基于 Cesium 的地理数据二三维可视化技术的使用，可以有效地对于管道情况进行实时的位置和状态信息的管理，直观地进行可视化展示。此外，缓冲区分析等地理分析方法，也对于管道项目的风险评估和安全运营提供了直观，便捷的手段。进行了全数字化移交各方面的数据，可以针对业务管理需求，进行高效的数据的多维度、多角度的挖掘、统计和分析，形成数据可视化视图，更加直观、形象展示工程，辅助开展管理决策。

根据我国天然气"十三五"规划和《中长期油气管网规划》的指示，到2025年天然气管道里程要达到16.3万公里。在国家管网公司的成立，新型肺炎疫情消退，国家新基建战略的提出的背景下，管道工程建设将按下加速键。建设期如何进一步实现工程的精细化管控，降低风险和事故是今后项目管理工作的重中之重。通过搭建基于 Cesium 技术的三维立体可视化平台，可实现项目信息展示、风险识别、工程数据分析与校验等功能。本平台具有轻量化、可复用的特点，可为油气管道数字化建设、日常管理工作提供了科学有效的管控手段与信息化支撑。

参 考 文 献

[1] 天工. 2018 年国际石油十大科技进展(八)——数字孪生技术助力管道智能化建设[J]. 天然气工业, 2019(7)：132.

[2] 冼国栋. 基于 Skyline 的油气管道地质环境风险性图形库系统设计与实现[R]. 甘肃：信息数据管理研究管道保护, 2019：1.

[3] Hong J H, Tsai C Y. USING 3D WEBGIS TO SUPPORT THE DISASTER SIMULATION, MANAGEMENT AND A-NALYSIS–EXAMPLES OF TSUNAMI AND FLOOD[J]. 2020.

[4] 梁誉潇. 基于 3D WebGIS 的城市轨道交通工程施工风险信息系统研发[D]. 2020.

[5] 高云成. 基于 Cesium 的 WebGIS 三维客户端实现技术研究[D]. 西安：西安电子科技大学, 2014：5-5.

[6] 朱栩逸, 苗放. 基于 Cesium 的三维 WebGIS 研究及开发[J]. 科技创新导报, 2015, v.12；No.358 (34)：15-17+22.

[7] 杨宏伟. 基于 GIS 的油气管道高后果区识别研究[J]. 信息、安全与管理, 2019, 37(1)：120-120.

[8] 郭忻怡, 郭擎, 冯钟葵. 植被异常特征的遥感判识对潜在滑坡演化的研究——以四川叠溪新磨村滑坡为例[J]. 遥感学报, 2019(6).

[9] 郑幸源, 洪亲, 蔡坚勇等. 基于 AJAX 异步传输技术与 Echarts3 技术的动态数据绘图实现[J]. 软件导刊, 2017, 16(3)：143-145.

长距离管输成品油乳化成因及处理探讨

潘　毅　公茂柱　邵艳波　张　佳

（中国石油工程建设有限公司华北分公司）

摘　要　基于近年来长输油管道在投运期间多次出现油品乳化事故，结合梳理已有成果理论发现油品乳化非单一因素引起的，主要包括管道沿线地形、管道洁净度、投运方式、管道停输、设备、油源6个方面，为类似成品油管道的投产提供参考。同时介绍了乳化油的处理方法，优先推荐沉降法，在效果不理想情况下可考虑"沉降+加热"或"沉降+过滤"相结合的方式，加快处理效率，降低乳化油品的处理成本。

关键词　管道，油品乳化，因素，处理

我国成品油输送方式多样化，部分成品油生产地与消费市场距离较远。生产成品油的大型炼厂通常远离城市，而城市却消耗大量成品油，使得成品油从生产到使用需要经过较多运输流程，经历较长时间。近几年，我国成品油管输业务发展迅速，2019年管道里程增长至 13.5×10^4 km，但是在长距离管道投用过程中，经多个泵站、管道等环节，导致油品质量不合格现象时有发生。如果投用的柴油质量控制不当，则会导致柴油乳化，出现外观、机械杂质、堵塞性等指标不达标。

目前，国内外发生多次管输成品油发生柴油乳化关的事故，关于油品质量安全控制方面的研究报道应运而生，总结了大量经验。因此，本文针对管输油品乳化问题，对管道沿线地势地形、洁净度、投运方式等6方面可能引起的油品乳化因素状进行梳理总结，供相关机构与人员参考。

1　油品乳化原理

采用水联运后投油，柴油与水是两种互不相溶的液体。投油过程中，柴油和水接触区域的两相液滴颗粒在紊流作用力和分散相凝聚力的共同作用下形成油水混合物。油水混合物在管道内输送过程中，呈现出连续的油和水，以及其中一种液体以直径大小不等的分散颗粒悬浮在另一种液体中的共存，我们将这种油水混合物称为油水乳化，即油品乳化。在管道首次投用时，因管道内水、杂质、微生物不能完全清理干净，当管输投柴油在管道中高压紊流的环境下流动，水以很小的液珠由紊流作用下扩散至柴油中混合，形成油

包水型分子基团，这种分子基团的颗粒一般为 $0.5 \sim 10 \mu m$，颗粒越小，越均匀，乳化油的稳定期越长，一般为 $1 \sim 6$ 个月。

2　油品乳化成因分析

近年来，云贵、西南山区已有的多条已建成品油管道在投油后产生不同程度的油水混合物，甚至出现整条管道油品都乳化的情况，造成非常严重的投油质量事故。管输出现乳化的成因目前还未具体的下面，从管道沿线地势、管道洁净程度、投用方式等6个方面分析探讨成品油管道投油过程中出现油品乳化的成因。

2.1　沿线地形引起的油品乳化

输油管道一般具有长距离、跨地域特点，管道沿线不可避免会存在山区等地势起伏较大的地形，甚至存在较大落差，例如我国西部、西南、华南等地区的成品油管道。大落差成品油管道由于其存在高点，往往会出现充水扫线不充分低点积水、高点排气不彻底、高点不满流等现象，这些因素均会不同程度导致管道中柴油乳化。

2.1.1　低点积水

管道在建设施工过程中，由于管道内常常会存在砾砂、泥土、焊渣、铁锈等固体杂质，因此在管道投产前需要进行清管吹扫作业。一般情况下成品油管道不进行干燥处理，这将导致管道内始终会残留部分水，另外当环境湿度较大时，湿空气进入埋地管道后水蒸气在管壁上凝聚，尤其对于起伏较大的管道，残留水和凝聚水会在沿线低点残集聚，形成低凹水段。同时，由于水的密度要大于柴油的密度，在管输过程中管道前端低

凹水段和油品含有的水会在油水密度差的驱动下向管道低点返流聚集。

徐广丽、许道振等人通过模拟管道低点积水在管道中的动态试验表明，管道油流流速小于临界流速 v_e 时，在水表面张力、重力等共同作用油水界面形成较为稳定的光滑分层，此时油流不能够产生足够的剪切力 τ 将水层打散携带出小水滴。在管道投产阶段或投用前期，管道输量较小，流速较低，油水界面形成光滑分层流，水层持续聚集，随着管道输量提升流速增大，油水光滑分层被破坏，水相进入油流，加之柴油自身含有的水，此时柴油中的水含量将可能高于含水量限值，在微小固体杂质颗粒作用下形成 0.5～10μm 大小的 W/O 型分子团，随即出现柴油乳化现象(图 1)。

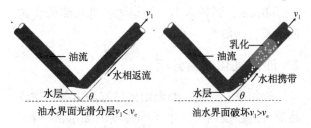

图 1　管道低点积水及油品乳化示意图

2.1.2　高点排气

管道沿线起伏较大时必然会存在高点，若管道排气不彻底，油品越过高点后由地势引起的势能转化为动能加速下流，高点出现不满流气囊，同时溶解在油品中的气体和挥发性物质从油品逸出进入负压气相空间。正常输送的柴油属于微乳化的 W/O 型油品，由于水饱和蒸汽压远远大于柴油饱和蒸气压，在负压气囊作用下，水发生空化现象，W/O 分子团破碎，水分子进入气囊。随着油品下流，在管道下坡末端油品受到前行油品正压作用流速减慢，多余的动能通过流体间的摩擦和冲击消耗，形成约束水跃。在约束水跃的翻滚过程中，低点积水层与柴油的光滑分层被打散，柴油携带积水混合同样可能导致柴油出现乳化现象。

2.2　管道洁净度

长输管道由于施工技术、环境、保护等因素必然存在铁锈、焊渣、泥沙等无机和有机杂质，虽然经过清管吹扫能够使管道内环境保持一定程度的清洁，但内部仍然存在大量的微小固体杂质和微生物。

由于输送过程中油品经常受到水、灰尘和细菌等杂质的污染，从而创造了管道微观世界，这种油品污染的情况在其他储运设施中也很普遍。目前虽未有报道表明管道内细菌会导致柴油乳化，但 Pavitran 通过恶臭假单胞菌、荧光假单胞菌、短杆菌在柴油环境下发现黏附在柴油中的细菌经过一夜培养后迅速产生奶白色的菌落，菌落分散在柴油中后会表现出乳化的表象，其中短杆菌对柴油具有高度黏附作用达到 96% 乳化现象更加明显。另外细菌的存在也会影响油品酸度等质量指标。

管输柴油出现乳化现象成因复杂，管道中的微小固体颗粒是否是导致柴油乳化的因素尚无定论，但就目前资料报道固体颗粒在柴油乳化过程中能够起到稳定剂作用，形成 Pickering 乳液。微小固体颗粒在湿润三相接触角 θ>90° 时亲油性较强，固体颗粒吸附在油水界面形成多层膜，在此作用下更容易形成 W/O 乳液直至产生稳定的乳液，柴油在此时就会表现出较稳定的乳化现象，例如球状 SiO_2 颗粒、TiO_2 颗粒、黏土颗粒。当管道内油品流速达到一定值后，内部固体颗粒受到油流曳力作用，颗粒迁移进入柴油混合，在水的共同作用下形成稳定乳化液从而柴油表现出乳化浑浊、发雾、凝块现象。Tsabet 等人研究了影响固体颗粒在油/水界面吸附的参数。结果表明颗粒在乳液中的稳定过程主要包括两个步骤：(1) 颗粒首先接近并接触油水面；(2) 颗粒吸附在界面上并被稳定(图 2)。

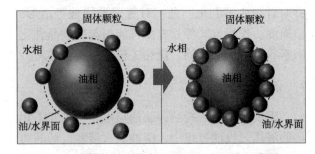

图 2　固体颗粒迁移形成 Pickering 乳液示意图

2.3　投运方式

成品油管道投产主要有油顶水投油和空管投油两种方式。油顶水投油是指水顶空气，油顶水，油与水间加隔离球的方式，空管投油是指氮气顶空气，油头顶氮气，油与氮气间加隔离球的方式，一般适用于地势起伏小、上水排水困难、气温低等情况管道投产，尤其对于建成后未按时投用 6 个月以上的管道，对于该类不能及时投用的管道应进行干燥后注氮封存，待投用时直接采用空管投油方式，一方面管道经过干燥后内部空间水含量很低，降低了投用时柴油中混入积水乳化风险；另一方面注氮封存后管道保持微正压状态，环境中的湿空气无法进入管道内部缓解了管道腐蚀保证了管道清洁度，同时油和氮气中间加隔离球的方式也可有效清除管道中残留杂质，降低杂质污染油品风险。

据报道贵阳-遵义管道、遵义-重庆管道、曲溪-梅州管道投油时间均>6 个月，在采用油顶水方式后管道内柴油乳化比例均远高于 100%；对比遵义-重庆管道和百色-昆明管道，前者投油时间约 7 个月，后者投油时间小于 1 个月，虽然前者高程(1161m)约是后者(2314m)一半，但最终前者乳化比例为后者的 5 倍之多。究其原因主要是管道内未投产存水时间越长，管道内部腐蚀及细菌污染程度越重，杂质越多，导致管道中油品乳化风险增大。

2.4　管道停输

在管道投产过程常采用水联运后投油，正常情况下油品与水不相容，在紊流作用力和油水界面剪切等共同作用下油和水充分混合分散，油/水以分散颗粒悬浮在水/油中形成乳化油品。近些年来，云贵、西南山区已建多条成品油管道在管道投油后产生了大量的油水混合物，甚至整条管道都是乳化油品，造成非常严重的投油质量事故。

据报道华南管网 8 条成品油管道采用柴油顶水方式，在投运过程中先后 7 条管道出现了柴油乳化情况。水联运尽可能连续进行，尽可能降低油水界面在管道中的停留时间，投产后宜连续输送，若出现中途停输极易加剧油水混合程度，如西南某成品油管道由于末站尚不具备投产条件，导致管道油水界面在管道中停留近一个月，管道再次启输后末站共下载油水混合物达到 2.83 万吨，将近 600km 管道的车用柴油全部乳化，直接经济损失超过 1.9 亿元，造成非常严重的质量事故和经济损失。分析原因主要是投产前水长期留存在管道中将会持续对管道造成腐蚀，留存时间越长腐蚀产物杂质越多，并且投产过程中油水界面长时间停留在管道内将使油水混合更均匀，若多次停输，水将不断从油中析出，上游油品在下次输送时与水再次混合，多次混合及析出，加

之管道的腐蚀、杂质、细菌等一并混合后越容易导致油品乳化。同时，投产结束后管道中仍会残留部分水，投产后连续输送正是为了尽快将残留的水带出，例如投产后间断输送的遵义-重庆、曲溪-梅州管道，油品乳化比例更高。

2.5　设备

机械设备引起的搅拌作用也会引发柴油乳化，油水混合物在设备的持续搅拌下会形成高度均匀分散且稳定的乳化液使得柴油表观上显得浑浊不清，例如离心泵。离心泵通过叶轮的旋转把机械能传给油品，造成油和水之间的强烈对流，从而达到混合均匀的目的，乳化过程正是在强制对流作用下的强制混合过程。同时油和水在泵壳有限空间内受到叶轮剪切、挤压、摩擦、循环等作用下，不相溶的油、水、气、固相强制混合和高频循环也将使得柴油和水混合乳化。另外高流速和过阀引起的强烈剪切也会产生类似剧烈搅拌的效果，从而加重柴油和水的混合造成油品乳化现象。

2.6　油源

根据国内车用柴油 GB19147 标准，柴油含水量不应大于痕量(w% ≯ 300μg/g)，辛丁业、范跃超等人通过炼厂加氢改质柴油不同含水量引起的柴油外观变化试验表明，含水量是柴油乳化的主要原因，柴油中含水量在 400μg/g 以上时将会导致柴油外观雾化，出现乳化现象。随着输油管道建设，炼厂出厂柴油在储罐内的存储时间减少，使得柴油和水不能充分静置使其分离，导致油源携带游离水导致乳化，尤其冬季和低温环境下，温度降低宜会导致柴油外观表现出浑浊。

目前成品油市场柴油主要是加氢改质柴油，加氢装置分馏塔底采用吹汽会造成塔底产品水含量超标，另外部分石化炼厂柴油脱水工艺采用盐脱水工艺、盐脱水+聚结脱水工艺，工业盐会微量溶入柴油，导致柴油中钠、钙、镁、氯离子含量增大。陈洪德通过对比试验发现，出现乳化柴油的储罐内钠、钙、镁、氯离子含量分别是分馏塔的 4000 倍、51 倍、605 倍和 23 倍，碱金属离子的存在会诱发脂肪酸盐的生成同时遇水发生乳化。

随着环保型低硫柴油的普及，低硫柴油使用更加广泛，但低硫将会导致柴油润滑性能变差，通常采用添加脂肪脂类或脂肪酸类抗磨剂进行柴油改性提升润滑指标。栾郭宏通过对国内几种主

要的抗磨剂与不加水量试验表明，对于脂肪脂类抗磨剂含水量>0.05%时将会导致柴油浑浊，对于脂肪酸类抗磨剂含水量仅>0.01%时就会导致柴油浑浊。抗磨剂与柴油携带水和碱金属离子的共同作用下将可能生成脂肪酸盐，脂肪酸盐具有凝油作用在油品中形成凝胶状悬浮物引起柴油乳化，同时抗磨剂中含有羧基等众多强亲水基团，一定程度上也具备乳化剂的功能。在云南成品油管道投产过程中在大理站出现了油品乳化现象，经论证化验表明柴油出厂加入了脂类抗磨剂调和导致柴油和水的界面张力减弱，柴油遇水乳化。

因此，管道投产前对预备柴油需要进行化验，除防止管道中混入水之外还需要保证预备柴油低含水、低含盐，此外由于炼厂出厂油品温度较高且添加抗磨剂易应发柴油遇水乳化，预备柴油应充分静置至环境温度，待化验及外观检测合格后进行管道发油，必要情况下选用低抗磨剂的柴油作为头油。

3　油品乳化处理措施

油品乳状后产生的乳化液会造成油品大量损失和质量安全风险，在管输过程中由于管道停输、污染、投用方式不当等因素造成油品乳化后，为减少油品损失需将乳化油品进行破乳化处理，最大程度回收油品，减少经济损失。目前，乳化油品破乳的方法主要有化学法和物理法。

1）化学法

化学破乳法是近年来应用较广的一种破乳方法，主要利用化学剂改变油水界面性质或膜强度。普遍认为由于化学剂与油水界面上存在的天然乳化剂作用，发生物理或化学反应，吸附在油水界面上，改变了界面性质，降低界面膜强度，使乳状液液滴絮凝聚并最终破乳。

2）物理法

（1）沉降

沉降破乳是利用油和水的密度差来实现破乳的，液珠在重力，液珠将下沉或上浮，进而导致液珠发生聚集、聚并和油水分离。乳化液中的水相会因其较大的重力作用而下沉，油相则上浮，最终达到两相分离。沉降法的工艺简单、节能，但是对于高度分散的乳化油品，一般比较稳定，部分可以达到1~6个月。在云南成品油管道大理站出现油品乳化后对乳化油品采取沉降处理，经过5-7天，罐内油品的乳化现象基本消除。

（2）过滤

膜法破乳相对于传统破乳方法具有分离效率较高，能耗和操作费用低，不需要添加试剂，装置相对简单，通用性较强等优点。

（3）超声波

超声波是一种在媒质中传播的弹性机械波，它是利用自身具有的机械振动及热作用进行破乳。换一种说法，超声波破乳是基于超声波作用于性质不同的流体介质时所产生的位移效应来实现油水分离的。超声波在破乳过程中具有破乳率高、无污染的优点，并且普适性强，可适用于各种类型的乳状液，其在较低温度甚至在室温下就可以破乳，有利于节能。

（4）加热

柴油乳化后是一种高度分散体系，高度分散性使其具有较大的表面自由能，表现出热力学不稳定性，为使乳状液油水分离，必须降低油/水界面张力，外部加热是一种常用方法。除此之外，微波加热被称为"内加热"，与传统外部加热方式不同的是，"内加热"具有加热速度快、无温度梯度和无滞后效应等优点。非热效应则是指微波固有的特性所产生的效应。破乳因具有破乳率高、加热均匀、环保节能等优点而受到普遍关注。

4　结论

通过梳理长输管道的建设进展，分析了管道地形、洁净度、投运方式、停输、设备和油源6个方面可能引起柴油发生乳化的原因，为后续管道投产期间防止油品乳化措施的制定提供参考。此外，油品发生乳化并非单一因素导致，工程技术人员在问题排查过程中应当因地制宜，结合上述因素逐一排查，精确寻找油品乳化成因有利于后续乳化油品处理措施的合理制定。

随着保护环境、节约资源的呼声日益高涨，节能环保已经成为全世界极力追求的目标。在乳化油的实际处理中需要结合管道、站场和油库实际情况，合理乳化油品处理措施，优先选择使用沉降法，在沉降效果和速率不理想情况下可考虑与加热法相结合或与过滤相结合的方式，加快处理速度，降低乳化油品的处理成本。

参 考 文 献

[1] 聂中文，黄晶，于永志，等．智慧管网建设进展及

存在问题[J]. 油气储运, 2020(1): 16-24.

[2] 纪荣亮. 航煤管道投产过程中干燥技术的应用[J]. 中国设备工程, 2019, 89(009): 148-149.

[3] 徐广丽, 张国忠, 赵仕浩. 管道低注处积水排除实验. 油气储运, 2011, 30(5): 369-372, 375.

[4] 许道振, 张国忠, 赵仕浩. 积水在成品油管道中的运动状态. 油气储运, 2012, 31(2): 131-134.

[5] 张楠, 宫敬, 闵希华, 等. 大落差对西部成品油管道投产的影响[J]. 油气储运, 2008(1): 5-8.

[6] Pavitran S, Balasubramanian S, Kumar P, et al. Emulsification and utilization of high-speed diesel by a Brevibacterium species isolated from hydraulic oil[J]. World Journal of Microbiology and Biotechnology, 2004, 20(8): 811-816.

[7] 高庭禹, 张增强. 兰成渝成品油管道内杂质的成因及对策[J]. 油气储运, 2006, 25(10): 52-54.

[8] Ramsden W. Separation of solids in the surface-layers of solutions and suspensions (observations on surface-membranes, bubbles, emulsions, and mechanical coagulation)-Preliminary Account[J]. Proceedings of the Royal Society of London, 1903, 72: 156-164.

[9] 刘德新, 朱彤宇, 邵明鲁, 等. Pickering 乳液在石油行业中的应用进展[J]. 石油化工, 2017, 46(11): 1434-1441.

[10] Binks B P, Lumsdon S O. Influence of Particle Wettability on the Type and Stability of Surfactant-Free Emulsions[J]. Langmuir, 2000, 16(23): 8622-8631.

[11] Stiller S, Gers-Barlag H, Lergenmueller M, et al. Investigation of the stability in emulsions stabilized with different surface modified titanium dioxides[J]. Colloids & Surfaces A Physicochemical & Engineering Aspects, 2004, 232(2-3): 261-267.

[12] Lagaly G, Reese M, Abend S. Smectites as colloidal stabilizers of emulsions. 1. Preparation and properties of emulsions with smectites and nonionic surfactants

[J]. 1999, 14(1-3): 0-103.

[13] Tsabet, èmir, Fradette L. Study of the properties of oil, particles, and water on particle adsorption dynamics at an oil/water interface using the colloidal probe technique[J]. Chemical Engineering Research & Design, 2016: 307-316.

[14] 林景丽, 许少新. 成品油管道投产过程中油品乳化原因分析及防控[J]. 辽宁化工, 2020, 49(7): 846-849.

[15] 庞富龙. 油中乳化水的聚结分离及优化实验研究[D]. 2016.

[16] 王延遐, 刘永启. 机械搅拌制备柴油-甲醇-水乳化燃料的研究[J]. 能源研究与信息, 2002, 18(3): 173-177.

[17] 辛丁业, 冯忠伟, 梁顺, 等. 柴油加氢改质装置柴油雾浊原因分析及解决方法[J]. 石油炼制与化工, 2019(12): 21-26.

[18] 范跃超, 花卉, 聂春梅, 等. 炼油厂加氢柴油外观雾浊的原因分析[J]. 炼油与化工, 2017, 28(2): 14-16.

[19] 陈洪德. 油库发出车用柴油浑浊的原因分析[J]. 石油化工技术与经济, 2019, 35(5): 45-49.

[20] 栾郭宏. 脂肪酸类和脂肪酸酯类柴油润滑性改进剂使用性能评价[J]. 精细石油化工进展, 2014, 15(3): 47-50.

[21] 孟伟. 脂肪酸盐凝油剂的合成与性能研究[D]. 华东理工大学, 2014.

[22] 于娜娜, 邓平, 王笃政. 石油破乳技术进展[J]. 精细石油化工进展, 2011, 12(6): 17-17.

[23] 虞建业, 袁萍, 顾春光, 等. 超声辐照法原油破乳脱水的室内研究[J]. 油田化学, 2002, 19(2): 141-143.

[24] 张贤明, 吴峰平, 陈彬, 等. 油包水型乳化液破乳方法研究现状及展望[J]. 石化技术与应用, 2010, 28(2): 159-163.

基于数字化油田的站场无人值守技术应用探讨

曲 虎

（中国石油工程建设有限公司华北分公司）

摘 要 随着物联网技术的发展和数字化油田建设进程逐步加快，无人值守这种新的油田站场管理模式应运而生，本文介绍了无人值守站场的概念和油田无人值守站场的建设思路，提出了油田无人值守站场的实现方法，并对油田无人值守站场的效果进行分析和总结。通过实现油田站场无人值守，可以有效降低工人劳动强度、缓解油田用工压力、提高油田生产运行效率和站场安全水平。

关键词 物联网，数字化油田，无人值守，管理模式

相对于管道站场，油田站场的自动化程度较低，虽然依托数字化油田建设的契机，多数油田站场已经提高了数字化程度，但仅限于一些重点区域的数据采集和监控，自动化程度仍然较低，主要还是依靠人员进行操作和值守。由于大部分油田处于相对偏远地区，交通不便利、自然环境恶劣、员工倒班轮换周期较长，对站内运行、值守人员产生较大的生理及心理压力，为减轻油田职工的劳动强度、改善工作环境、减少运行成本，无人值守站场应用在未来的发展中将成为一个必然趋势。

1 油田无人值守站场的概念及建设思路

1.1 油田无人值守站场的概念

油田站场无人值守是一种新的生产运行管理模式，是结合油田管理现状和油田数字化建设，充分运用自动化、信息化、数字化等新技术，通过提高站场工艺系统的自动化、智能化水平以及站场的安全监控等级，实现站内主要工艺流程自动控制和监控，达到站场无人固定值守、人员定期巡检的目的。

1.2 油田无人值守站场的建设思路

（1）工艺流程优化，从提高站场可控性、可靠性、可操作性及保护功能方面考虑，做到尽量简化工艺流程和辅助系统设计，以降低自动化的费用投入和工艺风险。

（2）提高站场工艺自动化水平，站内油、气、水工艺流程能够实现自动连续运行，人工频繁操作和高压、危险区域工作实现远程管理和自动控制。

（3）完善站场监控系统，确保站场视频无死角、全覆盖；

（4）建立完善的巡检制度，定期对无人值守站场进行巡检，及时发现问题，并进行故障和隐患处理。

2 油田无人值守站场的实现方法

2.1 管理模式的转变

在油田数字化建设的基础上，取消了井队、集输队，将原有"油水井→阀组→转油站→中心处理站(站控中心)的多层组织模式变革为油水井、阀组、转油站→中心处理站(站控中心)实现了生产运行流程与生产管理流程相统一的组织结构扁平化，提高了工作效率。无人值守管理进一步优化了数字化生产管理流程，将多个站点的生产运行管理集中在中心处理站(站控中心)里统一远程操作、应急指挥，进一步精减了组织机构，节约了人力资源(图1、图2)。

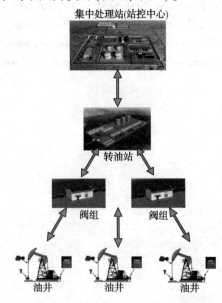

图1 油田站场无人值守改造前管理模式

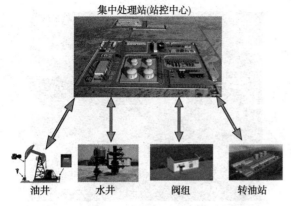

图2　油田站场无人值守改造后管理模式

2.2　油田顶层设计

以促进勘探开发水平，支撑管理提质增效为核心指导思想，完善基础设施建设，保证数据的安全、高效的传输和存储；搭建数字油田管理一体化协同环境，实现数据的统一管理，确保各类生产管理信息的相互联动；充分利用云计算、大数据等新技术，建设面向"技术管理、工艺优化"的核心工作平台，实现全面感知、精准管控、超前预警、高效协同、智能优化与科学决策，支撑油公司管理新模式，引领新型信息化建设(图3)。

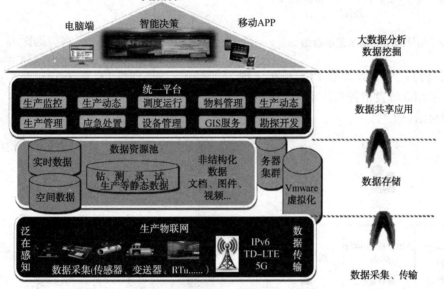

图3　油田顶层设计导图

2.3　数据采集

在井口安装油压、套压、一体化示功仪、电量模块以及RTU，将生产数据通过网络实时上传到监控中心(图4)。

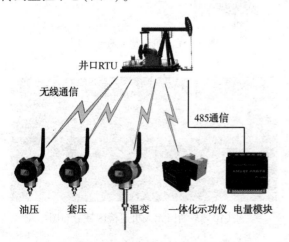

图4　油井数据采集示意图

在井口安装压变、流量自控仪以及RTU，将

生产数据通过网络实时上传到监控中心(图5)。

图5　水井数据采集示意图

在阀组间安装压变、温变、可燃气体探测器、电磁流量计以及RTU，将生产数据通过网

络实时上传到监控中心(图6)。

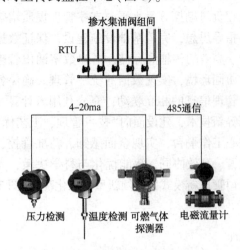

图6   站外阀组数据采集示意图

根据工艺特点,采用分布式 PCS 系统,现场总线连接。采用区域自治控制技术,实现区域工艺单元控制自治(图7)。

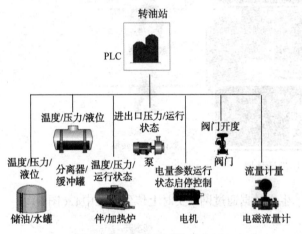

图7   转油站数据采集示意图

重点区域安装工业视频设备,实现重点区域无死角可视化监控,确保工艺区域安全。生产数据采集告警与视频联通,提高应急处理能力,降低生产安全风险。

2.4 无人值守的辅助应用技术

2.4.1 站场自动巡检机械人

智能机器人自主巡检,可实现设备状态智能监控、数据智能采集、分析、报警等功能。

针对不同的油田站场应用防爆智能机器人进行设备巡检,并将视频、红外测温等数据上传后台,同时可发现油气跑冒滴漏,设备管线异常,做到实时报警,供工区和站场监控中心进行实时共享,实现设备区域无人值守巡检(图8)。

图8   站场自动巡检机械人照片

2.4.2 站外无人机巡检

现代无人机具备高空、远距离、快速、自行作业的能力、可以穿越高山、河流对输电,输油管道,高架桥墩、高压线铁塔、支架、导线、绝缘子、防震锤、悬垂线夹及输油管道是否有原油泄漏、环境是否受到污染、管道材质是否遭到破坏进行全光谱的快速摄像和故障检测。基于无人机输电巡线采集数据的专业分析,为油网管理和维护提供数据支持(图9)。

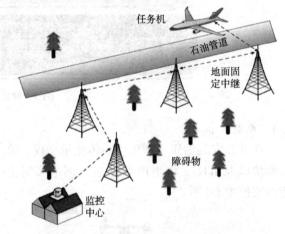

图9   无人机巡检原理示意图

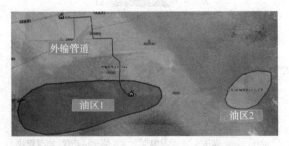

图10   某油田无人机巡检区域分布图

结合油田实际位置,在长距离油田外输线部分配备长航时的油动多旋翼无人机,在油田区域配备短航时的电动多旋翼无人机，两区域巡线工作可同时开展(图10)。

巡检过程中，无人机搭载30倍变焦高清双光吊舱，可以实现白天利用可见光进行实时巡检、夜间利用红外探查周边环境，及时发现可疑车辆、设备及人员等，达到24小时实时巡检的目的。

3　站场无人值守效果评价

(1) 有效降低了工人劳动强度。在无人值守站建设过程中提高了站场的自动化水平，员工由每天的固定值守8h(倒班)降低为1~2h(定期巡检)，现场工作量降低了75%以上，并将员工从每日手工填报表、现场巡检等日常烦琐的工作中解放出来，有效提升了员工的幸福指数。

(2) 缓解油田用工压力。大部分油田地处偏远地区，周边环境较为恶劣，招募年轻员工较为困难，各油田均面临着巨大的用工压力，通过数字化油田建设，积极推行无人值守站运行，可以有效盘活站内操作员工，有效缓解油田劳动用工紧缺局面。

(3) 提高了油田生产运行效率。无人值守站通过数字化升级，将冗长的油水井→阀组→转油站→中心处理站的多层组织模式变革为油水井、阀组、转油站→中心处理站的扁平化组织结构，组织机构更加精简，资源配置更加合理，生产组织效率大大提升。

(4) 提高了站场安全水平。站场无人值守的建设，将频繁的人工操作改为自动控制，并在重点流程和区域设置了安全联锁保护系统，做到流程的本质安全；站场全覆盖视频监控，实现了站场关键流程和区域的全方位、无死角；降低了员工进入危险区域的频次，提升了安全管控的技术水平。

4　结语

无人值守站场除了要提高站场的数据采集、自动监控水平，还要从以下几个方面进行完善：(1) 利用HAZOP和SIL等分析手段在设计之初就开展科学的评估分析，进行风险识别，根据分析结果指导项目设计和实施，用数据代替经验，将工艺安全风险扼杀在摇篮中。(2) 是建立无人值守站条件下场站运行管理和定期巡检制度。无人值守不代表无人管理，应定期到现场进行设备检查，数据核对等工作；(3) 建立完善的无人值守设备操作规程与设备维修、保养制度，在规程中明确常见的故障判断与处理方法，保证无人值守站场设备出现故障时能够第一时间进行解决。

参 考 文 献

[1] 马晨升. 浅谈数字化油田数据应用[J]. 化工管理, 2016(5).
[2] 冯尚存, 朱天寿. 油气田数字化管理培训教程[M]. 北京：石油工业出版社, 2013.
[3] 陈新发. 数字油田建设与实践—新疆油田信息化建设[M]. 北京：石油工业出版社, 2008, 7.
[4] 夏太武, 周丹, 蒋伟. 西南油气田无人值守站场稳定电源的适应性研究[J]. 油气田地面工程, 2016, 35(10)：022.
[5] 李健. 油田数字化无人值守站建设的探索及实践[J]. 自动化应用, 2018(5)：157-158.
[6] 郑轶群. 浅谈智慧油田行业解决方案[J]. 仪器仪表用户, 2017, 24(1)：84-86.
[7] 王静. 高含硫气田站场无人值守自控通信技术[J]. 仪器仪表用户, 2020, 27(03)：11-13+88.
[8] 张玉恒, 范振业, 林长波. 油气田站场无人值守探索及展望[J]. 仪器仪表用户, 2020, 27(02)：105-109.
[9] 牟思文. 无人值守站远程监控终端的设计与实现[J]. 化工管理, 2020(03)：205-206.
[10] 夏正创. 大中型泵站无人值守运行管理模式研究[J]. 水利建设与管理, 2020, 40(03)：75-79.
[11] 雍硕. 数字油田井站无人值守管理模式的应用研究. 中小企业管理与科技(中旬刊), 2017.
[12] 季蕾. 大数据、物联网技术在智慧油田建设中的实践与探讨—以辽河油田为例[J]. 信息系统工程, 2019(5)：30.
[13] 孙茜, 徐辉, 王冬冬, 等. 基于多通信方式的安全型物联网网关技术在智慧油田建设中的研究与应用[J]. 数字通信世界, 2018(9)：184, 187.

基于动设备 RCM 的设备全生命周期管理技术

王炳波　刘赓传

（中国石油工程建设有限公司北京设计分公司）

摘　要　受传统计划经济体制的影响，目前我国石化设备全生命周期管理中的设备维修策略仍然以事后维修和预防性维修为主，这种维修方式往往会造成设备的维修不足或过度维修，不利于石化企业的长远发展。介绍了国外石化企业目前采用的基于"以可靠性为中心的维修（RCM）"的设备维修理念以及实施过程；在此基础上，提出了石化动设备基于传统和动态 RCM 方法实现全生命周期的管理方法，以期为提高我国石化企业动设备管理水平提供参考和借鉴意义。

关键词　动设备，RCM，设备管理，维修策略，全生命周期

资产设备全生命周期管理，是要通过降低资产生命周期总成本，提高资产经营效益和回报能力，即以最低的资产全生命周期成本实现企业价值最大化，该理念开始逐渐被石化企业普遍认可和应用。然而，目前石化企业实施的设备全生命管理体系存在许多不足之处，如在设备生命周期的运行维修阶段，大部分设备采用事后维修或计划预防性维修策略。前者是一种"救火式"的维修方式，而后者需要制定一个统一的维修周期，默认所有设备的维修周期都相等显然有失偏颇，所以这些维修策略往往会造成"维修不足或过度维修"问题，不利于石化企业的长远利益。以可靠性为中心的维修（RCM）通过优化设备的维修模式，制定科学合理的维修策略，可以有效解决设备全生命周期管理中设备运行维修管理阶段存在的不足，降低设备生命周期中的运行维护成本，从而提高设备的经营效益和回报能力。

1　设备全生命周期管理及存在的问题

1.1　设备全生命周期管理概述

全生命周期管理指的是产品从需求、规划、设计、生产、经销、运行、使用、维修保养到回收再用处置的全生命周期中的信息与过程，如图 1 所示，主要包含前期管理、运行维修管理以及后期管理 3 个阶段。设备全生命周期管理中的运行维修管理阶段是设备正式投入使用后的管理阶段也是整个设备全生命周期管理中的核心阶段。在该阶段，相关单位不仅要采用各种措施，最大程度的发挥设备的效用，也应该通过科学地运行维修管理，及时发现设备存在的故障或者设备损

伤程度，确保设备在生产过程中处于最佳状态，避免设备在运行期间出现故障，提升设备的使用率，最高效的利用资源，减少浪费。

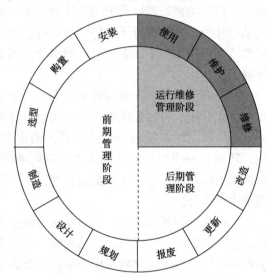

图 1　设备全生命周期三阶段示意图

1.2　运行维修管理阶段存在的问题

企业的设备维修管理方式主要有事后维修（故障维修）、预防性定期维修、预测维修、主动维修等方式，我国的设备维修方式以前两种方式为主，维修方式的不合理不仅会造成企业设备维修费用的巨大浪费还可能影响企业生产的进行。事后维修的原则是"不坏不修，坏了再修"，设备一旦损坏很容易造成局部生产流程的短暂停工，增加非计划停工损失。而预防性定期维修，规定设备在全生命周期管理的运行维修阶段，过一段时间必须定期维修，这种维修模式造成的停工损失是必然的。预防性定期维修不合理的根本原因

在于，维修周期是基于设备故障率曲线制定的，认为在生命周期内设备的故障率曲线呈"浴盆"状（图 2 中黑色曲线），即分为故障率较高的早期失效期、故障率较低的偶然失效期和故障率在次升高的耗损失效期。然而，根据国外权威部门统计，在大系统中只有 4% 设备的故障率特性曲线遵循"浴盆"曲线；大部分设备（68%）的故障率在早期由于设备的制造安装和调试不当故障率较高，随后故障率逐渐下降到一个稳定的水平上直到设备损坏（图 2 中红色曲线），并不会出现类似于"浴盆"曲线后期的耗损失效期。因此，我国目前基于"浴盆"曲线原理的预防性定期设备维修策略往往会造成设备的过度维修，设备过度维修还会引起设备故障率的再次升高（图 2），对设备的科学运行维护造成负面影响，不利于企业的长远利益。

2 基于传统 RCM 的动设备全生命周期管理技术

2.1 以可靠性为中心的维修

以可靠性为中心的维修（RCM：Reliability Centered Maintenance）是目前国际上流行的、用以确定设备预防性维修需求的一种系统工程方法。RCM 定义为按照以最少的资源消耗保持装备固有可靠性和安全性的原则，应用逻辑决断的方法确定装备预防性维修要求的过程或方法。它的基本思路是：对设备进行功能与故障分析，明确设备各故障后果；用规范化的逻辑决断方法，确定各故障的预防性维修对策；通过现场故障数据统计、专家评估、定量化建模等手段，在保证设备安全和完好的前提下，以维修停机损失最小为目标对设备的维修策略进行优化。通过 RCM 实施可以优化企业设备的维修方式，减少国内"事后维修"和"预防性定期维修"方式在设备维修方式中的占比，把大部分"事后维修"转化为更加科学合理的"预测维修"方式，从而减少设备维修费用和降低设备在全生命周期内的故障率，减少因设备维修造成的损失。

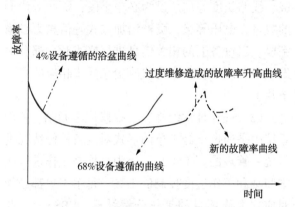

图 2　故障率随设备运行时间曲线

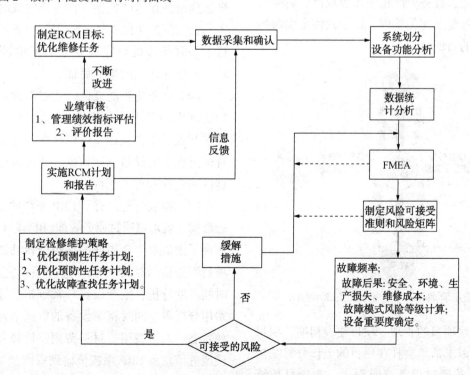

图 3　传统 RCM 实施技术路线图

按照 SAEJA1011 第五章的规定，只有保证按顺序回答标准中的七个问题的过程，才能称之为 RCM 过程。①功能：在具体使用条件下，设备的各功能标准是什么？②故障模式：在什么情况下设备无法实现其各功能？③故障原因：引起各功能故障的原因都是什么？④故障影响：各故障发生时，都会出现什么情况？⑤故障后果：各故障都在什么情况下至关重要？⑥预防性维修措施：需作什么工作才能预防各故障？⑦被动维修对策：找不到适当的预防性维修工作应怎么办。如图 3 所示一种常用的且包含上述 7 个问题的传统 RCM 具体实施路线。

2.2 基于传统 RCM 的动设备全生命周期管理实现过程

一般来说，以可靠性为中心的维修过程只是确定维修大纲，给出维修方法的方法，针对是的设备全生命周期管理中设备维修管理阶段的部分内容，若要真正实现设备的资产的全生命周期还需要借助 ERP 或者 MAXIMO 软件来实现。以 ERP 系统为例介绍基于 RCM 的设备全生命周期管理实现过程，如图 4 所示，通过设备管理与资产管理、物资管理、项目管理、财务管理的集成，站在设备的全生命周期的角度，从项目规划、设备台账、资产卡片一一对应，检修费用、维修成本归结，设备资产相关流程规范，后期报表数据分析等角度完善管理，以达到使全生命周期成本最小的目的。

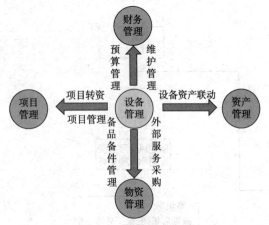

图 4　设备管理和其他业务单元集成示意图

（1）在建项目的管理。项目建设初期，项目所需的设备需求清单会挂在项目的工作分解结构（WBS）下，并通过设备清册程序，在项目预算的许可范围内，生成相应的采购申请和采购订单，纳入物资管理的采购阶段。当在建项目完成后，可通过项目转资，将已安装的设备形成设备清单，同时将项目上的费用转资成固定资产卡片，在系统内建立起设备清单和固定资产卡片的对应关系。这样就从项目源头建立起了设备资产账物对应的第一步。

（2）设备资产联动。从项目源头实现了账、卡、物对应，还需通过程序实现设备创建时自动关联到资产卡片。在系统中设计了设备、资产联动程序，每个设备创建时会自动生成一张空卡片，再由财务专责进行资产上价值等信息的维护。为了保证设备台账和资产卡片上信息的一致性，对于设备上的保管人、功能位置、电压等级、线路长度等信息设为必输字段，资产卡片上的数量，电压等级，资产增加方式等信息为必输字段。当设备上的相关信息进行修改时，都会触发设备资产联动程序将修改信息同步相应的资产卡片上。

（3）进入日常维修后的维修成本归结。ERP 系统中是通过检修工单的形式对设备检修情况进行统一管理的。工单是系统中对检修工作进行成本归集和工作进度控制的工具。每个工单都必须对应到大修项目的工作分解结构（WBS），以此来达到财务预算的控制。在工作完成时，将会把工单上实际发生的费用，归集到财务上的不同科目上。财务人员对完成业务的工单进行成本结转，并生成相应的财务凭证。

（4）业务流程的规范。通过对设备全生命周期管理中的各个业务流程进行梳理，在 ERP 系统里开发了工作流程，可以确保设备全生命周期管理过程中的设备基础数据，履历数据，成本数据的完整性和可追溯性。

（5）报表分析。有了 ERP 系统的设备资产基础数据，就可以通过商务智能（BI）设计一些报表，实现了设备全生命周期的高级分析功能，如检修项目资金拨付情况分析；检修项目完工、关闭、时间进度分析；生产设备日常维护、抢险次数及费用分析等。同时将主设备的资产卡片编码、设备状态、人工费用、材料费用、检修费用、回收残值等信息从 ERP 系统传输到资产全寿命周期管理系统，实现了安全效能成本指标分析。

3 基于动态 RCM 的动设备全生命周期管理技术

3.1 传统 RCM 过程存在的问题

目前，动设备日趋大型化、高速化、自动化、智能化，特别是广泛应用于石化工业的高速透平机械、大型泵、风机、压缩机、离心机等机泵设备与生产过程紧密相连，形成人-机-过程-环境大系统。这类系统一旦发生故障可能导致重大事故，并造成巨大经济损失。另一方面，动设备的备件品种多、型号多、数量大，实现标准化困难，存在着大量的非标产品，由于物料、环境、操作工况不尽相同，再加上工艺过程参数经常变动，即使完全相同的设备应用于同类装置，也很难从磨损理论入手总结统计规律，得出较准确的故障概率数据。此外，目前我国石化企业装备和备件质量良莠不齐，有引进的、测绘仿制的，甚至假冒伪劣产品；安装维修和运行操作，由于人的素质差异造成随机性设备故障的比例加大。这些因素都为在我国石化企业实施以 RCM 为代表的风险分析方法增加了难度。北京化工大学的一些专家总结了传统 RCM 技术本身及与之相关的一些技术存在的问题：

（1）RCM 难以融入设备管理流程

RCM 分析报告只是给企业的维修活动提出了一些建议，而企业一般是根据 ERP 系统的 PM 模块或者 EAM 系统中的维修工单进行设备维护工作，二者在形式和内容上有很大差别，企业应用 RCM 的结果较为困难。再者 RCM 方法原则上属于静态评价方法，评价的是装置某一时刻的状态，而装置是在不间断运行的，其状态的变化也是连续的，因此难于确定科学的维修策略。

（2）RCM 评价方法中动设备故障概率难以确定

由于石化动设备的故障概率数据统计困难，再加上一些随机因素的影响，在一些评价项目中故障概率的确定往往引起业主的质疑，导致业主对评价结果的不认同，因此必须采取必要的措施对故障概率加以修正。

（3）如何利用先进的设备管理理念将状态监测/检测系统、故障诊断分析系统、RCM（以可靠性为中心的智能维修系统）、RBI（基于风险的检测系统）、设备管理系统等有机的结合，通过流程整合业务，形成完整的设备管理方法和机制。

3.2 基于动态 RCM 动设备全生命周期管理实现

基于动态 RCM 动设备全生命周期管理实现和基于传统 RCM 动设备全生命周期管理实现过程一样，只是把传统的 RCM 变为动态 RCM，因此这里重点介绍动态 RCM 的原理及实现过程。动态的 RCM 相对于传统 RCM 而言表现为风险等级的动态化和维修决策的动态化两层含义。动态 RCM 的基本思想主要为：①状态监测预测设备事故发生状态，此时设备风险状态变为高；②设备在一定间隔期内故障频率发生变化，假设故障后果不变，按照风险矩阵评价方法，设备风险能够自动调整；③高风险的设备采用了改造再设计，故障频率下降了，设备风险也会自动变化；④故障频率和故障后果任何一个因素发生变化，在风险矩阵不变的情况下，设备风险等级都可能会产生变化；⑤RCM 风险等级变化具有历史记录，用户能够在动态 RCM 环境下随时掌握设备风险等级的变化情况，防止设备运转状态恶化，造成事故。借助动态的以可靠性为中心的维修决策系统平台，实现故障模式、故障频率、故障后果对应数据的自动采集和分析，管理者在系统平台中根据管理目标调整和上一次风险评估反馈修订风险判别准则和风险可接受标准，从而实现风险等级的动态化，其维修原理框架如图 5 所示。

动态的以可靠性为中心的维修实现过程可以概括如下：

（1）明确评估目的，界定分析范围。

（2）设备可靠性数据和维修数据采集分析。设备技术档案、PID、PFD、工艺操作规程、检修规程、检查/维修历史等资料核实和分析。

（3）设备系统划分和零部件功能界定。

（4）以零部件为研究对象，分析零部件功能故障及影响，进而分析设备故障模式及影响；利用威布尔模型、蒙特卡洛模型统计分析零部件的平均寿命、零部件故障影响后果；根据平均寿命和故障后果统计分析数据确定风险判别准则和风险矩阵，其中故障发生的可能性以故障频率计算，它和零部件的平均寿命有关。

（5）风险评估。根据制定的风险判别准则、风险矩阵、量化的故障频率和故障后果，确定故障模式的风险等级；某台设备故障模式最高的风险等级决定了该设备的风险等级；对于高风险设备的高风险故障模式进行故障根本原因分析，制

订故障根除措施，采取改造再设计等主动维修管理模式；零部件对应的高风险故障模式决定关键

部件重要度。

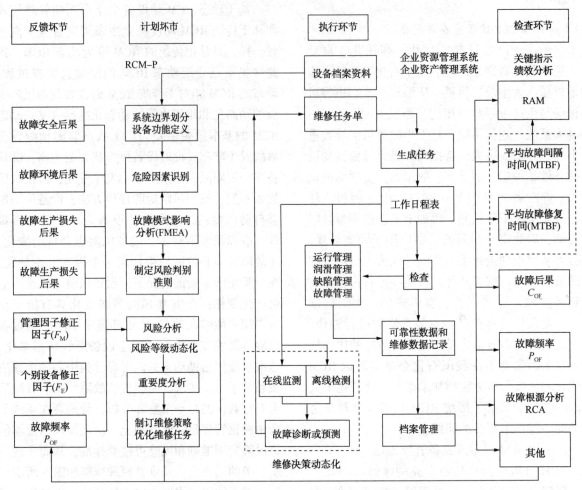

图 5　动态的以可靠性维修为中心的维修原理框架图

（6）任务执行。根据零部件重要度和故障模式，选择合适的设备状态监测和故障诊断技术，确定设备预测性维修任务需求；根据零部件可靠性预测和剩余工作寿命分析确定基于时间的预防维修任务需求；通过润滑管理、缺陷管理、故障管理等专业管理程序实施 RCM 计划；设备维修的可靠性数据、维修数据通过档案管理采集、记录和保存。

（7）绩效检查。动态的以可靠性为中心的维修管理绩效通过量化绩效管理指标来反映。根据动设备管理特点和以可靠性为中心的维修评估数据需求，确定了平均故障间隔时间、平均故障修复时间、故障频率、故障后果、故障根本原因为主要内容的绩效指标。设备管理绩效指标的动态变化能够反映 RCM 管理绩效，通过检查对比关键绩效指标来分析以可靠性为中心的维修策略和优化的维修任务的有效性，它是下一个循环风险

评估目标、风险判别准则修订的依据。

（8）绩效反馈。通过执行 RCM 维修策略和优化的维修任务，检查评估设备风险等级是否朝预期的方向转变，比如决定风险等级高低的故障频率、故障后果是否降低；优化的维修任务是否有效提高设备的可靠性和安全性等，通过分析制订有针对性的措施对 RCM 评估方法进行改进。

（1）～（5）是传统的 RCM 评估过程，本阶段重要任务是评估，它强调量化和准确性；（6）～（8）是维修任务的执行、检查、反馈环节，它需要借助动态的以可靠性为中心的维修决策系统来实现；（1）～（8）是一个完整的动态 RCM 评估过程。简单来说，用动态 RCM 替代传统设备全生命周期管理中的设备运行维修管理阶段的维修策略即可实现基于动态 RCM 的动设备全生命周期管理。

4 结束语

以可靠性为中心的维修能够根据设备功能故障分析及后果与严重程度，应用逻辑判断的方法为企业确定设备维修大纲，确定设备的预防性维修需求、优化维修制度。但传统以可靠性为中心的维修是静态的，不能够根据设备在整个运行生命周期内根据其运行状况实施更改并制定维修策略。尽管动态 RCM 过程可以实现在设备的运行的生命周期内实时监测设备的运行状态并根据实际情况进行维修大纲的变更和制定，但动态 RCM 只是针对设备在全生命周期的运行维修管理阶段进行动态维修的，若要实现设备在前期管理、运行维修管理以及后期管理全阶段的生命周期管理还离不开 ERP 或 MAXIMO 等软件的协同作用。

参 考 文 献

[1] 尹祥继，徐俊. 浅析油气田企业的资产全生命周期管理 [J]. 天然气技术与经济，2013，7(4)：71-73，86.

[2] 李晓峰. 设备全生命周期管理在化工企业中的应用 [J]. 河南化工，2018，35(1)：66-67.

[3] 刘文彬，王庆锋，高金吉，等. 以可靠性为中心的智能维修决策模型[J]. 北京工业大学学报，2012，38(5)：38-43.

[4] 王曙光. 设备全生命周期管理模式浅析[J]. 中国设备工程，2018(17)：30-31.

[5] 刘海涛. 设备全生命周期管理方案研究[J]. 中国设备工程，2019(15)：40-42.

[6] 郑庆元. 基于 RCM 的石化装置动设备维修策略研究[D]. 常州：常州大学，2015.

[7] 王庆锋，高金吉. 过程工业动态的以可靠性为中心的维修研究及应用[J]. 机械工程学报，2012，48(8)：139-147.

示踪剂法在西北油田缓蚀剂浓度检测中的应用

曾文广　高秋英　刘　强　张　浩　马　骏　孙海礁

(中国石油化工股份有限公司西北油田分公司，中国石化缝洞型油藏提高采收率重点实验室)

摘　要　通过示踪剂与在用缓蚀剂配伍性、最低检出浓度及稳定性实验，对西北塔河油田产出液进行示踪剂法显示在用缓蚀剂浓度的适用性研究，解决非咪唑啉缓蚀剂在生产系统中的定量检测问题，综合评价缓蚀剂现场分布应用效果，提升生产系统缓蚀剂应用效率提升防护效果。

关键词　塔河油田，示踪剂，缓蚀剂，配伍性

1　引言

缓蚀剂防腐是油田常用有效的腐蚀防护手段，缓蚀剂的种类千差万别，其浓度很难有统一的定量检测方法，影响缓蚀剂应用效果评价，制约缓蚀剂的高效应用。高效便捷缓蚀剂残余浓度检测可以判断缓蚀剂分布，综合评价缓蚀剂应用效果，优化缓蚀剂加注浓度、加药位置、加注类型等现场应用技术，提升缓蚀剂防护效果。因此，开展了缓蚀剂有效浓度检测方法实验研究。

有资料报道了一种咪唑啉缓蚀剂的浓度检测方法，其原理是利用显色剂与咪唑啉成分反应形成有色络合物，利用形成的有色物质产生的特定光谱吸收峰值，检测缓蚀剂浓度。但该方法使用范围仅限于特定改性成分的咪唑啉缓蚀剂，对其他类型缓蚀剂并不适用。

1.1　研究思路与方法

油气田加注的缓蚀剂成分各异，无法形成统一的浓度定量检测方法。受油田开发中示踪剂使用的启发，本文设想用特定比例的示踪剂来定量显示缓蚀剂的浓度。即在现场缓蚀剂加注时，按固定比例加入示踪剂，在后续流程中通过定量检测示踪剂浓度，换算出缓蚀剂浓度。

1.2　技术原理

油田常用的示踪剂有：硝酸盐、亚硝酸盐、硫氰酸盐等。考虑到硫氰酸盐易受铁离子影响，亚硝酸盐稳定性稍差，本项目选用硝酸盐。综合考虑溶解性和经济性最终选择硝酸钠进行实验研究。

硝酸钠示踪剂法检测原理是：在酸性环境中用锌将 NO_3^- 还原为 NO_2^-，亚硝酸根与氨基苯磺酸及 α-萘胺发生反应，最终生成物为红色络合物，该物质在波长 520nm 附近有吸收峰值。在该波长下测试不同标准溶液的吸光值，做出标准曲线。实际应用时通过测定水样中的吸光值，依据标准曲线可计算出硝酸盐的浓度。

现场使用时，首先需要考虑示踪剂与缓蚀剂的配伍性。

2　实验及结果

2.1　配伍性

将现场使用的缓蚀剂取 300ml 与 300ml 水充分混合，平均分为三份，一份加 10g 硝酸钠，一份加 20g 硝酸钠，充分搅拌后与未加硝酸钠溶液对比，未发现明显变化，静置 24h，三者仍为均一溶液。说明两者可稳定共存。

取现场水样 1000ml 为样①，另取现场水样 5000ml，加入 100mg/L 缓蚀剂溶液，分别取三份。其中一份 1000ml 为对比样作为样②，一份 1000ml 加入 10mg/L 硝酸钠(缓蚀剂浓度的 10%)作为样③，一份 1000ml 加入 20mg/L 硝酸钠(缓蚀剂浓度的 20%)作为样④。使用 20#钢挂片进行腐蚀速率对比实验，结果如表 1 所示。

表 1　不同浓度硝酸钠对腐蚀速率影响

水样编号	挂片材质	实验周期/天	腐蚀速率/(mm/a)	缓蚀率/%	影响率/%
①	20#钢	7	0.0296	空白	空白
②	20#钢	7	0.0109	63.18	对比样

续表

水样编号	挂片材质	实验周期/天	腐蚀速率/(mm/a)	缓蚀率/%	影响率/%
③	20#钢	7	0.0107	61.15	3.21
④	20#钢	7	0.0109	59.80	5.35

根据表中数据，添加硝酸钠后缓蚀剂缓蚀率略有降低，最大降幅5.35%，从总体效果看，硝酸钠添加量为缓蚀剂量的20%以下时对缓蚀率影响较小。

2.2　示踪剂标准曲线

分别配置1mg/L、2mg/L、3mg/L、5mg/L、8mg/L、10mg/L NO^{3-}标准溶液，测量其吸光度，绘制标准曲线(表2、图1)。

表2　示踪剂标准曲线实验数据

浓度/(mg/L)	1	2	3	5	8	10
吸光度	0.099	0.189	0.288	0.467	0.759	0.953

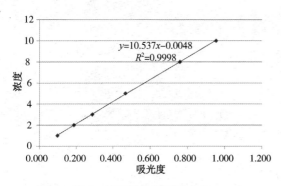

图1　示踪剂检测标准曲线

图中趋势线的相关指数 $R^2 = 0.9998$，线性良好。

2.3　浓度选择

室内使用模拟水，配置不同浓度示踪剂溶液，检测结果如表3所示。

表3　不同浓度示踪剂检测实验数据

序号	示踪剂配置浓度/(mg/L)	示踪剂检测浓度/(mg/L)	相对误差/%
1	1	0.82	18
2	3	2.82	6
3	5	4.65	7
4	10	9.78	2.2
5	20	19.89	0.55

示踪剂检测结果表明，平均相对误差6.75%，浓度大于1mg/L时平均相对误差3.93%。即示踪剂在系统中浓度不宜过低，相对于缓蚀剂浓度越大越好。而根据不同浓度示踪剂对缓蚀率的影响实验结果，示踪剂浓度增加时影响程度有所增加，加量10%时影响率是3.21%，加量20%时影响率是5.35%，浓度增大对缓蚀率影响也有增加趋势，因此加量不宜过多，从经济性考虑加量也不划算。综合考虑示踪剂现场加量选用缓蚀剂加注量的15%。

2.4　现场应用

在塔河油田某药剂加注区块，按缓蚀剂15%比例投加示踪剂，沿流程分别在单井井口加药前–井口加药后–单井进站–站与站汇管处分别取样取检测，同时与根据液量和缓蚀剂加注量计算所得的推算浓度进行对比，结果见表4。(单井未加药液样，分离产出水，利用其吸光度得出对应缓蚀剂检出浓度0.374mg/L，该值作为现场测定的基础值，现场水样实际测量时需扣除此值。)

表4　管道沿线缓蚀剂浓度检测数据

序号	部位	推算浓度/(mg/L)	示踪剂法检测浓度/(mg/L)	相对误差/%
1	单井加药前	0	0	0
2	加药后	60	64.3	7.2
3	进站	60	64.0	6.7
4	站-站汇管	43	41.8	-2.8

从检测结果看，最大误差7.2%，最小误差2.8%，考虑到实际操作过程中的配液波动，设备运行波动等因素，该误差范围完全满足现场对判断缓蚀剂分布、综合评价缓蚀剂应用效果的要求，说明该检测方法实用、便捷。

3　结论与认识

(1)硝酸钠示踪剂标准曲线线性良好，检测方法较灵敏，浓度1mg/L左右时误差22%左右，浓度3mg/L以上时误差0.55%~6.8%之间。

（2）硝酸钠与缓蚀剂可稳定共存，两者配伍性较好；添加硝酸钠 10%～20% 后缓蚀剂缓蚀率降低 3.21%～5.35%，对缓蚀剂缓蚀率影响较小。

（3）现场示踪剂加量选用缓蚀剂加注浓度的 15% 左右为宜。

（4）现场实验数据表明，示踪剂法检测缓蚀剂浓度方法实用、便捷。

参 考 文 献

[1] 陈迪. 油田用缓蚀剂筛选与评价程序研究[J]. 全面腐蚀控制, 2009, 23(03)：8-10+13.

[2] 熊新民, 南楠, 石鑫, 董琴刚, 柳楠. 应用显色萃取法测定塔里木油田采出液中残余缓蚀剂的浓度[J]. 油气田地面工程, 2019, 38(02)：12-14+21.

[3] 于瑞香, 张泰山, 周伟生. 油田示踪剂技术[J]. 工业水处理, 2007(08)：12-15.

[4] 杨少欣, 刘如红. 分光光度计测定分配、非分配示踪剂的浓度标准曲线[J]. 内蒙古石油化工, 2013, 39(07)：32-33.

智能清管技术对集输管道内缓蚀剂缓蚀效果的影响

高秋英[1,2]　郭玉洁[1,2]　刘　强[1,2]　孙海礁[1,2]　张　浩[1,2]　马　骏[1,2]

(1. 中国石化西北油田分公司石油工程技术研究院；2. 中国石化缝洞型油藏提高采收率重点实验室)

摘　要　本文通过自行设计的室内清管模拟实验装置，模拟某天然气集输管道现场清管过程与缓蚀剂使用方式，分析清管器类型、清管级别对缓蚀剂预膜效果的影响以及采用不同的缓蚀剂加注方式对20#钢管壁防腐效果的影响。结果显示：采用泡沫清管器与皮碗清管器组合的方式能够提高对管壁的清洁效果；对管壁的清洁效果越好，缓蚀剂预膜后的防腐效果越高；清管后，采用缓蚀剂预膜与连续加注组合的方式能够提高对管壁的防腐效果。

关键词　清管，清管器类型，清管级别，缓蚀剂预膜，缓蚀剂连续加注

1　引言

天然气集输管道在生产运行过程中，受管道高程、腐蚀性气体、杂质等因素的影响，内部一些位置会出现积液和沉积物，导致管道发生局部腐蚀。清管作业可以清除这些物质，优化管道内部腐蚀环境，对管道内部的防腐带来积极影响。另外，在天然气管道运行中，一般还会通过添加缓蚀剂的方式控制管道内腐蚀。为了评估清管过程和缓蚀剂使用方式等对管壁内腐蚀的控制效果，本文以某天然气集输管道现场工况为研究背景，采用现场正在使用的缓蚀剂、同类型的清管器、同等材质等参数，结合电化学手段，分析清管过程中的清管器类型、清管级别、缓蚀剂加注方式这些因素对于缓蚀剂在管壁防腐效果中的影响，以指导现场相关工作中具体方案的实施。

2　实验

2.1　实验方法

本文采用2种类型过盈量为3%的市售清管器(泡沫清管器、皮碗清管器)模拟现场清管操作，然后在清管的前提下对天然气集输管道现场所采用的缓蚀剂的作用效果进行评估，分析清管器类型、清管级别、缓蚀剂加注方式等因素在缓蚀剂现场应用中的影响。

2.2　实验装置

室内模拟清管实验原理图如图1所示。对未实施清管的管段内部表面覆盖砂垢与腐蚀产物等，用现场溶液的模拟溶液浸泡一段时间后开展清管模拟实验，牵拉清管球模拟清管过程，并利用清管器刮擦过的试样结合电化学工作站，开展电化学腐蚀模拟实验。

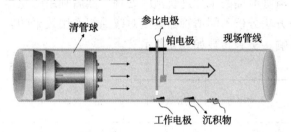

图1　室内模拟清管原理图

2.3　实验参数

模拟实验参数如表1所示。模拟积液组分如表2所示。砂组分如表3所示，实验中砂的覆盖厚度约为4mm。缓蚀剂采用的为某天然气集输管道现场正在使用的缓蚀剂A。实验期间，采用沾滴法模拟预膜过程，采用在含50ppm缓蚀剂A的溶液中浸泡模拟连续加注过程。

表1　模拟实验参数

材质	温度/℃	压力/MPa	CO_2含量	流速/(m/s)	pH值
20#	30	1	10%	0	4.66

表2　模拟积液组分

离子含量/ (mg/L)	K^+	Na^+	Ca^{2+}	Mg^{2+}	SO_4^{2-}	Cl^-
	5.07	135	37.5	2.2	235	294

表3　砂垢组分

物质	菱铁矿	针铁矿	磁铁矿	绿锈
含量	80%	14%	3%	3%

2.4　清管器

采购市面上与某天然气集输管道现场收集到

的管道匹配的清管器，进行腐蚀模拟实验。采购的清管器类型包括：泡沫清管器（过盈量 3%）、皮碗清管器（过盈量 3%）（图 2）。

图 2　清管器

2.5　实验过程

2.5.1　不同清管器类型对缓蚀剂预膜效果的影响

采用现场提供的缓蚀剂，利用黏滴法对不同清管前提的试片进行预膜处理，然后利用电化学方法分析不同清管器类型对缓蚀剂作用效果的影响。实验参数如表 4 所示。

表 4　实验参数

实验序号	是否清管	清管器过盈量	清管器类型	是否使用缓蚀剂	缓蚀剂加注方式
1	×	—	—	×	—
2	×	—	—	√	预膜
3	√	3%	泡沫清管器	√	预膜
4	√	3%	皮碗清管器	√	预膜

2.5.2　不同清管级别对缓蚀剂预膜效果的影响

本节模拟 3 种清管级别，级别一：仅采用 3% 过盈量的泡沫清管器进行清管；级别二：先采用 3% 过盈量的泡沫清管器清管，再采用 3% 过盈量的皮碗清管器清管；级别三：依次采用 3% 过盈量的泡沫清管器、皮碗清管器、泡沫清管器进行清管。采用现场提供的缓蚀剂，在不同清管级别清管前提下对试片进行缓蚀剂预膜处理，然后利用电化学方法测试不同试样的腐蚀速率，分析不同情况下缓蚀剂的作用效果。实验参数如表 5 所示。

表 5　实验参数

实验序号	是否清管	清管级别	清管器过盈量	清管器类型	是否使用缓蚀剂	缓蚀剂加注方式
1	√	一	3%	泡沫清管器	√	预膜
2	√	二	3%	泡沫清管器	√	预膜
			3%	皮碗清管器		
3	√	三	3%	泡沫清管器	√	预膜
			3%	皮碗清管器		
			3%	泡沫清管器		

2.5.3　不同缓蚀剂加注方式对清管后 20#钢防腐效果的影响

采用现场提供的缓蚀剂与砂垢，对清管后的试片进行缓蚀剂使用（预膜，连续加注）处理，以及预膜后在试片表面上覆盖砂垢，分析清管后采用不同缓蚀剂加注方式以及砂垢覆盖对缓蚀剂预膜效果的影响。本节采用的为 3% 过盈量的泡沫清管器进行一级清管。实验参数如表 6 所示。

表 6　实验参数

实验序号	是否清管	清管器过盈量	清管器类型	是否使用缓蚀剂	缓蚀剂加注方式	缓蚀剂加注浓度	预膜后有无砂覆盖
1	√	3%	泡沫清管器	×	—	—	—
2	√	3%	泡沫清管器	√	连续加注	50ppm	—
3	√	3%	泡沫清管器	√	预膜	—	×
4	√	3%	泡沫清管器	√	预膜	—	√
5	√	3%	泡沫清管器	√	先预膜	—	×
					后连续加注	50ppm	—

3 结果与讨论

3.1 不同清管器类型对缓蚀剂预膜效果的影响

实验结果表明,试样表面采用缓蚀剂预膜后,腐蚀速率可以明显降低,即使不采用清管器清管,也可以将腐蚀速率由 1.268mm/a 降低至 0.311mm/a,降低幅度达 75.5%,说明缓蚀剂预膜对金属管道腐蚀具有良好的防护效果。采用不同类型的清管器清管后,缓蚀剂预膜的试样腐蚀速率再次降低,表明金属表面的清洁度会影响缓蚀剂预膜的防护效果。同时,3%泡沫清管器清管后再预膜的腐蚀速率为 0.066mm/a,3%皮碗清管器清管后再预膜的腐蚀速率为 0.033mm/a;与不清管条件下相比,对腐蚀的抑制程度分别为 94.8%、97.4%;与不清管条件下直接预膜相比,对腐蚀的抑制程度分别提高了 25.6%、29.0%。即皮碗清管器清管后再预膜的防护效果优于泡沫清管器清管后再预膜的防护效果,这与同一过盈量下皮碗清管器的清出效果较好有关(图3)。

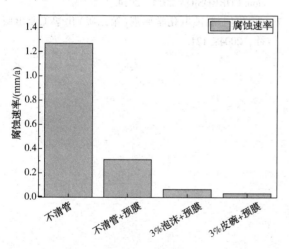

图 3   不同清管器类型与缓蚀剂预膜方案防腐效果的实验结果

3.2 不同清管级别对缓蚀剂预膜效果的影响

实验结果显示,在模拟不同清管级别进行清管的前提下再对试样进行预膜,试样的腐蚀速率差异较大,在模拟三级清管的前提下再预膜,试样的腐蚀速率相对最低,与仅采用一级、二级清管相比,降低幅度达 93.7%、66.7%。表明三级清管级别下,试样表面清洁程度较高,缓蚀剂预膜效果最好(图4)。

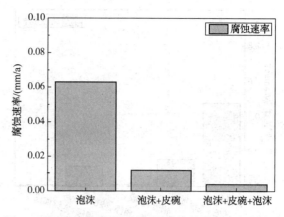

图 4   不同清管级别对缓蚀剂预膜效果影响的实验结果

3.3 不同缓蚀剂加注方式对清管后 20#钢防腐效果的影响

通过室内模拟实验可知,

实验1:清管条件下,试样在模拟溶液中的腐蚀速率为 0.472mm/a。

实验2:清管后,试样在连续加注缓蚀剂溶液中的腐蚀速率下降至 0.152mm/a。

实验3:清管后,试样表面预膜后的腐蚀速率为 0.009mm/a,与实验2结果相比,腐蚀速率大幅下降,表明预膜对试样腐蚀的防护效果优于连续加注。

实验4:清管后,试样表面缓蚀剂预膜,若现场工控恶劣,试样表面再次有沉积物附着,此时的腐蚀速率为 0.113mm/a,与实验3结果相比,表明沉积物的附着会影响缓蚀剂预膜的防护作用。

实验5:清管后,试样表面缓蚀剂预膜,若再次连续加注缓蚀剂,试样的腐蚀速率降低至 0.008mm/a,表明若在清管且批处理预膜后,及时进行缓蚀剂的连续加注,那么将有效的控制后期腐蚀的进一步发展。

上述实验结果表明,清管后缓蚀剂预膜的防护效果优于连续加注,采用二者结合的方式对管道的腐蚀防护效果更优。管道清管后,采用预膜方式保护管道,若清管周期较长,管道内壁再次附着沉积物(如砂垢、腐蚀产物)会影响缓蚀剂膜的有效性,从而导致整体防护效果下降,因此一般建议现场选择合理的清管周期与缓蚀剂预膜周期(图5)。

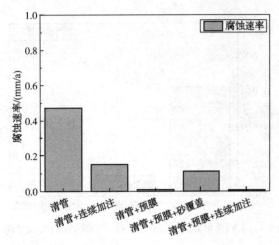

图 5　清管与缓蚀剂使用方案防腐效果的实验结果

4　结论

　　采用同等过盈量的清管器进行清管，清管器对管道内壁的清除效果越好，后续缓蚀剂预膜的效果越好，与不清管条件下直接预膜相比，对腐蚀的抑制程度提高了 25% 以上。与采用单一泡沫清管器进行清管相比，将泡沫清管器与皮碗清管器进行合理组合，提高清管级别即使管道内壁越清洁，后续缓蚀剂预膜效果越好。清管、预膜后再结合缓蚀剂连续加注的方式对管壁的防腐效果最优，但考虑到后续砂垢、腐蚀产物等因素对缓蚀剂膜有效作用时间的影响，一般建议现场根据所采用的缓蚀剂合理的制定清管与预膜周期。

参 考 文 献

[1] 胡永碧，谷坛. 高含硫气田腐蚀特征及腐蚀控制技术. 天然气工业. 2012, 32(12): 92-96.
[2] 谷坛，霍绍全，李峰，等. 酸性气田防腐蚀技术研究及应用[J]. 石油与天然气工, 2008(S1): 63-72.
[3] 李鹭光，黄黎明，谷坛，李峰. 四川气田腐蚀特征及防腐措施[J]. 石油与天然气化工, 2007, 36(1): 46-54.
[4] Been, J.; Place, T. D.; Holm, M. R.; Cathrea, C.; Ignacz, T. Evaluating Corrosion and Inhibition Under Sludge Deposits in Large Diameter Crude Oil Pipelines. CORROSION 2010, 2010.
[5] Ali Ahmadian Mazreah, Firas B. Ismail Alnaimi, K. S. M. Sahari, Novel design for PIG to eliminate the effect of hydraulic transients in oil and gas pipelines [J], Journal of Petroleum Science and Engineering, 2017, 156: 250-257.
[6] Mosher, W.; Mosher, M.; Lam, T.; Cabrera, Y.; Oliver, A.; Tsaprailis, H. Methodology to Evaluate Inhibitor Performance for Mitigation of Microbiologically Influenced Under Deposit Corrosion. CORROSION 2014, 2014.
[7] 曹楚南. 腐蚀电化学原理(第二版)化学工业出版社，2004: 121.

BIM 技术在加油站全生命周期应用研究

陈继宏

（中国石油山东枣庄销售分公司）

摘　要　加油站整体建设工程具有节点多、界面广、工种杂、建设周期较长、安全风险高、管理难度大等特点；本文从加油站工程全生命周期建设管理的角度出发，以 BIM 技术为关键工具，重点研究了加油站 BIM 标准化设计、可视化施工、项目管理无纸化、智能化；集成设计、施工、运维等业务流程，以 BIM 模型来驱动流程，实现全过程的可视化、集成化管理，并在枣庄、菏泽以及湖北盘龙大道加油站项目试点应用，提高了加油站建设的管理效率及智能化水平。

关键词　加油站，BIM，可视化，信息化，集成化

1　前言

我国加油站建设过程中，建设周期较长，所需要成本较高；随着社会发展水平的不断提升，其建设标准逐渐提升，更加重视其现场管理工作，其中包含了设备管理、施工材料管理、应用技术管理等多个方面内容。从整体上来说，加油站建设进步的同时，会受到诸多因素的影响，我国加油站建设过程中存在的主要问题包括以下几个方面。

1.1　设计中的问题

由于加油站工程建设单体工程量不大，但数量多，设计单位要求有石油化工资质，一般服务于建设单位的设计单位数量少，工作量大，为赶工期或设计单位为节约时间，套图现象比较普遍。造成工程施工图纸与现场不符，考虑不周到，为后期留下安全隐患。

1.2　施工中的问题

加油站建设需要综合多方因素进行控制，然后选择专业性较强、资质较高的企业进行现场施工。但是在实际的建设过程中，不少加油站建设承揽单位资质存在问题，施工标准、工艺、技术等存在问题，对于特种作业环节上的上岗率较低等一系列的问题都会对加油站建设工作产生不利影响，只有充分解决了这些问题，才确保加油站建设质量和安全及工期。

1.3　管理上的问题

加油站建设项目中，其管理工作将成本、进度、质量进行分解，由不同人员、机构实施管理工作，缺乏对三要素的有效协调，若不能解决好这种问题，在进行加油站建设过程中会出现只重成本忽略进度、质量或者只重进度、质量忽略成本的问题。一般，建设方都希望加油站能够如期建设完成，以便及时投入运营，这就会出现注重进度，忽略计划、成本、风险管理等内容的情况。

1.4　预算管理工作不能有效开展

加油站建设过程中存在工程项目权责不清，责任落实不到位，项目立项未能进行有效的考虑投资控制和效益测算，在加油站建设过程中对承包方的施工监督不到位，缺少既懂建筑知识又懂现场管理工作的人员。现场监理单位局限于管理施工阶段的质量、进度，未能介入投资决策分析，设计单位缺少控制约束设计方案造价指标的能力，造成设计保守、投资偏高的现象出现。各类监察、审计、监督监管体系存在漏洞，无法有效约束加油站建设过程中存在的违规行为，影响了加油站建设预算投资，造成加油站建设成本偏高的现象。

1.5　管理信息化应用程度低

信息化管理在油气田等领域应用程度已经比较普及；反而销售终端–加油站的建设过程的管理信息化水平应用较低；信息系统各自独立，造成信息传递难以统一、资料管理缺失、责任难追溯、建设过程文件及信息管理混乱的问题。

针对上述问题亟需新的技术和手段来解决加油站建设的问题；借鉴民用建筑行业的先进经验；我们把 BIM 技术和基于 BIM 的管理平台引入加油站建设管理进行试点应用；通过 BIM 技

术的引入很好的解决加油站设计质量低、协调沟通难、工程量难以控制、过程难以监督及管理的问题。

2　技术路线

　　该技术路线以 BIM 为技术手段，解决加油

站建设过程中的技术问题及标准化设计问题；通过管理平台为管理手段解决了建设过程及运维管理问题；结合轻量化引擎、大数据处理等先进技术实现了建造过程全生命周期数据的整合及处理，实现了多方高效协同、决策易、风险低、精准化控制、精细化管理，见图1。

图1　技术路线总体框架

3　BIM 技术在加油站项目全过程中的应用

3.1　BIM 技术在加油站设计中的应用

　　1）加油站选址分析

　　通过数字化（航拍、3D 激光扫描和 GIS 技术）技术还原加油站建设用地范围内环境现状，可以让设计人员快速了解选址区域现状；在设计过程中可以重复考虑周边环境实现选址的最优，降低实施风险；同时通过通视分析可以对新建加油站及周边环境进行仿真模拟实现加油站与周边环境的遮挡、可视分析，提高加油站的远距离的能见度及可识别度（图2、图3）。

图2　倾斜摄影模型

　　2）设计方案比选

　　传统的二维方案图纸方式很难直观表达设计

图3　通视分析

意图，往往会因为方案沟通困难及理解偏差造成决策困难。通过 BIM 技术将抽象的二维图纸还原成三维模型，以三维模型为基础进行方案沟通、比选及论证，可以实现方案的快速比选和优化；提升决策效率，降低决策风险（图4）。

　　3）BIM 智能分析

　　基于 BIM 模型可对加油站监控、照度、行车流线及场地进行全方位的分析，经过一系列的分析优化后，可起到提升加油站设计质量及后期加油站使用体验的目的。

　　（1）监控分析

　　根据选定的摄像机的参数，利用 GIS 技术及三维可视化技术分别对室内及室外监控进行视域模拟，实现全方位无死角监控，确定最佳监控布置方案（图5）。

图 4 加油站三维模型

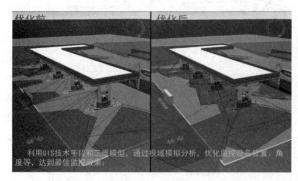

图 5 监控分析

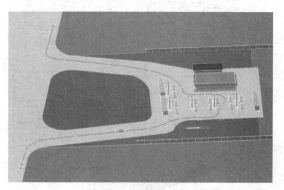

图 7 行车路径模拟

（2）照度分析

利用三维模型和照度分析技术进行照度模拟，通过分析最大、最小和平均照度、眩光指数、显色指数等数据，起到合理选择灯具、优化灯具布置的作用，提升加油站夜间照明效果（图 6）。

（4）场地分析

根据测绘资料及勘察资料通过 GIS 技术可生成三维地形及地质模型，还原加油站现状地形及地质情况。通过三维模型的可视化特性更便于开展竖向设计，结合分析技术可对加油站场地进行全方位的分析，以实现最优场地设计（图 8）。

图 6 罩棚照度分析

（3）行车路径模拟分析

借助三维可视化手段及行车路径模拟技术，对加油站的行车流线进行模拟分析，优化布局，确定最佳平面方案，并起到了最大程度优化硬化地面面积，提升加油效率和节约投资的作用（图 7）。

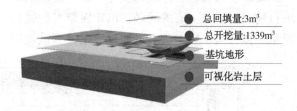

图 8 土石方平衡计算

4）三维协同设计

加油站 BIM 三维设计有以下特点：

● 三维协同设计整合全专业各建筑物于三维模型中，在线协同设计，实现了全专业全流程的可视化协调沟通，有效提升了各专业间、专业内沟通效率，并且避免了专业间碰撞问题。

● BIM 设计本身就是模块化拼装设计，通过调取不同的构件及模块进行组装设计，契合了模块化施工需求，为模块化施工创造了可能。

● 同时借助 BIM 的参数化设计及联动修改

特性，避免平立剖图纸不一致的问题，提升了设计的质量。

● BIM 的自动出图特性可以实现快速生成图纸，同时平面图与三维模型自动关联；也避免

了后期设计变更引起的图纸版本不一致的问题。

● BIM 模型将为全生命周期管理平台应用提供基础的数据支持(图 9)。

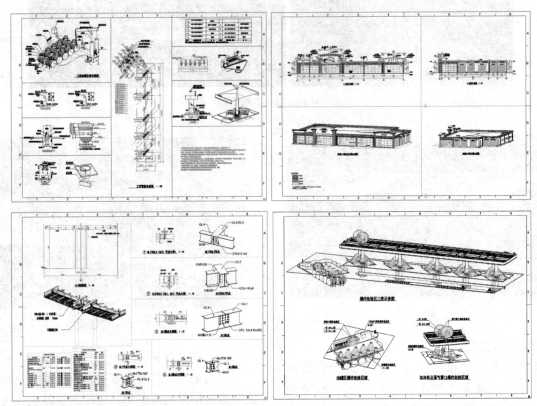

图 9　BIM 图纸

5）BIM 工程量清单

设计阶段如何快速准确统计工程量是加油站项目建设时重点关心的问题，BIM 模型本身就是模量一体，有了模型就可以通过自定义算量规则

或者对接传统的算量软件实现一键出清单量。实现了模量同步一致可以更早的开展招采；降低因为量不准确造成的后期投资追加(图 10)。

图 10　工程量清单

3.2　BIM 技术在加油站施工中的应用

1）进度模拟

依据施工进度计划及施工方案确定的施工流程和逻辑关系，将其与施工图设计阶段的建筑、结构三维建筑信息模型关联生成施工进度信息模

型并对施工方案模拟。结合实际情况制定不同施工方案及对应时间，对方案进行动态调整。可对资源配置进行模拟，根据施工方案及主体工程量对工程进行机械设备、人员等进行合理配置(图 11)。

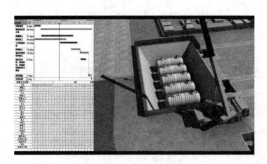

图 11　4D 进度模拟

2）施工工艺模拟

基于建筑构造和施工顺序等信息，对项目的

关键节点施工工艺进行可见性施工前的三维预演模拟，辅助检查施工方案的可行性，以便提前发现问题；提高施工作业效率（图 12）。

3.3　BIM 技术在加油站竣工交付中的应用

项目建设完成后我们关注的是后期的运营来说管理更重视数据的追溯；通过 BIM 技术整合各阶段数据，形成 BIM+竣工档案，基于 BIM 的竣工档案可以实现地上地下二三维数据一体化；实现了档案资料的快速追溯和检索；为后期运维提供了全面的技术数据（图 13）。

图 12　工艺模拟

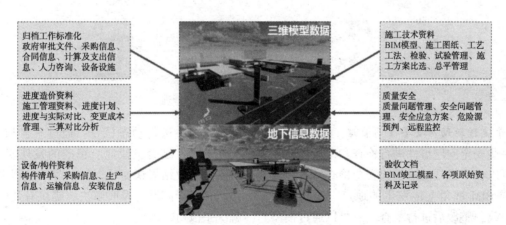

图 13　BIM 竣工档案

4　基于 BIM 数据引擎的全生命周期管理平台应用

4.1　管理平台实施框架

该平台通过国产自主知识产权的 BIM 数据引擎将各类 BIM 数据进行整合和信息集成；并将这些信息自动化的分类传递到各个项目流程中设定的各个岗位，用以驱动管理流程的开展，形成数字化信息流，有效解决建设项目全生命周期中的专业协调、专业管理、工期控制、数据同步

等众多问题。集团公司和分公司层面可将各项目信息集中汇总对标分析，形成项目群的管理，可根据业务需要，通过筛选省市级范围对目标范围内项目数据进行可视化展示，项目信息一目了然（图 14）。

4.2　基于 BIM 模型驱动的计划全面管理

全面计划管理是对项目总控计划的管理，总控计划对各业务计划起到引领指导作用，各分项业务计划设为关键路径的节点，体现到全面计划中，实现全面计划和各业务计划的数据交互。根

据计划的不同进度情况自动提醒相应级别的责任人或上级领导。总控计划进行变更后，形成新版

本，记录变更原因，可进行计划变更原因的追溯（图 15）。

图 14　BIM 全生命周期管理平台

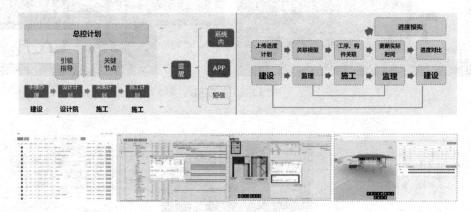

图 15　基于管理平台的全面计划管理

4.3　基于流程驱动的安全文明管理

对一些安全问题事件进行检查和审核：对安全事件可以在手机端随时发起安全检查，可以通过拍照或 BIM 视角上传发生的地点，通知整改人进行整改，整改后进行复查。还可以通过模型

配合摄像头进行动态核查；通过平台和摄像头，实现软硬件结合，快速、精准的发现安全问题，对安全整改结果快速反馈，为施工过程中的安全预防，安全问题的及时解决，提供有效的信息化解决手段(图 16)。

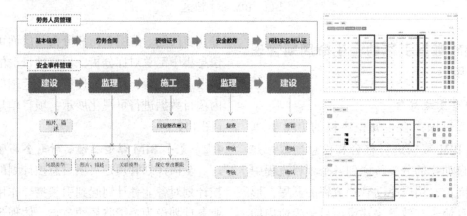

图 16　安全管理

4.4　基于流程驱动的质量管理

对质量事件可以在手机端随时发起质量检查，可以通过拍照或 BIM 视角上传发生的地点，通知整改人进行整改，整改后进行复查。统计分析功能中能够查看质量验收是否与施工进度一致，以及不一致的项目数量及具体问题出现的环节等(图 17)。

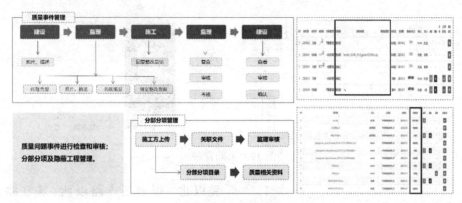

图 17　质量管理

4.5　基于 BIM 模型驱动的投资管理

平台和模型深度结合，读取模型承载的工程量等数据，结合定额形成招标控价，另一方面平台与现有财务系统关联，实现合同及投标文件上传，变更及签证过程分析及预算支撑，项目估算报批、控制价报审、材料价格上报、竣工结算报审、外委审计报审等业务留痕，进而对投资完成进度，偏差分析、竣工结算、项目转资、投资对比、存在问题分析等与工程建设相关的指标动态跟踪。可判断出模型合同中规定的工程量是否和模型导出的工程量在允许的误差范围内，进行投资预警(图 18)。

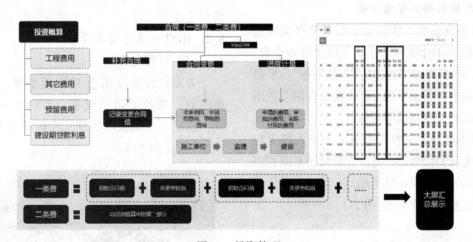

图 18　投资管理

4.6　基于 BIM 模型驱动的采购管理

通过扫描系统二维码可以跟踪设备和预制构件的加工中、已出厂、已签收，已安装的状态，并与 BIM 构件挂接，实现在 BIM 模型上展示每个设备的历史来源数据(图 19)。

4.7　基于 BIM 模型驱动的数字化交付

自动整合工程管理过程中的所有结果文档并和竣工模型建立关联，解决了工程建设阶段成果资料管理难、易丢失等问题，提高工作效率，且责任可追溯。项目竣工时向业主提交两套工程：实体工程和数字工程，汇总后的数字工程可批量打包给档案室存档，让文件有关联性，让资料成为资产(图 20)。

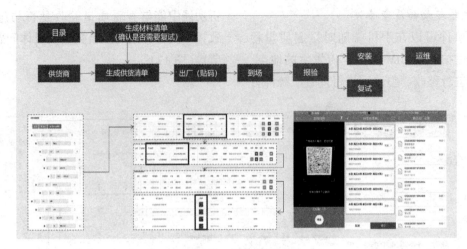

图 19 　采购管理

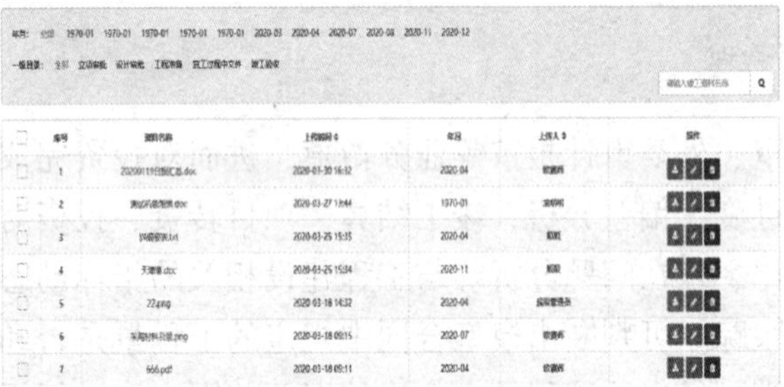

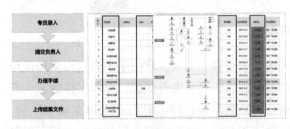

图 20 　数字化交付

4.8 　基于数据驱动的智能督办

通过数据驱动的工作流程是根据项目实际流程，将现有线下工作流完整平移至线上管理平台，让办事人员在"新平台"轻松上手"老业务"。平台实现待收集资料按目录罗列，已上传文件用蓝色图标标识，未上传文件用透明图标标识，引导工作人员按照目录指导补足文件，避免了工作人员无目标、零散收集文件的弊端；通过资料目录不同标识的使用，使得缺失材料一目了然，并对缺失文件进行推送提醒，保证工作落实（图21）。

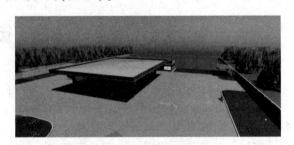

图 21 　数字化交付

5 　工程案例-菏泽高铁站西加油站项目

5.1 　项目概况

开发区高铁加油站位于菏泽市主城区南外环

路以北、规划三支路以西（珠江路以西约365米）。该站位于菏泽市城区东南部，属菏泽主城区和定陶城区相向发展的中心位置。该站距在建的高铁站3.4公里，距在建的牡丹机场22公里。周边有学校、政府机关、医院等多家企事业单位，交通便利，地理位置优越。

本项目所有专业基于三维软件进行设计，构建数字化模型，利用加油站智慧化全生命周期设计及管理平台，实现数字化设计、智慧化施工、智慧化运营。

5.2 　BIM主要应用内容

（1）可视化设计

方案设计阶段借助BIM模型进行可视化方案沟通，提升了沟通效率，节约了方案确定时间，借助二维码技术实现了在移动端查看三维模型的目的（图22）。

图 22 加油站 BIM 可视化设计

（2）碰撞检查

该项目利用三维模型全专业整合的特性，在设计过程中协调解决各专业碰撞问题，避免了施工问题产生后再出设计变更，导致做相应补救措施等一系列问题的发生（图23）。

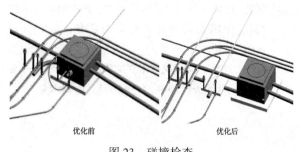

优化前　　　　　　　优化后

图 23　碰撞检查

（3）行车模拟分析

根据加油机数量，考虑进站行车方便，确定加油区采用三排通过式布置，六岛矩阵式分布。利用三维模型，采用基于行车分析软件进行路径优化模拟，确定最佳平面方案，包括加油岛之间、以及加油岛与绿化、站房等间距。由此最大程度优化硬化地面面积，节约投资。经优化后，硬化地面面积为 7100m²

（4）监控分析

项目利用 BIM 技术对站房及罩棚监控进行了模拟分析，通过分析，优化了设备位置及角度，达到了最佳的监控效果。

（5）照度分析

该项目利用三维模型和 DIALUX 软件进行照度模拟，站房内部采用 LED 格栅灯盘与荧光灯对比，罩棚采用 LED 罩棚灯与卤素灯进行对比，通过分析比对，起到了合理选择灯具、优化灯具布局的作用

5.3　效益分析

本项目通过使用 BIM 技术从工期、投资以及建设效率和质量等方面都起到了明显的作用；并且积累了大量的过程数据，用于后续项目建设及运维管理。

● 工期优化：工期由 112 天优化为 91 天；实时展示施工实际进度与计划进度对比；

● 造价优化：优化设计节约管线 89m；减少硬化面积 2645㎡；合理配置加油机枪数和加油机型号；

● 质量提升：提前排除图纸错误率达 90%；避免返工率达 60%（施工过程的错误返工带来的投资浪费大约占工程总量的 2%~8%）；

● 沟通效率提升：提高查阅图纸和文档效率达 70%；提高信息沟通协调效率达 70%；

● 三维建模随施工调整，隐蔽工程一览无

遗，日后维护精确到点。

6　结语

本文对 BIM 技术及基于 BIM 轻量化引擎的全生命周期管理平台如何应用于加油站项目建设及运维管理进行研究，探索了一套数字化技术服务于加油站项目从设计、施工、竣工到运维全生命周期管理及应用的方法，通过实际应用证明了该方法的可实施性。研究表明此方法可起到提升沟通效率及管理效率、提升设计及施工质量、节约建造工期、优化建造成本、提升运维效率的作用。通过将此方法应用于具体项目，验证了此方法的可实施性，表明此方法可产生实际的项目价值；也为加油站向建设项目"五化（标准化设计工厂化预制模块化施工机械化作业信息化管理）"转型升级提供了技术路径。

参　考　文　献

[1] 班宇 . 加油站建设中存在的问题及应对措施[J] . 中小企业挂案例与科技，2015，中旬刊：43-44.

[2] 李小龙 . 刍议加油站建设过程中存在的问题及其改善措施[J] . 智能城市，2018，3：137-138.

[3] 彭正磊 . BIM 在加油站建设中的应用[J] . 绿色环保建材，2017，11：169.

[4] 王莉，王金强，王铮辉，等 . 基于 BIM 的工程项目管理平台在加油站建设项目中的应用实践[J] . 工程造价管理，2020，5：90-95.

[5] 车燕玲，唐平，等 BIM 和物联网结合下的加油站运维集成管理系统建构[J] . 化工管理，2019，23：8-9.

[6] 张福兵 . 自助加油站建设模式及其应用技术[J] . 化工管理，2017，28：175.

[7] 张琦 . 三维管道设计在化工领域的应用[J] . 当代化工研究，2019（08）：163-164.

[8] 刘检华，孙连胜，张旭，刘少丽 . 三维数字化设计制造技术内涵及关键问题[J] . 计算机集成制造系统，2014，20（03）：494-504.

[9] 惠琍琍 . 基于 BIM 技术的信息化工程全生命周期管理[D] . 南昌大学，2019.

[10] 黎华 . 地形与地质体三维可视化的研究与应用[D] . 中国科学院研究生院（广州地球化学研究所），2006.

[11] 穆华东，李海润，张振庭 . 工程建设企业"五化"模式提升竞争力的实践与建议[J] . 国际石油经济，2018，26（10）：98-105.

[12] 刘军. 基于 BIM 与物联网的加油站运维集成管理研究[D].

[13] 王勇华、宋喜民、李燕芳、何蒙、鲍明玮. BIM 技术在燃气场站建设管理中的应用[J]. 油气储运，2020，v. 39；No. 382(10)：98-103.

[14] 张贺. BIM 在石油建设项目造价管理中的运用研究[J]. 中国石油和化工标准与质量，2020，040(001)：90-91.

[15] 甘宇. 防雷、防静电技术在加油站建设工程中的应用[J]. 建筑界，2014，000(002)：P. 24-24.

基于移动互联网的燃气工程管理智能化建设分析

陈星媛

（中国石油天然气销售公司西部分公司）

摘　要　随着现代科学技术的不断发展，以互联网技术和计算机技术为基础的现代信息技术应用程度不断加深，在许多领域都取得了很好的应用效果，促进各行各业生产力不断提高。将移动互联网技术加入到燃气工程管理中，能够有效提高燃气工程管理效率，实现智能化、自动化管理。本文对基于移动互联网的燃气工程管理智能化建设进行了深入的研究与分析，并提出了一些合理的意见和优化方案措施，旨在进一步提高我国燃气工程智能化管理水平。

关键词　移动互联网，燃气工程，建设管理，智能化技术，优化措施

近年来，石油化工工程建设企业为了满足自身发展需要，顺应时代发展趋势，准确把握时代发展机遇，利用数字孪生、协同设计、移动互联网等技术，大力实施数字化集成设计、数字化施工、数字化工程交付，提升企业竞争力，使企业在智能化发展中抢占行业制高点。燃气工程作为我国社会运行中的重要基础性工程，为工业生产、日常生活提供着燃气能源，传统人力管理模式已经不能满足当前燃气工程的实际发展需要，必须加速智能化管理模式创新，结合移动互联网技术，创新管理模式，借助现代信息技术在管理方面的优势，提高管理效率和管理质量。

1　当前我国燃气工程管理现状分析

燃气工程是为社会提供天然气能源输送的重要工程，燃气工程管理综合质量直接决定着燃气工程的运行效率。传统燃气工程主要是为社会提供燃气服务，确保居民能够使用多种清洁能源产品和燃气公司的优质服务，我国燃气工程经过多年的发展与建设，已经形成了较为完备的管理体系，各管理单位职责分工明确。燃气工程的管理内容主要为燃气管道日常维护、燃气输送管理、燃气工程建设管理等多个方面，传统燃气工程管理模式大多都实行一站式管理模式。

在燃气工程管理方面，设计管理是燃气工程的核心管理内容，管理人员需要在把握燃气技术质量管理标准的基础上，通过专业技术人员和专业设计团队对城市天然气管网进行科学的设计与规划。在燃气工程施工管理环节，通常采用公开招标的方式，选择施工综合能力较强、施工技术水平较高、有丰富经验的施工队伍进行燃气工程施工与建设。在监督与管理环节，一般由燃气公司负责人采用公开招标的方式实行第三方监督管理模式，从而能够对燃气工程施工过程中各个环节、各个参建部门进行全面地管理。在施工材料采购管理环节，该环节是影响燃气工程建设成本的主要内容，一般由上级公司制定采购标准，燃气公司的管理人员负责对采购进行监督和管理，并通过招标的方式选择性价比最高的供应商。在安全管理环节，当前我国燃气工程安全管理环节中加入了许多现代信息技术，建立了较为完善的现代信息管理平台，例如采用 GPS 技术、GIS 技术以及 BIM 技术等，能够为燃气工程建设提供更加可靠的安全管理服务。在客户服务管理环节，燃气公司为客户提供了全方位、多层次的服务，从而满足客户的多样化需求。

2　我国燃气工程传统管理模式中存在的主要问题

传统管理模式在我国燃气工程中已经运行多年，虽然取得了一定的成效，但是在时代快速发展的趋势下，我国社会运行对天然气的总量需求在不断增加，从而对燃气工程管理工作增加了很大的难度，燃气工程管理内容有了明显的增加，管理内容日益复杂，传统的燃气工程管理模式显然已经不能适应当前燃气工程建设发展的实际需要，从而暴露出了许多问题和不足，主要体现在以下几个方面：

（1）对于燃气工程施工建设而言，安全管理是最核心的管理内容，必须确保施工安全才能够开展燃气工程建设，但是在传统燃气工程管理模式中，安全管理主要依靠管理人员的管理能力和责任意识，虽然结合了许多现代信息技术进行安全管理，但是所采用的现代信息技术主要以辅助功能为主，并不是管理核心，管理人员依然是安全施工管理的核心，而如果管理人员的管理能力不足、责任心不强，则会导致燃气工程管理会在很大程度上受到人为主观因素的影响，从而会发生多种意外安全事故，无法对施工人员的生命财产安全给予充分的保障。

（2）在燃气工程数据汇总管理方面，燃气工程建设是一项庞大的工程，其中存在着许多信息和数据，这些数据和信息需要进行统一汇总、储存和管理，但是因为缺乏完善的现代信息管理技术手段，当前燃气工程管理方面信息和数据管理还存在着很大的短板，经常出现数据管理混乱、数据丢失等问题，导致数据无法发为燃气工程建设提供科学支持。

（3）在竣工资料编写方面，因为缺乏科学的竣工资料编写技术，没有做到与现代信息技术相结合，不仅影响了竣工资料编写的效率，还对竣工资料的真实性和可靠性造成了很大的影响，竣工资料能够被工作人员篡改从而牟利，缺乏现代信息技术作为编写手段，严重影响了竣工资料的真实性。

（4）在施工任务流转方面，当前燃气工程中施工任务流转、传递主要依靠纸质文件，由交接人员双方确认并签字后才能生效，这种运行模式效率较低，且纸质文件在复杂的施工环境下很容易遭到破坏，从而导致后期在出现工程问题时，无法对施工任务文件进行追溯，从而导致施工主体权责不清的问题出现。

3 基于移动互联网燃气工程智能化管理模式建立的必要性分析

通过上文对当前燃气工程传统管理模式中存在的不足分析可以看出，缺乏现代信息技术支持、缺乏完善的现代化管理平台建设、没有形成以智能管理为核心的管理模式是当前存在的主要问题，从而对燃气工程建设过程中的许多环节造成了影响。结合移动互联网和智能化技术的特点来看，智能化技术、移动互联网技术与燃气工程管理目标实现有着很高的匹配度，其很多功能够在燃气工程中使用。因此，为了提高燃气工程的综合管理质量、提高综合管理效率，必须严格地对燃气工程施工安全、施工质量、施工成本、人员管理、施工材料管理等多个方面采用基于移动互联网的智能化管理模式，燃气经营企业需要积极结合当前在实践应用中取得较好效果的移动互联网技术，与其他企业建立深度的合作管理，从而在本企业中创新"移动互联网+"的智能化管理新模式。结合移动互联网技术建立智能化管理模式的必要性主要体现在两个方面：第一，基于移动互联网的智能化管理模式能够提高燃气工程管理的实效性，改变传统以人力为核心的管理内容，从而能够降低人为主观因素对燃气工程建设的负面影响，通过移动互联网技术和智能化技术，能够使燃气工程的多个环节管理更加规范，从而能够在很大程度上提高燃气工程建设管理效率。第二，基于移动互联网的智能化管理模式更加适应当前时代发展趋势与燃气工程的实际管理需要，现代燃气工程建设中所使用的技术水平在不断提高，人员配备更加完善，已经形成了较为完善的管理模式，通过将移动互联网技术和智能化技术加入到管理模式中，能够对当前的管理模式进行补充，解决当前管理模式中存在的不足和问题，从而使管理模式更加完善，能够满足现代燃气工程管理的多项管理工作需要，对于提高燃气工程建设质量、促进燃气行业长远可持续发展、为社会提供更加安全稳定高效的天然气能源输送具有重要的战略意义。

4 基于移动互联网的燃气工程智能化管理模式设计

将移动设备终端与 PC 端进行结合，形成"移动互联网+燃气工程"的智能化管理系统，为燃气工程项目实施部提供完善的管理支持，通过加入新的 IT 技术手段，并建立相应的移动终端管理软件，能够通过移动互联网对燃气工程的实际开展过程进行全方位的管理，移动终端 APP 应用系统与 OA 办公系统的数据集成和应用集成，能够为燃气工程开展提供科学的数据服务，从而能够对燃气工程的质量、成本、进度等多个方面进行管理，对于提高燃气工程综合管理效率而言具有重要的意义。

4.1 建立移动端智能化管理平台

想要实现对燃气工程的智能化管理，首先需要建立一个完善的移动端智能化管理平台，开发相应的移动端管理 APP。该平台主要依靠移动互联网技术和智能化技术，构建燃气工程施工现场管理平台，根据 GIS、GPS 等技术结合移动互联网技术以及监控系统、RFID 技术等，将燃气工程与施工现场进行连接，从而能够实现对施工现场的远程原理，例如施工工序流程、施工进度、施工人员信息、施工材料使用、施工机械设备运行等方面，能够满足现代燃气工程的管理基本需求（图1）。除此之外，移动端智能化管理平台还能够提供完善的数据管理服务，将施工现场以及施工过程中产生的数据、信息等加入到移动端智能化管理平台中，能够对多项信息数据进行管理和分析，从而提高数据管理服务效率。移动端智能化管理平台还需要加入业务审批、施工任务交接、变更、签证以及竣工资料验收等功能，燃气工程所涉及到的材料、合同等，都能够提供移动端智能化管理平台进行审批和管理，从而能够使业务流程管理更加科学化、规范化；移动端智能化管理平台还能够通过对数据的分析，完成对施工人员、管理人员的绩效考核，从而为施工人员、管理人员提供完善的绩效评价，比如建立业务、业绩数据分析模型，从而能够更加全面地呈现出施工人员的工作能力和任务完成情况，对于促进燃气工程管理工作综合效率和质量提升具有重要的意义。

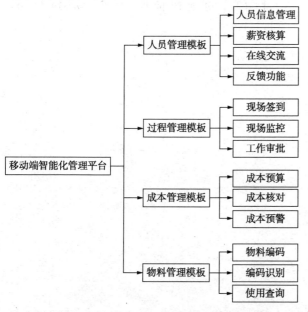

图 1　移动端智能化管理平台各模块主要功能

4.2 移动端智能化管理平台人员管理模块

人员管理是贯穿于燃气工程全部过程的管理内容，传统的人力资源管理模式中存在着一些问题，因此在移动端智能化管理平台中加入人员管理模块对于提高管理效率而言具有重要的作用。首先，施工人员、管理人员等工作人员将信息输入到人员管理模块中，并根据不同部门分为不同的小组，人员基本信息、联系方式、工作内容、工作岗位等就能够清晰地展现出来，从而帮助燃气企业能够更加直观、高效的管理参建人员。第二，人员管理模块中加入了薪资核算、绩效评定功能，能够完成对人员的绩效管理和薪资管理。第三，人员管理模块中加入在线交流功能，再进行工程变更、任务转接等工作时，通过该功能模块则能够高效完成，且对不同小组分别设置了在线交流群组，对于提高交流效率具有重要的意义。第四，人员管理模块中加入了意见反馈和问题提交功能，施工人员可以通过该功能向上级反映施工中遇到的问题以及自身的意见，从而能够将施工人员的意见快速传递到上级相关部门。

4.3 移动端智能化管理平台过程管理模块

过程管理模块是指燃气工程从项目立项到竣工验收阶段的全过程管理。在该管理模块中，管理人员可以通过施工现场签到或移动签到的方式，将施工过程中所涉及到的信息进行上报，从而能够帮助上级管理部门对施工进程以及施工现状准确地把握，从而根据施工进展对施工进度、施工内容和施工侧重点进行调整，促进施工流程更加科学化。过程管理模块中的全过程监控管理，通过在施工现场安装监控设备，管理人员和上级部门则能够对施工现场进行监督和管理。除此之外，过程管理模块还加入了工作流程移动审批功能，从而能够对燃气工程的施工变更、现场签证等问题进行高效解决。过程管理模块是移动端智能化管理平台的主要功能，是实现智能化、高效化管理的基础平台。

4.4 移动端智能化管理平台成本管理模块

随着燃气市场竞争压力的不断增加，燃气企业想要获得更大的市场竞争优势，必须对燃气工程进行高效的成本管理控制，传统人力成本管理模式存在着许多不足，因此需要在移动端智能化管理平台中加入成本管理模块。成本管理模块可以为财务人员、会计人员提供多种计价方式，对施工成本进行预算和管理，财务管理人员能够通过移动端智能化管理平台对施工变更信息更加明确，从而根据施工变更对成本预算进行分析，并结合成本数据能够对当前施工过程中成本支出存在的问题进行解决，从而能够达到燃气工程成本管理目标。成本管理模块还加入了成本预警功能，当系统分析当前成本支出有超过成本预算的趋势时会自动发出提醒，并显示超出成本预算的具体内容，从而为财务管理人员提供科学的成本管理方案，对于提高燃气工程成本管理工作质量具有重要的意义。

4.5　移动端智能化管理平台施工物料管理模块

施工物料是影响燃气工程施工质量以及施工成本的重要因素，为了提高施工物料的管理质量，在本次移动端智能化管理平台中加入了施工物料智能化管理平台。该平台结合了 RFID 无线射频技术，通过将施工物料进行编码，施工人员通过移动端智能化系统的扫描系统，扫描该组施工物料的二维码即可快速获得该组材料的质量信息、批号、出厂日期、性能参数等详细的数据，且系统会自动记录施工物料的使用部门、施工环节等信息，管理人员通过查阅则能够快速查找施工物料的具体使用情况。施工物料管理模块中通过移动互联网技术能够实现对施工物料流转的全过程记录，从而能够减少施工材料浪费、施工材料损坏的问题。除此之外，施工物料管理模块还能够与当前施工材料的市场价格变化相结合，通过大数据、云计算等技术，帮助管理人员选择最优质的供应商，以便于优化施工材料采购工作、节省燃气工程建设成本。

5　结束语

综上所述，本文对当前我国燃气工程建设管理现状进行分析，并阐述传统燃气工程管理模式中存在的不足，针对当前存在的主要问题，结合移动互联网技术与智能化技术，对现代化、信息化移动端管理平台的建设提供了一些意见，希望能够对我国燃气工程行业起到一定的借鉴作用，不断提高燃气工程建设综合质量，从而为社会提供更加稳定、高效、安全的燃气能源输送服务。

参 考 文 献

[1] 邹明铭．基于"互联网+"的城镇燃气管网巡维管理和智能化改造[J]．城市燃气，2020，（008）：P. 27-32.
[2] 杨伟．基于移动互联网的项目动态管理信息技术[J]．电子技术与软件工程，2019，（12）：P. 251-251.
[3] 钟丽华，韩思涵．基于"互联网+"智能化财务系统与管理会计的结合探讨[J]．锋绘，2019，（003）：P. 290-291.
[4] 王广清，韩金丽，方铁城，等．北京燃气集团工业互联网安全运营平台建设与实践[J]．信息安全研究，2019，000(002)：P. 0032-0032.
[5] 贾凡非，陈茜．基于移动互联网下建筑施工质量控制与管理分析[J]．数字化用户，2019，025(015)：P. 208-210.
[6] 房亚民．基于移动网络智能燃气控制系统的设计[J]．电子世界，2019，000(002)：P. 208-208.
[7] 林必毅，王志敏，程子清．云大物移智趋势下建筑能源管理系统功能拓展研究[J]．智能建筑，2019，No. 230(10)：P. 53-55.
[8] 吴洵．智能化在建筑装饰装修施工管理中的应用探讨[J]．房地产世界，2020，No. 329（21）：P. 114-116.

数字化工厂在炼化装置工程技术管理中的应用

蒋煜东[1]   马赟[2]

（1. 中国石油兰州石化公司工程部；2. 中国石油兰州石化公司炼油厂）

摘　要　本文简要介绍了数字化工厂软件在炼化装置中的建立与应用，通过软件在工程技术管理工作的运用，可以帮助工程技术人员制定检维修计划、施工方案、停工吹扫方案，以及规划防腐蚀监测和检验检测管理等工作。同时，实现在三维模型中，保存、归类、汇总工况数据与技术资料，直观反映各类专业管理业务和防腐检测数据分析，极大地提高了工作效率。

关键词　"数字化工厂"，"工程技术"，"防腐蚀"，"三维模型"

当前的石化行业，在设计部分，CAD 和 PDM 系统的应用已相当普及；在生产部分，ERP 等相关的信息系统也获得了相当的普及，但在解决"如何制造→工艺设计"这一关键环节上，大部分国内企业还没有实现有效的计算机辅助治理机制，"数字化工厂"技术与系统是以实物资产为中心的软件管理平台，平台对实物资产的真实现状进行三维建模，并且集成企业相关的管理系统，如：ERP、EAM、HSE 系统等动静态数据，从而实现在三维数字虚拟世界里掌握设备动态、生产运行动态、安全管理动态等信息；同时依据虚拟世界完成对企业的全方位的控制和管理，为资料管理、生产管理、安全管理、设备管理、培训管理提供了方便、简洁的工具与方法，极大地提高了工作效率。

某石化公司数字化工厂管理系统项目自 2013 年 5 月正式启动，该项目的发展过程主要包括：前期现场激光扫描和建模、分专业调研，中期应用设计和确认，后期上线使用、人员培训。从 2013 年底试运行到现在已正式建成上线运行，目前已顺利应用于该石化公司两套常减压装置的工程技术管理工作中。两套装置在 2014 年和 2016 年停工系统大检修工作中，在技术交底、计划提报、检修方案、工艺停工吹扫方案、目视化管理、检验检测以及后期在材料计划、静密封点管理和防腐等方面发挥了很好的作用。

1　数字化工厂在检维修管理应用

1.1　检修项目交底

装置大检修前的技术交底工作一般是设备检修负责人负责，由设备检修负责人、工艺管理人员和检修负责人、具体施工队伍班组长，针对检修项目提前到装置现场进行位置、工程量、标准等技术交底，并且一般都需要进行 2~3 次的交底，费时费力。现在可以依据数字化工厂工作平台进行技术交底可以使工厂各部门管理人员、现场技术人员、承包商之间交流可视化，在电脑上就可以技术交底，在三维模型上进行检修计划制定、技术交底，提高工作效率。见图 1，常减压装置(1)三维模型图。

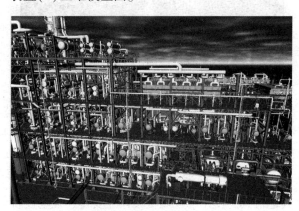

图 1　常减压装置(1)三维模型图

1.2　检修方案的制定

2014 年常减压装置(1)进行建成后的首次大检修，换热器框架存在影响换热器抽芯检修的钢结构和管线，现场核实困难。初步进行现场核查，有近 30 台换热器的周边框架或管线需要拆除，但是通过数字化工厂模拟论证，最后确定只需拆卸 3 台换热器周边的围挡，并且通过了实际验证，从而降低施工难度、节约检修成本，提高检修效率。见图 2，吊装作业三维模型模拟图。

图 2　三维吊装作业模拟图

另外，吊装施工是大检修中最主要的检修机具，并且也占据大部分的检修成本，如何规划和使用好吊车成为高效检修和节约检修成本的重要手段。结合常减压装置大检修施工项目及原始吊装方案，在数字化工厂中重新对使用吊车进行规划，包括吊车行进路线、工作地点和安全工作空间进行设计，并且可以规划好吊车的使用时间，一方面确保检修项目的顺利实施，一方面减少吊车闲置，提高利用率，降低检修成本。见图 3，吊装作业三维模型模拟图。

图 3　三维吊装作业模拟图

除了以上两方面的以外，数字化工厂系统在其他机具的使用、现场交叉作业安排、现场设备和设施摆放、甚至人员的规划方面都能或多或少提供了支撑和帮助。对于提高施工方案的可行性、准确性和检修时间规划的准确性都起到了积极的作用。通过 2016 年常减压装置大检修，核算吊车费用节省约 30%，未出现违反施工方案的检修工作，检修期间平稳安全。

1.3　检维修目视化管理

装置大检修期间，各区域检修管理人员每天需要对检修大致情况、进度、作业区域、重点项目情况、存在问题进行熟悉了解，掌握进度，有针对性的推进检修工作的进行。对于现场的掌握

以前只能通过各区域负责人汇报，汇总后形成装置的检修情况，其中难免出现中间交叉作业导致进度滞后或遗忘项目或情况。通过数字化工厂的三维模型很容易形成每天的检修情况分布图，能非常直观的反映当前的检修设备、检修区域、完成情况等。见图 4，检修作业点分布图。

图 4　三维检修作业点分布图

1.4　检维修材料核算

相比于之前在提报检维修计划时，对于管线、关键及阀门等的更换，不仅要查找比对图纸外，还需要对管线的实际长度、走向、管件和阀门数量、规格标准进行现场确认。工作量较大，并且还存在一些铭牌缺失无法确认、管线密集人员无法到达附近进行确认、图纸丢失无法确认等问题，造成提报检修计划过程中时常出现规格型号、材质或长度误差太大，从而使检修无法正常进行，为使检修能够按进度实施，造成过渡提报材料计划，部分材料堆库情况。数字化工厂三维模型是在现场激光扫描的基础上，核对装置蓝图建立的，和现场的误差在 2~5mm 以内，所以通过数字化工厂三维模型进行测量和确认，误差非常小，并且通过扩展其还能根据需求自动生成材料清单，见图 5，管道测量尺寸图。从而确保了检修计划的准确性，大幅度降低了编制人员的劳动强度。

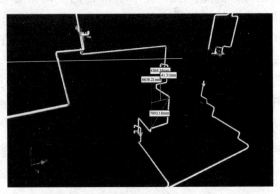

图 5　三维管道测量尺寸图

1.5 停工吹扫方案的制定

2016年两套常减压装置在大检修停工处理过程中，充分运用数字化工厂软件，制定出详尽可靠的停工吹扫方案，将需要吹扫处理的每条管线、设备，在方案中用三维图形的形式进行标注，直观的展现出给汽点、排凝点的位置，以及吹扫处理过程中需要注意的重点事项，此次的编制的停工方案精细到每一个具体阀门、管线、仪表等设备，比以往的方案更加科学严谨、标准规范，使得装置工艺处理工作全面、有序开展，高标准地完成装置停工吹扫工作。见图6，三维初馏塔处理吹扫示意图。

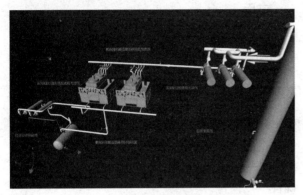

图6 三维初馏塔处理吹扫示意图

1.6 静密封点及小接管管理

静密封点和小接管的泄漏在炼化装置生产运行期间时有发生且在很大程度上制约了装置长周期运行，重要性不言而喻，然而静密封和小接管在生产装置中的数量巨大、种类繁多，各个密封点和小接管的温度、压力与介质条件错综变化，使其管理难度增大。通过数字化工厂，我们可以实现对静密封点和小接管进行自动统计与标注，分级标识危害程度，做好日常检查记录和检修记录。

2 数字化工厂在防腐蚀管理上应用

2.1 设备管线材质分布

对于装置设备管线材质分布，在数字化工厂可以按照不同材质不同颜色方式展示设备材质的分布，根据材质分布三维视图以及装置不同部位的介质与实时数据（如流量、组份、温度），可以直观定义机理、持续计算腐蚀速度、损伤形态与分布。见图7，设备材质分布图。

2.2 腐蚀回路管理

根据腐蚀机理，可以将装置划分为一个个

图7 三维设备材质分布图

小的系统，相同腐蚀机理的设备或管道定义为一个腐蚀回路，可以在三维视图中显示各类腐蚀回路或单独显示一个回路。在根据腐蚀回路的检测数据和介质情况，分析回路状况，并且可以记录维护检修记录。见图8，三维腐蚀回路图。

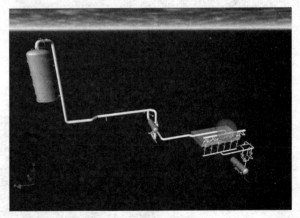

图8 三维腐蚀回路图

2.3 检验检测、监测点规划

在三维腐蚀回路示图中，一方面可以直观显示设备、管线的走向和位置、在线监测点位置；另一方面根据腐蚀回路风险等级、腐蚀检测点数量的规划、介质流向等参数，规划、设计检验检测和腐蚀检测点的位置，确保检验检测和腐蚀监测的有效性和覆盖性。见图9，三维腐蚀检测点的位置。

2.4 检测数据管理分析

数字化工厂为检测数据的管理提供了有效的平台，可以保存检测数据，在三维腐蚀回路视图上，鼠标悬停在检测点，可以显示该点壁厚、腐蚀速率、剩余寿命等数据，同时可以查看平均腐蚀速率、瞬时腐蚀速率等趋势图进行分析研究，方便生成检修计划或指导工艺调整。见图10，三维腐蚀速率趋势图。

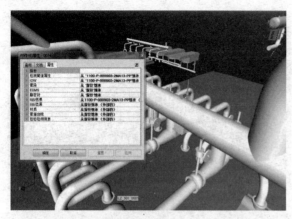

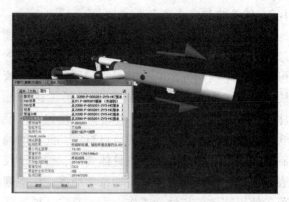

图 10   三维腐蚀速率趋势图

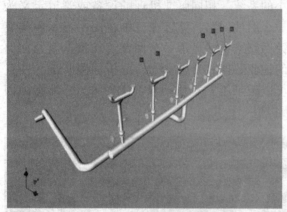

图 9   三维腐蚀检测点的位置

3   数字化工厂在生产技术资料电子化管理应用

数字化工厂为装置生产技术资料管理方面，在软件后台关联了生产技术资料管理平台，如图 11、图 12 所示，运用软件中的资料链接功能，可以直接通过数字化工厂，查阅装置设备、管线、仪表等原始设计图纸以及改造资料，减少去档案室人工查阅资料的时间，极大提高了装置技术人员的日常工作效率，同时也保证了工作的准确性、严谨性。

图 11   数字化工厂软件链接功能示意图

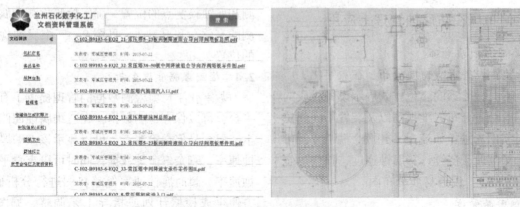

图 12   数字化工厂文档资料管理系统

4　结束语

通过以上数字化工厂在炼化装置专业技术管理方面的实际应用，可以看出数字化工厂具有以下特点：

精准性：能精确反映现场资产实物的三维空间尺寸，精度误差为 2~5mm；

集成性：可以对接集成 ERP、MES、设计类图形数据、视频监控、巡检系统等现存系统；

智能性：集成性强，但也可以对任意设备、工艺流程、控制回路、腐蚀回路进行任意抽取，并且有相关资料关联；

扩展性：可以随时根据专业业务的需求，组态实现解决方案，不需要二次开发，在应用上具有强大扩展性。

数字化工厂在装置上的应用非常广泛，现存的业务和资料管理多少都可以在数字化工厂中实现，并且能以直观、准确的形式反映，但是数字化工厂的应用不是一蹴而就的项目，需要在日常工作中不断改进、各项应用功能不断完善、持续扩展开发，最主要的是对数据、模型的定期维护，保证系统的实时性和准确性。

参 考 文 献

陈明.《智能制造之路-数字化工厂》. 机械工业出版社，2016(10).

长庆油田小流域工程水文
参数计算软件编制及应用

骆建文

（长庆工程设计有限公司）

摘　要　由于黄土高原特殊的沟壑地貌，存在大量的管道穿或跨越河流、沟谷现象，为了确保管道穿或跨越在相应强度洪水冲刷下正常使用，避免发生管道破坏而造成的安全、环保事故，管道设计时必须掌握穿、跨越河流断面处相应设计防洪频率的洪水冲刷深度和洪水水位等工程水文参数；编制一套拥有自主产权具有高度集成化、可视化、自动化人机交互的水文参数计算软件，能高效、准确、智能的解决长庆油田工程水文参数计算的诸多问题；计算软件采用多层架构的 C/S 结构、采用 C#语言进行编程、采用应用服务器统一系统管理、采用 .Net 分布式计算技术进行架构、采用 SQL Sever 大型主流数据库进行结构化数据管理；计算软件能快速、准确、直观的计算相关工程水文参数，计算过程思路清晰，计算参数选择准确，计算结果可靠、快速、安全、科学、合理，计算成果自动生成计算报告。

关键词　黄土沟壑，工程水文参数，计算软件，最大洪峰流量，最高洪水位，最大冲刷深度，C#语言，SQL Sever 数据库

1　引言

我国的黄土高原位于中部偏北部地区，主要分布在太行山以西，乌鞘岭以东，秦岭以北，长城以南的广大地区，总面积 64 万平方千米，位于第二级阶梯之上，是地球上分布最集中且面积最大的黄土区，也是世界上水土流失最严重和生态环境最脆弱的地区之一（图 1）。

黄土高原原生黄土是第四纪冰期干冷气候条件下的风尘堆积物，地层自下而上分为午城黄土、离石黄上、马兰黄土和全新世黄土，黄土结构为点、棱接触支架式多孔结构，其特点为土体疏松，垂直节理发育，极易渗水。黄土中细粒物质如粘土、易溶性盐类、石膏、碳酸盐等在干燥时固结成聚积体，使黄土具有较强的强度，而遇水或其他介质后随着矿物溶解与分散，土体会迅速分散、崩解，经过流水的常年冲刷，形成支离破碎的黄土沟壑地貌，如图 2 所示。

近年来，随着我国经济的高速发展，在黄土高原沟壑区域的工业建设也如同雨后春笋一般快速发展，其中石油石化行业由于大型油气田的发现和开采而快速崛起，其导致大量的石油石化设施遍布于黄土高原的各个角落，特别是油气长输管道、油气集输管道、单井管道等石油石化各类管道较为密集的分布于陕甘晋黄土高原沟壑区，由于黄土高原特殊的破碎地貌，存在有大量的管道穿、跨越河流、沟谷的现象，为了确保管道穿、跨越在相应强度洪水冲刷下正常使用，避免发生管道破坏而造成的安全、环保事故，设计时必须掌握穿、跨越断面处相应设计防洪频率的洪水冲刷深度和洪水水位等工程水文参数，如图 3 所示。

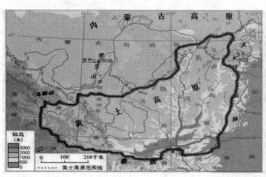

图 1　黄土高原地理位置及地形地貌图

图 2　黄土沟壑地貌

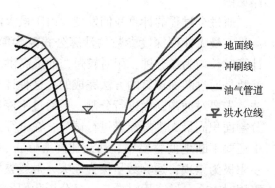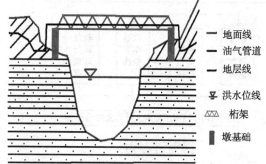

图 3　输油气管道穿、跨越设计示意图

目前，工程水文参数确定一般是水文站专业人员通过 10～20 年长期观测，如图 4、图 5 所示，并根据地区经验公式计算后整理获得的，但是长庆油气田大部分的穿、跨越位于季节性冲沟、干沟，其上根本没有水文站，更谈不上有实测水文资料。

图 4　水文站

图 5　水文测量

2　长庆油田小流域工程水文参数计算软件编制思路

为在长庆油田黄土高原沟壑区的无水文站和无实测水文资料的季节性小流域冲沟、干沟断面确定和提供油田地面设计所需的最大洪峰流量、最高洪水位、最大冲刷深度等工程水文参数，本文在骆建文等人所编著《长庆油田小流域工程水文参数计算方法研究》论文成果确定的长庆油田小流域工程水文参数计算方法基础上进行了软件编程研究。文章首先从确定的计算主要方法入手，综合对比最大洪峰流量、最大洪水位、最大冲刷深度等工程水文参数计算方法实现方式的优缺点；分析各种实现方式在成果确定中的时效性、准确性、可靠性；而后对软件编程的必要性进行分析；选择确定软件编程的代码类型、架构类型、数据库类型、运行环境等；最终编制具有简约人机交互界面的、紧凑功能全面的水文计算软件，思路详细见图 6。

3　长庆油田小流域工程水文参数计算方式优缺点比较分析

根据骆建文等人所编著《长庆油田小流域工程水文参数计算方法研究》论文成果，对于已确定的长庆油田黄土高原沟壑区的无水文站和无实

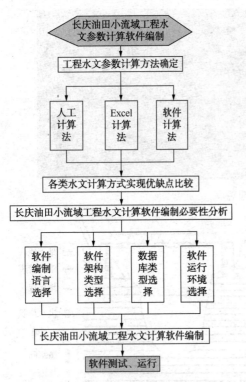

图 6　长庆油田小流域工程水文参数计算软件编制思路

测水文资料的季节性冲沟、干沟断面确定和提供油田地面设计所需的最大洪峰流量、最高洪水位、最大冲刷深度等工程水文参数计算方法，经

调研分析认为上述计算方法目前可通过人工计算、Excel 数据处理两种方式实现，但这两种计算方式实现起来存在某些不足分析如下。

3.1　工程水文参数人工计算方式分析

人工计算方式是通过人工笔算的方式对最大洪峰流量、最高洪水位、最大冲刷深度等工程水文参数进行计算的，为了准确的、客观的分析其中的不足，我们对延安地区的一处冲沟断面工程水文参数进行了人工计算，计算过程详见图 7。

通过全过程的计算我们发现，由于最大洪峰流量、最大冲刷深度参数的计算公式较为简单，计算时长均为 5 分钟，用时较短，而最高洪水位参数是通过断面试算的方法完成的，这种计算方法首先要对冲沟断面进行分割，再通过不停地将分割面积同最大洪峰流量进行试算，在试算过程中还要不断地调整糙率、河流比降等修正参数，步骤极为繁琐，运算数量极为庞大，最终整体计算用时 120 分钟，用时较长。经分析我们发现了人工计算方式的几点不足：①计算时间长；②计算量大；③易错；④不易调整参数；⑤不易修改；⑥面积分割不能无限小，精度不细。

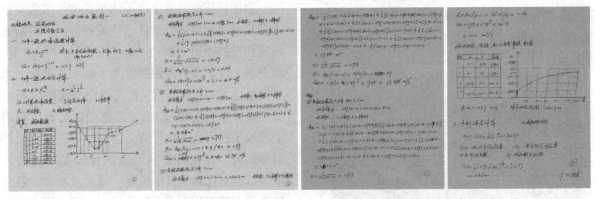

图 7　长庆油田小流域工程水文参数人工计算过程

3.2　工程水文参数 Excel 软件计算方式分析

Excel 数据处理方式是通过 Excel 软件计算方式对最大洪峰流量、最高洪水位、最大冲刷深度等工程水文参数进行计算的，为了准确的分析其中的不足，我们也对延安地区的一处冲沟断面工程水文参数进行了人工计算，计算过程详见图 8。

通过计算我们发现，由于最大洪峰流量、最大冲刷深度参数的计算公式较为简单，计算时长均为 1 分钟，用时较短，而最高洪水位参数是通过断面试算的方法完成的，这种计算方法首先要

对冲沟断面进行分割，再通过不停地将分割面积同最大洪峰流量进行试算，在试算过程中还要不断地调整糙率、河流比降等修正参数，步骤极为繁琐，运算数量极为庞大，最终整体计算用时 20 分钟，用时较长。经分析我们发现了 Excel 软件计算方式的几点不足：①计算时间较长；②计算量大；③系统易报错；④不易调整板式；⑤不易修改；⑥面积分割不能无限小，精度不细；⑦人机交互不便利，⑧无法自动生成报告。

综合分析上述制约因素，编制一套拥有自主产权的具有：高度集成化、可视化、自动化的人

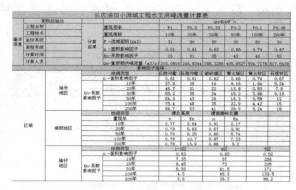
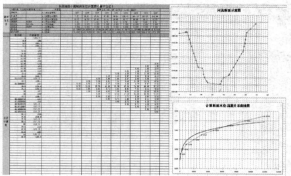

图 8　长庆油田小流域工程水文参数 Excel 软件计算过程

机交互的水文参数计算软件，高效、准确、智能的解决近年来快速增长的长庆油气田工程水文参数计算确定问题。

4　长庆油田小流域工程水文参数计算软件的环境

根据需求调研，工程水文参数计算软件包括如下功能和模块：①局域网内部运行；②项目数据动态管理；③口令管理；④最大洪峰流量计算模块；⑤最高洪水位计算模块；⑥最大冲刷深度计算模块；⑦计算区域分区及修正参数配置模块；

⑧计算成果自动生成报告模块。

根据软件设计，工程水文参数计算软件包括如下方法和特点：①采用多层架构的 C/S 结构；②采用 C# 语言进行编程；③采用应用服务器统一系统管理；④采用 .Net 分布式计算技术进行架构；⑤采用 SQL Sever 大型主流数据库进行结构化数据管理。

编制的长庆油田小流域工程水文参数计算软件取得"中华人民共和国国家版权局"颁发的计算机软件著作权，同时获得"中国石油和化工勘察设计协会"颁发的专有技术 (图 9)。

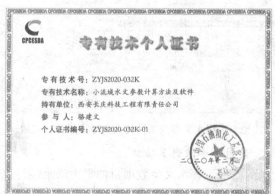

图 9　长庆油田小流域工程水文参数计算软件成果

5　长庆油田小流域工程水文参数计算软件功能

5.1　口令管理功能

为实现工程水文参数项目的口令管理，我们通过应用服务器统一进行系统管理，采用口令模块实现了局域网在线口令登录功能，确保数据万无一失，符合保密要求，模块详见图 10。

5.2　项目数据动态管理功能

为实现工程水文参数项目的数据动态管理，我们使用了基于 .Net 分布式计算架构技术，采用 SQL Sever 大型主流数据库进行结构化数据管

图 10　计算软件口令登录模块

理，实现了工程水文参数项目的增加、删除、修改、保存、检索、查阅等功能，确保了数据的统一化、智能化管理，模块详见图 11。

图 11 工程水文参数项目数据动态管理模块

5.3 最大洪峰流量计算功能

为实现工程水文参数项目的最大洪峰流量计算功能，我们基于多层架构的 C/S 结构对该模块进行开发，采用 C#语言进行模块编程。通过可进行后台多种计算依据选择，合理确定例如区域位置、地貌类型、面积影响影子、系数影响因子等各类影响要素，准确、快速的根据冲沟、河流断面控制的流域面积计算设计所需的各设防频率的最大洪峰流量，模块详见图 12。

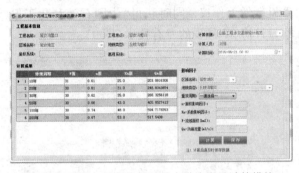

图 12 工程水文参数项目最大洪峰流量计算模块

5.4 最高洪水位计算功能

为实现工程水文参数项目的最大洪水位计算功能，我们基于多层架构的 C/S 结构对该模块进行开发，采用 C#语言进行编程。通过输入或导入冲沟、河流断面测量数据，生成简易的冲沟、河流断面图，再通过模块内置的断面面积无限切割运算法则，将对应的各设防频率的最大洪峰流量代入试算单元，进行各种计算步长的最高洪水位循环试算，在试算过程中可随时进行例如河流比降、河床糙率等影响因子进行修正，试算结果可列表生成，并可进行洪峰流量—洪水位曲线同步拟合生成，对拟合曲线进行同步数学建模，为了便于快速查询设计所需的各类设防频率最高洪水位等数据，还设置了单点查询单元，可通过输入设计设防频率最大洪峰流量，快速呈现所对应的设计设防频率洪水位、洪峰流速、平均

水深、最大水深等多种中间参数数值，详见图 13。

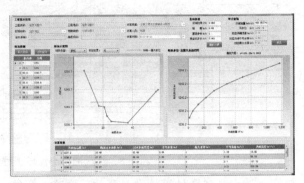

图 13 工程水文参数项目最高洪水位计算模块

5.5 最大冲刷深度计算功能

为实现工程水文参数项目的最大冲刷深度计算功能，我们基于多层架构的 C/S 结构对该模块进行开发，采用 C#语言进行模块编程。以《堤防工程设计规范》(GB 50286—2013)和《给水排水设计手册》(第二版)所提供的工程水文最大冲刷深度计算公式为依据，内置各类土、岩的允许不冲刷流速，通过选择前置模块计算所得的重现周期、平面水流夹角、最大水深、洪水流速等中间参数，再通过选择河床土岩性状，可自动计算所对应的最大冲刷深度，模块详见图 14。

图 14 工程水文参数项目最大冲刷深度计算模块

5.6 计算报告自动生成功能

为实现工程水文计算报告自动生成功能，我们基于多层架构的 C/S 结构对该模块进行开发，采用 C#语言进行模块编程。以长庆油田工程勘察报告工程水文章节为报告模板，制定标准的长庆油田工程水文参数计算报告，并内置于模块当中，只要输入必要的工程信息，将会对前置各个模块的计算结果自动生成对应的工程水文参数计算报告，模块详见图 15。

5.7 计算参数基础维护功能

为实现工程水文参数的基础维护功能，我们基于多层架构的 C/S 结构对该模块进行开发，采用 C#语言进行模块编程。为了能时时更新和拓展功能，专门开发了基础维护模块，对工程所处区域的增减、河流流域的增减、土岩允许补充刷流速的增加修改、重现频率的增减、局域网端口的增减等均留有更新口和对接口，为软件的维护和二次开发奠定基础和条件，模块详见图16。

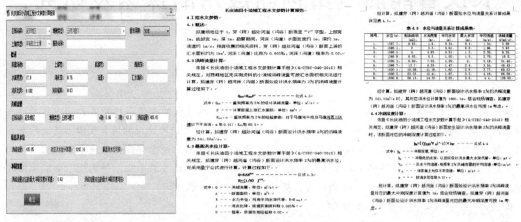

图15　工程水文参数计算报告自动生成模块

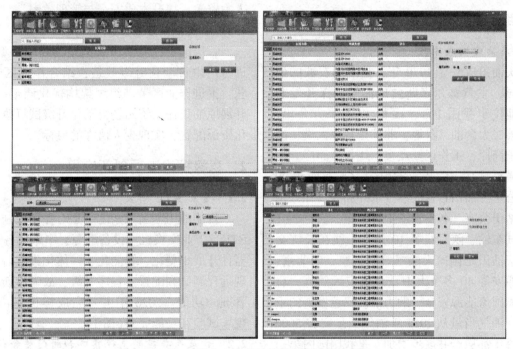

图16　工程水文参数计算软件基础维护模块

6　结论

（1）本文首次对长庆油田黄土高原沟壑区的小流域工程水文参数计算方式进行研究，其根本宗旨是将工程水文参数计算方法与工程实践紧密结合，开发适宜长庆油田黄土高原沟壑区小流域工程水文参数计算软件，成果能准确、快速确定长庆油田黄土高原沟壑区影响工程建设的工程水文参数，可有效指导油气田场站选址、跨越设计高度、穿越敷设深度等建设项目设计工作；

（2）本文对长庆油田黄土高原沟壑区的无水文站和无实测水文资料的季节性冲沟、干沟断面确定和提供油田地面设计所需的最大洪峰流量、最大洪水位、最大冲刷深度等工程水文参数的计算，提供了快速、准确的计算方式；

（3）本文研究的长庆油田黄土高原沟壑区小流域工程水文计算软件，能快速、准确、直观进行相关参数的计算，计算过程思路清晰，计算参数选择准确，计算结果可靠、快速、安全、科学、合理；

（4）本文研究的长庆油田黄土高原沟壑区小流域工程水文计算软件，选择的编制语言合理、编制架构稳定、编制结构完善、编制数据库可靠。

长庆智能油气田创新应用的探索及研究

池 坤 耿 奥 肖 雪

（长庆工程设计有限公司）

摘 要 自"十二五"以来，集团公司为了顺应时代信息化、数字化的潮流，规划各大油田建成油气生产物联网系统。长庆油田作为国内第一大油气田，自 2016 年起，就开始对油田站场和气田站场进行数字化改造。按照"机械化替人、自动化减人"的思路，在已建数字化的基础上进行智能化改造。智能化油气田地面系统计划要向"小型化、集约化、立体化、智能化"方向发展，持续攻关扁平化、简约化、智能化油气集输新工艺技术，满足站场无人值守要求的同时，提升地面工艺技术水平。

关键词 智能油田，大数据，数字化，信息化，云平台

1 项目背景

1.1 长庆油田发展现状

长庆油田成立于 1970 年，是中国石油的地区分公司，主营鄂尔多斯盆地油气勘探开发业务，盆地位于我国中部，面积 37 万平方公里，是国内第二大含油气盆地，北部是荒原大漠，南部是黄土高原，工作区域点多、线长、面广。工作区域横跨陕甘宁蒙晋 5 省（区），矿权面积 20 万平方公里。油田自营区油气水井和井场几万余座、场站千余座、各类管道上万公里。

西气东输、陕京线等 10 条主干线在长庆交汇，长庆油田是国家天然气管网枢纽，向北京、天津、西安等 40 多个大中城市供应天然气，肩负着保障国家能源安全、助力清洁绿色发展的重大责任。油气当量从 2013 年油气当量突破 5000 万吨，每年都稳产并逐步增加，是我国国内第一大油气田。

1.2 长庆油田智能化油田改造的必要性

"油气生产物联网系统（A11）"是集团公司"十二五"信息技术总体规划重点建设的三大标志性工程之一。集团公司计划在 2025 年整个上游实现油气生产物联网实现全覆盖。

而长庆油田现在又处于"二次加快发展"时期，公司要求用工总量不能增加，用工矛盾突出。所以公司着力推进以"四优化"作为改革驱动，大力推广"中心站-无人值守站"扁平模式劳动架构，持续优化生产组织方式和劳动组织模式为改革驱动，有序推进"油公司"改革。劳动组织结构实现高度减量化、扁平化，深度盘活一线人力资源，提升本质安全与管理效率。

1.3 长庆油田智能化油田改造的目标

长庆油田针对油田大型站场和中小型场站、进行站内自动化升级改造，结合作业区管理现状，推进作业区劳动组织架构优化调整。同时，开展原油集输系统站场自动化升级试点改造，优化资源配置，实现少人值守的目标。

2 积极探索五项创新应用

2.1 智能 RTU 研发

智能油田创新探索之一是对井场控制柜中的 RTU、工业交换机、设备电源、串口服务器等元器件开展小型化、智能化、一体化集成研究，实现远程调试和配置、程序升级、故障诊断和自主管理的功能。2020 年主要完成样机室内测试，现场试验和功能完善（图 1）。

2.2 开展气井控制系统集成和阀门整合试验

研究人员按照气井全生命周期管理需求，围绕井口紧急截断、远程开关井、智能排水采气，进行井场控制系统集成和阀门整合研究，对数据采集传感器、控制器集成，实现集中控制；拓展智能开关井阀门应用，替代柱塞薄膜阀、井口针阀，形成三阀或两阀合一（图 2）。

2.3 积极开展设备、系统监测和自诊断应用

通信组开展设备运行状态在线监测与应用研究，加装设备传感器、利用作业区 SCADA 系统采集的设备运行实时数据、预警信息、以及专家经验，通过大数据分析，实现设备运行状况智能分析、故障自诊断、系统自检、部件损耗预警、维保提醒（图 3）。

2.4 工控大数据分析

油田深化作业区 SCADA 系统应用，自动计算外输液量和储罐库容，实现线上原油交接、单站库存、作业区盘库自动生成，提高原油产量监控准确性；进一步消减系统误报，提高报警准确率(图4)。

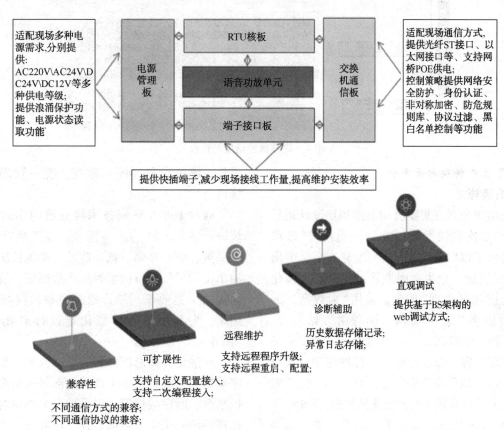

适配现场多种电源需求，分别提供：AC220V\AC24V\DC24V\DC12V等多种供电等级；提供浪涌保护功能、电源状态读取功能

电源管理板

RTU核板

语音功放单元

端子接口板

交换机通信板

适配现场通信方式，提供光纤ST接口、以太网接口等、支持网桥POE供电；控制策略提供网络安全防护、身份认证、非对称加密、防危规则库、协议过滤、黑白名单控制等功能

提供快插端子，减少现场接线工作量，提高维护安装效率

兼容性

不同通信方式的兼容；
不同通信协议的兼容；

可扩展性

支持自定义配置接入；
支持二次编程接入；

远程维护

支持远程程序升级；
支持远程重启、配置；

诊断辅助

历史数据存储记录；
异常日志存储；

直观调试

提供基于BS架构的web调试方式；

图1　井场控制柜中的 RTU 研发过程

三阀合一集中控制　　　　井口RTU集成柱塞程序　　　　柱塞运行曲线

图2　气井控制系统集成和阀门整合试验

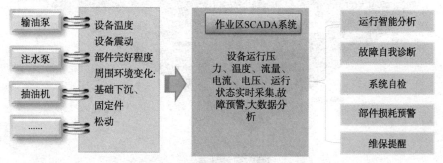

输油泵　　注水泵　　抽油机　　……

设备温度
设备震动
部件完好程度
周围环境变化：
基础下沉、
固定件
松动

作业区SCADA系统

设备运行压力、温度、流量、电流、电压、运行状态实时采集，故障预警，大数据分析

运行智能分析

故障自我诊断

系统自检

部件损耗预警

维保提醒

图3　设备、系统监测和自诊断应用

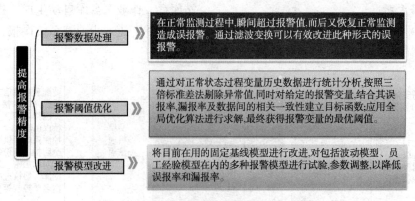

图 4　提高报警精度的途径

2.5　油气生产物联网云平台

2.5.1　方案概述

长庆油田公司在集团公司上游顶层设计指导下，结合"二次加快发展"和"油公司模式"改革战略，提出了以"326"为特征的配套方案。突出"全域数据管理、全生命周期管理、全面一体化管理、全面闭环管理"理念，采用"大数据、云平台、微服务"统一架构，涵盖井、站、线、人、财、物、油藏研究、项目建设、质量安全环保等九方面内容，以示范建设、标准定型、规模推广"三步走"的节奏稳步实施，力争"十四五"末率先建成上游行业领先的智能化油气田(图5)。

"326"工作以统一大数据、统一云平台为基础，深化无人值守站、油气井智能生产、全流程可视化监控、四维油藏模型、智能装备应用、资源资产精准管理。同时对智能化油气田建设对油气生产智能监控更高的要求，即统一平台、统一采集、统一存储、统一监控、统一管理、统一接口。

通过工业互联网技术将分散的实时数据系统进行整合，对"井、间、站、厂"生产数据统一采集、统一存储、统一监控，实现长庆油田采油单位和采气单位的实时生产数据统一管理，从而提高采集效率、提升数据质量、提高数据利用率，为油田开展智慧化建设打造扎实基础(图6)。

在油田公司总部部署物联网云平台系统和时序数据库系统，其中生产网内部署采集服务、监控平台、时序数据库，以采油厂为单位对实时数据进行统一采集、数据监控。在办公网内部署时序数据库、监控平台、数据管理服务、数据分析服务、对外接口服务，实现公司级实时数据标准化存储和管理，提供对外数据接口服务；支持实时数据接入长庆油田区域湖(图7)。

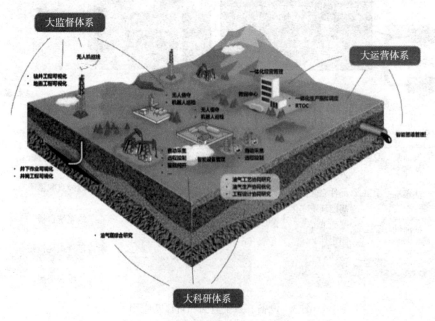

图 5　长庆油田智能化蓝图与重点工作

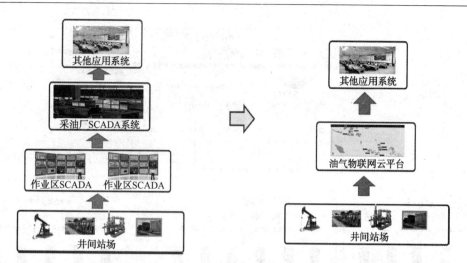

图6　建设目标

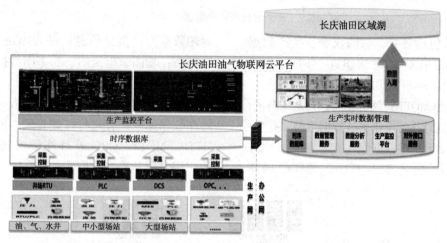

图7　部署思路

2.5.2　部署方案

根据长庆油田油气生产数字化现状和未来智能化建设需求，在一系列的安全防护体系下，设计三层架构的云平台部署方案，即采集与控制层、数据平台层、监控与管理层(图8)。

云平台基于 Docker 容器技术，将各类应用或服务进行打包，支持多种部署方式；本方案采用分布式集群部署方式，将应用服务、数据库等分散部署于多台独立的服务器上，采用可扩展的系统结构，利用多台存储服务器分担存储负荷，利用位置服务器定位存储信息(图9)。

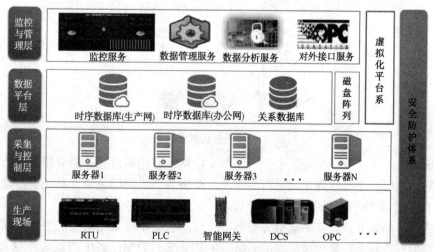

图8　总体架构图

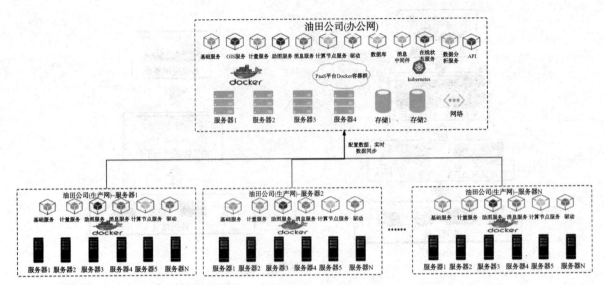

图 9　云平台分布式集群部署架构图

数据来源包括各井、站的仪表、生产数据，生产网部署的采集模块从 RTU、PLC、DCS、OPC 等采集后，解析为实时数据。

实时数据经 MQTT 订阅分发后，在系统内进行报警处理、流式计算等操作形成数据模型，并生成数据结果，存放到时序数据库并推送至各用户端。

实时数据，进入 Web 页面、缓存数据库、时序数据库；报警信息，进入 Web 页面及配置数据库；功图、电流图、功率图数据，直接存入时序数据库。

生产网数据经物理隔离后进入办公网，采用时序数据库系统，进行存储管理，同时平台提供 HTTP、MQTT、OPC 等对外数据接口，支持其他应用系统从平台获取数据(图 10)。

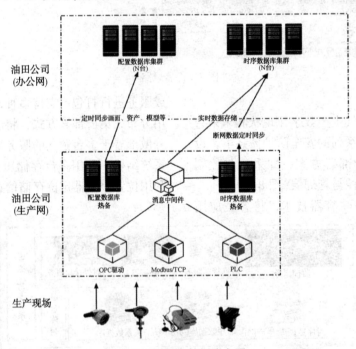

图 10　云平台数据流向图

2.5.3　详细设计

首先进行对采油厂、采气厂为单元进行生产采集，便于统计油井在线率、数据采集率等信息。采用分布式集群部署方式，将采集服务分散部署于多台独立的服务器上，采用可扩展的系统结构，利用多台服务器分担存储负荷；当其中一台服务器出现问题时，系统会自动将采集服务分配到其他服务器

数据架构采用典型的三层中间数据库系统架构，实时数据由各生产现场控制器(RTU、PLC、

DCS)接入,采用 MQTT 协议将实时数据经物理隔离装置后传输至办公网,统一存储在时序数据库中,最终数据流向油田公司区域湖。各层之间采用物理隔离装置(硬件防火墙、网闸等)进行安全隔离。系统采用独立、专用存储设备进行数据存储(图 11)。

为了达到监控监控管理层的目的,所有服务器采用分布式集群部署方式。同时,采用虚拟化平台作为云平台部署环境,以整合少量的硬件服务器资源,根据资源配置不同需求的虚拟机,提供用户个性化需求,大幅缩减信息服务器的管理

成本,提高管理效率(图 12)。

考虑到网络信息安全问题,技术人员分别在生产网、办公网云中心出口部署安全资源池,处理需要防护和检测的流量,安全能力涵盖网络、应用、主机和数据等多层面,安全防护覆盖东西流量、南北流量,满足等保三级合规中技术要求。

价值:明确的责任边界,符合合规性要求;完善的防御体系,防护更主动;服务化的安全能力,实现安全服务增值(图 13)。

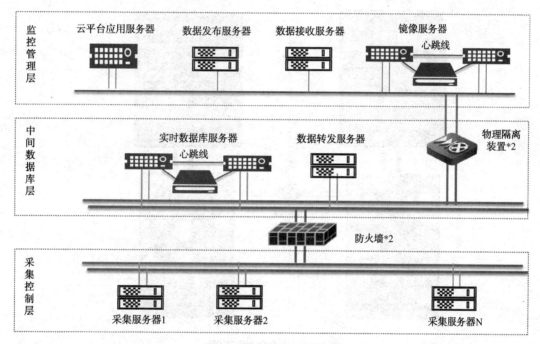

图 11   数据平台层部署图

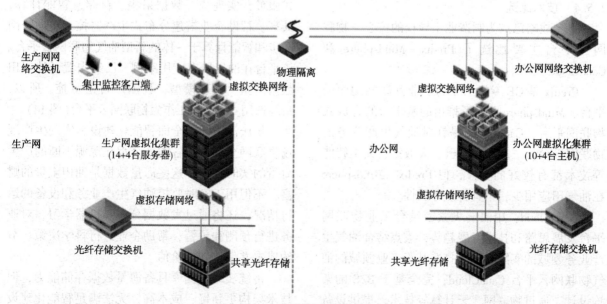

图 12   虚拟化平台部署图

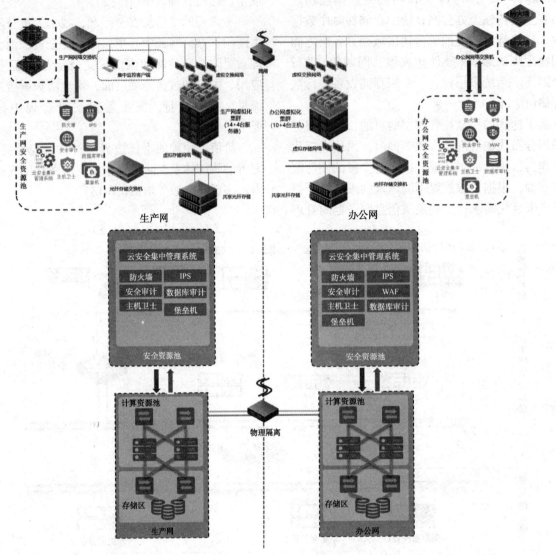

图 13   云安全防护架构图

2.5.4   技术比选

平台战略已成为制造业主导权的核心，物联网云平台主要比选了 Predix、Mindsphere 和 CanaCloud 三个。

Predix 是 GE 专门用于为工业互联网构建的平台、Mindsphere 西门子推出的基于云的开放式物联网平台，CanaCloud 是针对油气生产业务的物联网平台。三款产品对云、大数据、人工智能等技术都有较好的支撑，但 Predix、Mindsphere 在油气田应用少，不具备业务属性。

CanaCloud：中油瑞飞紧密结合工业物联网平台发展思路和技术发展趋势，重点结合油气生产业务领域的实际需求，打造基于工业领域的油气物联网云平台 CanaCloud；完全基于 B/S 的架构设计，通过物联网、云计算等技术，提供设备接入、控制系统运行监控、设备资产管理等一站式服务，实现统一数据采集、存储、智能计算、共享，帮助企业搭建分布式生产监控、单向跨网同步和智能计算于一体的新型油气物联网云平台。该平台在油气田有应用案例，已经内置了油气田数据模型、物理模型，且国产自主可控，所以，最终选用 CanaCloud 作为物联网云平台(图 14)。

长庆油田开展全面智能化建设，实现生产现场物联网全覆盖，各类系统都在源源不断的产生海量的实时数据；这些海量数据是油田宝贵的财富，不但用于实时监控油气生产业务和设备的运行情况，还将通过大数据分析和机器学习，对业务进行预测和预警，帮助企业进行科学决策、节约成本并创造新的价值。

传统实时数据库具备海量数据存储能力，但技术架构更新慢、成本高，无法满足智能化建设要求。时序数据库基于大数据时代的数据应用场

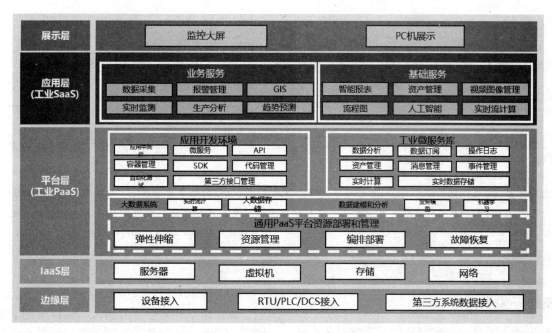

图 14　CanaCloud 云平台架构

景，应用新技术、架构开发，实现了对传统实时数据库对于数据的存储和处理能力的超越，并兼顾了部分关系模型，在水平拓展、数据分析、云部署方面有更强的优势。

目前主流时序数据库包括 InfluxDB、OpenTSDB、Cassandra、Tdengine 等产品，考虑到国产自主可控，建议选取国产时序数据库 Tdengine。

根据集团公司 2019 年 3 月颁发《中国石油天然气集团有限公司网络安全管理办法》，第十二条规定对生产网和办公网隔离提出了明确要求，长庆油田智能油田改造采用单向网闸隔离方式。这种方式基于 MQTT 协议开发物联网云平台跨网传输驱动，支持实时数据同步上传、文件定期上传，以解决长庆油田数据跨网传输。

3　总结

长庆油田对井场控制柜 RTU 研发实现对井场的远程监控和自动升级；阀门智能化改造实现了多阀合一；控制系统的集成，让井场的远程截断和开关成为可能；设备加装传感器，使得员工在设备控制室的电脑上就能随时监测到设备的运行状态，还可以对设备进行智能分析、故障自诊断、系统自检、部件损耗预警、维保提醒等；大数据分析，使得系统误报的情况大幅减少，提高报警准确率。

物联网云平台的的使用，实现了生产数据的统一采集、统一管理。为业务运行智能诊断、优化业务流程、整体资源配置提供数据依据；实现了生产数据的统一采集、统一管理。为业务运行智能诊断、优化业务流程、整体资源配置提供数据依据采用负载均衡机制代理各微服务模块，单台设备故障不影响系统的正常服务，障云平台系统冗余与连续性。

智能化油田的创新运用使得劳动组织架构扁平化，生产组织更加高效，同时降低生产一线用工成本。让一线的员工人员远离风险区域，安全环保受控，优化资源配置，管理提升更显著，实现推进以物联网系统为核心的生产管理新模式深化应用。

参 考 文 献

[1] 陈兆安等. 油田数字化无人值守站建设的探索及实践[J]. 自动化应用，2018(05).
[2] 池坤等. 长庆油田站场无人值守改造研究封面[J]. 中国油气田地面工程技术交流大会论文集，2019.9.

基于物联网大数据挖掘的能耗分析系统

徐慧瑶　佟　双　刘晓磊

（中国石油吉林油田公司）

摘　要　本项目从能耗角度展开研究，充分挖掘数据背后所体现的生产管理信息，以物联网收集油气生产数据和智能化采集设备采集的井口液体流量、含水率、回压、油温数据为基础，形成了大数据能耗分析系统。大数据能耗分析系统具有从生产管理单位维度和历史时间维度进行能耗对比分析、能耗分布趋势、能耗历史分析、能耗排行、异常电压、异常电机、油量冲次分析等方面的分析与汇总等功能。

关键词　单井能耗，物联网，大数据

1　系统开发背景

在当前，吉林油田年平均耗电费用在 8.2 亿元左右，其中机采耗电是消耗大户，分析单井高能耗的原因，并通过有针对性采取合理匹配生产运行参数、选用节能设备、加强生产运行管理等配套节能措施，较好地降低生产运行能耗具有深远意义。

目前，吉林油田已经基本建成覆盖全局所有油井的物联网系统，生成了海量数据。本项目从能耗角度展开研究，充分挖掘数据背后所体现的生产管理信息，以物联网收集的油气生产数据和智能化采集设备采集的井口液体流量、含水率、回压、油温数据为基础，基于分布式技术，结合采油厂实际管理经验，整合海量数据的采集、存储、管理、分析、查询、展现功能，进行能耗大数据挖掘，实现大数据价值，为吉林油田采油厂降低单井能耗提供可供参考的科学解决方案。

2　研究内容及技术路线

主要研究内容：

（1）数据收集与预处理

对智能化采集设备产生的新数据和通信公司物联网平台的海量数据进行预处理，做缺失值处理、异常值处理、规范化处理、冗余属性识别等数据清洗工作。

（2）大数据探索样本构建能耗模型

通过回归分析、聚类算法分析和关联规则算法，探索单井能耗的分布规律和周期性特征，结合油气生产管理制度，研究出能耗评价指标及计算模型。

（3）决策管理系统研究

数据信息经大数据分析之后，以时间、采油单位、油井生产参数等不同维度，以散点图、曲线图、气泡图、树状图、箱型图等不同图表进行展示，辅助决策者发现高能耗井，并制定降低能耗的措施。

物联网单井计量与能耗分析及应用项目采取软硬件相结合的研究方式，研究过程采取五步走的方案。第一步，工况特征一体化数据采集。第二步，海量数据预处理。第三步，数据质量分析，完成建模与求解计算。第四步，数据挖掘，发现识别高能耗单井。第五步，系统集成及视图展示。

技术路线见图 1。

3　软件应用效果展示

设采油单位为对象，分析全部采油厂或某厂全部采油队在某月份的平均吨液耗电量分布规律。亦可以设置以年份月份为横坐标，分析具体某一单位的某月平均吨液耗电量变化趋势。从折线走势中可以看出耗电大户的位置和发生时间（图 2）。

从物联网原始的电能参数中，分析出有关电机运行不平衡的数据结果，图中以雷达图的形式。雷达图对比可以通过点选右下角的对象，实现不同采油厂间的对比，或同一采油厂内不同采油队的对比。交流电动机额定工作时，三相交流电流应该是平衡状态，它们幅值相等，频率相等，相位依次相差 120° 相位。当生产条件、地质条件或环境条件变化，以及人为因数导致三相电流超出平衡范围，电机虽然处于工作状态，但

会造成其使用寿命降低，而电功率消耗增大。当雷达图失去指向"0.1-0.19"的方向性时，该单位的电机平衡问题需要给与关注，当雷达图指向"0.1-0.19"的方向扁平时，该单位的电机平衡问题需要给与重点治理(图3)。

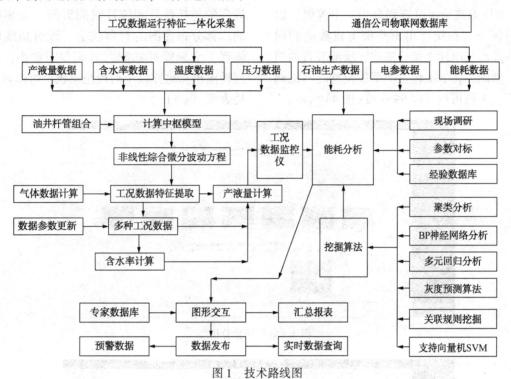

图1　技术路线图

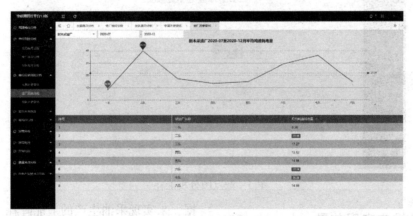

图2　吨液耗电变化趋势

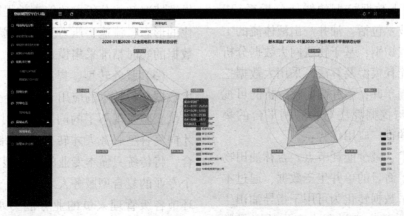

图3　电机不平衡状态分布图

交流电动机是三相平衡感性负载，对电压要求较高，当三相电压不平衡时，即造成电机无法在额定工作环境下运行，也同样造成高能耗。图 7 中，将电压偏离平衡位置划分为三个等级，以不同颜色区分，在统计出不平衡电机数量的同时，也估算出与电压平衡状态比，所能节省的用电数量。如图，将 251 台偏离平衡位置的电机调整至平衡，大约可以节电 9957 度(图 4)。

为了更加直观的体现各个采油厂能耗的分布情况，系统以散点图的形式做了展示，在图中鼠标移至每一代表采油厂的点上，可以显示该厂的能耗数量和统计时间区间。大多数的采油厂都分布在图的对角线上，该对角线的斜率体现了全局能耗状况，若该斜率愈小，则整体能耗愈小。这样以全局视角审视，可以评判出能耗表现(图 5)。

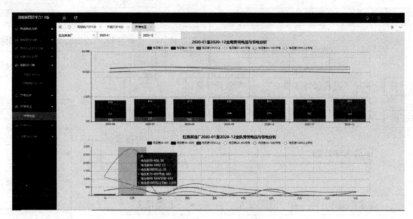

图 4 电压异常分析

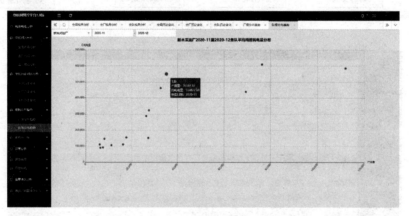

图 5 散点图分析能耗

4 经济效益及推广应用前景

"基于物联网大数据挖掘的能耗分析系统"项目完成的关键技术包括：油井产出液体流的工况综合数据特征点识别；基于物联网大数据分析建立采油厂单井能耗模型及算法；采用大数据挖掘算法识别高能耗单井；单井高能耗分析的可视化；大数据处理与挖掘算法与物联网平台的集成。本系统具有的推广应用优势：

(1) 先进技术，减少能耗节点。吉林油田物联网系统，积累了海量的单井生产数据，通过本项目可实现将海量数据转化为可用于指导油田生产的信息，利用采油生产过程中产生的海量数据，来实现采油生产的节能降耗。

(2) 精准建模，高效反应工况。可分析油井供液情况智能分析方法能高效提取反映产液量变化的形态、流速、压力变化数据特征，实现工况数据的实时精准采集模式建立。

(3) 服务转型、提高采油厂能耗管理能力。大数据分析技术的应用有利于企业发现以往依靠传统经验发现不了的问题，同时提出"由管理人才向复合型服务人才转变"的思路，开展专业融合，将传统只懂本专业的单一型管理人才向懂各个专业的复合型服务人才转变，进一步提升生产环节各级管理人员的业务能力水平和专业化程度，促使能耗大数据管理项目的整体提升。

在项目前景方面，当与 A2 数据库实现并入对接后，大数据分析的数据源将更加多维，本项目的相关算法将发挥更大优势，通过将井深、泵挂、井口压力、套压、动液面、静夜面、电机额定功率、冲程、机采工艺等数据添加进来，将对于油气生产过程中的能耗分析与评价更加精确。本系统将会被广泛应用到国内各个石油生产单位。

参 考 文 献

[1] 刘沁，付腾，彭羽茜. 基于物联网大数据节能调度框架研究[J]. 软件，2020，41(03)：141-143.

[2] 王鹤鸣，郑良广，杨玉钊. 基于大数据平台的能耗分析与管理系统[J]. 机车电传动，2019，(04)：107-111.

[3] 苗和平，邵莹. 深度学习在油井管理上的应用[J]. 石化技术，2019，26(01)：259-260.

[4] 刘炳含，付忠广，王鹏凯，王永智，高学伟. 大数据挖掘技术在燃煤电站机组能耗分析中的应用研究[J]. 中国电机工程学报，2018，38(12)：3578-3587+17.

[5] 平志波. 机械采油系统节能降耗技术措施及应用效果分析[J]. 化学工程与装备，2017，(07)：66-67.

新型快速围油系统在渤海油田的创新设计与应用

桑　军　马金喜　邹昌明　万宇飞　王冰月

(中海石油(中国)有限公司天津分公司渤海石油研究院)

摘　要　随着国家对环保要求日趋严格和绿色海上油气田开发的需求，在海洋油气田开发方案中，一般均要求配置可靠的溢油应急措施，特别是国家实施生态红线制度以来，距离红线较近的油气田开发时，应急配置成为环评审查的重点。若溢油事故发生在无人平台，再考虑附近平台人员驱船前往时间，溢油事故控制的难度将大幅增加。同时，随着渤海整装油田的不断减少，这种处于生态环境区或附近以及边际油田将成为渤海油田增储上产的主力，伴随而来的是需要可靠的溢油风险管控措施。为了解决上述技术问题，设计了一种适用于海上平台新型快速布放围油系统，包括一套牵引动力装置、一套自充气围油栏以及特制的橇装底盘，同时配置遥控自动脱钩系统。将具有遥控功能的牵引动力装置与围油栏相连接，整体布置在橇装底盘上，并放于平台集装箱内，集装箱顶板为活动可拆卸式。采用"下翻式"整体入水，遥控脱钩，一旦发生溢油事故，现场可通过操作将系统降落至海面，并在平台人员的遥控指挥下，牵引动力装置完成围油栏布控。该系统可实现在溢油事故发生的第一时间快速、高效启动和布放围油栏，最大程度上降低溢油事故带来的生态环境的破坏和经济活动的损失。

关键词　自充气围油栏，快速布放，下翻式，无人船，遥控脱钩，溢油

1 引言

随着国家对环保要求日趋严格和绿色海上油气田开发的需求，在海洋油气田开发方案中，一般均要求配置可靠的溢油应急措施，特别是国家实施生态红线制度以来，离红线距离较近的油气田开发时，应急配置成为环评审查的重点。另外，据报道，在海洋油气或化工品的航运行业，全世界每年因装卸设备发生故障、损坏或操作失误等造成的漏油约占总装卸量的万分之一，严重影响海洋生态环境。溢油事故一旦发生，如果得不到及时有效的处理，将会对事故区域的经济活动和生态系统产生致命的打击。主要溢油应急处置措施是及时布放围油装置，对溢油进行围控和集中，然后通过各种物理、化学甚至生物方法对溢油进行回收和处理。

目前海上最为常见的做法是通过吊机等设施，将平台上配置的围油栏抛入水中，然后通过船只，人工布放抛入水中的围油栏。这种做法由于耗费时间较长，需要多人多船协同进行，因而不能在发生溢油事故的第一时间完成围控，而且灵活性差、自动化程度低。若溢油事故发生在无人平台，再考虑附近平台人员驱船前往时间(至少半小时)，溢油事故控制的难度将大幅增加[1]。

2 海上平台快速布放围油系统技术

海上平台快速布放围油系统技术从 3 方面进行技术革新，实现快速围油：

1) 设备快速下放；

2) 围油栏快速充气；

3) 牵引船快速围油。

创新设计思路：设计配置一套牵引动力装置(无人艇)、一套自充气围油栏以及特制的橇装底盘，同时配置遥控自动脱钩系统。将具有遥控功能的牵引动力装置(无人艇)与围油栏相连接，整体布置在橇装底盘上，并放于平台集装箱内，集装箱顶板为活动可拆卸式。一旦发生溢油事故，现场可通过操作平台吊机将系统降落至海面，采用"下翻式"整体入水，遥控脱钩，并在平台人员的遥控指挥下，牵引动力装置(无人艇)完成围油栏布控。

研究设计思路见图 1。

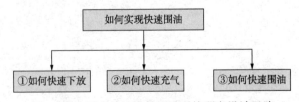

图 1　海上平台快速布放围油系统研究设计思路

2.1 基于下翻式整体入水、遥控脱钩的快速下放技术

传统围油栏下放需要等待值班船就位，再利用甲板吊机将围油栏吊至值班船进行下放。如要实现快速下放应从值班船就位时间、操作人员数量、简化下放步骤等方面进行研究。传统围油栏下放工作步骤见图2。

快速下放系统设计方案：

1) 围控装备（无人艇与围油栏）布置在特制的橇装底盘上，并放于平台集装箱内（集装箱顶板为活动可拆卸式），不占用平台空间；

2) 底盘四角设置吊点，其中一侧的两个吊点通过遥控脱钩装置与钢丝绳相连；

3) 利用平台吊机将橇装整体吊装下放到海面上；

4) 遥控释放底盘一侧脱钩器，底盘在重力作用下，在海水中向下翻转，与围控装备（无人艇和围油栏）脱离。

图2　传统围油栏下放工作步骤

下翻式整体入水、遥控脱钩示意图见图3、图4。

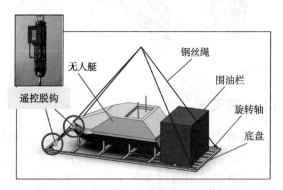

图3　下翻式整体入水、遥控脱钩示意图1

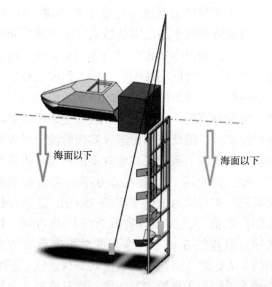

图4　下翻式整体入水、遥控脱钩示意图2

脱钩器采用电磁脱钩器，当系统放置在海上时遥控脱钩。此种自动脱钩方式安全可靠，系统闲置时利用平台电源进行定时充电，相比于热脱扣、压力脱扣更容易实现。

快速下放系统无需现场连接牵引船和围油栏，也无需等待值班船就位，大大节约应急工况的准备工作量和时间。常规围油工作需等待值班船就位、吊装下放，连接准备，围油栏充气，至少需要约2h。采用快速下放围油技术则需要约0.5h，大大缩短应急响应时间。

2.2 快速自充气式围油栏技术

常规围油栏分为固体浮子式PVC围油栏、充气式橡胶围油栏、快布放软固体浮子围油栏。

固体浮子式PVC围油栏上部由PVC布包裹多个独立的硬质泡沫塑料浮子，中部缝纫固定尼龙加强带，中下部为PVC布裙体，底部由PVC布包裹的配重链等构成。整体采用缝纫机用尼龙线绳和螺栓夹板将各部分组合在一起。围油栏上部浮体浮在水面上，下端裙体在配重链作用下沉在水下，从而在水面上形成挡油的围油栏。由于PVC布强度不高，该围油栏拉力主要有尼龙加强带、拉力配重链承担。

充气式橡胶围油栏由贴附耐油、耐海水腐蚀性能优良的橡胶锦纶帆布采用橡胶硫化工艺制成，上部气室充气即可形成浮体浮在水面上，带体下端裙体沉在水面下，从而在水面上形成挡油

的围油栏。该型围油栏配有专用液压卷绕机（或同时配集装箱）、液压动力站和专用充气机等。该围油栏设有液压机械动力，机动性好。

快布放固体软浮子围油栏主体包括水上、水下部分。水上部分的上部设有固体不锈钢空心圆柱型浮体，浮体之间连接处设有耐火纤维柔性隔，通过螺栓夹板与浮体固定，柔性隔外设保护钢丝网和PVC外防护套，浮体上部设有不锈钢钢丝绳。水下部分的中下部设有阻燃橡胶尼龙胶布裙体，裙体上部通过螺栓夹板与浮体、柔性隔连接固定在一起，裙体的底部设有拉力配重链，包在胶布底部的内腔中。该类型围油栏无需充气，

布设效率高，适用于应急情况，但占地较大。

快布放自充式围油栏上部气室为菱形气室，采用弹簧拉伸自充气，闲置时弹窗处于拉伸状态，上部气室处于收缩状态大大节约存储体积。应急工况方式时，围油栏通过牵引船的拉伸，气室内弹簧逐渐收缩拉伸气室形成菱形气室，增大体积，增加围油栏浮力，使围油栏浮在水面上。围油栏下部裙体的底部设有拉力配重链，包在胶布底部的内腔中[3][4][5]，见图5。

充分吸收目前围油栏优势，该类型围油栏重量体积小，机动性好，快速自充气，布设效率高，人员占用小，适用于应急情况。

 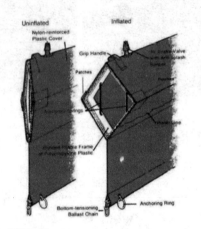

图5   快速自充气式围油栏

2.3 基于远程遥控牵引动力装置的快速围控技术

常规值班船的航行速度约为30km/h。使用远程遥控无人艇进行牵引围油作业，全速可达80km/h，续航超过2h，拖带力大于10t，遥控距离超1km，极大提高了围油作业效率。同时无人艇采用双体双发，提高航行时的稳定性，以便在围油时可以更好的发挥速度优势。远程遥控无人艇示意图见图6。

图6   远程遥控无人艇示意图

3 应用实践

渤海南部某油田位于东营黄河口生态限制区、东营黄河口生态国家级海洋特别保护区、辽东湾渤海湾莱州湾国家级水产种质资源保护区，最佳平台推荐位置位于生态附近内。经过充分研究，拟将平台移出红线一定安全距离进行开发。为尽可能降低发生溢油事故带来的经济损失和生态破坏，该油田中实施新型快速围油系统，可在发生溢油第一时间完成围控，最大程度上减少对环境的影响。该系统和举措的研发及应用得到了环评审查专家的一致认可，并获取生态环境部环评批复文件，促使该油田进入实施阶段。尽管采用新型快速围油系统代替常规围油栏设备投资增加90%，降低项目效益约0.05%。但是该系统的研发与布置同时节约了半条5500HP溢油环保船的长期值守，每年节省日常操作费30%，提高项目效益约0.83%。综合考虑折现后节省费用约1.2亿元，提高项目收益0.78%。该系统的实现不仅提高了风险控制速度，而且降低了年操

作成本，提高了项目收益。

4　结束语

在当前生态环境要求日渐严格和绿水青山政策的实施，以及海洋油气开发助力国家对2~2.5亿吨级国内产量需求的背景下，油气田上产成为时代主题。经过几十年的持续开发，仍然存在较多具有环境影响因素的油气田未能建设投产。比如，渤海及其他海域仍然存在众多类似处于红线内或周边的油气田，如渤海海域的曹妃甸2-1、垦利9-1等，新型快速布控围油系统作为一种快速、高效、可靠、灵活性好的适合海上平台应用的新型快速布放围油系统，可为类似油田开发的快速溢油应急响应措施提供了参照，可推动类似油气田的开发落地，具有广阔的推广应用前景。

参 考 文 献

[1] 张勤，孙永明. 海上溢油围油栏研究现状[J]. 绿色科技，2015，4：285-286.

[2] 刘宗江，王世刚. 围油栏布放回收自动控制装备的开发与应用[J]. 工业节能技术，2014，5：21-22.

[3] 刘宗江，孙文君. 国内水面溢油围控用围油栏及发展趋势[J]. 工业节能技术，2014，4：20-21.

[4] 李观杨，李珍珍，徐烺，等. 一种依靠水流推进的围油栏布放舵装置[J]. 中国水运，2020，7：71-73.

[5] 候恕萍，王钦政，张俊，等. 船舶近体应急围油栏的设计与研究[J]. 船海工业，2017，46：148-149.

国产化集肤效应电伴热技术港池试验研究

万宇飞　王文光　程　琳　梁　鹏　郝　铭

[中海石油(中国)有限公司天津分公司]

摘　要　集肤效应电伴热技术由于其安全性能强、伴热效率高和沿线温度分布均匀等特点，将在我国海洋高黏、易凝原油，高压湿气和大气液比混输海底管道中得以应用，而国产化集肤效应电伴热技术在海上油气田的应用仍为空白。为此，在港口船坞内搭建大型环道试验装置，集肤效应电伴热管装配于环形双层保温管的内外管间，利用船坞排水、灌水功能实现海水覆盖的海洋环境，从而对其功能性能和物理性能进行验证测试。结果表明：开启集肤效应电伴热后，试验管段内温度很快达到设定温度，并维持该温度，起到伴热保温效果。在试验的 9 天时间里，试验管段未出现渗漏等原因影响加热保温效果现象，同时一直处于海水浸泡下的集肤电缆接线处也未出现漏电和腐蚀现象。试验结果初步验证该集肤效应电伴热技术应用于海底管道的功能可行性和物理性能可靠性，为国产化集肤效应电伴热技术在海洋油气田的开发中提供参考。

关键词　国产，集肤伴热，电伴热，环道实验装置，可靠性

随着国家对 2 亿吨国内石油产量要求的提出，海洋石油开发成为我国石油增储上产的重要阵地。占据渤海油田总储量 68% 的高黏原油，开发程度较低的南海、东海深水易凝原油和天然气将成为今后海洋石油开发的重点。目前海洋油气多采用掺水以降低系统黏度或提高系统热容量来实现安全输送，但随着原油黏度、水深、输送距离和输送压力进一步加大，仅仅依靠掺水输送将不能满足输送要求。集肤效应电伴热技术作为主动伴热维温技术的一种，由于其安全性能强、伴热效率高和沿线温度分布均匀等特点，将在我国海洋高黏、易凝原油，高压湿气和大气液比混输海底管道中得以应用。2009 年，在渤中 13-1 油田引进并铺设了我国海域第一条集肤效应电伴热装置，用于提高油田采出液热容量以克服在输送过程中降温凝固结蜡的风险，从运行情况来看，冬季启用该集肤效应电伴热后，管线出口约有 5℃ 左右的温升。

虽然我国自主研发的集肤效应电伴热技术取得了长足的进步，并在陆上油田内部集输管道、炼厂重油管道和港口原油管道上得到充分应用，但是在海上油气田的应用仍为空白。海底管道由于所处环境较陆上管道更加恶劣，一旦出现事故将是灾难性的，所以其功能可行性和运行可靠性将成为海底管道应用的重点关注因素。为此，在港口船坞内搭建一套大型试验装置，利用船坞排水、灌水功能模拟海洋环境，测试国产集肤效应电伴热装置应用于海底管道的可行性和可靠性。

1　集肤效应电伴热技术原理及试验装置

1.1　集肤效应电伴热技术

集肤效应电伴热（SECT，SKIN ELECTRIC CURRENT TRACING）主要由加热电源、控制柜、集肤电缆、伴热钢管和接线盒等组成，如图 1。镀镍绞织铜丝为母线的集肤电缆贯穿于具有铁磁性的伴热钢管内部，并在末端与伴热钢管通过尾部接线盒相连接，同时将交变电源施加于集肤电缆和伴热钢管的首端，从而形成闭环。当施以工频或中频交流电压时，伴热钢管中自尾端向电源端流动的电流在集肤效应和临近效应的作用下向管内壁移动而产生热能，其中由集肤效应产生的热能占比超过 90%，因此称为集肤效应电伴热。伴热钢管中产生的热能通过伴热钢管与输送钢管之间的导热胶泥传递给输送管和输送流体。由于伴热钢管中电流在管内壁聚集，管外壁几乎没有可测电压，若出现伴热钢管暴露于水等导电环境中不会发生漏电事故，安全性能强。根据输送流体物性、管道沿线温降情况、伴热要求温度、单位长度集肤伴热系统输出热量和备用需求，确定伴热钢管套数和布置形式，一般多采用对称布置的双管系统和等角布置的三管伴热方式。由于伴热管沿线电流相同，产生的热量均匀分布，不会

出现局部过热的现象，当采用变频交流电源，可实现沿线伴热温度的易控性。

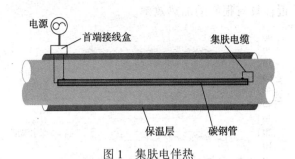

图1　集肤电伴热

1.2　试验装置

试验装置主要由三部分组成：由泵、双层保温管、检测显示系统组成的大型环道，具有排水、灌水功能实现海洋环境的船坞和由交流电源、变频器、集肤电缆等组成的集肤效应电伴热系统。实验管长约50m，由4段12m的管段焊接而成，采用由6吋内管和8吋外管组成的双层保温管，集肤伴热管装配于双层管之间对内管进行加热维温，共计设计三根伴热管，单根集肤功率

约为50W/m，两用一备，呈120°对称布置。为了监测试验过程中输送钢管内流体的温度变化情况，分别在距离起点5m、10m、15m和20m处设置了四个测温探头，其中1号探头和4号探头分别布置于贴近内管顶部和底部，2号探头和3号探头布置于接近内管中心位置，如图2所示。

1.3　组装过程及监测点

集肤效应电伴热系统的装配过程是整个装置安装过程的重点，即先将伴热管和内管进行组对焊接，并在伴热管与内管间隙处涂抹导热胶泥，使得伴热管散发的热量通过导热胶泥快速均匀的传导至内管。再套入外管并发泡，完成预制，然后将预制管段在试验场地组对焊接，最后穿入集肤伴热电缆并连接电源柜，具体如图3，该流程同海上安装铺设过程。管线连接完成后，为保证实验管的完整密封性，对接口处和两端进行补口和封堵，并对伴热钢管和内管分别施以0.2MPaG和0.32MPaG的压力，12h后，压力不变，表明系统密封较好，没有泄漏。

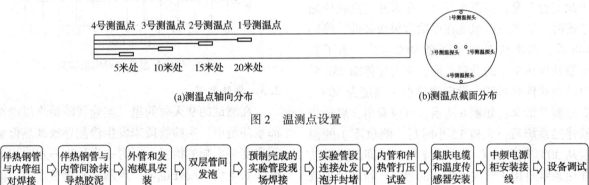

(a)测温点轴向分布　　　　　　　　　　(b)测温点截面分布

图2　温测点设置

伴热钢管与内管组对焊接 → 伴热钢管与内管间涂抹导热胶泥 → 外管和发泡模具安装 → 双层管间发泡 → 预制完成的实验管段现场焊接 → 实验管段连接处发泡并封堵 → 内管和伴热管打压试验 → 集肤电缆和温度传感器安装 → 中频电源柜安装接线 → 设备调试

图3　组装流程

2　试验结果

根据渤海油田生产经验，集肤伴热装置一般应用于环境温度较低的冬季或停输后的维温防凝。为此，这里重点研究低温（平均温度15℃）的海水环境下，在开启集肤伴热装置和不开启动集肤伴热装置时的沿线温度变化，以确定国产集肤伴热电缆的功能可行性。另外，为了测试电缆及其接线盒处的密封性，将其直接裸露于20m水深的船坞地面，检测其密封性能。

2.1　维温工况

在正常生产过程中，管内流体温度沿着管程不断下降。工程上，一般要求管线出口温度高于一定值（对于常规原油，一般是凝点+3℃）。但

在很多情况下，如大气液比的混输管道或低输量液相管道等，沿线温降很快，难以保证安全的输送。理想的结果是实际的管线沿线温度与设计值保持一致。为此，开启了集肤伴热系统，通过监控测试点1的温度来控制集肤伴热系统的启动与关闭，以及通过变频调节器调节输出加热功率。整个系统持续运行了数天，从实验结果来看，运行稳定，且达到理想的实验效果，图4中为整个实验最后两天的运行结果。说明国产化集肤伴热系统从功能上可实现伴热维温性能，变频调节避免了不断地启停，根据温降情况，提供相应的热功率，优化方案，减少热能消耗。

2.2　停输后温升工况

油气管道停输后沿线温度以较快的速度下

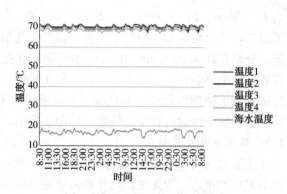

图 4 维温工况下各观测点温度

降,特别是当原油管道中含有天然气(因为气体的比热小)时。对于易凝原油来讲,当温度低于凝点会导致管线的胶凝;对于稠油来说,可能会因为低温造成黏度的大幅增大而难以实现再启动。所以,一般停输后需要对海管进行置换作业。而置换操作和置换准备工作需要耗费一定的时间,所以往往需要保证海管一定的安全停输时间,即尽可能的延缓停输后的沿线温降。当然最理想的是保持管线温度在一个恒定的安全值。对于此实验工况,如图 5 所示,在未开启集肤伴热系统时,监测点的温度在停输后很快降低,停输48h 后,温度从 70℃ 下降至 30℃ 左右。为了验证集肤伴热系统的升温性能,在上述停输 48h 后启动集肤伴热系统,设定测试点 1 温度为 80℃,观测温升情况,如图 6 所示,可以看出,启动集肤伴热系统后,大概 12 小时后,测试点 1 的温度从 30℃ 升至 80℃,并维持 80℃。即,该集肤伴热系统可用于管线内流体的温升,特别用于管线长时间停输后的再启动阶段。

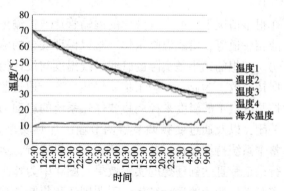

图 5 未开启集肤伴热系统的停输温降

集肤伴热系统的加热效率同样是个关键参数,为此,利用 OLGA 软件模拟了测试中的停输温降以及启动集肤伴热系统后的温升过程,如图 7 所示。从结果中可以看出,停输过程和温升过程与实际测试结果非常接近,再启动集肤伴热系

统后的 12h,测试点温度均达到了 80℃。说明测试的集肤伴热系统的加热效率与理论模拟值相接近,具有很好的加热效率。

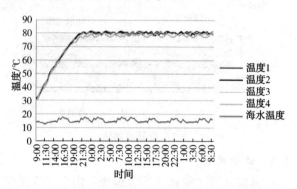

图 6 停输 48 小时后启动集肤伴热系统测试点持续温升

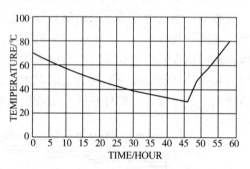

图 7 停输及温升过程模拟结果

2.3 物理性能

在测试的 9 天时间里,实验管段始终浸泡在海水环境中,实验管段未发生渗漏导致加热保温效果受到影响的情况,同时一直处于海水浸泡下的集肤电缆接线处也未出现漏电和腐蚀现象,保证了正常工作状态。实验结束后,整个实验装置未被拆除,在过去的两年时间里测试管段一直被浸泡在海水中,目前来看,也未出现渗漏、腐蚀、保温层失效等情况。由此可见,该国产化集肤伴热系统在物理性能的可靠性,可以满足浅水海域海底管道的维温运行。

3 结论

为了验证国产集肤伴热系统的功能性能和物理可靠性,在港口船坞内搭建大型试验装置,利用船坞排水、灌水功能实现海水覆盖的海洋环境,测试正常生产中的维温过程及停输后的升温过程。结果表明:开启集肤效应电伴热后,试验管段内温度很快达到设定温度,起到伴热保温效果,停输46h 后,启动集肤伴热装置,管内流体温度不断升高,并在启动集肤伴热装置后的 12h

达到设定值的 80℃，并与理论模拟值相接近。另外，在试验的 9 天时间里，试验管段未出现渗漏、腐蚀等原因影响加热保温效果现象。2 年后，该装置仍然处于良好状态，长期浸泡于海水下的集肤电缆接线处也未出现漏电和腐蚀现象。试验结果验证该集肤效应电伴热技术应用于海底管道的功能可行性和物理性能可靠性，为国产化集肤效应电伴热技术在海洋油气田的开发中提供参考。

参 考 文 献

［1］万宇飞，刘春雨，钱欣，等. 海底管道主动伴热维温技术应用研究进展［J］. 油气储运，2019，38（3）：1-9.

［2］潘长满，王为民. 集肤效应伴热技术在辽河油田的应用［J］. 管道技术与设备，2008（5）：13-14.

［3］仲志红，米鸿祥，眭峰. 集油管线集肤效应电伴热技术［J］. 油气田地面工程，2003，22（9）：26-26.

［4］赵庆福，王岳，杜明俊，等. 超稠油管道集肤电伴热效应实验与数值模拟［J］. 辽宁石油化工大学学报，2011，31（1）：40-42.

［5］杨红民. 集肤效应电伴热技术在港口输油管道工程中的应用［J］. 中国港湾建设，2003（3）：46-48.

［6］Fenster N, Rosen D L, Sengupta S, et al. Some design considerations for skin effect and impedance heat tracing applications and their control systems for transport of fluids in pipelines［C］. Vancouver：Petroleum and Chemical Industry Conference，1994：95-101.

火灾工况下海上平台压力容器泄放特性

唐宁依　万宇飞　黄　岩　陈建玲　王文光　张公涛

[中海石油(中国)有限公司天津分公司]

摘　要　泄压系统作为各设备设施的安全保障装置,在发生事故或火灾时对安全生产起到决定性保护作用。以渤海某油田中心平台原油处理一级分离器为依托,建立符合实际情况的工艺泄压模型。主要研究容器外部发生池火灾工况时,分离器内各关键参数的变化情况与泄压装置的泄放特性。结果表明:火灾工况下的泄放过程是个极其复杂的过程,分离器内物流组分和物性随时间发生变化,动态模拟可实时记录各关键参数随时间的变化情况;对于油气水三相混合物的泄放,一般取泄放初期阶段产生的极大泄放量作为最大泄放量;对于给定的分离器,火灾工况下应选取口径为 506.5mm 的 H 型式安全阀。

关键词　复杂物系,泄压,动态模拟,泄放量,安全阀

火灾工况是指盛装有挥发性物质的压力容器或设备的外界发生火灾,热量源源不断向容器内部输入,使内部流体的温度和压力不断升高。若无任何保护措施时,直接威胁着容器或设备甚至是整个工厂的财产与人身安全。

对于海上油气处理,因其空间小,外部不可控因素多,安全运行更是重中之重。因此,合理设计压力泄放装置成为关键。而油气水混合物是一种宽沸点范围的复杂多元混合物。当外界发生火灾,容器内的油气水混合物会在高温火焰的连续燃烧下,内部混合物的温度和压力逐渐升高,当达到压力安全阀(PSV)的设定压力时,开始泄放。随着热量的不断输入,内部温度持续升高,各组分物质依据沸点,由低到高逐渐汽化,并在PSV 的作用下,泄放出去,通过火炬系统燃烧。根据 API 520 和 API 521 的规定,分离器在火灾工况下安全阀的最大泄放压力为设定压力的 121%。

目前工程上常规做法由于未考虑油气物性随时间的变化,液位高度对最大泄放量的影响,也未考虑不同时间容器内组分的不同而存在一定的局限性。动态模拟作为一种先进的分析方法,可以实时捕捉各项关键参数随时间的变化情况,从而可以更加精确的分析整个过程,计算得到准确的泄放量和合适的安全阀型号。

1　工程概况

以渤海某油田中心处理平台上设置的一级油气处理分离器为例,利用 ASPEN HYSYS 软件动态模块研究在发生火灾时的最大泄放量、泄放特性、流体物性、流体温度等关键参数随时间的变化情况。该分离器为 3.6m(ID)×14m(TT)的带油槽和油堰的卧式三相分离器,处理后原油含水率为 20%。压力和液位的控制参数如表 1 所示。进入分离器油气水混合物的温度为 79.8℃,压力为 550kPa,流率为 7235kgmole/h,该物流组成如表 2 所示。

表 1　分离器压力和液位的控制参数

设定点	低低关断	低报警	正常工况	高报警	高高关断
压力/kPaA	350	450	550	750	900
分离段液位/mm	–	1000	1900	2400	–
油室液位/mm	400	–	–	–	2700
水室液位/mm	500	900	1600	2300	–

表 2　油气水混合物组分

组分	Mole/%	组分	Mole/%	组分	Mole/%
N_2	0.000197	$n\text{-}C_6H_{14}$	0.000212	NBP[2]806	0.00010
CO_2	0.000365	NBP[1]192	0.002522	NBP[3]127	0.01074
H_2O	0.865910	NBP[1]287	0.011900	NBP[3]278	0.01236
CH_4	0.024619	NBP[1]477	0.006527	NBP[3]446	0.01009
C_2H_6	0.001858	NBP[1]615	0.003194	NBP[3]561	0.00733
C_3H_8	0.001115	NBP[1]771	0.000564	NBP[3]706	0.00121
$i\text{-}C_4H_{10}$	0.000350	NBP[2]140	0.003030	NBP[4]136	0.01098
$n\text{-}C_4H_{10}$	0.000438	NBP[2]304	0.002759	NBP[4]294	0.01044
$i\text{-}C_5H_{12}$	0.000255	NBP[2]484	0.001360	NBP[4]493	0.00595
$n\text{-}C_5H_{12}$	0.000153	NBP[2]634	0.000531	NBP[4]639	0.00289

2 模型搭建

动态模型建立的一般做法是：首先在稳态环境中根据实际运行情况搭建工艺流程并收敛。然后输入各设备设施的表征参数，如分离器的直径、长度，阀门的 Cv 值，换热设备的 k 值，安全阀的设定压力、最大泄放压力等。

同时，添加进口流量、分离器压力、油相液位和水相液位的 PID 控制回路；

利用 Strip Charts 工具记录分离器内油水液位、压力、物流量、吸收热量和安全阀开度、泄

放量、泄放压力等关键参数；

利用 Event Scheduler 工具，建立火灾工况事故的控制逻辑；

使用 Spreadsheet 表格计算火灾工况下输入分离器的热量，并与分离器相关联；

利用 Cause & Effect Matrix 工具建立高高液位、低低液位和高高压力联锁切断。

最后转向动态模拟环境，运行、观测各变量的变化情况。

建立的火灾工况泄压系统动态模型如图 1 所示。

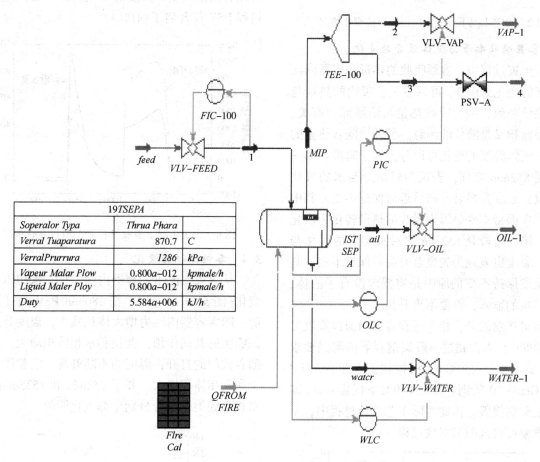

图 1　火灾工况泄压系统动态模型

3 泄放特性

外部发生火灾后，容器吸收的热量与容器内部沾湿面积有关，在发生火灾前，沾湿面积按正常液位时的沾湿面积考虑。假设正常运行 10min 后，外部发生火灾，记录容器压力、液位、吸收的热量、流体温度等关键参数的变化情况。

3.1 容器内压与液位的变化

随着火灾发生后热量的不断输入，温度不断

升高，轻烃气化使内部压力升高，280min 时内部压力达到 PSV 设定压力 1300 kPa，PSV 打开。450min 时容器内部压力（泄放压力）达到最大值 1512 kPa，不超过最大允许泄放压力 1573kPa。在 852min 时，压力有个突降，主要因为在该压力和温度下，水分全部气化，仅存高沸点组分。当热量继续输入，温度进一步升高，高沸点气化泄放。另外，如图 2 所示可以看出整个过程中液位的变化情况：在 PSV 阀未打开之前和水分泄

放之后，液位均缓慢升高，主要由于随温度升高，液体体积膨胀，高压体积收缩共同作用的结果。

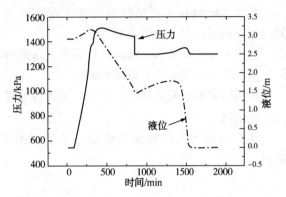

图 2　火灾工况下分离器内压和液位变化情况

3.2　容器吸收热量与流体温度的变化

在火灾过程中，容器吸收的热量和容器内流体温度的变化如图 3。可以看出，吸收的热量与液位趋势一致，因为吸收热量与沾湿面积有关，而沾湿面积又是液位的函数。另外，随着热量的输入，流体温度的变化可以分为两个阶段：第一阶段是 852min 之前，表现为轻组分与水的气化与泄放，温度先显著升高后近似保持不变，其中温度基本保持不变是因为吸收的热量转化为汽化潜热；第二阶段是 852min 之后重组分的气化与泄放，温度也表现为先显著升高后保持不变，其中的温度保持不变的原因是容器内没有了液体，即无热量的输入，温度不再升高。

值得注意的是，整个过程容器内流体温度可达到 698℃，大大超过一般碳钢容器的耐温要求（一般要求小于 450℃）。根据相关文献，ASTM A515 Grade 70 碳钢容器在 649℃下仅需 6min 即可发生破裂损毁。因此实际工艺设计过程中，不需考虑温度过高时的泄放过程。

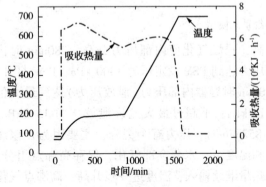

图 3　火灾工况下吸收热量和流体温度变化情况

3.3　PSV 泄放量与开度的变化

火灾过程 PSV 泄放量和开度变化如图 4 所示。可以看出，整个过程中出现了两个泄放量极大值，分别为 4026kg/h 和 7241kg/h，分别对应轻组分（包含水）和重组分的气化泄放，其中第二个极大泄放量约是第一个的 1.8 倍。而最大泄放量的大小直接决定着 PSV 阀型号的选择和火炬系统的计算。这里考虑到第二个泄放量下流体的温度已经达到 685℃，在实际过程中可能已经造成分离器的损坏，所以选择 4026kg/h 作为最大泄放量用于后续火炬系统计算的依据。另外还可以看出泄放量和开度的变化趋势一致，且整个过程 PSV 仅开启了两次。

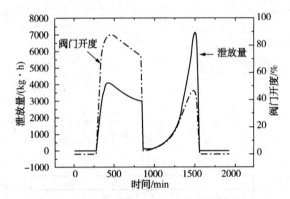

图 4　火灾工况下泄放量和 PSV 开度变化情况

3.4　各相体积的变化

从火灾工况下，容器内油、气、水相体积的变化（图 5）可以看出：在 280min PSV 阀打开之前，随着容器内压力增大体积减小，温度升高体积膨胀的共同作用，油相和水相体积增大。之后随着阀门的打开，温度的不断升高，液相体积减少和气相体积增大。并于 852min 和 1535min 时，水相与烃类重组分分别全部气化泄放。

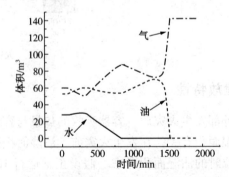

图 5　火灾工况下分离器中油、气和水相体积的变化情况

3.5　PSV 型号的影响

各种事故工况和火灾工况的泄放分析的目的

是选定一个合适的压力安全阀。若选定的 PSV 太小，容器内压力过高可能会损坏设备；若选定的阀门太大，可能会使 PSV 启闭频繁而损伤阀座[17]。这里对 G 型、H 型和 J 型三种 PSV 分别进行计算，得到整个过程容器压力和泄放量的变化情况。可以看出，G 型、H 型和 J 型的最大泄放压力（图 6）分别为 1888kPa、1512kPa 和 1397kPa，最大泄放量（图 7）分别为 3504kg/h、4025kg/h 和 4203kg/h。G 型 PSV 的最大泄放压力大于最大允许泄放压力 1573kPa，不能用于 CEPA-V-2001A 的火灾工况泄放。H 型和 J 型均可用于此一级分离器在发生火灾时的安全泄放，从经济的角度，选择 H 型阀门较为合适。

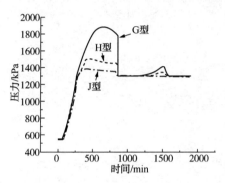

图 6　火灾工况下选用不同 PSV 时系统压力变化情况

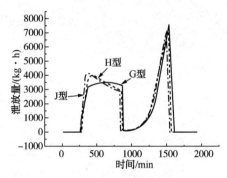

图 7　火灾工况下选用不同 PSV 时泄放量变化情况

综上，在整个火灾泄放过程中，分离器内部物质组成与物性随时间不断发生变化。因此泄放量的计算不能以进口物流的组成和物性作为计算依据。

4　结论

以某分离器为例，利用 ASPEN HYSYS 软件动态模块建立符合实际情况的工艺泄压模型。主要研究容器外部发生池火灾工况时，分离器内各关键参数的变化情况与泄压装置的泄放特性。研究表明：

（1）火灾工况下的泄放过程是个及其复杂的过程，尤其是当泄放油气水三相混合物时，分离器内物流组分和物性随时间发生变化，在计算过程中不能仅仅以分离器入口物流物性作为设计基础。

（2）对于油气水三相混合物的泄放，在整个过程中会出现两个极大泄放量，考虑到容器耐高温能力的限制，一般取泄放初期阶段产生的极大泄放量作为最大泄放量。

（3）对于给定的分离器，在火灾工况下，口径为 506.5mm 的 H 型式安全阀较为合适。

参 考 文 献

[1] 冯涛江. 压力容器安全泄放量的计算与安全阀的选择[J]. 中国化工装备，2008，10（4）：43-44.
[2] 刘茜，李春磊. 海洋平台压力容器安全阀最大泄放量的确定[J]. 船海工程，2013，42（3）：182-183.
[3] 李治贵，宫俭纯，姜来举. 海洋平台上安全阀的设计与选型[J]. 仪器仪表用户，2015（2）：96-98.
[4] 陈荣旗. 海上平台火炬系统设计泄放量的确定[J]. 中国海上油气：工程，1997（5）：4-7.
[5] 陈文峰，刘培林，郭洲，等. 复杂物系压力容器安全阀泄放过程的 HYSYS 动态模拟[J]. 天然气与石油，2010，28（6）：55-58.
[6] API RP 520（7th edition），Sizing Selection and Installation of Pressure-relieving Devices[S]. 1220 L Street, N. W., Washington, D. C. 20005. API Publishing Services，2000.
[7] API Standard 521（5th edition），Pressure Relieving and Depressuring Systems[S]. 1220 L Street, N. W., Washington, D. C. 20005. API Publishing Services，2007.
[8] Padula F, Visioli A. Tuning rules for optimal PID and fractional-order PID controllers [J]. Journal of Process Control, 2011, 21(1): 69-81.
[9] 杨智，朱海锋，黄以华. PID 控制器设计与参数整定方法综述[J]. 化工自动化及仪表，2005，32（5）：1-7.
[10] Alshammari Y M, Hellgardt K. A new HYSYS model for underground gasification of hydrocarbons under hydrothermal conditions [J]. International Journal of Hydrogen Energy, 2014, 39(24): 12648-12656.
[11] Aguilera P, Carlui L. Subsea Wet Gas Compressor Dynamics [D]. Norwegian University of Science and Technology, 2013.
[12] Park C, Lee C J, Lim Y, et al. Optimization of

recirculation operating in liquefied natural gas receiving terminal [J]. Journal of the Taiwan Institute of Chemical Engineers, 2010, 41(4): 482-491.

[13] Lee S, Jeon J, Lee U, et al. A Novel Dynamic Modeling Methodology for Boil-Off Gas Recondensers in Liquefied Natural Gas Terminals [J]. Journal of Chemical Engineering of Japan, 2015, 48 (10): 841-847.

[14] Coles A, Mahdian M, Thomson G. Application of dynamic simulation of compressor discharge safety instrumented over-pressure protection system [C]. Chemeca 2014: Processing excellence; Powering our future, 2014.

[15] 朱建鲁, 李玉星, 王武昌, 等. LNG 接收终端工艺流程动态仿真 [J]. 化工学报, 2013, 64 (3): 1000-1007.

[16] 李奇, 姬忠礼, 马利敏. 天然气脱酸气装置动态建模及分析[J]. 计算机与应用化学, 2012, 29(1): 27-30.

[17] 赵晶. 基于 HYSYS 常减压蒸馏装置动态模拟及控制研究[D]. 中国石油大学(华东), 2012.

立式储油罐油气爆炸数值模拟研究

舒均满　王淑敏　王召军　于　洋

（大庆油田工程建设有限公司）

摘　要　针对多年运行的储罐维修改造中，由于封堵不严、罐板腐蚀穿孔等原因，在焊接、切割、打磨时，极易导致火灾和爆炸事故发生。本文采用 Fluent 软件对 380m³ 小罐内油气爆炸进行数值模拟，对比分析不同油气浓度及罐内不同含氧量对油气在罐内爆炸及火焰扩散的影响。经研究表明，油气爆炸存在一个最佳浓度范围和最佳初始含氧量，同时点火温度越高，气体的活化分子越多，油气的爆炸燃烧速度越快，从数值计算的角度揭示了爆炸规律和机理，为储罐施工中施工人员提高安全风险意识及提升施工作业规范提供积极的借鉴和警示作用。

关键词　油气，储罐，爆炸，数值模拟

近年来，随着中国经济所依靠的石油能源的日益增长，油气储罐建设工程随之增多，储油罐储存着大量的易燃、易爆、易挥发的油品，由于明火、静电、自燃等原因，特别是多年运行的储油罐维修改造项目，由于封堵不严、罐板腐蚀穿孔等，在焊接、切割、打磨时，会导致火灾和爆炸事故的发生，威胁人们的生命安全，同时造成巨大的经济损失。本文针对 380m³ 储罐建立模型，采用有限容积法分析油气在储罐内的爆炸燃烧情况，对比分析不同工况下油气的爆炸燃烧时间及罐内温度场的变化情况，从数值计算的角度揭示爆炸规律和机理，为储罐施工中施工人员提高安全风险意识及提升施工作业规范提供积极的借鉴和警示作用。

1　模型建立

1.1　物理模型

由于油气爆炸发生在罐内，几何结构较为简单，采用直径为 8m，高为 12m 的二维几何模型，在储罐罐内右上方设置点火源，点火源半径为 10mm，模型的网格划分采用四面体网格，网格尺寸 20mm，对点火区域网格局部细化，几何模型及网格划分见图 1。

1.2　控制方程

密闭空间气体爆炸过程是一个快速的燃烧反应过程，满足质量守恒、动量守恒、能量守恒及化学组分平衡方程，本文通过 Navier-Stokes 方程组进行 Reynolds 平均，采用 k-ε 模型描述湍流，从而实现方程组的封闭。

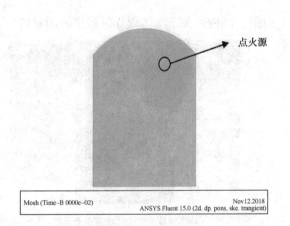

Mosh (Time-B 0000e-02)　　　Nov12.2018
ANSYS Fluent 15.0 (2d. dp. pons, ske. trangient)

图 1　储罐结构图及网格划分

质量守恒方程：

$$\frac{\partial \rho}{\partial t} + \frac{\partial \rho u_i}{\partial x_i} = 0 \qquad (1)$$

动量守恒方程：

$$\frac{\partial \rho u_i}{\partial t} + \frac{\partial}{\partial x_j}\left(\rho u_t u_j - u_e \frac{\partial u_i}{\partial x_j}\right)$$

$$= -\frac{\partial P}{\partial x_i} + \frac{\partial}{\partial x_j}\left(\mu_e \frac{\partial u_j}{\partial x_j}\right) - \frac{2}{3}\left[\delta_{ij}\left(\rho k + \mu_e \frac{\partial u_k}{\partial x_k}\right)\right] \qquad (2)$$

能量守恒方程：

$$\frac{\partial \rho h}{\partial t} + \frac{\partial}{\partial x_j}\left(\rho u_j h - \frac{\mu_e}{\sigma_h}\frac{\partial h}{\partial x_j}\right) = \frac{Dp}{Dt} + S_h \qquad (3)$$

化学组分平衡方程：

$$\frac{\partial (\rho Y_{fu})}{\partial t} + \frac{\partial}{\partial x_j}\left(\rho u_j Y_{fu} - \frac{\mu_e}{\sigma_{fu}}\frac{\partial Y_{fu}}{\partial x_j}\right) = R_{fu} \qquad (4)$$

式中，R_{fu} 为燃烧速率，kg/(m³·s)；Y_{fu} 为可燃组分的质量分数；k 为单位质量湍流动能，m²/s²；h 为比焓，J/mol；S_h 为能量源项。

2　初始条件及边界条件设置

计算模型选择二维双精度模型压力求解器，采用SIMPLEC算法，加入有化学反应的组分运输模型，罐内已庚烷作为单一油气进行模拟，罐内压力为1标准大气压，初始油气浓度、罐内初始氧气浓度分析油罐爆炸燃烧的点火温度设置为1200K，不同时刻不同温度油罐油气爆炸燃烧的初始点火温度分别为600K和1200K，其他区域温度为313K，整个区域初速度设置为0，对于罐壁面按典型的无滑移、无渗透边界设定，材料为钢材，壁厚为0.01m，壁面绝对粗糙度为0.001m，对。

3　数值模拟结果及影响因素分析

目前，国内外关于气体爆炸过程影响因素研究较多，但大部分研究集中于爆炸发展规律和爆炸机理，而对于密闭储罐气体爆炸过程影响因素的定量分析较少。本文基于380m³小罐，分别分析初始油气浓度、罐内初始氧气浓度及初始点火温度对油罐爆炸燃烧情况的影响。

3.1　罐内油气初始浓度对油罐油气爆炸过程的影响

如图2所示，分别表示不同时刻2.5%油气浓度和6%油气浓度爆炸燃烧温度场云图，从图中可以看出，浓度为2.5%的油气燃烧至整个罐需要1.6s，而浓度为6%的油气则需要2.6s，且燃烧趋于稳定时的温度分别为2240K和1870K，这是因为，油气的燃烧浓度存在一个最佳浓度值，通过相关文献可知庚烷的最佳燃烧浓度为2%～3%[6]，只有处于最佳值范围内，爆炸燃烧才会释放出最大的能量，燃烧温度达到最大。

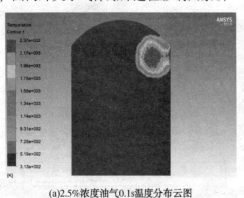
(a)2.5%浓度油气0.1s温度分布云图

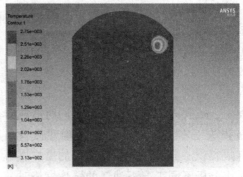
6%浓度油气0.1s温度分布云图

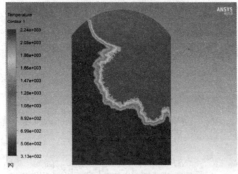
(b)2.5%浓度油气1s温度分布云图

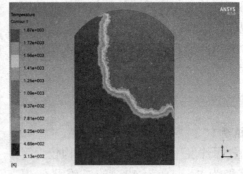
6%浓度油气1s温度分布云图

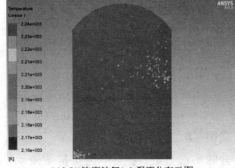
(c)2.5%浓度油气1.6s温度分布云图

6%浓度油气1.6s温度分布云图

图2　不同时刻不同油气浓度油气爆炸燃烧温度分布云图

3.2 罐内初始氧气浓度对油罐油气爆炸过程的影响

如图3所示，分别表示罐内初始含氧量21%和15%情况下不同时刻的油气爆炸燃烧温度分布云图，从图中可以看出，21%的含氧量条件下油气爆炸燃烧进行的过程较快，同时温度明显高于15%含氧量的油气爆炸温度，这是因而罐内初始氧气含量存在一个最优值范围，当罐内初始氧气浓度低于最佳值时，气体则会发生贫氧燃烧，不但会降低燃烧火焰的发展速度，同时也会降低燃烧温度。

3.3 初始点火温度对油罐油气爆炸过程的影响

如图4所示，分别表示初始点火温度分别为600K和1200K情况下不同时刻的爆炸燃烧温度分布云图，从图中可以看出，点火温度为600K的油罐，0.6s时的最高温度为1590K，而1200K的油罐此时已经进入稳定燃烧阶段，温度达到了2240K，到达1s时点火温度较低的储罐也进入稳定燃烧阶段，相比于点火温度高的储罐，燃烧进程相对较慢，这是因为相同条件下，气体点火温度越高，气体的活化分子越多，因而使得燃烧反应速度加快。

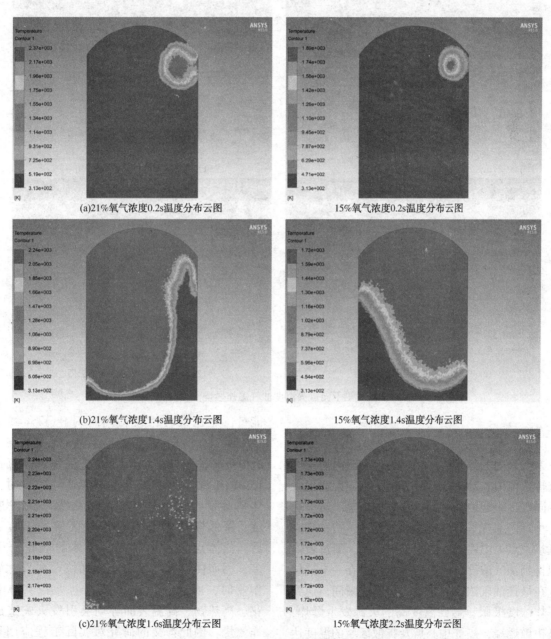

(a)21%氧气浓度0.2s温度分布云图　　15%氧气浓度0.2s温度分布云图

(b)21%氧气浓度1.4s温度分布云图　　15%氧气浓度1.4s温度分布云图

(c)21%氧气浓度1.6s温度分布云图　　15%氧气浓度2.2s温度分布云图

图3　不同时刻不同含氧浓度油气爆炸燃烧温度分布云图

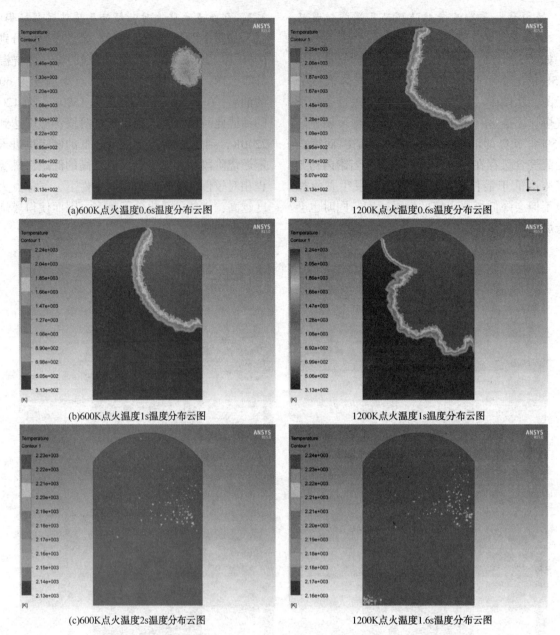

(a)600K点火温度0.6s温度分布云图　　　　　1200K点火温度0.6s温度分布云图

(b)600K点火温度1s温度分布云图　　　　　1200K点火温度1s温度分布云图

(c)600K点火温度2s温度分布云图　　　　　1200K点火温度1.6s温度分布云图

图4　不同时刻不同点火温度油气爆炸燃烧温度分布云图

4　结论

本文采用 Fluent 软件对 380m³ 小罐内油气爆炸进行数值模，对比计算并分析了不同影响因素下不同时刻小罐内油气的爆炸燃烧情况。结果表明，小罐内油气爆炸燃烧受油气浓度、初始罐内含氧量及点火温度等不同因素的影响，通过数值模拟得到油气浓度和罐内含氧量均存在一个最佳值，在最佳油气浓度和初始含氧量的瞬间，达到了爆炸浓度极限，遇到温度高的火源发生爆炸，并且扩散燃烧，爆炸中心点及扩散区域的温度达到最大。基于本文所研究内容可知，2.5%油气浓度的爆炸可以达到最大的温度并释放出最大的能量，处在最佳浓度，同时对比了含氧量为15%和21%时的油气爆炸温度，模拟结果表明21%含氧量条件下油气爆炸进程优于含氧量为15%的工况，低于初始罐内含氧量21%时，气体则会发生贫氧燃烧，会减缓爆炸的发展速度，降低爆炸中心点及扩散区域的温度。最后，气体点火温度越高，气体的活化分子越多，因而使得燃烧反应速度加快。在日常施工作业时，明火、焊渣飞溅、电火花、静电火花、高热物、高温表面等均会引发火灾造成爆炸燃烧，因此本文的研究对实际工程应用具有积极的借鉴和警示作用。

参 考 文 献

[1] 张元秀，王树立. 储油罐火灾的原因分析及控制技术[J]. 工业安全与环保. 2007，(4)：20-21.

[2] 邢志祥，周燕，戴闯. 油气储罐火灾爆炸风险模拟评估方法研究及软件系统开发[J]. Computers and Applied Chemistry，2010，27(8)：1055-1058.

[3] 王志荣. 受限空间气体爆炸传播及其动力学过程研究[D]. 南京：南京工业大学，2005.

[4] 王志荣，蒋成军. 受限空间工业气体爆炸研究进展[J]. 工业安全与环保，2005，31(3)：43-46.

[5] 金果. 可燃性气体云爆炸研究[D]. 大连：大连理工大学，2000.

[6] 杜扬，欧益宏，梁建军. 受限空间油气爆炸数值模拟研究[M]. 北京：中国石化出版社，2016：107-174.

[7] 王海燕，陈超锋，段朝阳等. 储油罐火灾事故数值模拟与理论计算的对比[J]. 安全. 2017，(8)：21-23.

[8] 高建丰，杜扬. 模拟油罐油气混合物爆炸实验与数值仿真研究[J]. 后勤工程学院学报. 2007，(1)：79-83.

[9] 赵丹阳，魏雪英，王书明. 加油站埋地储油罐爆炸的数值模拟[J]. 2014，(4)：573-577.

基于 ANSYS 的轻便型电动开孔机强度校核

惠文颖

（国家管网集团西部管道有限责任公司）

摘　要　为了校核某型电动开孔机结构是否安全可靠，用 ANSYS 软件准确地分析处于外力作用下的构件内部状态是一种有效的校核方法。本文以 QKKJ-200-00 轻便型电动开孔机为校核对象，基于 ANSYS 软件建立了关键构件的有限元模型。进一步对该开孔机的关键零件即联轴器键槽及连接键和扁口分别进行了强度校核。仿真结果证明该开孔机结构设计完全满足强度要求。实际开孔机的工程应用证明，通过 ANSYS 进行强度校核分析准确直观，对提高设备的安全性，优化性能，降低事故的发生率具有重要意义。

关键词　强度校核，电动开孔机，有限元，ANSYS

1　引言

在石油、化工、城市建筑、以及海洋工程中，广泛使用管道进行介质输送，当需要在管道上开孔或者增设分支管道，电动开孔机是实现其作业技术的一种专用设备。由于作业场所的需要，轻便型开孔机更适合运输，安装和作业。为了设计质量更轻的开孔机，该设备的强度校核就变得尤为重要。一旦校核计算出现失误，后果将是不可设想的，严重的话将会造成重大安全事故与经济损失。

采用理论计算进行强度校核时往往会面临着构件结构复杂、公式较多等问题，从而导致理论计算时受力分析的难度大大增加、求解出的数值在精度和准确度上也会大打折扣，这将影响轻便电动开孔机产品的强度校核，严重的话将造成重大安全事故。基于 ANSYS 进行强度校核，可以有效地防止设计失误，保证设计安全可靠，并且可以进一步完成性能优化[14]。

本文通过对轻便型开孔机的关键部件通过有限元分析的方法进行强度校核。根据仿真结果，该轻便型开孔机设计参数满足强度标准，为结构设计进行质量优化提供了理论依据。

2　有限元分析法

ANSYS 软件是融结构、流体、电场、磁场、声场分析于一体的大型通用有限元分析软件。由世界上最大的有限元分析软件公司之一的美国 ANSYS 开发，它能与多数 CAD 软件接口，实现数据的共享和信息交换，是现代产品设计中的高级 CAD 工具之一。软件主要包括前处理模块，分析计算模块和后处理模块三个部分。前处理模块可以方便地构造有限元模型。分析计算模块可以进行结构分析。后处理模块提供了计算结果以彩色等值线显示、梯度显示、矢量显示、粒子流迹显示、立体切片显示、透明及半透明显示等图形方式。

3　有限元模型建立及分析

为了有限元法能更好的处理开孔机的强度校核，选取 QKKJ-200-00 轻便型电动开孔机中 QKKJ-200-30 号零件建立有限元模型，并分别对其中联轴器键槽、连接键和扁口进行强度校核。

根据图纸，QKKJ-200-30 联轴器如图 1 所示，联轴器材质为 45#钢调质处理 HBS220-260。

3.1　联轴器校核

电机最大启动转矩为 16.1Nm，键槽处外圆直径 39mm，键槽宽度 8mm，轴向两端开通，有限元模型如图 2 所示。

取材料屈服强度 345MPa，载荷为扭矩 16.1Nm。如图 2 可以看出最大应力在靠近联轴器固定端键槽受力侧根部；最大应力值为：1.806×10^7 Pa，并且小于 345MPa，强度满足要求。

3.2　连接键校核

选择平键 8×7×40，有限元模型如图 3 所示。

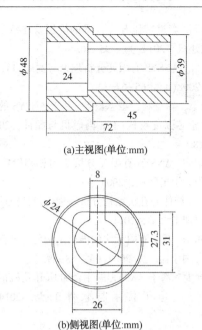

(a)主视图(单位:mm)

(b)侧视图(单位:mm)

图 1　QKKJ-200-30 联轴器

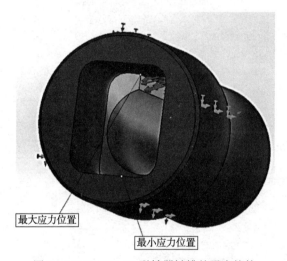

图 2　QKKJ-200-30 联轴器键槽的强度校核

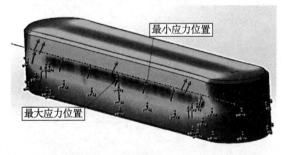

图 3　QKKJ-200-30 联轴器连接键的强度校核

取材料屈服强度 345MPa，载荷为扭矩 16.1Nm。如图 3 可以看出最大应力在键中部与键槽接触部位；最大应力值为：1.424×10^8 Pa，并且小于 345MPa，强度满足要求。

3.3　扁口强度校核

　　如图 1 所示联轴器的材质为 45# 钢；如图 4

所示的蜗杆材质是 40Cr 合金结构钢。转矩通过图 2 中的扁口传递到图 1 的联轴器时无滑动，因此可认为静连接。

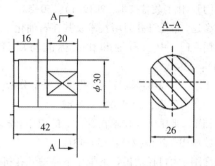

图 4　QKKJ-200-30 蜗杆(单位：mm)

　　电机最大启动转矩为 16.1Nm，扁口处外圆直径 48mm，扁口尺寸宽度为 26mm，轴向长度为 24mm，有限元模型如图 5 所示。

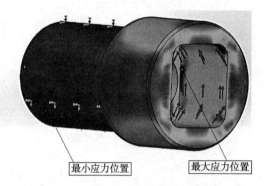

图 5　QKKJ-200-30 联轴器扁口的强度校核

　　取材料屈服强度 345MPa，载荷为扭矩 16.1Nm。如图 5 所示可以看出最大应力在扁口轴向根部；最大应力值为：1.350×10^7 Pa，并且小于 345MPa，强度满足要求。

4　结论

　　本文根据 QKKJ-200-00 轻便型电动开孔机的零件数据，绘制了二维平面图。并在 ANSYS 软件中建立了关键零件 QKKJ-200-30 的三维有限元模型。通过把零件的实际数据，材料参数导入并进行处理，最后进行强度校核，得出该轻便型开孔机设计参数满足强度标准。

　　由 ANSYS 软件仿真建模可知，通过采用有限元分析法能更直观且准确的测定出应力分布，根据零件上应力的极值便可判断该零件强度是否符合要求。基于 ANSYS 对开孔机进行强度校核，防止了发生重大安全隐患以及经济损失的可能，是一种有效的校核方式，解决了以往通过公式计算带来的误差进而导致重大安全事故的问题。

参 考 文 献

[1] 杜应军. 海底管道不停产带压开孔技术的应用于分析[J]. 化工装备技术, 2019(1): 50-53.

[2] 初彦廷. 带压开孔封堵技术及其在石油化工企业的应用[J]. 中国石油和化工标准与质量, 2011(4): 238.

[3] 余正刚. 管线不停输带压开孔技术安全分析[J]. 化工设备与管道, 2013(4): 79-82.

[4] 程拥军. 带压开孔技术在管道上的应用和拓展[J]. 科技展望, 2015(27): 130-131.

[5] 赵彦刚. 大口径油器管道带压不停输开孔机的开发研究[D]. 南京: 南京航空航天大学, 2012.

[6] 王皓. 影响带压开孔的危险因素分析与控制对策研究[J]. 中国石油和化工标准与质量, 2019(1): 37-38.

[7] 朱荣国. 管道带压开孔技术的应用及注意事项[J]. 安徽建筑, 2014(4): 95-96.

[8] 宁连旺. ANSYS 有限元分析理论与发展[J]. 山西科技, 2008(4): 65-67.

[9] 范维果, 崔盈利, 霍志毅等. 基于 ANSYS 的 BSC 赛车后轮芯强度校核[J]. 内燃机与配件, 2019(5): 27-28.

[10] 李黎明. ANSYS 有限元分析实用教程[M]. 北京: 清华大学出版社, 2005.

[11] 杨啸. 筒体开孔机结构分析与优化设计[D]. 兰州: 兰州理工大学, 2011.

[12] 林伟华. 基于有限元法的港机结构的开孔问题研究[J]. 中国水运, 2007(6): 68-69.

[13] 朱允龙. 基于 ANSYS 的手动带压开孔机的优化设计[J]. 电子技术与软件工程, 2014(20): 141-143.

天然气站场大口径埋地工艺
管道内检测技术应用

贾海东　阙永彬　陈翠翠

（国家管网集团西部管道有限责任公司）

摘　要　长输管道内检测技术是缺陷检测的高效有效手段。天然气站场埋地工艺管道检测一直是困扰管道运营商的难题。常用的外部超声导波检测有诸多限制和不足。而站内埋地管道内检测受限于管道路由复杂，管道与站内设备、管件相连，缺乏必要的检测入口等限制条件。本文就国内外站内工艺管道典型的内检测机器人技术进行了介绍和对比，并对该技术进一步发展应用进行了展望。

关键词　天然气站场，埋地工艺管道，内检测，应用

1　前言

天然气站场埋地工艺管道检测一直是困扰管道运营商的难题。与站内埋地管道管体缺陷相比，焊缝缺陷的检测更加困难。站场常用的超声导波检测，易受到三通、弯头、埋地土壤等影响，导波信号会衰减，实际检测距离短，仅能检测管道截面积3%以上管体缺陷，不能对焊缝进行检测。对于西气东输一线、二线、三线站场大口径厚壁埋地管道，检测精度不高且不能对缺陷周向进行精确定位。为了实现对站内工艺管道管体及焊缝全面检验，当前仍采用大开挖检测手段。管道开挖后，进行目视、超声、射线等无损检测。

天然气长输管道内检测技术目前已非常成熟，变形内检测，漏磁内检测已普遍开始应用[1-6]。不少管道运营单位也积极开展了轴向应变、超声测厚、超声裂纹等内检测新技术研发及推广应用。站内埋地管道不同于长输管道，其路由复杂，并与收发球筒、过滤器、压缩机、阀门、三通、弯头等站内设备、管件相连，部分三通处设置了挡条，管道水平和垂直交错布置。这些限制条件增加了站内埋地工艺管道内检测的难度。本文就国内外站内工艺管道典型的内检测机器人技术进行了介绍和对比，并对该技术进一步发展应用进行了展望。

2　站内工艺管道内检测机器人研究进展

国内外站内工艺管道内检测机器人主要有两类产品。一类为需要全站放空后开展检测的产品，这部分产品当前占绝大多数。另一类为不需要全站放空也可实现检测的产品。

2.1　放空管道检测机器人

广州普远科技有限公司开发了拖缆内窥检测机器人（图1）。该设备用管道闭路电视实时采集的视频对管道内部状况进行检测和评估。该设备具备防爆性能，配置爬行系统、摄像头、照明以及远传遥控模块，可以实时进行设备遥控和视频影像监测记录，也可根据检测需求搭载无损检测模块对管道缺陷进行进一步检测、分析。该系统通过一根电缆实现供电、信号传输。

图1　内窥检测机器人

德国管道超声检测爬行器（图2）集成搭载了超声检测技术、激光技术和高清视频技术。检测时需放空管道检测。爬行器可通过1.5D曲率连续弯管，可双向通行，可以上下90度立管，超声最长检测距离300米，自带驱动力，无需介质，可采集实时数据，直接识别和测量缺陷。

图 2　德国管道超声检测机器人

美国电磁超声检测（EMAT）爬行器（图 3），可检测管径范围：8～54 英寸。可通过垂直立管，需放空实现检测。最长检测距离 500 米。高分辨率设备长宽深检测阈值分别为 ≥1mm，≥20mm，≥10mm，检测精度分别为±0.5mm，±3°，±10mm。最小未融合和裂纹开口宽度 ≥0.01mm。可检测与管道轴向夹角±5°以内裂纹缺陷。

俄罗斯 IntroScan 公司研制出超声波扫描探伤仪 A2072 站内检测机器人（图 4）通过锂电池供电，可以通过直管、三通、弯管，并且能够检测外径大于 500mm 的管道，最远可到达 1km（双向）的范围内进行检测。

系统由多功能主机、检测模块及数据数理系统三部分组成。多功能主机是通过电池驱动运动模块上的永磁体磁轮吸附在管道内外壁上，利用无线遥控的方式控制其在管道内任意位置检测。检测模块由视觉检测模块（VT）和超声检测模块（UT）组成。

图 3　美国电磁超声检测机器人

　(a)多功能主机　　　　　　(b)云台相机　　　　　(c)干耦合超声阵列

图 4　A2072 站内检测机器人

数据处理系统由现场控制系统和后台云计算的服务器组成，现场控制系统可对无线控制信号、视频信号、超声采集信号进行实时的处理，后台云计算系统可对所有采集的信号进行存储及缺陷分类。

UT 模块可采用干耦合点接触阵列超声或电磁超声探头对管道本体和焊缝进行无损检测，同时还可以携带激光投影仪，甲烷传感器等对管道内部情况和气质进行检测。该设备需要全站放空后实施检测，目前已在俄罗斯进行了大面积应用。

干耦合阵列超声采用压电超声探头，利用脉冲激发晶片震动产生超声波，应用 20-800KHZ 范围内的低频超声。探头前端采用耐磨的陶瓷设计，通过接触法来进行超声检测，可对管道本体内外壁金属缺陷、管线壁厚变化测量，可对腐蚀和裂纹缺陷类型有效检测。在金属缺陷检测过程中，采用 60KHZ 时，可测量金属 ≥15% 壁厚缺陷；采用 300KHZ 时，金属 ≥5% 壁厚缺陷。

2.2　不需放空管道检测机器人

在北美使用了管道漏磁检测爬行器（图 5）。他是一种集成了高清视频技术、激光技术和高清漏磁技术的新型管道爬行器。采用前后双摄高清镜头，可在线充电，不需要收发球筒，不密封管道，自带动力，可不放空实现站内管道在线检测。管径范围 10～36 英寸，可通过背靠背弯管，可通过 50%缩径。

2.3　对比分析

对上述 5 种站内内检测机器人主要性能进行对比（表 1），其中 2 种采用拖缆进行供电和通讯，其他 3 种自带电源提供运行动力。2 种通过无线方式传送实时视频图像。最长检测距离从300米到1公里，北美管道漏磁检测爬行器可在线充电。运行距离受限于缆绳长度和机器人电源

能力。在检测能力方面，主要依赖机器人所携带的检测单元能力，一般都集成了激光、高清视频成像等功能。

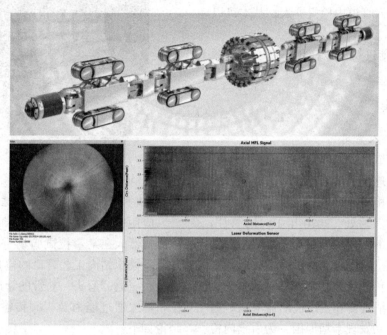

图5　北美管道漏磁检测爬行器

表1　站内内检测机器人性能对比表

序号	项目	是否放空管道	供电方式	通讯方式	通过能力	检测能力	最长检测距离
1	内窥机器人	是	拖缆	拖缆	30°斜坡	可携带检测单元	1公里
2	德国管道超声检测爬行器	是	拖缆	拖缆	1.5D连续弯头，立管，双向通行	携带超声检测单元、激光、高清视频	300米
3	美国电磁超声检测	是	自带电源	/	垂直立管	管体金属损失、环焊缝缺陷	500米
4	俄罗斯站内检测机器人	是	自带电源	无线	500mm口径以上管道、三通、立管	管体金属损失、环焊缝缺陷	1公里
5	北美管道漏磁检测爬行器	否	自带电源	无线	可通过背靠背弯管，可通过50%缩径	管体金属损失、环焊缝异常	可在线充电

除内窥机器人仅能通过30°斜坡外，其余4种均可通过垂直立管、三通等。以西气东输二线、三线合建的某压气站为示范站场，分析了可投入管道内检机器人的接口及可检测的管道长度。

（1）检测机器人从收球筒或发球筒进入，可实现从收发球筒到进出站之间的管道的检测。由于进出站三通有挡条，不能通过三通对进入站内工艺管道进行检测。

（2）检测机器人从压缩机进口法兰处进入，汇管三通无挡条。可在压缩机大修时，拆卸进口法兰，在通讯允许的条件下，完成进站过滤器后

管道到压缩机进口之间的管道检测。

（3）检测机器人从西三线压缩机出口汇管的预留管线设置临时收发球筒进入，实现西二线、西三线压缩机出口管线至空冷器一直到发球筒部分主工艺管线检测。

（4）检测机器人可以通过过滤分离器盲板进入，实现西二线、西三线进站三通到过滤分离器之间的管道检测。

（5）全越站管道无法通过拆卸方式进行内检机器人检测。西二线进站三通-1101阀-出站三通之间的管道未找到可拆卸入口（约120m）。西

三线情况类似。

通过上述分析，现有站场可借助收发球筒、压缩机检修期进出口法兰、压缩机预留管线、过滤分离器盲板等投入管道内检机器人，基本可以覆盖约90%以上主工艺管道。

4种机器人只能进行离线检测，仅1种机器人可实现在线检测。

3 现场应用效果

3.1 管道内窥机器人应用

对某天然气管道进行内检测时，发现清管器及变形检测器在发球筒至出站管道间出现卡堵情况。通过对变形内检测数据进行分析，将卡堵位置定位在发球筒后三通处。2020年10月，利用广州普远公司开发的内窥检测机器人对某站内发球筒至三通处管道进行内窥。内窥机器人运动平稳，实时视频图像传输稳定，发现三通挡条存在凸台(图6)，导致清管器和变形检测器卡堵。通过该技术应用，成功发现卡堵原因，为后续内检

测器改造提供了重要资料。

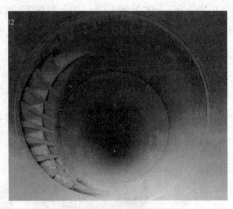

图6 内窥视频图像

3.2 俄罗斯站内检测机器人应用

应用俄罗斯超声波扫描探伤仪A2072站内检测机器人在某牵拉试验场进行了应用和验证。预制了模拟站内工艺管道的包含同心大小头、直管段、三通、弯头、立管的管道1座(图7)，用于机器人通过能力及视频传输、通信能力验证。结论如下：

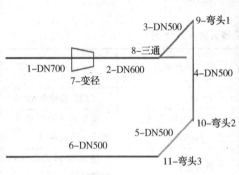 

图7 通过能力验证管列

（1）可自由通过DN500以上的直管段、弯头、变壁厚、三通和立管，但在DN500管道中转向、掉头困难。

（2）在7.9mm壁厚的管件上有滑落现象发生，大于8.0mm壁厚的管件上吸附牢固。

（3）可通过连续弯头，可控制行进方向，管道内有铁锈等杂质时，永磁体吸附杂质后，影响其爬行、回退能力。

（4）可实时传输视频图像和超声检测图像，可以发现环焊缝内表面成型状况和管道内壁加工的沟槽缺陷。（图8）

在缺陷检测方面，在某DN1016标准样管中进行了验证。标准样管加工了管体金属损失和未熔合、气孔、夹渣等环焊缝缺陷，通过验证发现，可以检出部分管体金属损失和环焊缝缺陷

（图9），但也存在部分缺陷漏检。对其检测能力还需进一步验证。

4 展望

站内埋地工艺管道内检测技术有非常广阔的应用前景和应用需求，当前该技术仍处在研究和应用阶段，开发出一种高可靠性站内工艺管道内检测载体，在其上搭载各种成熟的无损检测单元，进行各项检测技术的集成是今后该技术的进一步发展方向。

站内工艺管道天然气在最大流量条件下，各站进出站管道、全越站管道、压缩机进出口汇管介质流速在10m/s以上，最高达到15.1m/s。在运行条件下开展在线检测易受到气体流动影响更加困难。国内西二线站场与西三线合建，进出站

和压缩机组进出口增加了连接管线，其站内管容积约为 1150m³，一般合建站场的管容积约为 2250m³。正常运行情况下，压缩机组上游压力约为 8.3MPa，压缩机组下游压力为 11.8MPa，根据管容和工作压力，计算得出合建站场站内管存气量约为 22×10⁴Nm³。对全站放空和置换目前

尚未进行过相关操作，会造成天然气损失和额外氮气费用投入，放空条件下开展站内内检机器人检测可行性较低。如何保证站内内检测机器人在站场停输条件下带压运行检测是后续可开展研究的关键技术。

图 8　视频图像

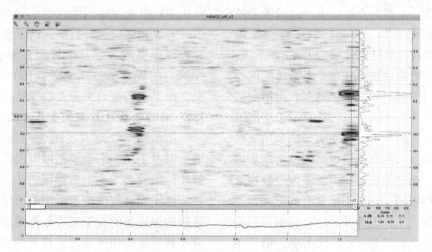

图 9　25%金属损失缺陷检测信号图

参 考 文 献

[1] 冯庆善, 张海亮, 王春明, 等. 三轴高清漏磁检测技术优势及应用现状[J]. 油气储运, 2016, 35 (10): 1050-1055.

[2] 王富祥, 冯庆善, 张海亮, 等. 基于三轴漏磁内检测技术的管道特征识别[J]. 无损检测, 2011, 33 (1): 79-84.

[3] 王富祥, 冯庆善, 王学力, 等. 三轴漏磁内检测信号分析与应用[J]. 油气储运, 2010, 29 (11): 815-817.

[4] 冯庆善. 在役管道三轴高清漏磁内检测技术[J]. 油气储运, 2009, 28(10): 72-75.

[5] 杨理践, 邢磊, 高松巍. 三轴漏磁缺陷检测技术[J]. 无损探伤, 2013, 37(1): 9-12.

[6] 杨理践, 耿浩, 高松巍. 长输油气管道漏磁内检测技术[J]. 仪器仪表学报, 2016, 37(8): 1736-1746.

企业数据仓库建立与应用

姜　涛

（大庆油田有限责任公司）

摘　要　企业级数据仓库如今在各个行业都已经广泛应用，国内各行业的大型企业已经开始重视分析性业务系统的战略布局，并将企业级数据仓库产品的选型列为重中之重。大型企业的数据仓库系统需求基本上都具有大数据量、高性能、高可用性、可扩展性、灵活性、易于管理等特点。本文以大庆油田物资公司构建数据仓库的案例为基础，对筹建数据仓库决策支持系统的优化解决方案进行了初步探讨。

关键词　数据仓库，决策支持，联机分析处理，数据挖掘

大庆油田物资公司，是油田唯一的专业化物资服务保障单位，主要负责油田生产建设所需的一、二级物资集中采购、仓储、供应和物流服务。随着数据库技术的迅速发展以及 ERP 系统、中油合同系统、物采系统等各种业务系统的广泛应用，物资公司积累的数据越来越多。激增的数据背后隐藏着许多重要的信息，管理层希望能够对其进行更高层次的分析，以便更好的利用这些数据。目前的各种应用系统可以高效地实现数据的录入、查询、统计等功能，但无法发现数据之间存在的关系和规则，无法根据现有的数据预测未来的发展趋势。正是因为缺乏挖掘数据背后隐藏知识的手段，从而导致了"数据太多，信息不足"的现象。因此，物资公司数据仓库的建立与应用已经成为必然。

1　理解物资系统数据仓库

在物资公司单个业务单元中，基于 ERP 系统、物采系统、中油合同等各种操作型系统的数据应用已经存在很多年了。管理人员经常会理直气壮地问为什么现存的系统不够用呢？要回答这个问题，需要阐明与数据仓库相关的风险和收益。首先，考虑面临的风险，很少有人理解操作型系统与决策支持系统的差别；很难将数据集成带来的收益概念化和具体化；由于静态报表已成为标准，用户很难适应交互式的数据界面；很难在整个项目周期中都得到普遍的支持。接着，考虑潜在的收益，数据仓库将会提供毫无疑义的数据集成，确保整个物资系统的数据真实性和一致性；联机分析处理系统（OLAP）将通过一个生动并且易于使用的界面给高层管理者提供新奇的决策支持透视服务；运用数据分析预处理能使业务分析专家迅速发现问题并很快建立解决方案；对服务对象和供应商会有更深的了解，利于提高物资管理项目的效率；常规报表不再需要借助于 IT 部门的先进的技术服务；用户能够获得元数据，即关于数据的来源及数据转换方式的信息。

1.1　操作型系统与决策支持系统

虽然物资管理人员经常与操作型系统打交道，但对于在整个企业范围内提供决策支持的了解还是经验尚浅。一个错误的认识是，各种业务系统已经能够提供企业范围的决策支持。操作型系统的设计目的在于实现数据的快速存取，任务或小数据集的快速处理。规范的关系数据库在进行数据的插入、更新和删除操作时能确保数据的完整性，并能优化在多表间进行数据存储的机制。用于决策支持的统计分析需要平滑的数据以及满足查询的最低粒度级。

决策制定者借助于一些软件工具进行决策，这些软件工具可以划分为报表、数据挖掘、统计和数据浏览几个类别。报表可以发展成为总结已被充分理解的业务进程和主题的工具。数据挖掘工具和数据浏览工具使分析人员能够从海量的数据集中察觉业务趋势和发现商机。数据挖掘工具如同一个巨大的钻取机器，它将运用成千上万的公式法则对数据进行汇总、建模和聚合。被称为 OLAP 的数据浏览工具能为分析人员提供聚合的数据和高效的界面，使分析人员能够快速地操纵数据视图和聚合层次。当你真正地建立了一个包含真实的物资业务主题数据的 OLAP 数据立方体并获得成功时，你会明白这种强大的数据处理工具意味着什么。从提出问题到解答问题的间隔时

间由数天或数月缩减到几秒钟或几分钟，而且用户能够获得数据仓库各个方面的一切数据，用户参与的热情会大大提高，企业就会迅速发现更多的商机。

1.2　OLAP 与物资管理

所有业务都可以按层次分类，惟独物资不可以，因为各种各样的业务相互交叉和重叠。要驾驭这种复杂的情况，我们需要将物资按主题分组，这样对于每个供应商会有多种解决途径。客户可能需要查看关于整个物资业务信息的数据。OLAP 工具建立并实施业务分层结构模型，然后将它们与交叉表格汇总相结合。数据浏览器使用户可以对任意两个类别进行行列组合，然后选择一系列度量，在矩阵中汇总。而且，用户能够在层次之间进行上下钻取，以获得扩展或聚合的数据。这是一个强有力的信息展示器，它能令用户凭借标准的、基于代码的统计和查询工具在所允许的小片时间内迅速解决一系列问题。

建立 OLAP 交叉表格数据结构有多种途径，包括按关系数据表存储，创建专用的多维数据结构，以及建立基于需求的虚拟交叉表格。商业软件既有在客户端处理的应用，又有在服务器端处理的应用，目前许多软件还能提供网络接口。拥有网络接口的服务器端执行软件要比多用户客户端执行的软件廉价，而且能对服务器资源起到调节作用，获得更高的执行效率。

2　建立数据仓库需求

近年来，国内物资行业发展很快。物资企业在发展到一定规模时，企业内部的复杂性增加，客户、供应商资源也在不断扩大。企业要想在复杂的环境中获得成功，管理者就必须能够从宏观上和微观上控制极其复杂的商业结构。数据仓库的建立，能使管理者获得有关决策的信息，形成了完整的物资服务供应链，从整体上降低了运营成本，而且提高了工作效率。面对快速更新的物资行业的挑战，数据仓库为大型物资企业提供了一种具有战略优势的解决方案。

2.1　确定核心业务

进行数据仓库可行性分析，首先要确立核心业务。需要主要业务负责人参与需求调查，主题是关于决策支持所需的高层信息。在此次调查过程中，调查小组将确立几个关键性的领域，如业务实际利益、数据获取、企业文化、领导等。主要问题通常包括：

- 列出 3 个你最需要作出的决策？
- 作出这些决策你需要哪些报表和工具？
- 获取新系统信息的最关键的益处在哪里？
- 什么样的信息、计算、聚合可能提高你制定决策的水平？
- 你运用业务系统进行信息分析的可能性有多大？

2.2　数据源分析

在对管理人员进行调研的同时，要开展数据源分析，包括定义数据目录和数据清单。数据目录用于确定哪些数据适合进入数据仓库，应包括各个信息系统的详细内容及结构信息。数据清单的主要目的是将当前数据源与预期信息需求进行对比。现存信息系统数据加载数据仓库的主要问题有：

- 在多个应用中使用同一个主题的数据
- 一些应用包括空的数据结构
- 系统没有集成，无法自动进行数据的更新、转移和载入，产生数据碎片和数据不一致的现象
- 多种多样的和不兼容的数据结构使相似的数据结合起来很困难，有时甚至不可能结合起来

2.3　选择主题领域

基于如下因素，可以开发并优化一组潜在主题领域：

- 期望利润——通过实施一个主题领域，在客户满意度、企业收益和运营效率方面，系统取得的定量的和定性的利润
- 数据裂缝——实施一个主题领域所需数据与可支配数据之间的差异
- 复杂程度——为一个特定的主题创建一个有效的设计方案所需的努力
- 实施风险——当组织准备充分并具备运营能力，而且所需的系统界面齐全，时间安排得当，广度和深度比例适当时，实施一个特定的主题领域会相对容易一些

通常，最好的主题领域具有最大的潜在利润和最少的风险因素。对业务的深思熟虑会让我们放弃一个显而易见的决策。另外，你必须时刻牢记在心的还有，如果不存在业务对数据的强烈需求，那么数据就毫无价值。企业高层管理者们通常指定一个部门，这个部门将担负起选择第一个

主题领域的任务。为了确定最佳的选择，他们列出了潜在主题领域的主要维度的清单，按照期望利润、数据裂缝、复杂程度和实施风险四个类别进行评分，最后计算总分。基于这个分数卡，再对各个主题领域进行分析和定级。通常选出得分最高的三个主题领域进行深层次的分析，从中确定主题领域。主题领域可以设定为采购人员行为报表，因为采购人员最终对物资质量负责，并对采购成本有巨大的影响作用，于是采购人员业务行为方式自然而然地成为了一个逻辑控制点。按照一致赞同的规则，再进一步论证将采购人员行为报表作为第一个主题领域的合理性。然而，这项决定可能没有引起人们充满激情的或持久的支持。可见，要想成功，对这个初始决策的支持必须来自于最高层管理者。

3　组建开发小组

给数据仓库项目配备人员最重要的一个方面是为项目建立一个坚实的业务核心。有调查显示，数据仓库由 IT 部门运作比那些由商务引导的部门运作失败的几率要大的多。IT 人员是必须参与的，但决不是项目的主要驱动力。应当清楚小组的真正灵魂在于那些既掌握数据仓库技术，又透析物资管理进程的人。

4　结语

数据仓库项目开发的一个最基本的目标是：

建立一种机制来扩大项目支持者的队伍，同时投资又不能大幅度增加。如果你已经将前期努力凝聚在一个选定的主题领域上，并期望它能成为在后续的生命周期中前进的稳固的基石，那么你的方向是正确的。然而，即使你进行了谨慎的规划，采用了并行的时间表，而且有可以参考的文档和方法，数据仓库项目开发仍是一项极具挑战性的任务。

如果你的数据仓库不是由一个重大而且合理的需求驱动的，那么就不值得去投资。"建立它，你所需要的信息就会来"的途径是一种缺乏解决方案的技术，它对 70% 的数据仓库项目失败负有直接的责任。数据仓库是一种业务工具，它的真正价值只能由业务来决定。过去人们曾进行过许多将决策支持技术转向用户的尝试，然而成功的情况很少，因为那些努力是基于传送的数据能够应用的这个假设之上的。虽然这个意图是无可挑剔的，但它作出了两个假定，假定一个给定的业务领域能从一个系统的角度充分地理解了自身的目标、需求和进程，进而定义出有用的规则方法；它还假定这个主题领域能像组织一样接受信息、分析信息、交流信息和对信息采取行动。可以看出，数据仓库要想成功，组织必须放开眼光，从一个文化的角度去斟酌机遇，去发展有创造性的解决方案，并随时准备采取行动以推动所需的变革。

电驱压缩机组电动机定子绕组的
局部放电测试应用

张　伟

(国家管网集团西部管道有限责任公司)

摘　要　局部放电(PD)测量长期以来一直被用于评定额定电压为 3.3kV 及以上电动机和发电机中定子绕组的电气绝缘状况。虽然有多种方法可以在电动机或者发电机正常工作过程中测量局部放电，但不幸的是大多数测量方法都会将定子局部放电(PD)与电气连接不良、电动工具运行、输电线路的电晕等导致的电子干扰信号混淆。这可导致定子绕组故障的错误指示，降低 PD 测量的可信度。本文给出了可以降低错误指示风险，从而使得测量更加客观的相关方法的综述。关于在线 PD 检测的另一个问题是数据解析：也就是识别哪些设备状态良好，哪些设备需要维护。在过去的十年中，来自上千台设备的超过 400000 个的检测结果已经被整合到一个数据库中。在数千台设备中，PD 水平与目视检查的绝缘状况进行了对比。最终得到一个数据表，用于客观的确定相似设备的定子绝缘状况。

关键词　局部放电，发电机，电动机，定子绕组，绝缘故障

1　引言

局部放电(有时也被称为电晕)是小型电火花放电，发生在额定电压 3.3kV 及以上的电动机和发电机的劣化、或者制造不良的定子绕组绝缘系统中。在过去 25 年里，在线局部放电(PD)检测已经成为确定这些设备电气绝缘状况的最常用的方法。局部放电(PD)测试可检测大部分(并非全部)模绕绕组中常见的制造和劣化问题，包括：

(1) 环氧树脂浸渍不良

(2) 劣质半导体涂层

(3) 端部绕组区内线圈间的间距不足

(4) 线圈在槽内松动

(5) 过热(长期热劣化)

(6) 绕组被水分、油、污垢等污染。

(7) 负载循环问题

(8) 电气连接不良(尽管这并非严格意义上的绝缘问题)

通常，对于额定电压 3.3kV 及以上的设备，超过 50 年的电动机和发电机 PD 测试经验表明通常在绕组故障前几个月，甚至几年前就可以给出警告。

有很多方法都可以来检测正在运行的电动机及发电机中的 PD 活动。这些电气技术依靠监测一个局部放电发生时产生的电流或者电压脉冲。最早的方法是通过位于中性点的高频电流互感器(HFCT)来测量 PD 脉冲电流，但是这种方法容易做出定子绕组问题的错误指示。其他方法使用 RTD 温度传感器的引线作为一个天线，但是国际组织(例如 CIGRE)对 RTD 的使用持保留意见，因为该方法存在争议并且结果解释非常主观。现在，大多数设备使用高压电容作为 PD 传感器来进行日常的在线 PD 检测。需要注意的是 IEC 60034-27-2 说明了如何确保 PD 传感器不会导致定子绕组故障。

局部放电(PD)测量遇到的一个关键挑战是在电动机或者发电机正常运行过程中进行监测。由于设备已经与电力系统连接，往往会存在电气干扰(噪声)。噪声源包括电力系统的电晕、滑环/换向器电火花、不良电气连接造成的电火花，电弧焊机和/或电动工具运行。电噪声会掩盖 PD 脉冲，并且可能导致经验不足的技术人员得出定子绕组存在高水平局部放电的结论，而实际上是电噪声[5]。结果是一个良好的绕组被错误地评定为存在缺陷，这意味着给出一个表明绕组损坏的错误警报，尽管实际上该绕组状态良好。这样的错误警报会降低在线 PD 检测的可信性，许多人觉得在线 PD 检测是一种"巫术"，最好留给专家处理。本文简要介绍了在电动机和高速发电机

中将 PD 从噪声中分离出来的方法，这些设备往往与石油生产设施和精炼厂有关。使用相同检测方法（并以抑制噪声的方式收集）检测的超过 400000 个 PD 结果已经被存贮在一个单一数据库中。可以提取信息来更好地解释 PD 结果。该分析的主要目的是帮助技术人员客观地确定哪个电动机的定子绝缘状况正在劣化，使得用户能够合理安排维护计划。

2 噪声分离方法

迄今为止，基于 RTD 或者 HFCT 的 PD 检测器仍然需要由专家进行解读，以便将定子 PD 从所有其他信号中分离出来。因此使用自动统计程序分析来自这些传感器的海量 PD 数据是不现实的。结果是，当使用 RTD 或者 RFCT 作为 PD 传感器的时候，没有一种简单的标准可以用来评定电动机 PD 水平是否过高。即使是使用电容式 PD 传感器，噪声有时也会与 PD 混合，对自动分析造成妨碍。

在 25 年前，北美电力行业资助了一项研究来开发一种客观的设备在线 PD 检测方法，通过对电厂员工进行简单的培训，即可对机组进行测试和解读。开发的 PD 检测方法强调从电噪声脉冲中分离 PD 脉冲。事实上，该研究中开发的技术依赖于 4 种独立的噪声分离方法，因为没有一种分离方法被认为是独立完全有效的：

（1）频域滤波
（2）特性阻抗不匹配
（3）脉冲形状分析
（4）噪声和 PD 脉冲到达一对传感器的时间

实际上，为了将错误指示的风险降低到一定百分比以下，必须至少使用 4 种方法中的 3 种。在高噪声环境中，4 种方法必须全部使用。这些方法概述如下，详细说明可参见 IEC 60034-27-2。

2.1 滤波

作为应用研究项目的一部分，在典型工厂的噪声环境中进行了测量。结果表明噪声倾向于在频率低于 10MHz 左右时产生最大信号。相反，在接近定子绕组处测量时，PD 产生的信号频率高达数百 MHz。因此，如果测量高于 40MHz 的 PD 信号，可以获得最高的 PD 信噪比（SNR）并从而获得最低的误报风险[5]。通过使用 50ohm 输入阻抗的示波器或测量设备配以 80pF 的高压电容，就可以组建一个简单的单极高通滤波器。

该电容与用于 PD 传感器的电容相同。

2.2 特性电阻不匹配

大型电动机通常使用空气绝缘母线与电力系统连接。一般而言，这些母线具有约为 100Ω 的特性（或者浪涌）阻抗。相反，定子线槽中线圈的特性阻抗要低得多，通常近似于 30Ω。来自电力系统的一个噪声脉冲沿着空气绝缘母线传输时首先会遇到 100Ω 的源阻抗，然后遇到 30Ω 的线圈阻抗。利用传输线理论，高频噪声脉冲的第一个峰值会被衰减到原始幅值的 25% 左右。一个源自绕组的 PD 脉冲的阻抗源是 30Ω，然后遇到 100Ω 的空气绝缘母线阻抗。根据传输线理论，这会产生反射和叠加，造成 PD 脉冲电流的第一个峰值被放大约 50%。PD 脉冲和噪声脉冲的高速行波特性会放大 PD 脉冲并抑制外部噪声，从而实现另一种提高 SNR（信噪比）的方法。为了使用该方法，噪声脉冲和 PD 脉冲必须使用它们 <5ns 的原始上升时间进行检测，并且 PD 传感器必须在线圈 1m 左右内。

2.3 脉冲形状分析

从噪声中分离 PD 的第三种方法依靠于 PD 和噪声脉冲的时域特性。快前沿电流脉冲，无论来源于哪里，随着它们沿电力电缆传输都会被修改。共有两种类型的修改：衰减和耗散，其中后者指的是脉冲频率的相关衰减。脉冲需要传输的距离越长，遇到的衰减和耗散就越大。如图 1 所示，显示了一个电压脉冲沿着电缆传输时这两种特性的作用效果。随着脉冲传输的距离更远，脉冲的幅值因为衰减作用而降低，并且脉冲的上升时间因为耗散作用而延长。

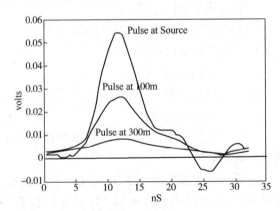

图 1 脉冲沿不同长度的
交联聚乙烯电力电缆传播的衰减曲线

如果一个 PD 传感器被安装在非常靠近定子绕组的位置（例如小于 1m），则任何来自定子绕组的 PD 脉冲在传输到传感器的过程遇到的衰减和耗散都可以被忽略。然而，如果来自电力系统的噪声脉冲必须首先传过若干米长的电力电缆，则噪声脉冲的幅值会被显著降低并且上升时间会更长。通过数字化测量上升时间，利用上升时间或者脉冲宽度可以逐个脉冲地将 PD 脉冲从噪声中分离[7]。尽管使用这种方法从噪声中分离 PD 意味着必须沿一根电力电缆传输，脉冲形状分析在分离电机转子的电火花源时同样有效（例如，同步电机中的轴接地电刷放电或者滑环放电），因为这些噪声在与定子耦合时连接具有较慢的上升时间。

2.4　到达的脉冲时间

如果与电力系统的连接是通过空气绝缘母线或者非常短的电力电缆，因此脉冲形状不足以区分噪声和 PD 脉冲，则需要采用一种额外的噪声分离方法，这种方法是基于在每相上使用两个传感器（图 2）。如果传感器分隔距离至少为 2 米，则来自电力系统的脉冲会在它们被"M"传感器检测到之前到达"S"传感器。同理，如果脉冲是来

自定子绕组的局部放电，则脉冲会在到达"S"传感器之前先到达"M"传感器。通过快速响应的数字逻辑，可以根据那个传感器首先检测到信号来将脉冲归类为噪声脉冲或者 PD 脉冲。

基于脉冲传播的方向，每相使用两个电容器来分离 PD 和电力系统噪声。如果开关设备和电机之间的电力电缆长度小于 30m，则只需要两个传感器。

3　局部放电数据

上述的噪声分离方法（实际应用时使用 80pF 电容器和适当的数字仪表）已经永久性安装在世界各地的 15000 多台电动机和发电机上。首个石油平台安装是在 20 年前的中国南海。结果是使用便携式测量仪器已经收集了数量非常庞大的数据，并且其中的 PD 几乎是无噪声的。一旦 PD 被从噪声中分离，电子仪器（TGA-B）会记录其数量、幅值和相位（相对于 50Hz 交流电）。如图 3 所示，显示了来自电机定子绕组的一个 PD 典型曲线。符合感应式仪表 PD 检测的国际标准（IEC 60270 和 IEC 60034-27-2），脉冲幅值测量的绝对单位为毫伏（mV）。从每个检测中会提取两个综合指标，代表所有采集的 PD 脉冲数据。PD 脉冲幅值的正/负峰值（+Qm 和-Qm）代表测量得到的最高 PD 脉冲（单位为 mV），Qm 的最小 PD 重复频率为 10 脉冲/秒。Qm 是绕组中劣化最严重处绝缘状况的合理预测指标[5]。在一个绕组中测得了高 Qm，同时另一个绕组测得的 Qm 相对较低，通常表示前一个绕组的劣化程度更严重。

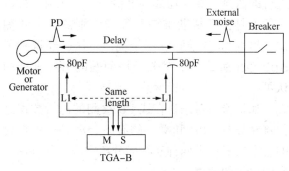

图 2　基于脉冲传播的方向两个传感器测试系统图

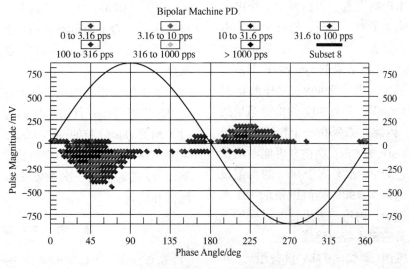

图 3　典型 PD 测试数据

来自单相的典型 PD 数据，相对于 50Hz 交流电周期的曲线图。垂直轴是 PD 脉冲的正/负幅值，单位为 mV。颜色代表在该幅值和相位每秒发生的放电数量。PD 幅值越高，绝缘的缺陷越严重。该相的 PD 幅值峰值（Qm）为 -400mV 和 +200mV。

4　数据库

自 1992 年以来的所有便携式测量仪检测结果都被集合到一个单一数据库中。截止到 2013 年底，该数据库总共有超过 400000 个检测结果。该数据库包含许多重复检测，有时会执行许多年。此外，许多测试都是在不同工况下完成。电机工作条件可能会影响 PD 活性，从而为分析增加额外的可变性。因此数据库进行了小心地缩减，以便：只获取电动机满负载或者接近满负载，并且在正常工作范围内运行时的在线 PD 读数每个传感器只会收集一个检测结果，因此只会提取最新的读数。如果有理由相信测量被错误表示，则检测结果会被丢弃。该挑选的结果是截止到 2013 年底，在数据库中发电机和电动机分别有 7920 和 5760 个统计独立检测结果。

5　PD 数据解读

通过分析数据库来确定多个不同因素对 Qm 的影响：

（1）定子绕组的工作电压
（2）设备额定功率
（3）绝缘材料
（4）设备的类型（电动机或者发电机）。

针对上述每组影响因素，根据特定工作电压的所有检测结果建立了 Qm 范围。相对于工作电压的累计统计分布如表 1 所示。例如，对于一个 11kV 定子，25% 的检测结果的 Qm 低于 41mV，50% 的检测结果的 Qm 低于 89mV，75% 的检测结果的 Qm 低于 196mV，并且 90% 的检测结果的 Qm 低于 385mV。因此，如果在一个精炼厂电机上获得了高于 400mV 的 Qm，则很有可能电动机已经劣化，因为它的 PD 水平高于 90% 的类似设备。事实上，在记录到 >90% 类似设备的 PD 水平的 200 多个案例中，由第三方进行的目视检查全都观测到了显著的定子绕组绝缘劣化[9]。

通过两个数据组（例如由 11kV 设备组成）间 90% 水平的比较可以确定特定因素对 Qm 的影响。如果两个数据组的 Qm 平均值和 90% 分布水平间存在显著差异，则可得出该影响因素对解释结果十分重要的结论。表 1 中令人感兴趣的是随着电动机或者发电机的额定电压增加，90% 水平也随之增加。来自 11kV 定子的结果显然不能与来自 3.3kV 定子的结果混淆。相反，绝缘类型、额定功率或者设备类型则不会产生明显不同的 Qm 分布。

通过该表格，只需对设备进行一次测试（而不是等待趋势发展）电动机及发电机拥有者现在能够客观地确定一个定子绕组绝缘是否存在问题。此外，电动机和发电机制造商可使用该信息作为一个新绕组相对质量的指标（存在一定的局限性）。如果 PD 高于 90% 的类似设备，则进行离线检测和/或目视检查是一种谨慎的做法。连续 PD 监测器应当将它们的警报水平设置为 90% 水平。

6　结论

通过长达 20 年使用相同方法对数千台设备进行的监测，在线局部放电检测已经成为一种可靠的工具，可帮助维护工程师识别需要离线测试、检查和/或维修的定子绕组。这已经得到了 2012 年出版的第一个关于该问题的 IEC 标准的认可。

如果希望对来自在线 PD 检测的海量数据进行自动分析，PD 和噪音的有效分离是至关重要的。本文概述了四种互补的分离方法，并且用于文中报告的数据。

通过使用相同检测方法获得的超过 400,000 个检测结果，定义了具有低、中、高 PD 的绕组构成。表 1 使得测试用户能够客观地识别那个定子可能已遭受主绝缘劣化，而无需专家的帮助。

表 1 的实用价值在于如果在一个设备上使用了 PD 传感器，并且第一次测量时获得的 Qm 超过了相关 Qm 分布的 90% 水平，则应当对高 PD 水平足够关注并采取相应措施，例如更频繁的检测以及/或者在下一次设备正常关闭时进行离线测试和检查。

参 考 文 献

[1] G. C. Stone, , I. Culbert, E. A. Boulter and H. Dhirani, "Electrical Insulation for Rotating Machines", Second

Edition, Wiley/IEEE Press, 2014.

［2］J. Johnson and M. Warren："Detection of Slot Discharges in HV Stator Windings during Operation", Trans AIEE, Part II, 1951, pp 1993-1999.

［3］J. E. Timperly and E. K. Chambers, "Locating Defects in Large Rotating Machines and Associated Systems through EMI Diagnosis", CIGRE Paper 11-311, Sept 1992.

［4］Cigre Technical Brochure 258, "Application of On-Line Partial Discharge Tests to Rotating Machines", 2004.

［5］IEC TS 60034-27-2, "On-Line Partial Discharge Measurements on the Stator Winding Insulation of Rotating Electrical Machines", 2012.

［6］G. C. Stone, "Importance of Bandwidth in PD Measurements in Operating Motors and Generators", IEEE Trans DEI, Feb 2000, pp6-11.

［7］USA Patent 5, 475, 312, "Method and Device for Distinguishing Between PD and Electrical Noise", 1995.

［8］V. Warren, "Partial Discharge Testing：A Progress Report", Iris Rotating Machine Conference, Nashville, USA, June 2015.

［9］C. V. Maughan, "Partial discharge-a valuable stator winding evaluation tool", IEEE Electrical Insulation Conference, June 2006, pp 388-391.

大港油田数字化原油交接系统的研究与试验

刘　晴　王存博　米立飞　孙　凯

(中国石油大港油田公司采油工艺研究院)

摘　要　本文首先分析大港油田厂级原油交接现状，提出开展原油数字化、自动化交接的必要性。对原油自动交接的方法进行了研究，并对动态实时计量的仪器仪表及控制系统进行对比分析，通过综合研究，给出了原油自动化交接的实现方法，并在工艺设计上采用一体化撬装设计。基于此方法开展现场试验，通过试验数据分析得出该方法具有很好的可行性和适用性，能够实现厂级原油自动交接，进而提高厂级原油交接动态实时监控及管理水平，达到减员增效的效果。

关键词　厂级原油交接，数字化，自动交接，动态计量，在线含水率

1　前言

目前世界上原油交接的方式有体积交接和质量交接计量两种方式，我国采用的是质量交接计量的方法。在《油田油气集输设计规范》中规定，原油数量计量可分为三级，其中一级计量为油田外输原油的贸易交接计量，也就是商业级计量；二级计量为油田内部净化原油的生产计量，主要为了解决厂级原油交接和管理需求；三级计量为油井产出的高含水原油生产计量，主要解决了油田开发分析的需求。油田厂级原油交接属于二级计量，目前国内厂级原油交接计量主要采用人工方式，为了进一步提高原油交接技术水平和管理水平，提出对原油自动化交接技术进行研究。

2　大港油田厂级原油交接现状分析

目前大港油田建有南、北、东三条原油长输干线，厂级原油采用动态质量、人工交接模式。建有交接油站点 8 座，分别位于 6 座联合站内，但独立于联合站管理(图 1)。厂级原油交接采用动态交接方式，主要设备包括流量计、含水仪、温度表、压力表等。人工交接主要工作包括定时抄表、取样化验、计算填报。正常工况下，每小时进行一次取样，4 小时取满一个样品进行原油含水率和密度化验，化验过程需要两人配合 40 分钟完成，8 小时计算一次纯油质量，24 小时结算，填写交接日票据，票据纸质存档。整个过程由交接双方共同完成，并在遇高含水时要加密取样，因此需要工人多，劳动强度大。目前 8 个厂级交接点工作人员共有 128 人，劳动用工多，并

且从整体上员工年龄偏老化，近两年退休人员占 30%，人员缺口大。随着人工成本逐年升高，用工结构性矛盾突出。

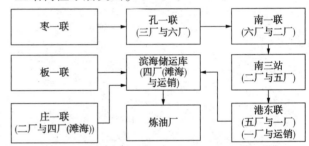

图 1　大港油田集输系统原油交接流程图

目前国内油田内部原油输量交接计量均采用人工的传统模式，从长远发展上难以满足精细化管理、高质量发展的需求。原油交接作为地面集输系统的一个重要环节，由传统生产管理方式向数字化模式变革，既是生产所需亦是发展所需。

3　原油数字化交接技术关键研究

为了实现油田厂级原油数字化交接，本文开展了相关关键技术研究，主要从 4 个方面开展：(1)原油自动交接算法研究；(2)关键仪表的适应性分析和优选；(3)工艺流程设计；(4)系统架构及可靠性设计。通过分析难点，针对性的提出对策，从而给出完备可行的自动交接系统建设方案。

3.1　原油自动交接基本算法研究

国标规定我国以油品在空气中质量作为交接依据，因此本文开展自动交接油研究时采用质量交接方法计算。根据国家标准，原油在空气中的净质量 m_o 按照下式计算：

$$m_o = V_i \cdot \rho_{20} \cdot (MF \cdot C_{pi} \cdot C_{ti}) \cdot C_{aw} \cdot F_a$$

式中各参数的意义如表1所示。

表1　原油交接计量计算参数含义及计算需求相表

参数	含义	计量、计算需求项
V_i	流量及累积体积	流量计
ρ_{20}	原油标准密度	温度变送器、密度计、《石油视密度换算表》
MF	流量计系数	1.0016（计量温度下蒸气压低于标准大气压）
C_{pi}	原油压力修正系数	压力变送器、温度变送器、ρ_{20}
C_{ti}	原油体积修正系数	温度变送器、《石油体积系数表》、ρ_{20}
F_a	空气浮力修正系数	《烃压缩系数表》
C_{aw}	含水系数	含水分析仪

计算算法中，流量、压力和温度数据可以通过体积流量计、压力压力变送器和温度变送器直接采集。对于密度和含水数值简单的方式是通过质量流量计获得，但质量流量计直接测量的是工况下混合油品质量，计算得出含水率和混合油品密度进而转换为标况数据。计算过程中认为油品密度为定值，忽略了组分变化的影响，因此，误差无法预测。本文在算法上，采用在线密度计和含水仪直接测量，加入实时修正算法，基于水、油品介电常数和密度、含水率实时数据得出修正曲线，一定程度上修正因油品组分变化造成的影响，得出最终含水率与纯油密度，进而从算法上降低系统误差。

采用流量计、温度变送器、压力变送器、在线含水仪和在线密度计，实现对动态传输原油的流量、温度、压力、含水和密度的实时采集，并按照标准规定的公式自动的进行查表和算法修正计算，最终得到交接的原油质量，实现对原油的自动化交接。

3.2　关键仪表的适应性分析和优选

原油自动交接是否可行，一个关键因素是现场采集仪表适应性，只有优选出适应性好的现场采集仪表，才能建立好的自动交接基础。因此，对现场采集仪表进行适应性分析和优选。

从上面的研究可以看出，原油自动化盘库与交接需要的计量仪表包括液位计、流量计、温度变送器、压力变送器、密度计和含水分析仪。仪表选型包括仪表精度、类型等等，用于交接计量是仪表首先要保障精度要求。国标规定，二级计

量综合误差≤1%，以此作为设计依据，根据误差合成算法进行仪表精度和类型的选择。

在流量计量方面，上海一诺公司生产的LSZ-150双转子流量计计量效果能够达到原油动态计量标准的要求，同时具有运行平稳、噪音小、性能价格比高等特点，可以满足自动交接油流量计量的需要，在油田应用比较广泛。其主要技术指标如下：精度±0.2%；工作压力4MPa；工作介质温度≤90℃；具备RS-485信号输出；供电电压24V。

在温度和压力变送器方面，目前广泛采用的温度和压力变送器都为罗斯蒙特公司产品，具有非常好的稳定性和计量精度，精度要求0.2级。

在密度计方面，优先采用科氏力在线密度计。这种密度计具有反应灵敏、测量精度高、工作可靠等特点，与其他弯形振动管密度计相比，受非稳流干扰影响小。相关参数如表2所示。

表2　科氏力密度计基础参数表

测量范围	$0 \sim 3000 \text{kg/m}^3$
测量精度	$\pm 0.5 \text{kg/m}^3$
重复性	$\pm 0.1 \text{kg/m}^3$
操作温度范围	$-50 \sim +200℃$
最大工作压力	20.7MPa
信号输出	$4 \sim 20 \text{mA}$、RS485

在含水仪选型方面，进口的含水分析仪具有良好的温度补偿功能，且配备较强的智能组件，具有自动补偿和输出值修正功能，综合误差明显优于国产仪表。综合比选，优选适用于低含水原油含水率测量的高频微波型含水分析仪相关参数见表3。

表3　高频微波含水分析仪基础参数表

频率	$100 \sim 5000 \text{MHz}$
最大量程	$0 \sim 100\%$含水
含水$0 \sim 4\%$的精度	$\pm 0.05\%$
分辨率	$\pm 0.01\%$
盐度矫正	没有
温度及密度修正	有
信号输出	$4 \sim 20 \text{mA}$、RS485

3.3　工艺流程设计

理想的检测环境能够大大提升计量的准确性，因此本文提出设计独立的油品品质参数监测工艺流程。相较于传统的主管道支架检测工艺流

程，独立的工艺流程能够一方面通过二次过滤使检测介质更洁净，另一方面使检测的介质流速稳定。如图 2 所示。

为了减少占地空间，便于安装维护，在设计中将上述的工艺流程整装成撬，减少现场安装调试工作量，提升标准化程度。

3.4 系统架构及可靠性设计

采用数据采集、监控和应用三个层级的系统架构设计，如图 3 所示。

数据采集层的控制器直接通过以太网和上位机相连，实现数据的传输；数字量采集模块采集

由流量变送器传送的脉冲信号实现流量计算，模拟量模块采集现场的标准电流信号转换成温度和压力值，串行通讯模块实现与现场的含水仪、密度计通讯来采集数据。自动监测计算系统从数据库读取温度、压力、密度和含水值等现场实时采集数据以及交接计量需要的表单，求出标准体积、标准密度、计算出混油重、扣水重、纯油重，再返回到组态软件进行显示，最终由组态软件将单站的原油交接系统以画面的形式呈现出来，并将数据上传至上游综合管理系统，实现数据的综合存储和分析应用。

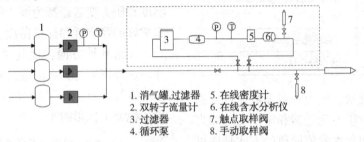

图 2 油品参数监测工艺流程图

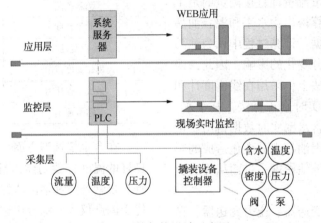

图 3 系统架构设计示意图

在可靠性设计方面，供电可靠性采用 UPS 不间断电源技术，保证在停电后系统仍能正常工作；系统运行可靠性上整个自动交接系统进行完全备份，备份系统与运行系统具有完全对等的功能，在运行系统出现异常后，能够快速自动的切换到备份系统运行。

在仪表运行可靠性方面，部分仪表配套备品备件，部分具备在线标定功能，按照标准进行定期标定，同时保留人工取样流程，在自动系统出现故障时，切换到人工模式，保障正常生产。

4 现场试验

根据本文上述技术研究，开展原油自动化交接计量现场试验应用。选取南一联（第二、六

厂）交接油站点作为试验点，采用标准算法和独立工艺流程，实现了交接油生产运行数据（流量、温度、压力、含水、密度等）的实时在线采集、计算、存储、查询和工况报警等功能，生产数据实现动态管理、高精度计量，如图 4 所示。

试验期间，对于油品密度、含水率和纯油质量三个关键参数，分三个阶段，开展了人工与自动模式的对比，先后进行了 1800 余条试验数据的统计分析，综合对比得出，单天交接纯油量量平均误差 ≤0.1%，累计交接纯油量平均相对误差均 ≤0.11% 以内；标况下油品密度平均绝对误差 1.14kg/m³；含水率平均绝对误差 0.05%；试验效果较好。截至目前系统运行稳定，系统投运后，南一联交接油站点优化现场操作人员 60%。

图4　现场监控界面图

5　结论

厂级原油数字化交接技术，是地面系统"数智化转型智能化发展"的应用实践。基于数字化和信息化技术，采用稳定、可靠高精度的自动化仪器仪表、监控系统以及合理的计算方法，可实现对油田厂级原油的自动化交接计量，能够实时现场和远程在线监测原油动态交接工况，使关键生产参数得到有效监控和管理，保障了生产过程的安全平稳运行。自动采集计算代替工人定时手动采样、化验，大大降低了工人劳动强度，节省现场人力资源。同时示范站建设验证了系统准确性、可靠性和稳定性，为下一步推广应用奠定基础。预计数字化原油交接系统全面推广应用后，可优化现场员工60%以上，减员增效效果显著。

参 考 文 献

[1] 王文良. 石油计量及检测技术概论. 北京：石油工业出版社，2009.

[2] 丁也. 原油交接计量中配套仪表的应用. 油气田地面工程，2003；22(7)：36-37.

抽油机智能调参系统的研究与设计

李 智 王 菁

(中国石油大港油田公司第三采油厂)

摘 要 抽油机是地面原油开采的主要生产设备,普遍存在能耗高,效率低,生产制度调整困难的缺点。为了使排液量与油井产能相匹配,需要采油技术人员反复分析油井生产状况做出决策,调整冲次,协调供排关系。传统的冲次调节方式既不及时又不准确,不能及时适应油井产能变化,影响油井发挥产能潜力,并且浪费电能。本文分析了抽油机的运行能耗能耗,通过智能调参系统的设计,可实现柔性智能控制,提升功图的充满程度,降低电流和功率的波动幅度,进而达到提效节能,建设数字化油田的目的。

关键词 抽油机,智能调参,柔性,提效节能,数字化油田

随着油田开发的不断进行,油井产能受到地质特征、油藏管理、采油工程、生产维护等多方面影响。当油层的供液量发生变化时,就需要对老油井抽汲参数优选。不合理的生产参数导致系统效率提升困难,能量损耗严重。若冲次过大,抽汲能力大于供液能力,不能达到供排平衡,造成供液不足引起空抽工况,系统效率极其低下,而且非常浪费电能;当供液充足时,抽汲强度偏低,又会限制油井的产液。

冲次调节的依据主要是供排协调。为了使排液量与油井产能相匹配,需要采油技术人员反复分析油井生产状况,做出决策,通过调整皮带轮直径,实现冲次调节。这种传统的冲次调节方式,自动化程度低,人为不确定性因素大,调节既不及时又不准确。特别是针对注水、增产措施等原因造成油井产能变化的井,冲次调节不能及时适应油井产能变化,将会影响油井发挥产能潜力,并且浪费电能。

1 抽油机运行能耗的分析

由于在同一工况、井况和同一时刻下,井下的能耗因地面游梁机型不同而会发生充满度、冲程损失、光杆功率的变化。致使抽油机能耗大的主要原因有:

(1)抽油机的负荷特性与异步电动机的转矩特性不匹配,甚至出现"发电机"工况,出现二次能量转化。一般电动机的负载率过低,约为30%,致使电动机以较低的效率运行。电动机在一个冲程中的某个时段被下落的抽油杆反向拖动,运行于再生发电状态,抽油杆下落所释放的机械能有部分转变成了电能回馈电网,但所回馈的电能不能全部被电网吸收,引起附加能量损失,同时负扭矩的存在使减速器的齿轮经常承受反向载荷,产生背向冲击。

(2)常规抽油机的扭矩因数大,载荷波动系数 CLF 也大,故均方根扭矩大,能耗增加。

(3)常规抽油机运行的悬点加速度,速度最大值过大,影响悬点载荷,动载荷增大。采用对称循环工作制使充满度下降,影响产量,泵效率降低,能耗也增大。

(4)当前游梁抽油机都是驱动电机"大马拉小车"直接启动或 Y/Δ 启动,且抽油机是变载运行,启动扭矩和电流都很大,使得运行负载过小,电机长时间处于较低效率工况下运行。

(5)常规抽油机是变载荷周期运行,机械冲击,疲劳失效是整个机采系统的先天缺陷。因此,机械故障与机件损坏维修费用增大了油田的生产成本,增大了消耗。

抽油机举升系统对产量和能耗产生影响的核心参数包括冲程、冲次、平衡。通常情况下,冲程都设置为最大曲柄销档位,且从出液量管控的角度出发,基本不需要进行调节。抽油机的平衡度在 85% ~ 115% 范围时,对能耗的影响最低;超出平衡度偏差范围越大则无用功耗电量越高。冲次调节是对出液量和能耗影响最大的关键因素,也是采油作业日常工作中的关键性工作。

2 抽油机智能调参系统的设计

2.1 技术思路

基于油井生产参数自动采集系统的地面功图

数据，通过运算求解获得产液量数据，通过异步伺服驱动单元实现冲次的高精度无级调节，实现抽油机的智能化自动调参，如图1所示。

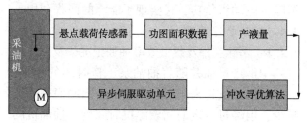

图1　智能调参系统的闭环控制结构

2.2　异步伺服驱动单元

抽油机一般配套定速驱动电机，通过配置速度调节装置，来实现冲次调整的智能化和精准度。传统的变频控制方式在油田领域的应用效果存在诸多问题，包括低速下输出力矩过小、防潮能力差、高温稳定性不佳……"异步伺服驱动单元"应用于电机的精准调速，可以实现在0.1Hz时达到150%的扭矩输出；具有以下功能。

2.2.1　高性能矢量控制

矢量控制下最高输出频率达500Hz，能够实现10倍弱磁调速范围内高精度速度输出。

2.2.2　高精度闭环控制

支持集电极信号、差分信号、旋变信号等多种编码器接口，方便实现闭环矢量控制。

2.2.3　低速大转矩

闭环矢量模式下，转矩直线线性度偏差在3%以内；转矩输出稳定，低频转矩大，能够实现超低速0.01Hz的稳定带载运行，转矩模式与速度模式可进行便捷切换，提高设备低速控制性能。

2.2.4　完善的直流制动回路

内置制动单元，制动能力强，短时制动能力可达1.1~1.4倍驱动单元额定功率；具有制动电阻短路保护、制动回路过流保护、制动管过载保护、制动管直通检测等。

3　节能效果预测

3.1　节能效果的构成

节能效果主要由以下三部分构成：

（1）设备柔性节能：大幅度降低抽油机启动损耗，降低运行过程功率峰值30%以上；预测节电率约为2%~5%。

（2）智能控制节能：有效降低吨液百米提升耗电量，动态功率因数补偿技术降低无功损耗，

共直流母线技术解决"发电"问题；预测节电率为12%~18%。

（3）智慧管理节能：消除空抽及超低效率抽油工况，及时停机；故障智能识别，降低低效井的"带病"工作时长；预测节电率为5%~10%。

3.2　设备柔性节能

3.2.1　大幅度降低抽油机启动损耗

抽油机都是驱动电机"大马拉小车"直接启动或Y/Δ启动，定速启动时，电动机全压输入，启动电流是额定电流的400%~700%。异步伺服驱动单元的低频转矩提升技术，使速度从零开始逐渐增大到额定值，启动电流低于额定电流，同时也减轻了电网及变压器的负担，降低了线损，见图2，图3。

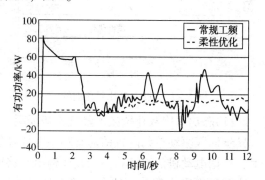

图2　启动过程功率对比曲线

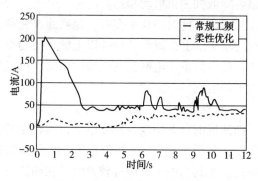

图3　启动过程电流对比曲线

3.2.2　降低运行过程功率峰值30%以上

异步伺服驱动单元可使抽油机的输入功率曲线相对恒速运行工况有明显改善。其波动幅度大幅降低，运行功率曲线更加平滑、柔性，运行功率峰值降低超过30%，极大地改善了系统的动力性能，见图4，图5。

3.3　智能控制节能

3.3.1　智能调参有效降低吨液百米提升耗电量

智能调参的大部份运行工况是调低冲次工作，以便在一个吞吐周期采出更多的原油，提高吞吐周期采注比，从而提高油田开发采收率。

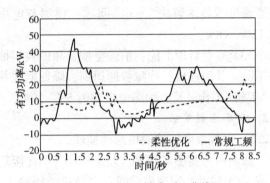

图 4 运行过程功率对比曲线

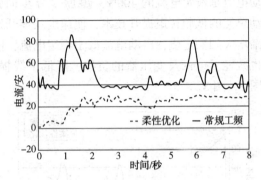

图 5 运行过程电流对比曲线

3.3.2 功态功率因数补偿技术降低无功损耗

异步伺服驱动单元内置的动态功率因数补偿技术，根据电动机的运行状态来改变输出，将所有电能都用来做有用功，使无功功率趋近于零，大幅度降低抽油机启动和运行的输入电流。功率因数从定速运行时的 0.4 左右，提高到智能调参运行的 0.9 以上，减少了 90% 以上的无功功率和无功损耗，降低了电网及变压器的负荷，可挖掘出大量的电网"扩容"潜力。

3.3.3 共直流母线技术解决"发电"问题

抽油机的负荷特性与异步电动机的转矩特性不匹配，甚至出现"发电机"工况，出现二次能量转化，尤其当配重平衡度较差时，在抽油机工作的冲程周期中，电动机的这种再生制动工作状态尤为严重。

针对这种情况，共直流母线技术将多台抽油机的异步伺服驱动单元共用一台整流器，将其直流母线并联在一起，可实现抽油机在下冲程运行时，将所发电能贮存在异步伺服驱动单元电容中，提供给周边井处于上冲程运行的抽油机，既消除了电动机负功，又实现了能源的回收利用。

3.4 智能管理节能

3.4.1 消除空抽及超低效率抽油工况，及时停机

中低产量油井随着抽油泵工作时间的延长，油井的供液量越来越弱，空抽示功图的面积逐渐减少，但经过一定的间歇停机时间后，抽油机的示功图面积会迅速扩大。

识别空抽及超低效率工况，及时对抽油机的运行/停止进行控制。在合适的间隔时间后自动启动设备再次高效工作，保持中低产能油井合理的动液面高度，调节油井的抽汲能力并使之与油层渗流能力相匹配，在中低产井中能有限降低单井耗电量 5%~15% 左右。

3.4.2 故障智能识别，降低低效井的"带病"工作时长

识别抽油机的各种故障工况，并进行提醒、预警、报警和快速控制，最大限度的避免抽油机在低效或亚健康作业下的长期工作，提高安全性和能效水平。

4 结束语

本系统基于油气生产物联网中生产信息采集子系统，在云端学习和科学决策，输出更加合理的控制逻辑，由前端的控制模块精准执行，为原油排采的数字化油田建设提供解决方案。

参 考 文 献

[1] 冯子明，李琦，丁焕焕，等. 游梁式抽油机变速运行节能效果评价[J]. 石油钻采工艺，2015，(3).

[2] 吴立伟，王瑜. 一种智能自动调参的抽油机变频节能电路[J]. 中国科技纵横. 2018，(17)：129-130.

[3] 张再祥，闫伟. 抽油机井柔性自动调参装置应用效果浅析[J]. 石油石化节能，2011，(4)：34-35.

中俄东线管道地质灾害监测相关问题探讨

王 婷 刘 阳 王巨洪 刘建平 陈 健 王 新 荆宏远

（国家管网集团北方管道有限责任公司）

摘 要 地质灾害风险已成为影响我国长输油气管道安全运营的重大隐患。通过监测地质灾害时空域演变信息、诱发因素等，可对地质灾害进行评价、预测预报和防治。当前国内外常规管道地质灾害监测技术已趋于成熟，随着自动化监测技术需求的日益迫切和现代科学技术的发展和学科间的相互渗透，新兴的监测技术已逐渐由原始的人工周期性测量向自动化、精密设备过渡。文章介绍了中俄东线地质灾害监测相关技术应用情况，在智能化监测技术和综合应用分析平台不断研发升级的过程中，注重技术选择的科学合理性和经济实用性。同时提出了技术发展趋势及相关监测标准的修订整合建议。

关键词 中俄东线，地质灾害，监测技术，监测标准

长输油气管道沿线地质灾害类型繁多、成因复杂，且危及范围广。因其"致灾性"难以逆转，一旦预防措施不当便难于补救，事故又极易诱发严重的次生灾害，其直接和间接损失往往比其他类别的事故更大。美国交通部数据显示，2011年~2018年，美国报告的天然气长输管道较为严重的事故中，由于自然与地质灾害导致的失效频率为8.48%，经济损失高达2224.6万美元，占全部事故类型所造成经济损失的13.10%。其AHI（Accident Hazard Index）—事故危害系数（"该类事故损失金额占所有类型事故损失的比例"除以"该类事故占所有类型事故的比例"）在所有类型失效原因中最高，见表1。

2014年6月和2018年1月，马来西亚Petronas公司的SSGP（Sabah Sarawak Gas Pipeline，管径914mm、管材X70、壁厚14mm~20mm的螺旋焊管管道）在地质灾害活动频繁的区域发生了两次环焊缝开裂的事故（图1），致使Petronas公司认识到在地质灾害活动区域的管道建设、运行维护需要重新评估。

表1 2011-2018美国陆上天然气长输管道事故危害系数统计表

失效原因	事故比例	损失比例	事故危害系数
腐蚀	23.66%	27.39%	1.16
设备失效	7.14%	4.22%	0.59
开挖损伤	21.43%	16.05%	0.75
误操作	2.23%	0.55%	0.25
材料失效	28.13%	32.31%	1.15
自然力损伤	8.48%	13.10%	1.54
其他	8.93%	6.39%	0.72
合计	100.00%	100.00%	

图1 第一次环焊缝开裂端口侧向位移达到1.3m

我国地质灾害类型繁多、经济活动频繁，随着管道服役里程逐年增长，沿线各种地质灾害和工程扰动愈发频繁，尤其是近两年发生的环焊缝开裂事故，均与土体位移导致的附加弯曲应力超负荷有关，管道运行安全风险日益凸显。若能适时掌握地质灾害演变和发生的过程性指征和指

标，就有可能及时预警，"防患于未然"。为及时有效进行管道地质灾害预测预报，通过结合管道地质灾害的特点，充分利用和借鉴地质灾害领域中先进的监测预警技术，获得其时空域演变信息和诱发因素等，建立管道地质灾害监测预警系统，达到地质灾害风险有效管控的目的。

1 油气长输管道地质灾害监测技术应用现状

当前管道地质灾害监测技术种类较多，已逐渐体系化。从监测对象上划分主要可分为三大类：一是以滑坡、崩塌、泥石流等导致灾害发生的不良地质环境，即"致灾体"为监测对象的技术。二是以遭受致灾体破坏的长输油气管道，即"承灾体"为监测对象的技术。三是以致灾体相关因素，如地下水、雨量、水位等为监测对象的技术。

1.1 常规监测技术

国内外常规管道地质灾害监测方法已趋于成熟，设备精度、设备性能都具有很高水平。例如位移监测方法可达到毫米或亚毫米级精度。由于采用了多种有效、三维立体化相结合的方法对比校核，使得综合判别能力加强，促进了地质灾害评价、预测能力的提高，见表2。

表2 油气长输管道常用地质灾害监测技术

监测内容			技术手段
致灾体监测	滑坡变形监测	地表位移监测	全站仪、GPS、位移计、遥感法、测缝计等
		深部位移监测	测斜仪、多点位移计等
		土体内部压力	土压力计
	泥石流监测	物源监测	一体化次声监测站
		运动情况	地声监测、遥感法等
		洪水位/泥位	超声泥位监测、水准测量等
	地震和活动断层监测	地震动参数监测	地震计、加速度计等
		跨断层形变监测	全站仪等
	支护结构应力监测	锚杆(索)应力	锚杆(索)测力计
		抗滑桩应力	钢筋计
管道本体监测	管道应变监测		应变计
	管道位移监测		RTK、中心线检测等
相关因素监测	地下水		渗压计
	雨量		雨量计
	地表水		水位标尺、流速仪

1.2 新技术新方法

随着现代科学技术的发展和学科间的相互渗透，监测技术已由原始的人工周期性测量向自动化、精密设备过渡。欧美等国家由于地广人稀，对于自动化监测技术的需求更加迫切。例如激光扫描、光纤应变分析、干涉合成孔径雷达(InSAR)等高精度、自动化技术逐步应用于地质灾害的调查与监测中。

2 中俄东线管道地质灾害监测技术

中俄东线北起黑龙江省黑河市中俄边境，途经黑龙江、吉林、内蒙、辽宁、河北、天津、山东、江苏、上海等9省市区，止于上海市白鹤末站。管道全长5111km，其中新建管道3371km。管道沿线自然环境复杂、多年冻土、水网沼泽和林带交替分布，同时经过地震断裂带、采空区等地质条件恶劣的环境，为管道运营带来了高难度的考验。为保障管道安全运行，经现场勘察及风险评估，采用多种监测手段对地质灾害风险进行监控。

2.1 管道本体变形监测

管道本体变形采用振弦式应变传感器技术测量。管道变形监测系统由变形测量系统、供电系统和通信系统组成，如图2所示。在每个管道上分多个截面观测，每个截面配置3个应变计，应变计的布置见图3。对于半径为 r 的管道来说，A、B、C三个位置处应变计的单轴纵向应变已知的前提下，能够求解管子横截面圆周上任何一点的纵向应变[12]。

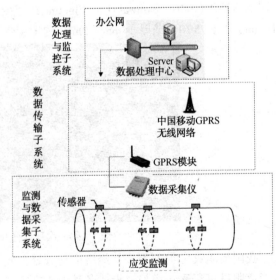

图2 管道本体变形监测系统构成

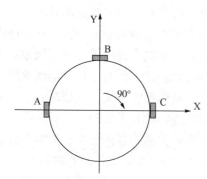

图3 管道截面应变计安装位置

任意点的纵向应变为 Z：

$$Z = \frac{A+C}{2} + \left(\frac{C-A}{2}\right)\frac{x}{r} - \left(\frac{A+C-2B}{2}\right)\left(\frac{1}{r}\right)(r^2-x^2)^{\frac{1}{2}}$$

基于应力或基于应变判据出发，对管道的安全状态进行定量评价。当管体附加应力超过允许附加应力的阈值时产生不同级别的报警信息，对应相应的预警级别采取相应的应对措施，以消减灾情的发展和防止灾害的发生。

2.2 分布式光纤应变监测系统

在管道同沟直埋应变光缆，设置分布式光纤应变监测系统，利用布里渊散射（Brillouin scattering）技术，可获得地质灾害区管道沿线周围土层应变分布变化信息，提前对安全隐患预警（图4）。

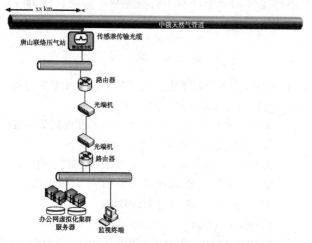

图4 分布式光纤应变监测系统架构图

根据实际监测点情况，中俄东线工程的光纤测应变采用 BOTDA（布里渊光时域分析技术）和 BOTDR（布里渊光时域反射技术）两种技术：BOTDA 技术从光纤的两端分别注入泵浦脉冲光信号和连续光信号，当二者的频率差与光纤中某个区间的布里渊频移相等时，会发生受激布里渊

放大效应，两束光之间发生能量转移，能量从泵浦光信号转移到探测光信号。通过时域和频域进行分析，得到沿着传感光纤上每个位置的完整信息。光传播的时间信息用于在时域中处理，并沿着传感光纤长度进行定位。频域分析用于处理 SBS 特性，并提取传感光纤各测量点的布里渊频移。测量的布里渊频移曲线（布里渊频移作为频率的函数）被用来计算温度或应变信息，过程需要使用标准的校准程序。

BOTDR 技术利用自发布里渊散射原理，当光纤受到温度和应力变化的影响，引起光纤折射率和光纤中声速的变化，从而引起布里渊频移的线性改变。通过计算布里渊频移的变化就能得到沿着光纤长度的分布式温度和应变信息。BOTDR 分布式光纤传感技术是基于单一脉冲的布里渊散射，由于自发布里渊散射光信号相对较弱，因此 BOTDR 的测量精度和范围因较弱的光信号强度以及光纤的固有损耗而受到限制。

2.3 不稳定斜坡 GNSS 监测预警

GNSS 是（Global Navigation Satellite System）全球卫星导航系统，是对北斗系统、GPS、GLO-NASS、Galileo 系统等这些单个卫星导航定位系统的统一称谓。GNSS 位移监测技术已广泛应用于国土资源部门地质灾害形变监测，尤其是不稳定斜坡的地表位移监测。GNSS 接收机体积小、测量精度高（毫米级），数据采样频率为 20Hz，适合野外工作，具有全天候、实时、自动化监测等优点，可用于变形体的动态实时位移监测（图5）。

图5 一体化 GNSS 监测点

经勘察分析，在不稳定斜坡相应位置建立变形观测点，在距离监测点合适的距离选择稳固基岩建立基准点。采用接收单元结算高精度的三维

坐标，并计算变形观测点的位移变化情况。根据形变量趋势和所建立的安全监测预警模型，分析斜坡变形规律，同时分析软件根据事先设定的预警值而进行报警(图6)。

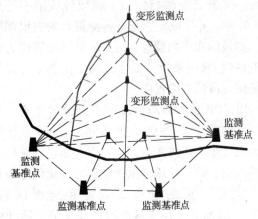

图6　GNSS 斜坡地表位移监测示意

3　相关问题及发展趋势

3.1　多种监测技术的综合预警

地质灾害监测是集多种学科为一体的综合技术体系，只有充分掌握灾害体的组成、动力成因、变形破坏特征、发育阶段等因素，才能依据各种监测技术方法的适用特点，针对性的优化监测方案，取得良好的监测效果。同时，应以科学的发展观实施地质灾害监测和技术开发[13-17]。每种监测技术及其相关的监测仪器和设备，均有其适用范围和使用技术要求，应综合考虑工程适用性及经济性，针对某一特定类型的地质灾害，应通过现场勘察和风险评估，先确定监测内容和监测部位，再选择监测方法或其组合、优化监测参数，使监测工作高效、实用[18-22]。

中俄东线地质灾害风险管段均采取了两种及以上技术进行综合监测，包括地表位移、管体周边的土层移动和管体应力变形等。通过数据分析，多种监测结果之间可实现相互印证，为风险的评估和减缓措施的制定提供有力的技术支撑。当前也有许多学者研究地质灾害作用下的管土耦合规律，从而可实现基于多种监测技术的综合评估和预警。

3.2　各级标准的修订与整合

现行标准既有针对不同灾害类型的标准，也有监测技术标准，还有较为综合的地灾风险评价和治理标准。大部分标准中都有监测等级与地灾风险等级相对应的条款，但风险等级划分、监测

等级与风险等级对应情况各标准并不一致，还有一项标准中存在多种划分准则，给标准使用带来不便。此外，标准中提出了针对不同地灾类型的多种监测技术手段，但对于各类监测手段应用的时机条件、具体实施方式、数据格式、数据传输方式等问题规定的并不明确。

管道本体监测是各标准中普遍推荐的监测手段，但仅有少数标准给出了监测数据的使用方法，例如计算公式、报警阈值等。由于涉及到力学计算，标准中给出的公式和计算方法往往较为复杂，给出的阈值参考表由于条件的预设往往缺乏指导性，甚至如果在标准使用者不了解阈值计算过程的前提下，还可能会误导使用者。

建议通过标准的修订整合，统一地质灾害风险等级的划分方法及监测等级与地灾风险等级的对应情况，有效指导标准使用者对风险的判断及监测等级的选择。同时针对不同地灾类型的多种监测技术手段，按级别给出监测内容对应表、监测频率等。明确在何种条件下应用何种监测技术，即各类监测手段应用时需要满足的条件，以及具体实施方式，每项地质灾害类型采集的数据格式、数据传输方式等问题，做到标准条款具有可操作性。对于监测数据的分析和使用应有相关规定，同时附计算公式、报警阈值等，或指向相关标准。对于给出的阈值参考表，要明确有哪些不确定性因素以及对于计算结果的影响，使标准使用者做到心中有数。

参 考 文 献

[1] 徐安全. 浅谈地质灾害监测技术现状及发展趋势[J]. 企业技术开发, 2014, 19: 117-118.

[2] 宋帅, 李家鹤. 地质灾害监测技术发展趋势研究[J]. 黑龙江国土资源, 2015, 9: 694.

[3] 么惠全, 冯伟, 张照旭, 等. "西气东输"一线管道地质灾害风险监测预警体系[J]. 天然气工业, 2012, 32(01): 81-84+125-126.

[4] Pipeline and Hazardous Materials Safety Administration. PHMSA strategic plan [EB/OL]. [2018-12-05] https://www.phmsa.dot.gov/data-and-statistics/pipeline/pipeline-incident-flagged-files.

[5] 杨明生, 王国勇, 陈刚, 等. 中石化油气长输管道地质灾害监测技术介绍[J]. 江汉石油职工大学学报, 2017, 30(5): 62-63.

[6] 韩子夜, 薛星桥. 地质灾害监测技术现状与发展趋势[J]. 中国地质灾害与防治学报, 2005, 16(3):

138-141.

[7] Benjamin Deschamps, Michael D. Henschel and Gillian Robert. Quantification and Extension of Lateral Ground Movement Detection Capabilities Derived from Synthetic Aperture Radar[R]. PRCI ROW-6-2 final report. 2016.

[8] 马士彪. 浅谈地质灾害监测技术现状与发展趋势[J]. 现代农业研究, 2015, 6: 62.

[9] Rodolfo B. Sancio, A. H. (Tony) Rice, Ali Ebrahimi, et al. Evaluation of Current ROW Threat Monitoring, Applications, and Analysis Technology[R]. PRCI PR-420-123712 final report. 2014.

[10] Gillian Robert. Pipeline ROW Ground Movement Monitoring from InSAR for the PRCI Satellite Consortium Project[C]. PRCI 2017 Research Exchange Meeting, 2017.

[11] 刘鹏程, 王建国. 基于地质灾害监测系统的研究与实现分析[J]. 电子世界, 2017, 15: 176.

[12] MA Y B, CAI Y J, TAN D J. Design and application of long distance oil & gas pipeline stress & strain monitoring sensor[J]. Advanced Materials Research, 2012, 383-390.

[13] 梁军. 基于 GIS 地质灾害监测无线自动化采集传输系统设计分析[J]. 建设科技, 2017, 14: 102-103.

[14] ZHANG Z G, SHEN N Q, LI Y C, et al. Geological hazards risk evaluation of pipeline construction site based on extension method[J]. International Conference on Pipelines and Trenchless Technology 2011: Sustainable Solutions for Water, Sewer, Gas, and Oil Pipelines, ICPTT 2011, 2011, 1667-1676.

[15] Moya J M, De L S, Giancarlo M. Alternative geohazard risk assessment and monitoring for pipelines with limited access: Amazon jungle example[J]. 2014 10th International Pipeline Conference, IPC 2014, 2014.

[16] 王洪辉, 李鄢, 庹先国, 等. 地质灾害物联网监测系统研制及贵州实践[J]. 中国测试, 2017, 9: 94-99.

[17] LI G Y, MA W, WANG X L. Frost hazards and mitigative measures following operation of Mohe-Daqing line of China-Russia crude oil pipeline[J]. Yantu Lixue/Rock and Soil Mechanics, 36(10): 2963-2973.

[18] 凌骐, 张轩, 孔松, 等. 水电工程地质灾害监测预警与应急管理系统设计及应用[J]. 水电与抽水蓄能, 2017, 6: 35-39.

[19] 王洪辉, 徐少波, 庹先国, 等. 地质灾害监测数据自适应对象持久化方法[J]. 计算机工程与设计, 2017, 38(7): 1972-1976.

[20] Aufl iц M J, Komac M, Inigoj J. Modern remote sensing techniques for monitoring pipeline displacements in relation to landslides and other slope mass movements[J]. Environmental Security of the European Cross-Border Energy Supply Infrastructure, 2015, 31-48.

[21] Malpartida M, John E. Managing geohazards in hard conditions: Monitoring and risk assessment of pipelines that crosses Amazonian jungles and the Andes[J]. ASME 2015 International Pipeline Geotechnical Conference, IPG 2015.

[22] Read R S. Pipeline geohazard assessment-Bridging the gap between integrity management and construction safety contexts[J]. Proceedings of the Biennial International Pipeline Conference, IPC.

[23] 王婷, 陈健, 王学力等. 油气长输管道地质灾害监测技术现状及展望[J]. 中国石油协会信息技术交流会, 2018.

HSE 平面管理在唐山 LNG 接收站
应急调峰保障工程建设中的应用

贾运行　　王圣鹏

（中石油京唐液化天然气有限公司　北京兴油工程项目管理有限公司）

摘　要　HSE 平面管理是工程建设中尤为重要的一环，它是对施工现场进行科学划分、合理布局的具体体现。国内 LNG 接收站建设都存在施工场地受限的问题，因此科学有效的 HSE 平面管理能够充分利用施工场地，满足施工需求，保障施工安全。本文结合唐山 LNG 接收站应急调峰保障工程建设，对不同施工阶段的接收站 HSE 平面部署进行简要说明，为后续改扩建 LNG 接收站建设提供参考。

关键词　HSE 平面管理，LNG 接收站，不同施工阶段

1　工程概况

唐山 LNG 接收站应急调峰保障工程位于唐山市曹妃甸港口物流园区，是国家能源重点建设工程，是中国石油和北京市落实国家储气设施建设工作部署的重要举措。项目建设对促进京津冀协同发展、打赢蓝天保卫战意义重大。项目主要在唐山 LNG 接收站预留地内新建 4 座 16 万方 LNG 储罐及配套设施。项目采用"业主+PMC+EPC"建设模式，实行工程监理制。

LNG 接收站工程建设周期长，工艺复杂，施工风险高。建设单位应以精细化管理为抓手，认真贯彻"安全第一、质量至上"的理念，以"安全、绿色节能、有利施工"为基准，全面统筹和策划平面规划。通过对现场各区域进行前期评估、统筹规划、科学划分、合理布局，策划现场施工的 HSE 平面需求。

2　HSE 平面布置原则及意义

HSE 总平面布置应根据施工总体安排充分合理规划用地，最大限度地满足施工期间的人、机、材的合理调配，同时还须满足安全、消防、整齐、美观、环保的要求，以最有效地利用场地，减小投入。根据施工需求进行展示 HSE 文化和宣传要素、HSE 设施合理布置、调控管理现场施工的交叉作业，来进行平面规划。

HSE 平面规划一般遵循以下几个原则：

（1）分区设置、属地管理原则

合理、独立地布置办公区、生活区、施工区等，并明确划分施工区域、材料堆放区及加工场地等，减少各工种之间的干扰，以便有针对性地管理施工现场，提高施工效率。

（2）功能设置原则

施工作业区、材料存放区、加工区等的布置要有利于减少各种材料的运距，施工材料堆放应尽量设在垂直运输机械覆盖的范围内，以减少二次搬运的发生，从而降低工程成本，加快施工速度。

（3）安全原则

施工平面布置体现项目落实现场安全目视化管理理念，包括：调控管理现场施工的交叉作业、现场文化氛围的布置、现场休息室和 HSE 宣传相结合，规范现场工程 HSE 信息的发布，按照人车分流原则，统筹规划门禁设置、行车路线、HSE 检查路线、外来访客参观考察路线等。

（4）因地制宜原则

施工平面布置与周围水、电、路、讯条件做到有机结合，并统筹考虑便于紧急状态况的应急疏散和逃生。合理地组织运输，以保证现场运输道路畅通，并尽量减少场内运输费。

（5）连续性原则

前工序施工尽量不影响后工序施工，统筹考虑各个区域的连续作业性，减少 HSE 规划的不完整性，保障施工先后顺序。随着工程施工进度布置和安排现场平面，同时须与该阶段的施工重点相适应，以减少对施工的影响，提高场地利用率。

（6）标准化原则

依据现场总平面布置，执行统一的 HSE 管

理标准和 HSE 规划及文化宣传，实现工程建设施工措施和 HSE 管理各阶段的有机衔接，充分的布置和规范施工现场，使各单位规整统一，特别是施工措施方面更加规范整齐，不存在各自差异，便于了施工现场标准管理。

3 不同施工阶段的风险分析及平面规划

HSE 平面布置根据每年度施工内容开展，以满足现场各级承包商开展现场平面管理的各项具体工作，从平面和立体布局上保障施工安全、高效。LNG 接收站工程建设一般包含临时设施施工、储罐桩基施工、储罐外罐施工、储罐安装施工、设备安装施工、工艺管线施工等部分，不同施工阶段涉及的主要风险不同，需要的设备、材料、场地面积不同，因此得根据施工计划来合理规划现场 HSE 平面。

3.1 现场临时设施布置

3.1.1 临时道路布置

铺设临时道路时，应在满足方便施工的要求下最大限度地节省成本，同时还须在修筑的路面标高处预留面层做法，以保证主体施工结束后，可经过路面修整将其与后期的永久道路重合。铺设前应先进行场地清理，保证路面无浮土，各种垃圾以及有机质及腐殖质等存在，且还应做好相应的防排水措施。随后根据石料强度、级配、石料压碎值等选择材料铺设至路面，并按照"先轻后重"的方法将其分层压实。然后进行路面支模，并从基槽底部按垫层宽度分层浇筑混凝土（图 1）。

3.1.2 临时供电布置

施工临电布置应沿外围墙内侧或施工道路边侧埋地敷设。各用电点应设有二级配电箱，并在办公区和各施工用电接口设分配电箱，且每台用电机械设备各配备一台配电箱，同时电箱配置还应根据不同施工阶段的用电做相应减少及增加。临时供电组织要做好用电量计算、电源选择、变压器确定、供电线路布置、导线截面计算（图 2）。

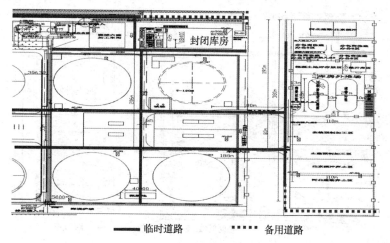

——— 临时道路   ······ 备用道路

图 1 临时道路规划图

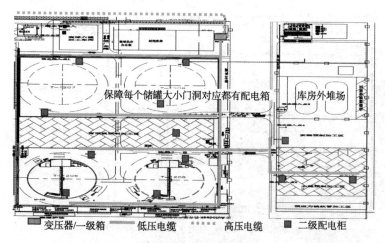

■ 变压器/一级箱   ——— 低压电缆   ······ 高压电缆   ■ 二级配电柜

图 2 临时用电规划图

采用三级配电系统,采用 TN-S 接零保护系统,采用三级漏电保护系统;变压器一般设置在围墙外侧,总配箱一般设置在靠近变压器的围墙内侧,分配箱有多个,一般设在主要用电设备(塔式起重机、人货梯、井架、钢筋加工场,办公与生活用房);线路敷设采用架空或埋地,一般采用后者;供电线路与建筑物、塔式起重机需保持安全距离(图3)。

图 3 现场二级配电箱

3.1.3 临时用水布置

临时用水包括生产用水、生活用水和消防用水。给水、排水等系统的设置应严格遵循平面图,并根据综合施工现场情况合理布置。如沉淀池应布置在混凝土地泵及砂浆搅拌机处;排水沟应沿施工场地便道两侧布置,并保证排水沟内的通畅等。临时用水组织计算用水量、选择供水水源、选择临时供水系统的配置方案、设计临时供水管网和设计供水构筑物和机械设备。一般力求管网总长度最短,并做到以下几点要求:(1)常用用水总管管径为100mm。(2)消火栓间距不大于120m,高层建筑每层设消火栓口,并配备消防水带、水枪。(3)排水管道需考虑排水坡度。(4)供水系统配置管网布置形式有环状、枝状、混合式(图4、图5)。

3.2 桩基施工阶段平面布置

储罐桩基施工主要内容为桩的定位、打桩机钻孔、废土倒运、钢筋笼预制、钢筋笼吊装、混凝土浇筑等,主要存在吊装风险、孔洞坠落和设

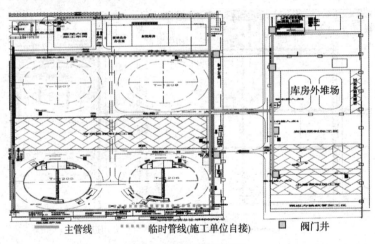

主管线   临时管线(施工单位自接)   □ 阀门井

图 4 临时用水规划图

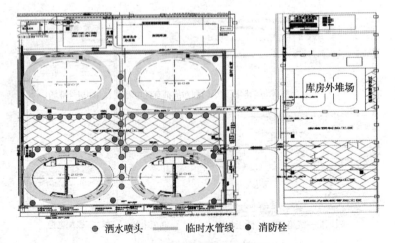

● 洒水喷头   临时水管线   ● 消防栓

图 5 防尘洒水管线规划图

备损坏风险。为保障施工有序进行，避免出现打桩机损坏影响后续钢筋笼吊装作业，一般会规划出一个设备维修区用来专门修理损坏设备（图6，图8）。

1个储罐按照3台桩机布置，施工工序按照中心集中，四周分散的原则，充分考虑一次性成桩施工过程中的交叉，作业区域的使用只有一次性，桩成形后高出地面近2米，将施工区域和作业区域就关闭，结合现场的桩位分布，合理的布置桩机和施工机具，减少设备的移动。储罐桩基成孔过程中，及时的运输土方，将土方运输到静置区域进行静置，达到条件后将土方外运出施工现场。钢筋笼预制厂区进行防护棚，保证恶劣天气的施工延续性，也给工人提供了一个干净的施工场地（图7）。

现场依据 HSE 平面规划做到了标准化管理。HSE 文化、宣传、管理达到了现场施工需求（图17）。夜间作业的灯光规划到位，特别是泥浆池周边的灯光防护到位，夜间作业车辆旋转部位也做到了反光提示（图9）。

图6 桩基施工

图7 钢筋预制区

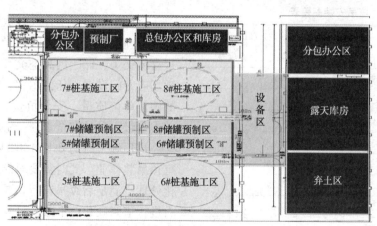

图8 桩基施工总平面规划图

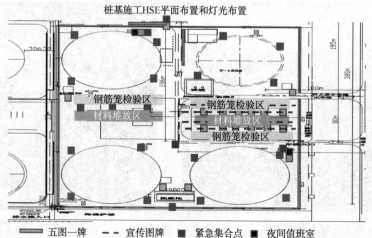

图9 桩基施工 HSE 平面布置和灯光布置图

3.3　储罐施工阶段平面布置

储罐施工主要分为承台施工、罐壁施工、穹顶施工和内罐施工，现场施工平面规划随施工内容变化定期更新。

承台施工前，要先搭设脚手架提供施工作业面，同时在储罐南北两侧安装塔式起重机，进行施工物料吊装作业。为节省吊装时间，提升工作效率。为确保避免交叉作业安全，现场相邻塔吊要设置高度差，塔吊安装高度分两次提升（图10，表1）。

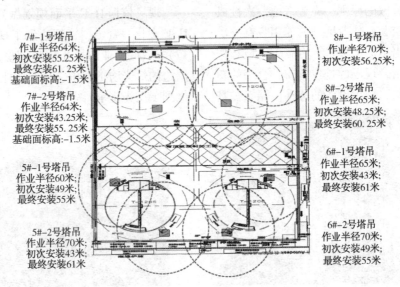

图 10　储罐施工塔吊安装示意图

表 1　塔吊安装高差表

序号	罐号	编号	初次安装/米		最终高度/米	
			高度	高度差	高度	高度差
1	5#	5-1	49	6	55	6
2		5-2	43		61	
3	6#	6-1	49	6	55	6
4		6-2	43		61	
5	7#	7-1	55.25	12	61.25	5
6		7-2	43.25		55.25	
7	8#	8-1	48.25	8	60.25	4
8		8-2	56.25		56.25	

罐壁施工过程中存在较大的立体交叉，HSE监督管理压力大，存在高空设备交叉、DOKA模板立体交叉、储罐内高空交叉等重大风险。项目现场应专门设置责任公示牌，明确每个施工区域的施工单位质量、安全负责人、现场监护人员，落实各级人员的安全责任（图11，图12）。

穹顶施工时需要用150T履带吊进行钢结构穹顶吊装作业，此时需要对储罐周围道路进行硬化处理，满足后续吊车行走要求，一般采用山皮石进行道路硬化（图13，图14）。

图 11　施工现场责任公示牌　　　　　

图 12　施工通道

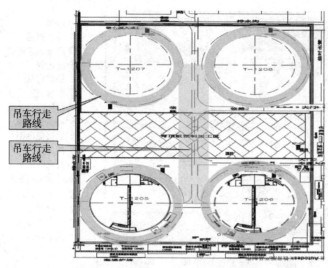

1. 铺砌机配碎石为吊车走路线,最窄处部的宽度低于15米,吊车调头旋转区域根据现场实际情况放宽调整;
2. 吊车行走的区域和材料堆放区域存在交叉的地方,首先考虑吊车的吊装和行走区域安全;
3. 吊车经过硬化路面时全面采用钢板铺垫

图 13　穹顶安装吊车行走道路

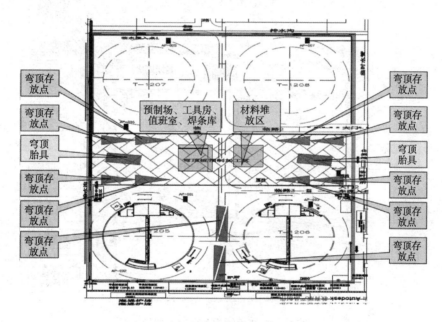

图 14　穹顶施工平面布置图

储罐内罐施工前期主要为外罐壁板安装焊接和内罐壁板安装焊接,还涉及垫层浇筑与保冷施工。此时现场主要为土建/安装预制区和材料存放区,施工点多,应合理划分施工区域,满足施工要求(图15,图16)。

3.4　工艺管线施工阶段平面布置

工艺管线施工主要为管廊施工和管线施工。管廊施工涉及土方开挖,地基处理,脚手架搭设,钢筋绑扎,预埋件安装,模板支模,混凝土浇筑,脚手架拆除等,重点做好高处作业、动火作业、吊装作业、临边作业、基坑作业的风险管控。

管廊施工结束后,现场要进行地下管线施工和仪表、低压电地管设施布置,主要参考图17。地下管线主要围绕在储罐四周,主要作业为土方开挖,需要做好管沟防坍塌措施和现场施工车辆协调工作,避免发生车辆倾覆的情况(图18,图19,图20)。

3.5　设备安装施工平面规划

本工程设备安装施工主要为 SCV 气化器施工、BOG 压缩机施工和 BOG 增压机施工。考虑到提高施工效率,节省材料倒运时间,在接收站内专门划分了一个材料存放区,用于存放施工需要的一些物资和材料设备。由于接收站内一直处于生产状态,每个施工区域都用硬围挡进行隔离,并严格执行接收站内 HSE 管理规定,落实安全防控措施。

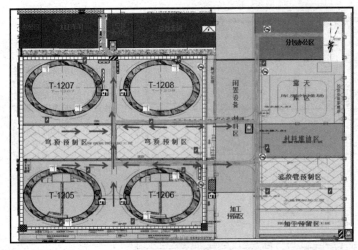

图 15　储罐外罐施工现场平面总体规划图

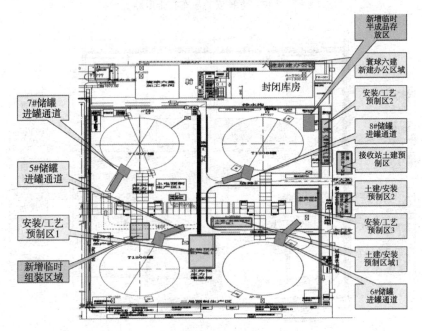

图 16　储罐内罐安装平面布置图

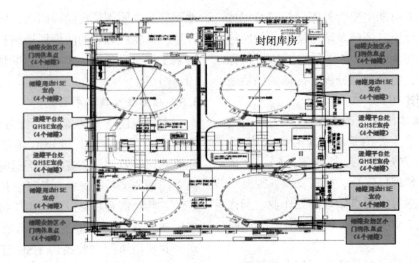

图 17　HSE 宣传平面规划

图 18　脚手架施工

图 19　管沟防护栏杆

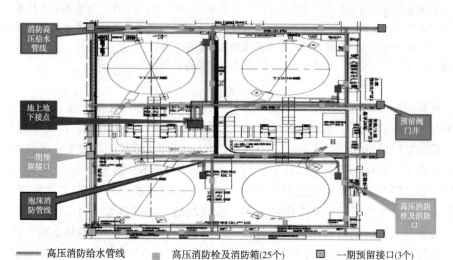

高压消防给水管线　　　高压消防栓及消防箱(25个)　　　一期预留接口(3个)

泡沫消防管线　　　泡沫消防地上地下接口(5个)　　　消防预留阀门井(4个)

图 20　地下管线布置图

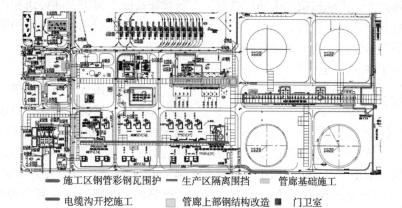

施工区钢管彩钢瓦围护　　　生产区隔离围挡　　　管廊基础施工

电缆沟开挖施工　　　管廊上部钢结构改造　　　门卫室

图 21　厂区设备安装施工平面布置图

4　结论

　　HSE 平面管理对 LNG 接收站工程项目施工全过程能否顺利有效地开展具有重要影响,通过收集工程有关信息,系统分析,统筹规划,以安全、绿色节能、有利施工的原则制定满足现场施工需求的 HSE 平面规划,有助于提高项目进度、质量、安全管理水平。

参 考 文 献

[1] 吴涓涓. 浅谈建筑工程施工平面布置. 中小企业管理与科技,(上旬刊) 2011.

[2] 陈勇. 狭窄场地的施工平面管理. 安徽建筑, 2014, 01.

油气物联网应对老油田提质增效的探索

艾 鹏 张 帆

（中国石油天然气集团有限公司大港油田分公司第二采油厂）

摘 要 本文从大港油田第二采油厂的数字化技术开发历程入手，对数字化发展方向及发展过程中的关键点进行了简要分析。同时，结合王徐庄油田地面数字化、智能化的建设、研究以及应用的具体情况，对多种数字化技术手段进行了详细论述。通过数字化技术研究与应用，为采油厂管理水平的提升奠定了重要基础。论文阐述了数字化向智能化发展的核心，点明在"十四五"到来之际，应用数智化技术手段提升油田高质量管理发展的必要性。进一步深化大数据应用，深度挖掘数据潜在价值，有效利用智能化诊断和预报警功能，转变油田传统生产管理模式，达到提值增效的最终目标。

关键词 数字化，大数据，智能巡检，无人值守，提质增效

近年来，随着国际油价持续走低和安全环保带来的双重压力，油田的发展面临着前所未有的挑战和考验。采油二厂信息部门从实际生产需求出发，将重点放在了工业化与信息化结合上。目前油水井、接转站、联合站的自动化数据采集传输基本达到全覆盖，油气生产运行环节中的关键数据均实现了采集与监控。通过地面数字化建设的日趋完善，数据采集与存储能力的不断提高。在实现了初步的信息化处理，自动化监测的前提下进一步深化大数据应用，深度挖掘数据潜在价值的需求也日益增高。大港油田第二采油厂针对王徐庄油田的信息化系统建设现状，开展了一系列智能化建设的研究与尝试，为大港油田的智能化管理与发展打下了坚实基础。

1 数字化建设与应用管理现状

1.1 数字化建设情况

地面信息数字化技术在大港油田已经广泛应用，但多数应用仅局限于数据采集和简单的逻辑控制，未能解决油田开发所面临的人力资源保障、提高油田管理水平等需要。随着"数字化"、"智能化"等理念的不断深入，大港油田第二采油厂着眼于油田开发所面临的实际需求，从解决问题出发，大力推进地面数字化的集成建设与应用。并形成模板化的"王徐庄模式"，为油田"智能化"发展打下坚实基础。

王徐庄油田于 2012 年完成全部油水井的数字化升级改造，2013 年完成了某接转站的"无人值守"试点建设。2014 年进行地面深度优化建设，原 7 座接转站优化成 5 座，在进行地面工艺流程优化改造的同时，具备了配套进行"单井－接转站－联合站"整装地面数字化建设的基础和条件。

1.1.1 油水井报警系统

王徐庄油田所辖油水井完成了 ZIGEBEE 升级改造，实现油水井生产数据与 A2 系统集成。共建设基站 9 座、中继站 6 座。采油井实现了井口压力、功图、电参等数据的采集和液量的计算及工况诊断。可以对抽油机井的工作状况进行评价，并对已经发生或可能发生的抽油机井故障进行智能诊断、报警，并提出相应的整改措施。同时对注水井实现了井口压力的采集及水量的远程调控（图 1）。

1.1.2 站库工控及安防系统

王徐庄油田接转站功能进行集中整合，通过对地面系统深度优化简化，将接转站数量由 7 个减少至 5 个。同时提高注水压力，达到了节能降耗的目的，为站库无人值守系统建设打下了基础。借鉴"无人值守"先导性试验成果，分别在各站站内工艺流程上安装自动化数据采集设备，配套视频监控和周界安防系统，并建立了无人值守信息系统。实现了王徐庄油田所有基层站场远程数据监测、联锁保护、安防监控的管理模式。

调整生产组织方式，实行白天少人值守、夜间无人值守生产方式，工作人员集中在作业区，采用巡回检查、电子巡井等手段开展日常工作。由作业区生产管理中心负责实时监测各站生产情况，各注采组负责做好站内设备及油水井的正常巡检与维护工作，无人值守时，如遇生产突发情

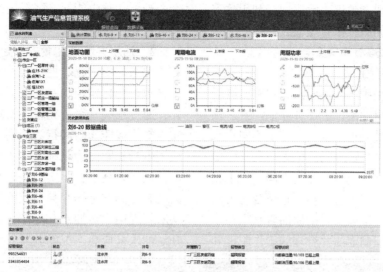

图1　报警软件截图

况，生产管理中心通知维护组前往处理。同时，利用油水井生产参数采集平台、井口视频监控设备及油水井生产参数报警软件实时对生产油水井进行监控，如遇紧急突发情况，由维护组进行应急处理。

1.2 管道数字化建设

近两年，采油厂结合生产运行、产能开发，对王徐庄油田持续推进地面管网优化简化，在实现站场整合的同时，简化各类管道总长 26.5km。例如：王徐庄油田西线简化供水管道 4.4km，简化注水管道 4.8km，简化集输管道 3.9km。

不断完善管道监测系统和阴极保护系统。南一站-南三站管道监测系统已具备生产数据采集、数据分析、泄漏报警定位、历史数据查询等功能，且一直运行稳定。采油厂目前目前共有阴极保护站 19 座，恒电位仪 32 台，智能测试桩 58 支，保护集（外）输管道 45 条。已监测外输管道及干线 147.44 公里，约占总里程数的 67%，监测数据可传至阴极保护平台，同时形成了规范的管理办法，全面掌控管道运行状况（图2）。

1.3 取得成效

油田在日常生产管理中应用数字化技术手段来减轻员工劳动强度、提高管理效率，降低安全风险、提升安全环保管理水平，从而达到了控制用工总量，减员增效的目的。

采油二厂员工从 1111 人减为 897 人，优化员工 214 人。将优化下来的员工充实到其他岗位，不仅解决了新区生产人员紧缺的难题，同时也壮大了技术部门实力，使采油厂技术人员比例更加科学，业务技术水平进一步提升。在产量稳

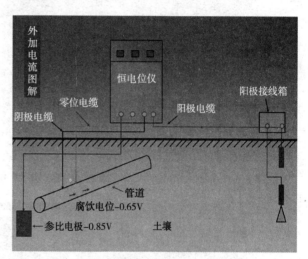

图2　阴极保护原理图解

定，人员减少的情况下，人均油气产量从 448吨/人大幅度提高到 666 吨/人，提高 48.66%；人均管理井数由 0.83 口/人提高到 1.34 口/人，提高 61.4%。站库合并缩短了巡检路程和时间，无人值守系统的应用缩短了设备监控及运维时间，巡检时间由平均一次两小时降低到一小时，效率提升 50%。提高了巡检效率。机构进一步精简，四级生产管理转变为三级生产管理模式，优化取消了两个队级单位，生产班组由 20 个减少到 11 个，管理岗位也同步进行了优化。

2　新技术主推质效型管理模式

地面集成数字化建设王徐庄模式，取得了显著的成效，大港油田第二采油厂以技术再优化、标准再完善、功能再提升、产品再升级、管理再创新为抓手，突出集成共享、智能优化和精益管理，按照全面感知、远程操控、预测趋势、智能

优化、智慧决策的智能油田建设规划,利用数字化技术手段,不断创新企业管理方式[1]。

2.1 油水井生产现场全方位感知

2.1.1 原油含水在线监测

在原油生产过程中,井口原油含水率检测对于确定油井出水、出油层位、估计原油产量、预测油井的开发寿命具有重要意义。由于不同含水率的油水混合物介电常数不同,电磁波在其中传输的损失不同,相位和幅值变化也不同,其中相位变化表现更明显,因此通过检测相位变化可以实现含水率的检测。准确及时的原油含水率在线检测数据对管理部门制定油井合理的工作制度和

生产措施,减少能耗,降低生产成本,提质增效起着重要作用(图3)。

2.1.2 油水井集成化管控平台

油水井集成化管控平台在前期油水井数字化采集与可视化监控的基础上,对监控功能进行整合。通过系统升级与完善,实现生产井运行的全面感知、智能诊断和行为识别等功能。该系统以油气生产物联网为基础,集成工业视频平台,油水井数据采集平台,实现生产智能预警,生产参数动态监测与井场视频监控的联动,加强作业区基层管理用户对油水井生产运行的安全管控,提升对油水井应急工况的处置效率(图4)。

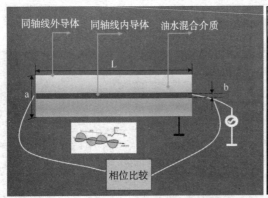

图3 含水在线分析仪原理及现场安装图片

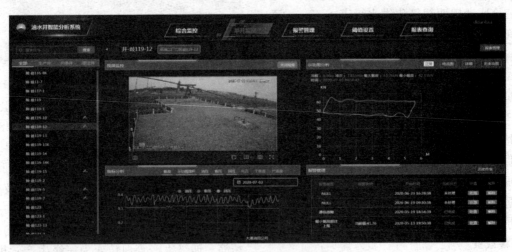

图4 油井视频监控平台截图

2.1.3 智能采集控制装置

传统的控制模式一般是现场的采集设备只负责数据采集,数据的分析由后台服务器承担,服务器将诊断和分析的结果回传给现场执行单元。一旦通信链路出现故障,会出现现场失控的风险,后台服务和分析不及时,无法对现场快速操控,实现安全平稳生产。

利用井场光纤网络,对单井数字化升级改

造,每个单井新建一个智能控制柜,用于采集现场的数据,以及完成数据分析和优化控制。实现远程启停、智能调参、电子巡井等功能,同时借助软件应用平台,结合历史数据,确定油井最优生产参数,提高抽油机井的生产效率、延长设备的检修周期。

2.2 联合站预警报警系统

联合站预警报警系统以站库危险区域、重要

风险源及风险因素辨识结果为依据，以实现生产平稳运行、隐患早期预警、生产过程可控、问题快速处置、强化安保措施、提高生产效率为目标。

通过物联网技术与风险管理方法对接与融合，开展站库生产运行安全环保预警可视化管理系统示范工程建设，创新站库安全风险预警和管控管理模式，提高站库 HSE 安全管理技术水平的目的。同时，技术人员对系统功能持续优化完善，实现了站库应急能力预警、工况智能诊断、措施智能推荐、站库生产运行安全环保预警可视化应用等，推动联合站生产平稳运行、提升现场安全受控及智能化水平。

2.3 能耗监测与智能化对标分析

能耗费用已经成为当前油气生产的主要支出之一，如果提升对能耗的日常管理水平，精细油气生产过程中的能耗控制，有助于采油厂实现节能降耗提质增效。基于此，采油二厂信息档案室借助数字化手段，利用大数据分析技术在作业二区开展了《能源管控系统平台试点建设》，实现了作业区主要设备能耗的精细化管理。通过能耗及系统效率分析，注水系统和集输系统的能耗对标管理等，对能耗超出设定范围的进行预警提示。应用该平台进一步提升能耗管理水平，通过平台的建设与试运，预期可实现降低机采单耗10 个百分点，集输系统降低能耗 5-10 个百分点，注水系统降低能耗 3-5 个百分点，同时可减少员工用来进行能耗测试的劳动强度和测试费用。

2.4 物联仪表管理系统的建立

随着采油厂数字化的逐步发展，仪表数量增多，出入库管理目前为人工登记模式，工作重复、复杂，管理难度大，同时数字化系统偏于数据采集，缺乏设备健康诊断预报警功能。通过制定仪表编码规范，使用二维码、条形码等多样化码形区分仪表类别，便于仪表录入后自动分类。使用扫码仪统一采集、录入仪表信息。实现仪表出入库管理，当仪表电流电压等数据异常时进行故障分析诊断预报警，并根据仪表档案对进行仪表保养和仪表检定提示。

仪表信息自动录入的实现，有效降低了员工劳动强度，实时监测仪表健康数据，提前预判故障，提升仪表利用率。通过仪表出入库管理、保养检定提醒功能，提高了仪表管理水平，达到了

盘活资产，降本增效的目的。

2.5 基于大数据分析的工况诊断系统

大数据就是将海量碎片化的信息数据通过深度学习、智能学习等手段及时地进行筛选、分析，并最终归纳、整理出数据中的各种各样的规律，然后把这些规律用于分析其他的数据，达到趋势预测、辅助决策的目的。

抽油机井通常处于恶劣的工作环境之中，数目多且地理位置不集中，人工检测难度较大、效率低，抽油泵、杆、管故障频发，对油田的正常生产造成影响。采油二厂 2020 年共开展洗井、碰泵、解卡、正打压、测液面等危险井抢救工作51 井次，验证躺井 7 井次，抢救成功 19 井次，抢救成功率为 45.6%。第二采油厂应用大数据分析技术，深度挖掘地面数字化数据采集的潜在价值，建立危险井抢救智能分析系统，根据功图特征对抽油机井的工作状况进行评价，并对已经发生或可能发生的抽油机井故障进行智能分析、诊断，并提出相应的整改措施。

通过开展抽油机井工况智能诊断技术的研究与实践，结合示功图分析技术，建立了《抽油机井故障智能诊断系统》。该系统的核心功能是对抽油机井生产过程中的抽油泵故障进行实时诊断，用以协助油井生产动态管理人员实时掌握抽油机井的杆、管、泵的工作状况，为抽油机井故障判断同时对抽油机井故障处理流程与处理结果进行系统化管理。系统提供单井生产工况的实时监测、对比分析与故障综合统计与处理分析等功能，帮助油井生产动态管理人员进行综合生产动态管理与决策。

3 数字化管理模式升级方向

3.1 全天候无人值守站建设

油田油气生产场站位置较为分散、地处偏远、自然环境恶劣，多为驻站人员值守式工作。在这种工作模式下，站库值守人员工作压力大、工作强度高，工作环境存在着很多的风险因素，需要长时间有人值守，也增加了油气生产过程中的安全隐患。为减轻员工的劳动强度、改善工作环境、优化人力资源，无人值守站的建设与推广，成了油田解放生产力、优化用工的关键点，也是数字化油田建设的必然趋势。

应用 PLC 自动化控制技术，结合接转站值守人员的实际工作需求，对关键流程进行自动化

控制。同时应用热辐射摄像机、噪音拾音器等设备的补充，进一步增强生产现场的实时监管能力。通过实时监测主要生产设备的运行状况，能够及时发现和处理生产过程中出现的异常情况，提高故障排除率，减少因设备故障造成的生产时间损失，提高生产时率，提升人均生产能力。

3.2　智能化巡检设备

能源化工产业存在诸多危险因素，因传统巡检方式难以及时发现和妥善处理异常情况，近年来影响企业正常运营、对周边人民的生命财产安全和环境生态造成威胁的事件时有发生。利用无

人机与机器人相结合智能巡检可以有效提升巡检质量和巡检效率，及时准确发现隐患，消除潜在事故点，最大程度避免人员伤亡和经济损失。

智能巡检机器人具备自动巡航、视频监控、自主避障、环境探测、自动充电、无线通讯等功能；可满足对现场音波分析、漏油检测、油气泄漏检测、阀门状态检测、异常声光报警等功能要求，无人机智能巡检利用中型"可见光+红外线"可有效获取站点及管线裸露部分的图像数据、温度及结构特点，通过图像数据可立即判断事故点，提高了管线监管效率、巡视质量及安全性能（图5）。

图 5　无人机智能巡检

采油二厂作为大港油田中第一个实现无人机落地应用的单位，使用无人机辅助岗位员工进行管线巡检、治安防范等工作，有效减轻一线员工的工作强度，降低管线泄漏导致的环境污染风险，为大港油田数智化建设积累了宝贵的经验。

3.3　原油自动化交接

原油交接油通过人工计量方法对原油进行盘库工作，数据准确率低且工作量大，容易导致交接双方发生争议等问题。交接油过程中需要监测的数据较分散，自动化程度低，容易产生误差，需要有相应的系统进行统一管理，方便对输油数据及时掌握和查询，进而提高站库实时监控、动态管理水平、降低工人劳动强度。

采油二厂率先开展原油在线含水交接试验，将采油六厂来液通过撬装设备后在磁力泵的作用下依次经过压力监测、密度、流量、温度、含水分析仪后回到主管道。数据通过设备自带 PLC

系统传输至值班室二次仪表箱，由上位机组态读取仪表箱数据后，集中展示在电脑显示屏上。经过三个阶段的设备与人工化验数据对比，含水率平均误差 0.0045%，密度平均误差 0.7kg/m³，均符合标准规定，试验效果理想（图6，图7）。

4　总结

大港油田第二采油厂通过前期的地面数字化建设，已基本完成了"油水井、管线、接转站、联合站"的各类基本数据的采集与储存工作，接下来开展针对性的数字化分析是必然的趋势。油田无人值守数字化建设需在现有数字化建设基础上不断完善优化各项功能，促进日常业务与信息技术的深度融合，进一步提升数字化在生产运行、精细管理、减员增效、优化劳动组织等方面的作用。持续促进油气生产创新升级，助力油田降本增效、提升了信息化、精细化管理水平，为"智慧油田"的建设奠定了基础。

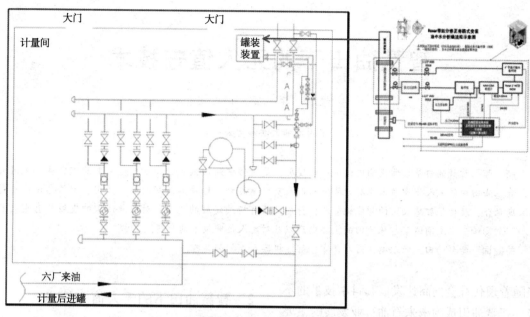

图6 原油自动交接流程图

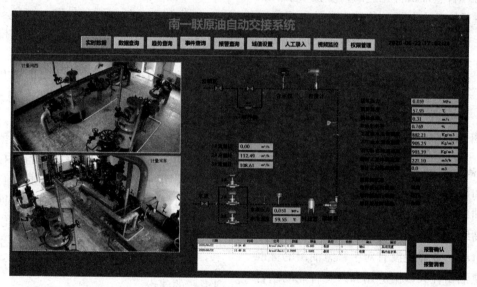

图7 原油自动交接系统界面

参 考 文 献

[1] 段鸿杰，马承杰，刘焕宗. 油田信息化关键技术研
究及其应用[J]. 石油科技论坛，2015(3)：39-43.

[2] 王孝良，崔保红，李思其. 关于工控系统信息安全
的思考与建议. 信息网络安全，2012(8)：36.

[3] 苏伟、李清辉、徐鹏. 浅析油气生产物联网技术的
应用[J]. 中国信息界，2012(8)：61-63.

智慧油田下的无人值守技术

刘冠辰 李 智 谯虹雨

（中国石油大港油田公司）

摘 要 智慧油田是数字化油田的进一步发展，是对传统油田模式的创新，是未来油田发展的主流趋势。智慧油田中的无人值守技术能有效降低油田人员日常巡视、检修和维护的成本费用，使信息化和智慧化深度融合，展现了智慧油田的智能化管理，符合产业可持续发展的要求，对未来油田的发展具有重大意义和深刻影响。本文阐述了智慧油田的主要内容以及对无人值守技术的分析。

关键词 智慧油田，物联网，无人值守，智能机器人，视频监控

伴随着现代社会的高速发展和科学技术的不断进步，智慧油田成为未来石油行业发展的主要趋势和方向。智慧油田将先进的科学技术手段和大数据管理系统整合分析，能够有效的实现油田管理的智能化建设。智慧油田在数字化油田的基础上，结合人类智慧，实现了更加高效的油田管理模式。无人值守技术极大的提高劳动生产效率和管理效果，促使智慧油田更加高效快速发展。

1 智慧油田的概念和主要内容

1.1 智慧油田的概念

智慧油田是一个具有时代意义的全新理念，它在数字油田的基础上结合了人类智慧，是现代化油田的高级发展模式。目前，智慧油田尚处于初始发展阶段，业界还没有对于智慧油田的标准定义。智慧油田在大数据应用和人工智能的结合下，其生产更加符合实际，极大的提高了生产效率，降低所需能耗成本，充分实现对油田管理的智能化运作模式。

1.2 智慧油田的主要内容

智慧油田将人工智能融入数字化油田，并通过大数据分析帮助生产管理人员进行决策。伴随信息化技术的高度发展，油田进一步演变为以物联网技术和人工智能为核心的智慧型油田，物联网技术和人工智能的日趋成熟为智慧油田奠定了坚实的基础。智慧油田在产业发展中使用先进的科学技术手段，将大数据应用融合其中，对石油的生产运营进行远程的监督管理和控制，当出现问题时能够及时发现并自主决策作出有效处理或警示。

2 智慧油田下的无人值守技术

2.1 实现智能机器人巡检

智能机器人通过视觉导航，结合多传感器信息融合、三维信息感知与处理、激光扫描测距等各类方式，将采集到的数据、声音等加以分析，传输到数控中心，数控中心人员能够及时了解场站情况，智能机器人可自主提取信息进行整合，生成巡检报表。智能机器人能够定时、定点的对场站进行巡检，有效的提高了工作效率；具备视频监控功能，能够对场站设施进行监控，若发现异常状况可进行发声发光报警；具备自动回冲功能，通过导航在巡检结束后进行自动回充，确保下一次巡检工作的有序进行。引入智能化机器人可以代替人工巡检的传统方法，解决了人工巡守效率低，巡护风险大的问题，推进了油田无人管理模式的建设。

2.2 实现场站中的智能检测

智能检测以多种先进的传感器技术，和计算机系统相结合，能够自主完成数据采集、分析和处理，可以代替人工定时检测。智能检测技术通过远红外对管道内泄露的气体和液体进行探测，能够检测管道是否有气体或液体泄露的发生，对可能发生泄露的区域进行采样分析，以此达到监测检查的目的，一旦发生气体液体泄露，系统能够自动提示、及时报警，降低了工作人员对突发事故定位和解决的时间，保障了油田的生产效益。通过热敏电阻技术，测定采空区的温度变化，能够进行安全隐患的预警，从而保障油井安全生产。设立溢流预警系统，提高溢流事件判别效率，对预警情况进行轻重分析和远程解控。智

能检测技术减少了相关人员对监测数据结果干扰的可能性，减轻了员工的工作压力，且保证了各项数据的准确性和可靠性。

2.3 实现智能视频监控

智能视频监控系统通过采用图像处理、模式识别和计算机视觉技术，在场站工作中，以计算机强大的数据分析处理能力，能更加快速准确的定位故障发生位置。智能视频监控系统通过人工和大数据系统相结合，进一步提升了监控效率，突出人工智能理念。这套系统的优势如下，首先，能自主对监控目标进行检测，直接过滤出视频画面中干扰或无用信息；其次，可以对监控的目标进行分析和分类，自动识别出不同物体；最后，根据分析结果自主识别是否需要发出警报。智能视频监控系统的应用使管控人员能够及时发现问题并有效处理，减小了场站的安全隐患。

2.4 实现数据虚拟化

数据虚拟化技术通过引入数据库、大数据技术、机器和传感数据等，将多个操作置于同一环境，同时运营而互不干扰，对生产和决策进行智能优化整合，分类管理常用生产数据，调用相关数据更加高效，真正做到利用信息技术来管理场站。通过对数据虚拟化系统的配置，完成石油生产、报告备份、故障或事故处理等任务，借助知识库对突发事件快速做出决策和有效处理并做出事后经验总结。从生产管理角度来说，数据虚拟化的实现降低了数据管理运营投入的成本，更加符合石油产业降耗节能的可持续发展要求；使得数据管理运行更加安全、准确、高效；将程序精简化，优化了资源配置和高效管理整合，提高生产管理能力和安全性。

2.5 实现远程操作技术

在抽油机中安装数据采集和控制装置，使用计算机对数据进行综合的智能分析，监控人员可以进行抽油机的状态监测和远程启动停止控制功能。可以在配水间配置自动控制注水仪，通过传感器将信息传递至管控平台中心，监控中心人员可设置修改注水参数，结合历史数据进行统筹规划，远程调配注水量，从而实现注水过程的实时监测和远程控制，保障自动注水系统平稳运行。对计量间进行数据采集和监控，增加设置参数和预警功能，实现远程统一操控的目的，可查看历史数据形成计量报表，有效提高工作效率，如发生异常可进行提示报警。通过对各种机器的实时

监测和远程操作，提高了生产效率，保证了工作质量，将员工从繁忙的工作中解放出来，使智慧油田更趋于人工智能化。

2.6 实现 PLC 控制系统的升级

PLC 的全称为可编程逻辑控制器，其硬件结构与微型计算机基本相同，是专用于工业控制的计算机。PCL 是无人值守技术的核心，对所有数据进行集中采样、集中输出，减小了外界的干扰；输入/输出功能功能模板齐全，编程语言句式简单，便于操作；运营管理数据可靠性高，速度快且稳定；当系统中某一处理系统发生故障，能够准确定位并提出有效解决方案。随着物联网的发展，PLC 控制系统在油田发展中得到广泛应用，例如在抽油机井、配水间、计量间的数据采集，并对油井运营状态进行自主分析，实现了自动循环测量和远程控制，使油田整体的安全生产水平的提升更为显著。PLC 控制系统对生产状况进行全程的检测记录，将数据统筹规划，为制定科学合理的措施提供理论支持和数据支撑。为进一步适应油田生产需要，PLC 程序需要进行升级和完善，加强站点在异常情况下的应急处置功能，完善数据采集系统的优化。PLC 控制系统可以对油田进行实时动态监控，深化了智能化应用，为生产管理提供了完整的数据和技术支持，推动企业可持续发展。

3 无人值守技术的应用建议

在油田中，目前已应用智能巡检、数据采集、远程操控阀门、视频监控、异常报警的功能，实现了智能机器人巡检、闯入智能分析、危险状况预警、故障智能诊断，部分站点实现无人值守，缓解了企业的劳动用工压力，提高了生产运营效率，提升场站员工消除安全隐患的能力。工作人员对场站进行全天候的监控，及时准确的了解各井站现场实时状况，对重要区域加强监管，增强预警能力，有效防止事故的发生。引进虚拟化服务器，系统运行可靠稳定，简化了 IT 人员工作量，优化资源配置，使其更加合理。企业可结合自身实际情况，逐步加强无人值守技术的应用，提高生产管理水平，推动油田产业的科学发展和可持续发展。实现无人值守技术的应用任重而道远，对无人值守技术的完善，现有建议如下：需对现有设备设施进行改造升级，提高设备稳定性和可靠性；软件程序需要进一步完善和

开发，通过各单位专业人才和 IT 人才的结合，融会贯通，进行专项研究和程序开发；完善运营管理制度，适应性调整生产组织结构，机器更新换代，同时工作人员要增强接受新事物的学习能力，提升管理手段，使无人值守技术发展的更加完备。

4 结语

无人值守技术利用智能化数据采集、视频监控、数据虚拟化、远程操作、PLC 控制等措施对场站进行全天候监管，以此实现对场站生产运营的自动感知和动态监控，结合大数据进行统筹规划，资源配置更加合理。该技术对生产进行了集中控制、远程管理，从而有效的提升了生产效率，为企业带来了良好的社会效益和经济效益，使油田智慧化更进一步发展。加强无人值守技术

的应用，对智慧油田的稳定可持续发展有深刻意义和长远影响。

参 考 文 献

[1] 谢敬. 无人值守变电站发展与电力自动化应用研究 [J]. 中国设备工程，2020(06)：240-242.
[2] 夏正创. 大中型泵站无人值守运行管理模式研究 [J]. 水利建设与管理，2020，40(03)：75-79.
[3] 王静. 高含硫气田站场无人值守自控通信技术[J]. 仪器仪表用户，2020，27(03)：11-13+88.
[4] 张玉恒，范振业，林长波. 油气田站场无人值守探索及展望 [J]. 仪器仪表用户，2020，27(02)：105-109.
[5] 姚彬. 塔河油田无人值守 SCADA 系统[J]. 通用机械，2020(Z1)：20-22+26.
[6] 牟思文. 无人值守站远程监控终端的设计与实现 [J]. 化工管理，2020(03)：205-206.

信息化在油气田生产调度的应用

谢 尧 伕米力江 刘 武 袁 良

（中国石油塔里木油田公司）

摘 要 作为"数字化"油田建设的一环和油气生产系统深化改革的需求，在油气开发部生产一线建立集"生产过程监控、作业风险管控、安保防恐"三位一体"的前线生产管控中心，实现新生产运行组织模式下的生产管控与调度指挥。

通过整合转型，实现生产参数、视频集中监控，推进生产现场数据采集、控制全覆盖。转变原先主要的人工巡检改为电子巡检，转变作业现场专人监督的作业方式，实现站外站场无人值守，促进生产管理的转型。最终集成生产调度、应急指挥功能，整合生产、生活、消防、交通安全等分散监控点，保障前线指挥中心人员日常查看生产情况，异常、应急时进行情况核实、研讨和指令下达。

关键词 三位一体，整合，转型

1 绪论

1.1 应用意义

"数字化"是油气田现代化的重要指标之一，也是支撑油气田持续深化改革的重要举措之一，推动以信息化为支撑的全面数字化建设，实现管理水平稳步提升愈加突显重要。

作为"数字化"油田建设的一环和油气生产系统深化改革的需求，因此在油气田生产一线建立集"生产过程监控、作业风险管控、安保防恐"三位一体"的前线生产管控中心，实现新生产运行组织模式下的生产管控与调度指挥，大力推进信息化、数字化建设，转变管理方式，实现少人高效和提质增效具有重大意义(图1)。

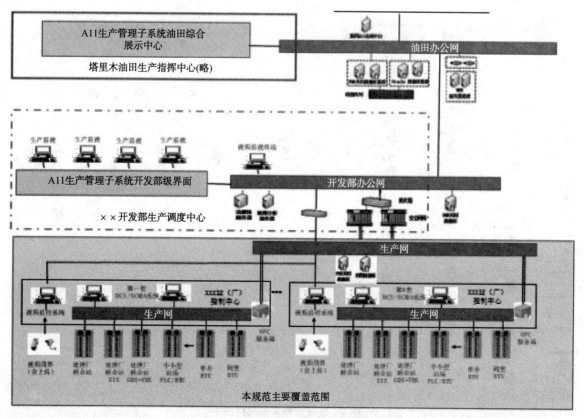

图1 油田生产管控中心架构图

1.2　应用概念

　　油气生产场所生产调度的信息化是指工业自控系统、通讯网络系统、工作运行模式高度融合，利用信息通讯技术、网络技术、计算机技术、自动控制技术将工业生产中的单个信息孤点整合为信息汇聚中心，实现各子系统整合集成，建立成一个对业务范围内生产、生活、工作、运输和安全等运行过程全方面监控和监测的平台，对其产生的大量数据信息进行集中存储和进一步上传，并提供给相关管理人员进行分析处理和指挥研判，实现生产过程的统一监控、调度和指挥，实现安全管理的流程化和标准化，提升油气田安全生产水平，另一方面也优化生产资源配置，提高人员工作效率，降低劳动强度，提升油田"数字化"水平，促进企业"现代化"改革进度。

2　应用背景

2.1　运行现状

　　生产一线油气处理站和油气联合站 2 个站控中心独立设置，生产数据和视频独立监控，油气联合站距离前线指挥中心较远，不能查看、掌握整个生产系统运行情况，出现异常紧急情况也不能及时了解现场情况，无法快速、准确做出处置指令。辅助系统如消防控制系统、溴化锂机组控制系统及供水控制系统、交通安全监控系统分别在不同值班室（点）监控，人员监控力量分散，未实现集中监控、少人高效。

　　目前生产现场数据采集率为 95% 左右，在数据高采集率的情况下，站队巡检模式还未明显转变，目前巡检用时占操作人员 36% 左右的精力。同时，作业现场每日高危作业约 10 次，每项高危作业需安排一名监督人员，而每项高危作业用时约 3 小时，高危作业监督每日耗用 30 人工时，给基层站队生产运行管理带来较大负担。

2.2　数据传输现状

　　气田区域自动化、信息化程度较高，油田区域自动化、信息化程度稍低（机采井数据采集及控制不完善），部分试采区域自动化、信息化较为欠缺。

　　总体数据流向可分为三级，即所辖井至片区集气站、转油站、计量间，再传输至油气处理站或联合站的 DCS 系统。其中，油气处理站主要汇集、监控气田区域数据及视频。联合站主要汇集、监控油田区域（包括试采）数据及视频。如图 2 所示。

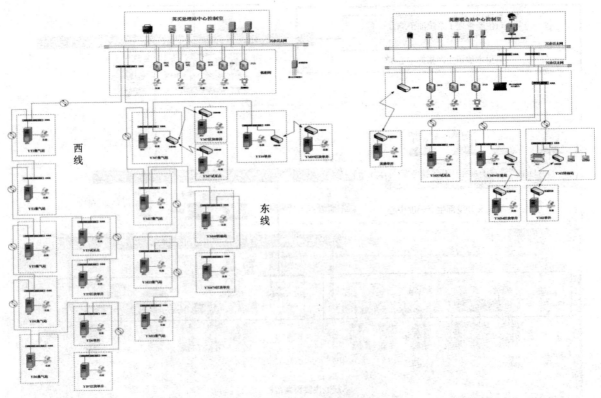

图 2　数据传输系统架构图

2.3　物联网建设现状

生产现场主要井、站数据均已接入物联网系统，可查看实时生产数据及历史数据，但查询功能简单，查询速度较慢，报警功能缺失，视频系统未接入。

物联网设备现建有：1 台 OPC 数据库服务

器，3 台实时数据库 PHD 服务器（生产网 2 台，办公网 1 台），1 台功图分析数据库服务器，1 台视频流媒体服务器，2 台视频智能分析服务器，1 台采集应用服务器，2 台安全网闸，2 台防火墙。具体数据流向及设备分布如图 3、图 4 所示。

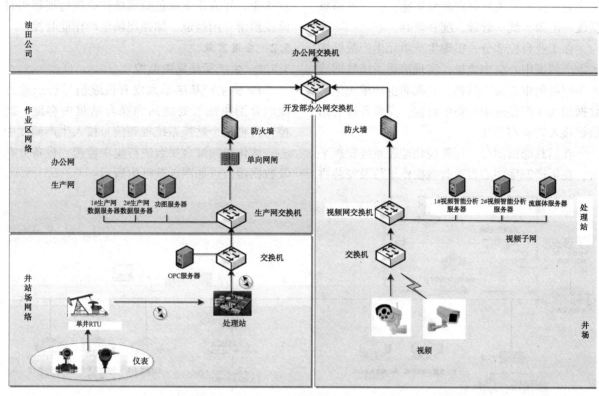

图 3　网络拓扑图

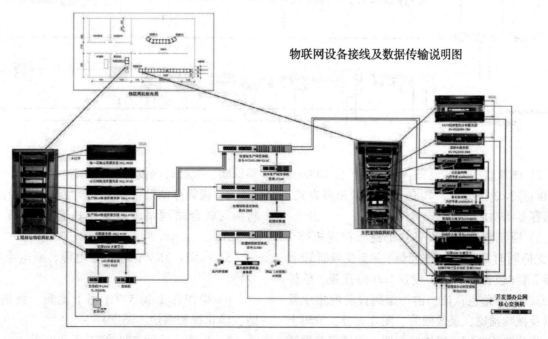

图 4　物联网说明图

3 应用及实施

3.1 应用内容

对原有工业自控系统、通讯网络系统、生产运行模式高度融合，将生产单元和非生产单元各子系统数据利用已建以太网络统一上传至生产调度中心，完善相关软硬件配套实施，实现各路数据统一汇聚、统一管理、统一研判。

在工业自控部分，实现生产单元生产数据接入生产调度中心集中监视，实现消防系统数据接入生产调度中心集中监视，实现非生产单元生产数据接入生产调度中心集中监控，完善各转油站数据接入物联网系统。

在信息通信部分，完善视频监控系统管理平台，在生产调度中心设置监视操作工位及安装拼接屏，将基层生产单元生产视频及环保站视频接入生产调度中心。

在生产运行部分，对高危作业井井控作业的移动式视频监控，设置移动视频监控设备及平台端网桥传输设备，通过生产调度中心实时监控，发现违章行为及时通过语音通话或对讲，叫停违章作业，并为作业承包商现场作业进行视频实时监控预留专用通道，加强现场生产作业管控。

3.2 应用实施

3.2.1 生产视频集中监控

1) 将生产基层单元现有视频信号按照业务流向分别在油气处理站和联合站集中存储、监控，再将两个站控系统视频信号接入生产调度中心一体化视频综合平台进行集中监控，设备分布及数据接入点如图5蓝框内所示：

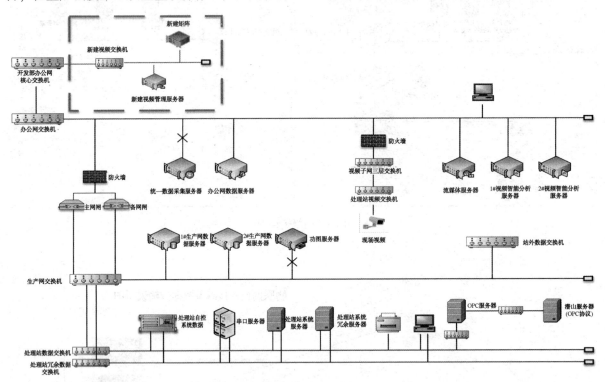

图5 视频数据接入拓扑图

2) 视频监控显示设备：65 英寸（长 143cm，高 80cm）3×2 拼接屏，具有分屏显示和多方式、多内容显示功能。

3) 视频监控管理设备：①视频控制矩阵 1 套（支持同时显示 100 路视频）。②视频管理服务器 2 套（包含服务器、授权 500 路视频、软件模块）。用于角色认证、前端编码设备的集中管理以及视频预览、录像回放、图片查看、解码上墙。③利旧物联网流媒体服务器，将该服务器迁移至生产调度中心。④配套系统柜 1 面（预留视频诊断、视频转码设备安装位置）。

4) 视频存储设备：因视频数据接入量增加，将油气联合站网络硬盘录像机容量由 4T 扩容至 32T。

5) 电源：3KVA 的 UPS 电源，断电维持 60 分钟。

6) 操作台 1 套 5 米（用于视频、数据、消防、溴化锂和锅炉、调度）。

7) 生产一线约 20% 施工作业在井、站外实施，无固定视频监控，采购 3 套非防爆与 3 套防爆可移动便携式监控仪(具备视音频编解码、3G/4G/5G、WIFI 无线网络传输、卫星定位等功能的高清一体化布控球，电池容量 13400mAh，配三脚架及充电器等)，配备 6 套 10km 点对点无线网桥。若现场具有 4G 信号，通过视频监控监督高危作业，发现有违章行为，及时通过语音通话，叫停违章作业；若现场无 4G 信号，则对现场作业进行视频录像备查。完善油田无线网络后，将移动视频信号通过油田无线网络传至生产调度中心。

3.2.2 生产数据集中监视

1) 将生产基层单元生产数据接入生产调度中心，对重要的工艺装置和参数进行集中监视，只监不控，控制仍由油气处理站、联合站主控室操作，具有报警、历史趋势查看、报表等功能。

2) 将新增区块数据组态添加至物联网系统，完善油田"数字化"建设数据采集内容。

3) 建设数据监控系统，数据通过 web 发布方式读取。设置 1 台霍尼韦尔 web 服务器(E-server)及配套 2 台操作站在办公网环境的生产调度中心(图 6)，通过 web 发布方式实现对数据的实时监视，并对报警、历史趋势查看、报表等功能进行组态，数据可靠性高、刷新较快，且可实现的功能较多。设备分布及数据接入点如图 6 所示。

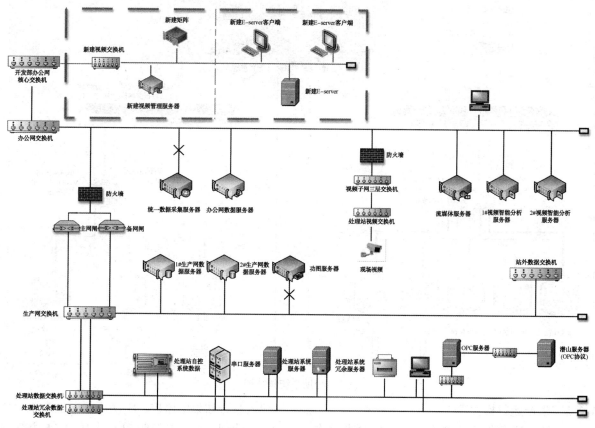

图 6 生产数据接入拓扑图

4) 将自控系统故障、关键参数报警等高级别的报警信息分层级通过霍尼韦尔 ADS 技术(可集成于 web 服务器)推送至管理人员手机(安装 APP 客户端)。

5) 完善生产现场数据采集

(1) 完善油气试采区块数据上传。

(2) 完善原有机采井及近年新转机采井数据采集及控制。

(3) 完善辖区内转油站无人值守内容(增加远程急停功能、应急情况自动切换功能等)。

(4) 完善并上传部分转油站数据至油气处理站。

3.2.3 视频会议、语音广播及无线对讲系统

1) 将油气处理站语音广播系统迁移至生产调度中心，实现对无人值守井站场非法入侵人员的喊话告警。

2) 配备完善无线对讲设备(车载台、对讲机)。

3) 将调度室视频会议系统迁移至生产调度中心,包括会议电视终端、摄像机、麦克等设备,会议电视视频画面利用新建拼接显示屏显示(视频输出接至视频综合平台视频输入卡上),增加有源音箱 1 对用于会议电视系统的音频输出(原会议电视音频输出利用调度室电视机),有源音箱壁挂于拼接显示屏两侧。

3.2.4 辅助监控系统整合

1) 将原消防值班室迁移至调度中心,2 名消防值班人员同时负责溴化锂、给水、交通安全、锅炉等其他系统的监控。

2) 将原溴化锂空调值班室(溴化锂机组控制系统、给水控制系统)迁移至调度中心。

3) 将原调度室(生产调度、交通安全监控系统<车辆 GPS 系统>、视频会议系统)迁移至调度中心。

4) 将原锅炉值班室迁移至调度中心。

5) 配置辅助监控系统操作站,除消防控制系统外,将溴化锂机组控制系统、给水控制系统、锅炉控制系统、车辆 GPS 系统整合在一套系统(操作站),实现非生产单元生产数据接入生产调度中心集中监视,辅助系统拓扑图如图 7 所示。

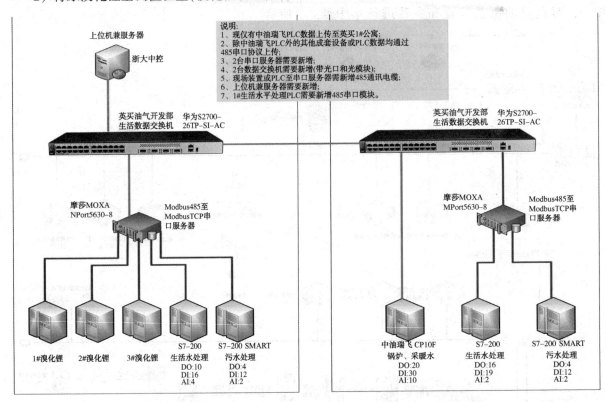

图 7　辅助系统拓扑图

3.2.5 生产运行模式优化

1) 转变高危作业监督方式,实现对高危作业远程监督,可减少高危作业旁站监督用时 20h,精简操作运行人员 2 人。

2) 优化巡检方式,完善对气田东西线集输系统数据的监视,实时掌握生产情况,可降低井、站巡检频次,将气井、集气站巡检频次由 3 天/次降低至 7 天/次,将油井巡检频次由 2 次/天降低至 1 次/2 天,精简操作运行人员 5 人。

3) 改进生产运行方式,实现油气转油站夜间无人值守,精简操作运行人员 12 人。

4) 精简组织机构,将油田区域生产监控统一纳入联合站集中监控,将两个基层生产单元合并运行管理,至少精简管理人员 10 人(5 个管理岗位,对倒共计 10 人)。

5) 整合公寓消防、溴化锂机组及给水系统、锅炉、车辆 GPS 值班人员,精简操作运行人员 7 人。

6) 提升异常、应急处置效率,安排专业资质人员在生产调度中心值班,发现异常情况及时通知值班领导及生产安全值班人员到生产调度中心通过查看运行参数及视频进行研判,准确、快速下达处置指令,较去处理站主控室查看研判节约 5~10min。

7) 优化辖区内转油站无人值守运行模式（只巡检，夜间不值守），实现由"有人值守"到"无人值守，有人巡检"的运行模式。

参 考 文 献

[1] 皮光林. 油气行业数字化创新模式与启示，China Mining Magazine. 2019，第 10 期.

[2] 邵艳波. 油田数字化建设目标及要求浅析，Chemical Engineering & Equipment. 2016，第 10 期.

[3] 闫鸣. 探讨油田数字化建设中存在的问题和对策，Chemical Enterprise Management，2019，第 17 期.

[4] 王明波. 物联网技术视角下的油田数字化，Chemical Enterprise Management，2013，第 2 期.

[5] 李安琪. 油气田数字化管理. 石油工业出版社，2013.

海上作业人员心理健康状态分析及探索

钱丝雨

（中海油安全技术服务有限公司）

摘　要　海洋石油列数高危行业，其作业环境的特殊性和孤立性，往往引发作业人员若干心理问题。人员由于长期位于海上平台，工作环境单一；缺乏与家人的亲情交流，导致心理沟通方面等不畅。从而使员工的心理健康状态在很大程度上影响作业的安全及生产效率。在通过采用心理健康测量工具 SCL—90 症状自评量表、脑环实时动态监测、网上电子问卷、纸质问卷、无记名回收问卷等方法，从 2018 年至今，对员工的心理状况的进行了全面的跟踪、调查，以及同步干预和辅导员工调整心理健康状态，预防心理危机事件的发生。通过三年的研究数据表明，中海油平台\终端员工整体心理健康情况考测良好，但同样也有着显著的心理特质。

关键词　海上作业，海上平台，陆地终端，心理健康，抑郁，强迫症，心理疏导，监测方法

海洋石油列数高危行业，其作业环境的特殊性和孤立性，往往引发作业人员若干心理问题。海上作业人员因为长期位于海上孤立的钻井平台，工作环境单一；长时间不与家人生活在一起，与家人在亲情交流，心理沟通方面的不畅等等。

近年来，国内权威机构已经针对海上作业的若干公司开展平台长期作业人员的心理健康调查。如针对西南油气田输气处，观察其作业员工的 SCL-90 的各个因子指标，其均分在 $1.36 \pm 0.57 \sim 1.68 \pm 0.63$ 之间。得分较高的项目为强迫症状、恐怖、躯体化；得分较低的是偏执和精神病性、抑郁。并且同 SCL-90 全国常模相比较，该处员工在恐怖、躯体化、焦虑症状等因子的均分显著高于常模水平。同时，在年龄段比较方面，1953 年-1980 年出生段的员工在总分、躯体化、强迫、人际关系敏感，抑郁，焦虑、敌对、恐怖、偏执、精神病性症状均明显高于 1981 年~1990 年出生段的员工，存在非常显著性差异。

2013 年的心理咨询主要关注海上作业人员的压力管理，通过对平台 285 人开展陈量表问卷，185 人压力模型半结构访谈之后，对试点参与人员的压力源、压力反应、社会支持和心理健康四个方面展开分析。并后续提供了压力舒缓的线上线下干预及扶持。但是，由于当时开展时间较早，平台规模较小，覆盖人群比例比较低。加上当时国际石油行业比较乐观，员工的压力源相对简单。但自 2015 年国际油价大跌，行业策略性结构调整导致的人员岗位变动对东海的冲击比较大。海上员工面临作业量更大，职业前景迷惘等复杂的环境，加上东海地缘政治紧张，预算资金回缩等等外部因素，使得现场员工作业心态相对紧张。

因此，自 2018 年开始，我们全面开展心理调研行动，在 CX 平台、PH 平台、TWT-CEP 平台、LS 平台、NB 终端、LS 终端等，分别展开多次心理健康讲座及疏导培训，旨在激发员工企业归属感、激发员工工作热情。通过运用科学地方法工具对员工的心理状况的进行全面调查，掌握员工的心理健康现状，为集团管理提供准确有效的信息，及时干预和辅导员工调整心理健康状态，预防心理危机事件的发生。

1　研究概况

1.1　研究目的

本次研究旨在全面摸清各个现场每名员工的心理状态，分别从九个维度衡量不同现场个体心理状态，分别为：躯体化、强迫、人际敏感、抑郁、焦虑、敌对、恐怖、偏执、精神性。并且在纵向将样本同全国标准对比，横向在各个设施内部进行样本指数对比，从而筛选出目标群体及易感场所。为进一步的精准心理健康促进打下基础。

1.2　研究对象、方法及工具

1.2.1　研究对象

本次研究对象是中海油海上作业员工。

1.2.2 研究方法

研究方法采用：心理健康测量工具 SCL—90 症状自评量表，脑环监测，网上电子问卷加纸质问卷，无记名回收问卷等方法。

2 海上作业人员心理调研结果及分析

2.1 调查问卷结果与分析

本次共收到问卷总数 385 份。包括但不限于 CX 平台、PH 平台、TWT-CEP 平台、LS 平台、NB 终端。

2.1.1 被调查作业人员的基本情况

本次调研收到的问卷其年龄和工作性质划分，详见图 1。

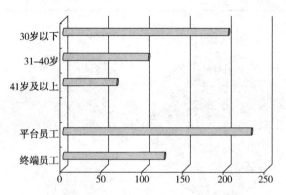

图 1 被调查员工性别、年龄和工作性质分布图

从人数分布来看，现场工作人员全部为男性，性别单一。主力人员偏向年轻化，30 岁以下的年轻人居多。其中平台员工，占到调查人数的 69%，终端员工 31%（图 1）。

2.1.2 被调查作业人员的总体得分描述

从表 1 中可以看出，海上作业人员得分最高的项目为"抑郁"和"强迫"，抑郁症状这一因子主要反映了员工存在情绪情感低落、苦闷的情感与心境，包含与失望、悲观、抑郁相关的认知与躯体方面的感受。可见这一群体的员工中存在着

抑郁的情绪及行为动力的缺失。强迫症状这一因子反映出心理上经常会产生一些强迫自己或强迫他人服从的冲动，还会经常产生一些莫明其妙的、无意义的想法或行动，时常感觉自己的记忆力明显减退，大不如以往，脑子里一片空白，注意力不集中。出门时会经常担心自己的衣饰不整齐或仪表不端，在工作中经常感觉难以完成任务，做事情时很慢也很细致，做完后能够反复检查，对自己不放心。有时会有一种不正常洁癖，反复洗手，外出买东西时，对数量和钱反复清点。

表 1 本次调查总体得分的描述性统计

	均值	极小值	极大值	标准差	方差
总均分	1.57	1.00	3.61	0.48	0.23
躯体化均分	1.54	1.00	4.25	0.54	0.29
强迫均分	1.83	1.00	3.90	0.60	0.36
人际敏感均分	1.59	1.00	3.33	0.53	0.28
抑郁均分	1.64	1.00	3.77	0.56	0.31
焦虑均分	1.50	1.00	4.40	0.56	0.31
敌对均分	1.56	1.00	4.83	0.59	0.35
恐怖均分	1.27	1.00	3.14	0.39	0.15
偏执均分	1.52	1.00	3.66	0.50	0.25
精神病性均分	1.47	00.9	3.30	0.46	0.21

2.1.3 被调查作业人员的各个心理健康症状因子得分表现分析

被调查作业人员的 SCL-90 得分普遍高于全国普通成人常模标准。

如图 2 所示，被调查的作业人员 SCL-90 各个因子得分处于较高水平，尤其是强迫因子与抑郁因子比较高，说明海上作业人员各个因子得分都高于全国常模。员工心理健康水平低于全国普通人群的心理健康水平。

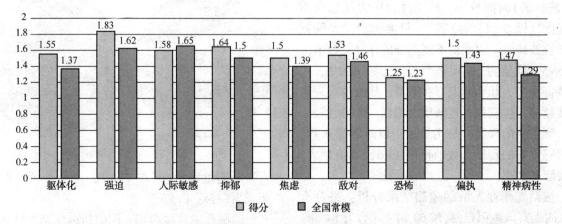

图 2 被调查作业人员的 SCL-90 总体均分与全国常模对比图

2.1.4　被调查作业人员的SCL-90测量结果与全国成人常模比较分析

本次问卷调查的总体结果与SCL—90的国内成人常模（金华，吴文源，1986）得分的比较结果（表2）。

从本次调查的总体结果来看，除了"恐怖"这一因子得分与全国常模无显著差异之外，其余因子得分与全国常模均存在极其显著的差异，几

乎每一个因子的得分都显著高于全国常模得分。结果表示海上作业从业人员的心理健康水准低于全国成人的水平，也就是说被调查员工存在心理健康方面的问题。但在其衡量标准中："人际关系敏感"这一因子的得分显著低于全国常模，可见被调查的作业人员群体在与其同事相处时，自卑感较低，人际关系也比较融洽。

表2　本次调查结果与全国常模的比较分析

	总均分	躯体化	强迫	人际敏感	抑郁	焦虑	敌对	恐怖	偏执	精神病性
总体得分	1.57	1.54	1.83	1.59	1.64	1.50	1.56	1.27	1.52	1.47
全国常模	1.44	1.37	1.62	1.65	1.50	1.39	1.46	1.23	1.43	1.29
显著性	0.000**	0.000**	0.000**	0.021*	0.000**	0.000**	0.001**	0.07	0.000**	0.000**

2.2　脑环监测结果与分析

2.2.1　监测方案

脑环监测是由华东理工大学商学院研究开发，应用前沿的脑机接口设备及自主开发的具有高精确度的脑波识别算法，要求被监测人员头戴脑环设备，通过三分钟的测试，进而识别心理健康状态。

2.2.2　监测指标含义及分析

2.2.2.1　睡眠质量监测

睡眠质量是根据入睡困难程度、多梦情况和醒来累的三个维度综合进行判别（图3）。

入睡困难程度，是指最近正常入睡的时长。数值范围1~5，数值为1，代表入睡时长为5~10分钟；数值为2，代表入睡时长为10~15分钟；数值为3，代表入睡时长为20~30分钟；数值为4，代表入睡时长为30~40分钟；数值为5，代表入睡时长为60分钟以上；数值越大，代表入睡越困难。

多梦情况，是指最近时间段内，深度睡眠（慢波睡眠）时间较少，睡觉过程中大脑总在不同程度地做梦（快波睡眠）。只要做梦，大脑就处于快波睡眠，也就得不到充分的休息。数值范围1~5，数值为1，代表梦很少；数值为5，代表梦特别多，几乎彻夜都在做梦；数值越大，代表梦越多，也就代表睡眠质量越低，睡得越轻。

醒来累的程度，是指最近一段时间醒来后，依然感觉累的程度。数值范围1~5，数值越大，代表醒来越累。

被调查作业人员的监测结果分析：平台有76%的人有入睡困难（终端60%）；平台有84%的

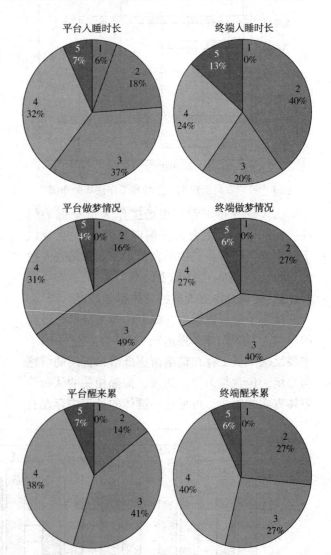

图3　被调查作业人员的睡眠情况对比

人睡眠质量偏差（终端73%）；平台有45%的人醒来累（终端46%）。

睡眠质量直接影响人们的精神状态，日间的

专注度、应对突发情况的处理能力、对面消极心理的疏导能力都与精力高低息息相关。

2.2.2.2　焦虑倾向

焦虑倾向是我们内心想着未来或将要发生的事情，由于缺乏足够的控制能力或难以承受事情的结果，而引发的心理反应，例如联想到一个或多个'万一'，并引发起担心、恐惧等心理活动，不一定但有可能会引发相应的身体层面的生理反应，例如：心慌、心跳加快、呼吸急促。焦虑倾向和焦虑的最大区别在于，焦虑倾向主要强调内心焦虑的心理活动，而焦虑是指由这种内心焦虑，而进一步引发出生理层面的相关反应。

焦虑倾向高，内心就会高频次地想着将要发生的这件事情，期望能达成目标，但如果在过程中受阻，就会引发出严重的负面情绪，甚至失控。

被调查作业人员结果分析：平台有 52% 的人有中度或重度的心理焦虑，明显比终端（38%）要高（图4）。

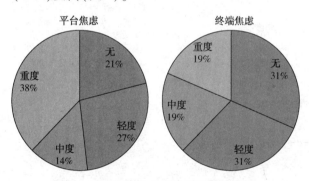

图 4　被调查作业人员的焦虑情况对比

2.2.2.3　抑郁情绪

抑郁情绪，是我们的潜意识对人、事情等表现出无力感、无趣感、排斥感，在情绪上出现缺乏热情，意识上开始自我封闭、自我否定、甚至自我攻击，会不同程度地影响睡眠、工作积极性和绩效，甚至对工作产生很大负面影响（图5）。

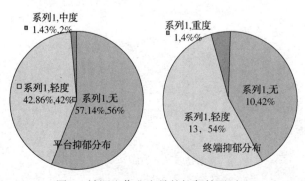

图 5　被调查作业人员的抑郁情况对比

3　海上作业人员心理健康情况分析结论及导向

行业内纵向比较，该数据在相同职业中并不是最高，尚处于中等状态。

海上作业人员其主要心理问题是入睡困难、强迫症和抑郁。

在这些出现心理问题的员工中或多或少会有头痛、背痛、肌肉酸痛等其他躯体表现，会出现一些明知没有必要，但又无法摆脱的无意义的思想冲动和行为。在人际交往方面变得较为敏感，自卑感较强，与人交往接触有明显的不自在、退缩等现象，工作效率降低，记忆和注意力下降，对工作、生活的兴趣严重缺乏，常出现失望、悲观、厌烦的情绪，严重者甚至出现自杀的念头。

根据本研究结论：海洋石油员工心理应激阳性发生率相对较高，可通过增强工人的自我保健意识和心理调节能力，降低职业压力，缓解心理紧张反应等办法，预防心理应激阳性反应的发生（李荔　刘祥东　海洋石油员工心理应激现状及其影响因素分析《广东医学院学报》2014 第 5 期 \ 720-722 页）

根据《中国海洋石油报》发布的"海外员工心理健康研究调查"发现，74.29% 的海外员工有不同程度的孤独感，只有 2.86% 的员工认为自己从不焦虑。从这次调查来看，孤独和焦虑已成为当下困扰海外员工最主要的负面情绪。（安力、仁科、陈雷　中国海油驻外员工心理健康调查《中国海洋石油报》2015 年 07 月 24 日）

综合以上资料分析，我们认为石化行业现场作业固定工人具有类似相同的心理表现。高危行业，环境封闭，甚至单一，工作负荷重，流动性大，加之现场作业本身的特点，生活圈小，生活枯燥，性别单一，休闲、娱乐活动较少，工作地点与外界隔绝，工人长期不能与家人团聚，人际相互依赖性较小，同时也得不到家人及社会的支持，心理情绪无处宣泄使得油田野外作业工人面临较大的职业压力，产生心理紧张，容易引起心理方面的问题。

与全国成人常模相比检出率达到 27.02%。也就是说被调查的 385 名海上作业人员中有 25.9% 显著存在心理健康方面的问题。但是从全国特殊工种尤其是对石油企业员工的心理健康问题研究的资料来看，在整个行业中，中海油上海公司一线员工心理健康检出率处于中等水平。而平台员工的各项监测指标比终端要多，需要重点关注。

4　结论

单纯就心理健康问题抓心理健康工作是机械且单一的，必须拓宽思路、多管齐下，以综合性的措施保证工作的实际效果。

一是要加强人文关怀。积极帮助海上作业人员解决工作、生活中遇到的困难，以及这一群体日常关切地各项问题特别是对婚恋受挫、家庭困难等问题，要多想办法、多下功夫，提供解决方案，切实解除他们的后顾之忧，消除心理问题的现实诱因。

二是要大力开展文化活动。广泛开展丰富多彩、健康向上的文化活动，不断丰富海上作业人员的精神文化生活，在寓教于乐中陶冶员工情操、愉悦员工身心。

三是要培训心理工作骨干。在基层培养心理疏导员，可以让基层卫生员(医生)分批学习心理咨询疏导的理论及技能。由他们建立学习心理知识的兴趣小组，定期开展形式多样的心理活动。心理疏导员既是基层心理兴趣小组的组织者，也是一位联络者，可以上情下达，下情上达，及时发现问题解决问题。

最后，新的科学技术与监测手段可以有效地、实时地对员工近期心理健康状态压力情况等进行监测，真正做到防治结合，保证心理干预的及时性与有效性。

参 考 文 献

[1] 杜金壑. 国有企业改革中员工的不良心态及调适对策. 社会科学, 2016(7).
[2] 张琴, 周鼎伦, 兰亚佳. 石油钻探工人心理健康现状研究. 川北医学院学报, 2014(2).
[3] 李荔, 刘祥东. 海洋石油员工心理应激现状及其影响因素分析. 广东医学院学报, 2014(5).

GDS 报警系统在化工企业应用分析

何嘉浩

（中海油安全技术服务有限公司）

摘　要　针对 GB/T 50493—2019《石油化工可燃气体和有毒气体探测报警设计标准》本文介绍了从 2009 版的规范更新为 2019 版的标准变化。对比相关规范分析 GDS 系统的设置要求，提出 GDS 系统设计原则，论述探测器的现场设置、安装位置、测量范围、报警设定值及其他相关技术参数要求。探讨可燃气体探测报警系统在实验室中的设置问题。

关键词　GDS 系统，PLC 系统，独立保护层 IPL，职业接触限值 OEL，气体探测器

近年来加强自动化系统升级改造趋势明显，在平时的工作中发现很多化工生产、储存装置中存在各种复杂的可燃和有毒气体，很多企业设置的 GDS 系统却未真正达到减灾层的安全要求。为了避免因可燃有毒气体泄露引起安全生产事故发生，或发生事故能及时发现气体泄露，第一时间声光报警并采取有效控制措施，那么选择设置性能安全稳定的 GDS 系统对加强生产装置的安全可靠运行、避免人员伤亡尤为重要。

1　相关标准

以往 GDS 系统只包含现场检测的各类可燃有毒气体探测仪和气体探测报警控制器。但随着自控技术的发展，对于 GDS 系统的要求也愈发严格。根据 2020 年实施的 GBT50493 标准，一套完整的 GDS 系统应包含气体探测器、GDS 系统控制柜（含控制器）、交换机、操作站（含监控软件）等。相比以往的零散车间、仓库单独设置监控，本次更新更加重视将整个工程做为整体进行监控。新版 GBT50493 由于其内容涵盖设计点位、产品选型、系统安装等几乎全部范围，几乎已经成为行业的参考标准。本文列出了相关标准，见表 1。

表 1　可燃和有毒有害气体检测的相关标准

标准	标准名称	涉及范围
GBT50493—2019	石油化工可燃气体和有毒气体检测报警设计标准	规范 GDS 系统设计、选型、安装
GB15322—2019	可燃气体检测器	规范探测器的分类、检验要求

续表

标准	标准名称	涉及范围
GB16808—2008	可燃气体报警控制器	规范探测器的分类、技术、试验要求
GB30000.18—2013	化学品分类和标签规范　第 18 部分急性毒性	根据 ATE 值规范 1.2 类急性有毒气体范围
GB12358—2006	作业场所环境气体检测报警仪通用技术要求	规范探测器分类、技术、校验要求
GBZ2.1—2019	工作场所有害因素职业接触限值　第 1 部分：化学有害因素	规范 358 种化学有害气体 OEL 值
GBZT223—2009	工作场所有毒气体检测报警装置设置规范	规范 56 种有毒气体设置、选型、管理
AQ3036—2010	危险化学品重大危险源罐区现场安全监控装备设置规范	规范重大危险源罐区设定值的确定
GB50257—2014	电气装置安装工程爆炸和火灾危险环境电气装置施工及验收规范	规范防爆工程项目施工及验收
GB50058—2014	爆炸危险环境电力装置设计规范	规范防爆设备安装设计

2　GDS 系统基本设计原则

GDS 系统由探测器、报警器和报警控制单元等组成，并不包含联动。因此 GDS 系统仅用于报警，联动控制设备不属于 GDS 组成部分。早期的 GDS 系统仅是气体探测报警系统和 SIS

系统也并无关系。2014 年原安监总局《国家安全监管总局关于加强化工安全仪表系统管理的指导意见》文中提出 GDS 系统属于 SIS 系统中的一部分。但根据 IPL 保护层模型定义 SIS 位于独立保护层的预防层，而 GDS 系统位于独立保护层的减灾层内，更侧重在发现危险气体泄漏后，如何减轻发生危险事件的后果控制。IPL 已经说明了

GDS 与 DCS、SIS 的相对独立性。GDS 应该是一个连续工作和监控的状态，生产装置停车与开车都应该能保持正常的检测、报警功能。GBT50493-2019 的一张系统配置图中将其拆分可以发现，该系统配置图包含三个系统：GDS 系统、SIS 系统、FGS 系统(图 1)。

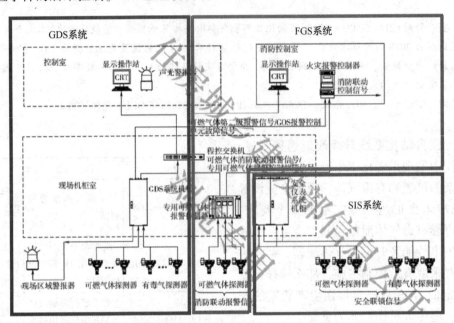

图 1　可燃气体和有毒气体检测报警系统配置图

分解图可以看出，与 SIS 系统不同的是 GDS 系统并没有安全仪表功能要求，系统的可靠性可采用高质量电子产品或必要冗余即可满足，没有必要进行安全仪表功能设计。因此，GDS 系统并不需要 SIL 认证。如果气体探测器信号接入安全仪表系统(SIS)，气体探测器应该独立设置，不能并入 GDS 系统，此时气体探测器需要 SIL 认证。

3　GDS 系统现状

近几年全国组织全面加强危险化学品安全生产工作中，不断加大自动化控制水平提升改造工作，在检查过程中发现大化工企业和小涂料企业GDS 系统都无法提供 GDS 系统设计规格书，暴露出的问题就是安装的 GDS 系统五花八门，隐患问题各式各样，大多数企业在面临政府监管的时候感觉无从下手。安装符合设计要求的 GDS系统需根据企业装置规模、测点数量、系统技术要求进行充分分析。本文针对化工企业和小涂料企业分析 2 种 GDS 配置方式。系统的构成如图 2所示。

3.1　气体报警控制器系统

以微处理器为基础的气体报警控制器系统结构简单，但是经济成本低，维护简单，装置较小或者 I/O 检测点数较少的生产企业非常适合。主要是靠现场气体探测器信号接入气体报警控制器，控制器单元接收现场探测器 4-20mA 模拟量输入信号，在控制室设置独立的气体报警控制器可指示可燃有毒并进行声光报警。系统功能相对简单不具有冗余容错功能，电路板一旦出现故障即无法继续工作，由于系统并无上位机作为报警人机界面，自然无法满足企业进行数据分析和操作人员监控，可以看出基于气体报警控制器的GDS 系统安全可靠性较差。

3.2　可编程逻辑控制器系统

基于 PLC 的 GDS 系统由气体探测器报警、逻辑控制器、声光报警器、输入输出模块、网络通信模块、工控机及监控软件组成和 UPS 不间断电源组成，系统可接收 4-20mA 两线制、三线制或四线制模拟输入信号以及标准干接点数字量输入信号并可通过继电器输出有源或无源的数字量输出信号。PLC 具有多重冗余容错功能，适

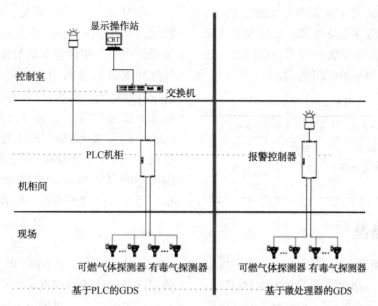

图 2

用于对安全稳定性能要求高或 I/O 点数较多的化工企业。较大的 GDS 系统 I/O 规模可以达到几百甚至上千点，较小的 GDS 系统 I/O 规模也可以达到 100~300 点。但是系统体量大，整体费用大，使用维护成本偏高。GDS 系统控制器实现接入气体探测器的数据显示，报警输出，并对实时数据进行监控，监控软件具有 SOE 功能，并在控制室配置独立的 OPS（操作站），操作站集成气体监测画面及其报警信息，可以提供清晰准确的声光报警，有别于 DCS 的工艺报警，可以更好地提示操作人员。

4 检测点的确定

为提高气体探测器的作用和监测数据的准确性，确保生产安全和人员安全，实际生产过程中，点式探测器通常安装在释放源附近或气体易于聚集的场所，如果现场属于露天环境，如装置周边，罐区，泵区等，可选用线型探测器。GB/T 50493—2019 标准要求可燃有毒气体以下 4 个释放源周围应布置检测点：

（1）气体压缩机和液体泵的动密封；

（2）液体采样口和气体采样口；

（3）液体（气体）排液（水）口和放空口；

（4）经常拆卸的法兰和经常操作的阀门组。

释放源特点是在正常情况下不会释放，即使释放也仅是偶尔短时释放源。此处所规定的释放源正好符合 GB/T 50058—2014 爆炸危险环境电力装置设计规范的二级释放源的有关规定。

新修订的 GB/T50493 对于生产设施报警器的布置情况也有所改动，有毒气体报警器范围扩大了，但可燃气体的布置范围却缩小了。新标准规定释放源处室外可燃气体距任一释放源的距离 10m，有毒气体距任一释放源的距离 4m。释放源处室内可燃气体距任一释放源的距离 5m，有毒气体距任一释放源的距离 2m。作者认为生产装置空旷而高处的释放源，如果泄漏量不足、体量小，不形成危险性环境，则可以不设检测点。

5 探测器安装位置

气体探测器安装位置应根据泄露气体比重、释放源的方位，位置便于维护，来确定探测器的安装位置。以前判断气体比重是以相对密度 0.97kg/m³（标准状态下）为界线，判断被检测气体轻重，但由于温度和海拔对气体密度影响较大，为了方便判断气体泄露到大气中时是否比空气重，GBT50493 新标准除了引入分子量比值做为判断基准外，同时也增加了略重和略轻的安装要求。计算方法和安装位置见式（1）。

$$K = \frac{W}{29} \qquad (1)$$

式中，K 为泄漏介质与空气分子量比值；W 为被测气体分子量。

例如硫化氢以前是比空气重，以地坪为基准 0.3~0.6m 设置探测器就可以了，现在根据新标准，硫化氢变为比空气略重，这样就要以释放源下方为基准，释放源经常一个空间好几个释放点，气体探测器设置起来就复杂了很多，比如：释放源高度不一，探测器就要考虑支撑和空间问题。同时探测器的安装位置还要考虑抗振动、防磁干扰、便于校验和维护等问题（表1）。

表1

范围	$K \geqslant 1.2$	$1.0 \leqslant K < 1.2$	$0.8 < K < 1.0$	$K \leqslant 0.8$
比值	重	略重	略轻	轻
位置	距地坪 0.3~0.6m	释放源下方 0.5~1m	高出释放源 0.5~1m	释放源上方 2m 内

6　报警值设定原则

GBT50493 标准要求有毒气体：一级报警设定值≤100%OEL，二级报警设定值≤200%OEL。当探测器的测量范围不能满足测量要求时，一级报警设定值不得超过 5%IDLH，二级报警设定值不得超过 10%IDLH。报警值的正确设置是 GDS 系统运行有效的基础，报警值设大了，达不到预警效果，设多少才是合理呢。新标准把有毒气体定义做了很大的修改，所以这里主要讨论有毒气体报警设定值的问题。

有毒气体介质不仅限于《高毒物品目录》，还扩展到《化学品分类和标签规范 第 18 部分：急性毒性》中的 1、2 类介质；另外，职业卫生标准 GBZ2.1—2019 和 GBZ/T223—2009 所列有毒气体 OEL 值可作为有毒气体报警设定值的设定依据，OEL 值的选用按最高容许浓度、时间加权平均容许浓度、短时间接触容许浓度的优先次序。

虽然 GBT50493 说：当现有探测器的测量范围不能满足测量要求时，有毒气体的一级报警设定值不得超过 5% IDLH，有毒气体的二级报警设定值不得超过 10% IDLH；但是职业规范 GBZ_T 223 并不容许一级报警超过 100% OEL，我认为规范不一致时，要按最严格的卡，试想作业环境有毒气体已经超过最高容许浓度了，探测器还不报警，那还要探测器有什么用，探测器检测精度不够，只能期望未来能开发出精度更好的探测器，不能因为探测器精度不够或者误报警，就人为的提高报警值。

PPM 是一个无量纲量，在气体介质成份的监测分析中，用 ppm 非法定计量单位的表述方法要比用摩尔单位更简洁易懂。目前国内许有毒气体探测器依然采用非法定计量单位体积浓度（ppm）测得气体浓度，而国家标准里采用的气体浓度是质量浓度（mg/m³），此时涉及到 ppm 与 mg/m³ 换算关系。环境温度和压力是变化的，也就是说 GB/T 50493 的计算方法是理论上的。由于环境温度和压力对报警值的计算影响非常小，完全可以忽略不计。换算见式（2）。

$$C_{PPM} = \frac{22.4 \times C_{mg/m^3}}{M_w} \qquad (2)$$

式中，M_w 为气体分子量（以上换算公式忽略气体温度及气体压力因素影响）。

要提到一点，对于重大危险源的储罐区，有毒气体报警器一级报警设定值还要符合 AQ 3036—2010 规范：有毒气体报警器第一级报警值为最高允许浓度的 75%，当最高允许浓度较低，现有监测报警仪器灵敏度达不到要求的情况，第一级报警阈值可适当提高。

7　结论

在化工生产、储存装置中提高可燃有毒气体报警系统管理措施，对保障装置稳定运行起了一定的作用。安全稳定的 GDS 系统保证了生产人员的人身安全和化工装置的生产安全，秉承"以人为本，安全第一，预防为主"的原则，同时，国家标准对 GDS 系统的要求不断提高的背景下，目前很多气体探测器厂家已经可以提供 SIL 认证的气体探测器，更是大大提升 GDS 系统的安全级别和可靠性，未来 GDS 系统正逐步趋向于将整个厂区作为一体化进行监测。

参 考 文 献

[1] GB/T 50493—2019 石油化工可燃气体和有毒气体探测报警设计标准[S].

[2] GB12358—2006 作业场所环境气体探测报警仪通用[S].

[3] GB50058—2014 爆炸危险环境电力装置设计规范[S].

"五化"模式助力油田地面工程优质、高效建设

李　云

（中国石化胜利油田分公司）

1　背景

某油田地面系统点多、线长、面广，系统庞大，随着开发进程的推进，经过多年的攻关与配套，基本满足了不同开发阶段的需要，形成了相对比较完善的地面系统。但是几十年投入开发建设以来，油气田主力单元已经进入高含水和特高含水期，老区地面系统显现出处理设施能力不均衡、不匹配等一系列结构性矛盾。

近年来，油气田地面建设系统大力推进"五化"管理，提出了建设数字油气田的发展目标。油气田地面工程建设"五化"是指标准化设计、工厂化预制、模块化施工、机械化作业和信息化管理，如何以"五化"模式解决油田存在的突出矛盾，助力油田建设优质高效的地面工程，是提升建设效率、保证施工质量、满足管理要求、加强管理创新的具体探索和体现。

2　"五化"助力地面工程建设原则

油田地面建设"五化"是将项目设计、预制、施工等各阶段工作深度整合，是一项复杂的系统作业过程，对企业的技术能力和管理能力，尤其是资源整合能力提出了较高要求。为达到预期效果，需坚持以下原则。

（1）系统性原则。以"五化"建设标准为引领地面工程建设全过程，从设计、采购、施工、监理、交付、运维等环节系统考虑。

（2）先进性原则。体现工艺技术、投资、运营、管理等方面的综合最优化。

（3）适应性原则。因地制宜、结合实际，通过技术进步不断优化、持续提升。

（4）市场化原则。充分依托系统内资源，根据实际情况适当引入系统外先进和成熟资源，确保工程快速高效高质量建设，实现利益最大化。

（5）"五省"原则。做到省人、省时、省力、省心、省钱。

（6）优化简化原则。优化管网及站场布局，调整集输流向，减少能流损耗，地面简化为一级或一级半布站，设立区域中心站，实现站库规模、数量两压减。

（7）全生命周期效益最大化原则。以"五化"标准为引领，提升标准化设计水平，统筹标准化采购工作一体化运行，增强工厂化预制、模块化施工、机械化作业能力，提升信息化管理水平，提高工程质量，缩短建设工期，提高工程本质安全，实现全生命周期效益最大化。

3　"五化"助力地面工程建设模式研究与实践

近年来，为顺应工程建设市场的发展变化，油田地面建设结合实际，积极探索，大胆实践，充分发挥"一体化"优势，加强设计、预制、施工、机械和信息各专业的深度融合与协作配合，扎实推进"五化"管理，不断提升科学管理水平和市场竞争能力，"五化"管理取得初步成效。

重点开展了"五化"调研对标分析和体系文件编制、工厂化预制和机械化作业能力的提升、抓好"五化"示范工程建设等工作。系统梳理油气田地面工程、油气储运设施等方面的标准化设计成果、一体化集成装置和撬块设备、设计与施工的深度融合方案等，为深入推进"五化"工作，全面提升工程技术服务能力和实现效益最大化奠定了基础。结合五化关键词阐述如下：

3.1　标准化设计

围绕"五化"建设需求，指导工程项目的实施，重点开展了"五化"调研对标分析和体系文件编制。顶层设计编制体系文件44项，开展标准化设计相关的技术标准和管理制度的研究工作，其中包含《油气田地面工程标准化设计技术导则》等30项标准化设计标准，《油气田地面工程工厂化预制指南》等5项工厂化预制标准，《石油天然气工程"五化"建设管理规定》等8完

整性管理标准。

3.1.1　完成技术定型：

通过梳理油田现状工艺，形成针对整装、断块、低渗、稠油、滩海等 7 种油田油气集输处理、采出水处理、注水、注聚、注汽、注 CO_2、自控、通信、电力、数字化、材料、防腐等定型技术。

3.1.2　形成主要成果库

形成稠油、低渗透、海上、滩海 4 类油田，采油井场、井组平台、增压站、水源井泵房 4 类小型站场，标准化站场系列 34 项，标准化设计 289 项。形成稠油、滩海、海上 3 类油田联合站、人工岛、井组平台 3 类大、中型站场，标准化站场系列 4 项，标准化设计 457 项。形成油气集输与处理、采出水处理、注聚、注汽、公用工程等 6 类工程，模块化设计 21 项，一体化集成装置 15 项。

3.1.3　抓好示范工程标准化设计

分不同层级、不同工程类型确定示范工程。设置井场、管网调整、大型处理站、注水站等 8 大类型示范工程，起到以点带全面示范效果，形成 2 类油田注汽工程和井组平台共 2 项站场标准化设计。形成预制模块 6 项，形成一体化集成装置 15 项。三维设计率 100%，预计站场新建设预制化率达到 85%，缩短施工周期 30%，投资及成本压减 5%。

3.1.4　推进标准化设计与标准化采购的统一

建设"设计与采购物料编码关联系统"，建立油气田常用物料的标准化材料库，规范开料格式要求，实现设计开料与采购物码一一对应，解决设计与采购物料编码不匹配、采购核对工作量大、周期长、出错几率高等难题。

3.2　工厂化预制

建立健全组织机构，完善管理体系，实现标准化、规范化、高效化运作，不断增强预制能力，提升产品质量；完善《油气田地面工程标准化建设技术规定》、《工厂化预制流水线配置规定》、《油气田地面工程模块现场安装施工及验收规范》、《油气田地面工程模块包装、运输及吊装指南》、《油气田地面工程工厂化预制及验收标准》等 5 项"五化"体系文件，实现公司"工厂化预制、模块化施工、机械化作业"的规章制度和作业文件，指导工厂化预制、模块化施工、机械化作业。

开展对标调研工作。赴各类型先进企业工厂调研新进经验；购置了 EP3D 等二次设计软件，实现工厂预制与设计的无缝对接，提高工厂化预制率，最大限度地减少施工现场工作量；改造、新建预制化厂房，对后期升级改造进行规划，配备下料、组对、焊接作业系统，实现了全自动化施工。

针对不同类型工程工程，按管段预制时径量和钢结构预制量进行划分。对于油区内管道预制量在不同时径的工程，积极采用固定式工厂化预制模式，能够实现减少施工现场材料存放区，提高工程预制质量，保障施工安全，缩短施工工期。

3.3　模块化施工

积极与油田各单位协作，根据建设区域、运输能力和实现功能的差异，提前谋划模块化建造方案；与设计单元深度融合，共同建立模块设计、建造及拆分原则，实现设计与施工无缝对接，根据各个油区标准化建设需要，提前谋划储备标准模块以实现工程项目快速建造需要；

在已购置的 EP3D 二次设计软件的基础上，完成模块施工管理软件，实现施工的在线跟踪；完善全自动流水作业线，实现焊接过程的实时监控及预警功能，实现实体质量受控，达到本质安全；利用建成的组装平台，实现厂内模块全部预组装，达到与现场施工无间隙衔接，提高施工效率。

针对不同类型模块和橇块的运输、吊装、就位，借鉴国际先进的大型模块化组装技术和现场作业经验，利用二次设计软件和设计院提供的三维模型，建立起平行化施工与流水化作业相结合的模块化施工模式，提高工厂化预制率和预制量，减少现场施工量，降低现场施工风险；总结出模块化施工技术、模块化拆装技术、模块化包装及运输技术，形成适合公司的模块化标准施工流程和管理制度。

3.4　机械化作业

围绕油田大地面工程建设，购置机械切割及等离子切割系统各 1 套，提高下料的自动化程度；配置全自动焊作业系统，满足氩弧焊、气体保护焊及埋弧自动焊功能，实现主体焊接全自动化；配备管线、型材抛丸作业线，实现防腐工序的机械化作业。

围绕油田地面工程中的模块及橇块，根据尺

寸、重量、道路情况及安全技术管控，组建多个专门从事吊装的机械化作业机组，从工厂到现场就位全方位打包一体化服务；

3.5 信息化管理

针对胜利油田具体情况编写首套油气田地面工程数字化交付标准体系，用于指导数字化交付实施，共计编制 29 个标准，涉及专业近 30 个。覆盖工程建设从设计、采购、到施工、验收整个过程，为保证数字化交付系统开发的实用性，组织专家对标准体系进行专业审查；该标准的建立为油气田地面工程数字化建设提供了标准依据，它是核心和前提，发挥着重要的作用。在规范化、标准化的统一平台上，以设计交付的空间数据模型为基础，按照统一的标准规范逐步加载采购、施工、运维等数据，形成工程信息"一张图"，实现对工程建设、运行维护的准确高效管控。

智能工地建设方面。使用物联网、人工智能、移动互联、大数据等新一代信息技术，结合二维码、电子标签、摄像头等，实现对工程建设过程的智能感知、综合管控，真实地反映工地生产、安全、环保等方面的现场情况。

以某大型居住小区项目为试点开展了重点区域视频监控、扬尘噪声监测与雾炮喷淋联动等部分功能的实施工作，为下一步的提升完善积累了经验。

建立"五化"建设管理平台，平台主要包含

设计成果管理、施工工艺工法管理、机械化作业装备配置、作业流程管理等 APP，涵盖了"五化"各方面成果管理的主要内容。总结形成了滩海油田、海上油田、稠油油田、低渗透油田、含硫气田的部分标准化设计文件与基础模块设计文件并录入"五化"成果库中。

4 目标及效果

建立健全标准化设计体系；针对不同工程类型，确立工艺技术定型，形成标准化设计成果库；加大高效一体化集成装置的研发和转化，全面提升标准化设计水平。形成以下效果及目标：

- 大型站场标准化设计覆盖率达到 70%
- 中型站场标准化设计覆盖率达到 95%
- 小型站场标准化设计覆盖率达到 98%
- 大中型站场三维设计率 100%
- 设计错漏空缺率降低 70%
- 总体设计效率提高 15%
- 设计优良率 90%
- 完成工程建设信息化管理系统建设，推广工程数字化交付、智能工地建设，提升施工过程的信息化、智能化水平，为工程全生命周期管理提供数据支撑；
- 形成"五化"成果的动态更新机制，为后续项目的成果复用、技术提升提供指导与参考；
- 完成 PCS1.5 版本推广应用，持续推进生产信息化工作水平提升。

高蜡高凝型断块油藏薄油层注水方式优化研究
——以南阳凹陷魏岗油田 W3-1 井区为例

吕孝威[1,2]   王优先[2]   朱 浩[2]   郭印龙[2]   卢 俊[2]

(1. 成都理工大学能源学院；2. 中国石化河南油田分公司勘探开发研究院)

摘 要 魏岗油田具有断裂发育、油层较薄、储层非均质性较强等特征，属于典型的高蜡高凝型油藏，目前主要面临严重欠注及地层能量下降较快等问题。本文以 W3-1 井区为例，选取典型井组及岩心开展不同注水温度、注水速率下的注水模拟实验，同时结合现场注水开发试验，系统分析注水温度、速率等因素对注水效果的影响。在此基础上对注水方式进行优化研究，以便指导该区块的高效注水开发，同时为同类型油藏的高效注水提供借鉴意义。

关键词 注水温度，注水速率，高蜡高凝，断块油藏，W3-1 井区，魏岗油田

随着全球范围内常规油气资源的勘探难度逐渐加大，近年来越来越来的国内外油气公司逐渐重视高蜡高凝型油藏的开发工作[1]。高蜡高凝型油藏在我国分布较为广泛，做好高蜡高凝型油藏的高效开发对于我国油气增储上产和低品质原油的开发具有重要意义[2]。高蜡高凝型油藏具有高含蜡量、高凝固点等重要特征，在开发过程中面临着易结蜡、易蜡堵等开发难题，该类油藏的原油流变性、储层渗透性受注水温度影响较大，注水开发的方式有别于常规稀油油藏开发[3]。在以往的研究中，多数研究者主要从注水温度、注水压力等因素出发对高蜡高凝型油藏的吸水指数、采出程度等进行研究分析，对受到复杂断层系统控制的高凝高蜡型薄油层研究相对较少。

魏岗油田 W3-1 井区属于典型的复杂断块油藏，油层受不同层级断裂系统的切割，区块内注采关系较为复杂，注采井网完善程度不高[4]。该井区原油性质为高凝高蜡型，由于含蜡量、凝固点较高，开发过程中油层析蜡现象较为突出[5]。受长期注水影响，近井地带范围内油层温度具有不同程度降低，造成地层析蜡产生蜡堵，从而改变储层渗透性，很大程度上降低吸水指数[6]。初期的高速开采以及注水井的大量注水井欠注，使得地层能量下降较快，多数地层处于低能欠注状态，油井产量下降较快，油层吸水状况普遍偏差。目前 W3-1 区块面临的难题主要是改善注水状况，进而恢复地层能量。本次研究针对 W3-1 井区断块油藏薄油层的油藏特征，采取现场注水试验及室内模拟注水实验的研究方法，分析注水温度及注水速率对油层吸水指数及油层注水效果的影响，在此基础上优化高蜡高凝型薄油层开发的注水方式，从而改善注水开发效果，也对同类型油藏的高效开发起到借鉴意义。

1 油藏基本地质特征

魏岗油田位于南襄盆地南阳凹陷魏岗-北马庄鼻状构造带上，东邻牛三门凹陷，南面以新野断裂为界，北部与唐河-高庄断裂背斜构造带为邻，构造形态为一向东南倾伏的鼻状构造，构造两翼近对称[7]。魏岗地区地层自上而下为第四系平原组和新近系凤凰镇组、古近系廖庄组和核桃园组，古近系廖庄组地层部分遭受剥蚀，含油层位主要位于核桃园组[7]。W3-1 井区位于魏岗鼻状构造西南翼，该区发育一系列北东向断层，形成多个断鼻、断块圈闭，各断块构造形态继承了魏岗断鼻西南翼形态，自东北向西南逐渐倾覆（图1），内部发育一系列北东向断层，使地堑内部形成阶梯状断块[4]（图2）。

W3-1 井区位于南阳凹陷金华-张店复合三角洲沉积区，目的层段主要发育前缘席状砂、河口坝和远砂坝等沉积微相，储层岩性以细砂岩-泥岩、粉砂岩-泥岩薄互层为主，平均有效厚度 2.1m，具有油砂体多、含油面积小、油层薄等特点[4]。原油性质具有高含蜡、高凝固点、低饱和压力、中等黏度的特点，含蜡量 32.23 ~

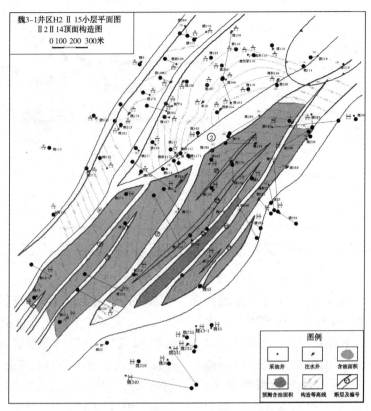

图1　魏岗油田 W3-1 井区 H2Ⅱ15 油层小层平面图(据河南油田研究院)

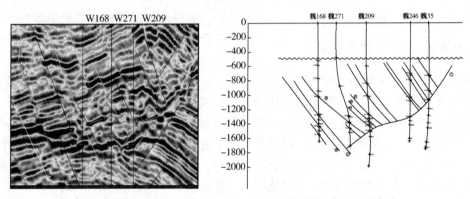

图2　魏岗油田 W3-1 井区过 W271 井剖面图(据河南油田研究院)

53.68%，凝固点 42~62℃，胶质和沥青质含量 11~13%，地下原油饱和压力 1.5~5.7MPa，70℃原油黏度 11.36~13.67mPa·s[3]。

2　开发状况及主要存在问题

W3-1 井区开发史上共有 8 口生产井，投产初期日产油 1.2~11.6t，总体上油井产量下降较快，通过产量归一化计算次月递减可达 24%，年递减高达 83%(图3)。从单井开采情况来看，W173 井 1999 年 7 月投产后 H2Ⅱ15、H2Ⅲ28 层合采，日产油 10t，含水 1%，2000 年 1 月日产油 1t，含水 3%，动液面由 249m 下降至 1431m，产量快速下降，投产 6 个月产量下降幅度达 90%

(图4)。区块内生产井整体能量低、含水低，产量保持低水平稳产，目前已有 3 口井因低能原因关井，新投产的 W3-1 井、W534 井地层能量明显不足。

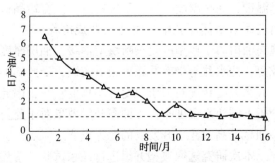

图3　W3-1 井区产量归一化曲线

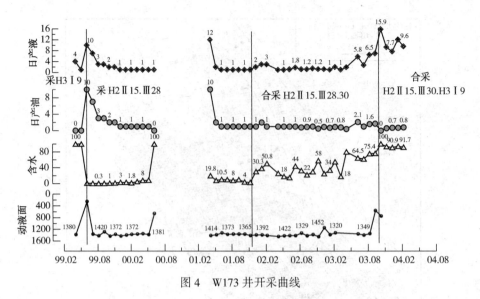

图 4   W173 井开采曲线

地层能量低、产量递减快等现象严重制约 W3-1 井区的效益开发，分析其主要原因是注水见效较差造成地层能量下降较快，从而造成产量递减较快。W3-1 井区原油含蜡量高、凝固点高，根据 W18 和 W231 井原油分析资料显示，该井区原油含蜡量 45.3%，凝固点 53℃，高于魏岗油田 Ⅱ、Ⅲ 断块平均水平，含蜡量高、凝固点高是影响油井产量的重要原因[6]。

3   不同注水温度下注水效果分析

在油气藏开发领域，多数学者通常把含蜡量大于 8% 的原油称为高蜡型原油，把凝固点高于 40℃，含蜡量大于 10% 的轻质原油划定为高凝型原油[3,8]。高凝型原油属轻质原油，一般仍采用注水开发方式进行开采，注入水温偏低时，注水井井筒附近形成一定范围的降温带，当油层温度低于原油析蜡温度时，原油中析出的蜡堵塞油层孔隙及喉道，降低油层渗透率，造成流动阻力系数增大，从而影响注水开发效果[8]。国内部分高凝高蜡型油藏开发历程表明，注冷水(5~25℃)后一般会在井底 50~80m 半径范围内形成降温带，油藏温度一旦低于析蜡点，便有蜡晶析出进而堵塞储层孔喉，对地层造成冷伤害[9,10]。魏岗油田属于典型的复杂断块型油藏，油层厚度较薄，注水井与受效井距离相对较短，受此影响注入水温度状况对油层温度影响程度较大，因此分析不同注水温度条件下油藏开发效果对于此类型油藏的高效注水开发变的尤为重要。

本次研究选取典型井组进行注水试验，首先选取 W104[1] 井 H3 Ⅰ 6[3] 层开展注常温水试验，注

水 560m³ 后吸水指数下降较快，吸水指数由 7.2m³/d·MPa 下降为 2.2m³/d·MPa，无措施停注 34 天后，视吸水指数恢复至 6.7m³/d·MPa，继续注 211m³ 吸水指数下降为 1.2m³/d·MPa。地层温度监测注入倍数为 0.25 时，注水井 W104[1] 井地层温度为 55℃，比原始油层温度降低 16℃。而相距 56m 的受效井 W104 井在注水倍数为 2.6 时，测得油层温度 62℃，比原始温度下降 11℃，接近脱气油析蜡温度 59.2℃，随着地层温度的下降，W104 井产油能力下降。

对 W103 井 H2 Ⅲ 30-35 层开展注热水试验，注水温度控制在 65~70℃，注水 4 个月后视吸水指数由 10.3m³/d·MPa 上升至 11.2m³/d·MPa，上升幅度达 9%。以上典型井组的注水试验表明，W3-1 区块注水开发效果受到注水温度影响较大。

选取 W2043 井 H2 Ⅱ 15 层岩心开展渗透率与注水温度关系分析的室内注水模拟试验，结果表明注入水温度直接影响储层渗透性。注入水温度低于油藏温度时，储层渗透率下降，且恢复至地层温度时，渗透率不能恢复至初始状态。随着注入水温度升高，储层渗透率下降幅度变小，当注入水温度接近油层温度时，可以最大限度减少对地层的冷伤害，储层渗透率基本保持原始渗透率(图 5)。

注水温度的变化不仅影响储层渗透率，同时对高凝原油的流变性产生重要影响。本次研究利用 W3-1 井的原油通过实验绘制相关粘温曲线，粘温曲线呈现三段式(图 6)，两个折点分别对应原油的临界温度(45℃)和析蜡温度(58℃)。当

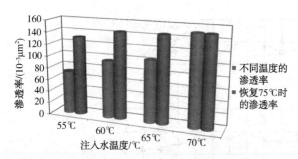

图 5　注入水温度对 W2043 井储层渗透率的影响

地层温度高于析蜡温度时，蜡全部溶解于原油当中，原油为液态单相流，原油具有牛顿流体特性。当原油温度处于析蜡温度和临界温度之间时，原油中蜡晶开始逐步析出，液态烃为连续相，原油中蜡晶呈分散相，该情况下原油仍具有牛顿流体特性，但曲线斜率发生一定变化，说明析蜡对原油黏度产生一定程度影响。当原油温度降至临界温度以下时，析蜡绝对量出现较大幅度上升，此时原油流体表现为非牛顿流体，该状态下需要外加剪切力克服其结构强度后才能流动[4]。杨堃（2002）针对魏岗油田原油进行室内实验，结果表明魏岗油田析蜡温度变化范围为59~63℃，当温度由50℃上升到60℃时，驱油效率由 35.6% 提高到 39.4%，当温度升高到65℃时，驱油效率大幅度提高，增加幅度为10.4%。粘温关系曲线以及室内模拟实验均证实，保持合适的地层温度开采，对于提高注水开发效果较为有利。

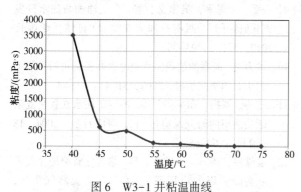

图 6　W3-1 井粘温曲线

4　不同注水速率条件下模拟实验分析

魏岗区块的储层岩性主要为粉-细砂岩，以泥质胶结为主，泥质含量约为 6%~18%，地层胶结较为疏松，在注水过程中粘土矿物高岭石及蒙脱石水化膨胀产生颗粒的运移对储层渗透性具有重要影响[11,12]。通过对魏岗油田 12 口取芯井岩心储层孔隙结构数据的统计分析，砂岩储层最

大流动孔喉半径 25.68μm，孔喉中值半径为 6.35μm，均值半径为 7.86μm，平均有效流动孔喉半径下限 3.58μm，最大 8.29μm。对 W28 井、W38 井及 W279 井岩心开展不同注水速率下的模拟实验，当注水流速为 0.5~0.6mL/min 时，岩心的渗透率达到最高，随后随着注水流速的升高渗透率开始下降，当注水流速为 1.0~1.1mL/min 时，岩心的渗透率下降到最低值，随着流速的升高渗透率又出现先升高后下降，影响储层渗透率的临界注水流速为 0.5~0.6mL/min（图 7）。裴铁民（2012）利用 HYL-2076A 型激光粒度分析仪采用井口取样方式对魏岗油田注入水粒径进行分析测试，结果表明微粒粒径分布范围为 0.1~120μm，可见魏岗地区储层孔喉半径在注水微粒粒径范围内分布，根据注水过程中储层速敏的相关理论分析，注水流速对储层中微粒运移状态具有重要影响[13]。当注水流速未达临界流速 0.5~0.6mL/min 时，岩心中以粒径较小的微粒运移为主，当注水流速达到临界流速 1.0~1.1mL/min 的过程中，较大粒径微粒受到水流驱动开始运移且在喉道中逐步形成堵塞，这是岩心渗透率明显下降的重要原因。随着注水流速的增加，部分粒径较小的微粒被带出喉道，岩心渗透率具有一定程度的升高，随着注水流速的进一步的升高，更大尺寸的微粒开始运动，陆续在喉道中形成堵塞，这是岩心渗透率上升后变为缓慢下降主要原因[4,6]。基于注水模拟实验分析，W3-1 井区在注水过程中应采用温和注水方式，高压注水容易造成储层微粒堵塞孔喉，从而破坏储层渗透率，影响整体注水效果，在注水过程中把注水流速控制在 0.5~0.7mL/min 是较为理想的注水状态。

5　注水方式的优化分析

注水开发试验及室内注水模拟实验表明，魏岗油田 W3-1 井区高蜡高凝型原油的注水开发主要受到注水温度及注水速率的影响，为合理的补充地层能量、改善注水效果，建议 W3-1 井区注水温度应保持在 60℃以上，以减少因注水温度引起的储层渗透性及原油流变性的冷伤害，同时从节能降本角度考虑，建议注水温度控制在 60℃~65℃。考虑到注水速率对储层渗透率的影响，注水井应把注水流速控制在 0.5~0.7mL/min，可以降低因早期较低流速注水引起的欠注影响，同时从长期开发考虑注水流速应控制在合理范围

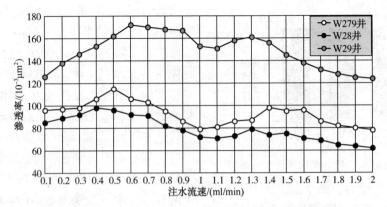

图 7　魏岗油田典型岩心注水流速与渗透率关系(部分数据来自裴铁民，2012)

内，避免因流速过高引起地层渗透率下降。所以从长期有效注水角度考虑，建议注水初期控制注入量，同时把注水温度控制在合理范围内，最大程度避免地层遭受冷伤害。

6　结论

（1）魏岗油田 W3-1 区块属于典型高蜡高凝型油层，受储层厚度较薄以及断层较为发育的影响，注水过程中储层容易受到冷伤害，造成区块总体欠注严重，原油产量下降较快。

（2）注水温度对魏岗油田 W3-1 井区的注水开发具有重要影响，过低的水温容易造成油层结蜡降低渗透率，从而降低注水效果，过高的水温导致开发成本上升，对效益开发具有不利影响，典型井组注水试验及室内模拟实验表明，注水温度限定在 60℃～65℃ 对于油藏效益开发最为有利。

（3）室内注水模拟实验表明，W3-1 井区注水流速对储层渗透率具有重要影响，随着注水速率的升高，岩心渗透率出现先升高再降低，之后再有小幅度的升高的总体趋势，0.5~0.7mL/min 的注水速率对于储层渗透率的保持最为有利，也是达到较好注水效果的注水流速范围值。

参 考 文 献

[1] 崔传智，刘力军，李志涛，等.高凝油藏中蜡沉积对开发效果的影响[J].中国石油大学学报(自然科学版)，2017，41(3)：98-104.

[2] 喻鹏，马腾，周炜，等.辽河油田静观 2 块高凝油油藏注水温度优选[J].新疆石油地质，2015，36(5)：570-574.

[3] 高约友.魏岗高凝油油藏[M].北京：石油工业出版社，1997，71-72.

[4] 姜建伟，曹凯，刘丽娜，等.魏岗油田高凝油油藏开发实践[J].新疆石油地质，1999，20(4)：337-340.

[5] 殷慧，崔秀青，丁玉强，等.魏岗复杂断块油田层间周期注水效果分析[J].石油地质与工程，2013，27(4)：65-67.

[6] 杨堃，樊中海，朱楠松，等.魏岗高凝油田常规污水回注开发模式探讨[J].石油勘探与开发，2002，29(2)：94-96.

[7] 李黎明，李小霞，陈雪菲，等.南阳凹陷魏岗油田储层沉积特征与油气分布规律[J].石油地质与工程，2018，32(1)：37-40.

[8] 徐锋，吴向红，马凯，等.注水温度对高凝油油藏水驱油效率模拟研究[J].西南石油大学学报(自然科学版)，2016，38(1)：113-118.

[9] 高明，宋考平，吴家文，等.高凝油油藏注水开发方式研究[J].西南石油大学学报(自然科学版)，2010，32(2)：93-96.

[10] 姚为英.高凝油油藏注普通冷水开采的可行性[J].大庆石油学院学报，2007，31(4)：41-44.

[11] 江涛，罗扬，田家岭，等.不稳定注水在魏岗复杂断块油田的研究及应用[J].河南石油，2004，18(增刊)：60-68.

[12] 裴铁民，王方义，魏宏，等.络合酸解堵增注技术在魏岗油田的应用研究[J].石油天然气学报，2012，34(9)：285-287.

[13] 田乃林，冯积累，任瑛，等.早期注冷水开发对高含蜡高凝固点油藏的冷伤害[J].石油大学学报(自然科学版)，1997，21(1)：42-45.